DELIUS KLASING

WARTUNG UND REPARATUR

Matthew Coombs und Phil Mather

Vespa

GTS · GTV · GT · LX · LXV · S
Primavera & Sprint

Modelle:

LX 125/150	2009 bis 2014
LXV 125/150	2010 bis 2014
S 125/150	2009 bis 2013
Primavera	2014 bis 2018
Sprint	2014 bis 2018
GTS 125	2009 bis 2018
GTS 250	2005 bis 2009
GTV/GT 250	2007 bis 2010
GTS 300	2008 bis 2018
GTV 300	2010

Einschließlich i-get-Motoren und Sondermodelle

DELIUS KLASING VERLAG

Die englische Originalausgabe mit dem Titel
»Vespa Scooters Service and Repair Manual«
erschien 2018 bei Haynes Publishing

Bibliografische Information der Deutschen Nationalbibliothek
Die Deutsche Nationalbibliothek verzeichnet diese Publikation
in der Deutschen Nationalbibliografie; detaillierte bibliografische
Daten sind im Internet über http://dnb.dnb.de abrufbar.

1. Auflage
ISBN 978-3-667-11859-2
Die Rechte für die deutsche Ausgabe liegen beim
Verlag Delius Klasing & Co. KG, Bielefeld.

Übertragen und bearbeitet von Udo Stünkel
Umschlaggestaltung: Gabriele Engel
Satz: Michaela Röhler, feschart print- und webdesign, Leopoldshöhe
Druck: Westermann Druck, Zwickau
Printed in Germany 2020

Delius Klasing Verlag, Siekerwall 21, D - 33602 Bielefeld
Tel.: 0521/559-0, Fax: 0521/559-115
E-Mail: info@delius-klasing.de
www.delius-klasing.de

Inhalt

Die Piaggio-Geschichte

von Matthew Coombs und Phil Mather

Außerhalb Italiens ist die Firma Piaggio in einer recht eigenartigen Position: Jeder kennt ihre Produkte, aber vergleichsweise wenigen ist der Name des Herstellers bekannt. Dieses Produkt ist natürlich die Vespa – der erste in großen Stückzahlen gebaute Motorroller, das Fahrzeug, mit dem Italien nach dem Zweiten Weltkrieg mobil wurde, und das Gerät, das weltweit eine ganze Fahrzeug-Gattung begründete.

Die erste Vespa wurde nach nur drei Monaten Entwicklungsarbeit im April 1946 vom talentierten Flugzeug-Konstrukteur Corradino d'Ascanio vorgestellt. Die Firma selbst war bereits 1884 vom gerade 20 Jahre alten Rinaldo Piaggio gegründet worden, um Komponenten für den Schiffs- und Eisenbahnbau zu fertigen.

Beim Ausbruch des Ersten Weltkriegs stieg Piaggio auch in den Bau von Flugzeugteilen ein und 1923 stellte man seine erste eigene Maschine vor – ein Eindecker-Kampfflugzeug. Piaggio gründete auch Italiens erste Fluglinie und wurde Mitglied des Senats. 1924 übernahm er das Werksgelände in Pontedera bei Pisa, um Wasserflugzeuge und Bomber bauen zu können. Heute ist dieser Betrieb die größte Fabrik des Piaggio-Konzerns.

Als Rinaldo Piaggio 1938 starb, übernahmen seine Söhne Armando und Enrico die Firma, und es war Enrico, der mit d'Ascanio die erste Vespa entwickelte. Er war verantwortlich für den Wiederaufbau des Pontedera-Werkes, das sowohl von den abrückenden Deutschen gesprengt als auch von den anrückenden Alliierten bombardiert worden war. Er erkannte, dass Italien wieder mobilisiert werden musste, und er wusste, dass dies unter den gegebenen Umständen möglichst billig, einfach und robust ausfallen musste. Enrico hatte bereits vor Kriegsende über dieses Problem nachgedacht und mit einem kleinen Motorrad für Fallschirmjäger begonnen, das er mit nur unbefriedigenden Ergebnissen modifizierte. Diesen Prototypen – MP5 oder *Paparino* (italienischer Name für Donald Duck) genannt – übergab er d'Ascanio, der jedoch Motorräder wegen ihrer großen Masse, des schwierigen Radwechsels und der offen laufenden und schmutzigen Antriebskette überhaupt nicht mochte.

Nach nur etwa drei Monaten hatte d'Ascanio seine Ideen umgesetzt und ein absolut neues und originelles Fahrzeug entwickelt, dessen Grundprinzip in heutigen Rollern immer noch wiederzuerkennen ist. Er flanschte den Motor an eine stabile Einarmschwinge, sodass er direkt das Hinterrad antrieb, er verlegte die Schaltung an den Lenker, er setzte die von Flugzeug-Fahrwerken bekannten Radaufhängungen ein, um vorne und hinten schnelle Radwechsel zu ermöglichen, und er verkleidete das ganze Gerät mit einer leichten Karosserie, um den Passagieren einen guten Wetterschutz zu bieten.

Als Piaggio den Prototyp mit seinem ausgewölbten Heck und der schmalen Taille sah, stand für ihn der Name fest – das Gerät musste Wespe heißen.

Die Vespa 150 Sportique von 1964

Die Form gab der Vespa den Namen

Die erste 98 cm³-Vespa war ein sofortiger Erfolg. Noch 1946 wurden 2484 Fahrzeuge verkauft, im Jahr darauf waren es 10535, und 1948 knapp unter 20000 Stück. Piaggio verkaufte die erste Nachbau-Lizenz 1950 nach Deutschland an die Firma Hoffmann und schon bald wurde die Vespa zum Kultobjekt. 1953 gab es weltweit bereits über 10000 Piaggio-Händler und die Jahresproduktion überschritt die Halbmillion-Marke. Die millionste Vespa lief im Juni 1956 vom Band, die zweimillionste 1960 und die viermillionste 1970. Zehn Jahre später verließ die zehnmillionste Wespe das Werk und inzwischen sind es bald 20 Millionen Vespas in 140 verschiedene Varianten geworden. Unter vielen anderen Motorrollern der Firma Piaggio ist die Vespa heute noch das meistverkaufte Modell.

Dies heißt nicht, dass es Piaggio ohne Vespa nicht gäbe. 1967 begann man mit dem Bau von Mopeds und zwei Jahre später übernahm man mit Gilera eine große Marke der italienischen Motorradindustrie. 1980 wurde mit Bianchi einer der größten Fahrradhersteller (und ehemaliger Motorradproduzent) aufgekauft. Sieben Jahre später kam die österreichische Firma Puch hinzu und 2001 der spanische Hersteller Derbi. 2004 übernahm man schließlich den ins Wanken geratenen Motorrad- und Roller-Hersteller Aprilia und damit auch die

bekannten Marken Laverda und Moto Guzzi. Außerdem ist Piaggio heute unter anderem in der Chemie-, Textil- und Maschinenbau-Industrie vertreten.
Die Fahrzeugsparte Piaggio Veicoli Europei SpA ist heute der größte europäische Zwei- und Dreiradhersteller – und der drittgrößte der Welt. Piaggio hält 25 % am zweitgrößten indischen Roller-Hersteller LML und 51 % von P&D SpA, eines Joint-Ventures mit dem japanischen Hersteller Daihatsu, das leichte Drei- und Vierrad-Transportfahrzeuge produziert. In manchen Ländern werden diese als Daihatsu, in anderen als Piaggio verkauft.
Piaggio ist heute ein weltweiter Großkonzern und seit 2006 an der Börse notiert, doch alle Wurzeln lassen sich auf den revolutionären kleinen Motorroller zurückführen – die Vespa.
Natürlich hat sich die ursprüngliche 98er Vespa über die Jahre hinweg reichlich weiterentwickelt. Schon 1948 wurde sie zu einer 125er und das 150er-Modell von 1955 war der erste wirklich moderne Roller. Einige Jahre später kamen Motorroller in Deutschland und anderen Ländern etwas aus der Mode, doch in Südeuropa erfreuten sie sich stetiger Beliebtheit, weil man erkannt hatte, dass Individualverkehr kaum preiswerter und in Städten auch kaum schneller erreichbar war.
In vielen Entwicklungs- und Schwellenländern sind Roller heute noch das Hauptverkehrsmittel für die ganze Familie. Doch seit einigen Jahren erkennt man auch in Nordeuropa die Vorzüge des Motorrollers. Großer Dank hierfür gilt der italienischen Zweiradindustrie im Allgemeinen und Piaggio im Besonderen. In Europa und Nordamerika hatten sich die vier großen japanischen Motorradhersteller aus dem Geschäft für »Brot-und-Butter«-Fahrzeuge weitgehend zurückgezogen und boten nur noch teure High-Tech-Freizeitartikel an. Die »Nicest People« saßen längst nicht mehr auf einer Honda.
Anfang der 1990er-Jahre erteilte Piaggio dem Rest der Zweiradindustrie eine Lektion in gutem Marketing. Überall vertrat man die Meinung, dass Nordeuropäer wegen des regnerischen Wetters nicht mit Zweirädern fahren wollten, doch Piaggio schaffte es mit minimalem Aufwand und gezielter Werbung, die Leute davon zu überzeugen, dass moderne Roller die bequemsten Verkehrsmittel für die Innenstädte seien, welche jemals erfunden wurden. Abgesehen davon seien sie erschwinglich, zuverlässig und sauber. Piaggio lud diverse Vertreter der Presse ein, die nichts mit Motorrädern zu tun hatten, um mit ihren Automatik-Rollern zu fahren – und bald verbreiteten sich Artikel in der Morgenzeitung und in Zeitschriften, die noch nie über motorisierte Zweiräder berichtet hatten. Anscheinend kamen erst jetzt viele Leute auf die Idee, dass ein Roller ein ganz vernünftiges Verkehrsmittel sein kann. Seit dieser Zeit boomen die Scooter (wie sie nicht nur in Englisch, sondern auch seit jeher in Italien heißen) in allen europäischen Städten.
Heute sieht man nicht nur Vespas, sondern auch einige japanische, koreanische und chinesische Geräte durch die Straßen drängeln und in langen Reihen auf den Bürgersteigen parken. Viele Zweiradhäuser konnten nur dank des stetig wachsenden Rollermarktes das schrumpfende Motorradgeschäft abfangen.
Immer größere Umweltprobleme betreffen nicht nur Städte in Deutschland. Besonders in Italien leiden viele mittelalterliche Stadtkerne unter den Abgasen des modernen Straßenverkehrs, sodass Fahrzeuge mit Verbrennungsmotoren aus den Zentren verbannt wurden. Also brachte Piaggio eines der ersten käuflichen Hybrid-Fahrzeuge auf den Markt. Der »Zip & Zip« sah aus wie jeder andere 50er-Roller, doch er besaß neben dem konventio-

Vor allem in Südeuropa ist das Straßenbild ohne Motorroller nicht vorstellbar.

Die traditionell gestaltete PX 125 T5 mit halbautomatischem Getriebe

Die S 125 College (2010)

nellen Zweitaktmotor noch einen Elektromotor. Mit einem Schalter am Lenker entscheidet der Fahrer, mit welchem Aggregat er fahren möchte – spätestens am Eingang zur für Kfz gesperrten Innenstadt wird auf Elektrobetrieb umgeschaltet.
Zum 50. Firmenjubiläum enthüllte man bei Piaggio 1996 die ET2 Injection – einen Versuch, Zweitaktmotoren mit einer Einspritzung sauberer zu machen. Zwar hat sich die Einspritzung bislang nur auf wenigen europäischen Märkten durchgesetzt, doch dies zeigt deutlich, dass man keine 150-PS-Raketen bauen muss, um in der Zweirad-Technologie vorne mit dabei zu sein.

Die GTS 300ie Super Sport (2016)

Allerdings sind dies für Piaggio nur Randgebiete, denn der Schwerpunkt liegt bei Rollern – und diese baut man in einer scheinbar verwirrenden Vielfalt. Die gute alte Vespa gibt es als 50er, 80er, 125er und 200er, außerdem als spezielle Classic-Ausgabe für den japanischen Markt, wo sie das meistverkaufte europäische Zweirad darstellt. Moderne Vespas ähneln stark ihren Urahnen, doch heutzutage sind sie natürlich mit Elektrostartern sowie elektronischen Zünd- und Einspritzanlagen ausgerüstet. Alle Vespa-Modelle basieren weiterhin auf einem selbsttragenden Stahlblechrahmen, wogegen andere Konstruktionen von Piaggio auf einen Rahmen aus Rohren und Blechen vertrauen, der mit Kunststoffteilen verkleidet ist. Die originale Handschaltung am linken Lenkerende ist noch bei der PX 125er erhältlich, doch alle in diesem Buch behandelten Fahrzeuge sind mit einer modernen Automatik ausgerüstet, die das Fahren besonders im Stadtverkehr erleichtert.
Die GTS 250ie war die erste Viertakt-Vespa mit Kraftstoffeinspritzung. Immer strengere Abgasnormen führten bald zum Ende aller Vergaser-Motoren und es wurden weitere Optimierungen nötig, um die Vespa in die Zukunft zu führen. 2005 wurde die GTS mit einem wassergekühlten Vierventilmotor (Typenbezeichnung Quasar) ausgerüstet. Weil die geschobene Vorderradschwinge und die selbsttragende Stahlkarosserie aber nur wenig verändert wurden, sah das neue Modell fast unverändert aus. Erstmals seit der legendären PX 200 hatte man sich an einen größere Hubraum getraut, der nach drei Jahren sogar auf 300 cm³ erweitert wurde.
Ein Ablager der sportlichen GTS war die auf »Vintage« getrimmte GTV mit 250 und 300 cm³ Hubraum, bei der wie beim Ur-Modell der Scheinwerfer mitlenkend auf dem vorderen Kotflügel saß und der Fahrer auf einen verchromten Lenker und ein analoges Cockpit blickte. Einzelsitze, eine kleine Windschutzscheibe und ein verchromter Gepäckträger vervollständigten die Retro-Optik. Die Vintage-Serie war etwas teurer und nur auf besonderen Wunsch lieferbar. Außerdem wurde die auf 999 Exemplare limitierte GT 60 zum 60. Geburtstag der Vespa vorgestellt.
2009 lösten die Modelle GTS, LX und S mit 125 und 150 cm³ Hubraum und Einspritzung ihre Vergaser-Vorgänger ab. Die GTS erhielt die gleichen Fahrwerkskomponenten wie ihre großen Geschwister, wurde aber mit dem kleineren wassergekühlten Vierventilmotor (Typenbezeichnung Leader) ausgerüstet. Die preiswerteren Modelle LX und S wurden mit einem luftgekühlten Zweiventilmotor (ebenfalls Leader genannt) angetrieben und hinten lediglich mit einer Trommelbremse verzögert; ihre

Die GTV 300ie »Via Montenapoleone« (2011)

Vespa Primavera S Yacht Club (2018)

ebenfalls selbsttragende Stahlblech-Karosserie war etwas schmaler als die der GTS ausgefallen. S-Modelle sind am rechteckigen Scheinwerfer erkennbar. Bei beiden Modellen folgten Spezialversionen, so war die LX in klassischer Optil als LXV mit neuem Scheinwerfer, Windschutzscheibe, Chromlenker und Einzelsitzen erhältlich. Eine Touring-Version der LX besaß außer einer Windschutzscheibe auch einen vorderen Gepäckträger.

2012 wurden die Modelle LXV, LX und S 125 sowie 150 mit einem neuen Dreiventil-Motor (zwei Einlassventile) ausgerüstet, der mehr Leistung, mehr Drehmoment und geringeren Verbrauch versprach. Dieser Motor wurde 2014 auch bei den neuen Modellen Primavera und Spring eingesetzt, die zwar die hinteren Trommelbremsen von ihren Vorgängern übernommen hatten, aber mit einer überarbeiteten Karosserie, ABS und einem USB-Anschluss im Handschuhfach deutlich moderner wirkten.

Danksagung

Unser Dank gilt Fowlers Motorcycles aus Bristol und Bridge Motorcycles aus Exeter, die uns mit Fahrzeugen unterstützten. Danke an die Firma NGK für die Farbfotos der Zündkerzen und an Draper Tools für die gezeigten Werkzeuge.

Zu diesem Buch

Der Sinn dieses Buches ist es, Ihnen zu helfen, mit Ihrem Motorroller viel Freude zu haben. Diese Hilfe kann auf verschiedenen Wegen geschehen: Sie können entscheiden, welche Arbeiten erledigt werden müssen und was Sie davon selbst ausführen können; Ihnen werden Informationen zur Instandhaltung und Pflege Ihrer Maschine gegeben; es werden Ihnen Diagnosen und Reparatur-Reihenfolgen angeboten, um Störungen zu beseitigen.

Wir wünschen uns, dass Sie mit diesem Handbuch viele Arbeiten selber erledigen können. Bei vielen simplen Arbeiten kann es einfacher sein, sie selber auszuführen, als einen Werkstatt-Termin auszumachen und den Roller zum Händler zu bringen und später dort wieder abzuholen. Noch wichtiger ist, dass man schon viel Geld sparen kann, wenn man auch nur einige Vorarbeiten erledigt – noch mehr, wenn man alle Reparaturen selber ausführt. Ebenfalls ein wichtiger Punkt ist das gute Gefühl, das entsteht, wenn Sie eine Arbeit erfolgreich zu Ende gebracht haben.

Alle Bezeichnungen für rechts und links beziehen sich auf die Einbaulage in Fahrtrichtung.

Obwohl wir sehr bemüht gewesen sind, die Richtigkeit der Informationen in diesem Buch zu gewährleisten, kommt es immer wieder vor, dass Hersteller während der Produktion technische Veränderungen vornehmen, von denen wir nichts wissen. Autor und Verlag können deshalb keine Verantwortung für Fehlinformationen übernehmen, die dem Kunden Schaden oder Verletzungen zugefügt haben.

Rahmen- und Motornummern

Die Fahrzeug-Identifizierungsnummer (FIN) – früher »Fahrgestellnummer« genannt – ist hinten am Staufach ins Rahmenblech eingeschlagen und findet sich auf der Plakette wieder. Die Motornummer ist hinten ins Getriebegehäuse eingeschlagen. Die FIN ist zudem in den Fahrzeugpapieren angegeben. Beide Nummern sollten notiert und an einem sicheren Ort aufbewahrt werden, um bei einem Diebstahl der Polizei übergeben werden zu können.

Beide Nummern sollten auch bei der Ersatzteilbeschaffung vorgelegt werden, um keine falschen Teile zu erhalten.

Hinter dem Staufach ist innerhalb der Karosserie ein Aufkleber mit der Rahmennummer und dem Farbcode angebracht, der für die Beschaffung lackierter Teile wichtig ist.

Die Prozeduren in diesem Buch beziehen sich normalerweise auf die Modellnamen (z. B. GTS) und nötigenfalls auf den Hubraum (z. B. GTS 300). Falls nötig, werden zusätzlich die Motor-Bezeichnungen und/oder das Baujahr angegeben – beachten Sie, dass das Baujahr nicht mit dem Jahr der Erstzulassung übereinstimmen muss! Die nebenstehende Tabelle zeigt die Modelle mit den entsprechenden Motor- und Fahrgestellnummern sowie ihren Produktionszeiträumen.

Modellname	Motornummer beginnt mit	FIN beginnt mit	Baujahre
LX 125ie 2V	M681M	ZAPM68100	2009 bis 2014
LX 125ie 3V	M687M	ZAPM68300	2012
LX 125ie 3V	M68AM	ZAPM68303	2013 bis 2018
LX 150ie 2V	–	ZAPM68200	2009 bis 2014
LX 150ie 3V	M688M	ZAPM68400	2012
LX 150ie 3V	M68BM	ZAPM68402	2013 bis 2018
LXV 125ie 2V	M444M	ZAPM44300	2010 bis 2014
LXV 125ie 3V	M669M	ZAPM68102	2012 bis 2018
S125ie 2V	M681M	ZAPM68101	2009 bis 2013
S125ie 3V	M687M	ZAPM68301	ab 2012
S150ie 2V	–	–	2009 bis 2013
S150ie 3V	M688M	ZAPM68401	2012 bis 2013
Sprint	M813M	ZAPM81300	ab 2014
Primavera 125ie	MA11M	ZAPM81100	ab 2014
GTS125ie Super	M455M	ZAPM45300	2009 bis 2013
GTS125ie Super	M451M	ZAPM451001	2014 bis 2015
GTS125/150ie	MA31M	ZAPMA3100/ZAPMA3200	ab 2016
GTS250ie	M451M	ZAPM45100	2005 bis 2009
GTS250ie ABS	M451M	ZAPM45101	2005 bis 2009
GTS300ie Super	M454M	ZAPM45200	2008 bis 2013
GTS300ie ABS	M451M	ZAPM45100	2014 bis 2015
GTS Super 300ie/Sei Giorni	MA33M	ZAPMA300	ab 2016
GTV250ie	M451M	ZAPM45102	2007 bis 2009
GTV300ie	–	–	2010
GT250ie 60°	M451M	ZAPM45102	2008

Ersatzteilkauf

Wenn Ersatzteile beschafft werden sollen, ist es wichtig, genau herauszufinden, um was für ein Modell es sich handelt. Manchmal recht es, den Typ (z. B. »LX 125ie«) zu benennen, oft ist es notwendig, das Produktions- (oder besser: Modell-) Jahr anzugeben. Beachten Sie, dass das Modelljahr nicht mit der ersten Zulassung in Ihren Papieren übereinstimmen muss. Am sichersten ist stets die Angabe der FIN und Motornummer.

Um absolut sicherzugehen, dass das Ersatzteil auch passt, ist es am besten, das alte Teil mit zum Händler zu nehmen. Falls das Bauteil in der laufenden Produktion bereits durch eine neue Komponente ersetzt worden ist, muss sorgfältig geprüft werden, ob nicht auch benachbarte Teile ersetzt werden müssen, um das Neuteil korrekt einbauen.

Ordern Sie Ersatzteile bei einem Piaggio-Vertragshändler oder einer autorisierten Werkstatt. Hier wird sichergestellt, dass die richtigen Teile verkauft oder bestellt werden. Verschleißteile wie Öl- und Luftfilter, Bremsbeläge, Zündkerzen, Lampen und elektrische Teile, Schmiermittel oder Reifen können auch kostengünstig im Zubehörhandel beschafft werden – achten Sie jedoch darauf, dass diese Teile zugelassen sind und der Originalqualität entsprechen. Denken Sie daran: Sollte zum Beispiel durch einen Nachrüst-Ölfilter die Motorschmierung aussetzen, könnte der Hersteller sich weigern, Garantieleistungen zu übernehmen.

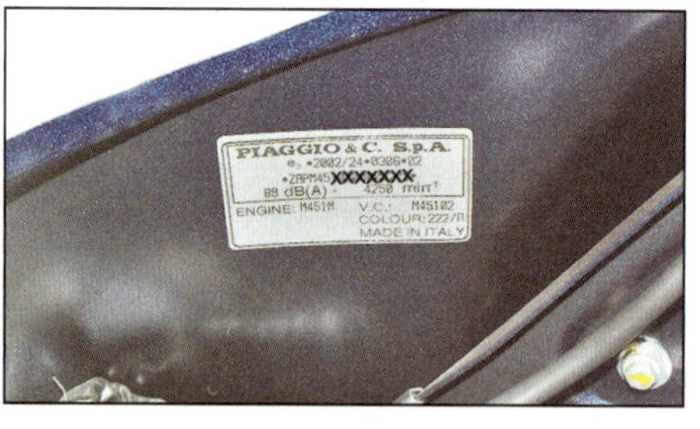

Die Rahmennummer findet sich auf dem Aufkleber mit dem Farbcode . . .

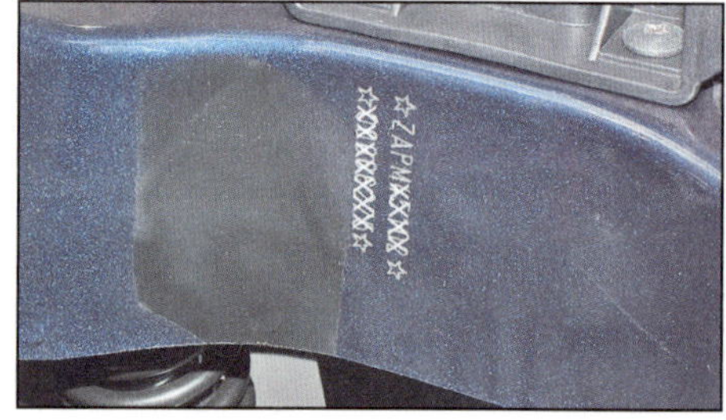

...und ist hinten im Staufach ins Karosserieblech eingeschlagen.

Die Motornummer ist hinten ins Getriebegehäuse eingeschlagen.

Tägliche Kontrollen

1 Kontrolle des Motorölpegels

Vor Beginn:

✔ Stützen Sie den Roller mit dem Hauptständer auf einer ebenen Fläche ab.
✔ Prüfen Sie den Ölpegel bei abgekühltem Motor.
✔ Warten Sie bei heißem Motor nach dem Abschalten mindestens zehn Minuten, um eine korrekte Kontrolle durchführen zu können.

Vorsichtsmaßnahmen:

- Wenn regelmäßig Öl nachgegossen werden muss, ist nach den Gründen des Ölverlustes zu suchen. Öl kann an einer defekten Dichtfläche oder der Ablassschrauben-Dichtung austreten. Falls keine Anzeichen von Lecks an Verbindungen und Dichtungen festzustellen sind, wird das Öl vom Motor verbrannt (siehe *Fehlersuche*).

Das richtige Öl

- Motoren stellen hohe Anforderungen an ihr Öl, sodass die Verwendung des korrekten Schmierstoffs äußerst wichtig für ihr Wohlbefinden ist.
- Füllen Sie den Pegel stets mit einem hochwertigen Öl für Motorräder oder Motorroller des korrekten Typs und der vorgeschriebenen Viskosität auf. Füllen Sie nicht zu viel Öl auf!

Öl-Typ	API SL ACEA A3, JASO MA
Viskosität	
3V-Motoren ab 2012	SAE 10W/40 halbsynthetisch
Alle anderen Motoren	SAE 5W/40 vollsynthetisch

Achtung: Verwenden Sie niemals chemische Additive oder sogenannte Energiesparöle!

1 **Lösen Sie rechts am 125/150 cm³-Motor den auch als Peilstab dienenden Öleinfülldeckel – hier gezeigt am GTS bis 2015,...**

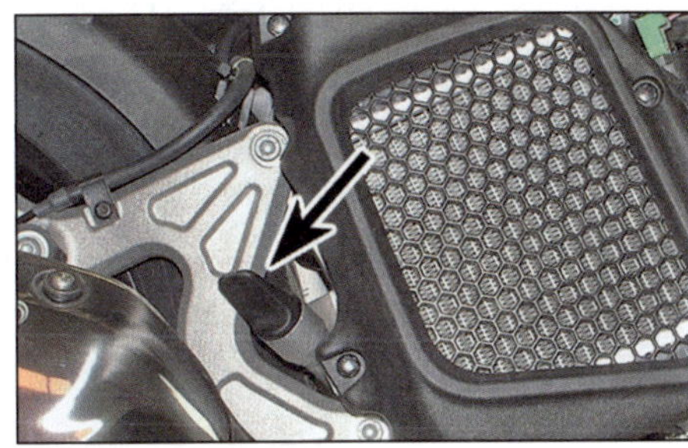

2 **...am GTS ab 2016...**

3 **...und am LX, LXV und S ab 2012 sowie an den Dreiventilmotoren des Sprint und Primavera.**

4 **Bei allen anderen Motoren sitzt der auch als Peilstab dienenden Öleinfülldeckel links am Motor.**

5 **Wischen Sie den Peilstab sauber...**

6 **...installieren Sie ihn und schrauben Sie ihn vollständig ein.**

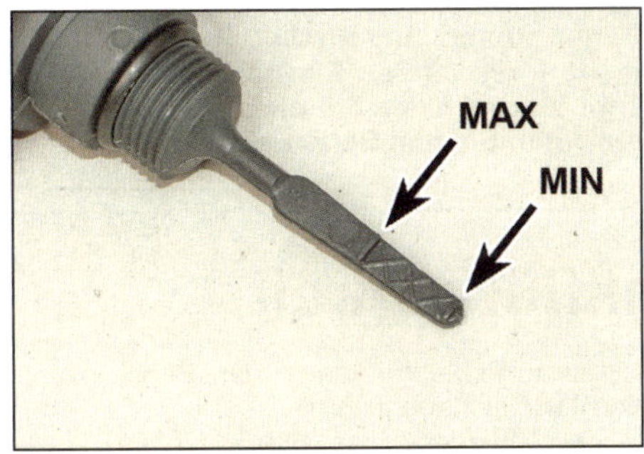

7 **Entfernen Sie den Peilstab wieder und prüfen Sie, ob der Pegel im schraffierten Feld zwischen den Markierungen für MAX und MIN steht.**

8 **Füllen Sie den Motor nötigenfalls mit dem korrekten Öl (s.o.) bis kurz unter die MAX-Markierung auf. Füllen Sie nicht zu viel Öl auf!**

2 Kontrolle des Kühlmittelpegels (Wassergekühlte Motoren)

Vor Beginn:

✔ Außer bei den GTS 125/150-Modellen ab 2016 befindet sich der Kühlmittel-Ausgleichsbehälter hinter einem Deckel rechts vom Zündschloss.

✔ Bei GTS 125/150-Modellen ab 2016 befindet sich der Kühlmittel-Ausgleichsbehälter rechts innerhalb der Karosserie, sodass für den Zugang das Staufach ausgebaut werden muss (siehe Kapitel 9).

✔ Beschaffen Sie sich vorgemischtes Kühlmittel oder mischen Sie es aus je einem Teil destillierten Wassers und Ethylenglykol-Frostschutzmittel an.

✔ Stützen Sie das Fahrzeug mit dem Hauptständer auf einer ebenen Fläche ab.

✔ Prüfen Sie den Kühlmittelpegel stets bei abgekühltem Motor.

Vorsichtsmaßnahmen:

- Verwenden Sie nur das vorgeschriebene Kühlmittel-Gemisch. Verwenden Sie Frostschutzmittel nicht nur im Winter, sondern das ganze Jahr über. Füllen Sie das Kühlsystem nur im äußersten Notfall mit klarem Wasser auf, da hierdurch der Frostschutzgehalt verringert wird.
- Füllen Sie den Ausgleichsbehälter nicht zu voll – der Pegel darf nur knapp unterhalb der MAX-Linie stehen. Überschüssiges Kühlmittel muss abgesaugt oder abgelassen werden, damit es nicht bei heißem Motor herausgedrückt wird.
- Falls der Kühlmittelpegel stetig absinkt, muss das System auf Undichtigkeiten überprüft werden (siehe Kapitel 1) – werden keine Lecks festgestellt, kann das Mittel in den Motor gelangen – lassen Sie eine Piaggio-Werkstatt eine Druckprüfung durchführen.

Warnung: Öffnen Sie niemals bei heißem Motor den Behälterdeckel – das unter Druck stehende Kühlmittel oder heißer Dampf können zu schweren Verbrühungen führen! Öffnen Sie bei abgekühltem Motor langsam den Deckel, um den Rest-Druck abzulassen.

Warnung: Lassen Sie Kühlmittel niemals offen stehen – es ist giftig!

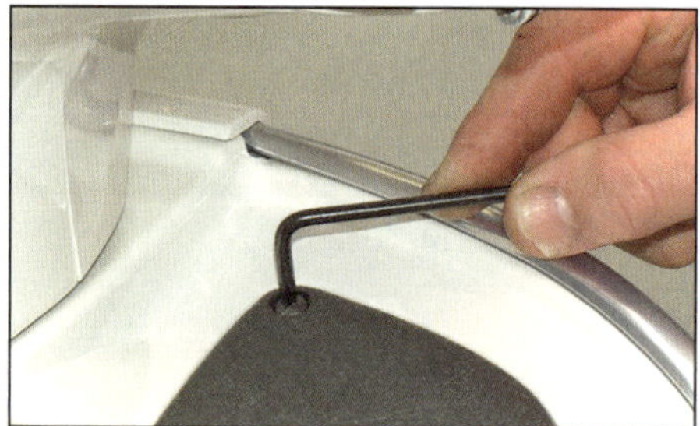

1 Lösen Sie ggf. die Schraube des Ausgleichsbehälter-Zugangsdeckels und entfernen Sie diesen.

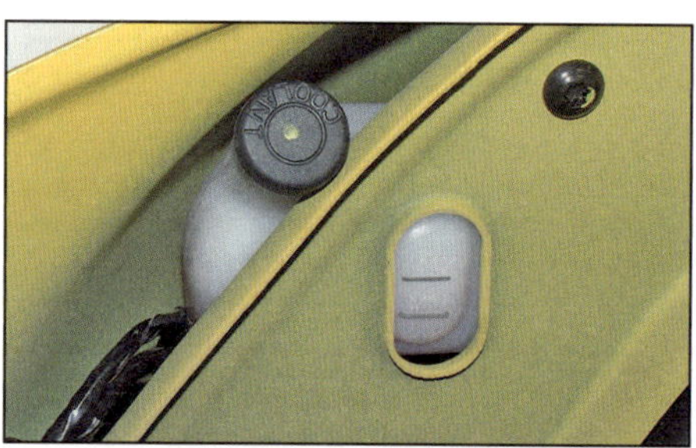

2 Bei GTS 125/150-Modellen ab 2016 befindet sich der Kühlmittel-Ausgleichsbehälter rechts innerhalb der Karosserie.

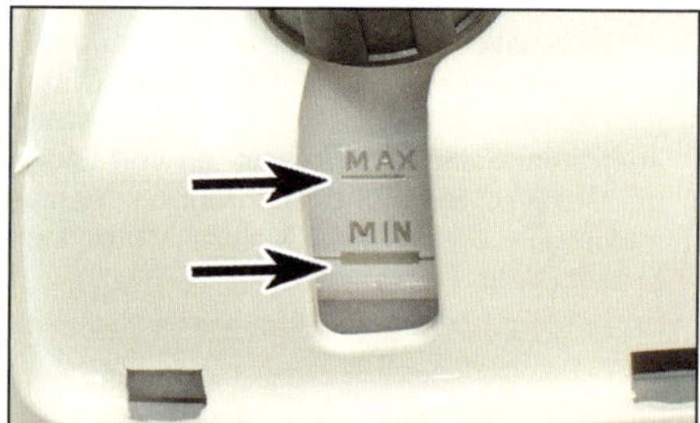

3 Kontrollieren Sie den Pegel im Ausgleichsbehälter – er muss zwischen der MIN- und der MAX-Linie stehen.

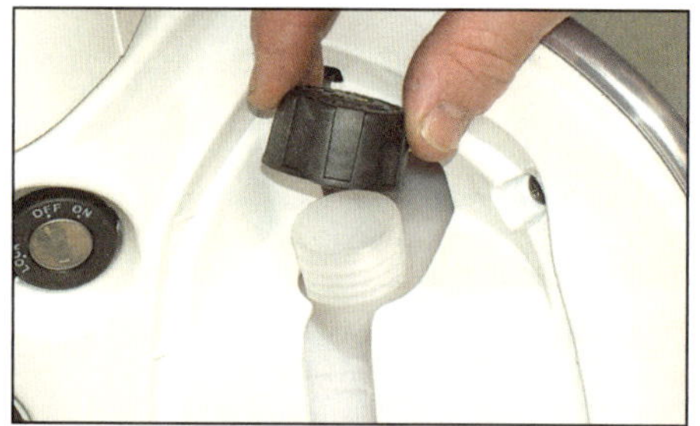

4 Falls der Pegel nahe der MIN-Linie oder darunter steht, muss der Behälterdeckel vorsichtig abgeschraubt werden – falls dabei zischende Geräusche hörbar sind, muss mit dem Abnehmen gewartet werden, bis der Druck abgebaut ist.

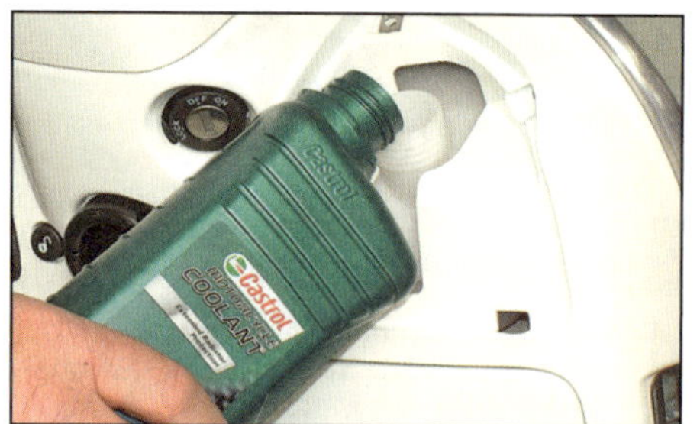

5 Füllen Sie den Ausgleichsbehälter mit dem korrekten Kühlmittel auf, bis der Pegel knapp unterhalb der MAX-Linie steht – verwenden Sie nötigenfalls einen Trichter und füllen Sie nicht zu viel auf. Installieren Sie den Behälterdeckel.

6 Montieren Sie ggf. den Zugangsdeckel – seine unteren Laschen müssen korrekt in die Nuten greifen.

3 Kontrolle der Bremsflüssigkeit

Vor Beginn:

✔ Stützen Sie das Fahrzeug mit dem Hauptständer auf einer ebenen Fläche ab. Für die Kontrolle des Flüssigkeitsstandes im Ausgleichsbehälter wird der Lenker so gedreht, dass dessen Deckel so waagerecht wie möglich steht. Kontrollieren Sie bei Modellen mit Hinterrad-Scheibenbremse den Pegel in beiden Ausgleichsbehältern.

✔ Stellen Sie sicher, dass Sie die richtige Bremsflüssigkeit haben – DOT 4 ist vorgeschrieben.

✔ Legen Sie Lappen um die Behälter, um Lackschäden durch Spritzer zu vermeiden – wischen Sie solche ggf. umgehend mit kaltem Wasser ab.

Vorsichtsmaßnahmen:

- Der Flüssigkeitsstand in den Ausgleichsbehältern nimmt mit zunehmendem Verschleiß der Bremsbeläge ab – kontrollieren Sie diese regelmäßig (siehe Kapitel 1) und tauschen Sie sie nötigenfalls aus (siehe Kapitel 8), bevor der Pegel kontrolliert wird.

Nachdem die neuen Beläge installiert wurden, drücken die Bremssattel-Kolben Flüssigkeit wieder in den Ausgleichsbehälter und es muss geprüft werden, ob Nachfüllen wirklich nötig ist.

- Falls ein Ausgleichsbehälter wiederholt nachgefüllt werden muss, ist dies ein Indiz für ein Leck im Bremssystem, welches sofort repariert werden muss.
- Achten Sie auf Undichtigkeiten an den Hydraulikschläuchen und entsprechenden Bauteilen – falls welche gefunden werden, müssen sie sofort beseitigt werden.
- Prüfen Sie die Funktion der Bremsen, bevor Sie mit der Maschine fahren. Wenn Luftblasen im System sind (schwammiges Gefühl im Hebel), muss es entlüftet werden (siehe Kapitel 8).

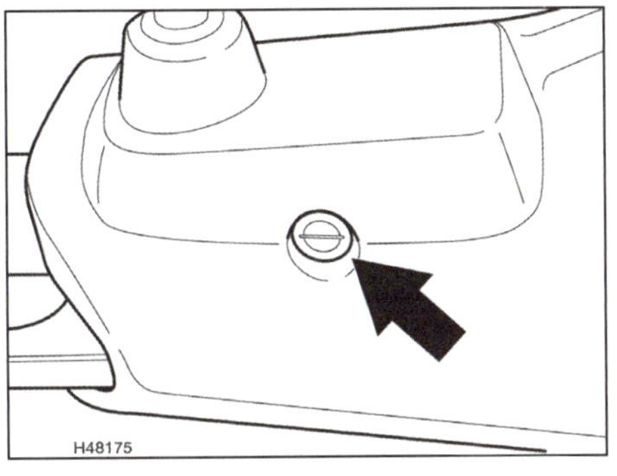

1 Kontrolle – LX, S, Spring, Primavera, GTS 125/150ie und GTS Super 300ie ab 2016 Prüfen Sie durch die Öffnung der Lenkerverkleidung den Bremsflüssigkeitspegel im Schauglas des Ausgleichsbehälters – er muss darin erkennbar sein; falls nicht, muss die Lenkerverkleidung entfernt (siehe Kapitel 9) und den Schritte 7 bis 10 gefolgt werden.

> ***Warnung: Bremsflüssigkeit kann zu Augenverletzungen führen und Lackoberflächen angreifen, bewahren Sie deshalb beim Umgang hiermit größte Sorgfalt. Beim Eingießen sollten gefährdete Teile mit Lappen bedeckt sein. Benutzen Sie keine Bremsflüssigkeit, die längere Zeit offen gestanden hat, da sie Feuchtigkeit aus der Luft absorbiert, was zu einem gefährlichen Verlust an Bremswirkung führen kann.***

2 Kontrolle – GTS-Modelle bis 2015 Befreien Sie an beiden Lenkerverkleidungen die Gummistopfen der Rückspiegel-Schäfte und schieben Sie sie nach oben.

3 Lösen Sie die Schraube in der Lenkerverkleidung...

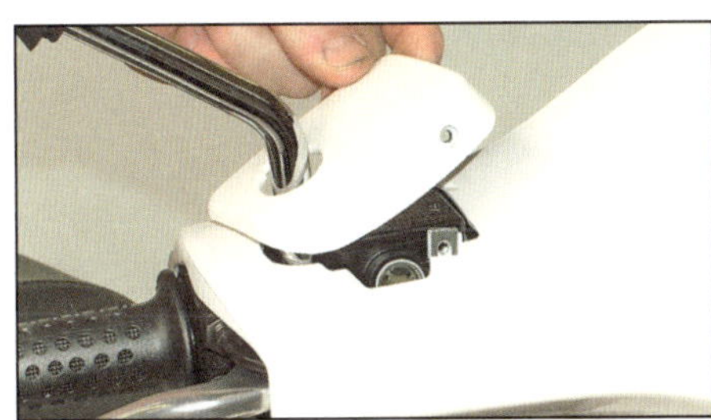

4 ...und befreien Sie die obere Abdeckung – sichern Sie sie mit Klebeband oder dem Gummistopfen am Spiegelschaft.

5 Kontrollieren Sie den Bremsflüssigkeitspegel im Schauglas des Ausgleichsbehälters – er muss darin erkennbar sein; falls nicht, muss den Schritte 7 bis 10 gefolgt werden.

6 Kontrolle – GTV, Sei Giorni 300, GT und LX Kontrollieren Sie den Bremsflüssigkeitspegel im jeweiligen Schauglas des Ausgleichsbehälters – er muss darin erkennbar sein; falls nicht, muss den Schritte 7 bis 10 gefolgt werden.

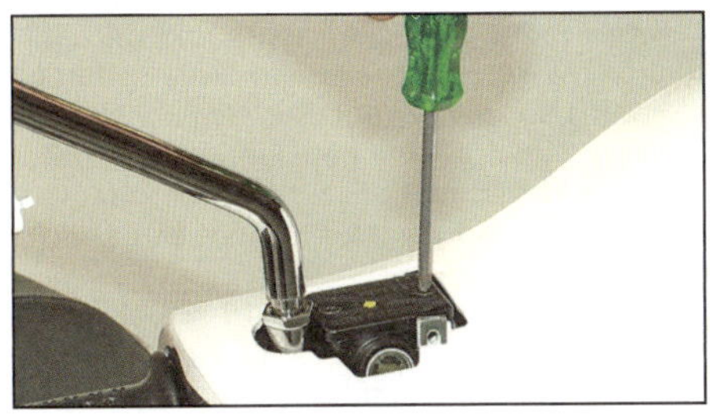

7 Auffüllen – alle Modelle Lösen Sie die Schrauben des Ausgleichsbehälterdeckels und entfernen Sie ihn samt Manschette.

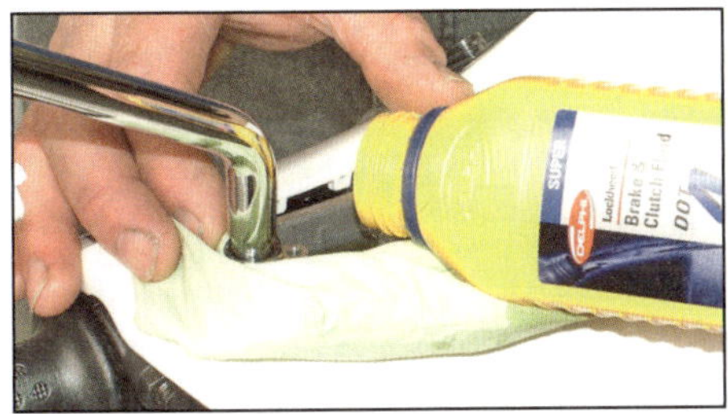

8 Füllen Sie frische DOT 4-Hydraulikflüssigkeit auf, bis der Pegel am oberen Rand des Schauglases steht – füllen Sie nicht zu viel auf und vermeiden Sie Spritzer (siehe Warnung auf vorheriger Seite).

9 Wischen Sie mit einem Tuch sämtliche Ablagerungen aus der Manschette.

10 Setzen Sie die korrekt ausgerichtete Manschette auf den Behälter, installieren Sie den Deckel und sichern Sie ihn mit den Schrauben. Montieren Sie ggf. vorhandene Abdeckungen.

4 Federung und Lenkung

- Überprüfen Sie, ob die Vorderrad- und Hinterradfederung weich und klemmfrei arbeitet.
- Überprüfen Sie, ob die Lenkung sich weich von Anschlag zu Anschlag bewegt.

5 Ordnungsgemäßer Zustand und Sicherheit

Licht und Signale:

- Nehmen Sie sich etwas Zeit und kontrollieren Sie, ob Scheinwerfer, Rücklicht, Bremslicht, Instrumentenbeleuchtung und Blinker korrekt funktionieren.
- Prüfen Sie die Funktion der Hupe.
- Ein funktionierender Tachometer ist gesetzlich vorgeschrieben.

Sicherheit:

- Überprüfen Sie, ob der Gasgriff leichtgängig ist und jederzeit und in allen Lenkerstellungen von alleine wieder schließt.
- Testen Sie, ob der Motor ausgeht, wenn man den Killschalter betätigt.
- Prüfen Sie, ob die Federn den Seitenständer im eingeklappten Zustand sicher an der Maschine halten.
- Prüfen Sie, ob beide Bremsen korrekt funktionieren und sich anschließend wieder lösen.

Kraftstoff:

- Es mag überflüssig klingen, aber überprüfen Sie, ob Sie genug Benzin für die bevorstehende Fahrt im Tank haben.
- Wenn irgendwo Kraftstoff ausläuft, müssen sie Ursachen hierfür sofort beseitigt werden.
- Vergewissern Sie sich, dass der verwendete Kraftstoff mindestens 91 Oktan hat und kein Blei enthält (siehe Kapitel 3), da hierdurch der Katalysator zerstört werden würde. Heutiges Standard-Benzin (»Super«) hat mindestens 95 Oktan.

6 Reifen

Der richtige Reifendruck

- Der Luftdruck muss bei **kaltem** Reifen überprüft werden, nicht direkt nach der Fahrt – hierbei wird der Reifen warm und der Luftdruck steigt. Extrem niedriger Reifenluftdruck kann den Reifen auf der Felge rutschen oder sogar abspringen lassen. Zu hoher Druck lässt das Profil in der Mitte stark verschleißen und sorgt für unsicheres Fahrverhalten.
- Benutzen Sie ein genaues Messgerät.
- Ein richtiger Luftdruck erhöht die Lebensdauer der Reifen und sorgt für beste Fahrstabilität und optimalen Fahrkomfort.
- Beachten Sie die Tabellen, um für Ihr Modell den korrekten Luftdruck herauszufinden.

Vorsichtsmaßnahmen

- Wenn ständig Luft nachgefüllt werden muss, ist dieses ein Indiz dafür, den Reifen dringend zu kontrollieren.
- Kontrollieren Sie die Reifen sorgfältig auf Risse, Schnitte, eingedrungene Nägel oder andere scharfe Dinge sowie erhöhte Abnutzung. Die Benutzung eines Motorrades mit stark abgefahrenen Reifen ist extrem gefährlich, auch die Straßenlage und Traktion verschlechtert sich stark.
- Kontrollieren Sie den Zustand der Reifenventile und achten Sie auf festsitzende Schutzkappen.
- Entfernen Sie alle Nägel und Steine, die sich in das Reifenprofil gesetzt haben.
- Wenn eine Beschädigung offensichtlich ist oder ungewöhnlich hoher Druckverlust auftritt, muss sofort Rat bei einem Reifenhändler gesucht werden.

Reifenprofiltiefe

Zurzeit muss ein Reifen laut Gesetz eine Mindestprofiltiefe von 1,6 mm aufweisen – und zwar an der am stärksten abgefahrenen Stelle. Viele Fahrer wechseln die Reifen sicherheitshalber bei einer Profiltiefe von 2 mm.

- Viele heutige Reifen besitzen Profiltiefen-Indikatoren, auf die an den Flanken mit Dreiecken oder der Bezeichnung TWI hingewiesen wird. Diese Markierungen müssen nicht unbedingt den gesetzlichen Vorgaben in Deutschland entsprechen! Ist das Profil bis auf diese Erhebungen abgefahren, muss der Reifen spätestens gewechselt werden.

LX, LXV und S

	Vorderrad	Hinterrad
Nur Fahrer	1,6 bar	2,0 bar
Fahrer und Beifahrer	1,6 bar	2,3 bar

GTS, GTS Super, GTV, GT und Sprint

	Vorderrad	Hinterrad
Nur Fahrer	1,8 bar	2,0 bar
Fahrer und Beifahrer	1,8 bar	2,2 bar

Primavera

	Vorderrad	Hinterrad
Nur Fahrer	1,6 bar	1,8 bar
Fahrer und Beifahrer	1,6 bar	2,0 bar

1 **Schrauben Sie die Ventilkappe ab – vergessen Sie nicht, sie später wieder aufzuschrauben.**

2 **Kontrollieren Sie den Luftdruck nur bei kaltem Reifen und füllen Sie nur bis zum empfohlenen Druck nach.**

3 **Die Profiltiefe wird mithilfe eines Profiltiefenmessers in der Mitte des Reifens gemessen.**

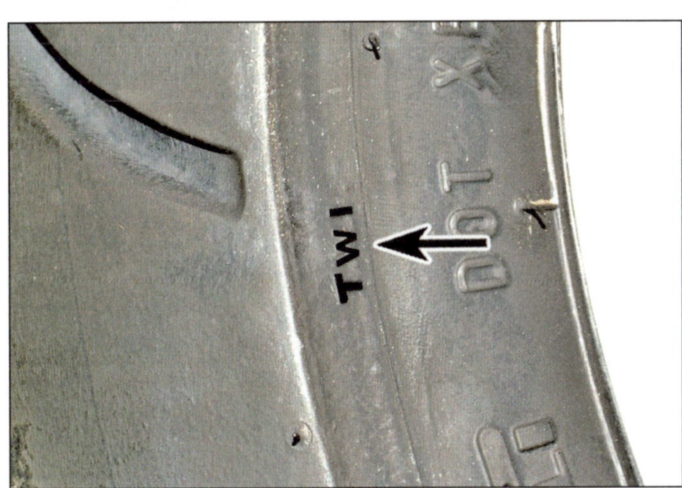

4 **Der Hinweis TWI (= Tread Wear Indicator) auf der Reifenflanke.**

5 **Der Profiltiefen-Indikator auf der Reifenflanke.**

Sicherheit geht vor!

Professionelle Mechaniker haben während ihrer Ausbildung viel über Arbeitssicherheit gelernt. Doch auch der Enthusiast sollte sich bei seinen Tätigkeiten die Zeit nehmen, um sicherzustellen, dass er sich nicht unnötig in Gefahr begibt. Eine kurze Unachtsamkeit kann genauso zu einem Unfall führen wie die Nichtbeachtung simpler Vorsichtsmaßnahmen.
Es gibt unendlich viele Möglichkeiten, einen Unfall herbeizuführen – und es kann hier keine umfassende Liste aller Gefahren wiedergegeben werden; vielmehr soll auf das Risiko hingewiesen und auf eine sichere Herangehensweise an alle Arbeiten am Motorrad aufmerksam gemacht werden.

Asbest

• Verschiedene Reibmaterialien, Isolierungen und Dichtungen (z. B. Brems- und Kupplungsbeläge, Kopfdichtungen, Hitzeschilde, usw.) können Asbest enthalten. Absolute Vorsicht ist beim Einatmen des Staubs solcher Teile geboten, da dieser äußerst gesundheitsschädlich ist. Im Zweifelsfall sollte man immer davon ausgehen, dass Asbest enthalten ist.

Feuer

• Denken Sie immer daran, dass Benzin leicht entzündbar ist. Rauchen Sie niemals bei der Arbeit am Fahrzeug, und lassen Sie keine offenen Flammen in die Nähe kommen. Hiermit ist das Feuerrisiko jedoch noch nicht gebannt, denn Funken durch einen elektrischen Kurzschluss, das Aufeinanderschlagen zweier Metallteile, der unbedachte Einsatz von Werkzeugen oder die statische Aufladung des Körpers oder der Kleidung können in geschlossenen Räumen Benzindämpfe entzünden, die sich zu einem hochexplosiven Gemisch entwickelt haben. Verwenden Sie Benzin niemals als Reinigungsmittel, sondern benutzen Sie ungefährlichere Lösungsmittel.

• Trennen Sie vor jeder Arbeit am Kraftstoff- oder Zündsystem den Masseanschluss (–) von der Batterie. Lassen Sie niemals Benzin auf den heißen Motor oder Auspuff tropfen.

• Es wird empfohlen, in der Garage oder der Werkstatt einen für brennende Flüssigkeiten geeigneten Feuerlöscher griffbereit zu halten. Löschen Sie niemals brennendes Benzin oder unter Strom stehende Teile mit Wasser!

Dämpfe

• Manche Dämpfe sind hochgiftig und können schnell zur Bewusstlosigkeit oder gar zum Tod führen, wenn sie in einer bestimmten Konzentration eingeatmet werden. Benzindämpfe gehören genauso dazu wie Dämpfe von Lösungsmitteln wie Trichlorethylen. Sämtlicher Umgang mit solch flüchtigen Stoffen darf nur in gut belüfteten Bereichen geschehen.

• Bei der Verwendung von Reinigungs- oder Lösungsmitteln müssen stets sorgfältig die Anwendungshinweise durchgelesen werden. Benutzen Sie niemals Stoffe aus unbeschrifteten Behältern, und mischen Sie niemals verschiedene an sich harmlose Lösungsmittel – sie können giftige Dämpfe freisetzen.

• Lassen Sie niemals einen Verbrennungsmotor in geschlossenen Räumen laufen. Auspuffgase enthalten Kohlenmonoxid, das extrem giftig ist. Wenn ein Motor gestartet werden muss, hat dies möglichst im Freien zu geschehen, zumindest ist die Maschine so hinzustellen, dass der Auspuff nach draußen zeigt.

Batterie

• Setzen Sie die Batterie nie offenem Feuer oder Funken aus, da sie immer etwas Wasserstoff abgibt, der hochexplosiv ist.

• Trennen Sie vor der Arbeit am Kraftstoff- oder Zündsystem den Masse-Anschluss (–) von der Batterie – außer, die Stromzufuhr wird ausdrücklich verlangt.

• Lockern Sie beim Laden der Batterie die Einfüllstopfen. Laden Sie die Batterie nicht mit einer zu hohen Rate, da sie hierdurch beschädigt wird.

• Seien Sie beim Auffüllen, Reinigen und Tragen der Batterie vorsichtig. Die Batteriesäure ist auch im verdünnten Zustand stark ätzend. Haut- und Augenkontakt muss durch das Tragen von Gummihandschuhen und einer Schutzbrille mit Gesichtsschutz vermieden werden. Muss die Batteriesäure selber vorbereitet werden, darf nur die Säure langsam dem Wasser zugefügt werden – kippen Sie niemals das Wasser in die Säure!

Elektrizität

• Beim Einsatz von Elektrowerkzeugen, Lampen usw. muss immer ein korrekter Stromanschluss und ggf. Masseanschluss sichergestellt sein. Verwenden Sie keine Elektrogeräte in feuchter Umgebung oder in der Nähe von Benzin oder Benzindämpfen. Achten Sie darauf, dass alle Geräte und das Stromnetz den Sicherheitsstandards entsprechen.

• Einen starken Stromschlag kann man beim Berühren bestimmter Teile der elektrischen Anlage bekommen, so zum Beispiel beim Anfassen der Zündkabel bei laufendem oder durchgedrehtem Motor – und besonders, wenn Bauteile feucht sind oder eine defekte Isolierung haben. Bei elektronischen Zündanlagen kann die Zündspannung lebensgefährlich sein!

Niemals ...

✘ den Motor starten, ohne geprüft zu haben, dass sich das Getriebe im Leerlauf befindet.
✘ plötzlich den Deckel eines heißen Kühlsystems entfernen, sondern ihn mit Lappen abdecken und langsam den Druck ablassen, um sich nicht durch austretendes Kühlmittel zu verbrühen.
✘ aus einem heißen Motor Öl ablassen, sondern ihn erst etwas abkühlen lassen, um sich nicht zu verbrennen.
✘ Teile eines heißen Motors oder Auspuffs anfassen, um sich nicht zu verbrennen.
✘ Bremsflüssigkeit oder Kühlmittel auf Lack oder Kunststoffteile gelangen lassen.
✘ giftige Flüssigkeiten wie Benzin, Bremsflüssigkeit oder Frostschutzmittel mit dem Mund ansaugen oder auf die Haut gelangen lassen.
✘ Staub einatmen, der gesundheitsschädlich sein kann (siehe oben unter Asbest).
✘ Öl oder Fett auf dem Boden belassen, sondern es aufwischen, bevor jemand darauf ausrutscht.
✘ verschlissene Werkzeuge benutzen, da man damit abrutschen und sich verletzen kann.
✘ schwere Dinge wie Motoren allein heben, sondern einen Assistenten zu Hilfe holen.
✘ in Zeitnot arbeiten oder die Arbeit auf gefährlichen Wegen abkürzen.
✘ Kindern oder Tieren ermöglichen, sich in der Nähe eines unbeobachteten Fahrzeugs aufzuhalten.
✘ einen Reifen über den erlaubten Maximaldruck aufpumpen. Abgesehen von der Überlastung der Karkasse kann er in Extremfällen platzen.

Stets ...

✔ dafür sorgen, dass die Maschine sicher steht. Besonders wichtig ist dies, wenn die Maschine für den Ausbau eines Rades oder einer Radaufhängung aufgebockt wird.
✔ festsitzende Schrauben oder Muttern vorsichtig lockern. An einem Schlüssel zu ziehen ist immer besser als ihn zu drücken, damit man beim Abrutschen nicht auf die Maschine stößt.
✔ beim Einsatz von Bohrern, Schleifern und anderen Maschinen eine Schutzbrille tragen.
✔ beim Arbeiten in schmutzigen Bereichen die Hände mit Schutzcreme versehen, die nicht nur vor Infektionen schützt, sondern auch das Reinigen erleichtert. Längerer Kontakt mit Motoröl kann ein Gesundheitsrisiko sein. Passen Sie auf, dass die Hände durch die Creme nicht rutschig werden.
✔ Kleidungsstücke wie Ärmel, Halstücher oder lange Haare außerhalb des Arbeitsbereichs beweglicher Teile halten.
✔ Schmuck und Uhren vor der Arbeit – besonders an elektrischen Bauteilen – ablegen.
✔ den Arbeitsbereich sauber und geordnet halten, um nicht über herumliegende Teile zu fallen.
✔ beim Zusammendrücken von Federn für den Aus- oder Einbau vorsichtig sein. Spannen und Entspannen Sie Federn nur mit geeigneten Werkzeugen, die die Feder nicht plötzlich wegspringen lassen.
✔ aufpassen, dass Hebevorrichtungen genügend Tragkraft für die zu verrichtende Arbeit haben.
✔ jemanden regelmäßig die Arbeit kontrollieren lassen, wenn man allein am Fahrzeug arbeitet.
✔ die Arbeit in einer logischen Reihenfolge ausführen und anschließend prüfen, ob alles korrekt montiert und gesichert ist.
✔ daran denken, dass die Sicherheit des Fahrzeugs auch Ihre eigene Sicherheit und die anderer bedeutet. Bei jedem Zweifel muss professioneller Rat eingeholt werden.

• Da man sich trotz des Befolgens dieser Hinweise verletzen kann, muss dafür gesorgt werden, dass immer jemand (nötigenfalls per Telefon) erreichbar ist, der einem zu Hilfe kommen kann.

Kapitel 1
Einstellungs- und Wartungsarbeiten

Inhalt (in alphabetischer Reihenfolge, die Zahlen geben die Nummerierung in den grauen Feldern wieder)

Schwierigkeitsgrade

Leicht. Für Anfänger mit wenig Erfahrung geeignet. 

Relativ leicht. Für Anfänger mit etwas Erfahrung geeignet. 

Relativ schwierig. Geeignet für geübte Selbstschrauber. 

Schwer. Geeignet für Selbstschrauber mit viel Erfahrung. 

Sehr schwer. Geeignet für Experten und Profis. 

1 Dieses Kapitel soll dem Selbstschrauber helfen, seinen Motorroller immer in einem sicheren und technisch guten Zustand zu halten, sodass er immer voll leistungsfähig ist und eine lange Lebensdauer erreicht.

2 Die Entscheidung, wo und wann man mit dem Wartungsplan anfangen soll, hängt von verschiedenen Faktoren ab. Falls die Garantieperiode Ihres Fahrzeugs gerade abgelaufen ist und bisherige Inspektionen von einer Werkstatt vorgenommen wurden, kann man mit der nächsten Wartung bis zum nächsten vorgeschriebenen Kilometerstand oder Zeitablauf warten. Falls Sie den Roller schon einige Zeit haben, aber lange keine Inspektion mehr durchgeführt haben oder das Fahrzeug erst kürzlich gebraucht erworben haben und nicht über seine Wartungs-Historie Bescheid wissen, sollten Sie eine Komplett-Inspektion durchführen, um sicherzugehen, dass nichts übersehen wurde; fahren Sie anschließend mit dem Inspektionsplan fort, als würde es sich um ein Neufahrzeug handeln.

3 Vor Beginn jeglicher Wartungsarbeiten sollte das Fahrzeug sorgfältig gereinigt werden – besonders an den Federelementen, den Bremsen sowie allen Motor- und Getriebedeckeln. Saubere Teile schützen davor, dass während der Arbeit kein Schmutz in die zu bearbeitenden Teile eindringt, außerdem lassen sich Verschleiß und Beschädigungen besser erkennen.

4 Wichtige Wartungshinweise sind oft auf Aufklebern vermerkt, die am Fahrzeug angebracht sind – falls sich diese Informationen von denen im Buch unterscheiden, sollte man sich nach denen am Fahrzeug richten.

Anmerkung 1: *Die in der Einleitung dieses Buchs beschriebenen Täglichen Kontrollen sollten vor jeder Fahrt durchgeführt werden. Natürlich gehören sie auch zu jeder in diesem Kapitel aufgeführten Wartung dazu.*

Anmerkung 2: *Die folgenden aufgelisteten Wartungsintervalle entsprechen den Herstellerangaben.*

Anmerkung 3: *Normalerweise wird die Erstinspektion (nach den ersten 1000 km) von einer Piaggio-Werkstatt ausgeführt. Danach sollte der Roller entsprechend der folgenden Pläne gewartet werden.*

LXV 125ie

LX 125/150ie und LXV 125/150ie – 2009 bis 2011

Technische Daten

Motor	luftgekühlter Zweiventil-Einzylinder mit 124 oder 151 cm³ Hubraum
Getriebe	Variable Automatik, Riemenantrieb
Zündung	Elektronische CDI-Zündung
Kraftstoffaufbereitung	Einspritzanlage
Vorderradaufhängung	Gezogene Einarmschwinge mit Mono-Stoßdämpfer
Hinterradaufhängung	Direkt an Motor/Getriebe-Einheit mit Mono-Stoßdämpfer
Vorderradbremse	Hydraulische Scheibenbremse
Hinterradbremse	Per Bowdenzug betätigte Trommelbremse
Vorderreifen	110/70-11
Hinterreifen	120/70-10
Gesamtlänge	1770 mm
Gesamtbreite	740 mm
Gesamthöhe	1140 mm
Radstand	1280 mm
Leergewicht	114 ± 5 kg
Tankinhalt	
Gesamt	8,2 l
davon Reserve	2,0 l
Markteinführung	
LX 125/150ie	2009
LX 125/150 ie Touring	2010
LXV 125/150ie	2010

Wartungsdaten und Schmierstoffe

Batterie	12 V, 10 Ah
Zündkerzen-Typ	
125 cm³-Motoren	NGK CR8EB
150 cm³-Motoren	NGK CR7EB
Zündkerzen-Elektrodenabstand	0,7 bis 0,8 mm
Standgasdrehzahl	1700 bis 1800/min
Bremsbelag/Bremsbacken-Verschleißgrenze	1,5 mm
Hinterradbremshebel-Spiel	1,5 mm
Gasgriff-Spiel	2 bis 6 mm
Ventilspiel (Motor KALT)	
Einlassventil	0,10 mm
Auslassventil	0,15 mm
Kraftstoff	Benzin bleifrei, 91 Oktan (min.)
Motoröl-Typ	SAE 5W/40, vollsynthetisch, API SL, ACEA A3, JASO MA
Motoröl-Füllmenge	
nach Ablassen	ca. 1,0 l
Motor trocken	1,1 l
Getriebeöl-Typ	SAE 80W/90, API GL3
Getriebeöl-Füllmenge	100 ml
Bremsflüssigkeit	DOT 4

Anzugsdrehmomente

	Nm
Getriebeöl-Ablassschraube	15 bis 17
Motoröl-Ablassschraube	24 bis 30
Zündkerze	12 bis 14

LX 125ie

LX 125ie Touring

Wartungsplan LX 125/150ie und LXV 125/150ie – 2009 bis 2011

Anmerkung: *Führen Sie zunächst stets die am Anfang dieses Buchs beschriebenen »Täglichen Kontrollen« durch.*

	Text-Sektion in diesem Kapitel	Alle 6000 km oder 12 Monate	Alle 12 000 km oder 2 Jahre	Alle 18 000 km	Alle 24 000 km
Luftfilter – Reinigung*	**1**	✔			
Batterie – Kontrolle	**2**	✔			
Bremsbeläge und Bremsbacken – Verschleißprüfung	**3**	✔			
Bremssystem – Kontrolle**	**4**	✔			
Kühlsystem – Kontrolle	**5**		✔		
Motorentlüftung – Reinigung	**6**				✔
Antriebsriemen und Getriebe – Kontrolle	**7**	✔			
Antriebsriemen und Getriebe – Austausch des Riemens und der Variator-Komponenten	**7**		✔		
Motoröl und Ölfilter – Austausch	**8**	✔			
Kraftstoffsystem – Kontrolle	**9**		✔		
Getriebeölpegel – Kontrolle	**10**	✔			
Getriebeöl – Austausch	**10**				✔
Scheinwerferausrichtung – Kontrolle	**11**		✔		
Standgasdrehzahl – Kontrolle	**12**		✔		
Muttern und Schrauben – Festigkeitsprüfung	**13**		✔		
Zündkerze – Kontrolle	**14**	✔			
Zündkerze – Austausch	**14**		✔		
Ständer – Kontrolle und Schmierung	**15**	✔			
Tachowelle und Antrieb – Schmierung	**16**		✔		
Lenkkopflager – Kontrolle	**17**		✔		
Federelemente – Kontrolle	**18**		✔		
Gasgriff – Kontrolle und Einstellung	**19**		✔		
Ventilspiel – Kontrolle	**20**	**Erstmals nach 6000 km**		✔	
Räder und Reifen – Kontrolle	**21**	✔			

** Reinigen Sie den Luftfilter öfter, wenn regelmäßig in staubiger oder feuchter Umgebung gefahren wird.*
*** Die Bremsflüssigkeit muss ungeachtet der Laufleistung alle zwei Jahre ausgetauscht werden.*

LX 125/150ie und LXV 125/150ie 3V – 2012 bis 2014

Technische Daten

Motor	luftgekühlter Dreiventil-Einzylinder mit 124,5 oder 154,8 cm³ Hubraum
Getriebe	Variable Automatik, Riemenantrieb
Zündung	Elektronische CDI-Zündung
Kraftstoffaufbereitung	Einspritzanlage
Vorderradaufhängung	Gezogene Einarmschwinge mit Mono-Stoßdämpfer
Hinterradaufhängung	Direkt an Motor/Getriebe-Einheit mit Mono-Stoßdämpfer
Vorderradbremse	Hydraulische Scheibenbremse
Hinterradbremse	Per Bowdenzug betätigte Trommelbremse
Vorderreifen	110/70-11
Hinterreifen	120/70-10
Gesamtlänge	1770 mm
Gesamtbreite	740 mm
Gesamthöhe	
LX 125/150ie	1140 mm
LXV 125/150ie	1225 mm
Radstand	1280 mm
Leergewicht	
LX 125/150ie	114 kg
LXV 125/150ie	122 kg
Tankinhalt	
LX 125/150ie	
Gesamt	8,2 l
davon Reserve	2,0 l
LXV 125/150ie	
Gesamt	7,0 l
davon Reserve	2,5 l
Markteinführung	2012
Motornummer-Präfix	
LX/LXV 125	M669M
LX/LXV 150	M66AM
FIN-Präfix	RP8M66500

Wartungsdaten und Schmierstoffe

Batterie	12 V, 10 Ah, ab Juni 2013: 12 V, 6 Ah
Zündkerzen-Typ	NGK CR8EB
Zündkerzen-Elektrodenabstand	0,7 bis 0,8 mm
Standgasdrehzahl	1700 bis 1800/min
Bremsbelag/Bremsbacken-Verschleißgrenze	1,5 mm
Hinterradbremshebel-Spiel	siehe Sektion 4
Gasgriff-Spiel	2 bis 6 mm
Ventilspiel (Motor KALT)	
Einlassventile	0,08 mm
Auslassventil	0,08 mm
Kraftstoff	Benzin bleifrei, 95 Oktan (min.)
Motoröl-Typ	SAE 10W/40, vollsynthetisch, API SL, ACEA A3, JASO MA, MA2
Motoröl-Füllmenge	1,34 l
Getriebeöl-Typ	SAE 80W/90, API GL4
Getriebeöl-Füllmenge	200 ml
Bremsflüssigkeit	DOT 4

Anzugsdrehmomente	**Nm**
Getriebeöl-Ablassschraube	15 bis 17
Motoröl-Ablassschraube	15 bis 17
Ölfilterpatrone	5 bis 6
Zündkerze	10 bis 12

Wartungsplan LX 125/150ie und LXV 125/150ie – 2012 bis 2014

Anmerkung: *Führen Sie zunächst stets die am Anfang dieses Buchs beschriebenen »Täglichen Kontrollen« durch.*

	Text-Sektion in diesem Kapitel	Alle 5000 km oder 5 Monate	Alle 10 000 km oder 10 Monate	Alle 20 000 km oder 20 Monate
Luftfilter – Reinigung*	**1**		✔	
Batterie – Kontrolle	**2**	✔		
Bremsbeläge und Bremsbacken – Verschleißprüfung	**3**	✔		
Bremssystem – Kontrolle**	**4**	✔		
Kühlsystem – Kontrolle	**5**	✔		
Motorentlüftung – Reinigung	**6**			✔
Antriebsriemen LX/LXV 125	**7**		✔ **Kontrolle**	✔ **Austausch**
Antriebsriemen LX/LXV 150	**7**		✔ **Austausch**	
Variator-Komponenten – Kontrolle und ggf. Ersetzen	**7**		✔	
Motoröl und Ölfilter	**8**		✔	
Kraftstoffsystem – Kontrolle	**9**	✔		
Getriebeölpegel – Kontrolle	**10**		✔	
Scheinwerferausrichtung – Kontrolle	**11**		✔	
Standgasdrehzahl – Kontrolle	**12**		✔	
Muttern und Schrauben – Festigkeitsprüfung	**13**		✔	
Zündkerze LX 125/150	**14**		✔ **Kontrolle**	✔ **Austausch**
Zündkerze LXV 125/150	**14**	✔ **Kontrolle**	✔ **Austausch**	
Ständer – Kontrolle und Schmierung	**15**	✔		
Tachowelle und Antrieb – Schmierung	**16**		✔	
Lenkkopflager – Kontrolle	**17**		✔	
Federelemente – Kontrolle	**18**		✔	
Gasgriff – Kontrolle und Einstellung	**19**		✔	
Ventilspiel – Kontrolle	**20**		✔	
Räder und Reifen – Kontrolle	**21**	✔		

** Reinigen Sie den Luftfilter öfter, wenn regelmäßig in staubiger oder feuchter Umgebung gefahren wird.*
*** Die Bremsflüssigkeit muss ungeachtet der Laufleistung alle zwei Jahre ausgetauscht werden.*

S 125ie

S 125ie und S 150ie – 2009 bis 2011

Technische Daten

Motor	luftgekühlter Zweiventil-Einzylinder mit 124 oder 151 cm³ Hubraum
Getriebe	Variable Automatik, Riemenantrieb
Zündung	Elektronische CDI-Zündung
Kraftstoffaufbereitung	Einspritzanlage
Vorderradaufhängung	Gezogene Einarmschwinge mit Mono-Stoßdämpfer
Hinterradaufhängung	Direkt an Motor/Getriebe-Einheit mit Mono-Stoßdämpfer
Vorderradbremse	Hydraulische Scheibenbremse
Hinterradbremse	Per Bowdenzug betätigte Trommelbremse
Vorderreifen	110/70-11
Hinterreifen	120/70-10
Gesamtlänge	1770 mm
Gesamtbreite	740 mm
Gesamthöhe	1140 mm
Radstand	1280 mm
Leergewicht	114 ± 5 kg
Tankinhalt	
Gesamt	8,3 l
davon Reserve	2,5 l
Markteinführung	
S 125/150Ie	2009
S 125ie College	2010

Wartungsdaten und Schmierstoffe

Batterie	12 V, 10 Ah
Zündkerzen-Typ	
125 cm³-Motoren	NGK CR8EB
150 cm³-Motoren	NGK CR7EB
Zündkerzen-Elektroden-abstand	0,7 bis 0,8 mm
Standgasdrehzahl	1700 bis 1800/min
Bremsbelag/Bremsbacken-Verschleißgrenze	1,5 mm
Hinterradbremshebel-Spiel	siehe Sektion 4
Gasgriff-Spiel	2 bis 6 mm
Ventilspiel (Motor KALT)	
Einlassventil	0,10 mm
Auslassventil	0,15 mm
Kraftstoff	Benzin bleifrei, 91 Oktan (min.)
Motoröl-Typ	SAE 5W/40, vollsynthetisch, API SL, ACEA A3, JASO MA
Motoröl-Füllmenge	
nach Ablassen	ca. 1,0 l
Motor trocken	1,1 l
Getriebeöl-Typ	SAE 80W/90, API GL3
Getriebeöl-Füllmenge	100 ml
Bremsflüssigkeit	DOT 4

Anzugsdrehmomente	Nm
Getriebeöl-Ablassschraube	15 bis 17
Motoröl-Ablassschraube	24 bis 30
Zündkerze	12 bis 14

S 125ie College

Wartungsplan S 125ie und S150ie – 2009 bis 2011

Anmerkung: *Führen Sie zunächst stets die am Anfang dieses Buchs beschriebenen »Täglichen Kontrollen« durch.*

	Text-Sektion in diesem Kapitel	Alle 6000 km oder 12 Monate	Alle 12 000 km oder 2 Jahre	Alle 18 000 km	Alle 24 000 km
Luftfilter – Reinigung*	1	✔			
Batterie – Kontrolle	2	✔			
Bremsbeläge und Bremsbacken – Verschleißprüfung	3	✔			
Bremssystem – Kontrolle**	4	✔			
Kühlsystem – Kontrolle	5		✔		
Motorentlüftung – Reinigung	6				✔
Antriebsriemen und Getriebe – Kontrolle	7	✔			
Antriebsriemen und Getriebe – Austausch des Riemens und der Variator-Komponenten	7		✔		
Motoröl und Ölfilter – Austausch	8	✔			
Kraftstoffsystem – Kontrolle	9		✔		
Getriebeölpegel – Kontrolle	10	✔			
Getriebeöl – Austausch	10				✔
Scheinwerferausrichtung – Kontrolle	11		✔		
Standgasdrehzahl – Kontrolle	12		✔		
Muttern und Schrauben – Festigkeitsprüfung	13		✔		
Zündkerze – Kontrolle	14	✔			
Zündkerze – Austausch	14		✔		
Ständer – Kontrolle und Schmierung	15	✔			
Tachowelle und Antrieb – Schmierung	16		✔		
Lenkkopflager – Kontrolle	17		✔		
Federelemente – Kontrolle	18		✔		
Gasgriff – Kontrolle und Einstellung	19		✔		
Ventilspiel – Kontrolle	20	**Erstmals nach 6000 km**		✔	
Räder und Reifen – Kontrolle	21	✔			

** Ersetzen Sie den Luftfilter öfter, wenn regelmäßig in staubiger oder feuchter Umgebung gefahren wird.*
*** Die Bremsflüssigkeit muss ungeachtet der Laufleistung alle zwei Jahre ausgetauscht werden.*

S 125ie und S 150ie 3V – 2012 bis 2014

Technische Daten

Motor	luftgekühlter Dreiventil-Einzylinder mit 124,5 oder 154,8 cm³ Hubraum
Getriebe	Variable Automatik, Riemenantrieb
Zündung	Elektronische CDI-Zündung
Kraftstoffaufbereitung	Einspritzanlage
Vorderradaufhängung	Gezogene Einarmschwinge mit Mono-Stoßdämpfer
Hinterradaufhängung	Direkt an Motor/Getriebe-Einheit mit Mono-Stoßdämpfer
Vorderradbremse	Hydraulische Scheibenbremse
Hinterradbremse	Per Bowdenzug betätigte Trommelbremse
Vorderreifen	110/70-11
Hinterreifen	120/70-10
Gesamtlänge	1770 mm
Gesamtbreite	740 mm
Gesamthöhe	1140 mm
Radstand	1280 mm
Leergewicht	114 kg
Tankinhalt	
Gesamt	8,2 l
davon Reserve	2,5 l
Markteinführung	2012
Motornummer-Präfix	
LX/LXV 125	M669M
LX/LXV 150	M66AM
FIN-Präfix	
LX/LXV 125	RP8M66501
LX/LXV 150	RP8M66601

Wartungsdaten und Schmierstoffe

Batterie	12 V, 10 Ah
Zündkerzen-Typ	NGK CR8EB
Zündkerzen-Elektrodenabstand	0,7 bis 0,8 mm
Standgasdrehzahl	1700 bis 1800/min
Bremsbelag/Bremsbacken-Verschleißgrenze	1,5 mm
Hinterradbremshebel-Spiel	siehe Sektion 4
Gasgriff-Spiel	2 bis 6 mm
Ventilspiel (Motor KALT)	
Einlassventile	0,08 mm
Auslassventil	0,08 mm
Kraftstoff	Benzin bleifrei, 95 Oktan (min.)
Motoröl-Typ	SAE 10W/40, vollsynthetisch, API SL, ACEA A3, JASO MA, MA2
Motoröl-Füllmenge	1,34 l
Getriebeöl-Typ	SAE 80W/90, API GL4
Getriebeöl-Füllmenge	200 ml
Bremsflüssigkeit	DOT 4

Anzugsdrehmomente	Nm
Getriebeöl-Ablassschraube	15 bis 17
Motoröl-Ablassschraube	15 bis 17
Ölfilterpatrone	5 bis 6
Zündkerze	10 bis 12

Wartungsplan S 125ie und S 150ie 3V – 2012 bis 2014

Anmerkung: *Führen Sie zunächst stets die am Anfang dieses Buchs beschriebenen »Täglichen Kontrollen« durch.*

	Text-Sektion in diesem Kapitel	Alle 5000 km oder 5 Monate	Alle 10 000 km oder 10 Monate	Alle 20 000 km oder 20 Monate
Luftfilter – Reinigung*	**1**		✔	
Batterie – Kontrolle	**2**	✔		
Bremsbeläge und Bremsbacken – Verschleißprüfung	**3**	✔		
Bremssystem – Kontrolle**	**4**	✔		
Kühlsystem – Kontrolle	**5**	✔		
Motorentlüftung – Reinigung	**6**			✔
Antriebsriemen S 125	**7**		**✔ Kontrolle**	**✔ Austausch**
Antriebsriemen S 150	**7**		**✔ Austausch**	
Variator-Komponenten – Kontrolle und ggf. Ersetzen	**7**		✔	
Motoröl und Ölfilter – Austausch	**8**		✔	
Kraftstoffsystem – Kontrolle	**9**	✔		
Getriebeölpegel – Kontrolle	**10**		✔	
Scheinwerferausrichtung – Kontrolle	**11**		✔	
Standgasdrehzahl – Kontrolle	**12**	✔		
Muttern und Schrauben – Festigkeitsprüfung	**13**		✔	
Zündkerze	**14**	**✔ Kontrolle**	**✔ Austausch**	
Ständer – Kontrolle und Schmierung	**15**	✔		
Tachowelle und Antrieb – Schmierung	**16**		✔	
Lenkkopflager – Kontrolle	**17**		✔	
Federelemente – Kontrolle	**18**		✔	
Gasgriff – Kontrolle und Einstellung	**19**		✔	
Ventilspiel – Kontrolle	**20**		✔	
Räder und Reifen – Kontrolle	**21**	✔		

** Reinigen Sie den Luftfilter öfter, wenn regelmäßig in staubiger oder feuchter Umgebung gefahren wird.*
*** Die Bremsflüssigkeit muss ungeachtet der Laufleistung alle zwei Jahre ausgetauscht werden.*

1

Primavera S

Primavera 125/150ie und Sprint 125/150ie 3V – ab 2014

Technische Daten

Motor	luftgekühlter Dreiventil-Einzylinder mit 124,5 oder 154,8 cm^3 Hubraum
Getriebe	Variable Automatik, Riemenantrieb
Zündung	Elektronische CDI-Zündung
Kraftstoffaufbereitung	Einspritzanlage
Vorderradaufhängung	Gezogene Einarmschwinge mit Mono-Stoßdämpfer
Hinterradaufhängung	Direkt an Motor/Getriebe-Einheit mit Mono-Stoßdämpfer
Vorderradbremse	Hydraulische Scheibenbremse
Hinterradbremse	Per Bowdenzug betätigte Trommelbremse
Vorderreifen	
Primavera	110/70-11
Sprint	110/70-12
Hinterreifen	
Primavera	120/70-11
Sprint	120/70-12
Gesamtlänge	
Primavera	1860 mm
Sprint	1870 mm
Gesamtbreite	735 mm
Gesamthöhe	
Primavera	1145 mm
Sprint	1170 mm
Radstand	1340 mm
Leergewicht	126 kg
Gesamt-Tankinhalt	8,0 l
Markteinführung	2014

Wartungsdaten und Schmierstoffe

Batterie	12 V, 6 Ah
Zündkerzen-Typ	NGK CR8EB
Zündkerzen-Elektrodenabstand	0,7 bis 0,8 mm
Standgasdrehzahl	1700 bis 1800/min
Bremsbelag/Bremsbacken-Verschleißgrenze	1,5 mm
Gasgriff-Spiel	2 bis 6 mm
Ventilspiel (Motor KALT)	
Einlassventile	0,08 mm
Auslassventil	0,08 mm
Kraftstoff	Benzin bleifrei, 95 Oktan (min.)
Motoröl-Typ	SAE 5W/40, vollsynthetisch, API SL, ACEA A3, JASO MA, MA2
Motoröl-Füllmenge	ca. 1,4 l
Getriebeöl-Typ	SAE 80W/90, API GL4
Getriebeöl-Füllmenge	270 ml
Bremsflüssigkeit	DOT 3 oder 4, synthetisch nach SAE K1703

Anzugsdrehmomente	Nm
Getriebeöl-Ablassschraube	15 bis 17
Getriebeöl-Einfüllschraube	15 bis 17
Motoröl-Ablassschraube	24 bis 30
Ölfilterpatrone	5 bis 6
Zündkerze	10 bis 12

Sprint

Wartungsplan Primavera 125/150ie und Sprint 125/150ie 3V – ab 2014

Anmerkung: *Führen Sie zunächst stets die am Anfang dieses Buchs beschriebenen »Täglichen Kontrollen« durch.*

	Text Sektion in diesem Kapitel	Alle 5000 km oder 5 Monate	Alle 10 000 km oder 10 Monate	Alle 20 000 km oder 20 Monate
Luftfilter*	**1**		**✔ Austausch**	
Batterie – Kontrolle	**2**	**✔ Kontrolle**		
Bremsbeläge und Bremsbacken – Verschleißprüfung	**3**	✔		
Bremssystem – Kontrolle**	**3**	✔		
Kühlsystem – Kontrolle	**4**		✔	
Kupplung	**5**			✔
Antriebsriemen	**7**		**✔ Kontrolle**	**✔ Lager schmieren**
Variator-Komponenten	**7**		**✔ Austausch**	
Motoröl und Ölfilter – Austausch	**7**		**✔ Kontrolle**	**✔ Austausch**
Kraftstoffsystem – Kontrolle	**8**		✔	
Getriebeölpegel – Kontrolle	**9**		✔	
Scheinwerferausrichtung – Kontrolle	**10**		✔	
Muttern und Schrauben – Festigkeitsprüfung	**13**		✔	
Zündkerze	**14**		**✔ Kontrolle**	**✔ Austausch**
Ständer – Kontrolle und Schmierung	**15**	✔		
Lenkkopflager – Kontrolle	**17**		✔	
Federelemente – Kontrolle	**18**		✔	
Gasgriff – Kontrolle und Einstellung	**19**		✔	
Ventilspiel – Kontrolle	**20**		✔	
Räder und Reifen – Kontrolle	**21**	✔		

** Reinigen Sie den Luftfilter öfter, wenn regelmäßig in staubiger oder feuchter Umgebung gefahren wird.*
*** Die Bremsflüssigkeit muss ungeachtet der Laufleistung alle zwei Jahre ausgetauscht werden.*

GTS 125ie Super – 2009 bis 2015

Technische Daten

Motor	Wassergekühlter Vierventil-Einzylinder mit 124 cm³ Hubraum
Getriebe	Variable Automatik, Riemenantrieb
Zündung	Elektronische CDI-Zündung
Kraftstoffaufbereitung	Einspritzanlage
Vorderradaufhängung	Gezogene Einarmschwinge mit Mono-Stoßdämpfer
Hinterradaufhängung	Direkt an Motor/Getriebe-Einheit mit 2 Stoßdämpfern
Vorderradbremse	Hydraulische Scheibenbremse
Hinterradbremse	Hydraulische Scheibenbremse
Vorderreifen	120/70-12
Hinterreifen	130/70-12
Gesamtlänge	1930 mm
Gesamtbreite	755 mm
Gesamthöhe	1170 mm
Radstand	1370 mm
Leergewicht	158 ± 5 kg
Tankinhalt	
Gesamt	9,2 l
Reserve	2,0 l
Markteinführung	2009

Wartungsdaten und Schmierstoffe

Batterie	12 V, 12 Ah
Zündkerzen-Typ	NGK CR8EKB
Zündkerzen-Elektrodenabstand	0,7 bis 0,8 mm
Standgasdrehzahl	1700 bis 1800/min
Bremsbelag/Bremsbacken-Verschleißgrenze	1,5 mm
Gasgriff-Spiel	2 bis 6 mm
Ventilspiel (Motor KALT)	
Einlassventile	0,10 mm
Auslassventil	0,15 mm
Kraftstoff	Benzin bleifrei, 91 Oktan (min.)
Motoröl-Typ	SAE 5W/40, vollsynthetisch, API SL, ACEA A3, JASO MA
Motoröl-Füllmenge	ca. 1,3 l
Getriebeöl-Typ	SAE 80W/90, API GL3
Getriebeöl-Füllmenge	250 ml
Kühlmittel-Typ	50 % destilliertes Wasser, 50 % Ethylenglykol-Frostschutzmittel
Kühlmittel-Füllmenge	2,1 bis 2,15 l
Bremsflüssigkeit	DOT 4

Anzugsdrehmomente	Nm
Getriebeöl-Ablassschraube	15 bis 17
Motoröl-Ablassschraube	24 bis 30
Zündkerze	10 bis 12

Wartungsplan GTS 125ie Super – 2009 bis 2015

Anmerkung: *Führen Sie zunächst stets die am Anfang dieses Buchs beschriebenen »Täglichen Kontrollen« durch.*

	Text-Sektion in diesem Kapitel	Alle 5000 km	Alle 10 000 km oder 12 Monate	Alle 15 000 km oder 2 Jahre	Alle 20 000 km oder 2 Jahre
Luftfilter – Reinigung*	**1**		✔		
Batterie – Kontrolle	**2**		✔		
Bremsbeläge – Verschleißprüfung	**3**	✔			
Bremssystem – Kontrolle**	**4**		✔		
Kühlsystem – Kontrolle***	**5**		✔		
Motorentlüftung – Kontrolle	**6**				✔
Antriebsriemen – Kontrolle	**7**		✔		
Antriebsriemen – Austausch	**7**			✔	
Motoröl und Ölfilter – Austausch	**8**		✔		
Kraftstoffsystem – Kontrolle	**9**		✔		
Getriebeölpegel – Kontrolle	**10**		✔		
Getriebeöl – Austausch	**10**				✔
Scheinwerferausrichtung – Kontrolle	**11**			✔	
Standgasdrehzahl – Kontrolle	**12**		✔		
Muttern und Schrauben – Festigkeitsprüfung	**13**		✔		
Zündkerze – Austausch	**14**		✔		
Ständer – Kontrolle und Schmierung	**15**		✔		
Tachowelle und Antrieb – Schmierung	**16**		✔		
Lenkkopflager – Kontrolle	**17**		✔		
Federelemente – Kontrolle	**18**		✔		
Gasgriff – Kontrolle und Einstellung	**19**		✔		
Getriebegehäuse-Filter – Reinigung	**1**		✔		
Ventilspiel – Kontrolle	**20**		**Erstmals nach 6000 km**		✔
Variatorrollen und Rampenführungen – Austausch	**7**		✔		
Räder und Reifen – Kontrolle	**21**	✔			

** Ersetzen Sie den Luftfilter öfter, wenn regelmäßig in staubiger oder feuchter Umgebung gefahren wird.*
*** Die Bremsflüssigkeit muss ungeachtet der Laufleistung alle zwei Jahre ausgetauscht werden.*
**** Das Kühlmittel muss ungeachtet der Laufleistung alle zwei Jahre ausgetauscht werden.*

GTS 125/150ie i-get mit RISS – ab 2016

Technische Daten

Motor	Wassergekühlter Vierventil-Einzylinder mit 124 cm³ Hubraum
Getriebe	Variable Automatik, Riemenantrieb
Zündung	Elektronische CDI-Zündung
Kraftstoffaufbereitung	Einspritzanlage
Vorderradaufhängung	Gezogene Einarmschwinge mit Mono-Stoßdämpfer
Hinterradaufhängung	Direkt an Motor/Getriebe-Einheit mit 2 Stoßdämpfern
Vorderradbremse	Hydraulische Scheibenbremse
Hinterradbremse	Hydraulische Scheibenbremse
Vorderreifen	120/70-12
Hinterreifen	130/70-12
Gesamtlänge	1950 mm
Gesamtbreite	755 mm
Gesamthöhe	1170 mm
Radstand	1380 mm
Leergewicht	147 kg
Tankinhalt	7,0 l
Markteinführung	2016

Wartungsdaten und Schmierstoffe

Batterie	12 V, 6 Ah
Zündkerzen-Typ	NGK LMAR8EI-7
Zündkerzen-Elektrodenabstand	0,7 mm
Bremsbelag/Bremsbacken-Verschleißgrenze	1,5 mm
Gasgriff-Spiel	2 bis 6 mm
Ventilspiel (Motor KALT)	
Einlassventile	0,10 mm
Auslassventil	0,15 mm
Kraftstoff	Benzin bleifrei, 95 Oktan (min.)
Motoröl-Typ	SAE 0W/30, vollsynthetisch, API SL, ACEA A5/B5-04
Motoröl-Füllmenge	ca. 1,3 l
Getriebeöl-Typ	SAE 80W/90, API GL4
Getriebeöl-Füllmenge	325 ml
Kühlmittel-Typ	50 % destilliertes Wasser, 50 % Ethylenglykol-Frostschutzmittel
Kühlmittel-Füllmenge	700 ml
Bremsflüssigkeit	DOT 3 oder 4, synthetisch nach SAE K1703

Anzugsdrehmomente	**Nm**
Getriebeöl-Ablassschraube	15 bis 17
Getriebeöl-Einfüllschraube	15 bis 17
Motoröl-Ablassschraube	24 bis 30
Ölfilter	8 bis 10
Zündkerze	10 bis 12

Wartungsplan GTS 125/150ie i-get mit RISS – ab 2016

Anmerkung: *Führen Sie zunächst stets die am Anfang dieses Buchs beschriebenen »Täglichen Kontrollen« durch.*

1

	Text-Sektion in diesem Kapitel	Alle 3000 km oder 5 Monate	Alle 10 000 km oder 10 Monate	Alle 20 000 km oder 20 Monate
Luftfilter – Austausch*	**1**		**✔ Austausch**	
Batterie – Kontrolle	**2**	**✔ Kontrolle**		
Bremsbeläge – Verschleißprüfung	**3**	✔		
Bremssystem – Kontrolle**	**4**		✔	
Kühlsystem – Kontrolle***	**5**		**✔ Kontrolle**	
Kupplung – Kontrolle	**7**			**✔ Kontrolle**
Antriebsriemen	**7**		**✔ Kontrolle**	**✔ Austausch**
Variator-Komponenten	**7**		**✔ Kontrolle**	**✔ Austausch**
Motoröl und Ölfilter – Austausch	**8**		✔	
Kraftstoffsystem – Kontrolle	**9**	✔		
Getriebeölpegel – Kontrolle****	**10**		**✔ Kontrolle**	
Scheinwerferausrichtung – Kontrolle	**11**		✔	
Muttern und Schrauben – Festigkeitsprüfung	**13**		✔	
Zündkerze – Austausch	**14**			**✔ Austausch**
Ständer – Kontrolle und Schmierung	**15**		✔	
Lenkkopflager – Kontrolle	**17**		✔	
Federelemente – Kontrolle	**18**		✔	
Ventilspiel – Kontrolle	**20**		✔	
Räder und Reifen – Kontrolle	**21**	✔		

** Ersetzen Sie den Luftfilter öfter, wenn regelmäßig in staubiger oder feuchter Umgebung gefahren wird.*
*** Die Bremsflüssigkeit muss ungeachtet der Laufleistung alle zwei Jahre ausgetauscht werden.*
**** Das Kühlmittel muss ungeachtet der Laufleistung alle zwei Jahre ausgetauscht werden.*
***** Das Getriebeöl muss alle 30 000 km ausgetauscht werden.*

GTS 250ie – 2005 bis 2009

Technische Daten

Motor	Wassergekühlter Vierventil-Einzylinder mit 244,3 cm³ Hubraum
Getriebe	Variable Automatik, Riemenantrieb
Zündung	Elektronische CDI-Zündung
Kraftstoffaufbereitung	Einspritzanlage
Vorderradaufhängung	Gezogene Einarmschwinge mit Mono-Stoßdämpfer
Hinterradaufhängung	Direkt an Motor/Getriebe-Einheit mit 2 Stoßdämpfern
Vorderradbremse	Hydraulische Scheibenbremse
Hinterradbremse	Hydraulische Scheibenbremse
Vorderreifen	120/70-12
Hinterreifen	130/70-12
Gesamtlänge	1930 mm
Gesamtbreite	755 mm
Gesamthöhe	800 mm
Radstand	1370 mm
Leergewicht	151 ± 5 kg
Tankinhalt	
Gesamt	9,2 l
Reserve	2,0 l
Markteinführung	2005

Wartungsdaten und Schmierstoffe

Batterie	12 V, 12 Ah
Zündkerzen-Typ	Champion RG4PHP
Zündkerzen-Elektrodenabstand	0,7 bis 0,8 mm
Standgasdrehzahl	1600 bis 1700/min
Bremsbelag/Bremsbacken-Verschleißgrenze	1,5 mm
Gasgriff-Spiel	2 bis 6 mm
Ventilspiel (Motor KALT)	
Einlassventile	0,10 mm
Auslassventil	0,15 mm
Kraftstoff	Benzin bleifrei, 91 Oktan (min.)
Motoröl-Typ	SAE 5W/40, vollsynthetisch, API SL, ACEA A3, JASO MA
Motoröl-Füllmenge	ca. 1,3 l
Getriebeöl-Typ	SAE 80W/90, API GL3
Getriebeöl-Füllmenge	250 ml
Kühlmittel-Typ	50 % destilliertes Wasser, 50 % Ethylenglykol-Frostschutzmittel
Kühlmittel-Füllmenge	2,1 bis 2,15 l
Bremsflüssigkeit	DOT 4

Anzugsdrehmomente	**Nm**
Getriebeöl-Ablassschraube	15 bis 17
Motoröl-Ablassschraube	24 bis 30
Zündkerze	12 bis 14

Wartungsplan GTS 250ie – 2005 bis 2009

Anmerkung: *Führen Sie zunächst stets die am Anfang dieses Buchs beschriebenen »Täglichen Kontrollen« durch.*

	Text-Sektion in diesem Kapitel	Alle 5000 km	Alle 10 000 km oder 12 Monate	Alle 15 000 km oder 2 Jahre	Alle 20 000 km oder 2 Jahre
Luftfilter – Reinigung*	**1**		✔		
Batterie – Kontrolle	**2**		✔		
Bremsbeläge – Verschleißprüfung	**3**	✔			
Bremssystem – Kontrolle**	**4**		✔		
Kühlsystem – Kontrolle***	**5**		✔		
Motorentlüftung – Kontrolle	**6**				✔
Antriebsriemen – Austausch	**7**			✔	
Motoröl und Ölfilter – Austausch	**8**		✔		
Kraftstoffsystem – Kontrolle	**9**		✔		
Getriebeölpegel – Kontrolle	**10**		✔		
Getriebeöl – Austausch	**10**				✔
Scheinwerferausrichtung – Kontrolle	**11**			✔	
Standgasdrehzahl – Kontrolle	**12**		✔		
Muttern und Schrauben – Festigkeitsprüfung	**13**		✔		
Zündkerze – Austausch	**14**		✔		
Ständer – Kontrolle und Schmierung	**15**		✔		
Tachowelle und Antrieb – Schmierung	**16**		✔		
Lenkkopflager – Kontrolle	**17**		✔		
Federelemente – Kontrolle	**18**		✔		
Gasgriff – Kontrolle und Einstellung	**19**		✔		
Getriebegehäuse-Filter – Reinigung	**1**		✔		
Getriebe – Kontrolle	**7**		✔		
Ventilspiel – Kontrolle	**20**				✔
Variatorrollen und Rampenführungen – Austausch	**7**		✔		
Räder und Reifen – Kontrolle	**21**	✔			

** Ersetzen Sie den Luftfilter öfter, wenn regelmäßig in staubiger oder feuchter Umgebung gefahren wird.*
*** Die Bremsflüssigkeit muss ungeachtet der Laufleistung alle zwei Jahre ausgetauscht werden.*
**** Das Kühlmittel muss ungeachtet der Laufleistung alle zwei Jahre ausgetauscht werden.*

GTV 250ie und GT 250 60°– 2007 bis 2010

Technische Daten

Motor	Wassergekühlter Vierventil-Einzylinder mit 244,3 cm³ Hubraum
Getriebe	Variable Automatik, Riemenantrieb
Zündung	Elektronische CDI-Zündung
Kraftstoffaufbereitung	Einspritzanlage
Vorderradaufhängung	Gezogene Einarmschwinge mit Mono-Stoßdämpfer
Hinterradaufhängung	Direkt an Motor/Getriebe-Einheit mit 2 Stoßdämpfern
Vorderradbremse	Hydraulische Scheibenbremse
Hinterradbremse	Hydraulische Scheibenbremse
Vorderreifen	120/70-12
Hinterreifen	130/70-12
Gesamtlänge	1930 mm
Gesamtbreite	770 mm
Gesamthöhe	1170 mm
Radstand	1370 mm
Leergewicht	146 ± 5 kg
Tankinhalt	
Gesamt	9,2 l
Reserve	2,0 l
Markteinführung	
GTV 250ie	2007
GTV 250ie Navy	2009
GT 250ie 60° Jubiläumsmodell	2008

Wartungsdaten und Schmierstoffe

Batterie	12 V, 12 Ah
Zündkerzen-Typ	Champion RG4PHP
Zündkerzen-Elektrodenabstand	0,7 bis 0,8 mm
Standgasdrehzahl	1600 bis 1700/min
Bremsbelag/Bremsbacken-Verschleißgrenze	1,5 mm
Gasgriff-Spiel	2 bis 6 mm
Ventilspiel (Motor KALT)	
Einlassventile	0,10 mm
Auslassventil	0,15 mm
Kraftstoff	Benzin bleifrei, 91 Oktan (min.)
Motoröl-Typ	SAE 5W/40, vollsynthetisch, API SL, ACEA A3, JASO MA
Motoröl-Füllmenge	ca. 1,3 l
Getriebeöl-Typ	SAE 80W/90, API GL3
Getriebeöl-Füllmenge	250 ml
Kühlmittel-Typ	50 % destilliertes Wasser, 50 % Ethylenglykol-Frostschutzmittel
Kühlmittel-Füllmenge	2,1 bis 2,15 l
Bremsflüssigkeit	DOT 4

Anzugsdrehmomente	Nm
Getriebeöl-Ablassschraube	15 bis 17
Motoröl-Ablassschraube	24 bis 30
Zündkerze	12 bis 14

Wartungsplan GTV 250ie und GT 250 60°– 2007 bis 2010

Anmerkung: *Führen Sie zunächst stets die am Anfang dieses Buchs beschriebenen »Täglichen Kontrollen« durch.*

	Text-Sektion in diesem Kapitel	Alle 5000 km	Alle 10 000 km oder 12 Monate	Alle 15 000 km oder 2 Jahre	Alle 20 000 km oder 2 Jahre
Luftfilter – Reinigung*	**1**		✔		
Batterie – Kontrolle	**2**		✔		
Bremsbeläge – Verschleißprüfung	**3**	✔			
Bremssystem – Kontrolle**	**4**		✔		
Kühlsystem – Kontrolle***	**5**		✔		
Motorentlüftung – Kontrolle	**6**				✔
Antriebsriemen – Austausch	**7**			✔	
Motoröl und Ölfilter – Austausch	**8**		✔		
Kraftstoffsystem – Kontrolle	**9**		✔		
Getriebeölpegel – Kontrolle	**10**		✔		
Getriebeöl – Austausch	**10**				✔
Scheinwerferausrichtung – Kontrolle	**11**			✔	
Standgasdrehzahl – Kontrolle	**12**		✔		
Muttern und Schrauben – Festigkeitsprüfung	**13**		✔		
Zündkerze – Austausch	**14**		✔		
Ständer – Kontrolle und Schmierung	**15**		✔		
Tachowelle und Antrieb – Schmierung	**16**		✔		
Lenkkopflager – Kontrolle	**17**		✔		
Federelemente – Kontrolle	**18**		✔		
Gasgriff – Kontrolle und Einstellung	**19**		✔		
Getriebegehäuse-Filter – Reinigung	**1**		✔		
Getriebe – Kontrolle	**7**		✔		
Ventilspiel – Kontrolle	**20**				✔
Variatorrollen und Rampenführungen – Austausch	**7**		✔		
Räder und Reifen – Kontrolle	**21**	✔			

** Ersetzen Sie den Luftfilter öfter, wenn regelmäßig in staubiger oder feuchter Umgebung gefahren wird.*
*** Die Bremsflüssigkeit muss ungeachtet der Laufleistung alle zwei Jahre ausgetauscht werden.*
**** Das Kühlmittel muss ungeachtet der Laufleistung alle zwei Jahre ausgetauscht werden.*

1

GTS 300ie

GTV 300ie

GTS 300ie Super und GTV 300ie – 2008 bis 2015, Sei Giorni 300 – ab 2017

Technische Daten

Motor	Wassergekühlter Vierventil-Einzylinder mit 278,3 cm³ Hubraum
Getriebe	Variable Automatik, Riemenantrieb
Zündung	Elektronische CDI-Zündung
Kraftstoffaufbereitung	Einspritzanlage
Vorderradaufhängung	Gezogene Einarmschwinge mit Mono-Stoßdämpfer
Hinterradaufhängung	Direkt an Motor/Getriebe-Einheit mit 2 Stoßdämpfern
Vorderradbremse	Hydraulische Scheibenbremse
Hinterradbremse	Hydraulische Scheibenbremse
Vorderreifen	120/70-12
Hinterreifen	130/70-12
Gesamtlänge	2230 mm (GTS), 1930 mm (GTV)
Gesamtbreite	755 mm (GTS), 770 mm (GTV)
Gesamthöhe (GTS)	1170 mm
Sitzhöhe (GTV)	800 mm
Radstand	1370 mm
Leergewicht	158 ± 5 kg
Tankinhalt	
Gesamt	9,2 l
Reserve	2,0 l
Markteinführung	
GTS 300Ie Super	2008
GTS 300ie Super Sport	2010
GTV 300ie	2010
GTS Sei Giorni 300	2017

Wartungsdaten und Schmierstoffe

Batterie	12 V, 12 Ah
Zündkerzen-Typ	NGK CR8EKB
Zündkerzen-Elektrodenabstand	0,7 bis 0,8 mm
Standgasdrehzahl	1600 bis 1700/min
Bremsbelag/Bremsbacken-Verschleißgrenze	1,5 mm
Gasgriff-Spiel	2 bis 6 mm
Ventilspiel (Motor KALT)	
Einlassventile	0,10 mm
Auslassventil	0,15 mm
Kraftstoff	Benzin bleifrei, 91 Oktan (min.)
Motoröl-Typ	SAE 5W/40, vollsynthetisch, API SL, ACEA A3, JASO MA
Motoröl-Füllmenge	ca. 1,3 l
Getriebeöl-Typ	SAE 80W/90, API GL3
Getriebeöl-Füllmenge	250 ml
Kühlmittel-Typ	50 % destilliertes Wasser, 50 % Ethylenglykol-Frostschutzmittel
Kühlmittel-Füllmenge	2,1 bis 2,15 l
Bremsflüssigkeit	DOT 4

Anzugsdrehmomente	Nm
Getriebeöl-Ablassschraube	15 bis 17
Motoröl-Ablassschraube	24 bis 30
Zündkerze	12 bis 14

Wartungsplan GTS 300ie Super und GTV 300ie – 2008 bis 2015, Sei Giorni 300 – ab 2017

Anmerkung: *Führen Sie zunächst stets die am Anfang dieses Buchs beschriebenen »Täglichen Kontrollen« durch.*

	Text-Sektion in diesem Kapitel	Alle 5000 km	Alle 10 000 km oder 12 Monate	Alle 15 000 km oder 2 Jahre	Alle 20 000 km oder 2 Jahre
Luftfilter – Reinigung*	**1**		✔		
Batterie – Kontrolle	**2**		✔		
Bremsbeläge – Verschleißprüfung	**3**	✔			
Bremssystem – Kontrolle**	**4**		✔		
Kühlsystem – Kontrolle***	**5**		✔		
Motorentlüftung – Kontrolle	**6**				✔
Antriebsriemen – Austausch	**7**			✔	
Motoröl und Ölfilter – Austausch	**8**		✔		
Kraftstoffsystem – Kontrolle	**9**		✔		
Getriebeölpegel – Kontrolle	**10**		✔		
Getriebeöl – Austausch	**10**				✔
Scheinwerferausrichtung – Kontrolle	**11**			✔	
Standgasdrehzahl – Kontrolle	**12**		✔		
Muttern und Schrauben – Festigkeitsprüfung	**13**		✔		
Zündkerze – Austausch	**14**		✔		
Ständer – Kontrolle und Schmierung	**15**		✔		
Tachowelle und Antrieb – Schmierung	**16**		✔		
Lenkkopflager – Kontrolle	**17**		✔		
Federelemente – Kontrolle	**18**		✔		
Gasgriff – Kontrolle und Einstellung	**19**		✔		
Getriebegehäuse-Filter – Reinigung	**1**		✔		
Getriebe – Kontrolle	**7**		✔		
Ventilspiel – Kontrolle	**20**				✔
Variatorrollen und Rampenführungen – Austausch	**7**		✔		
Räder und Reifen – Kontrolle	**21**	✔			

** Ersetzen Sie den Luftfilter öfter, wenn regelmäßig in staubiger oder feuchter Umgebung gefahren wird.*
*** Die Bremsflüssigkeit muss ungeachtet der Laufleistung alle zwei Jahre ausgetauscht werden.*
**** Das Kühlmittel muss ungeachtet der Laufleistung alle zwei Jahre ausgetauscht werden.*

GTS 300ie Super ABS/ASR – ab 2016

Technische Daten

Motor	Wassergekühlter Vierventil-Einzylinder mit 278,3 cm³ Hubraum
Getriebe	Variable Automatik, Riemenantrieb
Zündung	Elektronische CDI-Zündung
Kraftstoffaufbereitung	Einspritzanlage
Vorderradaufhängung	Gezogene Einarmschwinge mit Mono-Stoßdämpfer
Hinterradaufhängung	Direkt an Motor/Getriebe-Einheit mit 2 Stoßdämpfern
Vorderradbremse	Hydraulische Scheibenbremse
Hinterradbremse	Hydraulische Scheibenbremse
Vorderreifen	120/70-12
Hinterreifen	130/70-12
Gesamtlänge	1950 mm
Gesamtbreite	755 mm
Gesamthöhe	1170 mm
Radstand	1375 mm
Leergewicht	160 kg
Tankinhalt	8,5 l
Markteinführung	2016

Wartungsdaten und Schmierstoffe

Batterie	12 V, 10 Ah
Zündkerzen-Typ	NGK CR8EKB
Zündkerzen-Elektrodenabstand	0,7 bis 0,8 mm
Standgasdrehzahl	1600 bis 1800/min
Bremsbelag/Bremsbacken-Verschleißgrenze	1,5 mm
Gasgriff-Spiel	2 bis 6 mm
Ventilspiel (Motor KALT)	
Einlassventile	0,10 mm
Auslassventil	0,15 mm
Kraftstoff	Benzin bleifrei, 95 Oktan (min.)
Motoröl-Typ	SAE 5W/40, vollsynthetisch, API SL, ACEA A3, JASO MA
Motoröl-Füllmenge	ca. 1,3 l
Getriebeöl-Typ	SAE 80W/90, API GL4
Getriebeöl-Füllmenge	250 ml
Kühlmittel-Typ	50 % destilliertes Wasser, 50 % Ethylenglykol-Frostschutzmittel
Kühlmittel-Füllmenge	2,0 l
Bremsflüssigkeit	DOT 4

Anzugsdrehmomente	**Nm**
Getriebeöl-Ablassschraube	15 bis 17
Motoröl-Ablassschraube	24 bis 30
Motorölfilter	4 bis 6
Zündkerze	12 bis 14

Wartungsplan GTS 300ie Super ABS/ASR – ab 2016

Anmerkung: *Führen Sie zunächst stets die am Anfang dieses Buchs beschriebenen »Täglichen Kontrollen« durch.*

	Text-Sektion in diesem Kapitel	Alle 5000 km	Alle 10 000 km oder 12 Monate	Alle 15 000 km oder 2 Jahre	Alle 20 000 km oder 2 Jahre
Luftfilter – Reinigung*	**1**		✔		
Batterie – Kontrolle	**2**	✔			
Bremsbeläge – Verschleißprüfung	**3**	✔			
Bremssystem – Kontrolle**	**4**		✔		
Kühlsystem – Kontrolle***	**5**		✔		
Antriebsriemen – Austausch	**7**			✔	
Motoröl und Ölfilter – Austausch	**8**		✔		
Kraftstoffsystem – Kontrolle	**9**		✔		
Getriebeölpegel – Kontrolle	**10**		✔		
Getriebeöl – Austausch	**10**				✔
Scheinwerferausrichtung – Kontrolle	**11**		✔		
Muttern und Schrauben – Festigkeitsprüfung	**13**		✔		
Zündkerze – Austausch	**14**		✔		
Ständer – Kontrolle und Schmierung	**15**		✔		
Lenkkopflager – Kontrolle	**17**		✔		
Federelemente – Kontrolle	**18**		✔		
Gasgriff – Kontrolle und Einstellung	**19**		✔		
Getriebegehäuse-Filter – Reinigung	**1**		✔		
Getriebe – Kontrolle	**7**		✔		
Ventilspiel – Kontrolle	**20**				✔
Variatorrollen und Rampenführungen – Austausch	**7**		✔		
Räder und Reifen – Kontrolle	**21**	✔			

** Ersetzen Sie den Luftfilter öfter, wenn regelmäßig in staubiger oder feuchter Umgebung gefahren wird.*
*** Die Bremsflüssigkeit muss ungeachtet der Laufleistung alle zwei Jahre ausgetauscht werden.*
**** Das Kühlmittel muss ungeachtet der Laufleistung alle zwei Jahre ausgetauscht werden.*

1 Luftfilter

Motor-Luftfilter

1 Demontieren Sie nötigenfalls die linke Verkleidung und das Staufach (siehe Kapitel 9).

2 Öffnen Sie ggf. den Kabelbinder, der den Ansaugschlauch am Luftfilterdeckel sichert, und trennen Sie den Schlauch (siehe Abbildungen). Lösen Sie ggf. innerhalb der Karosserie die Rändelschrauben des Deckels – falls sie sehr fest sitzen, müssen sie mithilfe einer Zange vorsichtig gelockert werden. Lösen Sie alle von innen zugänglichen Deckelschrauben sowie die von außen zugänglichen versenkten Schrauben, um den Deckel zu befreien (siehe Abbildungen). Bei den Modellen Primavera und Sprint muss der Deckel von innen aus der Karosserie gehoben werden (siehe Abbildung).

3 Entnehmen Sie das Filterelement – beachten Sie dabei seine Einbaulage und Bauart: ein Filterelement aus Papier ist mit Schrauben gesichert, eines aus Schaumstoff wird aus dem Deckel gezogen – beachten Sie die Kappen auf den Ablauf-Stutzen (siehe Abbildungen). Folgen Sie der entsprechenden Prozedur, um das Filterelement zu reinigen.

Schaumstoff-Filterelement

4 Waschen Sie das Element in warmem Seifenwasser sorgfältig aus und drücken Sie dies vorsichtig heraus – keinesfalls darf das Element ausgewrungen werden! Trocknen Sie das Filterelement mit einem saugfähigen Tuch ab und blasen Sie es möglichst kurz mit Druckluft aus.

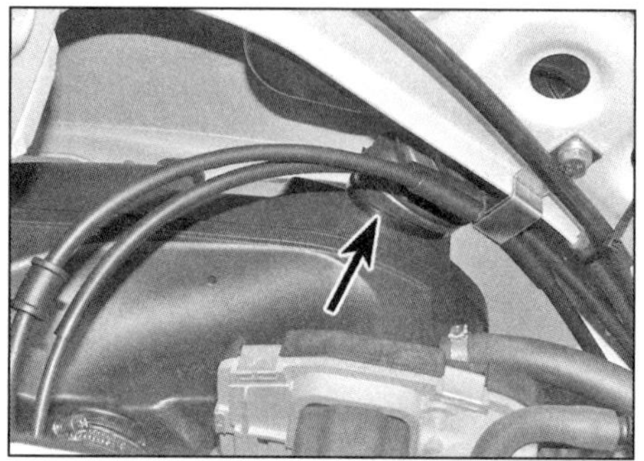

1.2a Öffnen Sie ggf. den Kabelbinder.

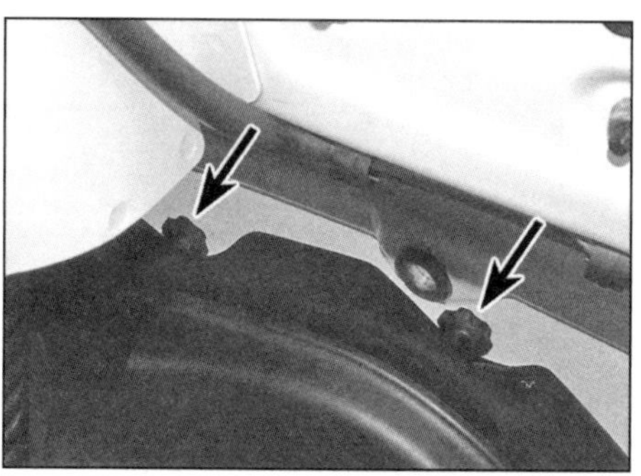

1.2b Rändelschrauben des Luftfilterdeckels

1.2c Lösen Sie alle verbliebenen Deckelschrauben . . .

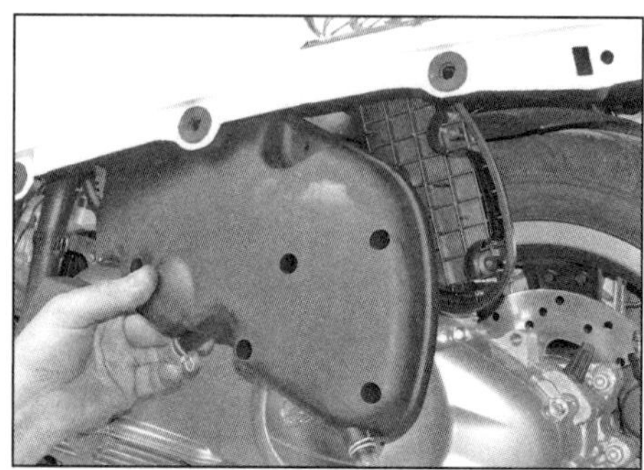

1.2d . . . und entfernen Sie den Deckel.

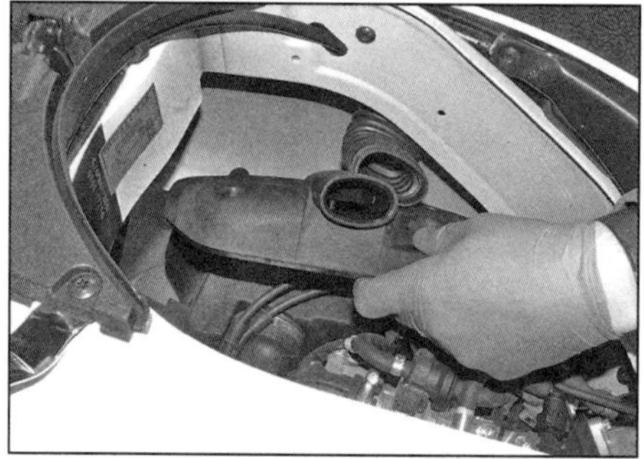

1.2e Beim Primavera und Sprint muss der Deckel von innen herausgehoben werden.

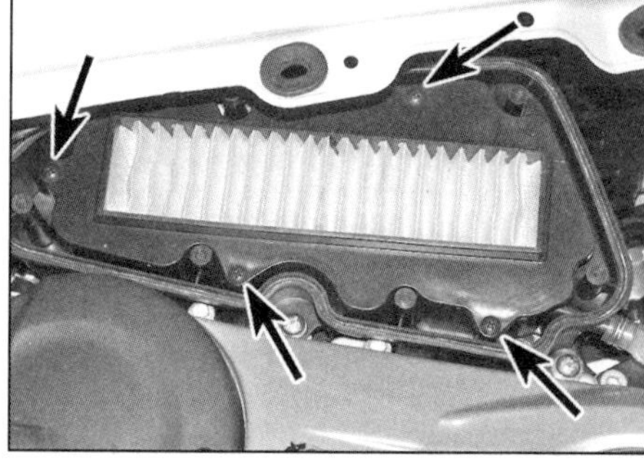

1.3a Lösen Sie die Schrauben des Papierfilterelements . . .

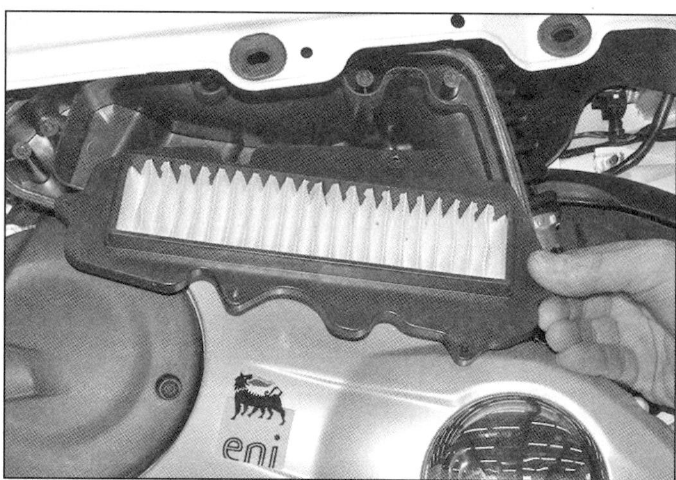

1.3b . . . und befreien Sie es aus dem Gehäuse.

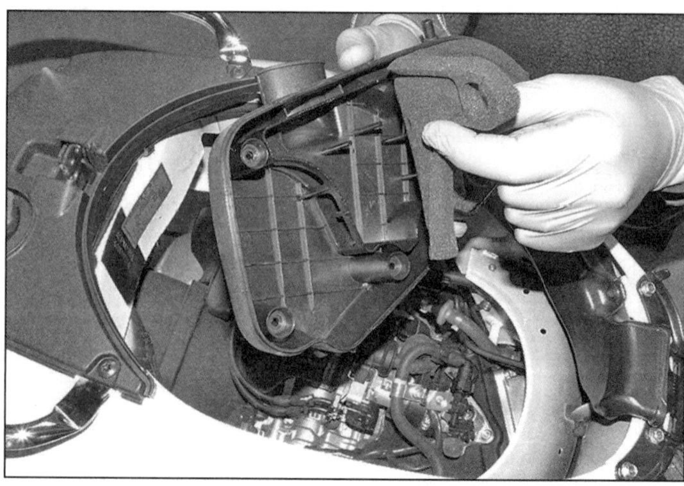

1.3c Befreien Sie den Schaumstoff-Filter aus dem Deckel.

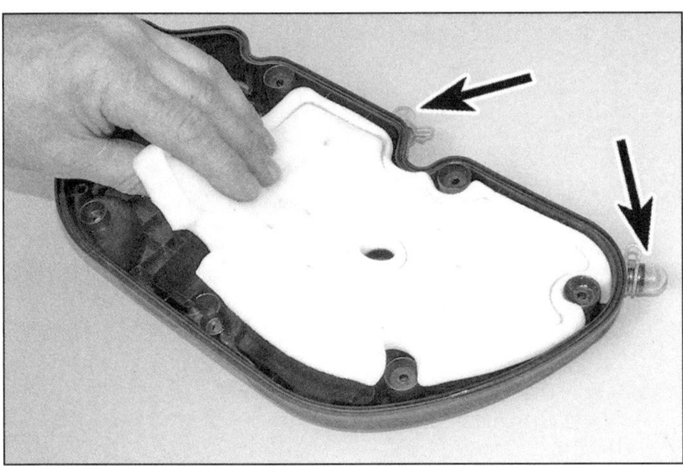

1.3d Kappen der Ablauf-Stutzen

1.13 Entfernen Sie bei 250er- und 300er-Modellen den Öleinfülldeckel/Peilstab.

1.14 Lösen Sie die zwei Schrauben und entfernen Sie den Filterdeckel.

1.15 Entnehmen Sie das Filterelement.

1

5 Benetzen Sie das trockene Filterelement ausschließlich mit speziellem Luftfilter-Öl – dies ist im Kfz-Fachhandel erhältlich und mit speziellen Additiven versehen, die Schmutz binden und das Entstehen von Emulsion verhindern. Drücken Sie überschüssiges Öl vorsichtig heraus.

Papier-Filterelement

6 Klopfen Sie das Element auf harten Untergrund, um Schmutzpartikel zu lösen. Blasen Sie das Element möglichst von innen mit Druckluft aus. Falls das Filterelement stark verschmutzt ist, muss es erneuert werden. Im Wartungsplan vorgegebene Austausch-Intervalle sollten eingehalten werden.

Beide Filterelement-Typen

7 Reinigen Sie das Luftfiltergehäuse und seinen Deckel von innen. Entfernen Sie ggf. die Kappen der Ablauf-Stutzen, um sie zu reinigen. Die Gummi-Dichtringe müssen korrekt sitzen und dürfen nicht spröde sein – ersetzen Sie sie nötigenfalls.

8 Installieren Sie das Filterelement korrekt in den Deckel oder das Gehäuse (Abbildungen 1.3c oder b und a).

9 Montieren Sie den Luftfilterdeckel und sichern Sie ihn mit den Schrauben (Abbildungen 1.2e, d, c und b).

10 Verbinden Sie den Einlass und sichern Sie ihn mit einem neuen Kabelbinder.

11 Montieren Sie das Staufach und die linke Verkleidung (siehe Kapitel 9).

Getriebegehäuse-Luftfilter – GTS-, GTV- und GT-Modelle

12 Entfernen Sie bei 125er- und 150er-Modellen den äußeren Getriebedeckel.

13 Entfernen Sie bei 250er- und 300er-Modellen den Öleinfülldeckel/Peilstab (siehe Abbildung). Stopfen Sie einen sauberen Lappen in die Öffnung, damit kein Schmutz in den Motor fallen kann.

14 Lösen Sie die Schrauben des Filterdeckels und entfernen Sie diesen (siehe Abbildung).

15 Entfernen Sie das Filterelement – beachten Sie seine Einbaulage (siehe Abbildung).

16 Reinigen Sie das Filterelement (siehe Schritt 4) – falls es beschädigt, verformt oder spröde ist, muss es ersetzt werden.

17 Installieren Sie das neue oder gereinigte Filterelement in der umgekehrten Ausbaureihenfolge.

2 Batterie

Achtung: Bei Arbeiten mit der Batterie ist extreme Vorsicht geboten: Die darin enthaltene Säure ist stark ätzend und beim Laden können explosive Gase (Wasserstoff) entweichen!

3.1a Verschleißmarkierung am Vorderrad-Bremsbelag der GTS-, GTV- und GT-Modelle

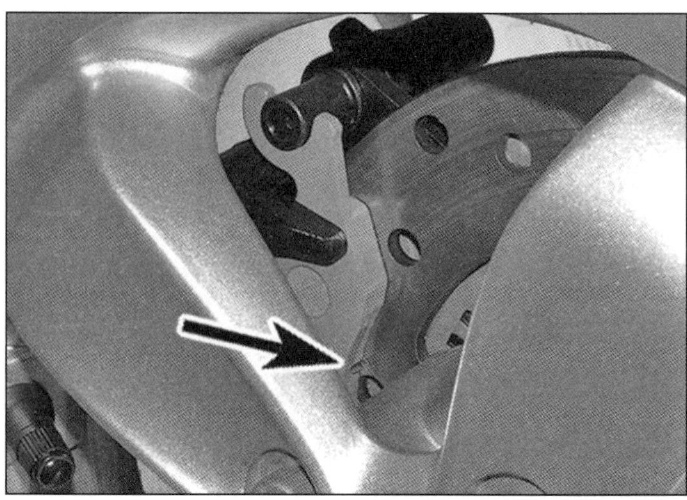

3.1b Verschleißmarkierung am Vorderrad-Bremsbelag der Primavera- und Sprint-Modelle.

1 Beachten Sie die Hinweise in Kapitel 10, um Zugang zu Batterie zu erhalten.
2 Prüfen Sie, ob die Batterieanschlüsse fest und sicher verbunden sind. Mögliche Korrosion kann mit einer Drahtbürste, einem Messer oder Schleifpapier beseitigt werden. Tragen Sie dünn Vaseline, Polfett oder spezielles Batterieanschluss-Spray an den Anschlüssen auf, um weitere Korrosion zu verhindern.
3 Falls das Fahrzeug – z. B. über Winter – nicht regelmäßig genutzt wird, sollte die Batterie abgeklemmt und etwa einmal monatlich aufgeladen werden.
4 Der Zustand der Batterie kann ggf. durch Messen der Spannung ermittelt werden (siehe Kapitel 10).
5 Die Batterie ist »wartungsfrei« – kann also nicht ohne Beschädigung geöffnet werden. Somit ist eine Kontrolle des Säurepegels und der Säuredichte nicht möglich.

3 Bremsbeläge und Bremsbacken

Anmerkung: *An allen Modellen wird das Vorderrad von einer hydraulisch betätigten Scheibenbremse verzögert; bei GTS-, GTV- und GT-Modellen gilt dies auch für das Hinterrad. Bei LX-, LXV-, S-, Primavera- und Sprint-Modelle arbeitet hinten eine per Seilzug betätigte Trommelbremse. Der rechte Bremshebel wirkt auf die Vorderradbremse, der linke Hebel auf die Hinterradbremse.*

Scheibenbremse

Verschleißkontrolle der Bremsbeläge

1 Manche Bremsbeläge sind mit Verschleißmarkierungen versehen – entweder in Form von Ausschnitten oder Nuten im Belagmaterial – diese sollten ohne den Ausbau des Bremssattels aus einem bestimmten Blickwinkel erkennbar sein (siehe Abbildungen). Angesammelter Bremsstaub oder Straßenschmutz kann allerdings die Sichtbarkeit erschweren.
2 Falls keine Verschleißmarkierungen mehr vorhanden oder sichtbar sind, müssen die Beläge für die Kontrolle ausgebaut und vermessen sowie nötigenfalls ersetzt werden (siehe Abbildung). Piaggio schreibt eine Minimalstärke von 1,5 mm vor; unter 1,0 mm besteht die Gefahr des Bremsenversagens!
3 Falls die Bremsbeläge stark verschmutzt sind, müssen sie ausgebaut und gereinigt werden. Verölte Beläge müssen auf jeden Fall ausgetauscht werden. Falls die Beläge extrem verschlissen sind, muss auch die entsprechende Bremsscheibe kontrolliert werden (siehe Kapitel 8).
4 Beachten Sie für den Ausbau und Einbau der Bremsbeläge die Hinweise in Kapitel 8.

3.2 Messen Sie nötigenfalls die Stärke des Belagmaterials.

Trommelbremse

Verschleißkontrolle der Bremsbacken und der Bremstrommel

5 Prüfen Sie das Spiel des Hinterradbremshebels (siehe Sektion 4).
6 Mit steigendem Verschleiß der Bremsbacken wandert die Verschleißanzeige des Bremsenhebels immer weiter in Richtung der unteren Verschleißlinie am Antriebsgehäuse.
7 Lassen Sie einen Assistenten die Bremse betätigen oder binden Sie den linken Bremshebel gegen den Lenker. Kontrollieren Sie jetzt die Ausrichtung der Markierung am Betätigungshebel der Bremstrommel zur unteren Linie am Antriebsgehäuse (siehe Abbildung) – sobald beide Markierungen fluchten, müssen die Bremsbacken ausgetauscht werden (siehe Kapitel 8).
8 Der Zustand der Bremstrommel kann nach dem Ausbau des Hinterrades kontrolliert werden (siehe Kapitel 8).

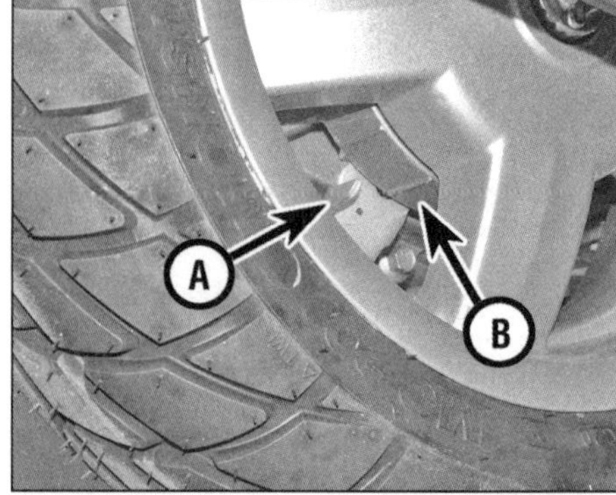

3.7 Markierung am Betätigungshebel der Bremstrommel (A), untere Linie am Antriebsgehäuse (B)

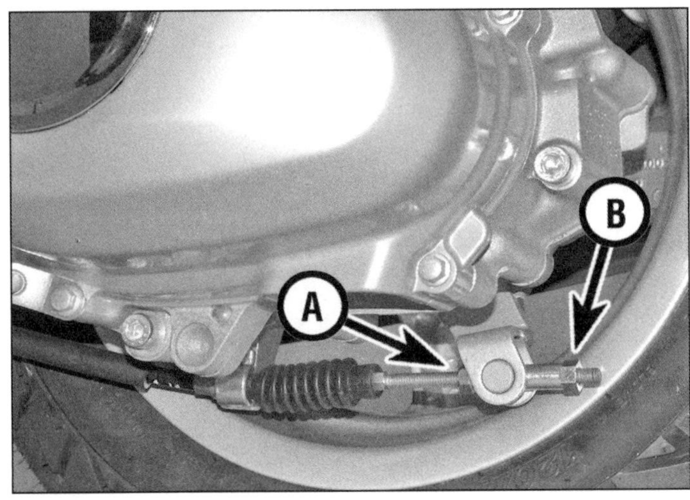

4.8 Zur Einstellung des Bremshebel-Spiels müssen die Kontermutter (A) gelockert und die Einstellmutter (B) verdreht werden.

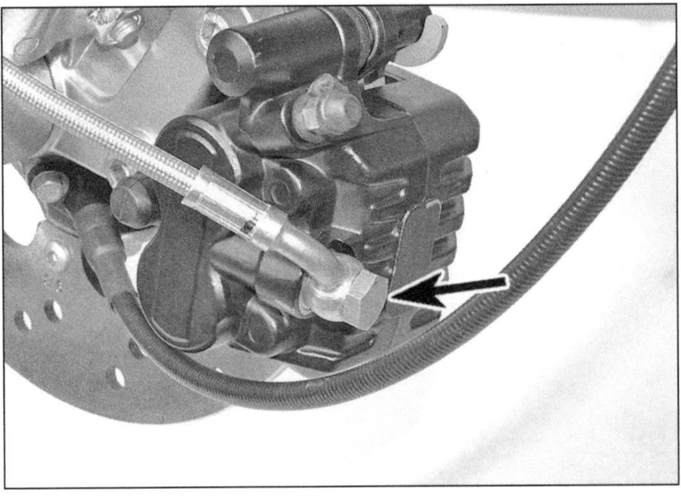
4.11 Kontrollieren Sie die Anschlussschrauben an beiden Enden jeder Bremsleitung.

4 Bremssystem

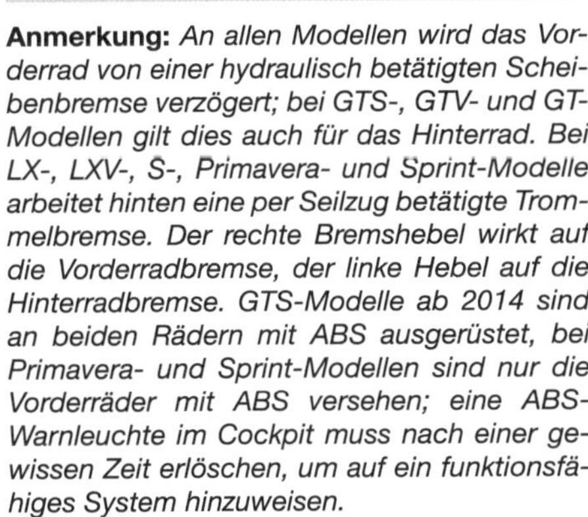
Anmerkung: *An allen Modellen wird das Vorderrad von einer hydraulisch betätigten Scheibenbremse verzögert; bei GTS-, GTV- und GT-Modellen gilt dies auch für das Hinterrad. Bei LX-, LXV-, S-, Primavera- und Sprint-Modelle arbeitet hinten eine per Seilzug betätigte Trommelbremse. Der rechte Bremshebel wirkt auf die Vorderradbremse, der linke Hebel auf die Hinterradbremse. GTS-Modelle ab 2014 sind an beiden Rädern mit ABS ausgerüstet, bei Primavera- und Sprint-Modellen sind nur die Vorderräder mit ABS versehen; eine ABS-Warnleuchte im Cockpit muss nach einer gewissen Zeit erlöschen, um auf ein funktionsfähiges System hinzuweisen.*

1 Eine regelmäßige Kontrolle des Bremssystems stellt sicher, dass Probleme erkannt werden, bevor die Sicherheit des Fahrers auf dem Spiel steht.

2 Alle Bremsenbefestigungen einschließlich der Ausgleichsbehälterdeckel-Schrauben, der Bremsleitungs-Anschlussschrauben und der Bremssattelbolzen müssen fest angezogen sein.

3 Beim Betätigen beider Bremsen muss das Bremslicht leuchten. Die Bremslichtschalter sind nicht einstellbar – eine Kontrolle ist in Kapitel 10 beschrieben.

Bremshebel

4 Kontrollieren Sie die Bremshebel auf Schwergängigkeit, übermäßiges Spiel und andere Schäden. Ersetzen Sie alle verschlissenen oder beschädigten Teile (siehe Kapitel 8).

5 Die Hebelgelenke müssen regelmäßig geschmiert werden, um eine sichere und fehlerfreie Bedienung sicherzustellen und den Verschleiß zu reduzieren. Piaggio empfiehlt wasserfestes Kalziumfett nach NLGI-2 und ISO-L-XBCIB2, das auch als Spray erhältlich ist.

6 Damit das Schmiermittel dorthin gelangt, wo es am wichtigsten ist, muss der Bremshebel demontiert werden (siehe Kapitel 8) – ein Spray kann aber auch in die Spalten der Gelenke gesprüht werden, um seinen Weg zu Reibstellen zu finden. Motoröl und Fett dürfen nur sparsam verwendet werden, da sie Staub anziehen, der den Verschleiß beschleunigt.

Anmerkung: *Eines der besten Schmiermittel für Hebel ist Trockenfilm.*

7 Falls sich der Hebel einer Scheibenbremse schwammig (ohne festen Druckpunkt) anfühlt, muss zunächst geprüft werden, ob genügend Bremsflüssigkeit im Ausgleichsbehälter ist (siehe *Tägliche Kontrollen*) und dann die Bremse entlüftet werden (siehe Kapitel 8).

8 Wenn das Hinterrad mit einer Trommelbremse ausgerüstet ist, muss geprüft werden, ob beim linken Bremshebel nach etwa einem Drittel seines Wegs zwischen der Ruhestellung und dem Lenkergriff eine Bremswirkung einsetzt; manche Besitzer bevorzugen auch etwas weniger Spiel. Zu viel Spiel beeinträchtigt die Bremswirkung und bei zu wenig Spiel kann die Bremse schleifen – prüfen Sie, ob sich das Hinterrad frei drehen lässt (etwas Widerstand im Antrieb ist normal). Zur Einstellung muss am Hebel der Bremse die Kontermutter des Seilzugs gelockert und der Einsteller entsprechend verdreht werden – im Uhrzeigersinn, um das Spiel zu verringern, und gegen den Uhrzeigersinn, um es zu vergrößern (siehe Abbildung). Der Einsteller muss jeweils über der Rundung der Lagerbuchse des Hebels einrasten. Drehen Sie anschließend das Hinterrad, um sicherzugehen, dass es freigängig ist. Vergessen Sie nicht, die Kontermutter wieder anzuziehen.

Scheibenbremse Bremsschläuche

Anmerkung: *Um alle Bremsleitungen kontrollieren zu können, müssen vor allem bei Modellen mit Hinterrad-Scheibenbremse entsprechende Verkleidungsteile demontiert werden (siehe Kapitel 9).*

1

9 Verdrehen und drücken Sie die Bremsschläuche, um Risse, Ausbeulungen und Undichtigkeiten zu erkennen. Inspizieren Sie besonders die Quetschverbindungen der Schläuche zu den Anschlüssen.

10 Kontrollieren Sie die Schlauchanschlüsse – falls sie stark korrodiert, gerissen oder geknickt sind, müssen entsprechende Schläuche ersetzt werden.

11 Kontrollieren Sie die Schlauchanschlüsse auf Undichtigkeiten (siehe Abbildung). Prüfen Sie, ob die Anschlussschrauben korrekt mit 22 Nm angezogen sind, und ersetzen Sie ggf. die Dichtscheiben (siehe Kapitel 8). Entlüften Sie die Bremse anschließend.

12 Konventionelle Bremsschläuche altern mit der Zeit und werden spröde, sodass sie ungeachtet ihres Zustands spätestens nach drei Jahren ausgetauscht werden müssen (siehe Kapitel 8). Sogenannte Stahlflex-Leitungen sind haltbarer und an einigen Modellen serienmäßig montiert (Abbildung 4.11) – bei anderen können sie nachgerüstet werden.

Bremsflüssigkeit

13 Der Bremsflüssigkeitspegel im Ausgleichsbehälter am Lenker sollte vor jeder Fahrt überprüft werden.

14 Bremsflüssigkeit altert mit der Zeit, sodass sie spätestens nach zwei Jahren ersetzt werden sollte – außerdem nach dem Austausch des Geberzylinders oder Bremssattels. Beachten Sie für den Austausch und das Entlüften die Hinweise in Kapitel 8.

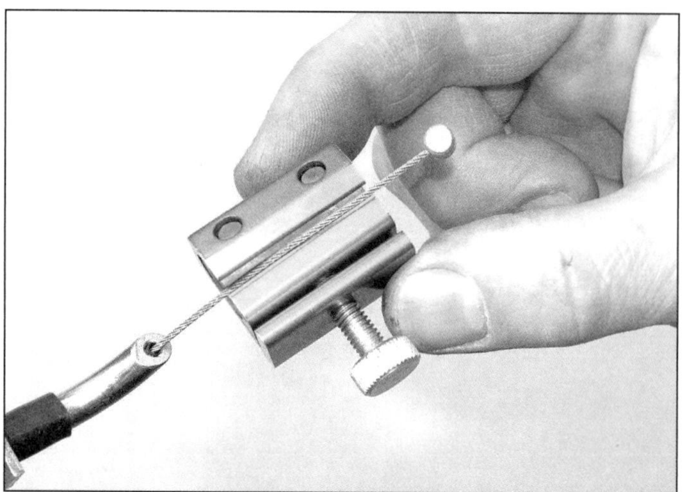

4.22a Setzen Sie den Adapter am Zugseil . . .

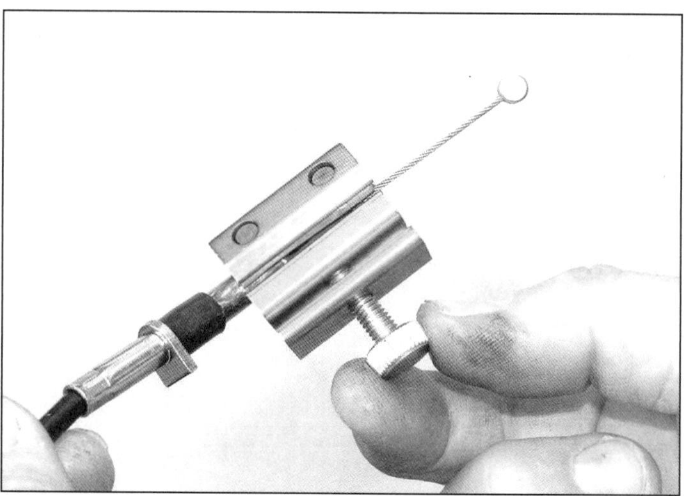

4.22b . . . und der Hülle an und ziehen Sie die Schraube an, um ihn abzudichten.

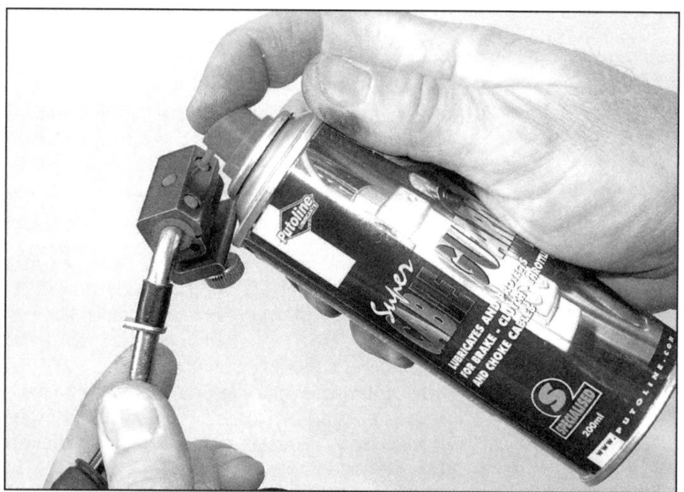

4.22c Sprühen Sie das Öl in die Bohrung des Adapters ein.

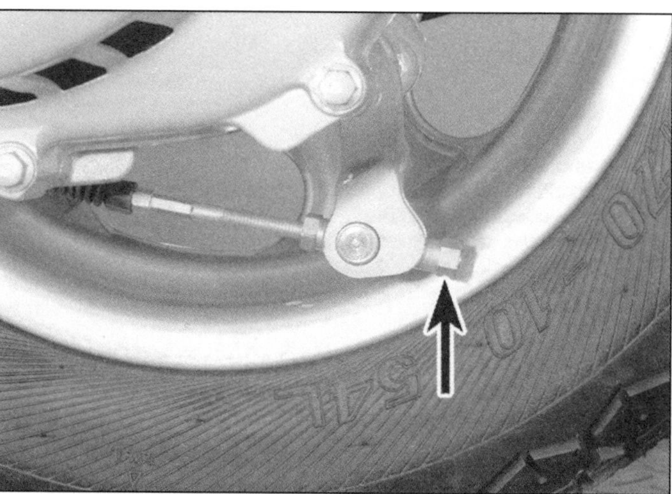

4.25 Drehen Sie den Einsteller vollständig vom Bowdenzug und ziehen Sie diesen heraus.

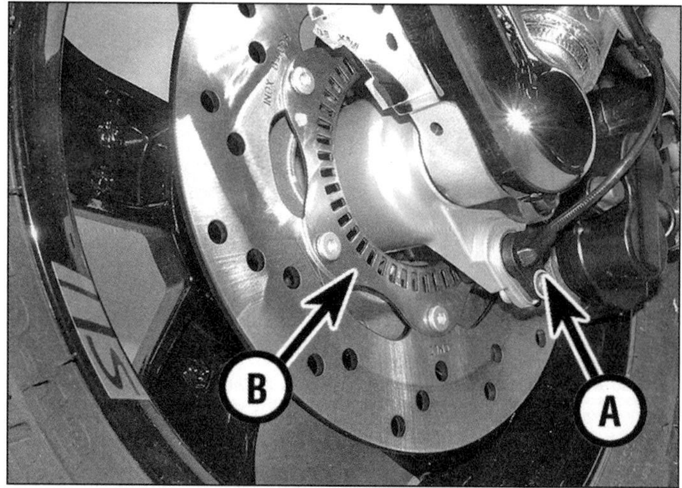

4.29a Vorderradsensor (A) und Sensorring (B)

4.29b Hinterradsensor (A) und Sensorring (B)

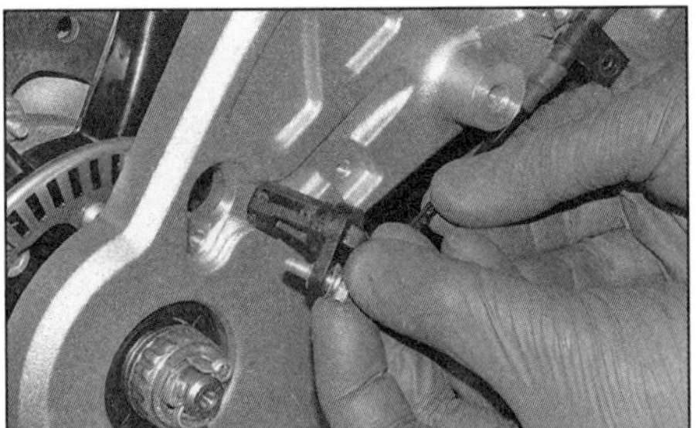

4.29c Kontrollieren Sie die Sensorspitze.

4.30 Messen Sie den Abstand zwischen der Sensorspritze und dem Sensorring.

Bremssattel- und Geberzylinder-Dichtungen

15 Bremssystem-Dichtungen altern mit der Zeit und verlieren ihre Wirkung. Alte Geberzylinder-Dichtungen sorgen für einen klemmenden Bremshebel; alte Bremssattel-Dichtungen verhindern die Rückkehr des Bremskolbens in seine Ausgangsposition. Generell können alte Dichtungen zu Undichtigkeit führen.

16 Kontrollieren Sie den/die Geberzylinder und alle Bremssättel auf Undichtigkeit und Schwergängigkeit.

17 Piaggio bietet weder für die Geberzylinder noch Bremssättel Reparatur-Sets an, sodass die Komponenten bei Problemen komplett ausgetauscht werden müssen (siehe Kapitel 8).

Trommelbremse Bowdenzug

18 Prüfen Sie, ob sich das Hinterrad bei nicht betätigter Bremse frei drehen lässt. Falls die Bremse schleift, muss zunächst kontrolliert werden, ob sich der Bremshebel frei bewegen lässt und das korrekte Spiel aufweist (Schritte 4, 6 und 8).

19 Befreien Sie den Bowdenzug vom linken Bremshebel und dem Hebel der Trommelbremse (siehe Kapitel 8). Prüfen Sie, ob sich das Zugseil frei in der Hülle verschieben lässt; bei Schwergängigkeit muss die Hülle auf Knicke und Risse überprüft werden. Kontrollieren Sie auch, ob das Zugseil nicht ausgefranst ist. Tauschen Sie einen schadhaften Bowdenzug umgehend aus (siehe Kapitel 8).

20 Soweit der Bowdenzug in Ordnung ist, muss er geschmiert werden (Schritte 21 und 22) – bleibt die Schwergängigkeit danach bestehen, muss er ausgetauscht werden (siehe Kapitel 8).

21 Für eine sichere und problemlose Funktion muss der Bowdenzug regelmäßig geschmiert werden. Piaggio empfiehlt zwar Motoröl, doch es sind spezielle Sprühöle auf dem Markt, die sich mithilfe eines speziellen Adapters leichter einsetzen lassen.

22 Um den Seilzug zu schmieren, muss er vom Hebel getrennt werden. Falls Motoröl verwendet wird, muss es tröpfchenweise zwischen Hülle und Zugseil eingefüllt werden – warmes Öl und Bewegen des Zugseils erleichtert die Arbeit. Die Verwendung von Sprühöl samt Adapter ist in den Abbildungen erklärt.

23 Verbinden Sie den Bowdenzug und stellen Sie das Spiel des Hebels ein (Schritt 8).

24 Soweit der Bremshebel und der Bowdenzug in Ordnung sind, kann eine klemmende Bremse auf einen schwergängigen Bremsnocken zurückzuführen sein (siehe unten).

Bremsnocken

25 Um die Funktion des Bremsnockens zu prüfen, muss zunächst der Bowdenzug von der Bremse getrennt werden (siehe Abbildung) – notieren Sie die Positionen der Buchse im Hebel und der ggf. vorhandenen Rückholfeder.

26 Betätigen Sie die Bremse von Hand – sie muss beim Lösen in die Ruhestellung zurückkehren; andernfalls müssen die Bremsbacken ausgebaut und der Bremsnocken sowie die Federn überprüft werden (siehe Kapitel 8).

27 Schmieren Sie das Lager und die Welle des Bremsnockens dünn mit Kupferpaste. Stellen Sie nach dem Zusammenbau das Spiel des Bremshebels ein (siehe Schritt 8).

Achtung: Verwenden Sie die Kupferpaste sparsam und lassen Sie sie nicht auf die Bremstrommel oder das Belagmaterial gelangen!

Geschwindigkeitssensor

28 Der Vorderradsensor sitzt unten an der Radaufhängung, der Hinterradsensor sitzt rechts im Auspuffhalter (siehe Abbildungen) – demontieren Sie den Auspuff nötigenfalls, um den Zugang zu verbessern (siehe Kapitel 5).

29 Weder die Sensorspitze noch die Nuten des Sensorrings dürfen verschmutzt sein (siehe Abbildungen) – lösen Sie nötigenfalls die Schraube des Sensors und ziehen Sie ihn heraus, um seine Spitze zu kontrollieren (siehe Abbildung). Beachten Sie die Positionen möglicher Distanzscheiben zwischen dem Sensor und seinem Sitz, um bei der Montage die korrekte Distanz sicherzustellen.

30 Messen Sie den Abstand zwischen der Sensorspitze und dem Sensorring (siehe Abbildung) – er muss zwischen 0,5 und 1,5 mm liegen. Drehen Sie das Rad und prüfen Sie, ob der Wert überall gleich ist, andernfalls ist der Sensorring beschädigt. Der Sensor kann mithilfe von 0,5 mm starken Distanzscheiben, die unten auf die Schraube geschoben werden, auf den korrekten Abstand gebracht werden.

31 Der Ausbau und Einbau des Sensorrings ist in Kapitel 8 beschrieben.

5 Kühlsystem

Warnung: Lassen Sie den Motor vor Arbeitsbeginn vollständig abkühlen!

Wassergekühlte Motoren

1 Kontrollieren Sie den Kühlmittelpegel (siehe *Tägliche Kontrollen*).

GTS 125/150ie (2009 bis 2015), GTS 250/300, GTV- und GT-Modelle

2 Entfernen Sie die rechte Verkleidung, die innere Frontverkleidung und die Bodenabdeckung, um die Wasserkühler und die zwischen ihnen und dem Motor verlaufenden Schläuche freizulegen (siehe Kapitel 9 und 4).

3 Inspizieren Sie das gesamte Kühlsystem auf Undichtigkeiten. Drücken Sie die Kühlerschläuche auf der gesamten Länge, um Risse, Scheuerstellen und andere Schäden zu ermitteln (siehe Abbildungen). Die Schläuche müssen fest aber geschmeidig sein und nach dem Drücken in ihre alte Form zurückkehren. Verhärtete oder spröde Schläuche müssen ersetzt werden (siehe Kapitel 4).

5.3a Kontrollieren Sie die Kühler und ihre Schläuche wie beschrieben . . .

5.3b . . . und drücken Sie sie, um ihren Zustand zu ermitteln.

1

4 Kontrollieren Sie alle Kühlsystem-Anschlüsse. Alle Schläuche müssen korrekt auf ihren Stutzen sitzen und mit Schellen gesichert sein (siehe Abbildung).

5 Kontrollieren Sie bei allen Modellen außer GTS 125/150 den Ablasshahn an der Unterseite des Lichtmaschinendeckels auf Undichtigkeiten – der Hahn entlässt das bei einem Schaden an der Wasserpumpen-Dichtung austretende Kühlmittel (siehe Abbildung). Ersetzen Sie nötigenfalls die Wasserpumpen-Dichtung; falls Öl austritt, muss der Öldichtring ersetzt werden – und falls eine Emulsion aus Wasser und Öl austritt, müssen beide Dichtungen ausgetauscht werden (siehe Kapitel 4).

GTS 125/150ie ab 2016

6 Öffnen Sie die Sitzbank und entnehmen Sie das Staufach, entfernen Sie die rechte Seitenverkleidung und die Abdeckung, um an die Schrauben der Kühlerabdeckung zu gelangen und diese zu entfernen (siehe Kapitel 4).

7 Folgen Sie den Hinweisen in den Schritten 3 und 4 und kontrollieren Sie die Schläuche und Anschlüsse des Kühlsystems (siehe Abbildung). Beachten Sie das Thermostatgehäuse rechts am Zylinderkopf und die Wasserpumpe an der linken Seite – an ihrer Unterseite befindet sich eine Ablaufbohrung, falls die interne Dichtung ausfällt (siehe Schritt 4).

Alle Modelle

8 Kontrollieren Sie den/die Kühler auf Undichtigkeiten und andere Schäden. Lecks hinterlassen verräterische Ablagerungen – lassen Sie den Kühler nötigenfalls reparieren oder ersetzen Sie ihn (siehe Kapitel 4).

Achtung: Verwenden Sie keine flüssigen Kühler-Dichtmittel, um den Kühler zu reparieren!

9 Begutachten Sie die Kühlerlamellen auf abgelagerten Schmutz oder Insekten, da hierdurch der Luftstrom und somit die Kühlwirkung beeinträchtigt wird. Falls der Kühler stark verschmutzt ist, muss er demontiert (siehe Kapitel 4) und mit Wasser oder geringem Luftdruck von der Rückseite her gereinigt werden. Verbogene Lamellen können vorsichtig mit einem kleinen Schraubendreher wieder gerichtet werden (siehe Abbildung). Falls mehr als ein Drittel der Kühlerlamellen verbogen oder anderweitig beschädigt sind, muss der Kühler erneuert werden.

10 Kontrollieren Sie das Kühlmittel im Ausgleichsbehälter – falls es rostfarben oder mit Ablagerungen versetzt ist, muss das Kühlsys-

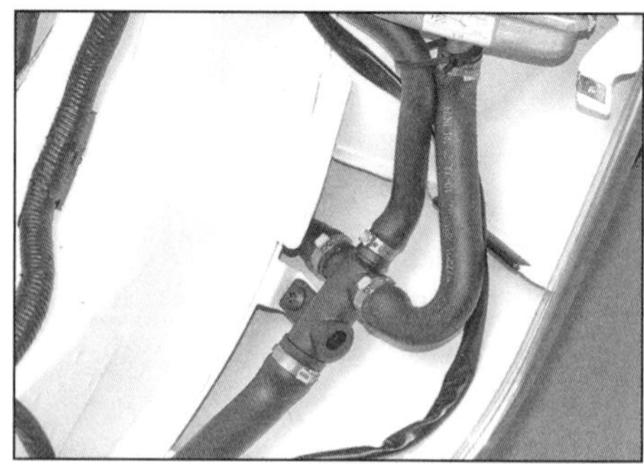

5.4 Kontrollieren Sie alle Kühlsystem-Anschlüsse.

5.5 Kontrollieren Sie den Ablasshahn auf Undichtigkeiten.

5.7 Kühler und Schläuche beim GTS 125/150 ab 2016

5.9 Verbogene Lamellen können vorsichtig mit einem kleinen Schraubendreher wieder gerichtet werden.

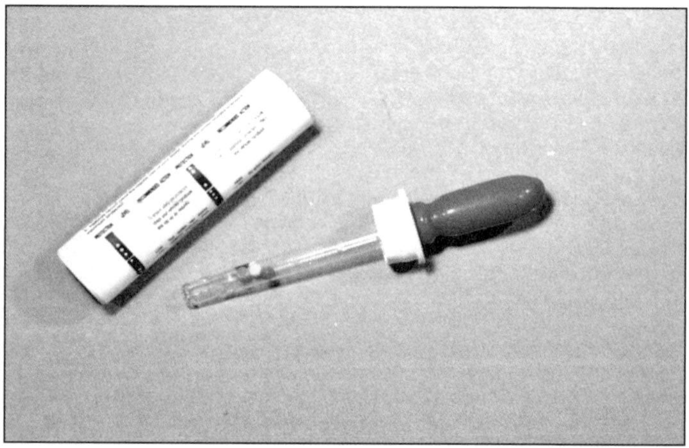

5.11 Prüfen Sie mit einem Hydrometer den Frostschutzgehalt des Kühlmittels.

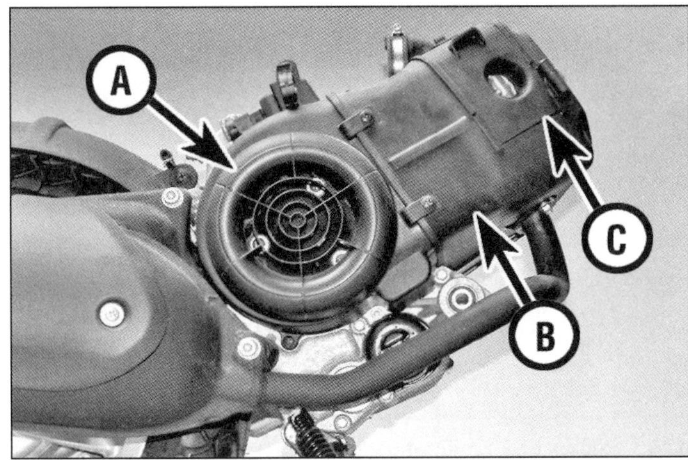

5.15 Gebläsedeckel (A), Verkleidungssegmente (B) und (C)

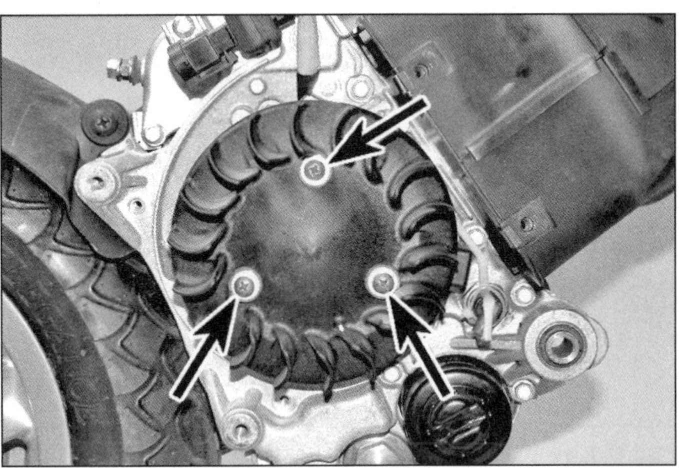

5.16a Kontrollieren Sie das Gebläserad auf gebrochene Flügel und fest sitzende Schrauben . . .

5.16b . . . bzw. auf eine fest sitzende zentrale Mutter.

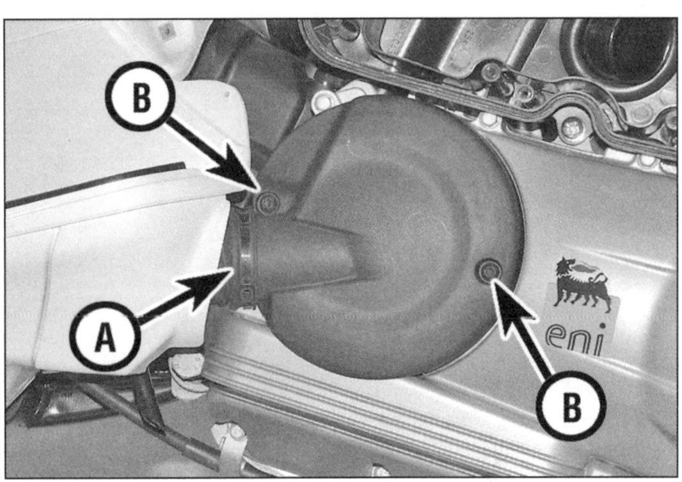

5.18a Luftschlauch-Kabelbinder (siehe Abbildung) und Gebläsedeckel-Schrauben (B)

1

tem entleert, gespült und neu befüllt werden (siehe Kapitel 4).

Anmerkung: *Piaggio empfiehlt, das Kühlsystem alle zwei Jahre mit frischem Kühlmittel zu befüllen.*

11 Prüfen Sie mit einem Hydrometer den Frostschutzgehalt des Kühlmittels (siehe Abbildung) – manchmal sieht es noch gut aus, bietet aber nicht mehr ausreichend Schutz. Falls ein zu geringer Frostschutzgehalt ermittelt wird, muss das Kühlsystem entleert, gespült und neu befüllt werden (siehe Kapitel 4).
12 Starten Sie den Motor und bringen Sie auf Betriebstemperatur. Kontrollieren Sie das Kühlsystem erneut auf Undichtigkeiten.
13 Falls der Kühlmittelpegel stetig absinkt oder der Motor überhitzt und keine Undichtigkeiten gefunden werden, sollte der Ausgleichsbehälterdeckel erneuert werden. Wird hierdurch das Problem nicht beseitigt, muss eine Piaggio-Werkstatt eine Druckprüfung durchführen.

Luftgekühlte Motoren (LX, LXV, S, Primavera, Sprint)

14 Das rechts am Motor sitzende Gebläserad drückt kühlende Luft durch die den Zylinder und den Zylinderkopf umschließende Verkleidung.
15 Prüfen Sie, ob das Ansauggitter nicht verstopft ist und die Verkleidungssegmente korrekt miteinander verbunden und gesichert sind (siehe Abbildung) – falls Elemente fehlen, kann der Motor nicht korrekt gekühlt werden.
16 Entfernen Sie den Gebläse-Deckel (siehe Kapitel 2A oder 2B) und kontrollieren Sie das Gebläserad – falls auch nur einer der Flügel gebrochen ist, muss das Gebläserad ersetzt werden. Achten Sie bei Modellen mit direkt auf dem Lichtmaschinenrotor sitzendem Gebläserad auf die Festigkeit der Schrauben (siehe Abbildung). Achten Sie ansonsten auf eine festsitzende zentrale Mutter (siehe Abbildung).
17 Entfernen Sie links die Verkleidung und die Abdeckung (siehe Kapitel 9).

18 Lösen Sie ggf. den Kabelbinder oder die Schelle, die den Einlassschlauch am Getriebekühler-Deckel sichert und befreien Sie den Schlauch (siehe Abbildung). Lösen Sie die Schrauben des Deckels und entfernen Sie ihn – beachten Sie die Position der Dichtung (siehe Abbildung). Prüfen Sie, ob der Deckel und der Einlassschlauch sauber sind. Ersetzen Sie nötigenfalls die Dichtung.

5.18b und Gebläsedeckel-Dichtung

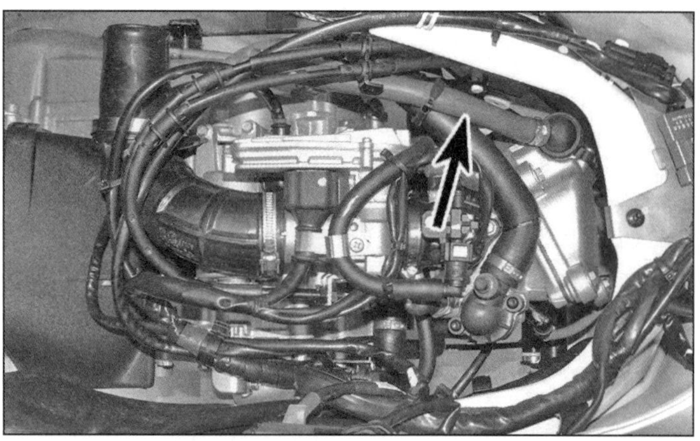

6.2a Motorentlüftungsschlauch

6.2b Position des Entlüftungsschlauch-Regelventils – Primavera und Sprint

6.2c Position des Entlüftungsschlauch-Regelventils und Bypass-Schlauchs – GTS 125/150 ab 2016

6.3a Hebeln Sie die Schelle auseinander, bis sie abgezogen werden kann.

6 Motorentlüftung

Achtung: Falls das Fahrzeug regelmäßig bei feuchter Witterung oder viel mit Vollgas gefahren wird, muss die Motorentlüftung öfter entleert werden. Sie muss außerdem nach dem Waschen des Rollers oder nach einem Umfaller kontrolliert werden.

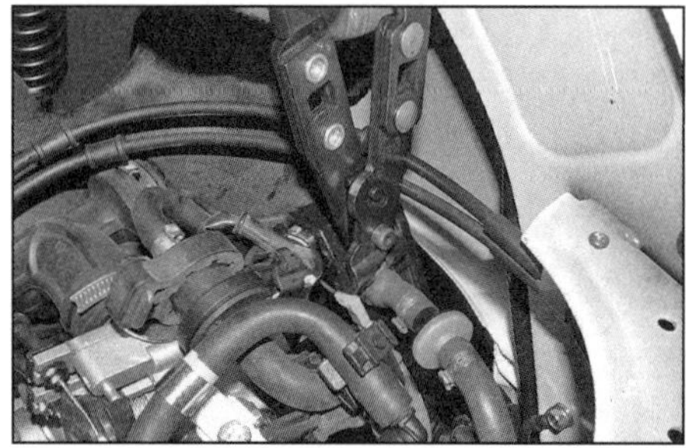

6.3b Sichern Sie die Schelle mit eine Spezialzange.

1 Öffnen Sie die Sitzbank und entnehmen Sie das Staufach.

2 Kontrollieren Sie den Schlauch zwischen dem seitlich am Ventildeckel sitzenden Ölabscheider und dem Luftfiltergehäuse (siehe Abbildung). Bei GTS 125/150-Modellen ab 2016 ist der Schlauch hinten am Wasserpumpengehäuse angeschlossen. Er muss an beiden Enden sicher auf den Stutzen stecken und darf keine Risse, Knicke oder Löcher aufweisen – ersetzen Sie ihn nötigenfalls durch ein Neuteil. Falls vorhanden, muss der feste Sitz des Ventils geprüft werden (siehe Abbildungen).

3 Zum Lösen einer Schlauchschelle muss deren »Ohr« mit einem kleinen Schraubendreher soweit auseinander gehebelt werden, bis die Schelle vom Schlauchstutzen gezogen werden kann (siehe Abbildung). Schieben Sie die Schelle zum Sichern wieder auf und drücken Sie sie mit eine Spezialzange zusammen (siehe Abbildung).

4 Kontrollieren Sie die Kappe(n) der Ablaufbohrung(en) an der Unterseite des Luftfiltergehäuses auf Ablagerungen. Entfernen Sie die Kappe(n) nötigenfalls und befreien Sie den/die Stutzen von sämtlichen Ablagerungen.

5 Der Ölabscheider muss regelmäßig vom Ventildeckel befreit und gereinigt werden (beachten Sie dazu die Hinweise in Kapitel 2A, B, C oder D).

7 Antriebsriemen, Variator und Kupplung

Antriebsriemen

1 Entfernen Sie den Riemendeckel (siehe Kapitel 3). Kontrollieren Sie den gesamten Riemen auf Risse, ausgefranstes Gewebe und

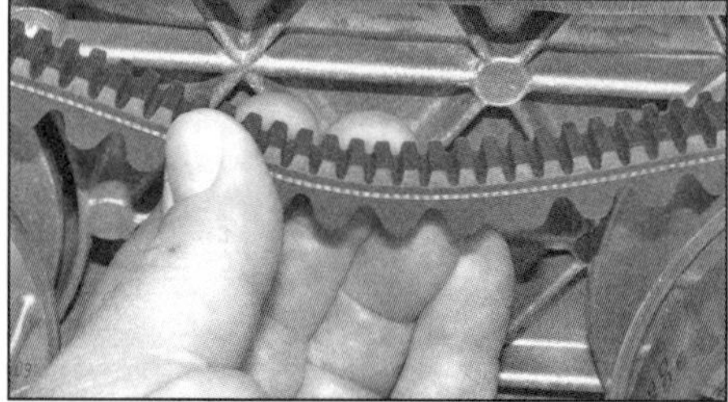

7.1 Kontrollieren Sie den Antriebsriemen.

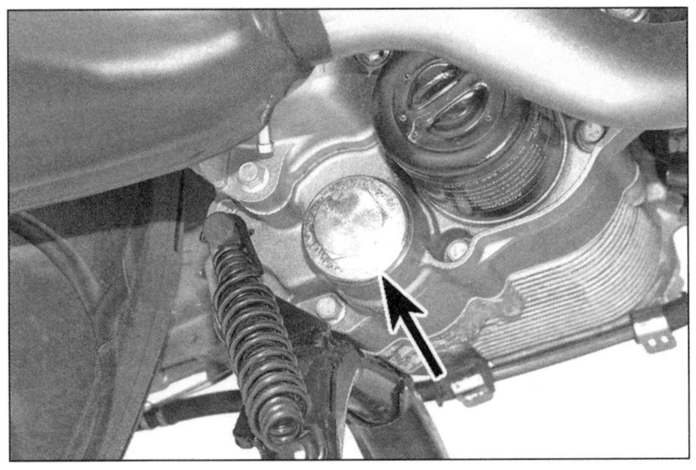

8.2 Motoröl-Ablassschraube

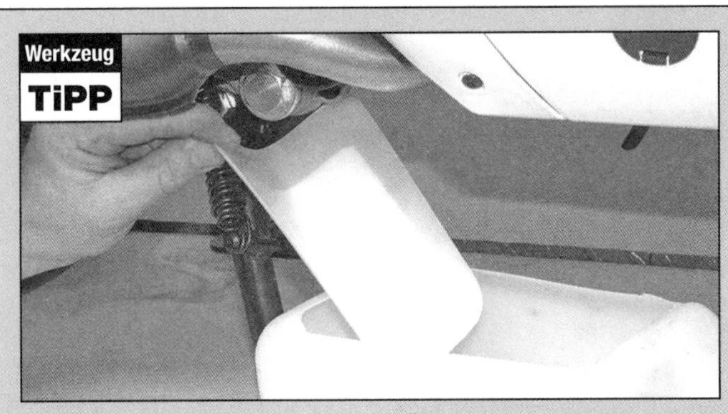

Werkzeug-Tipp: Aus einem alten Ölkanister kann gleichzeitig ein Sammelbehälter und eine geeignete Rinne zum Ablassen des Öls angefertigt werden.

beschädigte Zähne – ersetzen Sie den Riemen nötigenfalls (siehe Abbildung).

2 Die Kanten des Riemens verschleißen mit der Zeit – schwarze Ablagerungen im Gehäuse weisen darauf hin. Ein übermäßig verschlissener, brüchiger oder ausgefranster Riemen muss erneuert werden (siehe Kapitel 3).

Achtung: Der Antriebsriemen muss ungeachtet seines Zustands entsprechend der Vorgaben im Wartungsplan erneuert werden.

3 Im Falle eines vorzeitigen Verschleißes muss der Grund dafür herausgefunden werden (siehe Kapitel 3).

4 Öl oder Fett innerhalb des Gehäuses sind Hinweise auf einen defekten Kurbelwellen-, Getriebewellen- oder Kupplungs-Dichtring. Ermitteln Sie die Ursache und beseitigen Sie sie.

5 Befreien das Gehäuse vor der Montage des Deckels von Staub und Ablagerungen.

Variatorrollen und Rampenführungen

6 Demontieren Sie den Riemenantrieb und die Variator-Komponenten. Kontrollieren Sie den Kupplungstrommel und die Kupplungsbacken sowie die Kupplungslager auf Verschleiß und ersetzen Sie entsprechende Teile.

8 Motoröl und Filter/Ölsieb

Warnung: Achten Sie beim Ablassen des warmen Öls darauf, sich nicht am Auspuff oder Motor zu verbrennen. Um kein Öl auf die Haut gelangen zu lassen, sollten Einweg-Schutzhandschuhe getragen werden.

1 Das regelmäßige Wechseln des Motoröls ist die wichtigste Wartungsarbeit überhaupt. Das Öl schmiert nicht nur die beweglichen Teile des Motors, sondern dient auch als Kühlmittel, als Reinigungsmittel und als Dichtmittel. All diese Fähigkeiten des Öls lassen mit der Zeit nach, sodass es durch frisches Motoröl gleicher Qualität ersetzt werden muss. Das gesparte Geld beim Kauf billigen Öls macht sich im Verhältnis zu einem Motorschaden niemals bezahlt!

Achtung: Starten Sie den Motor niemals in geschlossenen Räumen!

2 Bringen Sie den Motor zunächst auf Betriebstemperatur, um das Öl besser ablassen zu können. Schalten Sie den Motor ab und warten Sie einige Minuten, damit sich das Öl in der Ölwanne sammeln kann. Stützen Sie das Fahrzeug mit dem Hauptständer auf einer ebenen Fläche ab und stellen Sie einen sauberen Sammelbehälter unter die Ablassschraube (rechts am Motor) (siehe Abbildung). Weil der Hauptständer die korrekte Positionierung des Behälters behindert, sollte eine entsprechende Rinne zum Einsatz kommen (siehe *Werkzeug-Tipp*).

3 Lösen Sie den Öleinfülldeckel, um das Motorgehäuse zu belüften – und als Erinnerung, dass sich kein Öl im Motor befindet (siehe Abbildungen).

1

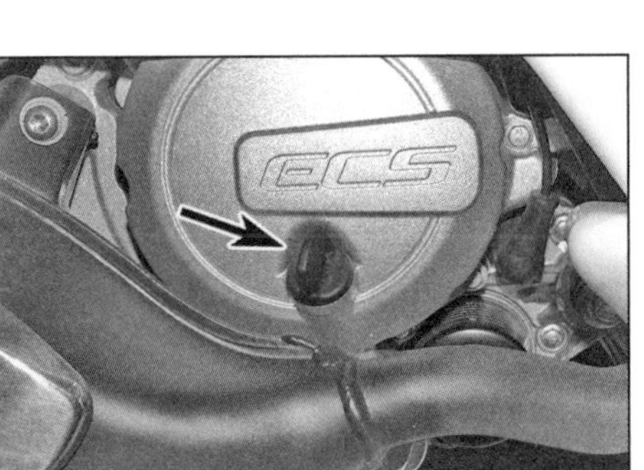

8.3a Öleinfülldeckel rechts am Motor – GTS 125/150ie (2009 bis 2015), ...

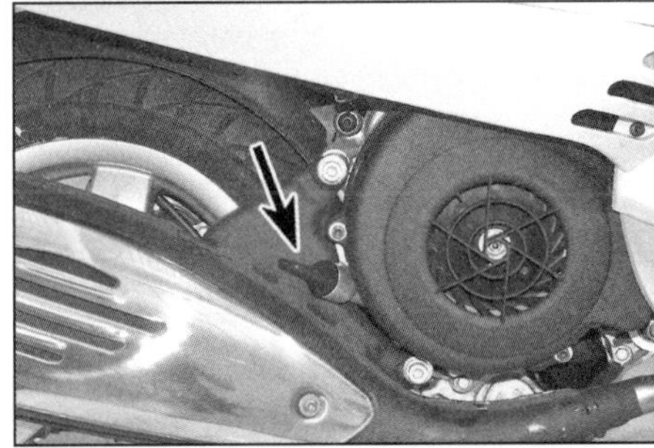

8.3b ... LX, LXV und S-Dreiventilmotoren, Primavera und Sprint ...

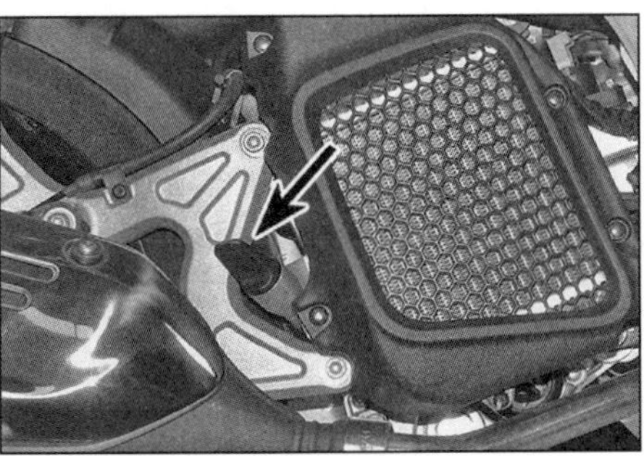

8.3c ... sowie GTS 125/150ie (ab 2016).

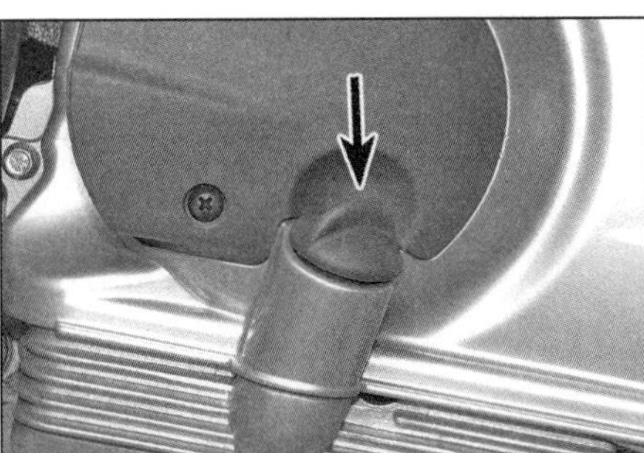

8.3d Bei allen anderen Modellen sitzt der Öleinfülldeckel links.

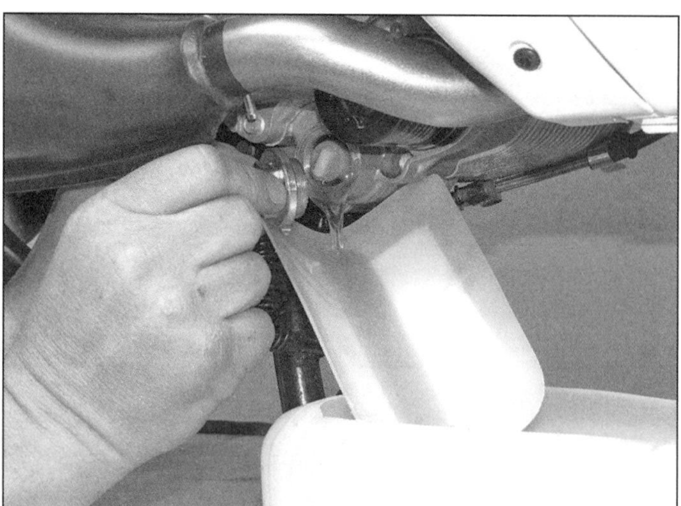

8.4a Schrauben Sie die Ölablassschraube heraus ...

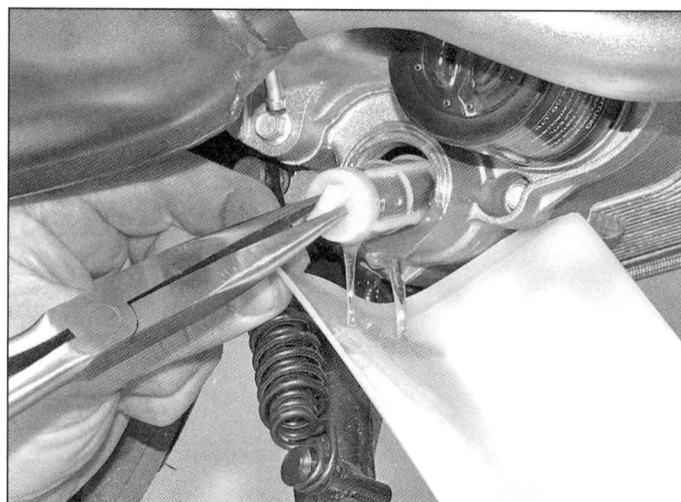

8.4b ... und ziehen Sie das Ölsieb aus dem Motor, um das Öl vollständig abzulassen.

4 Schrauben Sie die Ölablassschraube heraus und ziehen Sie das Ölsieb aus dem Motor, um das Öl vollständig abzulassen (siehe Abbildungen). Kontrollieren Sie die O-Ringe der Ablassschraube und des Siebs – auch wenn sie nicht beschädigt oder verformt sind, sollten sie sicherheitshalber erneuert werden.

5 Schrauben Sie den Ölfilter ab – entweder mit einem großen Schraubendreher, einer speziellen Filterzange oder einem Band- oder Kettenschlüssel – und lassen Sie darin enthaltenes Öl in den Behälter abtropfen (siehe Abbildungen). Falls der Zugang zum Ölfilter stark durch den Auspuff begrenzt wird, muss dieser zuvor demontiert werden (siehe Kapitel 5).

6 Reinigen Sie das Sieb in Lösungsmittel und befreien Sie es von Ablagerungen. Inspizieren Sie das Gewebe auf Risse und Löcher und ersetzen Sie es nötigenfalls.

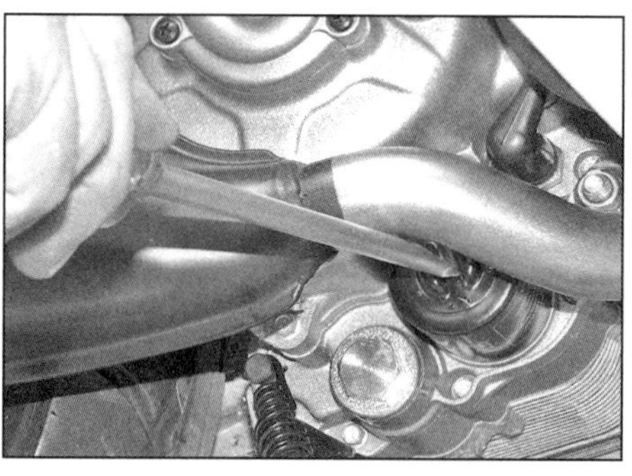

8.5a Schrauben Sie den Ölfilter ab ...

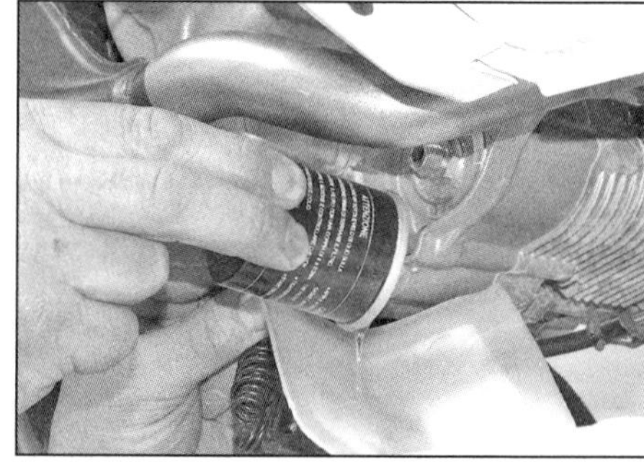

8.5b ... und lassen Sie darin enthaltenes Öl in den Behälter abtropfen.

7 Nachdem das Öl vollständig abgelaufen ist, wird die Nut im Ölsieb ggf. mit einem neuen O-Ring ausgerüstet und das Sieb hiermit voran ins Motorgehäuse geschoben (siehe Abbildungen). Rüsten Sie ggf. die Ablassschraube mit einem neuen O-Ring aus, installieren Sie

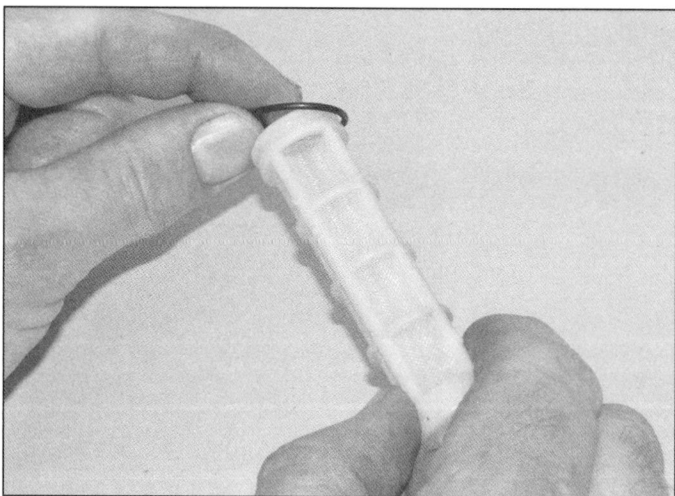

8.7a Rüsten Sie das Ölsieb mit dem (neuen) O-Ring aus ...

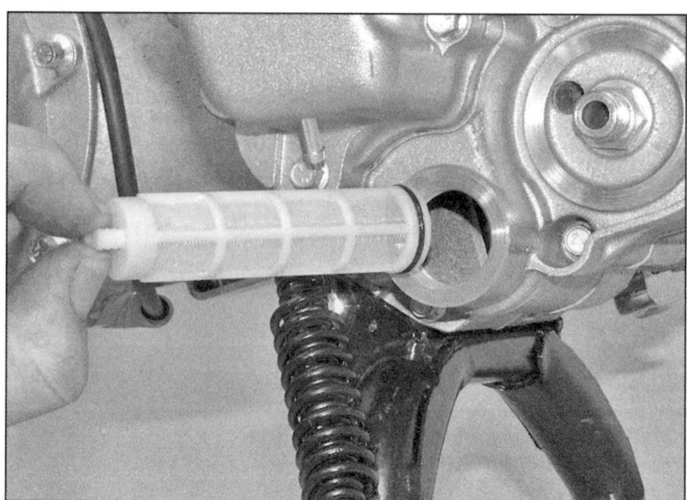

8.7b ... und installieren Sie es in den Motor.

8.7c Rüsten Sie die Ablassschraube mit dem (neuen) O-Ring aus . . .

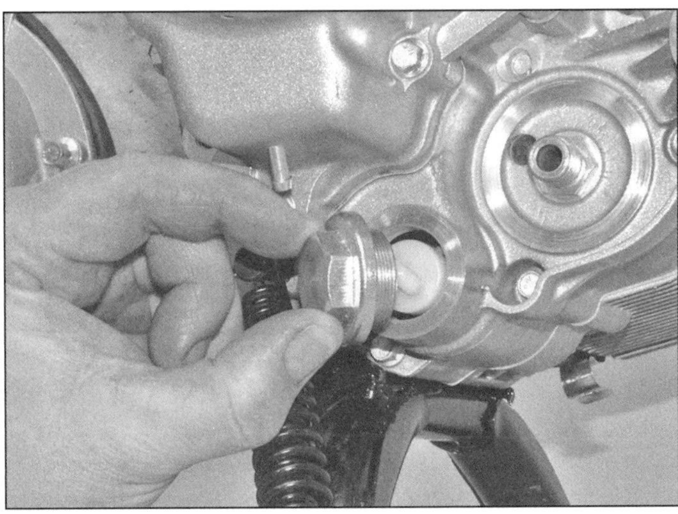

8.7d . . . und ziehen Sie sie mit dem korrekten Drehmoment an.

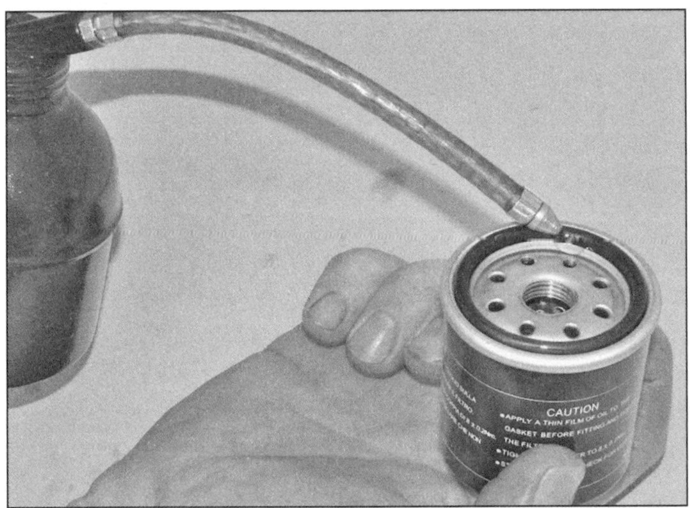

8.8a Benetzen Sie die Dichtung des neuen Ölfilters mit frischem Motoröl . . .

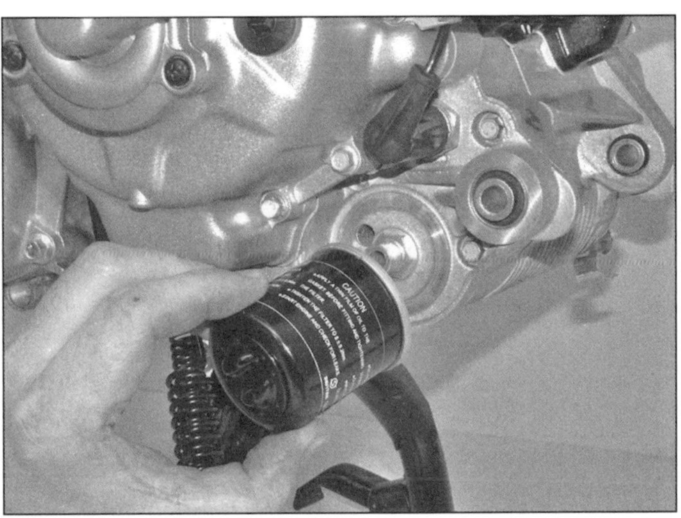

8.8b . . . und drehen Sie ihn von Hand auf den Stutzen.

sie und ziehen Sie sie mit dem in den technischen Daten des jeweiligen Modells angegebenen Drehmoment an (siehe Abbildungen).

8 Benetzen Sie die Dichtung des neuen Ölfilters mit frischem Motoröl und drehen Sie ihn von Hand auf den Stutzen; drehen Sie ihn nötigenfalls mit einem zwischen den Rippen angesetzten Werkzeug etwas fester, aber beschädigen Sie ihn dabei nicht (siehe Abbildung 8.5a).

Achtung: Ziehen Sie den Ölfilter niemals mit einem Band- oder Kettenschlüssen an!

9 Füllen Sie den Motor mit der korrekten Menge des vorgeschriebenen Motoröls auf (siehe *Tägliche Kontrollen* und *Technische Daten* des jeweiligen Modells). Kontrollieren Sie den O-Ring des Einfülldeckels, ersetzen Sie ihn nötigenfalls und schmieren Sie ihn mit etwas Öl, bevor Sie den Deckel von Hand in den Motor drehen.

10 Starten Sie den Motor und lassen Sie ihn zwei bis drei Minuten laufen. Schalten Sie den Motor ab und warten Sie einige Minuten, damit sich das Öl in der Ölwanne sammeln kann. Kontrollieren Sie den Ölpegel und füllen Sie ggf. Öl nach.

11 Kontrollieren Sie die Ablassschraube und den Ölfilter auf Undichtigkeiten. Lassen Sie nötigenfalls das Motoröl erneut ab und ersetzen Sie den O-Ring der Ablassschraube. Der Ölfilter kann nötigenfalls etwas fester angezogen werden.

12 Das alte Motoröl kann nicht mehr verwendet werden und muss in einen auslaufsicheren Behälter gefüllt werden. Jeder Händler, der technische Öle verkauft, ist auch dazu verpflichtet, entsprechende Mengen Altöl zurückzunehmen und zur fachgerechten Entsorgung oder zum Recycling zu bringen. Lassen Sie nie Altöl in die Kanalisation gelangen oder im Boden versickern!

Kontrollieren Sie sorgfältig Ihr Altöl. Wenn es stark metallisch schimmert, können es Spuren vom Einfahren eines neuen Motors sein – oder aber Anzeichen ungenügender Schmierung. Wenn sich kleine Metallbrocken oder Splitter im Öl finden, läuft in Ihrem Motor etwas entschieden falsch, und er muss zur Inspektion und Reparatur zerlegt werden.

9.2 Kraftstoffschlauch-Anschluss am Drosselklappengehäuse

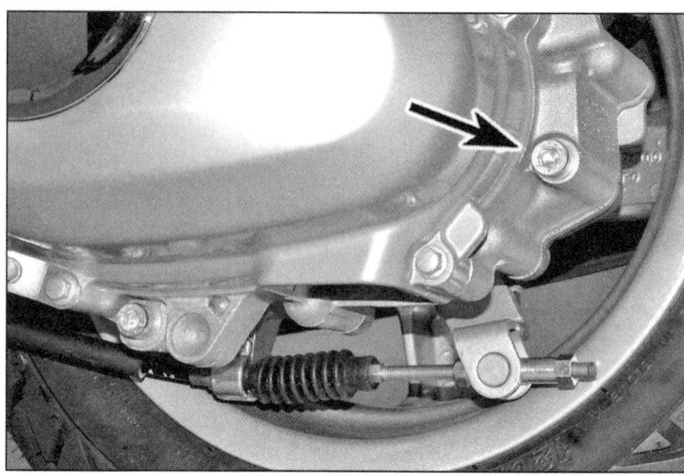

10.2 Position der Ölpegel-Kontrollschraube – LX, LXV und S-Modelle ab 2012

10.3 Getriebeöl kann z. B. mithilfe eines kleinen Trichters samt Schlauch aufgefüllt werden.

10.4 Drehen Sie den Öleinfülldeckel/Peilstab aus dem Gehäuse.

9 Kraftstoffsystem

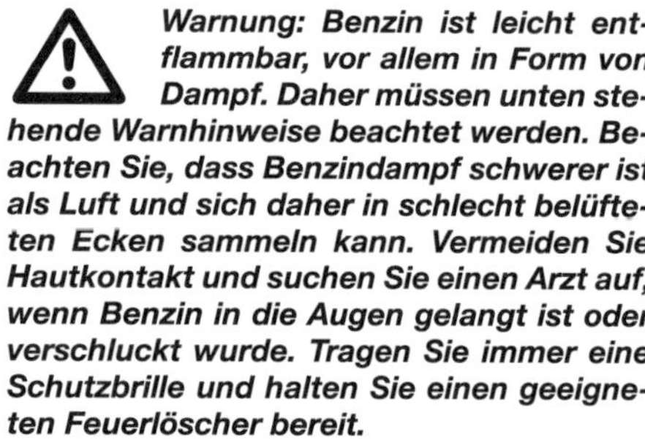

Warnung: Benzin ist leicht entflammbar, vor allem in Form von Dampf. Daher müssen unten stehende Warnhinweise beachtet werden. Beachten Sie, dass Benzindampf schwerer ist als Luft und sich daher in schlecht belüfteten Ecken sammeln kann. Vermeiden Sie Hautkontakt und suchen Sie einen Arzt auf, wenn Benzin in die Augen gelangt ist oder verschluckt wurde. Tragen Sie immer eine Schutzbrille und halten Sie einen geeigneten Feuerlöscher bereit.

1 Öffnen Sie die Sitzbank und entnehmen Sie das Staufach.

2 Kontrollieren Sie den Tank, die Kraftstoffleitung(en) zwischen ihm und dem Drosselklappengehäuse auf Undichtigkeit, Alterserscheinungen und Beschädigungen (siehe Abbildung) und ersetzen Sie sie nötigenfalls. Alle Schläuche müssen an beiden Enden gut gesichert sein. Das Lösen und Sichern der Schellen ähnelt denen der Motorentlüftung (siehe Sektion 6).

3 Falls an der Kraftstoffpumpe Undichtigkeiten auftreten, muss sie demontiert und mit einer neuen Dichtung ausgerüstet werden (siehe Kapitel 5).

4 Nach einer hohen Laufleistung und beim Verdacht auf Verstopfung empfiehlt sich das Reinigen des Kraftstoffsiebs und der Austausch des Kraftstofffilters – beide Teile sitzen an der Kraftstoffpumpe (siehe Kapitel 5).

5 Beim Verdacht auf Kraftstoffmangel und bei Unterdruck-Zischgeräuschen nach dem Öffnen des Tankdeckels wird die Tankbelüftung im Einfüllstutzen oder der Belüftungsschlauch blockiert sein. Kontrollieren und reinigen Sie diese Teile und ersetzen Sie nötigenfalls den Schlauch.

6 Falls die Tankanzeige defekt zu sein scheint, muss ihre Funktion und die des Sensors kontrolliert werden (siehe Kapitel 5).

10 Getriebeöl

Pegel-Kontrolle

1 Stützen Sie das Fahrzeug mit dem Hauptständer auf einer ebenen Fläche ab.

LX, LXV und S-Modelle ab 2012, Primavera und Sprint sowie GTS 125/150ie ab 2016

2 Reinigen Sie den Bereich um die Ölpegel-Kontrollschraube und drehen Sie diese aus dem Gehäuse (siehe Abbildung) – das Öl muss bis zum unteren Rand stehen bzw. bei Sprint- und Primavera-Modellen bis knapp unter den unteren Rand der Bohrung.

3 Füllen Sie nötigenfalls etwas vom in den technischen Daten angegebenen Getriebeöl

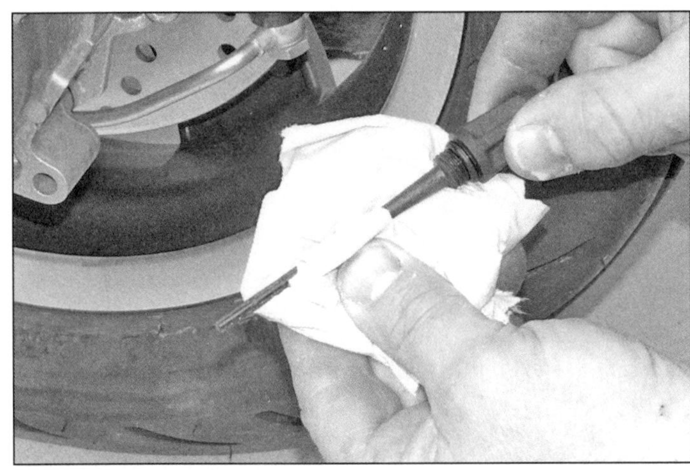

10.5 Wischen Sie den Peilstab sauber . . .

10.6 . . . und installieren Sie ihn vollständig in das Gehäuse.

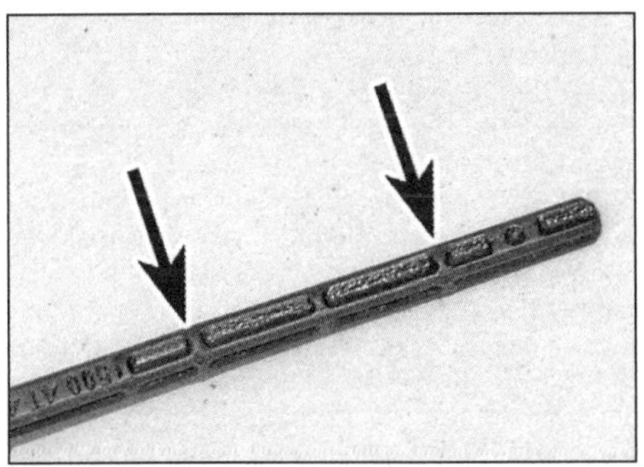

10.7a Bei LX-, LXV- und S-Modellen muss der Pegel zwischen den gezeigten Linie stehen.

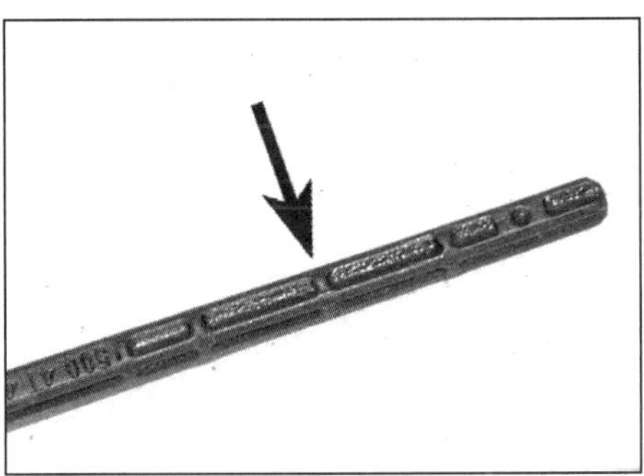

10.7b Bei GTS-, GTV- und GT-Modellen muss der Pegel knapp oberhalb der zweiten Linie stehen.

auf – entweder mit einem kleinen Trichter oder einer Spritze (siehe Abbildung). Lassen Sie überschüssiges Öl abtropfen, installieren Sie die Kontrollschraube und ziehen Sie sie mit dem in den technischen Daten des jeweiligen Modells angegebenen Drehmoment an.

Alle anderen Modelle

4 Reinigen Sie den Bereich um den Öleinfülldeckel/Peilstab und drehen Sie diese aus dem Gehäuse (siehe Abbildung).

5 Wischen Sie den Peilstab sauber (siehe Abbildung).

6 Stecken Sie den Peilstab in das Gehäuse und schrauben Sie ihn ein (siehe Abbildung).

7 Drehen Sie den Peilstab wieder heraus – der Ölpegel muss je nach Modell wie folgt am Stab erkennbar sein: Bei LX-, LXV- und S-Modellen muss der Pegel zwischen der ersten und dritten Linie (von unten betrachtet) stehen (siehe Abbildung); bei GTS-, GTV- und GT-Modellen muss der Pegel knapp oberhalb der zweiten Linie (von unten betrachtet) stehen (siehe Abbildung).

8 Füllen Sie nötigenfalls etwas vom in den technischen Daten angegebenen Getriebeöl auf, bis der Pegel korrekt ist (siehe Abbildung) – keinesfalls darf zu viel Öl aufgefüllt werden!

9 Kontrollieren Sie den O-Ring des Einfülldeckels (siehe Abbildung), ersetzen Sie ihn nötigenfalls und schmieren Sie ihn mit etwas Öl, bevor Sie den Deckel von Hand in das Getriebe drehen.

Warnung: Falls der Ölpegel sehr niedrig ist oder Öl aus dem Getriebe sickert, müssen die Getriebe-Dichtungen durch Neuteile ersetzt werden (siehe Kapitel 3).

1

10.8 Getriebeöl kann z. B. mithilfe eines kleinen Trichters aufgefüllt werden.

10.9 Der O-Ring des Peilstabs muss sich in einem guten Zustand befinden.

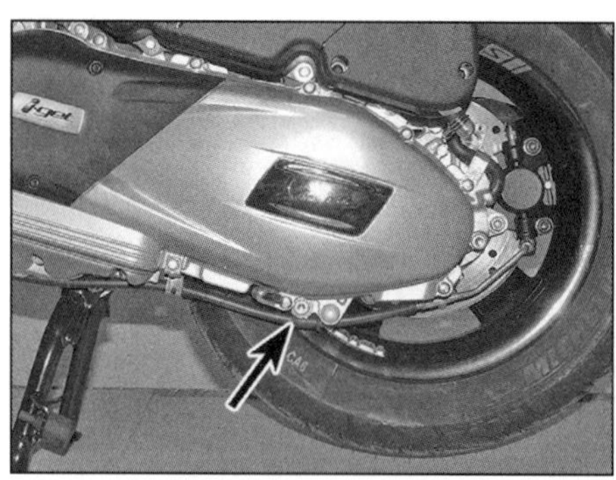

10.10 Getriebeöl-Ablassschraube bei GTS 125/150-Modellen ab 2016

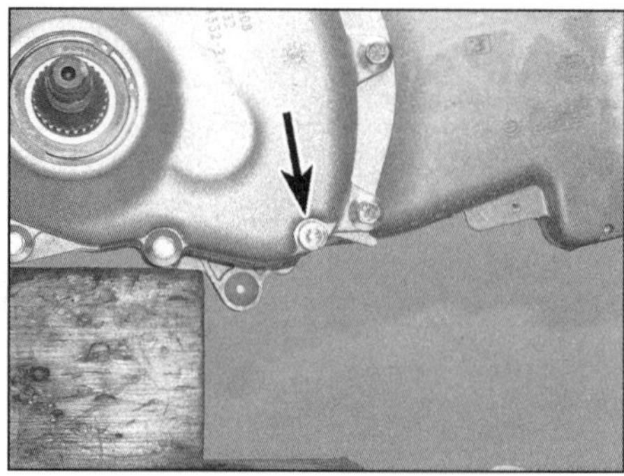

10.12a Lösen Sie die Ablassschraube ...

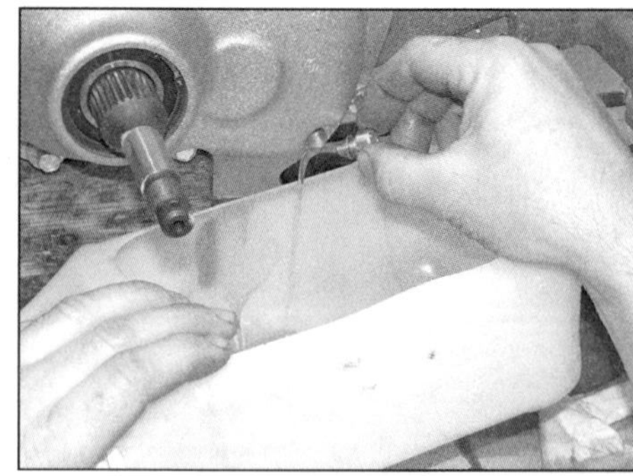

10.12b ... und lassen Sie das Getriebeöl vollständig ablaufen.

Ölwechsel

Anmerkung: *Der Wechsel des Getriebeöls ist nicht bei allen Modellen ein regulärer Wartungspunkt – beachten Sie den entsprechenden Wartungsplan für Ihr Fahrzeug.*

10 Demontieren Sie bei allen Modellen außer GTS 125/150 ab 2016 das Hinterrad, um Zugang zur Getriebeöl-Ablassschraube zu erhalten (siehe Kapitel 8); Beim GTS 125/150 ab 2016 befindet sich die Ablassschraube links unter dem Riemendeckel (siehe Abbildung).

11 Stellen Sie einen sauberen Sammelbehälter unter das Getriebe. Entfernen Sie den Einfülldeckel bzw. die Einfüllschraube, um das Getriebe zu belüften – und als Erinnerung daran, dass sich kein Öl darin befindet (Abbildungen 10.2. oder 10.4).

12 Lösen Sie die Ablassschraube und lassen Sie das Getriebeöl vollständig ablaufen (siehe Abbildungen) – die Dichtscheibe muss später durch ein Neuteil ersetzt werden.

13 Installieren Sie die Ablassschraube mit einer neuen Dichtscheibe und ziehen Sie sie ggf. mit dem in den technischen Daten des jeweiligen Modells angegebenen Drehmoment an – zu festes Anziehen kann das Gehäuse beschädigen!

14 Füllen Sie nötigenfalls etwas vom in den technischen Daten angegebenen Getriebeöl auf, bis der Pegel korrekt ist (siehe oben) – keinesfalls darf zu viel Öl aufgefüllt werden! Installieren Sie den Einfülldeckel bzw. die Einfüllschraube.

15 Unternehmen Sie eine kurze Probefahrt und kontrollieren Sie den Ölpegel; füllen Sie nötigenfalls mehr Öl auf. Kontrollieren Sie den Bereich um die Ablassschraube auf Undichtigkeiten.

16 Das alte Getriebeöl kann nicht mehr verwendet werden und muss in einen auslaufsicheren Behälter gefüllt werden. Jeder Händler, der technische Öle verkauft, ist auch dazu verpflichtet, entsprechende Mengen Altöl zurückzunehmen und zur fachgerechten Entsorgung oder zum Recycling zu bringen. Lassen Sie niemals Altöl in die Kanalisation gelangen oder im Boden versickern!

11 Scheinwerfer-Ausrichtung

Anmerkung: *Ein schlecht ausgerichteter Scheinwerfer kann den Gegenverkehr blenden und die Fahrbahn schlecht ausleuchten. Beachten Sie für die gesetzlichen Vorschriften die Hinweise im Anhang dieses Buchs.*

1 Der Scheinwerfer ist höhenverstellbar. Prüfen Sie zuerst den Reifendruck und führen Sie die Kontrolle mit halbvollem Tank und einem Assistenten auf dem Fahrzeug sitzend durch; falls der Roller regelmäßig zu zweit gefahren wird, muss ein weiterer Assistent auf dem Rücksitz platz nehmen.

2 Bei den meisten Modellen befindet sich die Einstellschraube unterhalb des Scheinwerfers (siehe Abbildung).

3 Bei Modellen, deren Scheinwerfer am Kotflügel befestigt ist, befindet sich die Einstellschraube unterhalb des Kotflügels (siehe Abbildung).

4 Lockern Sie bei LXV-Modellen die hintere Schraube des Scheinwerfer-Halters und schwenken Sie den Scheinwerfer in die gewünschte Richtung (siehe Abbildung).

12 Standgasdrehzahl

1 Die Standgasdrehzahl wird elektronisch vom Motorsteuergerät überwacht und ist nicht einstellbar; falls sie deutlich zu hoch oder zu niedrig ist und/oder der Motor schlecht anspringt oder ungleichmäßig läuft, müssen die Hinweise in Kapitel 5, Sektionen 3 bis 5 beachtet werden.

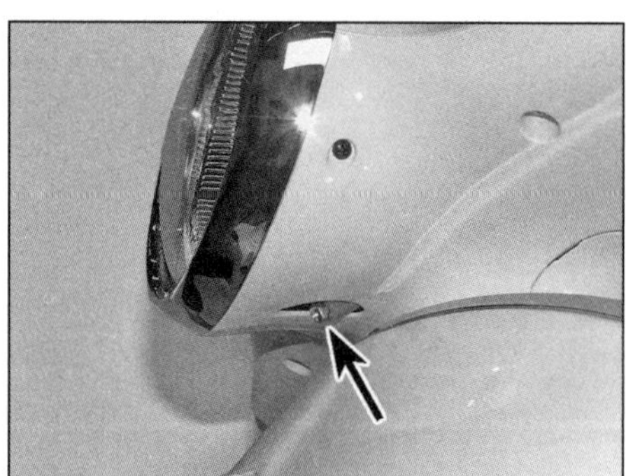

11.2 Scheinwerfer-Einstellschraube bei obenliegendem Scheinwerfer

11.3 Scheinwerfer-Einstellschraube bei mitlenkendem Scheinwerfer

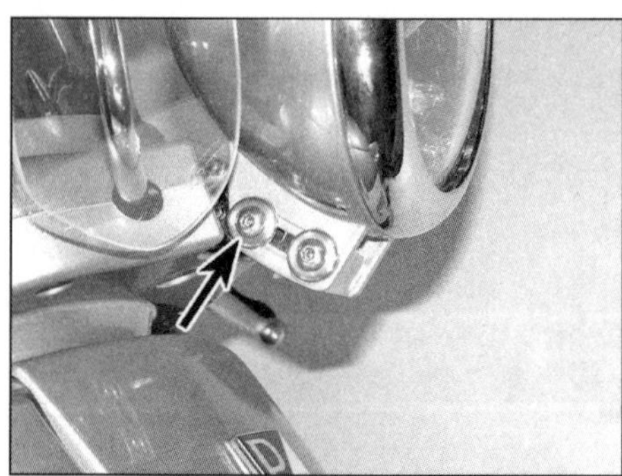

11.4 Lockern Sie bei LXV-Modellen die hintere Schraube des Scheinwerfer-Halters, um ihn zu verstellen.

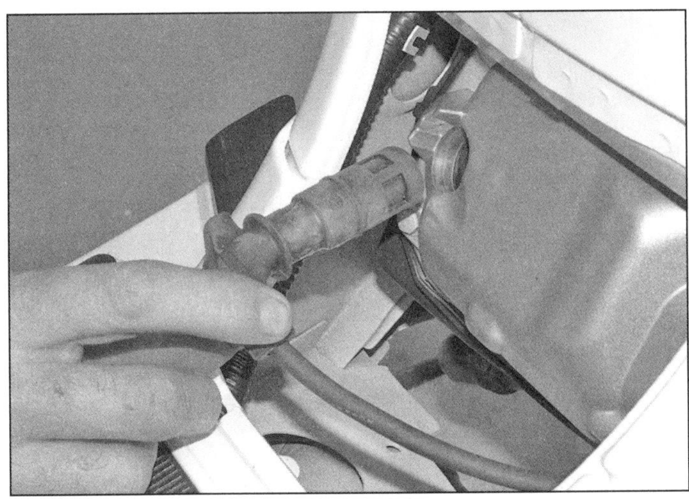

14.2 Beachten Sie die Ausrichtung des Zündkerzensteckers – LX-, LXV- und S-Modelle ab 2012.

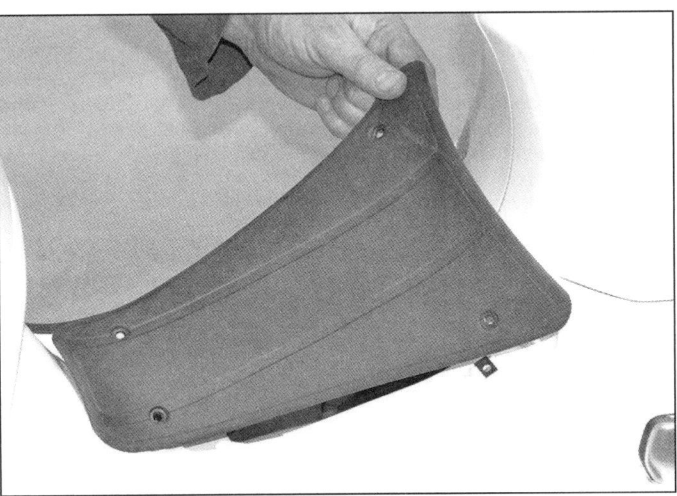

14.3a Entfernen Sie die Batterieabdeckung . . .

14.3b . . . und lösen Sie das Zündkabel aus dem Clip.

14.3c Drehen Sie den Kerzenstecker so, dass er aus der Halterung befreit ist.

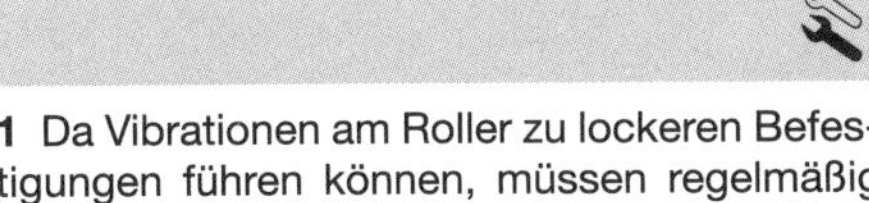

13 Schrauben und Muttern

1 Da Vibrationen am Roller zu lockeren Befestigungen führen können, müssen regelmäßig alle Muttern, Bolzen, Schrauben, usw. auf festen Sitz überprüft werden.

2 Geben Sie besondere Acht auf:

a) Zündkerze
b) Drosselklappengehäuse-Schellen und Ansaugstutzen-Schrauben
c) Motoröl-Ablassschraube
d) Getriebeöl-Ablassschraube
e) Ständerbolzen
f) Motorhaltebolzen
g) Federelemente-Schrauben
h) Radbolzen
i) Bremssattelbolzen (Scheibenbremse)
j) Bremsleitungs-Anschlussschrauben (Scheibenbremse)
k) Auspuffschrauben/Muttern

3 Wenn ein Drehmomentschlüssel zur Hand ist, müssen die am Beginn dieses oder anderer Kapitel beschriebenen Anzugsdrehmomente überprüft werden – lösen Sie dazu die Schrauben, Muttern und Bolzen zunächst und ziehen Sie sie wieder vorschriftsmäßig an.

14 Zündkerze

1 Falls im Bordwerkzeug kein passender Zündkerzenschlüssel (mit 14 oder 16 mm Sechskant und Gummiring zum Halten der Kerze) enthalten ist, muss ein solcher beschafft werden.

2 Entfernen Sie bei LX-, LXV- und S-Modellen ab 2012 sowie Primavera- und Sprint-Modellen den Motor-Zugangsdeckel (siehe Kapitel 9). Ziehen Sie den Kerzenstecker ab – beachten Sie seine Position oben im Ventildeckel (siehe Abbildung).

3 Entfernen Sie bei allen anderen Modellen das Staufach (siehe Kapitel 9). Entfernen Sie bei GTS-Modellen (2009 bis 2015), GTV- und GT-Modellen nötigenfalls die Batterieabdeckung und befreien Sie das Zündkabel aus der Halterung. Falls eine Kerzenstecker-Halterung montiert ist, muss der Stecker im Uhrzeigersinn verdreht werden, um ihn daraus zu befreien (siehe Abbildung). Ziehen Sie den Kerzenstecker von der Zündkerze. Befreien Sie bei LX-, LXV- und S-Modellen das Zündkabel aus seinem Clip und ziehen Sie den Zündkerzen-Zugangsdeckel aus der Motorabdeckung.

4 Beim GTS 125/150 ab 2016 behindern der Kraftstoffschlauch und der Kabelbaum den Zugang zum Zündkerzenstecker. Befreien Sie nötigenfalls den Kraftstoffschlauch aus seinem Clip an der Halterung, lösen Sie deren Muttern und entnehmen Sie die Halterung, um Zugang zum Kerzenstecker zu erhalten. Ziehen Sie den Kerzenstecker von der Zündkerze oder hebeln Sie ihn nötigenfalls vorsichtig mit einem großen Schraubendreher ab (siehe Abbildung).

5 Reinigen Sie möglichst den Bereich um den Zündkerzensitz herum, damit nichts in den Brennraum fällt.

6 Verwenden Sie entweder den Kerzenschlüssel aus dem Bordwerkzeug oder einen anderen ausreichend langen Kerzenschlüssel, um die Zündkerze aus dem Zylinderkopf zu schrauben (siehe Abbildungen).

7 Kontrollieren Sie die Zündkerzen-Elektroden und vergleichen Sie sie mit den Abbildungen auf der hinteren inneren Umschlagseite dieses Buchs.

8 Reinigen Sie die Zündkerze mit einer Drahtbürste und kontrollieren Sie die Spitzen der Elektroden – abgerundete Elektroden weisen auf eine verschlissene Zündkerze hin. Messen Sie den Abstand zwischen der Mittelelektrode und der (als Bügel ausgeführten) Masseelektrode (siehe Abbildung) – er muss zwischen 0,7 und 0,8 mm liegen. Stellen Sie den Abstand nötigenfalls durch Biegen der Masseelektrode ein.

Anmerkung: *GTS 125/150 i-get-Modelle mit RISS-Motoren sind mit einer Iridium-Zündkerze ausgerüstet, deren Masseelektrode nicht nachgebogen werden darf!*

9 Kontrollieren Sie das Gewinde, den Dichtring und den Keramik-Isolator der Zündkerze auf Risse und andere Schäden.

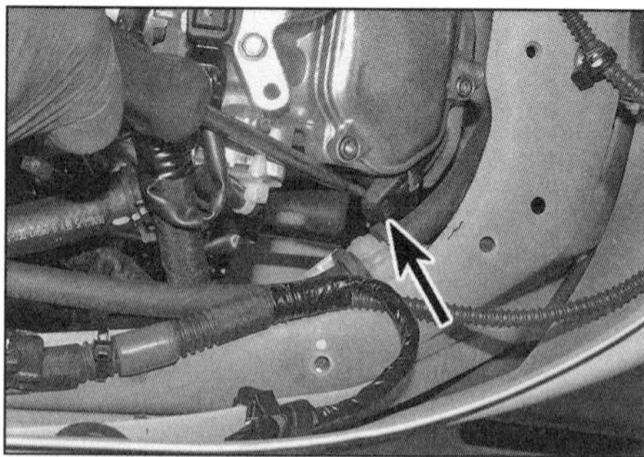

14.4 Hebeln Sie den Kerzenstecker nötigenfalls von der Zündkerze – gezeigt beim GTS 125/150.

10 Falls die Zündkerze verschlissen oder beschädigt ist oder Ablagerungen nicht entfernt werden können, muss eine neue Zündkerze

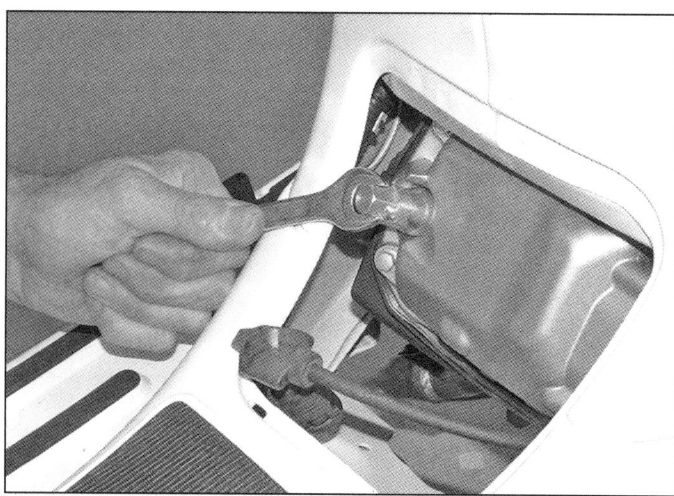

14.6a Verwenden Sie entweder den Kerzenschlüssel aus dem Bordwerkzeug . . .

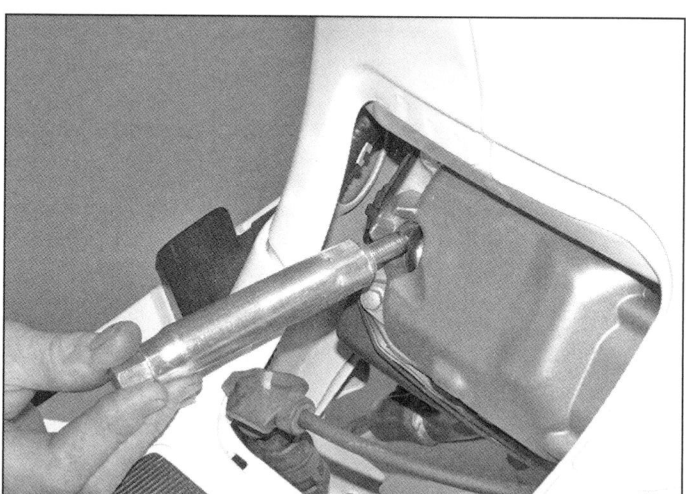

14.6b . . . oder einen anderen ausreichend langen Kerzenschlüssel, . . .

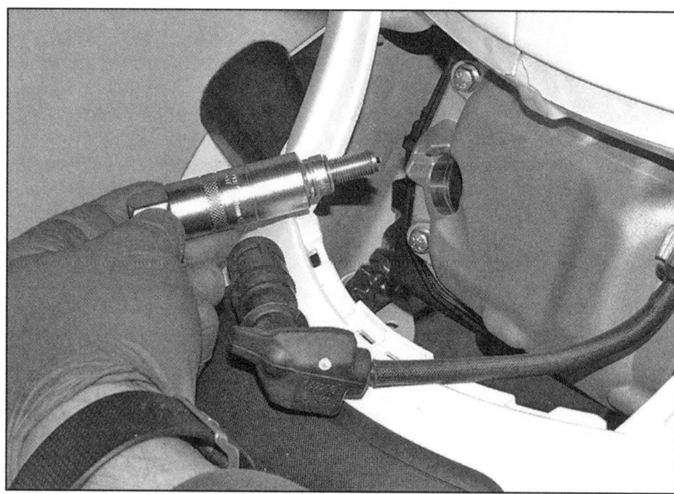

14.6c . . . um die Zündkerze aus dem Zylinderkopf zu schrauben.

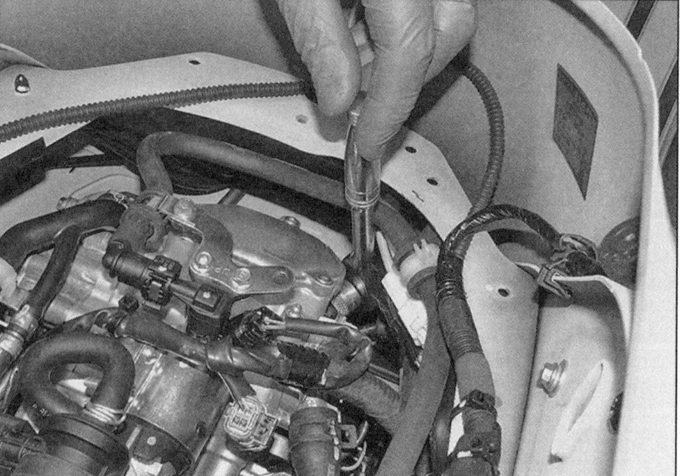

14.6d Beim GTS 125/150 muss ein 60 mm langer Steckschlüssel verwendet werden.

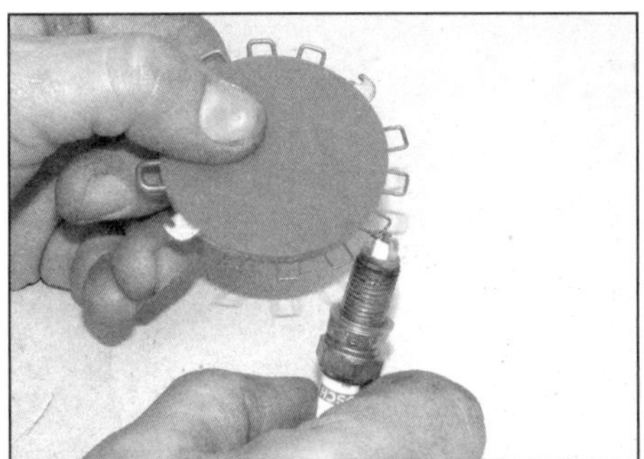

14.8 Messen Sie den Elektrodenabstand möglichst mit einer solchen Drahtlehre.

installiert werden. Bei jedem Zweifel über den Zustand der Zündkerze sollte sie durch ein Neuteil ersetzt werden – Zündkerzen sind nicht teuer. Tauschen Sie die Zündkerze ungeachtet ihres Zustands entsprechend der Vorgaben in den technischen Daten regelmäßig aus.

11 Drehen Sie die Zündkerze in den Zylinderkopf, bis der Dichtring aufliegt. Da Zylinderköpfe aus Aluminium hergestellt werden, muss bei diesem weichen Material sehr auf Beschädigung der Kerzengewinde geachtet werden. Drehen Sie deshalb die Kerzen per Hand in den Motor. Nachdem sie handfest gezogen sind, werden sie mit dem Schlüssel angezogen – eine neue Zündkerze sitzt korrekt, wenn sie nach dem Aufliegen des Dichtrings eine halbe Umdrehung weitergedreht wird; eine gebrauchte Zündkerze darf nur eine Achtel- bis Viertelumdrehung weitergedreht werden. Falls ein Drehmomentschlüssel angesetzt werden kann, muss die Zündkerze bis zum in den technischen Daten gegebenen Anzugswert angezogen. Zu fest angezogene Zündkerzen können den Zylinderkopf beschädigen!

12 Installieren Sie den Zündkerzenstecker – richten Sie ihn ggf. korrekt aus oder verdrehen Sie ihn, um ihn zum Halter auszurichten (Abbildungen 14.2 und 3c). Installieren Sie bei LX-, LXV- und S-Modellen bis 2011 den Zündkerzen-Zugangsdeckel in die Motorabdeckung und sichern Sie das Zündkabel mit dem Clip. Montieren Sie den Motor-Zugangsdeckel. Sichern Sie bei GTS-, GTV- und GT-Modellen das Zündkabel mit dem Clip und montieren Sie die Batterie-Abdeckung (Abbildungen 14.3b und a). Bei GTS 125/150-Modellen ab 2016 muss der Kraftstoffschlauch-Halter montiert und der Schlauch mit dem Clip daran gesichert werden.

13 Montieren Sie das Staufach (siehe Kapitel 9).

> **Praxis TiPP** ***Ausgerissene Kerzengewinde können mit Gewindeeinsätzen wieder repariert werden. Beachten Sie hierzu*** **die Werkzeug- und Werkstatt-Tipps** ***im Anhang.***

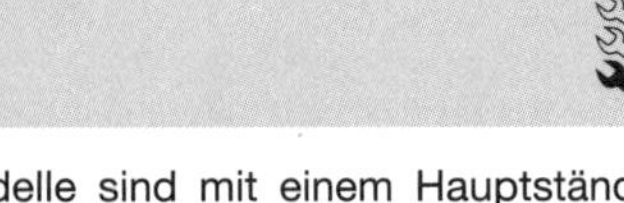

15 Ständer

1 Alle Modelle sind mit einem Hauptständer ausgerüstet, GTS-, GTV- und GT-Modelle sowie einige LX- und S-Modelle ab 2012 sind zusätzlich mit einem Seitenständer ausgerüstet.

2 Die Ständerfedern müssen in der Lage sein, den Ständer während der Fahrt sicher am Fahrzeug zu halten. Eine gebrochene oder ermüdete Feder muss erneuert werden (siehe Kapitel 9).

3 Weil Ständer direkt dem Spritzwasser ausgesetzt sind, müssen ihre Gelenke regelmäßig geschmiert werden, um sicher und problemlos zu funktionieren.

4 Um das Schmiermittel dorthin gelangen zu lassen, wo es am besten wirkt, muss der Ständer demontiert und von alten Fettresten befreit werden (siehe Kapitel 9) – dies ist besonders wichtig beim Hauptständer, der an beiden Enden der Gelenkhülse mit O-Ringen ausgerüstet ist. Außen auf den O-Ringen aufgetragenes Schmiermittel würde nicht den Ständer schmieren, aber Schmutz anziehen, sodass die Dichtungen schneller verschleißen.

5 Auch Seitenständer-Gelenke können mit O-Ringen abgedichtet sein, sodass auch diese demontiert werden müssen (siehe Kapitel 9). Falls keine Dichtringe am Lagerbolzen zu finden sind, kann außen aufgetragenes Schmiermittel seinen Weg durch den Spalt finden. Sprühöl ist ideal, doch wenn Motoröl oder dünnes Fett zum Einsatz kommen, sollten sie nur sparsam verwendet werden, da sie Schmutz anziehen, sodass der Gelenkbolzen schneller verschleißt.

16 Tachowelle und Antrieb

1 Bei bis 2014 gebauten Vespas wird der Tachometer per biegsamer Welle vom Vorderrad aus angetrieben; bei späteren Modellen werden elektronische Tachometer mithilfe des Vorderrad-Sensors gesteuert – hier muss nur auf Sauberkeit am Sensor und dem Sensorring geachtet werden (siehe Sektion 4).

2 Demontieren Sie die Tachowelle (siehe Kapitel 10) und ziehen Sie die flexible Welle aus der Hülle. Wischen Sie altes Schmiermittel ab und tragen frisches Motoröl oder Spezialöl auf – die oberen zehn Zentimeter müssen trocken bleiben, damit kein Öl in den Tachometer gelangt.

3 Demontieren Sie das Antriebsrad (siehe Kapitel 10) und befreien Sie es sowie das Gehäuse von altem Fett. Schmieren Sie die Komponenten mit frischem Fett.

17.5 Prüfen Sie das Lenkkopflagerspiel, indem Sie am Rad drücken und ziehen – beachten Sie den *Praxis-Tipp*!

17 Lenkkopflager

1 Die als Kugellager ausgeführten Lenkkopflager sitzen oben und unten im Lenkkopf. Die Kugeln verschleißen im normalen Fahrbetrieb mit der Zeit und bilden gleichzeitig Vertiefungen in den Lagerschalen. Verschlissene oder lockere Lenkkopflager können im Extremfall zum gefährlichen Lenkerflattern führen.

Kontrolle

2 Stellen Sie den Roller auf den Hauptständer und lassen Sie einen Assistenten das Heck herunterdrücken; nötigenfalls kann auch ein geeignetes Stück Holz mit einigen Lappen die Front der Karosserie anheben. Ziel ist es, das Vorderrad vom Boden zu heben.

3 Stellen Sie das Vorderrad geradeaus und bewegen Sie den Lenker langsam von Anschlag zu Anschlag – dies muss sanft und freigängig geschehen (beachten Sie mögliche Behinderungen durch Kabel, den Gaszug und Bremsleitungen). Einrastungen und rau laufende oder schwergängige Lager sollten hierbei fühlbar sein – sie müssen ersetzt werden.

4 Stellen Sie das Vorderrad wieder geradeaus und klopfen Sie es vorn seitlich an – es muss unter seinem Eigengewicht bis zum Anschlag schwenken und so anzeigen, dass die Lager nicht zu fest angezogen sind. Führen Sie die Kontrolle in die andere Richtung durch.

5 Greifen Sie unten an die Achsaufnahmen und bewegen Sie die Gabel sanft vor und zurück (siehe Abbildung) – jegliches Spiel in den Lenkkopflagern sollte hierbei fühlbar sein. Stellen Sie die Lager nötigenfalls ein.

> ***Ziehen und drücken Sie nicht zu stark – sanfte Bewegungen reichen aus. Verwechseln Sie Lenkkopflagerspiel nicht mit Bewegungen zwischen der Karosserie und der Abstützung oder zwischen dieser und dem Untergrund. Ebenfalls darf Spiel in den Lenkkopflagern nicht mit einer verschlissenen Radaufhängung verwechselt werden!***

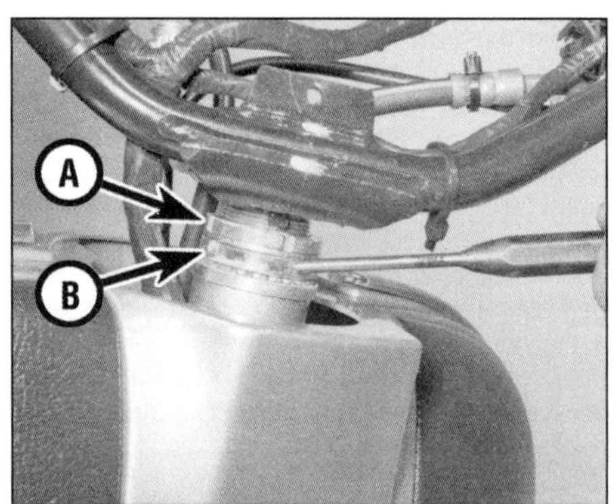

17.8 Lockern Sie den Konterring (A) und drehen Sie den Einstellring (B) mit einem Hakenschlüssel oder einem an einer der Nuten angesetzten Dorn samt Hammer

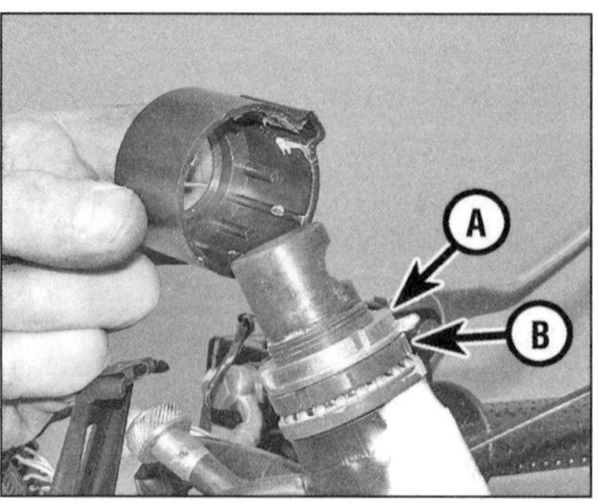

17.9a Entfernen Sie den Lagerdeckel. Konterring (A) und Einstellring (B)

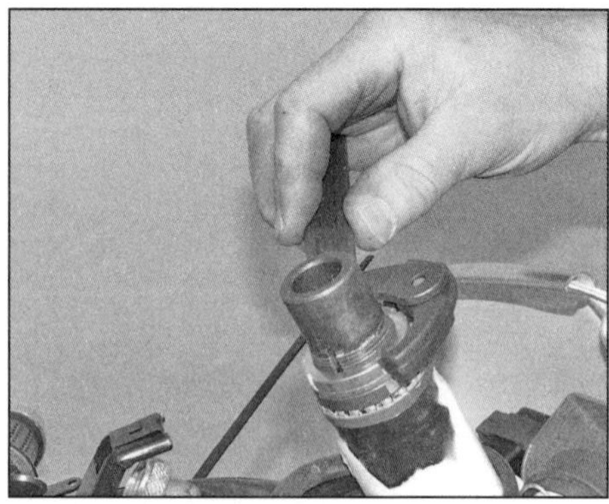

17.9b Lockern Sie den Konterring z. B. mit einem Hakenschlüssel.

6 Das Fett in den Lagern wird im Laufe der Zeit ausgewaschen oder härtet aus. Folgen Sie den Hinweisen in Kapitel 7, um die Lager zu zerlegen und neu zu fetten; wird hierbei Verschleiß festgestellt, müssen sie ersetzt werden.

Einstellung

7 Entfernen Sie die Lenkerverkleidung(en) (siehe Kapitel 9).
8 Lockern Sie bei LX-, LXV- und S-Modellen den (obere) Konterring – entweder mit einem Hakenschlüssel oder einem an einer der Nuten angesetzten Dorn samt Hammer (siehe Abbildung).
9 Demontieren Sie bei GTS-, GTV- und GT-Modellen den Lenker (siehe Kapitel 7) und entfernen Sie den Lagerdeckel (siehe Abbildung). Befreien Sie bei Primavera- und Sprint-Modellen den Lenker und die untere Lenkerverkleidung. Lockern Sie den (oberen) Konterring – entweder mit einem Hakenschlüssel oder einem an einer der Nuten angesetzten Dorn samt Hammer (siehe Abbildung).
10 Drehen Sie mit dem gleichen Werkzeug den Einstellring – entweder im Uhrzeigersinn, um die Lager fester zu ziehen, oder links herum, um sie zu lockern; drehen Sie den Ring dabei stets nur ein kleines Stück und kontrollieren Sie anschließend das Lagerspiel (Schritte 2 bis 5). Ziel ist es, den Einstellring so auszurichten, dass die Lager unter sehr leichter Last stehen, um sämtliches Spiel zu eliminieren. Piaggio gibt zwar ein Anzugsdrehmoment für den Einstellring vor (LX, LXV und S: 8 bis 10 Nm; alle anderen: 12 bis 14 Nm), doch wird hierfür ein Spezialwerkzeug benötigt (Piaggio-Teilenummer 020055Y), zudem müssen generell der Lenker und der Konterring demontiert werden.

Achtung: Achten Sie darauf, die Lager nicht unter hohen Druck zu setzen, da sie hierbei beschädigt werden können!

11 Falls die Lenkkopflager nicht korrekt eingestellt werden können, müssen sie demontiert und kontrolliert werden (siehe Kapitel 7).
12 Sobald die Lager korrekt eingestellt sind, wird der Einstellring gehalten, damit er sich nicht verdrehen kann, und der Konterring fest angezogen – mithilfe des in Schritt 10 beschriebenen Werkzeugs kann er mit 35 bis 40 Nm angezogen werden.
13 Kontrollieren Sie erneut das Lagerspiel (Schritte 2 bis 5) und stellen Sie es nötigenfalls nach.
14 Montieren Sie bei GTS-, GTV- und GT-Modellen den Lagerdeckel (Abbildung 17.9a) und den Lenker (siehe Kapitel 7).
15 Montieren Sie die Lenkerverkleidung(en) (siehe Kapitel 9).

18 Federelemente

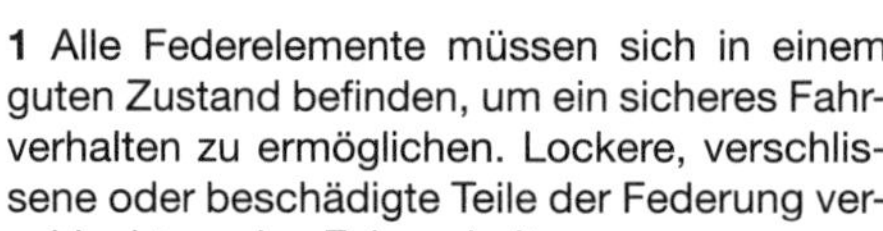

1 Alle Federelemente müssen sich in einem guten Zustand befinden, um ein sicheres Fahrverhalten zu ermöglichen. Lockere, verschlissene oder beschädigte Teile der Federung verschlechtern das Fahrverhalten.
2 Kontrollieren Sie die Festigkeit aller Schrauben und Muttern der Federelemente – beachten Sie dazu die Anzugsdrehmomente in Kapitel 7.

Vorderradaufhängung

3 Stellen Sie sich neben den Roller, betätigen Sie die Vorderradbremse und drücken Sie mehrmals den Lenker herunter, um die Federung zu komprimieren – sie muss sich klemmfrei auf und ab bewegen; klemmt die Radaufhängung, muss sie zerlegt und kontrolliert werden (siehe Kapitel 7).
4 Kontrollieren Sie den Stoßdämpfer auf ausgetretenes Öl und Korrosion an der Dämpferstange. Bei einem Schaden muss der Stoßdämpfer durch ein Neuteil ersetzt werden.

Hinterradaufhängung

5 Lassen Sie einen Assistenten den Roller halten und drücken Sie ihn mehrmals hinten herunter – sie muss sich klemmfrei auf und ab bewegen; klemmt die Radaufhängung, muss die Ursache gefunden und beseitigt werden. Das Problem kann entweder der Stoßdämpfer oder die Motoraufhängung sein.
6 Inspizieren Sie den/die Stoßdämpfer auf ausgetretenes Öl und Korrosion an der Dämpferstange. Bei einem Schaden muss der Stoßdämpfer durch ein Neuteil ersetzt werden – zwei Stoßdämpfer sind stets paarweise auszutauschen (siehe Kapitel 7).
7 Stellen Sie den Roller auf den Hauptständer, sodass der Hinterrad nicht mehr den Boden berührt. Greifen Sie den hinteren Bereich der Antriebseinheit und versuchen Sie, seitlich daran zu wackeln – es darf kein Spiel spürbar sein (siehe Abbildung). Falls Spiel fühlbar ist, muss die Festigkeit der Motoraufhängungen und der Schwingenaufhängung kontrolliert werden (beachten Sie die entsprechenden Hinweise in Kapitel 2 und 7).
8 Kontrollieren Sie erneut das Spiel; falls welches spürbar ist, müssen die untere(n) Stoßdämpferaufnahme(n) getrennt und der/die Stoßdämpfer gelöst werden. Kontrollieren Sie erneut das Spiel – es wird jetzt deutlicher fühlbar sein. Kontrollieren Sie die Lagerbuchsen und/oder Lager der Schwinge sowie alle Befestigungspunkte auf Verschleiß (siehe Kapitel 7).
9 Verbinden Sie den/die Stoßdämpfer, greifen Sie das Hinterrad oben und versuchen Sie, es nach oben zu ziehen – es sollte kein Leerweg spürbar sein, bevor der/die Stoßdämpfer zu arbeiten beginnen. Jegliches Spiel weist auf einen verschlissenen Stoßdämpfer oder einer Aufnahme hin. Identifizieren Sie das schadhafte Teil und ersetzen Sie es (siehe Kapitel 7).

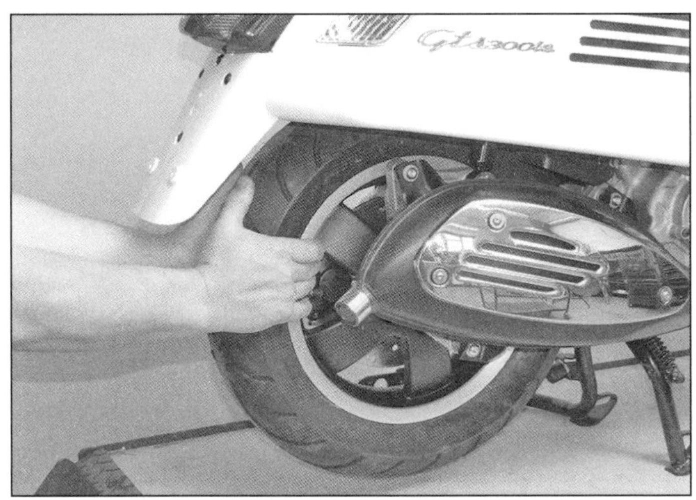

18.7 Prüfen Sie die Motor- und Schwingenaufhängung auf Spiel.

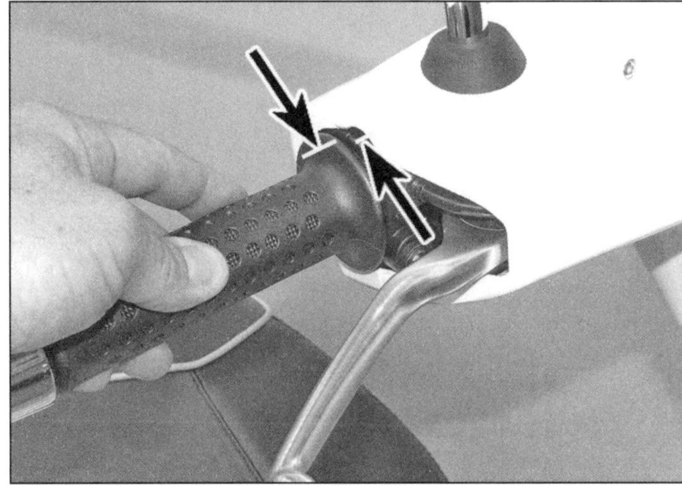

19.4 Hier wird das Gaszug-Spiel ermittelt.

19 Gasgriff

1 Der Gasgriff muss sich in allen Lenkerstellungen leicht öffnen lassen und automatisch wieder schließen.

2 Ein klemmender Gasgriff kann einen schadhaften Gaszug als Ursache haben – trennen Sie diese vom Gasgriffgehäuse (siehe Kapitel 5) und schmieren Sie den Zug (Abbildungen 4.22a bis c).

3 Falls der Gasgriff weiterhin klemmt, müssen das Staufach, die Lenkerverkleidung(en), die innere Frontverkleidung und die Bodenabdeckung entfernt werden, um die Gaszüge auf der gesamten Länge auf eingeklemmte und beschädigte Sektionen zu kontrollieren. Folgen Sie ggf. den Hinweisen in Kapitel 5, um einen neuen Gaszug zu installieren.

4 Ein korrekt funktionierender Gaszug muss etwas Spiel aufweisen, bevor die Drosselklappe öffnet. Zwischen dem Gasgriff-Bund und dem Gehäuse müssen zwischen 2 und 6 mm Spiel herrschen (siehe Abbildung).

5 Falls das Gaszug-Spiel zu gering oder zu groß ist, muss es am oberen Einsteller justiert werden. Demontieren Sie bei LX-, LXV-, S-, Primavera- und Sprint-Modellen die vordere oder obere Lenkerverkleidung und entnehmen Sie das Unterteil (siehe Kapitel 9). Ziehen Sie die Gummimanschette des (oberen oder vorderen) Öffnerzug-Einstellers zurück, lockern Sie die Kontermutter und drehen Sie den Einsteller vom Winkelrohr, um das Spiel zu verringern – oder weiter auf, um es zu vergrößern (siehe Abbildung). Ziehen Sie die Kontermutter anschließend wieder an.

6 Falls der Einsteller am Ende seines Einstellbereichs angelangt ist, muss er vollständig auf das Winkelrohr gedreht werden, um maximales Spiel einzurichten. Öffnen Sie die Sitzbank und entnehmen Sie das Staufach.

7 Primavera- und Sprint-Modelle sind am Drosselklappen-Ende mit einem weiteren Einsteller ausgerüstet (siehe Abbildung). Lockern Sie die Kontermutter und stellen Sie den Zug korrekt ein, ziehen Sie die Kontermutter anschließend wieder an. Nötigenfalls muss das Spiel durch Verdrehen beider Einsteller verringert werden.

8 Beachten Sie bei anderen Modellen die Hinweise in Kapitel 5 und lockern Sie die Muttern, die den Gaszug am Widerlager des Drosselklappengehäuses sichern, und verdrehen Sie sie entsprechend, um das Spiel einzustellen; ziehen Sie die Muttern anschließend wieder an. Falls kein korrektes Spiel eingestellt werden kann, muss der Öffnerzug ersetzt werden.

9 Starten Sie den Motor und kontrollieren Sie die Standgasdrehzahl; zu hohes Standgas kann auf einen falsch eingestellten Öffnerzug zurückzuführen sein. Lockern Sie die Kontermutter und drehen Sie den Einsteller auf das Winkelrohr – fällt hierbei die Drehzahl, war das Spiel zu gering. Stellen Sie das korrekte Spiel ein (siehe Schritt 5). Drehen Sie bei laufendem Motor den Lenker von Anschlag zu Anschlag – die Drehzahl darf sich dabei nicht verändern, andernfalls sind die Gaszüge nicht korrekt verlegt. Korrigieren Sie das Problem unbedingt vor der nächsten Fahrt (siehe Kapitel 5).

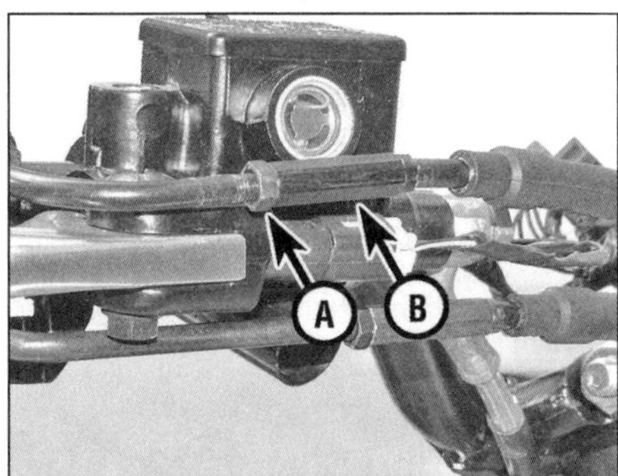

19.5a Kontermutter (A) und Einsteller (B) am Öffnerzug von LX-, S-, GTS- Primavera- und Sprint-Modellen

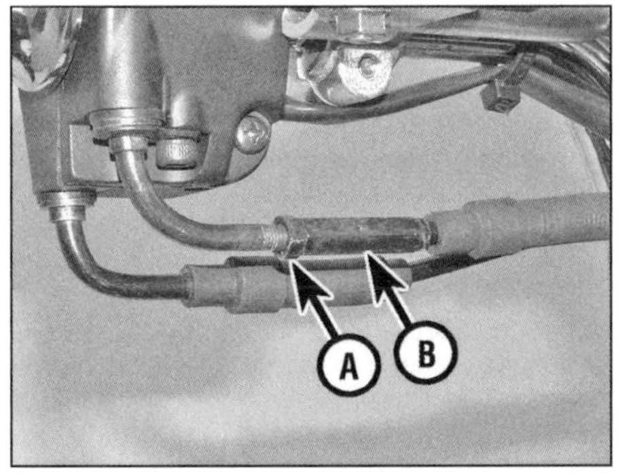

19.5b Kontermutter (A) und Einsteller (B) am Öffnerzug von LXV-, GTV- und GT-Modellen

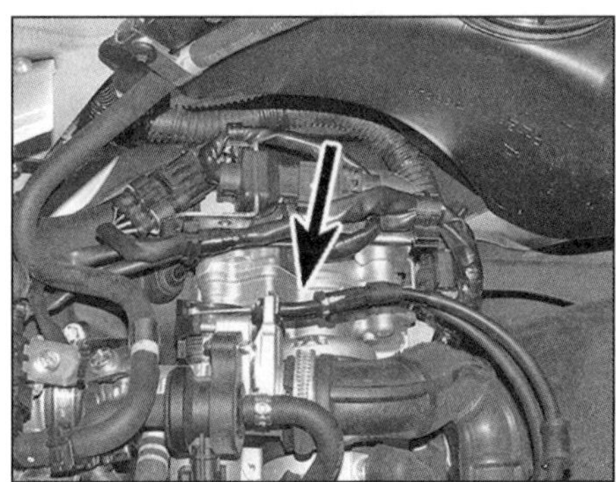

19.7 Untere Gaszugeinsteller - Primavera- und Sprint-Modelle

20.4a Drehen Sie die Kurbelwelle im Uhrzeigersinn, . . .

20.4b . . . bis die Linie (A) neben dem auf dem Kopf stehenden T zum Anguss am Gehäuse (B) . . .

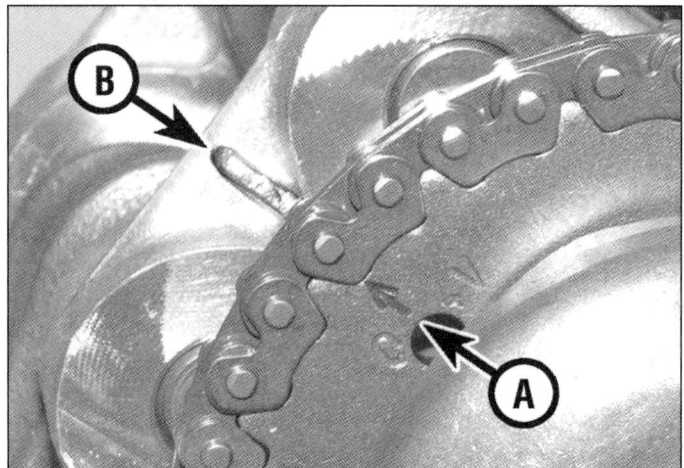

20.4c . . . und am Nockenwellenritzel der Pfeil (A) neben 2V oder 4V zum Anguss des Nockenwellenhalters ausgerichtet sind.

20.4d Bei GTS 125/150-Modellen ab 2016 muss der Pfeil am Lichtmaschinen-Rotor zur dreieckigen statischen Markierung am Motorgehäuse fluchten.

20 Ventilspiel

1 Der Motor muss vollständig abgekühlt sein, bevor das Ventilspiel eingestellt werden darf.

2 Entfernen Sie die Zündkerze (siehe Sektion 14). Demontieren Sie den Ventildeckel (siehe Kapitel 2A, 2B, 2C oder 2D).

Alle GTS-, GTV- und GT-Modelle; LX, LXV und S bis 2011, alle Primavera und Sprint

3 Demontieren Sie bei GTS 125/150-Modellen ab 2016 den Kühler und das Gebläserad (siehe Kapitel 4, Sektion 6). Entfernen Sie bei allen anderen wassergekühlten Motoren die Kühlerabdeckung (siehe Kapitel 2C, Sektion 16). Entfernen Sie bei Primavera- und Sprint-Modellen die Abdeckung des Getriebekühlers (siehe Kapitel 3, Sektion 2). Entfernen Sie bei allen anderen gebläsegekühlten Motoren die Gebläseabdeckung und die Luftleitbleche (siehe Kapitel 2A, Sektion 16).

4 Zur Kontrolle des Ventilspiels muss der Kolben im oberen Totpunkt (OT) der Verdichtungstaktes stehen – hierbei sind alle Ventile geschlossen und an den Kipphebeln kann etwas Spiel erfühlt werden. Drehen Sie die Kurbelwelle mithilfe eines an der Lichtmaschinen-Rotormutter angesetzten Steckschlüssels **ausschließlich im Uhrzeigersinn,** bis am Rotor die Linie neben dem auf dem Kopf stehenden T zur statischen Markierung am Gehäuse ausgerichtet ist und gleichzeitig am Nockenwellenritzel der Pfeil neben »2V« (luftgekühlte Motoren) oder »4V« (wassergekühlte Motoren) zur Linie am Nockenwellenhalter fluchtet (siehe Abbildungen). Falls die Markierungen am Rotor zueinander zeigen, aber die am Nockenwellenritzel nicht, muss die Kurbelwelle um eine volle Umdrehung (360°) weitergedreht werden, um beide Markierungen auszurichten. Beim GTS 125/150 ab 2016 muss der Pfeil am Lichtmaschinen-Rotor zur dreieckigen statischen Markierung am Motorgehäuse fluchten (siehe Abbildung). Drehen Sie bei Primavera- und Sprint-Modellen die Kurbelwelle an der Riemenscheiben-Mutter gegen den Uhrzeigersinn, bis die Steuerzeitenmarkierungen fluchten (siehe Abbildung). Prüfen Sie, ob alle Ventile geschlossen sind.

LX, LXV und S ab 2012

Spezialwerkzeug: *Für diese Arbeit wird das Piaggio-Werkzeug mit der Teilenummer 020941Y benötigt.*

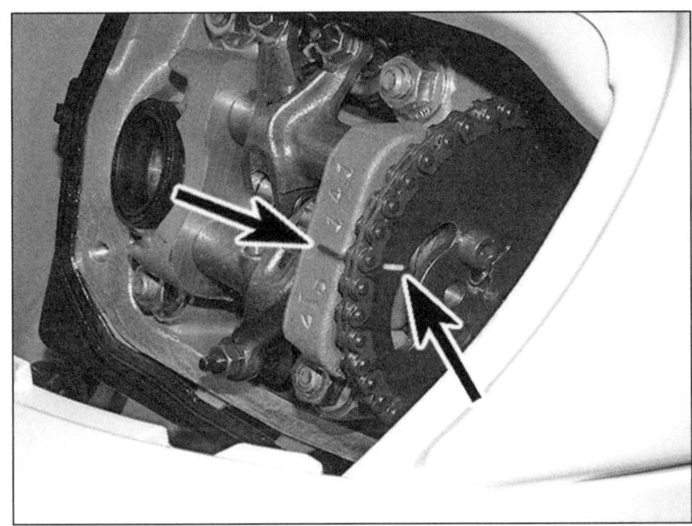

20.4e Nockenwellenritzel-Markierungen bei Primavera- und Sprint-Modellen

20.6a Das Piaggio-Werkzeug 020941Y muss zwischen die Angüsse des Rotors greifen.

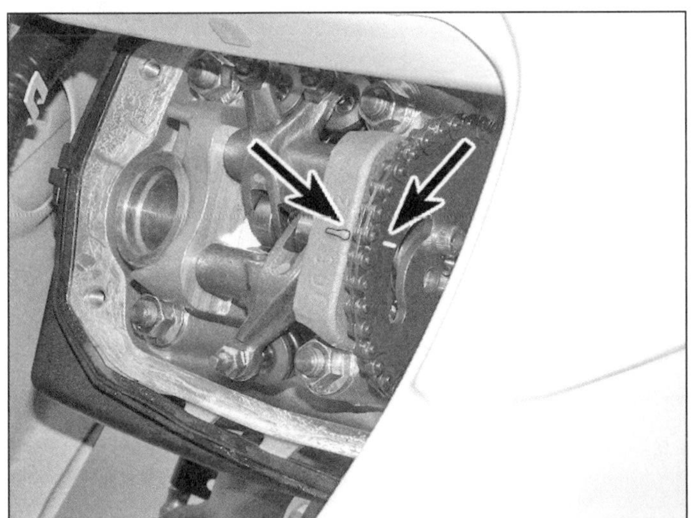

20.6b Die Markierungen am Nockenwellenritzel und am Nockenwellenhalter müssen zueinander fluchten.

20.7a Schieben Sie die Fühlerlehre zwischen den Einsteller am Kipphebel und den Ventilschaft.

5 Entfernen Sie den Gebläse- und den Lichtmaschinendeckel (siehe Kapitel 2B).

6 Zur Kontrolle des Ventilspiels muss der Kolben im oberen Totpunkt (OT) der Verdichtungstaktes stehen – hierbei sind alle Ventile geschlossen und an den Kipphebeln kann etwas Spiel erfühlt werden. Drehen Sie die Kurbelwelle mithilfe eines an der Lichtmaschinen-Rotormutter angesetzten Steckschlüssels **ausschließlich im Uhrzeigersinn.** Um sicherzustellen, dass der Kolben im OT steht, muss das Spezialwerkzeug mit der Wölbung am Rotor angesetzt werden – diese passt nur in einer Position zwischen die angegossenen Zündungs-Auslöser (siehe Abbildung); falls dabei die Markierungen am Nockenwellenritzel und am Nockenwellenhalter nicht wie gezeigt zueinander fluchten (siehe Abbildung), muss die Kurbelwelle um eine volle Umdrehung (360°) weitergedreht werden, um beide Markierungen auszurichten – an den Kipphebeln muss jetzt etwas Spiel fühlbar sein.

Alle Modelle

7 Schieben Sie nun eine Fühlerlehre mit der korrekten Ventilspiel-Stärke (beachten Sie die Angaben in den technischen Daten) zwischen den Einsteller am Kipphebel und den Ventilschaft – beachten Sie die Unterschiede zwischen dem/den (oberen) Einlassventil(en) und dem/den (unteren) Auslassventil(en) (siehe Abbildungen). Die Fühlerlehre muss sich mit leichtem Zug wie durch ein dickes Buch hindurchziehen lassen.

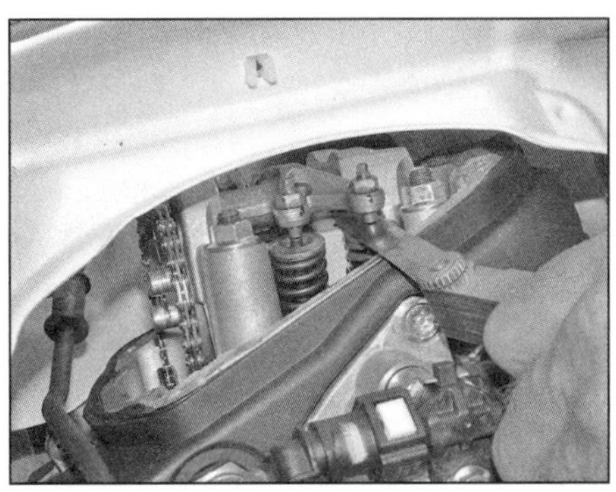

20.7b Bei manchen Modellen kann das Ventilspiel innerhalb der Verkleidungsteile kontrolliert werden.

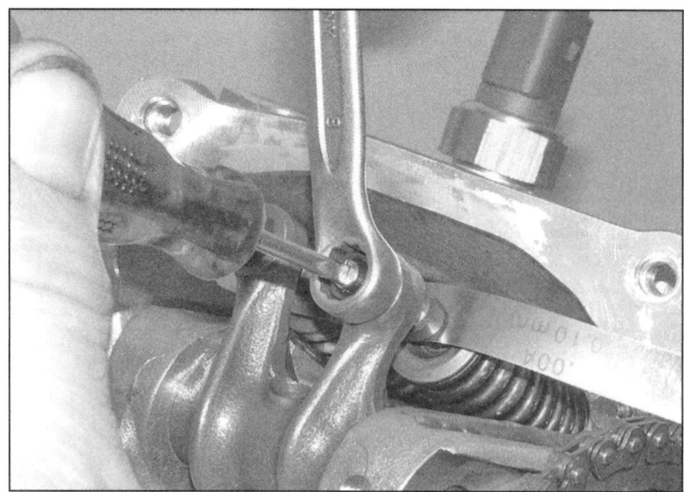

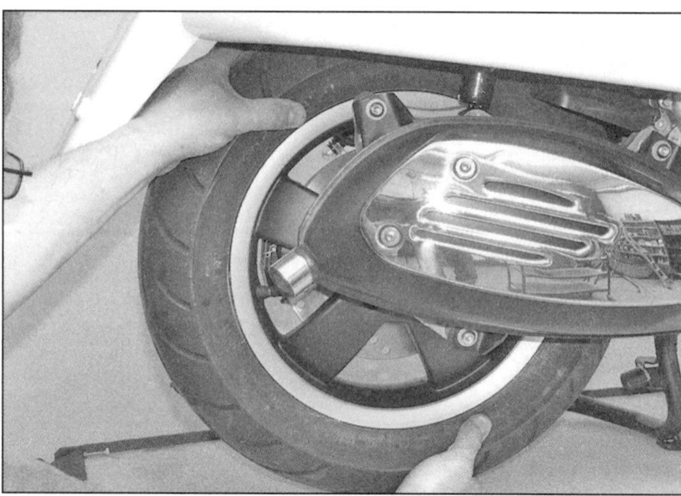

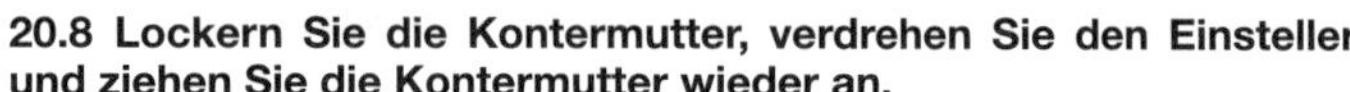

20.8 Lockern Sie die Kontermutter, verdrehen Sie den Einsteller und ziehen Sie die Kontermutter wieder an.

21.2 Kontrollieren Sie die Räder auf Spiel in den Lagern.

8 Falls das Ventilspiel zu groß (Fühlerlehre hat Spiel) oder zu gering ist (Fühlerlehre lässt sich nicht einführen oder nur sehr schwergängig hindurchziehen), muss die Kontermutter des Einstellers gelockert und dieser mit einem Schraubendreher verdreht werden, bis das Spiel korrekt ist. Halten Sie den Einsteller und ziehen Sie die Kontermutter wieder an (siehe Abbildung). Kontrollieren Sie anschließend erneut das Ventilspiel.
9 Montieren Sie den Ventildeckel und die Zündkerze.
10 Installieren Sie alle verbliebenen Komponenten in der umgekehrten Ausbaureihenfolge.

21 Räder und Reifen

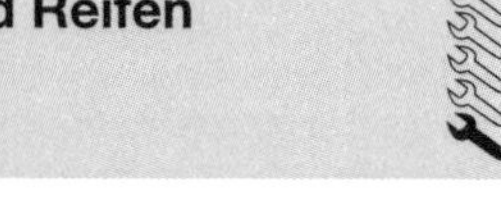

Räder

1 Gussräder sind praktisch wartungsfrei, sollten aber regelmäßig gereinigt und auf Brüche und andere Beschädigungen untersucht werden. Schäden an Gussrädern sind nur bedingt reparierbar – fragen Sie ggf. bei einem entsprechenden Fachbetrieb nach.
2 Stellen Sie den Roller auf den Hauptständer und kontrollieren Sie die Räder auf Spiel in den Lagern, indem Sie das Rad hin und her wackeln (siehe Abbildung). Drehen Sie das Rad und prüfen Sie, ob es sanft läuft.
3 Falls in der Radnabe Spiel festgestellt wird oder das Rad sich nicht sanft drehen lässt (und dies nicht auf eine schleifende Bremse zurückzuführen ist), muss zuerst die Festigkeit aller Radaufhängungen geprüft werden (siehe Kapitel 8). Sind alle fest, müssen die Radlager auf Verschleiß und Beschädigungen kontrolliert werden.
4 Die Vorderradlager sitzen in der Radnaben-Baugruppe, an die das eigentliche Rad angeschraubt ist (siehe Kapitel 8).
5 Das Hinterrad ist direkt an die Getriebe-Ausgangswelle geschraubt, die im Getriebegehäuse gelagert ist. Bei Verdacht auf verschlissene Lager muss das Getriebe kontrolliert werden (siehe Kapitel 3). Prüfen Sie, ob mögliches Spiel nicht auf Verschleiß oder Schäden an den Motor- und Schwingenaufnahmen zurückzuführen ist (siehe Sektion 18).

Reifen

6 Kontrollieren Sie die Reifen und ihre Profiltiefe (siehe *Tägliche Kontrollen*).
7 Prüfen Sie, ob der Pfeil für die normale Drehrichtung in die richtige Richtung zeigt (andernfalls muss der Reifen demontiert und umgedreht werden).
8 Kontrollieren Sie das Ventilgummi auf Beschädigungen und Porösität und lassen Sie es nötigenfalls von einem Reifenhändler ersetzen.
9 Die Ventilkappe muss fest aufgeschraubt sein. Manchmal ist ein Ventilausdreher in die Kappe integriert, mit dem die Festigkeit des Ventils kontrolliert werden kann.
10 Ein undichtes Ventil kann mit Spucke oder Seifenwasser lokalisiert werden – nach dem Auftragen treten ggf. Blasen aus. Mithilfe des Ventilausdrehers kann ein defektes Ventil leicht ausgetauscht werden.
11 Falls Auswuchtgewichte angebracht sind, müssen sie fest an der Felge sitzen.

Kapitel 2A

Luftgekühlte Zweiventil-Motoren (LX, LXV und S)

Beachten Sie zur Identifikation die technischen Daten der Modelle in Kapitel 1.

Inhalt (in alphabetischer Reihenfolge, die Zahlen geben die Nummerierung in den grauen Feldern wieder)

Schwierigkeitsgrade

Leicht. Für Anfänger mit wenig Erfahrung geeignet. 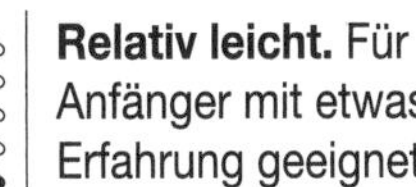

Relativ leicht. Für Anfänger mit etwas Erfahrung geeignet. 

Relativ schwierig. Geeignet für geübte Selbstschrauber. 

Schwer. Geeignet für Selbstschrauber mit viel Erfahrung. 

Sehr schwer. Geeignet für Experten und Profis.

Technische Daten

Allgemein

Typ	Viertakt-Zweiventil-Einzylindermotor, gebläsegekühlt
Hubraum	
125 cm³-Motor	124 cm³
150 cm³-Motor	151 cm³
Bohrung	
125 cm³-Motor	57,0 mm
150 cm³-Motor	62,8 mm
Hub	48,6 mm
Verdichtungsverhältnis	10,0 : 1 bis 11,1 : 1
Zylinderkompression	10 bis 14 bar bei 600/min

Nockenwelle

Einlass-Nockenhöhe	27,512 mm
Auslass-Nockenhöhe	27,212 mm
Lagerzapfen-Durchmesser links	
Standard	32,50 mm
Verschleißgrenze (min.)	32,44 mm
Lagerzapfen-Durchmesser rechts	
Standard	20,00 mm
Verschleißgrenze (min.)	19,95 mm
Axialspiel (max.)	0,42 mm

Zylinderkopf

Dichtflächenverzug (max.)	0,05 mm
Nockenwellenlagersitz-Durchmesser	
links (Standard)	32,500 bis 32,525 mm
rechts (Standard)	20,000 bis 20,021 mm

Kipphebelachsensitz-Durchmesser	12,000 bis 12,018 mm
Kipphebelachsen-Durchmesser (min.)	11,970 mm
Kipphebel-Innendurchmesser (min.)	12,030 mm

Ventile, Führungen und Federn

Ventilspiel	siehe Kapitel 1	
	Einlassventil	**Auslassventil**
Gesamtlänge	80,6 mm	79,6 mm
Schaft-Durchmesser (min.)	4,96 mm	4,95 mm
Führungs-Innendurchmesser	5,012 mm	5,012 mm
Schaft-Spiel in Führung		
Standard	0,013 bis 0,040 mm	0,025 bis 0,052 mm
Verschleißgrenze (min.)	0,062 mm	0,072 mm
Ventilteller – Dichtflächenbreite	2,4 bis 2,8 mm	2,2 bis 2,6 mm
Ventilsitz-Breite (max.)	1,6 mm	1,6 mm
Ventilfeder – freie Länge	33,9 bis 34,4 mm	33,9 bis 34,4 mm

Zylinder und Kolben – 125 cm³-Motoren

Zylinderbohrung – Aluminiumzylinder

Der Bohrungs-Durchmesser wird 38,5 mm unterhalb des oberen Zylinderrands und rechtwinklig zum Kolbenbolzen gemessen.

Standard-Maß	
Größen-Code A	56,980 bis 56,987 mm
Größen-Code B	56,987 bis 56,994 mm
Größen-Code C	56,994 bis 57,001 mm
Größen-Code D	57,001 bis 57,008 mm
1. Übermaß	
Größen-Code A1	57,180 bis 57,187 mm
Größen-Code B1	57,187 bis 57,194 mm
Größen-Code C1	57,194 bis 57,201 mm
Größen-Code D1	57,201 bis 57,208 mm
2. Übermaß	
Größen-Code A2	57,380 bis 57,387 mm
Größen-Code B2	57,387 bis 57,394 mm
Größen-Code C2	57,394 bis 57,401 mm
Größen-Code D2	57,401 bis 57,408 mm
3. Übermaß	
Größen-Code A3	57,580 bis 57,587 mm
Größen-Code B3	57,587 bis 57,594 mm
Größen-Code C3	57,594 bis 57,601 mm
Größen-Code D3	57,601 bis 57,608 mm

Kolben – in Aluminiumzylinder

Der Kolben-Durchmesser wird 36,5 mm unterhalb des Kolbenbodens und rechtwinklig zum Kolbenbolzen gemessen.

Standard-Maß	
Größen-Code A	56,933 bis 56,940 mm
Größen-Code B	56,940 bis 56,947 mm
Größen-Code C	56,947 bis 56,954 mm
Größen-Code D	56,954 bis 56,961 mm
1. Übermaß	
Größen-Code A1	57,133 bis 57,140 mm
Größen-Code B1	57,140 bis 57,147 mm
Größen-Code C1	57,147 bis 57,154 mm
Größen-Code D1	57,154 bis 57,161 mm
2. Übermaß	
Größen-Code A2	57,333 bis 57,340 mm
Größen-Code B2	57,340 bis 57,347 mm
Größen-Code C2	57,347 bis 57,354 mm
Größen-Code D2	57,354 bis 57,361 mm
3. Übermaß	
Größen-Code A3	57,533 bis 57,540 mm
Größen-Code B3	57,540 bis 57,547 mm
Größen-Code C3	57,547 bis 57,554 mm
Größen-Code D3	57,554 bis 57,561 mm
Kolben-Spiel in Zylinder (neu – alle Größen)	0,040 bis 0,054 mm

Kolbenbolzen-Durchmesser
Standard .... 14,996 bis 15,000 mm
Verschleißgrenze (min.) .... 14,994 mm
Kolbenbolzen-Bohrung in Kolben .... 15,001 bis 15,006 mm

Zylinderbohrung – Stahlgusszylinder
Der Bohrungs-Durchmesser wird 38,5 mm unterhalb des oberen Zylinderrands und rechtwinklig zum Kolbenbolzen gemessen.
Standard-Maß
Größen-Code M .... 56,997 bis 57,004 mm
Größen-Code N .... 57,004 bis 57,011mm
Größen-Code O .... 57,011 bis 57,018 mm
Größen-Code P .... 57,018 bis 57,025 mm
1. Übermaß
Größen-Code M1 .... 57,197 bis 57,204 mm
Größen-Code N1 .... 57,204 bis 57,211 mm
Größen-Code O1 .... 57,211 bis 57,218 mm
Größen-Code P1 .... 57,218 bis 57,225 mm
2. Übermaß
Größen-Code M2 .... 57,397bis 57,404 mm
Größen-Code N2 .... 57,404 bis 57,411 mm
Größen-Code O2 .... 57,411 bis 57,418 mm
Größen-Code P2 .... 57,418 bis 57,425 mm
3. Übermaß
Größen-Code M3 .... 57,597 bis 57,604 mm
Größen-Code N3 .... 57,604 bis 57,611 mm
Größen-Code O3 .... 57,611 bis 57,618 mm
Größen-Code P3 .... 57,618 bis 57,625 mm

Kolben – in Stahlgusszylinder
Der Kolben-Durchmesser wird 36,5 mm unterhalb des Kolbenbodens und rechtwinklig zum Kolbenbolzen gemessen.
Standard-Maß
Größen-Code M .... 56,944 bis 56,951 mm
Größen-Code N .... 56,951 bis 56,958 mm
Größen-Code O .... 56,958 bis 56,965 mm
Größen-Code P .... 56,965 bis 56,972 mm
1. Übermaß
Größen-Code M1 .... 57,144 bis 57,151 mm
Größen-Code N1 .... 57,151 bis 57,158 mm
Größen-Code O1 .... 57,158 bis 57,165 mm
Größen-Code P1 .... 57,165 bis 57,172 mm
2. Übermaß
Größen-Code M2 .... 57,344 bis 57,351 mm
Größen-Code N2 .... 57,351 bis 57,358 mm
Größen-Code O2 .... 57,358 bis 57,365 mm
Größen-Code P2 .... 57,365 bis 57,372 mm
3. Übermaß
Größen-Code M3 .... 57,544 bis 57,551 mm
Größen-Code N3 .... 57,551 bis 57,558 mm
Größen-Code O3 .... 57,558 bis 57,565 mm
Größen-Code P3 .... 57,565 bis 57,572 mm
Kolben-Spiel in Zylinder (neu – alle Größen) .... 0,046 bis 0,060 mm
Kolbenbolzen-Durchmesser
Standard .... 14,996 bis 15,000 mm
Verschleißgrenze (min.) .... 14,994 mm
Kolbenbolzen-Bohrung in Kolben .... 15,001 bis 15,006 mm

Zylinder und Kolben – 150 cm³-Motoren

Zylinderbohrung
Der Bohrungs-Durchmesser wird 38,5 mm unterhalb des oberen Zylinderrands und rechtwinklig zum Kolbenbolzen gemessen.
Standard-Maß
Größen-Code A .... 62,580 bis 62,587 mm
Größen-Code B .... 62,587 bis 62,594 mm
Größen-Code C .... 62,594 bis 62,601 mm
Größen-Code D .... 62,601 bis 62,608 mm

1. Übermaß	
Größen-Code A1	62,780 bis 62,787 mm
Größen-Code B1	62,787 bis 62,794 mm
Größen-Code C1	62,794 bis 62,801 mm
Größen-Code D1	62,801 bis 62,808 mm
2. Übermaß	
Größen-Code A2	62,980 bis 62,987 mm
Größen-Code B2	62,987 bis 62,994 mm
Größen-Code C2	62,994 bis 63,001 mm
Größen-Code D2	63,001 bis 63,008 mm
3. Übermaß	
Größen-Code A3	63,180 bis 63,187 mm
Größen-Code B3	63,187 bis 63,194 mm
Größen-Code C3	63,194 bis 63,201 mm
Größen-Code D3	63,201 bis 63,208 mm

Kolben

Der Kolben-Durchmesser wird 36,5 mm unterhalb des Kolbenbodens und rechtwinklig zum Kolbenbolzen gemessen.

Standard-Maß	
Größen-Code A	62,533 bis 62,540 mm
Größen-Code B	62,540 bis 62,547 mm
Größen-Code C	62,547 bis 62,554 mm
Größen-Code D	62,554 bis 62,561 mm
1. Übermaß	
Größen-Code A1	62,733 bis 62,740 mm
Größen-Code B1	62,740 bis 62,747 mm
Größen-Code C1	62,747 bis 62,754 mm
Größen-Code D1	62,754 bis 62,761 mm
2. Übermaß	
Größen-Code A2	62,933 bis 62,940 mm
Größen-Code B2	62,940 bis 62,947 mm
Größen-Code C2	62,947 bis 62,954 mm
Größen-Code D2	62,954 bis 62,961 mm
3. Übermaß	
Größen-Code A3	63,133 bis 63,140 mm
Größen-Code B3	63,140 bis 63,147 mm
Größen-Code C3	63,147 bis 63,154 mm
Größen-Code D3	63,154 bis 63,161 mm
Kolben-Spiel in Zylinder (neu – alle Größen)	0,040 bis 0,054 mm
Kolbenbolzen-Durchmesser	
Standard	14,996 bis 15,000 mm
Verschleißgrenze (min.)	14,994 mm
Kolbenbolzen-Bohrung in Kolben	15,001 bis 15,006 mm

Kolbenringe

Stoßspiel (eingebaut)	
Oberer Kompressionsring	0,15 bis 0,30 mm
Zweiter Kompressionsring	
125 cm³-Motor	0,10 bis 0,30 mm
150 cm³-Motor	0,20 bis 0,40 mm
Ölabstreifring	0,10 bis 0,35 mm
125 cm³-Motor	0,10 bis 0,33 mm
150 cm³-Motor	0,20 bis 0,40 mm
Spiel in Ringnut	
Oberer Kompressionsring	
Standard	0,025 bis 0,07 mm
Verschleißgrenze (max.)	0,08 mm
Zweiter Kompressionsring	
Standard	0,015 bis 0,06 mm
Verschleißgrenze (max.)	0,07 mm
Ölabstreifsring	
Standard	0,015 bis 0,06 mm
Verschleißgrenze (max.)	0,07 mm

Schmiersystem

Motoröldruck (bei 90 °C)	
bei Standgas	0,5 bis 1,2 bar
bei 6000/min	3,2 bis 4,2 bar

Ölpumpe – Einbauspiel-Verschleißgrenzen (max.)	
Innenrotor-Spitze zu Außenrotor	0,12 mm
Außenrotor zu Gehäuse	0,20 mm
Rotor-Axialspiel	0,09 mm
Überdruckventilfeder – freie Länge	54,2 mm

Pleuel

Oberes Pleuelauge – Innendurchmesser	
Standard	15,015 bis 15,025 mm
Verschleißgrenze (max.)	15,03 mm
Pleuelfuß-Axialspiel (Standard)	0,2 bis 0,5 mm
Pleuelfuß-Radialspiel	
Standard	0,036 bis 0,054 mm
Verschleißgrenze (max.)	0,25 mm

Kurbelwelle

Schwungscheiben und Hubzapfen – Gesamtbreite	55,67 bis 55,85 mm
Radialschlag A (max.)*	0,15 mm
Radialschlag B (max.)*	0,01 mm
Radialschlag C (max.)*	0,10 mm
Axialspiel	0,15 bis 0,4 mm

** Die Messpunkte sind in Abbildung 20.18 gezeigt.*

Anzugsdrehmomente

	Nm
Einlassstutzen-Schrauben	11 bis 13
Lichtmaschinenrotor-Mutter	52 bis 58
Lichtmaschinenstator/Impulsgeber-Schrauben	3 bis 4
Motorgehäuseschrauben	11 bis 13
Motorhaltebolzen/Mutter vorn	33 bis 41
Nockenwellenhalteplatten-Schrauben	4 bis 6
Nockenwellenritzel-Schraube	12 bis 14
Öldruckschalter	12 bis 14
Ölpumpen-Befestigungsschrauben	5 bis 6
Ölpumpendeckel-Schrauben	0,7 bis 0,9
Ölpumpenritzel-Schraube	12 bis 14
Ölwannenschrauben	11 bis 13
Steuerkettenspanner-Schrauben	11 bis 13
Steuerkettenspannerschienen-Schraube	10 bis 14
Steuerkettenspannerfeder-Verschlussschraube	5 bis 6
Ventildeckelschrauben	11 bis 13
Zylinderkopfmuttern	28 bis 30
Zylinderkopfschrauben	11 bis 13

1 Allgemeine Informationen

1 Der Viertakt-Einzylindermotor wird mithilfe eines Gebläses gekühlt; das dafür benötigte Gebläserad sitzt am Lichtmaschinenrotor rechts auf der Kurbelwelle. Die Kurbelwelle ist verpresst und das Pleuel ist mit einer Bronzebuchse auf dem Hubzapfen gelagert. Die Kurbelwelle selbst dreht sich in Gleitlagern. Das Motorgehäuse ist vertikal geteilt.
2 Das Ritzel links auf der Kurbelwelle treibt über die Steuerkette die obenliegende Nockenwelle an, die über Kipphebel die zwei Ventile öffnet.

2 Motorkomponenten Zugang

1 Der Zugang zur Lichtmaschine (rechts) und zum Getriebe (links) ist bei eingebautem Motor leicht möglich.
2 Der Zugang zum Zylinderkopf ist jedoch sehr begrenzt und für die Demontage des Ventildeckels (unerlässlich bei vielen Arbeiten) wird entweder der Ausbau des Motors oder das Anheben der Karosserie empfohlen, bis je nach Ausrüstung genug Platz besteht – beachten Sie dazu die Hinweise in Sektion 5, Schritt 1.
3 Der Zugang zur Kurbelwelle samt Pleuel ist erst nach dem Ausbau des Motors und dem Trennen der Motorgehäusehälften möglich.

3 Motorverschleiß Einschätzung

Kontrolle der Zylinderkompression

Spezialwerkzeug: *Für diese Arbeit wird ein Kompressionstester benötigt.*

1 Schwache Motorleistung kann unter anderem durch undichte Ventile, eine beschädigte Zylinderkopfdichtung oder verschlissenen Kolben, Kolbenringe oder Zylinderwandung hervorgerufen werden. Ein Kompressionstest kann solche Probleme aufdecken; zusätzlich kann er starke Ölkohle-Ablagerungen im Brennraum aufdecken.

2 Beschaffen Sie einen geeigneten Kompressionsprüfer – es gibt sie mit Gummidichtung oder mit Gewinde-Adapter für unterschiedliche Kerzengewinde; letztere sind vorzuziehen, da sie besser abdichten. Je nach Messergebnis wird ggf. auch eine Öl-Spritzflasche benötigt.
3 Vor dem Test muss sichergestellt sein, dass das Ventilspiel in Ordnung ist (siehe Kapitel 1). Die Zylinderkopf-Muttern und Schrauben müssen korrekt angezogen sein (siehe Sektion 11).
4 Führen Sie eine kleine Fahrt durch, um den Motor auf Betriebstemperatur zu bringen, schalten Sie dann die Zündung aus. Demontieren Sie die Zündkerze, stecken Sie sie wieder in den Stecker und halten Sie ihr Gewinde abseits der Gewindebohrung am Motor gegen Masse.

Achtung: Bei einer nicht gegen Masse gehaltenen Zündkerze kann das Zündsystem beschädigt werden!

5 Schrauben oder pressen Sie den Kompressionsprüfer in das Zündkerzengewinde des Zylinderkopfs.
6 Schalten Sie die Zündung ein, öffnen Sie den Gasgriff vollständig und drehen Sie den Motor mit dem Anlasser durch, bis sich die Kompressionstester-Nadel stabilisiert hat – dies sollte nach wenigen Motorumdrehungen der Fall sein.
7 Piaggio macht keine Angaben zur Kompression, doch sollte das Ergebnis zwischen 10 und 14 bar liegen, wie es bei Motoren dieser Bauart normal ist. Erkundigen Sie sich im Zweifelsfall bei einer Piaggio-Werkstatt.
8 Eine zu niedrige Kompression kann auf Verschleiß an den Kolbenringen und/oder der Zylinderwandung, eine schadhafte Zylinderkopfdichtung oder undichte Ventile/Ventilsitze hinweisen. Um die Ursache einzugrenzen, kann etwas Motoröl durch die Zündkerzenbohrung eingefüllt werden, das die Kolbenringe gegen den Zylinder abdichtet. Falls die Kompression nach einer weiteren Prüfung ansteigt, werden der Kolben, der Zylinder und/oder die Kolbenringe verschlissen sein; ändert sich das Ergebnis nicht, wird die Zylinderkopfdichtung defekt oder die Ventile/Ventilsitze sind undicht.
9 Für zu hohe Kompression können Ölkohle-Ablagerungen verantwortlich sein – demontieren Sie den Zylinderkopf (siehe Sektion 11) und reinigen Sie den Brennraum und den Kolbenboden.
10 Prüfen Sie bei der Arbeit am Motor auch, ob vielleicht eine zu dicke Zylinderfußdichtung für eine zu geringe Kompression oder eine zu dünne Dichtung für eine zu hohe Kompression verantwortlich ist (siehe Sektion 13).

Öldruck-Kontrolle

Spezialwerkzeug: *Für diese Arbeit werden ein Öldruckprüfer mit einem entsprechenden Gewindeadapter benötigt.*

11 Der Motor ist mit einem Öldruckschalter ausgerüstet, der eine Warnleuchte im Cockpit aktiviert. Die Funktion des Stromkreises ist in Kapitel 10 beschrieben.
12 Bei jedem Zweifel über die Leistungsfähigkeit des Schmiersystems sollte eine Öldruckprüfung durchgeführt werden, um nützliche Informationen über den Zustand der Motor-Innereien zu erhalten. Lassen Sie nötigenfalls den Öldruck von einer Fachwerkstatt überprüfen.
13 Beschaffen Sie einen geeigneten Öldruckprüfer – Piaggio bietet unter der Teilenummer 020193Y ein passendes Gerät an.
14 Kontrollieren Sie zunächst den Ölpegel (siehe *Wöchentliche Kontrollen*). Bringen Sie den Motor auf Betriebstemperatur und schalten Sie ihn wieder ab. Stützen Sie das Fahrzeug so ab, dass das Hinterrad nicht den Boden berührt.
15 Demontieren Sie die Gebläserad-Abdeckung (siehe Sektion 16) und trennen Sie den Stecker des Öldruckschalters (Abbildung 17.5). Schrauben Sie den Schalter mit einem langen Steckschlüssel heraus, drehen Sie unverzüglich den Gewindeadapter hinein und schließen Sie den Öldruckprüfer an. Die Dichtscheibe des Schalters muss später durch ein Neuteil ersetzt werden.

Warnung: Seien Sie bei Arbeiten an heißen Motorteilen vorsichtig! Die Auspuffanlage und der Motor können schwere Verbrennungen hervorrufen. Verwenden Sie eine Abgas-Absauganlage oder lassen Sie den Motor nur in einem sehr gut belüfteten Raum oder im Freien laufen.

16 Starten Sie den Motor – der Öldruck muss zwischen 0,5 und 1,2 bar liegen. Erhöhen Sie die Drehzahl auf 6000/min – der Öldruck muss auf 3,2 und 4,2 bar ansteigen.
17 Falls der Öldruck auf einen deutlich niedrigeren Wert ansteigt, ist entweder das Ansaugsieb oder der Ölfilter verstopft, klemmt das offen stehende Überdruckventil, ist die Ölpumpe defekt, hat sich die Öldüse zur Kühlung des Kolbenbodens gelöst oder es liegt ein beträchtlicher Verschleiß in den Kurbelwellenlagern vor. Beginnen Sie die Diagnose mit der Kontrolle des Ölfilters und des Ölsiebs (siehe Kapitel 1) und kontrollieren Sie dann das Überdruckventil und die Ölpumpe (siehe Sektion 19). Wurde bis hierhin kein Defekt gefunden, muss das Motorgehäuse getrennt werden, um die Öldüse und die Lager kontrollieren zu können (siehe Sektion 20).
18 Falls der Öldruck auf einen deutlich höheren Wert ansteigt, kann das geschlossene Überdruckventil klemmen oder der Motor wurde mit einem Öl der falschen Viskosität befüllt.
19 Schalten Sie den Motor ab und entfernen Sie den Öldruckprüfer und den Gewindeadapter.
20 Rüsten Sie den Öldruckschalter mit einer neuen Dichtscheibe aus und ziehen Sie ihn mithilfe eines langen Steckschlüssels mit 12 bis 14 Nm an. Verbinden Sie seinen Kabelstecker und montieren Sie die Gebläserad-Abdeckung (siehe Sektion 16). Kontrollieren Sie den Ölpegel (siehe *Wöchentliche Kontrollen*).

Anmerkung: *Beseitigen Sie unbedingt vor dem nächsten Motorstart das Problem, um größere Motorschäden zu vermeiden.*

4 Größere Motorreparaturen
Anmerkungen

1 Es ist nicht immer einfach festzustellen, wann oder ob ein Motor vollständig überholt werden muss. Eine Vielzahl an Faktoren muss hierbei berücksichtigt werden.
2 Eine hohe Laufleistung ist nicht zwingend ein Hinweis auf eine erforderliche Überholung – genauso wie eine geringe Laufleistung eine Motorüberholung nicht ausschließt. Eine regelmäßige Wartung ist hierbei der wichtigste Punkt. Ein Motor, bei dem regelmäßig das Motoröl und der Filter gewechselt und auch andere Wartungspunkte durchgeführt wurden, wird wahrscheinlich mehrere tausend Kilometer problemlos durchhalten. Umgekehrt wird ein vernachlässigter Motor wesentlich früher eine Überholung benötigen.
3 Starker Rauch und übermäßiger Ölverbrauch weisen darauf hin, dass Kolbenringe, Ventilschaftdichtungen und/oder Ventilführungen nach Aufmerksamkeit verlangen. Mithilfe eines in Sektion 3 durchgeführten Kompressionstests kann herausgefunden werden, welche Gründe für den Ölverlust verantwortlich sind.
4 Starke Klopfgeräusche oder Rumpeln weisen auf Verschleiß am Pleuelfußlager oder den Hauptlagern der Kurbelwelle hin.
5 Leistungsmangel, rauer Motorlauf, klopfende oder metallisch klingende Motorgeräusche, ein klappernder Ventiltrieb und hoher Kraftstoffverbrauch können ebenfalls auf eine Überholung hinweisen – besonders, wenn alles gleichzeitig auftritt. Falls eine große Inspektion die Probleme nicht behebt, können nur größere Überholmaßnahmen die Lösung sein.
6 Eine Motorüberholung beinhaltet die Wiederherstellung aller internen Motorkomponenten auf die Vorgaben für einen neuen Motor. Während einer Überholung werden der Kolben und dessen Ringe erneuert und die Zylinderbohrung überholt. Die Ventile werden eingeschliffen und mit neuen Federn ausgerüstet. Falls das Pleuellager verschlissen ist, muss eine neue Kurbelwelle montiert werden. Das Endergebnis soll ein absolut neuwertiger Motor sein, der viele pannenfreie Kilometer garantiert.
7 Vor einer Motorüberholung muss die gesamte Prozedur durchgelesen werden, um sich mit dem Umfang und den Anforderungen vertraut zu machen. Das Überholen eines Motors ist nicht schwierig, wenn man sorgfältig den Anweisungen folgt, die benötigten Werkzeuge und Ausrüstungsgegenstände zur Hand hat und sich genau an alle Vorgaben hält. Sie kann jedoch zeitaufwendig sein, sodass mindestens zwei Wochen dafür eingeplant werden sollten. Prüfen Sie die Verfügbarkeit von Teilen

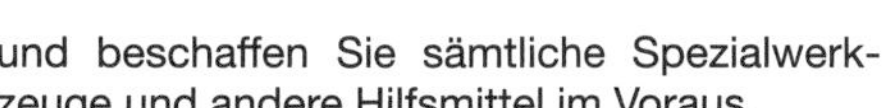

5.1 Gestell zum Anheben und Abstützen der Karosserie über dem Motor

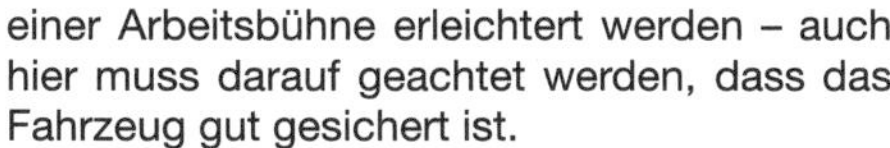

5.8 Lockern Sie die Schelle des Ansaugstutzens und trennen Sie diesen.

5.10 Lösen Sie das Haupt-Stromkabel vom Anlasser.

und beschaffen Sie sämtliche Spezialwerkzeuge und andere Hilfsmittel im Voraus.

8 Die meisten Arbeiten können mit typischen Hand-Werkzeugen verrichtet werden, doch viele Teile müssen präzise vermessen werden, um ihre Wiederverwendbarkeit bestimmen zu können. Ein Großteil der Arbeit besteht in der Kontrolle von Teilen und der Entscheidung, ob Teile aufgearbeitet oder ersetzt werden müssen.

9 Mit hoher Wahrscheinlichkeit müssen Dienstleistungen von Motoreninstandsetzungsbetrieben in Anspruch genommen werden. Hier können nicht nur Kurbelwellen geschliffen und Zylinder gebohrt und gehont werden, sondern es werden auch Bauteile überprüft und Ratschläge zu Reparaturen oder dem Austausch von Komponenten wie Kolben, Ringen und Lagerschalen gegeben. Achten Sie bei der Auswahl der Werkstatt darauf, dass der Betrieb der Kfz-Innung ist und Zertifikate aufweisen kann.

10 Schließlich muss für ein möglichst langes Leben eines aufgearbeiteten Motors sichergestellt sein, dass alles mit größter Sorgfalt in einer lupenreinen Umgebung wieder zusammengebaut wird.

5 Motor/Getriebe-Einheit
Ausbau und Einbau

Achtung: Die Antriebseinheit ist nicht besonders schwer, sollte aber dennoch mithilfe eines Assistenten aus- und eingebaut werden. Ein herunterfallender Motor kann schwere Verletzungen hervorrufen und selbst große Schäden davontragen.

Ausbau

1 Waschen Sie sämtlichen Schmutz vom Motor ab. Stützen Sie das Fahrzeug aufrecht stehend ab. Da der Hauptständer am Motor befestigt ist, muss die Karosserie nach dem Ausbau des Motors gut geschützt abgestützt werden. Die Karosserie muss zudem angehoben werden, um den Motor nach hinten heraus herausziehen zu können – hierzu wird mindestens ein Assistent benötigt – oder ein geeignetes Gestell mit Bändern oder Seilen (siehe Abbildung). Die Arbeit kann durch den Einsatz einer Arbeitsbühne erleichtert werden – auch hier muss darauf geachtet werden, dass das Fahrzeug gut gesichert ist.

2 Öffnen Sie die Sitzbank und entnehmen Sie das Staufach. Entfernen Sie die Seitenverkleidungen und die Bodenverkleidung (siehe Kapitel 9).

3 Falls die Ölwanne demontiert oder das Motorgehäuse getrennt werden soll, empfiehlt es sich, jetzt das Motoröl abzulassen (siehe Kapitel 1).

4 Trennen Sie das Massekabel (–) der Batterie (siehe Kapitel 10).

5 Demontieren Sie die Auspuffanlage (siehe Kapitel 5).

6 Verfolgen Sie die rechts aus dem Motor kommenden Lichtmaschinen- und Zündgeberspulen-Kabel und trennen Sie ihre Stecker. Befreien Sie die Kabel aus allen Befestigungen und führen Sie sie zum Lichtmaschinendeckel zurück – beachten Sie ihre Verlegung. Trennen Sie den Stecker des im Zylinderkopf sitzenden Motortemperatursensors.

7 Ziehen Sie den Kerzenstecker von der Zündkerze.

8 Lockern Sie unten am Luftfiltergehäuse die Schelle des Ansaugstutzens und trennen Sie diesen (siehe Abbildung). Reinigen Sie den Bereich um die Verbindung des Ansaugstutzens am Zylinderkopf, lösen Sie die Schrauben der Drosselklappengehäuse-Baugruppe und befreien Sie sie vom Zylinderkopf – sichern Sie sie mit Draht oder Bändern an der Karosserie, sodass keine Schläuche, Kabel oder Bowdenzüge unter Last gesetzt werden. Verstopfen Sie den Einlasstrakt des Zylinderkopfs und die Öffnungen des Ansaugstutzens und des Drosselklappengehäuses mit Lappen, um keinen Schmutz eindringen zu lassen.

9 Demontieren Sie nötigenfalls das Luftfiltergehäuse (siehe Kapitel 5) – dies geht bei angehobenem Fahrzeug deutlich einfacher.

10 Lösen Sie das Anlasserkabel und alle Massekabel (siehe Abbildung). Demontieren Sie nötigenfalls den Anlasser.

11 Befreien Sie vorn am Riemendeckel den Luftstutzen.

12 Hängen Sie am Motor vorsichtig die Schwingen-Vorspannfeder aus.

13 Demontieren Sie nötigenfalls das Hinterrad (siehe Kapitel 8).

Anmerkung: *Das Hinterrad bietet zusammen mit dem Hauptständer eine gute Motorstütze, sodass es möglichst montiert bleiben sollte. Falls es eventuell später demontiert werden soll, empfiehlt es sich, jetzt die Radmutter zu lockern und die Bremse zu trennen.*

14 Trennen Sie den Bremsseilzug von der Bremse und befreien Sie ihn aus allen Befestigungen an der Unterseite des Riemendeckels (siehe Abbildung).

15 Lösen Sie unten am Stoßdämpfer die Mutter und ziehen Sie den Bolzen heraus, um ihn vom Antriebsgehäuse zu trennen (siehe Abbildung). Falls das Hinterrad demontiert wurde, muss das Gehäuse mit Hölzern entsprechend abgestützt werden; stützen Sie andernfalls das Hinterrad ab.

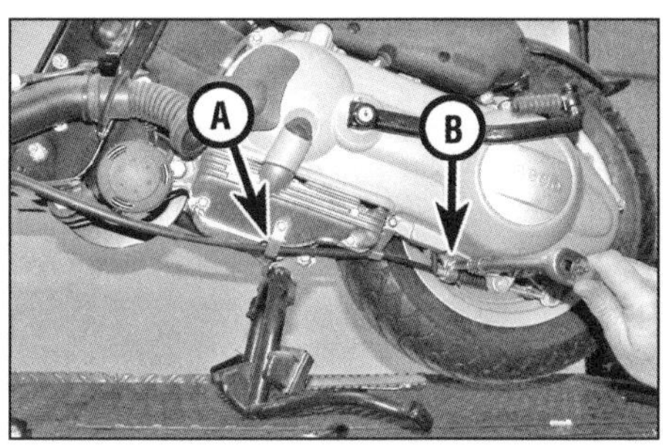

5.14 Befreien Sie den Bremsseilzug aus allen Clips (A) und Klemmen (B) an der Unterseite des Riemendeckels.

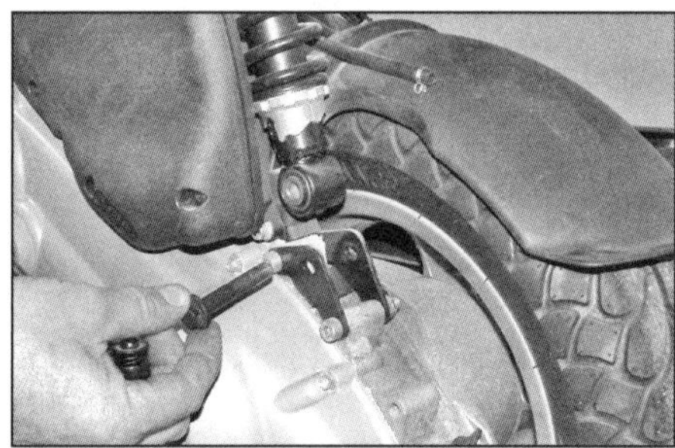

5.15 Lösen Sie unten am Stoßdämpfer die Mutter und ziehen Sie den Bolzen heraus.

2A

5.17 Lösen Sie die Mutter des vorderen Motorbolzens.

7.2 Demontieren Sie ggf. den Ölabscheider – beachten Sie den O-Ring (Pfeil).

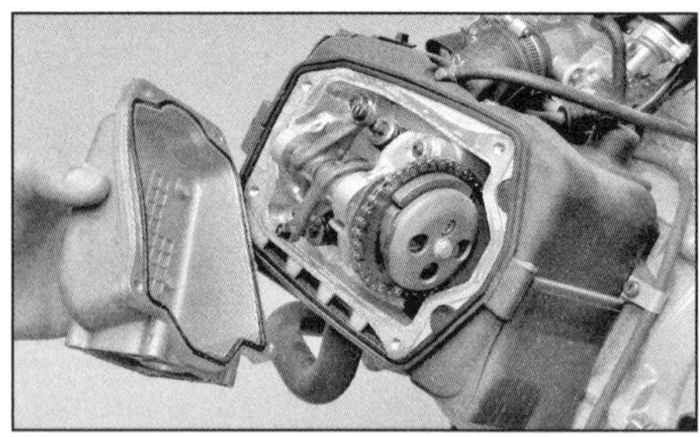

7.3 Lösen Sie die Schrauben des Ventildeckels und heben Sie ihn vom Zylinderkopf.

16 Prüfen Sie, ob alle Kabel, Bowdenzüge und Schläuche getrennt und vom Motor befreit sind.

17 Bereiten Sie das Anheben und Abstützen der Karosserie vor (Schritt 1). Lösen Sie die Mutter des vorderen Motorbolzens (siehe Abbildung), entlasten Sie diesen und ziehen Sie ihn heraus. Heben Sie die Karosserie an und stützen Sie sie sicher ab.

18 Falls der Motor verschmutzt ist, muss er vor der Demontage von Deckeln oder Bauteilen sorgfältig gereinigt werden.

Einbau

19 Der Einbau entspricht der umgekehrten Ausbaureihenfolge – beachten Sie dabei folgende Punkte:

- Zwischen Motor und Karosserie dürfen keine Kabel, Schläuche oder Bowdenzüge eingeklemmt sein.
- Die Muttern des vorderen Motorbolzens und des unteren Stoßdämpferbolzens müssen mit jeweils 33 bis 41 Nm angezogen werden.
- Alle Kabel, Schläuche oder Bowdenzüge müssen korrekt verlegt und angeschlossen werden.
- Ziehen Sie die Schrauben der Drosselklappengehäuse-Baugruppe mit 11 bis 13 Nm an.
- Stellen Sie den Gaszug und den Bowdenzug der Trommelbremse ein (siehe Kapitel 1).
- Füllen Sie ggf. Motoröl auf (siehe Kapitel 1) und kontrollieren Sie den Ölpegel (siehe *Tägliche Kontrollen*).

6 Motorüberholung
Allgemeine Informationen

Zerlegung

1 Bevor der Motor zerlegt wird, muss er unbedingt sorgfältig äußerlich gereinigt und entfettet werden, damit keine Fremdkörper hineinfallen können; hierzu eignet sich Petroleum oder spezielles Motoren-Entfettungsmittel. Arbeiten Sie das Lösungsmittel mit alten Pinseln oder Zahnbürsten in die Vertiefungen des Motorgehäuses ein und passen Sie auf, dass nichts in Elektrik-Komponenten oder den Ein- bzw. Auslassstutzen des Zylinderkopfs gelangt.

Warnung: Aufgrund des hohen Entzündungsrisikos und gesundheitlicher Gefahren sollte auf die Verwendung von Benzin als Reinigungsmittel verzichtet werden!

2 Platzieren Sie die gereinigte und getrocknete Antriebseinheit auf der Werkbank. Sorgen Sie für eine saubere und ausreichend große Arbeitsfläche und beschaffen Sie Behälter oder Plastikbeutel, um Baugruppen und Teile darin zu lagern. Papier und Stift sollten für Notizen bereitliegen, ebenso Klebeetiketten für die Markierung von Teilen. Schließlich werden noch mehrere saubere Lappen benötigt.

3 Lesen Sie vor Arbeitsbeginn die gesamte Sektion durch, um einen Überblick über die notwendigen Schritte zu erhalten. Beachten Sie bei der Demontage von Komponenten, dass hierbei – solange nicht speziell erwählt – kein großer Kraftaufwand erforderlich ist; oft sind vergessene Schrauben oder andere Fehler beim Trennen der Grund. Lesen Sie bei jedem Zweifel den Text noch einmal durch.

4 Halten Sie beim Zerlegen des Motor »Paare« (Teile, die im Betrieb zusammen arbeiten) stets zusammen. Diese Paare müssen später wieder zusammengesetzt oder gemeinsam erneuert werden.

5 Eine komplette Motorzerlegung muss in der folgenden allgemeinen Reihenfolge und mit Hinweis auf entsprechende Sektionen durchgeführt werden. Beachten Sie bezüglich der Getriebekomponenten die Hinweise in Kapitel 3.

Demontieren Sie den Ventildeckel.
Demontieren Sie die Nockenwelle und die Kipphebel.
Demontieren Sie den Zylinderkopf.
Demontieren Sie den Zylinder.
Demontieren Sie den Kolben.
Demontieren Sie die Lichtmaschine.
Demontieren Sie den Anlasser (siehe Kapitel 10).
Demontieren Sie die Ölpumpe.
Demontieren Sie den Variator (siehe Kapitel 3).
Trennen Sie die Motorgehäusehälften.
Demontieren Sie die Kurbelwelle.

Zusammenbau

6 Der Zusammenbau entspricht der umgekehrten Zerlegungsreihenfolge.

7 Ventildeckel

Ausbau

1 Befreien Sie die Karosserie vom Motor (siehe Sektion 5).

2 Falls der Ventildeckel komplett entfernt werden soll, müssen links am Ventildeckel die Schrauben des Ölabscheider-Gehäuses gelöst und dies getrennt werden – beachten Sie den Dichtring (siehe Abbildung); belassen Sie andernfalls das Gehäuse am Deckel und legen Sie diesen abseits des Zylinderkopfs ab.

3 Lösen Sie die Schrauben des Ventildeckels und heben Sie ihn vom Zylinderkopf (siehe Abbildung) – falls er klemmt, muss er sanft mit einem Gummihammer oder Holz abgeklopft werden; verwenden Sie keinen Hebel. Die Gummidichtung muss beim Einbau durch ein Neuteil ersetzt werden.

Einbau

4 Reinigen Sie die Dichtflächen des Zylinderkopfs und des Ventildeckels mit einem geeigneten Lösungsmittel.

5 Drücken Sie die neue Dichtung in die Nut des Ventildeckels – »kleben« Sie sie nötigenfalls mit etwas Fett an.

6 Setzen Sie den Ventildeckel auf den Zylinderkopf – achten Sie darauf, dass die Dichtung nicht aus der Nut rutscht. Installieren Sie die Ventildeckelschrauben und ziehen Sie sie über Kreuz mit 11 bis 13 Nm an (Abbildung 7.3).

7 Montieren Sie ggf. den Ölabscheider – verwenden Sie eine neue Dichtung (Abbildung 7.2).

8 Senken Sie die Karosserie ab und verbinden Sie sie mit dem Motor (siehe Sektion 5).

8 Steuerkettenspanner

Ausbau

1 Demontieren Sie den Ventildeckel (siehe Sektion 7).

2 Ziehen Sie den Kerzenstecker von der Zündkerze.
3 Ziehen Sie die Zündkerzen-Abdeckung nach oben von den Luftleitblechen. Lösen Sie die Schrauben, mit denen die Bleche miteinander, am Lichtmaschinendeckel und am Motorgehäuse verbunden sind, und entfernen Sie sie – beachten Sie, wie sie rechts zusammengesetzt sind (siehe Abbildung).
4 Demontieren Sie das Gebläserad (siehe Sektion 16). Drehen Sie die Kurbelwelle mithilfe der Mutter am Lichtmaschinenrotor im Uhrzeigersinn, bis die Steuerzeitenmarkierungen am Rotor und am Gehäuse zueinander ausgerichtet sind und der Pfeil neben der »2V«-Markierung am Nockenwellenritzel zur Markierung an ihrem Halter fluchtet (Abbildungen 9.3a und b) – der Motor steht jetzt im oberen Totpunkt (OT) des Verdichtungstaktes, sodass beide Ventile geschlossen sind. Falls die Nockenwellenmarkierung nicht fluchtet, muss die Kurbelwelle eine volle Umdrehung weitergedreht werden.
5 Lösen Sie hinten am Zylinder die Verschlussschraube des Steuerkettenspanners und ziehen Sie die Feder aus dem Spannergehäuse (siehe Abbildung) – die Dichtscheibe muss beim Einbau durch ein Neuteil ersetzt werden.
6 Lösen Sie die zwei Schrauben des Steuerkettenspanners und ziehen Sie diesen aus dem Zylinder (siehe Abbildung).
7 Entfernen Sie die Dichtung vom Spanner oder Zylinder – sie muss später durch ein Neuteil ersetzt werden.

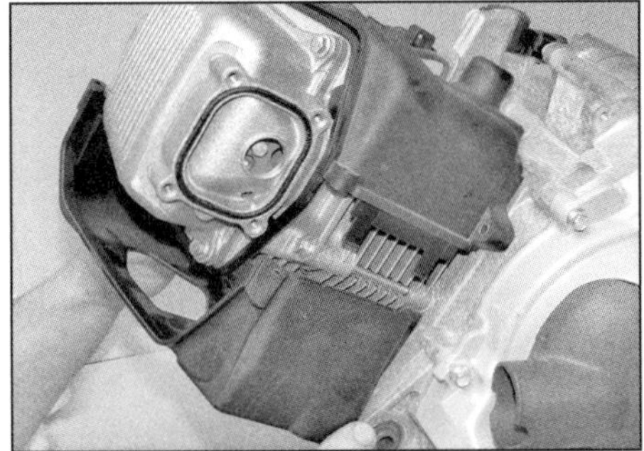

8.3 Entfernen Sie die Luftleitbleche.

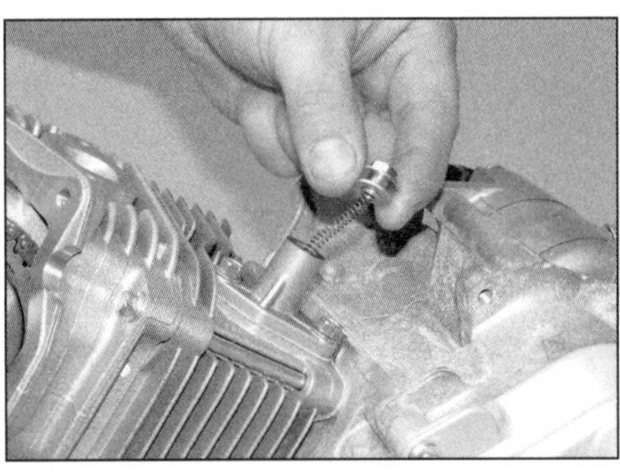

8.5 Lösen Sie die Verschlussschraube und ziehen Sie die Feder heraus.

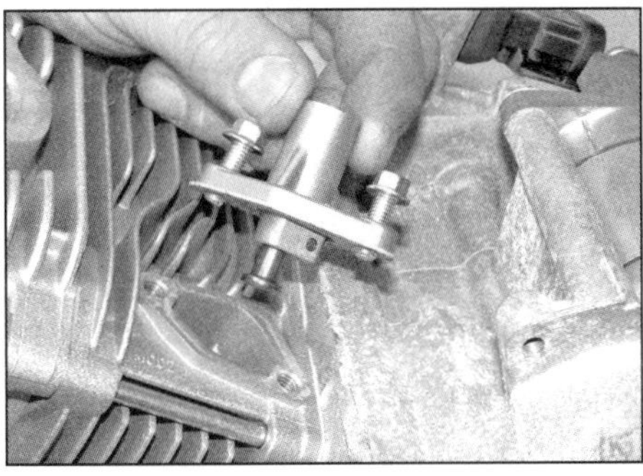

8.6 Lösen Sie die zwei Schrauben und ziehen Sie den Steuerkettenspanner heraus.

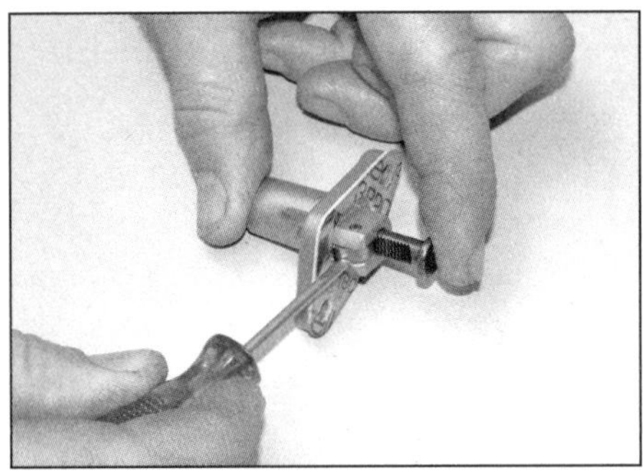

8.9 Prüfen Sie die Funktion der Ratsche und des Spannerkolbens.

Kontrolle

8 Begutachten Sie die Spanner-Komponenten auf Verschleiß und Beschädigungen.
9 Befreien Sie den Ratschenmechanismus vom Spannerkolben und prüfen Sie, ob dieser sich frei im Spannergehäuse verschieben lässt (siehe Abbildung).
10 Falls der Spannermechanismus oder die Feder verschlissen oder beschädigt sind oder der Spannerkolben im Gehäuse klemmt, muss der gesamte Steuerkettenspanner durch ein Neuteil ersetzt werden – Einzelteile sind nicht erhältlich.

Einbau

11 Drehen Sie die Kurbelwelle mithilfe der Mutter am Lichtmaschinenrotor ein kleines Stück

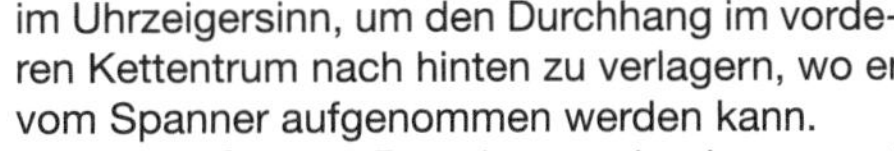

im Uhrzeigersinn, um den Durchhang im vorderen Kettentrum nach hinten zu verlagern, wo er vom Spanner aufgenommen werden kann.
12 Lösen Sie den Ratschenmechanismus und drücken Sie den Spannerkolben vollständig in das Gehäuse (Abbildung 8.9).
13 Rüsten Sie das Spannergehäuse mit einer neuen Dichtung aus, installieren Sie es in den Zylinder und ziehen Sie seine Schrauben mit 11 bis 13 Nm an (Abbildung 8.6).
14 Rüsten Sie die Verschlussschraube mit einer neuen Dichtscheibe aus, installieren Sie die Feder und ziehen Sie die Schraube mit 5 bis 6 Nm an (Abbildung 8.5) – hierbei muss der Kolben hörbar über die Ratsche gegen die Spannerschiene gedrückt werden.
15 Kontrollieren Sie, ob die Steuerkette gespannt ist – falls nicht, hat der Kolben beim Anziehen der Verschlussschraube nicht ausgelöst; entfernen Sie in diesem Fall den Spanner und prüfen Sie erneut die Funktion des Kolbens.
16 Montieren Sie die Luftleitbleche (Schritt 3), das Gebläserad (siehe Sektion 16) und den Ventildeckel (siehe Sektion 7).

9 Steuerkette, Schienen und Ritzel

Ausbau

1 Demontieren Sie den Ventildeckel (siehe Sektion 7).
2 Falls die Steuerkette und das Kurbelwellenritzel ausgebaut werden sollen, muss zunächst der Ölpumpen-Kettentrieb demontiert werden (siehe Sektion 19).
3 Demontieren Sie das Gebläserad (siehe Sektion 16). Drehen Sie die Kurbelwelle mithilfe der Mutter am Lichtmaschinenrotor im Uhrzeigersinn, bis die Steuerzeitenmarkierungen am Rotor und am Gehäuse zueinander ausgerichtet sind und der Pfeil neben der »2V«-Markierung am Nockenwellenritzel zur Markierung an ihrem Halter fluchtet (siehe Abbildungen) – der Motor steht jetzt im oberen Totpunkt (OT) des Verdichtungstaktes, sodass beide Ventile geschlossen sind. Falls die Nockenwellenmarkierung nicht fluchtet, muss die Kurbelwelle eine volle Umdrehung weitergedreht werden.

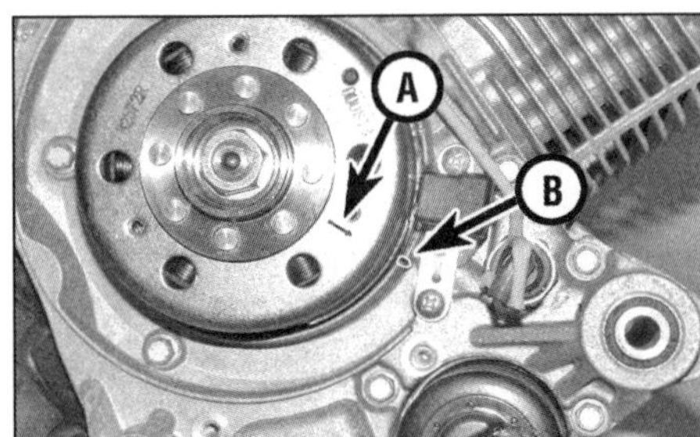

9.3a Drehen Sie die Kurbelwelle im Uhrzeigersinn, bis die Rotor-Markierung (A) zur Gehäuse-Markierung (B) ausgerichtet ist . . .

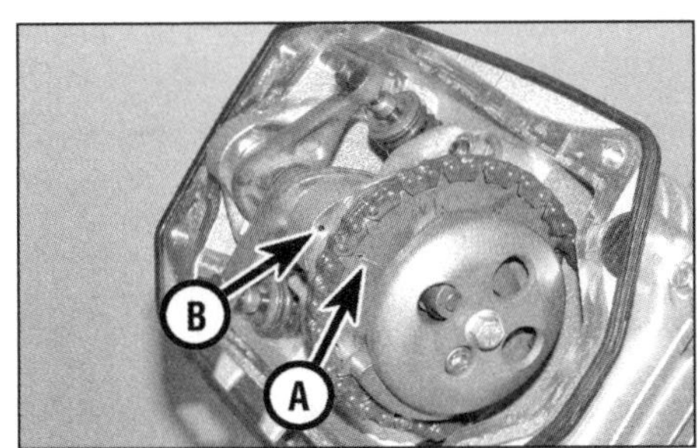

9.3b . . . und zugleich der Pfeil neben »2V« (A) zur Markierung am Nockenwellenhalter (B) zeigt.

2A

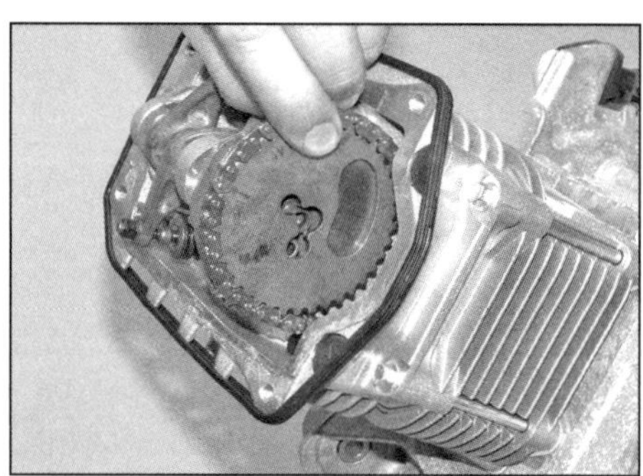

9.6a Befreien Sie das Ritzel und seine Halteplatte von der Nockenwelle . . .

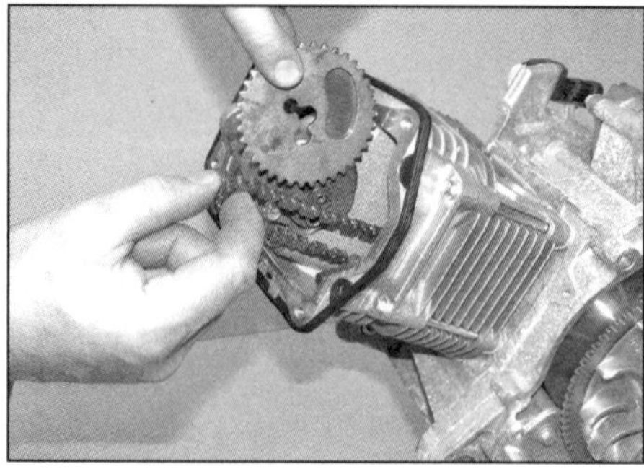

9.6b . . . und aus der Steuerkette.

9.7a Entfernen Sie die Anlaufscheibe von der Kurbelwelle . . .

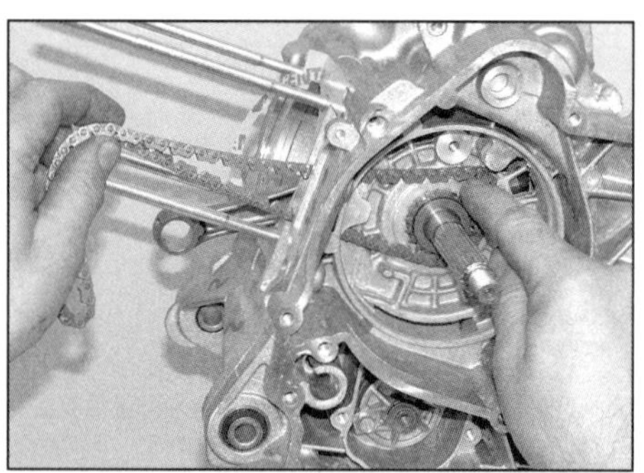

9.7b . . . und befreien Sie die Steuerkette – hier gezeigt mit demontiertem Zylinder – . . .

9.7c . . . bevor das Ritzel von der Kurbelwelle gezogen wird.

9.8 Gelenkbolzen der Steuerketten-Spannerschiene

4 Falls der Motor mit einem Dekompressionsmechanismus ausgerüstet ist (unter der Glocke am Steuerkettenritzel in Abbildung 9.3b gezeigt), muss dieser demontiert werden (siehe Kapitel 2C, Sektion 9, Schritte 4 bis 6). Bei Modellen ohne diesen Mechanismus muss das Ritzel blockiert werden, um seine mittige Schraube lockern zu können – beachten Sie die Scheibe und die versetzt angeordnete Schraube.
5 Entfernen Sie den Steuerkettenspanner (siehe Sektion 8).
6 Befreien Sie das Ritzel und seine Halteplatte von der Nockenwelle und aus der Steuerkette – merken Sie sich die Einbaulage (siehe Abbildungen).
7 Sichern Sie die Steuerkette nötigenfalls mithilfe eines Kabelbinders vor dem Verschwinden im Kettenschacht. Falls die Kette entfernt werden soll, muss sie außen mit Farbe markiert werden, damit sie in ihrer ursprünglichen Drehrichtung installiert werden kann. Entfernen Sie die Anlaufscheibe vom Ende der Kurbelwelle und führen Sie die Kette durch den Schacht nach unten, um sie vom Kurbelwellenritzel befreien zu können (siehe Abbildungen). Ziehen Sie das Ritzel von der Kurbelwelle (siehe Abbildung).
8 Lösen Sie zum Entfernen der Steuerketten-Spannerschiene deren Gelenkbolzen und ziehen Sie die Schiene heraus (siehe Abbildung) – beachten Sie die Einbaurichtung und die Lagerbuchse.
9 Zum Ausbau der Führungsschiene muss der Zylinderkopf demontiert werden (siehe Sektion 11). Heben Sie dann die Schiene aus dem Kettenschacht des Zylinders (siehe Abbildung).

Kontrolle

10 Inspizieren Sie die Ritzel auf Verschleiß und beschädigte Zähne und ersetzen Sie sie nötigenfalls; ersetzen Sie in diesem Fall auch die Steuerkette.
11 Kontrollieren Sie die Spanner- und Führungsschiene auf Verschleiß und Beschädigungen. Stark verschlissene Schienen weisen auf eine verschlissene oder unkorrekt gespannte Steuerkette hin. Prüfen Sie die Funktion des Steuerkettenspanners (siehe Sektion 8).

Einbau

12 Installieren Sie ggf. die Führungsschiene, indem Sie den Ausschnitt am unteren Ende über den Stift im Motorgehäuse führen und ihre Laschen in die Ausschnitte des Zylinders positionieren (siehe Abbildungen). Montieren Sie den Zylinderkopf (siehe Sektion 11).
13 Installieren Sie ggf. die Spannerschiene samt Lagerbuchse und ziehen Sie den Gelenkbolzen mit 10 bis 14 Nm an (siehe Abbildung).
14 Schieben Sie das Ritzel auf die Kurbelwelle und richten Sie seinen Ausschnitt zum Stift der Welle aus (Abbildung 9.7c). Führen Sie die Steuerkette durch den Schacht und legen Sie sie über das Ritzel (Abbildung 9.7b) – die alte Kette muss mit der Markierung nach außen installiert werden (siehe Schritt 7). Schieben Sie die Anlaufscheibe vor das Ritzel (Abbildung 9.7a).
15 Prüfen Sie, ob die Steuerzeitenmarkierungen an Rotor und Gehäuse weiterhin zueinander fluchten (Abbildung 9.3a) und der Motor noch im Verdichtungs-OT steht (siehe Schritt 3).
16 Setzen Sie die Halteplatte an die Nockenwelle (siehe Abbildung). Legen Sie die Steuerkette um das Nockenwellenritzel und achten Sie darauf, dass sie auch um das Kurbelwellenritzel geführt ist. Setzen Sie das Nockenwellenritzel vor der Halteplatte an der Nockenwelle an, sodass der Pfeil neben »2V« zur Markierung am Halter fluchtet (siehe Abbildung) – nötigenfalls muss die Kette anders aufgelegt werden. Montieren Sie ggf. den Dekompressionsmechanismus (siehe Kapitel 2C, Sektion 9, Schritte 20 bis 22). Bei Modellen ohne diesen Mechanismus werden die zentrale und die versetzt angeordnete Schraube samt Federscheiben installiert und zunächst handfest angezogen.

Achtung: Die Steuerzeitenmarkierungen müssen unten und oben exakt ausgerichtet sein, da ansonsten beim Durchdrehen des Motors der Kolben und die Ventile zusammenstoßen und teure Schäden verursachen können.

17 Montieren Sie den Steuerkettenspanner (siehe Sektion 8).

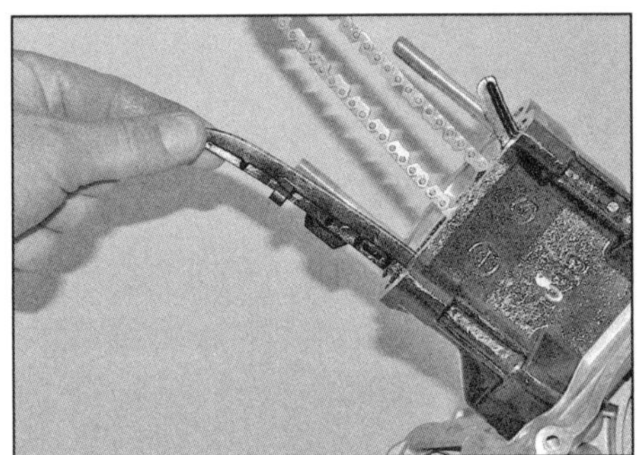

9.9 Ziehen Sie die Steuerketten-Führungsschiene aus dem Motor.

9.12a Der Ausschnitt unten an der Führungsschiene muss über dem Stift sitzen (gezeigt bei montiertem Ölpumpenantrieb) . . .

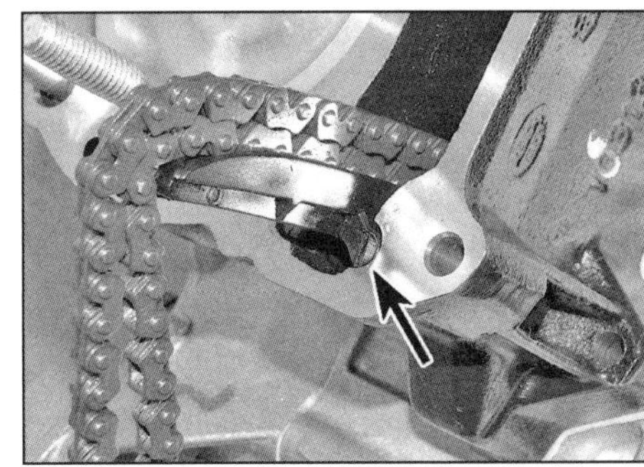

9.12b . . . und die Laschen in den Ausschnitten des Zylinders.

18 Ziehen Sie jetzt die Dekompressionsmechanismus-Schrauben mit den in Kapitel 2C angegebenen Drehmomenten oder die Nockenwellenschrauben mit 12 bis 14 Nm an – kontern Sie dabei das Ritzel.
19 Montieren Sie den Ölpumpenantrieb (siehe Sektion 19).
20 Montieren Sie die verbliebenen Komponenten in der umgekehrten Ausbaureihenfolge.

9.13 Installieren Sie ggf. die Spannerschiene samt Lagerbuchse.

9.16a Setzen Sie die Halteplatte über den Vorsprüngen an . . .

2A

10 Nockenwelle und Kipphebel

Ausbau

1 Demontieren Sie den Ventildeckel (siehe Sektion 7).
2 Demontieren Sie das Gebläserad (siehe Sektion 16). Drehen Sie die Kurbelwelle mithilfe der Mutter am Lichtmaschinenrotor im Uhrzeigersinn, bis die Steuerzeitenmarkierungen am Rotor und am Gehäuse zueinander ausgerichtet sind und der Pfeil neben der »2V«-Markierung am Nockenwellenritzel zur Markierung an ihrem Halter fluchtet (Abbildungen 9.3a und b) – der Motor steht jetzt im oberen Totpunkt (OT) des Verdichtungstaktes, sodass beide Ventile geschlossen sind. Falls die Nockenwellenmarkierung nicht fluchtet, muss die Kurbelwelle eine volle Umdrehung weitergedreht werden.
3 Demontieren Sie das Nockenwellenritzel (siehe Sektion 9, Schritte 4 bis 6). Sichern Sie die Steuerkette nötigenfalls mithilfe eines Kabelbinders vor dem Verschwinden im Kettenschacht und stopfen Sie Lappen hinein, um keinen Schmutz eindringen zu lassen.
4 Lösen Sie die zwei Schrauben der Nockenwellen- und Kipphebelachsen-Arretierung und heben Sie diese ab (siehe Abbildungen). Markieren Sie die Ausrichtung der Nockenwelle, um sie wieder im Verdichtungs-OT installieren zu können, und ziehen Sie sie aus dem Zylinderkopf (siehe Abbildung).

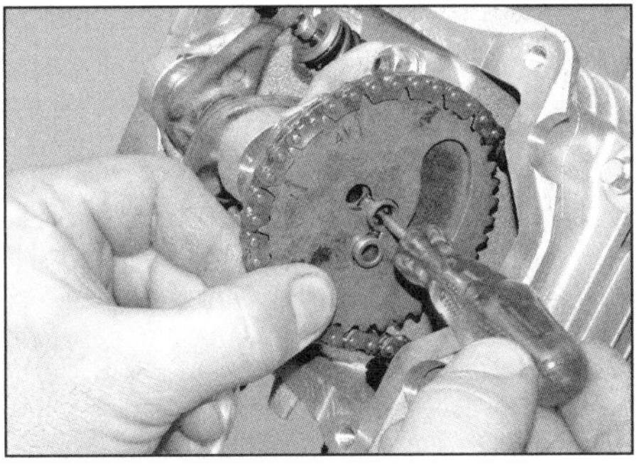

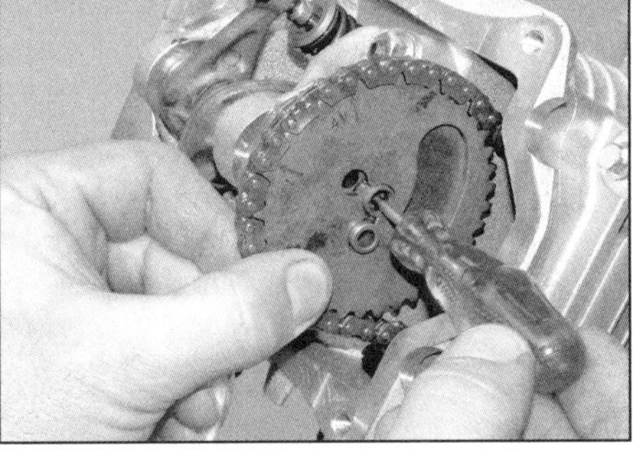

9.16b . . . und setzen Sie das Ritzel mit der Steuerkette an.

10.4a Lösen Sie die zwei Schrauben . . .

10.4b . . . und heben Sie die Nockenwellen- und Kipphebelachsen-Arretierung ab.

10.4c Ziehen Sie die Nockenwelle aus dem Zylinderkopf.

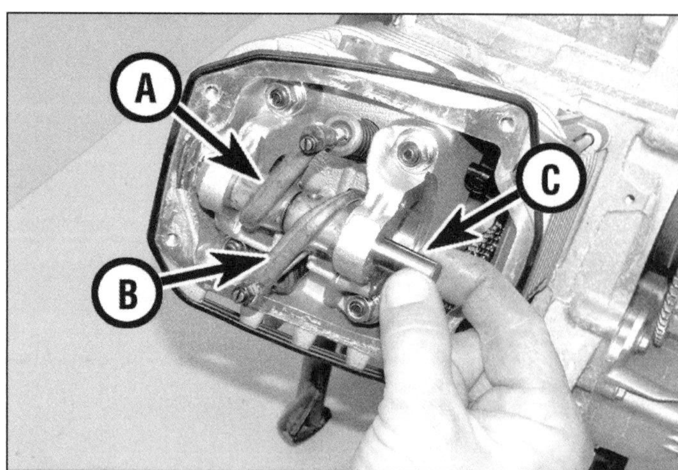

10.5 Einlassventil-Kipphebel (A), Auslassventil-Kipphebel (B), Kipphebelachse (C)

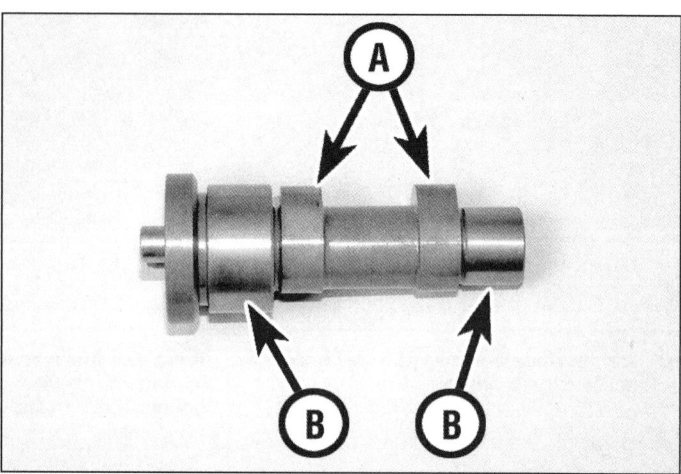

10.6a Kontrollieren Sie die Nocken (A) und die Lagerzapfen (B) auf Verschleiß und Beschädigungen . . .

10.6b . . . und messen Sie die Höhe der Nocken.

10.7 Ermittlung des Lager-Durchmessers mit einem Innenmessgerät

5 Markieren Sie die Kipphebel, um sie wieder an ihre ursprüngliche Positionen montieren zu können. Halten Sie den (rechten) Einlassventil-Kipphebel und ziehen Sie die Achse langsam heraus, bis der Hebel entnommen werden kann (siehe Abbildung). Ziehen Sie die Achse dann vollständig heraus und entnehmen Sie den Auslassventil-Kipphebel.

Kontrolle

6 Reinigen Sie alle Teile mit Lösungsmittel und trocknen Sie sie ab. Inspizieren Sie die Nocken auf Verfärbung (durch Überhitzung), Riefen, Ausbrüche, Abflachungen und Abplatzungen (siehe Abbildung). Messen Sie die Höhe beider Nocken mit einer Bügelmessschraube und vergleichen Sie die Ergebnisse mit den Angaben in den technischen Daten (siehe Abbildung). Eine stark verschlissene oder anderweitig schadhafte Nockenwelle muss ersetzt werden.

7 Kontrollieren Sie die Lagerzapfen der Nockenwelle (Abbildung 10.6a) und ihre Lagersitze im Zylinderkopf. Vermessen Sie die Lagerzapfen und die Bohrungen im Zylinderkopf und vergleichen Sie die Ergebnisse mit den Angaben in den technischen Daten (siehe Abbildung). Eine übermäßig verschlissene Nockenwelle oder ein ausgeschlagener Zylinderkopf muss ersetzt werden.

8 Schmieren Sie die Lagerzapfen der Nockenwelle mit frischem Motoröl, installieren Sie die Welle in den Zylinderkopf und sichern Sie sie mit der Arretierplatte. Die Nockenwelle muss sich spielfrei darin drehen lassen. Ermitteln Sie mit einer Fühlerlehre das Axialspiel der Welle – des darf 0,42 mm nicht überschreiten. Bei zu großem Axialspiel müssen die Arretierplatte und die Nut der Nockenwelle auf Verschleiß kontrolliert und die Teile ggf. erneuert werden.

9 Blasen Sie die Ölkanäle der Kipphebel möglichst mit Druckluft aus. Inspizieren Sie die Gleitflächen der Kipphebel auf Ausbrüche, Abfla-

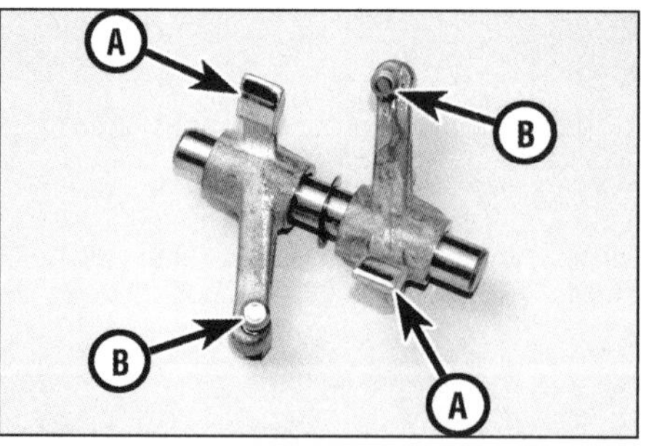

10.9 Kontrollieren Sie die Gleitflächen (A) und die Kontaktflächen der Einstellschrauben-Kugelköpfe (B).

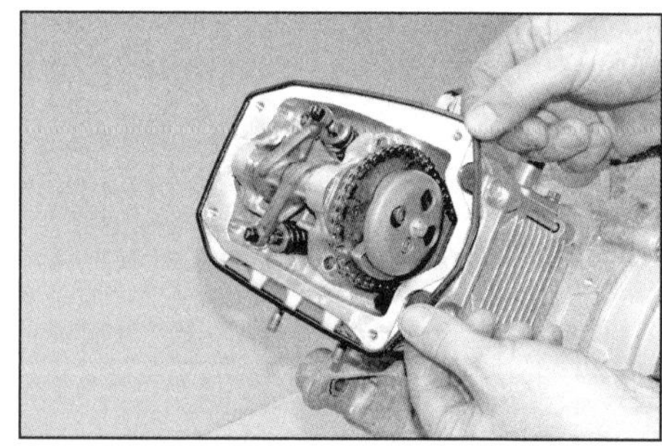

11.3 Heben Sie die Luftleitblech-Dichtung ab.

11.4a Lösen Sie die zwei äußeren Zylinderkopfschrauben . . .

11.4b . . . und die vier internen Zylinderkopfmuttern.

chungen und Abplatzungen (siehe Abbildung). Kontrollieren Sie die Kontaktflächen der Einstellschrauben-Kugelköpfe auf Verschleiß – sie müssen sich bewegen lassen, dürfen aber nicht locker sein. Kontrollieren Sie die Oberseiten der Ventilschäfte. Schieben Sie die Kipphebelachse in den Hebel und prüfen Sie, ob Spiel fühlbar ist. Messen Sie ggf. die Innendurchmesser der Kipphebel und der Bohrungen im Zylinderkopf sowie den Außendurchmesser der Kipphebelachse, um mithilfe der in den technischen Daten angegebenen Werte festzustellen, wo Verschleiß vorliegt – ersetzen Sie schadhafte Teile.

Einbau

10 Schmieren Sie die Lagerzapfen der Nockenwelle mit frischem Motoröl und installieren Sie die Welle in den Zylinderkopf (Abbildung 10.4c) – die Nocken müssen dabei wie beim Ausbau stehen (siehe Schritt 4).

11 Schmieren Sie die Kipphebelachse mit frischem Motoröl, schieben Sie sie langsam ein und führen Sie sie dabei durch den Auslasskipphebel sowie den Einlasskipphebel (Abbildung 10.5) in den rechten Sitz. Bei korrekt positionierter Nockenwelle müssen beide Kipphebel etwas Spiel (Ventilspiel) aufweisen. Richten Sie die Arretierplatte zur Nut der Nockenwelle aus, schieben Sie sie in Position und sichern Sie sie mit den zwei Schrauben (Abbildungen 10.4b und a). Ziehen Sie die Schrauben mit 4 bis 6 Nm an.

12 Folgen Sie den Hinweisen in Sektion 9, Schritte 15 bis 8, um das Nockenwellenritzel und den Steuerkettenspanner zu montieren. Kontrollieren Sie anschließend die Steuerzeiten.

Achtung: Die Steuerzeitenmarkierungen müssen bei der Montage unten und oben exakt ausgerichtet sein, da ansonsten beim Durchdrehen des Motors der Kolben und die Ventile zusammenstoßen und teure Schäden verursachen können.

13 Kontrollieren Sie das Ventilspiel (siehe Kapitel 1, Sektion 20).

14 Montieren Sie die verbliebenen Komponenten in der umgekehrten Ausbaureihenfolge.

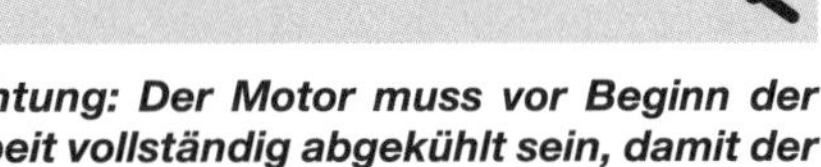

11 Zylinderkopf
Ausbau und Einbau

Achtung: Der Motor muss vor Beginn der Arbeit vollständig abgekühlt sein, damit der Zylinderkopf nicht verzieht.

Ausbau

1 Demontieren Sie den Auspuff (siehe Kapitel 5).

2 Entfernen Sie den Steuerkettenspanner (siehe Sektion 8). Falls die Steuerkette hierdurch genügend Durchhang hat, kann sie vom Nockenwellenritzel gehoben werden; andernfalls muss das Ritzel demontiert werden (siehe Sektion 9, Schritte 4 bis 6). Sichern Sie die Steuerkette mithilfe eines Kabelbinders vor dem Verschwinden im Kettenschacht. Demontieren Sie nötigenfalls die Nockenwelle und die Kipphebel (siehe Sektion 10).

3 Heben Sie die Luftleitblech-Dichtung ab (siehe Abbildung).

4 Lösen Sie links am Motor die Zylinderkopfschrauben (siehe Abbildung). Lockern Sie schrittweise und über Kreuz die vier Zylinderkopfmuttern und entfernen Sie sie (siehe Abbildung).

5 Heben Sie den Zylinderkopf über die Stehbolzen ab – führen Sie dabei die Steuerkette durch den Schacht (siehe Abbildung). Falls der Zylinderkopf klemmt, muss er rundherum mit einem weichen Hammer abgeklopft werden – versuchen Sie nicht, ihn mit einem Schraubendreher abzuhebeln, da dies die Dichtfläche zerstört.

Anmerkung: *Falls sich hierbei der Zylinder vom Motorgehäuse löst, muss er komplett demontiert werden, um die Zylinderfußdichtung zu ersetzen (siehe Sektion 13).*

6 Entfernen Sie die Zylinderkopfdichtung – bei der Montage wird auf jeden Fall ein Neuteil benötigt (siehe Abbildung). Falls die oben im Zylinder oder unten im Zylinderkopf steckenden Passhülsen locker sind, müssen sie sichergestellt werden (siehe Abbildung).

11.5 Heben Sie den Zylinderkopf ab.

11.6a Entfernen Sie die Zylinderkopfdichtung . . .

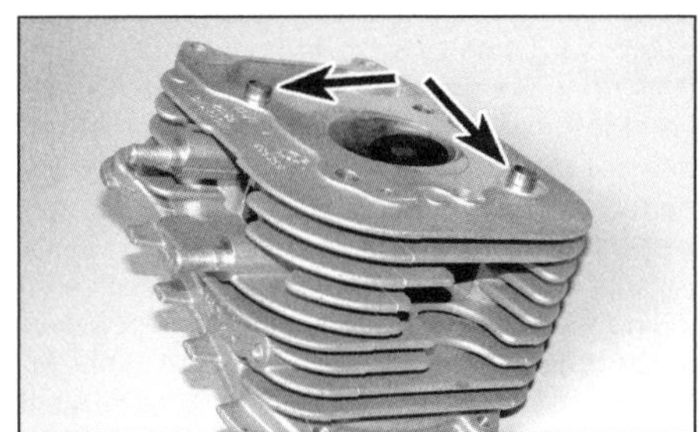
11.6b . . . und nötigenfalls die Passhülsen.

7 Kontrollieren Sie die Dichtung sowie die Kontaktflächen des Zylinders und des Zylinderkopfs auf Undichtigkeiten, die auf einen verzogenen Kopf hinweisen würden – die Kontrolle ist in Sektion 12 beschrieben.
8 Beseitigen Sie mit Lösungsmittel und einem Schaber alte Dichtungsreste vom Zylinders und Zylinderkopf – beschädigen Sie hierbei nicht das relativ weiche Aluminium. Lassen Sie keinen Schmutz in den Kettenschacht, den Zylinder oder Ölkanäle geraten.

Einbau

9 Die Dichtflächen des Zylinders und des Zylinderkopfs müssen absolut sauber sein. Stecken Sie ggf. die Passhülsen in den Zylinder. Legen Sie die neue Zylinderkopfdichtung korrekt über die Passhülsen, sodass alle Ölkanalbohrungen fluchten (Abbildung 11.6a). Achten Sie darauf, dass die Steuerketten-Führungsschiene korrekt in den Nuten des Zylinders liegt (Abbildung 9.12b).
10 Setzen Sie vorsichtig den Zylinderkopf über die Stehbolzen und die Passhülsen auf den Zylinder – führen Sie dabei die Steuerkette durch den Schacht (Abbildung 11.5).
11 Schmieren Sie die Kontaktflächen der Zylinderkopfmuttern mit frischem Motoröl und drehen Sie die Muttern zunächst handfest auf (Abbildung 11.4b). Ziehen Sie die Muttern dann schrittweise und über Kreuz bis zum Drehmoment von 28 bis 30 Nm an.
12 Installieren Sie links außen die zwei Zylinderkopfschrauben und ziehen Sie sie mit 11 bis 13 Nm an (Abbildung 11.4a).
13 Montieren Sie die Kipphebel, die Nockenwelle samt Ritzel, den Steuerkettenspanner und alle anderen entfernten Komponenten in der umgekehrten Ausbaureihenfolge.

12 Zylinderkopf und Ventile Überholung

1 Aufgrund der Komplexität und der erforderlichen Spezialwerkzeuge überlassen die meisten Hobbyschrauber die Kontrolle und das Einschleifen der Ventile einer Fachwerkstatt. Durch das Einfüllen von Lösungsmittel in die Kanäle lässt sich jedoch zunächst leicht feststellen, ob die Ventile korrekt abdichten; sickert die Flüssigkeit in Richtung Brennraum durch, wird eine Überholung notwendig.
2 Mit den richtigen Werkzeugen (eine für diesen Motor geeignete Ventilfederpresse ist unerlässlich) können die Ventile auch ausgebaut, gereinigt, begutachtet und nötigenfalls geläppt sowie wieder eingebaut werden.
3 Falls die Ventilführungen oder Ventilsitze im Zylinderkopf verschlissen sind, muss der Kopf ausgetauscht werden, da Einzelteile nicht erhältlich sind und die Sitze laut Piaggio nicht nachgeschnitten werden können – erkundigen Sie sich nötigenfalls bei einem Motorenspezialisten nach anderen Lösungen.

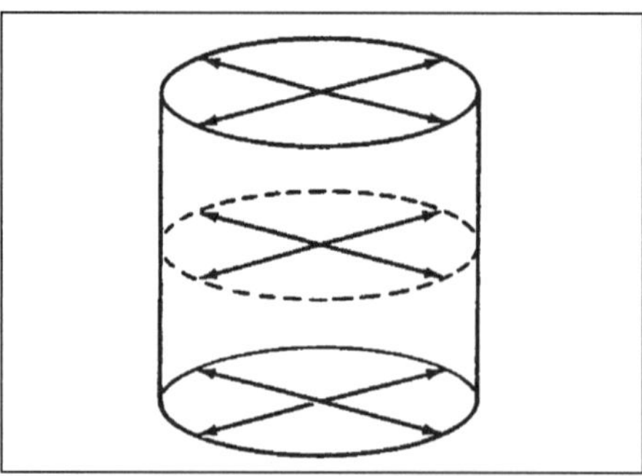

13.7a Vermessen Sie die Zylinderbohrung wie gezeigt in 10, 38,5 und 75 mm Tiefe . . .

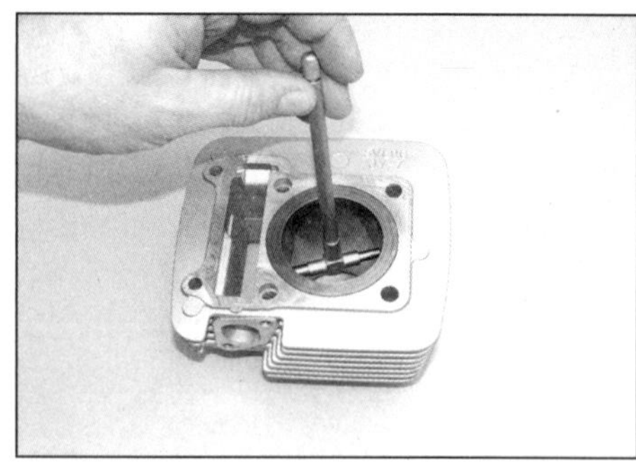

13.7b . . . mithilfe eines speziellen Messgeräts.

4 Nachdem die Ventile geläppt sind, muss alles sorgfältig gereinigt werden, um sicherzustellen, dass keine Schleifpaste in den Motor gerät; blasen Sie alle Bohrungen und Kanäle möglichst mit Druckluft aus.

Zerlegung, Kontrolle und Zusammenbau

5 Beachten Sie für Details hierzu die Hinweise in Kapitel 2C, Sektion 12, aber verwenden Sie die technischen Daten am Anfang dieses Kapitels.

13 Zylinder

Ausbau

1 Demontieren Sie den Zylinderkopf (siehe Sektion 11).
2 Beachten Sie, wie die Steuerketten-Führungsschiene in den Vertiefungen vorn im Zylinder liegt (Abbildung 9.12b) und heben Sie sie heraus.
3 Heben Sie den Zylinder über die Stehbolzen ab – führen Sie dabei die Steuerkette durch den Schacht und legen Sie sie vorn über den Motor. Sobald der Kolben zugänglich wird, muss er abgestützt werden, damit er nicht gegen das Gehäuse schlägt. Falls der Zylinder klemmt, muss er rundherum mit einem weichen Hammer abgeklopft werden – versuchen Sie nicht, ihn mit einem Schraubendreher abzuhebeln, da dies die Dichtfläche zerstört. Sobald der Zylinder entfernt ist, müssen saubere Lappen um das Pleuel herum in das Motorgehäuse gestopft werden, damit kein Schmutz eindringen kann.
4 Falls die oben im Motorgehäuse oder unten im Zylinder steckenden Passhülsen locker sind, müssen sie sichergestellt werden.
5 Entnehmen Sie die Zylinderfußdichtung und notieren Sie die darauf markierte Stärke (0,4, 0,6 oder 0,8 mm). Falls der Zylinder und der Kolben wiederverwendet werden sollen, muss eine Dichtung der gleichen Stärke beschafft werden – die alte darf keinesfalls wiederverwendet werden.

Kontrolle

6 Inspizieren Sie die Zylinderbohrung sorgfältig auf Riefen und Klemmspuren. Nötigenfalls kann der Zylinder aufgebohrt und mit einem Übermaß-Kolben bestückt werden (siehe Schritt 7).
7 Zur Ermittlung des Verschleißes, der Kegelförmigkeit und der Ovalität muss der Zylinder mit einer geeigneten Ausrüstung vermessen werden. Piaggio schreibt hierzu vor, den Zylinder in drei Höhen (10, 38,5 und 75 mm unterhalb der Oberseite) jeweils längs und quer zur Kurbelwelle zu vermessen (sie-

13.13 Nullen Sie die Messuhr über der Zylinder-Dichtfläche.

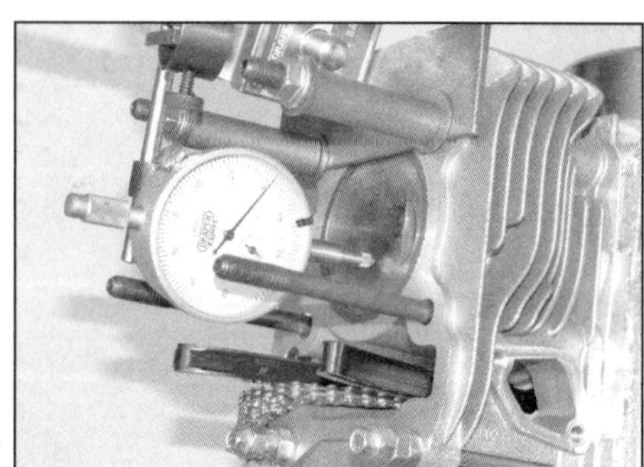

13.15 Messen Sie, wie viel tiefer der im OT stehende Kolben liegt.

he Abbildungen). Vergleichen Sie die Ergebnisse mit den Angaben in den technischen Daten.

Anmerkung: *Der Zylinder und der Kolben werden beim Zusammenbau mit Größen-Codes versehen, die unbedingt aufeinander abgestimmt sein müssen. Die Codes für diese Motoren sind von A bis D bzw. von M bis P aufgelistet und gelten sowohl für die Standardgröße als auch für das erste bis dritte Übermaß (bei aufgebohrten Zylindern). Der Größen-Code ist oben oder unten in der Zylinder-Dichtfläche sowie im Kolbenboden eingeschlagen. Achten Sie bei der Beschaffung eines neuen Kolbens oder Zylinders auf den entsprechenden Buchstaben.*

8 Ermitteln Sie anhand unterschiedlicher Messungen einen kegel- oder ovalförmig Verschleiß. Piaggio gibt eine maximale Abweichung von 0,05 mm zwischen den Messergebnissen an; falls der Zylinder über diese Grenze hinaus verschlissen oder stark riefig ist, muss er von einem Fachbetrieb aufgebohrt und mit einem passenden Kolben samt Ringen bestückt werden. Falls der Zylinder bereits das dritte Übermaß erreicht hat und verschlissen oder beschädigt ist, muss er erneuert werden. Der Fachbetrieb, bei dem der Zylinder aufgebohrt wird, muss über die Größe und das Einbauspiel des neuen Kolbens informiert werden.

9 Vermessen Sie die Zylinderbohrung in 38,5 mm Tiefe und errechnen Sie durch Subtraktion des Kolbendurchmessers (siehe Sektion 14) das Kolbenspiel. Wenn sich der Zylinder in einem guten Zustand befindet und das Kolbenspiel innerhalb der Vorgaben liegt, kann der Zylinder wiederverwendet werden.

10 Prüfen Sie, ob alle Stehbolzen fest im Motorgehäuse sitzen. Lockere oder beschädigte Stehbolzen müssen vollständig herausgedreht werden. Reinigen Sie das Gewinde und tragen Sie dauerelastische Sicherungspaste (»Loctite«) auf, bevor Sie den Stehbolzen wieder eindrehen. Zum Anziehen können ein spezielles Stehbolzen-Werkzeug oder zwei am oberen Gewinde gegeneinander verkonterte Muttern verwendet werden.

Einbau

11 Kontrollieren Sie die Dichtflächen des Zylinders und des Motorgehäuses.

12 Um Fertigungstoleranzen auszugleichen, bietet Piaggio drei verschieden starke Zylinderfußdichtungen an. Soweit der originale Zylinder samt Kolben wiederverwendet werden, muss die neue Dichtung die gleiche Stärke wie die alte aufweisen (siehe Schritt 5). Falls Neuteile montiert werden sollen, muss der Zylinder ohne Fußdichtung über den Kolben geschoben und auf dem Motorgehäuse verschraubt werden (siehe Schritte 17 bis 20). Jetzt muss mithilfe einer schwenkbar montierten Messuhr (Piaggio bietet hierfür unter der Teilenummer 020428Y eine spezielle Halterung an) die Höhendifferenz zwischen dem im OT stehenden Kolben und der Zylinder-Dichtfläche ermittelt werden, um die Stärke der benötigten Fußdichtung zu ermitteln. Alternativ können auch ein Haarlineal und Fühlerlehrenblätter verwendet werden, doch eine Messuhr ist deutlich genauer.

13 Montieren Sie die Messuhr mit dem Messdorn gegen die Zylinder-Dichtfläche und nullen Sie sie (siehe Abbildung). Drehen Sie die Kurbelwelle so, dass der Kolben sich etwas in der Bohrung absenkt.

14 Schwenken Sie die Messuhr, sodass der Dorn mittig in der Zylinderbohrung steht.

15 Drehen Sie die Kurbelwelle (über die Mutter des Lichtmaschinenrotors), sodass der Kolben im Zylinder bis in den OT aufsteigt und der Messdorn in der Mitte des Kolbenbodens aufsetzt. Lesen Sie jetzt die Messuhr ab (siehe Abbildung). Je tiefer der Kolben im Zylinder steht, desto dünner muss die Fußdichtung sein. Wenn beim 125 cm^3-Motor der Kolben 0 bis 0,1 mm tiefer liegt, wird eine 0,8 mm starke Dichtung benötigt; zwischen 0,1 und 0,3 mm muss die Dichtung 0,6 mm stark sein und bei einem 0,3 bis 0,4 mm tiefer liegenden Kolben muss eine 0,4 mm starke Dichtung beschafft werden. Wenn beim 150 cm^3-Motor der Kolben 1,0 bis 1,1 mm tiefer liegt, wird eine 0,8 mm starke Dichtung benötigt; zwischen 1,1 und 1,3 mm muss die Dichtung 0,6 mm stark sein und bei einem 1,3 bis 1,4 mm tiefer liegenden Kolben muss eine 0,4 mm starke Dichtung beschafft werden. Lassen Sie im Zweifelsfall die Messung von einer Piaggio-Werkstatt durchführen.

16 Stecken Sie ggf. die Passhülsen ins Motorgehäuse und legen Sie die **neue** Fußdichtung über die Stehbolzen und die Hülsen (siehe Abbildung).

17 Klemmen Sie nötigenfalls ein Kolbenring-Spannband um den Kolben, um ihn beim Absenken des Zylinders besser einführen zu können – weil der Zylinder unten eine ausreichend große Fase zum Einführen der Kolbenringe von Hand aufweist, kann hierauf aber auch verzichtet werden. Lassen Sie möglichst einen Assistenten den Zylinder beim Einführen des Kolbens halten. Achten Sie darauf, dass die Kolbenring-Öffnungen wie in Sektion 15 beschrieben ausgerichtet sind.

18 Schmieren Sie die Zylinderbohrung, den Kolben samt Kolbenringen sowie die beiden Pleuelaugen mit frischem Motoröl und senken Sie den Zylinder ab, bis der Kolbenboden in die Bohrung gleitet.

19 Drücken Sie sanft auf den Zylinder und achten Sie darauf, dass der Kolben senkrecht eingeführt wird und nicht verkantet. Falls kein Kolbenring-Klemmband verwendet wird, müssen die Ringe vorsichtig zusammengedrückt und in die Bohrung eingeführt werden (siehe Abbildung). Klopfen Sie den Zylinder nötigenfalls mit einem weichen Hammer herunter, aber wenden Sie keine Gewalt an, da ein klemmender Kolbenring leicht abbricht. Falls ein Kolbenring-Spannband verwendet wurde, muss es nach dem Einführen des Ölabstreifrings entfernt werden.

20 Nachdem alle Kolbenringe in den Zylinder eingeführt sind und dieser bis über den Kolbenbolzen abgesenkt ist, wird er über die Passhülsen auf die Fußdichtung gedrückt.

21 Installieren Sie die Steuerketten-Führungsschiene in den Kettenschacht (Abbildung 9.12b) und montieren Sie den Zylinderkopf (siehe Sektion 11).

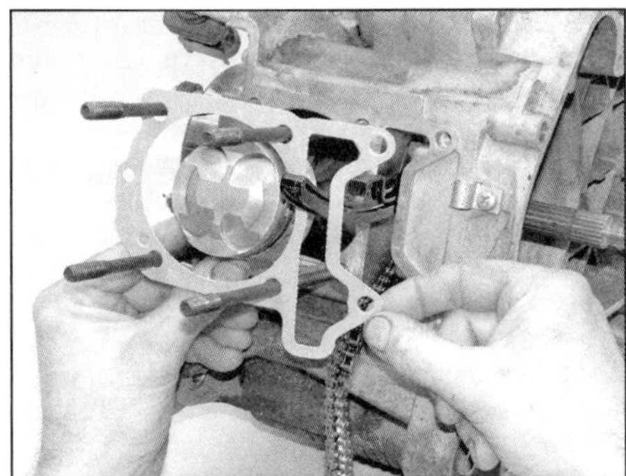

13.16 Legen Sie die NEUE Zylinderfußdichtung auf.

13.19 Führen Sie den Kolben senkrecht in dem Zylinder ein und drücken Sie dabei die Kolbenringe zusammen.

14 Kolben

Ausbau

1 Demontieren Sie den Zylinder (siehe Sektion 13). Bevor der Kolben vom Pleuel getrennt wird, müssen saubere Lappen um das Pleuel herum in das Motorgehäuse gestopft werden, damit kein Sicherungsring hineinfällt oder Schmutz eindringen kann. Der Kolben sollte auf der Oberseite ein zum Auslassventil zeigendes Dreieck aufweisen; bringen Sie nötigenfalls eine Markierung an, um den Kolben wieder richtig herum einbauen zu können. Möglicherweise ist das Dreieck erst nach dem Entfernen der Ölkohleablagerungen sichtbar.

2A

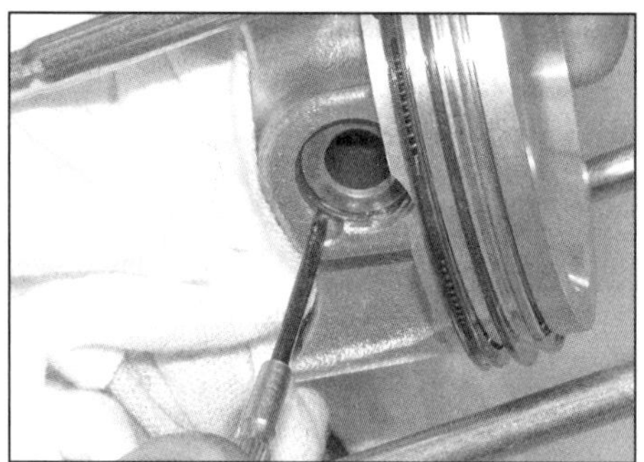

14.2a Entfernen Sie den Sicherungsring ...

14.2b ... und drücken Sie den Kolbenbolzen heraus.

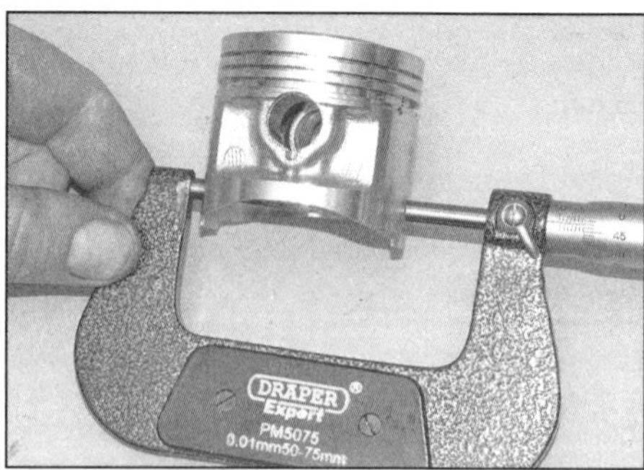

14.8 Messen Sie den Kolbendurchmesser 36,5 mm unter dem oberen Rand und rechtwinklig zum Kolbenboden.

14.9a Prüfen Sie das Spiel des Kolbenbolzens im Kolben.

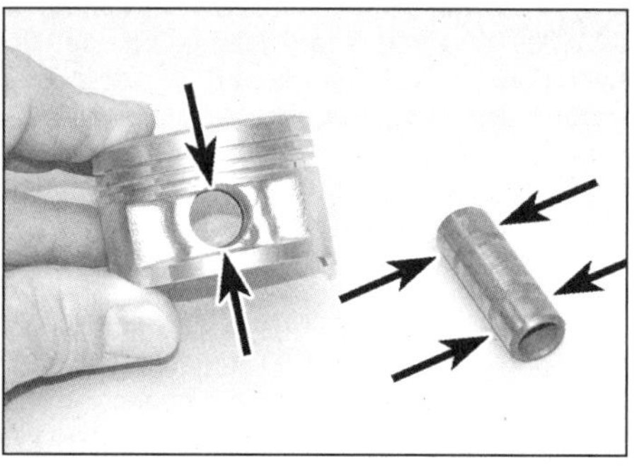

14.9b Ermitteln Sie an den gezeigten Stellen die Durchmesser.

14.10 Prüfen Sie das Spiel des Kolbenbolzens im oberen Pleuelauge

2 Hebeln Sie an einer Seite vorsichtig den Kolbenbolzen-Sicherungsring heraus – hierzu kann ein geeignetes Werkzeug in der dafür vorgesehenen Kerbe angesetzt werden (siehe Abbildung). Drücken Sie den Kolbenbolzen (nötigenfalls mit einer Steckschlüssel-Verlängerung) von der anderen Seite heraus, um den Kolben vom Pleuel zu befreien (siehe Abbildung). Entfernen Sie auch den anderen Kolbenbolzen-Sicherungsring – beide Ringe müssen später durch Neuteile ersetzt werden.

Um den Kolbenbolzen-Sicherungsring daran zu hindern, wegzuspringen oder ins Motorgehäuse zu fallen, sollte eine Stange oder ein Schraubendreher, dessen Durchmesser größer als die Öffnung des Rings ist, durch den Kolbenbolzen geschoben werden, um ihn aufzufangen.

Falls der Kolbenbolzen fest im Kolben sitzt, kann dieser vorsichtig mit einem Heißluftgebläse erwärmt werden – hierbei dehnt sich das Aluminium aus und der Kolbenbolzen lockert sich.

Kontrolle

3 Falls der Zylinder aufgebohrt werden muss, kann die Kontrolle unterbleiben, da auch ein neuer Kolben beschafft werden muss. Entfernen Sie zunächst die Kolbenringe und reinigen Sie den Kolben. Alle drei Kolbenringe können von Hand entfernt werden; für die beiden oberen Kompressionsringe kann nötigenfalls ein spezielles Kolbenring-Werkzeug verwendet werden, beim Ölabstreifring ist dies nicht möglich (Abbildungen 15.7e, d, c und a). Merken Sie sich genau die Position und Einbaurichtung des jeweiligen Kolbenrings. Beschädigen Sie beim Ausbau der Ringe nicht die Wandungen des Kolbens.

4 Schaben Sie Ölkohleablagerungen vom Kolbenboden. Nachdem grobe Ablagerungen entfernt sind, kann der Boden mit einer Hand-Drahtbürste oder feinem Schleifpapier geglättet werden – verwenden Sie auf keinen Fall eine motorbetriebene Drahtbürste, da hiermit das weiche Kolben-Material rasch abgetragen wird.

5 Befreien Sie die Kolbenring-Nuten von Ölkohleablagerungen – entweder mit einem Spezialwerkzeug oder einem abgebrochenen alten Kolbenring – achten Sie darauf, kein Aluminium des Kolbens abzutragen. Reinigen Sie den Kolben zum Schluss mit Lösungsmittel und trocknen Sie ihn mit Druckluft.

6 Begutachten Sie den Kolben auf Risse am Kolbenhemd, den Kolbenring-Aufnahmen und den Stegen zwischen den Kolbenringnuten. Gleichmäßige feine senkrechte Schleifspuren auf der Lauffläche des Kolbens und etwas Spiel des oberen Kompressionsrings in seiner Nut sind keine Gründe zur Beanstandung. Falls das Kolbenhemd riefig ist, kann der Kolben im Betrieb aufgrund anormaler Verbrennung überhitzt sein. Kontrollieren Sie auch, ob die Nuten der Kolbenbolzen-Sicherungsring nicht beschädigt sind.

7 Ein Loch im Kolbenboden kann durch Frühzündung (Klopfen und Klingeln) entstanden sein. Verbrannte Bereiche am Rand des Kolbenbodens sind ebenfalls Anzeichen von Fehlzündungen. Beseitigen Sie bei jedem dieser Anzeichen die Ursache, damit der neue Kolben nicht ebenfalls rasch beschädigt wird.

8 Kontrollieren Sie das Kolben-Spiel im Zylinder, indem Sie den Durchmesser des Zylinders (siehe Sektion 13) und des Kolbens vermessen. Der Kolben muss 36,5 mm unter dem oberen Rand und rechtwinklig zum Kolbenboden gemessen werden (siehe Abbildung). Subtrahieren Sie den Kolben-Durchmesser vom Zylinder-Durchmesser – wenn mehr als 0,054 mm (bei Aluzylinder) bzw. 0,060 mm (Stahlguss-Zylinder) festgestellt werden, muss der Kolben durch ein Neuteil ersetzt werden (vorausgesetzt, der Zylinder ist in Ordnung und muss nicht aufgebohrt werden). Beachten Sie die Größen-Codierungen der Kolben und Zylinder (siehe Sektion 13, Schritt 7) und achten Sie auf aufeinander abgestimmte Komponenten.

14.11 Messen Sie das Spiel der Kolbenringe in ihren Nuten.

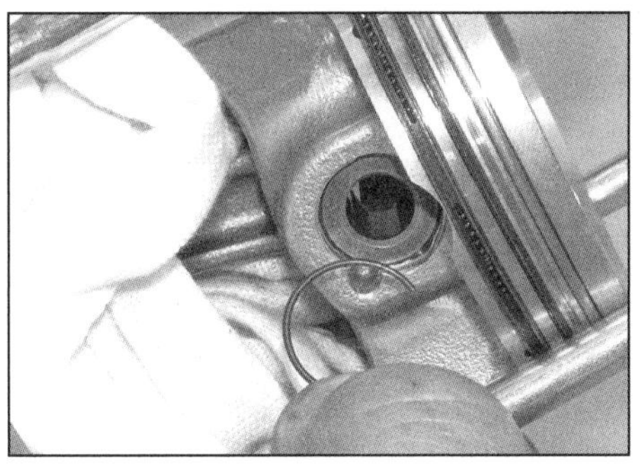

14.13 Sichern Sie den Kolbenbolzen mit dem zweiten NEUEN Sicherungsring.

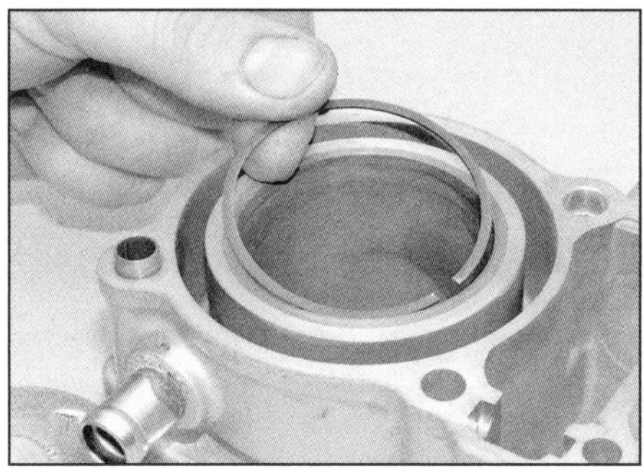

15.2a Installieren Sie den Ring in den Zylinder . . .

15.2b . . . und richten Sie ihn mit dem Kolben senkrecht aus.

15.2c Messen Sie das vorhandene Stoßspiel mit Fühlerlehrenblättern.

9 Installieren Sie den Kolbenbolzen in den Kolben und prüfen Sie, ob Spiel fühlbar ist (siehe Abbildung). Vermessen Sie die Durchmesser des Kolbenbolzens an beiden Enden und der Bohrungen im Kolben (siehe Abbildung) – der Bolzen darf nicht unter 14,994 mm verschlissen sein und die Bohrungen sich nicht mehr als 15,006 mm geweitet haben. Ersetzen Sie übermäßig verschlissene Teile.

10 Installieren Sie den Kolbenbolzen in das obere Pleuelauge und prüfen Sie, ob Spiel fühlbar ist (siehe Abbildung). Vermessen Sie die Durchmesser des Kolbenbolzens in der Mitte und der Bohrungen im Pleuelauge – der Bolzen darf nicht unter 14,994 mm verschlissen sein und die Bohrungen sich nicht mehr als 15,030 mm geweitet haben. Ersetzen Sie übermäßig verschlissene Teile (im Falle des Pleuels muss die gesamte Kurbelwelle ausgetauscht werden).

11 Messen Sie das Spiel der Kolbenringe in ihren Nuten, um ausgeschlagene Nuten zu ermitteln. Installieren Sie die Kolbenringe (siehe Sektion 15) und ermitteln Sie mit einer Fühlerlehre, ob das in den technischen Daten angegebene Spiel eingehalten wird (siehe Abbildung). Falls das Spiel zu groß ist, muss die Messung mit neuen Kolbenringen wiederholt; ist es immer noch zu groß, muss der Kolben ersetzt werden.

Einbau

12 Kontrollieren und installieren Sie die Kolbenringe (siehe Sektion 15).

13 Schmieren Sie den Kolbenbolzen, seine Bohrungen im Kolben und das obere Pleuelauge mit frischem Motoröl. Installieren Sie einen neuen Sicherungsring an einer Seite des Kolbens. Positionieren Sie den Kolben mit dem Dreieck zum Auslass zeigend über dem Pleuel und installieren Sie den Kolbenbolzen von der Seite ohne Sicherungsring durch den Kolben und das Pleuel (Abbildung 14.2b); drücken Sie ihn vollständig ein. Installieren Sie den zweiten neuen Sicherungsring in die Nut des Kolbens (siehe Abbildung) – drücken Sie die Sicherungsringe nur soweit zusammen, wie für den Einbau notwendig ist, prüfen Sie rundherum ihren Sitz in der Nut und achten Sie darauf, dass die Ring-Öffnung nicht in der Ausbaunut liegt (Abbildung 14.2a).

14 Montieren Sie den Zylinder (siehe Sektion 13).

15 Kolbenringe

1 Generell sollten bei jeder Motor-Überholung neue Kolbenringe installiert werden. Zunächst muss jedoch in einem nicht verschlissenen Bereich des Zylinders das Stoßspiel der eingeschobenen Kolbenringe kontrolliert werden.

2 Zum Messen des Spiels wird der obere Kompressionsring von unten in den Zylinder geschoben und mithilfe des Kolbens etwa 15 mm oberhalb des unteren Zylinderrands senkrecht ausgerichtet (siehe Abbildungen). Ermitteln Sie nun mit einer Fühlerlehre den Abstand der Ring-Enden zueinander und vergleichen Sie das Ergebnis mit den Angaben in den technischen Daten (siehe Abbildung).

3 Falls das Stoßspiel größer oder kleiner als vorgegeben ist, muss nachgeschaut werden, ob die richtigen Ringe vermessen werden. Ein zu geringes Stoßspiel kann beim Erwärmen – und entsprechendem Ausdehnen des Rings bei laufendem Motor dafür sorgen, dass die Enden sich berühren und der Ring den Zylinder beschädigt. Prüfen Sie, ob die Ringe nicht das falsche Übermaß haben.

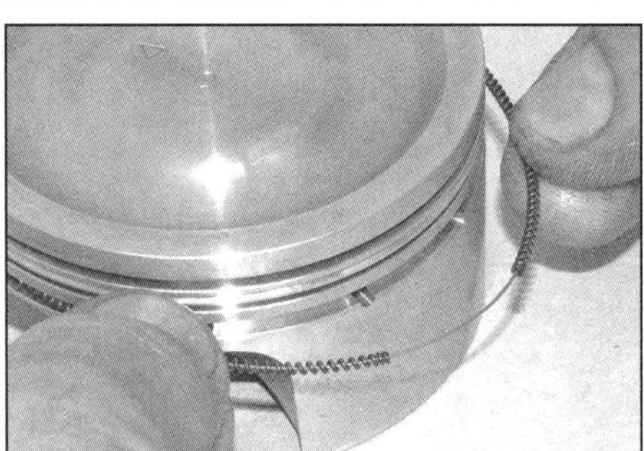

15.7a Installieren Sie zuerst die Ölabstreifring-Feder.

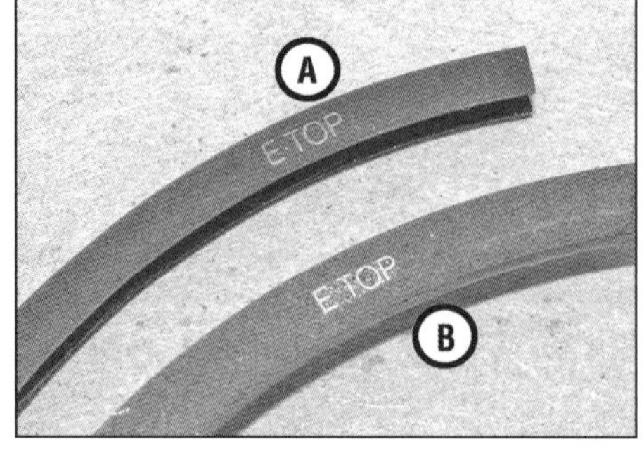

15.7b Sowohl beim Ölabstreifring (A) als auch beim zweiten Kompressionsring (B) muss »E-TOP« oben stehen.

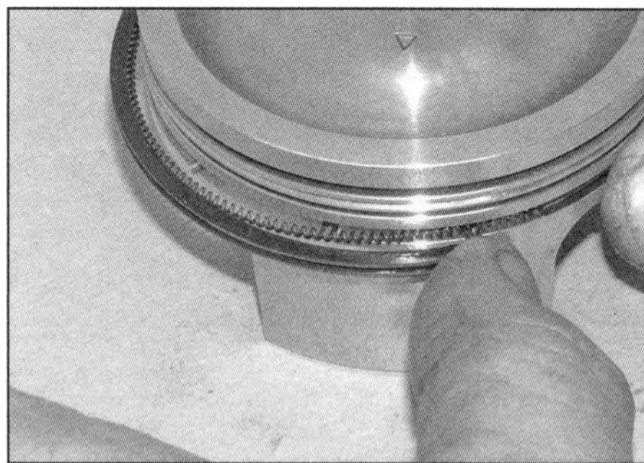

15.7c Installieren Sie den Ölabstreifring über die Feder.

4 Etwas zu viel Spiel ist nicht schlimm, solange nicht die Verschleißgrenze überschritten wird. Kontrollieren Sie auch in diesem Fall, ob die Kolbenringe und der Zylinder zueinander passen.

5 Wiederholen Sie die Messung mit den anderen Kolbenringen.

6 Nach der Kontrolle des Stoßspiels können die Kolbenringe an den Kolben installiert werden.

7 Führen Sie zuerst die Ölabstreifring-Feder in die untere Kolbenringnut (siehe Abbildung). Installieren Sie dann den Ölabstreifring mit »E-TOP« nach oben zeigend in die Nut – dehnen Sie ihn dabei nicht mehr als nötig. Am besten lassen sich Kolbenringe mit drei Fühlerlehrenblättern über den Kolben führen. Seine Ring-Öffnung muss gegenüber der Feder-Öffnung liegen (siehe Abbildungen). Installieren Sie nun den zweiten Kompressionsring – ebenfalls mit »E-TOP« nach oben zeigend – in die mittlere Kolbennut und den oberen Kompressionsring in die obere Nut – seine glatte Seite muss unten liegen (siehe Abbildungen).

8 Nachdem die Kolbenringe korrekt installiert sind, muss geprüft werden, ob sie sich klemmfrei drehen lassen. Richten Sie die Ringöffnungen wie gezeigt aus (siehe Abbildung).

16 Gebläserad

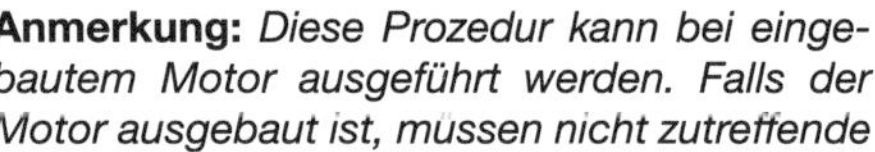

Anmerkung: *Diese Prozedur kann bei eingebautem Motor ausgeführt werden. Falls der Motor ausgebaut ist, mussen nicht zutreffende Schritte ignoriert werden.*

1 Entfernen Sie die rechte Motorabdeckung (siehe Kapitel 9).

2 Trennen Sie den Stecker der Lambdasonde und befreien Sie das Kabel aus allen Befestigungen am Lichtmaschinendeckel.

3 Lösen Sie die Schrauben des Gebläsedeckels und entfernen Sie diesen – befreien Sie den Kabel-Stopfen aus seinem Ausschnitt (siehe Abbildung). Beachten Sie die Scheiben unter den Schrauben und die Buchsen am Deckel.

4 Lösen Sie die drei Schrauben, die das Gebläserad am Lichtmaschinenrotor sichern, und entfernen Sie es (siehe Abbildung).

5 Der Einbau entspricht der umgekehrten Ausbaureihenfolge.

15.7d Führen Sie z. B. mit Fühlerlehrenblättern den zweiten Kompressionsring in seine Nut.

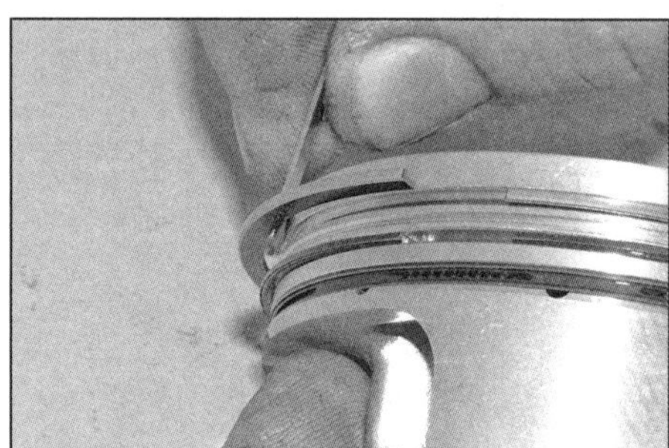

15.7e Installieren Sie den oberen Kompressionsring mit der glatten Seite nach unten in seine Nut.

17 Lichtmaschinenrotor und Stator

Anmerkung: *Diese Prozedur kann bei eingebautem Motor ausgeführt werden. Falls der Motor ausgebaut ist, müssen nicht zutreffende Schritte ignoriert werden.*

Kontrolle

1 Beachten Sie die Hinweise in Kapitel 10, Sektion 28.

Ausbau

2 Demontieren Sie das Gebläserad (siehe Sektion 16).

3 Zum Lösen der Rotormutter muss der Rotor blockiert werden. Piaggio bietet hierfür unter der Teilenummer 020656Y ein Spezialwerkzeug an, das in die Bohrungen des Rotors greift (siehe Abbildung). Ein ähnliches Werkzeug kann auch im Fachhandel erwor-

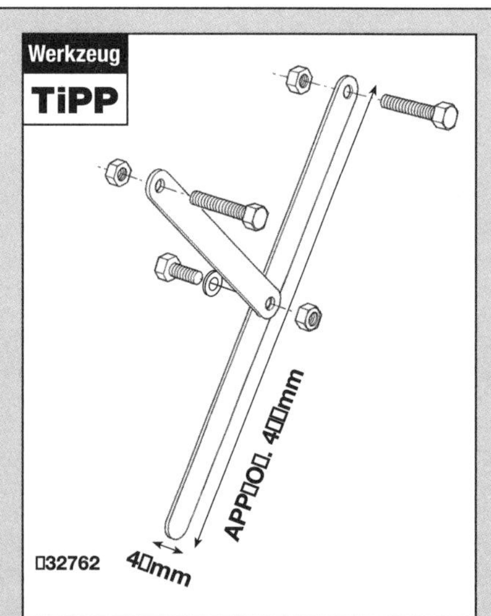

Ein Haltewerkzeug kann aus zwei stabilen Metallstreifen (ca. 40 und 20 cm lang, jeweils ca. 4 cm breit) und drei Schrauben samt Muttern angefertigt werden. Verschrauben Sie den kurzen Streifen in der Mitte des langen. Wählen Sie die Schrauben zum Halten des Rotors nicht zu lang aus, damit sie nicht die Statorspulen beschädigen.

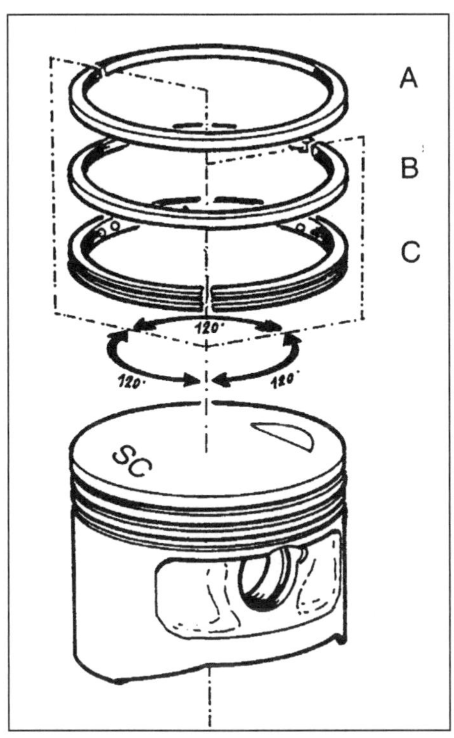

15.8 Richten Sie die Kolbenring-Öffnungen um 120° zueinander aus
A Oberer Kompressionsring
B Zweiter Kompressionsring
C Ölabstreifring

16.3 Entfernen Sie den Gebläsedeckel.

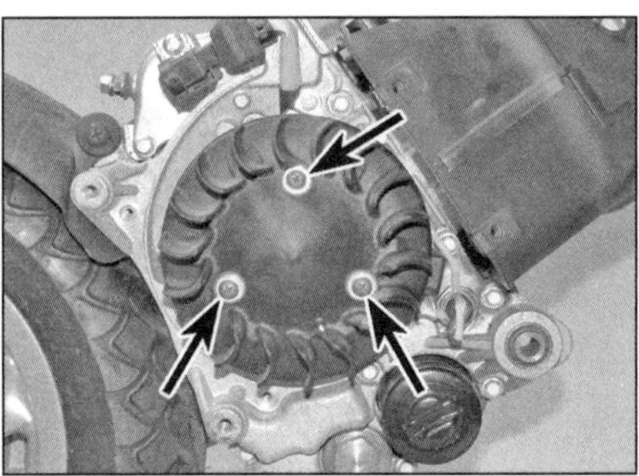

16.4 Gebläserad-Schrauben

17.3 Kontern Sie den Rotor und lösen Sie seine Mutter.

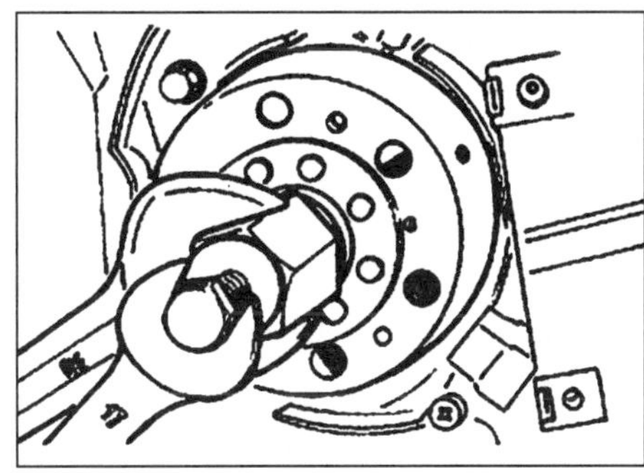

17.4 Drehen Sie den Abzieher vollständig in den Rotor und ziehen Sie den Bolzen an, um ihn zu lösen.

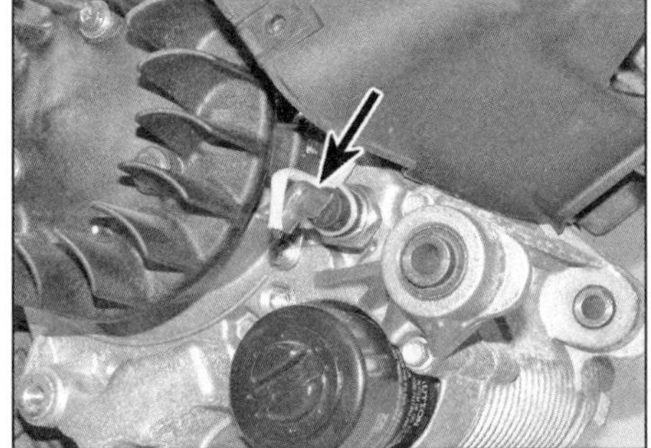

17.5 Stecker des Öldruckschalters

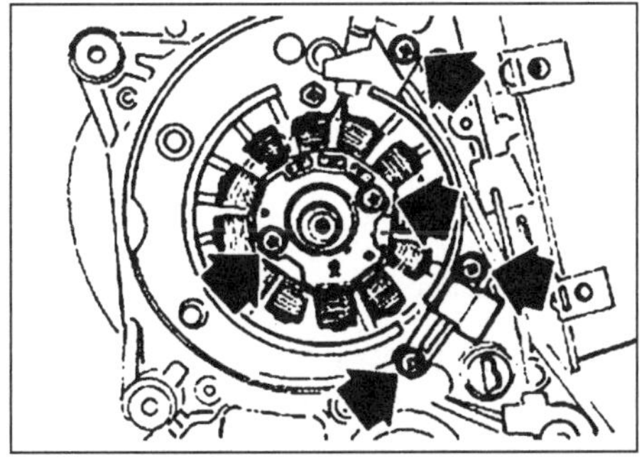

17.6 Schrauben der Kabelführung, der Zündgeberspule und des Lichtmaschinenstators

ben werden (z. B. als Kupplungs-Arretierung für Motorräder – achten Sie darauf, dass die Stifte in die Bohrungen des Rotors passen). Auch kann ein Bandschlüssel um den Rotor gelegt werden, doch muss darauf geachtet werden, die Zündauslöser-Stromspule nicht zu beschädigen – demontieren Sie diese besser vorher. Alternativ kann ein passendes Werkzeug selbst angefertigt werden (siehe *Werkzeug-Tipp*). Sobald der Rotor sicher gekontert ist, kann seine Mutter gelöst werden.

4 Zum Abziehen des Rotors von der Kurbelwelle wird ein geeigneter Abzieher benötigt, wie ihn Piaggio unter der Teilenummer 008564Y anbietet (siehe Abbildung), ein Zweiarmabzieher kann auch verwendet werden. Achten Sie beim Ansetzen des Abziehers darauf, dass sein äußeres Segment vollständig in den Rotor geschraubt wird. Halten Sie das Außenteil dann mit einem Maulschlüssel und ziehen Sie den zentralen Bolzen an, um den Rotor zu befreien. Ein Zweiarmabzieher muss durch die Löcher des Rotors geführt werden, um diesen sicher zu halten. Stellen Sie nach dem Entnehmen des Rotors ggf. den Keil aus der Kurbelwelle sicher.

5 Trennen Sie die Kabelstecker der Lichtmaschine, der Zündgeberspule und des Öldruckschalters (siehe Abbildung). Befreien Sie die Kabel aus allen Befestigungen.

6 Lösen Sie die Schrauben der Kabelführung, der Zündgeberspule und des Lichtmaschinenstators und befreien Sie die beiden Baugruppen (siehe Abbildung).

Einbau

7 Setzen Sie den Lichtmaschinenstator und die Zündgeberspule ans Motorgehäuse, achten Sie darauf, dass alle Kabel korrekt positioniert sind (Abbildung 7.6).

8 Verbinden Sie die Stecker des Öldruckschalters und der Lichtmaschine/Zündgeberspule. Alle Kabel müssen korrekt verlegt und gesichert sein.

9 Reinigen Sie den Konus der Kurbelwelle und sein Gegenstück im Rotor mit Lösungsmittel; im magnetischen Rotor dürfen sich keine Metallteile ansammeln. Falls entfernt, muss der Keil in die Nut der Kurbelwelle installiert werden. Setzen Sie den Rotor so auf, dass seine Nut zum Keil ausgerichtet ist.

10 Setzen Sie die Rotormutter an, blockieren Sie den Rotor wie beim Ausbau (Abbildung 17.3) und ziehen Sie die Mutter mit 52 bis 58 Nm an. Falls noch nicht geschehen, müssen jetzt die Zündgeberspulen-Schrauben installiert werden.

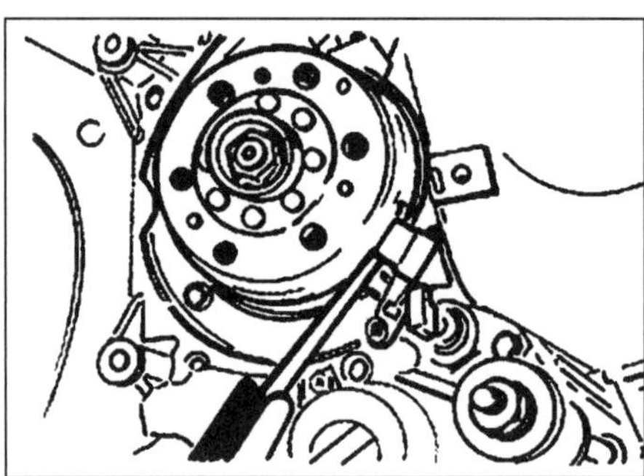

17.11 Messen Sie den Abstand zwischen dem Zünd-Auslöser und der Zündgeberspule.

18.2 Einbaulage der Anlasserzahnrad-Baugruppe

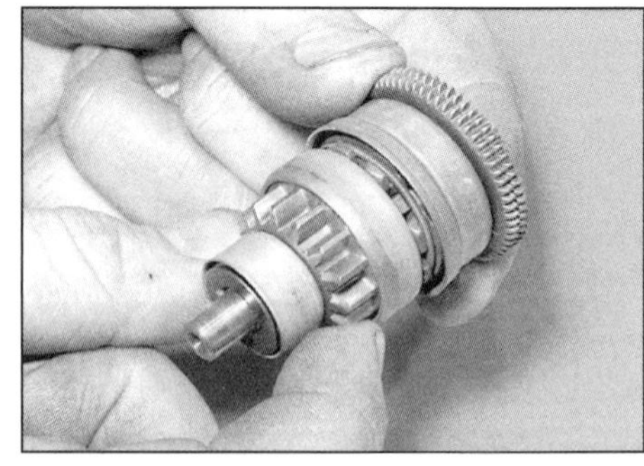

18.4 Kontrolle des äußeren Zahnrads

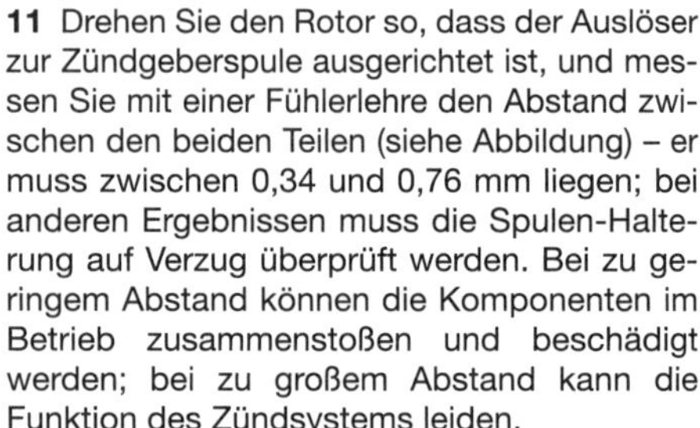

11 Drehen Sie den Rotor so, dass der Auslöser zur Zündgeberspule ausgerichtet ist, und messen Sie mit einer Fühlerlehre den Abstand zwischen den beiden Teilen (siehe Abbildung) – er muss zwischen 0,34 und 0,76 mm liegen; bei anderen Ergebnissen muss die Spulen-Halterung auf Verzug überprüft werden. Bei zu geringem Abstand können die Komponenten im Betrieb zusammenstoßen und beschädigt werden; bei zu großem Abstand kann die Funktion des Zündsystems leiden.

12 Montieren Sie das Gebläserad (siehe Sektion 16).

18 Anlasserzahnrad-Baugruppe

Anmerkung: *Diese Prozedur kann bei eingebautem Motor ausgeführt werden. Falls der Motor ausgebaut ist, müssen nicht zutreffende Schritte ignoriert werden.*

Ausbau

1 Entfernen Sie die Antriebsriemen-Abdeckung (siehe Kapitel 3).

2 Heben Sie die Anlasserzahnrad-Baugruppe heraus (siehe Abbildung) – beachten Sie ihre Einbaulage.

Kontrolle

3 Inspizieren Sie die Anlasserzahnrad-Baugruppe auf Verschleiß und Beschädigungen; achten Sie besonders auf an- oder abgebrochene Zähne. Überprüfen Sie die Gegenstücke an der Anlasserwelle und am Zahnkranz.

4 Drehen Sie das äußere Zahnrad und prüfen Sie, ob es sich sanft auf der Welle verschieben lässt sowie problemlos in seine Ausgangsposition zurückkehrt (siehe Abbildung).

5 Einzelteile der Anlasserzahnrad-Baugruppe sind nicht erhältlich, sodass sie bei Schäden komplett ausgetauscht werden muss.

Einbau

6 Der Einbau entspricht der umgekehrten Ausbaureihenfolge. Achten Sie darauf, dass das innere Zahnrad in die Verzahnung der Anlasserwelle greift.

19 Ölpumpe und Überdruckventil

Anmerkung: *Beachten Sie hierzu die Hinweise in Kapitel 2C, Sektion 18 – unter Verwendung der technischen Daten am Anfang dieses Kapitels.*

20 Motorgehäusehälften, Kurbelwelle und Pleuel

Anmerkung: *Zum Trennen der Motorgehäusehälften muss der Motor ausgebaut werden.*

Trennen

1 Um Zugang zur Kurbelwelle und ihren Lagern zu erhalten, muss das Motorgehäuse getrennt werden.

2 Bauen Sie zunächst den Motor aus (siehe Sektion 5). Vor dem Trennen müssen die folgenden Komponenten demontiert werden:

- *Steuerkette, Schienen und Ritzel (Sektion 9)*
- *Zylinderkopf (Sektion 11)*
- *Zylinder (Sektion 13)*
- *Kolben (Sektion 14)*
- *Lichtmaschinenrotor und Stator (Sektion 17)*
- *Variator (Kapitel 3, Sektion 3)*
- *Anlasser (Kapitel 10, Sektion 26)*
- *Ölpumpe (Sektion 19)*
- *Hauptständer (Kapitel 9, Sektion 2)*

3 Vor dem Trennen muss mit einer Messuhr das Axialspiel der Kurbelwelle ermittelt werden; werden mehr als 0,4 mm festgestellt, ist dies ein Hinweis auf Verschleiß, der nach dem Trennen des Motorgehäuses begutachtet werden muss.

4 Lockern Sie schrittweise und über Kreuz die 11 Motorgehäuseschrauben; wenn alle locker sind, können sie entfernt werden (siehe Abbildung). Legen Sie den Motor mit der linken Seite (Getriebe) auf die Werkbank und heben Sie vorsichtig die rechte Gehäusehälfte senkrecht ab, sodass nicht das rechte Kurbelwellenlager beschädigt wird (siehe Abbildung). Falls sich die Gehäusehälften nicht trennen, müssen sie rundherum mit einem weichen Hammer abgeklopft werden.

Anmerkung: *Keinesfalls darf versucht werden, die Gehäusehälften auseinander zu hebeln, da hierbei die Dichtflächen zerstört werden. Beachten Sie die Positionen der zwei Gehäuse-Passhülsen und stellen Sie sie nötigenfalls sicher.*

5 Heben Sie die Kurbelwelle senkrecht aus der linken Gehäusehälfte (siehe Abbildung) – beschädigen Sie dabei nicht das Lager.

6 Entfernen Sie die Gehäusedichtung – beim Einbau muss eine neue Dichtung verwendet werden (Abbildung 20.22b). Beachten Sie die Positionen der zwei Gehäuse-Passhülsen und stellen Sie sie nötigenfalls sicher (Abbildungen 20.22a). Entfernen Sie den Ölfilter-Einsatz – sein O-Ring muss später durch ein Neuteil ersetzt werden (Abbildungen 20.21a und b).

7 Lösen Sie nötigenfalls die Schrauben des Ölleitblechs und entfernen Sie dies (siehe Abbildung). Reinigen Sie das Motorgehäuse sorgfältig mit Lösungsmittel und blasen Sie es möglichst mit Druckluft aus. Reinigen Sie ebenfalls die Kurbelwelle.

Anmerkung: *Piaggio warnt davor, die Ölkanäle des Pleuels mit Druckluft auszublasen, da sich hierdurch Ablagerungen vor den Bohrungen des Pleuelfußlagers ansammeln und diese blockieren können. Beseitigen Sie sämtliche Dichtungsreste vom Gehäuse, aber beschädigen Sie dabei nicht die Dichtflächen.*

Achtung: Schäden an den Dichtflächen können zu Öl-Undichtigkeiten führen. Kontrollieren Sie das gesamte Gehäuse auf Risse und andere Schäden.

8 Beachten Sie die Position des Kurbelwellen-Dichtrings in der rechten Gehäusehälfte und treiben Sie ihn mit einem geeigneten

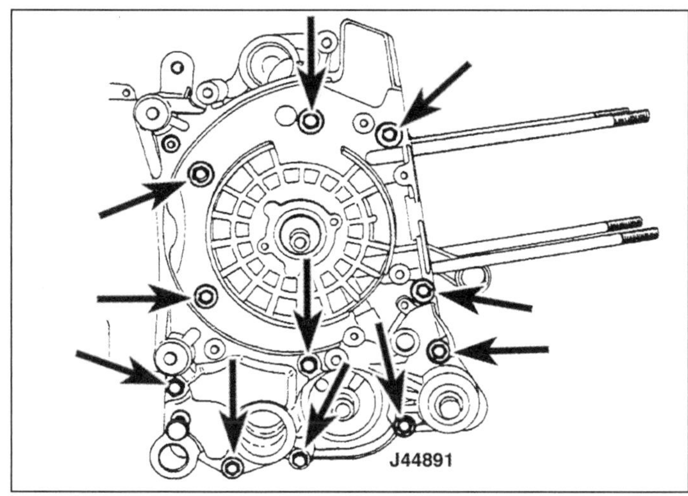

20.4a Lösen Sie die elf Gehäuseschrauben . . .

20.4b . . . und heben Sie die rechte Gehäusehälfte ab.

Werkzeug aus – beschädigen Sie dabei nicht das Hauptlager.

Kontrolle

Motorgehäuse

9 Inspizieren Sie die Gehäusehälften auf Beschädigungen. Kleine Risse oder Löcher können provisorisch mit Epoxidharz oder Flüssigmetall repariert werden. Aluminium kann auch geschweißt werden, doch sollte diese Arbeit Profis überlassen werden, die abwägen können, ob sich der Aufwand lohnt. Bedenken Sie, dass bei einem irreparablen Schaden immer beide Gehäusehälften als Satz ausgetauscht werden müssen.

10 Beschädigte Gewinde lassen sich mit Reparatursätzen wie Helicoil kostengünstig wiederherstellen. Solche Einsätze lassen sich relativ einfach installieren.

11 Abgerissene Stehbolzen oder Schrauben können mit speziellen Werkzeugen entfernt werden – holen Sie dazu bei einer Piaggio-Werkstatt oder einem Motoren-Fachbetrieb Rat ein.

12 Kontrollieren Sie die Lagerbuchsen des Motors (siehe Abbildung) – falls sie Alterungserscheinungen aufweisen, müssen beide als Set ausgetauscht werden. Bevor eine Buchse entfernt wird, muss ihre Einbauposition im Gehäuse notiert werden. Erwärmen Sie das Gehäuse mit einem Heißluftgebläse, stützen Sie es gut ab und treiben Sie die Buchse mithilfe eines Hammers und eines geeigneten Steckschlüssels heraus. Befreien Sie den Sitz der Buchse mithilfe von Stahlwolle von Korrosion, erwärmen Sie das Gehäuse erneut und treiben Sie die neue Buchse ein.

Anmerkung: *Stützen Sie das Gehäuse beim Aus- und Einbau stets so ab, dass das Gehäuse selbst nicht beschädigt werden kann.*

13 Blasen Sie die Ölkanäle der Ölpumpe, des Überdruckventils, der Hauptlager und der Kolben-Öldüse in der linken Gehäusehälfte mit Druckluft aus (Abbildung 20.14). Blasen Sie in der rechten Gehäusehälfte die Ölkanäle des Hauptlagers und der Zylinderkopf-Versorgung sowie den Dichtring-Ablaufkanal aus.

Hauptlager

14 Kontrollieren Sie den Zustand der beiden Hauptlager in den Gehäusehälften (siehe Abbildung). Jedes Lager besteht aus zwei Hälften – die Oberfläche der hinteren Hälfte ist glatt, während in die vordere Hälfte Ölnuten eingearbeitet sind. Die Lagerflächen aller Lager müssen glatt sein und dürfen keine Riefen oder Abriebstellen aufweisen. Der Zustand der Lagerschalen und der Gleitflächen auf den Kurbelwellenzapfen ist wichtig für ein korrekt funktionierendes Schmiersystem, da sonst hier der gesamte Öldruck abgebaut wird und die Schmierung des Pleuelfußlagers sowie des Zylinderkopfs nicht mehr gewährleistet werden kann, sodass auch hier rascher Verschleiß auftreten wird.

20.5 Heben Sie die Kurbelwelle senkrecht aus der linken Gehäusehälfte.

20.7 Schrauben des Ölleitblechs

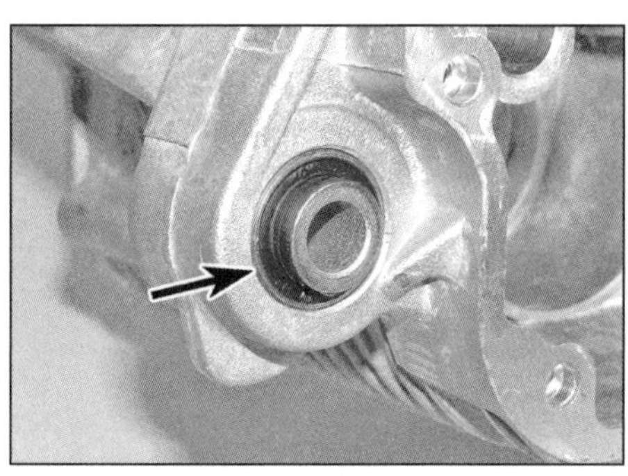

20.12 Kontrollieren Sie die Lagerbuchsen in beiden Motorgehäusehälften.

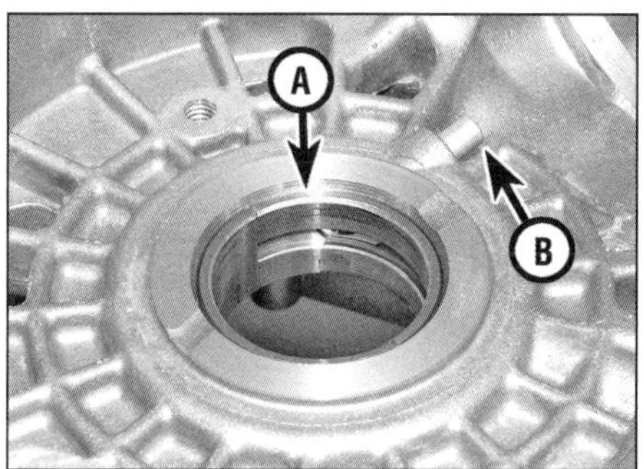

20.14 Kurbelwellen-Hauptlager (A) und Kolben-Öldüse (B) in der linken Gehäusehälfte

15 Ermitteln Sie mit speziellen Messgeräten den Innendurchmesser der Lager. Messen Sie in der Mitte des Lagers (nicht in der Ölnut!) und in drei Richtungen (siehe Abbildung). Alle drei Ergebnisse müssen innerhalb der Vorgaben für die entsprechende Farbe liegen (siehe Tabelle). Piaggio bietet keine separaten Lagerschalen an, sodass bei erhöhtem Verschleiß ein neues Motorgehäuse beschafft werden muss – erkundigen Sie sich im Zweifel zunächst beim Piaggio-Händler. Das neue Gehäuse muss zur Kategorie der vorhandenen Kurbelwelle passen (siehe Schritt 16) – nehmen Sie diese beim Kauf eines neuen Gehäuses zum Händler mit, falls Unklarheit über ihre Kategorie besteht.

Hauptlagerschalen-Innendurchmesser
28,999 bis 29,005 mm – grüne oder gelbe Lagerschalen
29,005 bis 29,011 mm – blaue oder gelbe Lagerschalen

Motorgehäuse-Lagersitz – Innendurchmesser (ohne Lagerschalen)	**Kategorie**
32,953 bis 32,959 mm	1
32,959 bis 32,965 mm	2

Kurbelwellenzapfen-Durchmesser	**Kategorie**
28,998 bis 29,004 mm	1
29,004 bis 29,010 mm	2

Hauptlager – Farbauswahl	
Kurbelwelle: Kategorie 1, Gehäuse: Kategorie 1	grün
Kurbelwelle: Kategorie 1, Gehäuse: Kategorie 2	gelb
Kurbelwelle: Kategorie 2, Gehäuse: Kategorie 1	gelb
Kurbelwelle: Kategorie 2, Gehäuse: Kategorie 2	blau

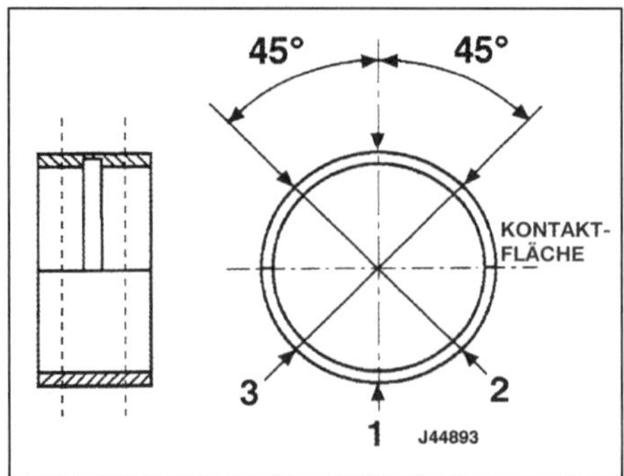

20.15 Vermessen Sie die Hauptlager wie beschrieben.

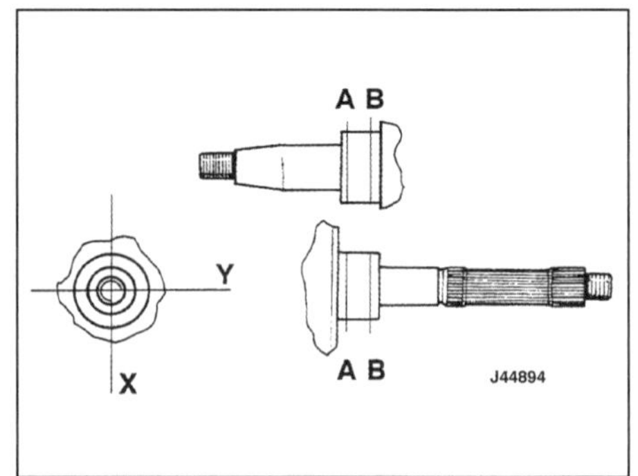

20.16 Vermessen Sie die Kurbelwellen-Lagerzapfen an den gezeigten Stellen und Richtungen.

Kurbelwelle

16 Inspizieren Sie die Lagerzapfen – ihre Oberfläche muss glatt sein und darf keine Riefen, Ausbrüche oder Abschleifungen aufweisen. Messen Sie mit einer Mikrometerschraube den Durchmesser der Zapfen an zwei Stellen und in zwei Richtungen (siehe Abbildung). Es gibt zwei Kategorien für die Lagerzapfen-Durchmesser (siehe oben). Vergleichen Sie die Messergebnisse mit den Vorgaben; falls ein Zapfen auch nur an einer Stelle darunter liegt, muss die Kurbelwelle ausgetauscht werden – beachten Sie, dass sie zum Motorgehäuse passen muss und nehmen Sie das Gehäuse im Zweifel mit zum Händler.

17 Messen Sie mit einer Fühlerlehre das Axialspiel des Pleuels auf dem Hubzapfen (siehe Abbildung) – hier dürfen maximal 0,5 mm festgestellt werden. Falls Radialspiel fühlbar ist (siehe Abbildung), muss es mithilfe einer Messuhr ermittelt werden – über 0,25 mm weisen auf übermäßigen Verschleiß hin. Ermitteln Sie in mehreren Positionen die Breite über die Schwungscheiben, um einen Verzug zu prüfen (siehe Abbildung) – es müssen rundherum ein gleichmäßiger Wert zwischen 55,67 und 55,85 mm festgestellt werden.

18 Legen Sie die Kurbelwelle auf Prismenböcke und ermitteln Sie an den Lagerzapfen und den Enden einen möglichen Verzug (siehe Abbildung). Überschreitet ein Wert die Vorgaben in den technischen Daten, ist die Kurbelwelle defekt und muss ersetzt werden – beachten Sie die Hinweise in Schritt 16.

Zusammenbau

19 Schmieren Sie den neuen Kurbelwellen-Dichtring mit frischem Motoröl und installieren Sie ihn in der beim Ausbau des alten Rings

20.17a Ermitteln Sie mit einer Fühlerlehre das Axialspiel.

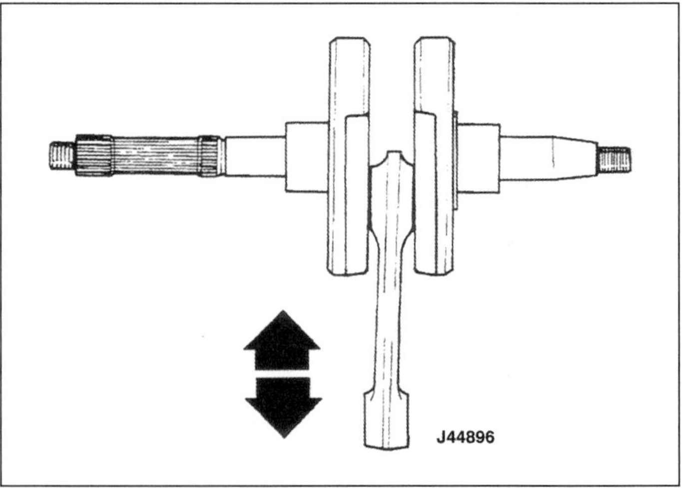

20.17b Prüfen Sie, ob das Pleuel fühlbares Radialspiel aufweist.

notierten Position – verwenden Sie zum Eintreiben einen Steckschlüssel, der nur seinen Außenrand berührt.

Anmerkung: *Drücken Sie den Dichtring nicht zu weit in das Gehäuse. Falls entfernt, muss das Ölleitblech montiert werden (Abbildung 20.7).*

20 Schmieren Sie die Hauptlager und die Lagerzapfen der Kurbelwelle mit frischem Motoröl. Schieben Sie die Kurbelwelle vollständig in die linke Gehäusehälfte und positionieren Sie das Pleuel in der Zylinderöffnung (Abbildung 20.5).

21 Rüsten Sie den Ölfilter-Einsatz mit einem neuen O-Ring aus und stecken Sie ihn in seinen Sitz in der linken Gehäusehälfte (siehe Abbildungen).

22 Die Dichtflächen beider Gehäusehälften müssen absolut sauber sein. Legen Sie die linke Gehäusehälfte mit dem Getriebe nach unten auf die Werkbank. Sorgen Sie dafür, dass die Passhülsen im Gehäuse stecken, und legen Sie die neue Dichtung darüber (siehe Abbildungen).

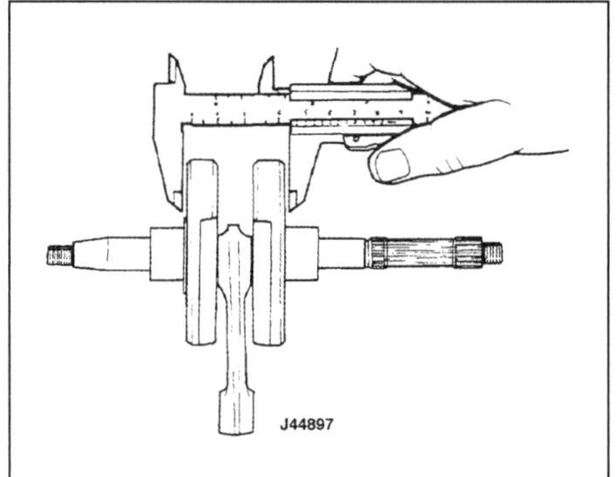

20.17c Messen Sie die Breite über die Schwungscheiben.

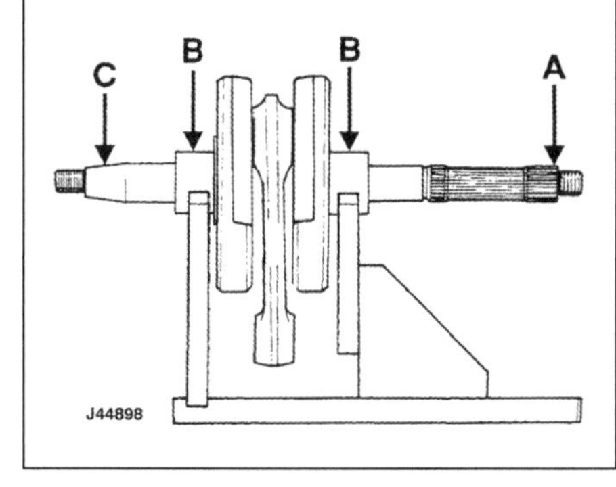

20.18 Ermitteln Sie an den gezeigten Stellen den Verzug der Kurbelwelle.

20.21a Rüsten Sie den Ölfilter-Einsatz mit einem neuen O-Ring aus . . .

20.21b . . . und stecken Sie ihn in seinen Sitz in der linken Gehäusehälfte.

20.22a Sorgen Sie dafür, dass die Passhülsen im Gehäuse stecken, . . .

20.22b . . . und legen Sie die neue Dichtung darüber.

2A

23 Führen Sie die rechte Gehäusehälfte über die Kurbelwelle und drücken Sie sie über die Passhülsen auf die untere Hälfte (Abbildung 20.4b). Klopfen Sie das Gehäuse nötigenfalls vorsichtig mit einem weichen Hammer zusammen, aber setzen Sie keine übermäßige Gewalt ein.

Anmerkung: *Falls sich die Gehäusehälften nicht korrekt verbinden lassen, muss die rechte Hälfte abgenommen und das Problem beseitigt werden.*

Achtung: Versuchen Sie keinesfalls, die Gehäusehälften mit den Schrauben zusammenzuziehen!

24 Reinigen Sie die Gewinde der Gehäuseschrauben und drehen Sie sie handfest ein (Abbildung 20.4a). Ziehen Sie sie dann schrittweise und über Kreuz bis zum Drehmoment von 11 bis 13 Nm an. Schneiden Sie mit einer scharfen Klinge den Dichtungsstreifen über der Zylinderöffnung ab. Halten Sie das Pleuel, damit es nicht gegen das Gehäuse schlägt, und drehen Sie die Kurbelwelle, um Freigängigkeit sicherzustellen.

25 Montieren Sie alle entfernten Komponenten in der umgekehrten Ausbaureihenfolge.

21 Einfahrhinweise

1 Stellen Sie sicher, dass der Motorölpegel korrekt ist (siehe *Tägliche Kontrollen*).
2 Sorgen Sie dafür, dass sich Kraftstoff im Tank befindet.
3 Schalten Sie die Zündung ein, starten Sie den Motor und lassen Sie ihn im Standgas Betriebstemperatur erreichen. Anfänglicher Auspuffqualm ist nicht alarmierend, da das bei der Montage des Kolbens und Zylinders verwendete Öl jetzt verbrannt wird.
4 Falls sich der Motor nicht starten lässt, muss die Zündkerze ausgebaut werden, um sie auf Verölung zu prüfen; reinigen Sie sie nötigenfalls und versuchen Sie erneut, den Motor zu starten. Weigert er sich weiterhin, muss mithilfe der Fehlersuche im Anhang die Ursache gefunden und beseitigt werden.
5 Kontrollieren Sie alles sorgfältig auf Öl-Undichtigkeiten und überprüfen Sie, ob der Antrieb und die Instrumente, besonders die Bremsen, ordentlich funktionieren, bevor Sie den Roller auf der Straße testen.
6 Behandeln Sie das Fahrzeug auf den ersten Kilometern vorsichtig, um sicherzugehen, dass überall im Motor Öl angekommen ist und sich alle neuen Teile zu setzen begonnen haben.
7 Große Sorgfalt ist geboten, wenn der Zylinder aufgebohrt wurde oder eine neue Kurbelwelle eingebaut wurde – in diesen Fällen muss das Fahrzeug so behandelt werden, als wäre es neu. Das bedeutet, auf den ersten 1000 km kein Vollgas zu geben und danach die Leistung nur schrittweise zu erhöhen und nur kurze Zeit Vollgas zu geben. Wer bereits Erfahrungen mit dem Motor hat, wird merken, wann er frei läuft.
8 Falls sich ein Schmierproblem andeutet, muss der Motor unverzüglich abgeschaltet und die Ursache gefunden werden. Wird ein Motor auch nur kurze Zeit ohne zirkulierendes Öl betrieben, können größte Schäden entstehen.
9 Führen Sie eine Probefahrt durch und lassen Sie den Motor komplett abkühlen. Kontrollieren Sie das Ventilspiel (siehe Kapitel 1, Sektion 20) und den Ölpegel (siehe *Tägliche Kontrollen*).

Kapitel 2B

Luftgekühlte Dreiventil-Motoren (LX, LXV, S, Primavera und Sprint)

Beachten Sie zur Identifikation die technischen Daten der Modelle in Kapitel 1.

Inhalt (in alphabetischer Reihenfolge, die Zahlen geben die Nummerierung in den grauen Feldern wieder)

Schwierigkeitsgrade

Leicht. Für Anfänger mit wenig Erfahrung geeignet. 

Relativ leicht. Für Anfänger mit etwas Erfahrung geeignet. 

Relativ schwierig. Geeignet für geübte Selbstschrauber. 

Schwer. Geeignet für Selbstschrauber mit viel Erfahrung. 

Sehr schwer. Geeignet für Experten und Profis.

2B

Technische Daten

Allgemein

Typ	Viertakt-Dreiventil-Einzylindermotor, gebläsegekühlt
Hubraum	
125 cm³-Motor	124 cm³
150 cm³-Motor	154,8 cm³
Bohrung	
125 cm³-Motor	52,0 mm
150 cm³-Motor	58,0 mm
Hub	58,6 mm
Verdichtungsverhältnis	
LX, LXV und S	10,1 : 1 bis 11,1 : 1
Primavera und Sprint	10,0 : 1 bis 11,0 : 1
Zylinderkompression	10 bis 14 bar bei 600/min

Nockenwelle

Lagerzapfen-Durchmesser links	25,002 bis 25,015 mm
Lagerzapfen-Durchmesser rechts	12,002 bis 12,013 mm

Zylinderkopf

Dichtflächenverzug (max.)	0,03 mm
Nockenwellenlagersitz-Durchmesser	
links	42,009 bis 42,034 mm
rechts	28,007 bis 28,028 mm
Kipphebelachsensitz-Durchmesser	10,000 bis 10,015 mm
Kipphebelachsen-Durchmesser	keine Angaben
Kipphebel-Innendurchmesser	10,015 bis 10,035 mm

Ventile, Führungen und Federn

	Einlassventil	Auslassventil
Ventilspiel	siehe Kapitel 1	
Schaft-Durchmesser	4,015 bis 4,030 mm	4,960 bis 4,975 mm
Führungs-Innendurchmesser	4,2 bis 4,4 mm	keine Angaben
Schaft-Spiel in Führung	0,10 mm	0,15 mm
Ventilsitz-Breite (max.)	1,0 bis 1,3 mm	1,0 bis 1,3 mm
Ventilfeder – freie Länge	5,8 mm	35,8 mm

Zylinder und Kolben – alle 125 cm^3-Motoren

Standard-Bohrungsdurchmesser (27,7 mm unterhalb des oberen Zylinderrands und rechtwinklig zum Kolbenbolzen gemessen)

Größen-Code A	51,980 bis 51,987 mm
Größen-Code B	51,987 bis 51,994 mm
Größen-Code C	51,994 bis 52,001 mm
Größen-Code D	52,001 bis 52,008 mm

Standard-Kolbendurchmesser (27,0 mm unterhalb des oberen Kolbenrands und rechtwinklig zum Kolbenbolzen gemessen)

Größen-Code A	51,947 bis 51,954 mm
Größen-Code B	51,954 bis 51,961 mm
Größen-Code C	51,961 bis 51,968 mm
Größen-Code D	51,968 bis 51,975 mm
Kolben-Spiel in Zylinder (neu – alle Größen)	0,026 bis 0,040 mm
Kolbenbolzen-Durchmesser	14,000 bis 14,004 mm
Kolbenbolzen-Bohrung in Kolben	14,001 bis 14,006 mm

Zylinder und Kolben – 2012er LX 150-Motoren ab Motornummer M66AM5004083

Standard-Bohrungsdurchmesser (27,7 mm unterhalb des oberen Zylinderrands und rechtwinklig zum Kolbenbolzen gemessen)

Größen-Code A2	57,980 bis 57,987 mm
Größen-Code B2	57,987 bis 57,994 mm
Größen-Code C2	57,994 bis 58,001 mm
Größen-Code D2	58,001 bis 58,008 mm

Standard-Kolbendurchmesser (27,0 mm unterhalb des oberen Kolbenrands und rechtwinklig zum Kolbenbolzen gemessen)

Größen-Code A2	57,947 bis 57,954 mm
Größen-Code B2	57,954 bis 57,961 mm
Größen-Code C2	57,961 bis 57,968 mm
Größen-Code D2	57,968 bis 57,975 mm
Kolben-Spiel in Zylinder (neu – alle Größen)	0,026 bis 0,040 mm
Kolbenbolzen-Durchmesser	14,000 bis 14,004 mm
Kolbenbolzen-Bohrung in Kolben	14,001 bis 14,006 mm

Zylinder und Kolben – 2013er LX 150-, Primavera- und Sprint-Motoren

Standard-Bohrungsdurchmesser (27,7 mm unterhalb des oberen Zylinderrands und rechtwinklig zum Kolbenbolzen gemessen)

Größen-Code A	57,980 bis 57,987 mm
Größen-Code B	57,987 bis 57,994 mm
Größen-Code C	57,994 bis 58,001 mm
Größen-Code D	58,001 bis 58,008 mm

Standard-Kolbendurchmesser (27,0 mm unterhalb des oberen Kolbenrands und rechtwinklig zum Kolbenbolzen gemessen)

Größen-Code A	57,933 bis 57,940 mm
Größen-Code B	57,940 bis 57,947 mm
Größen-Code C	57,947 bis 57,954 mm
Größen-Code D	57,954 bis 57,961 mm
Kolben-Spiel in Zylinder (neu – alle Größen)	0,040 bis 0,054 mm
Kolbenbolzen-Durchmesser	14,000 bis 14,004 mm
Kolbenbolzen-Bohrung in Kolben	14,001 bis 14,006 mm

Zylinder-Stehbolzen – Primavera- und Sprint-Motoren

Höhe über Motorgehäuse (eingeschraubt)	170,0 bis 170,5 mm

Kolbenringe

Stoßspiel (eingebaut)	
Oberer Kompressionsring	0,20 bis 0,35 mm
Zweiter Kompressionsring	0,20 bis 0,45 mm
Ölabstreifring	0,25 bis 0,55 mm

Schmiersystem

Motoröldruck (bei 90 °C)	
bei Standgas	0,5 bis 1,2 bar
bei 5000/min	3,2 bis 4,2 bar
Ölpumpe – Einbauspiel-Verschleißgrenzen (max.)	
Innenrotor-Spitze zu Außenrotor	0,12 mm
Außenrotor zu Gehäuse	0,20 mm
Rotor-Axialspiel	0,09 mm
Überdruckventilkolben-Durchmesser	12,843 bis 12,861 mm
Überdruckventilfeder – freie Länge	52,4 mm

Pleuel

Oberes Pleuelauge – Innendurchmesser	
Standard	14,015 bis 14,025 mm
Verschleißgrenze (max.)	14,03 mm
Pleuelfuß-Axialspiel (Standard)	0,2 bis 0,5 mm
Pleuelfuß-Radialspiel	
Standard	0,036 bis 0,054 mm
Verschleißgrenze (max.)	0,25 mm

Kurbelwelle

Schwungscheiben und Hubzapfen – Gesamtbreite	51,40 bis 51,45 mm
Lagerzapfen-Durchmesser (Kategorie 1)	26,998 bis 27,004 mm
Lagerzapfen-Durchmesser (Kategorie 2)	27,004 bis 27,010 mm

Motorgehäuse

Hauptlager-Halbringe	
Typ B (Kategorie 2)	Farbe: blau (1,971 bis 1,976 mm
Typ C (Kategorie 1 und 2)	Farbe: gelb (1,974 bis 1,979 mm
Typ E (Kategorie 1)	Farbe: blau (1,977 bis 1,982 mm
Hauptlagerbuchsen-Gehäuse	
Kategorie 1	30,959 bis 30,965 mm
Kategorie 2	30,953 bis 30,959 mm

2B

Anzugsdrehmomente

	Nm
Einlassstutzen-Schrauben	11 bis 13
Lichtmaschinendeckel-Schrauben	11 bis 13
Lichtmaschinenrotor-Mutter	100 bis 110
Lichtmaschinenstator-Schrauben	5 bis 6
Motordeckelschrauben	11 bis 13
Motorgehäuseschrauben	11 bis 13
Motorhaltebolzen/Mutter vorn	40 bis 45
Nockenwellenritzel-Schrauben	4 bis 6
Öldruckschalter	12 bis 14
Ölpumpen-Befestigungsschrauben	5 bis 6
Ölpumpendeckel-Schrauben	0,7 bis 0,9
Ölpumpenritzel-Schraube	12 bis 14
Ölwannendeckelschrauben	11 bis 13
Steuerkettenspanner-Schrauben	11 bis 13
Steuerkettenspannerschienen-Schraube	10 bis 14
Steuerkettenspannerfeder-Verschlussschraube	5 bis 6
Stoßdämpfer-Bolzen an Motorgehäuse	40 bis 45
Ventildeckelschrauben	11 bis 13
Zündgeberspulen-Schrauben	3 bis 4
Zylinderkopfmuttern	
Stufe 1	9 bis 11
Stufe 2	270° weiter (in 3 Durchgängen)
Zylinderkopfschrauben	11 bis 13

Allgemeine Informationen

1 Der Viertakt-Einzylindermotor wird mithilfe eines Gebläses gekühlt; das dafür benötigte Gebläserad sitzt hinter einer Abdeckung rechts auf der Kurbelwelle. Die Kurbelwelle ist verpresst und das Pleuel ist mit einer Bronzebuchse auf dem Hubzapfen gelagert. Die Kurbelwelle selbst dreht sich in Gleitlagern. Das Motorgehäuse ist vertikal geteilt.

2 Das Ritzel links auf der Kurbelwelle treibt über die Steuerkette die obenliegende Nockenwelle an, die über Kipphebel die drei Ventile öffnet.

2 Motorkomponenten
Zugang

1 Der Zugang zur Lichtmaschine (rechts) und zum Getriebe (links) ist bei eingebautem Motor leicht möglich.

2 Der Zugang zum Zylinderkopf ist jedoch sehr begrenzt, sodass bei eingebauten Motor lediglich die Demontage des Ventildeckels möglich ist; für alle anderen Arbeiten muss der Motor ausgebaut werden.

3 Der Zugang zur Kurbelwelle samt Pleuel ist erst nach dem Ausbau des Motors und dem Trennen der Motorgehäusehälften möglich.

3 Motorverschleiß
Einschätzung

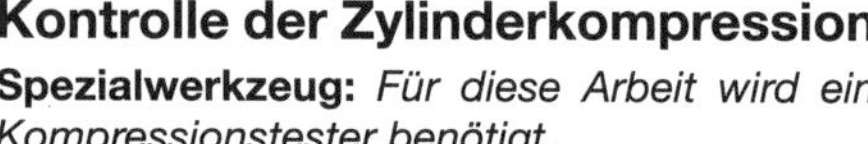

Kontrolle der Zylinderkompression

Spezialwerkzeug: *Für diese Arbeit wird ein Kompressionstester benötigt.*

1 Schwache Motorleistung kann unter anderem durch undichte Ventile, eine beschädigte Zylinderkopfdichtung oder verschlissenen Kolben, Kolbenringe oder Zylinderwandung hervorgerufen werden. Ein Kompressionstest kann solche Probleme aufdecken; zusätzlich kann er starke Ölkohle-Ablagerungen im Brennraum aufdecken.

2 Beschaffen Sie einen geeigneten Kompressionsprüfer – es gibt sie mit Gummidichtung oder mit Gewinde-Adapter für unterschiedliche Kerzengewinde; letztere sind vorzuziehen, da sie besser abdichten. Je nach Messergebnis wird ggf. auch eine Öl-Spritzflasche benötigt.

3 Vor dem Test muss sichergestellt sein, dass das Ventilspiel in Ordnung ist (siehe Kapitel 1). Die Zylinderkopf-Muttern und Schrauben müssen korrekt angezogen sein (siehe Sektion 11).

4 Führen Sie eine kleine Fahrt durch, um den Motor auf Betriebstemperatur zu bringen, schalten Sie dann die Zündung aus. Demontieren Sie die Zündkerze, stecken Sie sie wieder in den Stecker und halten Sie ihr Gewinde abseits der Gewindebohrung am Motor gegen Masse.

Achtung: Bei einer nicht gegen Masse gehaltenen Zündkerze kann das Zündsystem beschädigt werden!

5 Schrauben oder pressen Sie den Kompressionsprüfer in das Zündkerzengewinde des Zylinderkopfs (siehe Abbildungen).

6 Schalten Sie die Zündung ein, öffnen Sie den Gasgriff vollständig und drehen Sie den Motor mit dem Anlasser durch, bis sich die Kompressionstester-Nadel stabilisiert hat – dies sollte nach wenigen Motorumdrehungen der Fall sein.

7 Piaggio macht keine Angaben zur Kompression, doch sollte das Ergebnis zwischen 10 und 14 bar liegen, wie es bei Motoren dieser Bauart normal ist. Erkundigen Sie sich im Zweifelsfall bei einer Piaggio-Werkstatt.

8 Eine zu niedrige Kompression kann auf Verschleiß an den Kolbenringen und/oder der Zylinderwandung, eine schadhafte Zylinderkopfdichtung oder undichte Ventile/Ventilsitze hinweisen. Um die Ursache einzugrenzen, kann etwas Motoröl durch die Zündkerzenbohrung eingefüllt werden, das die Kolbenringe gegen den Zylinder abdichtet. Falls die Kompression nach einer weiteren Prüfung ansteigt, werden der Kolben, der Zylinder und/oder die Kolbenringe verschlissen sein (siehe Sektion 13 bis 15); ändert sich das Ergebnis nicht, wird die Zylinderkopfdichtung defekt oder die Ventile/Ventilsitze sind undicht (Sektionen 11 und 12).

9 Für zu hohe Kompression können Ölkohle-Ablagerungen verantwortlich sein – demontieren Sie den Zylinderkopf (siehe Sektion 11) und reinigen Sie den Brennraum und den Kolbenboden.

Anmerkung: *Prüfen Sie bei der Arbeit am Motor auch, ob vielleicht eine zu dicke Zylinderfußdichtung für eine zu geringe Kompression oder eine zu dünne Dichtung für eine zu hohe Kompression verantwortlich ist (siehe Sektion 13).*

Öldruck-Kontrolle

Spezialwerkzeug: *Für diese Arbeit werden ein Öldruckprüfer mit einem entsprechenden Gewindeadapter benötigt. Piaggio bietet unter den Teilenummern 020193Y und 020434Y entsprechende Teile sowie unter der Teilenummer 020332Y einen Drehzahlmesser an.*

10 Der Motor ist mit einem Öldruckschalter ausgerüstet, der eine Warnleuchte im Cockpit aktiviert. Die Funktion des Stromkreises ist in Kapitel 10 beschrieben.

11 Bei jedem Zweifel über die Leistungsfähigkeit des Schmiersystems sollte eine Öldruckprüfung durchgeführt werden, um nützliche Informationen über den Zustand der Motor-Innereien zu erhalten. Lassen Sie nötigenfalls den Öldruck von einer Fachwerkstatt überprüfen.

12 Kontrollieren Sie zunächst den Ölpegel (siehe *Wöchentliche Kontrollen*). Bringen Sie den Motor auf Betriebstemperatur und schalten Sie ihn wieder ab. Stützen Sie das Fahrzeug so ab, dass das Hinterrad nicht den Boden berührt.

13 Demontieren Sie die Gebläserad-Abdeckung (siehe Sektion 16) und trennen Sie den Stecker des Öldruckschalters (siehe Abbildung). Schrauben Sie den Schalter mit einem langen Steckschlüssel heraus, drehen Sie unverzüglich den Gewindeadapter hinein und schließen Sie den Öldruckprüfer an. Die Dichtscheibe des Schalters muss später durch ein Neuteil ersetzt werden.

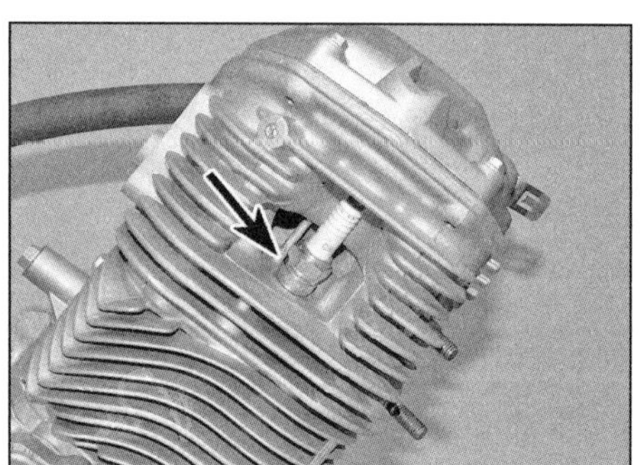

3.5a Das Zündkerzengewinde . . .

3.5b . . . ist durch eine Loch im Ventildeckel zugänglich.

3.13 Stecker des Öldruckschalters

Warnung: Seien Sie bei Arbeiten an heißen Motorteilen vorsichtig! Die Auspuffanlage und der Motor können schwere Verbrennungen hervorrufen. Verwenden Sie eine Abgas-Absauganlage oder lassen Sie den Motor nur in einem sehr gut belüfteten Raum oder im Freien laufen.

14 Starten Sie den Motor – der Öldruck muss zwischen 0,5 und 1,2 bar liegen. Erhöhen Sie die Drehzahl auf 5000/min – der Öldruck muss auf 3,2 und 4,2 bar ansteigen.
15 Falls der Öldruck auf einen deutlich niedrigeren Wert ansteigt, ist entweder das Ansaugsieb oder der Ölfilter verstopft, klemmt das offen stehende Überdruckventil, ist die Ölpumpe defekt, hat sich die Öldüse zur Kühlung des Kolbenbodens gelöst oder es liegt ein beträchtlicher Verschleiß in den Kurbelwellenlagern vor. Beginnen Sie die Diagnose mit der Kontrolle des Ölfilters und des Ölsiebs (siehe Kapitel 1) und kontrollieren Sie dann das Überdruckventil und die Ölpumpe (siehe Sektion 19). Wurde bis hierhin kein Defekt gefunden, muss das Motorgehäuse getrennt werden, um die Öldüse und die Lager kontrollieren zu können (siehe Sektion 20).
16 Falls der Öldruck auf einen deutlich höheren Wert ansteigt, kann das geschlossene Überdruckventil klemmen oder der Motor wurde mit einem Öl der falschen Viskosität befüllt.
17 Schalten Sie den Motor ab und entfernen Sie den Öldruckprüfer und den Gewindeadapter.
18 Rüsten Sie den Öldruckschalter mit einer neuen Dichtscheibe aus und ziehen Sie ihn mithilfe eines langen Steckschlüssels mit 12 bis 14 Nm an. Verbinden Sie seinen Kabelstecker und montieren Sie die Gebläserad-Abdeckung (siehe Sektion 16). Kontrollieren Sie den Ölpegel (siehe Wöchentliche Kontrollen).

Achtung: Beseitigen Sie unbedingt vor dem nächsten Motorstart das Problem, um größere Motorschäden zu vermeiden.

4 Größere Motorreparaturen
Anmerkungen

1 Es ist nicht immer einfach festzustellen, wann oder ob ein Motor vollständig überholt werden muss. Eine Vielzahl an Faktoren muss hierbei berücksichtigt werden.
2 Eine hohe Laufleistung ist nicht zwingend ein Hinweis auf eine erforderliche Überholung – genauso wie eine geringe Laufleistung eine Motorüberholung nicht ausschließt. Eine regelmäßige Wartung ist hierbei der wichtigste Punkt. Ein Motor, bei dem regelmäßig das Motoröl und der Filter gewechselt und auch andere Wartungspunkte durchgeführt wurden, wird wahrscheinlich mehrere tausend Kilometer problemlos durchhalten. Umgekehrt wird ein vernachlässigter Motor wesentlich früher eine Überholung benötigen.
3 Starker Rauch und übermäßiger Ölverbrauch weisen darauf hin, dass Kolbenringe, Ventilschaftdichtungen und/oder Ventilführungen nach Aufmerksamkeit verlangen. Mithilfe eines in Sektion 3 durchgeführten Kompressionstests kann herausgefunden werden, welche Gründe für den Ölverlust verantwortlich sind.
4 Starke Klopfgeräusche oder Rumpeln weisen auf Verschleiß am Pleuelfußlager oder den Hauptlagern der Kurbelwelle hin.
5 Leistungsmangel, rauer Motorlauf, klopfende oder metallisch klingende Motorgeräusche, ein klappernder Ventiltrieb und hoher Kraftstoffverbrauch können ebenfalls auf eine Überholung hinweisen – besonders, wenn alles gleichzeitig auftritt. Falls eine große Inspektion die Probleme nicht behebt, können nur größere Überholmaßnahmen die Lösung sein.
6 Eine Motorüberholung beinhaltet die Wiederherstellung aller internen Motorkomponenten auf die Vorgaben für einen neuen Motor. Während einer Überholung werden der Kolben und dessen Ringe erneuert und die Zylinderbohrung überholt. Die Ventile werden eingeschliffen und mit neuen Federn ausgerüstet. Falls das Pleuellager verschlissen ist, muss eine neue Kurbelwelle montiert werden. Das Endergebnis soll ein absolut neuwertiger Motor sein, der viele pannenfreie Kilometer garantiert.
7 Vor einer Motorüberholung muss die gesamte Prozedur durchgelesen werden, um sich mit dem Umfang und den Anforderungen vertraut zu machen. Das Überholen eines Motors ist nicht schwierig, wenn man sorgfältig den Anweisungen folgt, die benötigten Werkzeuge und Ausrüstungsgegenstände zur Hand hat und sich genau an alle Vorgaben hält. Sie kann jedoch zeitaufwendig sein, sodass mindestens zwei Wochen dafür eingeplant werden sollten. Prüfen Sie die Verfügbarkeit von Teilen und beschaffen Sie sämtliche Spezialwerkzeuge und andere Hilfsmittel im Voraus.
8 Die meisten Arbeiten können mit typischen Hand-Werkzeugen verrichtet werden, doch viele Teile müssen präzise vermessen werden, um ihre Wiederverwendbarkeit bestimmen zu können. Ein Großteil der Arbeit besteht in der Kontrolle von Teilen und der Entscheidung, ob Teile aufgearbeitet oder ersetzt werden müssen.
9 Mit hoher Wahrscheinlichkeit müssen Dienstleistungen von Motoreninstandsetzungsbetrieben in Anspruch genommen werden. Hier können nicht nur Kurbelwellen geschliffen und Zylinder gehont werden, sondern es werden auch Bauteile überprüft und Ratschläge zu Reparaturen oder dem Austausch von Komponenten wie Kolben, Ringen und Lagerschalen gegeben. Achten Sie bei der Auswahl der Werkstatt darauf, dass der Betrieb der Kfz-Innung ist und Zertifikate aufweisen kann.
10 Schließlich muss für ein möglichst langes Leben eines aufgearbeiteten Motors sichergestellt sein, dass alles mit größter Sorgfalt in einer lupenreinen Umgebung wieder zusammengebaut wird.

5 Motor/Getriebe-Einheit
Ausbau und Einbau

Achtung: Die Antriebseinheit ist nicht besonders schwer, sollte aber dennoch mithilfe eines Assistenten aus- und eingebaut werden. Ein herunterfallender Motor kann schwere Verletzungen hervorrufen und selbst große Schäden davontragen.

Ausbau

1 Öffnen Sie die Sitzbank und entnehmen Sie das Staufach. Demontieren Sie bei LX-, LXV- und S-Modellen die Seitenverkleidungen und die Bodenverkleidung (siehe Kapitel 9).
2 Waschen Sie sämtlichen Schmutz vom Motor ab.
3 Falls die Ölwanne demontiert oder das Motorgehäuse getrennt werden soll, empfiehlt es sich, jetzt das Motoröl abzulassen (siehe Kapitel 1).
4 Trennen Sie das Massekabel (–) der Batterie (siehe Kapitel 10).
5 Stützen Sie das Fahrzeug aufrecht stehend ab. Da der Hauptständer am Motor befestigt ist, muss die Karosserie nach dem Ausbau des Motors gut geschützt abgestützt werden (siehe Abbildung). Die Karosserie muss zudem angehoben werden, um den Motor nach hinten heraus herausziehen zu können – hierzu wird mindestens ein Assistent benötigt – oder ein geeignetes Gestell mit Bändern oder Seilen. Die Arbeit kann durch den Einsatz einer Arbeitsbühne erleichtert werden – auch hier muss darauf geachtet werden, dass das Fahrzeug gut gesichert ist.
6 Entfernen Sie das Luftfilterelement und demontieren Sie den Antriebsriemen-Deckel (siehe Kapitel 1).

2B

5.5 Stützen Sie die Karosserie unterhalb der Schwingen-Querstrebe ab.

5.7 Massekabel-Anschluss am Motor

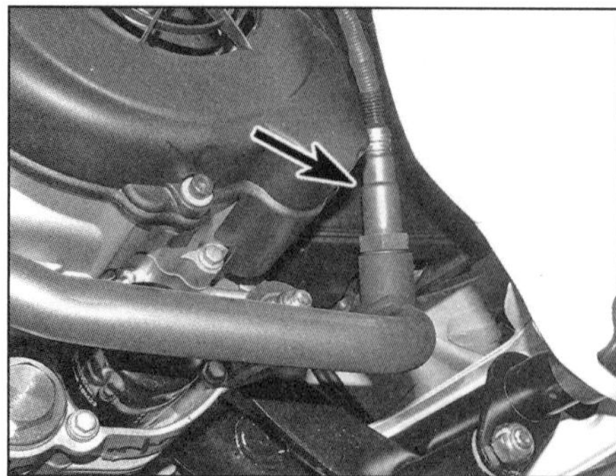

5.9a Position der Lambdasonde

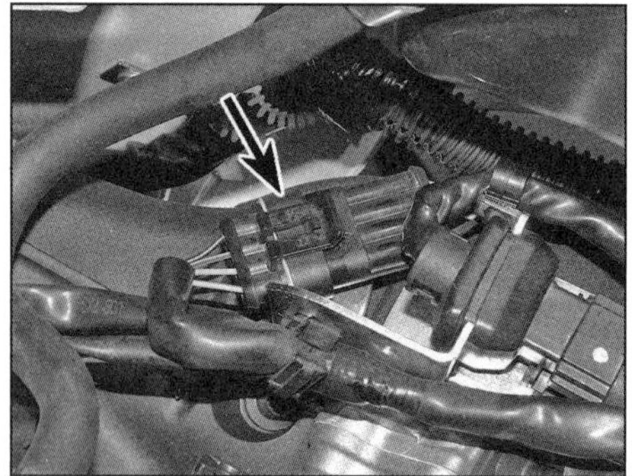

5.9b Lambdasonden-Stecker – gezeigt am Primavera 125

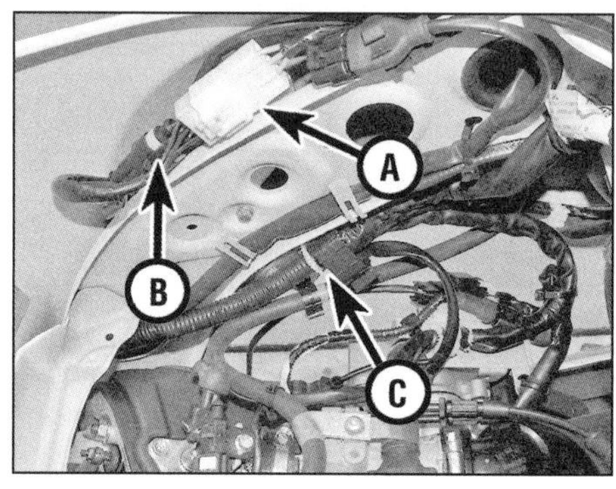

5.10 Stecker der Lichtmaschinen- (A) und Zündgeberspulen-Kabel (B), Kabelbaum-Befestigung (C)

7 Lösen Sie die Schraube des Massekabel-Anschlusses am Motor und befreien Sie das Kabel (siehe Abbildung).

8 Demontieren Sie den Gebläsedeckel (siehe Sektion 16).

9 Verfolgen Sie das von der Lambdasonde im Auspuffkrümmer kommende Kabel und trennen Sie es am Stecker (siehe Abbildungen). Befreien Sie das Kabel aus allen Befestigungen. Demontieren Sie die Auspuffanlage (siehe Kapitel 5).

10 Verfolgen Sie die rechts aus dem Motor kommenden Lichtmaschinen- und Zündgeberspulen-Kabel und trennen Sie innerhalb der Karosserie ihre Stecker (siehe Abbildung). Befreien Sie die Kabel aus allen Befestigungen und führen Sie sie zum Lichtmaschinendeckel zurück – beachten Sie ihre Verlegung.

11 Lösen Sie die Schraube, mit der die Kraftstoffschlauch-Führung am Drosselklappengehäuse gesichert ist (siehe Abbildungen). Beachten Sie die Hinweise in Kapitel 5, legen Sie Lappen um den Kraftstoffschlauch-Anschluss und trennen Sie diesen von der Einspritzdüse. Trennen Sie den Einspritzdüsen-Stecker.

12 Trennen Sie den Stecker des Motortemperatursensors (siehe Abbildung).

13 Wo das Motorsteuergerät in das Drosselklappengehäuse integriert ist, muss die Gummikappe abgezogen und der Steuergerät-Mehrfachstecker getrennt werden (siehe Abbildung).

14 Trennen Sie bei Modellen mit separatem Motorsteuergerät den Stecker des Standgasregelungsventils (siehe Abbildung). Lockern Sie am Ventil die Schelle des Luftschlauchs und ziehen Sie diesen ab; befreien Sie das Ventil dann von seiner Halterung. Trennen Sie den Stecker des Drosselklappensensors (siehe Abbildung).

15 Verfolgen Sie das Kabel der direkt neben dem Drosselklappengehäuse sitzenden Zündspule und trennen Sie es am Stecker (siehe Abbildungen).

16 Lösen Sie am Anlasser die Mutter des Stromkabels und die Schraube des Massekabels (siehe Abbildung) und positionieren Sie die Kabel abseits des Motors.

17 Lockern Sie die Schellen des zwischen dem Luftfiltergehäuse und dem Drosselklappengehäuse sitzenden Ansaugstutzens (siehe Abbildung). Befreien Sie den Stutzen vom Drosselklappengehäuse und ziehen Sie ihn aus dem Luftfiltergehäuse (siehe Abbildung).

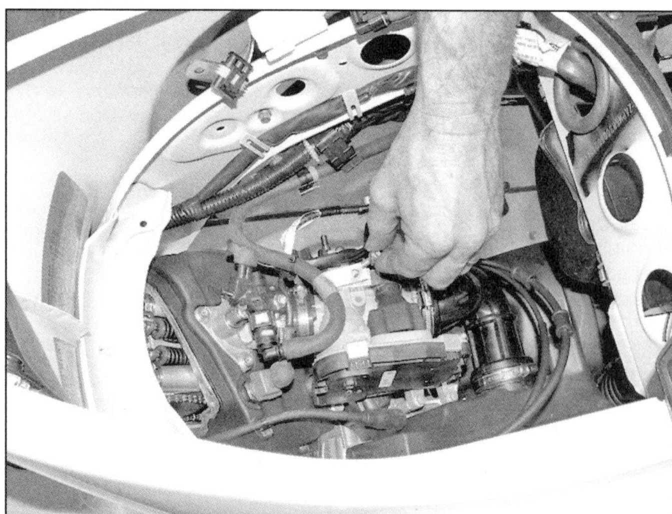

5.11a Befreien Sie die Clips des Kraftstoffschlauchs und des Steuergerät-Steckers – gezeigt am LX 125.

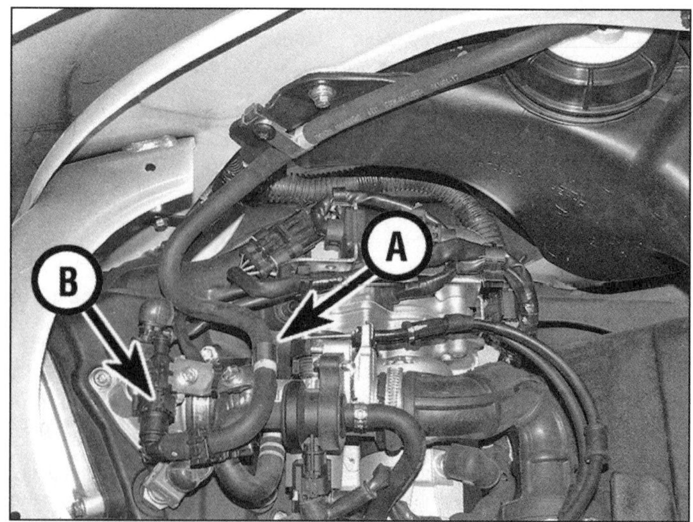

5.11b Kraftstoffschlauch-Führung (A) und Einspritzdüsen-Stecker (B) – gezeigt am Primavera 125

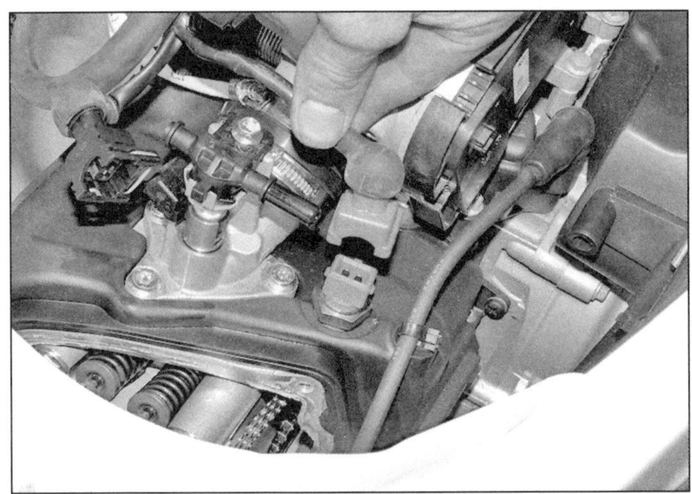

5.12 Trennen Sie den Stecker des Motortemperatursensors.

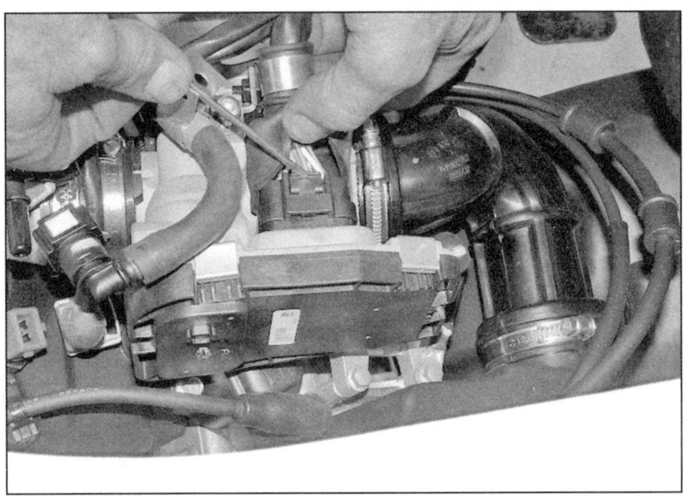

5.13 Trennen Sie ggf. den Mehrfachstecker des in das Drosselklappengehäuse integrierten Motorsteuergeräts

5.14a Stecker des Standgasregelungsventils und Luftschlauch

5.14b Stecker des Drosselklappensensors

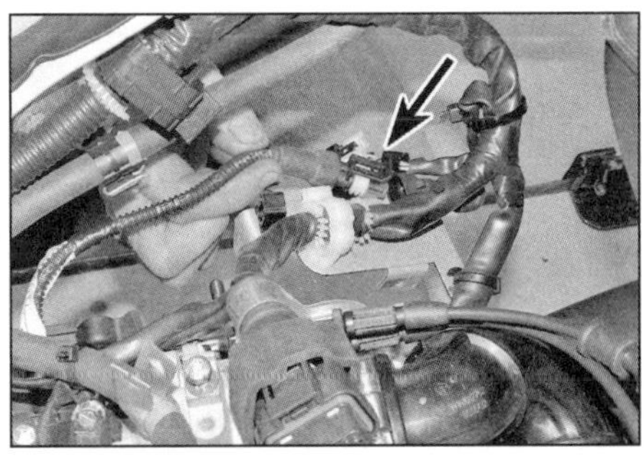

5.15a Zündspulenstecker bei LX-Modellen

5.15b Zündspulenstecker beim Primavera 125

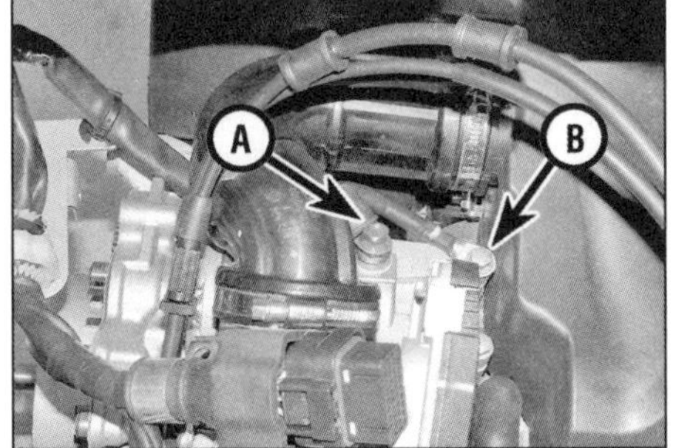

5.16 Mutter des Anlasser-Stromkabels (A) und Schraube des Anlasser-Massekabels (B)

5.17a Lockern Sie die Schellen des Ansaugstutzens . . .

18 Lockern Sie die Schelle, die das Drosselklappengehäuse am Einlassstutzen sichert, und befreien Sie es – beachten Sie seine Einbaulage (siehe Kapitel 5). Sichern Sie das Gehäuse mit Draht oder Bändern an der Karosserie, sodass keine Schläuche, Kabel oder Bowdenzüge unter Last gesetzt werden. Verstopfen Sie den Einlasstrakt des Zylinderkopfs und die Öffnungen des Drosselklappengehäuses mit Lappen, um keinen Schmutz eindringen zu lassen.

19 Demontieren Sie das Luftfiltergehäuse (siehe Kapitel 5).

20 Falls noch nicht geschehen, muss das Fahrzeug angehoben und die Karosserie ausreichend hoch abgestützt werden, damit die Antriebseinheit abgesenkt werden kann (Abbildung 5.5).

21 Demontieren Sie das Hinterrad (siehe Kapitel 8).

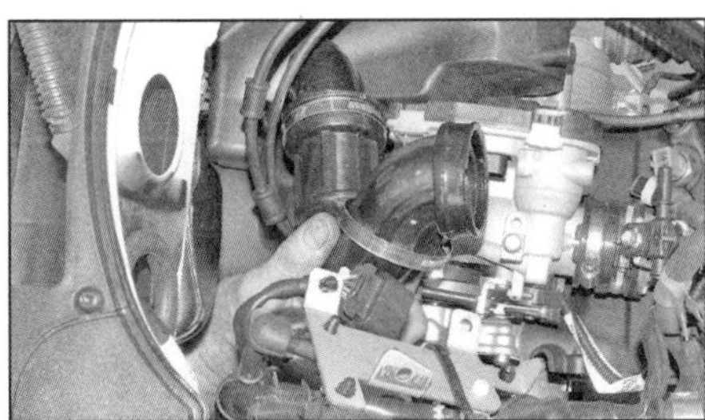

5.17b . . . und befreien Sie ihn.

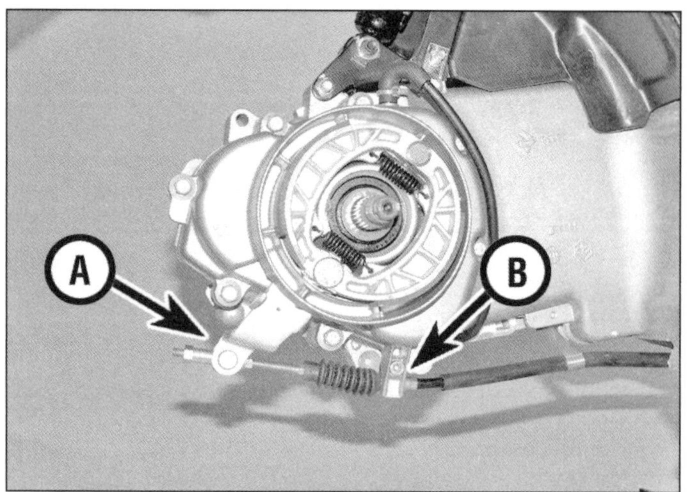

5.22a Hinterrad-Bremshebel (A), Widerlager des Bowdenzugs (B)

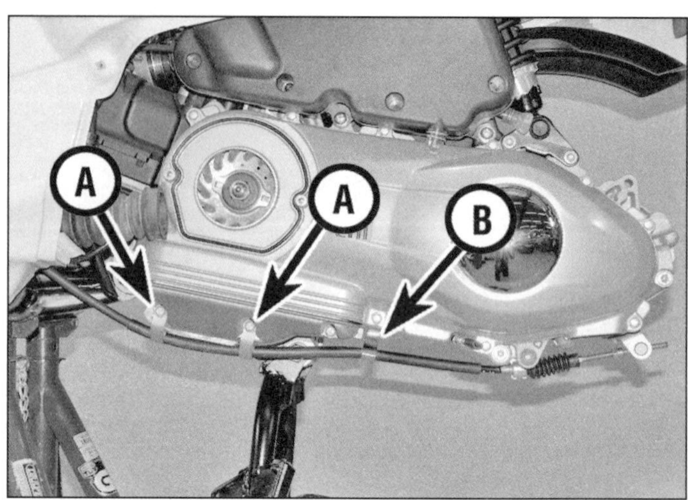

5.22b Lösen Sie die Schrauben (A) und hängen Sie den Bowdenzug an der hinteren Aufnahme (B) aus.

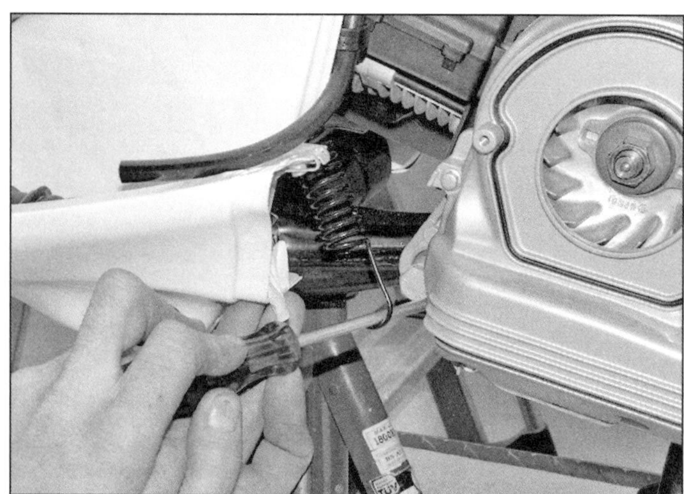

5.23 Hängen Sie die Schwingen-Vorspannfeder aus.

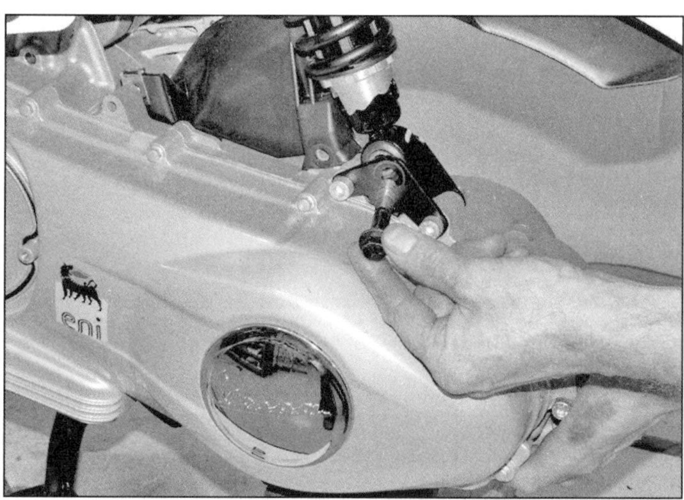

5.25a Trennen Sie den Stoßdämpfer vom Getriebe.

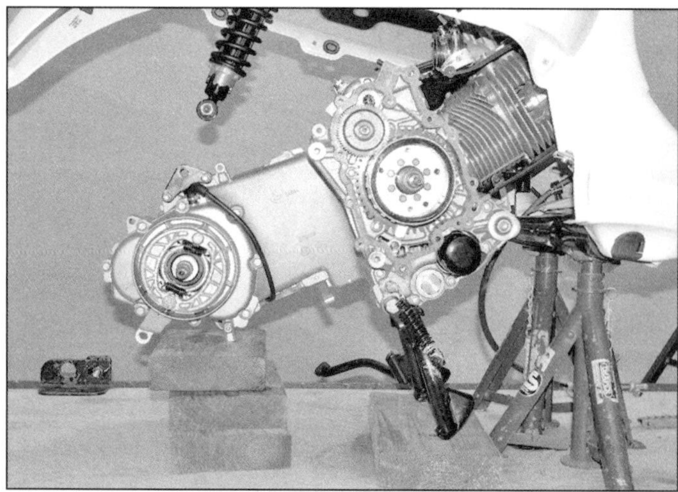

5.25b Stützen Sie die Antriebseinheit und den Hauptständer mit Hölzern ab.

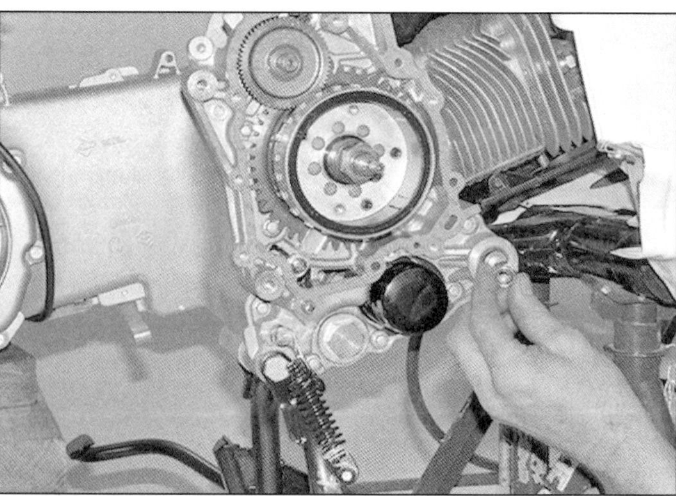

5.27a Lösen Sie die Mutter des vorderen Motorbolzens . . .

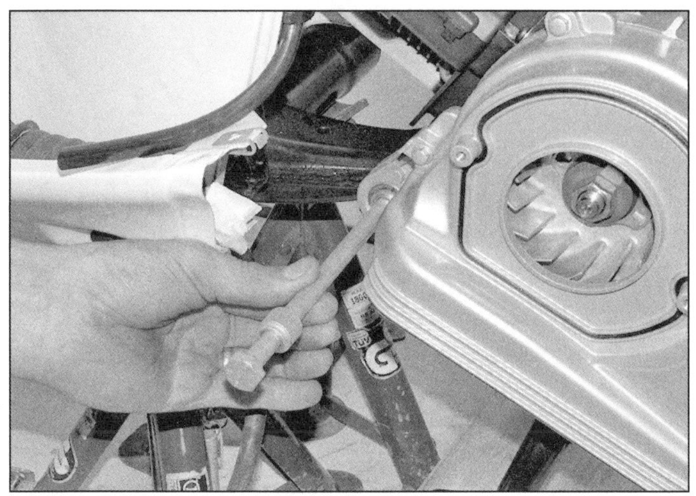

5.27b . . . und ziehen Sie diesen heraus.

5.28a Ziehen Sie den Motor nach hinten . . .

22 Befreien Sie den Trommelbremsen-Bowdenzug vom Bremshebel und dem Widerlager und lösen Sie ihn aus allen Befestigungen unten am Antriebsriemendeckel (siehe Abbildungen).
23 Hängen Sie – falls vorhanden – am Motor vorsichtig die Schwingen-Vorspannfeder aus (siehe Abbildung).
24 Demontieren Sie den Hinterrad-Kotflügel (siehe Kapitel 9).
25 Lösen Sie am unteren Stoßdämpferbolzen die Mutter und ziehen Sie den Bolzen heraus (siehe Abbildung). Senken Sie das Getriebe auf Holzblöcke ab und legen Sie auch ein Holz unter den Hauptständer (siehe Abbildung).
26 Prüfen Sie, ob alle Kabel, Bowdenzüge und Schläuche getrennt und vom Motor befreit sind.
27 Lösen Sie die Mutter des vorderen Motorbolzens (siehe Abbildung). Gehen Sie sicher, dass die Antriebseinheit sicher abgestützt ist und ziehen Sie den Bolzen nach links heraus (siehe Abbildung). Beachten Sie bei Primavera- und Sprint-Modellen links die Distanzhülse zwischen dem Motor und der Schwinge.
28 Ziehen Sie den Motor nach hinten, entfernen Sie die Hölzer und senken Sie den Motor ab (siehe Abbildungen).
29 Falls der Motor verschmutzt ist, muss er vor der Demontage von Deckeln oder Bauteilen sorgfältig gereinigt werden.

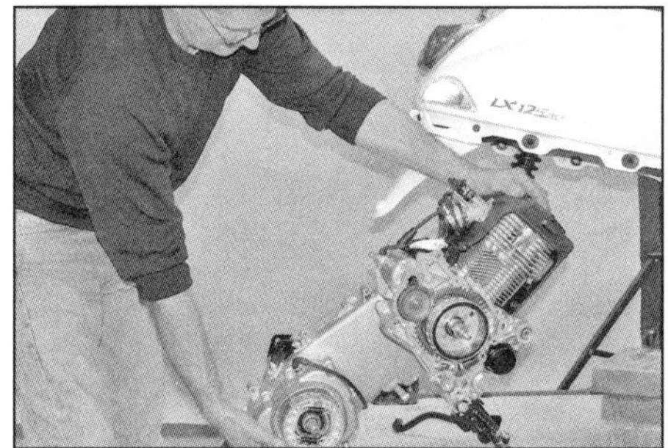

5.28b . . . und senken Sie ihn ab.

Einbau

30 Der Einbau entspricht der umgekehrten Ausbaureihenfolge – beachten Sie dabei folgende Punkte:

- *Zwischen Motor und Karosserie dürfen keine Kabel, Schläuche oder Bowdenzüge eingeklemmt sein.*
- *Vergessen Sie bei Primavera- und Sprint-Modellen nicht die Distanzhülse links zwischen dem Motor und der Schwinge.*
- *Die Muttern des vorderen Motorbolzens und des unteren Stoßdämpferbolzens müssen mit jeweils 40 bis 45 Nm angezogen werden.*
- *Alle Kabel, Schläuche oder Bowdenzüge müssen korrekt verlegt und angeschlossen werden.*
- *Stellen Sie den Gaszug und den Trommelbremsen-Bowdenzug ein (siehe Kapitel 1).*
- *Füllen Sie ggf. Motoröl auf (siehe Kapitel 1) und kontrollieren Sie den Ölpegel (siehe Tägliche Kontrollen).*

6 Motorüberholung
Allgemeine Informationen

Zerlegung

1 Bevor der Motor zerlegt wird, muss er unbedingt sorgfältig äußerlich gereinigt und entfettet werden, damit keine Fremdkörper hineinfallen können; hierzu eignet sich Petroleum oder spezielles Motoren-Entfettungsmittel. Arbeiten Sie das Lösungsmittel mit alten Pinseln oder Zahnbürsten in die Vertiefungen des Motorgehäuses ein und passen Sie auf, dass nichts in Elektrik-Komponenten oder den Ein- bzw. Auslassstutzen des Zylinderkopfs gelangt.

Warnung: Aufgrund des hohen Entzündungsrisikos und gesundheitlicher Gefahren sollte auf die Verwendung von Benzin als Reinigungsmittel verzichtet werden!

2 Platzieren Sie die gereinigte und getrocknete Antriebseinheit auf der Werkbank. Sorgen Sie für eine saubere und ausreichend große Arbeitsfläche und beschaffen Sie Behälter oder Plastikbeutel, um Baugruppen und Teile darin zu lagern. Papier und Stift sollten für Notizen bereitliegen, ebenso Klebeetiketten für die Markierung von Teilen. Schließlich werden noch mehrere saubere Lappen benötigt.
3 Lesen Sie vor Arbeitsbeginn die gesamte Sektion durch, um einen Überblick über die notwendigen Schritte zu erhalten. Beachten Sie bei der Demontage von Komponenten, dass hierbei – solange nicht speziell erwählt – kein großer Kraftaufwand erforderlich ist; oft sind vergessene Schrauben oder andere Fehler beim Trennen der Grund. Lesen Sie bei jedem Zweifel den Text noch einmal durch.
4 Halten Sie beim Zerlegen des Motor »Paare« (Teile, die im Betrieb zusammen arbeiten) stets zusammen. Diese Paare müssen später wieder zusammengesetzt oder gemeinsam erneuert werden.
5 Eine komplette Motorzerlegung muss in der folgenden allgemeinen Reihenfolge und mit Hinweis auf entsprechende Sektionen durchgeführt werden. Beachten Sie bezüglich der Getriebekomponenten die Hinweise in Kapitel 3.

Demontieren Sie den Ventildeckel.
Demontieren Sie die Nockenwelle und die Kipphebel.
Demontieren Sie den Zylinderkopf.
Demontieren Sie den Zylinder.
Demontieren Sie den Kolben.
Demontieren Sie den Anlasser (siehe Kapitel 10).
Demontieren Sie die Lichtmaschine.
Demontieren Sie den Variator (siehe Kapitel 3).
Demontieren Sie die Ölpumpe.
Trennen Sie die Motorgehäusehälften.
Demontieren Sie die Kurbelwelle.

2B

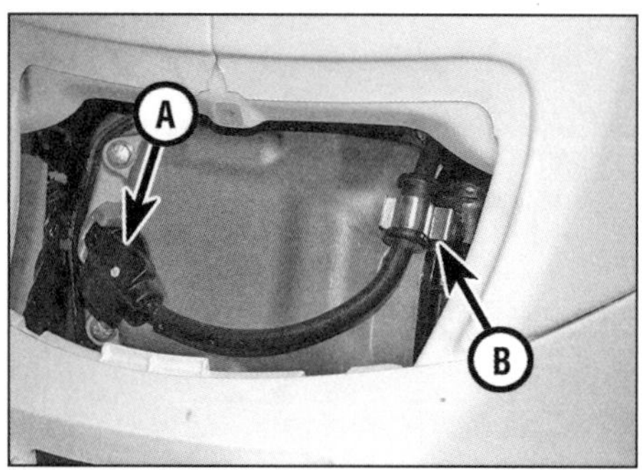

7.2 Zündkerzenstecker (A) und Zündkabelführung (B)

7.3 Trennen Sie den Motorentlüftungsschlauch.

7.4a Die Ventildeckelschrauben ...

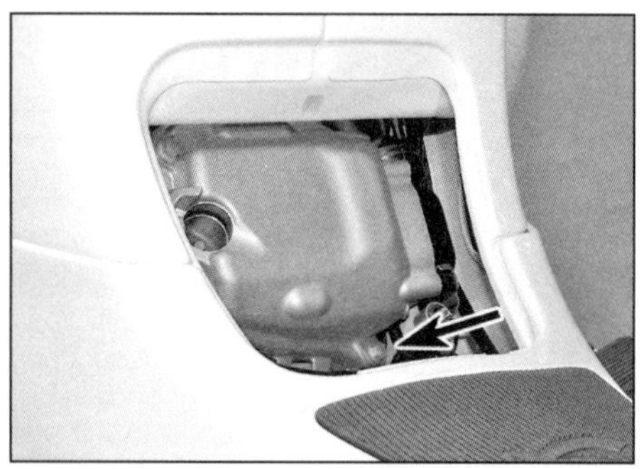

7.4b ... sind durch die vordere Öffnung ...

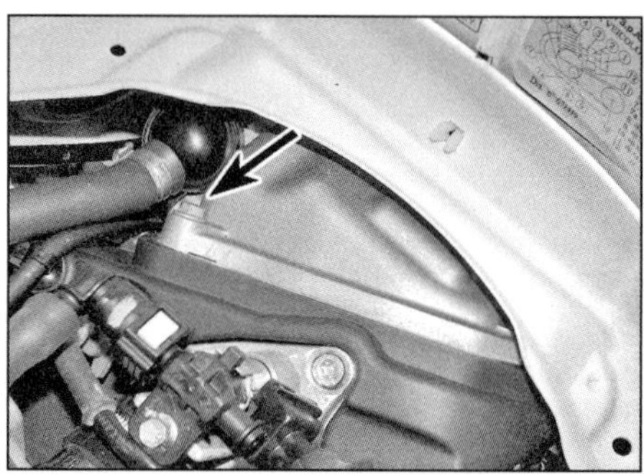

7.4c ... und innerhalb der Karosserie erreichbar.

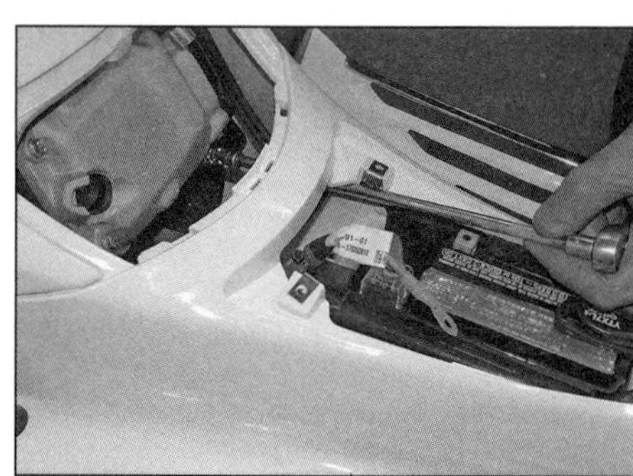

7.4d Bei Primavera- und Sprint-Modellen wird für die untere linke Deckelschraube eine Steckschlüssel-Verlängerung benötigt.

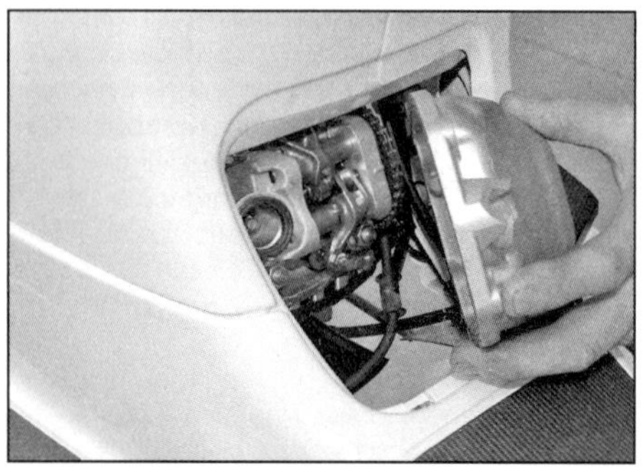

7.5 Befreien Sie den Ventildeckel durch die vordere Öffnung.

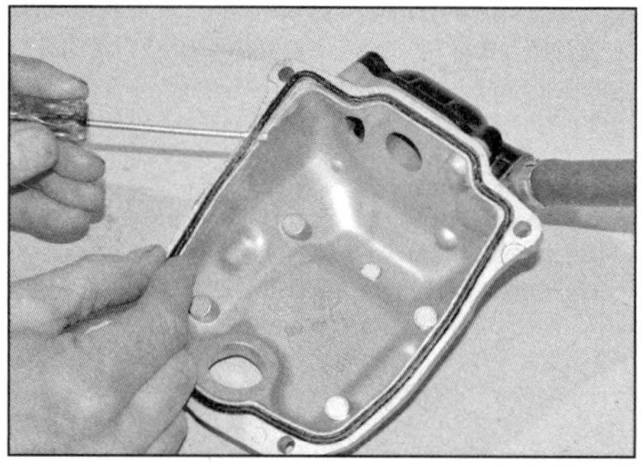

7.6a Entfernen Sie die Ventildeckeldichtung ...

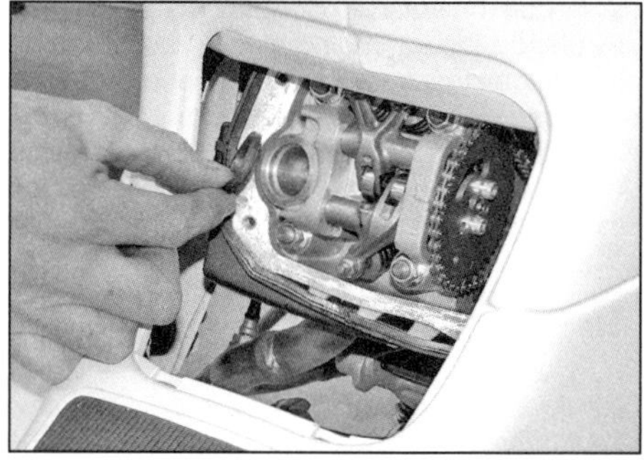

7.6b ... und den Dichtring des Zündkerzen-Kanals.

Zusammenbau

6 Der Zusammenbau entspricht der umgekehrten Zerlegungsreihenfolge.

7 Ventildeckel

Ausbau

1 Entfernen Sie den vorderen Motor-Zugangsdeckel und das Staufach (siehe Kapitel 9). Entfernen Sie bei Primavera- und Sprint-Modellen die mittige Matte aus der Bodenverkleidung (siehe Kapitel 9).

2 Entfernen Sie den Zündkerzenstecker (siehe Kapitel 1) und befreien das Zündkabel aus der Führung links am Ventildeckel (siehe Abbildung).

3 Lösen Sie am Ölabscheider-Gehäuse die Schelle des Schlauchs und trennen Sie diesen (siehe Abbildung).

4 Lösen Sie die Schrauben des Ventildeckels; bei Primavera- und Sprint-Modellen ist die untere linke Deckelschraube mit einer geeigneten Steckschlüssel-Verlängerung erreichbar (siehe Abbildungen).

5 Heben Sie den Ventildeckel vom Zylinderkopf und befreien Sie ihn durch die vordere Öffnung (siehe Abbildung) – falls er klemmt, muss er rundherum mit einem weichen Hammer oder Holz abgeklopft werden; versuchen Sie keinesfalls, ihn abzuhebeln.

6 Entfernen Sie die Ventildeckeldichtung und den Dichtring des Zündkerzen-Kanals (siehe Abbildung) – beide müssen später durch Neuteile ersetzt werden.

7 Kontrollieren Sie den Schlauch der Motorentlüftung – falls er spröde oder anderweitig beschädigt ist, muss er erneuert werden.

8 Lösen Sie nötigenfalls die Schrauben des Ölabscheider-Gehäuses und befreien Sie diesen – die Dichtung muss später erneuert werden (siehe Abbildungen). Reinigen Sie das Gehäuse vor dem Einbau.

Einbau

9 Installieren Sie ggf. den Ölabscheider mit einer neuen Dichtung (Abbildung 7.8b) – ver-

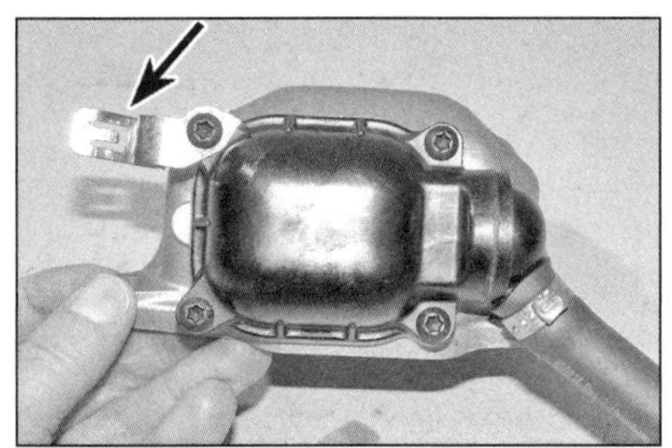
7.8a Der Ölabscheider ist mit vier Schrauben gesichert – beachten Sie die Zündkabel-Führung (Pfeil).

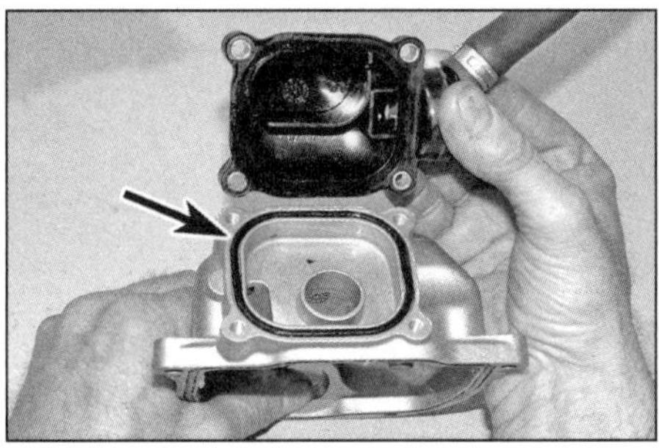
7.8b Dichtung des Ölabscheiders

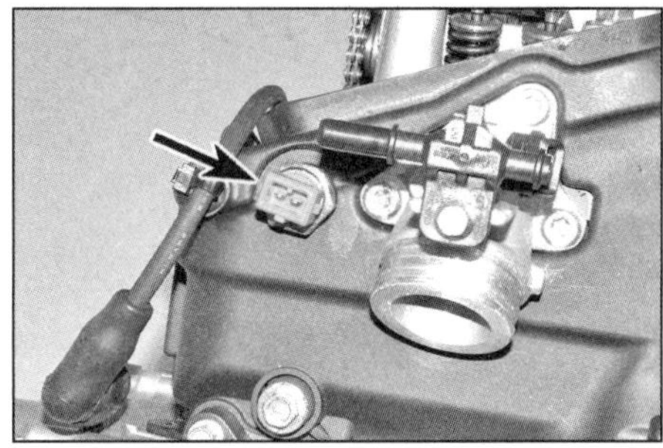
8.5 Position des Motortemperatursensors

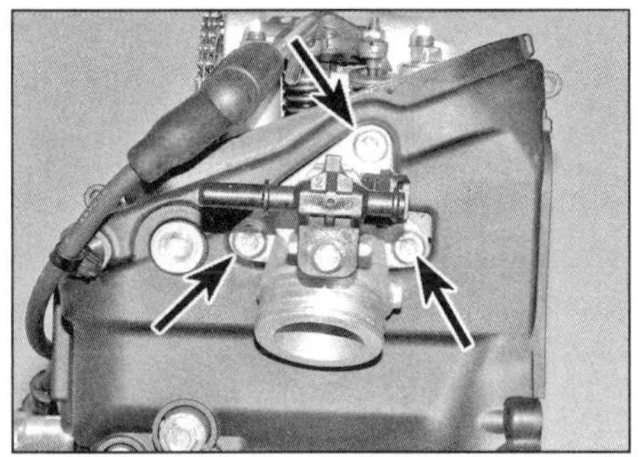
8.8a Lösen Sie die TR30-Einlassstutzenschrauben ...

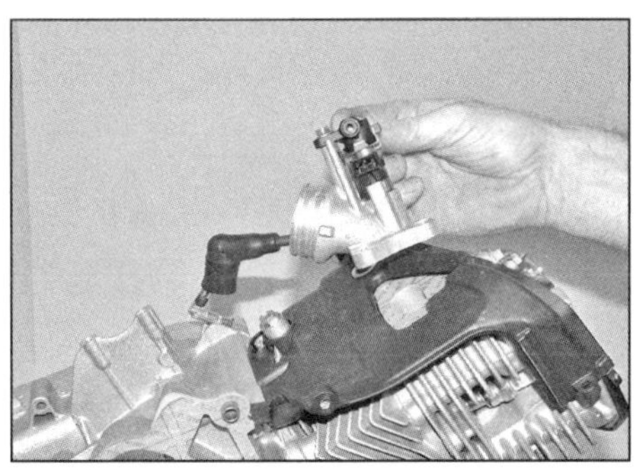
8.8b ... und heben Sie den Stutzen ab.

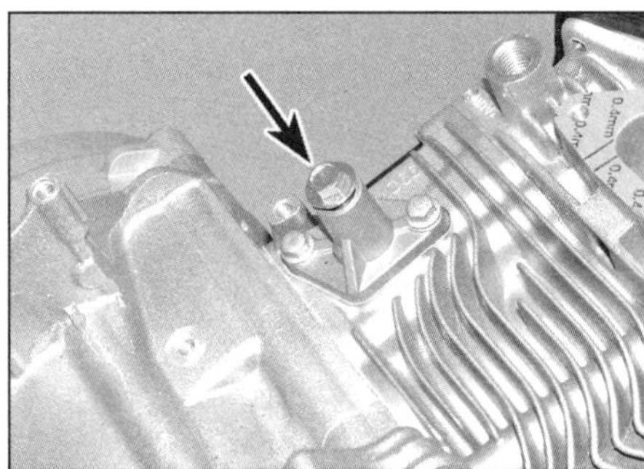
8.11a Lösen Sie die Verschlussschraube ...

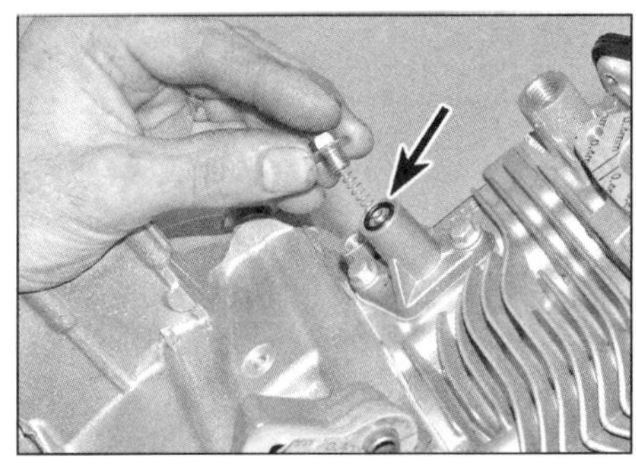
8.11b ... und ziehen Sie die Feder heraus. Beachten Sie den O-Ring (Pfeil).

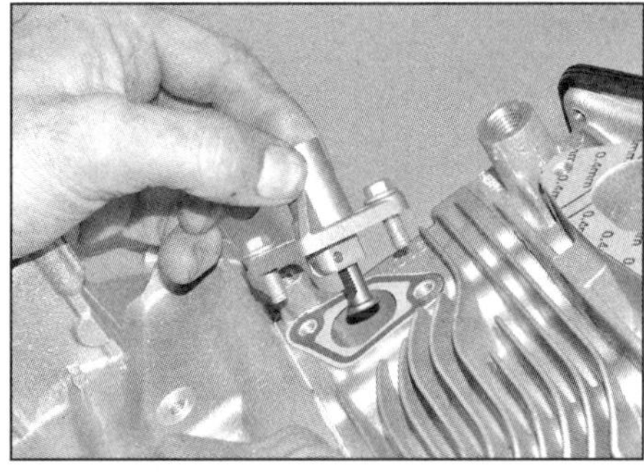
8.12 Lösen Sie die zwei Schrauben und ziehen Sie den Steuerkettenspanner heraus.

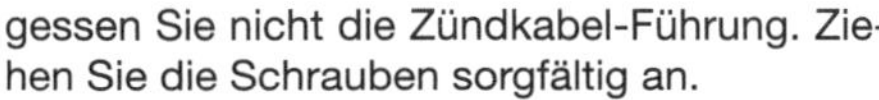
gessen Sie nicht die Zündkabel-Führung. Ziehen Sie die Schrauben sorgfältig an.

10 Reinigen Sie die Dichtflächen des Zylinderkopfs und des Ventildeckels mit einem geeigneten Lösungsmittel.

11 Drücken Sie die neue Dichtung in die Nut des Ventildeckels – »kleben« Sie sie nötigenfalls mit etwas Fett an (Abbildung 7.6a). Installieren Sie den neuen Dichtring in den Zündkerzen-Kanal (Abbildung 7.6b).

12 Setzen Sie den Ventildeckel auf den Zylinderkopf – achten Sie darauf, dass die Dichtung nicht aus der Nut rutscht. Installieren Sie die Ventildeckelschrauben und ziehen Sie sie über Kreuz mit 11 bis 13 Nm an (Abbildungen 7.4a bis c).

13 Montieren Sie die verbliebenen Komponenten in der umgekehrten Ausbaureihenfolge.

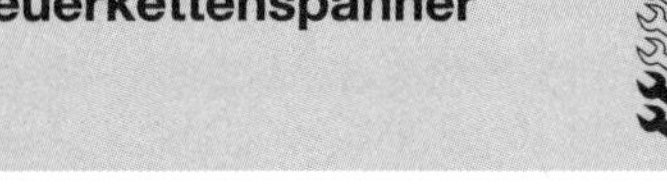

8 Steuerkettenspanner

Ausbau

Anmerkung: *Zum Lösen der mit einem Sicherungsstift ausgerüsteten Einlassstutzen-Schrauben wird ein entsprechender TR30-Innentorx-Schlüssel benötigt (siehe Schritt 8).*

1 Bauen Sie den Motor aus (siehe Sektion 5).

2 Demontieren Sie den Ventildeckel (siehe Sektion 7).

3 Entfernen Sie die Zündkerze (siehe Kapitel 1).

4 Entfernen Sie das untere Segment der Luftleitbleche (siehe Sektion 16).

5 Schrauben Sie den Motortemperatursensor heraus (siehe Abbildung).

6 Demontieren Sie den Anlasser (siehe Kapitel 10).

7 Entfernen Sie die Zündspule (siehe Kapitel 6).

8 Lösen Sie mit einem TR30-Torx-Bit die Einlassstutzen-Schrauben und heben Sie den Stutzen ab (siehe Abbildungen) – seine Dichtung muss später durch ein Neuteil ersetzt werden (siehe Kapitel 5).

9 Entfernen Sie das obere Segment der Luftleitbleche (siehe Sektion 16).

10 Drehen Sie die Kurbelwelle über das Gebläserad im Uhrzeigersinn, bis der Kolben im oberen Totpunkt (OT) des Verdichtungstaktes steht, sodass alle Ventile geschlossen sind (und in den Kipphebeln etwas Spiel fühlbar ist). Hierbei muss die Steuerzeitenmarkierungen Nockenwellenritzel zur Markierung aNockenwellenhalter fluchtet (siehe Kapitel 1, Sektion 20).

11 Lösen Sie hinten am Zylinder die Verschlussschraube des Steuerkettenspanners und ziehen Sie die Feder aus dem Spannergehäuse (siehe Abbildungen) – der Dichtring muss beim Einbau durch ein Neuteil ersetzt werden.

12 Lösen Sie die zwei Schrauben des Steuerkettenspanners und ziehen Sie diesen aus dem Zylinder (siehe Abbildung).

2B

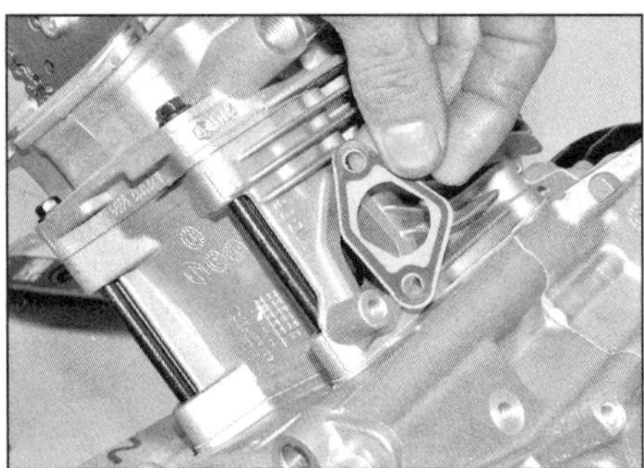

8.13 Entfernen Sie die Steuerkettenspanner-Dichtung.

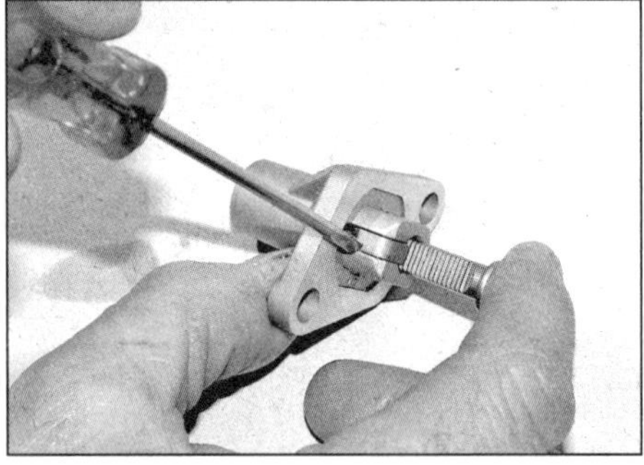

8.15 Drücken Sie die Lasche ein, um die Ratsche zu befreien.

13 Entfernen Sie die Dichtung vom Spanner oder Zylinder (siehe Abbildung) – sie muss später durch ein Neuteil ersetzt werden.

Achtung: Drehen Sie bei demontiertem Steuerkettenspanner nicht an der Kurbelwelle! Die Steuerkette kann an einem der Ritzel überspringen und die Steuerzeiten verstellen, sodass große Motorschäden die Folge sein können.

Kontrolle

14 Begutachten Sie die Spanner-Komponenten auf Verschleiß und Beschädigungen (siehe Abbildung).

15 Befreien Sie den Ratschenmechanismus vom Spannerkolben und prüfen Sie, ob dieser sich frei im Spannergehäuse verschieben lässt (siehe Abbildung).

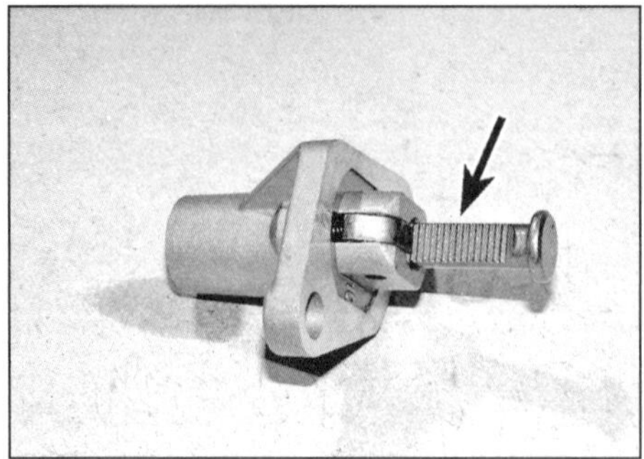

8.14 Inspizieren Sie die Ratsche und den Spannerkolben.

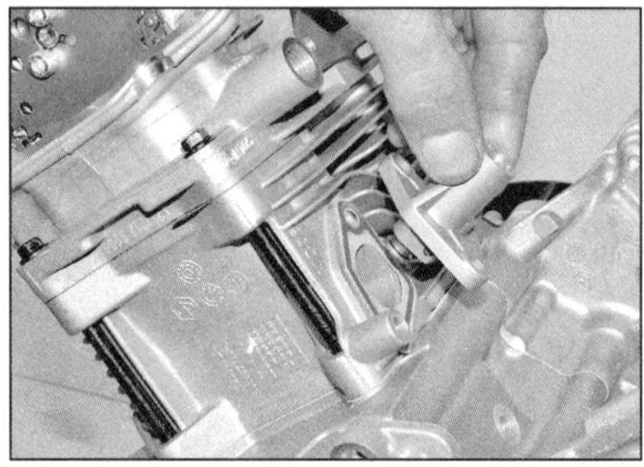

8.19 Installieren Sie den Spanner mit eingedrücktem Kolben.

16 Falls der Spannermechanismus oder die Feder verschlissen oder beschädigt sind oder der Spannerkolben im Gehäuse klemmt, muss der gesamte Steuerkettenspanner durch ein Neuteil ersetzt werden – Einzelteile sind nicht erhältlich.

Einbau

17 Drehen Sie die Kurbelwelle mithilfe des Gebläserads am Lichtmaschinenrotor ein kleines Stück im Uhrzeigersinn, um den Durchhang im vorderen Kettentrum nach hinten zu verlagern, wo er vom Spanner aufgenommen werden kann.

18 Drücken Sie den Spannerkolben vollständig in das Gehäuse.

19 Legen Sie am Zylinder eine neue Dichtung an und installieren Sie den Spanner (siehe Abbildung), ziehen Sie seine Schrauben mit 11 bis 13 Nm an.

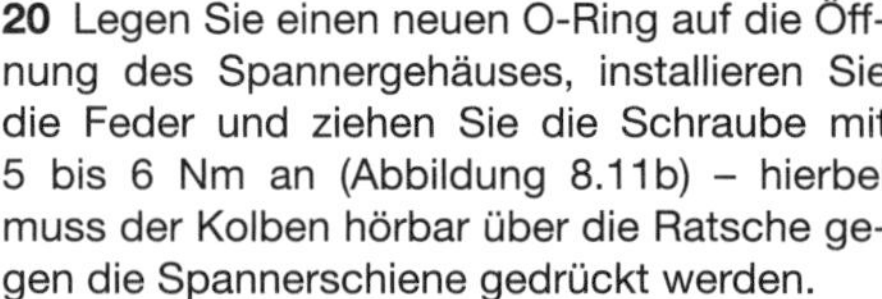

20 Legen Sie einen neuen O-Ring auf die Öffnung des Spannergehäuses, installieren Sie die Feder und ziehen Sie die Schraube mit 5 bis 6 Nm an (Abbildung 8.11b) – hierbei muss der Kolben hörbar über die Ratsche gegen die Spannerschiene gedrückt werden.

21 Kontrollieren Sie, ob die Steuerkette gespannt ist – falls nicht, hat der Kolben beim Anziehen der Verschlussschraube nicht ausgelöst; entfernen Sie in diesem Fall den Spanner und prüfen Sie erneut die Funktion des Kolbens.

22 Montieren Sie die verbliebenen Komponenten in der umgekehrten Ausbaureihenfolge.

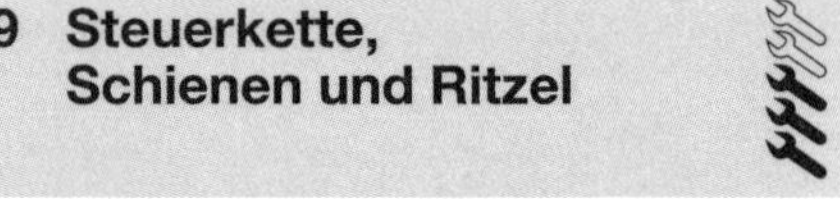

9 Steuerkette, Schienen und Ritzel

Ausbau

Spezialwerkzeug: *Für diese Arbeit wird das Piaggio-Arretierwerkzeug 020941Y benötigt.*

1 Bauen Sie den Motor aus (siehe Sektion 5).

2 Demontieren Sie das Gebläserad und den Lichtmaschinendeckel (Sektionen 16 und 17).

3 Entfernen Sie den Steuerkettenspanner (siehe Sektion 8).

4 Installieren Sie bei weiterhin im Verdichtungs-OT stehendem Kolben das Piaggio-Arretierwerkzeug 020941Y wie gezeigt, sodass der gewölbte Bereich zwischen den Zünd-Auslösern am Lichtmaschinenrotor anliegt (siehe Abbildung).

5 Stecken Sie einen Dorn durch die äußere Bohrung des Nockenwellenritzels in das Loch des Nockenwellenhalters, um das Ritzel zu blockieren und seine Schrauben zu lösen (siehe Abbildungen). Heben Sie das Ritzel ab – beachten Sie, wie es über dem versetzt angeordneten Stift auf der Nockenwelle positioniert ist (siehe Abbildung). Befreien Sie das Ritzel aus der Steuerkette und sichern Sie diese mit Draht oder einem Kabelbinder vor dem Verschwinden im Kettenschacht.

6 Falls die Steuerkette und die Nockenwelle demontiert werden sollen, müssen für den Zugang zunächst das Antriebsriemenrad und der

9.4 Das montierte Piaggio-Arretierwerkzeug 020941Y

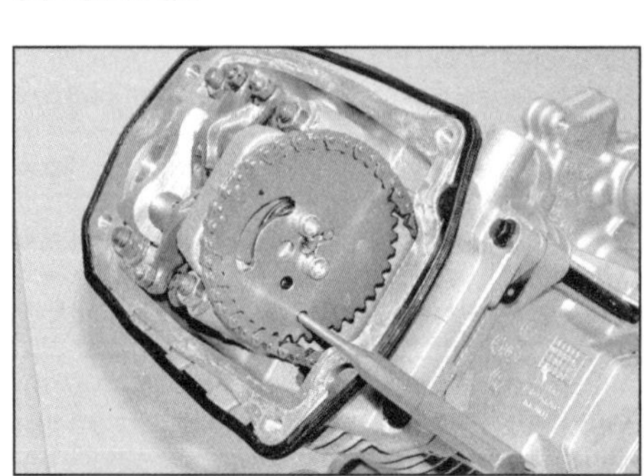

9.5a Blockieren Sie das Nockenwellenritzel mit einem Dorn, . . .

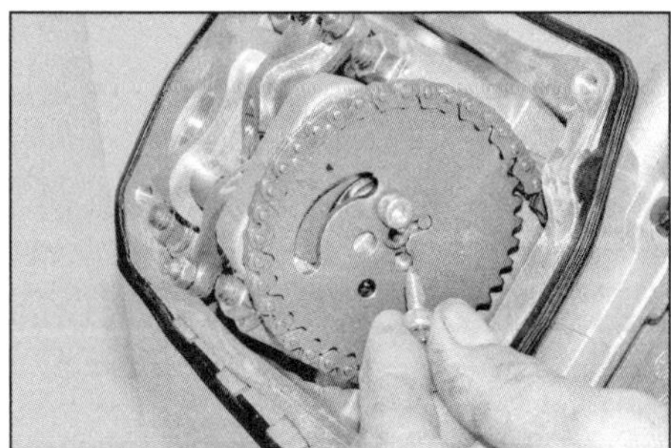

9.5b . . . lösen Sie die Schrauben . . .

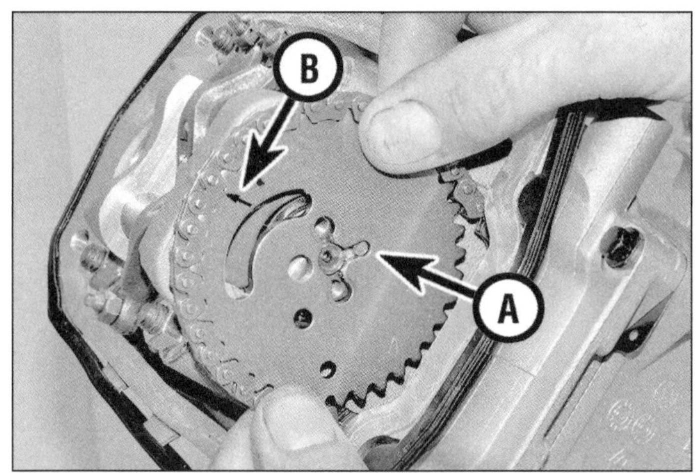

9.5c . . . und entnehmen Sie das Ritzel – beachten Sie den versetzt angeordneten Stift (A) und die Steuerzeitenmarkierung (B).

9.6 Ziehen Sie die vor dem Steuerkettenritzel liegende Scheibe von der Kurbelwelle.

9.7 Befreien Sie die Steuerkette nach unten aus dem Motor.

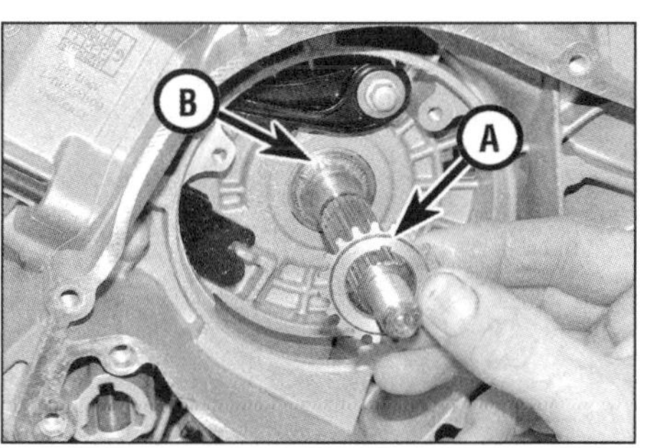

9.8a Die Nut im Ritzel (A) muss über dem Stift der Kurbelwelle (B) ausgerichtet sein.

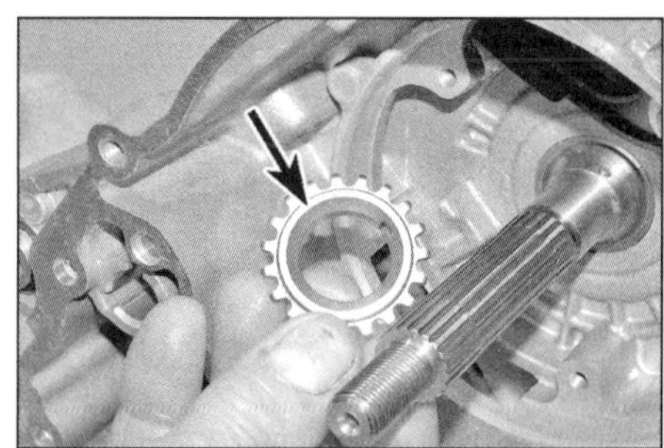

9.8b Die angeschrägte Rückseite des Kurbelwellenritzels

2B

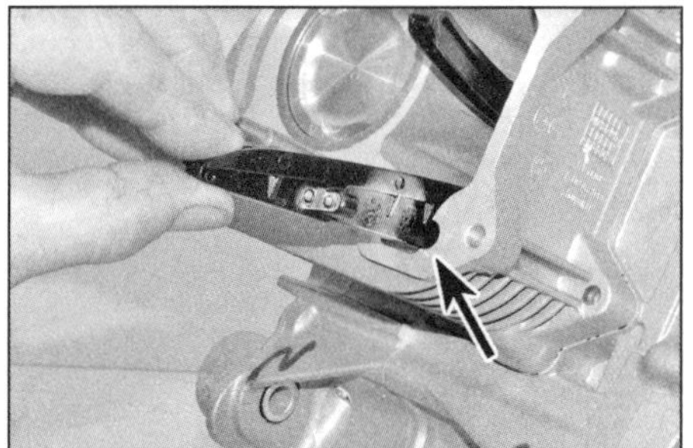

9.9a Die Steuerketten-Führungsschiene sitzt in den Vertiefungen oben im Zylinder . . .

9.9b . . . und über dem Anguss vor der Kurbelwelle.

9.10a Gelenkbolzen der Spannerschiene . . .

Variator entfernt werden (siehe Kapitel 3). Entfernen Sie den gesamten Ölpumpenantrieb (siehe Sektion 19) und ziehen Sie die hinter dem Ölpumpen-Antriebsritzel liegende große Scheibe von der Kurbelwelle (siehe Abbildung).

7 Falls die Steuerkette entfernt werden soll, muss sie außen mit Farbe markiert werden, damit sie in ihrer ursprünglichen Drehrichtung installiert werden kann. Führen Sie die Kette durch den Schacht nach unten, um sie vom Kurbelwellenritzel befreien zu können (siehe Abbildung).

8 Ziehen Sie das Ritzel von der Kurbelwelle – beachten Sie seine Nut und die angeschrägte Rückseite (siehe Abbildungen).

9 Zum Ausbau der Spanner- und Führungsschiene muss der Zylinderkopf demontiert werden (siehe Sektion 11). Heben Sie dann die Führungsschiene aus dem Kettenschacht des Zylinders – beachten Sie, wie sie im Zylinder und über dem Anguss des Motorgehäuses positioniert ist (siehe Abbildungen).

10 Zum Entfernen der Spannerschiene muss dessen Gelenkbolzen gelöst werden – beachten Sie die Lagerhülse (siehe Abbildungen).

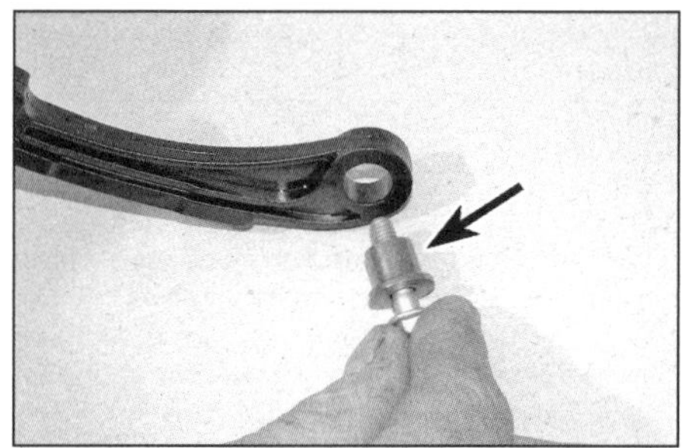

9.10b . . . und dessen Lagerhülse

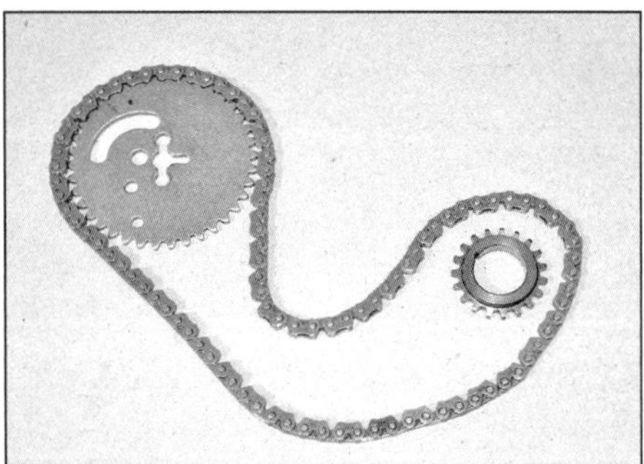

9.11 Bei Verschleiß oder Beschädigungen sollten die Ritzel und die Kette als Set ausgetauscht werden.

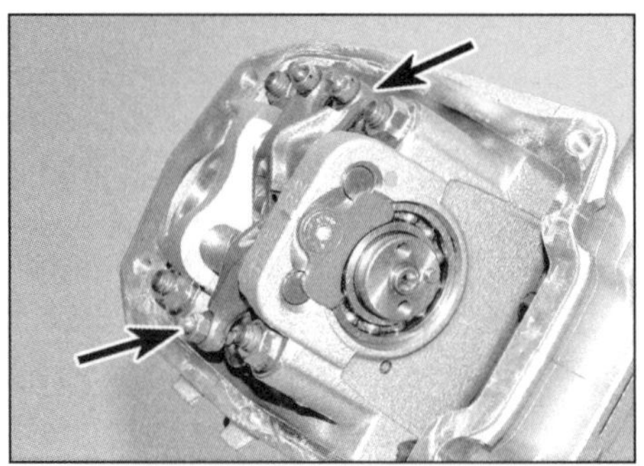

9.18 Wenn der Kolben im Verdichtungs-OT steht, müssen beide Kipphebel etwas Spiel aufweisen (Pfeile).

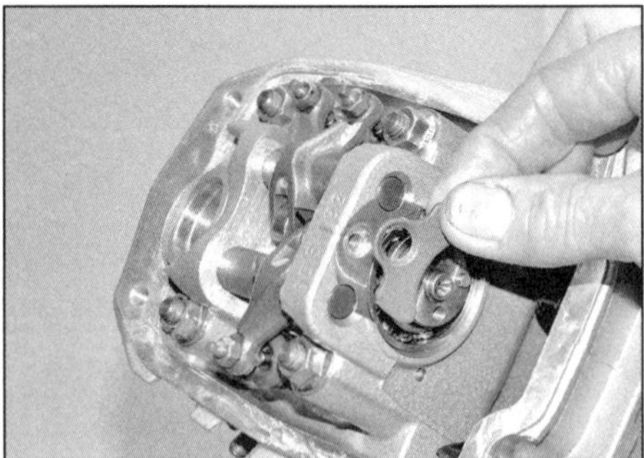

10.7 Entfernen Sie die Nockenwellen- und Kipphebelachsen-Arretierung.

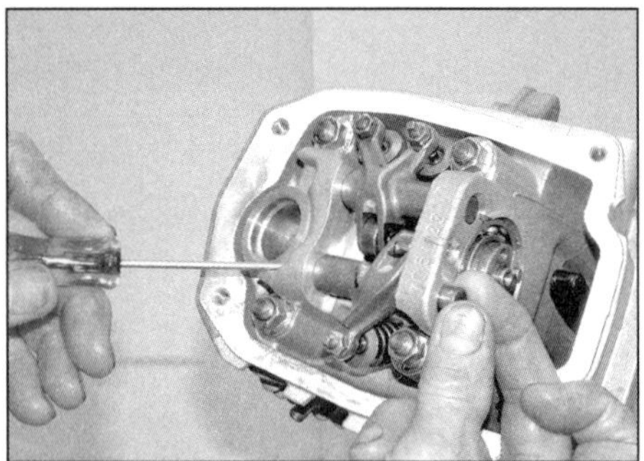

10.9a Schieben Sie die Achse des Auslassventil-Kipphebels von rechts heraus . . .

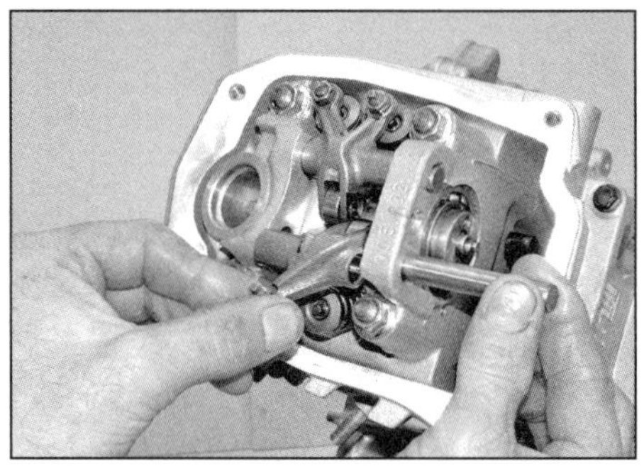

10.9b . . . und entnehmen Sie dabei den Kipphebel.

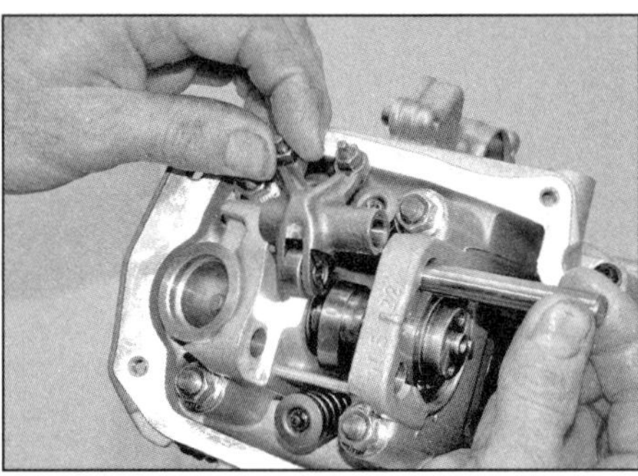

10.10 Demontieren Sie den gegabelten Einlass-Kipphebel.

Kontrolle

11 Inspizieren Sie die Ritzel auf Verschleiß und beschädigte Zähne und ersetzen Sie sie nötigenfalls; ersetzen Sie in diesem Fall auch die Steuerkette (siehe Abbildung).

12 Kontrollieren Sie die Spanner- und Führungsschiene auf Verschleiß und Beschädigungen. Stark verschlissene Schienen weisen auf eine verschlissene oder unkorrekt gespannte Steuerkette hin. Prüfen Sie die Funktion des Steuerkettenspanners (siehe Sektion 8).

Einbau

13 Installieren Sie ggf. die Spannerschiene samt Lagerbuchse und ziehen Sie den Gelenkbolzen mit 10 bis 14 Nm an (Abbildungen 9.8b und a).

14 Installieren Sie ggf. die Führungsschiene, indem Sie den Ausschnitt am unteren Ende über den Anguss im Motorgehäuse führen und ihre Laschen in die Ausschnitte des Zylinders positionieren (Abbildungen 9.9b und a).

15 Montieren Sie den Zylinderkopf (siehe Sektion 11).

16 Schieben Sie das Ritzel mit der angeschrägten Seite voran auf die Kurbelwelle und richten Sie seinen Ausschnitt zum Stift der Welle aus (Abbildungen 9.8b und a). Führen Sie die Steuerkette durch den Schacht und legen Sie sie über das Ritzel (Abbildung 9.7) – die alte Kette muss mit der Markierung nach außen installiert werden (siehe Schritt 7).

17 Schieben Sie die Anlaufscheibe vor das Ritzel (Abbildung 9.6). Montieren Sie ggf. jetzt den Ölpumpenantrieb.

18 Prüfen Sie, ob der Motor noch im Verdichtungs-OT steht. Falls entfernt, muss das Arretierwerkzeug wieder montiert werden (siehe Schritt 4). Alle Ventile müssen geschlossen sein und die Kipphebel etwas Spiel aufweisen (siehe Abbildung).

19 Legen Sie die Steuerkette um das Nockenwellenritzel und achten Sie darauf, dass sie auch um das Kurbelwellenritzel geführt ist. Setzen Sie das Nockenwellenritzel an der Nockenwelle an (Abbildung 9.5c), sodass der Pfeil nach oben zur Markierung am Nockenwellenhalter zeigt. Installieren Sie die Schrauben zunächst handfest.

Achtung: Die Steuerzeitenmarkierungen müssen exakt ausgerichtet sein, da ansonsten beim Durchdrehen des Motors der Kolben und die Ventile zusammenstoßen und teure Schäden verursachen können.

20 Montieren Sie den Steuerkettenspanner (siehe Sektion 8).

21 Kontrollieren Sie, ob die Steuerzeitenmarkierungen weiterhin korrekt ausgerichtet sind; falls nicht, muss der Steuerkettenspanner demontiert und die Kette über dem Ritzel umgesetzt werden. Kontern Sie schließlich das Ritzel wie beim Ausbau und ziehen Sie die Schrauben mit 4 bis 6 Nm an (Abbildung 9.5a).

22 Entfernen Sie das Arretierwerkzeug von der Lichtmaschine, drehen Sie die Kurbelwelle einige Umdrehungen durch und kontrollieren Sie erneut die Steuerzeiten.

23 Montieren Sie die verbliebenen Komponenten in der umgekehrten Ausbaureihenfolge.

10 Nockenwelle und Kipphebel

Ausbau

Spezialwerkzeug: *Für diese Arbeit wird das Piaggio-Arretierwerkzeug 020941Y benötigt.*

1 Bauen Sie den Motor aus (siehe Sektion 5).

2 Demontieren Sie das Gebläserad und den Lichtmaschinendeckel (Sektionen 16 und 17).

3 Entfernen Sie den Steuerkettenspanner (siehe Sektion 8).

4 Installieren Sie bei weiterhin im Verdichtungs-OT stehendem Kolben das Piaggio-Arretierwerkzeug 020941Y wie gezeigt, sodass der gewölbte Bereich zwischen den Zünd-Auslösern am Lichtmaschinenrotor anliegt (Abbildung 9.4).

5 Folgen Sie den Hinweisen in Sektion 9, Schritt 5, um das Nockenwellenritzel zu demontieren. Sichern Sie die Steuerkette mit

10.11 Ziehen Sie die Nockenwelle samt der zwei Lager heraus.

10.13 Kontrollieren Sie die Nocken auf Verschleiß und Beschädigungen.

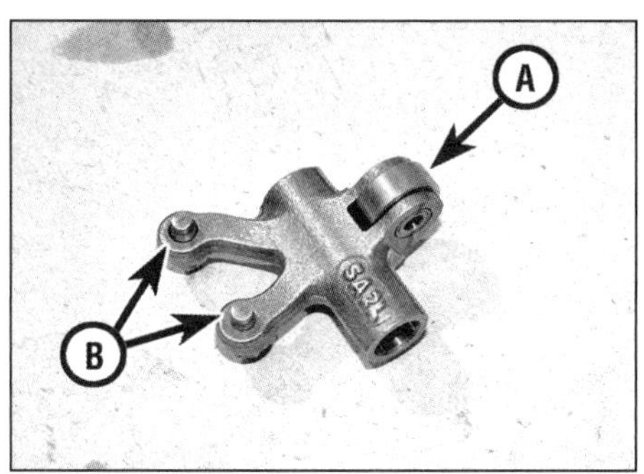

10.14 Kipphebel-Rolle (A) und Einstellschrauben (B)

10.15a Messen Sie den Innendurchmesser des Kipphebels ...

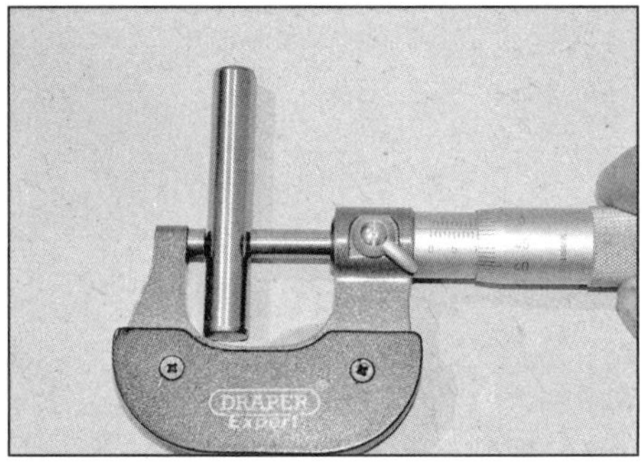

10.15b ... und den Außendurchmesser seiner Achse.

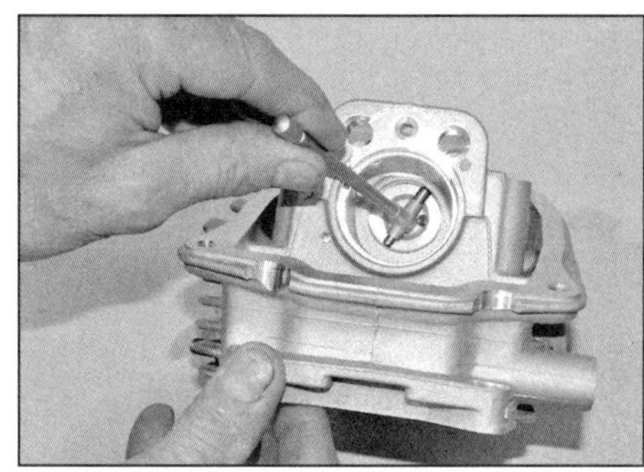

10.17 Messen Sie die Innendurchmesser der Nockenwellen-Lagersitze.

Draht oder einem Kabelbinder vor dem Verschwinden im Kettenschacht und stopfen Sie saubere Lappen hinein, damit kein Schmutz eindringt.

6 Beachten Sie die Ausrichtung der Nockenwelle in der OT-Position (Abbildung 9.18) – markieren Sie sie nötigenfalls, um sie wieder in dieser Position installieren zu können.

7 Lösen Sie die Schraube der Nockenwellen- und Kipphebelachsen-Arretierung und heben Sie diese ab (siehe Abbildung).

8 Markieren Sie die Kipphebelachsen, um sie später an ihre alten Positionen gelangen zu lassen.

9 Drücken Sie zuerst die Achse des Auslassventil-Kipphebels von rechts heraus, halten Sie dabei den Kipphebel (siehe Abbildungen). Nachdem die Achse befreit ist, sollte der Kipphebel wieder aufgeschoben werden, um keine Teile zu vertauschen.

10 Demontieren Sie auf die gleiche Weise den gegabelten Einlass-Kipphebel (siehe Abbildung).

11 Ziehen Sie die Nockenwelle samt ihrer Lager aus dem Zylinderkopf (siehe Abbildung).

Kontrolle

12 Reinigen Sie alle Teile mit Lösungsmittel und trocknen Sie sie ab.

13 Inspizieren Sie die Nocken auf Verfärbung (durch Überhitzung), Riefen, Ausbrüche, Abflachungen und Abplatzungen (siehe Abbildung). Eine stark verschlissene oder anderweitig schadhafte Nockenwelle muss ersetzt werden.

14 Kontrollieren Sie die Rollen der Kipphebel auf Verschleiß (siehe Abbildung) – sie müssen sich frei drehen und dürfen kein Spiel aufweisen. Kontrollieren Sie die Kontaktflächen der Einstellschrauben auf Verschleiß; begutachten Sie auch ihre Kontaktflächen auf den Ventilschäften (siehe Sektion 12). Schadhafte Kipphebel, Einstellschrauben oder Ventile müssen ersetzt werden.

15 Schmieren Sie die Kipphebel und ihre Achsen mit Motoröl und installieren Sie sie in den Zylinderkopf – alle Teile müssen sanft in- und aufeinander gleiten und dürfen kein Spiel aufweisen. Falls Spiel fühlbar ist, müssen die Innendurchmesser der Kipphebel und der Lagerbohrungen im Zylinderkopf sowie der Außendurchmesser der Kipphebelachsen gemessen werden (siehe Abbildungen). Vergleichen Sie die Ergebnisse mit den Angaben in den technischen Daten und ersetzen Sie alle verschlissenen Komponenten.

16 Kontrollieren Sie die Nockenwellenlager – beachten Sie dazu die Hinweise in Sektion 5 des Anhangs. Falls die Lager ersetzt werden müssen, sind die alten Lager mit entsprechenden Werkzeugen von der Nockenwelle abzuziehen, ohne diese dabei zu beschädigen. Beachten Sie die Einbaurichtung der Lager. Messen Sie vor dem Einbau der neuen Lager den Durchmesser der Nockenwellenzapfen und vergleichen Sie die Ergebnisse mit den Angaben in den technischen Daten. Nötigenfalls muss die Nockenwelle ersetzt werden – sie wird mit neuen Lagern geliefert.

17 Kontrollieren Sie die Lagersitze im Zylinderkopf auf Riefen und Abplatzungen. Messen Sie den Innendurchmesser der Lagersitze und vergleichen Sie die Ergebnisse mit den Angaben in den technischen Daten (siehe Abbildung). Alle Schäden weisen darauf hin, dass das Nockenwellenlager festgegangen und im Gehäuse mitgedreht und ein neues Lager Spiel im Sitz haben wird. Im Fachhandel sind spezielle Lager-Kleber erhältlich, mit denen Wälzlager in geweitete Sitze eingesetzt werden können – beachten Sie die maximalen Toleranzen.

Einbau

18 Schmieren Sie die Nockenwellenlager mit frischem Motoröl und installieren Sie die Welle vollständig in den Zylinderkopf (Abbildung 10.11) – die Nocken müssen dabei wie beim Ausbau stehen (siehe Schritt 6).

19 Schmieren Sie die Kipphebelachsen mit frischem Motoröl, schieben Sie sie langsam ein und führen Sie sie dabei durch den jeweiligen Kipphebel (Abbildung 10.10) in den rechten Sitz. Bei korrekt positionierter Nockenwelle müssen beide Kipphebel etwas Spiel (Ventilspiel) aufweisen.

20 Richten Sie die Arretierplatte zur Nut der Nockenwelle aus, schieben Sie sie in Position

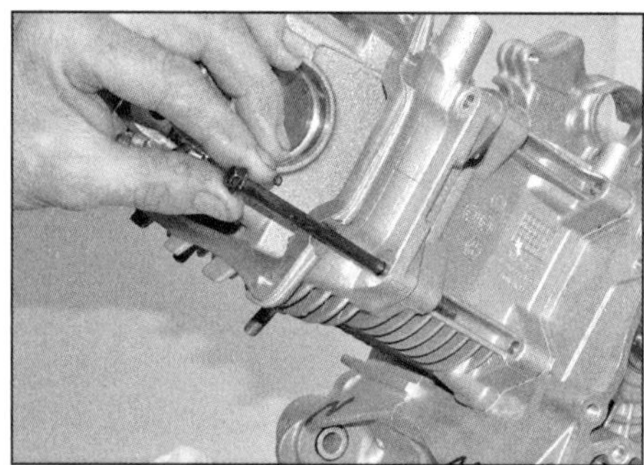

11.7a Lösen Sie die zwei äußeren Zylinderkopfschrauben ...

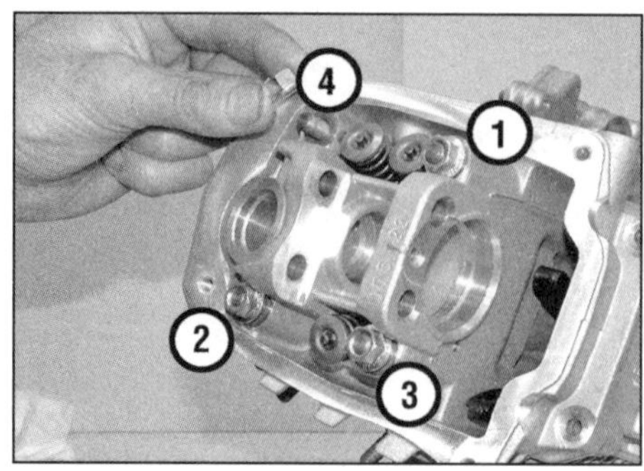

11.7b ... und die vier internen Zylinderkopfmuttern. Beachten Sie die Anzugsreihenfolge.

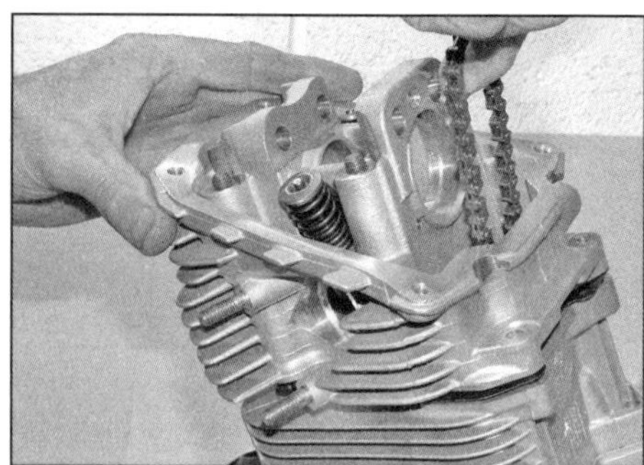

11.8 Heben Sie den Zylinderkopf ab.

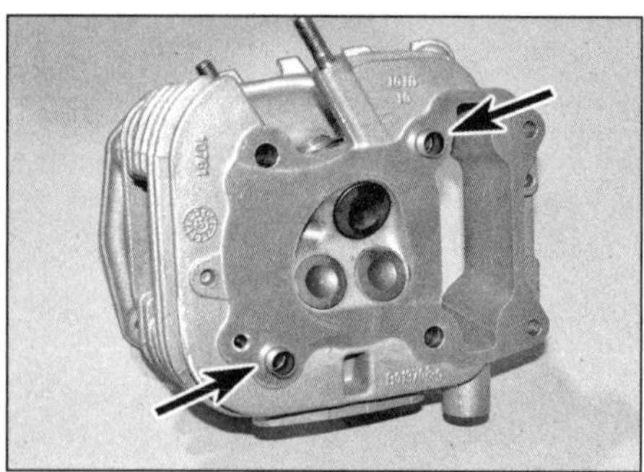

11.9a Stellen Sie nötigenfalls die Passhülsen sicher.

11.9b Hebeln Sie die Auslasskanal-Dichtung heraus.

und sichern Sie sie mit der sorgfältig angezogenen Schraube (Abbildung 10.7).

21 Folgen Sie den Hinweisen in Sektion 9 und 8, um das Nockenwellenritzel und den Steuerkettenspanner zu montieren. Kontrollieren Sie anschließend die Steuerzeiten.

Achtung: Die Steuerzeitenmarkierungen müssen bei der Montage unten und oben exakt ausgerichtet sein, da ansonsten beim Durchdrehen des Motors der Kolben und die Ventile zusammenstoßen und teure Schäden verursachen können.

22 Kontrollieren Sie das Ventilspiel (siehe Kapitel 1, Sektion 20).

23 Montieren Sie die verbliebenen Komponenten in der umgekehrten Ausbaureihenfolge.

11 Zylinderkopf
Ausbau und Einbau

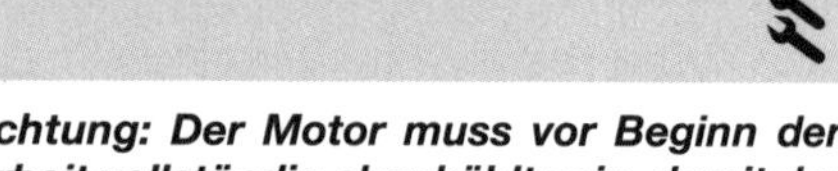

Achtung: Der Motor muss vor Beginn der Arbeit vollständig abgekühlt sein, damit der Zylinderkopf nicht verzieht.

Ausbau

Spezialwerkzeug: *Zum Anziehen der Zylinderkopfmuttern wird ggf. eine Gradscheibe benötigt.*

1 Bauen Sie den Motor aus (siehe Sektion 5).

2 Demontieren Sie das Gebläserad und den Lichtmaschinendeckel (Sektionen 16 und 17).

3 Entfernen Sie den Steuerkettenspanner (siehe Sektion 8).

4 Entfernen Sie das Nockenwellenritzel (siehe Sektion 9). Sichern Sie die Steuerkette mithilfe eines Kabelbinders vor dem Verschwinden im Kettenschacht und stopfen Sie saubere Lappen hinein, damit kein Schmutz eindringen kann.

5 Demontieren Sie nötigenfalls die Nockenwelle und die Kipphebel (siehe Sektion 10).

6 Heben Sie die Luftleitblech-Dichtung ab (siehe Sektion 16).

7 Lösen Sie links am Motor die Zylinderkopfschrauben (siehe Abbildung). Lockern Sie schrittweise und über Kreuz die vier Zylinderkopfmuttern und entfernen Sie sie (siehe Abbildung).

8 Heben Sie den Zylinderkopf über die Stehbolzen ab – führen Sie dabei die Steuerkette durch den Schacht (siehe Abbildung). Falls der Zylinderkopf klemmt, muss er rundherum mit einem weichen Hammer abgeklopft werden – versuchen Sie nicht, ihn mit einem Schraubendreher abzuhebeln, da dies die Dichtfläche zerstört.

Anmerkung: *Falls sich hierbei der Zylinder vom Motorgehäuse löst, muss er komplett demontiert werden, um die Zylinderfußdichtung zu ersetzen (siehe Sektion 13).*

9 Falls die oben im Zylinder oder unten im Zylinderkopf steckenden Passhülsen locker sind, müssen sie sichergestellt werden (siehe Abbildung). Hebeln Sie die Auslasskanal-Dichtung heraus (siehe Abbildung) – sie muss später durch ein Neuteil ersetzt werden.

10 Entfernen Sie die Zylinderkopfdichtung – bei der Montage wird auf jeden Fall ein Neuteil benötigt (siehe Abbildung). Kontrollieren Sie die Dichtung sowie die Kontaktflächen des Zylinders und des Zylinderkopfs auf Undichtigkeiten, die auf einen verzogenen Kopf hinweisen würden – die Kontrolle ist in Sektion 12 beschrieben.

11 Beseitigen Sie mit Lösungsmittel und einem Schaber alte Dichtungsreste vom Zylinders und Zylinderkopf – beschädigen Sie hierbei nicht das relativ weiche Aluminium. Lassen Sie keinen Schmutz in den Kettenschacht, den Zylinder oder Ölkanäle geraten.

Einbau

12 Die Dichtflächen des Zylinders und des Zylinderkopfs müssen absolut sauber sein. Stecken Sie ggf. die Passhülsen in den Zylinder. Achten Sie darauf, dass die Steuerketten-Führungsschiene korrekt in den Nuten des Zylinders liegt (siehe Sektion 13).

13 Legen Sie die neue Zylinderkopfdichtung korrekt über die Passhülsen, sodass alle Ölkanalbohrungen fluchten (Abbildung 11.10).

14 Setzen Sie vorsichtig den Zylinderkopf über die Stehbolzen und die Passhülsen auf den Zylinder – führen Sie dabei die Steuerkette durch den Schacht (Abbildung 11.8).

15 Schmieren Sie die Kontaktflächen der Zylinderkopfmuttern mit frischem Motoröl und drehen Sie die Muttern zunächst handfest auf. Ziehen Sie die Muttern dann schrittweise und über Kreuz bis zum Drehmoment von 9 bis 11 Nm an.

16 Drehen Sie die Muttern nun in der in Abbildung 11.7b gezeigten Reihenfolge in drei Durchgängen von jeweils 90° weiter, bis alle um 270° (eine Dreiviertelumdrehung) weitergezogen sind – verwenden Sie hierzu nötigenfalls eine Gradscheibe; eine Viertel-Umdrehung sollte auch ohne sie möglich sein.

17 Installieren Sie links außen die zwei Zylinderkopfschrauben und ziehen Sie sie mit 11 bis 13 Nm an (Abbildung 11.7a).

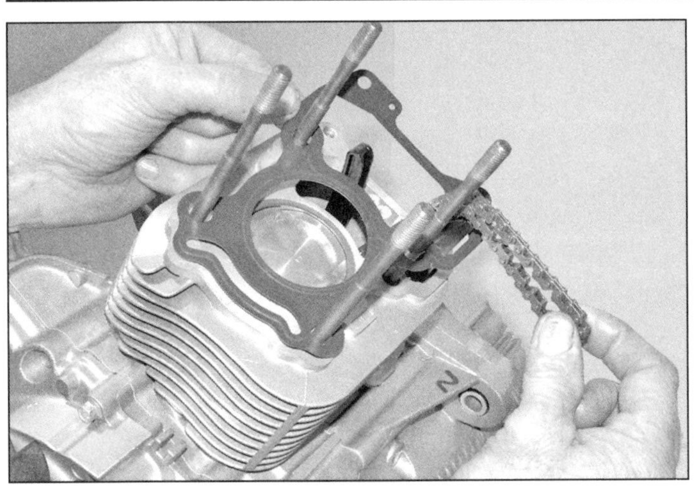

11.10 Entfernen Sie die Zylinderkopfdichtung.

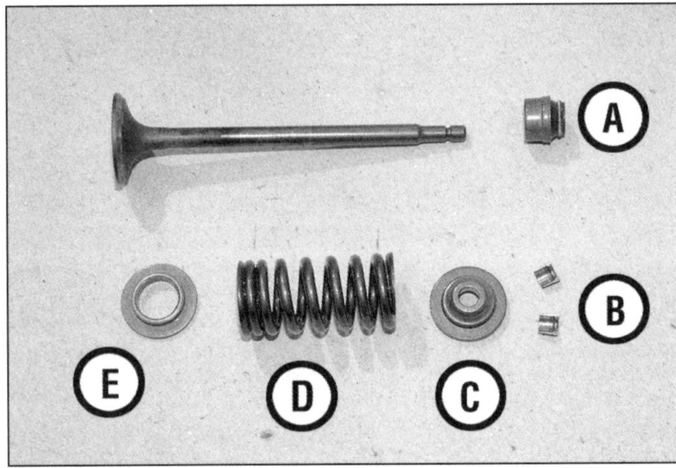

12.5 Ventil-Komponenten: Ventilschaftdichtung (A), Keile (B), Federteller (C), Feder (D), Federsitz (E)

18 Montieren Sie die Kipphebel, die Nockenwelle samt Ritzel, den Steuerkettenspanner und alle anderen entfernten Komponenten in der umgekehrten Ausbaureihenfolge.

12 Zylinderkopf und Ventile
Überholung

1 Aufgrund der Komplexität und der erforderlichen Spezialwerkzeuge überlassen die meisten Hobbyschrauber die Kontrolle und das Einschleifen der Ventile einer Fachwerkstatt. Durch das Einfüllen von Lösungsmittel in die Kanäle lässt sich jedoch zunächst leicht feststellen, ob die Ventile korrekt abdichten; sickert die Flüssigkeit in Richtung Brennraum durch, wird eine Überholung notwendig.
2 Mit den richtigen Werkzeugen (eine für diesen Motor geeignete Ventilfederpresse ist unerlässlich) können die Ventile auch ausgebaut, gereinigt, begutachtet und nötigenfalls geläppt sowie wieder eingebaut werden.
3 Falls die Ventilführungen oder Ventilsitze im Zylinderkopf verschlissen sind, muss der Kopf ausgetauscht werden, da Einzelteile nicht erhältlich sind und die Sitze laut Piaggio nicht nachgeschnitten werden können – erkundigen Sie sich nötigenfalls bei einem Motorenspezialisten nach anderen Lösungen.
4 Nachdem die Ventile geläppt sind, muss alles sorgfältig gereinigt werden, um sicherzustellen, dass keine Schleifpaste in den Motor gerät; blasen Sie alle Bohrungen und Kanäle möglichst mit Druckluft aus.

Zerlegen

Spezialwerkzeug: *Für diese Arbeit ist eine für Motorradmotoren geeignete Ventilfederpresse absolut unerlässlich.*

5 Vor Arbeitsbeginn muss sichergestellt sein, dass die Ventile und ihre zugehörigen Bauteile so gelagert werden, dass später jedes Teil wieder genau an seinen Platz im richtigen Zylinderkopf eingebaut werden kann (siehe Abbildung). Alternativ tun es auch beschriftete Plastikbeutel.
6 Falls noch nicht erledigt, müssen die Nockenwelle und die Kipphebel ausgebaut werden (siehe Sektion 10).
7 Drücken Sie die Federn des ersten Ventils mit der Federpresse zusammen – achten Sie darauf, dass sie richtig sitzt (siehe Abbildungen) und pressen Sie die Federn nicht mehr als nötig. Entfernen Sie die Keile – entweder mit einer Spitzzange, einer Pinzette, einem Magneten oder einem Schraubendreher mit etwas Fett an der Spitze (siehe Abbildung).
8 Lösen sie vorsichtig die Federpresse und entfernen Sie den Federteller und die Feder (siehe Abbildung).

Anmerkung: *Bei einigen Modellen haben die Ventilfedern engere Wicklungen, die nach unten gehören. Bei dem von uns fotografierten Motor waren die Federn oben mit Farbmarkierungen versehen.*

12.7a Installieren Sie die Federpresse so, . . .

12.7b . . . dass sie korrekt auf der Feder und dem Ventilteller sitzt.

2B

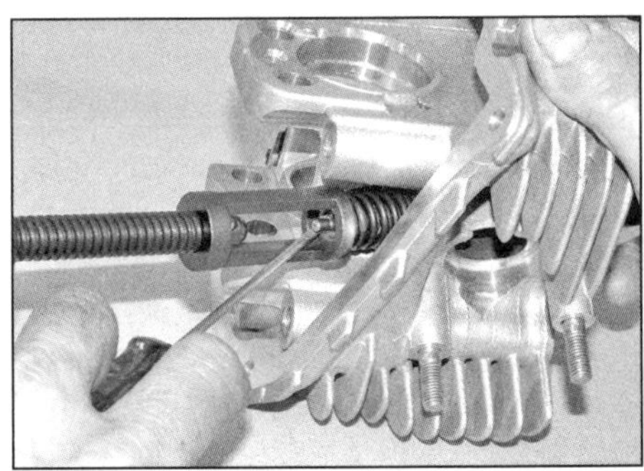

12.7c Entfernen Sie die Keile, sobald sie frei sind.

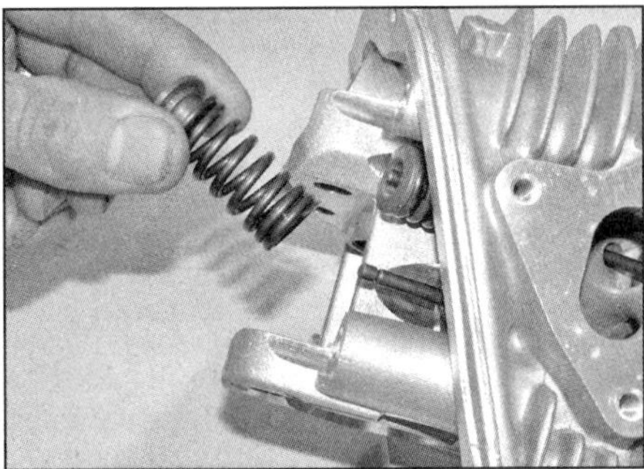

12.8 Entfernen Sie den Federteller und die Ventilfeder.

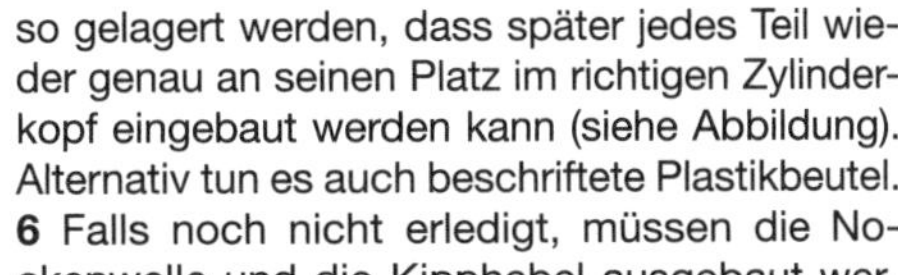

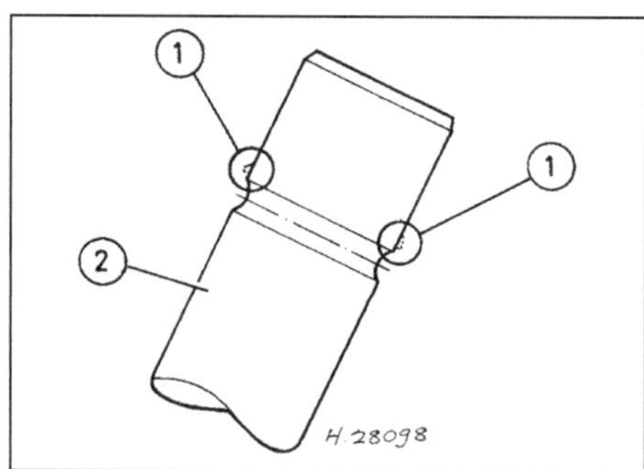

12.9 Falls sich der Ventilschaft (2) nicht durch die Führung ziehen lässt, müssen an den Keilnuten (1) alle Grate entfernt werden.

12.10a Ziehen Sie die Auslassventilschaftdichtung ab . . .

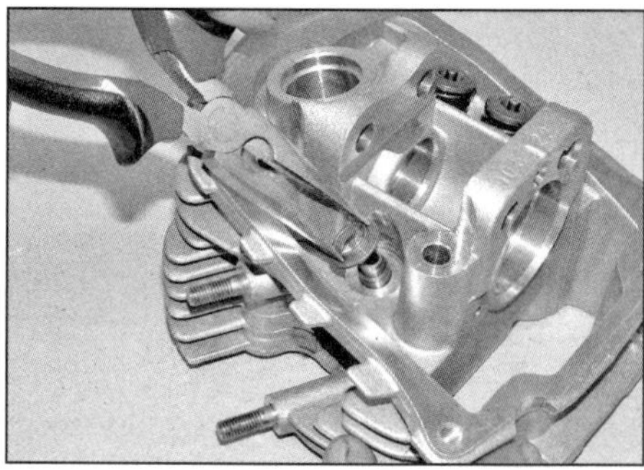

12.10b . . . und entnehmen Sie den Federsitz.

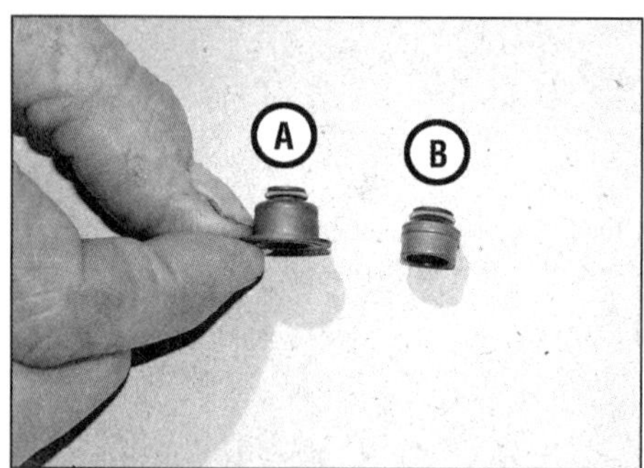

12.10c Einlass-Ventilschaftdichtung samt Federsitz (A), Auslass-Ventilschaftdichtung (B)

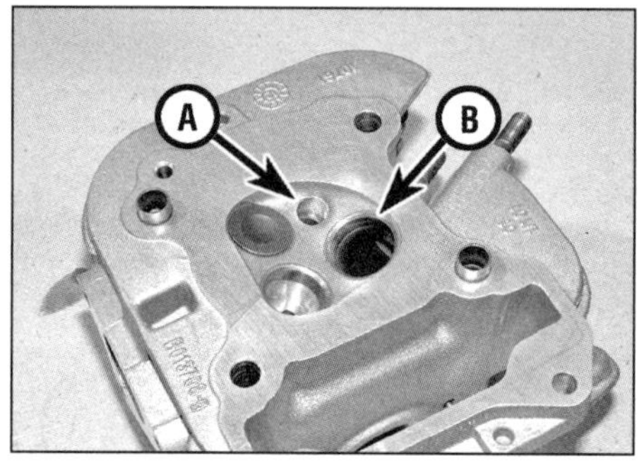

12.15 Inspizieren Sie die Bereiche um die Zündkerzenbohrung (A) und die Ventilsitze (B).

12.18 Die Ventilsitze müssen gleichmäßig breit sein.

9 Drücken Sie das Ventil in den Kopf und ziehen Sie es nach unten heraus – falls es in der Führung klemmt und sich nicht hindurchziehen lässt, muss es zurückgedrückt und der Bereich um die Keilnut mit einer sehr feinen Feile oder einem Nassschleifstein entgratet werden (siehe Abbildung).

10 Ziehen Sie am Auslassventil mit einer Zange oder einem anderen geeigneten Werkzeug die Ventilschaftdichtung von der Ventilführung (siehe Abbildungen) – sie muss später erneuert werden. Beachten Sie die Einbaulage des Federsitzes und nehmen Sie diesen ab (siehe Abbildung). Bei den Einlassventilen bilden die Schaftdichtung und der Federsitz ein Bauteil, das gemeinsam erneuert werden muss (siehe Abbildung).

11 Wiederholen Sie die Prozedur mit den anderen Ventilen und achten Sie darauf, dass die Einzelteile genau wieder dem entsprechenden Kanal im Zylinderkopf zugeordnet werden.

12 Kratzen Sie vorsichtig die Kohleablagerungen aus dem Brennraum. Nach einer groben Reinigung kann eine Handdrahtbürste oder Stahlwolle eingesetzt werden – benutzen Sie niemals einen elektrisch betriebenen Drahtbürsten-Aufsatz, da das weiche Aluminium leicht abgetragen werden kann. Als Nächstes wird der Zylinderkopf mit Lösungsmittel gereinigt und sorgfältig getrocknet. Druckluft beschleunigt das Trocknen und sorgt dafür, dass alle Löcher und Ecken sauber werden.

13 Schaben Sie Ölkohleablagerungen von den Ventilen und reinigen Sie Ventilteller und Schäfte anschließend mit einem Drahtbürstenaufsatz für die Bohrmaschine. Achten Sie darauf, dass die Ventile nicht durcheinandergeraten.

14 Reinigen Sie alle Ventilfedern, Keile, Federteller und -Sitze mit Lösungsmittel und trocknen Sie sie sorgfältig. Reinigen Sie immer nur die Teile eines Ventils zurzeit, um Verwechslung zu vermeiden.

Kontrolle

15 Inspizieren Sie den Zylinderkopf sorgfältig auf Risse und andere Beschädigungen – dies gilt vor allem für die Bereiche um die Zündkerzenbohrung und die Ventilsitze (siehe Abbildung). Wenn Risse festgestellt werden, muss der Zylinderkopf gegen ein Neuteil ausgetauscht werden.

16 Begutachten Sie das Zündkerzengewinde – bei Beschädigungen kann ein Gewindeeinsatz helfen (beachten Sie die Hinweise im Anhang, Sektion 2). Viele kleine Werkstätten können diese Reparatur erledigen.

17 Ermitteln Sie mithilfe eines Haarlineals und einer Fühlerlehre in verschiedenen Richtungen, ob die Dichtfläche des Zylinderkopfs verzogen ist. Falls der Verzug mehr als 0,03 mm beträgt, kann die Dichtfläche eventuell geplant werden, ansonsten ist der Kopf durch ein Neuteil zu ersetzen – erkundigen Sie sich in einer Fachwerkstatt.

18 Begutachten Sie die Ventilsitze im Brennraum (siehe Abbildung) – sie müssen rundherum gleichmäßig breit sein. Falls sich Ausbrüche, Risse oder Verbrennungen zeigen, muss der Zylinderkopf ersetzt werden – die Sitze sind nicht austauschbar.

19 Inspizieren Sie den Ventilteller sorgfältig auf Risse, Ausbrüche und verbrannte Stellen und begutachten Sie den Ventilschaft und die Keilnuten auf Riefen und Risse (siehe Abbildung). Messen Sie die Dichtflächenbreite des Ventiltellers und vergleichen Sie das Ergebnis mit den Angaben in den technischen Daten. Drehen Sie das Ventil und kontrollieren Sie dabei, ob es Anzeichen auf Verzug gibt. Begutachten Sie das Ende des Schaftes auf Ausbrüche und übermäßigen Verschleiß. Irgendeines der oben beschriebenen Anzeichen bedeutet, dass das Ventil ersetzt werden muss.

20 Messen Sie ggf. den Durchmesser des Ventilschafts an mehreren Stellen (siehe Abbildung) und vergleichen Sie das Ergebnis mit den technischen Daten. Zu geringe, aber auch ungleichmäßige Ergebnisse weisen auf Verschleiß hin.

21 Ermitteln Sie mit Spezialmessgeräten den Innendurchmesser der Ventilführung – messen Sie an beiden Enden und in der Mitte, um eine ausgeschlagene Führung festzustellen. Subtrahieren Sie den Ventilschaft-Durchmesser

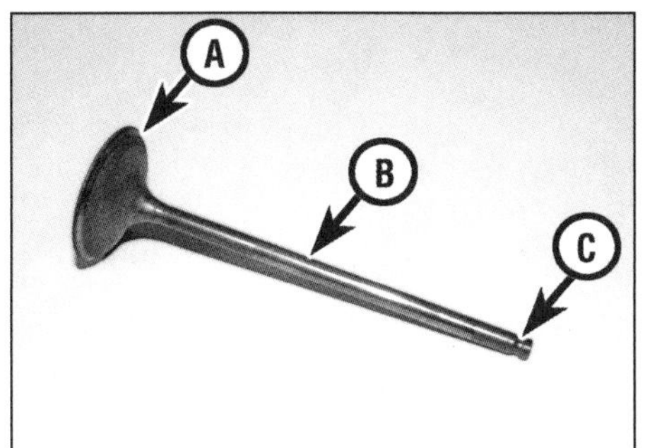

12.19 Kontrollieren Sie die Dichtflächenbreite des Ventiltellers (A), den Schaft (B) und die Keilnuten (C) auf Verschleiß und Beschädigungen.

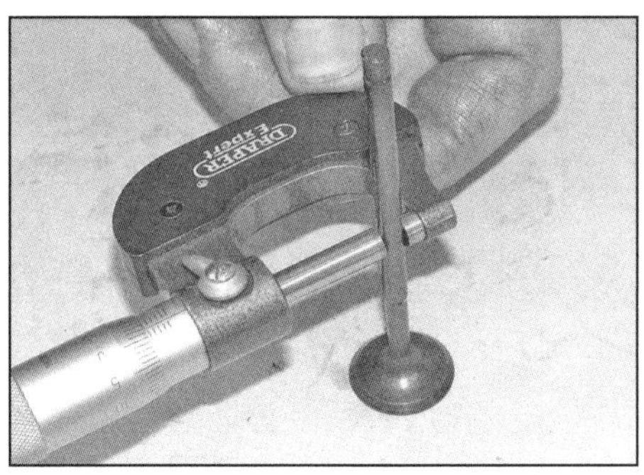

12.20 Messen Sie den Durchmesser des Ventilschafts.

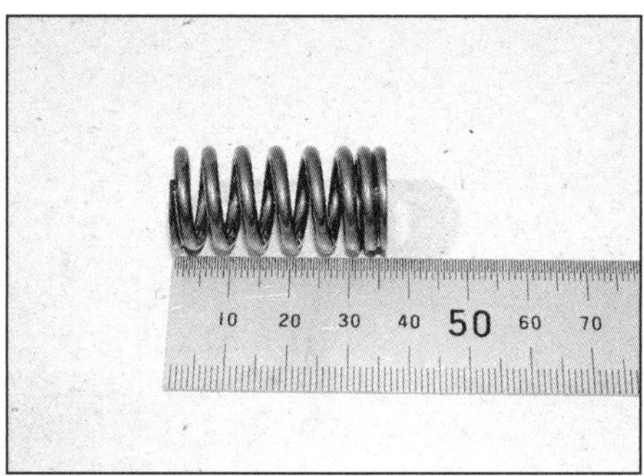

12.22 Messen Sie die freie Länge der Ventilfeder.

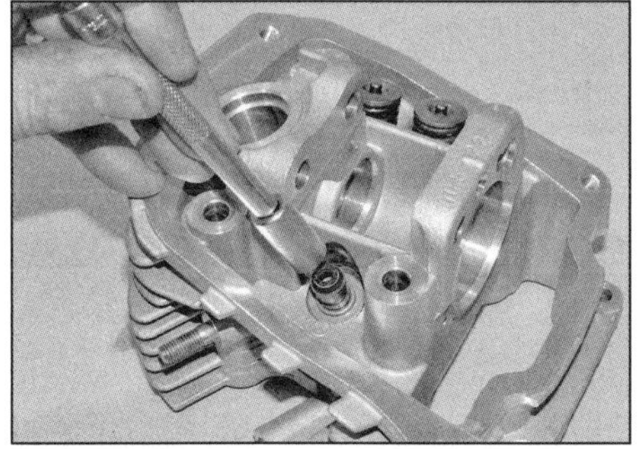

12.25a Drücken Sie die neue Ventilschaftdichtung senkrecht auf, . . .

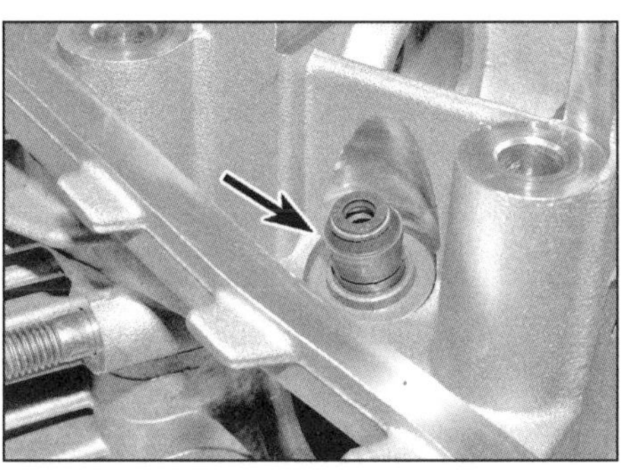

12.25b . . . bis sie wie gezeigt sitzt.

12.28 Die Keilnuten werden mit etwas Fett in Position gehalten.

vom Durchmesser der Führung, um das Spiel zu ermitteln, und vergleichen Sie alle Ergebnisse mit den Angaben in den technischen Daten. Falls eine Führung verschlissen ist, muss der Zylinderkopf ausgetauscht werden, da die Führungen nicht separat erhältlich sind.

Anmerkung: *Ölkohle-Ablagerungen innerhalb der Führungen sind Hinweise auf Verschleiß.*

22 Kontrollieren Sie die Enden der Ventilfedern auf Verschleiß und Ausbrüche. Stellen Sie die Federn aufrecht hin, um einen möglichen Verzug zu erkennen. Ventilfedern ermüden mit der Zeit, sodass sie die Ventile bei hohen Drehzahlen nicht mehr sicher schließen können. Messen Sie die freie Länge der Federn und vergleichen Sie sie mit den Angaben in den Technischen Daten (siehe Abbildung). Ist eine Feder kürzer, so ist sie ermüdet und es müssen alle Ventilfedern ersetzt werden.

Anmerkung: *Generell ist es ratsam, beim Überholen der Ventile die Federn ungeachtet ihres Zustands auszutauschen – immer als Set.*

23 Kontrollieren Sie die Federteller und Keile auf sichtbaren Verschleiß und Brüche. Alle fraglichen Teile sollten nicht wiederverwendet werden, da bei ihrem Ausfall im Motorbetrieb sehr große Schäden entstehen können.

Zusammenbau

24 Unabhängig von einer vorangegangenen Ventilüberholung müssen die Ventile vor dem Einbau in den Kopf eingeschliffen (geläppt) werden, um die Dichtigkeit an den Ventilsitzen sicherzustellen. Beachten Sie hierzu die Hinweise in Kapitel 2C, Sektion 12.

25 Sobald alle Komponenten bereit für den Zusammenbau sind, werden die Ventile nacheinander installiert. Legen Sie beim Auslassventil den Federsitz über die Führung in den Zylinderkopf und drücken Sie mit einem geeigneten Steckschlüssel die neue Ventilschaftdichtung darüber, bis sie einrastet (siehe Abbildungen) – Spannen oder Drehen der Dichtung sollte unterbleiben, da sonst die Abdichtung gegen den Ventilschaft beeinträchtigt werden kann. Ebenfalls darf sie nicht mehr demontiert werden, da sie dadurch beschädigt werden kann. Installieren Sie bei den Einlassventilen die kombinierten Schaftdichtungen und Federsitze auf entsprechende Weise.

26 Schmieren Sie den Ventilschaft mit frischem Motoröl und installieren Sie das Ventil in seine Führung – drehen Sie es dabei langsam, um die Schaftdichtung nicht zu beschädigen. Prüfen Sie, ob sich das Ventil frei in der Führung verschieben lässt.

27 Installieren Sie die Ventilfeder wie beim Ausbau notiert (siehe Schritt 8). Installieren Sie den Federteller mit dem Bund nach unten in die Feder.

28 Versehen Sie die Keilnuten mit etwas Fett, um die Keile bei der Montage in Position zu halten. Drücken Sie die Ventilfeder mit der Federpresse zusammen und installieren Sie die Keile (siehe Abbildung). Komprimieren Sie die Feder nicht mehr als nötig. Achten Sie darauf, dass die Keile sicher in ihrer Nut sitzen, und lösen Sie die Presse.

29 Wiederholen Sie die Prozedur mit den anderen Ventilen.

30 Stützen Sie den Zylinderkopf so auf Hölzern, dass die Ventile nicht den Boden berühren können, und schlagen Sie sehr sanft auf die Ventilschäfte, damit die Keile sich in den Nuten setzen können.

13 Zylinder

Ausbau

Spezialwerkzeug: *Falls ein neuer Zylinder und/oder Kolben installiert werden sollen, muss mit einer speziellen Vorrichtung die korrekte Stärke der Zylinderfußdichtung ermittelt werden (siehe Schritte 13 bis 18).*

1 Demontieren Sie den Zylinderkopf (siehe Sektion 11).

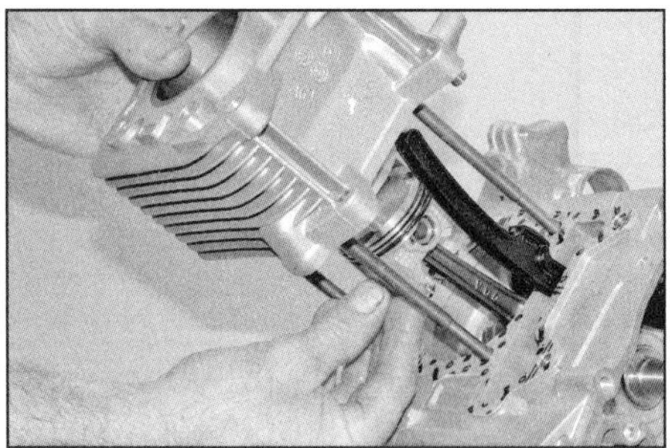
13.3 Stützen Sie den frei werdenden Kolben gut ab.

13.4 Positionen der Zylinder-Passhülsen

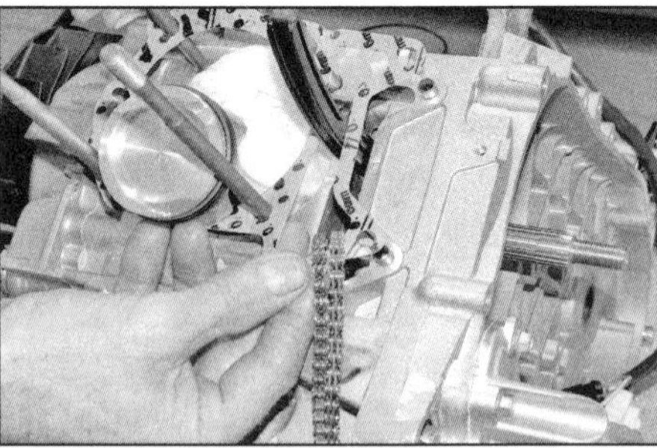
13.5a Heben Sie die Zylinderfußdichtung ab . . .

2 Beachten Sie, wie die Steuerketten-Führungsschiene in den Vertiefungen vorn im Zylinder liegt (Abbildung 9.9) und heben Sie sie heraus.
3 Heben Sie den Zylinder über die Stehbolzen ab – führen Sie dabei die Steuerkette durch den Schacht und legen Sie sie vorn über den Motor. Sobald der Kolben zugänglich wird, muss er abgestützt werden, damit er nicht gegen das Gehäuse schlägt (siehe Abbildung). Falls der Zylinder klemmt, muss er rundherum mit einem weichen Hammer abgeklopft werden – versuchen Sie nicht, ihn mit einem Schraubendreher abzuhebeln, da dies die Dichtfläche zerstört. Sobald der Zylinder entfernt ist, müssen saubere Lappen um das Pleuel herum in das Motorgehäuse gestopft werden, damit kein Schmutz eindringen kann.
4 Falls die oben im Motorgehäuse oder unten im Zylinder steckenden Passhülsen locker sind, müssen sie sichergestellt werden (siehe Abbildung).
5 Entnehmen Sie die Zylinderfußdichtung und notieren Sie die darauf markierte Stärke (0,4, 0,6 oder 0,8 mm) (siehe Abbildung). Falls der Zylinder und der Kolben wiederverwendet werden sollen, muss eine Dichtung der gleichen Stärke beschafft werden – die alte darf keinesfalls wiederverwendet werden.

Kontrolle

6 Inspizieren Sie die Zylinderbohrung sorgfältig auf Riefen und Klemmspuren. Nötigenfalls muss der Zylinder samt Kolben ersetzt werden.
7 Zur Ermittlung des Verschleißes, der Kegelförmigkeit und der Ovalität muss der Zylinder mit einer geeigneten Ausrüstung vermessen werden – jeweils innerhalb des Kolbenring-Bewegungsraums einige Millimeter unterhalb des oberen Randes, in der Mitte und über dem unteren Rand, jeweils längs und quer zur Kurbelwelle (siehe Abbildungen). Ermitteln Sie anhand unterschiedlicher Messungen einen kegel- oder ovalförmig Verschleiß.
8 Ermitteln Sie in einer Tiefe von 27,7 mm die Stelle des größten Verschleißes, messen Sie dort den Bohrungs-Durchmesser und vergleichen Sie das Ergebnis mit den Angaben in den technischen Daten. Der Zylinder und der Kolben werden beim Zusammenbau mit Größen-Codes versehen, die unbedingt aufeinander abgestimmt sein müssen. Die Codes für diese Motoren sind von A bis D aufgelistet. Der Größen-Code ist oben in der Zylinder-Dichtfläche eingeschlagen (siehe Abbildung).
9 Falls der Zylinder stark riefig ist oder übermäßigen Verschleiß aufweist, muss ein neues Kolben/Zylinder-Kit beschafft und installiert werden – der Zylinder ist nicht separat erhältlich.
10 Vermessen Sie den Kolben (siehe Sektion 14) und errechnen Sie durch dessen Subtraktion das Kolbenspiel. Wenn sich der Zylinder in einem guten Zustand befindet und das Kolbenspiel innerhalb der Vorgaben liegt, kann der Zylinder wiederverwendet werden. Ist das Spiel zu groß, muss ein Kolben mit dem korrekten Durchmesser beschafft werden.
11 Prüfen Sie, ob alle Stehbolzen fest im Motorgehäuse sitzen – die eingebaute Höhe muss ab der Dichtfläche 170 mm betragen. Lockere oder beschädigte Stehbolzen müssen vollständig herausgedreht werden. Reinigen Sie das Gewinde und tragen Sie dauerelastische Sicherungspaste (»Loctite«) auf, bevor Sie den Stehbolzen wieder eindrehen. Zum Anziehen können ein spezielles Stehbolzen-Werkzeug oder zwei am oberen Gewinde gegeneinander verkonterte Muttern verwendet werden.

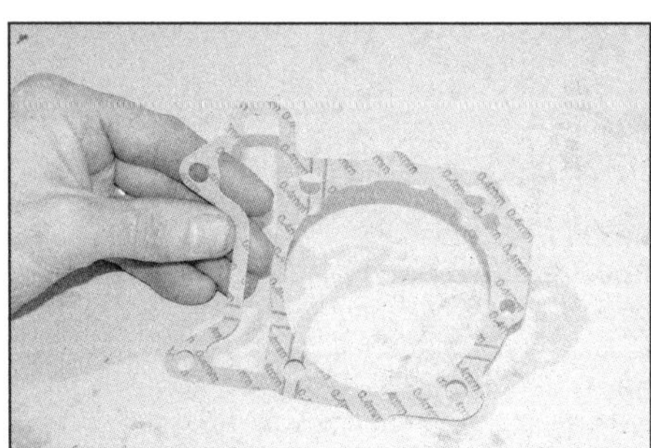
13.5b . . . und beachten Sie die aufgedruckte Stärke.

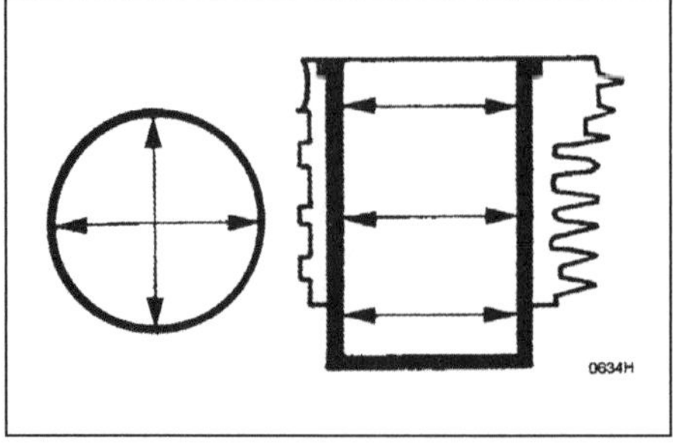

13.7a Vermessen Sie die Zylinderbohrung in den gezeigten Richtungen und Höhen . . .

Einbau

12 Kontrollieren Sie die Dichtflächen des Zylinders und des Motorgehäuses.
13 Um Fertigungstoleranzen auszugleichen, bietet Piaggio drei verschieden starke Zylinderfußdichtungen an (0,4, 0,6 und 0,8 mm). Soweit der originale Zylinder samt Kolben wiederverwendet werden, muss die neue Dichtung die gleiche Stärke wie die alte aufweisen (siehe Schritt 5). Falls Neuteile montiert werden sollen, muss der Zylinder ohne Fußdichtung über den Kolben geschoben und auf dem Motorgehäuse verschraubt werden (siehe Schritte 21 bis 23). Jetzt muss mithilfe einer schwenkbar montierten Messuhr (Piaggio bietet hierfür unter der Teilenummer 020942Y eine spezielle Halterung an) die Höhendifferenz zwischen dem im OT stehenden Kolben und der Zylinder-Dichtfläche ermittelt werden, um die Stärke der benötigten Fußdichtung zu ermitteln.
14 Sorgen Sie dafür, dass der Zylinder mithilfe von auf die Stehbolzen geschobenen Distanzhülsen und den leicht angezogenen Muttern fest auf dem Motorgehäuse sitzt.
15 Montieren Sie die Messuhr mit dem Messdorn gegen die Zylinder-Dichtfläche und nullen Sie sie (Abbildung 13.13 in Kapitel 2A). Drehen Sie die Kurbelwelle so, dass der Kolben sich etwas in der Bohrung absenkt.
16 Schwenken Sie die Messuhr, sodass der Dorn mittig in der Zylinderbohrung steht. Drehen Sie die Kurbelwelle so, dass der Kolben im Zylinder bis in den OT aufsteigt und der Messdorn in der Mitte des Kolbenbodens aufsetzt. Lesen Sie jetzt die Messuhr ab (Abbildung 13.15 in Kapitel 2A).
17 Je tiefer der Kolben im Zylinder steht, desto dünner muss die Fußdichtung sein. Wenn der Kolben 0 bis 0,1 mm tiefer liegt, wird eine 0,8 mm starke Dichtung benötigt; zwischen 0,1 und 0,3 mm muss die Dichtung 0,6 mm stark sein und bei einem 0,3 bis 0,4 mm tiefer liegenden Kolben muss eine 0,4 mm starke Dichtung beschafft werden.

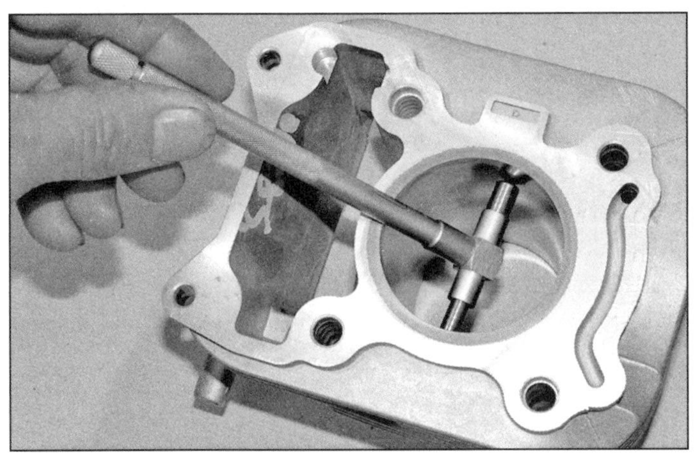

13.7b ... mithilfe eines speziellen Messgeräts.

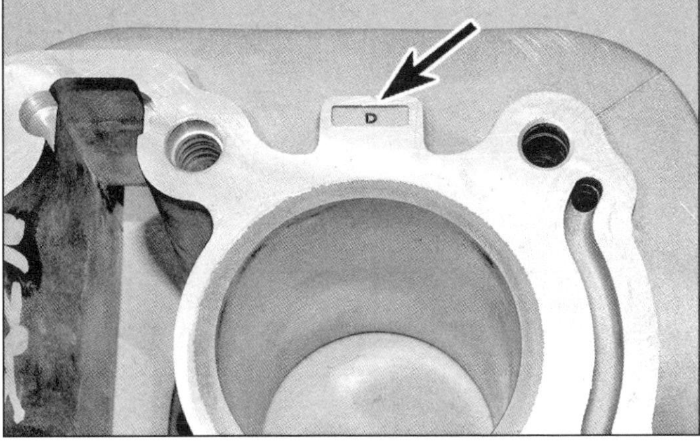

13.8 Größen-Codierung in der Zylinder-Dichtfläche

18 Alternativ können zur Ermittlung der Kolben-Einbauhöhe auch ein Haarlineal und Fühlerlehrenblätter verwendet werden, doch eine Messuhr ist deutlich genauer. Bringen Sie den Kolben in den OT und messen Sie seinen Abstand zum über den Zylinder gelegten Haarlineal (siehe Abbildung). Auch hier muss dafür gesorgt sein, dass der Zylinder fest auf das Motorgehäuse gedrückt ist. Lassen Sie im Zweifelsfall die Messung von einer Piaggio-Werkstatt durchführen.

19 Nachdem die Stärke der neuen Fußdichtung ermittelt ist, wird der Zylinder demontiert und die entsprechende Dichtung über die Passhülsen aufgelegt (Abbildung 13.4).

20 Klemmen Sie nötigenfalls ein Kolbenring-Spannband um den Kolben, um ihn beim Absenken des Zylinders besser einführen zu können – weil der Zylinder unten eine ausreichend große Fase zum Einführen der Kolbenringe von Hand aufweist, kann hierauf aber auch verzichtet werden. Lassen Sie möglichst einen Assistenten den Zylinder beim Einführen des Kolbens halten. Achten Sie darauf, dass die Kolbenring-Öffnungen wie in Sektion 15 beschrieben ausgerichtet sind.

21 Schmieren Sie die Zylinderbohrung, den Kolben samt Kolbenringen sowie die beiden Pleuelaugen mit frischem Motoröl und senken Sie den Zylinder ab, bis der Kolbenboden in die Bohrung gleitet. Führen Sie die Steuerkette durch den Schacht, damit sie nicht innerhalb des Motorgehäuses verklemmt.

22 Drücken Sie sanft auf den Zylinder und achten Sie darauf, dass der Kolben senkrecht eingeführt wird und nicht verkantet. Falls kein Kolbenring-Klemmband verwendet wird, müssen die Ringe vorsichtig zusammengedrückt und in die Bohrung eingeführt werden. Klopfen Sie den Zylinder nötigenfalls mit einem weichen Hammer herunter, aber wenden Sie keine Gewalt an, da ein klemmender Kolbenring leicht abbricht. Falls ein Kolbenring-Spannband verwendet wurde, muss es nach dem Einführen des Ölabstreifrings entfernt werden.

23 Nachdem alle Kolbenringe in den Zylinder eingeführt sind und dieser bis über den Kolbenbolzen abgesenkt ist, wird er über die Passhülsen auf die Fußdichtung gedrückt.

24 Installieren Sie die Steuerketten-Führungsschiene in den Kettenschacht (siehe Schritt 2) und montieren Sie den Zylinderkopf (siehe Sektion 11).

14 Kolben

Ausbau

1 Demontieren Sie den Zylinder (siehe Sektion 13). Bevor der Kolben vom Pleuel getrennt wird, müssen saubere Lappen um das Pleuel herum in das Motorgehäuse gestopft werden, damit kein Sicherungsring hineinfällt oder Schmutz eindringen kann. Der Kolben sollte auf der Oberseite ein zum Auslassventil zeigendes Dreieck aufweisen (siehe Abbildung); bringen Sie nötigenfalls eine Markierung an, um den Kolben wieder richtig herum einbauen zu können. Möglicherweise ist das Dreieck erst nach dem Entfernen der Ölkohleablagerungen sichtbar.

13.18 Ermittlung der Kolben-Einbauhöhe mithilfe eines Haarlineals und einer Fühlerlehre

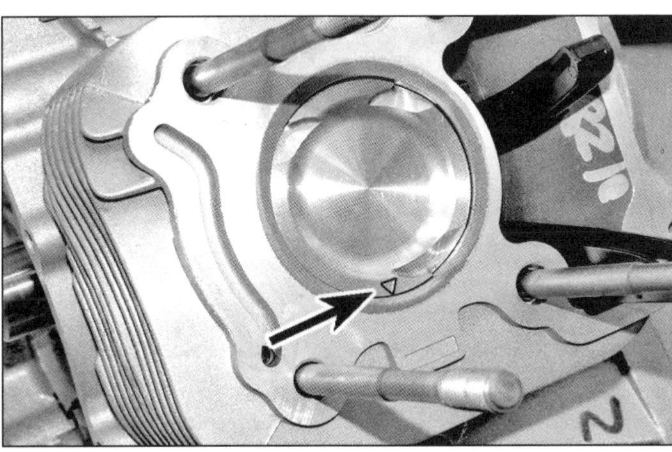

14.1 Das zum Auslass zeigende Dreieck auf dem Kolbenboden

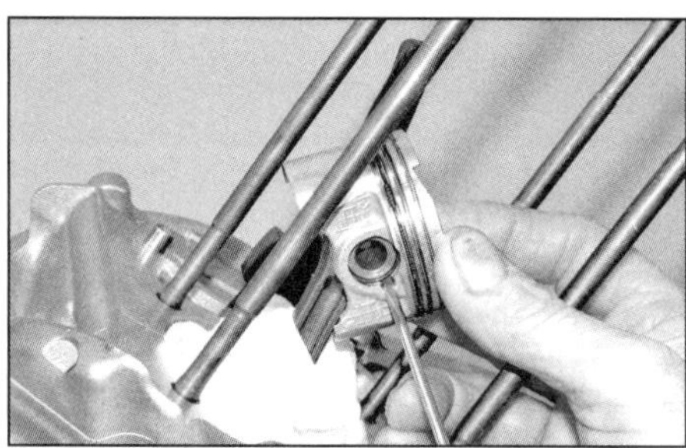

14.2a Entfernen Sie den Sicherungsring . . .

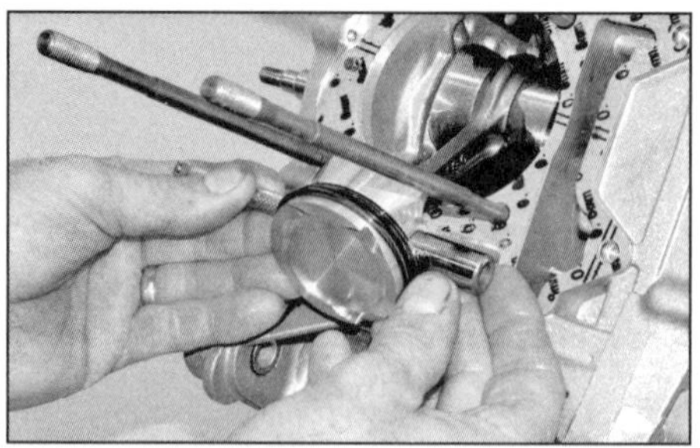

14.2b . . . und drücken Sie den Kolbenbolzen heraus.

14.4a Drücken Sie die Enden der Kolbenringe vorsichtig auseinander . . .

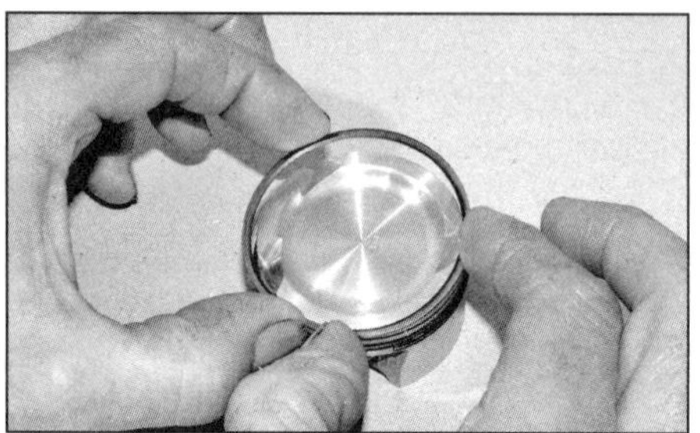

14.4b . . . und heben Sie den Kolbenring ab.

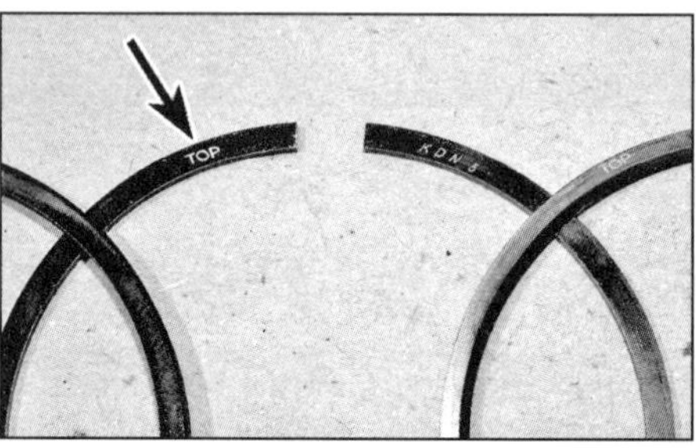

14.4c Alle Kolbenringe sind auf der Oberseite mit »TOP« markiert.

14.5 Die auf dem Kolbenboden eingeschlagene Größen-Codierung

2 Hebeln Sie an einer Seite vorsichtig den Kolbenbolzen-Sicherungsring heraus – hierzu kann ein geeignetes Werkzeug in der dafür vorgesehenen Kerbe angesetzt werden (siehe Abbildung). Drücken Sie den Kolbenbolzen (nötigenfalls mit einer Steckschlüssel-Verlängerung) von der anderen Seite heraus, um den Kolben vom Pleuel zu befreien (siehe Abbildung). Entfernen Sie auch den anderen Kolbenbolzen-Sicherungsring – beide Ringe müssen später durch Neuteile ersetzt werden.

Um den Kolbenbolzen-Sicherungsring daran zu hindern, wegzuspringen oder ins Motorgehäuse zu fallen, sollte eine Stange oder ein Schraubendreher, dessen Durchmesser größer als die Öffnung des Rings ist, durch den Kolbenbolzen geschoben werden, um ihn aufzufangen.

Falls der Kolbenbolzen fest im Kolben sitzt, kann dieser vorsichtig mit einem Heißluftgebläse erwärmt werden – hierbei dehnt sich das Aluminium aus und der Kolbenbolzen lockert sich.

Kontrolle

3 Falls der Zylinder ausgetauscht werden muss, kann die Kontrolle unterbleiben, da er mit einem neuen Kolben geliefert wird. Entfernen Sie zunächst die Kolbenringe und reinigen Sie den Kolben.

4 Alle drei Kolbenringe können von Hand entfernt werden (siehe Abbildungen); für die beiden oberen Kompressionsringe kann nötigenfalls ein spezielles Kolbenring-Werkzeug verwendet werden, beim Ölabstreifring ist dies nicht möglich. Merken Sie sich genau die Position und Einbaurichtung des jeweiligen Kolbenrings (bei dem von uns fotografierten Motor waren alle Kolbenringe auf der Oberseite mit »TOP« markiert (siehe Abbildung). Beschädigen Sie beim Ausbau der Ringe nicht die Wandungen des Kolbens. Beachten Sie die hinter dem Ölabstreifring sitzende Feder (siehe Sektion 15).

5 Schaben Sie Ölkohleablagerungen vom Kolbenboden. Nachdem grobe Ablagerungen entfernt sind, kann der Boden mit einer Hand-Drahtbürste oder feinem Schleifpapier geglättet werden – verwenden Sie auf keinen Fall eine motorbetriebene Drahtbürste, da hiermit das weiche Kolben-Material rasch abgetragen wird. Beachten Sie die in den Kolbenboden eingeschlagene Größen-Codierung (siehe Abbildung) – diese muss zum Zylinder-Größencode passen (Abbildung 13.8).

6 Befreien Sie die Kolbenring-Nuten von Ölkohleablagerungen – entweder mit einem Spezialwerkzeug oder einem abgebrochenen alten Kolbenring – achten Sie darauf, kein Aluminium des Kolbens abzutragen. Reinigen Sie den Kolben zum Schluss mit Lösungsmittel und trocknen Sie ihn mit Druckluft.

7 Begutachten Sie den Kolben auf Risse am Kolbenhemd, den Kolbenring-Aufnahmen und den Stegen zwischen den Kolbenringnuten. Gleichmäßige feine senkrechte Schleifspuren auf der Lauffläche des Kolbens und etwas Spiel des oberen Kompressionsrings in seiner Nut sind keine Gründe zur Beanstandung. Falls das Kolbenhemd riefig ist, kann der Kolben im Betrieb aufgrund anormaler Verbrennung überhitzt sein. Kontrollieren Sie auch, ob die Nuten der Kolbenbolzen-Sicherungsring nicht beschädigt sind.

8 Ein Loch im Kolbenboden kann durch Frühzündung (Klopfen und Klingeln) entstanden sein. Verbrannte Bereiche am Rand des Kolbenbodens sind ebenfalls Anzeichen von Fehlzündungen. Beseitigen Sie bei jedem dieser Anzeichen die Ursache, damit der neue Kolben nicht ebenfalls rasch beschädigt wird.

9 Der Kolben muss 27 mm unter dem oberen Rand und rechtwinklig zum Kolbenboden gemessen werden, um seinen Durchmesser zu ermitteln (siehe Abbildung). Vergleichen Sie das Ergebnis mit den Angaben in den technischen Daten. Kolben und Zylinder werden anhand der Größencodierungen (A bis D) paarweise montiert; die Kolbengröße ist auf dem Kolbenboden eingeschlagen (Abbildung 14.5).

10 Subtrahieren Sie den Kolben-Durchmesser vom Zylinder-Durchmesser, um das Kolbenspiel zu ermitteln (siehe Sektion 13).

11 Installieren Sie den Kolbenbolzen in den Kolben und prüfen Sie, ob Spiel fühlbar ist (siehe Abbildung) – dies darf nicht der Fall sein. Vermessen Sie die Durchmesser des Kolbenbolzens an beiden Enden und der Bohrungen im Kolben (siehe Abbildung) – der Bolzen darf nicht unter 14,000 mm verschlissen sein und die Bohrungen sich nicht mehr als 14,006 mm geweitet haben. Ersetzen Sie übermäßig verschlissene Teile.

12 Installieren Sie den Kolbenbolzen in das obere Pleuelauge und prüfen Sie, ob Spiel

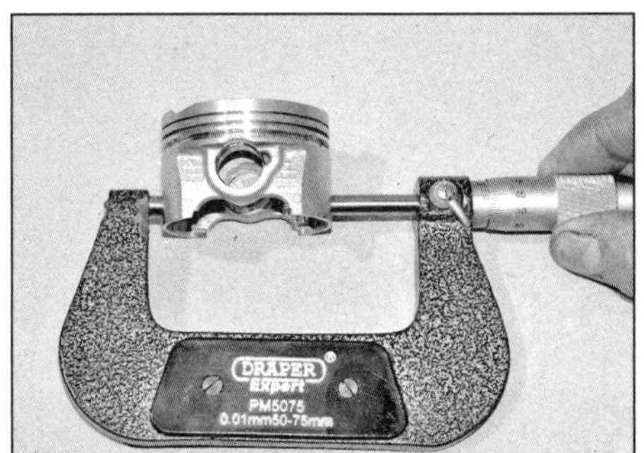

14.9 Messen Sie den Kolbendurchmesser 27 mm unter dem oberen Rand und rechtwinklig zum Kolbenboden.

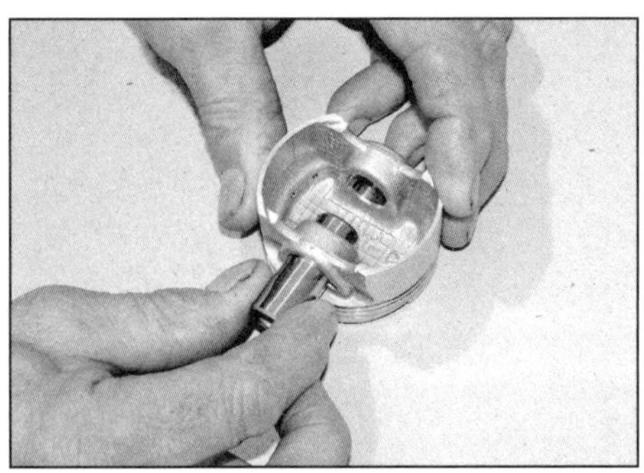

14.11a Prüfen Sie das Spiel des Kolbenbolzens im Kolben.

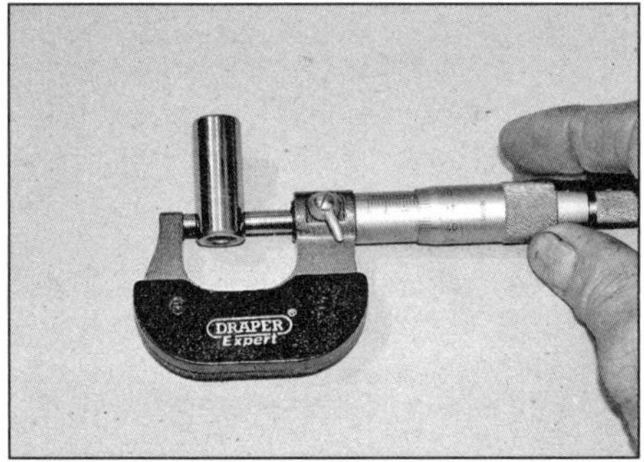

14.11b Ermitteln Sie den Durchmesser des Kolbenbolzens . . .

14.11c . . . und der Bohrung im Kolben.

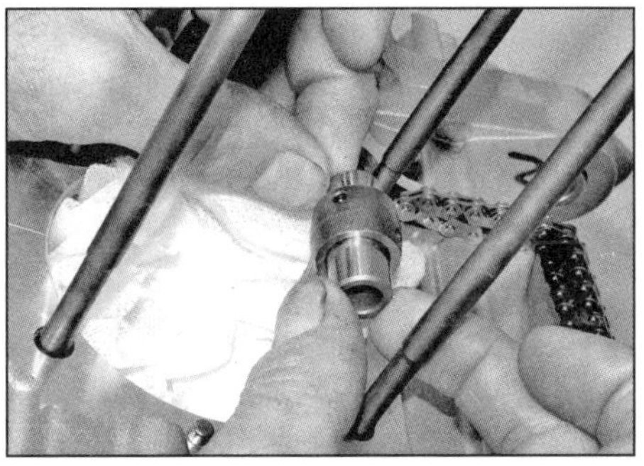

14.12 Prüfen Sie das Spiel des Kolbenbolzens im oberen Pleuelauge

fühlbar ist (siehe Abbildung). Vermessen Sie die Durchmesser des Kolbenbolzens in der Mitte und der Bohrungen im Pleuelauge – der Bolzen darf nicht unter 14,000 mm verschlissen sein und die Bohrungen sich nicht mehr als 14,030 mm geweitet haben.

13 Ersetzen Sie übermäßig verschlissene Teile (im Falle des Pleuels muss die gesamte Kurbelwelle ausgetauscht werden – siehe Sektion 20).

Einbau

14 Kontrollieren und installieren Sie die Kolbenringe (siehe Sektion 15).

15 Schmieren Sie den Kolbenbolzen, seine Bohrungen im Kolben und das obere Pleuelauge mit frischem Motoröl. Installieren Sie einen neuen Sicherungsring an einer Seite des Kolbens. Positionieren Sie den Kolben mit dem Dreieck zum Auslass zeigend über dem Pleuel und installieren Sie den Kolbenbolzen von der Seite ohne Sicherungsring durch den Kolben und das Pleuel (Abbildung 14.2b); drücken Sie ihn vollständig ein. Installieren Sie den zweiten neuen Sicherungsring in die Nut des Kolbens – drücken Sie die Sicherungsringe nur soweit zusammen, wie für den Einbau notwendig ist, prüfen Sie rundherum ihren Sitz in der Nut und achten Sie darauf, dass die Ring-Öffnung nicht in der Ausbaunut liegt (siehe Abbildung).

16 Montieren Sie den Zylinder (siehe Sektion 13).

15 Kolbenringe

1 Generell sollten bei jeder Motor-Überholung neue Kolbenringe installiert werden (siehe Abbildung). Zunächst muss jedoch in einem nicht verschlissenen Bereich des Zylinders das Stoßspiel der eingeschobenen Kolbenringe kontrolliert werden. Alle Kolbenringe sind mit Größen-Codierungen markiert, die zu denen des Kolbens und des Zylinders passen müssen (siehe Sektionen 13 und 14).

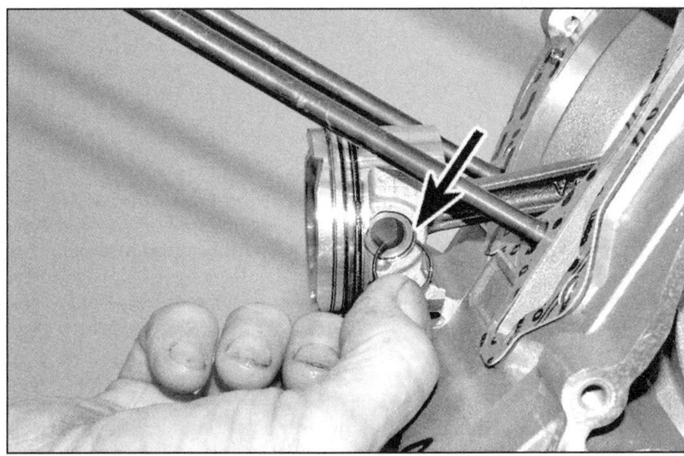

14.15 Installieren Sie die Sicherungsringe mit den Öffnungen abseits der Ausbaunut.

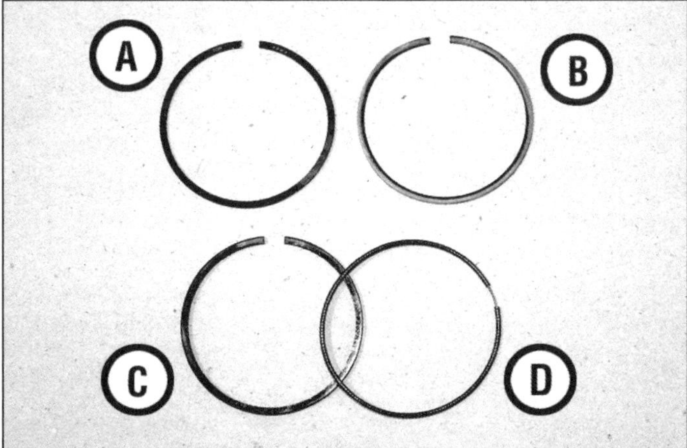

15.1 Ein Kolbenring-Set besteht aus dem oberen Kompressionsring (A), dem zweiten Kompressionsring (B), dem Ölabstreifring (C) und dessen Feder (D).

15.2a Installieren Sie den Ring in den Zylinder und richten Sie ihn mit dem Kolben senkrecht aus.

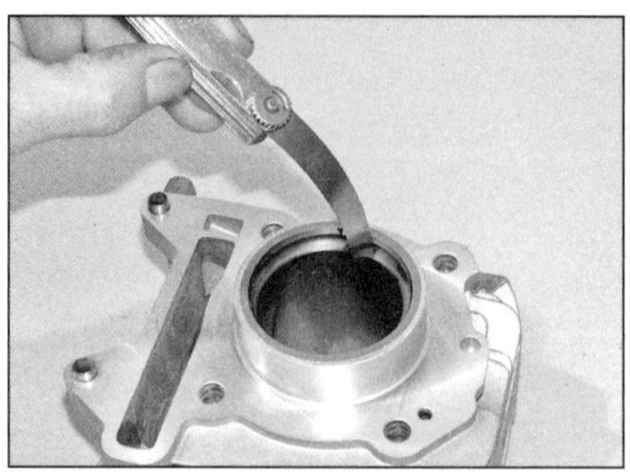

15.2b Messen Sie das vorhandene Stoßspiel mit Fühlerlehrenblättern.

15.7 Installieren Sie zuerst die Ölabstreifring-Feder.

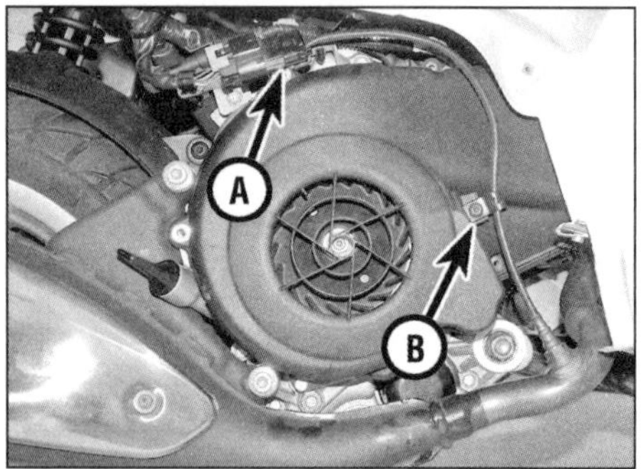

16.2 Lanbdasonden-Stecker (A) und Kabel-Klemme (B)

16.3a Gebläsedeckel-Schrauben

16.3b Heben Sie den Gebläsedeckel ab.

16.4a Löcher für das Haltewerkzeug

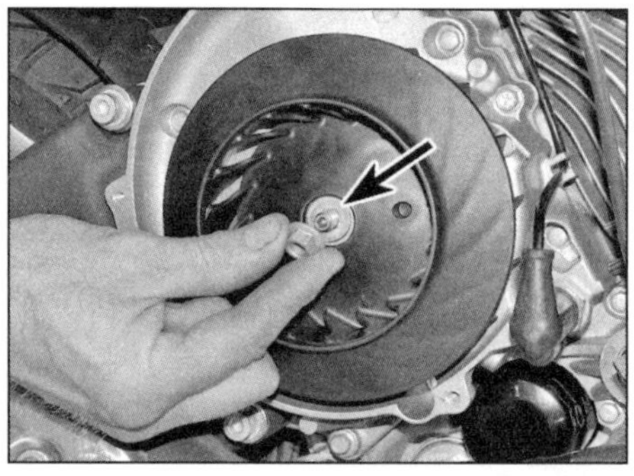

16.4b Lösen Sie die Mutter, entfernen Sie die Scheibe . . .

16.4c . . . und ziehen Sie das Gebläserad ab.

2 Zum Messen des Spiels wird der obere Kompressionsring von unten in den Zylinder geschoben und mithilfe des Kolbens etwa 15 mm oberhalb des unteren Zylinderrands senkrecht ausgerichtet (siehe Abbildung). Ermitteln Sie nun mit einer Fühlerlehre den Abstand der Ring-Enden zueinander und vergleichen Sie das Ergebnis mit den Angaben in den technischen Daten (siehe Abbildung).

3 Falls das Stoßspiel größer oder kleiner als vorgegeben ist, muss nachgeschaut werden, ob die richtigen Ringe vermessen werden. Ein zu geringes Stoßspiel kann beim Erwärmen – und entsprechendem Ausdehnen des Rings bei laufendem Motor dafür sorgen, dass die Enden sich berühren und der Ring den Zylinder beschädigt. Prüfen Sie, ob die Ringe nicht das falsche Übermaß haben.

4 Etwas zu viel Spiel ist nicht schlimm, solange nicht die Verschleißgrenze überschritten wird. Kontrollieren Sie auch in diesem Fall, ob die Kolbenringe und der Zylinder zueinander passen.

5 Wiederholen Sie die Messung mit den anderen Kolbenringen.

6 Nach der Kontrolle des Stoßspiels können die Kolbenringe an den Kolben installiert werden.

7 Führen Sie zuerst die Ölabstreifring-Feder in die untere Kolbenringnut (siehe Abbildung). Installieren Sie dann den Ölabstreifring mit »TOP« nach oben zeigend in die Nut – dehnen Sie ihn dabei nicht mehr als nötig (Abbildungen 14.4b und a). Am besten lassen sich Kolbenringe mit drei Fühlerlehrenblättern über den Kolben führen. Seine Ring-Öffnung muss gegenüber der Feder-Öffnung liegen. Installieren Sie nun den zweiten Kompressionsring – ebenfalls mit »TOP« nach oben zeigend – in die mittlere Kolbennut und den oberen Kompressionsring in die obere Nut.

8 Nachdem die Kolbenringe korrekt installiert sind, muss geprüft werden, ob sie sich klemmfrei drehen lassen. Richten Sie die Ringöffnungen wie in Abbildung 15.8 in Kapitel 2A gezeigt aus.

16.5a Beachten Sie den Stift . . .

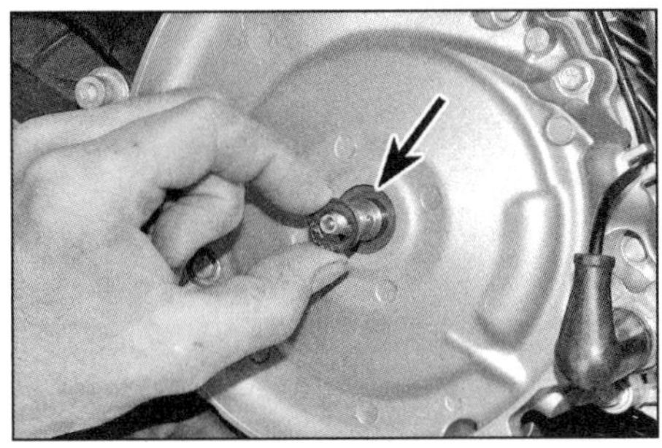

16.5b . . . und stellen Sie die Anlaufscheibe sicher. Beachten Sie den Wellendichtring (Pfeil).

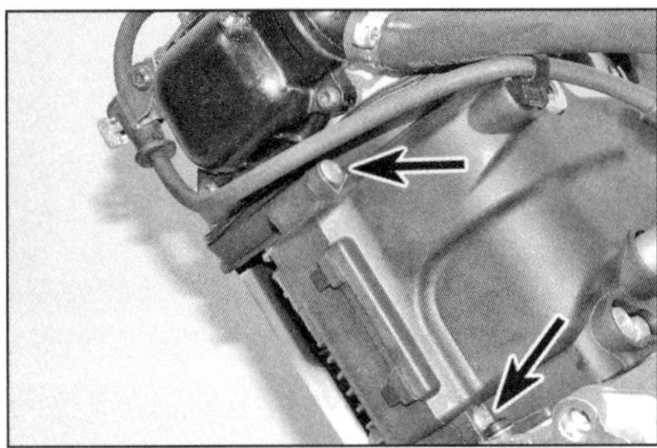

16.10a Luftleitblech-Verbindungsschrauben links . . .

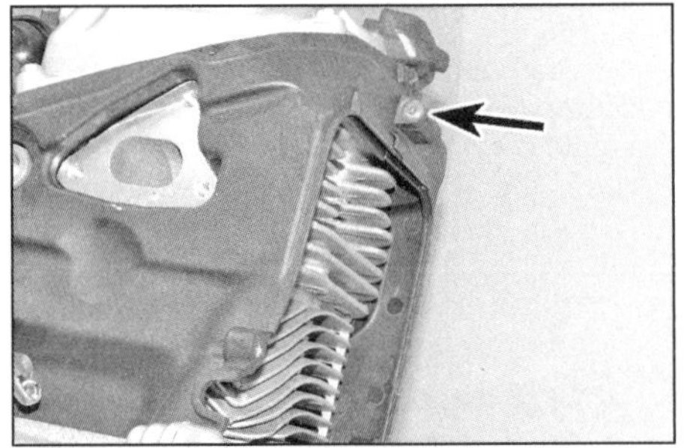

16.10b . . . und Schraube rechts.

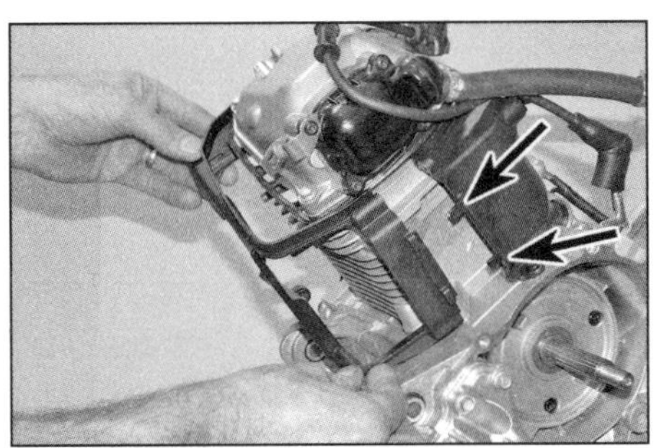

16.11 Trennen Sie links die Luftleitblech-Laschen.

16.14a Lösen Sie links die Schraube . . .

16 Gebläserad und Luftleitbleche

Gebläserad

1 Entfernen Sie die rechte Motorabdeckung und das Staufach (siehe Kapitel 9). Demontieren Sie nötigenfalls die Trittbrett-Verkleidung und das Trittbrett, um den Zugang zu verbessern.

2 Trennen Sie den Stecker der Lambdasonde und befreien Sie das Kabel aus allen Befestigungen am Gebläsedeckel (siehe Abbildung).

3 Lösen Sie die fünf Schrauben des Gebläsedeckels und entfernen Sie diesen (siehe Abbildungen) – befreien Sie die Scheiben unter den Schrauben und die Buchsen am Deckel. Notieren Sie, wie der obere Rand des Deckels im Luftleitblech sitzt.

4 Lösen Sie die zentrale Mutter, die das Gebläserad sichern – hierzu muss es am Mitdrehen gehindert werden; in den zwei Löchern in der Radnabe kann das Piaggio-Spezialwerkzeug 020442Y oder ein ähnliches Haltewerkzeug (siehe Sektion 17) angesetzt werden. Ziehen Sie nach dem Entfernen der Mutter und ihrer Scheibe das Gebläserad ab (siehe Abbildungen).

5 Beachten Sie den in der Kurbelwelle steckenden Stift und stellen Sie die darüber liegende Anlaufscheibe sicher (siehe Abbildungen).

6 Der Einbau entspricht der umgekehrten Ausbaureihenfolge.

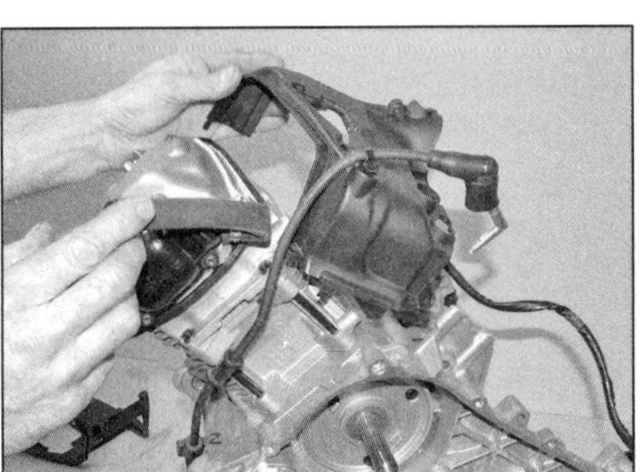

16.14b . . . und heben Sie das obere Luftleitblech-Segment ab.

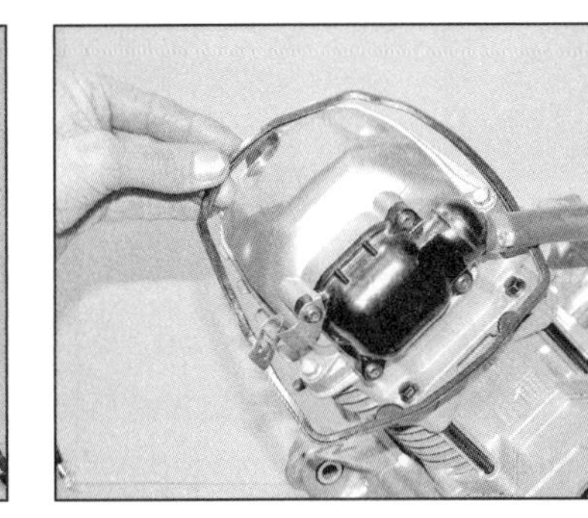

16.15 Entfernen Sie die Luftleitblech-Abdeckung.

Luftleitbleche

7 Der Zugang ist sehr begrenzt, sodass es sinnvoll ist, den Motor auszubauen (siehe Sektion 5), falls die oberen und unteren Segmente nicht nur beiseite genommen, sondern komplett demontiert werden sollen.

8 Entfernen Sie die Gebläseabdeckung (Schritte 1 bis 3).

9 Demontieren Sie den Auspuff (siehe Kapitel 5).

10 Lösen Sie links die zwei Schrauben und rechts die einzelne Schraube, um die Luftleitblech-Segmente zu trennen (siehe Abbildungen).

11 Ziehen Sie das untere Luftleitblech-Segment ab, um links ihre Laschen zu befreien (siehe Abbildung).

12 Demontieren Sie das Drosselklappengehäuse und den Einlassstutzen (siehe Kapitel 5). Trennen Sie den Stecker des Motortemperatursensors und schrauben Sie diesen heraus.

13 Demontieren Sie den Anlasser (siehe Kapitel 10) und die Zündspule (siehe Kapitel 6).

14 Lösen Sie links die Schraube, mit der das obere Luftleitblech-Segment am Motorgehäuse gesichert ist, und heben Sie sie ab (siehe Abbildungen).

15 Befreien Sie die oben um den Zylinderkopf herum liegende Luftleitblech-Abdichtung (siehe Abbildung) – merken Sie sich die Einbaulage.

16 Der Einbau entspricht der umgekehrten Ausbaureihenfolge.

2B

17 Lichtmaschinenrotor und Stator

Anmerkung: *Diese Prozedur kann bei eingebautem Motor ausgeführt werden. Falls der Motor ausgebaut ist, müssen nicht zutreffende Schritte ignoriert werden.*

Kontrolle

1 Beachten Sie die Hinweise in Kapitel 10, Sektion 28.

Ausbau

2 Lassen Sie das Motoröl ab (siehe Kapitel 1).
3 Demontieren Sie das Gebläserad (siehe Sektion 16).
4 Die Kurbelwelle ist durch einen im Lichtmaschinendeckel sitzenden Wellendichtring geführt (Abbildung 16.5b) – kontrollieren Sie diesen auf Undichtigkeiten und ersetzen Sie ihn ggf. nach der Demontage des Deckels.

Anmerkung: *Es ist ratsam, den Wellendichtring bei jeder Demontage des Lichtmaschinendeckels generell zu ersetzen.*

5 Trennen Sie den Kabelstecker des Öldruckschalters (siehe Abbildung).
6 Verfolgen Sie die rechts aus dem Motor kommenden Lichtmaschinen- und Zündgeberspulen-Kabel und trennen Sie innerhalb der Karosserie ihre Stecker (Abbildung 5.10). Befreien Sie die Kabel aus allen Befestigungen und führen Sie sie zum Lichtmaschinendeckel zurück – merken Sie sich ihre Verlegung.
7 Demontieren Sie den Auspuff (siehe Kapitel 5). Alternativ können die Befestigungsschrauben des Schalldämpfers gelöst (siehe Abbildung) und dieser vom Lichtmaschinendeckel abgezogen werden, um Zugang zu den

17.5 Stecker des Öldruckschalters

Schrauben und Platz für das Befreien des Deckels zu erhalten.
8 Stellen Sie den Öl-Sammelbehälter unter den Motor, um beim Abnehmen des Deckels austretendes Restöl aufzunehmen. Lockern Sie dann die Schrauben schrittweise und über Kreuz (siehe Abbildung). Da sie unterschiedli-

17.7 Positionen der Schalldämpfer-Befestigungsschrauben

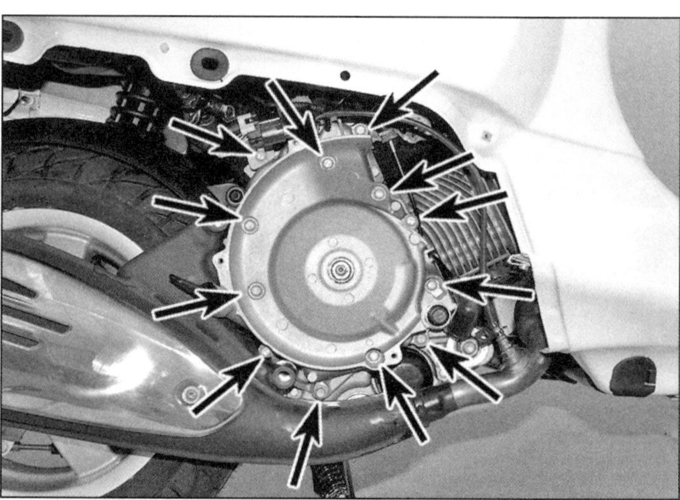

17.8a Die Schrauben des Lichtmaschinendeckels ...

17.8b ... sollten z.B. so gelagert werden, um wieder an ihre ursprüngliche Positionen zu gelangen.

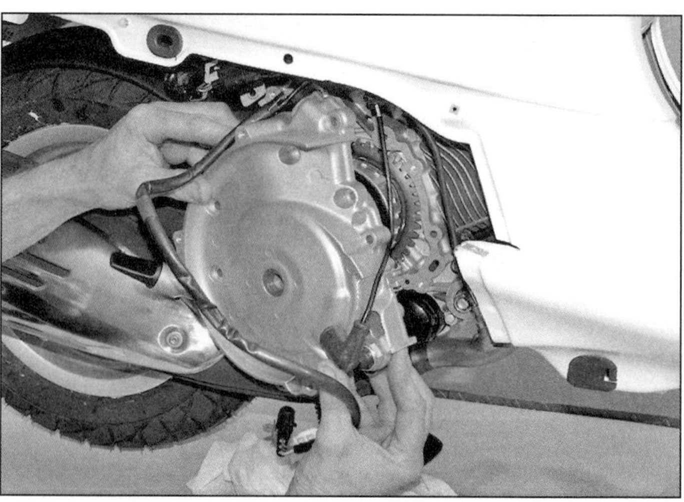

17.9 Ziehen Sie den Deckel ab – aber heben Sie nicht daran!

17.10a Entfernen Sie die alte Dichtung.

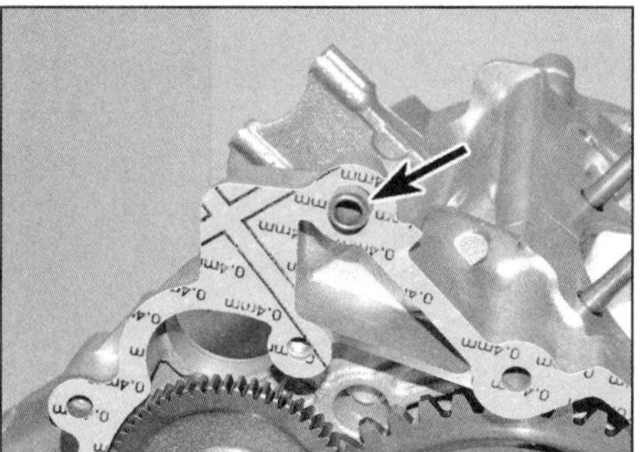
17.10b Position der oberen ...

17.10c ... und der unteren Passhülse.

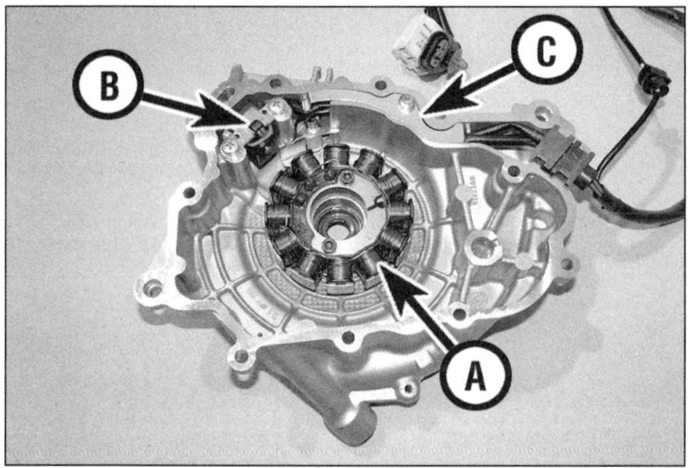

17.11 Lichtmaschinen-Stator (A), Zündgeberspule (B), Kabelführung (C)

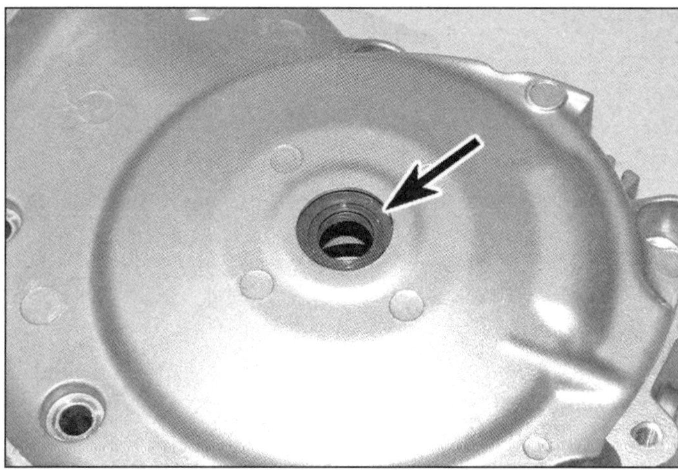
17.12 Einbaulage des Wellendichtrings im Lichtmaschinendeckel

che Längen haben, müssen sie entsprechend gelagert werden, um wieder an ihre ursprüngliche Positionen zu gelangen (siehe Abbildung) (siehe *Praxis-Tipp*).

Praxis TiPP ***Zeichnen Sie auf einer Pappe die Umrisse des Deckels auf und drücken Sie für jede Schraube ein entsprechend positioniertes Loch hinein, damit sie später wieder an ihre ursprüngliche Positionen gelangen kann.***

9 Ziehen Sie den Deckel ab (siehe Abbildung) – falls er klemmt, muss er rundherum mit einem weichen Hammer abgeklopft werden, damit er sich löst. Auf keinen Falls darf der Deckel abgehebelt werden – dies würde die Dichtflächen zerstören! Entfernen Sie ggf. die auf der Kurbelwelle sitzende Anlaufscheibe.

10 Entfernen Sie die Deckeldichtung (siehe Abbildung) – später muss eine neue verwendet werden. Falls die im Gehäuse oder Deckel steckenden Passhülsen locker sind, müssen sie sichergestellt werden (siehe Abbildungen).

11 Der Lichtmaschinen-Stator und die Zündgeberspule sitzen innerhalb des Deckels (siehe Abbildung). Lösen Sie nötigenfalls die Schrauben, um die Kabelführung, die Zündgeberspule und den Stator zu befreien und als Baugruppe herauszuheben.

12 Um den Wellendichtring aus dem Deckel zu entfernen, muss dieser auf die Werkbank gelegt und mit einem geeigneten Steckschlüssel von außen nach innen getrieben werden – beachten Sie seine Einbaurichtung (siehe Abbildung). Reinigen Sie den Dichtring-Sitz, schmieren Sie den neuen Dichtring mit Motoröl und drücken Sie ihn von innen in seinen Sitz.

13 Zum Lösen der Rotormutter muss der Rotor blockiert werden. Piaggio bietet hierfür unter der Teilenummer 020939Y ein Spezialwerkzeug an. Auch kann ein Bandschlüssel um den Rotor gelegt werden, doch muss darauf geachtet werden, die Zündauslöser nicht zu beschädigen (siehe Abbildung).

14 Kontern Sie den Rotor, lösen Sie seine Mutter und entfernen Sie die Scheibe (siehe Abbildung). Beachten Sie bei der ab 2013 hinter der Rotormutter liegenden Tellerfeder deren Einbaurichtung, bevor Sie sie entfernen.

17.13 Hier wird der Rotor mit einem Bandschlüssel gekontert.

17.14 Lösen Sie bei gekontertem Rotor die Mutter und entfernen Sie die Scheibe.

17.15 Schraube der Freilaufrad-Führung

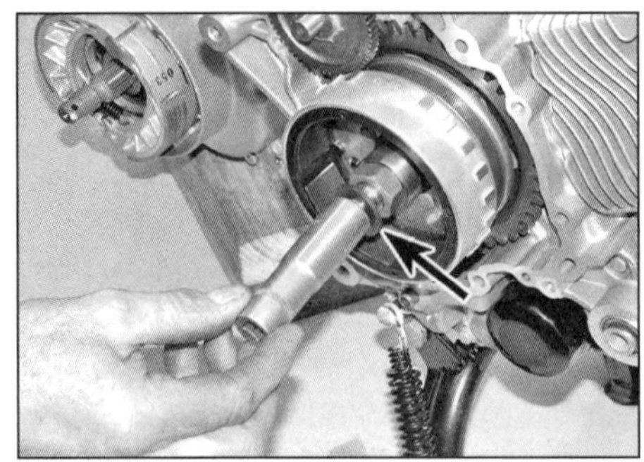

17.18a Installieren Sie eine dicke Scheibe und einen langen Steckschlüssel über die Kurbelwelle . . .

17.18b . . . und ziehen Sie den Rotor ggf. mit einem Zweiarmabzieher ab.

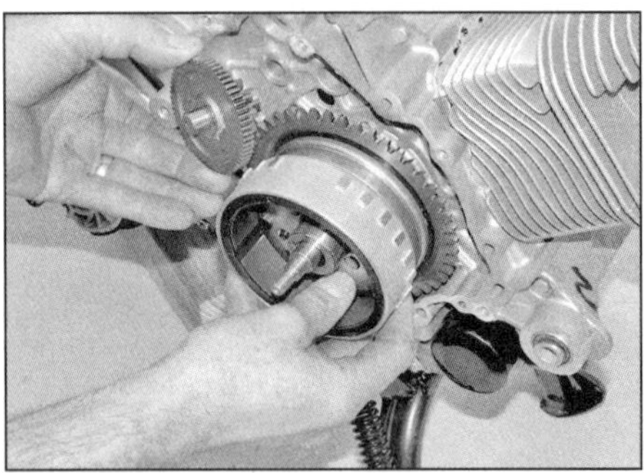

17.19a Entfernen Sie den Rotor und das Untersetzungsrad gemeinsam.

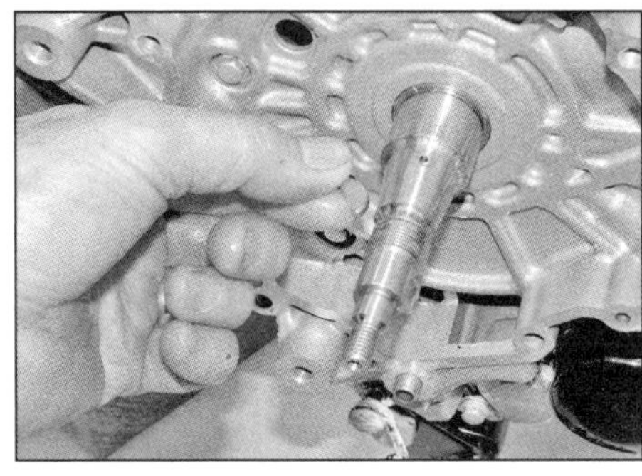

17.19b Stellen Sie ggf. den Keil sicher.

15 Bevor die Rotor-Baugruppe entfernt werden kann, muss die Schraube der Freilaufrad-Führung gelöst und diese entfernt werden (siehe Abbildung).

16 Zum Abziehen des Rotors von der Kurbelwelle wird ein geeigneter Abzieher benötigt, wie ihn Piaggio unter der Teilenummer 020933Y anbietet, ein Zweiarmabzieher kann auch verwendet werden. Achten Sie beim Ansetzen des Abziehers darauf, dass sein äußeres Segment vollständig in den Rotor geschraubt wird. Drehen Sie die Rotormutter einige Umdrehungen auf die Kurbelwelle, um diese zu schützen.

17 Achten Sie beim Ansetzen des Abziehers darauf, dass dessen Bolzen weit genug herausgedreht ist, sodass das Gehäuse vollständig auf das Gewinde der Rotornabe gedreht werden kann. Halten Sie das Außenteil dann mit einem Maulschlüssel und ziehen Sie den zentralen Bolzen an, um den Rotor zu befreien.

18 Bei der Verwendung eines Zweiarmabziehers muss eine dicke Unterlegscheibe gegen die Rotormutter gelegt und ein langer Steckschlüssel oder geeignetes Rohr über die Welle geschoben werden (siehe Abbildung). Die Arme des Abziehers müssen korrekt hinter den Rotor greifen, bevor sein Bolzen angezogen wird (siehe Abbildung).

19 Sobald der Rotor frei ist, wird der Abzieher entfernt und die Rotormutter abgedreht. Entfernen Sie den Rotor und das Anlasser-Untersetzungsrad (siehe Abbildung). Stellen Sie ggf. den Keil aus der Kurbelwelle sicher (siehe Abbildung).

20 Entfernen Sie ggf. das Freilaufrad vom Freilauf hinten am Rotor (siehe Sektion 18).

Einbau

21 Reinigen Sie die Dichtflächen des Deckels und des Motorgehäuses mit geeignetem Lösungsmittel und beseitigen Sie alte Dichtungsreste – beschädigen Sie dabei nicht das weiche Aluminium.

22 Setzen Sie den Lichtmaschinen-Stator, die Zündgeberspule und die Kabelführung in den Deckel – achten Sie auf einen korrekt positionierten Kabelstopfen (Abbildung 17.11). Reinigen Sie die Gewinde der Befestigungsschrauben, tragen Sie frische Sicherungspaste (z. B. Loctite 242) auf, installieren Sie die Schrauben und ziehen Sie sie mit 5 bis 6 Nm an.

23 Falls entfernt, werden der Freilauf und das Freilaufrad hinten an den Rotor montiert (siehe Sektion 18).

24 Reinigen Sie den Konus der Kurbelwelle und sein Gegenstück im Rotor mit Lösungsmittel; im magnetischen Rotor dürfen sich keine Metallteile ansammeln. Falls entfernt, muss der Keil in die Nut der Kurbelwelle installiert werden. Setzen Sie den Rotor und das Anlasser-Untersetzungsrad gemeinsam auf (Abbildung 17.19a) – die Nut des Rotors muss zum Keil in der Kurbelwelle ausgerichtet sein.

25 Legen Sie ggf. die Tellerfeder auf (siehe Schritt 14), setzen Sie die Rotormutter an, blockieren Sie den Rotor wie beim Ausbau (Abbildung 17.13) und ziehen Sie die Mutter mit 100 bis 110 Nm an. Legen Sie ggf. die Anlaufscheibe vor die Mutter.

26 Montieren Sie die Führung des Freilaufrads und ziehen Sie ihre Schraube sorgfältig an (Abbildung 17.15).

27 Falls entfernt, müssen die Passhülsen ins Motorgehäuse gesteckt werden. Legen Sie eine neue Dichtung darüber (Abbildungen 17.10c, b und a) – »kleben« Sie sie nötigenfalls mit etwas Fett an.

28 Schmieren Sie den im Deckel sitzenden Wellendichtring innen mit etwas Motoröl und setzen Sie den Deckel auf, ohne seine Dichtlippe zu beschädigen.

29 Installieren Sie die Deckelschrauben in ihre ursprüngliche Bohrungen und ziehen Sie sie über Kreuz bis zum Drehmoment von 11 bis 13 Nm an (Abbildung 17.8a).

30 Montieren Sie die verbliebenen Komponenten in der umgekehrten Ausbaureihenfolge. Alle Kabel müssen korrekt verlegt, verbunden und gesichert sein. Montieren Sie ggf. den Auspuff und ziehen Sie seine Schrauben mit den in den technischen Daten von Kapitel 5 angegebenen Drehmomenten an.

31 Füllen Sie Motoröl auf (siehe Kapitel 1 und *Tägliche Kontrollen*).

18 Anlasserfreilauf und Zahnräder

Anmerkung: *Diese Prozedur kann bei eingebautem Motor ausgeführt werden. Falls der Motor ausgebaut ist, müssen nicht zutreffende Schritte ignoriert werden.*

Test

1 Der Anlasserfreilauf sitzt an der Rückseite des Lichtmaschinenrotors – für den Zugang muss der Lichtmaschinendeckel demontiert werden (siehe Sektion 17).

2 Die Funktion des Freilaufs kann bei montiertem Rotor getestet werden: Das Freilaufrad

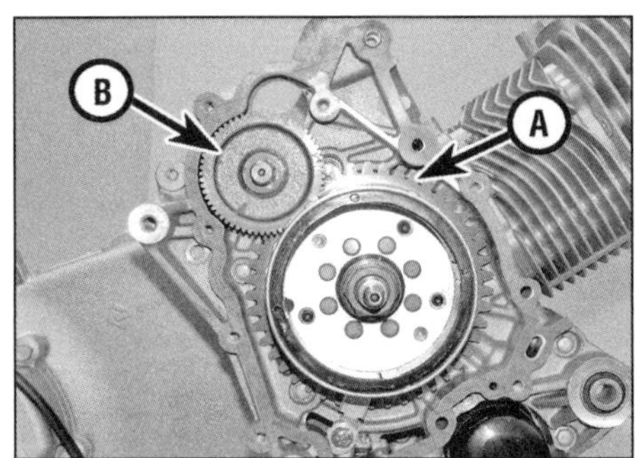

18.2 Das Freilaufrad (A) darf sich nur gegen den Uhrzeigersinn drehen lassen. Beachten Sie das Anlasser-Untersetzungsrad (B).

18.4 Bei auf der Werkbank liegendem Lichtmaschinenrotor darf sich das Freilaufrad nur im Uhrzeigersinn drehen lassen.

18.6 Die Spreizrollen dürfen nicht beschädigt oder verschlissen sein.

muss sich frei gegen den Uhrzeigersinn drehen lassen, es muss aber blockieren, wenn versucht wird, es im Uhrzeigersinn zu drehen (siehe Abbildung). Bei anderen Ergebnissen ist der Freilauf defekt und muss für eine Kontrolle ausgebaut werden.

Ausbau

3 Entfernen Sie das Anlasser-Untersetzungsrad und den Lichtmaschinenrotor (siehe Sektion 17).

Kontrolle

4 Falls noch nicht erledigt, muss der Anlasserfreilauf getestet werden (siehe oben). Bei auf der Werkbank liegendem Lichtmaschinenrotor muss sich das Freilaufrad frei im Uhrzeigersinn drehen lassen, aber gegen den Uhrzeigersinn blockieren (siehe Abbildung) – bei anderen Ergebnissen muss der Freilauf für weitere Untersuchungen zerlegt werden.

5 Ziehen Sie das Freilaufrad aus dem Freilauf – drehen Sie es dabei im Uhrzeigersinn.

6 Kontrollieren Sie den Spreizrollen-Ring im Freilaufmechanismus auf Verschleiß und Beschädigungen – die Rollen dürfen nicht abgeflacht oder stark riefig sein (siehe Abbildung). Waschen Sie die Baugruppe in Lösungsmittel und blasen Sie sie möglichst mit Druckluft trocken. Schmieren Sie die Rollen mit frischem

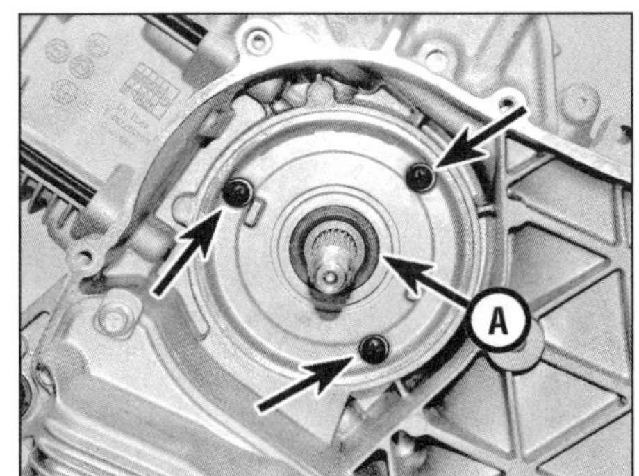

19.3 Dichtring (A) und Schrauben im linken Motordeckel

18.9 Die Freilaufrad-Nabe darf keine Riefen oder Ausbrüche aufweisen.

Motoröl und prüfen Sie erneut die Funktion des Freilaufs (siehe Schritt 4) – falls er immer noch nicht funktioniert, muss der Spreizrollenring ersetzt werden.

7 Bei S-Modellen bis 2013 und allen Primavera- und Sprint-Modellen ist der Anlasserfreilauf in den Lichtmaschinenrotor integriert und kann nicht separat ersetzt werden.

8 Bei LX-Modellen ist der Freilaufring mit einem Spannstift an der Rückseite des Lichtmaschinenrotors gesichert; hebeln Sie den Ring gleichmäßig ab und ziehen Sie den Spannstift heraus – beim Einbau wird ein neuer Stift benötigt. Beachten Sie die Position des Distanzstücks zwischen dem Rotor und dem Freilaufring. Reinigen Sie die Komponenten und sichern Sie das Distanzstück und den neuen Freilaufring mit einem neuen Spannstift am Rotor.

9 Kontrollieren Sie die Oberfläche der Freilaufrad-Nabe auf Verschleiß und Beschädigungen (siehe Abbildung).

10 Kontrollieren Sie die Zähne des Untersetzungsrades, des Freilaufrads und des Anlassers (siehe Abbildung) und ersetzen Sie verschlissene oder beschädigte Zahnräder bzw. den Anlasser.

Einbau

11 Schmieren Sie die Spreizrollen mit Motoröl und installieren Sie das Freilaufrad – drehen

18.10 Kontrollieren Sie die Zahnräder (und die Zähne der Anlasserwelle) auf Verschleiß und Beschädigungen.

Sie es dabei im Uhrzeigersinn. Installieren Sie dann den Lichtmaschinenrotor und das Untersetzungsrad (siehe Sektion 17). Achten Sie darauf, dass die Zähne des Untersetzungsrads in die Verzahnung des Freilaufrads und der Anlasserwelle greifen.

12 Installieren Sie die verbliebenen Komponenten in der umgekehrten Ausbaureihenfolge.

2B

19 Ölpumpe und Überdruckventil

1 Lassen Sie das Motoröl ab (siehe Kapitel 1).

2 Demontieren Sie das Antriebsriemenrad und den Variator (siehe Kapitel 3, Sektion 3).

3 Kontrollieren Sie links am Motor den Wellendichtring für die Kurbelwelle auf Undichtigkeiten (siehe Abbildung) – nötigenfalls muss er nach der Demontage des linken Motordeckels ausgetauscht werden. Der Außenrand des Deckels ist mit einem O-Ring gegen das Gehäuse abgedichtet (Abbildung 19.7a) – dieser sollte nach jeder Demontage erneuert werden.

4 Lösen Sie die Schrauben des linken Motordeckels und entfernen Sie sie samt ihrer Kupfer-Dichtscheiben (Abbildung 19.3) – ersetzen Sie beschädigte Scheiben.

19.5 Ziehen Sie den Deckel mit an den Angüssen angesetzten Zangen aus dem Motorgehäuse.

19.6 Position der Ölpumpenketten-Führung

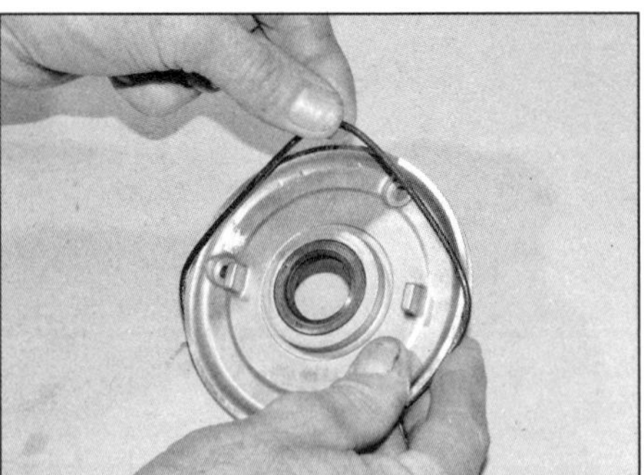

19.7a Entfernen Sie den O-Ring aus der Nut im Deckelrand.

19.7b Beachten Sie die Einbaurichtung des Wellendichtrings.

19.7c Treiben Sie den neuen Dichtring mit einem Holzstück bündig ein.

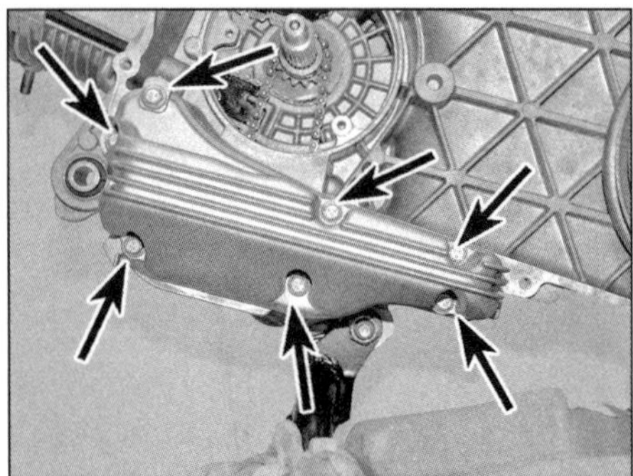

19.8 Ölwannendeckel-Schrauben

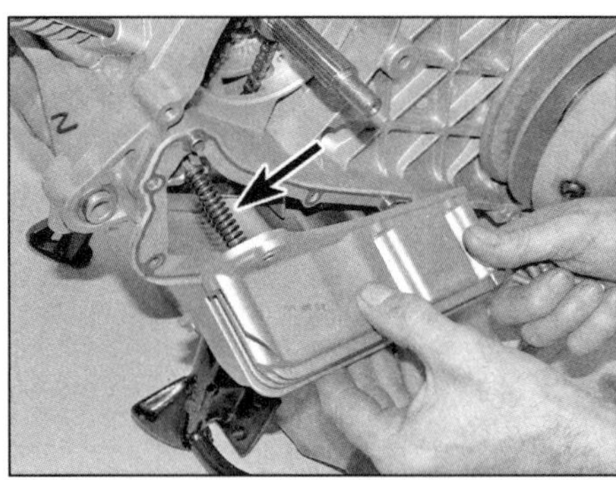

19.9 Feder des Überdruckventils

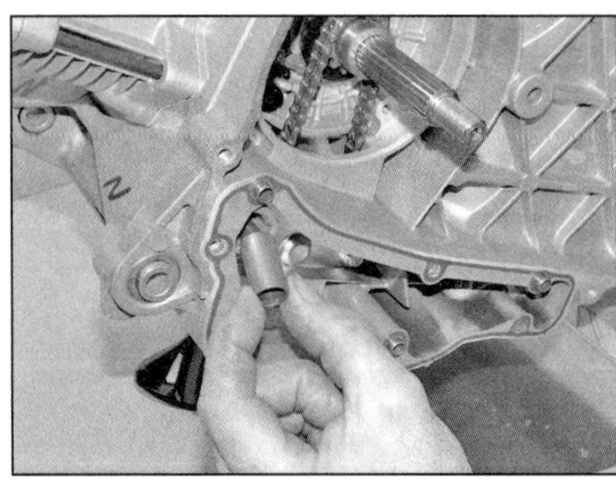

19.10 Ziehen Sie das Überdruckventil heraus.

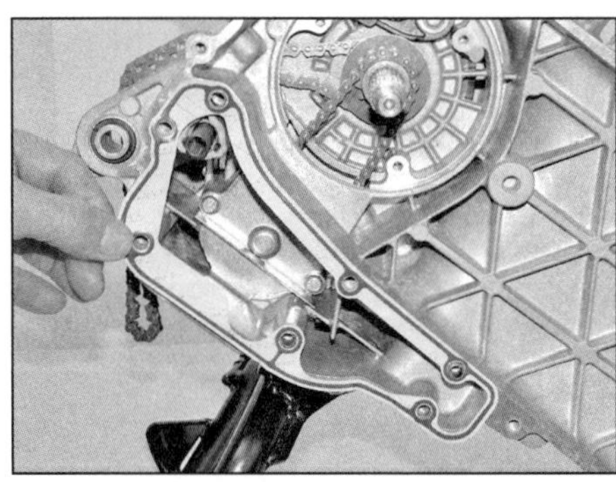

19.11a Entfernen Sie die Deckeldichtung.

5 Beachten Sie die Ausrichtung des Deckels und ziehen Sie ihn mit an den Angüssen angesetzten Zangen aus dem Motorgehäuse (siehe Abbildung) – hebeln würde den Dichtring beschädigen.

6 Beachten Sie an der Rückseite des Deckels die Position der Ölpumpenketten-Führung (siehe Abbildung) – falls sie verschlissen ist, muss sie ersetzt werden.

7 Entfernen Sie den O-Ring aus der Nut im Deckelrand (siehe Abbildung). Falls der Wellendichtring erneuert werden muss, ist zunächst seine Einbaurichtung zu notieren; pressen Sie ihn anschließend mit einem geeigneten Steckschlüssel von innen heraus. Schmieren Sie den neuen Dichtring mit Motoröl und drücken Sie ihn mithilfe eines Holzstücks von außen bündig zum Deckel ein (siehe Abbildungen).

8 Stellen Sie einen Altöl-Sammelbehälter unter den Motor, um Ölreste aufzunehmen. Lösen Sie schrittweise und über Kreuz die Ölwannendeckel-Schrauben (siehe Abbildung) – beachten Sie ihre Positionen und die der Bowdenzug-Führung.

9 Ziehen Sie den Ölwannendeckel ab – beachten Sie die Feder des Überdruckventils (siehe Abbildung). Falls der Deckel klemmt, muss er rundherum mit einem weichen Hammer abgeklopft werden, um ihn zu lockern – keinesfalls darf er abgehebelt werden, da hierbei die Dichtfläche beschädigt werden kann.

10 Ziehen Sie das Überdruckventil vorn aus der Ölwanne (siehe Abbildung).

11 Entfernen Sie die Deckeldichtung (siehe Abbildung) – beim Einbau wird eine neue benötigt. Stellen Sie nötigenfalls die Passhülsen aus dem Gehäuse oder dem Deckel sicher, falls sie locker sind (siehe Abbildung)

12 Lösen Sie die Schrauben der vor dem Ölpumpenritzel sitzenden Abdeckplatte und entfernen Sie diese (siehe Abbildungen).

13 Schieben Sie einen Treibdorn durch eine der Bohrungen im Ritzel in eine Gehäuse-Vertiefung, um das Ritzel zu blockieren, und lösen Sie die Ritzelschraube (siehe Abbildungen). Entfernen Sie die Schraube samt ihrer Tellerfeder – beachten Sie deren Einbaurichtung. Ziehen Sie das Ritzel von der Pumpenwelle und heben Sie es aus der Kette.

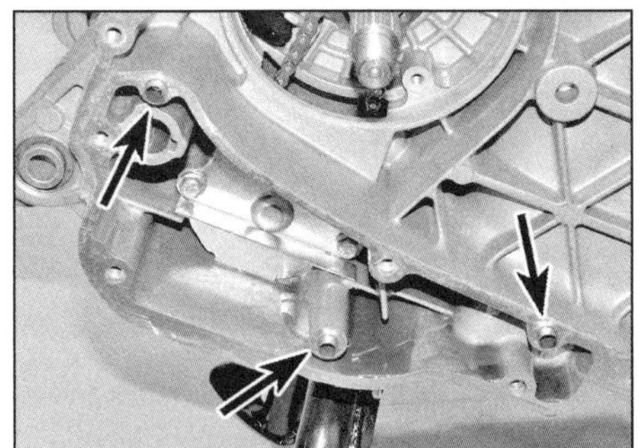

19.11b Positionen der drei Ölwannendeckel-Passhülsen

19.12a Lösen Sie die Schrauben . . .

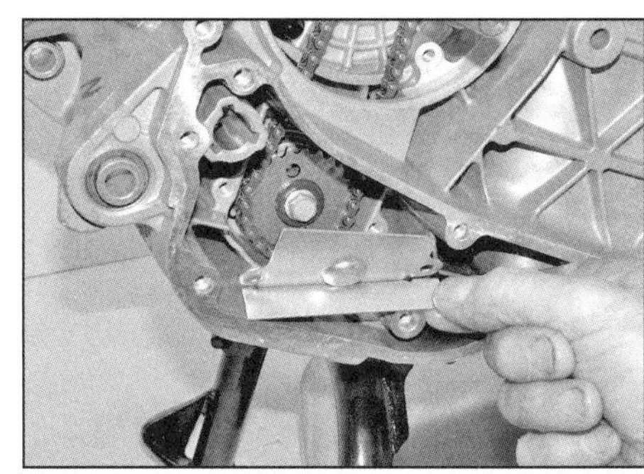

19.12b . . . und entnehmen Sie die Abdeckplatte.

19.13a Blockieren Sie das Ölpumpenritzel und lösen Sie dessen Schraube, . . .

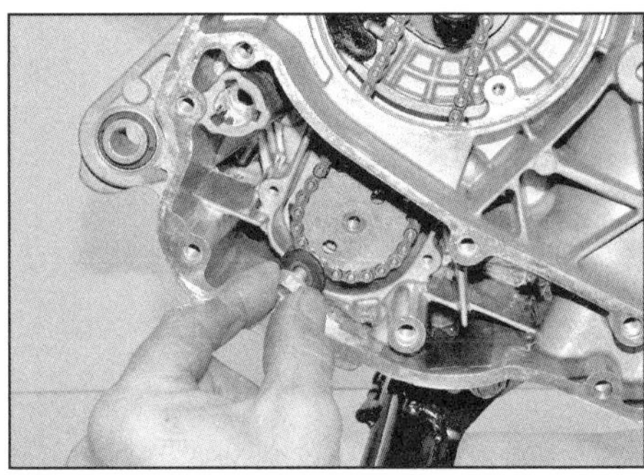

19.13b . . . entfernen Sie diese samt ihrer Tellerfeder – beachten Sie deren Einbaulage – . . .

19.13c . . . und ziehen Sie das Ritzel ab – beachten Sie seine Ausrichtung auf der Pumpenwelle.

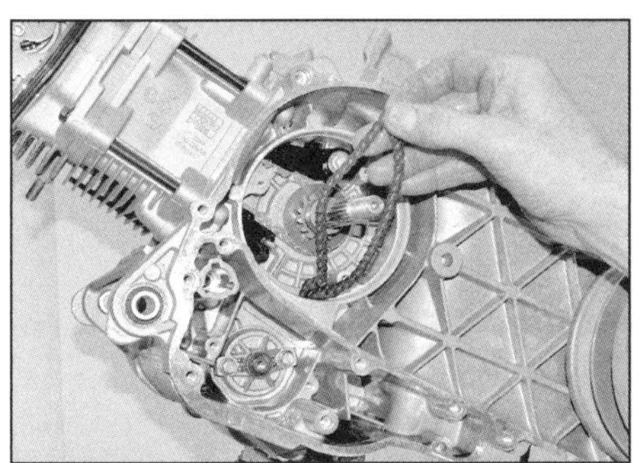

19.14 Heben Sie die Antriebskette vom Kurbelwellenritzel und befreien Sie sie.

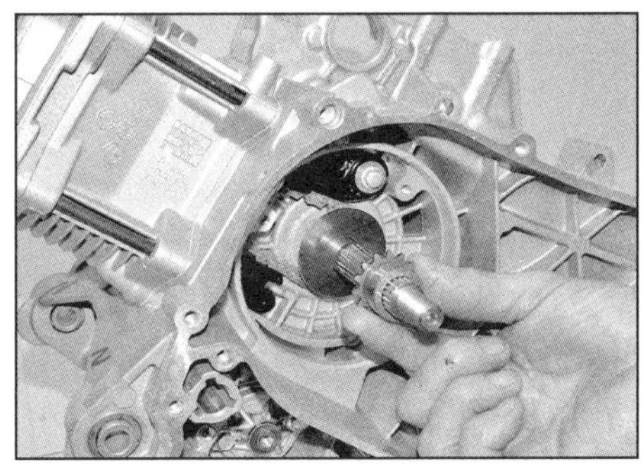

19.15a Ziehen Sie das Antriebsritzel von der Kurbelwelle . . .

19.15b . . . und entfernen Sie den O-Ring.

14 Heben Sie nötigenfalls die Antriebskette vom Ritzel der Kurbelwelle (siehe Abbildung) und markieren Sie sie an der Außenseite, um sie später wieder in ihrer ursprünglichen Laufrichtung installieren zu können.
15 Ziehen Sie das Antriebsritzel von der Kurbelwelle – beachten Sie seine Ausrichtung (siehe Abbildung). Stellen Sie den dahinter liegenden O-Ring sicher (siehe Abbildung) – beim Einbau wird ein Neuteil benötigt.
16 Lösen Sie die Befestigungsschrauben der Ölpumpe und entnehmen Sie sie (siehe Abbildung). Entnehmen Sie die Ölpumpen-Dichtung (siehe Abbildung) – beim Einbau wird ein Neuteil benötigt.

19.16a Ölpumpen-Befestigungsschrauben

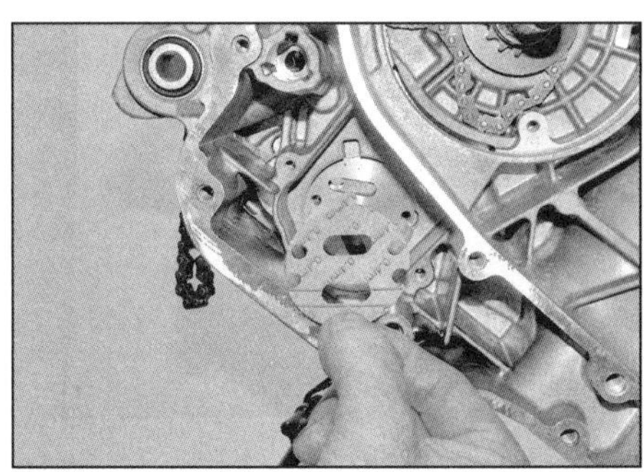

19.16b Beachten Sie die Position der Ölpumpendichtung.

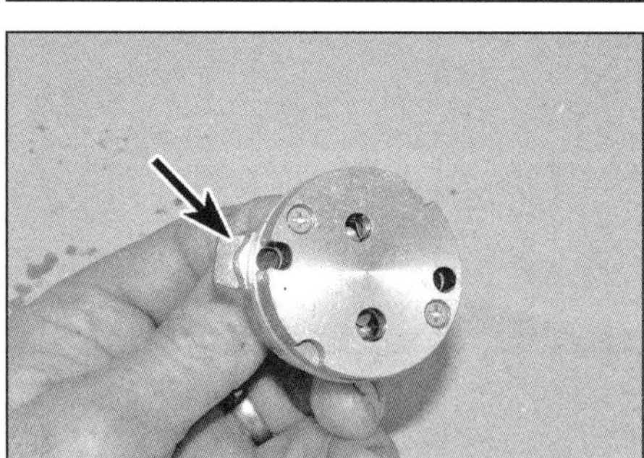

19.21 Richten Sie den Anguss des Pumpengehäuses zur Aussparung des Motorgehäuses aus.

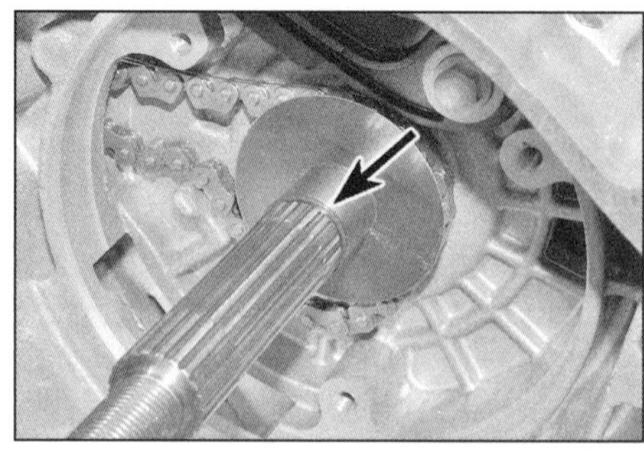

19.22 Installieren Sie den O-Ring in die Nut der Kurbelwelle.

Kontrolle

17 Folgen Sie hierzu den Hinweisen in Kapitel 2C, Sektion 18, aber verwenden Sie die technischen Daten am Anfang dieses Kapitels. Vermessen Sie möglichst den Durchmesser des Überdruckventil-Kolbens mit einer Mikrometerschraube, um Verschleiß festzustellen.

Einbau

18 Reinigen Sie die Dichtflächen des Ölwannendeckels und des Motorgehäuses mit Lösungsmittel und beseitigen Sie Dichtungsreste – beschädigen Sie dabei nicht das relativ weiche Aluminium.

19 Reinigen Sie die Dichtflächen der Ölpumpe und ihres Sitzes im Motorgehäuses mit Lösungsmittel und beseitigen Sie Dichtungsreste – beschädigen Sie dabei nicht das relativ weiche Aluminium.

20 Positionieren Sie die korrekt ausgerichtete Ölpumpendichtung an das Motorgehäuse (Abbildung 19.16b).

21 Montieren Sie die Ölpumpe korrekt zur Aussparung im Motorgehäuses ausgerichtet (siehe Abbildung). Reinigen Sie die Gewinde

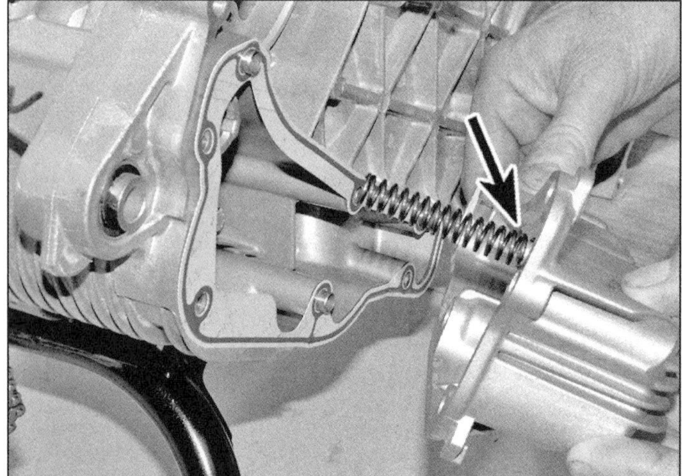

19.26 Stecken Sie die Überdruckventil-Feder auf den Stift innerhalb des Deckels.

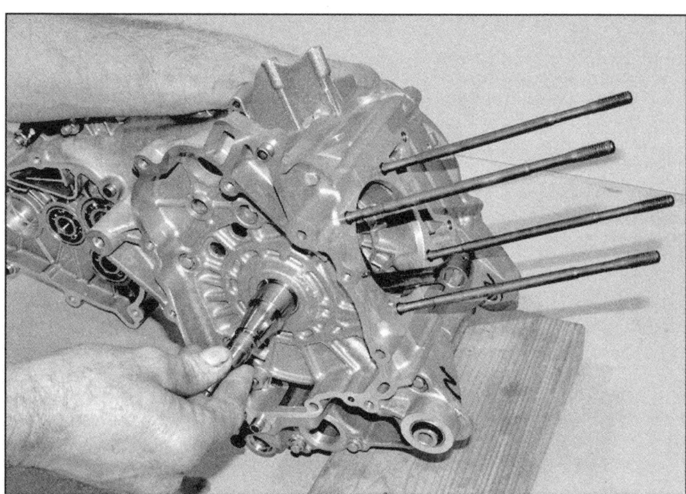

20.3 Drücken und ziehen Sie die Kurbelwelle, um ihr Axialspiel zu ermitteln.

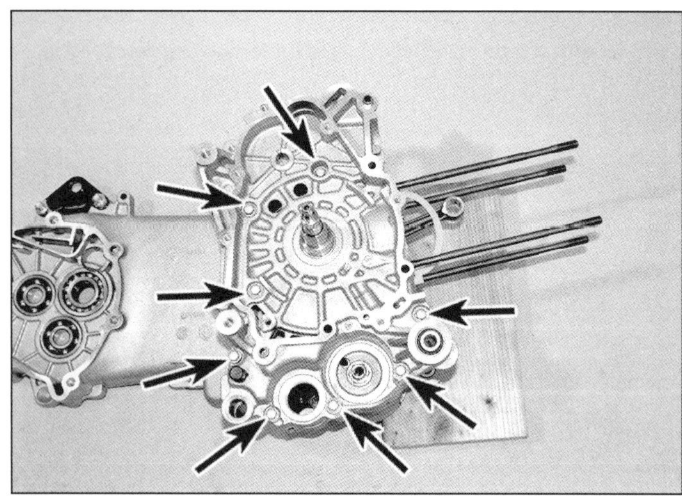

20.4 Lösen Sie die acht Gehäuseschrauben.

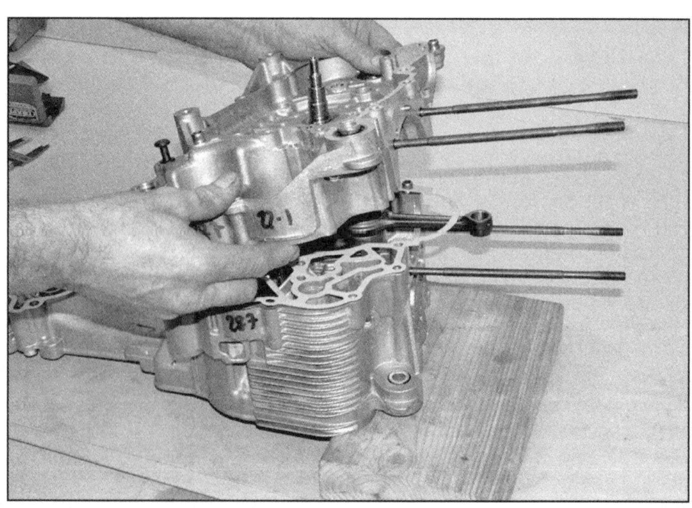

20.5 Heben Sie vorsichtig die rechte Gehäusehälfte ab.

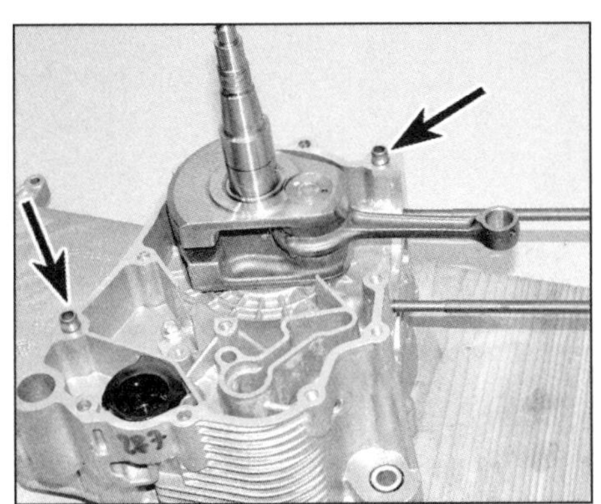
20.6 Positionen der Motorgehäuse-Passhülsen

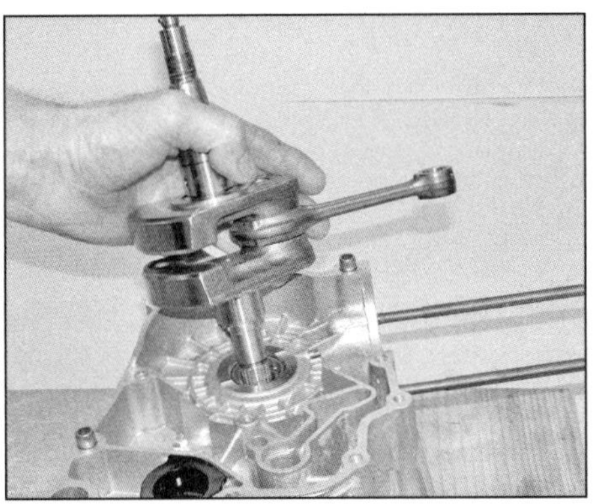
20.7 Heben Sie die Kurbelwelle aus dem linken Motorgehäuse.

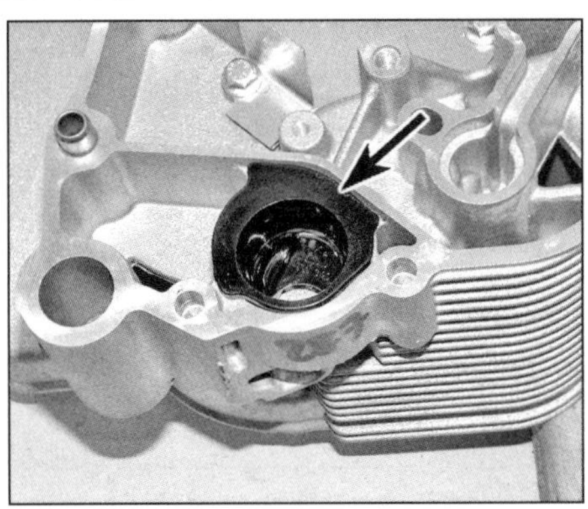
20.8a Befreien Sie den Ölfilter-Einsatz . . .

der Ölpumpenschrauben, tragen Sie Sicherungspaste auf und ziehen Sie sie mit 5 bis 6 Nm an.

22 Schmieren Sie den neuen O-Ring mit Motoröl und schieben Sie ihn bis in die Nut der Kurbelwelle (siehe Abbildung). Schieben Sie das Antriebsritzel auf und legen Sie die Ölpumpenkette darum (Abbildungen 19.15a und 19.14).

23 Legen Sie das Ölpumpenritzel in die Kette, richten Sie es zur Abflachung der Ölpumpenwelle aus (Abbildung 19.13c) und schieben Sie es auf. Legen Sie die Tellerfeder mit dem erhabenen Außenrand zum Ritzel auf und drehen Sie die Schraube ein. Kontern Sie das Ritzel wie beim Ausbau und ziehen Sie die Schraube mit 12 bis 14 Nm an.

24 Installieren Sie die Abdeckplatte vor das Ölpumpenritzel und sichern Sie sie mit den sorgfältig angezogenen Schrauben (Abbildung 19.12a).

25 Schmieren Sie das Überdruckventil mit Motoröl und installieren Sie es mit der geschlossenen Seite voran ins Motorgehäuse (Abbildung 19.10).

26 Installieren Sie ggf. die Passhülsen für den Ölwannendeckel und legen Sie die neue Dichtung darüber (Abbildungen 19.11b und a). Stecken Sie die Überdruckventil-Feder auf den Stift innerhalb des Deckels und richten Sie diesen sorgfältig zur Ölwanne aus, um beim Ansetzen die Feder in das offene Ende des Überdruckventils einzuführen (siehe Abbildung). Installieren Sie die Deckelschrauben und die Bremsseilführung (Abbildung 19.8) und ziehen Sie die Schrauben schrittweise und über Kreuz bis zum Drehmoment von 11 bis 13 Nm an.

27 Rüsten Sie den Außenrand des linken Motordeckels mit einem neuen O-Ring aus (Abbildung 19.7a), schmieren Sie ihn und den Wellendichtring mit Motoröl und schieben Sie den Deckel vorsichtig über die Kurbelwelle, um die Dichtlippe nicht zu beschädigen. Richten Sie die Löcher im Deckel zu den Gewinden für die Befestigungsschrauben aus und drücken Sie den Deckel vollständig in Position.

28 Rüsten Sie die Deckelschrauben ggf. mit neuen Kupferscheiben aus, installieren Sie sie und ziehen Sie sie schrittweise mit 11 bis 13 Nm an.

29 Montieren Sie das Antriebsriemenrad und den Variator (siehe Kapitel 3, Sektion 3).

30 Füllen Sie Motoröl auf (siehe Kapitel 1 und *Tägliche Kontrollen*).

20 Motorgehäusehälften, Kurbelwelle und Pleuel

Anmerkung: *Zum Trennen der Motorgehäusehälften muss der Motor ausgebaut werden.*

Trennen

1 Um Zugang zur Kurbelwelle und ihren Lagern zu erhalten, muss das Motorgehäuse getrennt werden.

2 Bauen Sie zunächst den Motor aus (siehe Sektion 5). Vor dem Trennen müssen die folgenden Komponenten demontiert werden:

- *Zylinderkopf (Sektion 11)*
- *Zylinder (Sektion 13)*
- *Kolben (Sektion 14)*
- *Lichtmaschinenrotor (Sektion 17)*
- *Anlasser (Kapitel 10, Sektion 26)*
- *Antriebsriemenrad und Variator (Kapitel 3, Sektion 3)*
- *Ölpumpe (Sektion 19)*
- *Steuerkette, Schienen und Ritzel (Sektion 9)*
- *Hauptständer (Kapitel 9, Sektion 2)*

3 Vor dem Trennen muss mit einer Messuhr das Axialspiel der Kurbelwelle ermittelt werden (siehe Abbildung). Übermäßiges Spiel weist auf Verschleiß an der Kurbelwelle oder dem Gehäuse hin – überprüfen Sie dies nach dem Trennen des Gehäuses. Prüfen Sie auch, ob die Kurbelwelle Radialspiel in den Hauptlagern hat – sie muss sich frei drehen lassen, darf aber kein spürbares Spiel aufweisen, da andernfalls der Öldruck abfällt und weitere Motorschäden die Folge sein werden (siehe Schritt 18).

4 Stützen Sie den Motor mit dem Getriebe (links) nach unten auf der Werkbank ab. Lockern Sie schrittweise und über Kreuz die 8 Motorgehäuseschrauben; wenn alle locker sind, können sie entfernt werden (siehe Abbildung).

5 Heben Sie vorsichtig die rechte Gehäusehälfte senkrecht ab, sodass nicht das rechte Kurbelwellenlager beschädigt wird (siehe Abbildung). Falls sich die Gehäusehälften nicht trennen, müssen sie rundherum mit einem weichen Hammer abgeklopft werden.

Anmerkung: *Keinesfalls darf versucht werden, die Gehäusehälften auseinander zu hebeln, da hierbei die Dichtflächen zerstört werden. Beachten Sie die Positionen der zwei Gehäuse-Passhülsen und stellen Sie sie nötigenfalls sicher.*

6 Entfernen Sie die Gehäusedichtung – beim Einbau muss eine neue Dichtung verwendet werden. Beachten Sie die Positionen der zwei Gehäuse-Passhülsen und stellen Sie sie nötigenfalls sicher (siehe Abbildung).

7 Heben Sie die Kurbelwelle aus dem linken Motorgehäuse (siehe Abbildung) – achten Sie wieder darauf, das Hauptlager nicht zu beschädigen.

8 Entfernen Sie den Ölfilter-Einsatz – sein O-Ring muss später durch ein Neuteil ersetzt werden (siehe Abbildungen).

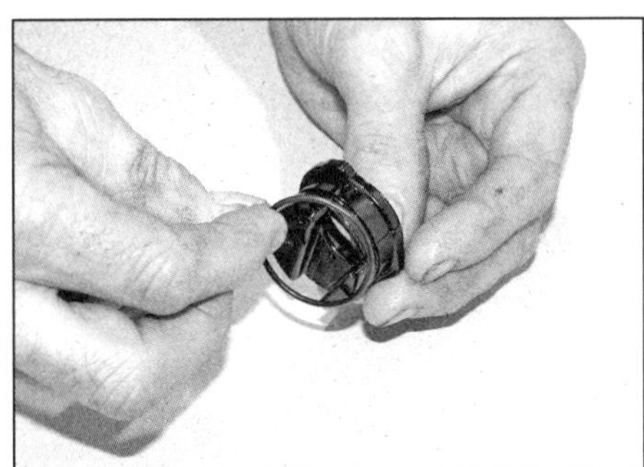
20.8b . . . und entfernen Sie den O-Ring.

20.9 Position des Ölleitblechs

20.12a Position der Kolben-Öldüse

20.12b Ölkanal zur Zylinderkopf-Ölversorgung

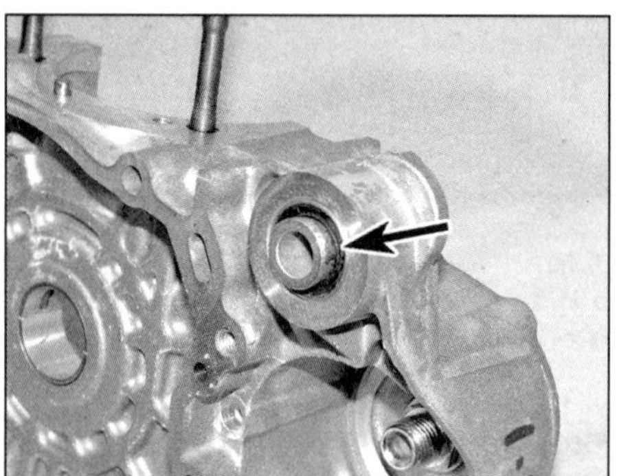

20.17 Kontrollieren Sie die Lagerbuchsen in beiden Motorgehäusehälften.

20.18 Die Kurbelwellen-Hauptlager bestehen aus zwei Hälften. Farbcodierung am Außenrand der Lagerschalen (Pfeile)

9 Lösen Sie nötigenfalls die Schrauben des Ölleitblechs und entfernen Sie dies aus der linken Gehäusehälfte (siehe Abbildung).

10 Beseitigen Sie sämtliche Dichtungsreste vom Gehäuse, aber beschädigen Sie dabei nicht die Dichtflächen.

11 Reinigen Sie das Motorgehäuse sorgfältig mit Lösungsmittel und blasen Sie es möglichst mit Druckluft aus.

12 Blasen Sie die Kanäle der Ölpumpe, des Überdruckventils, der Hauptlager und der Kolben-Öldüse in der linken Gehäusehälfte mit Druckluft aus (siehe Abbildung). Blasen Sie in der rechten Gehäusehälfte die Ölkanäle des Hauptlagers und der Zylinderkopf-Versorgung aus (siehe Abbildung).

Achtung: Schäden an den Dichtflächen können zu Öl-Undichtigkeiten führen. Kontrollieren Sie das gesamte Gehäuse auf Risse und andere Schäden.

13 Reinigen Sie ebenfalls die Kurbelwelle mit Lösungsmittel.

Anmerkung: *Piaggio warnt davor, die Ölkanäle des Pleuels mit Druckluft auszublasen, da sich hierdurch Ablagerungen vor den Bohrungen des Pleuelfußlagers ansammeln und diese blockieren können.*

Kontrolle

Motorgehäuse

14 Inspizieren Sie die Gehäusehälften auf Beschädigungen. Kleine Risse oder Löcher können provisorisch mit Epoxidharz oder Flüssigmetall repariert werden. Aluminium kann auch geschweißt werden, doch sollte diese Arbeit Profis überlassen werden, die abwägen können, ob sich der Aufwand lohnt. Bedenken Sie, dass bei einem irreparablen Schaden immer beide Gehäusehälften als Satz ausgetauscht werden müssen.

15 Beschädigte Gewinde lassen sich mit Reparatursätzen wie Helicoil kostengünstig wiederherstellen. Solche Einsätze lassen sich relativ einfach installieren. Abgerissene Stehbolzen oder Schrauben können mit speziellen Werkzeugen entfernt werden – holen Sie dazu bei einer Piaggio-Werkstatt oder einem Motoren-Fachbetrieb Rat ein.

16 Waschen Sie das Motorgehäuse nach jeder Reparatur sorgfältig aus, um sicherzustellen, dass sich keine Metallspäne darin ablagern, die im Betrieb große Schäden anrichten können.

17 Kontrollieren Sie die Lagerbuchsen des Motors (siehe Abbildung) – falls sie Alterungserscheinungen aufweisen, müssen beide als Set ausgetauscht werden. Bevor eine Buchse entfernt wird, muss ihre Einbauposition im Gehäuse notiert werden. Erwärmen Sie das Gehäuse mit einem Heißluftgebläse, stützen Sie es gut ab und treiben Sie die Buchse mithilfe eines Hammers und eines geeigneten Steckschlüssels heraus. Befreien Sie den Sitz der Buchse mithilfe von Stahlwolle von Korrosion, erwärmen Sie das Gehäuse erneut und treiben Sie die neue Buchse ein.

Anmerkung: *Stützen Sie das Gehäuse beim Aus- und Einbau stets so ab, dass das Gehäuse selbst nicht beschädigt werden kann.*

Hauptlager und Kurbelwelle

18 Kontrollieren Sie den Zustand der beiden Hauptlager in den Gehäusehälften (siehe Abbildung). Jedes Lager besteht aus zwei Hälften – die Oberfläche der unteren Hälfte ist glatt, während in die obere Hälfte Ölnuten eingearbeitet sind. Die Lagerflächen aller Lager müssen glatt sein und dürfen keine Riefen oder Abriebstellen aufweisen. Der Zustand der Lagerschalen und der Gleitflächen auf den Kurbelwellenzapfen ist wichtig für ein korrekt funktionierendes Schmiersystem, da sonst hier der gesamte Öldruck abgebaut wird und die Schmierung des Pleuelfußlagers sowie des Zylinderkopfs nicht mehr gewährleistet werden kann, sodass auch hier rascher Verschleiß auftreten wird. Eine Öldruck-Kontrolle ist in Sektion 3 beschrieben.

19 Die Hauptlagerschalen sind ins Gehäuse eingepresst und dürfen nicht ausgebaut werden – sie sind auch nicht als Ersatzteile erhältlich. Bei erhöhtem Verschleiß muss ein neues Motorgehäuse beschafft werden – erkundigen Sie sich im Zweifel zunächst beim Piaggio-Händler.

20 Die Motorgehäusehälften und die Kurbelwelle werden in zwei Kategorien angeboten (1 und 2). Die Kurbelwellen-Kategorie ist auf einer der Kurbelwangen angegeben (siehe Abbildung). Die Hauptlager sind mit entsprechenden Farbmarkierungen versehen (Abbildung 20.18). Ermitteln Sie mithilfe der Informationen in Tabelle 2 die Motorgehäuse-Kategorie.

21 Inspizieren Sie die Lagerzapfen der Kurbelwelle – ihre Oberfläche muss glatt sein und

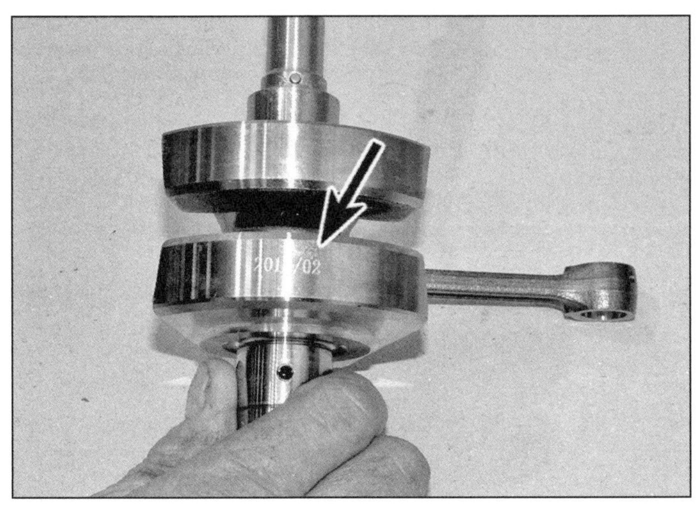

20.20 **Auf der Kurbelwange angegebene Kurbelwellen-Kategorie**

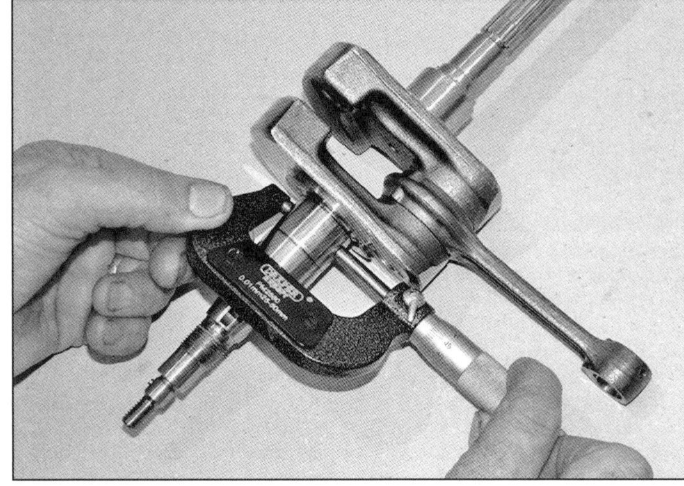

20.21a **Vermessen Sie die Kurbelwellen-Lagerzapfen . . .**

darf keine Riefen, Ausbrüche oder Abschleifungen aufweisen. Messen Sie mit einer Mikrometerschraube den Durchmesser der Zapfen an zwei Stellen und in zwei Richtungen (siehe Abbildungen). Vergleichen Sie die Messergebnisse mit den Angaben in Tabelle 1, um zu prüfen, ob die Lagerzapfen innerhalb der Vorgaben liegen.

22 Soweit die Lagerzapfen in Ordnung sind, die Kontrolle in Schritt 3 aber fühlbares Radialspiel ergeben hat, werden die Hauptlagerschalen verschlissen sein. Falls die Kurbelwellen-Lagerzapfen beschädigt oder übermäßig verschlissen sind, muss eine neue Kurbelwelle beschafft werden – diese muss zu den Gehäusehälften und Lagern passen (siehe Tabelle 2). Bei der Beschaffung eines neuen Motorgehäuses ist es ratsam, die Kurbelwelle dem Piaggio-Händler zu zeigen, damit er die korrekte Größe besorgt.

23 Messen Sie mit einer Fühlerlehre das Axialspiel des Pleuels auf dem Hubzapfen (siehe Abbildung) – hier dürfen maximal 0,5 mm festgestellt werden. Falls Radialspiel fühlbar ist (siehe Abbildung), muss es mithilfe einer Messuhr ermittelt werden – über 0,25 mm weisen auf übermäßigen Verschleiß hin. Ermitteln Sie in mehreren Positionen die Breite über die Schwungscheiben, um einen Verzug zu prüfen (siehe Abbildung) – es müssen rundherum ein gleichmäßiger Wert zwischen 51,40 und 51,45 mm festgestellt werden.

Tabelle 1

Kurbelwellenzapfen-Durchmesser	Kategorie
26,998 bis 27,004 mm	1
27,004 bis 27,010 mm	2

Tabelle 2

Kurbelwellen-, Motorgehäuse- und Hauptlager-Auswahl	
Kurbelwelle: Kategorie 1, Gehäuse: Kategorie 1	grüne Lagerschalen
Kurbelwelle: Kategorie 2, Gehäuse: Kategorie 2	blaue Lagerschalen
Kurbelwelle: Kategorie 1, Gehäuse: Kategorie 2	gelbe Lagerschalen
Kurbelwelle: Kategorie 2, Gehäuse: Kategorie 1	gelbe Lagerschalen

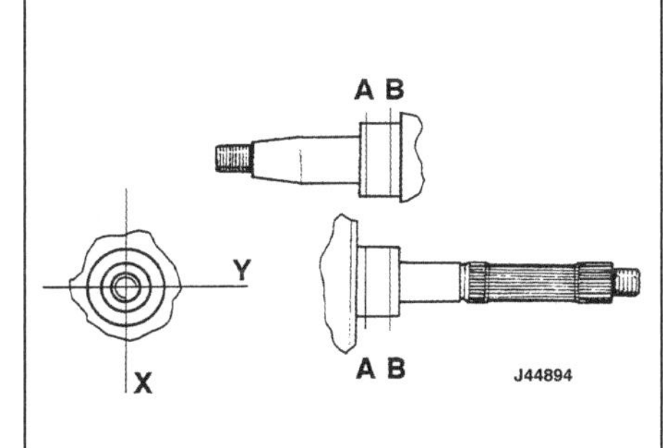

20.21b **... an den gezeigten Stellen und Richtungen.**

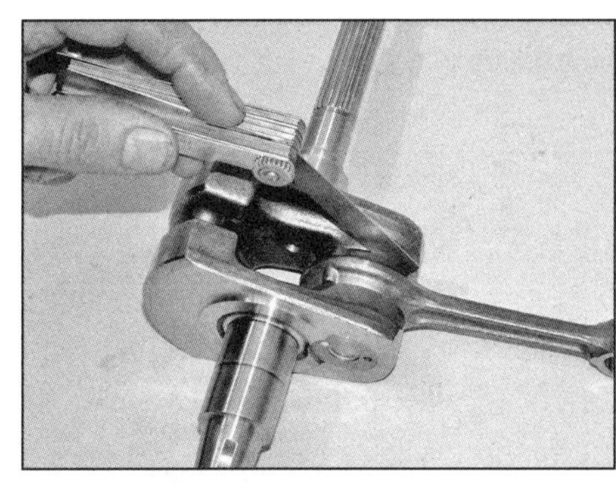

20.23a **Ermitteln Sie mit einer Fühlerlehre das Axialspiel.**

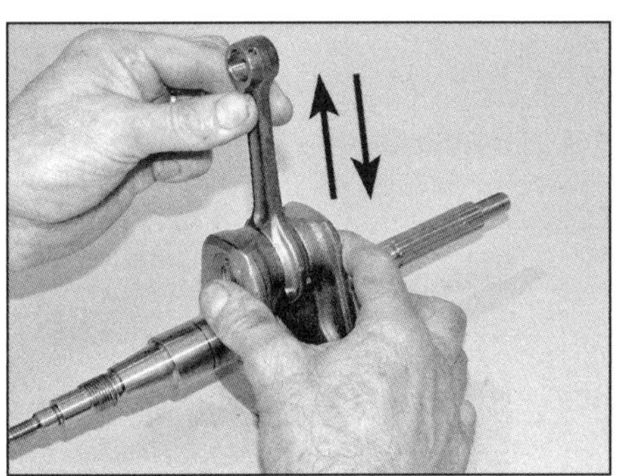

20.23b **Prüfen Sie, ob das Pleuel fühlbares Radialspiel aufweist.**

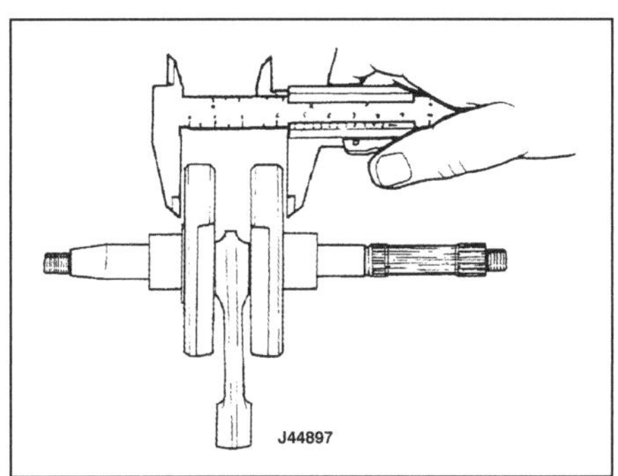

20.23c **Messen Sie die Breite über die Schwungscheiben.**

2B

Zusammenbau

24 Legen Sie das Motorgehäuse mit der Getriebeseite (links) nach unten auf die Werkbank.
25 Falls entfernt, müssen das Ölleitblech montiert und seine Schrauben sorgfältig angezogen werden (Abbildung 20.9).
26 Rüsten Sie den Ölfilter-Einsatz mit einem neuen O-Ring aus und stecken Sie ihn in seinen Sitz in der linken Gehäusehälfte (Abbildungen 20.8b und a).
27 Schmieren Sie die Hauptlager und die Lagerzapfen der Kurbelwelle mit frischem Motoröl. Schieben Sie die Kurbelwelle vollständig in die linke Gehäusehälfte und positionieren Sie das Pleuel in der Zylinderöffnung (Abbildung 20.7).
28 Die Dichtflächen beider Gehäusehälften müssen absolut sauber sein. Stecken Sie ggf. die Passhülsen in die linke Hälfte und legen Sie die neue Dichtung auf (siehe Abbildung).
29 Führen Sie die rechte Gehäusehälfte über die Kurbelwelle und drücken Sie sie über die Passhülsen auf die untere Hälfte (Abbildung 20.5). Klopfen Sie das Gehäuse nötigenfalls vorsichtig mit einem weichen Hammer zusammen, aber setzen Sie keine übermäßige Gewalt ein.

Anmerkung: *Falls sich die Gehäusehälften nicht korrekt verbinden lassen, muss die rechte Hälfte abgenommen und das Problem beseitigt werden.*

Achtung: Versuchen Sie keinesfalls, die Gehäusehälften mit den Schrauben zusammenzuziehen!

30 Reinigen Sie die Gewinde der Gehäuseschrauben und drehen Sie sie handfest ein (Abbildung 20.4). Ziehen Sie sie dann schrittweise und über Kreuz bis zum Drehmoment von 11 bis 13 Nm an. Schneiden Sie mit einer scharfen Klinge den Dichtungsstreifen über der Zylinderöffnung ab (siehe Abbildung).
31 Halten Sie das Pleuel, damit es nicht gegen das Gehäuse schlägt, und drehen Sie die Kurbelwelle, um Freigängigkeit sicherzustellen.
32 Montieren Sie alle entfernten Komponenten in der umgekehrten Ausbaureihenfolge.

21 Einfahrhinweise

1 Stellen Sie sicher, dass der Motorölpegel korrekt ist (siehe *Tägliche Kontrollen*).
2 Sorgen Sie dafür, dass sich Kraftstoff im Tank befindet.
3 Schalten Sie die Zündung ein, starten Sie den Motor und lassen Sie ihn im Standgas Betriebstemperatur erreichen. Anfänglicher Auspuffqualm ist nicht alarmierend, da das bei der Montage des Kolbens und Zylinders verwendete Öl jetzt verbrannt wird.

Warnung: Falls die Öldruck-Warnlampe nicht nach wenigen Sekunden erlischt oder bei laufendem Motor aufzuleuchten beginnt, muss der Motor unverzüglich abgeschaltet werden! Beachten Sie die Fehlersuche am Ende dieses Buchs und beseitigen Sie vor dem nächsten Motorstart die Ursache.

4 Falls sich der Motor nicht starten lässt, muss die Zündkerze ausgebaut werden, um sie auf Verölung zu prüfen; reinigen Sie sie nötigenfalls und versuchen Sie erneut, den Motor zu starten. Weigert er sich weiterhin, muss mithilfe der Fehlersuche im Anhang die Ursache gefunden und beseitigt werden.
5 Kontrollieren Sie alles sorgfältig auf Öl-Undichtigkeiten und überprüfen Sie, ob der Antrieb und die Instrumente, besonders die Bremsen, ordentlich funktionieren, bevor Sie den Roller auf der Straße testen.
6 Behandeln Sie das Fahrzeug auf den ersten Kilometern vorsichtig, um sicherzugehen, dass überall im Motor Öl angekommen ist und sich alle neuen Teile zu setzen begonnen haben.
7 Große Sorgfalt ist geboten, wenn der Zylinder aufgebohrt wurde oder eine neue Kurbelwelle eingebaut wurde – in diesen Fällen muss das Fahrzeug so behandelt werden, als wäre es neu. Das bedeutet, auf den ersten 1000 km kein Vollgas zu geben und danach die Leistung nur schrittweise zu erhöhen und nur kurze Zeit Vollgas zu geben. Wer bereits Erfahrungen mit dem Motor hat, wird merken, wann er frei läuft.
8 Führen Sie eine Probefahrt durch und lassen Sie den Motor komplett abkühlen. Kontrollieren Sie das Ventilspiel (siehe Kapitel 1, Sektion 20) und den Ölpegel (siehe *Tägliche Kontrollen*).

20.28 Legen Sie die neue Dichtung über die Passhülsen – die Zylinder-»Brücke« muss zunächst daran verbleiben.

20.30 Schneiden Sie mit einer scharfen Klinge die »Brücke« über der Zylinderöffnung ab.

Kapitel 2C

Wassergekühlte Vierventil-Motoren (GTS, GTV und GT – außer 125/150 cm³ i-get-Motoren ab 2016)

Beachten Sie zur Identifikation die technischen Daten der Modelle in Kapitel 1.

Inhalt (in alphabetischer Reihenfolge, die Zahlen geben die Nummerierung in den grauen Feldern wieder)

Schwierigkeitsgrade

Leicht. Für Anfänger mit wenig Erfahrung geeignet. 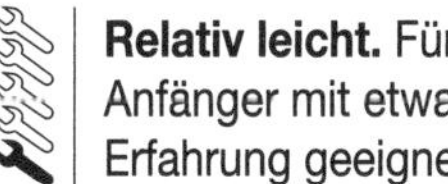	**Relativ leicht.** Für Anfänger mit etwas Erfahrung geeignet. 	**Relativ schwierig.** Geeignet für geübte Selbstschrauber. 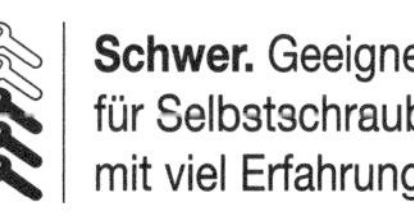	**Schwer.** Geeignet für Selbstschrauber mit viel Erfahrung. 	**Sehr schwer.** Geeignet für Experten und Profis.

Technische Daten

Allgemein

Typ	Viertakt-Vierventil-Einzylindermotor, wassergekühlt
Hubraum	
125 cm³-Motor	124 cm³
250 cm³-Motor	244,3 cm³
300 cm³-Motor	278,3 cm³
Bohrung	
125 cm³-Motor	57,0 mm
250 cm³-Motor	72,0 mm
300 cm³-Motor	75,0 mm
Hub	
125 cm³-Motor	48,6 mm
250 cm³-Motor	60,0 mm
300 cm³-Motor	63,0 mm
Verdichtungsverhältnis	
125 cm³-Motor	11,5 : 1 bis 12,5 : 1
250 und 300 cm³-Motor	10,5 : 1 bis 11,5 : 1
Zylinderkompression	10 bis 14 bar bei 600/min

Nockenwelle

	Standard	Verschleißgrenze
Einlass-Nockenhöhe		
125 cm³-Motor	17,382 mm	17,130 mm
250 und 300 cm³-Motor	30,285 mm	keine Angaben
Auslass-Nockenhöhe		
125 cm³-Motor	16,563 mm	16,310 mm
250 und 300 cm³-Motor	29,209 mm	keine Angaben

Lagerzapfen-Durchmesser links	36,950 bis 36,975 mm	36,940 mm
Lagerzapfen-Durchmesser rechts	19,959 bis 19,980 mm	19,950 mm
Axialspiel	0,11 bis 0,41 mm	0,42 mm

Zylinderkopf

Dichtflächenverzug (max.)	
125 cm³-Motor	0,09 mm
250 cm³-Motor	0,05 mm
300 cm³-Motor	0,10 mm
Nockenwellenlagersitz-Durchmesser	
links	37,009 bis 37,025 mm
rechts	20,000 bis 20,021 mm
Kipphebelwellensitz-Durchmesser	12,000 bis 12,018 mm
Kipphebelwellen-Durchmesser	11,977 bis 11,985 mm
Kipphebel-Innendurchmesser	12,000 bis 12,011 mm

Ventile, Führungen und Federn

	Standard	**Verschleißgrenze**
Ventilspiel	siehe Kapitel 1	
Einlassventile		
Gesamtlänge	94,6 mm	
Schaft-Durchmesser	4,972 bis 4,987 mm	4,960 mm
Ventilführung – Innendurchmesser	5,000 bis 5,012 mm	5,022 mm
Ventilschaft – Spiel in Führung		
125 cm³-Motor	0,013 bis 0,040 mm	0,08 mm
250/300 cm³-Motor	0,013 bis 0,040 mm	0,062 mm
Ventilteller – Dichtflächenbreite	1,0 bis 1,27 mm	1,6 mm
Ventilsitz-Breite (max.)		1,6 mm
Ventilfeder – freie Länge		
125 cm³-Motor	40,5 mm	39,7 mm
250 cm³-Motor	keine Angaben	keine Angaben
300 cm³-Motor	40,2 mm	38,2 mm
Auslassventile		
Gesamtlänge	94,4 mm	
Schaft-Durchmesser	4,960 bis 4,975 mm	4,950 mm
Ventilführung – Innendurchmesser	5,000 bis 5,012 mm	5,022 mm
Ventilschaft – Spiel in Führung		
125 cm³-Motor	0,025 bis 0,052 mm	0,09 mm
250/300 cm³-Motor	0,025 bis 0,052 mm	0,072 mm
Ventilteller – Dichtflächenbreite	1,0 bis 1,27 mm	1,6 mm
Ventilsitz-Breite (max.)		1,6 mm
Ventilfeder – freie Länge		
125 cm³-Motor	40,5 mm	39.7 mm
250 cm³-Motor	keine Angaben	keine Angaben
300 cm³-Motor	40,2 mm	38,2 mm

Zylinderbohrung

125 cm³-Motor – *der Bohrungs-Durchmesser wird 41 mm unterhalb des oberen Zylinderrands und rechtwinklig zum Kolbenbolzen gemessen.*

Standard-Maß	
Größen-Code A	56,997 bis 57,004 mm
Größen-Code B	57,004 bis 57,011 mm
Größen-Code C	57,011 bis 57,018 mm
Größen-Code D	57,018 bis 57,025 mm
1. Übermaß	
Größen-Code A1	57,197 bis 57,204 mm
Größen-Code B1	57,204 bis 57,211 mm
Größen-Code C1	57,211 bis 57,218 mm
Größen-Code D1	57,218 bis 57,225 mm
2. Übermaß	
Größen-Code A2	57,397 bis 57,404 mm
Größen-Code B2	57,404 bis 57,411 mm
Größen-Code C2	57,411 bis 57,418 mm
Größen-Code D2	57,418 bis 57,425 mm
3. Übermaß	
Größen-Code A3	57,597 bis 57,604 mm
Größen-Code B3	57,604 bis 57,611 mm
Größen-Code C3	57,611 bis 57,618 mm
Größen-Code D3	57,618 bis 57,625 mm

250 cm³-Motor – *der Bohrungs-Durchmesser wird 33 mm unterhalb des oberen Zylinderrands und rechtwinklig zum Kolbenbolzen gemessen.*

Größen-Code M	72,010 bis 72,017 mm
Größen-Code N	72,017 bis 72,024 mm
Größen-Code O	72,024 bis 72,031 mm
Größen-Code P	72,031 bis 72,038 mm

300 cm³-Motor – *der Bohrungs-Durchmesser wird 33 mm unterhalb des oberen Zylinderrands und rechtwinklig zum Kolbenbolzen gemessen.*

Größen-Code M	75,010 bis 75,017 mm
Größen-Code N	75,017 bis 75,024 mm
Größen-Code O	75,024 bis 75,031 mm
Größen-Code P	75,031 bis 75,038 mm

Kolbenringe – 125 cm³-Motoren

	Standard	Verschleißgrenze
Stoßspiel (eingebaut)		
Oberer Kompressionsring	0,15 bis 0,30 mm	0,5 mm
Zweiter Kompressionsring	0,10 bis 0,30 mm	0,65 mm
Ölabstreifring	0,15 bis 0,35 mm	0,65 mm
Spiel in Ringnut – alle Ringe	0,015 bis 0,06 mm	0,07 mm

Kolbenringe – 250/300 cm³-Motoren

	Standard	Verschleißgrenze
Stoßspiel (eingebaut)		
Oberer Kompressionsring	0,15 bis 0,30 mm	0,5 mm
Zweiter Kompressionsring	0,2 bis 0,4 mm	0,65 mm
Ölabstreifring	0,2 bis 0,4 mm	0,65 mm
Spiel in Ringnut – alle Ringe	0,015 bis 0,06 mm	0,07 mm

Kolben – 125 cm³-Motor

Der Kolben-Durchmesser wird 41 mm unterhalb des Kolbenbodens und rechtwinklig zum Kolbenbolzen gemessen.

Standard-Maß	
Größen-Code A	56,945 bis 56,952 mm
Größen-Code B	56,952 bis 56,959 mm
Größen-Code C	56,959 bis 56,966 mm
Größen-Code D	56,966 bis 56,973 mm
1. Übermaß	
Größen-Code A1	57,145 bis 57,152 mm
Größen-Code B1	57,152 bis 57,159 mm
Größen-Code C1	57,159 bis 57,166 mm
Größen-Code PD	57,166 bis 57,173 mm
2. Übermaß	
Größen-Code A2	57,345 bis 57,352 mm
Größen-Code B2	57,352 bis 57,359 mm
Größen-Code C2	57,359 bis 57,366 mm
Größen-Code PD	57,366 bis 57,373 mm
3. Übermaß	
Größen-Code A3	57,545 bis 57,552 mm
Größen-Code B3	57,552 bis 57,559 mm
Größen-Code C3	57,559 bis 57,566 mm
Größen-Code D3	57,566 bis 57,573 mm
Kolben-Spiel in Zylinder (neu – alle Größen)	0,045 bis 0,059 mm
Kolbenbolzen-Durchmesser	14,996 bis 15,000 mm
Kolbenbolzen-Bohrung in Kolben	15,001 bis 15,006 mm
Kolbenbolzen-Spiel in Kolben (neu)	0,001 bis 0,010 mm

Kolben – 250 cm³-Motor

Der Kolben-Durchmesser wird 33 mm unterhalb des Kolbenbodens und rechtwinklig zum Kolbenbolzen gemessen.

Größen-Code M	71,953 bis 71,960 mm
Größen-Code N	71,960 bis 71,967 mm
Größen-Code O	71,967 bis 71,974 mm
Größen-Code P	71,974 bis 71,981 mm
Kolben-Spiel in Zylinder (neu – alle Größen)	0,050 bis 0,064 mm
Kolbenbolzen-Durchmesser	14,996 bis 15,000 mm
Kolbenbolzen-Bohrung in Kolben	15,001 bis 15,006 mm
Kolbenbolzen-Spiel in Kolben (neu)	0,001 bis 0,010 mm

Kolben – 300 cm³-Motor

Der Kolben-Durchmesser wird 33 mm unterhalb des Kolbenbodens und rechtwinklig zum Kolbenbolzen gemessen.

Größen-Code M	74,953 bis 74,960 mm
Größen-Code N	74,960 bis 74,967 mm
Größen-Code O	74,967 bis 74,974 mm
Größen-Code P	74,974 bis 74,981 mm
Kolben-Spiel in Zylinder (neu – alle Größen)	0,050 bis 0,064 mm
Kolbenbolzen-Durchmesser	15,996 bis 16,000 mm
Kolbenbolzen-Bohrung in Kolben	16,001 bis 16,006 mm
Kolbenbolzen-Spiel in Kolben (neu)	0,001 bis 0,010 mm

Schmiersystem

Motoröldruck (bei 90 °C)	
bei Standgas	0,5 bis 1,2 bar
bei 6000/min	3,2 bis 4,2 bar
Ölpumpe – Einbauspiel-Verschleißgrenzen (max.)	
Innenrotor-Spitze zu Außenrotor	0,12 mm
Außenrotor zu Gehäuse	0,20 mm
Rotor-Axialspiel	0,09 mm
Überdruckventilfeder – freie Länge	54,2 mm

Pleuel

	Standard	Verschleißgrenze
Oberes Pleuelauge – Innendurchmesser		
125 und 250 cm³-Motor	15,015 bis 15,025 mm	15,03 mm
300 cm³-Motor	16,015 bis 16,025 mm	16,03 mm
Pleuelfuß-Axialspiel	0,2 bis 0,5 mm	
Pleuelfuß-Radialspiel	0,036 bis 0,054 mm	

Kurbelwelle

Schwungscheiben und Hubzapfen – Gesamtbreite	
150 und 300 cm³-Motor	51,40 bis 51,45 mm
250 cm³-Motor	55,67 bis 55,85 mm
Radialschlag A (max.)*	0,15 mm
Radialschlag B (max.)*	0,01 mm
Radialschlag C (max.)*	0,10 mm
Axialspiel	0,15 bis 0,4 mm

** Die Messpunkte sind in Abbildung 19.18 gezeigt.*

Anzugsdrehmomente

	Nm
Anlasserfreilauf-Schrauben	13 bis 15
Dekompressionsmechanismus – statisches Gewicht	11 bis 15
Dekompressionsmechanismusdeckel-Schrauben	7 bis 8,5
Einlassstutzen-Schrauben	11 bis 13
Lichtmaschinendeckel-Schrauben	11 bis 13
Lichtmaschinenrotor-Mutter	94 bis 102
Motorgehäuseschrauben	11 bis 13
Motorhaltebolzen vorn	64 bis 72
Nockenwellenhalteplatten-Schrauben	4 bis 6
Nockenwellenritzel-Schraube	11 bis 15
Öldruckschalter	12 bis 14
Ölpumpen-Befestigungsschrauben	5 bis 6
Ölpumpenkettendeckel-Schrauben	0,7 bis 0,9
Ölpumpenritzel-Schraube	10 bis 14
Ölwannendeckelschrauben	10 bis 13
Steuerkettenspanner-Schrauben	11 bis 13
Steuerkettenspannerschienen-Schraube	10 bis 14
Steuerkettenspannerfeder-Verschlussschraube	5 bis 6
Ventildeckelschrauben	6 bis 7
Zylinderkopfmuttern	
Schritt 1	7
Schritt 2	10
Schritt 3	
GTS 125 bis 2015	um 180° weiter
alle anderen Modelle	um 270° weiter
Zylinderkopfschrauben	11 bis 13

Allgemeine Informationen

1 Der Viertakt-Einzylindermotor ist wassergekühlt. Die Kurbelwelle ist verpresst und das Pleuel ist mit einer Bronzebuchse auf dem Hubzapfen gelagert. Die Kurbelwelle selbst dreht sich in Gleitlagern. Das Motorgehäuse ist vertikal geteilt. Die für die Kühlung benötigte Wasserpumpe sitzt bei 250er- und 300er-Motoren am Lichtmaschinendeckel und wird vom rechten Kurbelwellenstumpf angetrieben; bei 125er-Modellen wird die Pumpe elektrisch angetrieben.
2 Das Ritzel links auf der Kurbelwelle treibt über die Steuerkette die obenliegende Nockenwelle an, die über Kipphebel die vier Ventile öffnet.

2 Motorkomponenten Zugang

1 Der Zugang zur Lichtmaschine (rechts) und zum Getriebe (links) ist bei eingebautem Motor leicht möglich.
2 Der Zugang zum Zylinderkopf ist jedoch sehr begrenzt und für die Demontage des Ventildeckels (unerlässlich bei vielen Arbeiten) wird entweder der Ausbau des Motors oder das Anheben der Karosserie empfohlen, bis je nach Ausrüstung genug Platz besteht – beachten Sie dazu die Hinweise in Sektion 5, Schritt 1.
3 Der Zugang zur Kurbelwelle samt Pleuel ist erst nach dem Ausbau des Motors und dem Trennen der Motorgehäusehälften möglich.

3 Motorverschleiß Einschätzung

Kontrolle der Zylinderkompression

Spezialwerkzeug: *Für diese Arbeit wird ein Kompressionstester benötigt.*

1 Schwache Motorleistung kann unter anderem durch undichte Ventile, eine beschädigte Zylinderkopfdichtung oder verschlissenen Kolben, Kolbenringe oder Zylinderwandung hervorgerufen werden. Ein Kompressionstest kann solche Probleme aufdecken; zusätzlich kann er starke Ölkohle-Ablagerungen im Brennraum aufdecken
2 Beschaffen Sie einen geeigneten Kompressionsprüfer – es gibt sie mit Gummidichtung oder mit Gewinde-Adapter für unterschiedliche Kerzengewinde; letztere sind vorzuziehen, da sie besser abdichten. Je nach Messergebnis wird ggf. auch eine Öl-Spritzflasche benötigt.
3 Vor dem Test muss sichergestellt sein, dass das Ventilspiel in Ordnung ist (siehe Kapitel 1). Die Zylinderkopf-Muttern und Schrauben müssen korrekt angezogen sein (siehe Sektion 11).
4 Führen Sie eine kleine Fahrt durch, um den Motor auf Betriebstemperatur zu bringen, schalten Sie dann die Zündung aus. Demontieren Sie die Zündkerze, stecken Sie sie wieder in den Stecker und halten Sie ihr Gewinde abseits der Gewindebohrung am Motor gegen Masse.

Achtung: Bei einer nicht gegen Masse gehaltenen Zündkerze kann das Zündsystem beschädigt werden!

5 Schrauben oder pressen Sie den Kompressionsprüfer in das Zündkerzengewinde des Zylinderkopfs.
6 Schalten Sie die Zündung ein, öffnen Sie den Gasgriff vollständig und drehen Sie den Motor mit dem Anlasser durch, bis sich die Kompressionstester-Nadel stabilisiert hat – dies sollte nach wenigen Motorumdrehungen der Fall sein.
7 Piaggio macht keine Angaben zur Kompression, doch sollte das Ergebnis zwischen 10 und 14 bar liegen, wie es bei Motoren dieser Bauart normal ist. Erkundigen Sie sich im Zweifelsfall bei einer Piaggio-Werkstatt.
8 Eine zu niedrige Kompression kann auf Verschleiß an den Kolbenringen und/oder der Zylinderwandung, eine schadhafte Zylinderkopfdichtung oder undichte Ventile/Ventilsitze hinweisen. Um die Ursache einzugrenzen, kann etwas Motoröl durch die Zündkerzenbohrung eingefüllt werden, das die Kolbenringe gegen den Zylinder abdichtet. Falls die Kompression nach einer weiteren Prüfung ansteigt, werden der Kolben, der Zylinder und/oder die Kolbenringe verschlissen sein; ändert sich das Ergebnis nicht, wird die Zylinderkopfdichtung defekt oder die Ventile/Ventilsitze sind undicht.
9 Für zu hohe Kompression können Ölkohle-Ablagerungen verantwortlich sein – demontieren Sie den Zylinderkopf (siehe Sektion 11) und reinigen Sie den Brennraum und den Kolbenboden.
10 Prüfen Sie bei der Arbeit am Motor auch, ob vielleicht eine zu dicke Zylinderfußdichtung für eine zu geringe Kompression oder eine zu dünne Dichtung für eine zu hohe Kompression verantwortlich ist (siehe Sektion 13).

Öldruck-Kontrolle

Spezialwerkzeug: *Für diese Arbeit werden ein Öldruckprüfer mit einem entsprechenden Gewindeadapter benötigt.*

11 Der Motor ist mit einem Öldruckschalter ausgerüstet, der eine Warnleuchte im Cockpit aktiviert. Die Funktion des Stromkreises ist in Kapitel 10 beschrieben.
12 Bei jedem Zweifel über die Leistungsfähigkeit des Schmiersystems sollte eine Öldruckprüfung durchgeführt werden, um nützliche Informationen über den Zustand der Motor-Innereien zu erhalten. Lassen Sie nötigenfalls den Öldruck von einer Fachwerkstatt überprüfen.
13 Beschaffen Sie einen geeigneten Öldruckprüfer – Piaggio bietet unter der Teilenummer 020193Y ein passendes Gerät an.
14 Kontrollieren Sie zunächst den Ölpegel (siehe Wöchentliche Kontrollen). Bringen Sie den Motor auf Betriebstemperatur und schalten Sie ihn wieder ab. Stützen Sie das Fahrzeug so ab, dass das Hinterrad nicht den Boden berührt.
15 Demontieren Sie die rechte Motor-Abdeckung (siehe Kapitel 9) und den Öldruckschalters (siehe Kapitel 10). Drehen Sie unverzüglich den Gewindeadapter hinein und schließen Sie den Öldruckprüfer an. Die Dichtscheibe des Schalters muss später durch ein Neuteil ersetzt werden.

Warnung: Seien Sie bei Arbeiten an heißen Motorteilen vorsichtig! Die Auspuffanlage und der Motor können schwere Verbrennungen hervorrufen. Verwenden Sie eine Abgas-Absauganlage oder lassen Sie den Motor nur in einem sehr gut belüfteten Raum oder im Freien laufen.

16 Starten Sie den Motor – der Öldruck muss zwischen 0,5 und 1,2 bar liegen. Erhöhen Sie die Drehzahl auf 6000/min – der Öldruck muss auf 3,2 und 4,2 bar ansteigen.
17 Falls der Öldruck auf einen deutlich niedrigeren Wert ansteigt, ist entweder das Ansaugsieb oder der Ölfilter verstopft, klemmt das offen stehende Überdruckventil, ist die Ölpumpe defekt, hat sich die Öldüse zur Kühlung des Kolbenbodens gelöst oder es liegt ein beträchtlicher Verschleiß in den Kurbelwellenlagern vor. Beginnen Sie die Diagnose mit der Kontrolle des Ölfilters und des Ölsiebs (siehe Kapitel 1) und kontrollieren Sie dann das Überdruckventil und die Ölpumpe (siehe Sektion 18). Wurde bis hierhin kein Defekt gefunden, muss das Motorgehäuse getrennt werden, um die Öldüse und die Lager kontrollieren zu können (siehe Sektion 19).
18 Falls der Öldruck auf einen deutlich höheren Wert ansteigt, kann das geschlossene Überdruckventil klemmen oder der Motor wurde mit einem Öl der falschen Viskosität befüllt.
19 Schalten Sie den Motor ab und entfernen Sie den Öldruckprüfer und den Gewindeadapter.
20 Montieren Sie den Öldruckschalter (siehe Kapitel 10) und die rechte Motor-Abdeckung (siehe Kapitel 9). Kontrollieren Sie den Ölpegel (siehe Wöchentliche Kontrollen).

Anmerkung: *Beseitigen Sie unbedingt vor dem nächsten Motorstart das Problem, um größere Motorschäden zu vermeiden.*

4 Größere Motorreparaturen
Anmerkungen

1 Es ist nicht immer einfach festzustellen, wann oder ob ein Motor vollständig überholt werden muss. Eine Vielzahl an Faktoren muss hierbei berücksichtigt werden.
2 Eine hohe Laufleistung ist nicht zwingend ein Hinweis auf eine erforderliche Überholung – genauso wie eine geringe Laufleistung eine Motorüberholung nicht ausschließt. Eine regelmäßige Wartung ist hierbei der wichtigste Punkt. Ein Motor, bei dem regelmäßig das Motoröl und der Filter gewechselt und auch andere Wartungspunkte durchgeführt wurden, wird wahrscheinlich mehrere tausend Kilometer problemlos durchhalten. Umgekehrt wird ein vernachlässigter Motor wesentlich früher eine Überholung benötigen.
3 Starker Rauch und übermäßiger Ölverbrauch weisen darauf hin, dass Kolbenringe, Ventilschaftdichtungen und/oder Ventilführungen nach Aufmerksamkeit verlangen. Mithilfe eines in Sektion 3 durchgeführten Kompressionstests kann herausgefunden werden, welche Gründe für den Ölverlust verantwortlich sind.
4 Starke Klopfgeräusche oder Rumpeln weisen auf Verschleiß am Pleuelfußlager oder den Hauptlagern der Kurbelwelle hin.
5 Leistungsmangel, rauer Motorlauf, klopfende oder metallisch klingende Motorgeräusche, ein klappernder Ventiltrieb und hoher Kraftstoffverbrauch können ebenfalls auf eine Überholung hinweisen – besonders, wenn alles gleichzeitig auftritt. Falls eine große Inspektion die Probleme nicht behebt, können nur größere Überholmaßnahmen die Lösung sein.
6 Eine Motorüberholung beinhaltet die Wiederherstellung aller internen Motorkomponenten auf die Vorgaben für einen neuen Motor. Während einer Überholung werden der Kolben und dessen Ringe erneuert und die Zylinderbohrung überholt – bei 125er-Motoren kann der Zylinder aufgebohrt und mit einem Übermaß-Kolben ausgerüstet werden. Die Ventile werden eingeschliffen und mit neuen Federn ausgerüstet. Falls das Pleuellager verschlissen ist, muss eine neue Kurbelwelle montiert werden. Das Endergebnis soll ein absolut neuwertiger Motor sein, der viele pannenfreie Kilometer garantiert.
7 Vor einer Motorüberholung muss die gesamte Prozedur durchgelesen werden, um sich mit dem Umfang und den Anforderungen vertraut zu machen. Das Überholen eines Motors ist nicht schwierig, wenn man sorgfältig den Anweisungen folgt, die benötigten Werkzeuge und Ausrüstungsgegenstände zur Hand hat und sich genau an alle Vorgaben hält. Sie kann jedoch zeitaufwendig sein, sodass mindestens zwei Wochen dafür eingeplant werden sollten. Prüfen Sie die Verfügbarkeit von Teilen und beschaffen Sie sämtliche Spezialwerkzeuge und andere Hilfsmittel im Voraus.
8 Die meisten Arbeiten können mit typischen Hand-Werkzeugen verrichtet werden, doch viele Teile müssen präzise vermessen werden, um ihre Wiederverwendbarkeit bestimmen zu können. Ein Großteil der Arbeit besteht in der Kontrolle von Teilen und der Entscheidung, ob Teile aufgearbeitet oder ersetzt werden müssen.
9 Mit hoher Wahrscheinlichkeit müssen Dienstleistungen von Motoreninstandsetzungsbetrieben in Anspruch genommen werden. Hier können nicht nur Kurbelwellen geschliffen und Zylinder gehont werden, sondern es werden auch Bauteile überprüft und Ratschläge zu Reparaturen oder dem Austausch von Komponenten wie Kolben, Ringen und Lagerschalen gegeben. Achten Sie bei der Auswahl der Werkstatt darauf, dass der Betrieb der Kfz-Innung ist und Zertifikate aufweisen kann.
10 Schließlich muss für ein möglichst langes Leben eines aufgearbeiteten Motors sichergestellt sein, dass alles mit größter Sorgfalt in einer lupenreinen Umgebung wieder zusammengebaut wird.

5 Motor/Getriebe-Einheit
Ausbau und Einbau

Achtung: Die Antriebseinheit ist nicht besonders schwer, sollte aber dennoch mithilfe eines Assistenten aus- und eingebaut werden. Ein herunterfallender Motor kann schwere Verletzungen hervorrufen und selbst große Schäden davontragen.

Ausbau

1 Waschen Sie sämtlichen Schmutz vom Motor ab. Stützen Sie das Fahrzeug aufrecht stehend ab. Da der Hauptständer am Motor befestigt ist, muss die Karosserie nach dem Ausbau des Motors gut geschützt abgestützt werden. Die Karosserie muss zudem angehoben werden, um den Motor nach hinten heraus herausziehen zu können – hierzu wird mindestens ein Assistent benötigt – oder ein geeignetes Gestell mit Bändern oder Seilen (siehe Abbildung). Die Arbeit kann durch den Einsatz einer Arbeitsbühne erleichtert werden – auch hier muss darauf geachtet werden, dass das Fahrzeug gut gesichert ist.
2 Öffnen Sie die Sitzbank und entnehmen Sie das Staufach, entfernen Sie die Seitenverkleidungen und die Bodenverkleidung (siehe Kapitel 9).
3 Falls die Ölwanne demontiert oder das Motorgehäuse getrennt werden soll, empfiehlt es sich, jetzt das Motoröl abzulassen (siehe Kapitel 1).
4 Entleeren Sie das Kühlsystem und ziehen Sie die Kühlerschläuche vom Motor ab (siehe Kapitel 4).
5 Trennen Sie das Massekabel (–) der Batterie (siehe Kapitel 10).

5.1 Gestell zum Anheben und Abstützen der Karosserie über dem Motor

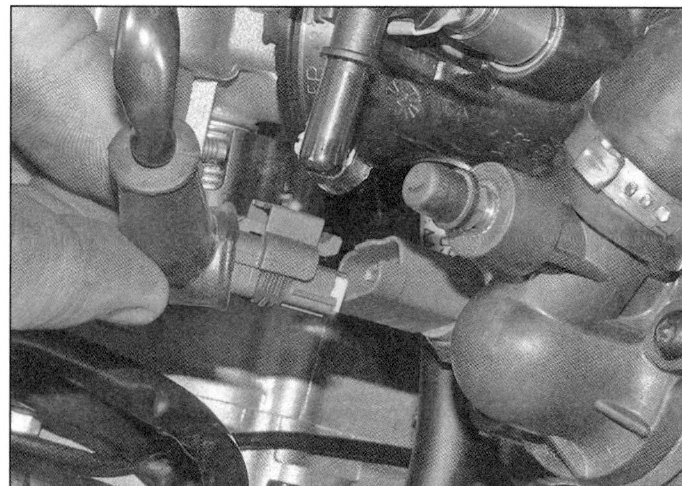

5.7 Trennen Sie den Stecker des Temperatursensors.

5.8a Lockern Sie die Schelle des Ansaugstutzens und trennen Sie diesen.

5.8b Schrauben der Drosselklappengehäuse-Baugruppe

5.10 Lösen Sie das Haupt-Stromkabel vom Anlasser.

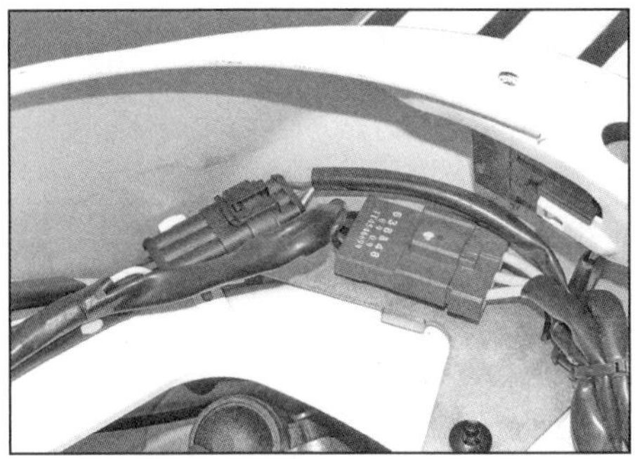

5.11 Trennen Sie die Stecker der Lichtmaschinen- und Zündgeberspulen-Kabel.

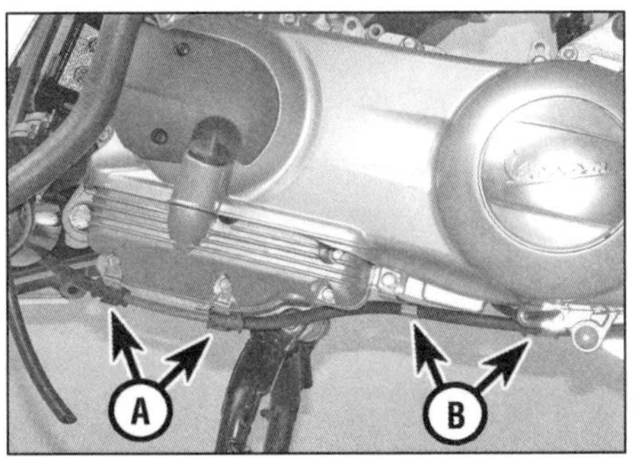

5.13 Befreien Sie die Bremsleitung aus den vorderen Klemmen (A) und lösen Sie die hinteren Klemmen (B) vom Deckel.

6 Demontieren Sie die Auspuffanlage (siehe Kapitel 5).

7 Trennen Sie den Stecker des Temperatursensors (siehe Abbildung).

8 Lockern Sie unten am Luftfiltergehäuse die Schelle des Ansaugstutzens und trennen Sie diesen (siehe Abbildung). Reinigen Sie den Bereich um die Verbindung des Ansaugstutzens am Zylinderkopf, lösen Sie die Schrauben der Drosselklappengehäuse-Baugruppe und befreien Sie sie vom Zylinderkopf – sichern Sie sie mit Draht oder Bändern an der Karosserie, sodass keine Schläuche, Kabel oder Bowdenzüge unter Last gesetzt werden (siehe Abbildung). Verstopfen Sie den Einlasstrakt des Zylinderkopfs und die Öffnungen des Ansaugstutzens und des Drosselklappengehäuses mit Lappen, um keinen Schmutz eindringen zu lassen.

9 Demontieren Sie nötigenfalls das Luftfiltergehäuse (siehe Kapitel 5) – dies geht bei angehobenem Fahrzeug deutlich einfacher.

10 Lösen Sie das Anlasserkabel und alle Massekabel (siehe Abbildung). Demontieren Sie nötigenfalls den Anlasser.

11 Verfolgen Sie die rechts aus dem Motor kommenden Lichtmaschinen- und Zündgeberspulen-Kabel und trennen Sie ihre Stecker (siehe Abbildung) – bei GTS 300-Modellen ab 2016 befinden sich diese unterhalb der Bodenabdeckung. Befreien Sie die Kabel aus allen Befestigungen und führen Sie sie zum Lichtmaschinendeckel zurück – beachten Sie ihre Verlegung.

12 Demontieren Sie das Hinterrad (siehe Kapitel 8).

13 Befreien Sie die Hinterrad-Bremsleitung aus allen Befestigungen unterhalb des Antriebsriemendeckels (siehe Abbildung). Demontieren Sie den Hinterrad-Bremssattel und sichern Sie ihn so, dass der Bremsschlauch nicht unter Last gesetzt wird.

14 Ziehen Sie ggf. die Distanzhülse und die Bremsscheibe samt Nabe von der Antriebswelle (siehe Abbildungen). Stützen Sie das Antriebsgehäuse auf Hölzern, um es nicht herunterfallen zu lassen. Alternativ kann übergangsweise das Hinterrad montiert werden (ohne den rechten Stoßdämpfer).

Anmerkung: *Das Hinterrad bietet zusammen mit dem Hauptständer eine gute Motorstütze, sobald die Antriebseinheit ausgebaut ist.*

2C

15 Lösen Sie unten am linken Stoßdämpfer die Mutter und ziehen Sie den Bolzen heraus, um ihn vom Antriebsgehäuse zu trennen (siehe Abbildung). Falls das Hinterrad demontiert wurde, muss das Gehäuse mit Hölzern entsprechend abgestützt werden; stützen Sie andernfalls das Hinterrad ab.

16 Prüfen Sie, ob alle Kabel, Bowdenzüge und Schläuche getrennt und vom Motor befreit sind.

5.14a Ziehen Sie die Distanzhülse . . .

5.14b . . . und die Bremsscheibe samt Nabe von der Antriebswelle.

5.15 Lösen Sie unten am Stoßdämpfer die Mutter und ziehen Sie den Bolzen heraus.

5.17a Lösen Sie die Mutter des vorderen Motorbolzens, ...

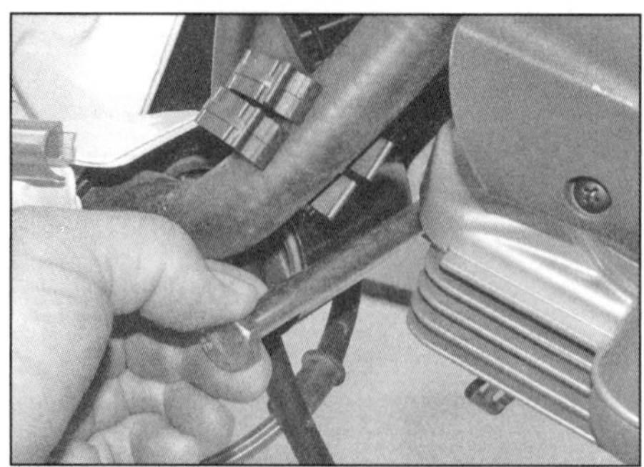

5.17b ... ziehen Sie diesen heraus ...

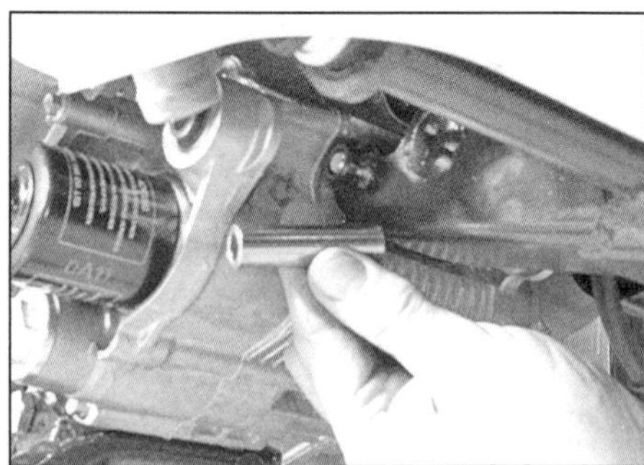

5.17c ... und entnehmen Sie die Distanzhülse.

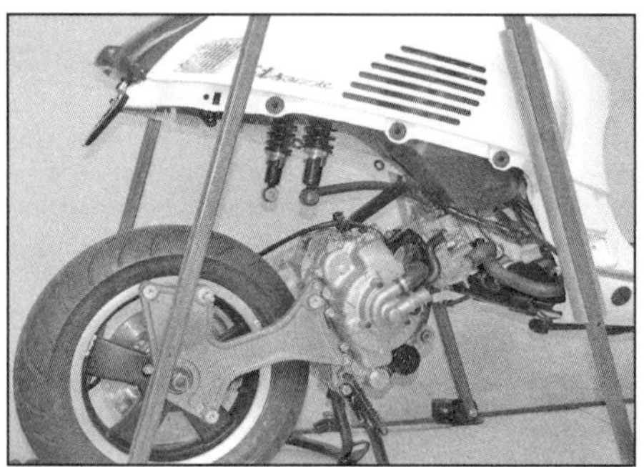

5.17d Heben Sie die Karosserie an und stützen Sie sie sicher ab.

5.17e Stellen Sie die Hülsen aus dem unteren Stoßdämpferauge sicher.

17 Bereiten Sie das Anheben und Abstützen der Karosserie vor (Schritt 1). Lösen Sie die Mutter des vorderen Motorbolzens (siehe Abbildung), entlasten Sie diesen und ziehen Sie ihn heraus – entnehmen Sie die Distanzhülse. Heben Sie die Karosserie an und stützen Sie sie sicher ab (siehe Abbildungen). Beachten Sie die Hülsen im unteren Auge des linken Stoßdämpfers und stellen Sie sie nötigenfalls sicher (siehe Abbildung)

18 Falls der Motor verschmutzt ist, muss er vor der Demontage von Deckeln oder Bauteilen sorgfältig gereinigt werden.

Einbau

19 Der Einbau entspricht der umgekehrten Ausbaureihenfolge – beachten Sie dabei folgende Punkte:

a) Zwischen Motor und Karosserie dürfen keine Kabel, Schläuche oder Bowdenzüge eingeklemmt sein.
b) Vergessen Sie nicht die Hülsen in das untere Auge des linken Stoßdämpfers zu installieren (Abbildung 5.17e).
c) Die Mutter des vorderen Motorbolzens muss mit 64 bis 72 Nm und die des unteren Stoßdämpferbolzens mit dem in den technischen Daten von Kapitel 7 angegebenen Drehmoment angezogen werden.
d) Alle Kabel, Schläuche oder Bowdenzüge müssen korrekt verlegt und angeschlossen werden.
e) Ziehen Sie die Schrauben der Drosselklappengehäuse-Baugruppe mit 11 bis 13 Nm an.
f) Stellen Sie den Gaszug ein (siehe Kapitel 1).
g) Füllen Sie ggf. Motoröl auf (siehe Kapitel 1) und kontrollieren Sie den Ölpegel (siehe Tägliche Kontrollen).
h) Füllen Sie das Kühlsystem auf (siehe Kapitel 4).

6 Motorüberholung
Allgemeine Informationen

Zerlegung

1 Bevor der Motor zerlegt wird, muss er unbedingt sorgfältig äußerlich gereinigt und entfettet werden, damit keine Fremdkörper hineinfallen können; hierzu eignet sich Petroleum oder spezielles Motoren-Entfettungsmittel. Arbeiten Sie das Lösungsmittel mit alten Pinseln oder Zahnbürsten in die Vertiefungen des Motorgehäuses ein und passen Sie auf, dass nichts in Elektrik-Komponenten oder den Ein- bzw. Auslassstutzen des Zylinderkopfs gelangt.

Warnung: Aufgrund des hohen Entzündungsrisikos und gesundheitlicher Gefahren sollte auf die Verwendung von Benzin als Reinigungsmittel verzichtet werden!

2 Platzieren Sie die gereinigte und getrocknete Antriebseinheit auf der Werkbank. Sorgen Sie für eine saubere und ausreichend große Arbeitsfläche und beschaffen Sie Behälter oder Plastikbeutel, um Baugruppen und Teile darin zu lagern. Papier und Stift sollten für Notizen bereitliegen, ebenso Klebeetiketten für die Markierung von Teilen. Schließlich werden noch mehrere saubere Lappen benötigt.

3 Lesen Sie vor Arbeitsbeginn die gesamte Sektion durch, um einen Überblick über die notwendigen Schritte zu erhalten. Beachten Sie bei der Demontage von Komponenten, dass hierbei – solange nicht speziell erwählt – kein großer Kraftaufwand erforderlich ist; oft sind vergessene Schrauben oder andere Fehler beim Trennen der Grund. Lesen Sie bei jedem Zweifel den Text noch einmal durch.

4 Halten Sie beim Zerlegen des Motor »Paare« (Teile, die im Betrieb zusammen arbeiten) stets zusammen. Diese Paare müssen später wieder zusammengesetzt oder gemeinsam erneuert werden.

5 Eine komplette Motorzerlegung muss in der folgenden allgemeinen Reihenfolge und mit Hinweis auf entsprechende Sektionen durchgeführt werden. Beachten Sie bezüglich der Getriebekomponenten die Hinweise in Kapitel 3.

a) Demontieren Sie den Ventildeckel.
b) Demontieren Sie die Nockenwelle und die Kipphebel.
c) Demontieren Sie den Zylinderkopf.
d) Demontieren Sie den Zylinder.
e) Demontieren Sie den Kolben.
f) Demontieren Sie die Lichtmaschine.
g) Demontieren Sie den Anlasser (siehe Kapitel 10).
h) Demontieren Sie die Ölpumpe.
i) Demontieren Sie den Variator (siehe Kapitel 3).
j) Trennen Sie die Motorgehäusehälften.
k) Demontieren Sie die Kurbelwelle.

Zusammenbau

6 Der Zusammenbau entspricht der umgekehrten Zerlegungsreihenfolge.

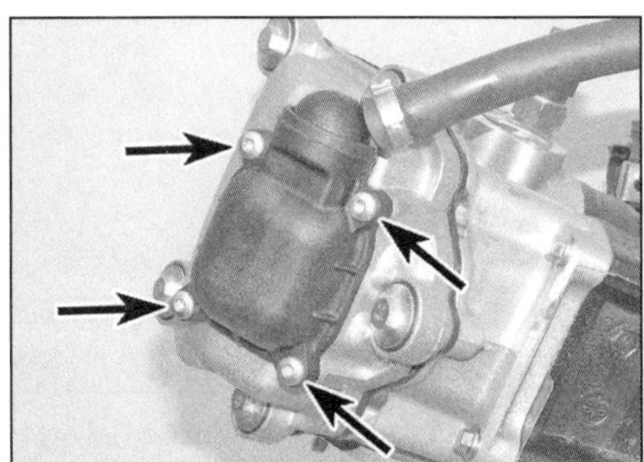

7.2 Schrauben des Ölabscheiders.

7.6a Setzen Sie den Ventildeckel auf den Zylinderkopf . . .

7 Ventildeckel

Ausbau

1 Befreien Sie die Karosserie vom Motor (siehe Sektion 5).

2 Falls der Ventildeckel komplett entfernt werden soll, müssen links am Ventildeckel die Schrauben des Ölabscheider-Gehäuses gelöst und dies getrennt werden – beachten Sie

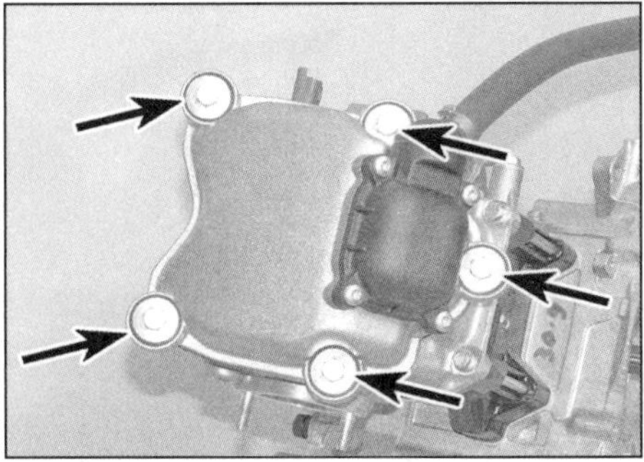

7.3 Lösen Sie die Schrauben des Ventildeckels und heben Sie ihn vom Zylinderkopf.

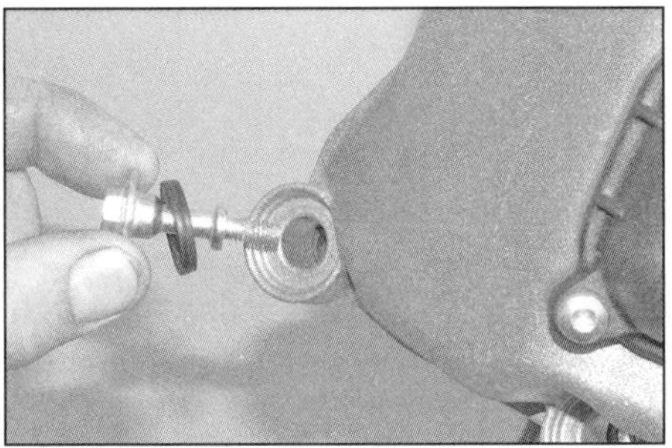

7.6b . . . und installieren Sie die Schrauben samt Dichtungen.

den Dichtring (siehe Abbildung); belassen Sie andernfalls das Gehäuse am Deckel und legen Sie diesen abseits des Zylinderkopfs ab.

3 Lösen Sie die Schrauben des Ventildeckels und heben Sie ihn vom Zylinderkopf (siehe Abbildung) – falls er klemmt, muss er sanft mit einem Gummihammer oder Holz abgeklopft werden; verwenden Sie keinen Hebel. Die Gummidichtung muss beim Einbau durch ein Neuteil ersetzt werden. Kontrollieren Sie die Dichtungen der Ventildeckelschrauben und ersetzen Sie sie nötigenfalls (Abbildung 7.6b).

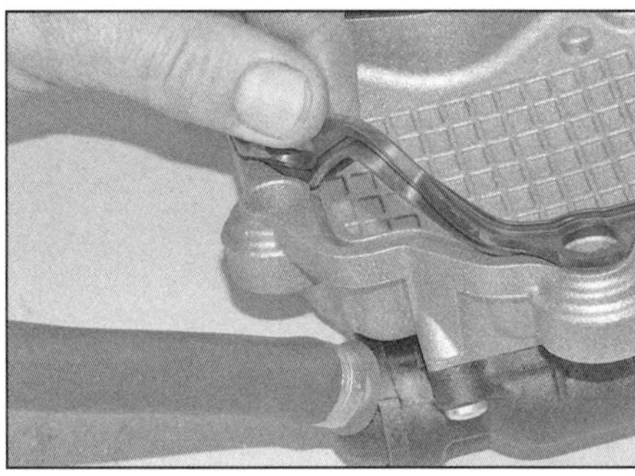

7.5 Drücken Sie die neue Dichtung in die Nut des Ventildeckels.

Einbau

4 Reinigen Sie die Dichtflächen des Zylinderkopfs und des Ventildeckels mit einem geeigneten Lösungsmittel.

5 Drücken Sie die neue Dichtung in die Nut des Ventildeckels (siehe Abbildung) – »kleben« Sie sie nötigenfalls mit etwas Fett an.

6 Setzen Sie den Ventildeckel auf den Zylinderkopf – achten Sie darauf, dass die Dichtung nicht aus der Nut rutscht (siehe Abbildung). Installieren Sie die Ventildeckelschrauben ggf. mit neuen Dichtungen und ziehen Sie sie über Kreuz mit 11 bis 13 Nm an (siehe Abbildung).

7 Montieren Sie ggf. den Ölabscheider – verwenden Sie eine neue Dichtung (siehe Abbildungen).

8 Senken Sie die Karosserie ab und verbinden Sie sie mit dem Motor (siehe Sektion 5).

8 Steuerkettenspanner

Ausbau

1 Demontieren Sie den Ventildeckel (siehe Sektion 7).

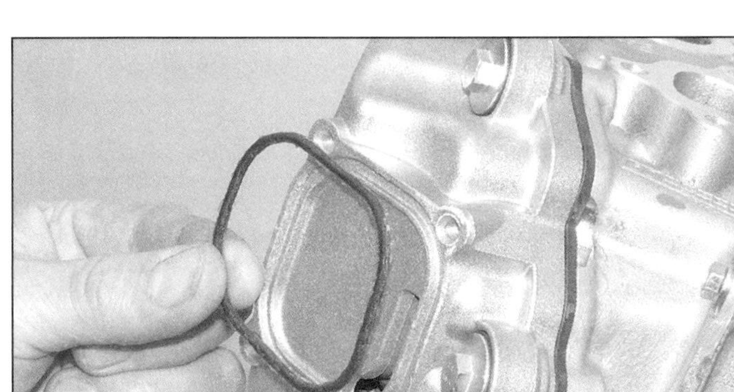

7.7a Legen Sie die neue Dichtung in die Nut am Ventildeckel . . .

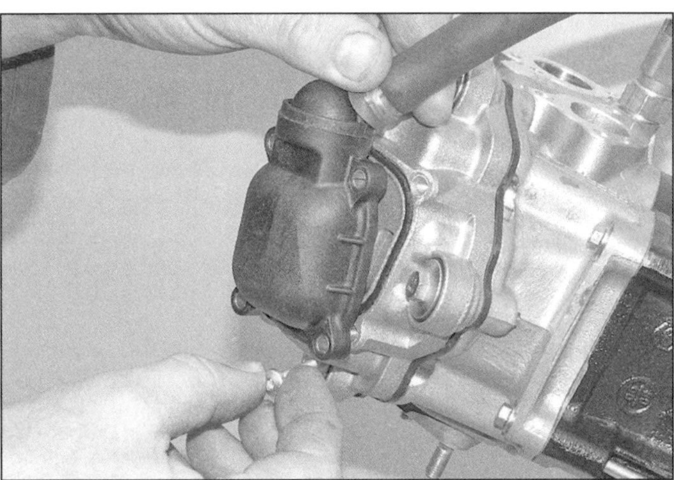

7.7b . . . und setzen Sie das Ölabscheider-Gehäuse darüber.

8.3a Drehen Sie die Kurbelwelle im Uhrzeigersinn, . . .

8.3b . . . bis die Rotor-Markierung (A) zum Gehäuse-Vorsprung (B) ausgerichtet ist . . .

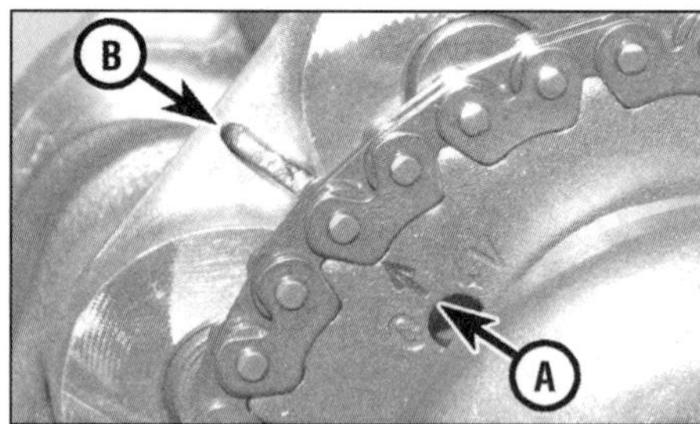

8.3c . . . und zugleich der Pfeil neben »4V« (A) zur Markierung am Nockenwellenhalter (B) zeigt.

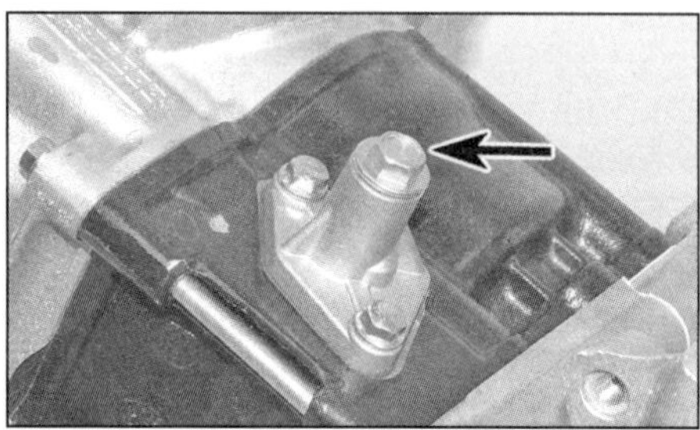

8.4 Lösen Sie die Verschlussschraube und ziehen Sie die Feder heraus.

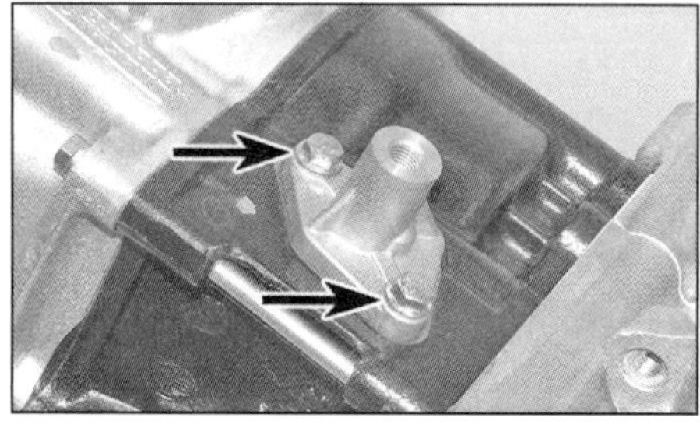

8.5 Lösen Sie die zwei Schrauben und ziehen Sie den Steuerkettenspanner heraus.

8.8 Prüfen Sie die Funktion der Ratsche und des Spannerkolbens.

2 Demontieren Sie den Lichtmaschinendeckel (siehe Sektion 16).

3 Drehen Sie die Kurbelwelle mithilfe der Mutter am Lichtmaschinenrotor im Uhrzeigersinn, bis die Steuerzeitenmarkierungen am Rotor und am Gehäuse zueinander ausgerichtet sind und der Pfeil neben der »4V«-Markierung am Nockenwellenritzel zur Markierung an ihrem Halter fluchtet (siehe Abbildungen) – der Motor steht jetzt im oberen Totpunkt (OT) des Verdichtungstaktes, sodass beide Ventile geschlossen sind. Falls die Nockenwellenmarkierung nicht fluchtet, muss die Kurbelwelle eine volle Umdrehung weitergedreht werden.

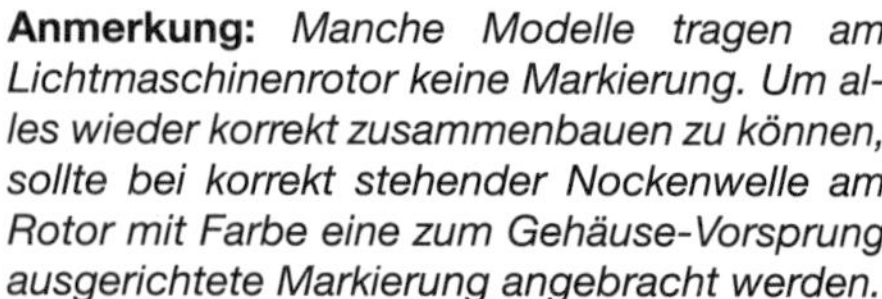

Anmerkung: *Manche Modelle tragen am Lichtmaschinenrotor keine Markierung. Um alles wieder korrekt zusammenbauen zu können, sollte bei korrekt stehender Nockenwelle am Rotor mit Farbe eine zum Gehäuse-Vorsprung ausgerichtete Markierung angebracht werden.*

4 Lösen Sie hinten am Zylinder die Verschlussschraube des Steuerkettenspanners und ziehen Sie die Feder aus dem Spannergehäuse (siehe Abbildung) – die Dichtscheibe muss beim Einbau durch ein Neuteil ersetzt werden.

5 Lösen Sie die zwei Schrauben des Steuerkettenspanners und ziehen Sie diesen aus dem Zylinder (siehe Abbildung).

6 Entfernen Sie die Dichtung vom Spanner oder Zylinder (Abbildung 8.12) – sie muss später durch ein Neuteil ersetzt werden.

Kontrolle

7 Begutachten Sie die Spanner-Komponenten auf Verschleiß und Beschädigungen.

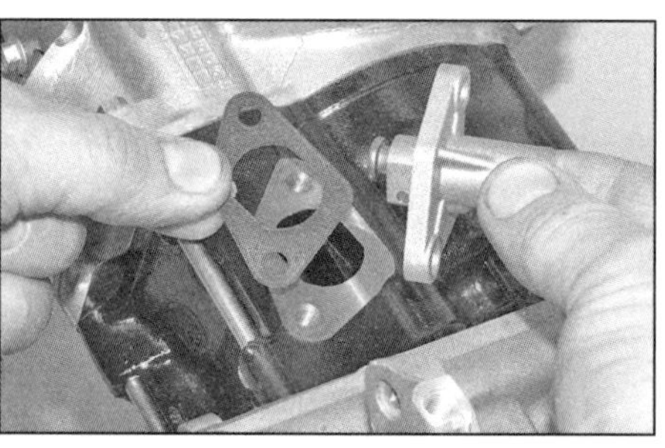

8.12 Setzen Sie den Spanner mit einer neuen Dichtung an.

8.13 Installieren Sie die Feder und rüsten Sie die Verschlussschraube mit einer neuen Dichtscheibe aus.

8 Lösen Sie mit einem kleinen Schraubendreher den Ratschenmechanismus vom Spannerkolben und prüfen Sie, ob dieser sich frei im Spannergehäuse verschieben lässt (siehe Abbildung).

9 Falls der Spannermechanismus oder die Feder verschlissen oder beschädigt sind oder der Spannerkolben im Gehäuse klemmt, muss der gesamte Steuerkettenspanner durch ein Neuteil ersetzt werden – Einzelteile sind nicht erhältlich.

Einbau

10 Drehen Sie die Kurbelwelle mithilfe der Mutter am Lichtmaschinenrotor ein kleines Stück im Uhrzeigersinn, um den Durchhang im vorderen Kettentrum nach hinten zu verlagern, wo er vom Spanner aufgenommen werden kann.

11 Lösen Sie den Ratschenmechanismus und drücken Sie den Spannerkolben vollständig in das Gehäuse (Abbildung 8.8).

12 Rüsten Sie das Spannergehäuse mit einer neuen Dichtung aus, installieren Sie es in den Zylinder und ziehen Sie seine Schrauben mit 11 bis 13 Nm an (siehe Abbildung).

13 Rüsten Sie die Verschlussschraube mit einer neuen Dichtscheibe aus, installieren Sie die Feder und ziehen Sie die Schraube mit 5 bis 6 Nm an (siehe Abbildung) – hierbei muss der Kolben hörbar über die Ratsche gegen die Spannerschiene gedrückt werden, sodass die Steuerkette gespannt wird.

14 Kontrollieren Sie, ob die Steuerkette gespannt ist – falls nicht, hat der Kolben beim Anziehen der Verschlussschraube nicht ausgelöst; entfernen Sie in diesem Fall den Spanner und prüfen Sie erneut die Funktion des Kolbens.

9.4 Schraube des Dekompressionsmechanismus-Deckels

9.5a Befreien Sie das Ende der Gegengewicht-Feder vom statischen Gewicht . . .

9.5b . . . und entfernen Sie das Gegengewicht – . . .

15 Montieren Sie den Lichtmaschinendeckel (siehe Sektion 16) und den Ventildeckel (siehe Sektion 7).

9.5c stellen Sie die Nylon-Scheibe an seiner Rückseite sicher.

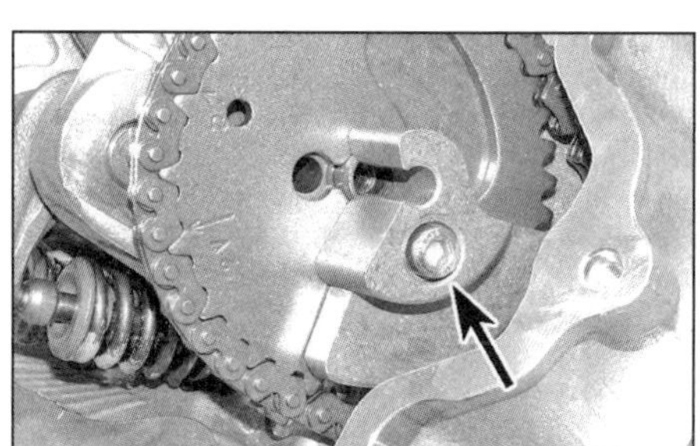

9.6 Schraube des statischen Gewichts

9.8 Befreien Sie das Ritzel und seine Halteplatte von der Nockenwelle und aus der Steuerkette.

9.9a Entfernen Sie die Anlaufscheibe von der Kurbelwelle . . .

9.9b . . . und befreien Sie die Steuerkette – hier gezeigt mit demontiertem Zylinder.

9.9c Ziehen Sie das Ritzel von der Kurbelwelle – beachten Sie die Kerbe und den Stift (Pfeile).

9 Steuerkette, Schienen und Ritzel

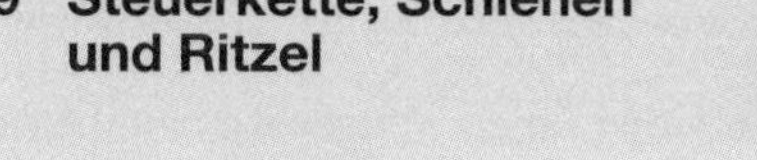

Ausbau

1 Demontieren Sie den Ventildeckel (siehe Sektion 7).

2 Falls die Steuerkette und das Kurbelwellenritzel ausgebaut werden sollen, muss zunächst dor Ölpumpen-Kettentrieb demontiert werden (siehe Sektion 18).

3 Drehen Sie die Kurbelwelle mithilfe der Mutter am Lichtmaschinenrotor im Uhrzeigersinn, bis die Steuerzeitenmarkierungen am Rotor und am Gehäuse zueinander ausgerichtet sind und der Pfeil neben der »4V«-Markierung am Nockenwellenritzel zur Markierung an ihrem Halter fluchtet (Abbildungen 8.3a, b und c) – der Motor steht jetzt im oberen Totpunkt (OT) des Verdichtungstaktes, sodass beide Ventile geschlossen sind. Falls die Nockenwellenmarkierung nicht fluchtet, muss die Kurbelwelle eine volle Umdrehung weitergedreht werden.

4 Halten Sie den Lichtmaschinenrotor, um das Nockenwellenritzel zu blockieren, und lösen Sie die Schraube des Dekompressionsmechanismus-Deckels (siehe Abbildung) – beachten Sie ggf. vorhandene Schrauben.

5 Befreien Sie das Ende der Gegengewicht-Feder vom statischen Gewicht (siehe Abbildung). Entfernen Sie das Gegengewicht – beachten Sie dabei, wie seine Welle in der Nut des Nockenwellenritzels sitzt (siehe Abbildung). Stellen Sie die Nylon-Scheibe an der Rückseite des Gewichts sicher (siehe Abbildung).

6 Lösen Sie die Schraube des statischen Gewichts und entfernen Sie es (siehe Abbildung).

7 Entfernen Sie den Steuerkettenspanner (siehe Sektion 8).

8 Befreien Sie das Ritzel und seine Halteplatte von der Nockenwelle und aus der Steuerkette (siehe Abbildung).

9 Sichern Sie die Steuerkette nötigenfalls mithilfe eines Kabelbinders vor dem Verschwinden im Kettenschacht. Falls die Kette entfernt werden soll, muss sie außen mit Farbe markiert werden, damit sie in ihrer ursprünglichen Drehrichtung installiert werden kann. Entfernen Sie die Anlaufscheibe vom Ende der Kurbelwelle und führen Sie die Kette durch den Schacht nach unten, um sie vom Kurbelwellenritzel befreien zu können (siehe Abbildungen). Ziehen Sie das Ritzel von der Kurbelwelle (siehe Abbildung).

2C

10 Lösen Sie zum Entfernen der Steuerketten-Spannerschiene deren Gelenkbolzen und ziehen Sie die Schiene heraus (siehe Abbildung) – beachten Sie die Einbaurichtung und die Lagerbuchse.

11 Zum Ausbau der Führungsschiene muss der Zylinderkopf demontiert werden (siehe Sektion 11). Heben Sie dann die Schiene aus dem Kettenschacht des Zylinders (siehe Abbildung).

Kontrolle

12 Inspizieren Sie die Ritzel auf Verschleiß und beschädigte Zähne und ersetzen Sie sie nötigenfalls; ersetzen Sie in diesem Fall auch die Steuerkette.

13 Kontrollieren Sie die Spanner- und Führungsschiene auf Verschleiß und Beschädigungen. Stark verschlissene Schienen weisen auf eine verschlissene oder unkorrekt gespannte Steuerkette hin. Prüfen Sie die Funktion des Steuerkettenspanners (siehe Sektion 8).

14 Begutachten Sie die Dekompressionsmechanismus-Komponenten. Falls die Nylon-Scheibe verschlissen ist, muss sie erneuert werden (Abbildung 9.5c). Montieren Sie den Mechanismus übergangsweise an die Nockenwelle (siehe unten) und prüfen Sie seine Funktion – Die Feder muss ausreichend Spannung haben und das Gegengewicht nicht am Deckel klemmen.

9.10 Gelenkbolzen der Steuerketten-Spannerschiene

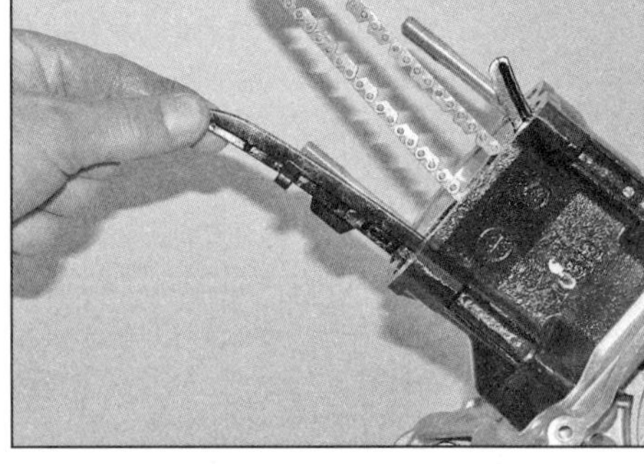

9.11 Ziehen Sie die Steuerketten-Führungsschiene aus dem Motor.

Einbau

15 Installieren Sie ggf. die Führungsschiene, indem Sie den Ausschnitt am unteren Ende über den Stift im Motorgehäuse führen und ihre Laschen in die Ausschnitte des Zylinders positionieren (siehe Abbildungen). Montieren Sie den Zylinderkopf (siehe Sektion 11).

16 Installieren Sie ggf. die Spannerschiene samt Lagerbuchse und ziehen Sie den Gelenkbolzen mit 10 bis 14 Nm an (siehe Abbildung).

17 Schieben Sie das Ritzel auf die Kurbelwelle und richten Sie seinen Ausschnitt zum Stift der Welle aus (Abbildung 9.9c). Führen Sie die

9.15a Der Ausschnitt unten an der Führungsschiene muss über dem Stift sitzen (gezeigt bei montiertem Ölpumpenantrieb) . . .

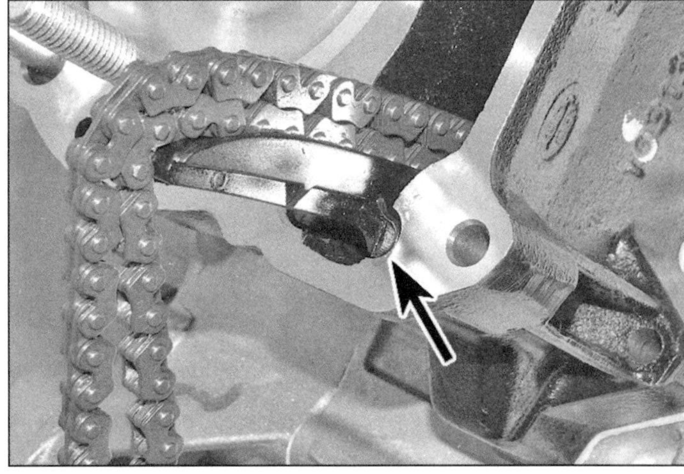

9.15b . . . und die Laschen in den Ausschnitten des Zylinders.

9.16 Installieren Sie ggf. die Spannerschiene samt Lagerbuchse.

9.19a Richten Sie die Halteplatte über den Vorsprüngen aus . . .

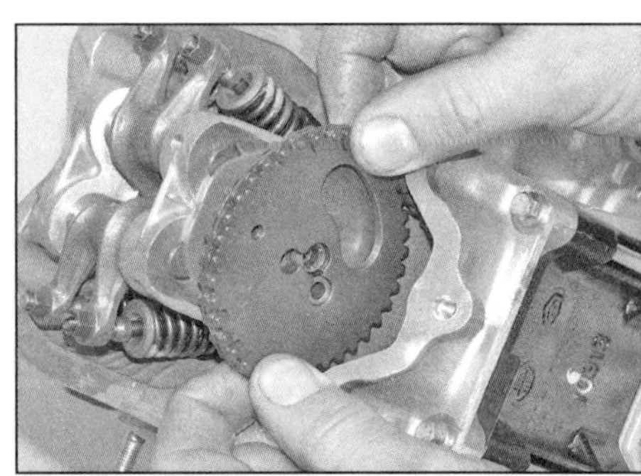

9.19b . . . und setzen Sie das korrekt in der Kette eingelegte Ritzel an der Nockenwelle an.

9.20 Setzen Sie das statische Gewicht an und drehen Sie seine Schraube in das versetzt angeordnete Gewinde.

9.21a Verbinden Sie die Feder mit dem Gewicht.

9.21b Die Feder muss wie gezeigt eingehängt werden.

Steuerkette durch den Schacht und legen Sie sie über das Ritzel (Abbildung 9.9b) – die alte Kette muss mit der Markierung nach außen installiert werden (siehe Schritt 9). Schieben Sie die Anlaufscheibe vor das Ritzel (Abbildung 9.9a).

18 Prüfen Sie, ob die Steuerzeitenmarkierungen an Rotor und Gehäuse weiterhin zueinander fluchten (Abbildung 8.3b) und der Motor noch im Verdichtungs-OT steht (siehe Schritt 3).

19 Setzen Sie die Halteplatte an die Nockenwelle (siehe Abbildung). Legen Sie die Steuerkette um das Nockenwellenritzel und achten Sie darauf, dass sie auch um das Kurbelwellenritzel geführt ist. Setzen Sie das Nockenwellenritzel vor der Halteplatte an der Nockenwelle an, sodass der Pfeil neben »4V« zur Markierung am Halter fluchtet (siehe Abbildung) – nötigenfalls muss die Kette anders aufgelegt werden.

Achtung: Die Steuerzeitenmarkierungen müssen unten und oben exakt ausgerichtet sein, da ansonsten beim Durchdrehen des Motors der Kolben und die Ventile zusammenstoßen und teure Schäden verursachen können.

20 Montieren Sie das statische Gewicht des Dekompressionsmechanismus um den zentralen Bund des Ritzels (siehe Abbildung) und ziehen Sie seine Schraube zunächst handfest an.

21 Versehen Sie die Nylon-Scheibe mit etwas Fett und setzen Sie sie an der Rückseite des Gegengewichts an (Abbildung 9.5c). Verbinden Sie die Feder mit dem Gewicht (siehe Abbildung) und installieren Sie dies so, dass die Nylon-Scheibe in der Vertiefung des Ritzels liegt (Abbildung 9.5b). Hängen Sie die Feder korrekt am statischen Gewicht ein (siehe Abbildung). Prüfen Sie dir Funktion des Dekompressionsmechanismus – das Gegengewicht muss sich frei verdrehen lassen und mit Federkraft wieder in seine Ausgangsposition zurückkehren.

22 Montieren Sie den Dekompressionsmechanismus-Deckel, richten Sie sein kleines Loch über der Schraube des statischen Gewichts aus und drehen Sie seine Schraube handfest ein (siehe Abbildung).

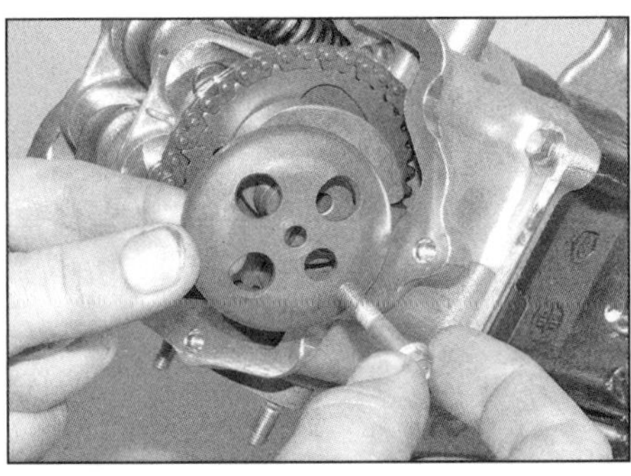

9.22 Setzen Sie den Deckel mit dem kleinen Loch über der Schraube des statischen Gewichts auf und drehen Sie die Schraube ein.

23 Montieren Sie den Steuerkettenspanner (siehe Sektion 8).

24 Ziehen Sie die Schraube des statischen Gewichts mit 11 bis 15 Nm an. Ziehen Sie die Schraube des Dekompressionsmechanismus-Deckels mit 7 bis 8,5 Nm an (siehe Abbildung) – halten Sie dabei den Lichtmaschinenrotor, um das Ritzel zu kontern.

25 Montieren Sie den Ölpumpenantrieb (siehe Sektion 19).

26 Montieren Sie die verbliebenen Komponenten in der umgekehrten Ausbaureihenfolge.

10 Nockenwelle und Kipphebel

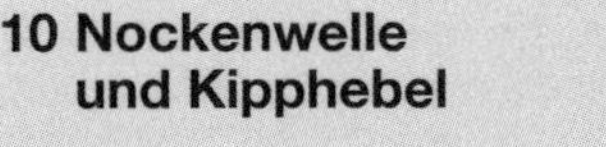

Ausbau

1 Demontieren Sie den Ventildeckel (siehe Sektion 7) und den Lichtmaschinendeckel (siehe Sektion 16).

2 Drehen Sie die Kurbelwelle mithilfe der Mutter am Lichtmaschinenrotor im Uhrzeigersinn, bis die Steuerzeitenmarkierungen am Rotor und am Gehäuse zueinander ausgerichtet sind und der Pfeil neben der »4V«-Markierung am Nockenwellenritzel zur Markierung an ihrem Halter fluchtet (Abbildungen 8.3a und b) – der

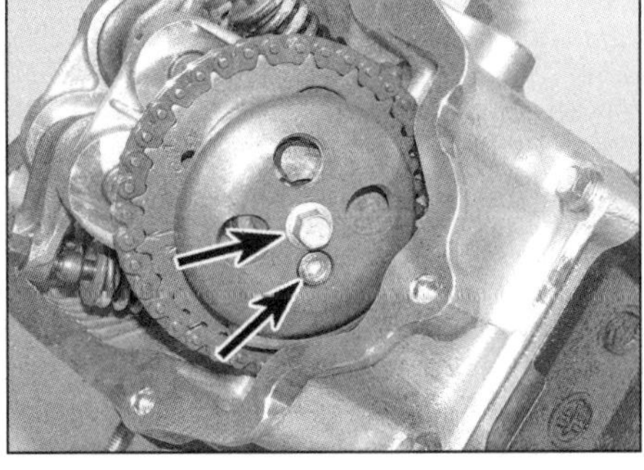

9.24 Kontern Sie den Lichtmaschinenrotor und ziehen Sie die Schrauben mit den korrekten Drehmomenten an.

Motor steht jetzt im oberen Totpunkt (OT) des Verdichtungstaktes, sodass beide Ventile geschlossen sind. Falls die Nockenwellenmarkierung nicht fluchtet, muss die Kurbelwelle eine volle Umdrehung weitergedreht werden.

3 Demontieren Sie den Dekompressionsmechanismus (siehe Sektion 9).

4 Demontieren Sie das Nockenwellenritzel (siehe Sektion 9). Sichern Sie die Steuerkette nötigenfalls mithilfe eines Kabelbinders vor dem Verschwinden im Kettenschacht und stopfen Sie Lappen hinein, um keinen Schmutz eindringen zu lassen.

5 Lösen Sie die zwei Schrauben der Nockenwellen- und Kipphebelachsen-Arretierung und heben Sie diese ab (siehe Abbildung).

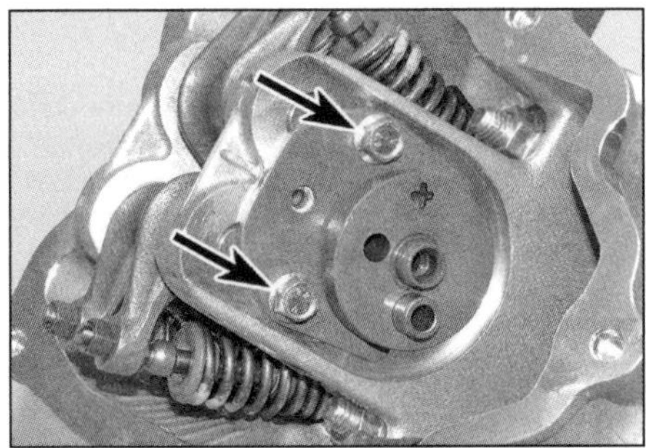

10.5 Schrauben der Nockenwellen- und Kipphebelachsen-Arretierung

6 Die Kipphebel sind auf zwei Achsen gelagert – derjenige der Einlassventile befindet sich an der Einlassstutzen-Seite; der für die Auslassventile an der Auspuff-Seite. Markieren Sie die Enden der Achsen, damit sie in ihre ursprüngliche Positionen installiert werden können.

7 Halten Sie die Kipphebel und ziehen Sie die Achsen heraus (siehe Abbildung) – vertauschen Sie die Komponenten nicht.

8 Ziehen Sie die Nockenwelle aus dem Zylinderkopf (siehe Abbildung).

10.7 Ziehen Sie die Achsen heraus und entnehmen Sie die Kipphebel.

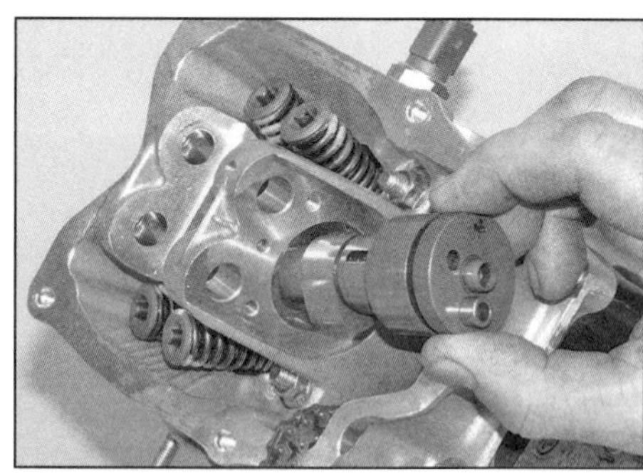

10.8 Ziehen Sie die Nockenwelle heraus.

Kontrolle

9 Reinigen Sie alle Teile mit Lösungsmittel und trocknen Sie sie ab.

10 Inspizieren Sie die Nocken auf Verfärbung (durch Überhitzung), Riefen, Ausbrüche, Abflachungen und Abplatzungen (siehe Abbildung). Messen Sie die Höhe beider Nocken mit einer Bügelmessschraube und vergleichen Sie die Ergebnisse mit den Angaben in den technischen Daten (siehe Abbildung). Eine stark verschlissene oder anderweitig schadhafte Nockenwelle muss ersetzt werden.

11 Kontrollieren Sie die Lagerzapfen der Nockenwelle und ihre Lagersitze im Zylinderkopf siehe Abbildungen). Vermessen Sie die Lagerzapfen und die Bohrungen im Zylinderkopf und vergleichen Sie die Ergebnisse mit den Angaben in den technischen Daten. Eine übermäßig verschlissene Nockenwelle oder ein ausgeschlagener Zylinderkopf muss ersetzt werden.

12 Schmieren Sie die Lagerzapfen der Nockenwelle mit frischem Motoröl, installieren Sie die Welle in den Zylinderkopf und sichern Sie sie mit der Arretierplatte (Abbildungen 10.8 und 10.5). Die Nockenwelle muss sich spielfrei darin drehen lassen. Ermitteln Sie mit einer Fühlerlehre das Axialspiel der Welle – des darf 0,42 mm nicht überschreiten. Bei zu großem Axialspiel müssen die Arretierplatte und die Nut der Nockenwelle auf Verschleiß kontrolliert und die Teile ggf. erneuert werden.

13 Inspizieren Sie die Gleitflächen der Kipphebel auf Ausbrüche, Abflachungen und Abplatzungen (siehe Abbildung). Kontrollieren Sie die Kontaktflächen der Einstellschrauben-Kugelköpfe auf Verschleiß – sie müssen sich bewegen lassen, dürfen aber nicht locker sein. Kontrollieren Sie die Oberseiten der Ventilschäfte. Schieben Sie die Kipphebelachse in den Hebel und prüfen Sie, ob Spiel fühlbar ist (siehe Abbildung). Messen Sie ggf. die Innendurchmesser der Kipphebel und der Bohrungen Im Zyllnderkopf sowie den Außendurchmesser der Kipphebelachse (siehe Abbildung), um mithilfe der in den technischen Daten angegebenen Werte festzustellen, wo Verschleiß vorliegt – ersetzen Sie schadhafte Teile.

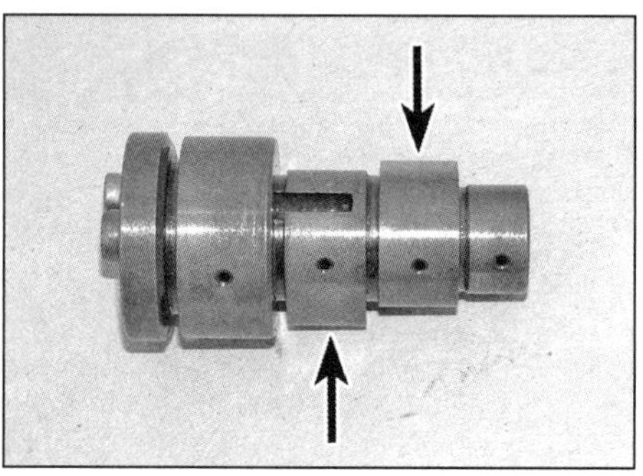

10.10a Kontrollieren Sie die Nocken auf Verschleiß und Beschädigungen . . .

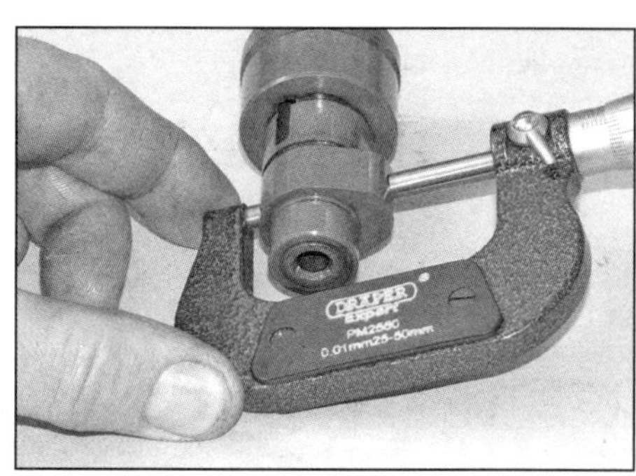

10.10b . . . und messen Sie die Höhe der Nocken.

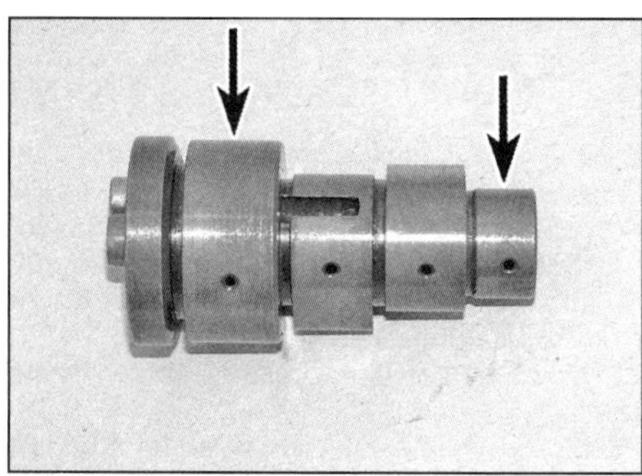

10.11a Kontrollieren und vermessen Sie die Lagerzapfen . . .

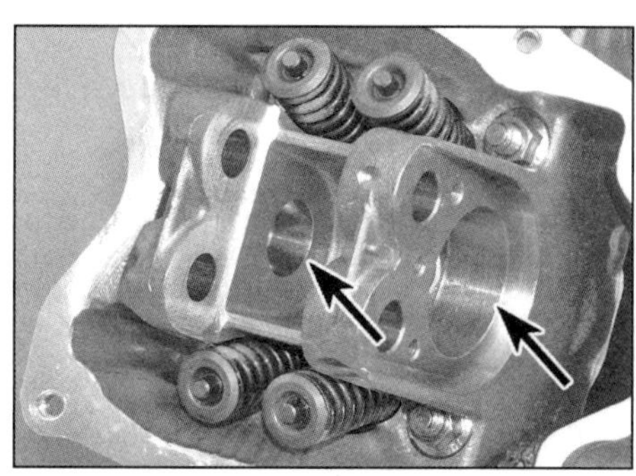

10.11b und ihre Lagersitze.

Einbau

14 Schmieren Sie die Lagerzapfen der Nockenwelle mit frischem Motoröl und installieren Sie die Welle in den Zylinderkopf (Abbildung 10.8) – die Bohrung ohne Bund muss dabei oben stehen.

15 Schmieren Sie die Kipphebelachsen mit frischem Motoröl. Halten Sie den Auslass-Kipphebel in Position und schieben Sie seine Achse vollständig hindurch (Abbildung 10.7). Wiederholen Sie dies mit dem Einlass-Kipphebel und seiner Achse (siehe Abbildung). Bei korrekt positionierter Nockenwelle müssen beide Kipphebel etwas Spiel (Ventilspiel) aufweisen.

16 Richten Sie die Arretierplatte zur Nut der Nockenwelle aus, schieben Sie sie in Position und sichern Sie sie mit den zwei Schrauben (siehe Abbildung) – ziehen Sie diese mit 5 bis 6 Nm an.

17 Folgen Sie den Hinweisen in Sektion 9, um das Nockenwellenritzel, den Dekompressionsmechanismus und den Steuerkettenspanner zu montieren. Kontrollieren Sie anschließend die Steuerzeiten.

Achtung: Die Steuerzeitenmarkierungen müssen bei der Montage unten und oben exakt ausgerichtet sein, da ansonsten beim Durchdrehen des Motors der Kolben und die Ventile zusammenstoßen und teure Schäden verursachen können.

18 Kontrollieren Sie das Ventilspiel (siehe Kapitel 1, Sektion 20).

19 Montieren Sie die verbliebenen Komponenten in der umgekehrten Ausbaureihenfolge.

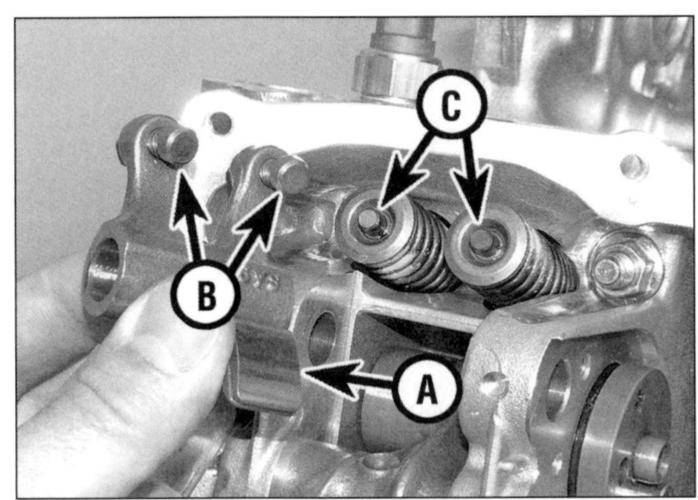

10.13a Kontrollieren Sie die Gleitflächen (A), die Kontaktflächen der Einstellschrauben-Kugelköpfe (B) und die Ventilschäfte (C).

10.13b Prüfen Sie, ob Spiel zwischen den Kipphebeln und ihren Wellen fühlbar ist . . .

11 Zylinderkopf
Ausbau und Einbau

***Achtung:** Der Motor muss vor Beginn der Arbeit vollständig abgekühlt sein, damit der Zylinderkopf nicht verzieht.*

Ausbau

1 Demontieren Sie den Auspuff (siehe Kapitel 5).

2 Entfernen Sie den Ventildeckel (siehe Sektion 7).

3 Entfernen Sie den Steuerkettenspanner (siehe Sektion 8). Falls die Steuerkette hierdurch genügend Durchhang hat, kann sie vom Nockenwellenritzel gehoben werden; andernfalls muss das Ritzel demontiert werden (siehe Sektion 9). Sichern Sie die Steuerkette mithilfe eines Kabelbinders vor dem Verschwinden im Kettenschacht. Demontieren Sie nötigenfalls die Nockenwelle und die Kipphebel (siehe Sektion 10).

4 Lösen Sie links am Motor die Zylinderkopfschrauben (siehe Abbildung). Lockern Sie schrittweise und über Kreuz die vier Zylinderkopfmuttern und entfernen Sie sie (siehe Abbildung).

5 Heben Sie den Zylinderkopf über die Stehbolzen ab – führen Sie dabei die Steuerkette durch den Schacht (siehe Abbildung). Falls der Zylinderkopf klemmt, muss er rundherum mit einem weichen Hammer abgeklopft werden – versuchen Sie nicht, ihn mit einem Schraubendreher abzuhebeln, da dies die Dichtfläche zerstört.

Anmerkung: *Falls sich hierbei der Zylinder vom Motorgehäuse löst, muss er komplett demontiert werden, um die Zylinderfußdichtung zu ersetzen (siehe Sektion 13).*

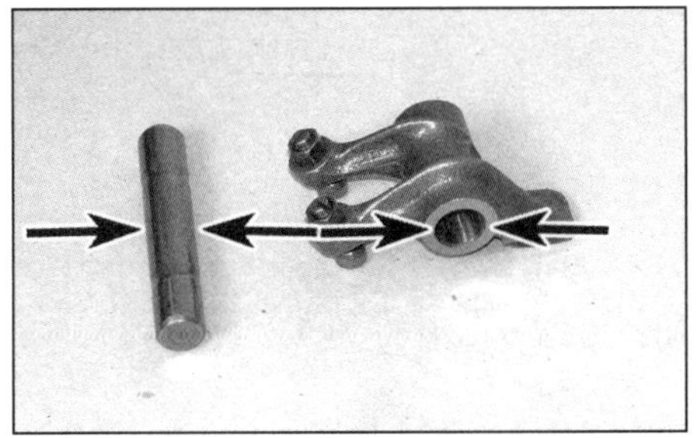

10.13c . . . und messen Sie ihre Durchmesser.

10.16 Führen Sie die Arretierplatte in die Nut der Nockenwelle ein und sichern Sie sie.

11.4b . . . und die vier internen Zylinderkopfmuttern.

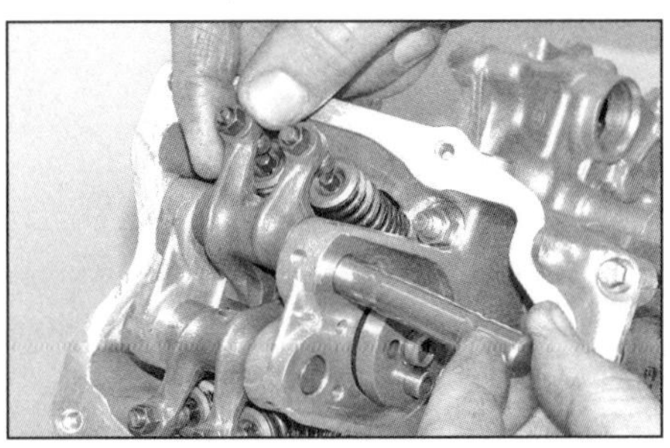

10.15 Halten Sie die Kipphebel in Position und schieben Sie ihre Achsen ein.

11.4a Lösen Sie die zwei äußeren Zylinderkopfschrauben . . .

11.5 Heben Sie den Zylinderkopf ab.

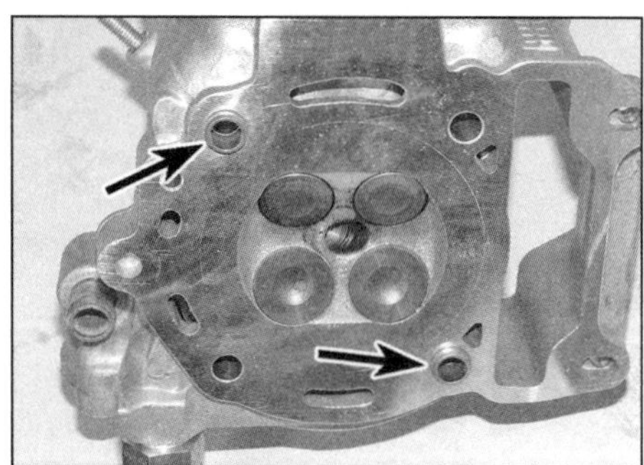

11.6a Stellen Sie die Passhülsen sicher, falls sie locker sind.

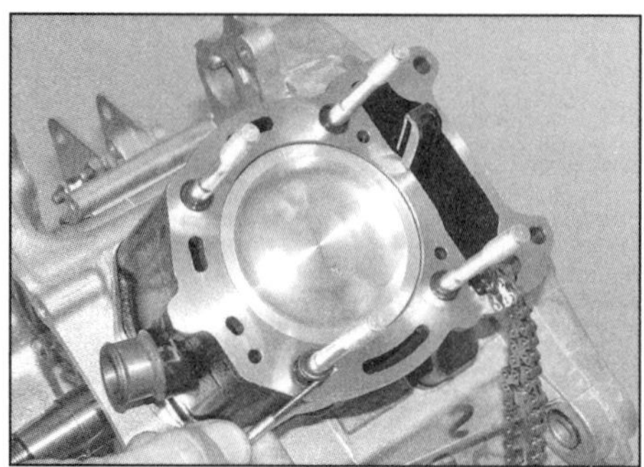

11.6b Befreien Sie die O-Ringe der Stehbolzen und ziehen Sie sie ab.

11.9a Führen Sie neue O-Ringe ober die Stehbolzen bis in ihre Sitze im Zylinder herunter.

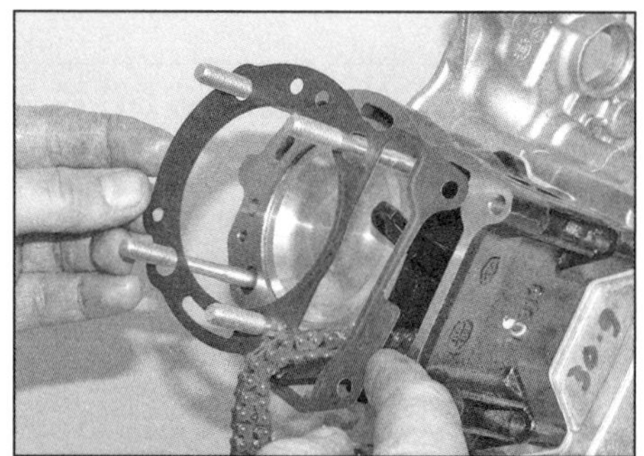

11.9b Legen Sie eine neue Zylinderkopfdichtung auf.

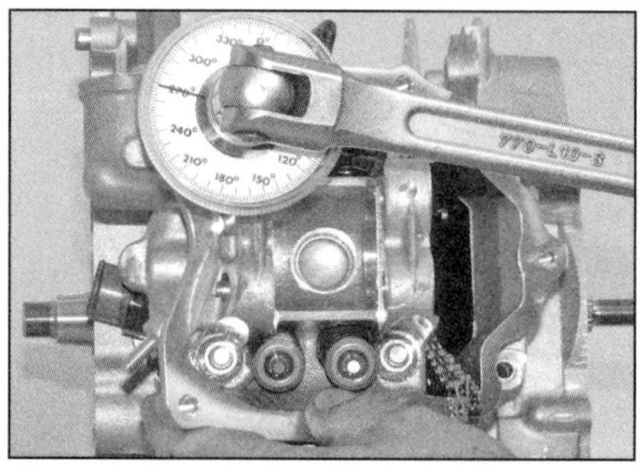

11.11 Ziehen Sie die Zylinderkopfmuttern wie beschrieben an – notfalls mithilfe einer Gradscheibe.

11.12 Installieren Sie links die zwei Zylinderkopfschrauben und ziehen Sie sie mit 11 bis 13 Nm an.

6 Entfernen Sie die Zylinderkopfdichtung – bei der Montage wird auf jeden Fall ein Neuteil benötigt (Abbildung 11.9). Falls die oben im Zylinder oder unten im Zylinderkopf steckenden Passhülsen locker sind, müssen sie sichergestellt werden (siehe Abbildung). Ziehen Sie die O-Ringe von den Stehbolzen (siehe Abbildung) – sie müssen später durch Neuteile ersetzt werden.

7 Kontrollieren Sie die Dichtung sowie die Kontaktflächen des Zylinders und des Zylinderkopfs auf Undichtigkeiten, die auf einen verzogenen Kopf hinweisen würden – die Kontrolle ist in Sektion 12 beschrieben.

8 Beseitigen Sie mit Lösungsmittel und einem Schaber alte Dichtungsreste vom Zylinders und Zylinderkopf – beschädigen Sie hierbei nicht das relativ weiche Aluminium. Lassen Sie keinen Schmutz in den Kettenschacht, den Zylinder, Wasser- oder Ölkanäle geraten.

Einbau

9 Die Dichtflächen des Zylinders und des Zylinderkopfs müssen absolut sauber sein. Rüsten Sie die Stehbolzen mit neuen O-Ringen aus (siehe Abbildung). Stecken Sie ggf. die Passhülsen in den Zylinder (Abbildung 11.6a). Legen Sie die neue Zylinderkopfdichtung korrekt über die Passhülsen, sodass alle Ölkanalbohrungen fluchten (siehe Abbildung). Achten Sie darauf, dass die Steuerketten-Führungsschiene korrekt in den Nuten des Zylinders liegt (Abbildung 9.15b).

10 Setzen Sie vorsichtig den Zylinderkopf über die Stehbolzen und die Passhülsen auf den Zylinder – führen Sie dabei die Steuerkette durch den Schacht (Abbildung 11.5).

11 Schmieren Sie die Kontaktflächen der Zylinderkopfmuttern mit frischem Motoröl und drehen Sie die Muttern zunächst handfest auf. Ziehen Sie die Muttern dann zunächst schrittweise und über Kreuz bis zum Drehmoment von 7 und dann von 10 Nm an. Je nach Modell müssen die Muttern nun eine halbe (GTS 125 bis 2015) oder dreiviertel Umdrehung (alle anderen Modelle) weitergezogen werden (siehe Abbildung).

12 Installieren Sie links außen die zwei Zylinderkopfschrauben und ziehen Sie sie mit 11 bis 13 Nm an (siehe Abbildung).

13 Montieren Sie die Kipphebel, die Nockenwelle samt Ritzel, den Steuerkettenspanner und alle anderen entfernten Komponenten in der umgekehrten Ausbaureihenfolge.

12 Zylinderkopf und Ventile
Überholung

1 Aufgrund der Komplexität und der erforderlichen Spezialwerkzeuge überlassen die meisten Hobbyschrauber die Kontrolle und das Einschleifen der Ventile einer Fachwerkstatt. Durch das Einfüllen von Lösungsmittel in die Kanäle lässt sich jedoch zunächst leicht feststellen, ob die Ventile korrekt abdichten; sickert die Flüssigkeit in Richtung Brennraum durch, wird eine Überholung notwendig.

2 Mit den richtigen Werkzeugen (eine für diesen Motor geeignete Ventilfederpresse ist unerlässlich) können die Ventile auch ausgebaut, gereinigt, begutachtet und nötigenfalls geläppt sowie wieder eingebaut werden.

3 Falls die Ventilführungen oder Ventilsitze im Zylinderkopf verschlissen sind, muss der Kopf ausgetauscht werden, da Einzelteile nicht erhältlich sind und die Sitze laut Piaggio nicht nachgeschnitten werden können – erkundigen Sie sich nötigenfalls bei einem Motorenspezialisten nach anderen Lösungen.

4 Nachdem die Ventile geläppt sind, muss alles sorgfältig gereinigt werden, um sicherzustellen, dass keine Schleifpaste in den Motor gerät; blasen Sie alle Bohrungen und Kanäle möglichst mit Druckluft aus.

Zerlegen

Spezialwerkzeug: *Für diese Arbeit ist eine für Motorradmotoren geeignete Ventilfederpresse absolut unerlässlich.*

5 Vor Arbeitsbeginn muss sichergestellt sein, dass die Ventile und ihre zugehörigen Bauteile so gelagert werden, dass später jedes Teil wieder genau an seinen Platz im richtigen Zylin-

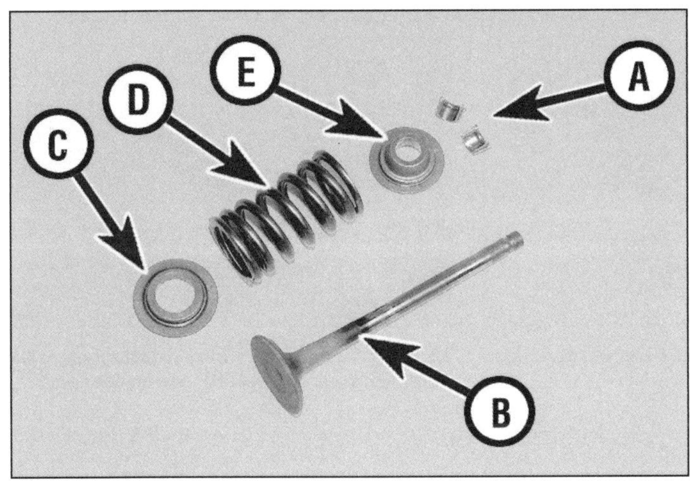

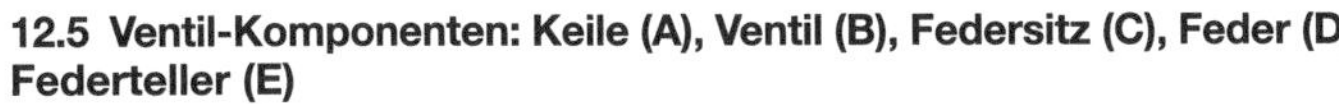
12.5 Ventil-Komponenten: Keile (A), Ventil (B), Federsitz (C), Feder (D), Federteller (E)

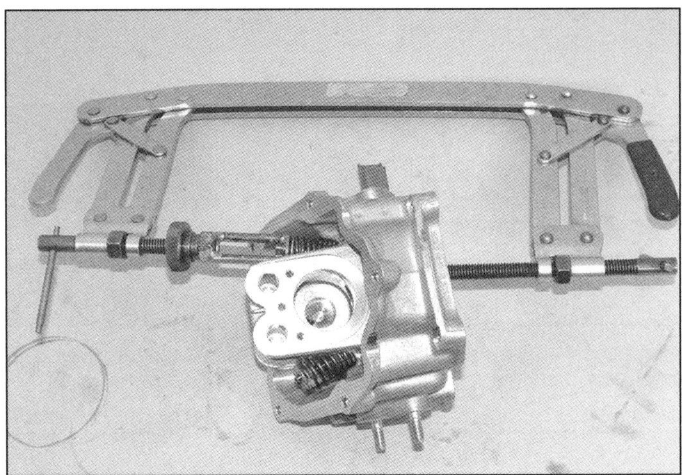
12.6a Installieren Sie die Federpresse so, . . .

derkopf eingebaut werden kann (siehe Abbildung). Alternativ tun es auch beschriftete Plastikbeutel.

6 Falls noch nicht erledigt, müssen die Nockenwelle und die Kipphebel ausgebaut werden (siehe Sektion 10). Drücken Sie die Federn des ersten Ventils mit der Federpresse zusammen – achten Sie darauf, dass sie richtig sitzt (siehe Abbildungen) und pressen Sie die Federn nicht mehr als nötig.

7 Entfernen Sie die Keile – entweder mit einer Spitzzange, einer Pinzette, einem Magneten oder einem Schraubendreher mit etwas Fett an der Spitze (siehe Abbildung). Lösen sie vorsichtig die Federpresse und entfernen Sie den Federteller, die Feder und das Ventil (Abbildungen 12.30b und a sowie 12.27) – falls es in der Führung klemmt und sich nicht hindurchziehen lässt, muss es zurückgedrückt und der Bereich um die Keilnut mit einer sehr feinen Feile oder einem Nassschleifstein entgratet werden (siehe Abbildung).

8 Ziehen Sie am Auslassventil mit einer Zange oder einem anderen geeigneten Werkzeug die Ventilschaftdichtung von der Ventilführung – sie muss später erneuert werden. Beachten Sie die Einbaulage des Federsitzes und nehmen Sie diesen ab (Abbildungen 12.28 und 12.29a).

9 Wiederholen Sie die Prozedur mit den anderen Ventilen und achten Sie darauf, dass die Einzelteile genau wieder dem entsprechenden Kanal im Zylinderkopf zugeordnet werden.

10 Kratzen Sie vorsichtig die Kohleablagerungen aus dem Brennraum. Nach einer groben Reinigung kann eine Handdrahtbürste oder Stahlwolle eingesetzt werden – benutzen Sie niemals einen elektrisch betriebenen Drahtbürsten-Aufsatz, da das weiche Aluminium leicht abgetragen werden kann. Als Nächstes wird der Zylinderkopf mit Lösungsmittel gereinigt und sorgfältig getrocknet. Druckluft beschleunigt das Trocknen und sorgt dafür, dass alle Löcher und Ecken sauber werden.

12.6b . . . dass sie korrekt auf dem Federteller . . .

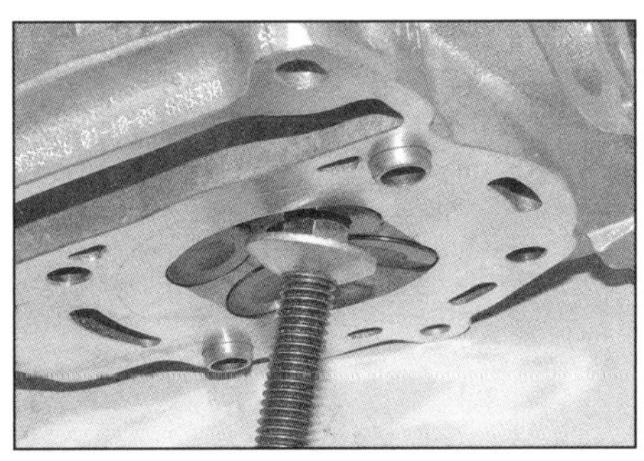
12.6c . . . und dem Ventilteller sitzt.

12.7a Entfernen Sie die Keile, sobald sie frei sind.

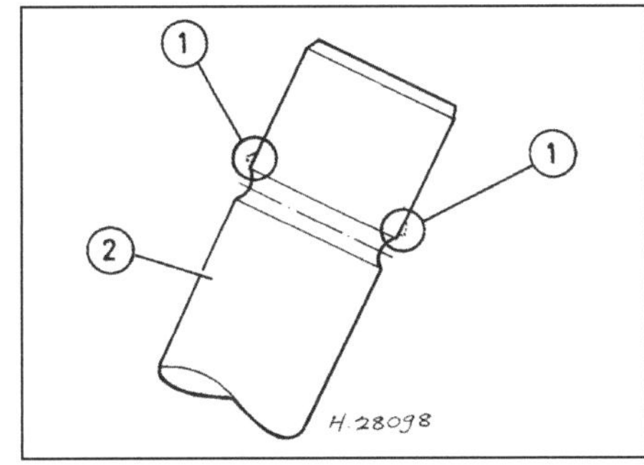

12.7b Falls sich der Ventilschaft (2) nicht durch die Führung ziehen lässt, müssen an den Keilnuten (1) alle Grate entfernt werden.

11 Schaben Sie Ölkohleablagerungen von den Ventilen und reinigen Sie Ventilteller und Schäfte anschließend mit einem Drahtbürstenaufsatz für die Bohrmaschine. Achten Sie darauf, dass die Ventile nicht durcheinandergeraten.

12 Reinigen Sie alle Ventilfedern, Keile, Federteller und -Sitze mit Lösungsmittel und trocknen Sie sie sorgfältig. Reinigen Sie immer nur die Teile eines Ventils zurzeit, um Verwechslung zu vermeiden.

Kontrolle

13 Inspizieren Sie den Zylinderkopf sorgfältig auf Risse und andere Beschädigungen – dies gilt vor allem für die Bereiche um die Zündkerzenbohrung und die Ventilsitze (siehe Abbildung). Wenn Risse festgestellt werden, muss der Zylinderkopf gegen ein Neuteil ausgetauscht werden.

14 Ermitteln Sie mithilfe eines Haarlineals und einer Fühlerlehre in verschiedenen Richtun-

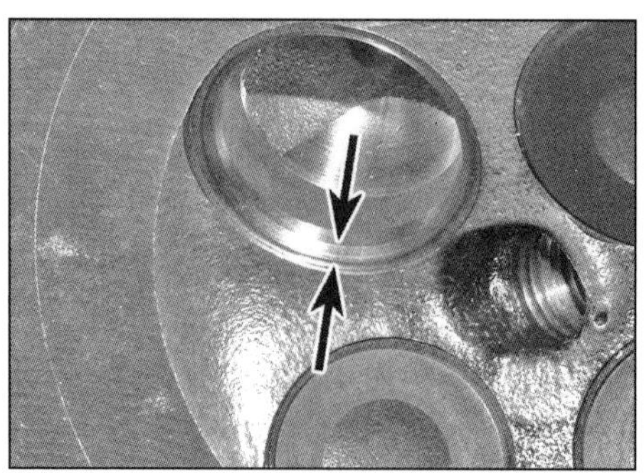

12.15 Die Ventilsitze müssen gleichmäßig breit sein.

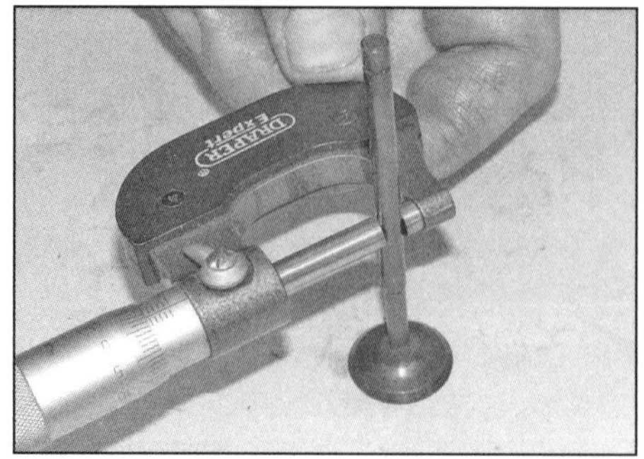

12.16a Messen Sie den Durchmesser des Ventilschafts.

12.16b Messen Sie den Durmesser der Ventilführung an verschiedenen Stellen.

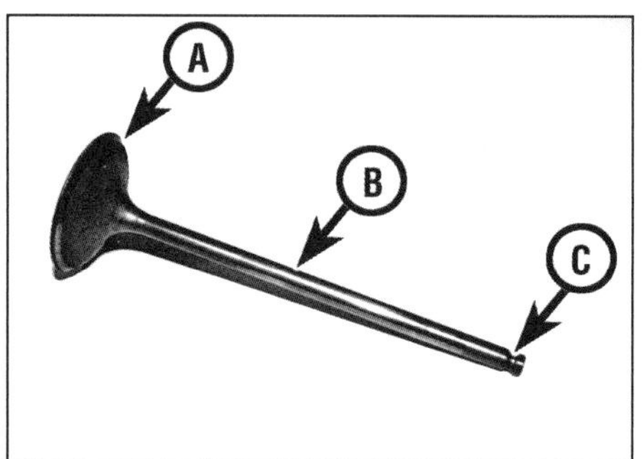

12.17 Kontrollieren Sie das Ventil am Teller (A), am Schaft (B) und an den Keilnuten (C).

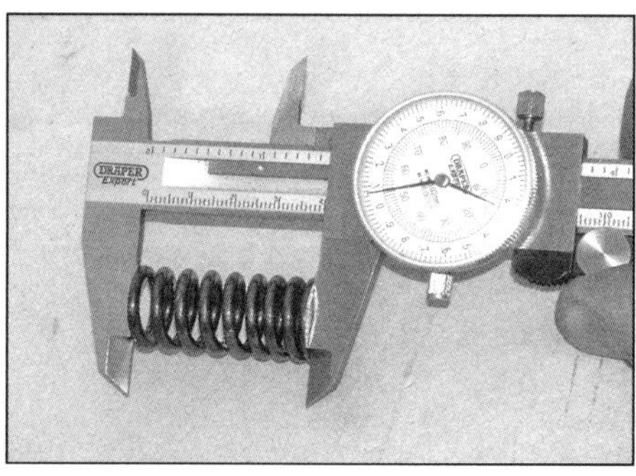

12.19 Messen Sie die freie Länge der Ventilfeder.

12.23 Geben Sie sparsam und gut verteilt Schleifpaste auf die Dichtflächen – nicht auf den Schaft.

gen, ob die Dichtfläche des Zylinderkopfs verzogen ist. Falls der Verzug den in den technischen Daten angegebenen Wert übersteigt, kann die Dichtfläche eventuell geplant werden, ansonsten ist der Kopf durch ein Neuteil zu ersetzen – erkundigen Sie sich in einer Fachwerkstatt.

15 Begutachten Sie die Ventilsitze im Brennraum (siehe Abbildung) – sie müssen rundherum gleichmäßig breit sein. Falls sich Ausbrüche, Risse oder Verbrennungen zeigen, muss der Zylinderkopf ersetzt werden – die Sitze sind nicht austauschbar.

16 Arbeiten Sie zurzeit stets an einem Ventil und seiner Führung. Messen Sie ggf. den Durchmesser des Ventilschafts an mehreren Stellen (siehe Abbildung) und vergleichen Sie das Ergebnis mit den technischen Daten. Zu geringe, aber auch ungleichmäßige Ergebnisse weisen auf Verschleiß hin. Reinigen Sie die Ventilführung mit einer Reibahle von Ölkohle-Ablagerungen. Ermitteln Sie mit Spezialmessgeräten den Innendurchmesser der Ventilführung – messen Sie an beiden Enden und in der Mitte, um eine ausgeschlagene Führung festzustellen. Subtrahieren Sie den Ventilschaft-Durchmesser vom Durchmesser der Führung, um das Spiel zu ermitteln, und vergleichen Sie alle Ergebnisse mit den Angaben in den technischen Daten. Falls eine Führung verschlissen ist, muss der Zylinderkopf ausgetauscht werden, da die Führungen nicht separat erhältlich sind.

17 Inspizieren Sie den Ventilteller sorgfältig auf Risse, Ausbrüche und verbrannte Stellen und begutachten Sie den Ventilschaft und die Keilnuten auf Riefen und Risse (siehe Abbildung).

18 Drehen Sie das Ventil und kontrollieren Sie dabei, ob es Anzeichen auf Verzug gibt. Begutachten Sie das Ende des Schaftes auf Ausbrüche und übermäßigen Verschleiß. Irgendeines der oben beschriebenen Anzeichen bedeutet, dass das Ventil ersetzt werden muss.

19 Kontrollieren Sie die Enden der Ventilfedern auf Verschleiß und Ausbrüche. Stellen Sie die Federn aufrecht hin, um einen möglichen Verzug zu erkennen. Ventilfedern ermüden mit der Zeit, sodass sie die Ventile bei hohen Drehzahlen nicht mehr sicher schließen können. Messen Sie die freie Länge der Federn und vergleichen Sie sie mit den Angaben in den Technischen Daten (siehe Abbildung). Ist eine Feder kürzer, so ist sie ermüdet und es müssen alle Ventilfedern ersetzt werden.

Anmerkung: *Generell ist es ratsam, beim Überholen der Ventile die Federn ungeachtet ihres Zustands auszutauschen – immer als Set.*

20 Kontrollieren Sie die Federsitze, Federteller und Keile auf sichtbaren Verschleiß und Brüche (Abbildung 12.5). Alle fraglichen Teile sollten nicht wiederverwendet werden, da bei ihrem Ausfall im Motorbetrieb sehr große Schäden entstehen können.

21 Soweit die Kontrolle ergeben hat, dass keine Überholung nötig ist, können die Ventil-Komponenten wieder installiert werden.

Zusammenbau

22 Unabhängig von einer vorangegangenen Ventilüberholung müssen die Ventile vor dem Einbau in den Kopf eingeschliffen (geläppt) werden, um die Dichtigkeit an den Ventilsitzen sicherzustellen. Für diese Arbeit benötigt man feine Ventilschleifpaste sowie einen Ventildreher. Wenn dieses Werkzeug nicht zur Hand ist, kann auch ein Stück Gummi- oder Plastikschlauch über den in der Führung steckenden Ventilschaft geschoben und das Ventil damit gedreht werden.

23 Geben Sie etwas von der Schleifpaste auf die Ventildichtfläche (siehe Abbildung). Schmieren Sie den Ventilschaft mit einem Gemisch aus gleichen Teilen Molybdänfett und Motoröl und stecken Sie das Ventil in die Führung (Abbildung 12.27).

Anmerkung: *Gehen Sie sicher, dass das Ventil in der richtigen Führung steckt, und dass keine Schleifpaste an den Ventilschaft gerät.*

24 Befestigen Sie den Ventildreher (oder den Schlauch) am Ventil und drehen sie ihn zwischen den Handflächen. Hin- und herdrehen ist dem Drehen in einer Richtung vorzuziehen (siehe Abbildung). Heben Sie das Ventil regelmäßig vom Sitz und verteilen Sie die Paste

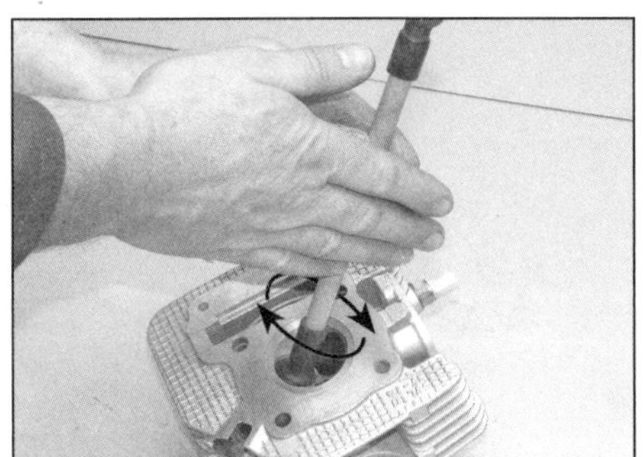

12.24 Bewegen Sie den Ventildreher zwischen den Handflächen hin und her.

12.27 Installieren Sie das geschmierte Ventil in seine Führung.

12.28 Legen Sie den Federsitz auf.

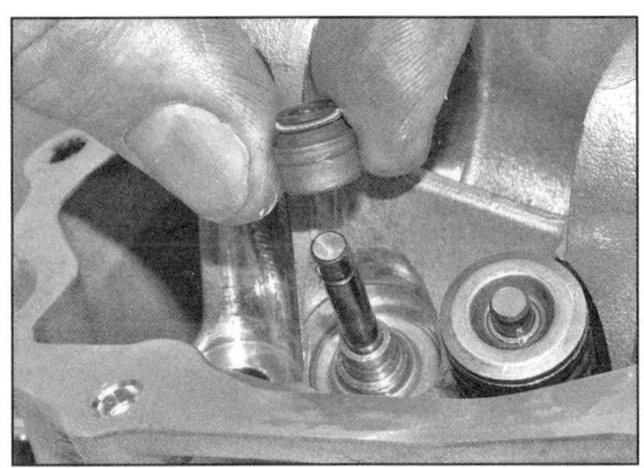

12.29a Installieren Sie die neue Ventilschaftdichtung...

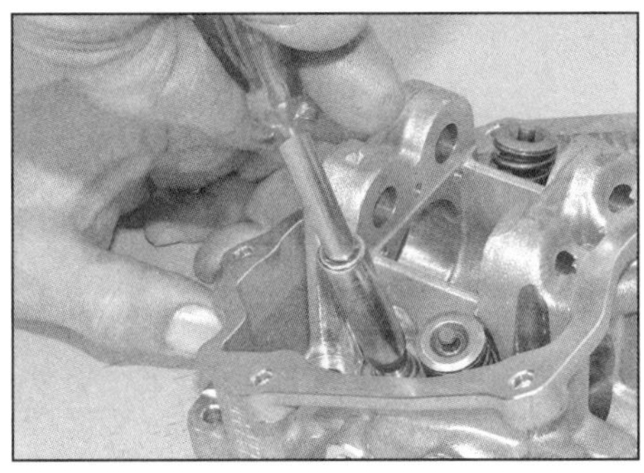

12.29b ...und drücken Sie sie senkrecht mit einem passenden Steckschlüssel auf, bis sie einrastet.

12.30a Installieren Sie die Feder über den Ventilschaft...

12.30b ...und den Federteller in die Feder.

12.31a Die Keilnuten werden mit etwas Fett in Position gehalten...

12.31b ...und müssen wie gezeigt den Federteller am Ventil sichern.

2C

ordentlich. Setzen Sie das Schleifen solange fort, bis die Dichtflächen am Ventil und am Sitz eine gleichmäßige Breite und am ganzen Umfang keine Unterbrechungen haben (Abbildung 12.15).

25 Ziehen Sie vorsichtig das Ventil aus der Führung und wischen Sie alle Schleifpasten-Reste ab. Reinigen Sie das Ventil mit Lösungsmittel und wischen Sie den Ventilsitz sorgfältig mit einem Tuch ab.

26 Wiederholen Sie den Arbeitsgang mit den anderen Ventilen. Reinigen Sie zum Schluss den Zylinderkopf erneut sorgfältig und blasen Sie alle Kanäle mit Druckluft aus – sämtliche Schleifpaste muss entfernt sein, bevor der Zylinderkopf wieder zusammengesetzt wird.

27 Schmieren Sie den Ventilschaft mit einem Gemisch aus gleichen Teilen Molybdänfett und Motoröl und stecken Sie das Ventil in die Führung (siehe Abbildung). Prüfen Sie, ob sich das Ventil frei in der Führung verschieben lässt.

28 Arbeiten Sie zurzeit stets an einem Ventil. Legen Sie den Federsitz mit dem Bund nach oben über die Führung (siehe Abbildung).

29 Installieren Sie die neue Ventilschaftdichtung über den Ventilschaft auf die Führung – drücken Sie sie von Hand oder einem geeigneten Steckschlüssel auf, bis sie einrastet (siehe Abbildungen).

30 Installieren Sie die Ventilfeder und den Federteller mit dem Bund nach unten in die Feder (siehe Abbildungen).

31 Versehen Sie die Keilnuten mit etwas Fett, um die Keile bei der Montage in Position zu halten. Drücken Sie die Ventilfeder mit der Federpresse zusammen (siehe Schritt 6) (Abbildungen 12.6a, b und c) und installieren Sie die Keile (siehe Abbildung). Komprimieren Sie die Feder nicht mehr als nötig. Achten Sie darauf, dass die Keile sicher in ihrer Nut sitzen (siehe Abbildung), und lösen Sie die Presse.

32 Wiederholen Sie die Prozedur mit den anderen Ventilen.

12.33 Klopfen Sie auf den Ventilschaft, um sicherzugehen, dass die Keile korrekt sitzen.

33 Stützen Sie den Zylinderkopf so auf Hölzern, dass die Ventile nicht den Boden berühren können, und schlagen Sie sehr sanft auf die Ventilschäfte, damit die Keile sich in den Nuten setzen können (siehe Abbildung).

Anmerkung: *Kontrollieren Sie die Dichtigkeit der Ventile, indem Sie etwas Lösungsmittel in die jeweiligen Ventilkanäle einfüllen – falls es durch das Ventil in den Brennraum sickert, muss ein Einschleifprozedur des Ventils wiederholt werden.*

34 Nachdem der Zylinderkopf und alle dazugehörigen Komponenten montiert sind, muss das Ventilspiel kontrolliert und ggf. eingestellt werden (siehe Kapitel 1).

13 Zylinder

Ausbau

1 Demontieren Sie den Zylinderkopf (siehe Sektion 11).
2 Entfernen Sie die Steuerketten-Führungsschiene (Abbildung 9.11).

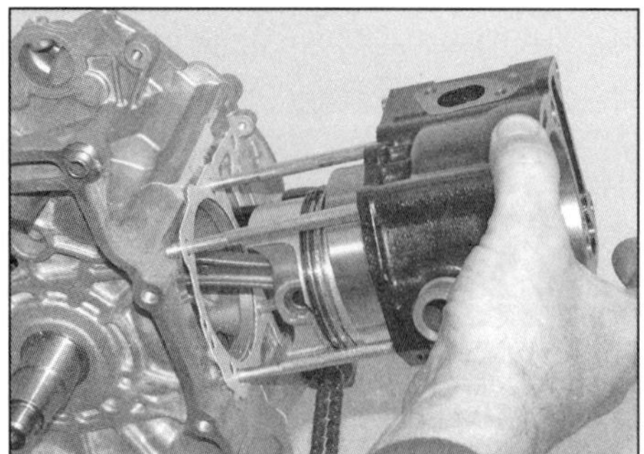

13.3 Ziehen Sie den Zylinder über den Kolben und die Stehbolzen ab.

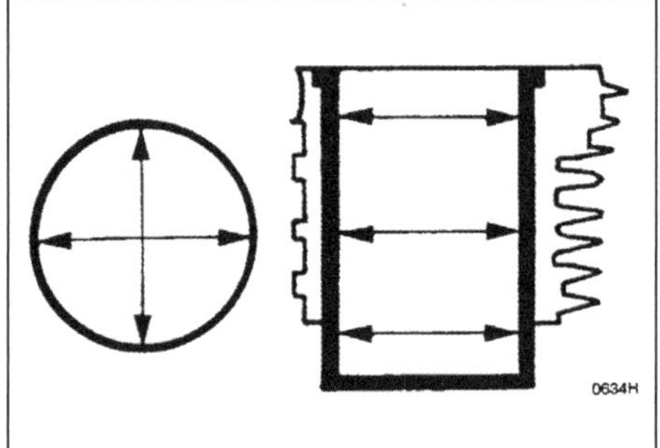

13.7a Vermessen Sie die Zylinderbohrung wie gezeigt in 6, 333 und 78 mm Tiefe . . .

3 Heben Sie den Zylinder über die Stehbolzen ab (siehe Abbildung) – führen Sie dabei die Steuerkette durch den Schacht und legen Sie sie vorn über den Motor. Sobald der Kolben zugänglich wird, muss er abgestützt werden, damit er nicht gegen das Gehäuse schlägt. Falls der Zylinder klemmt, muss er rundherum mit einem weichen Hammer abgeklopft werden – versuchen Sie nicht, ihn mit einem Schraubendreher abzuhebeln, da dies die Dichtfläche zerstört. Sobald der Zylinder entfernt ist, müssen saubere Lappen um das Pleuel herum in das Motorgehäuse gestopft werden, damit kein Schmutz eindringen kann.

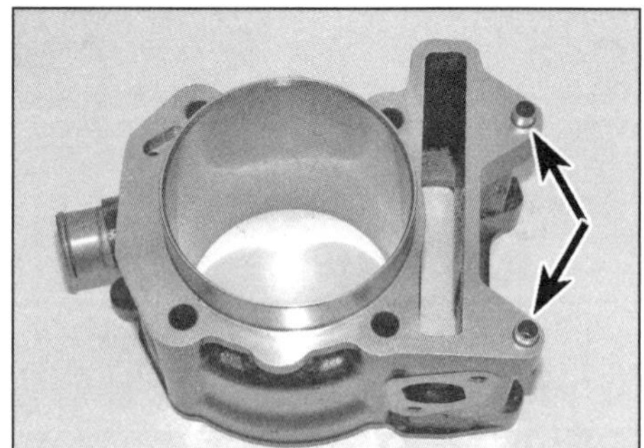

13.4 Entfernen Sie ggf. die Passhülsen sicher.

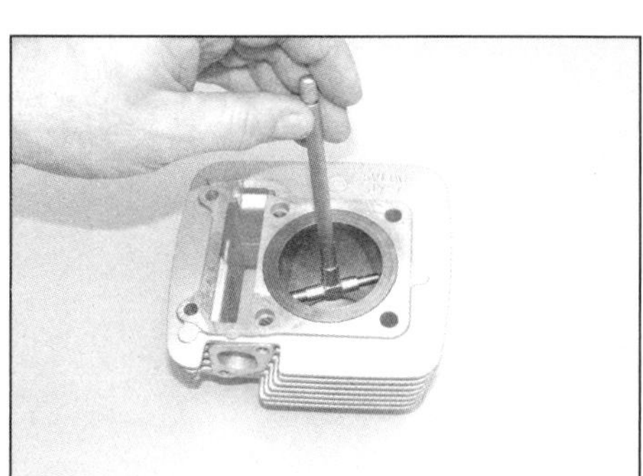

13.7b . . . mithilfe eines speziellen Messgeräts.

4 Falls die oben im Motorgehäuse oder unten im Zylinder steckenden Passhülsen locker sind, müssen sie sichergestellt werden (siehe Abbildung).
5 Entnehmen Sie die Zylinderfußdichtung und notieren Sie die darauf markierte Stärke (0,4, 0,6 oder 0,8 mm) (Abbildung 13.16). Falls der Zylinder und der Kolben wiederverwendet werden sollen, muss eine Dichtung der glei-

13.13 Nullen Sie die Messuhr über der Zylinder-Dichtfläche.

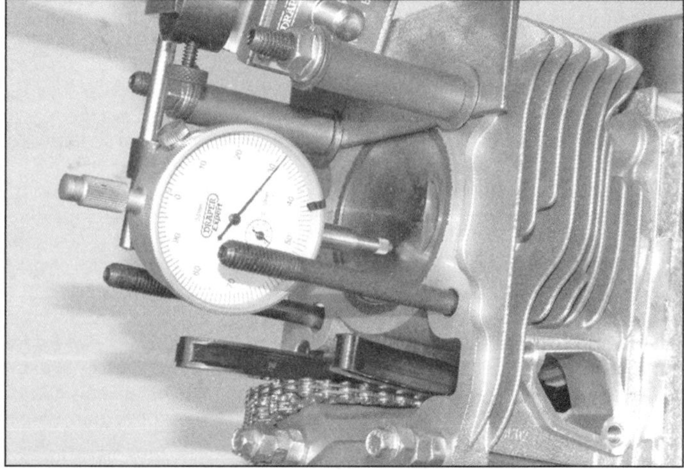

13.15 Messen Sie, wie viel tiefer der im OT stehende Kolben liegt.

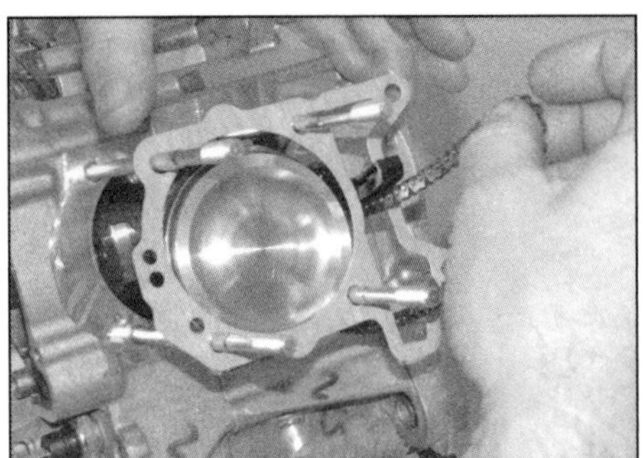

13.16 Legen Sie die NEUE Zylinderfußdichtung auf.

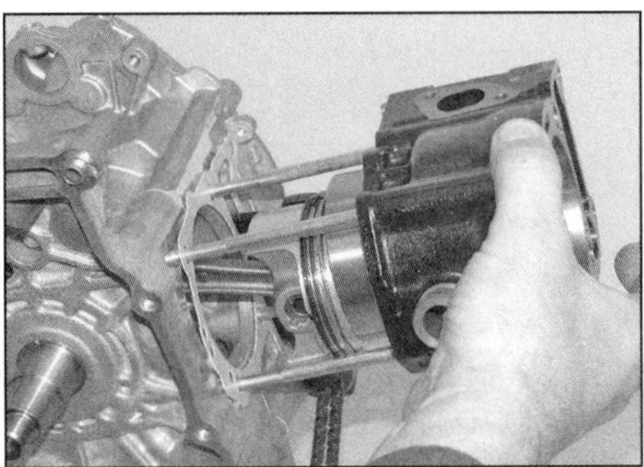

13.18 Senken Sie den Zylinder über dem Kolben ab, . . .

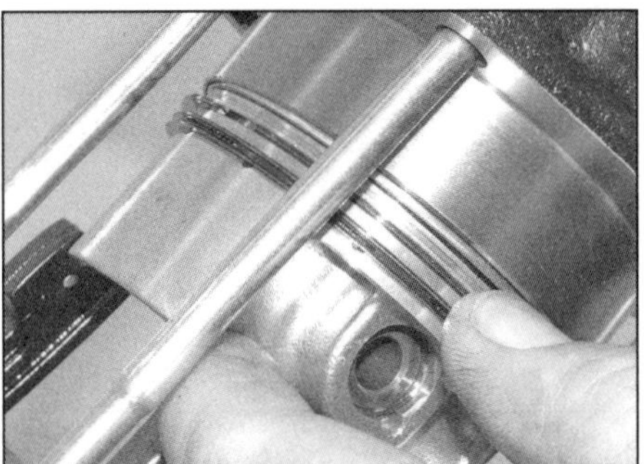

13.19 . . . führen Sie diesen senkrecht in dem Zylinder ein und drücken Sie dabei die Kolbenringe zusammen.

chen Stärke beschafft werden – die alte darf keinesfalls wiederverwendet werden.

Kontrolle

6 Inspizieren Sie die Zylinderbohrung sorgfältig auf Riefen und Klemmspuren. Beim 125 cm³-Motor kann nötigenfalls kann der Zylinder aufgebohrt und mit einem Übermaß-Kolben bestückt werden (siehe Schritt 7); bei 250- und 300 cm³-Motoren muss ein neuer Zylinder samt Kolben beschafft werden.

7 Zur Ermittlung des Verschleißes, der Kegelförmigkeit und der Ovalität muss der Zylinder mit einer geeigneten Ausrüstung vermessen werden. Piaggio schreibt hierzu vor, den Zylinder in drei Höhen (6, 33 und 78 mm unterhalb der Oberseite) jeweils längs und quer zur Kurbelwelle zu vermessen (siehe Abbildungen). Vergleichen Sie die Ergebnisse mit den Angaben in den technischen Daten.

Anmerkung: *Der Zylinder und der Kolben werden beim Zusammenbau mit Größen-Codes versehen, die unbedingt aufeinander abgestimmt sein müssen. Die Codes für diese Motoren sind von A bis D (125 cm³-Motor) bzw. von M bis P (250/300 cm³-Motor) aufgelistet. Nur beim 125³-Motor gelten diese Codes sowohl für die Standardgröße als auch für das erste bis dritte Übermaß (bei aufgebohrten Zylindern). Der Größen-Code ist unten in der Zylinder-Dichtfläche sowie im Kolbenboden eingeschlagen. Achten Sie bei der Beschaffung eines neuen Kolbens oder Zylinders auf den entsprechenden Buchstaben.*

8 Ermitteln Sie anhand unterschiedlicher Messungen einen kegel- oder ovalförmig Verschleiß. Piaggio gibt eine maximale Abweichung von 0,05 mm zwischen den Messergebnissen an; falls der Zylinder über diese Grenze hinaus verschlissen oder stark riefig ist, kann er im Falle eines 125³-Motors von einem Fachbetrieb aufgebohrt und mit einem passenden Kolben samt Ringen bestückt werden. Falls der Zylinder bereits das dritte Übermaß erreicht hat und verschlissen oder beschädigt ist, muss er erneuert werden. Der Fachbetrieb, bei dem der Zylinder aufgebohrt wird, muss über die Größe und das Einbauspiel des neuen Kolbens informiert werden. Bei einem schadhaften 250- und 300 cm³-Zylinder muss ein neuer Zylinder samt Kolben beschafft werden.

9 Vermessen Sie die Zylinderbohrung in 33 mm Tiefe und errechnen Sie durch Subtraktion des Kolbendurchmessers (siehe Sektion 14) das Kolbenspiel. Wenn sich der Zylinder in einem guten Zustand befindet und das Kolbenspiel innerhalb der Vorgaben liegt, kann der Zylinder wiederverwendet werden.

10 Prüfen Sie, ob alle Stehbolzen fest im Motorgehäuse sitzen. Lockere oder beschädigte Stehbolzen müssen vollständig herausgedreht werden. Reinigen Sie das Gewinde und tragen Sie dauerelastische Sicherungspaste (»Loctite«) auf, bevor Sie den Stehbolzen wieder eindrehen. Zum Anziehen können ein spezielles Stehbolzen-Werkzeug oder zwei am oberen Gewinde gegeneinander verkonterte Muttern verwendet werden.

Einbau

11 Kontrollieren Sie die Dichtflächen des Zylinders und des Motorgehäuses.

12 Um Fertigungstoleranzen auszugleichen, bietet Piaggio zwei (125³-Motoren) bzw. drei verschieden starke Zylinderfußdichtungen an (250/300 cm³-Motoren). Soweit der originale Zylinder samt Kolben wiederverwendet werden, muss die neue Dichtung die gleiche Stärke wie die alte aufweisen (siehe Schritt 5). Falls Neuteile montiert werden sollen, muss der Zylinder ohne Fußdichtung über den Kolben geschoben und auf dem Motorgehäuse verschraubt werden (siehe Schritte 17 bis 21). Jetzt muss mithilfe einer schwenkbar montierten Messuhr (Piaggio bietet hierfür unter der Teilenummer 020428Y eine spezielle Halterung an) die Höhendifferenz zwischen dem im OT stehenden Kolben und der Zylinder-Dichtfläche ermittelt werden, um die Stärke der benötigten Fußdichtung zu ermitteln. Alternativ können auch ein Haarlineal und Fühlerlehrenblätter verwendet werden, doch eine Messuhr ist deutlich genauer.

13 Montieren Sie die Messuhr mit dem Messdorn gegen die Zylinder-Dichtfläche und nullen Sie sie (siehe Abbildung). Drehen Sie die Kurbelwelle so, dass der Kolben sich etwas in der Bohrung absenkt.

14 Schwenken Sie die Messuhr, sodass der Dorn mittig in der Zylinderbohrung steht.

15 Drehen Sie die Kurbelwelle (über die Mutter des Lichtmaschinenrotors), sodass der Kolben im Zylinder bis in den OT aufsteigt und der Messdorn in der Mitte des Kolbenbodens aufsetzt. Lesen Sie jetzt die Messuhr ab (siehe Abbildung). Je tiefer der Kolben im Zylinder steht, desto dünner muss die Fußdichtung sein. Wenn beim 125 cm³-Motor der Kolben 1,6 bis 1,8 mm tiefer liegt, wird eine 0,8 mm starke Dichtung benötigt; zwischen 1,4 und 1,6 mm muss die Dichtung 0,6 mm stark sein. Wenn beim 250/300 cm³-Motor der Kolben 3,3 bis 3,4 mm tiefer liegt, wird eine 0,8 mm starke Dichtung benötigt; zwischen 3,4 und 3,6 mm muss die Dichtung 0,6 mm stark sein und bei einem 3,6 bis 3,8 mm tiefer liegenden Kolben muss eine 0,4 mm starke Dichtung beschafft werden. Lassen Sie im Zweifelsfall die Messung von einer Piaggio-Werkstatt durchführen.

2C

16 Stecken Sie ggf. die Passhülsen ins Motorgehäuse (Abbildung 13.4) und legen Sie die neue Fußdichtung über die Stehbolzen und die Hülsen (siehe Abbildung).

17 Klemmen Sie nötigenfalls ein Kolbenring-Spannband um den Kolben, um ihn beim Absenken des Zylinders besser einführen zu können – weil der Zylinder unten eine ausreichend große Fase zum Einführen der Kolbenringe von Hand aufweist, kann hierauf aber auch verzichtet werden. Lassen Sie möglichst einen Assistenten den Zylinder beim Einführen des Kolbens halten. Achten Sie darauf, dass die Kolbenring-Öffnungen wie in Sektion 15 beschrieben ausgerichtet sind.

18 Schmieren Sie die Zylinderbohrung, den Kolben samt Kolbenringen sowie die beiden Pleuelaugen mit frischem Motoröl und senken Sie den Zylinder ab, bis der Kolbenboden in die Bohrung gleitet (siehe Abbildung).

19 Drücken Sie sanft auf den Zylinder und achten Sie darauf, dass der Kolben senkrecht eingeführt wird und nicht verkantet. Falls kein Kolbenring-Klemmband verwendet wird, müssen die Ringe vorsichtig zusammengedrückt und in die Bohrung eingeführt werden (siehe Abbildung). Klopfen Sie den Zylinder nötigen-

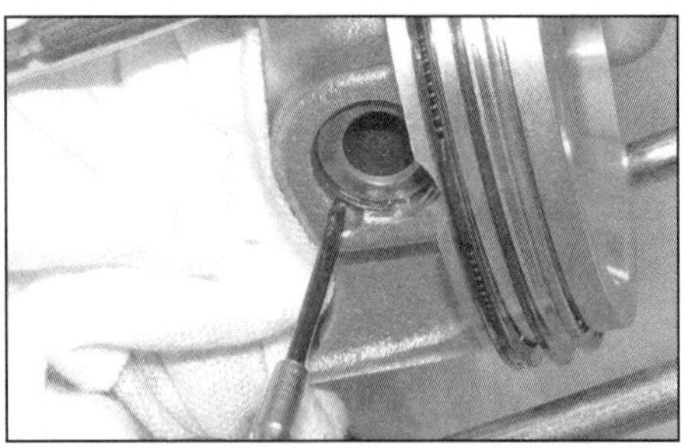

14.2a Entfernen Sie den Sicherungsring...

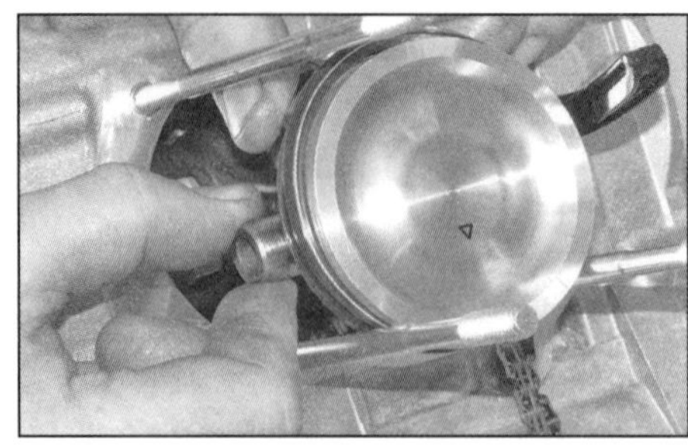

14.2b ...und drücken Sie den Kolbenbolzen heraus.

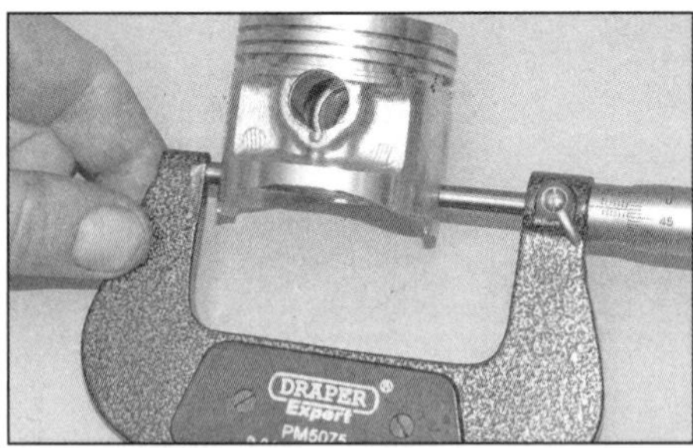

14.8 Messen Sie den Kolbendurchmesser 36,5 mm unter dem oberen Rand und rechtwinklig zum Kolbenboden.

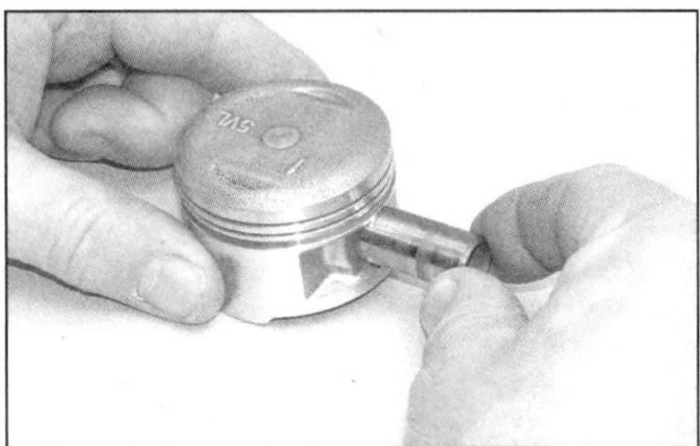

14.9a Prüfen Sie das Spiel des Kolbenbolzens im Kolben.

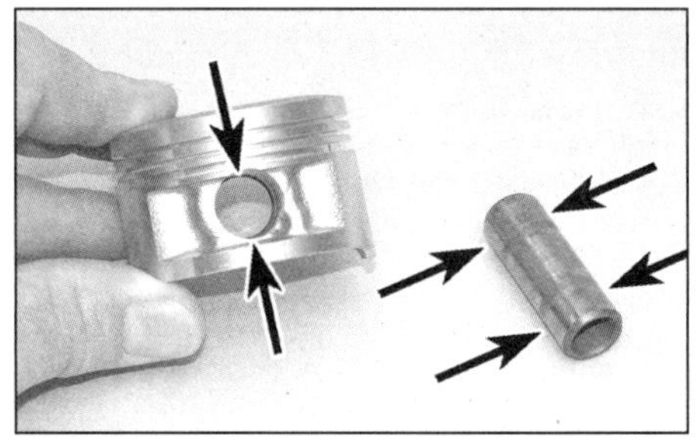

14.9b Ermitteln Sie an den gezeigten Stellen die Durchmesser.

14.10 Prüfen Sie das Spiel des Kolbenbolzens im oberen Pleuelauge

falls mit einem weichen Hammer herunter, aber wenden Sie keine Gewalt an, da ein klemmender Kolbenring leicht abbricht. Falls ein Kolbenring-Spannband verwendet wurde, muss es nach dem Einführen des Ölabstreifrings entfernt werden.

20 Nachdem alle Kolbenringe in den Zylinder eingeführt sind und dieser bis über den Kolbenbolzen abgesenkt ist, wird er über die Passhülsen auf die Fußdichtung gedrückt.

21 Installieren Sie die Steuerketten-Führungsschiene in den Kettenschacht (Abbildungen 9.15a und b) und montieren Sie den Zylinderkopf (siehe Sektion 11).

14 Kolben

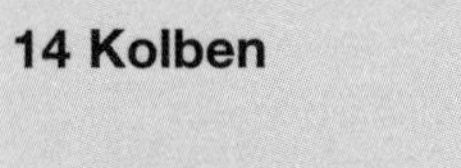

Ausbau

1 Demontieren Sie den Zylinder (siehe Sektion 13). Bevor der Kolben vom Pleuel getrennt wird, müssen saubere Lappen um das Pleuel herum in das Motorgehäuse gestopft werden, damit kein Sicherungsring hineinfällt oder Schmutz eindringen kann. Der Kolben sollte auf der Oberseite ein zum Auslassventil zeigendes Dreieck aufweisen; bringen Sie nötigenfalls eine Markierung an, um den Kolben wieder richtig herum einbauen zu können. Möglicherweise ist das Dreieck erst nach dem Entfernen der Ölkohleablagerungen sichtbar.

2 Hebeln Sie an einer Seite vorsichtig den Kolbenbolzen-Sicherungsring heraus – hierzu kann ein geeignetes Werkzeug in der dafür vorgesehenen Kerbe angesetzt werden (siehe Abbildung). Drücken Sie den Kolbenbolzen (nötigenfalls mit einer Steckschlüssel-Verlängerung) von der anderen Seite heraus, um den Kolben vom Pleuel zu befreien (siehe Abbildung). Entfernen Sie auch den anderen Kolbenbolzen-Sicherungsring – beide Ringe müssen später durch Neuteile ersetzt werden.

Um den Kolbenbolzen-Sicherungsring daran zu hindern, wegzuspringen oder ins Motorgehäuse zu fallen, sollte eine Stange oder ein Schraubendreher, dessen Durchmesser größer als die Öffnung des Rings ist, durch den Kolbenbolzen geschoben werden, um ihn aufzufangen.

Falls der Kolbenbolzen fest im Kolben sitzt, kann dieser vorsichtig mit einem Heißluftgebläse erwärmt werden – hierbei dehnt sich das Aluminium aus und der Kolbenbolzen lockert sich.

Kontrolle

3 Falls der Zylinder aufgebohrt werden muss, kann die Kontrolle unterbleiben, da auch ein neuer Kolben beschafft werden muss. Entfernen Sie zunächst die Kolbenringe und reinigen Sie den Kolben. Alle drei Kolbenringe können von Hand entfernt werden; für die beiden oberen Kompressionsringe kann nötigenfalls ein spezielles Kolbenring-Werkzeug verwendet werden, beim Ölabstreifring ist dies nicht möglich (Abbildungen 15.7e, d, c und a). Merken Sie sich genau die Position und Einbaurichtung des jeweiligen Kolbenrings. Beschädigen Sie beim Ausbau der Ringe nicht die Wandungen des Kolbens.

4 Schaben Sie Ölkohleablagerungen vom Kolbenboden. Nachdem grobe Ablagerungen entfernt sind, kann der Boden mit einer Hand-Drahtbürste oder feinem Schleifpapier geglättet werden – verwenden Sie auf keinen Fall eine motorbetriebene Drahtbürste, da hiermit das weiche Kolben-Material rasch abgetragen wird.

5 Befreien Sie die Kolbenring-Nuten von Ölkohleablagerungen – entweder mit einem Spezialwerkzeug oder einem abgebrochenen alten Kolbenring – achten Sie darauf, kein Aluminium des Kolbens abzutragen. Reinigen Sie den Kolben zum Schluss mit Lösungsmittel und trocknen Sie ihn mit Druckluft.

6 Begutachten Sie den Kolben auf Risse am Kolbenhemd, den Kolbenring-Aufnahmen und den Stegen zwischen den Kolbenringnuten. Gleichmäßige feine senkrechte Schleifspuren auf der Lauffläche des Kolbens und etwas Spiel des oberen Kompressionsrings in seiner Nut sind keine Gründe zur Beanstandung. Falls das Kolbenhemd riefig ist, kann der Kolben im Betrieb aufgrund anormaler Verbrennung überhitzt sein. Kontrollieren Sie auch, ob die Nuten der Kolbenbolzen-Sicherungsring nicht beschädigt sind.

14.11 Messen Sie das Spiel der Kolbenringe in ihren Nuten.

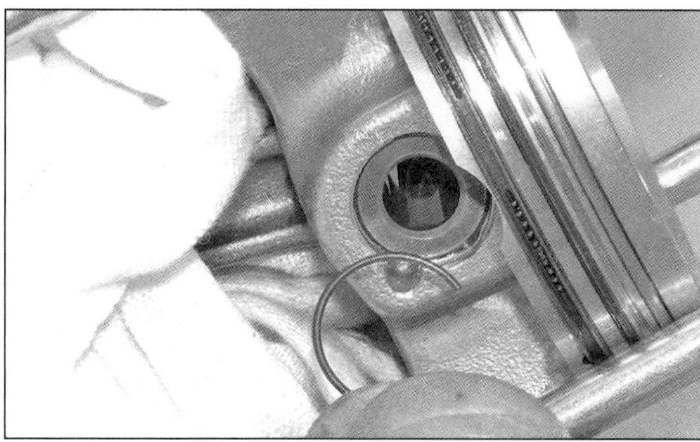

14.13 Sichern Sie den Kolbenbolzen mit dem zweiten NEUEN Sicherungsring.

7 Ein Loch im Kolbenboden kann durch Frühzündung (Klopfen und Klingeln) entstanden sein. Verbrannte Bereiche am Rand des Kolbenbodens sind ebenfalls Anzeichen von Fehlzündungen. Beseitigen Sie bei jedem dieser Anzeichen die Ursache, damit der neue Kolben nicht ebenfalls rasch beschädigt wird.

8 Kontrollieren Sie das Kolben-Spiel im Zylinder, indem Sie den Durchmesser des Zylinders (siehe Sektion 13) und des Kolbens vermessen. Der Kolben muss 41 mm (125 cm³-Motor) bzw. 33 mm (250/300 cm³-Motor) unter dem oberen Rand und rechtwinklig zum Kolbenboden gemessen werden (siehe Abbildung). Subtrahieren Sie den Kolben-Durchmesser vom Zylinder-Durchmesser – wenn mehr als 0,059 mm (125 cm³-Motor) bzw. 0,064 mm (250/300 cm³-Motor) festgestellt werden, muss der Kolben durch ein Neuteil ersetzt werden (vorausgesetzt, der Zylinder ist in Ordnung und muss (im Falle des 125 cm³-Motors) nicht aufgebohrt werden). Beachten Sie die Größen-Codierungen der Kolben und Zylinder (siehe Sektion 13, Schritt 7) und achten Sie auf aufeinander abgestimmte Komponenten.

9 Installieren Sie den Kolbenbolzen in den Kolben und prüfen Sie, ob Spiel fühlbar ist (siehe Abbildung). Vermessen Sie die Durchmesser des Kolbenbolzens an beiden Enden und der Bohrungen im Kolben (siehe Abbildung) und vergleichen Sie die Ergebnisse mit den Angaben in den technischen Daten – ersetzen Sie übermäßig verschlissene Teile.

10 Installieren Sie den Kolbenbolzen in das obere Pleuelauge und prüfen Sie, ob Spiel fühlbar ist (siehe Abbildung). Vermessen Sie die Durchmesser des Kolbenbolzens in der Mitte und der Bohrungen im Pleuelauge und vergleichen Sie die Ergebnisse mit den Angaben in den technischen Daten – ersetzen Sie übermäßig verschlissene Teile (im Falle des Pleuels muss die gesamte Kurbelwelle ausgetauscht werden).

11 Messen Sie das Spiel der Kolbenringe in ihren Nuten, um ausgeschlagene Nuten zu ermitteln. Installieren Sie die Kolbenringe (siehe Sektion 15) und ermitteln Sie mit einer Fühlerlehre, ob das in den technischen Daten angegebene Spiel eingehalten wird (siehe Abbildung). Falls das Spiel zu groß ist, muss die Messung mit neuen Kolbenringen wiederholt; ist es immer noch zu groß, muss der Kolben ersetzt werden.

Einbau

12 Kontrollieren und installieren Sie die Kolbenringe (siehe Sektion 15).

13 Schmieren Sie den Kolbenbolzen, seine Bohrungen im Kolben und das obere Pleuelauge mit frischem Motoröl. Installieren Sie einen **neuen** Sicherungsring an einer Seite des Kolbens. Positionieren Sie den Kolben mit dem Dreieck zum Auslass zeigend über dem Pleuel und installieren Sie den Kolbenbolzen von der Seite ohne Sicherungsring durch den Kolben und das Pleuel (Abbildung 14.2b); drücken Sie ihn vollständig ein. Installieren Sie den zweiten **neuen** Sicherungsring in die Nut des Kolbens (siehe Abbildung) – drücken Sie die Sicherungsringe nur soweit zusammen, wie für den Einbau notwendig ist, prüfen Sie rundherum ihren Sitz in der Nut und achten Sie darauf, dass die Ring-Öffnung nicht in der Ausbaunut liegt (Abbildung 14.2a).

14 Montieren Sie den Zylinder (siehe Sektion 13).

15 Kolbenringe

1 Generell sollten bei jeder Motor-Überholung neue Kolbenringe installiert werden. Zunächst muss jedoch in einem nicht verschlissenen Bereich des Zylinders das Stoßspiel der eingeschobenen Kolbenringe kontrolliert werden.

2 Zum Messen des Spiels wird der obere Kompressionsring von unten in den Zylinder geschoben und mithilfe des Kolbens etwa 15 mm oberhalb des unteren Zylinderrands senkrecht ausgerichtet (siehe Abbildungen). Ermitteln Sie nun mit einer Fühlerlehre den Abstand der Ring-Enden zueinander und vergleichen Sie das Ergebnis mit den Angaben in den technischen Daten (siehe Abbildung).

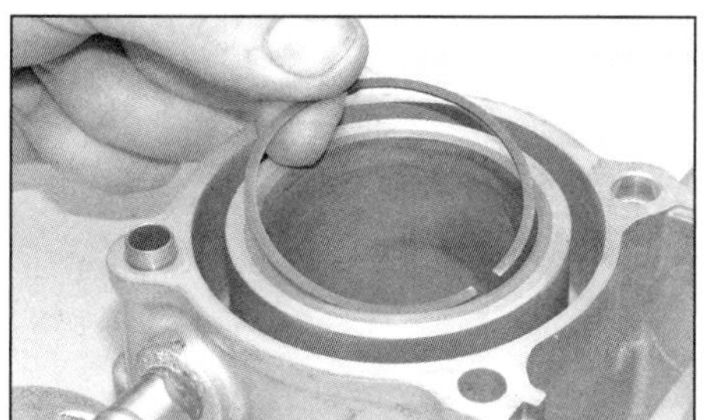

15.2a Installieren Sie den Ring in den Zylinder...

15.2b ... und richten Sie ihn mit dem Kolben senkrecht aus.

15.2c Messen Sie das vorhandene Stoßspiel mit Fühlerlehrenblättern.

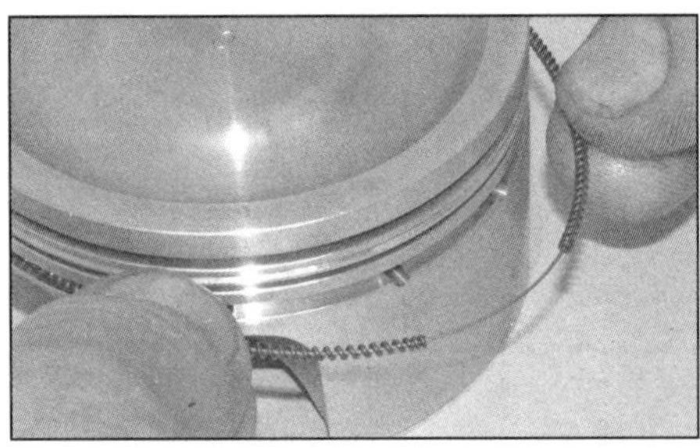

15.7a Installieren Sie zuerst die Ölabstreif-ring-Feder.

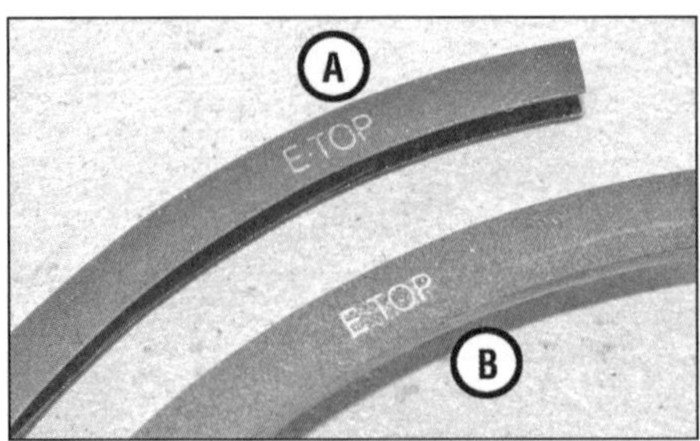

15.7b Sowohl beim Ölabstreifring (A) als auch beim zweiten Kompressionsring (B) muss »E-TOP« oben stehen.

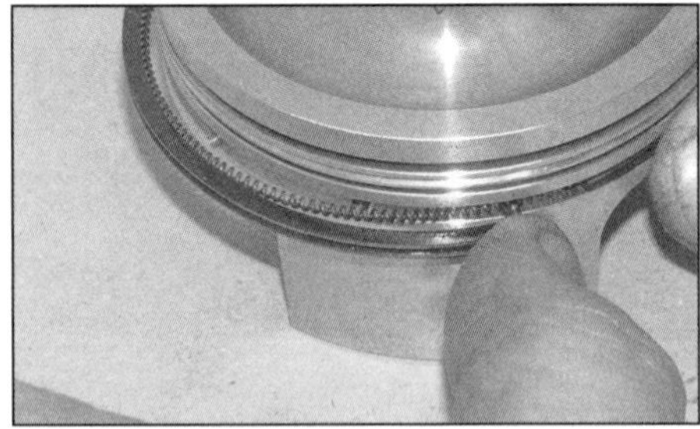

15.7c Installieren Sie den Ölabstreifring über die Feder.

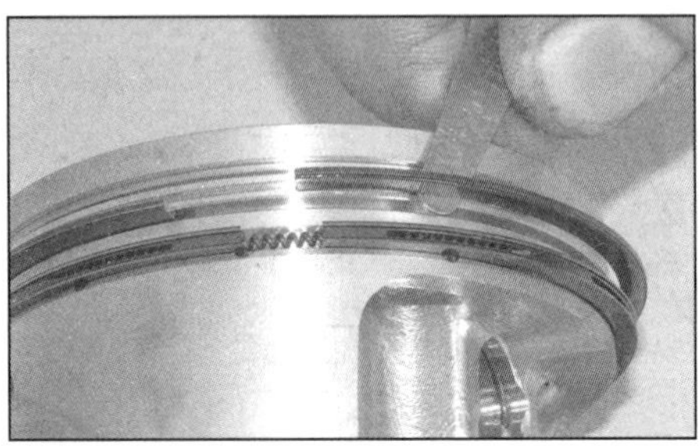

15.7d Führen Sie z. B. mit Fühlerlehrenblättern den zweiten Kompressionsring in seine Nut.

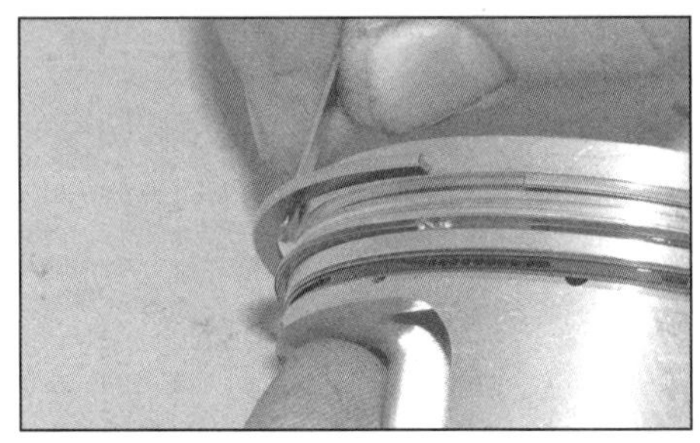

15.7e Installieren Sie den oberen Kompressionsring mit der glatten Seite nach unten in seine Nut.

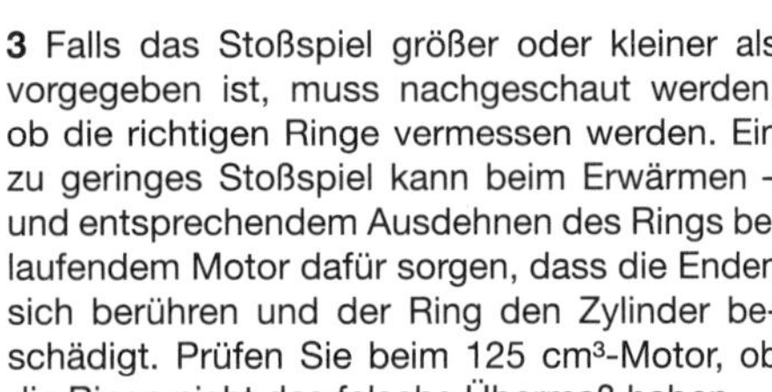

3 Falls das Stoßspiel größer oder kleiner als vorgegeben ist, muss nachgeschaut werden, ob die richtigen Ringe vermessen werden. Ein zu geringes Stoßspiel kann beim Erwärmen – und entsprechendem Ausdehnen des Rings bei laufendem Motor dafür sorgen, dass die Enden sich berühren und der Ring den Zylinder beschädigt. Prüfen Sie beim 125 cm³-Motor, ob die Ringe nicht das falsche Übermaß haben.

4 Etwas zu viel Spiel ist nicht schlimm, solange nicht die Verschleißgrenze überschritten wird. Kontrollieren Sie auch in diesem Fall, ob die Kolbenringe und der Zylinder zueinander passen und die Bohrung nicht verschlissen ist.

5 Wiederholen Sie die Messung mit den anderen Kolbenringen.

6 Nach der Kontrolle des Stoßspiels können die Kolbenringe an den Kolben installiert werden.

7 Führen Sie zuerst die Ölabstreifring-Feder in die untere Kolbenringnut (siehe Abbildung). Installieren Sie dann den Ölabstreifring mit »E-TOP« nach oben zeigend in die Nut – dehnen Sie ihn dabei nicht mehr als nötig. Am besten lassen sich Kolbenringe mit drei Fühlerlehrenblättern über den Kolben führen. Seine Ring-Öffnung muss gegenüber der Feder-Öffnung liegen (siehe Abbildungen). Installieren Sie nun den zweiten Kompressionsring – ebenfalls mit »E-TOP« nach oben zeigend – in die mittlere Kolbennut und den oberen Kompressionsring in die obere Nut – seine glatte Seite muss unten liegen (siehe Abbildungen).

8 Nachdem die Kolbenringe korrekt installiert sind, muss geprüft werden, ob sie sich klemmfrei drehen lassen. Richten Sie die Ringöffnungen wie gezeigt aus (siehe Abbildung).

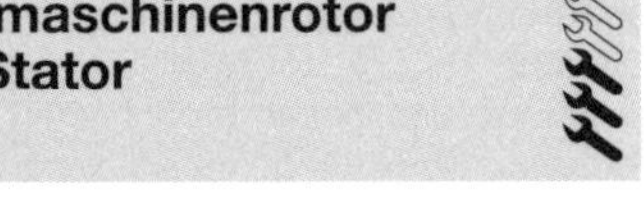

16 Lichtmaschinenrotor und Stator

Anmerkung: *Diese Prozedur kann bei eingebautem Motor ausgeführt werden. Falls der Motor ausgebaut ist, müssen nicht zutreffende Schritte ignoriert werden.*

Kontrolle

1 Beachten Sie die Hinweise in Kapitel 10, Sektion 28.

Ausbau

2 Lassen Sie das Motoröl ab (siehe Kapitel 1). Demontieren Sie den Schalldämpfer (siehe Kapitel 5).

3 Heben Sie entweder die Karosserie vom Motor ab, bis die Unterseite des Kraftstofftanks den Lichtmaschinendeckel freigibt (siehe Sektion 5) oder demontieren Sie den Tank (siehe Kapitel 5).

4 Falls beim 250/300 cm³-Motor noch nicht erledigt, müssen das Kühlmittel abgelassen und die Kühlerschläuche von der Wasserpumpe getrennt werden (siehe Kapitel 4).

5 Verfolgen Sie die rechts aus dem Motor kommenden Lichtmaschinen- und Zündgeberspulen-Kabel und trennen Sie ihre Stecker (Abbildung 5.11). Trennen Sie den Stecker des Öldruckschalters (siehe Abbildung). Befreien Sie die Verkabelung aus allen Befestigungen und führen Sie zum Lichtmaschinendeckel zurück – merken Sie sich die Verlegung. Befreien

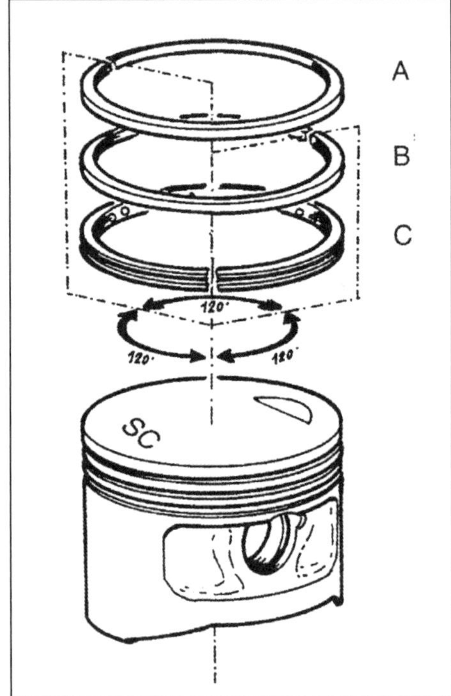

15.8 Richten Sie die Kolbenring-Öffnungen um 120° zueinander aus
A Oberer Kompressionsring
B Zweiter Kompressionsring
C Ölabstreifring

Sie alle anderen Schläuche und Kabel vom Deckel.

6 Lockern Sie schrittweise und über Kreuz die Schrauben des Lichtmaschinendeckels (siehe Abbildung) – beachten Sie ihre unterschiedlichen Längen und mögliche von ihnen gesicherte Halterungen (siehe *Praxis-Tipp*). Entnehmen Sie den Deckel.

Anmerkung: *Beachten Sie beim 250/300 cm³-Motor, wie der Antrieb für die Wasserpumpe ineinandergreift und entfernen Sie dessen Mitnehmer vom Ende der Kurbelwelle (siehe Abbildung). Entnehmen Sie die Dichtung (Abbildung 16.16a) – später wird eine neue benötigt. Stellen Sie ggf. die Passhülsen sicher, falls sie locker sind.*

16.5 Trennen Sie den Stecker des Öldruckschalters.

16.6a Lösen Sie die Schrauben des Lichtmaschinendeckels und entnehmen Sie diesen.

16.6b Entfernen Sie den Wasserpumpenantrieb-Mitnehmer vom Ende der Kurbelwelle.

16.7 Kontern Sie den Rotor und lösen Sie seine Mutter.

16.8a Lösen des Rotors mit dem Piaggio-Abzieher

16.8b Lösen des Rotors mit einem Zweiarm-Abzieher

Zeichnen Sie auf einer Pappe die Umrisse des Deckels auf und drücken Sie für jede Schraube ein entsprechend positioniertes Loch hinein, damit sie später samt Scheibe und möglichem Zubehör wieder an ihre ursprüngliche Positionen gelangen kann.

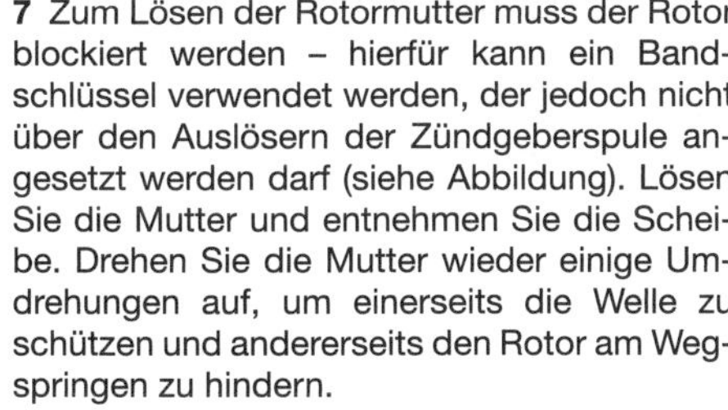

7 Zum Lösen der Rotormutter muss der Rotor blockiert werden – hierfür kann ein Bandschlüssel verwendet werden, der jedoch nicht über den Auslösern der Zündgeberspule angesetzt werden darf (siehe Abbildung). Lösen Sie die Mutter und entnehmen Sie die Scheibe. Drehen Sie die Mutter wieder einige Umdrehungen auf, um einerseits die Welle zu schützen und andererseits den Rotor am Wegspringen zu hindern.

8 Zum Abziehen des Rotors von der Kurbelwelle wird ein geeigneter Abzieher benötigt, wie ihn Piaggio unter der Teilenummer 020467Y anbietet (siehe Abbildung), ein Zweiarmabzieher kann auch verwendet werden. Achten Sie beim Ansetzen des Piaggio-Abziehers darauf, dass sein Bolzen weit genug herausgedreht ist, sodass das äußere Segment vollständig auf das Gewinde des Rotors geschraubt werden kann (siehe Abbildung). Halten Sie das Außenteil dann mit einem Maulschlüssel und ziehen Sie den zentralen Bolzen an, um den Rotor zu befreien; dieser kann zunächst sehr fest sitzen und sich dann plötzlich lösen. Ein Zweiarmabzieher muss korrekt hinter dem Rotor angesetzt werden, bevor der zentrale Bolzen angezogen wird (siehe Abbildung). Sobald der Rotor frei ist, werden der Abzieher und die Rotormutter entfernt. Stellen Sie nach dem Entnehmen des Rotors ggf. den Keil aus der Kurbelwelle sicher (Abbildung 16.12). Demontieren Sie ggf. den Anlasserfreilauf aus dem Rotor und entfernen Sie die Untersetzungsräder (siehe Sektion 17).

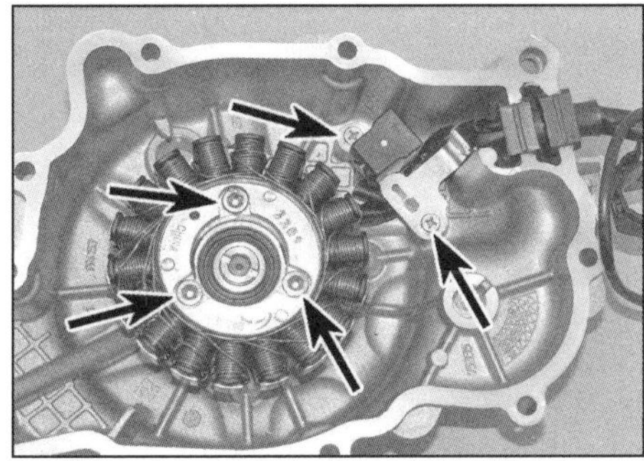

16.9 Lösen Sie alle Schrauben der Zündgeberspule, der Kabelführung und des Stators.

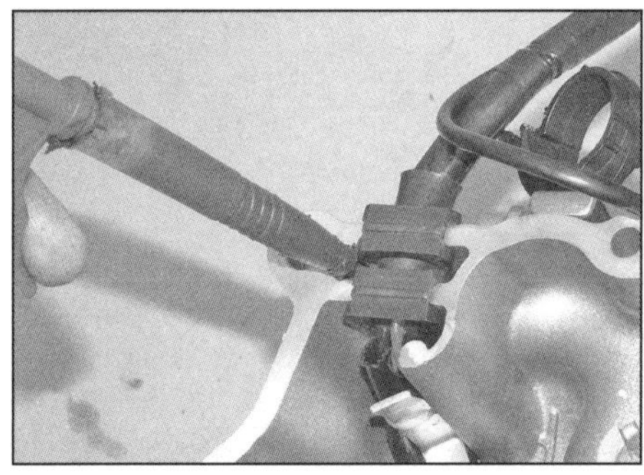

16.10 Drücken Sie den Stopfen in die Nut und füllen Sie den Spalt zwischen den Nuten mit Dichtmasse auf.

9 Der Stator kann nur zusammen mit der Zündgeberspule entfernt werden. Lösen Sie alle Schrauben der Zündgeberspule, der Kabelführung und des Stators und entnehmen Sie Komponenten – beachten Sie, wie der Gummistopfen im Deckel steckt (siehe Abbildung).

Einbau

10 Setzen Sie den Lichtmaschinen-Stator, die Zündgeberspule und die Kabelführung in den Deckel – achten Sie auf einen korrekt positionierten Kabelstopfen (Abbildung 16.9). Ziehen Sie alle Schrauben sorgfältig an. Drücken Sie den Stopfen in die Nut des Deckels und füllen Sie den Spalt zwischen den Nuten mit geeigneter Dichtmasse auf (siehe Abbildung).

11 Reinigen Sie die Dichtflächen des Deckels und des Motorgehäuses mit geeignetem Lö-

16.12 Der Keil muss in der Nut der Kurbelwelle stecken.

16.14 Drehen Sie beim Aufsetzen des Rotors das Freilaufrad gegen den Uhrzeigersinn.

sungsmittel und beseitigen Sie alte Dichtungsreste – beschädigen Sie dabei nicht das weiche Aluminium.

12 Reinigen Sie den Konus der Kurbelwelle und sein Gegenstück im Rotor mit Lösungsmittel. Falls entfernt, muss der Keil in die Nut der Kurbelwelle installiert werden (siehe Abbildung).

13 Falls entfernt, werden der Freilauf und das Freilaufrad hinten an den Rotor montiert (siehe Sektion 17). Schmieren Sie die Außenseite der Freilaufrad-Nabe in die Spreizrollen mit frischem Motoröl.

14 Im magnetischen Rotor dürfen sich keine Metallteile angesammelt haben. Schieben Sie den Rotor mit der zum Keil ausgerichteten Nut auf die Kurbelwelle und drehen Sie das Freilaufrad mit den Fingern gegen den Uhrzeigersinn, um es besser in den Freilauf gleiten zu lassen (siehe Abbildung). Achten Sie darauf, dass der Keil nicht aus der Kurbelwelle fällt.

15 Installieren Sie die Rotormutter samt Scheibe, blockieren Sie den Rotor wie beim Ausbau und ziehen Sie die Mutter mit 94 bis 102 Nm an (siehe Abbildungen). Installieren Sie bei 250/300 cm³-Motoren den Wasserpumpenantrieb-Mitnehmer (Abbildung 16.6b).

16 Falls entfernt, müssen die Passhülsen ins Motorgehäuse gesteckt werden. Legen Sie eine neue Dichtung darüber (siehe Abbildung). Versehen Sie den Kabelstopfen mit etwas Dichtmasse. Richten Sie bei 250/300 cm³-Motoren den Wasserpumpenantrieb-Mitnehmer zur Nut der Pumpe aus (siehe Abbildung). Setzen Sie den Lichtmaschinendeckel über die Passhülsen auf – der magnetische Rotor wird den Stator anziehen. Richten Sie nötigenfalls erneut die Wasserpumpe aus, damit ihre Nut über dem Mitnehmer liegt; versuchen Sie, das Pumpenrad zu drehen – es muss mit der Kurbelwelle verbunden sein (siehe Abbildung). Installieren Sie die Deckelschrauben in ihre ursprüngliche Bohrungen und ziehen Sie sie über Kreuz bis zum Drehmoment von 11 bis 13 Nm an (siehe Abbildungen).

17 Verbinden Sie die Stecker des Öldruckschalters, der Zündgeberspule und der Lichtmaschinenkabel (Abbildungen 6.5 und 5.11) – alle Kabel müssen korrekt verlegt und gesichert sein.

16.15a Installieren Sie die Scheibe und die Mutter . . .

16.15b . . . und ziehen Sie diese bei blockiertem Rotor mit 94 bis 102 Nm an.

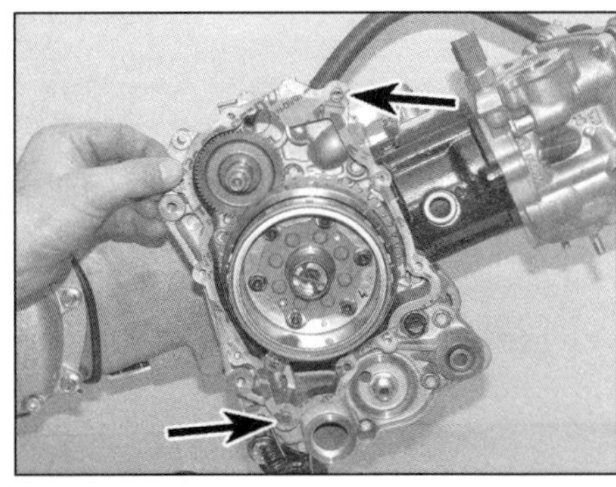

16.16a Legen Sie die neue Dichtung über die Passhülsen.

16.16b Richten Sie den Mitnehmer (A) zur Nut der Wasserpumpe (B) aus.

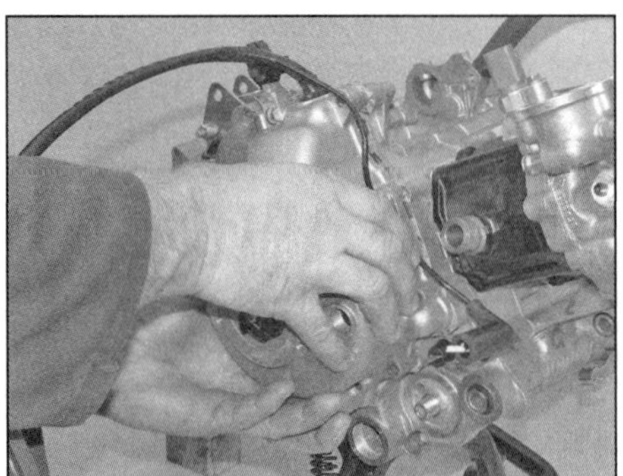

16.16c Der Stator im Deckel wird vom Rotor angezogen – klemmen Sie sich nicht die Finger!

16.16d Wenn der Wasserpumpenantrieb korrekt über dem Mitnehmer sitzt, darf sich das Pumpenrad nicht drehen lassen.

18 Senken Sie die Karosserie über der Antriebseinheit ab (siehe Sektion 5) oder installieren Sie den Tank (siehe Kapitel 5). Verbinden Sie bei 250/300 cm³-Motoren die Kühlerschläuche mit den Stutzen der Wasserpumpe und füllen Sie das Kühlsystem auf (siehe Kapitel 4).
19 Montieren Sie den Schalldämpfer (siehe Kapitel 5).
20 Füllen Sie Motoröl auf (siehe Kapitel 1).

17 Anlasserfreilauf und Zahnräder

Anmerkung: *Diese Prozedur kann bei eingebautem Motor ausgeführt werden. Falls der Motor ausgebaut ist, müssen nicht zutreffende Schritte ignoriert werden.*

Test

1 Die Funktion des Freilaufs kann bei montiertem Rotor getestet werden. Demontieren Sie zunächst den Anlasser (siehe Kapitel 10). Das Untersetzungsrad muss – durch die Anlasser-Öffnung betrachtet – sich frei gegen den Uhrzeigersinn drehen lassen, es muss aber blockieren, wenn versucht wird, es im Uhrzeigersinn zu drehen. Bei anderen Ergebnissen ist der Freilauf defekt und muss für eine Kontrolle ausgebaut werden.

Ausbau

2 Entfernen Sie den Lichtmaschinenrotor (siehe Sektion 16) – der Anlasserfreilauf sitzt an dessen Rückseite.
3 Ziehen Sie das Untersetzungsrad heraus (siehe Abbildung). Lösen Sie die Schraube des Freilaufrad-Sicherungsblechs und entfernen Sie dies (siehe Abbildung). Ziehen Sie das Freilaufrad von der Kurbelwelle (siehe Abbildung).

Kontrolle

4 Installieren Sie das Freilaufrad in den Anlasserfreilauf – drehen Sie es dabei im Uhrzeigersinn (siehe Abbildung).
5 Bei auf der Werkbank liegendem Lichtmaschinenrotor muss sich das Freilaufrad frei im Uhrzeigersinn drehen lassen, aber gegen den Uhrzeigersinn blockieren (siehe Abbildung) – bei anderen Ergebnissen muss der Freilauf für weitere Untersuchungen zerlegt werden.
6 Ziehen Sie das Freilaufrad aus dem Freilauf – drehen Sie es dabei im Uhrzeigersinn.
7 Kontrollieren Sie den Spreizrollen-Ring im Freilaufmechanismus auf Verschleiß und Beschädigungen – die Rollen dürfen nicht abgeflacht oder stark riefig sein. Kontrollieren Sie die Oberfläche der Freilaufrad-Nabe auf Verschleiß und Beschädigungen (siehe Abbildung). Ersetzen Sie schadhafte Teile.

16.16e Installieren Sie die längere Schraube in die gezeigte Bohrung . . .

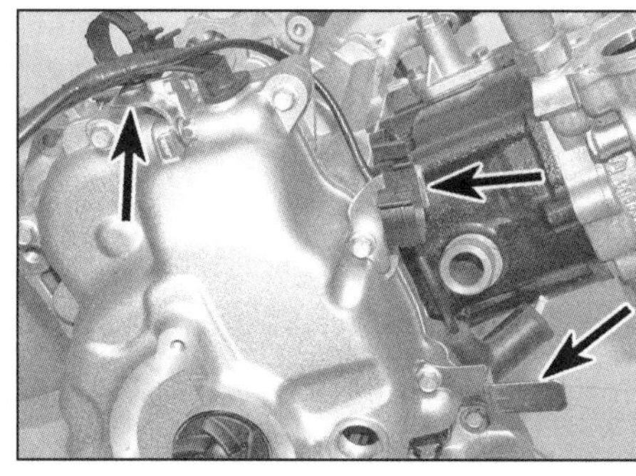

16.16f . . . und vergessen Sie nicht die Halterungen an den anderen Schrauben.

17.3a Entfernen Sie das Untersetzungsrad.

17.3b Entfernen Sie das Sicherungsblech . . .

17.3c . . . und ziehen Sie das Freilaufrad von der Kurbelwelle.

17.4 Installieren Sie das Freilaufrad in den Anlasserfreilauf.

17.5 Bei auf der Werkbank liegendem Lichtmaschinenrotor darf sich das Freilaufrad nur im Uhrzeigersinn drehen lassen.

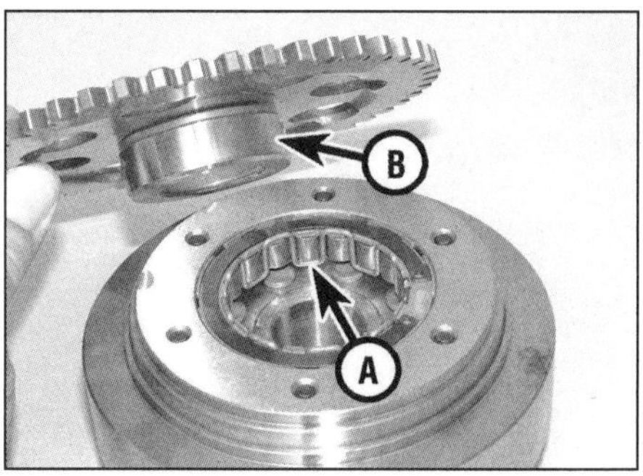

17.7 Kontrollieren Sie die Spreizrollen (A) und die Freilaufrad-Nabe (B) auf Verschleiß und Beschädigungen.

2C

8 Um den Freilauf demontieren zu können, muss der Rotor mit einem Bandschlüssel gehalten werden. Lösen Sie dann die Schrauben innerhalb des Rotors (siehe Abbildung) – beachten Sie die ggf. vorhandenen Scheiben. Befreien Sie den Freilauf aus dem Rotor – merken Sie sich die Einbaurichtung. Installieren Sie den neuen Freilauf in der umgekehrten Ausbaureihenfolge – reinigen Sie die Gewinde der Schrauben und tragen Sie mittelfeste Sicherungspaste auf, bevor Sie sie mit 13 bis 15 Nm anziehen.

9 Kontrollieren Sie die Buchse im Freilaufrad und ihren Sitz auf der Kurbelwelle. Falls die Buchse übermäßig verschlissen ist (sodass die Ölnuten oder Bohrungen kaum noch sichtbar sind), muss das Zahnrad ersetzt werden.

10 Kontrollieren Sie die Zähne des Untersetzungsrades, des Freilaufrads und des Anlassers (siehe Abbildung) und ersetzen Sie verschlissene oder beschädigte Zahnräder bzw. den Anlasser.

Einbau

11 Schmieren Sie den Freilaufrad-Sitz der Kurbelwelle mit Motoröl und schieben Sie das Zahnrad auf (Abbildung 17.3c).

12 Schmieren Sie die Untersetzungsrad-Welle mit Motoröl und schieben Sie das zum Freilaufrad ausgerichtete Zahnradpaar ins Motorgehäuse (Abbildung 17.3a). Setzen Sie das Freilaufrad-Sicherungsblech an und sichern Sie es mit der Schraube (Abbildung 17.3b).

13 Montieren Sie den Lichtmaschinenrotor (siehe Sektion 16).

18 Ölpumpe und Überdruckventil

Anmerkung 1: *Diese Prozedur kann bei eingebautem Motor ausgeführt werden.*

Anmerkung 2: *Die Kurbelwellendichtring-Platte sitzt sehr fest im Motorgehäuse und muss herausgezogen werden. Piaggio bietet für den Aus- und Einbau das Spezialwerkzeug 20622Y an (siehe Abbildung) – dies ist zwar nicht sehr teuer, aber manchmal schwer zu bekommen (erkundigen Sie sich bei Ihrem Händler). Während die Platte auch mit einem selbstgebauten Werkzeug demontiert werden kann (siehe Schritt 4), ist das Spezialwerkzeug für die Montage unerlässlich, da die Platte exakt zum Ölpumpenantrieb ausgerichtet werden muss, damit die Antriebskette über den Gummistreifen an ihrer Innenseite korrekt gespannt wird. Die Platte kann bei der in Schritt 4 beschriebenen Ausbaumethode leicht verziehen, aber beim Einbau muss sowieso eine neue Platte verwendet werden – die bei der Verwendung des Spezialwerkzeugs ohne Verzug installiert werden kann. Um Geld zu sparen, kann die Platte wie in Schritt 4 demontiert werden und später der Motor in eine Piaggio-Werkstatt gebracht werden, wo die neue Platte fachgerecht installiert wird – dies wird billiger als die Beschaffung des Werkzeugs sein. Falls das Spezialwerkzeug vorhanden ist, müssen die Schritte 3 und 28 beachtet werden.*

17.8 Schrauben des Anlasser-Freilaufs

Ausbau

1 Lassen Sie das Motoröl ab (siehe Kapitel 1).

2 Demontieren Sie das Antriebsriemenrad und den Variator (siehe Kapitel 3, Sektion 3).

3 Um die Kurbelwellendichtring-Platte mithilfe des Piaggio-Spezialwerkzeugs zu demontieren (siehe Anmerkung 2), wird dessen Grundplatte über die Kurbelwelle an die Platte gesetzt und mit den beigefügten zwei Schrauben daran gesichert (siehe Abbildungen). Drehen Sie jetzt das Ende der mit dem Außengewinde versehenen Stange in das Gewinde der Grundplatte, bis sie am Kurbelwellenstumpf anstößt. Drehen Sie die Gewindestange mit einem angesetzten Maulschlüssel weiter, bis die Platte aus dem Gehäuse gezogen wird – nötigenfalls kann die Grundplatte mit einem an den Abflachungen angesetzten Maulschlüssel gekontert werden. Entfernen Sie das Werk-

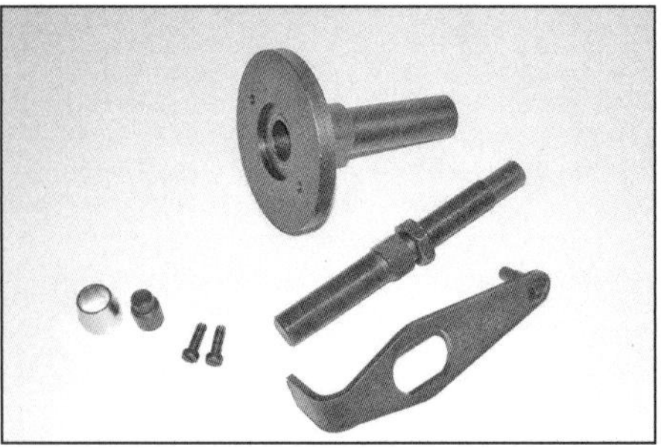

18.0 Komponenten des Piaggio-Spezialwerkzeugs 20622Y

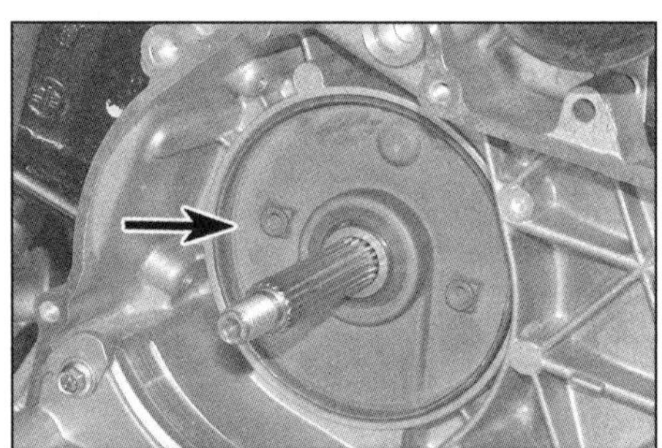

18.3a Zum Entfernen der Kurbelwellendichtring-Platte . . .

18.3b . . . muss das Werkzeug daran befestigt werden. Drehen Sie dann die Gewindestange gegen die Kurbelwelle.

18.4 Ausbau der Kurbelwellendichtring-Platte mithilfe des selbstgebauten Werkzeugs

18.5 Ölwannendeckel-Schrauben

18.6 Lösen Sie die Schrauben und entnehmen Sie die Abdeckplatte.

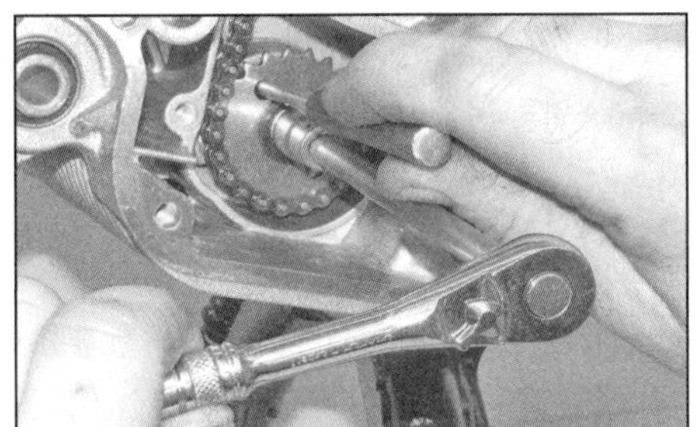

18.7a Blockieren Sie das Ölpumpenritzel, lösen Sie dessen Schraube, . . .

18.7b . . . und ziehen Sie das Ritzel ab – beachten Sie seine Ausrichtung auf der Pumpenwelle.

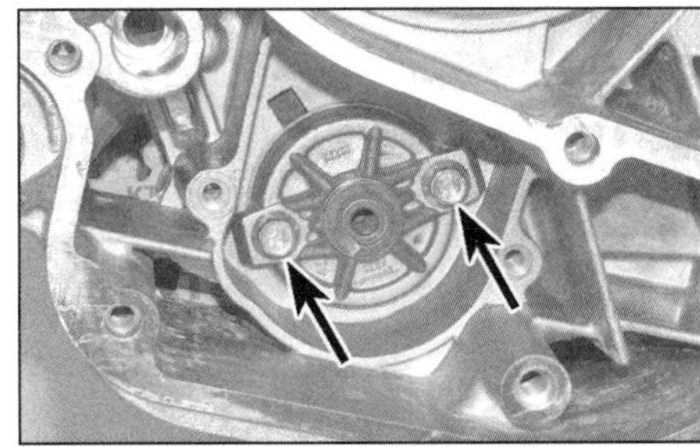

18.9a Ölpumpen-Befestigungsschrauben

18.9b Beachten Sie die Position der Ölpumpendichtung.

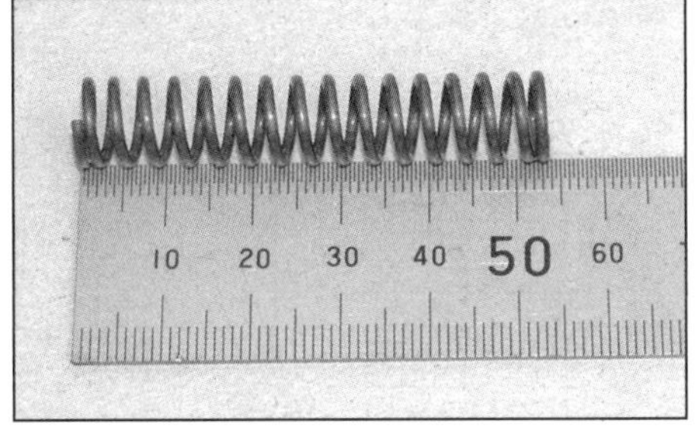

18.10 Messen Sie die freie Länge der Überdruckventil-Feder.

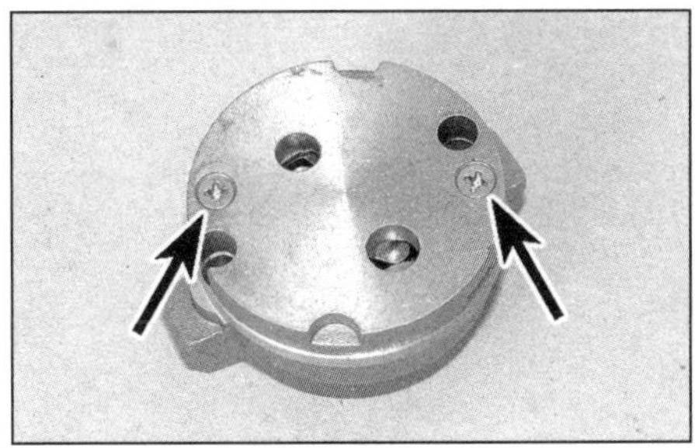

18.11 Schrauben des Ölpumpendeckels

zeug und die Platte – beim Einbau wird eine neue Platte benötigt.

4 Um die Kurbelwellendichtring-Platte ohne das Piaggio-Spezialwerkzeug zu demontieren, müssen zwei passende Gewindestangen mit Muttern und ein Stück Aluminium oder Hartholz beschafft werden, in das zwei Löcher (Abstand wie bei den Gewinden der Dichtring-Platte) gebohrt werden. Drehen Sie die Gewindestangen in die Platte, setzen Sie das Holz- oder Metallstück darüber und drehen Sie die Muttern auf (siehe Abbildung) – ziehen Sie sie gleichmäßig an, bis die Platte aus dem Gehäuse gezogen ist – beim Einbau wird ein Neuteil benötigt (siehe Anmerkung 2 oben).

5 Stellen Sie einen Altöl-Sammelbehälter unter den Motor, um Ölreste aufzunehmen. Lösen Sie schrittweise und über Kreuz die Ölwannendeckel-Schrauben (siehe Abbildung) – beachten Sie ihre Positionen und die der Bremsleitungs-Führung. Entnehmen Sie den Ölwannendeckel und ziehen Sie die Feder und das Überdruckventil heraus (Abbildung 18.26a). Falls der Deckel klemmt, muss er rundherum mit einem weichen Hammer abgeklopft werden, um ihn zu lockern – keinesfalls darf er abgehebelt werden, da hierbei die Dichtfläche beschädigt werden kann. Entfernen Sie die Deckeldichtung – beim Einbau wird eine neue benötigt. Stellen Sie nötigenfalls die Passhülsen aus dem Gehäuse oder dem Deckel sicher, falls sie locker sind (Abbildung 18.26b)

6 Lösen Sie die Schrauben der vor dem Ölpumpenritzel sitzenden Abdeckplatte und entfernen Sie diese (siehe Abbildung).

7 Schieben Sie einen Treibdorn durch eine der Bohrungen im Ritzel in eine Gehäuse-Vertiefung, um das Ritzel zu blockieren, und lösen Sie die Ritzelschraube (siehe Abbildung). Entfernen Sie die Schraube samt ihrer Tellerfeder – beachten Sie deren Einbaurichtung. Ziehen Sie das Ritzel von der Pumpenwelle und heben Sie es aus der Kette (siehe Abbildung).

8 Heben Sie nötigenfalls die Antriebskette vom Ritzel der Kurbelwelle (Abbildung 18.22c) und markieren Sie sie an der Außenseite, um sie später wieder in ihrer ursprünglichen Laufrichtung installieren zu können. Ziehen Sie das Antriebsritzel von der Kurbelwelle – beachten Sie seine Ausrichtung (Abbildung 18.22b). Stellen Sie den dahinter liegenden O-Ring sicher (Abbildung 18.22a) – beim Einbau wird ein Neuteil benötigt.

9 Lösen Sie die Befestigungsschrauben der Ölpumpe und entnehmen Sie sie (siehe Abbildung). Entnehmen Sie die Ölpumpen-Dichtung (siehe Abbildung) – beim Einbau wird ein Neuteil benötigt.

Kontrolle

10 Reinigen Sie das Überdruckventil und seine Feder in Lösungsmittel. Begutachten Sie die Oberfläche des Ventils auf Verschleiß und Riefen. Messen Sie die freie Länge der Feder (siehe Abbildung) und vergleichen Sie das Ergebnis mit den Angaben in den technischen Daten. Ersetzen Sie schadhafte, verschlissene oder ermüdete Komponenten. Kontrollieren Sie den Ventilsitz im Motorgehäuse; Schmutzablagerungen würden seine Funktion behindern, sodass der Sitz sorgfältig gereinigt werden muss – zerkratzen Sie nicht seine Gleitflächen.

11 Lösen Sie die zwei Schrauben des Ölpumpendeckels und entfernen Sie diesen (siehe Abbildung).

12 Ein Zerlegen der Pumpe ist nicht nötig – Einzelteile sind nicht erhältlich. Dennoch können der zentrale Seegerring entfernt und die Rotoren entnommen werden – ihre Körnermarkierungen müssen zum Deckel zeigen (siehe Abbildung). Reinigen Sie das Pumpengehäuse und die Rotoren mit Lösungsmittel und trocknen Sie sie möglichst mit Druckluft ab; inspizieren Sie sie anschließend auf Riefen und Verschleiß – falls Schäden, Riefen, ungleichmäßiger oder übermäßiger Verschleiß entdeckt werden, muss eine neue Ölpumpe beschafft werden. Installieren Sie ggf. die Rotoren so in das Gehäuse, dass ihre Markierungen außen liegen, und sichern Sie sie mit dem Seegerring.

18.12 Entfernen Sie den Seegerring (Pfeil), um den Innenrotor zu befreien – beachten Sie die Körnermarkierungen.

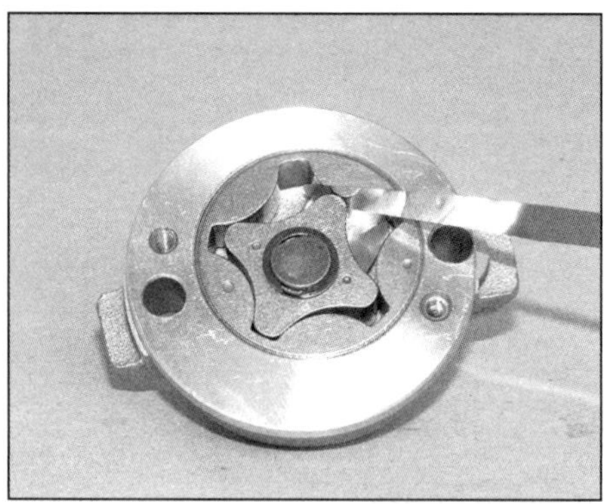

18.13 Ermitteln Sie das Spiel zwischen den Spitzen des Innenrotors und dem Außenrotor . . .

18.14 . . . und zwischen dem Außenrotor und dem Pumpengehäuse.

18.15 Ermitteln Sie auch das Axialspiel der Rotoren.

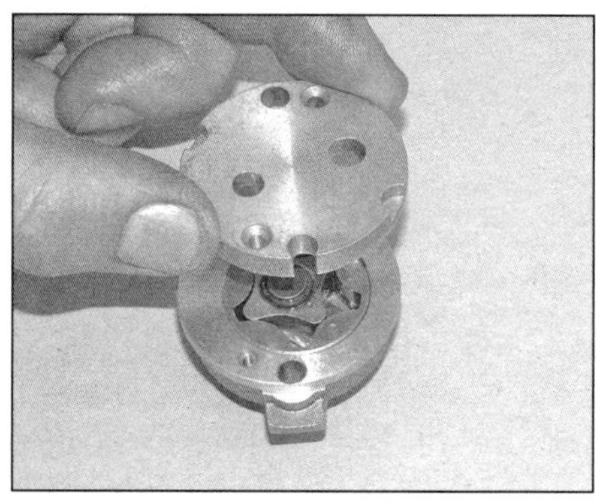

18.18 Montieren Sie den Ölpumpendeckel.

18.21 Setzen Sie die Pumpe korrekt ausgerichtet ans Motorgehäuse.

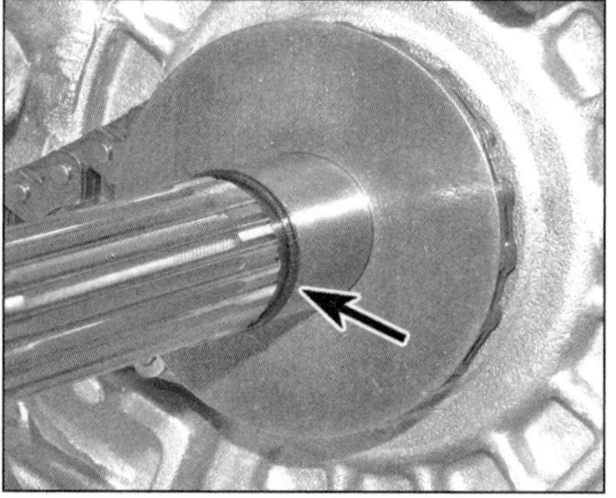

18.22a Installieren Sie den O-Ring in die Nut der Kurbelwelle.

13 Messen Sie mit einer Fühlerlehre das Spiel zwischen den Spitzen des Innenrotors und dem Außenrotor (siehe Abbildung) und vergleichen Sie das Ergebnis mit den Angaben in den technischen Daten.

14 Messen Sie mit einer Fühlerlehre das Spiel zwischen dem Außenrotor und dem Pumpengehäuse (siehe Abbildung) und vergleichen Sie das Ergebnis mit den Angaben in den technischen Daten.

15 Legen Sie ein Haarlineal über die Rotoren und das Gehäuse und ermitteln Sie mit einer Fühlerlehre das Axialspiel der Rotoren (siehe Abbildung) – falls es die Angaben in den technischen Daten übersteigt, muss eine neue Ölpumpe beschafft werden.

16 Kontrollieren Sie die Antriebskette und ihre Ritzel auf Verschleiß und Beschädigungen und ersetzen Sie nötigenfalls den gesamten Antrieb durch neue Komponenten.

17 Wenn die Ölpumpe in Ordnung ist, müssen alle Komponenten gereinigt und mit frischem Motoröl geschmiert werden.

18 Setzen Sie den Deckel auf – dies ist nur in einer Richtung möglich – und ziehen Sie die Schrauben sorgfältig an (siehe Abbildung).

19 Drehen Sie die Ölpumpe von Hand durch, um sicherzugehen, dass sich die Rotoren sanft bewegen lassen.

Einbau

20 Rüsten Sie das Motorgehäuse mit einer neuen Ölpumpendichtung aus, deren Bohrungen und Lasche korrekt ausgerichtet sein muss (Abbildung 18.9b).

21 Setzen Sie die Pumpe so an das Motorgehäuse, dass die abgerundete Sektion der Pumpe zum Ausschnitt des Gehäuses fluchtet (siehe Abbildung). Ziehen Sie die Befestigungsschrauben mit 5 bis 6 Nm an.

22 Schmieren Sie den neuen O-Ring mit Motoröl und schieben Sie ihn bis in die Nut der Kurbelwelle (siehe Abbildung). Schieben Sie das korrekt ausgerichtete Antriebsritzel auf und legen Sie die Ölpumpenkette darum (siehe Abbildungen).

23 Legen Sie das Ölpumpenritzel in die Kette, richten Sie es zur Abflachung der Ölpumpenwelle aus (siehe Abbildung) und schieben Sie es auf. Legen Sie die Tellerfeder mit dem erhabenen Außenrand zum Ritzel auf und drehen Sie die Schraube ein. Kontern Sie das Ritzel wie beim Ausbau und ziehen Sie die Schraube mit 10 bis 14 Nm an.

24 Installieren Sie die Abdeckplatte vor das Ölpumpenritzel und sichern Sie sie mit den mit 0,7 bis 0,9 Nm angezogenen Schrauben (Abbildung 18.6).

25 Reinigen Sie die Dichtflächen des Ölwannendeckels und des Motorgehäuses mit Lösungsmittel und beseitigen Sie Dichtungsreste – beschädigen Sie dabei nicht das relativ weiche Aluminium.

26 Schmieren Sie das Überdruckventil mit Motoröl und installieren Sie es mit der geschlossenen Seite voran ins Motorgehäuse (siehe Abbildung). Installieren Sie ggf. die Passhülsen für den Ölwannendeckel und legen Sie die neue Dichtung darüber (siehe Abbildungen). Stecken Sie die Überdruckventil-Feder in das Ventil und achten Sie beim Ansetzen des Deckels darauf, dass ihr äußeres Ende über den Stift innerhalb des Deckels gleitet (siehe Abbildungen). Installieren Sie die Deckelschrauben und die Bremsschlauchführung (Abbildung 18.5) und ziehen Sie die Schrauben schrittweise und über Kreuz bis zum Drehmoment von 10 bis 14 Nm an.

27 Falls das Piaggio-Spezialwerkzeug für die Kurbelwellendichtring-Platte (siehe Anmerkung 2 oben) nicht vorhanden ist, muss der neue Deckel von einer Piaggio-Werkstatt installiert werden.

18.22b Schieben Sie das Ritzel für die Ölpumpenkette wie gezeigt auf . . .

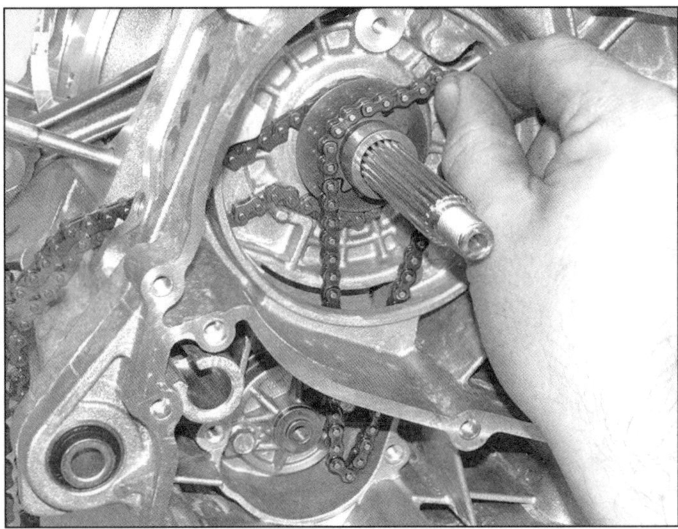

18.22c . . . und legen Sie die Kette darüber.

18.23 Schieben Sie das korrekt ausgerichtete Ritzel auf die Ölpumpenwelle, installieren Sie dann die Schraube samt korrekt ausgerichteter Scheibe.

18.26a Installieren Sie das Überdruckventil samt Feder.

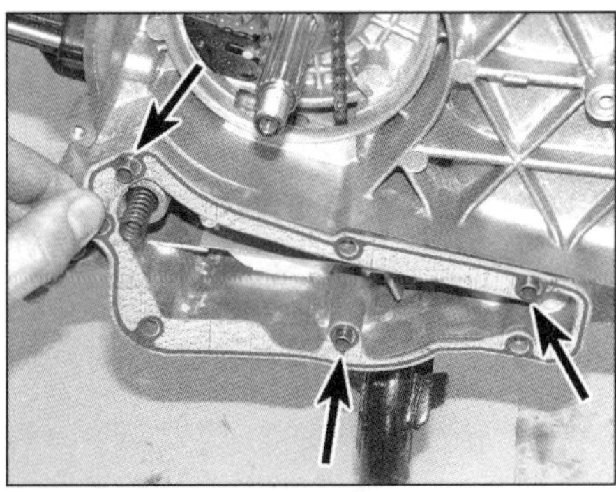

18.26b Legen Sie eine neue Dichtung über die Passhülsen . . .

18.26c . . . und setzen Sie den Deckel an – . . .

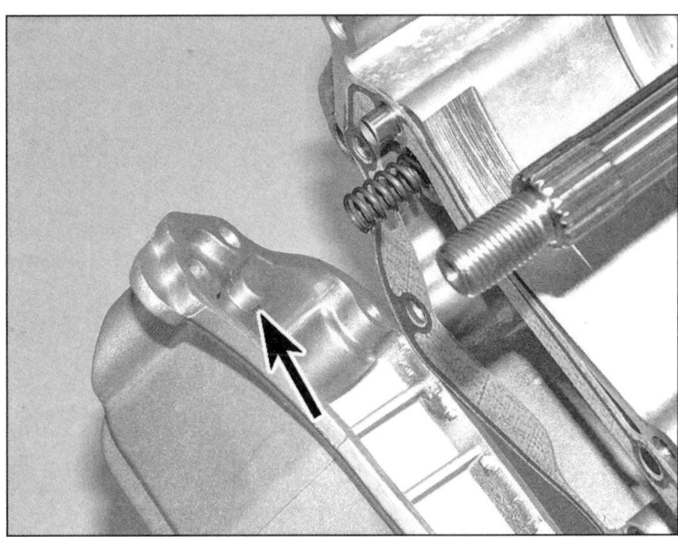

18.26d . . . sodass die Feder über dem Anguss sitzt.

18.28a Schmieren Sie die Dichtlippe des Kurbelwellen-Dichtrings.

18.28b Setzen Sie die Grundplatte des Werkzeugs an der Platte an ...

18.28c ... und sichern Sie es mit den zwei Schrauben.

18.28d Setzen Sie das Ausricht-Segment wie gezeigt an und stecken Sie die Führung mit der angeschrägten Seite in den Dichtring.

18.28e Stecken Sie die Adapterbuchse in die Gehäusebohrung.

18.28f Setzen Sie die Dichtringplatte samt Werkzeug über der Kurbelwelle und der Ölpumpenkette an, ...

18.28g ... sodass der obere Zapfen in die Adapterbuchse greift.

18.28h Stecken Sie das glatte Ende der Gewindestange in das Werkzeug ...

18.28i ... und drehen Sie es bis zum Anschlag in die Kurbelwelle.

18.28j Ziehen Sie die lockere Mutter an, um die Dichtringplatte ins Gehäuse zu pressen.

28 Wenn das Piaggio-Spezialwerkzeug vorhanden ist, muss zuerst die Dichtlippe des Kurbelwellen-Dichtrings mit frischem Motoröl geschmiert werden (siehe Abbildung) – die Dichtung außen an der Platte darf nicht geschmiert werden. Setzen Sie die Grundplatte des Werkzeugs an der Platte an und drehen Sie die zwei Schrauben hinein, um es zu sichern (siehe Abbildungen). Schieben Sie das Ausricht-Segment so über die Abflachungen der Grundplatte, dass der Zapfen oben und der flache Bereich unten zwischen den Ketten-Führungsleisten liegt; setzen Sie dann die Dichtring-Führung in den Dichtring (siehe Abbildung). Installieren Sie die Adapterbuchse in die Bohrung oben im Motorgehäuse (siehe Abbildung). Setzen Sie die Baugruppe so ans Motorgehäuse, dass die Ketten-Führungsleisten um die Kette herum liegen, und drücken Sie sie leicht an – der obere Zapfen muss dabei in die Adapterbuchse greifen (siehe Abbildungen). Stecken Sie jetzt das glatte Ende der Gewindestange (mit dem Innengewinde) in das Werkzeug und drehen Sie es so weit wie möglich in die Kurbelwelle (siehe Abbildungen). Ziehen Sie nun die lockere Mutter der Gewindestange gegen das Werkzeug, um die Dichtringplatte vollständig in ihren Sitz zu drücken (siehe Abbildung). Entfernen Sie dann das Werkzeug.

29 Montieren Sie das Antriebsriemenrad und den Variator (siehe Kapitel 3, Sektion 3).

30 Füllen Sie Motoröl auf (siehe Kapitel 1 und *Tägliche Kontrollen*). Starten Sie den Motor und kontrollieren Sie den Bereich um die Ölwanne auf Undichtigkeiten.

19 Motorgehäusehälften, Kurbelwelle und Pleuel

Anmerkung: *Zum Trennen der Motorgehäusehälften muss der Motor ausgebaut werden.*

Trennen

1 Bauen Sie zunächst den Motor aus (siehe Sektion 5). Um Zugang zur Kurbelwelle und

19.4a Lösen Sie die zehn Gehäuseschrauben . . .

19.4b . . . und heben Sie die rechte Gehäusehälfte ab.

ihren Lagern zu erhalten, muss das Motorgehäuse getrennt werden.

2 Vor dem Trennen müssen die folgenden Komponenten demontiert werden:

- *Steuerkette, Schienen und Ritzel (Sektion 9)*
- *Zylinderkopf (Sektion 11)*
- *Zylinder (Sektion 13)*
- *Kolben (Sektion 14)*
- *Lichtmaschinenrotor und Stator (Sektion 16)*
- *Anlasser (Kapitel 10, Sektion 26)*
- *Antriebsriemenrad und Variator (Kapitel 3, Sektion 3)*
- *Ölpumpe (Sektion 18)*
- *Hauptständer (Kapitel 9, Sektion 2)*

3 Vor dem Trennen muss mit einer Messuhr das Axialspiel der Kurbelwelle ermittelt werden (siehe Abbildung). Übermäßiges Spiel weist auf Verschleiß an der Kurbelwelle oder dem Gehäuse hin – überprüfen Sie dies nach dem Trennen des Gehäuses.

4 Lockern Sie schrittweise und über Kreuz die 10 Motorgehäuseschrauben; wenn alle locker sind, können sie entfernt werden (siehe Abbildung). Legen Sie den Motor mit der linken Seite (Getriebe) auf die Werkbank und heben Sie vorsichtig die rechte Gehäusehälfte senkrecht ab, sodass nicht das rechte Kurbelwellenlager beschädigt wird (siehe Abbildung). Falls sich die Gehäusehälften nicht trennen, müssen sie rundherum mit einem weichen Hammer abgeklopft werden.

Anmerkung: *Keinesfalls darf versucht werden, die Gehäusehälften auseinander zu hebeln, da hierbei die Dichtflächen zerstört werden.*

5 Heben Sie die Kurbelwelle senkrecht aus der linken Gehäusehälfte (siehe Abbildung) – beschädigen Sie dabei nicht das Lager.

6 Entfernen Sie die Gehäusedichtung – beim Einbau muss eine neue Dichtung verwendet werden (Abbildung 19.21b). Beachten Sie die Positionen der zwei Gehäuse-Passhülsen und stellen Sie sie nötigenfalls sicher (Abbildung 19.21a). Entfernen Sie den Ölfilter-Einsatz – sein O-Ring muss später durch ein Neuteil ersetzt werden (Abbildungen 19.20b und a).

7 Lösen Sie nötigenfalls die Schrauben des Ölleitblechs und entfernen Sie dies (siehe Abbildung). Reinigen Sie das Motorgehäuse sorgfältig mit Lösungsmittel und blasen Sie es möglichst mit Druckluft aus. Reinigen Sie ebenfalls die Kurbelwelle.

Anmerkung: *Piaggio warnt davor, die Ölkanäle des Pleuels mit Druckluft auszublasen, da sich hierdurch Ablagerungen vor den Bohrungen des Pleuelfußlagers ansammeln und diese blockieren können.*

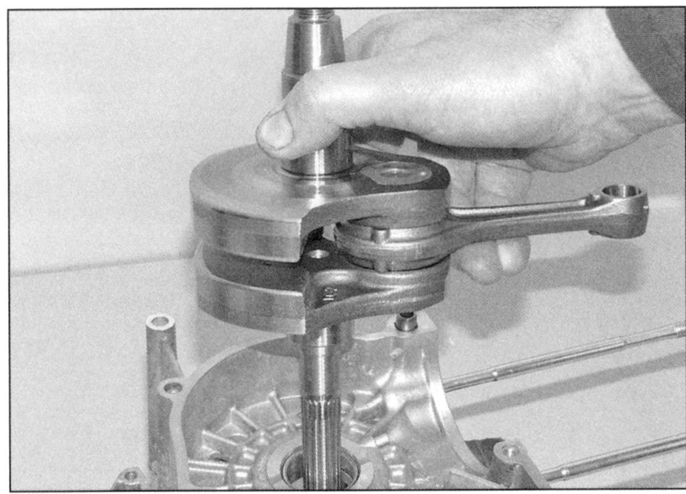

19.5 Heben Sie die Kurbelwelle senkrecht aus der linken Gehäusehälfte.

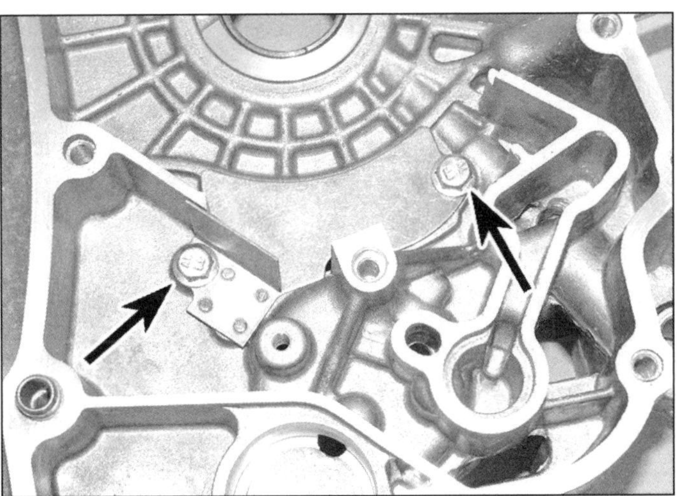

19.7 Schrauben des Ölleitblechs

8 Beseitigen Sie sämtliche Dichtungsreste vom Gehäuse, aber beschädigen Sie dabei nicht die Dichtflächen.

Achtung: Schäden an den Dichtflächen können zu Öl-Undichtigkeiten führen. Kontrollieren Sie das gesamte Gehäuse auf Risse und andere Schäden.

Kontrolle

Motorgehäuse

9 Inspizieren Sie die Gehäusehälften auf Beschädigungen. Kleine Risse oder Löcher können provisorisch mit Epoxidharz oder Flüssigmetall repariert werden. Aluminium kann auch geschweißt werden, doch sollte diese Arbeit Profis überlassen werden, die abwägen können, ob sich der Aufwand lohnt. Bedenken Sie, dass bei einem irreparablen Schaden immer beide Gehäusehälften als Satz ausgetauscht werden müssen.

10 Beschädigte Gewinde lassen sich mit Reparatursätzen wie Helicoil kostengünstig wiederherstellen. Solche Einsätze lassen sich relativ einfach installieren. Abgerissene Stehbolzen oder Schrauben können mit speziellen Werkzeugen entfernt werden – holen Sie dazu bei einer Piaggio-Werkstatt oder einem Motoren-Fachbetrieb Rat ein.

11 Waschen Sie das Motorgehäuse nach jeder Reparatur sorgfältig aus, um sicherzustellen, dass sich keine Metallspäne darin ablagern, die im Betrieb große Schäden anrichten können.

12 Kontrollieren Sie die Lagerbuchsen des Motors (siehe Abbildung) – falls sie Alterungserscheinungen aufweisen, müssen beide als Set ausgetauscht werden. Bevor eine Buchse entfernt wird, muss ihre Einbauposition im Gehäuse notiert werden. Erwärmen Sie das Gehäuse mit einem Heißluftgebläse, stützen Sie es gut ab und treiben Sie die Buchse mithilfe eines Hammers und eines geeigneten Steckschlüssels heraus. Befreien Sie den Sitz der Buchse mithilfe von Stahlwolle von Korrosion, erwärmen Sie das Gehäuse erneut und treiben Sie die neue Buchse ein.

Anmerkung: *Stützen Sie das Gehäuse beim Aus- und Einbau stets so ab, dass das Gehäuse selbst nicht beschädigt werden kann.*

13 Blasen Sie die Ölkanäle der Ölpumpe, des Überdruckventils, der Hauptlager und der Kolben-Öldüse in der linken Gehäusehälfte mit Druckluft aus (Abbildung 19.14). Blasen Sie in der rechten Gehäusehälfte die Ölkanäle des Hauptlagers und der Zylinderkopf-Versorgung sowie den Dichtring-Ablaufkanal aus.

Hauptlager

14 Kontrollieren Sie den Zustand der beiden Hauptlager in den Gehäusehälften (siehe Abbildung). Jedes Lager besteht aus zwei Hälften – die Oberfläche der hinteren Hälfte ist glatt, während in die vordere Hälfte Ölnuten eingearbeitet sind. Die Lagerflächen aller Lager müssen glatt sein und dürfen keine Riefen oder Abriebstellen aufweisen. Der Zustand der Lagerschalen und der Gleitflächen auf den Kurbelwellenzapfen ist wichtig für ein korrekt funktionierendes Schmiersystem, da sonst hier der gesamte Öldruck abgebaut wird und die Schmierung des Pleuelfußlagers sowie des Zylinderkopfs nicht mehr gewährleistet werden kann, sodass auch hier rascher Verschleiß auftreten wird.

15 Ermitteln Sie mit speziellen Messgeräten den Innendurchmesser der Lager. Messen Sie in der Mitte des Lagers (nicht in der Ölnut!) und in drei Richtungen (siehe Abbildung). Die Lagerschalen sind mit Farbcodierungen (rot, blau oder gelb) versehen. Alle drei Ergebnisse müssen innerhalb der Vorgaben für die entsprechende Farbe liegen (siehe Tabelle). Piaggio bietet keine separaten Lagerschalen an, sodass bei erhöhtem Verschleiß ein neues Motorgehäuse beschafft werden muss – erkundigen Sie sich im Zweifel zunächst beim Piaggio-Händler.

19.12 Kontrollieren Sie die Lagerbuchsen in beiden Motorgehäusehälften.

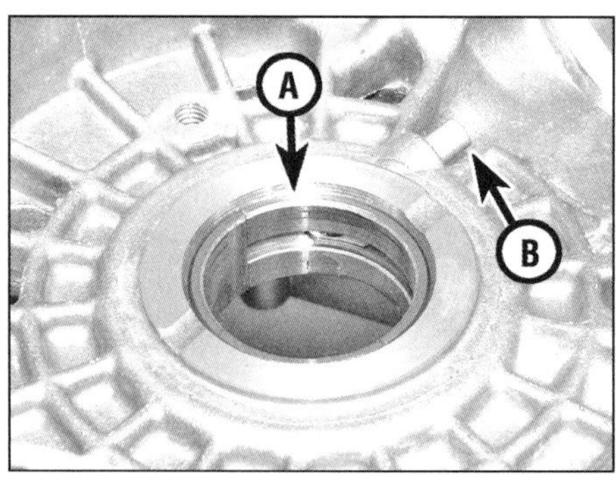

19.14 Kurbelwellen-Hauptlager (A) und Kolben-Öldüse (B) in der linken Gehäusehälfte

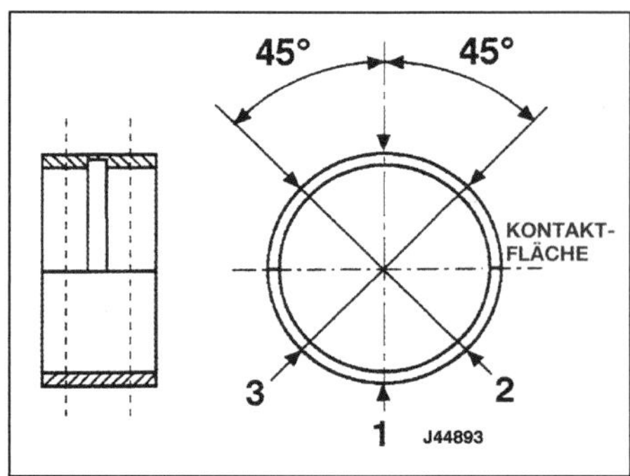

19.15 Vermessen Sie die Hauptlager wie beschrieben.

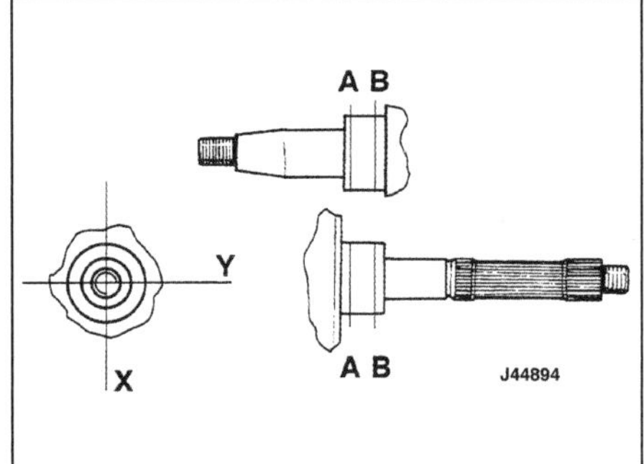

19.16 Vermessen Sie die Kurbelwellen-Lagerzapfen an den gezeigten Stellen und Richtungen.

19.17a Ermitteln Sie mit einer Fühlerlehre das Axialspiel.

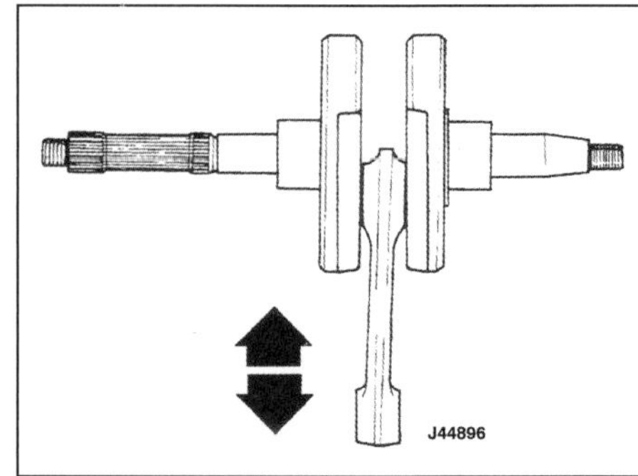

19.17b Prüfen Sie, ob das Pleuel fühlbares Radialspiel aufweist.

Hauptlager-Größentabelle

Hauptlager-Innendurchmesser	Kurbelwellen-zapfen-Außen-durchmesser	Lager-schalen-Farbcode
A (29,025 bis 29,040 mm)	1 (28,994 bis 29,000 mm)	rot
B (29,019 bis 29,034 mm)	1 (28,994 bis 29,000 mm)	blau
B (29,028 bis 29,043 mm)	2 (29,000 bis 29,006 mm)	blau
C (29,022 bis 29,037 mm)	2 (29,000 bis 29,006 mm)	gelb

Kurbelwelle und Pleuel

16 Inspizieren Sie die Lagerzapfen – ihre Oberfläche muss glatt sein und darf keine Riefen, Ausbrüche oder Abschleifungen aufweisen. Messen Sie mit einer Mikrometerschraube den Durchmesser der Zapfen an zwei Stellen und in zwei Richtungen (siehe Abbildung). Es gibt zwei Kategorien für die Lagerzapfen-Durchmesser (Klasse 1 und 2), die zu den Farbcodierungen der Hauptlager passen müssen. Vergleichen Sie die Messergebnisse mit den Vorgaben; falls ein Zapfen auch nur an einer Stelle darunter liegt, muss die Kurbelwelle ausgetauscht werden.

17 Messen Sie mit einer Fühlerlehre das Axialspiel des Pleuels auf dem Hubzapfen (siehe Abbildung) – hier dürfen maximal 0,4 mm festgestellt werden. Falls Radialspiel fühlbar ist (siehe Abbildung), muss es mithilfe einer Messuhr ermittelt werden – über 0,25 mm weisen auf übermäßigen Verschleiß hin. Ermitteln Sie in mehreren Positionen die Breite über die Schwungscheiben, um einen Verzug zu prüfen (siehe Abbildung) – es müssen rundherum ein gleichmäßiger Wert zwischen 51,40 und 51,45 mm festgestellt werden.

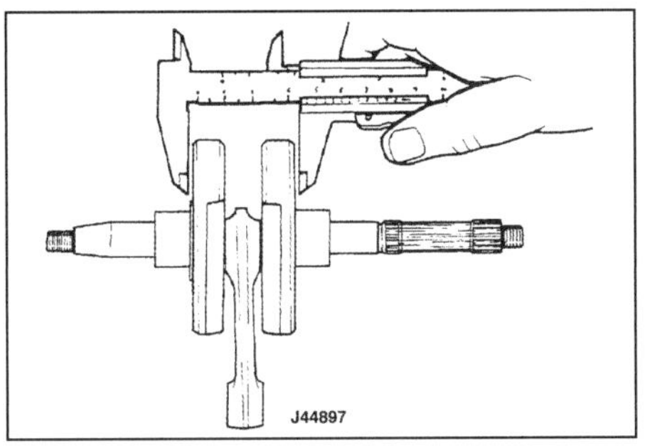

19.17c Messen Sie die Breite über die Schwungscheiben.

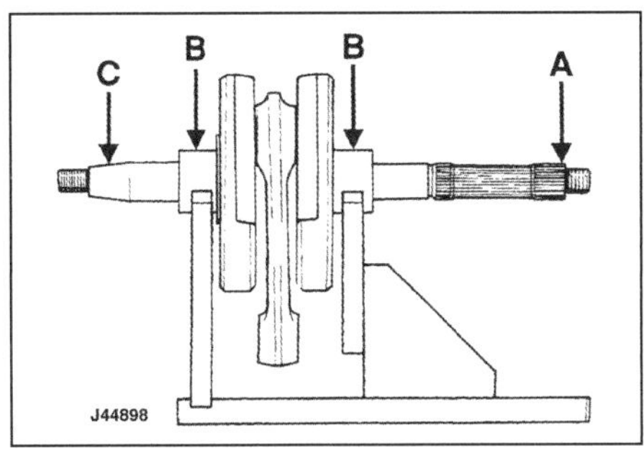

19.18 Ermitteln Sie an den gezeigten Stellen den Verzug der Kurbelwelle.

19.20a Rüsten Sie den Ölfilter-Einsatz mit einem neuen O-Ring aus . . .

19.20b . . . und stecken Sie ihn in seinen Sitz in der linken Gehäusehälfte.

18 Legen Sie die Kurbelwelle auf Prismenböcke und ermitteln Sie an den Lagerzapfen und den Enden einen möglichen Verzug (siehe Abbildung). Überschreitet ein Wert die Vorgaben in den technischen Daten, ist die Kurbelwelle defekt und muss ersetzt werden – beachten Sie die Hinweise in Schritt 16.

Zusammenbau

19 Montieren Sie ggf. das Ölleitblech (Abbildung 19.7). Schieben Sie die Kurbelwelle vollständig in die linke Gehäusehälfte und positionieren Sie das Pleuel in der Zylinderöffnung (Abbildung 19.5).

20 Rüsten Sie den Ölfilter-Einsatz mit einem neuen O-Ring aus und stecken Sie ihn in seinen Sitz in der linken Gehäusehälfte (siehe Abbildungen).

21 Die Dichtflächen beider Gehäusehälften müssen absolut sauber sein. Legen Sie die linke Gehäusehälfte mit dem Getriebe nach unten auf die Werkbank. Sorgen Sie dafür, dass die Passhülsen im Gehäuse stecken, und legen Sie die neue Dichtung darüber (siehe Abbildungen).

2C

19.21a Sorgen Sie dafür, dass die Passhülsen im Gehäuse stecken, . . .

19.21b . . . und legen Sie die neue Dichtung darüber.

22 Führen Sie die rechte Gehäusehälfte über die Kurbelwelle und drücken Sie sie über die Passhülsen auf die untere Hälfte (Abbildung 19.4b). Klopfen Sie das Gehäuse nötigenfalls vorsichtig mit einem weichen Hammer zusammen, aber setzen Sie keine übermäßige Gewalt ein.

Anmerkung: *Falls sich die Gehäusehälften nicht korrekt verbinden lassen, muss die rechte Hälfte abgenommen und das Problem beseitigt werden.*

Achtung: Versuchen Sie keinesfalls, die Gehäusehälften mit den Schrauben zusammenzuziehen!

23 Reinigen Sie die Gewinde der Gehäuseschrauben und drehen Sie sie handfest ein (Abbildung 19.4a). Ziehen Sie sie dann schrittweise und über Kreuz bis zum Drehmoment von 11 bis 13 Nm an. Schneiden Sie mit einer scharfen Klinge den Dichtungsstreifen über der Zylinderöffnung ab. Halten Sie das Pleuel, damit es nicht gegen das Gehäuse schlägt, und drehen Sie die Kurbelwelle, um Freigängigkeit sicherzustellen.
24 Montieren Sie alle entfernten Komponenten in der umgekehrten Ausbaureihenfolge.

20 Einfahrhinweise

1 Stellen Sie sicher, dass der Motoröl- und Kühlmittelpegel korrekt ist (siehe *Tägliche Kontrollen*).
2 Sorgen Sie dafür, dass sich Kraftstoff im Tank befindet.
3 Schalten Sie die Zündung ein, starten Sie den Motor und lassen Sie ihn im Standgas Betriebstemperatur erreichen. Anfänglicher Auspuffqualm ist nicht alarmierend, da das bei der Montage des Kolbens und Zylinders verwendete Öl jetzt verbrannt wird.

⚠ ***Warnung: Falls die Öldruck-Warnlampe nicht nach wenigen Sekunden erlischt oder bei laufendem Motor aufzuleuchten beginnt, muss der Motor unverzüglich abgeschaltet werden! Beachten Sie die Fehlersuche am Ende dieses Buchs und beseitigen Sie vor dem nächsten Motorstart die Ursache.***

4 Falls sich der Motor nicht starten lässt, muss die Zündkerze ausgebaut werden, um sie auf Verölung zu prüfen; reinigen Sie sie nötigenfalls und versuchen Sie erneut, den Motor zu starten. Weigert er sich weiterhin, muss mithilfe der Fehlersuche im Anhang die Ursache gefunden und beseitigt werden.
5 Kontrollieren Sie alles sorgfältig auf Öl-Undichtigkeiten und überprüfen Sie, ob der Antrieb und die Instrumente, besonders die Bremsen, ordentlich funktionieren, bevor Sie den Roller auf der Straße testen.
6 Behandeln Sie das Fahrzeug auf den ersten Kilometern vorsichtig, um sicherzugehen, dass überall im Motor Öl angekommen ist und sich alle neuen Teile zu setzen begonnen haben.
7 Große Sorgfalt ist geboten, wenn der Zylinder aufgebohrt wurde oder eine neue Kurbelwelle eingebaut wurde – in diesen Fällen muss das Fahrzeug so behandelt werden, als wäre es neu. Das bedeutet, auf den ersten 1000 km kein Vollgas zu geben und danach die Leistung nur schrittweise zu erhöhen und nur kurze Zeit Vollgas zu geben. Wer bereits Erfahrungen mit dem Motor hat, wird merken, wann er frei läuft.
8 Führen Sie eine Probefahrt durch und lassen Sie den Motor komplett abkühlen. Kontrollieren Sie das Ventilspiel (siehe Kapitel 1, Sektion 20) und den Ölpegel (siehe *Tägliche Kontrollen*).

Kapitel 2D

Wassergekühlte Vierventil-RISS-Motoren (GTS 125/150 i-get ab 2016)

Beachten Sie zur Identifikation die technischen Daten der Modelle in Kapitel 1.

Inhalt (in alphabetischer Reihenfolge, die Zahlen geben die Nummerierung in den grauen Feldern wieder)

Schwierigkeitsgrade

Leicht. Für Anfänger mit wenig Erfahrung geeignet. 	**Relativ leicht.** Für Anfänger mit etwas Erfahrung geeignet. 	**Relativ schwierig.** Geeignet für geübte Selbstschrauber. 	**Schwer.** Geeignet für Selbstschrauber mit viel Erfahrung. 	**Sehr schwer.** Geeignet für Experten und Profis.

Technische Daten

Allgemein

Typ	Viertakt-Vierventil-Einzylindermotor, wassergekühlt, i-get (»Italian Green Experience Technology«), RISS (»Regulator Inverter Start and Stop«)
Hubraum	
125 cm³-Motor	125 cm³
150 cm³-Motor	155 cm³
Bohrung	
125 cm³-Motor	52,0 mm
150 cm³-Motor	58,0 mm
Hub	58,7 mm
Verdichtungsverhältnis	11,5 : 1 bis 12,5 : 1
Zylinderkompression	10 bis 14 bar bei 600/min

Nockenwelle

Einlass-Nockenhöhe	27,5 mm
Auslass-Nockenhöhe	27,4 mm
Lagerzapfen-Durchmesser links	30,015 bis 30,002 mm
Lagerzapfen-Durchmesser rechts	12,013 bis 12,002 mm

Zylinderkopf

Dichtflächenverzug (max.)	0,03 mm
Nockenwellenlagersitz-Durchmesser	
links	47,025 bis 47,041 mm
rechts	28,007 bis 28,028 mm
Kipphebelwellensitz-Durchmesser	10,013 bis 10,028 mm
Kipphebelwellen-Durchmesser	9,991 bis 10,000 mm
Kipphebel-Innendurchmesser (glatter Bereich)	10,013 bis 10,031 mm

Ventile, Führungen und Federn

Ventilspiel	siehe Kapitel 1
Einlassventile	
Gesamtlänge	88,7 mm
Schaft-Durchmesser	3,97 mm
Ventilführung – Innendurchmesser	4,000 bis 4,012 mm
Ventilschaft – Spiel in Führung	0,010 mm
Ventilteller – Dichtflächenbreite	1,0 bis 1,3 mm
Ventilfeder – freie Länge	36,2 mm
Auslassventile	
Gesamtlänge	88,5 mm
Schaft-Durchmesser	3,97 mm
Ventilführung – Innendurchmesser	4,000 bis 4,012 mm
Ventilschaft – Spiel in Führung	0,015 mm
Ventilteller – Dichtflächenbreite	1,0 bis 1,3 mm
Ventilfeder – freie Länge	36,2 mm

Zylinderbohrung

125 cm³-Motor	
Größen-Code A	51,980 bis 51,987 mm
Größen-Code B	51,987 bis 51,994 mm
Größen-Code C	51,994 bis 52,001 mm
Größen-Code W	52,001 bis 52,008 mm
150 cm³-Motor	
Größen-Code A	57,980 bis 57,987 mm
Größen-Code B	57,987 bis 57,994 mm
Größen-Code C	57,994 bis 58,001 mm
Größen-Code W	58,001 bis 58,008 mm

Zylinder

Stehbolzen-Höhe über Gehäuse	170,0 bis 170,5 mm

Kolben

125 cm³-Motor	
Größen-Code A	51,947 bis 51,954 mm
Größen-Code B	51,954 bis 51,961 mm
Größen-Code C	51,961 bis 51,968 mm
Größen-Code W	51,968 bis 51,975 mm
150 cm³-Motor	
Größen-Code A	57,947 bis 57,954 mm
Größen-Code B	57,954 bis 57,961 mm
Größen-Code C	57,961 bis 57,968 mm
Größen-Code W	57,968 bis 57,975 mm
Kolben-Spiel in Zylinder	0,040 bis 0,054 mm
Kolbenbolzen-Durchmesser	13,996 bis 14,000 mm
Kolbenbolzen-Bohrung in Kolben	14,004 bis 14,006 mm

Kolbenringe

Stoßspiel (eingebaut)	
Oberer Kompressionsring	0,20 bis 0,35 mm
Zweiter Kompressionsring	0,20 bis 0,40 mm
Ölabstreifring	0,20 bis 0,70 mm

Schmiersystem

Motoröldruck (bei 90 °C)	
bei Standgas (1750/min)	0,5 bis 1,2 bar
bei 5000/min	3,2 bis 4,2 bar
Ölpumpe – Einbauspiel-Verschleißgrenzen (max.)	
Innenrotor-Spitze zu Außenrotor	0,09 mm
Außenrotor zu Gehäuse	0,20 mm
Rotor-Axialspiel	0,12 mm
Überdruckventilfeder – freie Länge	54,2 mm
Überdruckventil-Durchmesser	12,861 bis 12,843 mm

Zündgeberspule

Abstand zu Auslösern	0,3 bis 0,4 mm

Pleuel

Pleuelfuß-Axialspiel	0,2 bis 0,5 mm
Pleuelfuß-Radialspiel	0,036 bis 0,054 mm

Kurbelwelle

Lagerzapfen-Durchmesser	
Kategorie 1	26,998 bis 27,004 mm
Kategorie 2	27,004 bis 27,010 mm
Axialspiel	0,2 bis 0,5 mm

Kurbelwellen-Hauptlager

Hauptlager-Halbring-Stärke	
Typ B (Kategorie 2)	1,971 bis 1,976 mm (Farbcode: blau)
Typ C (Kategorie 1 und 2)	1,974 bis 1,979 mm (Farbcode: gelb)
Typ E (Kategorie 1)	1,977 bis 1,982 mm (Farbcode: grün)
Lagersitz-Durchmesser in Motorgehäuse	
Kategorie 1	30,959 bis 30,965 mm
Kategorie 2	30,953 bis 30,959 mm

Anzugsdrehmomente

	Nm
Dekompressionsmechanismus-Schrauben	7 bis 8,5
Dichtringplatten-Schrauben	11 bis 13
Einlassstutzen-Schrauben	5 bis 6
Kühlventilator-Schrauben	5 bis 6
Lichtmaschinenrotor-Mutter	75 bis 83
Lufthutzen-Muttern	11 bis 13
Motorgehäuseschrauben	11 bis 13
Motorhaltebolzen vorn	67 bis 75
Öldruckschalter	10
Ölpumpen-Befestigungsschrauben	5 bis 6
Ölwannendeckelschrauben	11 bis 13
Steuerkettenspanner-Befestigungsschrauben	8 bis 10
Ventildeckelschrauben	5 bis 6
Zündgeberspule/RISS-Baugruppen/Stator-Schrauben	5 bis 6
Zylinderkopfmuttern	
Schritt 1	9 bis 11
Schritt 2	um 270° weiter
Zylinderkopfschrauben	11 bis 13

Allgemeine Informationen

1 Der Viertakt-Einzylindermotor ist wassergekühlt. Die Kurbelwelle ist verpresst und das Pleuel ist mit einer Bronzebuchse auf dem Hubzapfen gelagert. Die Kurbelwelle selbst dreht sich in Gleitlagern. Das Motorgehäuse ist vertikal geteilt. Die für die Kühlung benötigte Wasserpumpe sitzt links am Zylinderkopf und wird von der Nockenwelle angetrieben.

2 Das Ritzel links auf der Kurbelwelle treibt über die Steuerkette die obenliegende Nockenwelle an, die über Kipphebel die vier Ventile öffnet.

3 Der Motor ist mit einer Start-Stopp-Automatik ausgerüstet; dabei fungiert statt eines konventionellen Anlassers die Lichtmaschine als Starter. Details zum RISS-System (*Regulator Inverter Start and Stop*) finden sich in Kapitel 10, Sektion 27.

4 Der Motor ist (zusammen mit der Einspritzanlage und dem Abgassystem) auf besonders gute Abgaswerte ausgelegt, weswegen Piaggio ihn als »i-get« *(Italian Green Experience Technology)* bezeichnet.

2 Motorkomponenten
Zugang

1 Der Zugang zur auch als Starter fungierenden Lichtmaschine (rechts) und zum Getriebe (links) ist bei eingebautem Motor leicht möglich.

2 Der Zugang zum Zylinderkopf ist jedoch sehr begrenzt und für die Demontage des Ventildeckels (unerlässlich bei vielen Arbeiten) wird entweder der Ausbau des Motors oder das Anheben der Karosserie empfohlen, bis je nach Ausrüstung genug Platz besteht – beachten Sie dazu die Hinweise in Sektion 5, Schritt 1.

3 Der Zugang zur Kurbelwelle samt Pleuel ist erst nach dem Ausbau des Motors und dem Trennen der Motorgehäusehälften möglich.

3 Motorverschleiß
Einschätzung

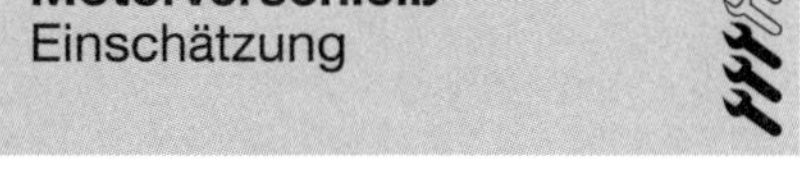

Kontrolle der Zylinderkompression

Spezialwerkzeug: *Für diese Arbeit wird ein Kompressionstester benötigt.*

1 Schwache Motorleistung kann unter anderem durch undichte Ventile, eine beschädigte Zylinderkopfdichtung oder verschlissenen Kolben, Kolbenringe oder Zylinderwandung hervorgerufen werden. Ein Kompressionstest kann solche Probleme aufdecken; zusätzlich kann er starke Ölkohle-Ablagerungen im Brennraum aufdecken

2 Beschaffen Sie einen geeigneten Kompressionsprüfer – es gibt sie mit Gummidichtung oder mit Gewinde-Adapter für unterschiedliche Kerzengewinde; letztere sind vorzuziehen, da sie besser abdichten. Je nach Messergebnis wird ggf. auch eine Öl-Spritzflasche benötigt.

3 Vor dem Test muss sichergestellt sein, dass das Ventilspiel in Ordnung ist (siehe Kapitel 1). Die Zylinderkopf-Muttern und Schrauben müssen korrekt angezogen sein (siehe Sektion 11).

4 Führen Sie eine kleine Fahrt durch, um den Motor auf Betriebstemperatur zu bringen, schalten Sie dann die Zündung aus. Demontieren Sie die Zündkerze, stecken Sie sie wieder in den Stecker und halten Sie ihr Gewinde abseits der Gewindebohrung am Motor gegen Masse.

Achtung: Bei einer nicht gegen Masse gehaltenen Zündkerze kann das Zündsystem beschädigt werden!

5 Schrauben oder pressen Sie den Kompressionsprüfer in das Zündkerzengewinde des Zylinderkopfs.

6 Schalten Sie die Zündung ein, öffnen Sie den Gasgriff vollständig und drehen Sie den Motor mit dem Anlasser durch, bis sich die Kompressionstester-Nadel stabilisiert hat – dies sollte nach wenigen Motorumdrehungen der Fall sein.

7 Piaggio macht keine Angaben zur Kompression, doch sollte das Ergebnis zwischen 10 und 14 bar liegen, wie es bei Motoren dieser Bauart normal ist. Erkundigen Sie sich im Zweifelsfall bei einer Piaggio-Werkstatt.

8 Eine zu niedrige Kompression kann auf Verschleiß an den Kolbenringen und/oder der Zylinderwandung, eine schadhafte Zylinderkopfdichtung oder undichte Ventile/Ventilsitze hinweisen. Um die Ursache einzugrenzen, kann etwas Motoröl durch die Zündkerzenbohrung eingefüllt werden, das die Kolbenringe gegen den Zylinder abdichtet. Falls die Kompression nach einer weiteren Prüfung ansteigt, werden der Kolben, der Zylinder und/oder die Kolbenringe verschlissen sein; ändert sich das Ergebnis nicht, wird die Zylinderkopfdichtung defekt oder die Ventile/Ventilsitze sind undicht.

9 Für zu hohe Kompression können Ölkohle-Ablagerungen verantwortlich sein – demontieren Sie den Zylinderkopf (siehe Sektion 11) und reinigen Sie den Brennraum und den Kolbenboden.

Anmerkung: *Prüfen Sie bei der Arbeit am Motor auch, ob vielleicht eine zu dicke Zylinderfußdichtung für eine zu geringe Kompression oder eine zu dünne Dichtung für eine zu hohe Kompression verantwortlich ist (siehe Sektion 13).*

Öldruck-Kontrolle

Spezialwerkzeug: *Für diese Arbeit werden ein Öldruckprüfer mit einem entsprechenden Gewindeadapter benötigt.*

10 Der Motor ist mit einem Öldruckschalter ausgerüstet, der eine Warnleuchte im Cockpit aktiviert. Die Funktion des Stromkreises ist in Kapitel 10 beschrieben.

11 Bei jedem Zweifel über die Leistungsfähigkeit des Schmiersystems sollte eine Öldruckprüfung durchgeführt werden, um nützliche Informationen über den Zustand der Motor-Innereien zu erhalten. Lassen Sie nötigenfalls den Öldruck von einer Fachwerkstatt überprüfen.

12 Beschaffen Sie einen geeigneten Öldruckprüfer – Piaggio bietet unter der Teilenummer 020345Y ein passendes Gerät an.

13 Kontrollieren Sie zunächst den Ölpegel (siehe Wöchentliche Kontrollen). Bringen Sie den Motor auf Betriebstemperatur und schalten Sie ihn wieder ab. Stützen Sie das Fahrzeug so ab, dass das Hinterrad nicht den Boden berührt.

14 Demontieren Sie die rechte Motor-Abdeckung (siehe Kapitel 9) und den Öldruckschalters (siehe Kapitel 10). Drehen Sie unverzüglich den Gewindeadapter hinein und schließen Sie den Öldruckprüfer an. Die Dichtscheibe des Schalters muss später durch ein Neuteil ersetzt werden.

Warnung: Seien Sie bei Arbeiten an heißen Motorteilen vorsichtig! Die Auspuffanlage und der Motor können schwere Verbrennungen hervorrufen. Verwenden Sie eine Abgas-Absauganlage oder lassen Sie den Motor nur in einem sehr gut belüfteten Raum oder im Freien laufen.

15 Starten Sie den Motor – der Öldruck muss zwischen 0,5 und 1,2 bar liegen. Erhöhen Sie die Drehzahl auf 5000/min – der Öldruck muss auf 3,2 und 4,2 bar ansteigen.

16 Falls der Öldruck auf einen deutlich niedrigeren Wert ansteigt, ist entweder das Ansaugsieb oder der Ölfilter verstopft, klemmt das offen stehende Überdruckventil, ist die Ölpumpe defekt, hat sich die Öldüse zur Kühlung des Kolbenbodens gelöst oder es liegt ein beträchtlicher Verschleiß in den Kurbelwellenlagern vor. Beginnen Sie die Diagnose mit der Kontrolle des Ölfilters und des Ölsiebs (siehe Kapitel 1) und kontrollieren Sie dann das Überdruckventil und die Ölpumpe (siehe Sektion 17). Wurde bis hierhin kein Defekt gefunden, muss das Motorgehäuse getrennt werden, um die Öldüse und die Lager kontrollieren zu können (siehe Sektion 18).

17 Falls der Öldruck auf einen deutlich höheren Wert ansteigt, kann das geschlossene Überdruckventil klemmen oder der Motor wurde mit einem Öl der falschen Viskosität befüllt.

18 Schalten Sie den Motor ab und entfernen Sie den Öldruckprüfer und den Gewindeadapter.

19 Montieren Sie den Öldruckschalter (siehe Kapitel 10) und die rechte Motor-Abdeckung (siehe Kapitel 9). Kontrollieren Sie den Ölpegel (siehe Wöchentliche Kontrollen).

Achtung: Beseitigen Sie unbedingt vor dem nächsten Motorstart das Problem, um größere Motorschäden zu vermeiden.

4 Größere Motorreparaturen
Anmerkungen

1 Es ist nicht immer einfach festzustellen, wann oder ob ein Motor vollständig überholt werden muss. Eine Vielzahl an Faktoren muss hierbei berücksichtigt werden.

2 Eine hohe Laufleistung ist nicht zwingend ein Hinweis auf eine erforderliche Überholung – genauso wie eine geringe Laufleistung eine Motorüberholung nicht ausschließt. Eine regelmäßige Wartung ist hierbei der wichtigste Punkt. Ein Motor, bei dem regelmäßig das Motoröl und der Filter gewechselt und auch ande-

5.11 Schraube des Massekabels (Pfeil)

5.12 Befreien Sie die Gaszüge vom Drosselklappengehäuse – beachten Sie ihre Positionen.

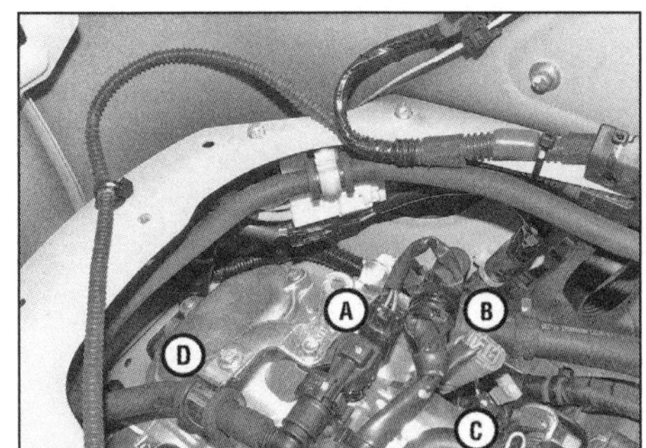

5.13a Stecker der Einspritzdüse (A), des Motor-Temperatursensor (B) und der Zündspule (C). Beachten Sie den Kraftstoffschlauch-Halter (D).

5.13b Stecker des Standgas-Sensors (A) und des Drosselklappensensors (B)

5.13c Stecker und Halter des ABS-Hinterradsensors

re Wartungspunkte durchgeführt wurden, wird wahrscheinlich mehrere tausend Kilometer problemlos durchhalten. Umgekehrt wird ein vernachlässigter Motor wesentlich früher eine Überholung benötigen.

3 Starker Rauch und übermäßiger Ölverbrauch weisen darauf hin, dass Kolbenringe, Ventilschaftdichtungen und/oder Ventilführungen nach Aufmerksamkeit verlangen. Mithilfe eines in Sektion 3 durchgeführten Kompressionstests kann herausgefunden werden, welche Gründe für den Ölverlust verantwortlich sind.

4 Starke Klopfgeräusche oder Rumpeln weisen auf Verschleiß am Pleuelfußlager oder den Hauptlagern der Kurbelwelle hin.

5 Leistungsmangel, rauer Motorlauf, klopfende oder metallisch klingende Motorgeräusche, ein klappernder Ventiltrieb und hoher Kraftstoffverbrauch können ebenfalls auf eine Überholung hinweisen – besonders, wenn alles gleichzeitig auftritt. Falls eine große Inspektion die Probleme nicht behebt, können nur größere Überholmaßnahmen die Lösung sein.

6 Eine Motorüberholung beinhaltet die Wiederherstellung aller internen Motorkomponenten auf die Vorgaben für einen neuen Motor. Während einer Überholung werden der Kolben und dessen Ringe erneuert und ggf. der Zylinder ersetzt. Die Ventile werden eingeschliffen und mit neuen Federn ausgerüstet. Falls das Pleuellager verschlissen ist, muss eine neue Kurbelwelle montiert werden. Das Endergebnis soll ein absolut neuwertiger Motor sein, der viele pannenfreie Kilometer garantiert.

7 Vor einer Motorüberholung muss die gesamte Prozedur durchgelesen werden, um sich mit dem Umfang und den Anforderungen vertraut zu machen. Das Überholen eines Motors ist nicht schwierig, wenn man sorgfältig den Anweisungen folgt, die benötigten Werkzeuge und Ausrüstungsgegenstände zur Hand hat und sich genau an alle Vorgaben hält. Sie kann jedoch zeitaufwendig sein, sodass mindestens zwei Wochen dafür eingeplant werden sollten. Prüfen Sie die Verfügbarkeit von Teilen und beschaffen Sie sämtliche Spezialwerkzeuge und andere Hilfsmittel im Voraus.

8 Die meisten Arbeiten können mit typischen Hand-Werkzeugen verrichtet werden, doch viele Teile müssen präzise vermessen werden, um ihre Wiederverwendbarkeit bestimmen zu können. Ein Großteil der Arbeit besteht in der Kontrolle von Teilen und der Entscheidung, ob Teile aufgearbeitet oder ersetzt werden müssen.

9 Mit hoher Wahrscheinlichkeit müssen Dienstleistungen von Motoreninstandsetzungsbetrieben in Anspruch genommen werden. Hier können nicht nur Kurbelwellen geschliffen und Zylinder gehont werden, sondern es werden auch Bauteile überprüft und Ratschläge zu Reparaturen oder dem Austausch von Komponenten wie Kolben, Ringen und Lagerschalen gegeben. Achten Sie bei der Auswahl der Werkstatt darauf, dass der Betrieb der Kfz-Innung ist und Zertifikate aufweisen kann.

10 Schließlich muss für ein möglichst langes Leben eines aufgearbeiteten Motors sichergestellt sein, dass alles mit größter Sorgfalt in einer lupenreinen Umgebung wieder zusammengebaut wird.

5 Motor/Getriebe-Einheit
Ausbau und Einbau

Achtung: Die Antriebseinheit ist nicht besonders schwer, sollte aber dennoch mithilfe eines Assistenten aus- und eingebaut werden. Ein herunterfallender Motor kann schwere Verletzungen hervorrufen und selbst große Schäden davontragen.

Ausbau

1 Waschen Sie sämtlichen Schmutz vom Motor ab. Stützen Sie das Fahrzeug aufrecht stehend ab. Da der Hauptständer am Motor befestigt ist, muss die Karosserie nach dem Ausbau des Motors gut geschützt abgestützt werden. Die Karosserie muss zudem angehoben werden, um den Motor nach hinten heraus herausziehen zu können – hierzu wird mindestens ein Assistent benötigt – oder ein geeignetes Gestell mit Bändern oder Seilen (Abbildung 5.1 in Kapitel 2C). Die Arbeit kann durch den Einsatz einer Arbeitsbühne erleichtert werden – auch hier muss darauf geachtet werden, dass das Fahrzeug gut gesichert ist.

2 Öffnen Sie die Sitzbank und entnehmen Sie das Staufach, entfernen Sie die Seitenverkleidungen und die Bodenverkleidung (siehe Kapitel 9).

3 Trennen Sie das Massekabel (–) der Batterie (siehe Kapitel 10).

4 Trennen Sie den Stecker der Lambdasonde und demontieren Sie die Auspuffanlage (siehe Kapitel 5).

5 Falls die Ölwanne demontiert oder das Motorgehäuse getrennt werden soll, empfiehlt es sich, jetzt das Motoröl abzulassen (siehe Kapitel 1).

6 Entleeren Sie das Kühlsystem und ziehen Sie die Kühlerschläuche vom Motor ab (siehe Kapitel 4).

7 Demontieren Sie den Antriebsriemen-Deckel (siehe Kapitel 3) – achten Sie auf die Positionen der Brems- und Entlüftungsschlauch-Halterungen.

8 Demontieren Sie die Auspuffhalterung und das Hinterrad (siehe Kapitel 8, Sektion 15).

9 Demontieren Sie den Hinterrad-Bremssattel und entfernen Sie die Bremsscheibe (siehe Kapitel 8).

10 Demontieren Sie das Luftfiltergehäuse (siehe Kapitel 5, Sektion 2).

11 Lösen Sie hinten am Antriebsriemengehäuse die Schraube des Massekabels (siehe Abbildung).

12 Entfernen Sie die vordere Lenkerverkleidung (siehe Kapitel 9). Lockern Sie an den Lenker-Enden der Gaszüge deren Einsteller (siehe Kapitel 5, Sektion 8). Befreien Sie am Drosselklappengehäuse die Hüllen des (oberen) Schließzugs und des (unteren) Öffnerzugs aus den Aufnahmen und trennen Sie die Gaszugnippel aus der Betätigung (siehe Abbildung).

13 Befreien Sie die Kabel der Einspritzdüse, des Temperatursensors, der Zündspule, des Standgas-Sensors, des Drosselklappensensors und des ABS-Hinterradsensors und trennen Sie ihre Stecker (siehe Abbildungen).

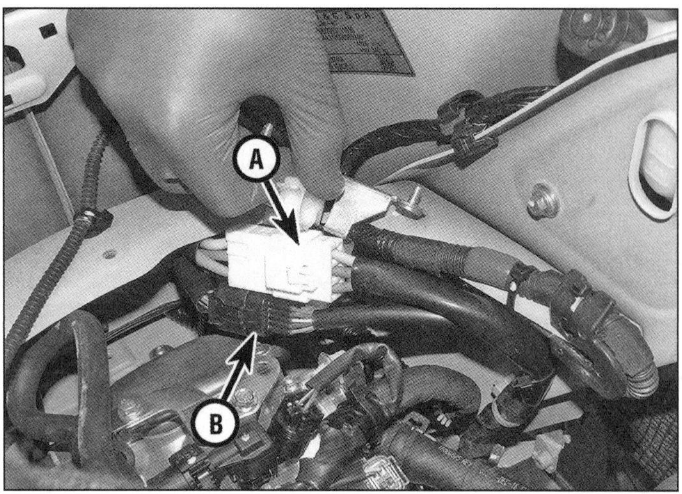

5.14 Trennen Sie die Stecker des RISS-Systems (A) und der Lichtmaschine (B).

5.15 Ziehen Sie am Schnellverschluss des Kraftstoffschlauchs den Sicherungsclip hoch und trennen Sie ihn von der Einspritzdüse.

5.16 Sowohl die Antriebseinheit als auch die Karosserie müssen sicher abgestützt sein.

5.17 Mutter des linken unteren Stoßdämpferbolzens

5.18 Lösen Sie die Mutter des vorderen Motorlagerungs-Bolzens

14 Befreien Sie den Kraftstoffschlauch aus dem Clip hinten am Kabelstecker-Halter, lösen Sie die Muttern des Halters und trennen Sie die Stecker des RISS-Systems sowie der Lichtmaschine (siehe Abbildung).

15 Befreien Sie den Kraftstoffschlauch von seinem Halter, ziehen Sie an seinem Schnellverschluss den Sicherungsclip hoch und trennen Sie den Schlauch von der Einspritzdüse (siehe Abbildung).

16 Stützen Sie das Antriebsgehäuse auf Hölzern, um es beim Lösen des linken Stoßdämpfers nicht herunterfallen zu lassen (siehe Abbildung).

17 Lösen Sie unten am linken Stoßdämpfer die Mutter, aber belassen Sie den Bolzen zunächst in Position (siehe Abbildung).

18 Lösen Sie an der vorderen Motorlagerung die Mutter (siehe Abbildung).

19 Prüfen Sie, ob alle Kabel, Bowdenzüge und Schläuche getrennt und vom Motor befreit sind.

20 Bereiten Sie das Anheben und Abstützen der Karosserie vor (Schritt 1). Entlasten Sie die Antriebseinheit und ziehen Sie den vorderen Motorbolzen heraus – beachten Sie rechts die Distanzhülse (siehe Abbildungen). Ziehen Sie den linken unteren Stoßdämpferbolzen heraus und heben Sie entweder die Karosserie ab oder senken Sie die Antriebseinheit ab, um sie nach hinten zu befreien (siehe Abbildung). Beachten Sie die Hülsen im unteren Auge des linken Stoßdämpfers und stellen Sie sie nötigenfalls sicher.

21 Falls der Motor verschmutzt ist, muss er vor der Demontage von Deckeln oder Bauteilen sorgfältig gereinigt werden.

Einbau

22 Der Einbau entspricht der umgekehrten Ausbaureihenfolge – beachten Sie dabei folgende Punkte:

a) *Zwischen Motor und Karosserie dürfen keine Kabel, Schläuche oder Bowdenzüge eingeklemmt sein.*
b) *Vergessen Sie nicht die Hülsen in das untere Auge des linken Stoßdämpfers zu installieren.*

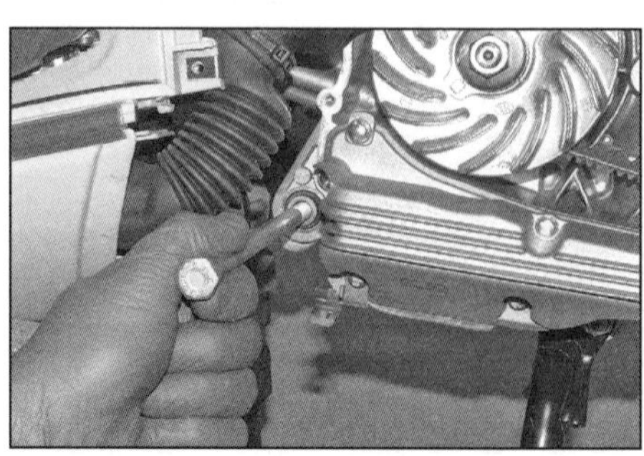

5.20a Ziehen Sie den vorderen Motorbolzen heraus . . .

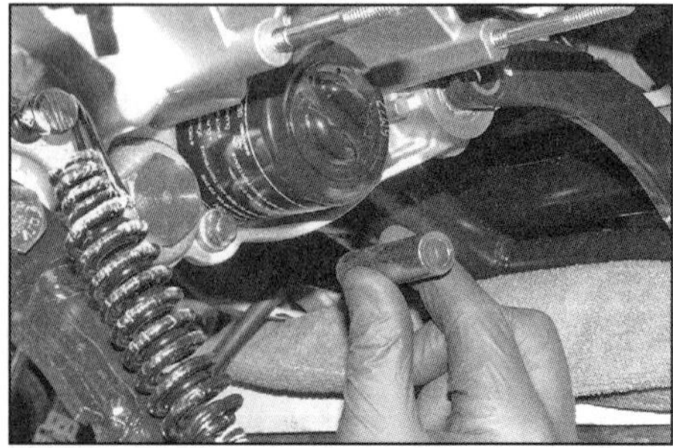

5.20b . . . und entnehmen Sie die Distanzhülse.

5.20c Ziehen Sie den Stoßdämpferbolzen heraus...

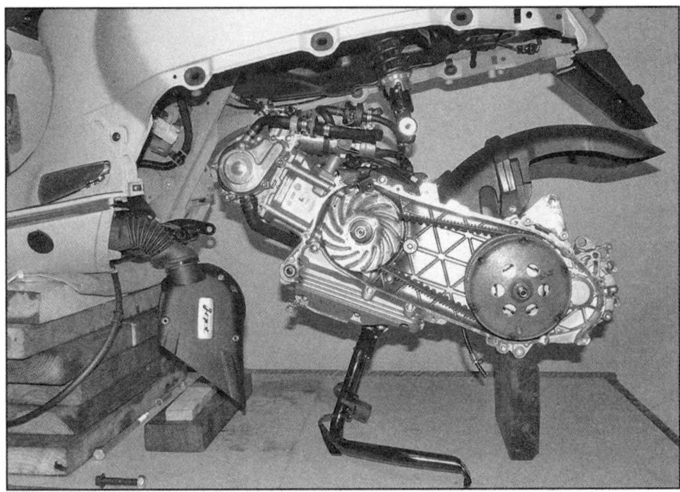

5.20d ... und trennen Sie die Antriebseinheit von der Karosserie.

c) Die Mutter des vorderen Motorbolzens muss mit 75 bis 83 Nm und die des unteren Stoßdämpferbolzens mit dem in den technischen Daten von Kapitel 7 angegebenen Drehmoment angezogen werden.

d) Alle Kabel, Schläuche oder Bowdenzüge müssen korrekt verlegt, gesichert und angeschlossen werden.

e) Stellen Sie die Gaszüge ein (siehe Kapitel 1).

f) Füllen Sie ggf. Motoröl auf (siehe Kapitel 1) und kontrollieren Sie den Ölpegel (siehe Tägliche Kontrollen).

g) Füllen Sie das Kühlsystem auf (siehe Kapitel 4).

6 Motorüberholung
Allgemeine Informationen

Zerlegung

1 Bevor der Motor zerlegt wird, muss er unbedingt sorgfältig äußerlich gereinigt und entfettet werden, damit keine Fremdkörper hineinfallen können; hierzu eignet sich Petroleum oder spezielles Motoren-Entfettungsmittel. Arbeiten Sie das Lösungsmittel mit alten Pinseln oder Zahnbürsten in die Vertiefungen des Motorgehäuses ein und passen Sie auf, dass nichts in Elektrik-Komponenten oder den Ein- bzw. Auslassstutzen des Zylinderkopfs gelangt.

Warnung: Aufgrund des hohen Entzündungsrisikos und gesundheitlicher Gefahren sollte auf die Verwendung von Benzin als Reinigungsmittel verzichtet werden!

2 Platzieren Sie die gereinigte und getrocknete Antriebseinheit auf der Werkbank. Sorgen Sie für eine saubere und ausreichend große Arbeitsfläche und beschaffen Sie Behälter oder Plastikbeutel, um Baugruppen und Teile darin zu lagern. Papier und Stift sollten für Notizen bereitliegen, ebenso Klebeetiketten für die Markierung von Teilen. Schließlich werden noch mehrere saubere Lappen benötigt.

3 Lesen Sie vor Arbeitsbeginn die gesamte Sektion durch, um einen Überblick über die notwendigen Schritte zu erhalten. Beachten Sie bei der Demontage von Komponenten, dass hierbei – solange nicht speziell erwählt – kein großer Kraftaufwand erforderlich ist; oft sind vergessene Schrauben oder andere Fehler beim Trennen der Grund. Lesen Sie bei jedem Zweifel den Text noch einmal durch.

4 Halten Sie beim Zerlegen des Motor »Paare« (Teile, die im Betrieb zusammen arbeiten) stets zusammen. Diese Paare müssen später wieder zusammengesetzt oder gemeinsam erneuert werden.

5 Eine komplette Motorzerlegung muss in der folgenden allgemeinen Reihenfolge und mit Hinweis auf entsprechende Sektionen durchgeführt werden. Beachten Sie bezüglich der Getriebekomponenten die Hinweise in Kapitel 3.

a) Entfernen Sie das Drosselklappengehäuse (siehe Kapitel 5).
b) Entfernen Sie den Wasserkühler (siehe Kapitel 4).
c) Entfernen Sie die Wasserpumpe (siehe Kapitel 4)
d) Entfernen Sie die Riemenscheibe und den Variator (siehe Kapitel 3).
e) Demontieren Sie den Ventildeckel.
f) Demontieren Sie den Steuerkettenspanner.
g) Demontieren Sie die Nockenwelle und die Kipphebel.
h) Demontieren Sie den Zylinderkopf.
i) Demontieren Sie den Zylinder.
j) Demontieren Sie den Kolben.
k) Demontieren Sie die Lichtmaschine.
l) Demontieren Sie die Ölpumpe.
m) Trennen Sie die Motorgehäusehälften.
n) Demontieren Sie die Kurbelwelle.

Zusammenbau

6 Der Zusammenbau entspricht der umgekehrten Zerlegungsreihenfolge.

7 Ventildeckel

Ausbau

1 Heben Sie die Karosserie vom Motor ab (siehe Sektion 5).

2 Arbeiten Sie zurzeit an einem Ventildeckel. Lösen Sie die Schrauben und heben Sie den Deckel vom Zylinderkopf ab (siehe Abbildung) – falls er festsitzt, darf nicht versucht werden, ihn abzuhebeln; klopfen Sie ihn stattdessen rundherum mit einem weichen Hammer oder Holzstück ab. Entfernen Sie die Gummidichtung – später muss eine neue verwendet werden. **2D**

Einbau

3 Reinigen Sie die Dichtflächen des Zylinderkopfs und des Ventildeckels mit einem geeigneten Lösungsmittel.

7.2 Lösen Sie die drei Schrauben jedes Ventildeckels.

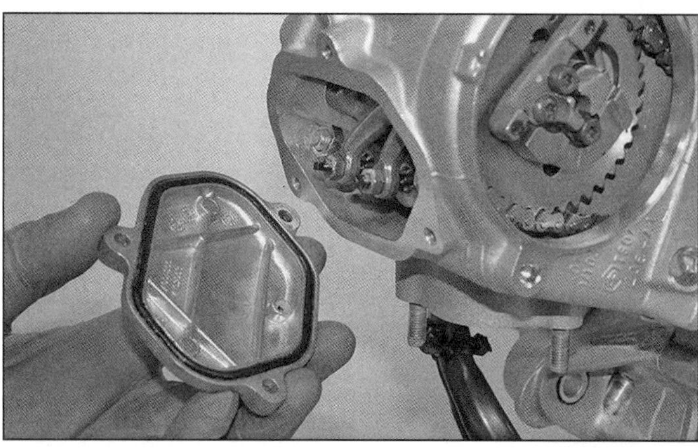

7.4 Drücken Sie die neue Dichtung in die Nut des Ventildeckels.

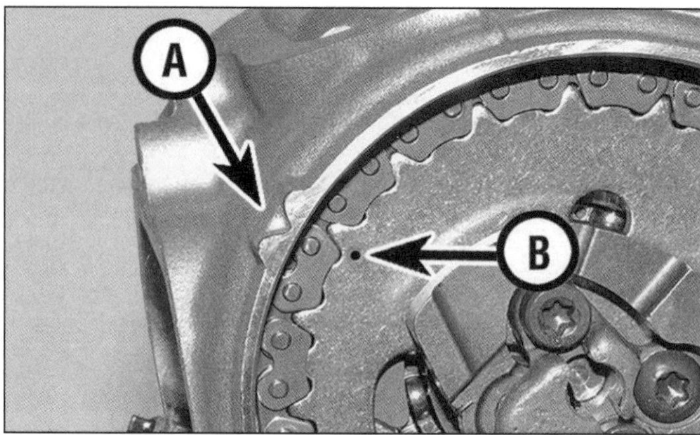

8.5 Markierungen am Zylinderkopf (A) und am Nockenwellenritzel (B)

4 Drücken Sie die neue Dichtung in die Nut des Ventildeckels (siehe Abbildung) – »kleben« Sie sie nötigenfalls mit etwas Fett an.
5 Setzen Sie den Ventildeckel auf den Zylinderkopf – achten Sie darauf, dass die Dichtung nicht aus der Nut rutscht. Installieren Sie die Ventildeckelschrauben und ziehen Sie sie mit 5 bis 6 Nm an.
6 Verbinden Sie den Motor mit der Karosserie (siehe Sektion 5).

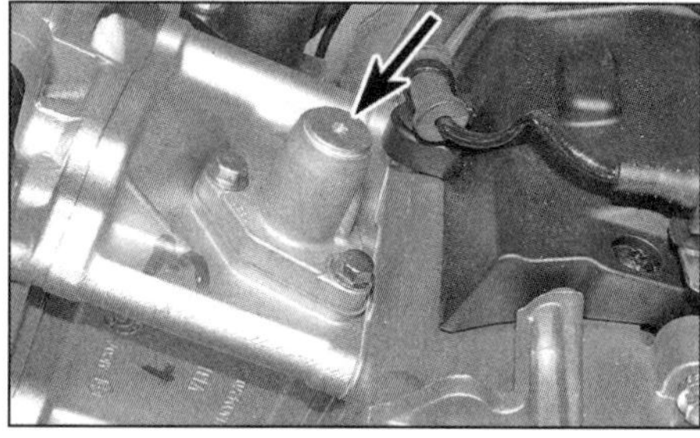

8.6a Lockern Sie die zentrale Schraube des Steuerkettenspanners, . . .

8.6b lösen Sie dann die zwei Befestigungsschrauben und ziehen Sie den Spanner aus dem Zylinder.

8 Steuerkettenspanner

Spezialwerkzeug: *Für diese Arbeit wird das von Piaggio unter der Teilenummer 021006Y angebotene Arretierwerkzeug für die Nockenwelle benötigt.*

Ausbau

1 Entfernen Sie die Zündkerze (siehe Kapitel 1, Sektion 14)
2 Demontieren Sie beide Ventideckel (siehe Sektion 7).
3 Entfernen Sie die Getriebekühler-Abdeckung (siehe Kapitel 3).
4 Drehen Sie die Kurbelwelle mithilfe der Antriebsriemenrad-Mutter gegen den Uhrzeigersinn, bis die Körnermarkierung am Nockenwellenritzel zur Markierung außen am Zylinderkopf ausgerichtet ist (siehe Abbildung) – der Motor steht jetzt im oberen Totpunkt (OT) des Verdichtungstaktes, sodass beide Ventile geschlossen sind.
5 Lockern Sie hinten am Zylinder die zentrale Schraube des Steuerkettenspanners, lösen Sie dann die zwei äußeren Befestigungsschrauben und ziehen Sie den Spanner aus dem Zylinder (siehe Abbildungen).
6 Entfernen Sie die Dichtung vom Spanner oder Zylinder – sie muss später durch ein Neuteil ersetzt werden.

Kontrolle

7 Begutachten Sie die Spanner-Komponenten auf Verschleiß und Beschädigungen.
8 Entfernen Sie die zentrale Spanner-Schraube. Lösen Sie mit einem kleinen Schraubendreher den Ratschenmechanismus vom Spannerkolben und prüfen Sie, ob dieser sich frei im Spannergehäuse verschieben lässt (siehe Abbildung).

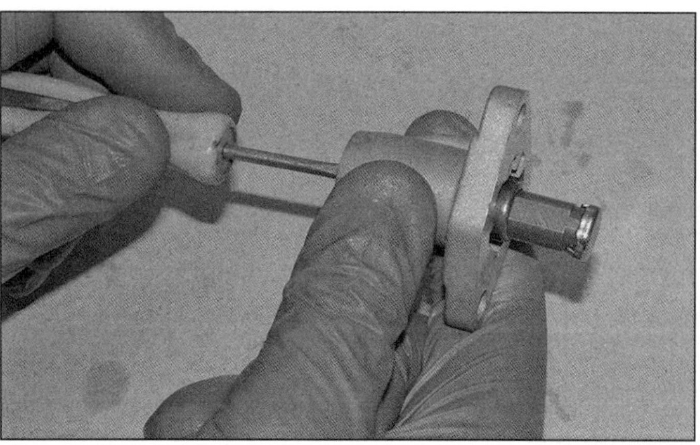

8.9 Prüfen Sie die Funktion der Ratsche und des Spannerkolbens.

8.12a Lösen Sie die Linsenkopf-Schraube, . . .

8.12b ... installieren Sie die Nockenwellen-Arretierung ...

8.12c ... und ziehen Sie die Schrauben sorgfältig an.

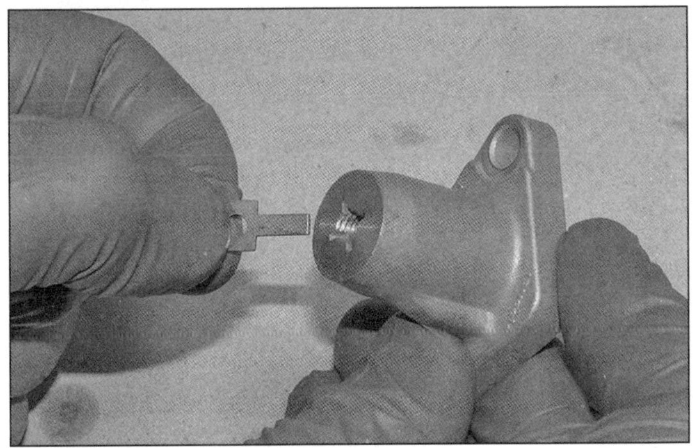

8.13a Blockieren Sie den Spanner mit einem solchen Schlüssel in der zurückgezogenen Position.

8.13b Montieren Sie den Spanner mit einer neuen Dichtung.

9 Falls der Spannermechanismus verschlissen oder beschädigt sind oder der Spannerkolben im Gehäuse klemmt, muss der gesamte Steuerkettenspanner durch ein Neuteil ersetzt werden – Einzelteile sind nicht erhältlich.

Einbau

10 Drehen Sie die Kurbelwelle mithilfe der Mutter am Antriebsriemenrad ein kleines Stück gegen Uhrzeigersinn, um den Durchhang im vorderen Kettentrum nach hinten zu verlagern, wo er vom Spanner aufgenommen werden kann. Der Motor muss weiterhin im Verdichtungs-OT stehen und alle Ventile geschlossen sein.

11 Lösen Sie die Linsenkopf-Schraube des Nockenwellenritzels, installieren Sie die Nockenwellen-Arretierung in seine Bohrung und ziehen Sie die Schrauben sorgfältig an (siehe Abbildungen).

12 Drücken Sie den Spannerkolben mit einem kleinen Schraubendreher vollständig in das Gehäuse, sichern Sie ihn dort mit einem kleinen T-förmigen Schlüssel (siehe Abbildung). Legen Sie eine neue Dichtung auf den Zylinder, setzen Sie den Spanner auf (siehe Abbildung) und ziehen Sie seine Schrauben mit 8 bis 10 Nm an. Ziehen Sie den kleinen Schlüssel mit einer Zange heraus, um den Spannerkolben zu befreien.

13 Kontrollieren Sie, ob die Steuerkette gespannt ist – falls nicht, hat der Kolben beim Anziehen der Verschlussschraube nicht ausgelöst; entfernen Sie in diesem Fall den Spanner und prüfen Sie erneut die Funktion des Kolbens.

14 Wenn die Steuerkette korrekt gespannt ist, wird die zentrale Spanner-Schraube installiert (siehe Abbildung). Entfernen Sie die Nockenwellen-Arretierung. Reinigen Sie das Gewinde der Linsenkopf-Schraube, tragen Sie dauerelastische Sicherungspaste (z. B. Loctite 243) auf und ziehen Sie sie mit 7 bis 8,5 Nm an (siehe Abbildung).

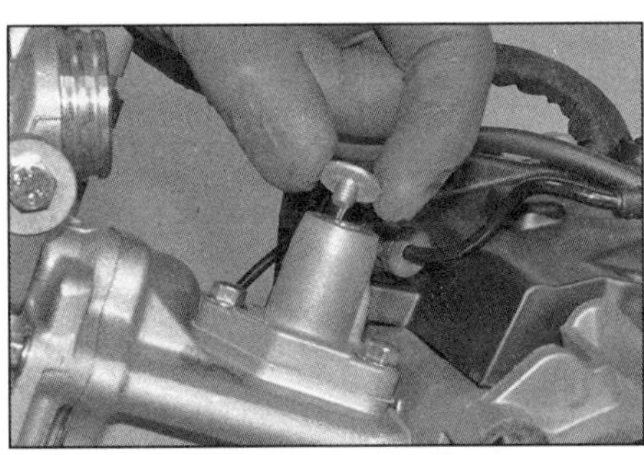

8.15a Installieren Sie die zentrale Spanner-Schraube.

8.15b Installieren Sie die mit Sicherungspaste versehene Linsenkopfschraube.

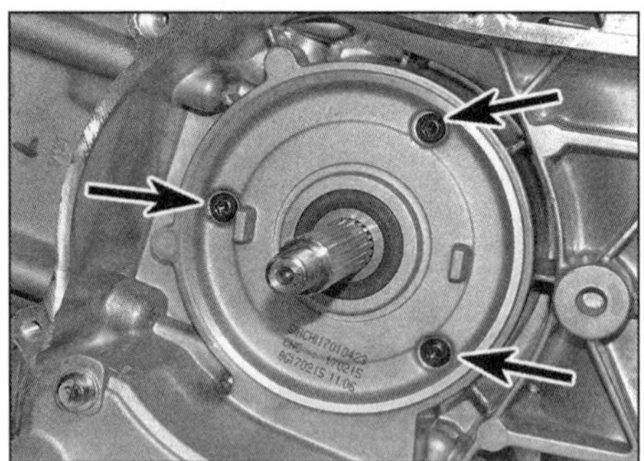

9.3a Lösen Sie die drei Schrauben . . .

9.3b . . . und ziehen Sie die Dichtringplatte heraus.

9.3c O-Ring der Dichtringplatte

9.4 Blockieren Sie die Kurbelwelle wie gezeigt mit dem zum Spezialwerkzeug gehörenden Dorn.

9.5a Lösen Sie die drei Schrauben . . .

9.5b . . . und heben Sie die Mechanismus-Halterung ab.

9.5c Hängen Sie die Feder aus . . .

9.5d . . . und ziehen Sie das Gegengewicht heraus.

9.6 Entfernen Sie das Nockenwellenritzel.

15 Montieren Sie die verbliebenen Komponenten in der umgekehrten Ausbaureihenfolge.

9 Nockenwelle und Kipphebel

Spezialwerkzeug: *Für diese Arbeit wird das von Piaggio unter der Teilenummer 021006Y angebotene zweiteilige Arretierwerkzeug für die Nockenwelle und die Kurbelwelle benötigt.*

Ausbau

1 Demontieren Sie den Steuerkettenspanner (siehe Sektion 8).

2 Entfernen Sie das Antriebsriemenrad und den Variator (siehe Kapitel 3, Sektion 3).

3 Lösen Sie die Schrauben der Kurbelwellendichtring-Platte, greifen Sie mit Zangen deren Laschen und ziehen Sie die Platte heraus (siehe Abbildungen). Beachten Sie die Dichtscheiben an den Schrauben und den O-Ring im Bund der Platte (siehe Abbildung) – diese Teile müssen beim Einbau erneuert werden. Beachten Sie an der Rückseite der Platte die Führung der Ölpumpenkette.

4 Wenn der Kolben im Verdichtungs-OT steht, wird der zum Spezialwerkzeug gehörende Dorn durch die Bohrung links im Motorgehäuse gesteckt, um die Kurbelwelle zu blockieren (siehe Abbildung).

5 Beachten Sie die Positionen der Dekompressionsmechanismus-Schrauben – zwei sind mit zylindrischen Köpfen und eine mit einem Linsenkopf ausgerüstet – und lösen Sie sie, um die Mechanismus-Halterung zu entfernen (siehe Abbildungen). Ziehen Sie das Gegengewicht heraus, hängen Sie dabei seine Feder aus dem Nockenwellenritzel aus (siehe Abbildungen). Der Dekompressionsmechanis-

9.7 Schraube der Nockenwellen- und Kipphebelachsen-Arretierung

9.9a Ziehen Sie die Achsen des Auslass-Kipphebels . . .

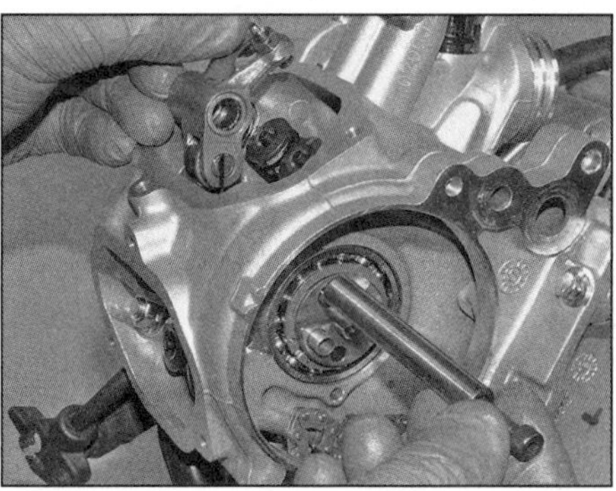

9.9b . . . und des Einlass-Kipphebels heraus.

9.10 Ziehen Sie die Nockenwelle samt Lager heraus.

9.12a Kontrollieren Sie die Nocken auf Verschleiß und Beschädigungen . . .

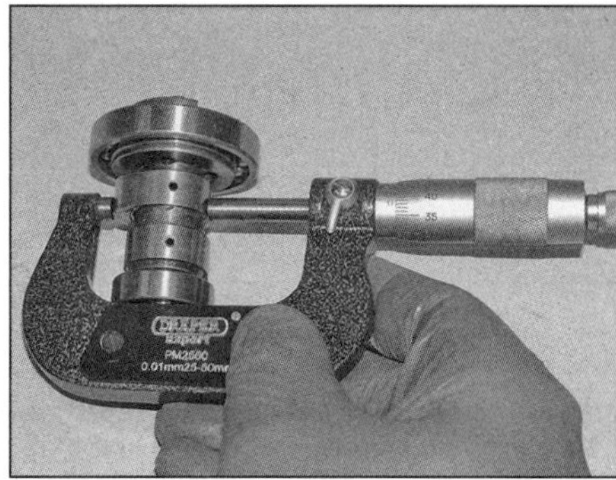

9.12b . . . und messen Sie die Höhe der Nocken.

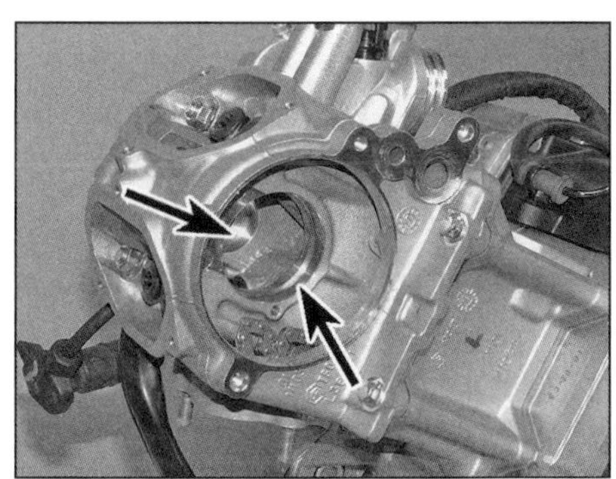

9.17 Die Lagersitze dürfen keine Riefen aufweisen, die auf einen mitdrehenden Außenring hinweisen.

mus und die Nockenwelle sind mit Farb-Markierungen aufeinander abgestimmt – achten Sie bei der Neubeschaffung einer Komponente auf die korrekt Farbe.

6 Befreien Sie das Nockenwellenritzel aus der Steuerkette und heben Sie es von der Nockenwelle ab (siehe Abbildung). Sichern Sie die Steuerkette nötigenfalls mithilfe eines Kabelbinders vor dem Verschwinden im Kettenschacht und stopfen Sie Lappen hinein, um keinen Schmutz eindringen zu lassen.

7 Lösen Sie die Schraube der Nockenwellen- und Kipphebelachsen-Arretierung und heben Sie diese ab (siehe Abbildung).

8 Die Kipphebel sind auf zwei Achsen gelagert – derjenige der Einlassventile befindet sich an der Einlassstutzen-Seite; der für die Auslassventile an der Auspuff-Seite. Markieren Sie die Enden der Achsen, damit sie in ihre ursprüngliche Positionen installiert werden können.

9 Halten Sie die Kipphebel und ziehen Sie die Achsen heraus (siehe Abbildungen) – nötigenfalls können Schrauben in die eingeschnittenen Gewinde gedreht werden, um sie besser befreien zu können. Vertauschen Sie die Komponenten nicht.

10 Ziehen Sie die Nockenwelle samt ihrer Lager aus dem Zylinderkopf (siehe Abbildung).

Kontrolle

11 Reinigen Sie alle Teile mit Lösungsmittel und trocknen Sie sie ab.

12 Inspizieren Sie die Nocken auf Verfärbung (durch Überhitzung), Riefen, Ausbrüche, Abflachungen und Abplatzungen (siehe Abbildung). Messen Sie die Höhe beider Nocken mit einer Bügelmessschraube und vergleichen Sie die Ergebnisse mit den Angaben in den technischen Daten (siehe Abbildung). Eine stark verschlissene oder anderweitig schadhafte Nockenwelle muss ersetzt werden.

13 Kontrollieren Sie die Lager der Nockenwelle – sie müssen sich sanft und spielfrei drehen lassen. Die Lager müssen fest auf der Nockenwelle sitzen – falls eines locker ist, muss es entfernt und sein Sitz kontrolliert werden.

14 Um das große Lager entfernen zu können, muss zunächst der Sicherungsring befreit werden. Pressen Sie dann die Nockenwelle aus dem Lager – merken Sie sich dessen Einbaurichtung. Pressen Sie die Nockenwelle aus dem kleinen Lager – dessen geschlossene Seite muss innen liegen. Messen Sie die Durchmesser der Lagersitze und vergleichen Sie die Ergebnisse mit den Angaben in den technischen Daten.

15 Ersetzen Sie alle verschlissenen oder beschädigten Komponenten.

16 Treiben Sie die (neuen) Lager mit einem Werkzeug, das nur seinen Innenring berührt, auf die Nockenwelle (siehe Sektion 5 in den *Werkzeug- und Werkstatt-Tipps* im Anhang). Sichern Sie das große Lager ggf. mit einem neuen Ring.

17 Kontrollieren Sie die Lagersitze im Zylinderkopf (siehe Abbildung) und messen Sie ihre Innendurchmesser; falls ein Ergebnis die Angaben in den technischen Daten überschreitet, muss der Zylinderkopf ersetzt werden.

9.18a Die Rollen müssen sich sanft und frei drehen lassen.

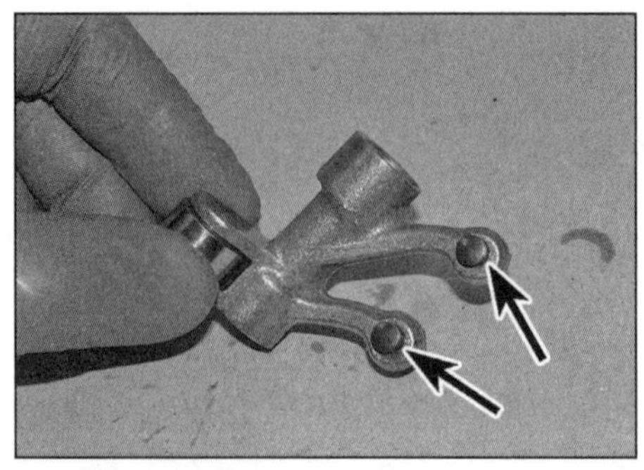

9.18b Kontrollieren Sie die Kontaktflächen der Einstellschrauben . . .

9.18c . . . und der Ventilschäfte auf Verschleiß.

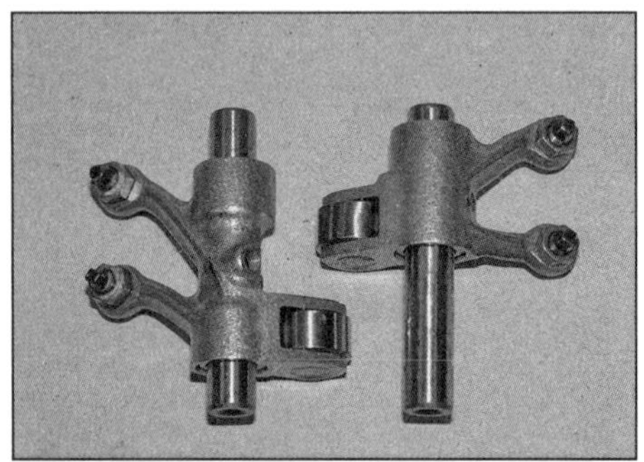

9.19a Kontrollieren Sie das Spiel der Kipphebel auf ihrer Achse.

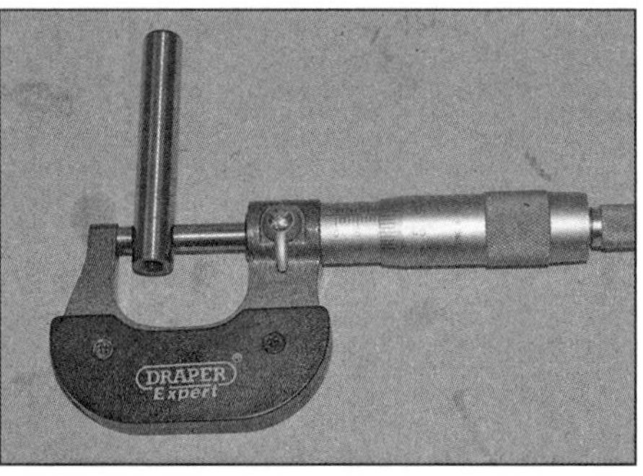

9.19b Messen Sie den Durchmesser der Kipphebelachse.

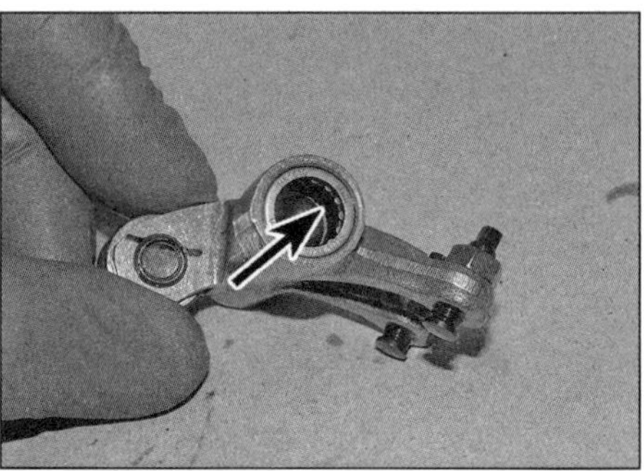

9.19c Kontrollieren Sie die Nadellager in den Kipphebeln.

9.20 Messen Sie den Durchmesser der Kipphebelachsen-Bohrungen im Zylinderkopf.

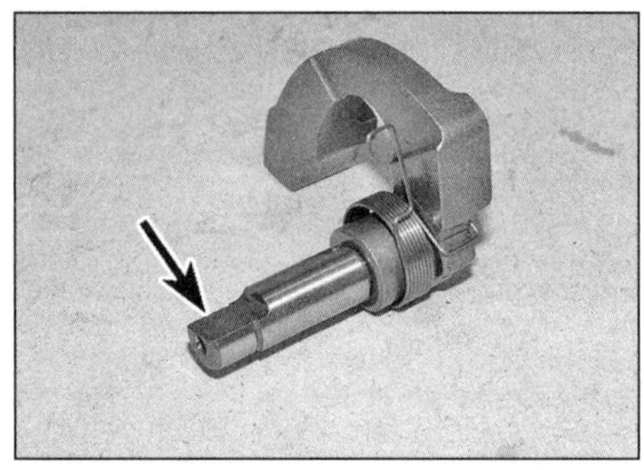

9.21 Die zur Nockenwelle passende Farbcodierung am Dekompressionsmechanismus

9.25 Die Steuerzeitenmarkierungen müssen exakt ausgerichtet sein.

18 Inspizieren Sie die Rollen der Kipphebel – sie müssen sich sanft und spielfrei drehen lassen und dürfen keine Riefen oder Ausbrüche aufweisen (siehe Abbildung). Kontrollieren Sie die Kontaktflächen der Einstellschrauben und der Ventilschäfte auf Verschleiß (siehe Abbildungen).

19 Schieben Sie die Kipphebelachse in den Hebel und prüfen Sie, ob Spiel fühlbar ist (siehe Abbildung). Messen Sie ggf. die Innendurchmesser der Kipphebel (im glatten Bereich) und den Außendurchmesser der Kipphebelachse (siehe Abbildung), um mithilfe der in den technischen Daten angegebenen Werte festzustellen, wo Verschleiß vorliegt – ersetzen Sie ggf. eine schadhafte Achse. Wenn die Achse in Ordnung ist, müssen die Nadellager in den Kipphebeln kontrolliert werden (siehe Abbildung); falls sie verschlissen oder beschädigt sind, müssen neue Kipphebel beschafft werden – die Lager sind nicht separat erhältlich.

20 Messen Sie den Durchmesser der Kipphebelachsen-Bohrungen im Zylinderkopf und vergleichen Sie das Ergebnis mit den Vorgaben in den technischen Daten (siehe Abbildung) – ersetzen Sie ggf. den Zylinderkopf.

21 Kontrollieren Sie die Komponenten des Dekompressionsmechanismus und ersetzen Sie verschlissene oder schadhafte Teile (siehe Abbildung) – achten Sie auf die zur Nockenwelle passende Farbcodierung (siehe Abbildung).

Einbau

22 Schmieren Sie die Nockenwelle und ihre Lager mit frischem Motoröl und installieren Sie die Welle in den Zylinderkopf – die Nocken müssen nach schräg unten zeigen.

23 Schmieren Sie die Kipphebelachsen mit frischem Motoröl. Halten Sie den Auslass-Kipphebel in Position und schieben Sie seine Achse vollständig hindurch (Abbildung 9.9a). Wiederholen Sie dies mit dem Einlass-Kipphebel und seiner Achse (Abbildung 9.9b). Bei korrekt positionierter Nockenwelle müssen beide Kipphebel etwas Spiel (Ventilspiel) aufweisen.

24 Richten Sie die Arretierplatte zur Nut der Nockenwelle aus, schieben Sie sie in Position

9.29 Ziehen Sie die zwei Zylinderkopf-Schrauben mit 7 bis 8,5 Nm an.

9.35 Position der Ölpumpenketten-Führung

und sichern Sie sie mit der Schraube (Abbildung 9.7) – ziehen Sie diese sorgfältig an.

25 Legen Sie die Steuerkette um das Nockenwellenritzel und prüfen Sie, ob sie korrekt um das Kurbelwellenritzel liegt. Setzen Sie das Ritzel an der Nockenwelle an – falls die Steuerzeitenmarkierungen nicht fluchten (siehe Abbildung), muss das Ritzel entsprechend in der Kette umgesetzt werden.

Achtung: Die Steuerzeitenmarkierungen müssen bei der Montage unten und oben exakt ausgerichtet sein, da ansonsten beim Durchdrehen des Motors der Kolben und die Ventile zusammenstoßen und teure Schäden verursachen können.

26 Montieren Sie den Dekompressionsmechanismus, tragen Sie an den gereinigten Gewinden der zwei Schrauben mit zylindrischem Kopf dauerelastische Sicherungspaste (z.B. Loctite 243) auf und drehen Sie sie zunächst handfest ein.

27 Montieren Sie das Nockenwellen-Arretierwerkzeug 021006Y (Abbildungen 8.12b und c).

28 Montieren Sie den Steuerkettenspanner (siehe Sektion 8).

29 Ziehen Sie die zwei Zylinderkopf-Schrauben mit 7 bis 8,5 Nm an (siehe Abbildung).

30 Entfernen Sie das Nockenwellen-Arretierwerkzeug.

31 Reinigen Sie das Gewinde der Linsenkopf-Schraube, tragen Sie dauerelastische Sicherungspaste (z.B. Loctite 243) auf und ziehen Sie sie mit 7 bis 8,5 Nm an (Abbildung 8.15b).

32 Ziehen Sie den Kurbelwellen-Arretierdorn heraus.

33 Drehen Sie die Kurbelwelle 360° gegen den Uhrzeigersinn und prüfen Sie, ob die Steuerzeitenmarkierungen am Nockenwellenritzel und Zylinderkopf weiterhin fluchten (Abbildung 9.25).

34 Montieren Sie die Wasserpumpe (siehe Kapitel 4).

35 Rüsten Sie die Kurbelwellendichtring-Platte mit einem neuen O-Ring aus und schmieren Sie diesen mit Motoröl. Prüfen Sie, ob die Führung der Ölpumpenkette an ihrer Rückseite sitzt (siehe Abbildung). Schieben Sie die Platte über die Kurbelwelle. Rüsten Sie ihre Schrauben mit neuen Dichtscheiben aus und ziehen Sie sie mit 11 bis 13 Nm an.

36 Montieren Sie die verbliebenen Komponenten in der umgekehrten Ausbaureihenfolge.

10 Steuerkette, Schienen und Ritzel

Ausbau

1 Demontieren Sie das Nockenwellenritzel (siehe Sektion 9).

2 Um die Führungsschiene entfernen zu können, muss zunächst der Zylinderkopf demontiert werden (siehe Sektion 11). Heben Sie anschließend die Schiene aus dem Zylinder (siehe Abbildung) – beachten Sie ihre Einbaulage.

3 Lösen Sie den Gelenkbolzen der Spannerschiene, ziehen Sie die Schiene heraus uns stellen Sie die Lagerhülse sicher (siehe Abbildungen).

2D

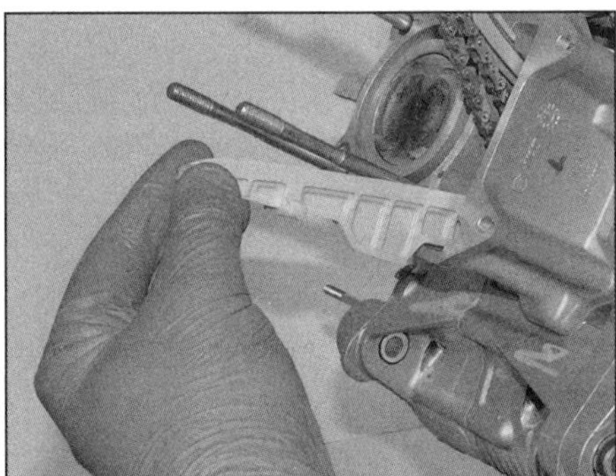

10.2 Heben die Steuerketten-Führungsschiene aus dem Zylinder.

10.3a Lösen Sie den Gelenkbolzen der Spannerschiene, ...

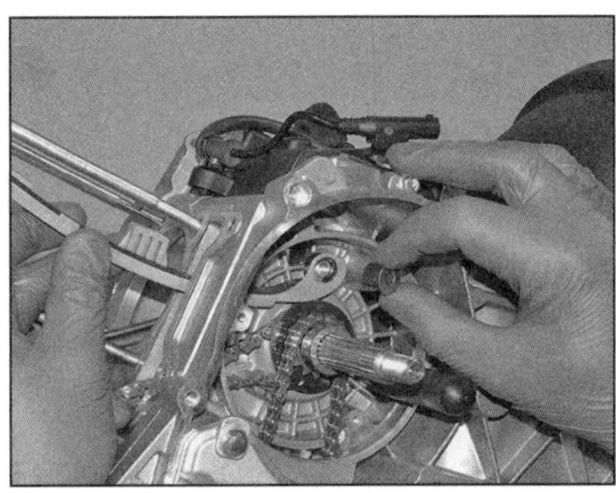

10.3b ... heben Sie die Schiene heraus und entnehmen Sie die Lagerhülse.

10.5a Ziehen Sie die Anlaufscheibe ab, . . .

10.5b . . . befreien Sie die Steuerkette . . .

10.5c . . . und ziehen Sie das Ritzel ab – beachten Sie, wie ihre Nut über dem Stift der Kurbelwelle (Pfeil) liegt.

4 Um die Steuerkette und ihr Kurbelwellenritzel entfernen zu können, muss zuerst der Ölpumpenantrieb demontiert werden (siehe Sektion 17).

5 Falls die Steuerkette und das Kurbelwellenritzel entfernt werden sollen, müssen sie außen mit Farbe markiert werden, damit sie in ihrer ursprünglichen Drehrichtung installiert werden können. Ziehen die Anlaufscheibe von der Kurbelwelle und führen Sie die Kette durch den Schacht nach unten, um sie vom Kurbelwellenritzel befreien zu können (siehe Abbildungen). Ziehen Sie das Ritzel von der Kurbelwelle (siehe Abbildung).

Kontrolle

6 Inspizieren Sie die Ritzel auf Verschleiß und beschädigte Zähne und ersetzen Sie sie nötigenfalls; ersetzen Sie in diesem Fall auch die Steuerkette.

7 Kontrollieren Sie die Spanner- und Führungsschiene auf Verschleiß und Beschädigungen. Stark verschlissene Schienen weisen auf eine verschlissene oder unkorrekt gespannte Steuerkette hin. Prüfen Sie die Funktion des Steuerkettenspanners (siehe Sektion 8). Installieren Sie ggf. eine neue Steuerkette.

Einbau

8 Schieben Sie das Ritzel ggf. mit der Markierung nach außen auf die Kurbelwelle und richten Sie seinen Ausschnitt zum Stift der Welle aus (Abbildung 10.5c). Führen Sie die Steuerkette durch den Schacht und legen Sie sie über das Ritzel (Abbildung 10.5b) – die alte Kette muss mit der Markierung nach außen installiert werden (siehe Schritt 5). Schieben Sie die Anlaufscheibe vor das Ritzel (Abbildung 10.5a).

9 Montieren Sie ggf. den Ölpumpenantrieb (siehe Sektion 17).

10 Installieren Sie ggf. die Spannerschiene samt Lagerbuchse und ziehen Sie den Gelenkbolzen sorgfältig an (Abbildungen 10.3b und a).

11 Installieren Sie ggf. die Führungsschiene, indem Sie den Ausschnitt am unteren Ende über den Anguss im Motorgehäuse führen und ihre Laschen in die Ausschnitte des Zylinders positionieren (siehe Abbildungen). Montieren Sie den Zylinderkopf.

10.11a Anguss zur Aufnahme der Führungsschienen-Nut

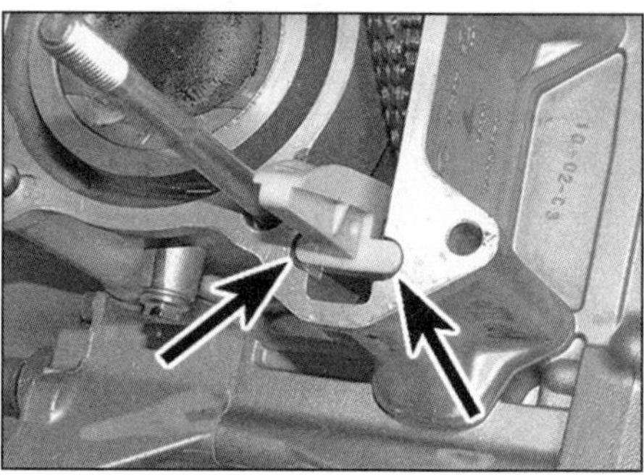
10.11b Die Laschen der Schiene müssen in den Ausschnitten des Zylinders liegen.

12 Prüfen Sie, ob der Motor noch im Verdichtungs-OT steht, und montieren Sie das Nockenwellenritzel (siehe Sektion 9).

13 Montieren Sie die verbliebenen Komponenten in der umgekehrten Ausbaureihenfolge.

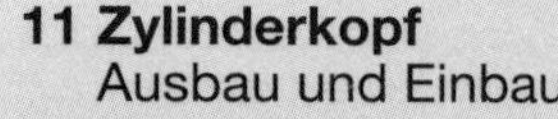

11 Zylinderkopf
Ausbau und Einbau

Achtung: Der Motor muss vor Beginn der Arbeit vollständig abgekühlt sein, damit der Zylinderkopf nicht verzieht.

11.6a Lösen Sie die zwei äußeren Zylinderkopfschrauben . . .

11.6b . . . und die vier internen Zylinderkopfmuttern.

11.7 Heben Sie den Zylinderkopf ab.

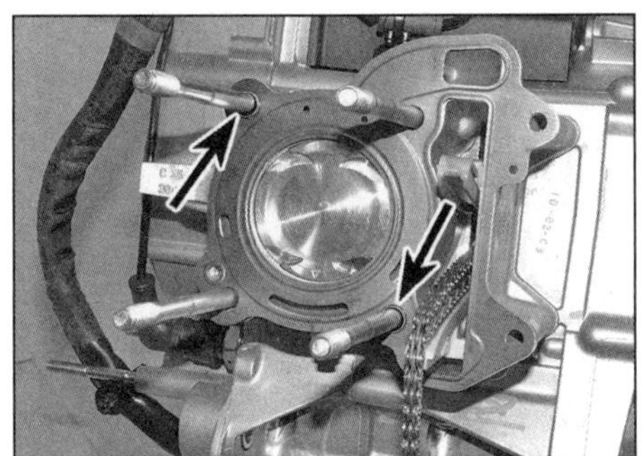

11.8a Stellen Sie die Passhülsen sicher, falls sie locker sind.

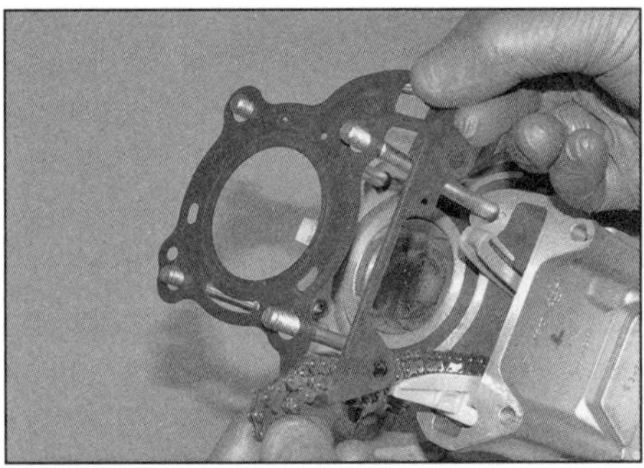

11.8b Entfernen Sie die Zylinderkopfdichtung.

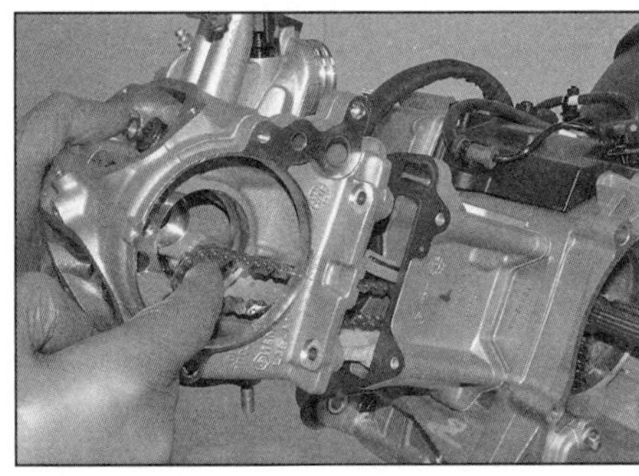

11.12 Halten Sie die Steuerkette beim Aufsetzen des Zylinderkopfes stramm.

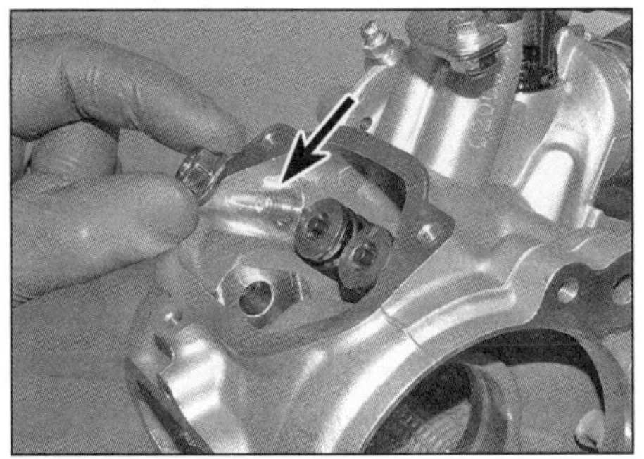

11.13a Schmieren Sie die Stehbolzengewinde vor dem Aufdrehen der Muttern mit frischem Motoröl.

11.13b Ziehen Sie die Muttern in dieser Reihenfolge mit 9 bis 11 Nm an.

11.13c Ziehen Sie die Zylinderkopfmuttern dann um 270° weiter – notfalls mithilfe einer Gradscheibe.

Ausbau

1 Befreien Sie die Antriebseinheit von der Karosserie (siehe Sektion 5).

2 Entleeren Sie das Kühlsystem und demontieren Sie den Kühler und die Wasserpumpe (siehe Kapitel 4).

3 Demontieren Sie den Auspuff (siehe Kapitel 5).

4 Demontieren Sie das Nockenwellenritzel (siehe Sektion 9).

5 Lösen Sie die Schrauben der Zündspulenhalterung und entfernen Sie den Halter samt Spule (siehe Kapitel 6).

6 Lösen Sie links am Motor die Zylinderkopfschrauben (siehe Abbildung). Lockern Sie schrittweise und über Kreuz die vier Zylinderkopfmuttern und entfernen Sie sie (siehe Abbildung).

7 Heben Sie den Zylinderkopf über die Stehbolzen ab – führen Sie dabei die Steuerkette durch den Schacht (siehe Abbildung). Falls der Zylinderkopf klemmt, muss er rundherum mit einem weichen Hammer abgeklopft werden – versuchen Sie nicht, ihn mit einem Schraubendreher abzuhebeln, da dies die Dichtfläche zerstört.

Anmerkung: *Falls sich hierbei der Zylinder vom Motorgehäuse löst, muss er komplett demontiert werden, um die Zylinderfußdichtung zu ersetzen (siehe Sektion 13).*

8 Falls die oben im Zylinder oder unten im Zylinderkopf steckenden Passhülsen locker sind, müssen sie sichergestellt werden (siehe Abbildung). Entfernen Sie die Zylinderkopfdichtung – bei der Montage wird auf jeden Fall ein Neuteil benötigt (siehe Abbildung).

9 Kontrollieren Sie die Dichtung sowie die Kontaktflächen des Zylinders und des Zylinderkopfs auf Undichtigkeiten, die auf einen verzogenen Kopf hinweisen würden – die Kontrolle ist in Sektion 12 beschrieben.

10 Beseitigen Sie mit Lösungsmittel und einem Schaber alte Dichtungsreste vom Zylinders und Zylinderkopf – beschädigen Sie hierbei nicht das relativ weiche Aluminium. Lassen Sie keinen Schmutz in den Kettenschacht, den Zylinder, Wasser- oder Ölkanäle geraten.

Einbau

11 Die Dichtflächen des Zylinders und des Zylinderkopfs müssen absolut sauber sein. Stecken Sie ggf. die Passhülsen in den Zylinder (Abbildung 11.8a). Achten Sie darauf, dass die Steuerketten-Führungsschiene korrekt in den Nuten des Zylinders liegt (Abbildung 10.11b). Legen Sie die neue Zylinderkopfdichtung korrekt über die Passhülsen, sodass alle Ölkanalbohrungen fluchten.

12 Setzen Sie vorsichtig den Zylinderkopf über die Stehbolzen und die Passhülsen auf den Zylinder – führen Sie dabei die Steuerkette durch den Schacht (siehe Abbildung).

13 Schmieren Sie die Stehbolzengewinde mit frischem Motoröl und drehen Sie die Muttern zunächst handfest auf. Ziehen Sie die Muttern dann zunächst schrittweise in der gezeigten Reihenfolge bis zum Drehmoment von 9 bis 11 Nm an (siehe Abbildungen). Ziehen Sie die Muttern dann in einem weiteren Durchgang um eine dreiviertel Umdrehung (270°) weiter – verwenden Sie hierfür nötigenfalls eine Gradscheibe (siehe Abbildung).

14 Installieren Sie links außen die zwei Zylinderkopfschrauben und ziehen Sie sie mit 11 bis 13 Nm an (Abbildung 11.6a).

15 Montieren Sie das Nockenwellenritzel (siehe Sektion 10).

12 Zylinderkopf und Ventile
Überholung

1 Aufgrund der Komplexität und der erforderlichen Spezialwerkzeuge überlassen die meisten Hobbyschrauber die Kontrolle und das Einschleifen der Ventile einer Fachwerkstatt. Durch das Einfüllen von Lösungsmittel in die Kanäle lässt sich jedoch zunächst leicht feststellen, ob die Ventile korrekt abdichten; sickert die Flüssigkeit in Richtung Brennraum durch, wird eine Überholung notwendig.

2 Mit den richtigen Werkzeugen (eine für diesen Motor geeignete Ventilfederpresse ist unerlässlich) können die Ventile auch ausgebaut, gereinigt, begutachtet und nötigenfalls geläppt sowie wieder eingebaut werden.

12.6a Installieren Sie die Federpresse so,...

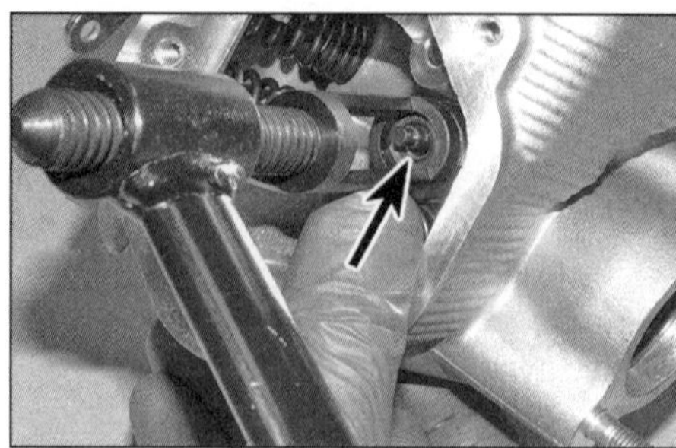

12.6b ... dass sie korrekt auf der Feder...

12.6c ... und dem Ventilteller sitzt.

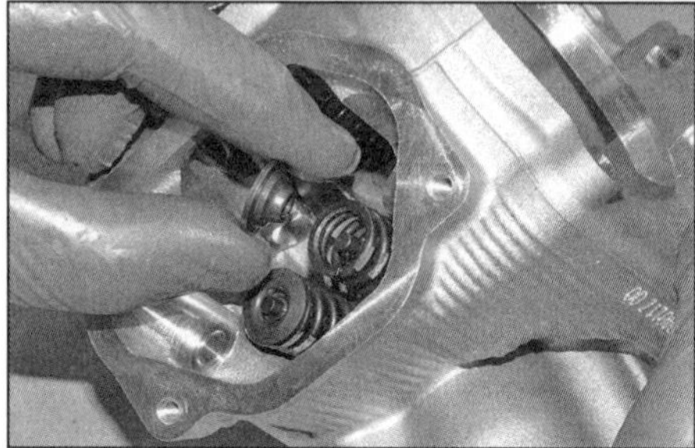

12.7a Entfernen Sie den Federteller...

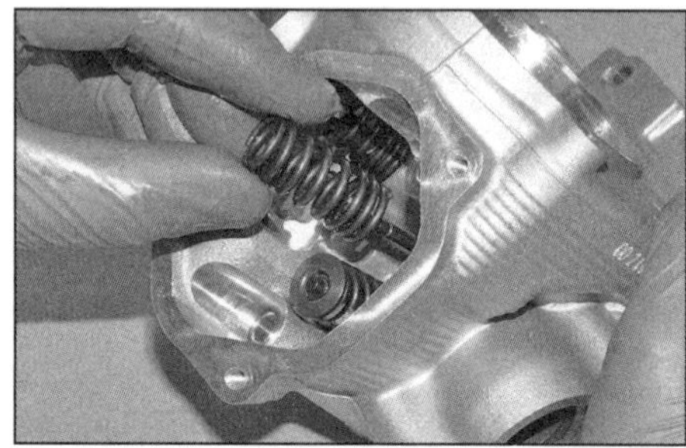

12.7b ... und die Ventilfeder.

12.8a Ziehen Sie das Ventil vorsichtig aus dem Zylinderkopf.

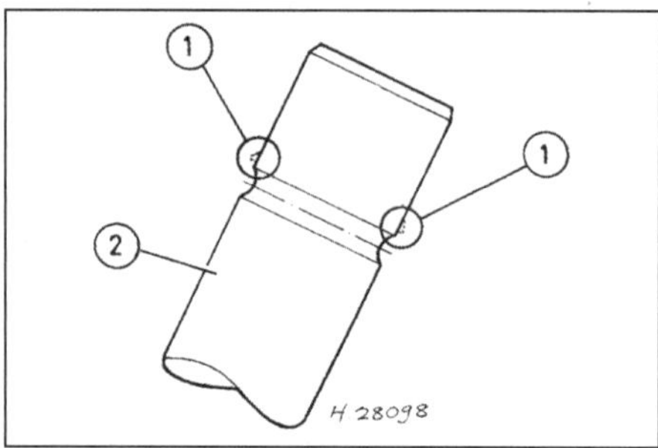

12.8b Falls sich der Ventilschaft (2) nicht durch die Führung ziehen lässt, müssen an den Keilnuten (1) alle Grate entfernt werden.

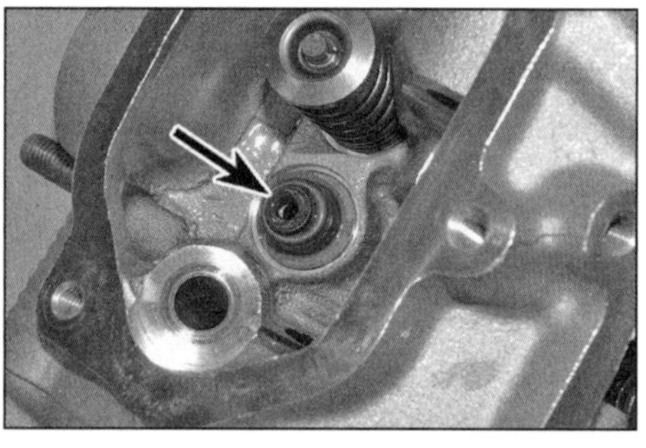

12.9a Die Ventilschaftdichtung samt Federsitz...

12.9b ... muss mit einer speziellen Schaftdichtungs-Zange von der Ventilführung gezogen werden.

3 Falls die Ventilführungen oder Ventilsitze im Zylinderkopf verschlissen sind, muss der Kopf ausgetauscht werden, da Einzelteile nicht erhältlich sind und die Sitze laut Piaggio nicht nachgeschnitten werden können – erkundigen Sie sich nötigenfalls bei einem Motorenspezialisten nach anderen Lösungen.

4 Nachdem die Ventile geläppt sind, muss alles sorgfältig gereinigt werden, um sicherzustellen, dass keine Schleifpaste in den Motor gerät; blasen Sie alle Bohrungen und Kanäle möglichst mit Druckluft aus.

Zerlegen

Spezialwerkzeug: *Für diese Arbeit ist eine für Motorradmotoren geeignete Ventilfederpresse absolut unerlässlich.*

5 Vor Arbeitsbeginn muss sichergestellt sein, dass die Ventile und ihre zugehörigen Bauteile so gelagert werden, dass später jedes Teil wieder genau an seinen Platz im richtigen Zylinderkopf eingebaut werden kann. Alternativ tun es auch beschriftete Plastikbeutel.

6 Drücken Sie die Federn des ersten Ventils mit der Federpresse zusammen – achten Sie darauf, dass sie richtig sitzt (siehe Abbildungen) und verwenden Sie nötigenfalls passende Distanzstücke. Pressen Sie die Federn nicht mehr als nötig.

7 Entfernen Sie die Keile – entweder mit einer Spitzzange, einer Pinzette, einem Magneten oder einem Schraubendreher mit etwas Fett an der Spitze. Lösen sie vorsichtig die Federpresse und entfernen Sie den Federteller und die Feder (siehe Abbildung) – beachten Sie, dass deren engeren Wicklungen nach unten gehören und oben Farbmarkierungen angebracht sind.

8 Drücken Sie das Ventil in den Kopf und ziehen Sie es nach unten heraus – falls es in der Führung klemmt und sich nicht hindurchziehen lässt, muss es zurückgedrückt und der Bereich um die Keilnut mit einer sehr feinen Feile oder einem Nassschleifstein entgratet werden (siehe Abbildungen).

9 Die Ventilfedersitze und die Schaftdichtungen bilden jeweils ein Bauteil (siehe Abbildung) – ziehen Sie sie mit einer speziellen Schaftdichtungs-Zange von der Ventilführung (siehe Abbildung) – beim Ausbau werden Neuteile benötigt.

10 Wiederholen Sie die Prozedur mit den anderen Ventilen und achten Sie darauf, dass die Einzelteile genau wieder dem entsprechenden Kanal im Zylinderkopf zugeordnet werden.

11 Kratzen Sie vorsichtig die Kohleablagerungen aus dem Brennraum. Nach einer groben Reinigung kann eine Handdrahtbürste oder Stahlwolle eingesetzt werden – benutzen Sie niemals einen elektrisch betriebenen Drahtbürsten-Aufsatz, da das weiche Aluminium

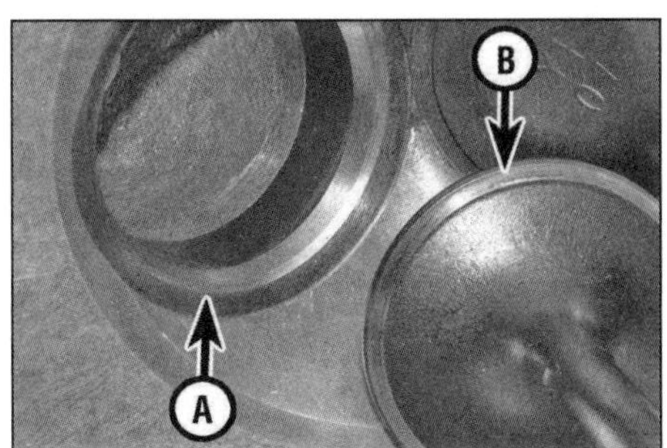

12.16 Ventilsitz (A) und Ventil-Dichtfläche (B)

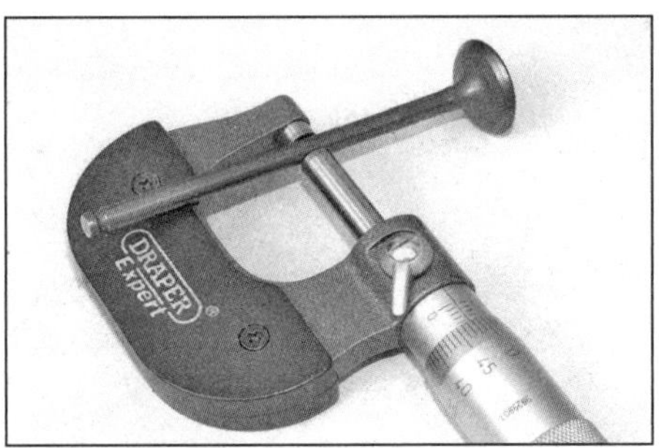

12.17a Messen Sie den Durchmesser des Ventilschafts . . .

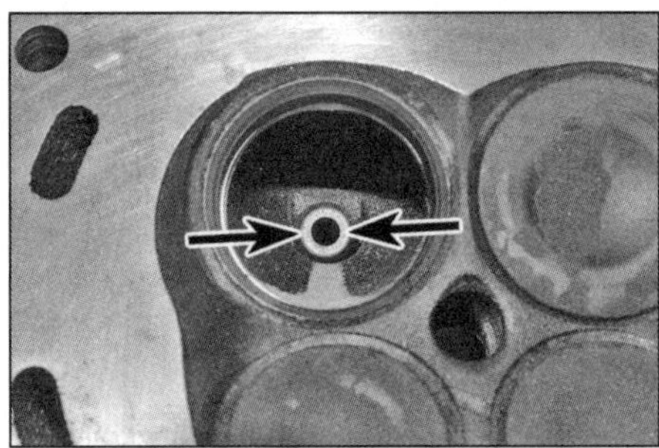

12.17b . . . und den Innendurchmesser der Ventilführung.

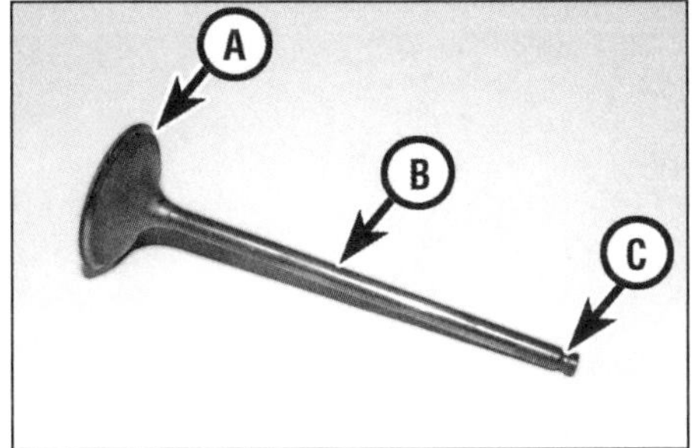

12.18 Kontrollieren Sie die Dichtflächenbreite des Ventiltellers (A), den Schaft (B) und die Keilnuten (C) auf Verschleiß und Beschädigungen.

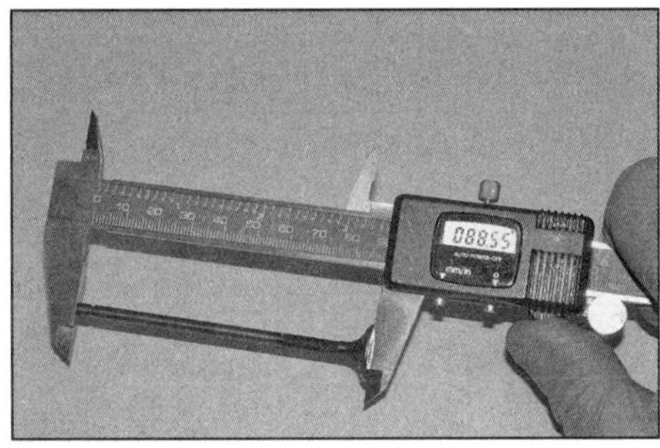

12.19 Messen Sie die Gesamtlänge des Ventils.

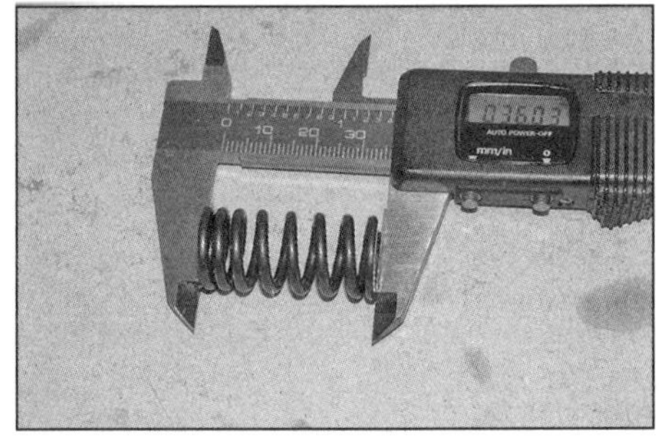

12.20a Messen Sie die freie Länge der Ventilfeder.

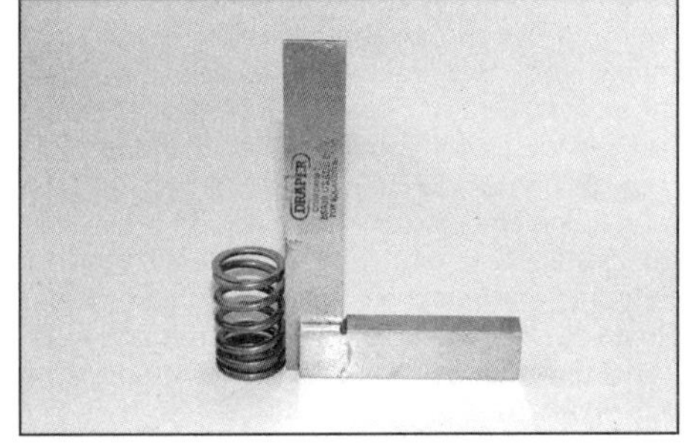

12.20b Prüfen Sie die Ventilfeder auf Verzug.

leicht abgetragen werden kann. Als Nächstes wird der Zylinderkopf mit Lösungsmittel gereinigt und sorgfältig getrocknet. Druckluft beschleunigt das Trocknen und sorgt dafür, dass alle Löcher und Ecken sauber werden.

12 Schaben Sie Ölkohleablagerungen von den Ventilen und reinigen Sie Ventilteller und Schäfte anschließend mit einem Drahtbürstenaufsatz für die Bohrmaschine. Achten Sie darauf, dass die Ventile nicht durcheinandergeraten.

13 Reinigen Sie alle Ventilfedern, Keile, Federteller und -Sitze mit Lösungsmittel und trocknen Sie sie sorgfältig. Reinigen Sie immer nur die Teile eines Ventils zurzeit, um Verwechslung zu vermeiden.

Kontrolle

14 Inspizieren Sie den Zylinderkopf sorgfältig auf Risse und andere Beschädigungen – dies gilt vor allem für die Bereiche um die Zündkerzenbohrung und die Ventilsitze. Wenn Risse festgestellt werden, muss der Zylinderkopf gegen ein Neuteil ausgetauscht werden.

15 Ermitteln Sie mithilfe eines Haarlineals und einer Fühlerlehre in verschiedenen Richtungen, ob die Dichtfläche des Zylinderkopfs verzogen ist. Falls der Verzug mehr als 0,03 mm beträgt, kann die Dichtfläche eventuell geplant werden, ansonsten ist der Kopf durch ein Neuteil zu ersetzen – erkundigen Sie sich in einer Fachwerkstatt.

16 Begutachten Sie die Ventilsitze im Brennraum und die Dichtflächen der Ventile (siehe Abbildung) – sie müssen rundherum gleichmäßig breit sein. Falls sich Ausbrüche, Risse oder Verbrennungen zeigen, muss der Zylinderkopf ersetzt werden – die Sitze sind nicht austauschbar. Messen Sie die Dichtflächen-Breite der Ventile – es muss rundherum 1,0 bis 1,3 mm festgestellt werden.

17 Messen Sie ggf. den Durchmesser des Ventilschafts an mehreren Stellen (siehe Abbildung) und vergleichen Sie das Ergebnis mit den technischen Daten. Zu geringe, aber auch ungleichmäßige Ergebnisse weisen auf Verschleiß hin. Entfernen Sie mit einer Reibahle Ölkohle-Ablagerungen aus der Ventilführung und messen Sie mit Spezialmessgeräten den Innendurchmesser – messen Sie an beiden Enden und in der Mitte, um eine ausgeschlagene Führung festzustellen. Subtrahieren Sie den Ventilschaft-Durchmesser vom Durchmesser der Führung, um das Spiel zu ermitteln, und vergleichen Sie alle Ergebnisse mit den Angaben in den technischen Daten. Falls eine Führung verschlissen ist, muss der Zylinderkopf ausgetauscht werden, da die Führungen nicht separat erhältlich sind. Ein neuer Zylinderkopf ist bereits mit Ventilen ausgerüstet.

18 Inspizieren Sie den Ventilteller sorgfältig auf Risse, Ausbrüche und verbrannte Stellen und begutachten Sie den Ventilschaft und die Keilnuten auf Riefen und Risse (siehe Abbildung).

19 Drehen Sie das Ventil und kontrollieren Sie dabei, ob es Anzeichen auf Verzug gibt. Begutachten Sie das Ende des Schaftes auf Ausbrüche und übermäßigen Verschleiß. Irgendeines der oben beschriebenen Anzeichen bedeutet, dass das Ventil ersetzt werden muss. Messen Sie die Gesamtlänge des Ventils und vergleichen Sie das Ergebnis mit den Angaben in den technischen Daten (siehe Abbildung).

20 Kontrollieren Sie die Enden der Ventilfedern auf Verschleiß und Ausbrüche. Stellen Sie die Federn aufrecht hin, um einen möglichen Verzug zu erkennen. Ventilfedern ermüden mit der Zeit, sodass sie die Ventile bei hohen Drehzahlen nicht mehr sicher schließen können. Messen Sie die freie Länge der Federn und vergleichen Sie sie mit den Angaben in den Technischen Daten (siehe Abbildung). Ist eine Feder kürzer, so ist sie ermüdet und es müssen alle Ventilfedern ersetzt werden.

Anmerkung: *Generell ist es ratsam, beim Überholen der Ventile die Federn ungeachtet ihres Zustands auszutauschen – immer als Set.*

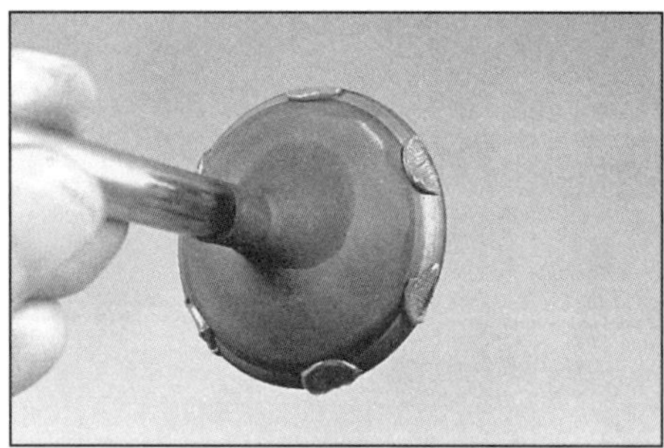

12.24 Geben Sie sparsam und gut verteilt Schleifpaste auf die Dichtflächen – nicht auf den Schaft.

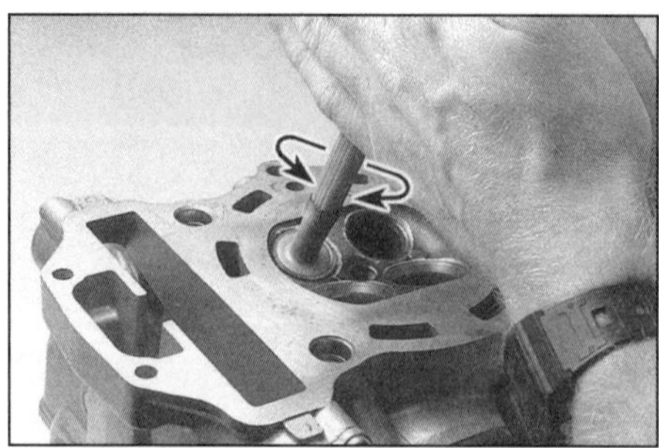

12.25 Bewegen Sie den Ventildreher zwischen den Handflächen hin und her.

13.3 Stützen Sie den frei werdenden Kolben gut ab.

13.5 Positionen der Zylinder-Passhülsen

13.6 Information über die Stärke der Zylinderfußdichtung

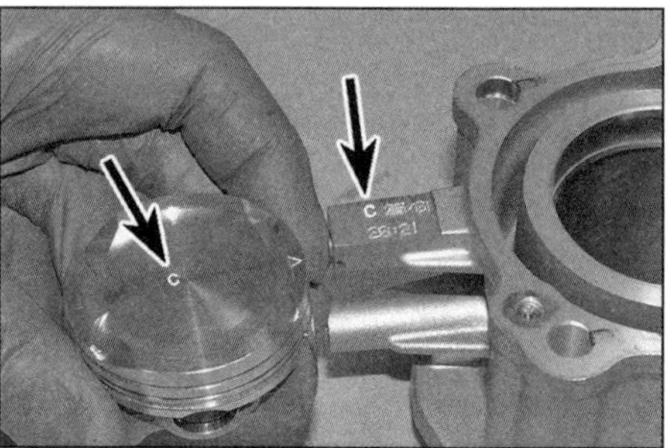

13.8 Größen-Code im Kolbenboden und am Zündspulen-Anguss des Zylinders

21 Kontrollieren Sie die Federteller und Keile auf sichtbaren Verschleiß und Brüche. Alle fraglichen Teile sollten nicht wiederverwendet werden, da bei ihrem Ausfall im Motorbetrieb sehr große Schäden entstehen können.
22 Falls bei der Kontrolle festgestellt wird, dass keine Überholung notwendig ist, können die Teile wieder in den Zylinderkopf installiert werden.

Zusammenbau

23 Unabhängig von einer vorangegangenen Ventilüberholung müssen die Ventile vor dem Einbau in den Kopf eingeschliffen (geläppt) werden, um die Dichtigkeit an den Ventilsitzen sicherzustellen. Für diese Arbeit benötigt man feine Ventilschleifpaste sowie einen Ventildreher. Wenn dieses Werkzeug nicht zur Hand ist, kann auch ein Stück Gummi- oder Plastikschlauch über den in der Führung steckenden Ventilschaft geschoben und das Ventil damit gedreht werden.
24 Geben Sie etwas von der Schleifpaste auf die Ventildichtfläche (siehe Abbildung). Schmieren Sie den Ventilschaft mit einem Gemisch aus gleichen Teilen Molybdänfett und Motoröl und stecken Sie das Ventil in die Führung.

Anmerkung: *Gehen Sie sicher, dass das Ventil in der richtigen Führung steckt, und dass keine Schleifpaste an den Ventilschaft gerät.*

25 Befestigen Sie den Ventildreher (oder den Schlauch) am Ventil und drehen sie ihn zwischen den Handflächen. Hin- und herdrehen ist dem Drehen in einer Richtung vorzuziehen (siehe Abbildung). Heben Sie das Ventil regelmäßig vom Sitz und verteilen Sie die Paste ordentlich. Setzen Sie das Schleifen so lange fort, bis die Dichtflächen am Ventil und am Sitz eine gleichmäßige Breite und am ganzen Umfang keine Unterbrechungen haben.
26 Ziehen Sie vorsichtig das Ventil aus der Führung und wischen Sie alle Schleifpasten-Reste ab. Reinigen Sie das Ventil mit Lösungsmittel und wischen Sie den Ventilsitz sorgfältig mit einem Tuch ab.
27 Wiederholen Sie den Arbeitsgang mit den anderen Ventilen. Reinigen Sie zum Schluss den Zylinderkopf erneut sorgfältig und blasen Sie alle Kanäle mit Druckluft aus – sämtliche Schleifpaste muss entfernt sein, bevor der Zylinderkopf wieder zusammengesetzt wird.
28 Schmieren Sie den Ventilschaft mit einem Gemisch aus gleichen Teilen Molybdänfett und Motoröl und stecken Sie das Ventil in die Führung. Prüfen Sie, ob sich das Ventil frei in der Führung verschieben lässt.
29 Installieren Sie die neue Ventilschaftdichtung (mit dem integrierten Federsitz) über den Ventilschaft auf die Führung – drücken Sie sie von Hand oder einem geeigneten Steckschlüssel auf, bis sie einrastet (Abbildung 12.9a).
30 Installieren Sie die Ventilfeder mit den engeren Wicklungen nach unten und den Federteller mit dem Bund nach unten in die Feder (Abbildungen 12.7b und a).
31 Versehen Sie die Keilnuten mit etwas Fett, um die Keile bei der Montage in Position zu halten. Drücken Sie die Ventilfeder mit der Federpresse zusammen (siehe Schritt 6) (Abbildungen 12.6a, b und c) und installieren Sie die Keile. Komprimieren Sie die Feder nicht mehr als nötig. Achten Sie darauf, dass die Keile sicher in ihrer Nut sitzen, und lösen Sie die Presse.
32 Wiederholen Sie die Prozedur mit den anderen Ventilen.
33 Stützen Sie den Zylinderkopf so auf Hölzern, dass die Ventile nicht den Boden berühren können, und schlagen Sie sehr sanft auf die Ventilschäfte, damit die Keile sich in den Nuten setzen können.

Anmerkung: *Kontrollieren Sie die Dichtigkeit der Ventile, indem Sie etwas Lösungsmittel in die jeweiligen Ventilkanäle einfüllen – falls es durch das Ventil in den Brennraum sickert, muss ein Einschleifprozedur des Ventils wiederholt werden.*

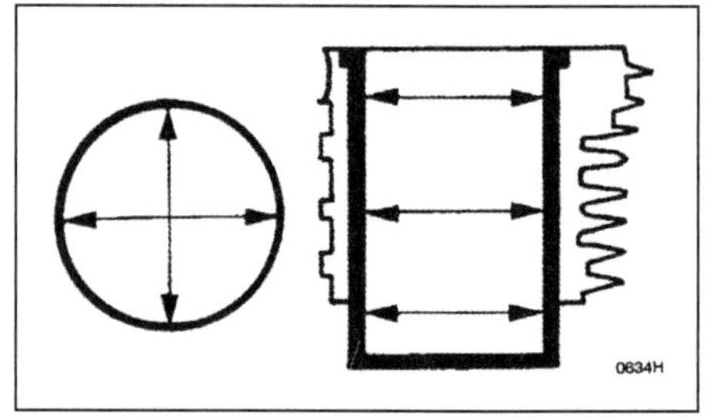

13.9a Vermessen Sie die Zylinderbohrung in den beschriebenen Höhen und gezeigten Richtungen . . .

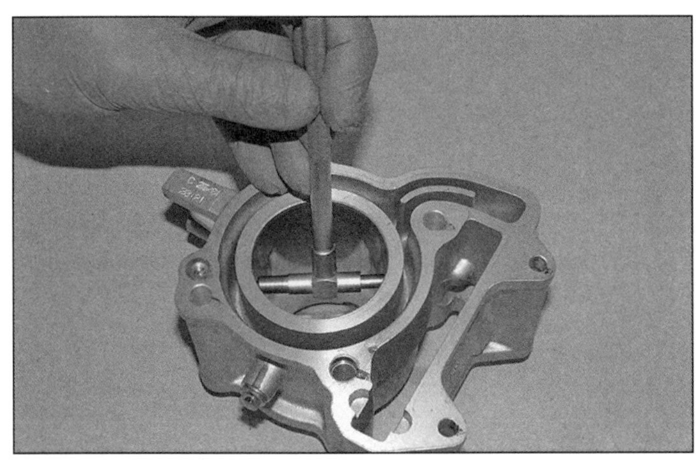

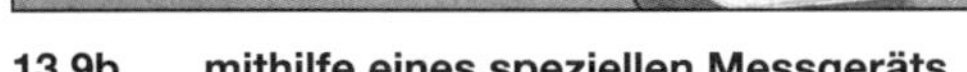
13.9b . . . mithilfe eines speziellen Messgeräts.

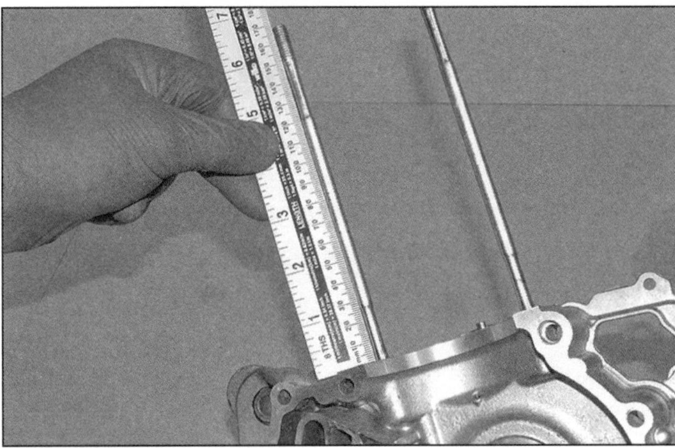
13.12 Messen Sie die eingebaute Höhe der Zylinder-Stehbolzen.

34 Nachdem der Zylinderkopf und alle dazugehörigen Komponenten montiert sind, muss das Ventilspiel kontrolliert und ggf. eingestellt werden (siehe Kapitel 1, Sektion 20).

13 Zylinder

Ausbau

Spezialwerkzeug: *Falls ein neuer Zylinder und/oder Kolben installiert werden sollen, muss mit einer speziellen Vorrichtung die korrekte Stärke der Zylinderfußdichtung ermittelt werden (siehe Schritte 13 bis 18).*

1 Demontieren Sie den Zylinderkopf (siehe Sektion 11).
2 Beachten Sie, wie die Steuerketten-Führungsschiene in den Vertiefungen vorn im Zylinder liegt (Abbildung 10.11b) und heben Sie sie heraus.
3 Heben Sie den Zylinder über die Stehbolzen ab – führen Sie dabei die Steuerkette durch den Schacht und legen Sie sie vorn über den Motor. Sobald der Kolben zugänglich wird, muss er abgestützt werden, damit er nicht gegen das Gehäuse schlägt (siehe Abbildung). Falls der Zylinder klemmt, muss er rundherum mit einem weichen Hammer abgeklopft werden – versuchen Sie nicht, ihn mit einem Schraubendreher abzuhebeln, da dies die Dichtfläche zerstört.
4 Sobald der Zylinder entfernt ist, müssen saubere Lappen um das Pleuel herum in das Motorgehäuse gestopft werden, damit kein Schmutz eindringen kann.
5 Falls die oben im Motorgehäuse oder unten im Zylinder steckenden Passhülsen locker sind, müssen sie sichergestellt werden (siehe Abbildung).
6 Entnehmen Sie die Zylinderfußdichtung und notieren Sie die darauf markierte Stärke (0,4, 0,6 oder 0,8 mm) (siehe Abbildung). Falls der Zylinder und der Kolben wiederverwendet werden sollen, muss eine Dichtung der gleichen Stärke beschafft werden – die alte darf keinesfalls wiederverwendet werden.

Kontrolle

7 Inspizieren Sie die Zylinderbohrung sorgfältig auf Riefen und Klemmspuren. Nötigenfalls muss der Zylinder samt Kolben ersetzt werden.
8 Der Zylinder und der Kolben werden beim Zusammenbau mit Größen-Codes (A, B, C und W) versehen, die unbedingt aufeinander abgestimmt sein müssen. Der Größen-Code ist rechts am Zylinder am Anguss für die Zündspule sowie im Kolbenboden eingeschlagen (siehe Abbildung). Achten Sie bei der Beschaffung eines neuen Kolbens oder Zylinders auf den entsprechenden Buchstaben.
9 Zur Ermittlung des Verschleißes, der Kegelförmigkeit und der Ovalität muss der Zylinder mit einer geeigneten Ausrüstung vermessen werden – jeweils 6, 33 und 78 mm unterhalb des oberen Randes, längs und quer zur Kurbelwelle (siehe Abbildungen). Vergleichen Sie die Ergebnisse mit den Angaben in den technischen Daten.
10 Ermitteln Sie anhand unterschiedlicher Messungen einen kegel- oder ovalförmig Verschleiß. Piaggio gibt für diese Motoren keine Verschleißgrenzen an, doch eine Differenz von 0,05 mm zwischen den Messergebnissen sollte nicht überschritten werden. Falls der Zylinder über diese Grenze hinaus verschlissen, stark riefig oder anderweitig beschädigt ist, muss eine neue Zylinder/Kolben-Baugruppe beschafft werden.
11 Vermessen Sie die Zylinderbohrung in 28,75 mm Tiefe und errechnen Sie mithilfe des Kolben-Durchmessers (siehe Sektion 14) das Kolben-Spiel. Soweit der Zylinder in Ordnung ist und der Kolben nicht mehr als 0,04 mm (125 cm³) bzw. 0,054 mm (150 cm³) Spiel hat, kann der Zylinder weiterverwendet werden.
12 Prüfen Sie, ob alle Stehbolzen fest im Motorgehäuse sitzen – die eingebaute Höhe muss ab der Dichtfläche 170,0 bis 170,5 mm betragen (siehe Abbildung). Lockere oder beschädigte Stehbolzen müssen vollständig herausgedreht werden. Reinigen Sie das Gewinde und tragen Sie dauerelastische Sicherungspaste (»Loctite«) auf, bevor Sie den Stehbolzen wieder eindrehen. Neue Stehbolzen sind bereits mit »Scotch-Grip«-Gewindesicherung ausgerüstet. Zum Anziehen können ein spezielles Stehbolzen-Werkzeug oder zwei am oberen Gewinde gegeneinander verkonterte Muttern verwendet werden.
13 Kontrollieren Sie bei entferntem Zylinder das Pleuelfußlager: Ziehen Sie das Pleuel hoch und prüfen Sie, ob Radialspiel fühlbar ist. Ermitteln Sie mit einer Fühlerlehre das Axialspiel des Pleuels (siehe Abbildungen) – Details hierzu finden sich in Sektion 18.

13.13a Prüfen Sie, ob am Pleuel Radialspiel fühlbar ist.

13.13b Messen Sie das Axialspiel des Pleuels auf dem Hubzapfen.

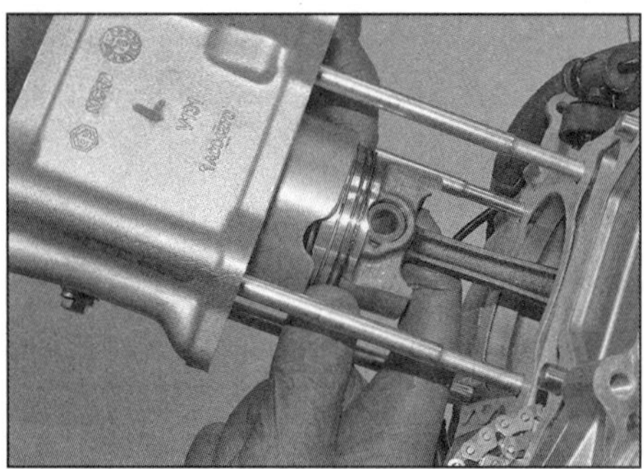

13.22 Senken Sie den Zylinder über dem Kolben ab, . . .

13.23a Drücken Sie die Kolbenringe beim Einschieben in den Zylinder zusammen.

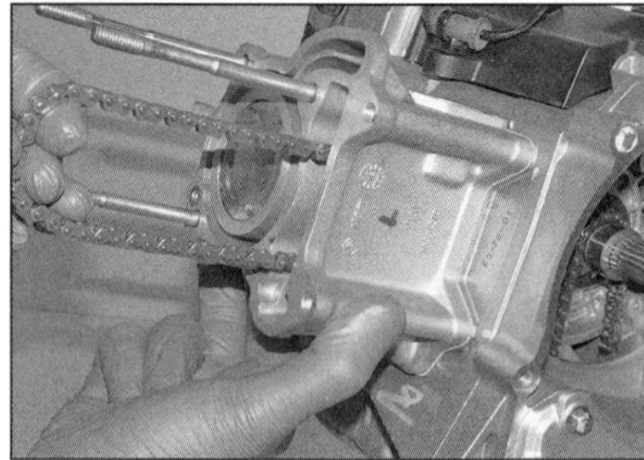

13.23b Führen Sie beim Aufsetzen des Zylinders die Steuerkette durch den Schacht.

Einbau

14 Kontrollieren Sie die Dichtflächen des Zylinders und des Motorgehäuses.

15 Um Fertigungstoleranzen auszugleichen, bietet Piaggio drei verschieden starke Zylinderfußdichtungen an (0,4, 0,6 und 0,8 mm). Soweit der originale Zylinder samt Kolben wiederverwendet werden, muss die neue Dichtung die gleiche Stärke wie die alte aufweisen (siehe Schritt 6). Falls Neuteile montiert werden sollen, muss der Zylinder ohne Fußdichtung über den Kolben geschoben und auf dem Motorgehäuse verschraubt werden (siehe Schritte 22 bis 24). Jetzt muss mithilfe einer schwenkbar montierten Messuhr (Piaggio bietet hierfür unter der Teilenummer 020942Y eine spezielle Halterung an) die Höhendifferenz zwischen dem im OT stehenden Kolben und der Zylinder-Dichtfläche ermittelt werden, um die Stärke der benötigten Fußdichtung zu ermitteln. Alternativ können auch ein Haarlineal und Fühlerlehrenblätter verwendet werden, doch eine Messuhr ist deutlich genauer.

16 Sorgen Sie dafür, dass der Zylinder mithilfe von auf die Stehbolzen geschobenen Distanzhülsen und den leicht angezogenen Muttern fest auf dem Motorgehäuse sitzt.

17 Montieren Sie die Messuhr mit dem Messdorn gegen die Zylinder-Dichtfläche und nullen Sie sie (Abbildung 13.13 in Kapitel 2C). Drehen Sie die Kurbelwelle so, dass der Kolben sich etwas in der Bohrung absenkt. Schwenken Sie die Messuhr, sodass der Dorn mittig in der Zylinderbohrung steht. Drehen Sie die Kurbelwelle so, dass der Kolben im Zylinder bis in den OT aufsteigt und der Messdorn in der Mitte des Kolbenbodens aufsetzt. Lesen Sie jetzt die Messuhr ab (Abbildung 13.15 in Kapitel 2C).

18 Je tiefer der Kolben im Zylinder steht, desto dünner muss die Fußdichtung sein. Wenn der Kolben 0 bis 0,1 mm tiefer liegt, wird eine 0,8 mm starke Dichtung benötigt; zwischen 0,1 und 0,3 mm muss die Dichtung 0,6 mm stark sein und bei einem 0,3 bis 0,4 mm tiefer liegenden Kolben muss eine 0,4 mm starke Dichtung beschafft werden.

19 Alternativ können zur Ermittlung der Kolben-Einbauhöhe auch ein Haarlineal und Fühlerlehrenblätter verwendet werden, doch eine Messuhr ist deutlich genauer. Bringen Sie den Kolben in den OT und messen Sie seinen Abstand zum über den Zylinder gelegten Haarlineal. Auch hier muss dafür gesorgt sein, dass der Zylinder fest auf das Motorgehäuse gedrückt ist. Lassen Sie im Zweifelsfall die Messung von einer Piaggio-Werkstatt durchführen.

20 Nachdem die Stärke der neuen Fußdichtung ermittelt ist, wird der Zylinder demontiert und die entsprechende Dichtung über die Passhülsen aufgelegt (Abbildung 13.5).

21 Prüfen Sie, ob die Öffnungen der Kolbenringe korrekt ausgerichtet sind (siehe Sektion 15).

22 Schmieren Sie die Zylinderbohrung, den Kolben samt Kolbenringen sowie die beiden Pleuelaugen mit frischem Motoröl und senken Sie den Zylinder ab, bis der Kolbenboden in die Bohrung gleitet (siehe Abbildung).

23 Drücken Sie sanft auf den Zylinder und achten Sie darauf, dass der Kolben senkrecht eingeführt wird und nicht verkantet. Drücken Sie die Ringe vorsichtig zusammen und führen Sie sie in die Bohrung ein (siehe Abbildung). Klopfen Sie den Zylinder nötigenfalls mit einem weichen Hammer herunter, aber wenden Sie keine Gewalt an, da ein klemmender Kolbenring leicht abbricht. Führen Sie die Steuerkette durch den Schacht, damit sie nicht innerhalb des Motorgehäuses verklemmt (siehe Abbildung).

24 Nachdem alle Kolbenringe in den Zylinder eingeführt sind und dieser bis über den Kolbenbolzen abgesenkt ist, wird er über die Passhülsen auf die Fußdichtung gedrückt.

25 Installieren Sie die Steuerketten-Führungsschiene in den Kettenschacht (siehe Sektion 10) und montieren Sie den Zylinderkopf (siehe Sektion 11).

14 Kolben

Ausbau

1 Demontieren Sie den Zylinder (siehe Sektion 13). Bevor der Kolben vom Pleuel getrennt wird, müssen saubere Lappen um das Pleuel herum in das Motorgehäuse gestopft werden, damit kein Sicherungsring hineinfällt oder Schmutz eindringen kann. Der Kolben sollte auf der Oberseite ein zum Auslassventil zeigendes Dreieck aufweisen (siehe Abbildung); bringen Sie nötigenfalls eine Markierung an, um den Kolben wieder richtig herum einbauen zu können. Möglicherweise ist das Dreieck erst nach dem Entfernen der Ölkohleablagerungen sichtbar.

2 Hebeln Sie an einer Seite vorsichtig den Kolbenbolzen-Sicherungsring heraus – hierzu kann ein geeignetes Werkzeug in der dafür vorgesehenen Kerbe angesetzt werden (siehe Abbildung). Drücken Sie den Kolbenbolzen (nötigenfalls mit einer Steckschlüssel-Verlängerung) von der anderen Seite heraus, um den Kolben vom Pleuel zu befreien (siehe Abbildungen). Entfernen Sie auch den anderen Kolbenbolzen-Sicherungsring – beide Ringe müssen später durch Neuteile ersetzt werden.

Um den Kolbenbolzen-Sicherungsring daran zu hindern, wegzuspringen oder ins Motorgehäuse zu fallen, sollte eine Stange oder ein Schraubendreher, dessen Durchmesser größer als die Öffnung des Rings ist, durch den Kolbenbolzen geschoben werden, um ihn aufzufangen.

Falls der Kolbenbolzen fest im Kolben sitzt, kann dieser vorsichtig mit einem Heißluftgebläse erwärmt werden – hierbei dehnt sich das Aluminium aus und der Kolbenbolzen lockert sich.

Kontrolle

3 Falls der Zylinder ausgetauscht werden muss, kann die Kontrolle unterbleiben, da er mit einem neuen Kolben geliefert wird. Entfernen Sie zunächst die Kolbenringe und reinigen Sie den Kolben. Alle drei Kolbenringe können

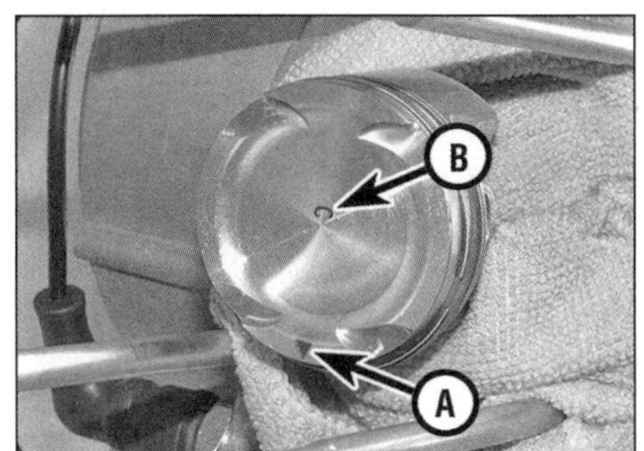

14.1 Das zum Auslass zeigende Dreieck auf dem Kolbenboden (A), Größen-Codierung (B)

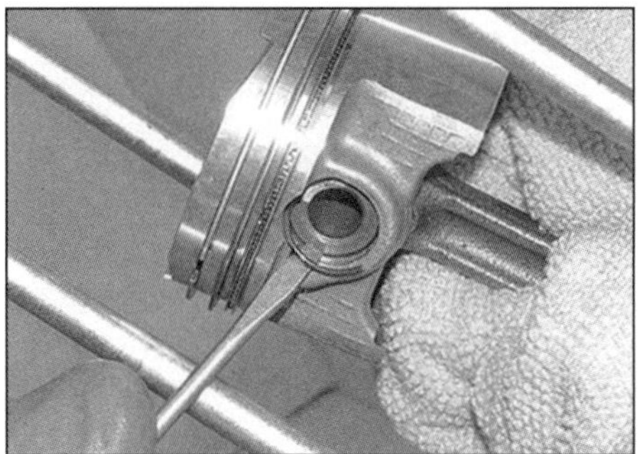

14.2a Entfernen Sie den Sicherungsring ...

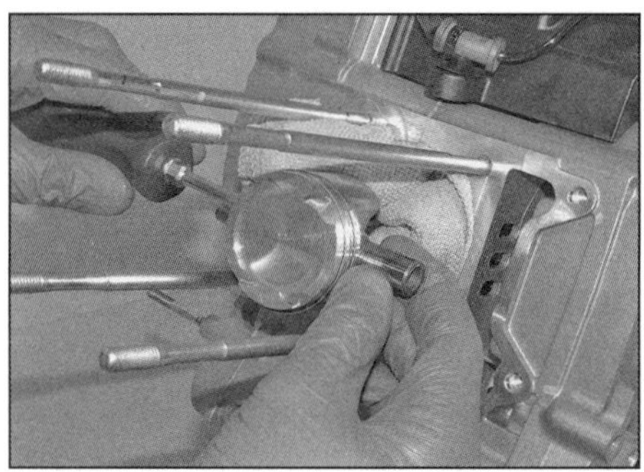

14.2b ... und drücken Sie den Kolbenbolzen heraus, ...

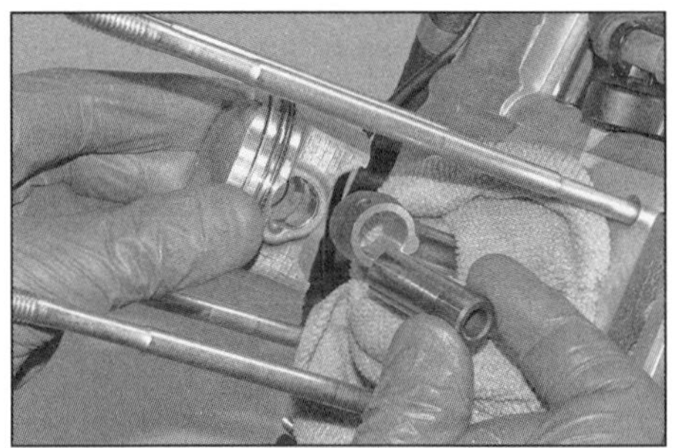

14.2c ... um den Kolben vom Pleuel zu befreien.

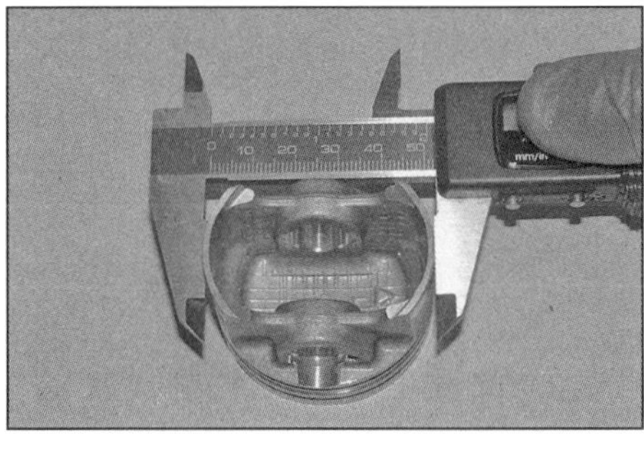

14.8 Messen Sie den Kolbendurchmesser 28 mm unter dem oberen Rand und rechtwinklig zum Kolbenboden.

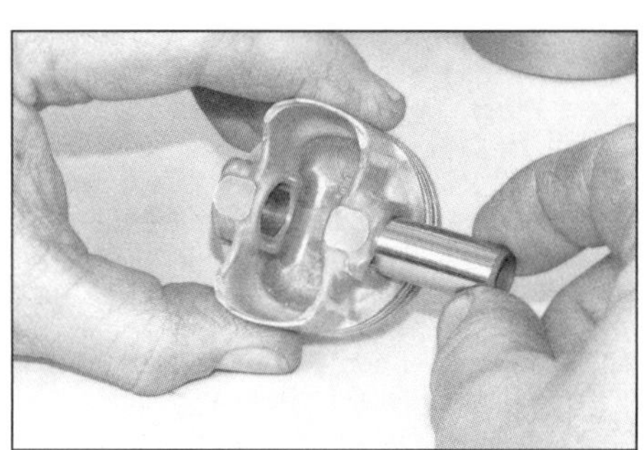

14.9a Prüfen Sie das Spiel des Kolbenbolzens im Kolben.

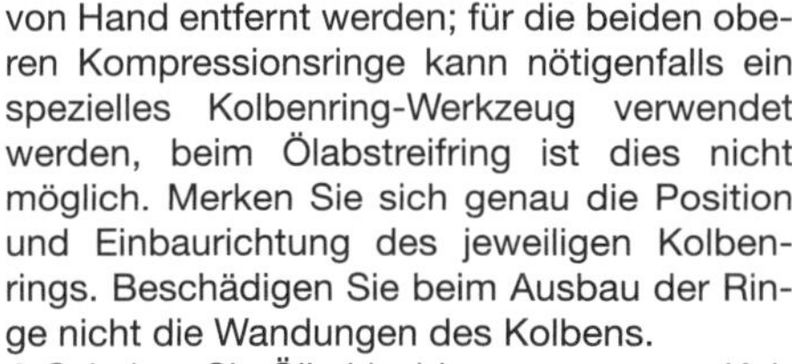

von Hand entfernt werden; für die beiden oberen Kompressionsringe kann nötigenfalls ein spezielles Kolbenring-Werkzeug verwendet werden, beim Ölabstreifring ist dies nicht möglich. Merken Sie sich genau die Position und Einbaurichtung des jeweiligen Kolbenrings. Beschädigen Sie beim Ausbau der Ringe nicht die Wandungen des Kolbens.

4 Schaben Sie Ölkohleablagerungen vom Kolbenboden. Nachdem grobe Ablagerungen entfernt sind, kann der Boden mit einer Hand-Drahtbürste oder feinem Schleifpapier geglättet werden – verwenden Sie auf keinen Fall eine motorbetriebene Drahtbürste, da hiermit das weiche Kolben-Material rasch abgetragen wird. Beachten Sie die in den Kolbenboden eingeschlagene Größen-Codierung (Abbildung 14.1).

5 Befreien Sie die Kolbenring-Nuten von Ölkohleablagerungen – entweder mit einem Spezialwerkzeug oder einem abgebrochenen alten Kolbenring – achten Sie darauf, kein Aluminium des Kolbens abzutragen. Reinigen Sie den Kolben zum Schluss mit Lösungsmittel und trocknen Sie ihn mit Druckluft.

6 Begutachten Sie den Kolben auf Risse am Kolbenhemd, den Kolbenring-Aufnahmen und den Stegen zwischen den Kolbenringnuten. Gleichmäßige feine senkrechte Schleifspuren auf der Lauffläche des Kolbens und etwas Spiel des oberen Kompressionsrings in seiner Nut sind keine Gründe zur Beanstandung. Falls das Kolbenhemd riefig ist, kann der Kolben im Betrieb aufgrund anormaler Verbrennung überhitzt sein. Kontrollieren Sie auch, ob die Nuten der Kolbenbolzen-Sicherungsring nicht beschädigt sind.

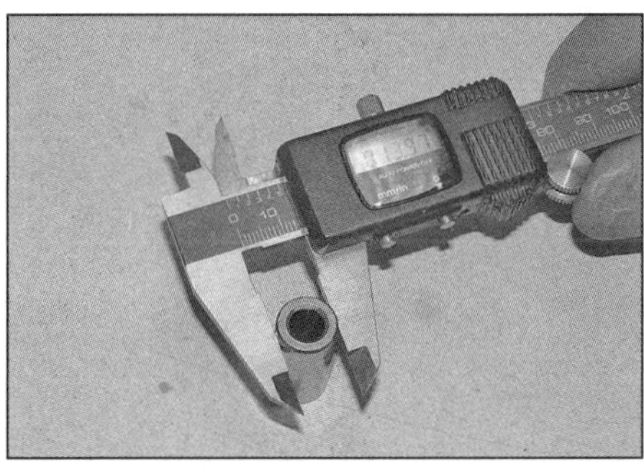

14.9b Ermitteln Sie den Durchmesser des Kolbenbolzens ...

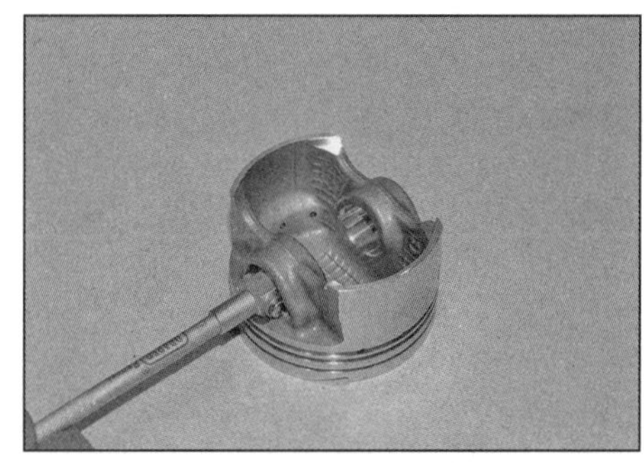

14.9c ... und der Bohrung im Kolben.

7 Ein Loch im Kolbenboden kann durch Frühzündung (Klopfen und Klingeln) entstanden sein. Verbrannte Bereiche am Rand des Kolbenbodens sind ebenfalls Anzeichen von Fehlzündungen. Beseitigen Sie bei jedem dieser Anzeichen die Ursache, damit der neue Kolben nicht ebenfalls rasch beschädigt wird.

8 Der Kolben muss 28 mm unter dem oberen Rand und rechtwinklig zum Kolbenboden gemessen werden, um seinen Durchmesser zu ermitteln (siehe Abbildung). Subtrahieren Sie das Ergebnis vom Durchmesser des Zylinders, um das Kolbenspiel zu ermitteln – soweit es nicht mehr als 0,04 mm (125 cm^3) bzw. 0,054 mm (150 cm^3) beträgt – und der Zylinder ist in Ordnung –, kann der Kolben weiterverwendet werden. Ist das Spiel größer, muss ein neuer Zylinder samt Kolben beschafft werden – achten Sie auf passende Größe-Codierungen.

9 Installieren Sie den Kolbenbolzen in den Kolben und prüfen Sie, ob Spiel fühlbar ist (siehe Abbildung) – dies darf nicht der Fall sein. Vermessen Sie die Durchmesser des Kolbenbolzens an beiden Enden und der Bohrungen im Kolben (siehe Abbildung) – der Bolzen darf nicht unter 13,996 mm verschlissen sein und die Bohrungen sich nicht mehr als 14,004 mm geweitet haben. Ersetzen Sie übermäßig verschlissene Teile.

2D

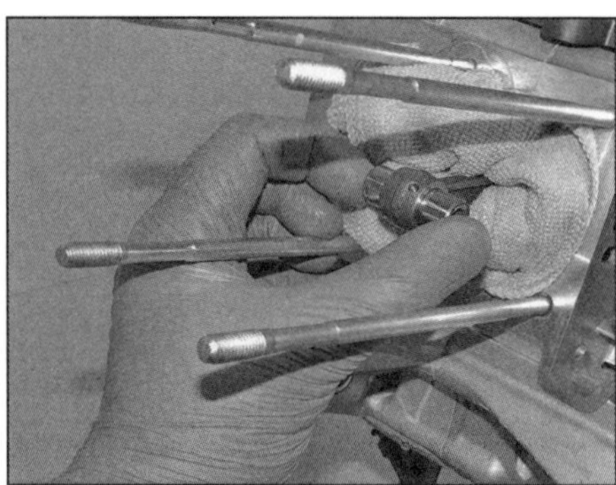

14.10 Prüfen Sie das Spiel des Kolbenbolzens im oberen Pleuelauge

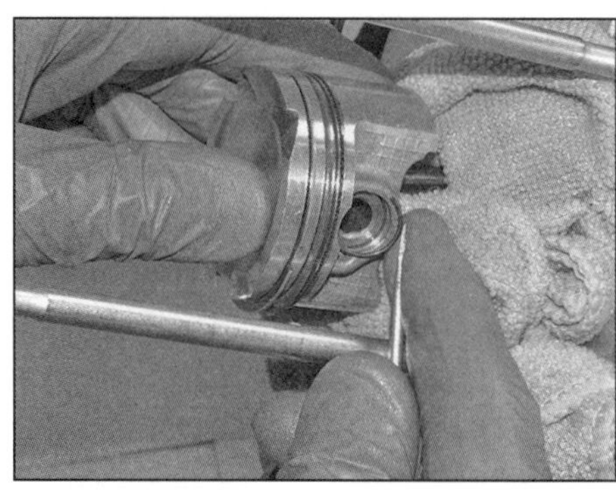

14.13a Installieren Sie die Sicherungsringe rundherum in ihre Nuten . . .

14.13b . . . und mit den Öffnungen abseits der Ausbaunut.

10 Installieren Sie den Kolbenbolzen in das obere Pleuelauge und prüfen Sie, ob Spiel fühlbar ist (siehe Abbildung). Vermessen Sie die Durchmesser des Kolbenbolzens in der Mitte und der Bohrungen im Pleuelauge – der Bolzen darf nicht unter 14,000 mm verschlissen sein und die Bohrungen sich nicht mehr als 14,006 mm geweitet haben.

11 Ersetzen Sie übermäßig verschlissene Teile (im Falle des Pleuels muss die gesamte Kurbelwelle ausgetauscht werden – siehe Sektion 18).

Einbau

12 Kontrollieren und installieren Sie die Kolbenringe (siehe Sektion 15).

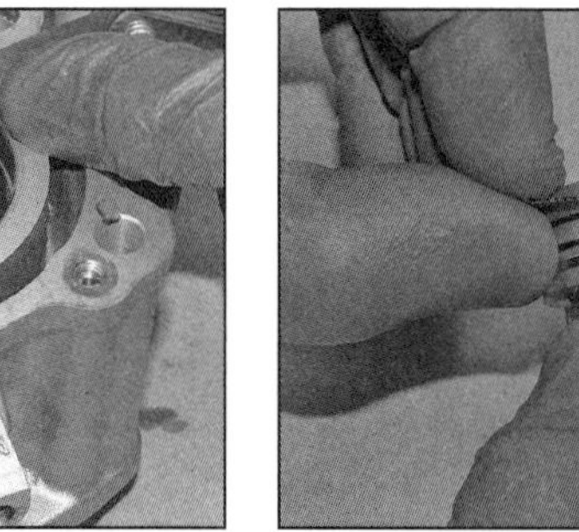

15.2 Messen Sie das vorhandene Stoßspiel mit Fühlerlehrenblättern.

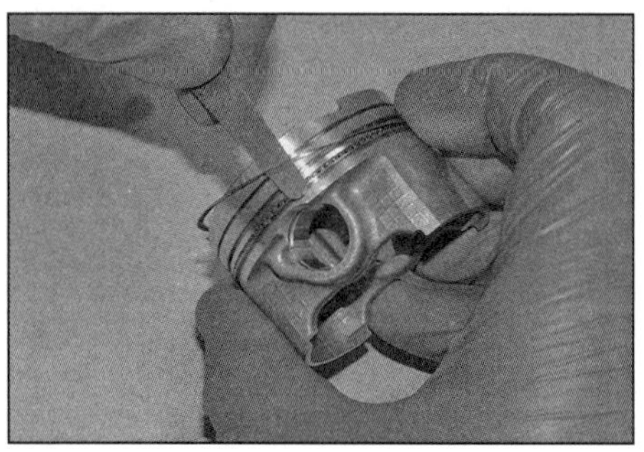

15.7b Installieren Sie dann die zwei Ölabstreifringe unter und über den Expander.

13 Schmieren Sie den Kolbenbolzen, seine Bohrungen im Kolben und das obere Pleuelauge mit frischem Motoröl. Installieren Sie einen **neuen** Sicherungsring an einer Seite des Kolbens. Positionieren Sie den Kolben mit dem Dreieck zum Auslass zeigend über dem Pleuel und installieren Sie den Kolbenbolzen von der Seite ohne Sicherungsring durch den Kolben und das Pleuel (Abbildung 14.2c); drücken Sie ihn vollständig ein. Installieren Sie den zweiten neuen Sicherungsring in die Nut des Kolbens – drücken Sie die Sicherungsringe nur soweit zusammen, wie für den Einbau notwendig ist, prüfen Sie rundherum ihren Sitz in der Nut und achten Sie darauf, dass die Ring-Öffnung nicht in der Ausbaunut liegt (siehe Abbildungen).

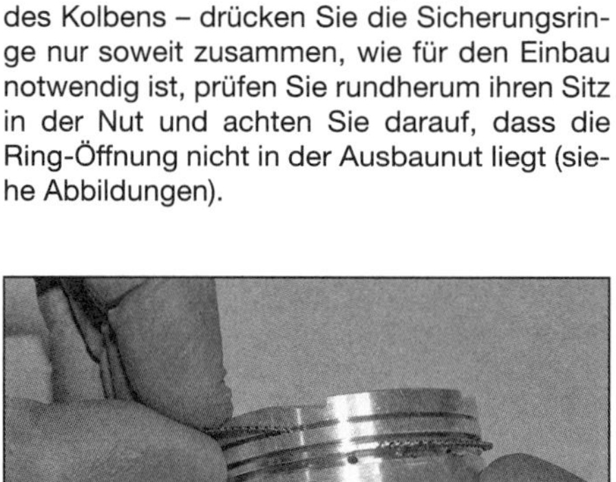

15.7a Installieren Sie den Ölabstreifring-Expander in die untere Kolbenringnut.

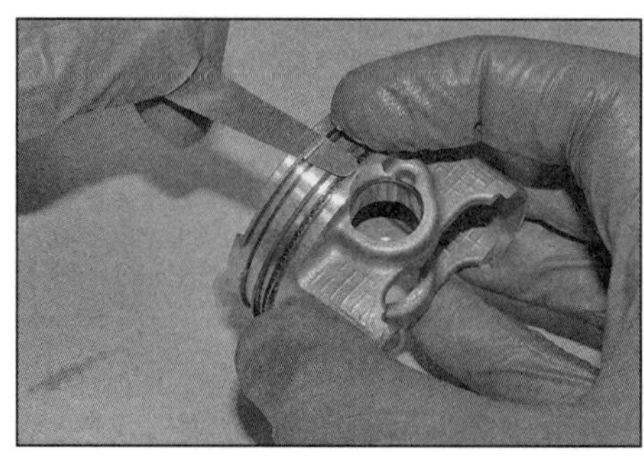

15.9 Installieren Sie zum Schluss den oberen Kompressionsring in die obere Nut.

14 Montieren Sie den Zylinder (siehe Sektion 13).

15 Kolbenringe

1 Generell sollten bei jeder Motor-Überholung neue Kolbenringe installiert werden. Zunächst muss jedoch in einem nicht verschlissenen Bereich des Zylinders das Stoßspiel der eingeschobenen Kolbenringe kontrolliert werden. Beim von uns fotografierten Motor besteht der Ölabstreifring aus zwei schmalen Kolbenringen und einem zwischen ihnen liegenden Expander.

Anmerkung: *Die Kolbenringe sind an der Oberseite mit TOP oder N sowie mit Größen-Codierungen markiert, die zu denen des Kolbens und des Zylinders passen müssen (siehe Sektion 13).*

2 Zum Messen des Spiels wird der obere Kompressionsring von unten in den Zylinder geschoben und mithilfe des Kolbens etwa 15 mm oberhalb des unteren Zylinderrands senkrecht ausgerichtet. Ermitteln Sie nun mit einer Fühlerlehre den Abstand der Ring-Enden zueinander und vergleichen Sie das Ergebnis mit den Angaben in den technischen Daten (siehe Abbildung).

3 Falls das Stoßspiel größer oder kleiner als vorgegeben ist, muss nachgeschaut werden, ob die richtigen Ringe vermessen werden. Ein zu geringes Stoßspiel kann beim Erwärmen – und entsprechendem Ausdehnen des Rings bei laufendem Motor dafür sorgen, dass die Enden sich berühren und der Ring den Zylinder beschädigt. Prüfen Sie, ob die Ringe nicht den falschen Größen-Code haben.

4 Etwas zu viel Spiel ist nicht schlimm, solange nicht die Verschleißgrenze überschritten wird. Kontrollieren Sie auch in diesem Fall, ob die Kolbenringe und der Zylinder zueinander passen.

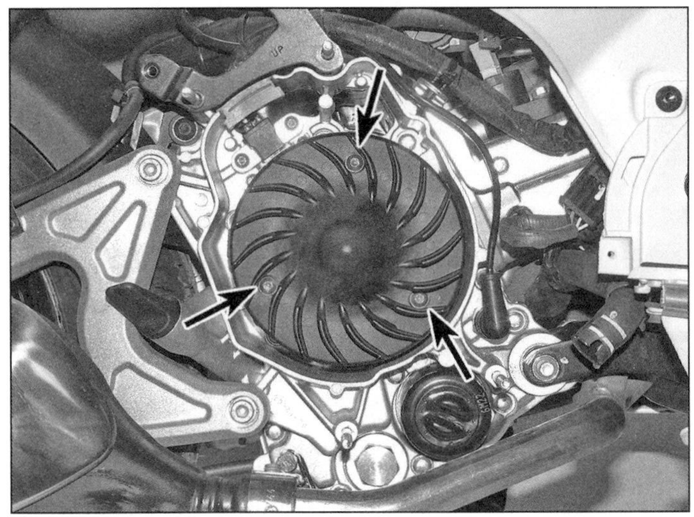
16.4 Gebläserad-Schrauben

16.5 Kontern Sie den Rotor und lösen Sie seine Mutter.

5 Wiederholen Sie die Messung mit den anderen Kolbenringen.
6 Nach der Kontrolle des Stoßspiels können die Kolbenringe an den Kolben installiert werden.
7 Führen Sie zuerst den Ölabstreifring-Expander in die untere Kolbenringnut (siehe Abbildung). Installieren Sie dann den unteren Ölabstreifring mit »TOP« (oder einem anderen Buchstaben) nach oben zeigend in die Nut – dehnen Sie ihn dabei nicht mehr als nötig. Am besten lassen sich Kolbenringe mit drei Fühlerlehrenblättern über den Kolben führen. Seine Ring-Öffnung muss gegenüber der Expander-Öffnung liegen. Installieren Sie nun den zweiten Ölabstreifring über den Expander (siehe Abbildung).
8 Installieren Sie nun den zweiten Kompressionsring – ebenfalls mit »TOP« nach oben zeigend – in die mittlere Kolbennut und den oberen Kompressionsring in die obere Nut (siehe Abbildung).
9 Nachdem die Kolbenringe korrekt installiert sind, muss geprüft werden, ob sie sich klemmfrei drehen lassen. Richten Sie die Ringöffnungen wie in Abbildung 15.8 in Kapitel 2C gezeigt aus.

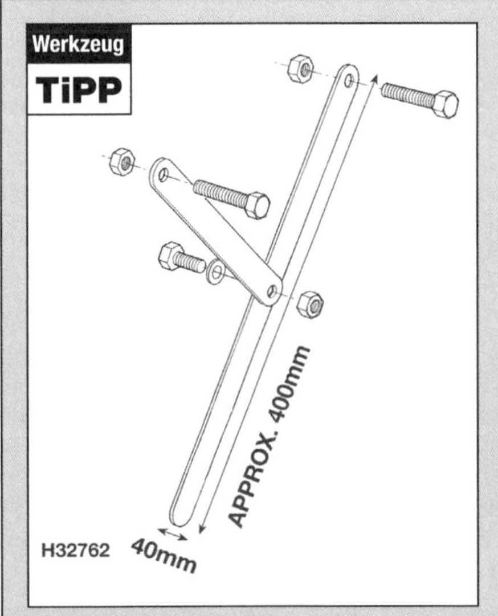

Ein Haltewerkzeug kann aus zwei stabilen Metallstreifen (ca. 40 und 20 cm lang, jeweils ca. 4 cm breit) und drei Schrauben samt Muttern angefertigt werden. Verschrauben Sie den kurzen Streifen in der Mitte des langen. Wählen Sie die Schrauben zum Halten des Rotors nicht zu lang aus, damit sie nicht die Statorspulen beschädigen.

16 Lichtmaschinenrotor und Stator

Anmerkung: *Diese Prozedur kann bei eingebautem Motor ausgeführt werden. Falls der Motor ausgebaut ist, müssen nicht zutreffende Schritte ignoriert werden.*

Kontrolle

1 Beachten Sie die Hinweise in Kapitel 10, Sektion 28.

Ausbau

Spezialwerkzeug: *Für diese Arbeit werden ein Rotor-Haltewerkzeug und ein Abzieher benötigt (siehe Schritte 5 und 7).*

2 Öffnen Sie die Sitzbank und entnehmen Sie das Staufach, entfernen Sie die rechte Seitenverkleidung und die Blende (siehe Kapitel 9).
3 Entfernen Sie die Kühlerabdeckung, den Kühler und die Gebläsehutze (siehe Kapitel 4).
4 Lösen Sie die Schrauben, die das Gebläserad am Lichtmaschinenrotor sichern, und entfernen Sie es (siehe Abbildung).
5 Zum Lösen der Rotormutter muss der Rotor blockiert werden. Piaggio bietet hierfür unter der Teilenummer 020442Y ein Spezialwerkzeug an, das in die Bohrungen des Rotors greift (siehe Abbildung). Ein ähnliches Werkzeug kann auch im Fachhandel erworben werden (z. B. eine Kupplungs-Arretierung für Motorräder – achten Sie darauf, dass die Stifte in die Bohrungen des Rotors passen). Alternativ kann ein passendes Werkzeug selbst angefertigt werden (siehe *Werkzeug-Tipp*).
6 Sobald der Rotor sicher gekontert ist, kann seine Mutter gelöst werden. Entfernen Sie die Tellerfeder unter Beachtung ihrer Einbaurichtung und entnehmen Sie die Unterlegscheibe (siehe Abbildung). Drehen Sie die Mutter einige Umdrehungen auf die Kurbelwelle, um sie zu schützen und den Rotor am Wegspringen zu hindern.

16.6 Der Außenrand der Tellerfeder muss an der Unterlegscheibe anliegen.

16.7a Drehen Sie den Bolzen des Abziehers weit genug heraus, ...

16.7b ... um das Gehäuse vollständig in die Rotornabe schrauben zu können.

16.8a Halten Sie den Abzieher und ziehen Sie seinen Bolzen an, ...

16.8b ... um den Rotor zu befreien.

16.10 Befreien Sie nötigenfalls den Keil aus der Kurbelwelle.

7 Zum Abziehen des Rotors von der Kurbelwelle wird ein geeigneter Abzieher benötigt, wie ihn Piaggio unter der Teilenummer 021007Y anbietet; alternativ kann ein entsprechender Abzieher mit einem M38 x 1,5-Außengewinde beschafft werden. Drehen Sie den Bolzen des Abziehers weit genug heraus, um das Gehäuse vollständig in die Rotornabe schrauben zu können (siehe Abbildungen).

8 Halten Sie das Abzieher-Gehäuse dann mit einem Maulschlüssel und ziehen Sie den zentralen Bolzen an, um den Rotor zu befreien – dieser kann anfangs sehr fest sitzen und sich dann plötzlich lösen (siehe Abbildungen).

9 Sobald der Rotor gelöst ist, wird der Abzieher entfernt und die Mutter abgedreht, um ihn entnehmen zu können.

10 Stellen Sie ggf. den lockeren Keil aus der Kurbelwelle sicher (siehe Abbildung).

11 Trennen Sie innerhalb der Karosserie den kombinierten Lichtmaschinen/Zündgeberspulen-Stecker und den Stecker des RISS-Systems (siehe Abbildung). Befreien Sie die Verkabelung aus allen Befestigungen und führen Sie sie zum Stator zurück – merken Sie sich ihre Verlegung. Trennen Sie den Stecker des Öldruckschalters (siehe Kapitel 10, Sektion 24).

12 Lösen Sie die Schrauben der Zündgeberspule, der Kabelführung, des RISS-Systems und des Lichtmaschinenstators und befreien Sie die Baugruppe – beachten Sie den Gummistopfen im Deckel (siehe Abbildungen).

13 Das RISS-System sitzt hinten am Lichtmaschinenstator – drehen Sie diesen um und kontrollieren Sie die Verkabelung auf Beschädigungen (siehe Abbildungen).

Einbau

14 Reinigen Sie die Gewinde der Stator- und RISS-System-Schrauben und versehen Sie sie mit dauerelastischer Sicherungspaste (z. B. Loctite 243). Setzen Sie den Stator ans Motorgehäuse – achten Sie auf den korrekten Sitz des Kabelstopfens – und ziehen Sie die Schrauben mit 5 bis 6 Nm an. Ziehen Sie die Schrauben der Kabelführung sorgfältig an. Drehen Sie die Schrauben der Zündgeberspule zunächst nur handfest ein (Abbildung 16.12a).

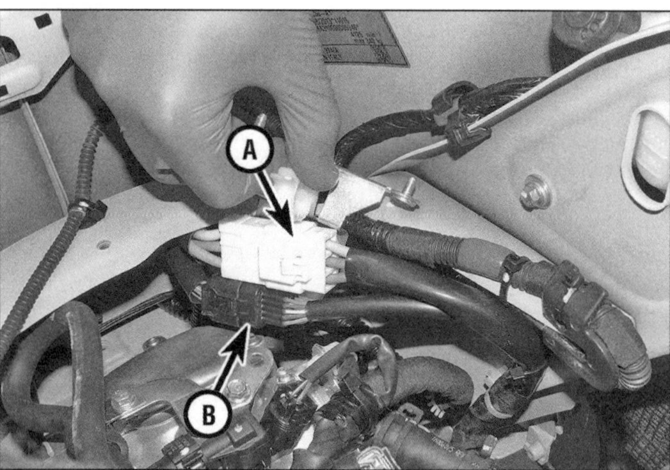

16.11 Stecker des RISS-Systems (A) und der Lichtmaschine (B)

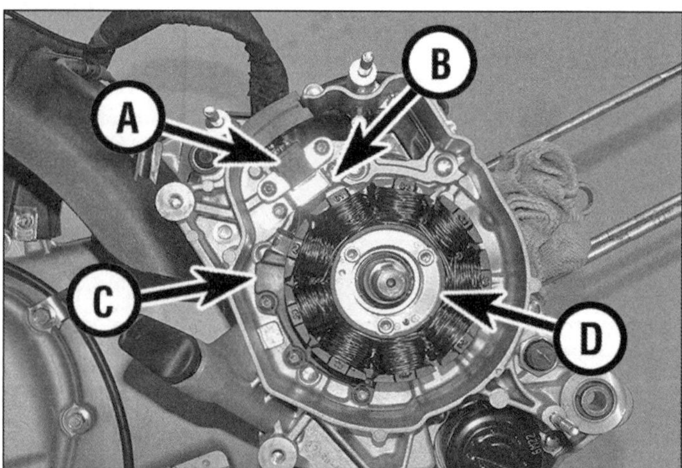

16.12a Zündgeberspule (A), Kabelführung (B), RISS-System (C) und Lichtmaschinenstator (D)

16.12b Heben Sie den Lichtmaschinenstator samt Verkabelung ab.

16.16 Der Keil muss in der Nut der Kurbelwelle stecken.

16.18 Messen Sie den Spalt zwischen dem Auslöser am Rotor und der Zündgeberspule.

15 Verbinden Sie die Stecker des Öldruckschalters, den Lichtmaschinen/Zündgeberspulen-Stecker und den Stecker des RISS-Systems.

16 Reinigen Sie den Konus der Kurbelwelle und sein Gegenstück im Rotor mit Lösungsmittel; im magnetischen Rotor dürfen sich keine Metallteile ansammeln. Falls entfernt, muss der Keil in die Nut der Kurbelwelle installiert werden (siehe Abbildung).

17 Setzen Sie den Rotor so auf, dass seine Nut zum Keil ausgerichtet ist (siehe Abbildung). Legen Sie die Unterlegscheibe und die Tellerfeder (mit dem Außenbund zur Unterlegscheibe zeigend) auf und ziehen Sie die Mutter mit 75 bis 83 Nm an – kontern Sie dabei den Rotor wie beim Ausbau (Abbildung 16.5).

16.13a Position des RISS-Systems

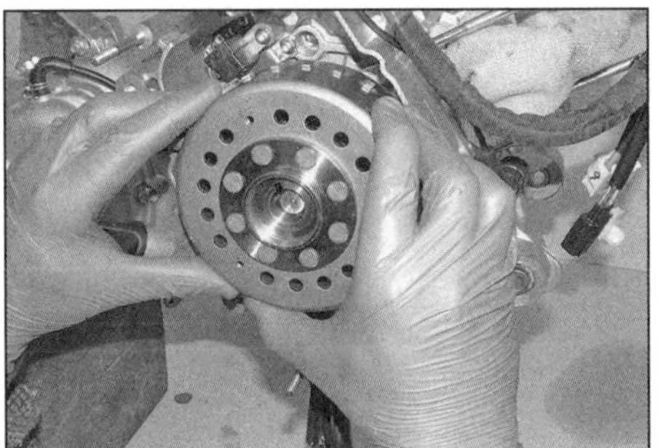

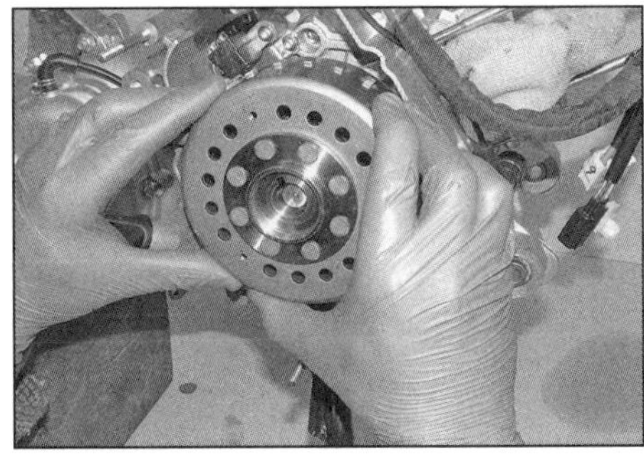

16.17 Schieben Sie den Rotor zum Keil ausgerichtet auf die Kurbelwelle.

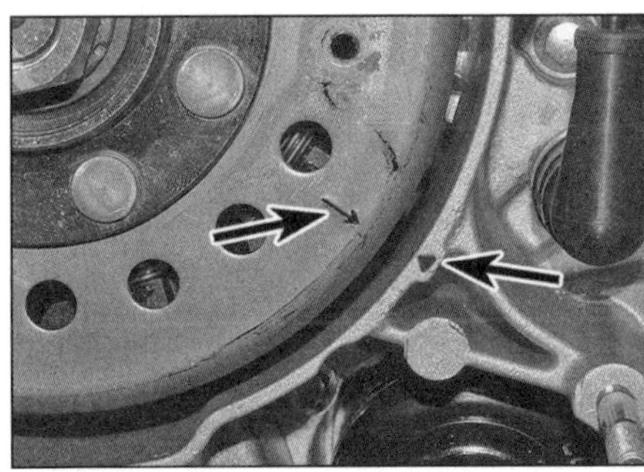

16.20 Der Pfeil am Rotor muss zum Dreieck des Gehäuses ausgerichtet sein.

18 Drehen Sie den Rotor so, dass der Auslöser zur Zündgeberspule ausgerichtet ist, und messen Sie mit einer Fühlerlehre den Abstand zwischen den beiden Teilen (siehe Abbildung) – er muss zwischen 0,3 und 0,4 mm liegen; bei anderen Ergebnissen muss die Spulen-Halterung auf Verzug überprüft werden. Bei zu geringem Abstand können die Komponenten im Betrieb zusammenstoßen und beschädigt werden; bei zu großem Abstand kann die Funktion des Zündsystems leiden.

19 Ziehen Sie die Schrauben der Zündgeberspule mit 5 bis 6 Nm an.

20 Drehen Sie den Rotor so gegen den Uhrzeigersinn, dass der Pfeil zum ins Gehäuse eingeschlagenen Dreieck ausgerichtet ist (siehe Abbildung) – der Kolben muss jetzt im OT stehen.

16.13b Alle Kabel müssen gut isoliert und gesichert sein.

21 Reinigen Sie die Gewinde der Gebläserad-Schrauben und versehen Sie sie mit dauerelastischer Sicherungspaste (z. B. Loctite 243). Setzen Sie das Gebläserad an den Rotor und ziehen Sie die Schrauben mit 5 bis 6 Nm an.

22 Montieren Sie die verbliebenen Komponenten in der umgekehrten Ausbaureihenfolge.

17 Ölpumpe und Überdruckventil

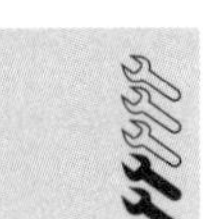

Anmerkung: *Diese Prozedur kann bei eingebautem Motor ausgeführt werden.*

Ausbau

1 Lassen Sie das Motoröl ab (siehe Kapitel 1).

2 Demontieren Sie das Antriebsriemenrad und den Variator (siehe Kapitel 3, Sektion 3).

3 Lösen Sie die Schrauben der Kurbelwellendichtring-Platte und ziehen Sie mit an den Laschen angesetzten Zangen ab (siehe Sektion 9). Beachten Sie die Dichtscheiben an den Schrauben und den O-Ring an der Platte – alle Teile müssen beim Einbau erneuert werden.

4 Beachten Sie unten an der Ölwanne die Bremsschlauch-Halterung und befreien Sie den Schlauch (siehe Abbildung).

17.4 Befreien Sie den Bremsschlauch aus der Führung.

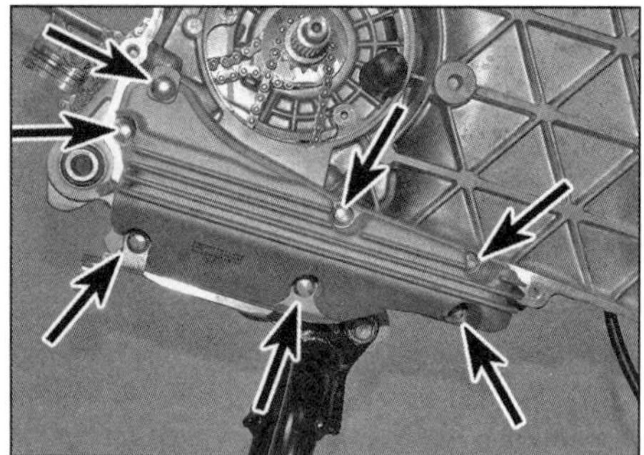
17.5a Ölwannendeckel-Schrauben

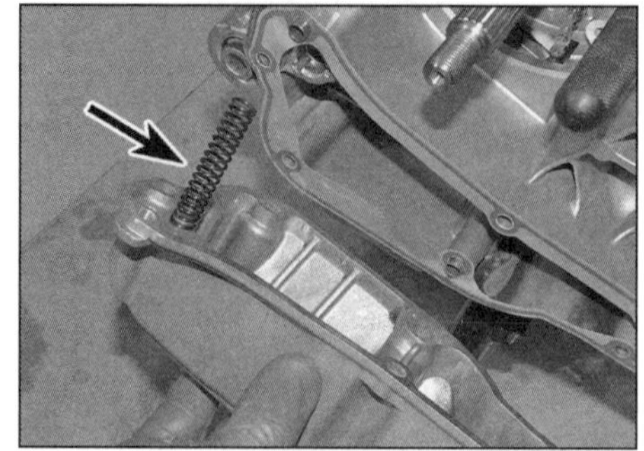
17.5b Überdruckventil-Feder ...

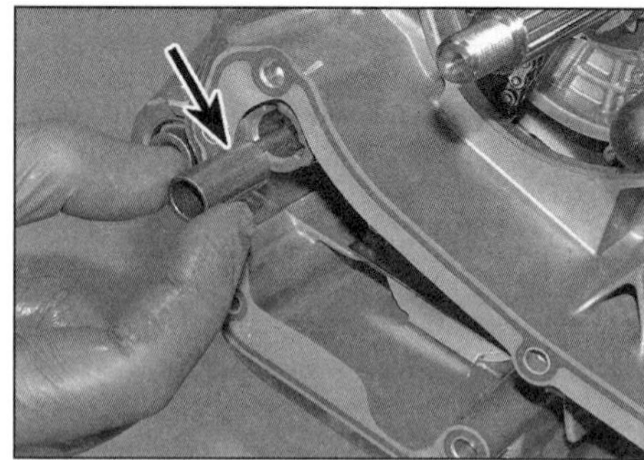
17.5c ... und Überdruckventil

17.6 Ölwannendeckel-Passhülsen

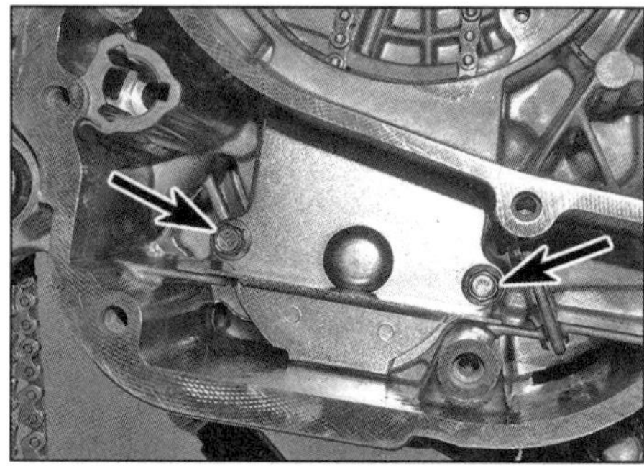
17.7a Lösen Sie die Schrauben ...

17.7b ... und entnehmen Sie die Abdeckplatte.

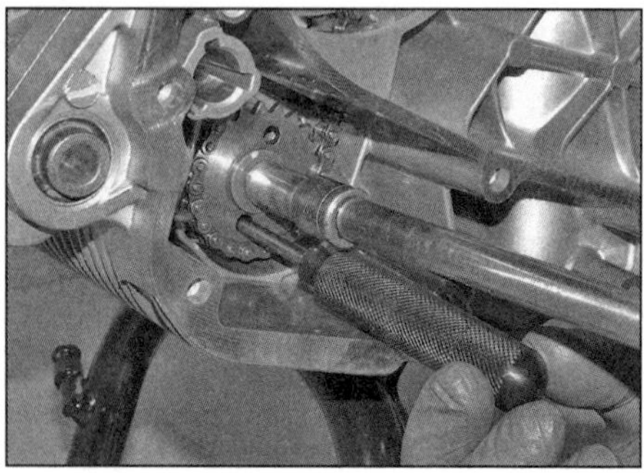
17.8a Blockieren Sie das Ölpumpenritzel, ...

17.8b lösen Sie dessen Schraube und beachten Sie die Einbaulage der Tellerfeder (Pfeil).

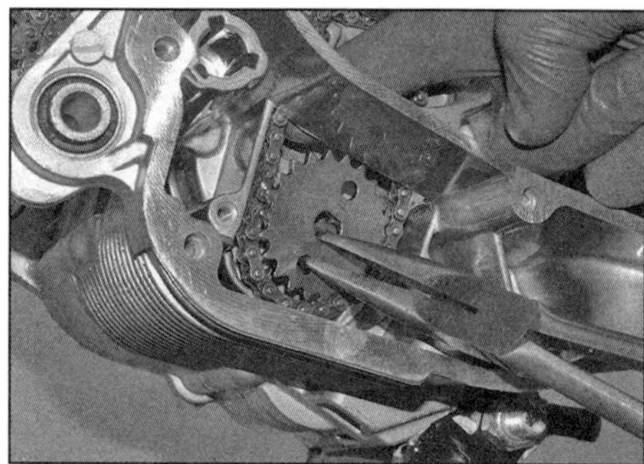
17.8c Ziehen Sie das Ritzel ab ...

5 Stellen Sie einen Altöl-Sammelbehälter unter den Motor, um Ölreste aufzunehmen. Lösen Sie schrittweise und über Kreuz die Ölwannendeckel-Schrauben (siehe Abbildung). Entnehmen Sie den Ölwannendeckel und ziehen Sie die Feder und das Überdruckventil heraus (siehe Abbildungen). Falls der Deckel klemmt, muss er rundherum mit einem weichen Hammer abgeklopft werden, um ihn zu lockern – keinesfalls darf er abgehebelt werden, da hierbei die Dichtfläche beschädigt werden kann.

6 Stellen Sie nötigenfalls die Passhülsen aus dem Gehäuse oder dem Deckel sicher, falls sie locker sind (siehe Abbildung). Entfernen Sie die Deckeldichtung – beim Einbau wird eine neue benötigt.

7 Lösen Sie die Schrauben der vor dem Ölpumpenritzel sitzenden Abdeckplatte und entfernen Sie diese (siehe Abbildungen).

8 Schieben Sie einen Treibdorn oder Schraubendreher durch eine der Bohrungen im Ritzel in eine Gehäuse-Vertiefung, um das Ritzel zu blockieren, und lösen Sie die Ritzelschraube (siehe Abbildung). Entfernen Sie die Schraube samt ihrer Tellerfeder – beachten Sie deren Einbaurichtung. Ziehen Sie das Ritzel von der Pumpenwelle und heben Sie es aus der Kette (siehe Abbildung). Heben Sie nötigenfalls die Antriebskette vom Ritzel der Kurbelwelle (siehe Abbildung) und markieren Sie sie an der Außenseite, um sie später wieder in ihrer ursprünglichen Laufrichtung installieren zu können.

9 Ziehen Sie das Antriebsritzel von der Kurbelwelle (siehe Abbildung). Stellen Sie den dahinter liegenden O-Ring sicher (siehe Abbildung) – beim Einbau wird ein Neuteil benötigt.

10 Lösen Sie die Befestigungsschrauben der Ölpumpe und entnehmen Sie sie (siehe Abbildungen). Entnehmen Sie die Ölpumpen-Dichtung – beim Einbau wird ein Neuteil benötigt.

Kontrolle

11 Reinigen Sie das Überdruckventil und seine Feder in Lösungsmittel. Begutachten Sie die Oberfläche des Ventils auf Verschleiß und Riefen. Messen Sie die freie Länge der Feder (siehe Abbildung) und vergleichen Sie das Ergebnis mit den Angaben in den technischen

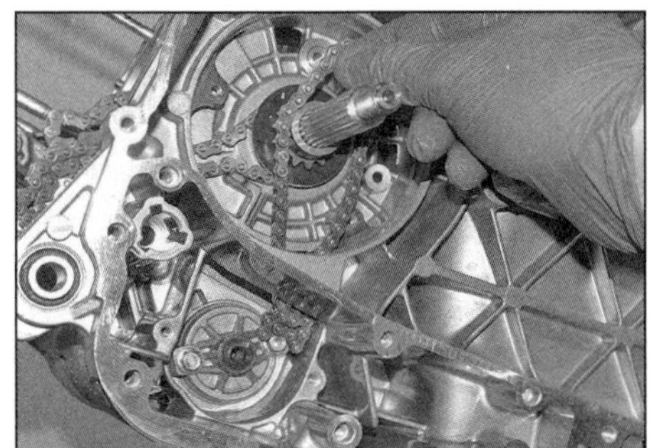

17.8d . . . und befreien Sie die Kette.

17.9a Ziehen Sie das Antriebsritzel von der Kurbelwelle . . .

17.9b . . . und stellen Sie den dahinter liegenden O-Ring sicher.

17.10a Ölpumpen-Befestigungsschrauben

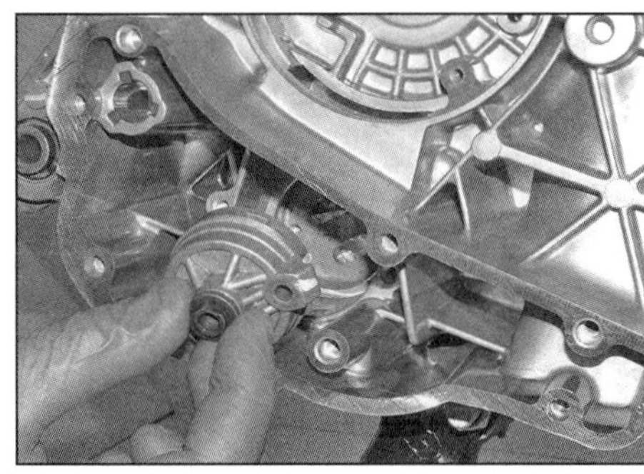

17.10b Heben Sie die Ölpumpe ab.

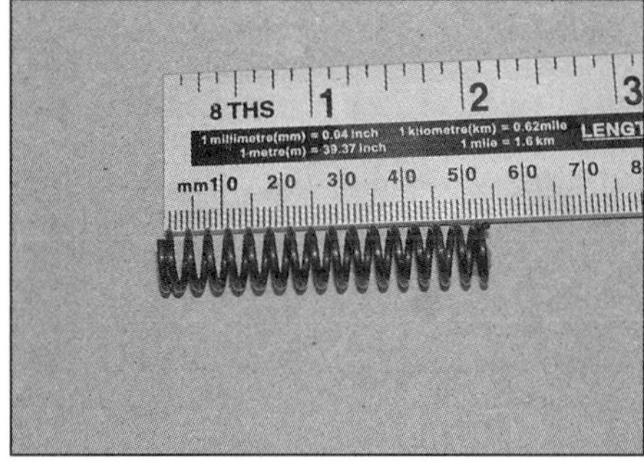

17.11 Messen Sie die freie Länge der Überdruckventil-Feder.

17.19 Beachten Sie die Lasche an der Ölpumpendichtung.

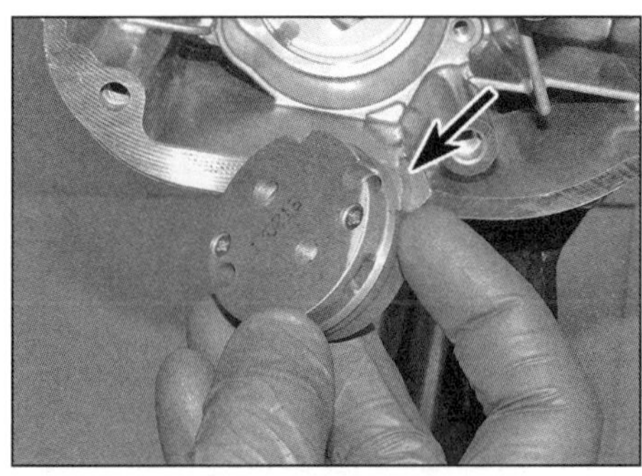

17.20 Setzen Sie die Pumpe mit der abgerundete Sektion (Pfeil) zum Ausschnitt des Gehäuses an.

Daten. Ersetzen Sie schadhafte, verschlissene oder ermüdete Komponenten.

12 Kontrollieren Sie den Ventilsitz im Motorgehäuse; Schmutzablagerungen würden seine Funktion behindern, sodass der Sitz sorgfältig gereinigt werden muss – zerkratzen Sie nicht seine Gleitflächen.

13 Ein Zerlegen der Pumpe ist nicht nötig – Einzelteile sind nicht erhältlich. Lösen Sie dennoch nötigenfalls die zwei Schrauben des Ölpumpendeckels und entfernen Sie diesen. Beachten Sie die Körnermarkierungen an den Rotoren – sie müssen zum Deckel zeigen. Reinigen Sie das Pumpengehäuse und die Rotoren mit Lösungsmittel und trocknen Sie sie möglichst mit Druckluft ab; inspizieren Sie sie anschließend auf Riefen und Verschleiß – falls Schäden, Riefen, ungleichmäßiger oder übermäßiger Verschleiß entdeckt werden, muss eine neue Ölpumpe beschafft werden.

14 Messen Sie mit einer Fühlerlehre das Spiel zwischen den Spitzen des Innenrotors und dem Außenrotor (siehe Kapitel 2C, Sektion 18) und vergleichen Sie das Ergebnis mit den Angaben in den technischen Daten. Messen Sie mit einer Fühlerlehre das Spiel zwischen dem Außenrotor und dem Pumpengehäuse und vergleichen Sie das Ergebnis mit den Angaben in den technischen Daten – falls es die Angaben in den technischen Daten übersteigt, muss eine neue Ölpumpe beschafft werden.

15 Legen Sie ein Haarlineal über die Rotoren und das Gehäuse und ermitteln Sie mit einer Fühlerlehre das Axialspiel der Rotoren – falls es die Angaben in den technischen Daten übersteigt, muss eine neue Ölpumpe beschafft werden.

16 Kontrollieren Sie die Antriebskette und ihre Ritzel auf Verschleiß und Beschädigungen und ersetzen Sie nötigenfalls den gesamten Antrieb durch neue Komponenten.

17 Wenn die Ölpumpe in Ordnung ist, müssen alle Komponenten gereinigt und mit frischem Motoröl geschmiert werden. Setzen Sie den Deckel auf – dies ist nur in einer Richtung möglich – und ziehen Sie die Schrauben sorgfältig an.

18 Drehen Sie die Ölpumpe von Hand durch, um sicherzugehen, dass sich die Rotoren sanft bewegen lassen.

Einbau

19 Rüsten Sie das Motorgehäuse mit einer neuen Ölpumpendichtung aus, deren Bohrungen und Lasche korrekt ausgerichtet sein muss (siehe Abbildung).

20 Setzen Sie die Pumpe so an das Motorgehäuse, dass die abgerundete Sektion der Pumpe zum Ausschnitt des Gehäuses fluchtet (siehe Abbildung). Reinigen Sie die Gewinde der Ölpumpen-Schrauben und versehen Sie sie mit dauerelastischer Sicherungspaste (z. B. Loctite 243), bevor Sie sie mit 5 bis 6 Nm anziehen.

21 Schmieren Sie den neuen O-Ring mit Motoröl und schieben Sie ihn bis in die Nut der

17.22 Schieben Sie das korrekt ausgerichtete Ritzel auf die Ölpumpenwelle.

17.25 Legen Sie eine neue Dichtung über die Passhülsen.

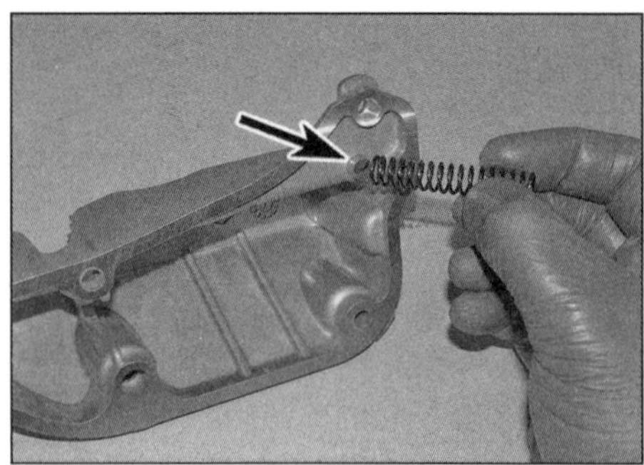

17.26 Stecken Sie die Überdruckventil-Feder auf den Stift des Deckels.

Kurbelwelle (Abbildung 19.9b). Schieben Sie das Antriebsritzel mit dem Bund nach außen zeigend auf und legen Sie die Ölpumpenkette darum (Abbildungen 17.9a und 17.8d).

22 Legen Sie das Ölpumpenritzel in die Kette, richten Sie es zur Abflachung der Ölpumpenwelle aus und schieben Sie es auf (siehe Abbildung). Legen Sie die Tellerfeder mit dem erhabenen Außenrand zum Ritzel auf und drehen Sie die Schraube ein. Kontern Sie das Ritzel wie beim Ausbau und ziehen Sie die Schraube sorgfältig an (Abbildung 17.8a).

23 Installieren Sie die Abdeckplatte vor das Ölpumpenritzel und sichern Sie sie sorgfältig angezogenen Schrauben (Abbildung 17.7a).

24 Reinigen Sie die Dichtflächen des Ölwannendeckels und des Motorgehäuses mit Lösungsmittel und beseitigen Sie Dichtungsreste – beschädigen Sie dabei nicht das relativ weiche Aluminium.

25 Schmieren Sie das Überdruckventil mit Motoröl und installieren Sie es mit der geschlossenen Seite voran ins Motorgehäuse (Abbildung 17.5c). Installieren Sie ggf. die Passhülsen für den Ölwannendeckel und legen Sie die neue Dichtung darüber (siehe Abbildung).

26 Stecken Sie die Überdruckventil-Feder über den Stift innerhalb des Deckels (siehe Abbildung) und achten Sie beim Ansetzen des Deckels darauf, dass ihr äußeres Ende in das Ventil gleitet (Abbildung 17.5b). Installieren Sie die Deckelschrauben und die Bremsschlauchführung (Abbildung 18.5) und ziehen Sie die Schrauben schrittweise und über Kreuz bis zum Drehmoment von 11 bis 13 Nm an.

27 Rüsten Sie die Kurbelwellendichtring-Platte außen mit einem neuen O-Ring aus und schmieren Sie ihn mit Motoröl. Setzen Sie die Platte ins Motorgehäuse, rüsten Sie die Schrauben mit neuen Dichtscheiben aus und ziehen Sie sie mit 11 bis 13 Nm an.

28 Montieren Sie das Antriebsriemenrad und den Variator (siehe Kapitel 3, Sektion 3).

29 Füllen Sie Motoröl auf (siehe Kapitel 1 und *Tägliche Kontrollen*). Starten Sie den Motor und kontrollieren Sie den Bereich um die Ölwanne auf Undichtigkeiten.

18 Motorgehäusehälften, Kurbelwelle und Pleuel

Anmerkung: *Zum Trennen der Motorgehäusehälften muss der Motor ausgebaut werden.*

Trennen

1 Bauen Sie zunächst den Motor aus (siehe Sektion 5). Vor dem Trennen müssen die folgenden Komponenten demontiert werden:

- *Steuerkette, Schienen und Ritzel (Sektion 10)*
- *Drosselklappengehäuse und Einlassstutzen (siehe Kapitel 5)*
- *Zylinderkopf (Sektion 11)*

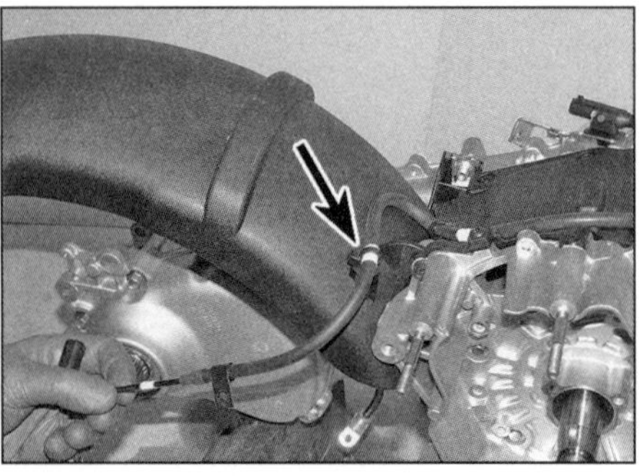

18.3a Halterung des ABS-Sensorkabels

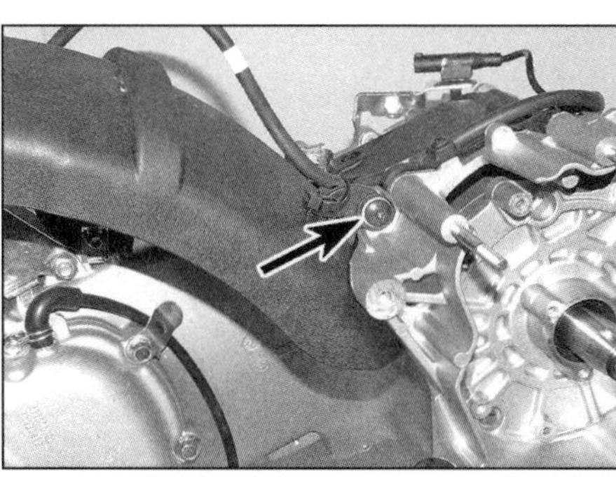

18.3b Schraube, die den Kotflügel am Antriebsgehäuse sichert

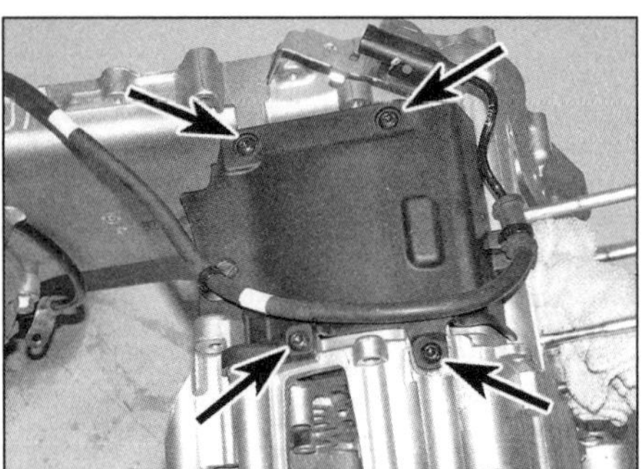

18.4a Lösen Sie die vier Schrauben . . .

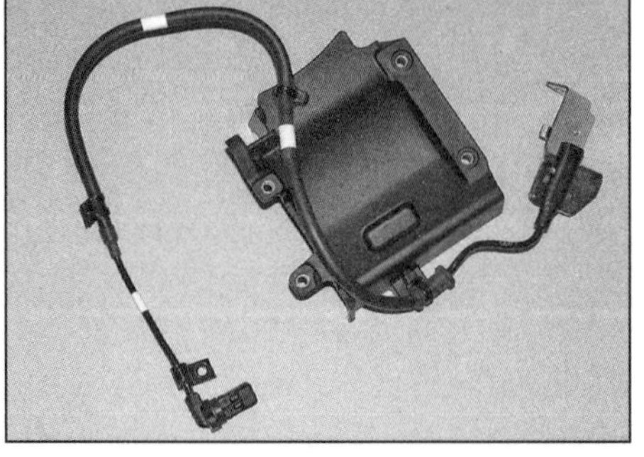

18.4b . . . und heben Sie den Ansaugstutzen samt Geschwindigkeitssensor-Kabel ab.

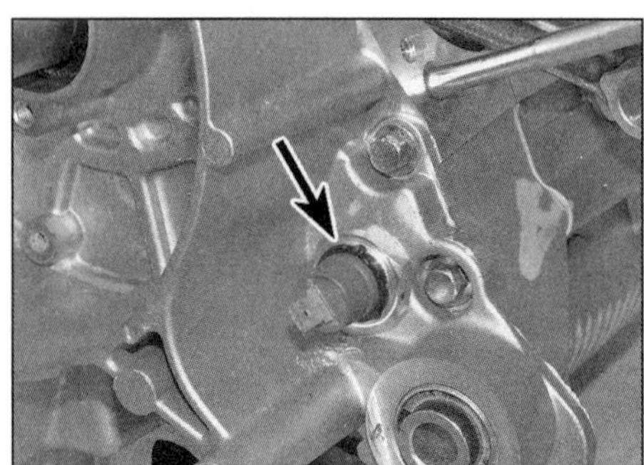

18.5 Position des Öldruckschalters

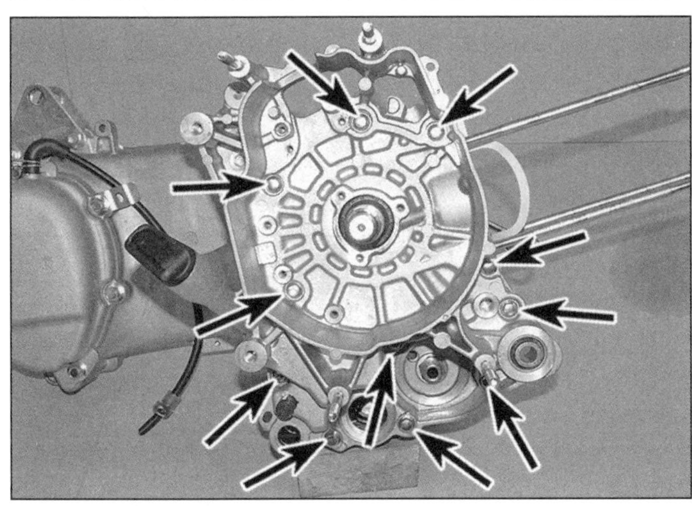

18.6a Lösen Sie die elf Gehäuseschrauben...

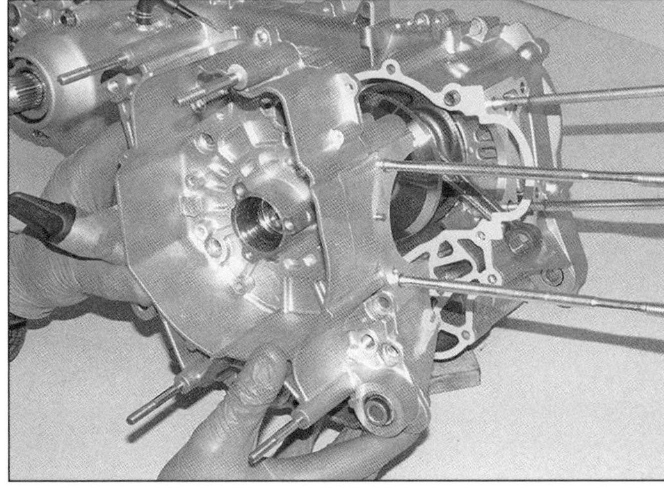

18.6b ...und heben Sie die rechte Gehäusehälfte ab.

- *Zylinder (Sektion 13)*
- *Kolben (Sektion 14)*
- *Lichtmaschinenrotor und Stator (Sektion 16)*
- *Ölpumpe (Sektion 18)*
- *Antriebsriemenrad und Variator (Kapitel 3, Sektion 3)*
- *Auspuffhalter, Hinterrad und Hinterrad-Bremsscheibe (siehe Kapitel 8)*
- *Hauptständer (Kapitel 9, Sektion 2)*

2 Vor dem Trennen muss mit einer Messuhr das Axialspiel der Kurbelwelle ermittelt werden (siehe Abbildung). Übermäßiges Spiel weist auf Verschleiß an der Kurbelwelle oder dem Gehäuse hin – überprüfen Sie dies nach dem Trennen des Gehäuses. Halten Sie das Gehäuse fest und prüfen Sie auf beiden Seiten, ob sich die Kurbelzapfen fühlbar auf und ab bewegen lassen – dies weist auf verschlissene Hauptlager hin.

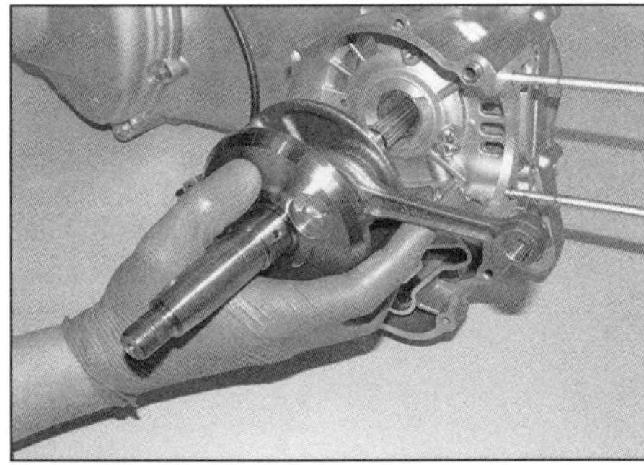

18.7 Heben Sie die Kurbelwelle senkrecht aus der linken Gehäusehälfte.

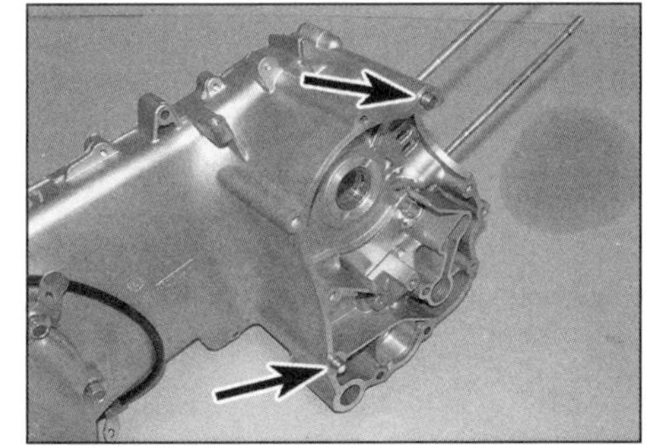

18.8 Position der Motorgehäuse-Passhülsen

18.9a Position des Ölfilter-Einsatzes

18.9b Schrauben des Ölleitblechs

3 Befreien Sie das Kabel des ABS-Hinterradsensors aus der Halterung am Kotflügel, lösen Sie dessen Schraube und heben Sie den Kotflügel ab (siehe Abbildungen).

4 Beachten Sie, wie das Kabel des Geschwindigkeitssensors am Ansaugstutzen (oben am Motor) gesichert ist, lösen Sie die Schrauben des Stutzens und befreien Sie ihn samt Kabel (siehe Abbildungen).

5 Schrauben Sie den Öldruckschalter aus dem Motorgehäuse (siehe Abbildung).

6 Lockern Sie schrittweise und über Kreuz die 11 Motorgehäuseschrauben; wenn alle locker sind, können sie entfernt werden (siehe Abbildung). Legen Sie den Motor mit der linken Seite (Getriebe) auf die Werkbank und heben Sie vorsichtig die rechte Gehäusehälfte senkrecht ab, sodass nicht das rechte Kurbelwellenlager beschädigt wird (siehe Abbildung). Falls sich die Gehäusehälften nicht trennen, müssen sie rundherum mit einem weichen Hammer abgeklopft werden.

Anmerkung: *Keinesfalls darf versucht werden, die Gehäusehälften auseinander zu hebeln, da hierbei die Dichtflächen zerstört werden.*

7 Heben Sie die Kurbelwelle senkrecht aus der linken Gehäusehälfte (siehe Abbildung) – beschädigen Sie dabei nicht das Lager.

8 Entfernen Sie die Gehäusedichtung – beim Einbau muss eine neue Dichtung verwendet werden (Abbildung 18.29). Beachten Sie die Positionen der zwei Gehäuse-Passhülsen und stellen Sie sie nötigenfalls sicher (siehe Abbildung).

9 Entfernen Sie den Ölfilter-Einsatz – sein O-Ring muss später durch ein Neuteil ersetzt werden (siehe Abbildung). Lösen Sie nötigenfalls die Schrauben des Ölleitblechs und entfernen Sie dies (siehe Abbildung).

10 Reinigen Sie das Motorgehäuse sorgfältig mit Lösungsmittel und blasen Sie es möglichst mit Druckluft aus.

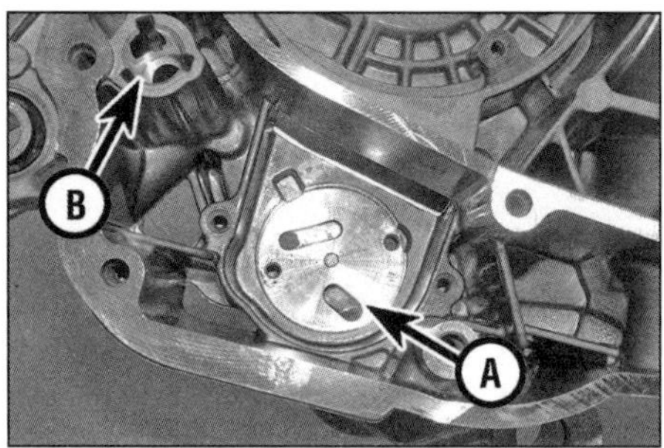

18.11a Ölpumpen-Kanal (A), Überdruckventil-Kanal ...

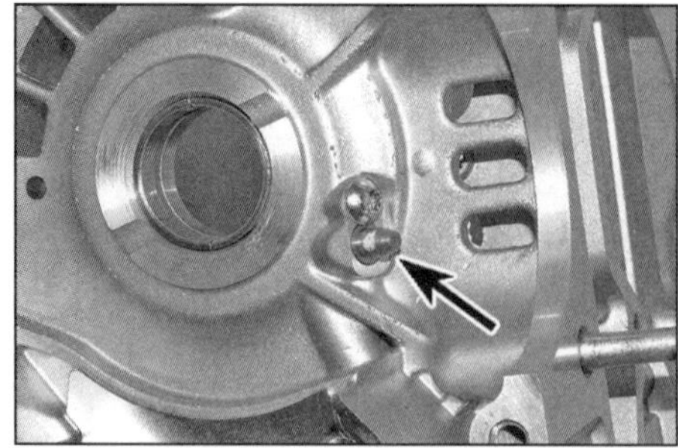

18.11b ... und Kolben-Öldüse in der linken Gehäusehälfte

18.11c Hauptlagerkanal ...

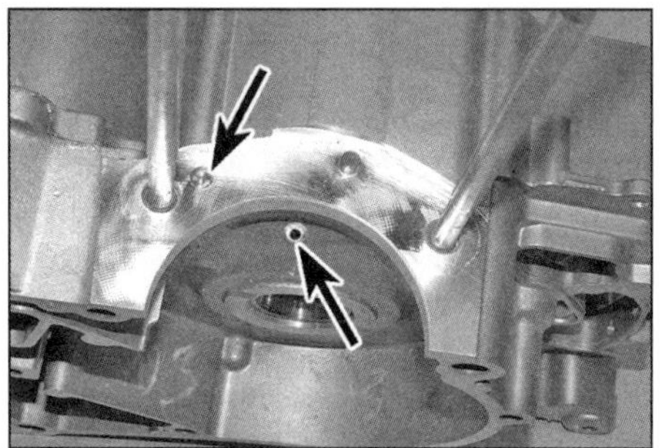

18.11d ... und Zylinderkopf-Ölkanal in der rechten Gehäusehälfte

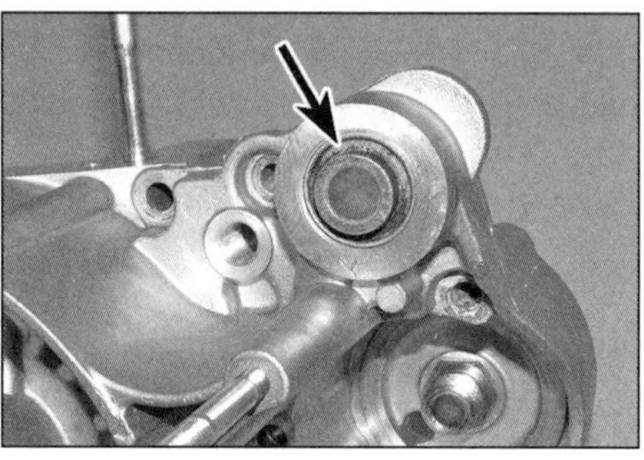

18.17 Kontrollieren Sie die Lagerbuchsen in beiden Motorgehäusehälften.

11 Blasen Sie in der linken Gehäusehälfte die Ölkanäle im Ölpumpengehäuse, den Kanal des Überdruckventils, den Kanal des Hauptlagers und die Kolben-Öldüse mit Druckluft aus (siehe Abbildungen). Blasen Sie in der rechten Gehäusehälfte die Ölkanäle für das Hauptlager und die Zylinderkopf-Versorgung aus (siehe Abbildungen).

12 Reinigen Sie die Kurbelwelle mit Lösungsmittel.

Achtung: Piaggio warnt davor, die Ölkanäle des Pleuels mit Druckluft auszublasen, da sich hierdurch Ablagerungen vor den Bohrungen des Pleuelfußlagers ansammeln und diese blockieren können.

13 Beseitigen Sie sämtliche Dichtungsreste vom Gehäuse, aber beschädigen Sie dabei nicht die Dichtflächen.

Achtung: Schäden an den Dichtflächen können zu Öl-Undichtigkeiten führen. Kontrollieren Sie das gesamte Gehäuse auf Risse und andere Schäden.

Kontrolle

Motorgehäuse

14 Inspizieren Sie die Gehäusehälften auf Beschädigungen. Kleine Risse oder Löcher können provisorisch mit Epoxidharz oder Flüssigmetall repariert werden. Aluminium kann auch geschweißt werden, doch sollte diese Arbeit Profis überlassen werden, die abwägen können, ob sich der Aufwand lohnt. Bedenken Sie, dass bei einem irreparablen Schaden immer beide Gehäusehälften als Satz ausgetauscht werden müssen.

Anmerkung: *Beachten Sie in den technischen Daten die Hinweise zur Paarung der Gehäusehälften und der Kurbelwelle.*

15 Beschädigte Gewinde lassen sich mit Reparatursätzen wie Helicoil kostengünstig wiederherstellen. Solche Einsätze lassen sich relativ einfach installieren. Abgerissene Stehbolzen oder Schrauben können mit speziellen Werkzeugen entfernt werden – holen Sie dazu bei einer Piaggio-Werkstatt oder einem Motoren-Fachbetrieb Rat ein.

16 Waschen Sie das Motorgehäuse nach jeder Reparatur sorgfältig aus, um sicherzustellen, dass sich keine Metallspäne darin abla-

18.18 Kontrollieren Sie die Kurbelwellen-Hauptlager auf Verschleiß und Schäden – gezeigt ist das Lager der linken Gehäusehälfte.

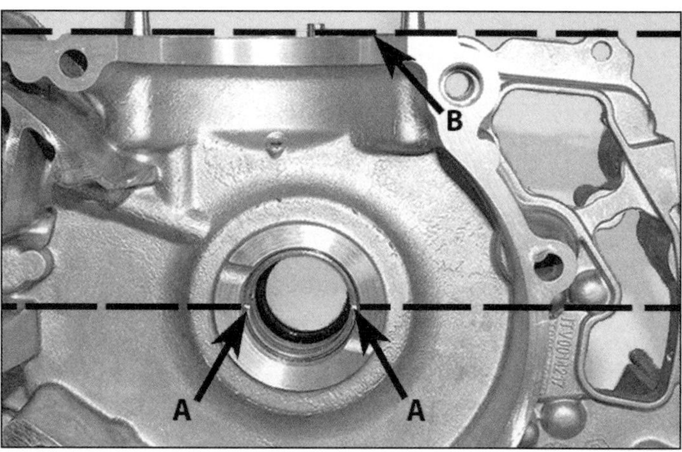

18.19 Die Kontaktflächen der beiden Hauptlager-Halbschalen (A) müssen parallel zur Zylinder-Dichtfläche (B) stehen – gezeigt an der rechten Gehäusehälfte.

18.21 Auf der Kurbelwange angegebene Kurbelwellen-Kategorie

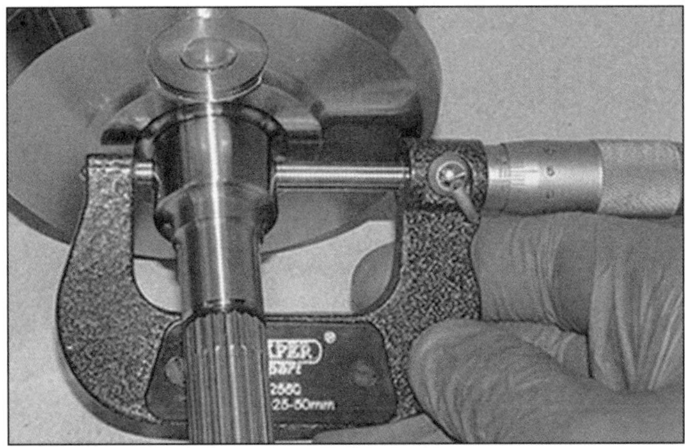

18.22 Vermessen Sie die Kurbelwellen-Lagerzapfen.

18.24a Messen Sie das Axialspiel des Pleuels auf dem Hubzapfen.

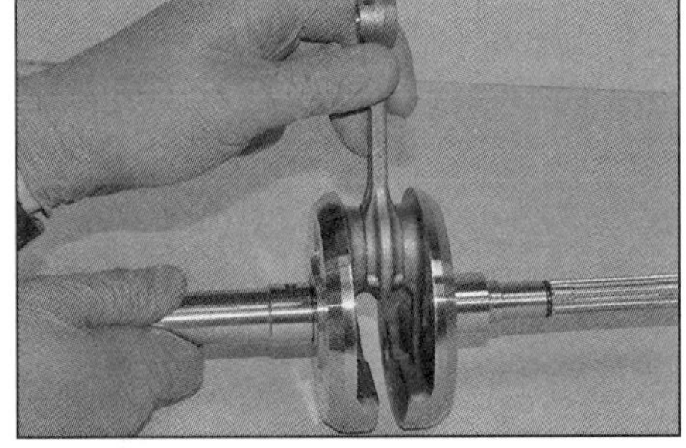

18.24b Das Pleuel darf kein fühlbares Radialspiel aufweisen.

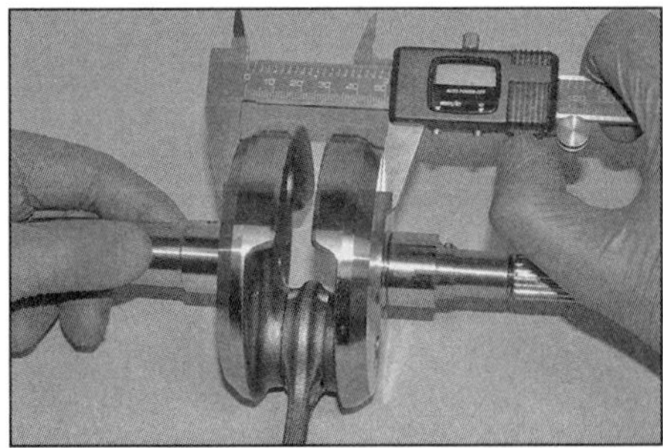

18.24c Ermitteln Sie in mehreren Positionen die Breite über die Schwungscheiben.

gern, die im Betrieb große Schäden anrichten können.

17 Kontrollieren Sie die Lagerbuchsen des Motors (siehe Abbildung) – falls sie Alterungserscheinungen aufweisen, müssen beide als Set ausgetauscht werden. Bevor eine Buchse entfernt wird, muss ihre Einbauposition im Gehäuse notiert werden. Erwärmen Sie das Gehäuse mit einem Heißluftgebläse, stützen Sie es gut ab und treiben Sie die Buchse mithilfe eines Hammers und eines geeigneten Steckschlüssels heraus. Befreien Sie den Sitz der Buchse mithilfe von Stahlwolle von Korrosion, erwärmen Sie das Gehäuse erneut und treiben Sie die neue Buchse ein.

Anmerkung: *Stützen Sie das Gehäuse beim Aus- und Einbau stets so ab, dass das Gehäuse selbst nicht beschädigt werden kann.*

Hauptlager und Kurbelwelle

18 Kontrollieren Sie den Zustand der beiden Hauptlager in den Gehäusehälften (siehe Abbildung). Jedes Lager besteht aus zwei Hälften – die Oberfläche der hinteren Hälfte ist glatt, während in die vordere Hälfte Ölnuten eingearbeitet sind. Die Lagerflächen aller Lager müssen glatt sein und dürfen keine Riefen oder Abriebstellen aufweisen. Der Zustand der Lagerschalen und der Gleitflächen auf den Kurbelwellenzapfen ist wichtig für ein korrekt funktionierendes Schmiersystem, da sonst hier der gesamte Öldruck abgebaut wird und die Schmierung des Pleuelfußlagers sowie des Zylinderkopfs nicht mehr gewährleistet werden kann, sodass auch hier rascher Verschleiß auftreten wird.

19 Die Kontaktflächen der beiden Hauptlager-Halbschalen müssen parallel zur Zylinder-Dichtfläche stehen, damit die Ölkanäle in den Gehäusehälften zu den Ölnuten in den Lagern fluchten (siehe Abbildung) – falls sich die Lager gedreht haben, kann die Ölversorgung unterbrochen sein.

20 Die Hauptlagerschalen sind ins Gehäuse eingepresst und dürfen nicht ausgebaut werden – sie sind auch nicht als Ersatzteile erhältlich. Bei erhöhtem Verschleiß muss ein neues Motorgehäuse beschafft werden – erkundigen Sie sich im Zweifel zunächst beim Piaggio-Händler.

21 Die Motorgehäusehälften und die Kurbelwelle werden in zwei Kategorien angeboten (1 und 2). Die Kurbelwellen-Kategorie ist auf einer der Kurbelwangen angegeben (siehe Abbildung). Die Hauptlager sind mit entsprechenden Farbmarkierungen versehen. Ermitteln Sie mithilfe der Informationen in den technischen Daten die Motorgehäuse-Kategorie.

22 Inspizieren Sie die Lagerzapfen der Kurbelwelle – ihre Oberfläche muss glatt sein und darf keine Riefen, Ausbrüche oder Abschleifungen aufweisen. Messen Sie mit einer Mikrometerschraube den Durchmesser der Zapfen an zwei Stellen und in zwei Richtungen (siehe Kapitel 2C, Sektion 19). Vergleichen Sie die Messergebnisse mit den Angaben in den technischen Daten, um zu prüfen, ob die Lagerzapfen innerhalb der Vorgaben liegen.

23 Soweit die Lagerzapfen in Ordnung sind, die Kontrolle in Schritt 2 aber fühlbares Radialspiel ergeben hat, werden die Hauptlagerschalen verschlissen sein. Falls die Kurbelwellen-Lagerzapfen beschädigt oder übermäßig verschlissen sind, muss eine neue Kurbelwelle beschafft werden – diese muss zu den Gehäusehälften und Lagern passen. Bei der Beschaffung eines neuen Motorgehäuses ist es ratsam, die Kurbelwelle dem Piaggio-Händler zu zeigen, damit er die korrekte Größe besorgt.

24 Messen Sie mit einer Fühlerlehre das Axialspiel des Pleuels auf dem Hubzapfen (siehe Abbildung) – hier dürfen maximal 0,5 mm festgestellt werden. Radialspiel des Pleuels darf nicht fühlbar ist (siehe Abbildung). Ermitteln Sie in mehreren Positionen die Breite über die Schwungscheiben, um einen Verzug zu prüfen (siehe Abbildung) – es müssen rundherum ein gleichmäßiger Wert festgestellt werden (siehe Abbildung).

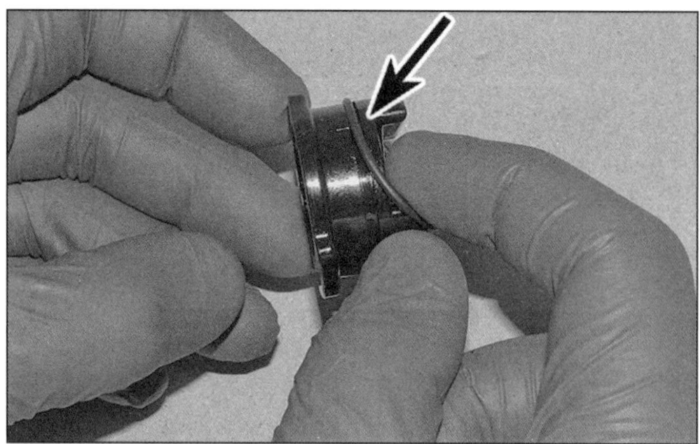

18.27a Rüsten Sie den Ölfilter-Einsatz mit einem neuen O-Ring aus . . .

18.27b . . . und stecken Sie ihn in seinen Sitz in der Gehäusehälfte.

Zusammenbau

25 Legen Sie das Motorgehäuse mit der Getriebeseite (links) nach unten auf die Werkbank.
26 Falls entfernt, müssen das Ölleitblech montiert und seine Schrauben sorgfältig angezogen werden (Abbildung 18.9b).
27 Rüsten Sie den Ölfilter-Einsatz mit einem neuen O-Ring aus und stecken Sie ihn in seinen Sitz in der Gehäusehälfte (siehe Abbildungen).
28 Schmieren Sie die Hauptlager und die Lagerzapfen der Kurbelwelle mit frischem Motoröl. Schieben Sie die Kurbelwelle vollständig in die linke Gehäusehälfte und positionieren Sie das Pleuel in der Zylinderöffnung (Abbildung 18.7).
29 Die Dichtflächen beider Gehäusehälften müssen absolut sauber sein. Sorgen Sie dafür, dass die Passhülsen im Gehäuse stecken, und legen Sie die neue Dichtung darüber (siehe Abbildung).
30 Führen Sie die rechte Gehäusehälfte über die Kurbelwelle und drücken Sie sie über die Passhülsen auf die untere Hälfte (Abbildung 18.6b). Klopfen Sie das Gehäuse nötigenfalls vorsichtig mit einem weichen Hammer zusammen, aber setzen Sie keine übermäßige Gewalt ein.

Anmerkung: *Falls sich die Gehäusehälften nicht korrekt verbinden lassen, muss die rechte Hälfte abgenommen und das Problem beseitigt werden.*

Achtung: Versuchen Sie keinesfalls, die Gehäusehälften mit den Schrauben zusammenzuziehen!

31 Reinigen Sie die Gewinde der Gehäuseschrauben und drehen Sie sie handfest ein (Abbildung 18.6a). Ziehen Sie sie dann schrittweise und über Kreuz bis zum Drehmoment von 11 bis 13 Nm an. Schneiden Sie mit einer scharfen Klinge den Dichtungsstreifen über der Zylinderöffnung ab (siehe Abbildung).
32 Halten Sie das Pleuel, damit es nicht gegen das Gehäuse schlägt, und drehen Sie die Kurbelwelle, um Freigängigkeit sicherzustellen.
33 Montieren Sie alle entfernten Komponenten in der umgekehrten Ausbaureihenfolge.

19 Einfahrhinweise

1 Stellen Sie sicher, dass der Motoröl- und Kühlmittelpegel korrekt ist (siehe *Tägliche Kontrollen*).
2 Sorgen Sie dafür, dass sich Kraftstoff im Tank befindet.
3 Schalten Sie die Zündung ein, starten Sie den Motor und lassen Sie ihn im Standgas Betriebstemperatur erreichen. Anfänglicher Auspuffqualm ist nicht alarmierend, da das bei der Montage des Kolbens und Zylinders verwendete Öl jetzt verbrannt wird.

Warnung: Falls die Öldruck-Warnlampe nicht nach wenigen Sekunden erlischt oder bei laufendem Motor aufzuleuchten beginnt, muss der Motor unverzüglich abgeschaltet werden! Beachten Sie die Fehlersuche am Ende dieses Buchs und beseitigen Sie vor dem nächsten Motorstart die Ursache.

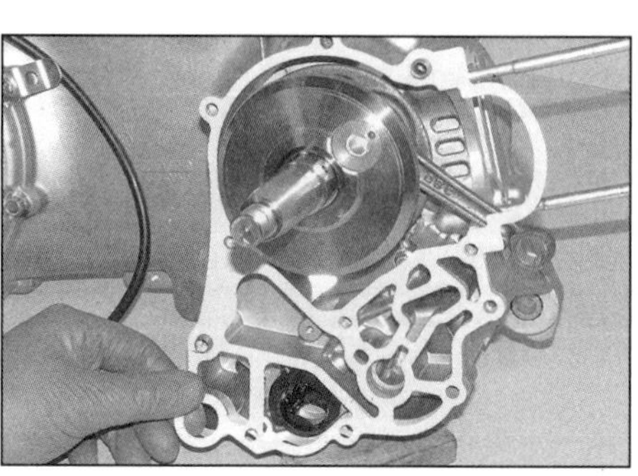

18.29 Legen Sie eine neue Gehäusedichtung über die Passhülsen.

4 Falls sich der Motor nicht starten lässt, muss die Zündkerze ausgebaut werden, um sie auf Verölung zu prüfen; reinigen Sie sie nötigenfalls und versuchen Sie erneut, den Motor zu starten. Weigert er sich weiterhin, muss mithilfe der Fehlersuche im Anhang die Ursache gefunden und beseitigt werden.
5 Kontrollieren Sie alles sorgfältig auf Öl-Undichtigkeiten und überprüfen Sie, ob der Antrieb und die Instrumente, besonders die Bremsen, ordentlich funktionieren, bevor Sie den Roller auf der Straße testen.
6 Behandeln Sie das Fahrzeug auf den ersten Kilometern vorsichtig, um sicherzugehen, dass überall im Motor Öl angekommen ist und sich alle neuen Teile zu setzen begonnen haben.
7 Große Sorgfalt ist geboten, wenn der Zylinder aufgebohrt wurde oder eine neue Kurbelwelle eingebaut wurde – in diesen Fällen muss das Fahrzeug so behandelt werden, als wäre es neu. Das bedeutet, auf den ersten 1000 km kein Vollgas zu geben und danach die Leistung nur schrittweise zu erhöhen und nur kurze Zeit Vollgas zu geben. Wer bereits Erfahrungen mit dem Motor hat, wird merken, wann er frei läuft.
8 Führen Sie eine Probefahrt durch und lassen Sie den Motor komplett abkühlen. Kontrollieren Sie das Ventilspiel (siehe Kapitel 1, Sektion 20) und den Ölpegel (siehe *Tägliche Kontrollen*).

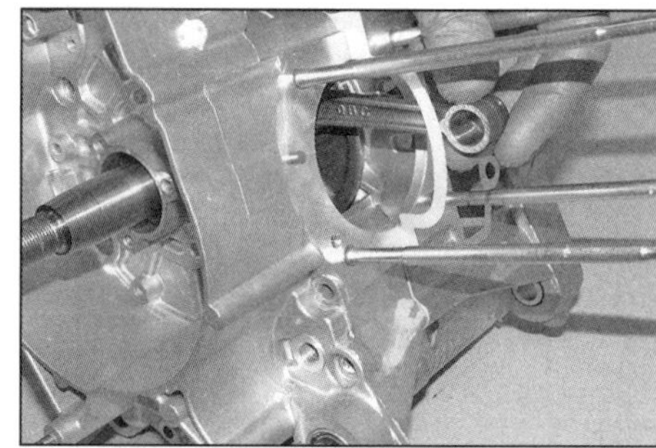

18.31 Schneiden Sie den Dichtungsstreifen über der Zylinderöffnung ab.

Kapitel 3
Kraftübertragung

Inhalt (in alphabetischer Reihenfolge, die Zahlen geben die Nummerierung in den grauen Feldern wieder)

Schwierigkeitsgrade

Leicht. Für Anfänger mit wenig Erfahrung geeignet. 	**Relativ leicht.** Für Anfänger mit etwas Erfahrung geeignet. 	**Relativ schwierig.** Geeignet für geübte Selbstschrauber. 	**Schwer.** Geeignet für Selbstschrauber mit viel Erfahrung. 	**Sehr schwer.** Geeignet für Experten und Profis.

Technische Daten

Variator – alle GTS-, GTV- und GT-Modelle, LX-, LXV- und S-Modelle bis 2011

Rollen-Durchmesser (min.)	
LX-, LXV- und S-Modelle	18,4 mm
GTS 125 bis 2015	19,0 mm
GTS 125/150 ab 2016	
Standard	19,0 mm
Verschleißgrenze (min.)	18,4 mm
250/300 cm³-Modelle	20,0 mm
Hülsen-Durchmesser (min.)	25,95 mm
Buchsen-Innendurchmesser	
Standard	26,021 mm
Verschleißgrenze (max.)	26,12 mm

Variator – LX-, LXV-, S-, Primavera- und Sprint-Modelle ab 2012

Rollen-Durchmesser (min.)	
Standard	19,0 mm
Verschleißgrenze (min.)	18,4 mm
Hülsen-Durchmesser	
Standard	25,96 bis 25,98 mm
Verschleißgrenze (min.)	25,95 mm
Buchsen-Innendurchmesser	
Standard	26,021 mm
Verschleißgrenze (max.)	26,12 mm

Kupplung und hinteres Riemenrad – alle GTS-, GTV- und GT-Modelle, LX-, LXV- und S-Modelle bis 2011

Kupplungstrommel-Durchmesser (max.)	134,5 mm
Kupplungstrommel-Unrundlauf (max.)	0,15 mm
Durchmesser innere Riemenradwelle	
GTS 125/150 ab 2016	40,05 bis 40,15 mm
alle anderen Modelle	40,96 mm (min.)
Durchmesser äußere Riemenradbohrung (max.)	41,08 mm
Freie Federlänge (min.)	
LX-, LXV- und S-Modelle	105,5 mm
GTS 125 bis 2015	140 mm
GTS 125/150 ab 2016	88 mm
250/300 cm³-Modelle	118 mm
Kupplungsbelag-Materialstärke (min.)	1,0 mm

Kupplung und hinteres Riemenrad – LX-, LXV-, S-, Primavera- und Sprint-Modelle ab 2012

Kupplungstrommel-Durchmesser	
Standard	134,0 bis 134,2 mm
Verschleißgrenze (max.)	134,5 mm
Kupplungstrommel-Unrundlauf (max.)	0,15 mm
Durchmesser innere Riemenradwelle	40,05 bis 40,15 mm
Freie Federlänge (min.)	106 mm
Kupplungsbelag-Materialstärke (min.)	1,0 mm

Getriebe

GTS 125/150 ab 2016, Primavera- und Sprint-Modelle	
Eingangswellen-Lagerzapfen – Durchmesser	21,99 bis 21,98 mm (min.)
Ausgangswellen-Lagerzapfen – Durchmesser	
rechts	14,99 bis 14,98 mm (min.)
links	24,99 bis 24,98 mm (min.)
Zwischenwellen-Lagerzapfen – Durchmesser	14,99 bis 14,98 mm (min.)

Anzugsdrehmomente

	Nm
Antriebsriemenrad-Mutter	75 bis 83
Antriebsriemendeckel-Schrauben	11 bis 13
Antriebsriemen-Stützrollen-Bolzen (250/300 cm³-Modelle)	
GTS Super 300 (ab 2016)	12 bis 16
alle anderen Modelle	12 bis 13
Getriebedeckel-Schrauben	
GTS 125/150 ab 2016	23 bis 25
alle anderen Modelle	24 bis 27
Getriebeeingangswellen-Mutter	54 bis 60
Getriebeöl-Ablassschraube	15 bis 17
Getriebeöl-Einfüllschraube	15 bis 17
Kupplungsmutter	
GTS, GTV, GT und LX, LXV und S bis 2011	45 bis 50
LX, LXV, S, Primavera- und Sprint ab 2012	53 bis 59

1 Allgemeine Informationen

1 Die Kraftübertragung aller Modelle erfolgt vollautomatisch. Die Motorleistung wird von der Kurbelwelle über das Antriebsrad auf einen Keilriemen zum Hinterrad übertragen. Dieser Riemen läuft auf durch die Motordrehzahl und dadurch ändernde Fliehkräfte verstellenden Rädern (Variator), die so die Übersetzung ändern. Am hinteren Riemenrad sitzt eine Fliehkraftkupplung, die erst beim Anfahren den Kraftschluss sicherstellt. Vor der Radachse befindet sich ein Untersetzungsgetriebe.

Anmerkung: *Die internen Bauteile des Antriebs können sich leicht von den hier gezeigten unterscheiden. Merken Sie sich beim Zerlegen immer die Positionen und Einbaurichtungen aller Bauteile.*

2 Antriebsriemendeckel

Ausbau

1 Bei eingebauter Antriebseinheit müssen alle Verkleidungsteile entfernt werden, die den Zugang zum links sitzenden großen Deckel behindern (siehe Kapitel 9).

2 Entfernen Sie das Luftfiltergehäuse, falls es den Zugang die den oberen Schrauben des Antriebsriemendeckels behindert (siehe Kapitel 5).

3 Trennen Sie bei LX-, LXV-, S-, GTS125/150ie-, GTS 300-, Primavera- und Sprint-Modellen vorn am Antriebsriemendeckels den Kühlluft-Stutzen (siehe Abbildungen) – eventuell müssen hierfür weitere Verkleidungsteile entfernt werden (siehe Kapitel 9).

4 Hebeln Sie hinten am Antriebsriemendeckel die Kappe ab (siehe Abbildung).

5 Die Getriebeeingangswelle ist im Antriebsriemendeckel gelagert. Zum Lösen ihrer Mut-

2.3a Lösen Sie die drei Schrauben...

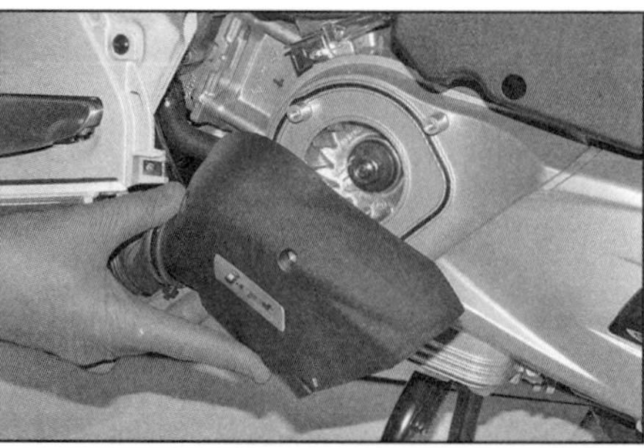

2.3b ...und entfernen Sie den Kühlluft-Stutzen.

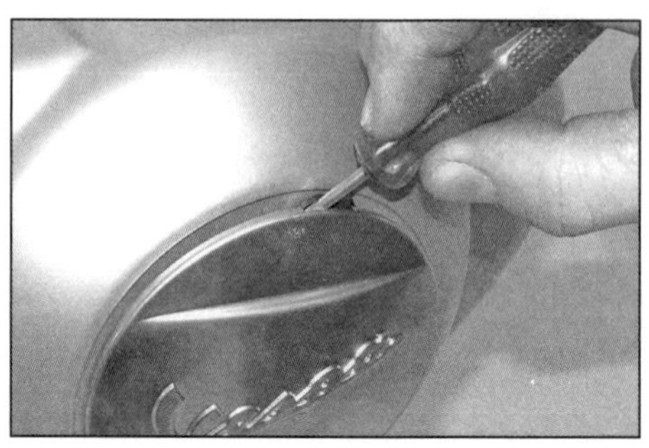

2.4 Hebeln Sie die hintere Kappe ab.

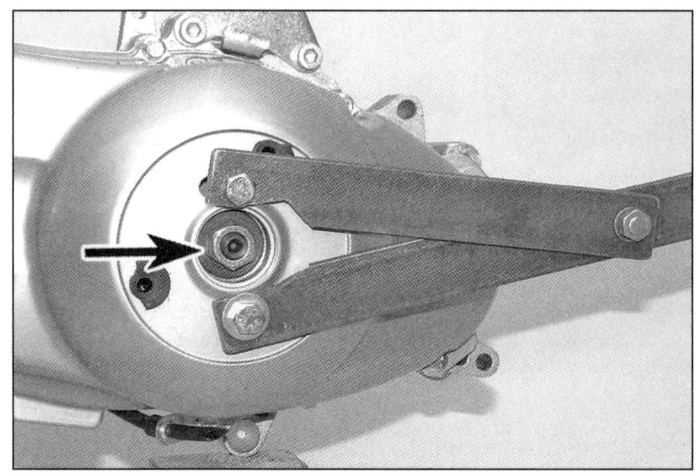

2.5 Blockieren Sie die Kupplungstrommel, um die Mutter der Getriebeeingangswelle zu lockern.

2.6 Entfernen Sie den Öleinfülldeckel/Peilstab.

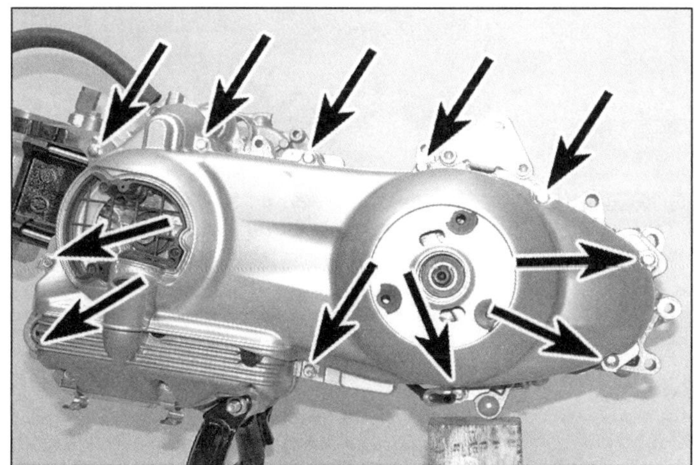

2.7a Lösen Sie die Schrauben des Antriebsriemendeckels . . .

2.7b . . . und nehmen Sie diesen ab.

ter muss die Kupplungstrommel blockiert werden – Piaggio bietet hierfür unter der Teilenummer 020423Y ein Spezialwerkzeug an, doch lässt sich ein geeignetes Haltewerkzeug auch selbst anfertigen (siehe *Werkzeug-Tipp* in Kapitel 2D, Sektion 16) (siehe Abbildung).

6 Drehen Sie – falls links im Ölwannendeckel sitzend – den Motoröl-Einfülldeckel/Peilstab heraus (siehe Abbildung).

7 Lösen Sie rundherum die Schrauben des Antriebsriemendeckels (siehe Abbildung). Um alle Schrauben und weitere mit ihnen gesicherten Bauteile wieder an ihre ursprüngliche Positionen gelangen zu lassen, empfiehlt es sich, die Umrisse des Deckels auf einer Pappe aufzuzeichnen und die Schrauben entsprechend positioniert hineinzudrücken. Nehmen Sie den Deckel ab – achten Sie darauf, dass die Kupplung auf der Getriebewelle verbleibt (siehe Abbildung).

8 Beachten Sie die Positionen der Passhülsen und stellen Sie sie nötigenfalls sicher (siehe Abbildung).

Kontrolle

9 Kontrollieren Sie das im Deckel sitzende Lager der Getriebeeingangswelle (siehe Abbildung) – es muss sich sanft und frei drehen lassen, darf aber kein Spiel aufweisen. Tauschen Sie das Lager bei jedem Zweifel über seinen Zustand aus, indem Sie innen den Seegerring entfernen und das Lager von außen nach innen herausdrücken; erwärmen Sie nötigenfalls das Gehäuse mit einem Heißluftgebläse, um den Sitz des Lagers zu lockern. Beachten Sie die Einbaurichtung. Treiben Sie das neue Lager mit einem Steckschlüssel, der nur seinen Außenring berührt, in den (ggf. erneut erwärmten) Deckel und sichern Sie es mit dem Seegerring.

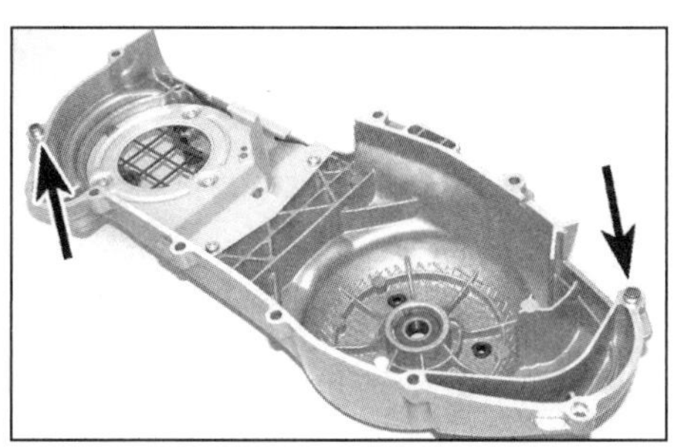

2.8 Positionen der Passhülsen

2.9 Das Lager der Getriebeeingangswelle ist mit einem Seegerring gesichert.

Einbau

10 Der Einbau entspricht der umgekehrten Ausbaureihenfolge. Die Passhülsen müssen im Gehäuse oder Deckel stecken (Abbildung 2.8) und die (ggf. vorhandenen) Schrauben mit dem dickeren Schaft in die Passhülsen-Bohrungen installiert werden; vergessen Sie nicht andere mit den Schrauben zu sichernden Teile (siehe Abbildungen). Ziehen Sie die Schrauben schrittweise und über Kreuz bis zum Drehmoment von 11 bis 13 Nm an. Blockieren Sie die Kupplung wie beim Ausbau, legen Sie die Scheibe auf die Getriebewelle und ziehen Sie ihre Mutter mit 75 bis 83 Nm an (siehe Abbildung). Stecken Sie die hintere Kappe auf den Deckel.

11 Installieren Sie ggf. den Kühlluft-Stutzen (Abbildung 2.3b und a) sowie den Öleinfülldeckel (Abbildung 2.6).

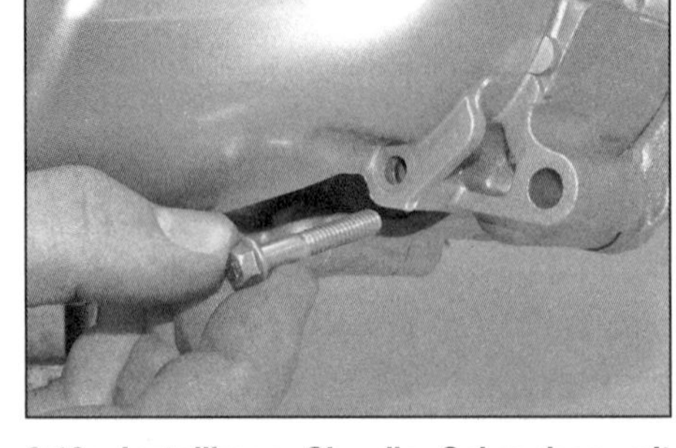

2.10a Installieren Sie die Schrauben mit dem dickeren Schaft in die Passhülsen-Bohrungen...

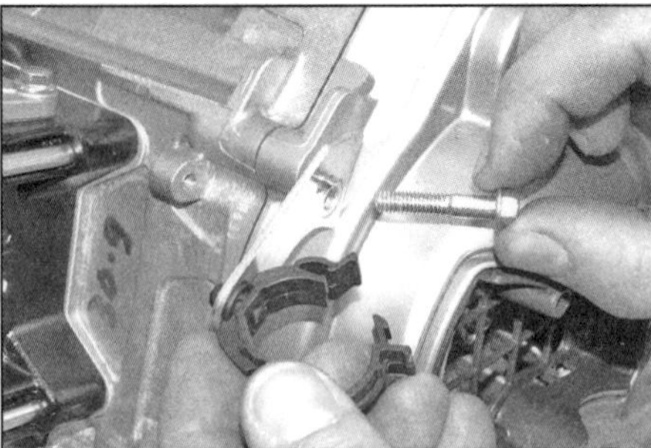

2.10b ... und vergessen Sie keine Schlauch- oder Kabelklemmen.

2.10c Installieren Sie die Scheibe und die Mutter,...

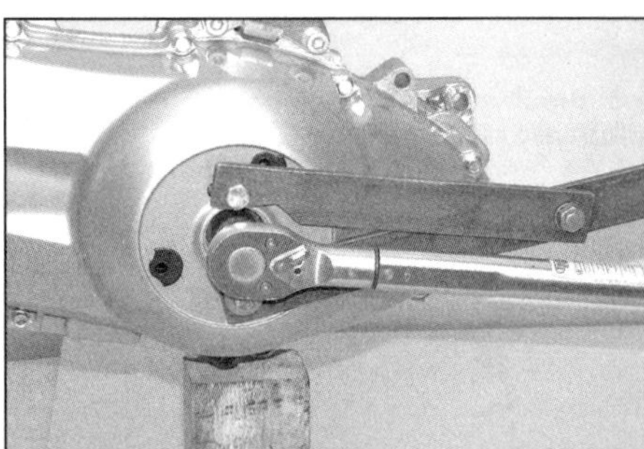

2.10d ... blockieren Sie die Kupplung und ziehen Sie die Mutter mit 75 bis 83 Nm an.

3 Antriebsrad und Variator

Ausbau

1 Entfernen Sie den Antriebsriemendeckel (siehe Sektion 2).

2 Um die Antriebsradmutter lösen zu können, muss das Antriebsrad gekontert werden – Piaggio bietet hierfür entsprechende Haltewerkzeuge an (Teilenummern 020368Y, 020626Y oder 020938 – je nach Modell), doch kann auch ein Bandschlüssel oder ein selbstgebautes Werkzeug verwendet werden (siehe Abbildungen). Falls das Antriebsrad nicht fest genug gehalten werden kann, kann nach dem Entfernen des Lichtmaschinendeckels die Mutter des Lichtmaschinenrotors gehalten werden. Bei blockiertem Antriebsrad werden die Mutter gelöst und die Scheiben entfernt – merken Sie sich die Reihenfolge und Einbaurichtungen (Abbildungen 3.13c, b und a). Bei LX-, LXV- und S-Modellen ab 2012, GTS 125/150 und GTS 300 ab 2016 sowie Primavera- und Sprint-Modellen muss die Einbaurichtung der Tellerfeder beachtet werden. Bei LX-, LXV- und S-Modellen bis 2011 schreibt Piaggio für den Einbau die Verwendung einer neuen Mutter vor. Ziehen Sie die äußere Hälfte des Antriebsrads von der Welle (Abbildung 3.12b).

3 Ziehen Sie ggf. die Scheibe von der Welle (Abbildung 3.12a). Drücken Sie den Antriebsriemen beiseite oder befreien Sie ihn nötigenfalls vom hinteren Riemenrad und entfernen Sie ihn. Greifen Sie den Variator, die Hülse und die Rampenplatte an deren Rückseite und ziehen Sie die Baugruppe von der Kurbelwelle – lassen Sie dabei nicht die Rollen herausfallen. Alternativ können die Komponenten separat entfernt werden (siehe Abbildungen).

Anmerkung: *Kontrollieren Sie den entfernten Antriebsriemen auf Richtungspfeile und bringen Sie nötigenfalls einen an, damit er wieder in seiner ursprünglichen Laufrichtung aufgelegt werden kann.*

4 Falls noch nicht geschehen, muss die Rampenplatte aus dem Variator gehoben werden. Entfernen Sie dann die Rollen – soweit sie

3.2a Zum Lösen der Antriebsradmutter (Pfeil) kann ein Bandschlüssel...

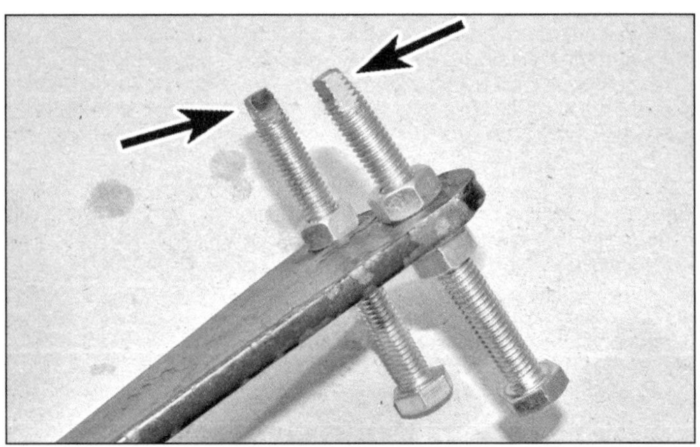

3.2b ... oder ein selbstgebautes Werkzeug verwendet werden, dessen viereckig geschnittenen Enden...

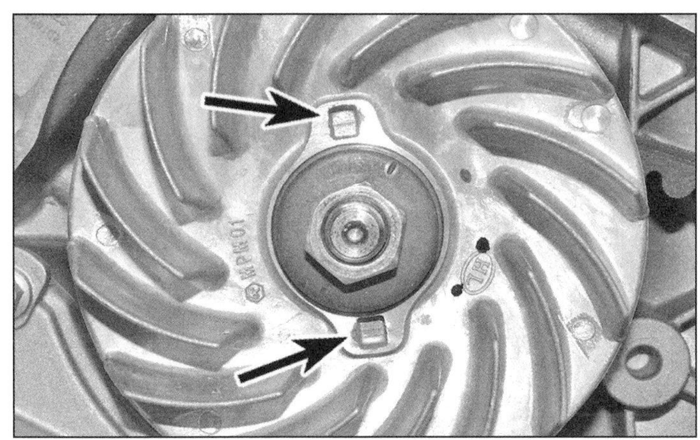

3.2c ... in den Vertiefungen des Antriebsrads eingesetzt werden, ...

3.2d ... um dies zu kontern.

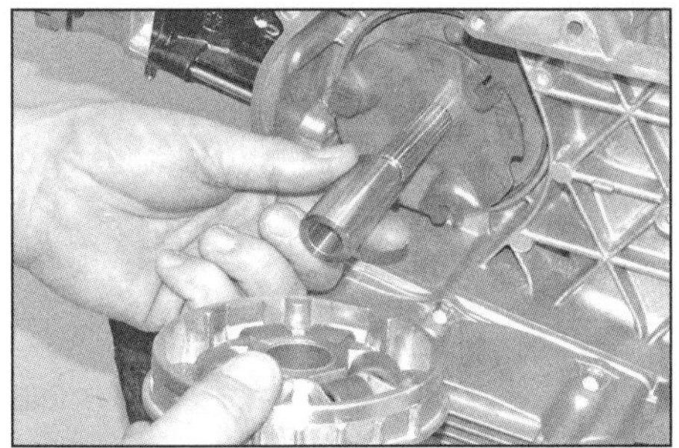

3.3a Ziehen Sie den Variator und die Hülse von der Kurbelwelle – beachten Sie die Rollen im Variator.

3.3b Ziehen Sie die Rampenplatte von der Kurbelwelle.

3.6 Kontrollieren und vermessen Sie die Hülse und die Buchse.

3.9a Installieren Sie die Rollen wie gezeigt ins Variatorgehäuse.

3.9b Rüsten Sie die Rampenplatte mit den Gleitschuhen aus...

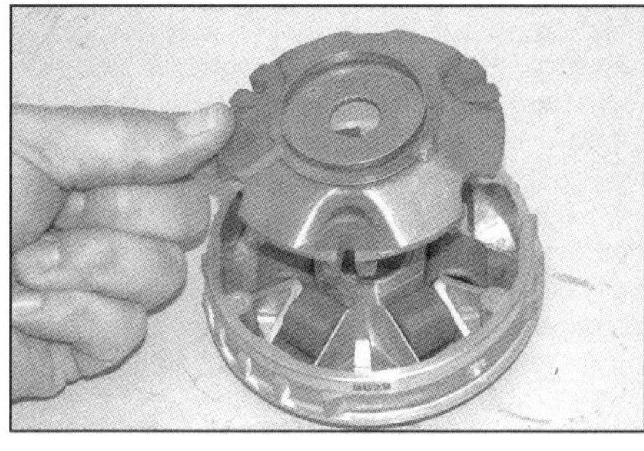

3.9c ... und setzen Sie sie am Variator an.

3

nicht ersetzt werden sollen, müssen sie später an ihre ursprüngliche Positionen gelangen (Abbildungen 3.9c und a). Beachten Sie auch, dass die Rollen unterschiedliche Seiten haben und die kleineren Löcher zur Druckseite zeigen muss. Reinigen Sie alle Komponenten.

Kontrolle

5 Kontrollieren Sie die Rollen und ihre Rampen im Variatorgehäuse und auf der Rampenplatte auf Schäden, Verschleiß und abgeriebene Stellen und ersetzen Sie die Teile nötigenfalls (Abbildung 3.9a). Messen Sie den Durchmesser der Rollen und vergleichen Sie die Ergebnisse mit den Angaben in den technischen Daten. Ersetzen Sie die Rollen nötigenfalls als Set, falls eine von ihnen unter der Verschleißgrenze liegt.

6 Kontrollieren Sie die Hülse und ihre Buchse im Gehäuse auf Verschleiß und Beschädigungen und ersetzen Sie entsprechende Teile (siehe Abbildung). Messen Sie den Außendurchmesser der Hülse und den Innendurchmesser der Buchse und vergleichen Sie die Ergebnisse mit den Angaben in den technischen Daten – ersetzen Sie verschlissene Teile.

7 Kontrollieren Sie die Gleitschuhe an der Rampenplatte und ersetzen Sie sie nötigenfalls durch Neuteile, falls sie verschlissen oder beschädigt sind (Abbildung 3.9b). Falls die Mitnehmerverzahnung der Platte verschlissen ist, muss die Rampenplatte durch ein Neuteil ersetzt werden.

Einbau

8 Die Innenseiten beider Riemenradhälften, die Hülse, die Rollen und die Rampen müssen sauber und absolut fettfrei sein.

9 Installieren Sie die Rollen in ihr (ggf. originalen Positionen im) Gehäuse – die kleineren Löcher müssen zur Druckseite zeigen (siehe Abbildung). Die Gleitschuhe müssen korrekt an der Rampenplatte sitzen (siehe Abbildung). Setzen Sie dann die Platte am Variator an (siehe Abbildung).

3.10 Schieben Sie die komplettierte Variator-Baugruppe auf die Kurbelwelle.

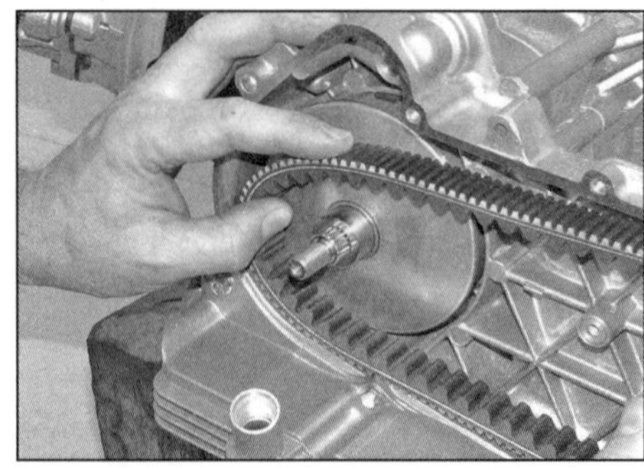

3.11 Legen Sie den Antriebsriemen um die Kurbelwelle.

3.12a Legen Sie ggf. die Scheibe auf die Kurbelwelle . . .

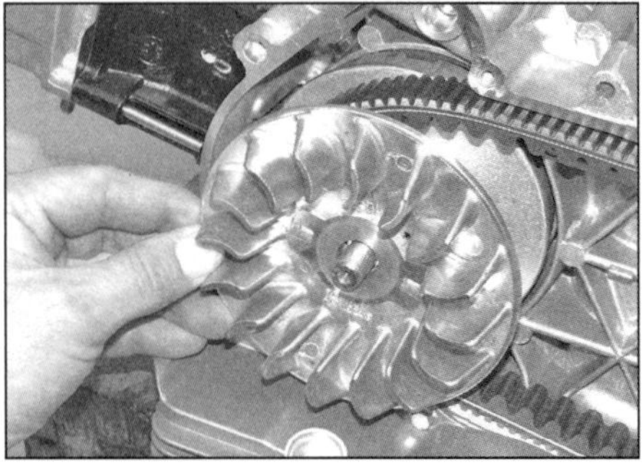

3.12b . . . und schieben Sie die äußere Riemenrad-Hälfte auf.

3.13a Legen Sie die dünne Scheibe . . .

3.13b . . . und die dicke Scheibe oder die Tellerfeder auf . . .

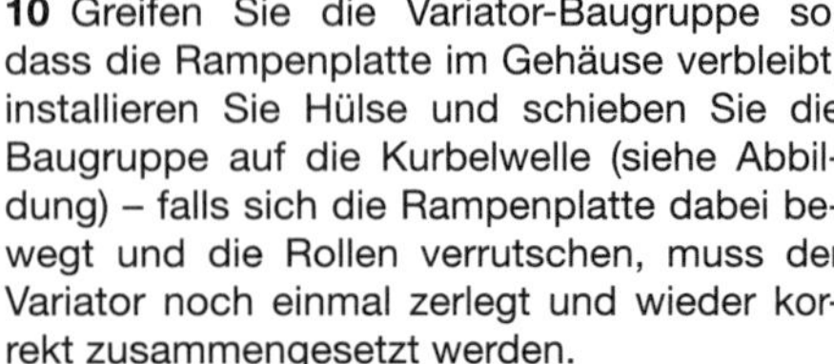

10 Greifen Sie die Variator-Baugruppe so, dass die Rampenplatte im Gehäuse verbleibt, installieren Sie Hülse und schieben Sie die Baugruppe auf die Kurbelwelle (siehe Abbildung) – falls sich die Rampenplatte dabei bewegt und die Rollen verrutschen, muss der Variator noch einmal zerlegt und wieder korrekt zusammengesetzt werden.

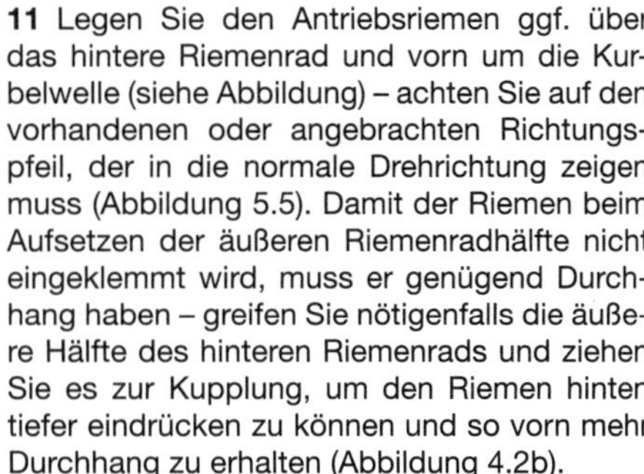

11 Legen Sie den Antriebsriemen ggf. über das hintere Riemenrad und vorn um die Kurbelwelle (siehe Abbildung) – achten Sie auf den vorhandenen oder angebrachten Richtungspfeil, der in die normale Drehrichtung zeigen muss (Abbildung 5.5). Damit der Riemen beim Aufsetzen der äußeren Riemenradhälfte nicht eingeklemmt wird, muss er genügend Durchhang haben – greifen Sie nötigenfalls die äußere Hälfte des hinteren Riemenrads und ziehen Sie es zur Kupplung, um den Riemen hinten tiefer eindrücken zu können und so vorn mehr Durchhang zu erhalten (Abbildung 4.2b).

12 Legen Sie ggf. die Scheibe wie beim Ausbau notiert auf (siehe Abbildung). Schieben Sie die äußere Riemenrad-Hälfte auf die Kurbelwelle (siehe Abbildung).

13 Legen Sie die Scheiben wie beim Ausbau notiert auf und drehen Sie die Mutter zunächst handfest auf (siehe Abbildungen) – verwenden Sie bei LX-, LXV- und S-Modellen bis 2011 eine neue Mutter und versehen Sie ihr Gewinde mit mittelfester Sicherungspaste. Achten Sie darauf, dass die äußere Riemenrad-Hälfte an der Hülse anliegt und nicht durch den Riemen schräg sitzt. Blockieren Sie das Riemenrad wie beim Ausbau und ziehen Sie die Mutter mit 75 bis 83 Nm an (siehe Abbildung).

3.13c . . . und drehen Sie die Mutter auf – . . .

3.13d . . . ziehen Sie sie mit 75 bis 83 Nm an.

14 Befreien Sie den Antriebsriemen aus dem hinteren Riemenrad, um seinen Durchhang aufzuheben.

15 Montieren Sie den Antriebsriemendeckel (siehe Sektion 2).

4 Kupplung und hinteres Riemenrad

Ausbau

1 Entfernen Sie den Antriebsriemendeckel (siehe Sektion 2) und die äußere Riemenrad-Hälfte (siehe Sektion 3).

2 Ziehen Sie die Kupplungstrommel und dann die aus der Kupplung und dem hinteren Riemenrad bestehende Baugruppe von der Getriebewelle, heben Sie dann den Antriebsriemen ab (siehe Abbildungen).

Anmerkung: *Falls der Antriebsriemen entfernt wird, muss er auf Richtungspfeile kontrolliert werden – bringen Sie nötigenfalls einen an, damit er wieder in seiner ursprünglichen Laufrichtung aufgelegt werden kann.*

3 Um die Kupplung vom hinteren Riemenrad trennen zu können, muss sie zunächst mit einem geeigneten Werkzeug auf einer ebenen Fläche liegend gehalten werden. Lockern Sie dann die Mutter, komprimieren und halten Sie die Kupplungsfeder und drehen Sie die Mutter

4.2a Ziehen Sie die Kupplungstrommel . . .

4.2b . . . und die aus der Kupplung und dem hinteren Riemenrad bestehende Baugruppe von der Getriebewelle.

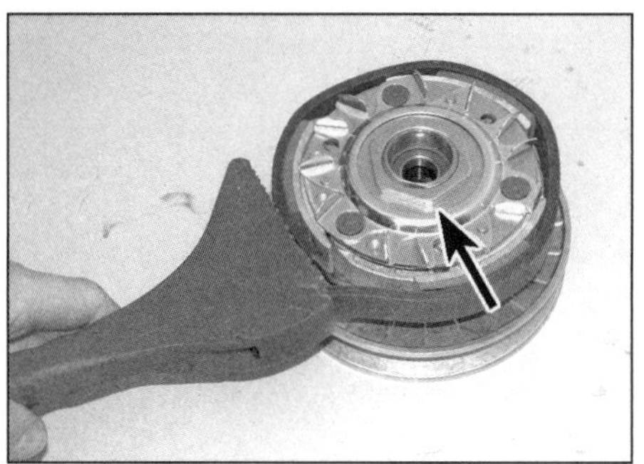

4.3a Halten Sie die Kupplung und lockern Sie die Mutter (Pfeil).

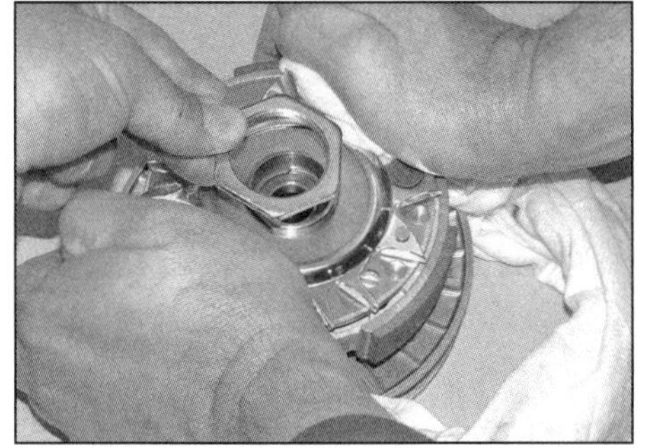

4.3b Komprimieren Sie dann die Kupplung und drehen Sie die Mutter ab.

4.4 Entlasten Sie die Kupplung und entnehmen Sie sie.

4.5a Entfernen Sie die Buchse . . .

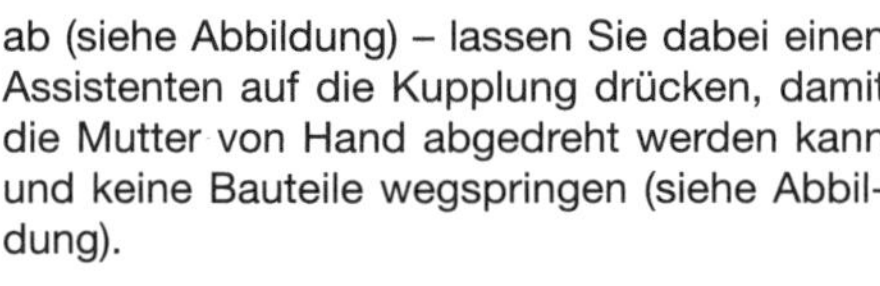

ab (siehe Abbildung) – lassen Sie dabei einen Assistenten auf die Kupplung drücken, damit die Mutter von Hand abgedreht werden kann und keine Bauteile wegspringen (siehe Abbildung).

Warnung: Die Kupplung steht durch die Feder unter Druck, sodass bei nicht komprimierter Kupplung wegspringende Teile zu Verletzungen führen können!

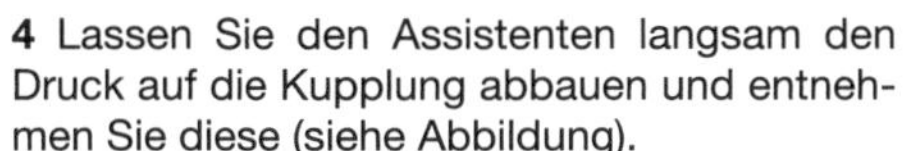

4 Lassen Sie den Assistenten langsam den Druck auf die Kupplung abbauen und entnehmen Sie diese (siehe Abbildung).

5 Entfernen Sie ggf. die Buchse oder den oberen Federsitz und die Feder (siehe Abbildungen). Entfernen Sie bei LX-, LXV- und S-Modellen ab 2012, GTS 125/150 und GTS 300 ab 2016 sowie Primavera- und Sprint-Modellen den Federsitz und die Scheibe.

6 Drehen und ziehen Sie gleichzeitig die Federhülse von ihrem Sitz (siehe Abbildung). Ziehen Sie dann die Führungsstifte heraus (siehe Abbildung) – merken Sie sich ihre Einbaupositionen (siehe Abbildung). Trennen Sie die Riemenrad-Hälften (siehe Abbildung). Beachten Sie die Position der O-Ringe und der Dichtungen am Federhülsen-Sitz (Abbildungen 4.15a und b) – die O-Ringe müssen beim Einbau erneuert werden; falls Fett bis auf die Welle an der inneren Riemenrad-Hälfte gelangt ist, müssen auch die Dichtringe ersetzt werden.

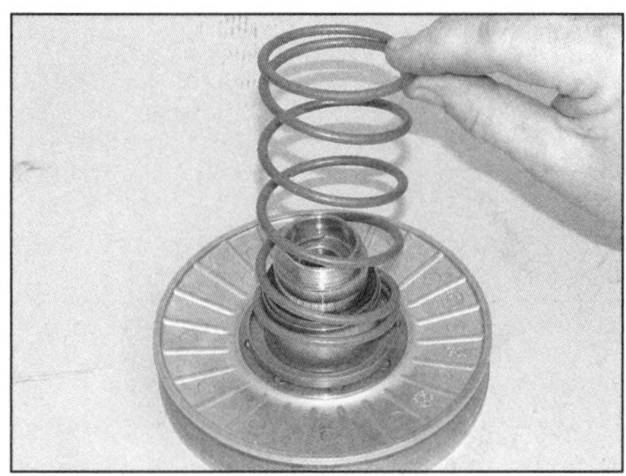

4.5b . . . und die Feder.

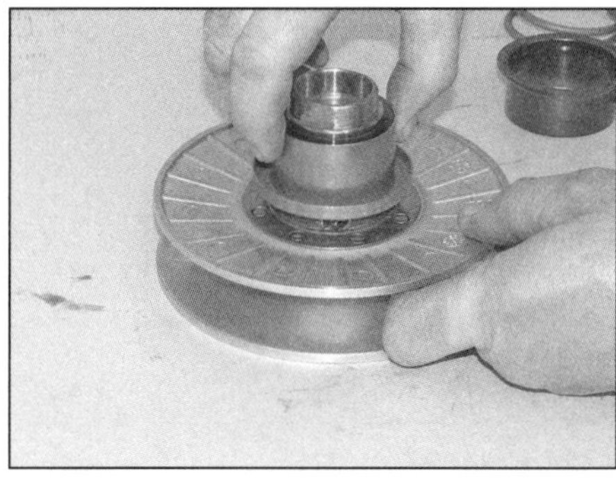

4.6a Entfernen Sie wie beschrieben die Federhülse . . .

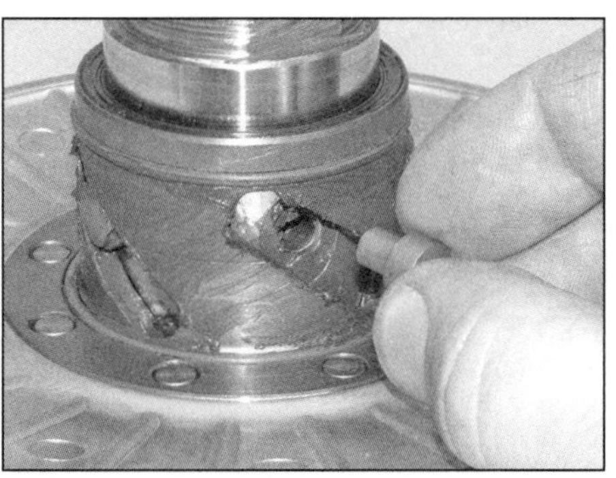

4.6b . . . und entnehmen Sie die Führungsstifte.

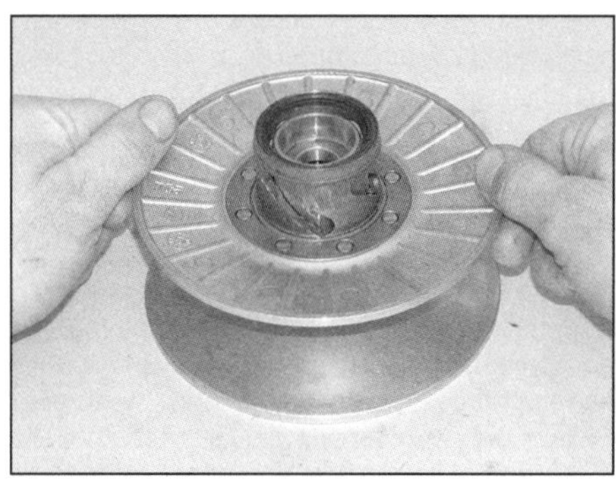

4.6c Ziehen Sie die äußere Riemenradhälfte von der inneren Hälfte ab.

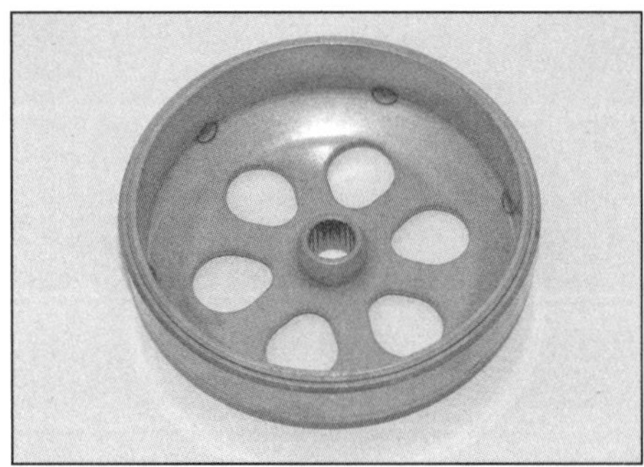

4.8a Kontrollieren Sie die Kontaktfläche der Kupplungstrommel . . .

4.8b ... die Mitnehmerverzahnungen der Nabe und der Welle.

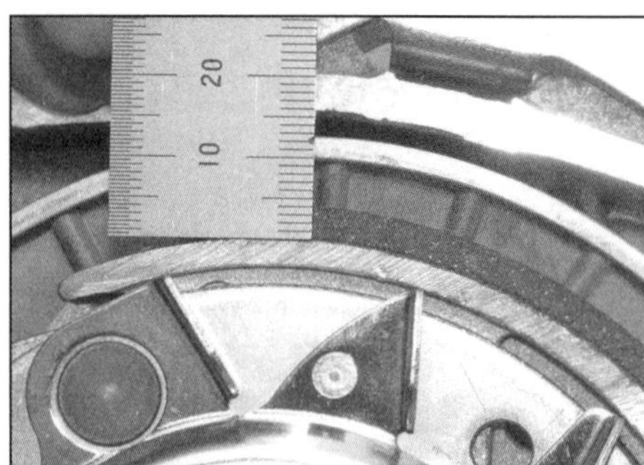

4.9a Kontrollieren Sie das Belagmaterial der Kupplungsbacken . . .

4.9b . . . sowie ihre Federn und den Sitz auf den Lagerzapfen.

4.11a Messen Sie den Außendurchmesser des Wellenstumpfs an der inneren Riemenradhälfte . . .

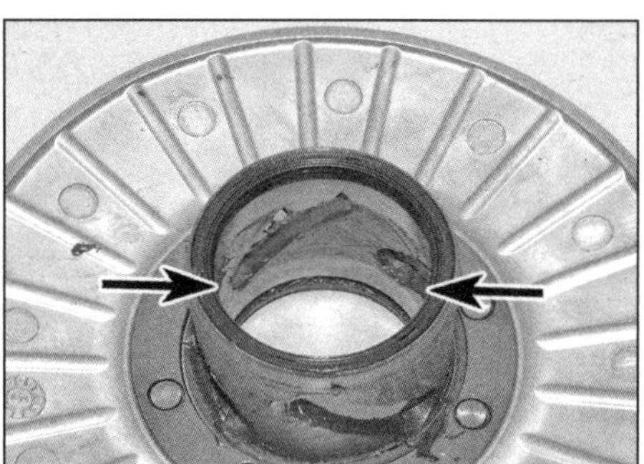

4.11b ... und den Innendurchmesser des Wellenstumpfs der äußeren Hälfte.

4.12a Kontrollieren Sie das Nadellager . . .

4.12b . . . und das Kugellager in der inneren Riemenradhälfte.

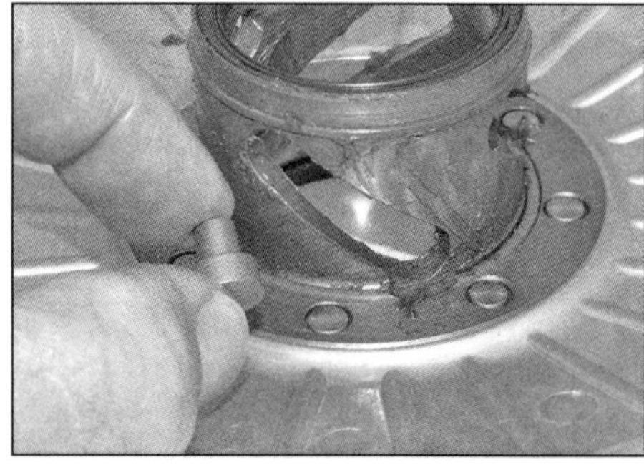

4.13 Inspizieren Sie die Führungsstifte und ihre Nuten im Wellenstumpf.

7 Reinigen Sie alle Komponenten mit einem geeigneten Lösungsmittel.

Kontrolle

8 Inspizieren Sie die Kupplungstrommel innen auf Beschädigungen und tiefe Riefen. Kontrollieren Sie die Mitnehmerverzahnungen der Nabe und der Welle (siehe Abbildungen) – die Kupplungstrommel muss fest und spielfrei auf der Getriebewelle sitzen. Messen Sie den Innendurchmesser der Trommel an mehreren Positionen, um einen Verzug zu ermitteln. Falls die Trommel größer als 134,5 mm oder mehr als 0,15 mm verzogen ist, muss sie durch ein Neuteil ersetzt werden.

9 Prüfen Sie, ob das Belagmaterial der Kupplung gleichmäßig dick ist und nirgends unter 1,0 mm verschlissen ist (siehe Abbildung). Kontrollieren Sie die Federn und prüfen Sie, ob die Kupplungsbacken sich frei auf ihren Lagerzapfen drehen lassen (siehe Abbildung). Falls Verschleiß oder Beschädigungen festgestellt werden, müssen die Kupplungsbacken als Set ausgetauscht werden.

10 Begutachten Sie die inneren Bereiche des hinteren Riemenrades auf Überhitzung (Blaufärbung), die durch eine nicht korrekte Ausrichtung zum vorderen Riemenrad entstanden sein kann. Kontrollieren Sie in diesem Fall zuerst die Lager in der Nabe der inneren Riemenradhälfte (siehe Schritt 12); kontrollieren Sie dann die Lager der Getriebeeingangswelle (siehe Sektion 6).

11 Messen Sie den Außendurchmesser des Wellenstumpfs an der inneren Riemenradhälfte und den Innendurchmesser des darüber sitzenden Wellenstumpfs der äußeren Hälfte (siehe Abbildungen). Vergleichen Sie die Ergebnisse mit den Angaben in den technischen Daten und ersetzen Sie schadhafte oder übermäßig verschlissene Komponenten.

12 In der inneren Riemenradhälfte sitzen ein Nadellager und ein abgedichtetes Kugellager (siehe Abbildungen). Inspizieren Sie die Lagerrollen auf Abflachungen und Ausbrüche und prüfen Sie, ob sich das Kugellager frei drehen

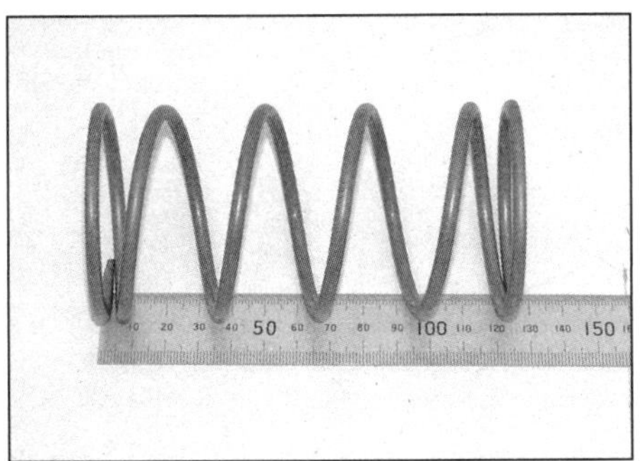

4.14 Messen Sie die freie Länge der Kupplungsfeder.

4.15a Installieren Sie neue O-Ringe...

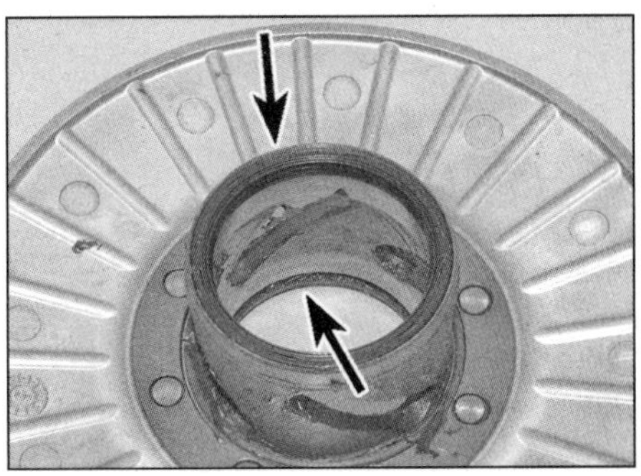

4.15b ...und ggf. neue Dichtringe an den Wellenstumpf der äußeren Riemenradhälfte.

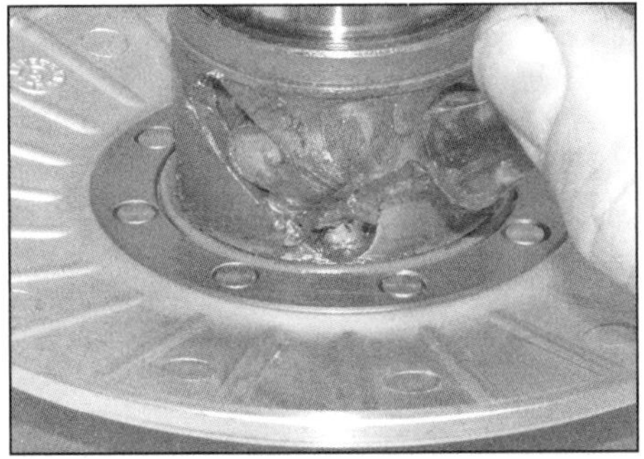

4.16 Drücken Sie Fett in die Führungsstift-Nute und Bohrungen.

4.18 Halten Sie die Kupplung und ziehen Sie die Mutter vorschriftsmäßig an.

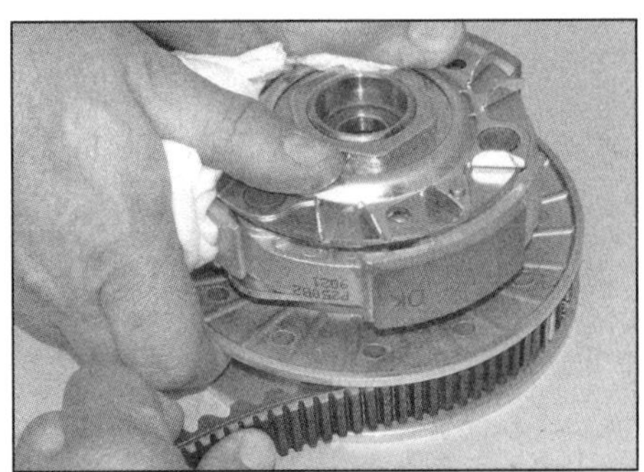

4.21 Ziehen Sie die Riemenradhälften auseinander, um den Riemen tief einzudrücken.

lässt. Falls eines der Lager verschlissen oder beschädigt ist, müssen beide durch Neuteile ersetzt werden. Ziehen Sie zuerst das Nadellager mit einem geeigneten Auszieher heraus. Entfernen Sie dann den vor dem Kugellager sitzenden Sicherungsring und treiben Sie das Lager aus. Weitere Informationen zum Aus- und Einbau von Lagern finden sich in Sektion 5 der *Werkzeug- und Werkstatt-Tipps* im Anhang.

13 Inspizieren Sie die Führungsstifte und ihre Nuten im Wellenstumpf der äußeren Riemenradhälfte (siehe Abbildung) und ersetzen Sie schadhafte Teile.

14 Kontrollieren Sie die Feder und messen Sie ihre freie Länge (siehe Abbildung). Falls die Feder verzogen oder kürzer als in den technischen Daten angegeben ist, muss sie erneuert werden.

Einbau

15 Rüsten Sie den Wellenstumpf der äußeren Riemenradhälfte mit neuen gefetteten O-Ringen aus (siehe Abbildungen). Installieren Sie ggf. neue Dichtringe und schmieren Sie auch deren Dichtlippen mit Fett.

16 Schieben Sie die äußere Riemenradhälfte auf die innere Hälfte (Abbildung 4.6c) und installieren Sie die Führungsstifte (Abbildung 4.6b). Drücken Sie ausgiebig Fett in die Führungsstift-Nute und Bohrungen (siehe Abbildung). Installieren Sie die Federhülse mit dem Bund voran über den Sitz (Abbildung 4.6a).

17 Installieren Sie ggf. die Scheibe und den Federsitz. Installieren Sie bei allen Modellen die Feder und die Buchse (Abbildungen 4.5b und a).

18 Positionieren Sie die Kupplung über der Feder, drücken Sie sie herunter – die Abflachungen an der Kupplungs-Antriebsplatte müssen zu den am Ende der Welle ausgerichtet sein – und halten Sie dort, während ein Assistent die Mutter auf die Welle dreht (Abbildungen 4.4 und 4.3b). Halten Sie die Kupplung wie beim Ausbau und ziehen Sie die Mutter mit dem in den technischen Daten angegebenen Drehmoment an (siehe Abbildung).

19 Schmieren Sie das Nadellager in der inneren Riemenradhälfte mit Fett (Abbildungen 4.12a).

20 Sorgen Sie dafür, dass die Innenseiten beider Riemenradhälften sowie der Kupplungstrommel sauber und fettfrei sind.

21 Legen Sie den Antriebsriemen um das auf der Werkbank liegende Riemenrad und ziehen Sie die äußere Hälfte zur Kupplung, um den Riemen rundherum tief eindrücken zu können (siehe Abbildung) – die darauf angebrachten Pfeile müssen in die normale Drehrichtung zeigen. Sobald der Riemen genügend Durchhang hat, wird das Riemenrad auf die Getriebewelle geschoben (Abbildungen 4.2b). Legen Sie den Riemen jetzt ggf. um die Kurbelwelle (Abbildung 3.11).

22 Montieren Sie die äußere Hälfte des Antriebsrads (siehe Sektion 3). Befreien Sie nun den Riemen aus dem hinteren Riemenrad, um seinen Durchhang aufzuheben.

23 Montieren Sie die Kupplung – ihre Verzahnung muss zu derjenigen der Welle ausgerichtet sein (Abbildung 4.2a).

24 Montieren Sie den Antriebsriemendeckel (siehe Sektion 2).

5 Antriebsriemen und Stützrolle

Kontrolle

1 Der Antriebsriemen muss entsprechend des Wartungsplans regelmäßig kontrolliert werden (siehe Kapitel 1).

Anmerkung: *Öl oder Fett im Gehäuse kann auf den Riemen gelangen, sodass dieser auf den Riemenräder durchrutscht. Die Gründe für das Eindringen von Öl können defekte Kurbelwellen- oder Getriebewellen-Dichtringe sein; Fett kann durch schadhafte Dichtringe aus der Kupplungsnabe austreten.*

5.2 Antriebsriemen-Stützrolle

5.4 Entfernen Sie den Antriebsriemen.

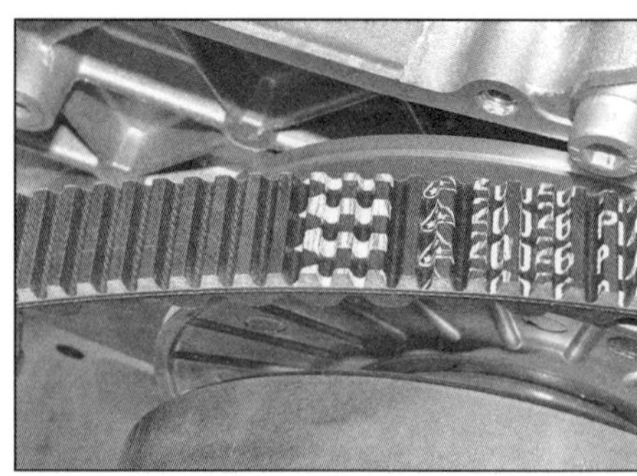

5.5 Aufgedruckte Pfeile müssen in die normale Drehrichtung des Antriebsriemens zeigen.

2 Bei Modellen mit 250 oder 300 cm³ Hubraum sitzt zwischen den Riemenrädern am Variator und an der Kupplung eine Stützrolle (siehe Abbildung) – diese muss sich frei drehen lassen und eine unbeschädigte Oberfläche aufweisen. Falls das Lager oder die Rolle beschädigt ist, muss der Lagerbolzen gelöst und die Rolle ersetzt werden – der Bund gehört nach innen. Ziehen Sie den Lagerbolzen beim GTS 300 Super ab 2016 mit 12 bis 16 Nm und bei allen anderen Modellen mit 12 bis 13 Nm an.

Ersetzen

3 Demontieren Sie die äußere Hälfte des Antriebsriemenrades (siehe Sektion 3) – halten Sie den Variator auf der Kurbelwelle in Position, damit sich die Rollen nicht verschieben (falls sich die Rampenplatte bewegt und dadurch die Rollen verschieben, müssen der Variator zerlegt und die Rollen neu positioniert werden).

4 Heben Sie den Antriebsriemen von der Kurbelwelle und befreien Sie ihn aus dem hinteren Riemenrad (siehe Abbildung) – ziehen Sie nötigenfalls die äußere Riemenradhälfte zur Kupplung, um den Riemen entnehmen zu können.

5 Installieren Sie den neuen Antriebsriemen mit dem in die normale Drehrichtung zeigenden Pfeilen (siehe Abbildung). Ziehen Sie die hintere äußere Riemenradhälfte zur Kupplung, um den Riemen rundherum tief eindrücken zu können – so erhält er genug Durchhang, um die vordere äußere Riemenradhälfte installieren zu können (Abbildung 4.2b).

6 Montieren Sie die vordere äußere Riemenradhälfte (siehe Sektion 3).

6 Getriebe

Ausbau

1 Entfernen Sie die Kupplung und das hintere Riemenrad (siehe Sektion 4). Demontieren Sie das Hinterrad (siehe Kapitel 8). Ziehen Sie bei LX- LXV- und S-Modellen ab 2012 sowie Pri-

6.1 Ziehen Sie die große Anlaufscheibe von der Getriebeausgangswelle.

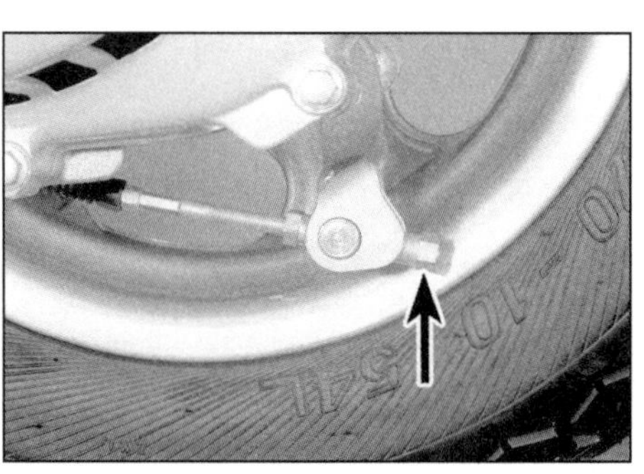

6.3 Lösen Sie die Einstellmutter und ziehen Sie den Zug aus dem Bremsen-Hebel.

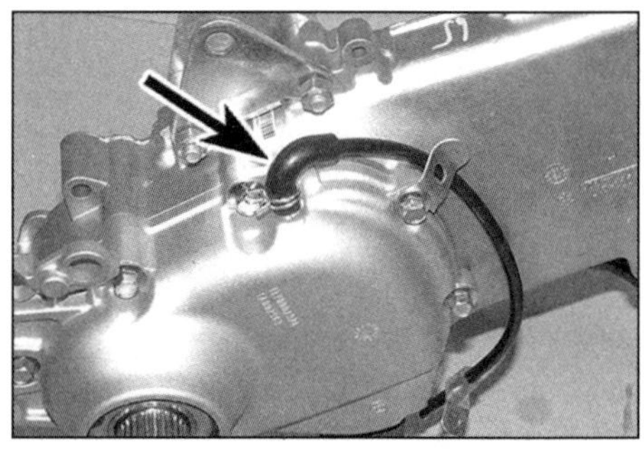

6.5 Getriebe-Entlüftungsschlauch

6.6a Lösen Sie die Schrauben...

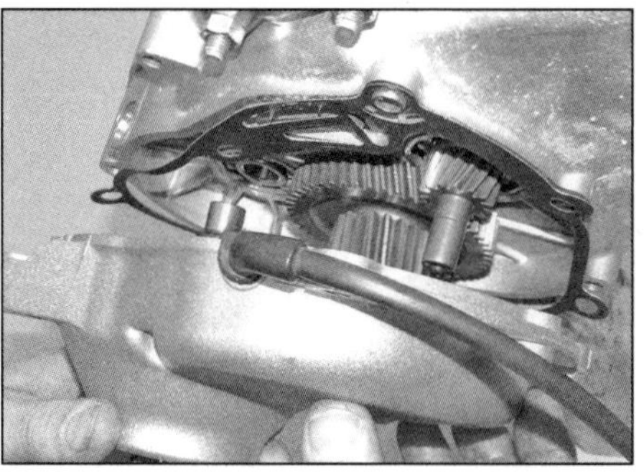

6.6b ...und entnehmen Sie den Getriebedeckel samt Ausgangswelle.

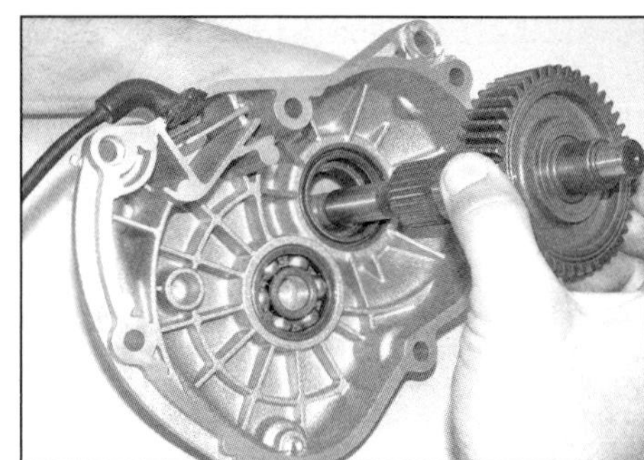

6.7 Ziehen Sie die Ausgangswelle aus dem Getriebedeckel.

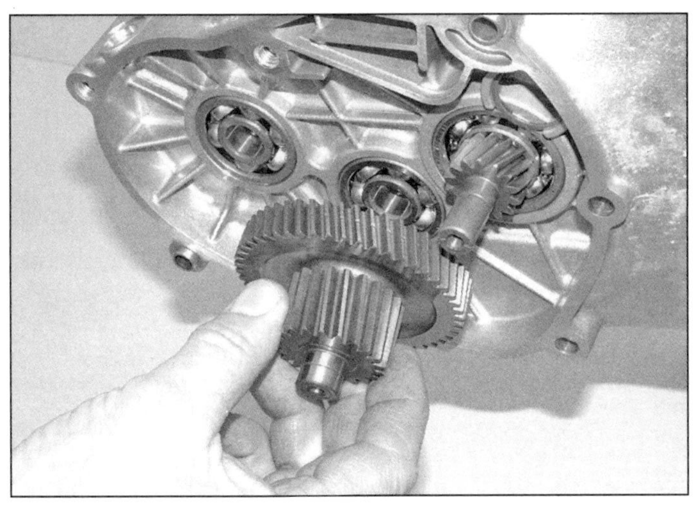

6.8 Entfernen Sie die Zwischenwelle . . .

6.9 . . . und die Eingangswelle aus dem Antriebsgehäuse.

6.10 Trennen Sie den Getriebe-Entlüftungsschlauch.

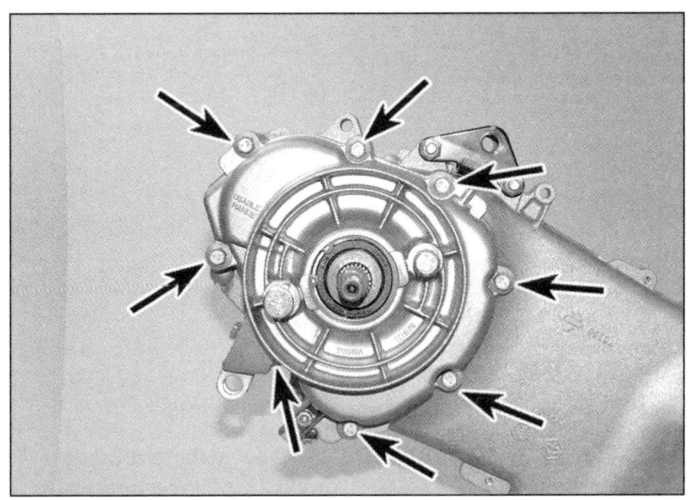

6.11a Lösen Sie die Schrauben . . .

3

mavera- und Sprint-Modellen die große Anlaufscheibe von der Getriebeausgangswelle (siehe Abbildung).

2 Lassen Sie ggf. das Getriebeöl ab (siehe Kapitel 1).

3 Befreien Sie bei LX- LXV- und S-Modellen ab 2012 sowie Primavera- und Sprint-Modellen den Trommelbremsen-Bowdenzug aus seinen Halterungen, lösen Sie die Einstellmutter und ziehen Sie den Zug aus dem Bremsen-Hebel (siehe Abbildung) – stellen Sie nötigenfalls die im Hebel sitzende Buchse sicher. Entfernen Sie die Bremsbacken (siehe Kapitel 8).

4 Demontieren Sie bei GTS-, GTV- und GT-Modellen den Hinterrad-Bremssattel und entfernen Sie die Hinterradnabe (siehe Kapitel 8).

LX- LXV- und S-Modelle bis 2011 und alle GTS-Modelle

5 Lösen Sie bei GTS 125/150-Modellen ab 2016 die Schelle des Entlüftungsschlauchs und ziehen Sie diesen ab (siehe Abbildung).

6 Lösen Sie die Schrauben des Getriebedeckels und entfernen Sie diesen – halten Sie das Ende der Getriebeausgangswelle, um diese mit dem Deckel herauszuziehen; die Zwischenwelle und die Eingangswelle verbleiben im Antriebsgehäuse (siehe Abbildungen). Entfernen Sie die Dichtung – beim Einbau wird eine neue benötigt (Abbildung 6.24). Stellen Sie nötigenfalls die Passhülsen sicher, falls sie locker sind.

7 Ziehen Sie die Ausgangswelle aus dem Getriebedeckel (siehe Abbildung).

8 Entfernen Sie die Zwischenwelle aus dem Antriebsgehäuse (siehe Abbildung).

9 Ziehen Sie die Eingangswelle aus dem Antriebsgehäuse (siehe Abbildung).

LX- LXV- und S-Modelle ab 2012, Primavera- und Sprint-Modelle

10 Lösen Sie die Schelle des Entlüftungsschlauchs und ziehen Sie diesen ab (siehe Abbildung).

11 Lösen Sie die Schrauben des Getriebedeckels und entfernen Sie diesen – halten Sie das Ende der Getriebeausgangswelle, um diese mit dem Deckel herauszuziehen (siehe Abbildungen).

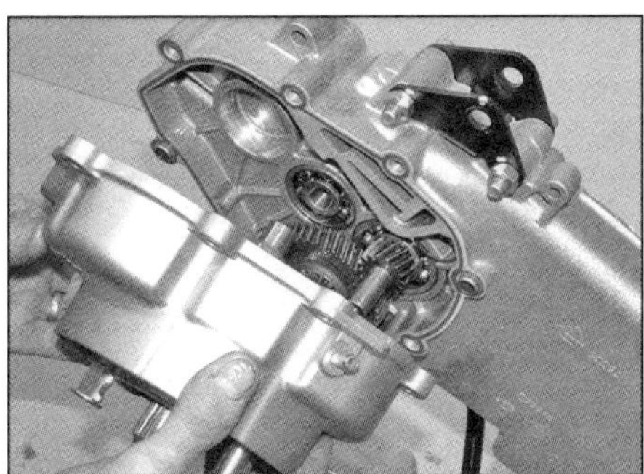

6.11b . . . und entnehmen Sie den Getriebedeckel samt Ausgangswelle.

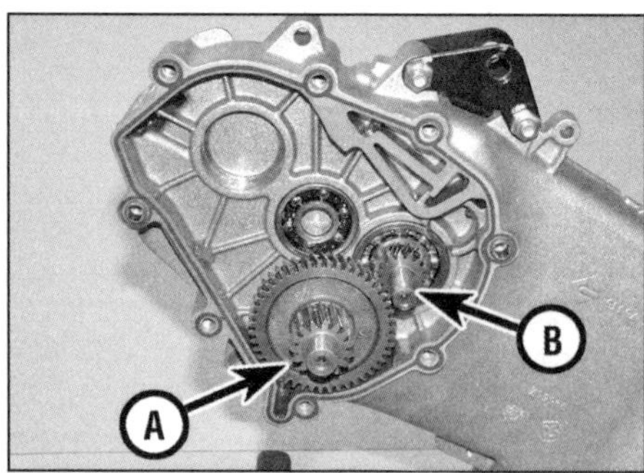

6.12 Zwischenwelle (A) und Eingangswelle (B)

6.17a Die Dichtringe der Getriebeausgangswelle und der Eingangswelle sollten ungeachtet ihres Zustands generell erneuert werden.

6.17b Hebeln Sie die alten Dichtringe...

6.17c ... mit einem Hebel oder einem Schraubendreher heraus.

6.19 Dieses Lager ist mit einem versetzt angeordneten Seegerring gesichert.

12 Ziehen Sie die Zwischenwelle und die Eingangswelle aus dem Antriebsgehäuse (siehe Abbildung) – klopfen Sie die Eingangswelle nötigenfalls mit einem weichen Hammer aus dem Lager heraus.

13 Entfernen Sie die Dichtung – beim Einbau wird eine neue benötigt (Abbildung 6.33). Stellen Sie nötigenfalls die Passhülsen sicher, falls sie locker sind.

Kontrolle

14 Beseitigen Sie Dichtungsreste von den Dichtflächen des Antriebsgehäuses und des Getriebedeckels, aber achten Sie beim Einsatz eines Schabers darauf, das relativ weiche Aluminium nicht zu beschädigen. Waschen Sie alle Komponenten mit Lösungsmittel und trocknen Sie sie ab.

15 Inspizieren Sie die Zahnräder auf gebrochene Zähne oder Abplatzungen und andere Schäden. Begutachten Sie die Verzahnungen der Wellen auf Verschleiß und Beschädigungen. Ersetzen Sie alle schadhaften Bauteile.

16 Kontrollieren Sie die Zahnräder und Wellen auf Riefen oder Blaufärbung, was durch mangelnde Schmierung entstehen kann. Messen Sie bei GTS 125/150-Modellen ab 2016, Primavera- und Sprint-Modellen die Durchmesser der Wellenlagerzapfen und vergleichen Sie die Ergebnisse mit den Angaben in den technischen Daten.

17 Notieren Sie die Einbaurichtungen der Eingangs- und Ausgangswellendichtringe und hebeln Sie sie heraus – beim Zusammenbau müssen Neuteile verwendet werden (siehe Abbildungen).

18 Prüfen Sie, ob sich alle Lager sanft aber spielfrei drehen lassen. Die Lager müssen fest im Deckel oder Gehäuse sitzen. Lockere Lager

6.20a Klemmen Sie den Innenabzieher hinter dem Lager-Innenring und spreizen Sie ihn,...

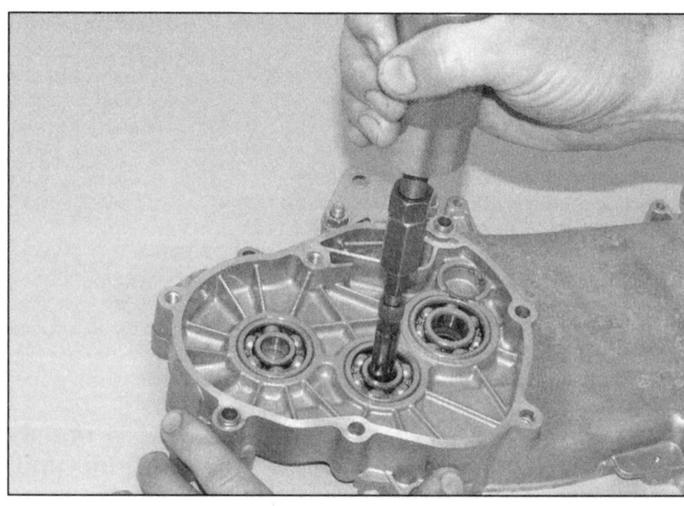

6.20b ... verbinden Sie dann einen Zughammer mit dem Abzieher und treiben Sie das Lager aus.

6.21 Lager können mit einem nur den Außenring berührenden Steckschlüssel eingetrieben werden.

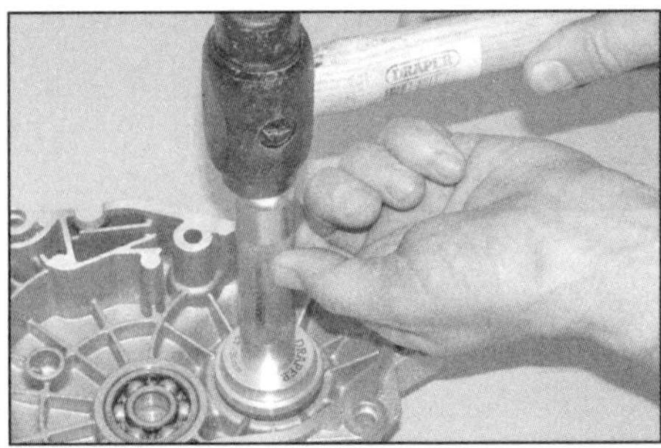

6.22a Treiben Sie die neuen Dichtringe mit einem speziellen Eintreiber oder Steckschlüssel ein . . .

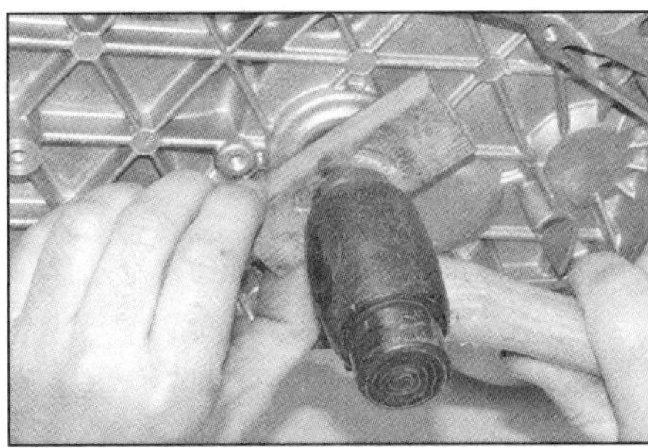

6.22b . . . und bringen Sie sie mit einem Holz bündig in Position.

dürfen mit speziellem Lager-Kleber in UNBESCHÄDIGTE Sitze eingeklebt werden.

19 Um ein Lager aus einem beidseitig offenen Sitz zu entfernen, muss ggf. zuerst der Sicherungsring entfernt werden (siehe Abbildung). Beachten Sie die Einpresstiefe des Lagers, erhitzen Sie das Gehäuse mit einem Heißluftgebläse und treiben Sie das Lager mit einem Spezialwerkzeug oder einem geeigneten Steckschlüssel aus (Abbildung 6.21).

20 In Sacklöchern sitzende Lager müssen mit speziellen Innenabziehern entfernt werden (siehe Abbildungen) – auch hier hilft ein Erwärmen des Gehäuses beim Ausbau.

21 Treiben Sie neue Lager mit einem Steckschlüssel, der nur seinen Außenring berührt, in seinen – erneut erwärmten – Sitz, bis die notierte Einpresstiefe erreicht ist (siehe Abbildung); bündig sitzende Lager können zum Schluss mit einem Holzstück eingeklopft werden. Sichern Sie das Lager ggf. mit einem neuen Seegerring.

22 Installieren Sie neue Dichtringe richtig herum in ihre Sitze (Abbildung 6.17a). Treiben Sie sie mit einem ausreichend dimensionierten Steckschlüssel ein und bringen Sie sie mit einem Holzstück bündig in Position (siehe Abbildungen). Schmieren Sie ihre Dichtlippen mit Fett.

Einbau

LX LXV und S bis 2011 und alle GTS

23 Schieben Sie die Eingangswelle und die Zwischenwelle in ihre Lager im Antriebsgehäuse. Schieben Sie die Ausgangswelle in ihr Lager im Getriebedeckel (Abbildungen 6.9, 6.8 und 6.7). Alle Wellen müssen vollständig und ohne Beschädigung des Dichtrings eingeschoben sein.

24 Installieren Sie ggf. die Passhülsen und legen Sie die neue Dichtung darüber (siehe Abbildung).

25 Falls vorhanden, muss der Stopfen des Entlüftungsschlauchs mit etwas Dichtmasse eingesetzt werden (siehe Abbildung). Setzen Sie den Getriebedeckel auf und richten Sie dabei die Zahnräder der Ausgangswelle und der Zwischenwelle zueinander aus, sodass sie ineinander greifen. Installieren Sie die Deckelschrauben und ziehen Sie sie schrittweise und über Kreuz bis zum Drehmoment von 23 bis 25 Nm (GTS) bzw. 24 bis 27 Nm (alle anderen Modelle) an (Abbildung 6.6a). Prüfen Sie, ob sich die Eingangs- und Ausgangswelle frei drehen lassen.

26 Füllen Sie das Getriebe mit Getriebeöl auf (siehe Kapitel 1).

6.24 Legen Sie die neue Dichtung über die Passhülsen.

27 Montieren Sie bei LX- LXV- und S-Modellen die Bremsbacken und verbinden Sie das Bremsseil (siehe Kapitel 8) (Abbildung 6.3).

28 Stecken Sie bei GTS 125/150-Modellen ab 2016 den Entlüftungsschlauch auf und sichern Sie ihn mit der Schelle (Abbildung 6.5).

29 Montieren Sie bei GTS-, GTV- und GT-Modellen die Hinterradnabe und den Bremssattel (siehe Kapitel 8).

30 Montieren Sie das Hinterrad. Stellen Sie bei LX- LXV- und S-Modellen die Hinterradbremse ein (siehe Kapitel 1).

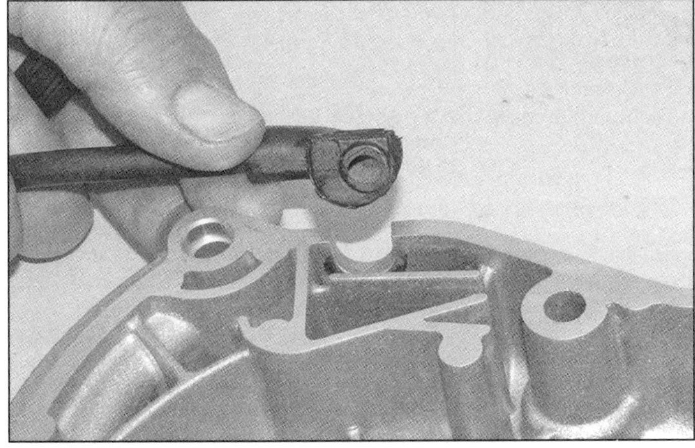

6.25a Installieren Sie den mit etwas Dichtmasse versehenen Entlüftungsschlauch-Stopfen.

6.25b Setzen Sie den Getriebedeckel auf – lassen Sie dabei die Zahnräder ineinander greifen.

6.32a Schieben Sie vorsichtig die Eingangswelle ein, . . .

6.32b . . . beschädigen Sie dabei nicht den Dichtring.

6.33a Installieren Sie die Zwischenwelle . . .

6.33b . . . und die Ausgangswelle – . . .

6.33c . . . ihre Zahnräder müssen ineinandergreifen.

31 Montieren Sie die Kupplung und das hintere Antriebsriemenrad (siehe Sektion 4).

LX, LXV und S ab 2012, Primavera und Sprint

32 Schieben Sie die Eingangswelle vollständig in ihr Lager im Antriebsgehäuse – beschädigen Sie dabei nicht den Dichtring (siehe Abbildungen).

33 Installieren Sie die Zwischenwelle und die Ausgangswelle – ihre Zahnräder müssen ineinandergreifen (siehe Abbildungen).

34 Installieren Sie ggf. die Passhülsen und legen Sie die neue Dichtung darüber (siehe Abbildung).

35 Setzen Sie den Getriebedeckel auf und führen Sie dabei die Ausgangswelle durch den Dichtring, ohne diesen zu beschädigen. Installieren Sie die Deckelschrauben und ziehen Sie sie schrittweise und über Kreuz bis zum Drehmoment von 24 bis 27 Nm an (Abbildung 6.11a). Prüfen Sie, ob sich die Eingangs- und Ausgangswelle frei drehen lassen.

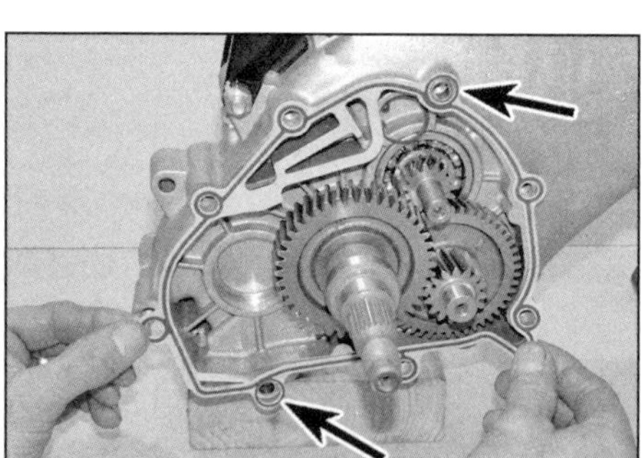

6.34 Legen Sie die neue Dichtung über die Passhülsen.

6.35 Setzen Sie den Getriebedeckel auf und führen Sie vorsichtig die Ausgangswelle durch den Dichtring.

36 Stecken Sie den Entlüftungsschlauch auf und sichern Sie ihn mit der Schelle (Abbildung 6.10).

37 Füllen Sie das Getriebe mit Getriebeöl auf (siehe Kapitel 1).

38 Montieren Sie die Bremsbacken und verbinden Sie das Bremsseil (siehe Kapitel 8) (Abbildung 6.3). Vergessen Sie nicht, die große Anlaufscheibe auf die Ausgangswelle zu schieben (Abbildung 6.1).

39 Montieren Sie das Hinterrad und stellen Sie die Hinterradbremse ein (siehe Kapitel 1).

40 Montieren Sie die Kupplung und das hintere Antriebsriemenrad (siehe Sektion 4).

Kapitel 4
Kühlsystem (wassergekühlte Modelle)

Inhalt (in alphabetischer Reihenfolge, die Zahlen geben die Nummerierung in den grauen Feldern wieder)

Schwierigkeitsgrade

Leicht. Für Anfänger mit wenig Erfahrung geeignet. 	**Relativ leicht.** Für Anfänger mit etwas Erfahrung geeignet. 	**Relativ schwierig.** Geeignet für geübte Selbstschrauber. 	**Schwer.** Geeignet für Selbstschrauber mit viel Erfahrung.	**Sehr schwer.** Geeignet für Experten und Profis. 

Technische Daten

Kühlmittel

Kühlflüssigkeit-Typ	50% destilliertes Wasser und 50% Ethylen-Glykol mit Korrosionsschutz
Kühlflüssigkeit-Füllmenge	2,1 bis 2,15 Liter

Kühltemperatursensor

Widerstand bei 0 °C	5,9 K-Ohm
Widerstand bei 10 °C	3,8 K-Ohm
Widerstand bei 20 °C	2,5 K-Ohm
Widerstand bei 30 °C	1,7 K-Ohm
Widerstand bei 80 °C	0,3 K-Ohm

Thermostat

Druckventil-Öffnungstemperatur	
250 cm³-Modelle	69,5 bis 72,5 °C
125, 150 und 300 cm³-Modelle	85 bis 87 °C

Wasserkühler

Druckventil-Öffnungsdruck	0,9 bar

Anzugsdrehmomente

	Nm
Ausgleichsbehälter-Befestigungsschraube (GTS 125/150 ab 2016)	4,5 bis 7
Thermostatdeckel-Schrauben	3 bis 4
Wasserpumpen-Befestigungsschraube (GTS 125/150 ab 2016)	11 bis 13 Nm
Wasserpumpen-Entlüftungsschraube (GTS 125/150 ab 2016)	11 bis 13 Nm

1 Allgemeine Informationen

1 Das Kühlsystem arbeitet mit einem Wasser/Frostschutz-Gemisch, welches die Aufgabe hat, die beim Verbrennungsvorgang entstehende Wärme abzuleiten und die Temperatur im Motor möglichst konstant zu halten. Dazu wird der Zylinder von Kühlmittel umspült.

2 Das heiße Kühlmittel wird mit Unterstützung der Wasserpumpe durch den Thermostaten am Zylinderkopf in den/die Kühler gepumpt. Die Wasserpumpe wird bei GTS 125ie-Modellen bis 2015 elektrisch angetrieben. Bei allen anderen GTS-, GTV- und GT-Modellen wird die Pumpe mechanisch angetrieben – bei GTS 125/150-Modellen ab 2016 links von der Nockenwelle, bei allen anderen Modellen sitzt sie im Lichtmaschinendeckel und wird direkt von der Kurbelwelle angetrieben. Nachdem das heiße Kühlmittel die Kühlerlamellen passiert hat und abgekühlt wurde, gelangt es zur Wasserpumpe und wird wieder in den Motor gedrückt, wo der Kreislauf von neuem beginnt. Bei kaltem Motor wird der Kühlkreislauf durch den Thermostaten verkürzt – das Kühlmittel gelangt also nicht durch den/die Kühler. Nachdem die Betriebstemperatur im sogenannten inneren Kühlkreislauf erreicht ist, öffnet der Thermostat sein Ventil und das Kühlmittel durchströmt den/die Kühler. Durch diese Maßnahme gelangt der Motor schneller auf Betriebstemperatur.

3 Ein Temperatursensor gibt Informationen an das Motorsteuergerät weiter; bei GTS-Modellen steuert er auch die Temperaturanzeige oder Warnleuchte im Cockpit. Bei GTV- und GT-Modellen überträgt ein Thermoschalter Informationen an eine Warnleuchte im Cockpit.

4 Außer bei GTS 125/150-Modellen ab 2016 unterstützt ein Ventilator die Kühlung, indem er bei extremer Kühlmitteltemperatur Luft durch den Kühler saugt. Gesteuert wird der Ventilator über ein Relais, das wiederum vom Motorsteuergerät anhand der Informationen vom Temperatursensor aktiviert wird. Bei GTS 125/150-Modellen ab 2016 saugt ein außen am Lichtmaschinenrotor sitzendes Gebläserad bei laufendem Motor Luft durch den Kühler.

5 Das Kühlsystem ist teilweise abgedichtet und arbeitet bei Betrieb unter Druck. Der durch ein federbelastetes Überdruckventil im Einfülldeckel regulierte höhere Druck setzt den Siedepunkt herauf, damit das Kühlmittel unter widrigen Umständen nicht überkocht. Der Überlaufschlauch des Kühlers mündet in einen Ausgleichsbehälter, beim Abkühlen des Motors fließt das Kühlmittel automatisch wieder in den Kühler zurück.

Warnung: Entfernen Sie nicht den Ausgleichsbehälterdeckel, wenn der Motor heiß ist. Das unter Druck stehende Kühlmittel kann bei Druckverlust plötzlich aufkochen, sodass heißer Dampf austritt und ernsthafte Verbrennungen verursacht. Wenn der Motor ausreichend abgekühlt ist, darf der Deckel langsam entfernt werden, um restlichen Druck abzulassen.

Achtung: Frostschutzmittel darf nicht mit der Haut oder Lackoberflächen in Berührung kommen. Wischen Sie Spritzer unverzüglich mit reichlich Wasser ab. Frostschutz kann giftige und explosive Gase produzieren, wenn es in offenen Behältern gelagert oder auf den Boden verschüttet wird. Kinder und Tiere können durch den süßen Geschmack irritiert werden und das Mittel trinken. Fragen Sie Ihren Fachhändler, wo Sie altes Frostschutzmittel entsorgen können.

Achtung: Benutzen Sie immer das vorgeschriebene Frostschutzmittel und mixen Sie im korrekten Verhältnis mit destilliertem Wasser. Der Frostschutz enthält Korrosionsschutzmittel, um das Kühlsystem zu schützen. Fehlt dieses, kann Rost entstehen und die feinen Leitungen des Kühlsystems blockieren. Durch den Einsatz von destilliertem Wasser wird die Bildung von Kalkablagerungen verhindert, welche ebenfalls die Kühlwirkung beeinträchtigen können.

6 Lesen Sie die Sektion »Sicherheit geht vor!« am Anfang des Buchs durch, bevor Sie mit der Arbeit beginnen.

2 Kühlmittel-Wechsel

Achtung: Beachten Sie die Warnhinweise in Sektion 1!

Ablassen

1 Stützen Sie das Fahrzeug mithilfe des Hauptständers auf einer ebenen Fläche. Entfernen Sie rechts die Motorabdeckung und die Blende. Entfernen Sie bei GTS 125/150-Modellen auch das Staufach (siehe Kapitel 9).

2 Lösen Sie bei GTS 125/150-Modellen die Schrauben der Kühlerabdeckung (siehe Abbildung). Entfernen Sie bei allen anderen Modellen die Ausgleichsbehälter-Abdeckung (siehe Abbildung).

3 Entfernen Sie langsam den Ausgleichsbehälterdeckel (siehe Abbildung) – bei zischenden Geräuschen muss gewartet werden, bis der restliche Druck abgebaut ist.

4 Stellen Sie einen geeigneten Behälter rechts unter den Motor. Lösen Sie bei GTS 125/150-Modellen ab 2016 die Ablassschraube unten am Kühler und lassen Sie das Kühlmittel vollständig ablaufen (siehe Abbildungen). Lösen Sie die Entlüftungsschraube seitlich an der Wasserpumpe, um das Ablassen zu erleichtern (siehe Sektion 7). Lösen Sie bei GTS 125-Modellen bis 2015 die Schelle, die den Schlauch am Zylinder sichert, ziehen Sie den Schlauch ab und lassen Sie das Kühlmittel vollständig ablaufen (siehe Abbildung). Lockern Sie bei allen anderen Modellen am unteren Wasserpumpenstutzen die Schelle, ziehen Sie den Schlauch ab und lassen Sie das Kühlmittel vollständig ablaufen (siehe Abbildungen). Halten Sie in allen Fällen den Schlauch so nach unten, dass sämtliches Kühlmittel ablaufen kann. Die serienmäßig vorhandenen Schellen können nicht wiederverwendet werden und sollten durch Schraubschellen ersetzt werden (siehe Abbildung).

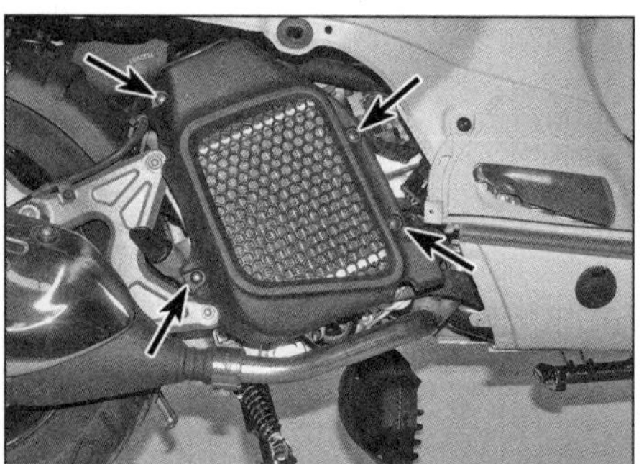

2.2a Schrauben der Kühlerabdeckung – GTS 125/150

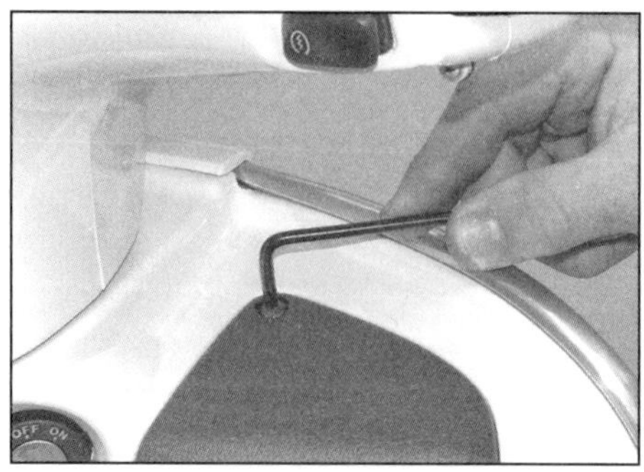

2.2b Lösen Sie die Schraube und entnehmen Sie die Ausgleichsbehälter-Abdeckung.

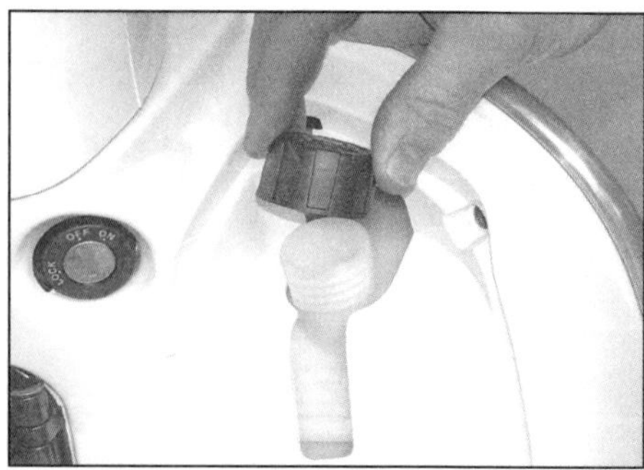

2.3a Entfernen Sie den Ausgleichsbehälterdeckel

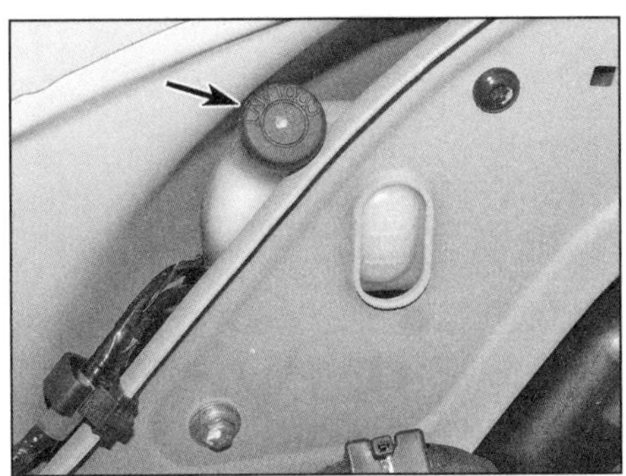

2.3b Ausgleichsbehälterdeckel bei GTS 125/150ie-Modellen

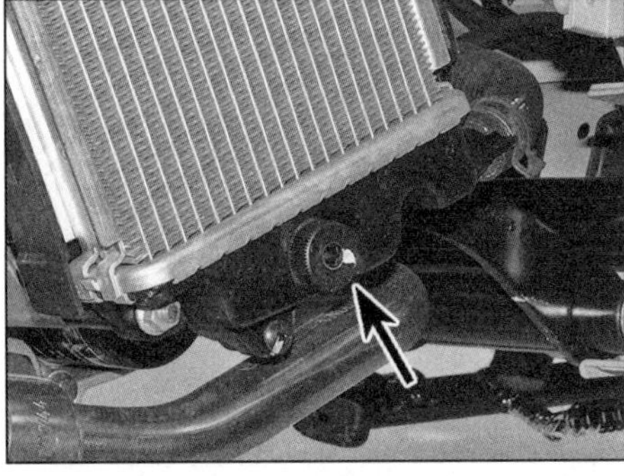

2.4a Lösen Sie die Ablassschraube – GTS 125/150-Modellen ab 2016

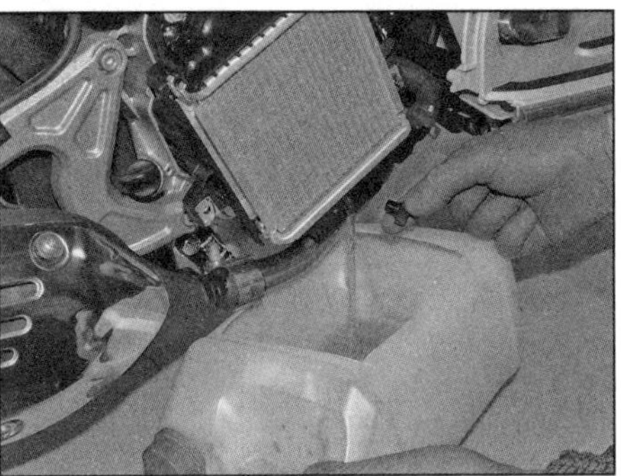

2.4b Lassen Sie das Kühlmittel in einen Sammelbehälter ablaufen.

2.4c Lösen Sie bei GTS 125-Modellen bis 2015 die Schelle (Pfeil) und trennen Sie den den Schlauch vom Zylinder.

2.4d Drücken Sie bei allen anderen Modellen am unteren Wasserpumpen-Schlauch die Brücke der Schelle auseinander, ...

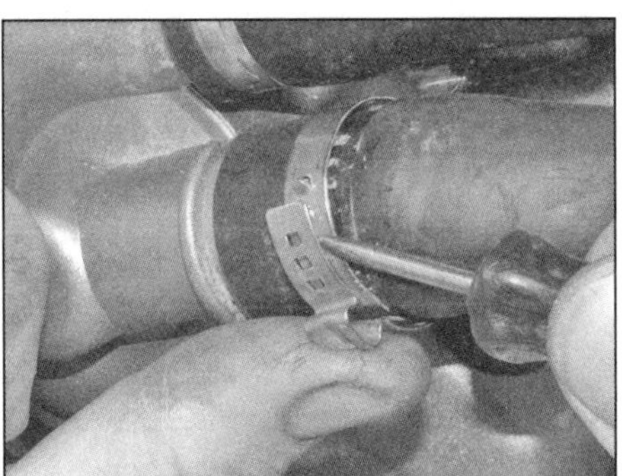

2.4e ... haken Sie das Ende aus ...

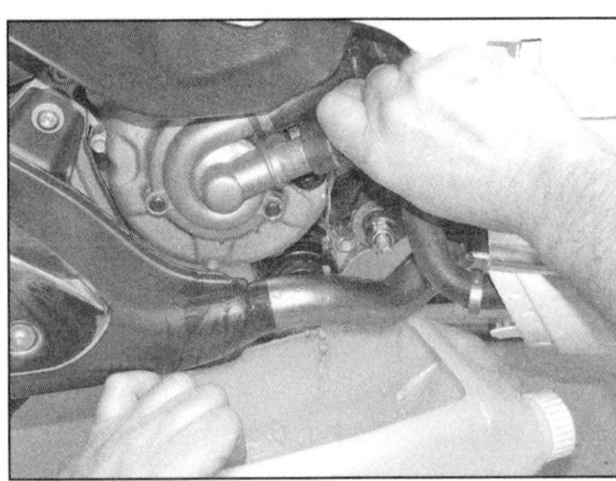

2.4f ... und ziehen Sie den Schlauch ab, ...

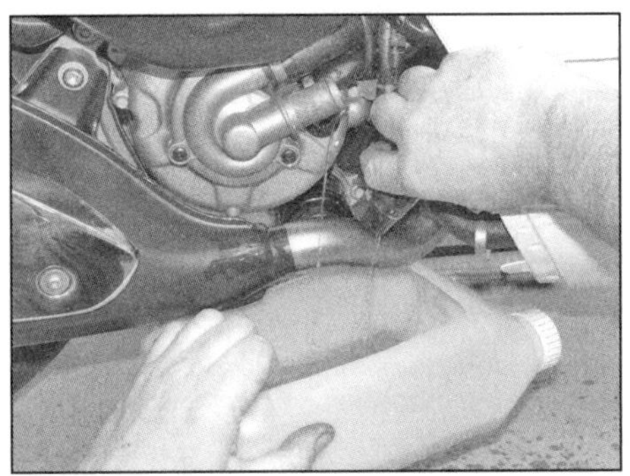

2.4g ... um ihn herunter zu halten und das Kühlmittel ablaufen zu lassen.

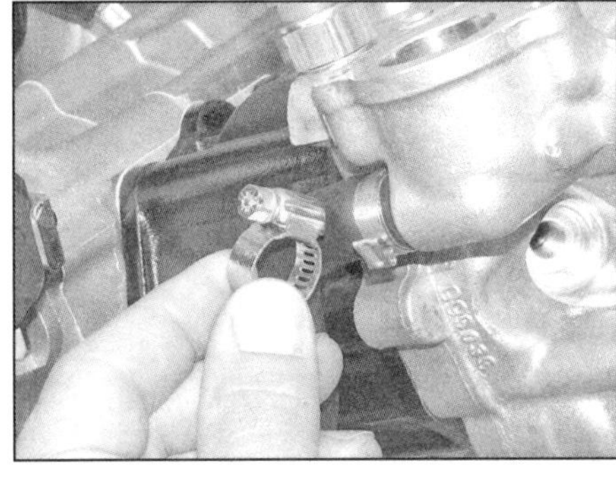

2.4h Einweg-Schellen sollten durch Schraubschellen ersetzt werden.

4

Spülen

5 Spülen Sie das Kühlsystem mithilfe eines in den Ausgleichsbehälter gesteckten Gartenschlauchs durch. Spülen Sie solange, bis an der Ablaufbohrung klares Wasser austritt. Werden viele Rostpartikel herausgespült, müssen alle Wasserkühler demontiert (siehe Kapitel 6) und professionell gereinigt werden.

6 Falls getrennt, muss der Kühlerschlauch auf seinen Stutzen gesteckt werden (Abbildungen 2.4c oder f). Installieren Sie bei GTS 125/150-Modellen ab 2016 die Ablassschraube unten in den Kühler (Abbildung 2.4a).

7 Stecken Sie einen geeigneten Trichter in den Ausgleichsbehälter und füllen Sie das Kühlsystem bis oben mit einem Gemisch aus klarem Wasser und für Aluminium-Komponenten geeigneter Spülflüssigkeit auf (Abbildung 2.14b), folgen Sie dann den der Flüssigkeit beigefügten Hinweisen. Lockern Sie bei GTS 125/150-Modellen ab 2016 die seitlich an der Wasserpumpe sitzende Entlüftungsschraube und das neben dem Thermostatgehäuse am Zylinderkopf sitzende Entlüftungsventil, um das Kühlsystem von Luftblasen zu befreien; ziehen Sie beide wieder an, sobald Wasser austritt. Installieren Sie den Ausgleichsbehälterdeckel.

8 Starten Sie den Motor und bringen Sie ihn auf Betriebstemperatur – lassen Sie ihn dazu etwa zehn Minuten laufen.

9 Schalten Sie den Motor ab und lassen Sie ihn eine Weile abkühlen. Bedecken Sie den Ausgleichsbehälterdeckel mit einem dicken Lappen und lösen Sie ihn langsam – bei zischenden Geräuschen muss gewartet werden, bis der restliche Druck abgebaut ist.

10 Entleeren Sie erneut das Kühlsystem.

11 Füllen Sie das Kühlsystem mit klarem Wasser auf und wiederholen Sie die Spül-Prozedur.

2.12a Setzen Sie die Spezialzange über der Brücke an . . .

2.12b . . . und drücken Sie sie zusammen, um den Schlauch zu sichern.

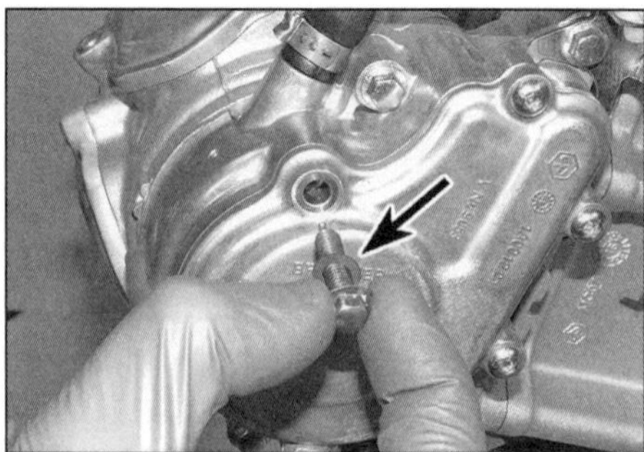
2.13 Rüsten Sie die Entlüftungsschraube mit einer neuen Dichtscheibe aus.

2.14a Füllen Sie den Ausgleichsbehälter mit dem korrekten Kühlmittel . . .

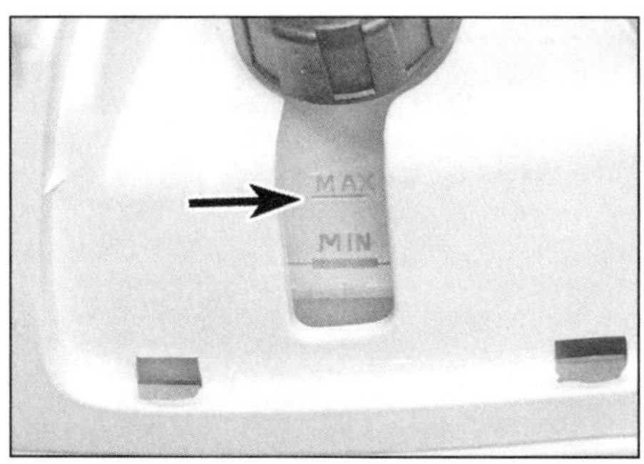

2.14b . . . bis knapp unter die MAX-Markierung auf.

2.15 Entfernen Sie die Kappe vom Entlüftungsventil.

2.18 Setzen Sie die unteren Laschen in ihre Nuten und drücken Sie die Abdeckung oben an.

Auffüllen

12 Sichern Sie den Kühlerschlauch ggf. am Stutzen – verwenden Sie dazu nötigenfalls eine Schraubschelle (Abbildung 2.4h) und ziehen Sie deren Schraube an. Bei der Verwendung einer neuen originalen Schelle wird ein Spezialwerkzeug benötigt: Das offene Ende muss zunächst an den Laschen eingehängt werden (Abbildung 2.4e), dann wird die Zange an der erhabenen Sektion angesetzt und diese zusammengedrückt, um den Schlauch zu sichern (siehe Abbildungen).

13 Ziehen Sie bei GTS 125/150-Modellen ab 2016 die Ablassschraube unten am Kühler sorgfältig an. Rüsten Sie die seitlich an der Wasserpumpe sitzende Entlüftungsschraube mit einer neuen Dichtscheibe aus, aber ziehen Sie die Schraube erst an, nachdem das Kühlsystem komplett aufgefüllt ist (siehe Abbildung).

14 Stecken Sie einen geeigneten Trichter in den Ausgleichsbehälter und füllen Sie das Kühlsystem bis kurz unter die MAX-Markierung mit dem vorgeschriebenen Kühlmittel-Gemisch auf (siehe technische Daten) (siehe Abbildungen). Wackeln Sie das Fahrzeug vorsichtig hin und her, um Luftblasen aufsteigen zu lassen.

Anmerkung: *Füllen Sie das Kühlmittel langsam ein, um möglichst wenige Luftblasen entstehen zu lassen.*

15 Ziehen Sie am neben dem Thermostatgehäuse am Zylinderkopf sitzende Entlüftungsventil die Gummikappe ab (siehe Abbildung). Stecken Sie einen geeigneten Schlauch auf das Ventil, der bis in den Sammelbehälter reicht. Starten Sie den Motor und lassen Sie ihn im Standgas Betriebstemperatur erreichen. Geben Sie drei bis viermal kurz Gas, sodass die Drehzahl auf ca. 4000 bis 5000/min ansteigt. Schalten Sie den Motor ab. Öffnen Sie das Entlüftungsventil zwei volle Umdrehungen – jetzt sollte sämtliche im System gefangene Luft durch den Schlauch austreten; sobald Kühlmittel ohne Luftblasen austritt, muss das Ventil geschlossen werden.

16 Füllen Sie das Kühlsystem nötigenfalls wieder bis zur MAX-Linie auf.

17 Lassen Sie den Motor abkühlen und kontrollieren Sie erneut den Pegel.

18 Kontrollieren Sie das Kühlsystem auf Undichtigkeiten. Montieren Sie bei GTS 125/150-Modellen ab 2016 die Kühlerabdeckung. Montieren Sie alle entfernten Verkleidungsteile (siehe Kapitel 9). Setzen Sie ggf. die Ausgleichsbehälter-Abdeckung korrekt an (siehe Abbildung).

Achtung: Entsorgen Sie die alte Kühlflüssigkeit im Fachhandel oder beim Sondermüll (siehe Warnung zu Beginn dieser Sektion).

3 Ventilator und Relais

Ventilator

1 Mit Ausnahme der GTS 125/150-Modelle ab 2016 sind alle wassergekühlten Modelle mit einem elektrischen Kühlventilator an der Rückseite des linken Wasserkühlers ausgerüstet. Bei GTS 125/150-Modellen ab 2016 saugt ein außen am Lichtmaschinenrotor sitzendes Gebläserad bei laufendem Motor Luft durch den Kühler.

Kontrolle

2 Falls der Motor überhitzt und der Ventilator nicht einschaltet, muss zuerst dessen Sicherung überprüft werden (siehe Kapitel 10). Wenn die Sicherung in Ordnung ist, muss das Relais überprüft werden (Schritte 8 bis 14).

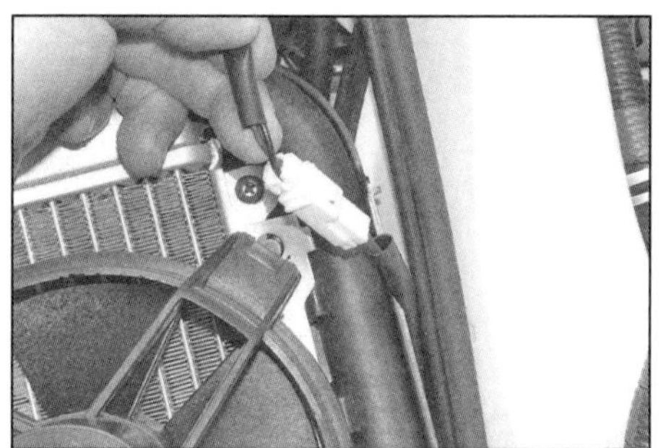

3.3 Trennen Sie den Ventilatorstecker.

3.6 Schrauben (A) und Zapfen (B) der Ventilator-Baugruppe

3.7 Der Zapfen muss korrekt in seine Bohrung greifen.

3 Um den Ventilator zu testen, muss zunächst die vordere Innenverkleidung entfernt werden (siehe Kapitel 9). Verfolgen Sie das Ventilator-Kabel und trennen Sie es am Stecker (siehe Abbildung). Verbinden Sie eine geladene 12-Volt-Batterie mithilfe von Überbrückungskabeln mit dem Stecker – den Pluspol (+) mit dem Kontakt des roten Kabels und den Minuspol (–) mit dem schwarzen Kabel – der Ventilator muss jetzt laufen; andernfalls ist die Verkabelung oder der Stecker defekt – oder der Ventilatormotor hat einen Schaden. Ersetzen Sie die Ventilator-Baugruppe durch ein Neuteil.

Ersetzen

Warnung: Der Motor muss vollständig abgekühlt sein, bevor mit dieser Arbeit begonnen werden darf.

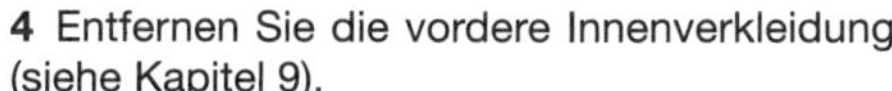

4 Entfernen Sie die vordere Innenverkleidung (siehe Kapitel 9).

5 Verfolgen Sie das Ventilator-Kabel und trennen Sie es am Stecker (Abbildung 3.3). Befreien Sie das Kabel aus allen nicht an der Ventilator-Baugruppe sitzenden Befestigungen oder Führungen und führen Sie es zum Ventilator zurück.

6 Lösen Sie die Ventilator-Schrauben, befreien Sie den Zapfen und entnehmen Sie den Ventilator (siehe Abbildung).

7 Der Einbau entspricht der umgekehrten Ausbaureihenfolge – achten Sie darauf, dass der Zapfen korrekt sitzt (siehe Abbildung).

Ventilator-Relais

Kontrolle

8 Falls der Motor überhitzt und der Ventilator nicht einschaltet, muss zuerst dessen Sicherung überprüft werden (siehe Kapitel 10) – falls sie durchgebrannt ist, muss der Ventilator-Stromkreis auf einen Masseschluss überprüft werden – beachten Sie die Hinweise in Kapitel 10, Sektion 2 sowie die Schaltpläne.

9 Wenn die Sicherung in Ordnung ist, muss die Frontblende entfernt werden (siehe Kapitel 9), um Zugang zum Relais zu erhalten (siehe Abbildungen).

10 Ziehen Sie das Relais aus seinem Sockel (siehe Abbildung). Überbrücken Sie bei eingeschalteter Zündung die Kontakte des grauen und des roten Kabels im Sockel – der Ventilator muss jetzt laufen; in diesem Fall ist die Verkabelung zwischen dem Relais und dem Ventilator sowie dessen Masseanschluss in Ordnung. Kontrollieren Sie das Relais (Schritt 11) – wenn es in Ordnung ist, muss seine Stromversorgung überprüft werden (Schritt 12). Falls der Ventilator nicht lief, muss mit Schritt 13 fortgefahren werden.

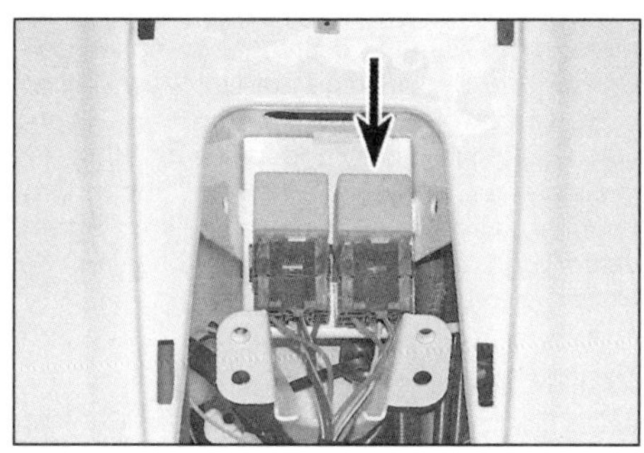

3.9a Ventilatorrelais – GTS-Modelle

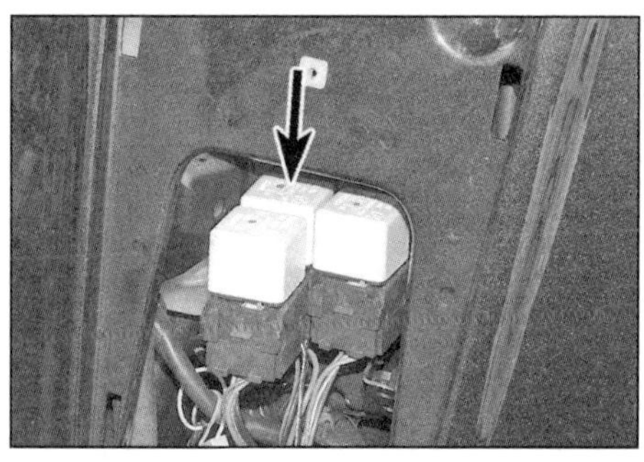

3.9b Ventilatorrelais – GTV- und GT-Modelle

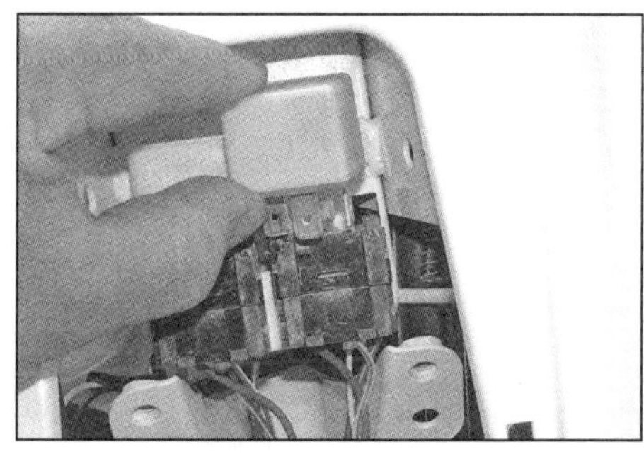

3.10 Ziehen Sie das Relais heraus.

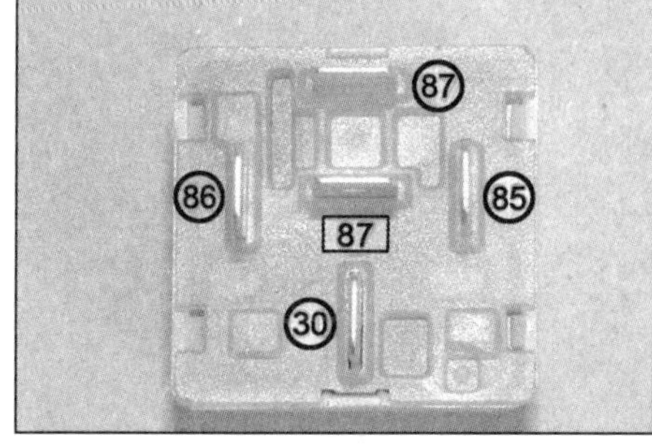

3.11 Die Anschluss-Nummern finden sich an der Unterseite des Relais.

11 Schalten Sie ein Multimeter auf den Messbereich Ohm x 1 und klemmen Sie es an die Relais-Anschlüsse 87 und 30 (siehe Abbildung) – es darf kein Durchgang (»1« – unendlicher Widerstand) festgestellt werden. Verbinden Sie eine geladene Batterie mithilfe von Überbrückungskabeln mit den Relais-Anschlüssen 86 (+) und 85 (–). Jetzt muss aus dem Relais ein deutliches Klicken vernehmbar sein und der Widerstand auf 0 Ohm (voller Durchgang) fallen. In diesem Fall ist das Relais in Ordnung. Wurde am Relais ständig Durchgang festgestellt oder hat es auch bei angeschlossener Batterie den Durchgang nicht freigeschaltet, ist es defekt und muss ersetzt werden.

12 Ist das Relais in Ordnung, muss bei eingeschalteter Zündung zuerst am grauen Kabel im Relais-Sockel und dann am rot/weißen Kabel geprüft werden, ob Batteriespannung anliegt. Ist dies nicht der Fall, muss die Verkabelung zwischen dem Relais und der Sicherung auf Durchgang geprüft werden – beachten Sie dazu die Schaltpläne am Ende von Kapitel 10. Prüfen Sie ebenso den Durchgang des blau/gelben Kabels zum Motorsteuergerät.

13 Prüfen Sie, ob das rote Kabel zwischen dem Relais-Sockel Durchgang zum Ventilatorstecker und das schwarze Kabel zwischen dem Ventila-

4.2 Trennen Sie den Stecker des Temperatursensors.

torstecker und Masse Durchgang aufweisen – andernfalls müssen alle Kabel des Stromkreises auf Brüche und lockere Anschlüsse untersucht werden – beachten Sie die Hinweise in Kapitel 10, Sektion 2 sowie die Schaltpläne.

14 Falls der Ventilator ständig läuft, muss das Relais aus seinem Sockel gezogen werden – jetzt muss der Ventilator stoppen; falls er weiter läuft, ist das Relais defekt und muss ersetzt werden.

15 Falls der Ventilator arbeitet, sich aber vermutlich bei den falschen Temperaturen einschaltet, muss der Temperatursensor überprüft werden (siehe Sektion 4).

Ersetzen

16 Entfernen Sie die Frontblende (siehe Kapitel 9), um Zugang zum Relais zu erhalten (Abbildungen 3.9a oder b).

17 Ziehen Sie das Relais aus seinem Sockel (Abbildung 3.10).

18 Stecken Sie das neue Relais in den Sockel und montieren Sie die Frontblende.

4 Temperaturanzeige/Warnleuchte und Temperatursensor /Thermoschalter

Temperaturanzeige – frühe GTS-Modelle

Kontrolle

1 Der Stromkreis besteht aus dem am Zylinderkopf sitzenden Kühltemperatursensor sowie der Temperaturanzeige im Cockpit. Falls die Temperaturanzeige trotz erwärmtem Motor nichts anzeigt, muss zunächst die entsprechende Sicherung überprüft werden (siehe Kapitel 10). Falls die Anzeige nach dem Einschalten der Zündung ständig auf »H« steht, hat das Kabel zwischen dem Sensor und der Anzeige einen Kurzschluss – lokalisieren und reparieren Sie es unter Beachtung der Hinweise in Kapitel 10, Sektion 2 sowie der Schaltpläne.

2 Öffnen Sie die Sitzbank und entnehmen Sie das Staufach. Trennen Sie den Stecker des Temperatursensors (siehe Abbildung). Verbinden Sie bei eingeschalteter Zündung mit Überbrückungskabeln kurzzeitig das grün/gelbe (250 und 300 cm³-Modelle) bzw. das grau/schwarze (125 cm³-Modelle) kabelbaumseitige Kabel mit Masse am Motor und kontrollieren Sie, ob die Anzeige auf »H« ansteigt – diese Prüfung darf nur kurzzeitig erfolgen, um die Anzeige nicht zu beschädigen. Wenn sich die Nadel bewegt, muss zunächst zwischen dem Sechskant des Sensors und dem Minuspol der Batterie und dann das schwarze Kabel auf Durchgang kontrolliert werden; ist dies nicht der Fall, muss sichergestellt werden, ob die Masseanschlüsse am Motor und der Karosserie fest verbunden sind. Ist die Masse in Ordnung, muss der Sensor ausgebaut und überprüft werden (Schritte 9 bis 12).

3 Falls sich die Anzeige-Nadel nicht bewegt, müssen die Kabel und Stecker zwischen dem Sensor und der Anzeige auf Durchgang überprüft werden – beachten Sie für den Zugang zum Cockpit und die Schaltpläne die Hinweise in Kapitel 10. Soweit die Verkabelung in Ordnung ist, wird die Anzeige oder deren Stromversorgung defekt sein – prüfen Sie zuerst die Stromversorgung (siehe Kapitel 10).

Ersetzen

4 Die Temperaturanzeige ist in die Cockpit-Baugruppe integriert und nicht separat erhältlich. Der Austausch der Instrumenten-Baugruppe ist in Kapitel 10, Sektion 16 beschrieben.

Warnleuchte – GTV- und GT-Modelle

Kontrolle

5 Der Stromkreis besteht aus dem Thermoschalter (bei GTV 250ie Navy-Modellen im Schlauchanschluss links unter der Bodenverkleidung und bei allen anderen Modellen im rechten Kühler sitzend) und der Warnleuchte im Cockpit. Falls die Warnleuchte beim Einschalten der Zündung nicht kurzzeitig aufleuchtet, muss zuerst die Sicherung und dann die Instrumentenbaugruppe kontrolliert werden (siehe Kapitel 10). Falls die Warnleuchte nach dem Einschalten der Zündung ständig aufleuchtet, hat das Kabel zwischen dem Sensor und der Lampe einen Kurzschluss – lokalisieren und reparieren Sie es unter Beachtung der Hinweise in Kapitel 10, Sektion 2 sowie der Schaltpläne.

6 Entfernen Sie als Nächstes bei GTV 250ie Navy-Modellen die Bodenverkleidung und bei allen anderen Modellen die vordere Innenverkleidung (siehe Kapitel 9). Trennen Sie den Stecker des Thermoschalters. Verbinden Sie bei eingeschalteter Zündung mit Überbrückungskabeln das grün/gelbe kabelbaumseitige Kabel mit Masse am Motor oder Karosserie und kontrollieren Sie, ob die Warnlampe aufleuchtet – in diesem Fall muss das schwarze Kabel auf Durchgang kontrolliert werden; ist dies nicht der Fall, muss sichergestellt werden, ob die Masseanschlüsse am Motor und der Karosserie fest verbunden sind. Ist die Masse in Ordnung, muss der Schalter ausgebaut und überprüft werden (Schritte 21 und 22).

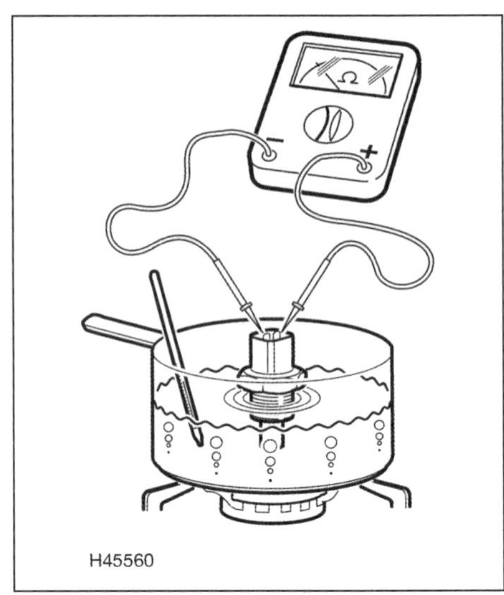

4.11 Aufbau zum Prüfen des Sensors

7 Falls die Lampe nicht aufleuchtet, müssen die Kabel und Stecker zwischen dem Schalter und der Lmape auf Durchgang überprüft werden – beachten Sie für den Zugang zum Cockpit und die Schaltpläne die Hinweise in Kapitel 10. Soweit die Verkabelung in Ordnung ist, wird die Lampe oder deren Stromversorgung defekt sein – prüfen Sie zuerst die Stromversorgung (siehe Kapitel 10).

Ersetzen

8 Die als LED ausgeführte Warnleuchte ist in die Cockpit-Baugruppe integriert und nicht separat erhältlich. Der Austausch der Instrumenten-Baugruppe ist in Kapitel 10, Sektion 16 beschrieben.

Temperaturanzeigen/ Warnleuchten-Sensor – GTS-Modelle

Kontrolle – Modelle mit Temperaturanzeige

9 Lassen Sie das Kühlmittel ab (siehe Sektion 2).

10 Entfernen Sie den Motortemperatursensor (Schritte 13 und 14).

11 Stellen Sie einen kleinen mit Wasser gefüllten Topf auf den Herd. Verbinden Sie die Plus-Klemme eines auf den K-Ohm-Messbereich geschalteten Multimeters mit dem Sensor-Kontakt für das grün/gelbe (250 und 300 cm³-Modelle) bzw. das grau/schwarze (125 cm³-Modelle) Kabel und die Minus-Klemme mit dem Kontakt für das schwarze Kabel. Umwickeln Sie den Sensor mit Draht oder geeigneten Bändern, sodass nur die Sensorspitze bis zum Gewinde ins Wasser gehalten werden kann und nicht den Topfboden berührt (siehe Abbildung). Halten Sie ein Thermometer mit dem Messbereich bis 100 °C in den Topf – auch dessen Spitze darf nicht den Boden berühren.

Warnung: Achten Sie bei diesem Test darauf, sich nicht zu verbrennen oder zu verbrühen!

12 Erhitzen Sie den Topf und rühren Sie das Wasser vorsichtig um. Beachten Sie nun die Hinweise in den technischen Daten und ermitteln Sie bei den angegebenen Temperaturen den Widerstand – falls eines der Ergebnisse um mehr als 10% von den Vorgaben abweicht, ist der Sensor defekt und muss ersetzt werden.

Kontrolle – Modelle mit Warnleuchte

13 Die Kühltemperatur-Warnleuchte fungiert auch als Wegfahrsperren-Warnlampe – deren Funktion ist in der Bedienungsanleitung erklärt. Piaggio gibt keine Prüfdetails bekannt, doch sollte zu erwarten sein, dass bei einem ähnlichen Test wie in Schritt 11 der Widerstand des Sensors kurz vor dem Siedepunkt des Wassers stark absinken muss, damit die Lampe aufleuchtet.

Ersetzen

Warnung: Der Motor muss vollständig abgekühlt sein, bevor mit dieser Arbeit begonnen werden darf.

14 Lassen Sie das Kühlmittel ab (siehe Sektion 2). Öffnen Sie die Sitzbank und entnehmen Sie das Staufach. Der Sensor sitzt im Zylinderkopf.
15 Trennen Sie den Sensorstecker (Abbildung 4.2) und schrauben Sie den Sensor heraus. Falls eine Dichtscheibe vorhanden ist, muss sie später durch ein Neuteil ersetzt werden.
16 Versehen Sie das Gewinde des Sensors – nicht aber die Sensorspitze – mit geeignetem Dichtmittel, drehen Sie den Sensor in den Zylinderkopf und ziehen Sie ihn sorgfältig an. Verbinden Sie den Sensorstecker, installieren Sie das Staufach und füllen Sie das Kühlsystem auf.

Thermoschalter – GTV- und GT-Modelle

Kontrolle

17 Lassen Sie das Kühlmittel ab (siehe Sektion 2).
18 Demontieren Sie den Schalter (Schritt 21 und 22).
19 Stellen Sie einen kleinen mit Wasser gefüllten Topf auf den Herd. Verbinden Sie die Plus-Klemme eines auf den K-Ohm-Messbereich geschalteten Multimeters mit dem Schalter-Kontakt für das grün/gelbe Kabel und die Minus-Klemme mit dem Kontakt für das schwarze Kabel. Umwickeln Sie den Schalter mit Draht oder geeigneten Bändern, sodass nur die Sensorspitze bis zum Gewinde ins Wasser gehalten werden kann und nicht den Topfboden berührt (Abbildung 4.11). Halten Sie ein Thermometer mit dem Messbereich bis 100 °C in den Topf – auch dessen Spitze darf nicht den Boden berühren.

Warnung: Achten Sie bei diesem Test darauf, sich nicht zu verbrennen oder zu verbrühen!

20 Erhitzen Sie den Topf und rühren Sie das Wasser vorsichtig um. Anfangs muss der Widerstand sehr stark oder unendlich (»1«) sein – Schalter offen. Bei hoher Temperatur (Piaggio macht keine Angaben, doch sollte etwa Siedetemperatur erreicht sein) muss der Schalter schließen und das Messgerät Durchgang (»0«) anzeigen – bei anderen Ergebnissen ist der Schalter defekt und muss ersetzt werden.

Ersetzen

Warnung: Der Motor muss vollständig abgekühlt sein, bevor mit dieser Arbeit begonnen werden darf.

21 Lassen Sie das Kühlmittel ab (siehe Sektion 2). Der Thermoschalter sitzt bei GTV 250ie Navy-Modellen im Schlauchanschluss links unter der Bodenverkleidung und bei allen anderen Modellen im rechten Kühler – entfernen Sie entsprechend die Bodenverkleidung oder die vordere Innenverkleidung (siehe Kapitel 9).
22 Trennen Sie den Kabelstecker und schrauben Sie den Schalter heraus.
23 Versehen Sie das Gewinde des Schalters – nicht aber die Sensorspitze – mit geeignetem Dichtmittel, drehen Sie den Schalter ein und ziehen Sie ihn sorgfältig an. Verbinden Sie den Sensorstecker.
24 Montieren Sie die Bodenverkleidung oder die vordere Innenverkleidung (siehe Kapitel 9) und füllen Sie das Kühlsystem auf.

5 Thermostat

1 Der Thermostat arbeitet automatisch und normalerweise jahrelang zuverlässig. Im Falle eines Defektes kann das Ventil im offenen Zustand blockieren – dann dauert es wesentlich länger, bis der Motor Betriebstemperatur erreicht. Andererseits kann das Ventil auch im geschlossenen Zustand blockieren, dann fließt die Kühlflüssigkeit nicht durch den Kühler, und der Motor kann überhitzen. Keiner dieser Zustände ist akzeptabel und der Defekt muss unverzüglich behoben werden. 4

Ausbau

Warnung: Der Motor muss vollständig abgekühlt sein, bevor diese Arbeit durchgeführt werden darf.

2 Lassen Sie das Kühlmittel ab (siehe Sektion 2). Der Thermostat sitzt am Zylinderkopf (siehe Abbildung). Öffnen Sie die Sitzbank und entnehmen Sie das Staufach.
3 Lösen Sie die Schrauben des Thermostatdeckels und befreien Sie diesen vom Zylinderkopf (siehe Abbildung). Entfernen Sie ggf. den kleinen O-Ring, kontrollieren Sie ihn und ersetzen Sie ihn nötigenfalls (siehe Abbildung). Heben Sie den Thermostat unter Beachtung seiner Einbaurichtung heraus (siehe Abbildung).

5.2 Position des Thermostatgehäuses – gezeigt beim GTS 125/150 ab 2016

5.3a Schrauben des Thermostatdeckels

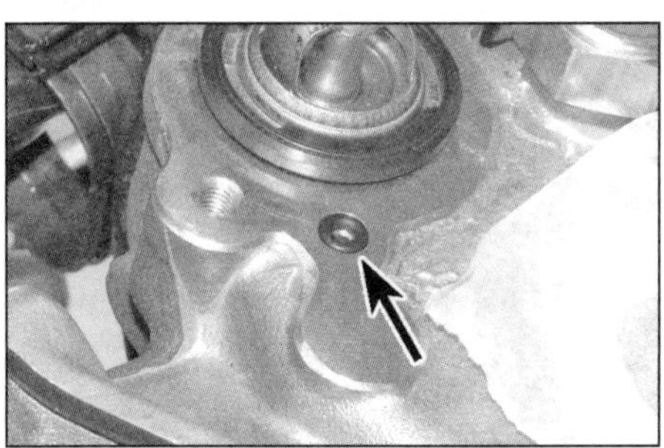

5.3b Kontrollieren Sie den kleinen O-Ring.

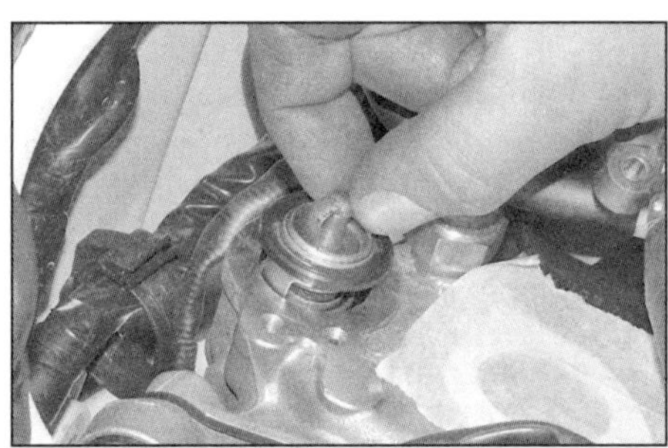

5.3c Heben Sie den Thermostat unter Beachtung seiner Einbaurichtung heraus.

Kontrolle

4 Führen Sie vor dem Test eine Sichtkontrolle durch. Wenn der Thermostat bei Raumtemperatur offen steht, ist er defekt und muss ersetzt werden. Kontrollieren Sie die Gummidichtung um den Thermostaten, falls sie spröde oder beschädigt ist, muss der Thermostat ersetzt werden.

5 Um die Funktion des Thermostaten prüfen zu können, werden ein mit kaltem Wasser gefüllten Topf und ein Herd benötigt. Hängen Sie den Thermostaten mit einem Stück Draht in das kalte Wasser und halten Sie ein Thermometer (Messbereich bis über 100 °C) in die Nähe des Thermostaten (siehe Abbildung). Erwärmen Sie jetzt das Wasser. Weder das Thermometer noch der Thermostat dürfen den Topfboden berühren. Prüfen Sie, ob sich der Thermostat bei dem in den technischen Daten angegeben Temperaturbereich zu öffnen beginnt. Kontrollieren Sie ebenfalls, ob der Thermostat einige Minuten nach dem Erreichen der Temperatur vollständig geöffnet ist. Bei anderen Ergebnissen ist der Thermostat defekt und muss ersetzt werden.

6 Falls der Thermostat nicht öffnet, kann er **im Notfall** – und nach dem Abkühlen des Motors – ausgebaut, der Deckel wieder angeschraubt und dann weitergefahren werden (dies ist besser, als den Motor überhitzen zu lassen). Klemmt das Ventil im offenen Zustand, sollte der Thermostat eingebaut bleiben. In beiden Fällen muss beachtet werden, dass die Warmlaufzeit des Motors erheblich länger als üblich ist. Bauen Sie so schnell wie möglich einen neuen Thermostaten ein.

Einbau

7 Die Dichtfläche des Zylinderkopfs muss absolut sauber sein (siehe Abbildung) – beseitigen Sie Dichtungsreste mit Lösungsmittel, aber achten Sie beim Einsatz eines Schabers darauf, das relativ weiche Aluminium nicht zu beschädigen.

8 Die Dichtung des Thermostaten muss in Ordnung sein und korrekt sitzen (siehe Abbildung), andernfalls wird ein neuer Thermostat benötigt. Schmieren Sie die Dichtung mit etwas Kühlmittel und installieren Sie den Thermostaten, sodass er korrekt sitzt (Abbildung 5.3c).

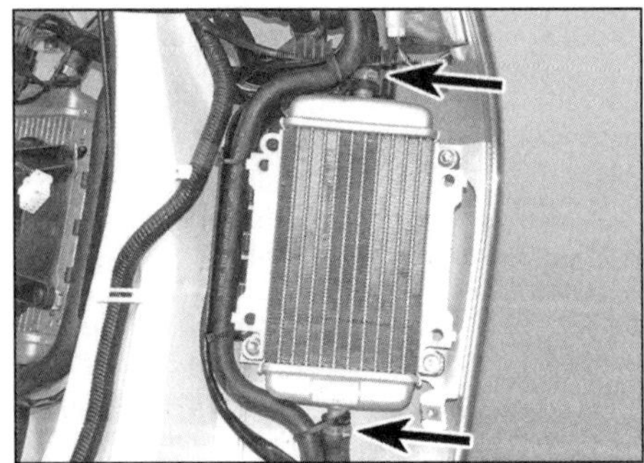

6.4 Kühlerschlauch-Anschlüsse

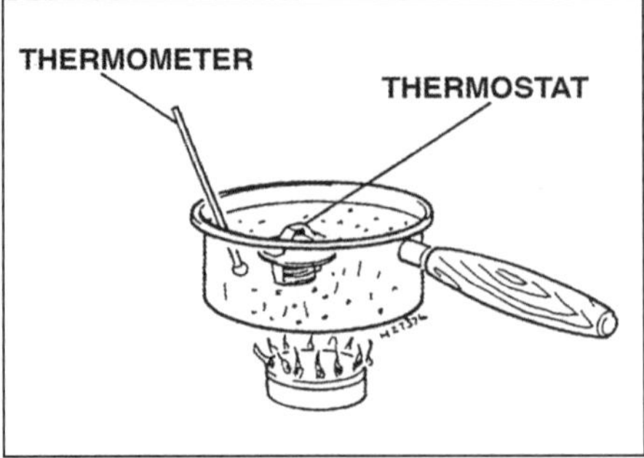

5.5 Aufbau für den Test des Thermostaten

5.7 Die Dichtfläche des Zylinderkopfs (A) muss absolut sauber sein. Beachten Sie das Entlüftungsventil (B).

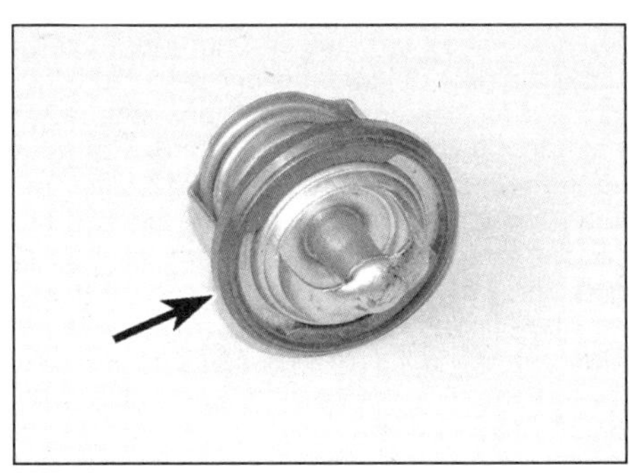

5.8 Die Dichtung des Thermostaten muss in Ordnung sein und korrekt sitzen.

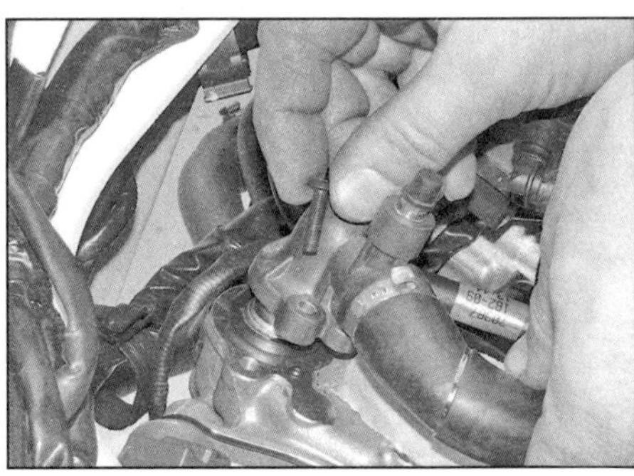

5.9 Montieren Sie den Thermostatdeckel und ziehen Sie seine Schrauben mit 3 bis 4 Nm an.

9 Installieren Sie ggf. einen neuen kleinen O-Ring, setzen Sie den Deckel auf und ziehen Sie die Schrauben mit 3 bis 4 Nm an (siehe Abbildung).

10 Installieren Sie das Staufach. Füllen Sie das Kühlsystem auf.

6 Kühler

Alle Modelle außer GTS 125/150 ab 2016

Ausbau

⚠ ***Warnung: Der Motor muss vollständig abgekühlt sein, bevor diese Arbeit durchgeführt werden darf.***

1 Entfernen Sie die innere Frontverkleidung und die Bodenverkleidung (siehe Kapitel 9). Lassen Sie das Kühlmittel ab (siehe Sektion 2).

2 Falls der linke Kühler entfernt werden soll, kann nötigenfalls der Ventilator demontiert (siehe Sektion 3) oder lediglich sein Kabelstecker getrennt und das Kabel zum Ventilator zurückgeführt werden (Abbildung 3.3) – merken Sie sich seine Verlegung.

3 Falls bei GTV- und GT-Modellen (außer der Navy-Version) der rechte Kühler entfernt werden soll, muss der Stecker des Thermoschalters getrennt werden.

4 Lockern Sie die Schellen, mit denen die Schläuche am Kühler gesichert sind, und ziehen Sie sie ab (siehe Abbildung) – beachten Sie zum Lösen der Schellen die Abbildungen 2.4d und e. Die serienmäßig vorhandenen Schellen können nicht wiederverwendet werden und sollten durch Schraubschellen ersetzt werden (Abbildung 2.4h).

Achtung: Die Kühlerstutzen sind empfindlich, sodass beim Abziehen der Schläuche aufgepasst werden muss, sie nicht abzubrechen. Extrem hartnäckige Schläuche sollten über dem Stutzen vorsichtig längs aufgeschnitten werden, um sie zu lösen. Besser einen neuen Schlauch als einen neuen Kühler kaufen!

5 Lösen Sie die Kühler-Befestigungsschraube und -Muttern (siehe Abbildung) und ziehen Sie den Kühler ab – beachten Sie alle Befestigungsmittel.

6 Demontieren Sie nötigenfalls den Ventilator vom linken Kühler (siehe Sektion 3). Entfernen Sie nötigenfalls die Kühlerverkleidung. Kont-

6.5 Kühler-Befestigungen

6.9 Entfernen Sie das Kühlergitter.

6.11a Drücken Sie die Laschen der Kühlerschlauch-Schellen zusammen, um die Schläuche abzuziehen.

rollieren Sie die Kühlerlamellen auf Beschädigungen und beseitigen Sie Insekten und Schmutz, die den Luftstrom behindern und damit die Kühlwirkung beeinträchtigen. Falls die Lamellen stark beschädigt oder gebrochen sind, muss der Kühler erneuert werden.

Einbau

7 Der Einbau entspricht der umgekehrten Ausbaureihenfolge – beachten Sie dabei folgende Punkte:

a) Das Ventilatorkabel muss korrekt verlegt und sicher verbunden sein.
b) Die Kühlerschläuche müssen sich in einem guten Zustand befinden (siehe Kapitel 1).
c) Die Kühlerschläuche müssen korrekt mit ihren Schellen gesichert sein – verwenden Sie dazu nötigenfalls Schraubschellen (Abbildung 2.4h) und ziehen Sie deren Schrauben an. Bei der Verwendung neuer originaler Schelle wird ein Spezialwerkzeug benötigt: Das offene Ende muss zunächst an den Laschen eingehängt werden (Abbildung 2.4e), dann wird die Zange an der erhabenen Sektion angesetzt und diese zusammengedrückt, um den Schlauch zu sichern (Abbildung 2.12a und b).
d) Das Kühlsystem muss aufgefüllt (siehe Kapitel 1) und anschließend auf Undichtigkeiten überprüft werden.

6.11b Öffnen Sie die Einweg-Schelle des Ausgleichsbehälterschlauchs.

6.12a Kühler-Befestigungsmuttern

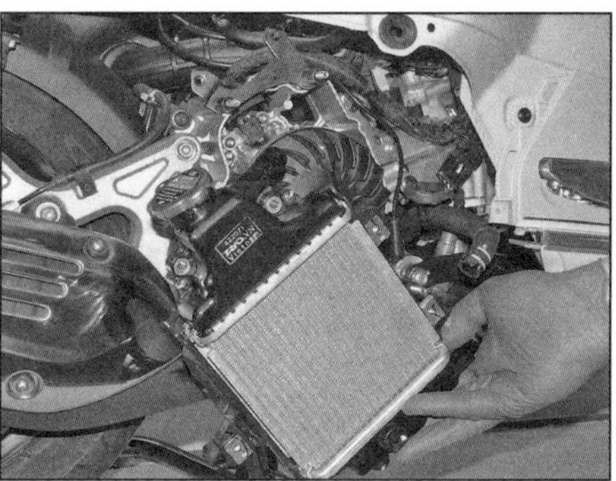
6.12b Heben Sie den Kühler vorsichtig ab . . .

6.12c . . . und beachten Sie das Öldruckschalter-Kabel.

GTS 125/150 ab 2016

Ausbau

Warnung: Der Motor muss vollständig abgekühlt sein, bevor diese Arbeit durchgeführt werden darf.

8 Öffnen Sie die Sitzbank und entnehmen Sie das Staufach, entfernen Sie die rechte Seitenverkleidung und die Blende (siehe Kapitel 9).
9 Lösen Sie die Schrauben des Kühler-Gitters und entfernen Sie dies (siehe Abbildung).
10 Lassen Sie das Kühlmittel ab (siehe Sektion 2).
11 Drücken Sie mit einer Wasserpumpenzange die Laschen der Kühlerschlauch-Schellen zusammen, um die Schläuche vom Kühler zu ziehen (siehe Abbildung). Öffnen Sie mit einem kleinen Schlitzschraubendreher die Schelle des vom Ausgleichsbehälter kommenden Schlauchs und ziehen Sie diesen vom Einfüllstutzen des Kühlers ab (siehe Abbildung).

Achtung: Die Kühlerstutzen sind empfindlich, sodass beim Abziehen der Schläuche aufgepasst werden muss, sie nicht abzubrechen. Extrem hartnäckige Schläuche sollten über dem Stutzen vorsichtig längs aufgeschnitten werden, um sie zu lösen. Besser einen neuen Schlauch als einen neuen Kühler kaufen!

12 Lösen Sie die Muttern, die den Kühler an seinen Halterungen sichern, und ziehen Sie ihn vorsichtig ab – beachten Sie, wie das Kabel des Öldruckschalters an der Kühlerverkleidung gesichert ist (siehe Abbildungen).

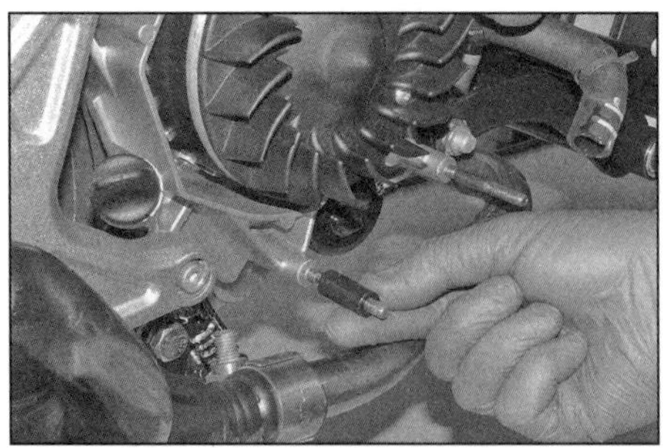

6.13a Distanzhülsen an den Kühler-Stutzen

6.13b Der Ausgleichsbehälterschlauch ist mit dem Halter an den oberen Stutzen . . .

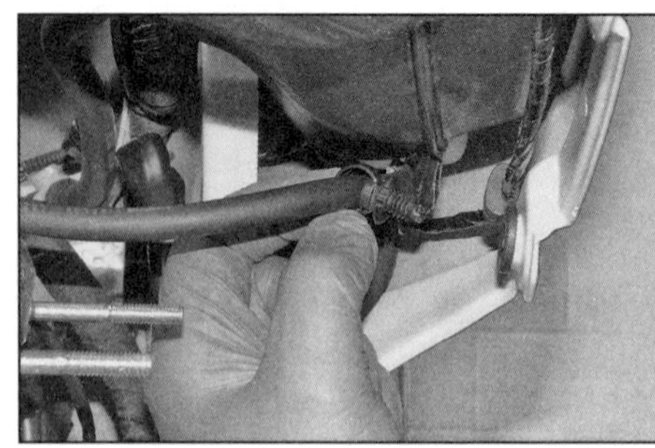

6.13c . . . und unten am Tank gesichert.

13 Stellen Sie die Distanzhülsen an den Aufnahmestutzen sicher (siehe Abbildung). Der Halter an den oberen Stutzen sichert die Führung des Ausgleichsbehälterschlauchs, der auch unten am Tank befestigt ist (siehe Abbildungen).

14 Lösen Sie nötigenfalls die Schrauben der hinten am Kühler sitzenden Verkleidung und entfernen Sie diese.

15 Kontrollieren Sie die Kühlerlamellen auf Beschädigungen und beseitigen Sie Insekten und Schmutz, die den Luftstrom behindern und damit die Kühlwirkung beeinträchtigen. Falls die Lamellen stark beschädigt oder gebrochen sind, muss der Kühler erneuert werden.

Einbau

16 Der Einbau entspricht der umgekehrten Ausbaureihenfolge – beachten Sie dabei folgende Punkte:

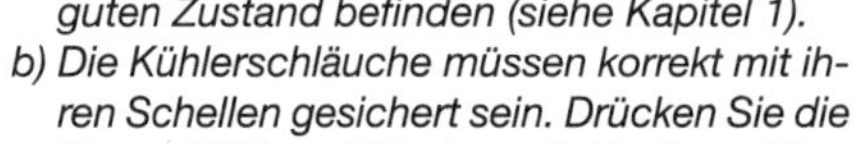

a) Die Kühlerschläuche müssen sich in einem guten Zustand befinden (siehe Kapitel 1).

b) Die Kühlerschläuche müssen korrekt mit ihren Schellen gesichert sein. Drücken Sie die Haupt-Kühlerschläuche vollständig auf ihre Stutzen, drücken Sie mit einer Zange die Laschen der Feder-Schellen zusammen und schieben Sie sie auf. Sichern Sie den Ausgleichsbehälterschlauch möglichst mit einer Schraubschelle (Abbildung 2.4h) und ziehen Sie deren Schraube an. Bei der Verwendung neuer originaler Schelle wird ein Spezialwerkzeug benötigt: Das offene Ende muss zunächst an den Laschen eingehängt werden (Abbildung 2.4e), dann wird die Zange an der erhabenen Sektion angesetzt und diese zusammengedrückt, um den Schlauch zu sichern (Abbildung 2.12a und b).

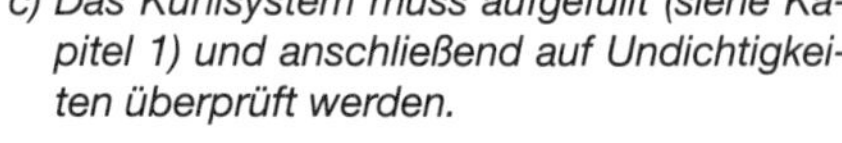

c) Das Kühlsystem muss aufgefüllt (siehe Kapitel 1) und anschließend auf Undichtigkeiten überprüft werden.

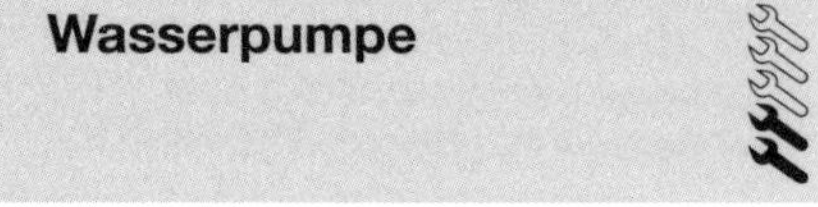

7 Wasserpumpe

GTS 125 bis 2015

Kontrolle

1 Die Wasserpumpe sitzt rechts unter der Bodenverkleidung, sodass diese entfernt werden muss (siehe Kapitel 9). Inspizieren Sie den Bereich um die Pumpe auf Undichtigkeiten und ziehen Sie nötigenfalls die Schellen nach oder tauschen Sie Schläuche und/oder Schellen aus.

2 Falls die Pumpe nicht arbeitet, muss zuerst ihre Stromkreis-Sicherung kontrolliert werden (siehe Kapitel 10). Prüfen Sie dann, ob der Kabelstecker fest sitzt und die Verkabelung nicht gebrochen ist. Prüfen Sie auch, ob die Masseverbindung sicher ist.

3 Die Stromversorgung der Wasserpumpe aktiviert auch die Benzinpumpe, die Einspritzdüse und die Zündspule, sodass beim Ausfall der Wasserpumpe trotz laufendem Motor wahrscheinlich die Pumpe selbst defekt ist. Falls der Motor nicht läuft, muss das Lastrelais überprüft werden (siehe Kapitel 5).

4 Verbinden Sie zum Testen der Pumpe den Pluspol einer 12-Volt-Batterie mithilfe von zwei Überbrückungskabeln mit den zwei schwarz/grünen Pumpenkabeln und den Minuspol mit einem weiteren Kabel mit dem schwarzen Kabel der Pumpe – wenn die Pumpe jetzt nicht läuft, ist sie defekt und muss erneuert werden.

Ausbau

5 Lassen Sie das Kühlmittel ab (siehe Sektion 2). Die Wasserpumpe sitzt rechts unter der Bodenverkleidung, sodass diese entfernt werden muss (siehe Kapitel 9).

6 Lockern Sie die Schellen der an der Pumpe angeschlossenen Schläuche und ziehen Sie diese ab.

7 Trennen Sie den Pumpen-Kabelstecker.

7.11 Wasserpumpen-Ablaufrohr

7.13 Schrauben des Wasserpumpendeckels

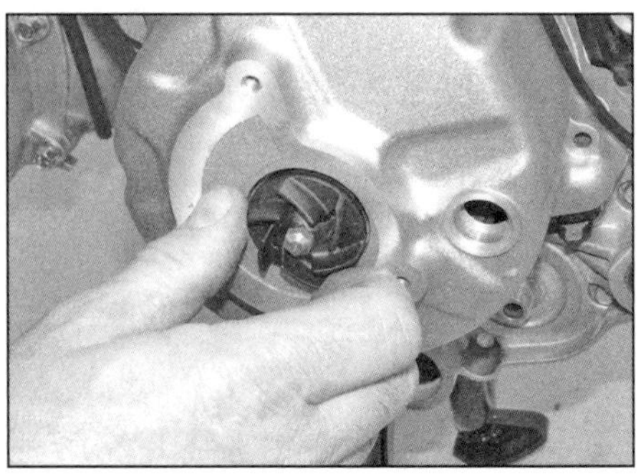

7.14a Kontrollieren Sie das Pumpenrad wie beschrieben.

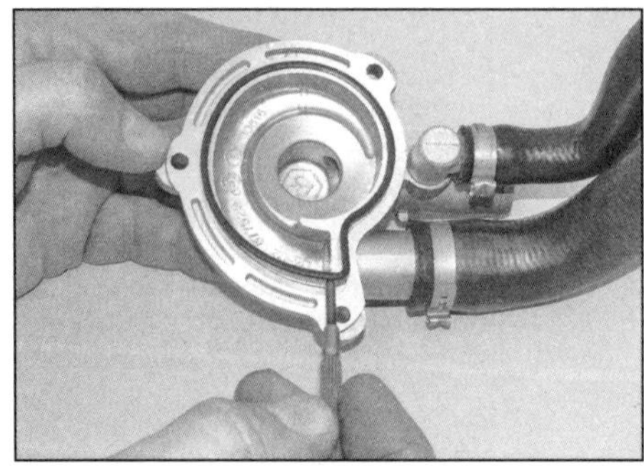

7.14b Rüsten Sie den Wasserpumpendeckel mit einem neuen O-Ring aus.

7.17 Schrauben Sie das Pumpenrad ab – es hat ein Linksgewinde!

8 Lösen Sie die Befestigungsschrauben der Pumpe und entfernen Sie sie samt Halter. Lösen Sie ggf. die Schrauben, mit denen die Pumpe am Halter gesichert ist und trennen Sie sie – beachten Sie die Positionen der Hülsen und Gummistopfen.

Einbau

9 Der Einbau entspricht der umgekehrten Ausbaureihenfolge – falls die Gummistopfen spröde sind, müssen sie durch Neuteile ersetzt werden. Falls die Schlauchschellen nicht wiederverwendbar sind, müssen sie durch Neuteile – ggf. Schraubschellen – ersetzt werden. Füllen Sie das Kühlsystem auf (siehe Sektion 2).

Alle Modelle mit 250 und 300 cm³-Motor

Spezialwerkzeug: *Für den Austausch der Pumpendichtung, der Lager oder die Antriebswelle werden Piaggio-Spezialwerkzeuge benötigt (siehe Text).*

Kontrolle

10 Die Wasserpumpe sitzt im Lichtmaschinendeckel rechts am Motor. Entfernen Sie das rechte Verkleidungsteil (siehe Kapitel 9). Inspizieren Sie den Bereich um die Pumpe auf Undichtigkeiten und ziehen Sie nötigenfalls die Schellen nach oder tauschen Sie Schläuche und/oder Schellen aus.

11 Um kein Kühlmittel in den Ölkreislauf und kein Motoröl ins Kühlmittel gelangen zu lassen, ist die Pumpenwelle mit zwei Dichtungen ausgerüstet. Falls eine der Flüssigkeiten zwischen diese Dichtungen gelangt, kann sie durch das Rohr unterhalb der Pumpe austreten (siehe Abbildung).

12 Auf der Wasserpumpen-Seite befindet sich eine Gleitring-Dichtung, während das Motor von einem konventionellen Wellendichtring (»Simmerring«) am Austreten gehindert wird. Falls die Kontrolle ergibt, dass Kühlmittel ausgetreten ist, muss eine neue Gleitringdichtung montiert werden (Schritte 15 bis 25); falls Öl austrat, muss der Simmerring ausgetauscht werden (Schritte 26 bis 29). Falls eine Emulsion aus Öl und Kühlmittel aus dem Rohr sickerte, müssen beide Dichtungen erneuert werden. Beim Ausfall der Gleitringdichtung kann Kühlmittel in die Lager geraten, sodass diese genau kontrolliert und bei jedem Zweifel ersetzt werden sollten (Schritte 13 und 14).

13 Falls die Pumpe Geräusche verursacht und dafür die Lager in Verdacht stehen, muss zunächst das Kühlmittel abgelassen werden (siehe Sektion 2). Lösen Sie die Schrauben des Pumpendeckels und entnehmen Sie diesen (siehe Abbildung) – der O-Ring muss später erneuert werden.

14 Wackeln Sie am Pumpenrad (siehe Abbildung) Falls es sich stark in seitliche Richtung oder axial bewegen lässt, muss die als integrierte Komponente ausgeführte Welle samt Lager ausgetauscht werden (Schritte 30 bis 35). Im Zweifel über den Zustand der Lager muss der Lichtmaschinendeckel demontiert (siehe Kapitel 2C) und die Pumpenwelle gedreht werden; achten Sie dabei auf rauen Lauf und Geräusche aus den Lager. Soweit die Lager in Ordnung sind, muss ein neuer mit Vaseline geschmierter O-Ring (verwenden Sie kein mineralisches Schmiermittel!) in die Nut des Deckels installiert und dieser montiert werden (siehe Abbildung). Schließen Sie die Schläuche an, sichern Sie sie mit (nötigenfalls neuen) Schellen und füllen Sie das Kühlsystem auf (siehe Sektion 2).

Ersetzen der Gleitringdichtung

Anmerkung: *Die Dichtung darf nur für den Austausch ausgebaut und darf nicht wiederverwendet werden. Hierfür wird ein Set aus Piaggio-Spezialwerkzeugen benötigt – ohne sie lässt sich der Austausch nicht erledigen (siehe Abbildung). Die Werkzeuge sind nicht billig und zudem schwer zu bekommen, sodass die Arbeit besser von einer entsprechend ausgerüsteten Piaggio-Werkstatt durchgeführt werden sollte. Berücksichtigen Sie bei den Kosten auch den Kauf eines neuen Lichtmaschinendeckels, der samt Wasserpumpe (inklusive Pumpenrad, Dichtungen, Welle und Lagern) geliefert wird – erkundigen Sie sich beim Piaggio-Händler. Soweit das Werkzeug vorhanden ist, kann die Gleitringdichtung wie folgt ausgetauscht werden.*

15 Demontieren Sie den Lichtmaschinendeckel und befreien Sie den Stator daraus (siehe Kapitel 2C).

16 Lösen Sie die Schrauben des Pumpendeckels und entnehmen Sie diesen (Abbildung 7.13) – der O-Ring muss später erneuert werden.

17 Lösen Sie das Pumpenrad – es hat ein Linksgewinde, sodass es im Uhrzeigersinn abgeschraubt werden muss (siehe Abbildung).

18 Hebeln Sie mit zwei Schlitzschraubendrehern die Nabe der Gleitringdichtung von der Welle – schützen Sie dabei den Pumpendeckel mit Kunststoffstreifen oder dünnen Hölzern (siehe Abbildung). Entfernen Sie dann den schwarzen Ring von der Dichtung (siehe Abbildung) – er ist sehr spröde und zerbricht dabei wahrscheinlich.

4

7.18a Hebeln Sie die Nabe der Gleitringdichtung von der Welle . . .

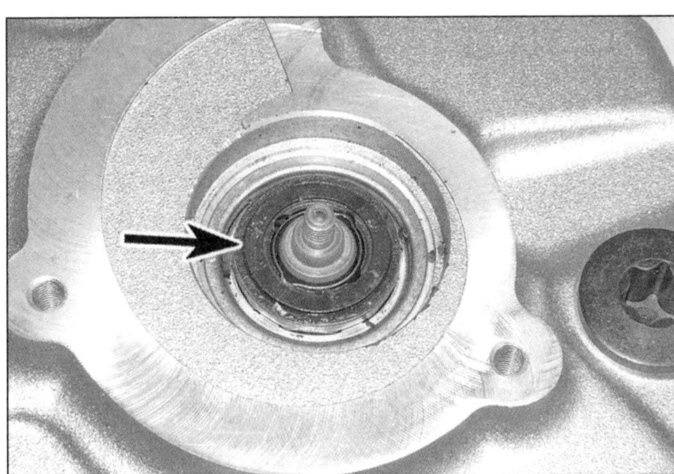

7.18b . . . und entfernen Sie den schwarzen Ring.

7.19a Setzen Sie das runde Werkzeug-Gehäuse über dem Gleitring-Gehäuse an, . . .

7.19b . . . führen Sie den dazugehörigen Dorn durch eines der Löcher . . .

7.19c . . . und treiben Sie ihn mithilfe eines Hammers in die Metall-Basis des Dichtrings.

7.19d Drehen Sie die Blechschraube durch das Werkzeug in den Dichtring.

7.21a Setzen Sie den beigefügten Abzieher an das Werkzeug-Gehäuse . . .

7.21b . . . und drehen Sie die mit der Mutter ausgerüstete Schraube in das Gehäuse.

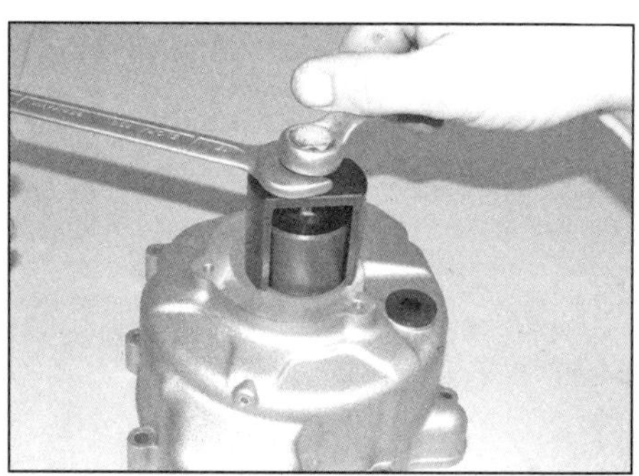

7.21c Kontern Sie den Schraubenkopf und drehen Sie die Mutter herunter, . . .

7.21d . . . sodass sich das Gehäuse anhebt und die Gleitringdichtung herauszieht.

7.23a Schmieren Sie die Wasserpumpenwelle mit frischem Motoröl . . .

19 Setzen Sie das runde Werkzeug-Gehäuse über dem Gleitring-Gehäuse an, führen Sie den dazugehörigen Dorn durch eines der Bohrungen und treiben Sie ihn mithilfe eines mit Überzeugung geführten Hammers in die Metall-Basis des Dichtrings, sodass ein Loch entsteht (nicht nur eine Delle) (siehe Abbildungen). Entfernen Sie den Dorn, aber belassen Sie das Werkzeug-Gehäuse über dem Dichtring und drehen Sie eine der Blechschrauben in das eingeschlagene Loch (siehe Abbildung) – überdrehen Sie sie nicht.

20 Schlagen Sie durch die zwei verbliebenen Bohrungen des Werkzeugs Löcher in den Dichtring und drehen Sie hier die anderen zwei Schrauben ein.

21 Setzen Sie den beigefügten Abzieher an das Werkzeug-Gehäuse und drehen Sie die mit der Mutter ausgerüstete Schraube durch die Bohrung des Abziehers in das Gehäuse (siehe Abbildungen). Kontern Sie den Schraubenkopf und drehen Sie die Mutter herunter, sodass sich das Gehäuse anhebt und die Gleitringdichtung herauszieht (siehe Abbildungen).

22 Entfernen Sie den Abzieher vom Werkzeug-Gehäuse, lösen sie die Blechschrauben und trennen Sie das Gehäuse von der Dichtung – beim Einbau wird eine neue Gleitringdichtung benötigt. Tauschen Sie jetzt nötigenfalls die Pumpenwelle samt Lagern aus (Schritte 30 bis 35).

23 Schmieren Sie die Wasserpumpenwelle mit frischem Motoröl und setzen Sie die neue Gleitringdichtung auf (siehe Abbildungen). Zum Spezialwerkzeug gehören zwei mit Gewinden versehene Stangen; drehen Sie diejenige mit dem M5-Innen-Linksgewinde möglichst weit von Hand auf die Welle (siehe Abbildungen). Setzen Sie das Einbauwerkzeug auf und drehen Sie die Mutter auf die Stange (siehe Abbildungen). Kontern Sie die Stange mit einem Inbusschlüssel und ziehen Sie die Mutter so weit es geht an – hierbei drückt sich der Gleitring in das Gehäuse und der bewegliche Teil der Dichtung wird in die korrekte Position an der Pumpenwelle positioniert (siehe Abbildungen). Entfernen Sie das Werkzeug.

7.23b . . . und setzen Sie die neue Gleitringdichtung auf.

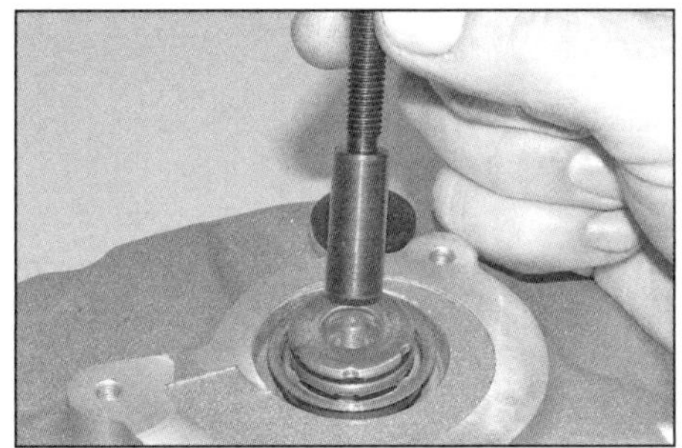

7.23c Drehen Sie die korrekte Stange auf die Welle, . . .

7.23d . . . bis sie korrekt sitzt.

7.23e Setzen Sie das Einbauwerkzeug über die Stange, . . .

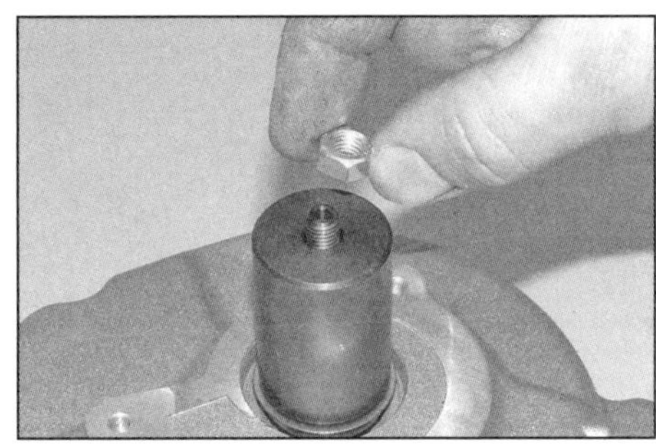

7.23f . . . drehen Sie die Mutter auf, . . .

7.23g . . . kontern Sie die Stange mit einem Inbusschlüssel und ziehen Sie die Mutter . . .

7.23h . . . so weit an, bis die Gleitringdichtung korrekt positioniert ist.

7.27 Hebeln Sie mit einem spitzen Werkzeug den alten Dichtring heraus.

7.28a Setzen Sie den neuen Wellendichtring richtig herum ein . . .

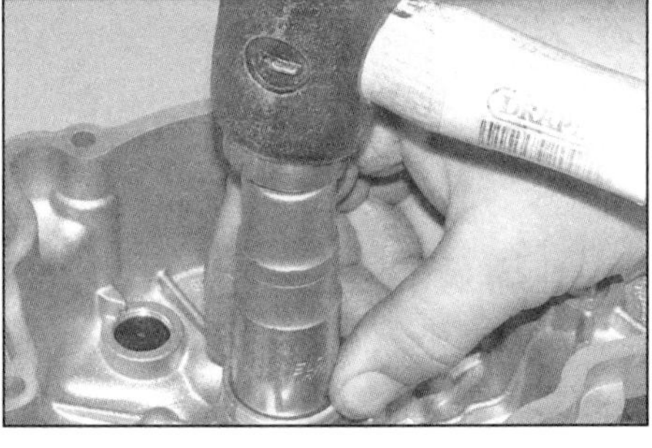

7.28b . . . und treiben Sie ihn mit einem passenden Steckschlüssel . . .

7.28c . . . vollständig in seinen Sitz.

24 Drehen Sie das Pumpenrad auf die Welle – es hat ein Linksgewinde, sodass es gegen den Uhrzeigersinn aufgeschraubt werden muss (Abbildung 7.17).

25 Rüsten Sie den Deckel mit einem neuen und mit Vaseline geschmierten O-Ring aus (verwenden Sie kein mineralisches Schmiermittel!) und montieren Sie ihn (Abbildung 7.14b). Montieren Sie den Lichtmaschinendeckel samt Stator (siehe Kapitel 2C).

Ersetzen des Wellendichtrings

Anmerkung: *Der einmal ausgebaute Wellendichtring darf nicht wiederverwendet und muss durch ein Neuteil ersetzt werden.*

26 Demontieren Sie den Lichtmaschinendeckel und befreien Sie den Stator daraus (siehe Kapitel 2C).
27 Hebeln Sie mit einem spitzen Werkzeug den alten Dichtring heraus (siehe Abbildung).
28 Installieren Sie den neuen Wellendichtring mit der markierten Seite zu den Lagern (siehe Abbildung) – treiben Sie ihn mit einem Steckschlüssel ein, der nur seinen Außenrand berührt (siehe Abbildungen).
29 Montieren Sie den Lichtmaschinendeckel samt Stator (siehe Kapitel 2C).

7.31a Treiben Sie die Welle samt ihrer Lager von außen aus dem Deckel, . . .

7.31b . . . hierbei wird auch der Wellendichtring herausgedrückt.

7.32a Ziehen Sie den Mitnehmer von der alten Welle . . .

7.32b . . . und pressen Sie ihn auf die neue Welle.

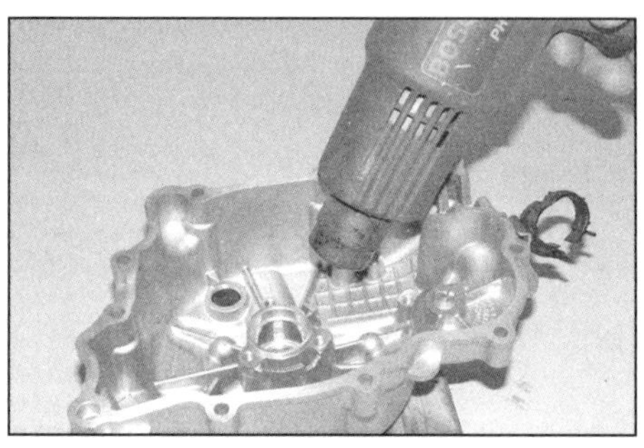

7.33a Erwärmen Sie den Lagersitz . . .

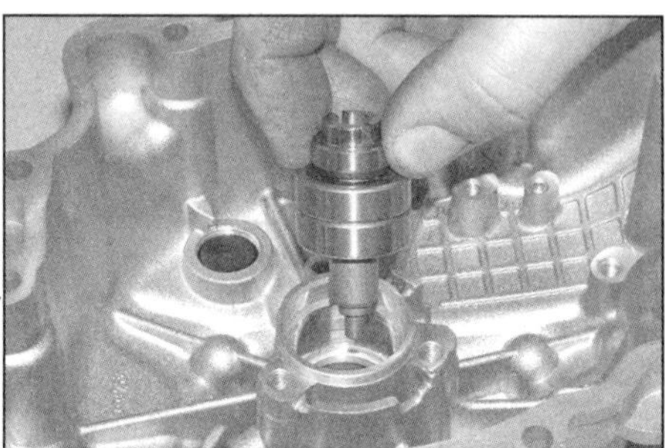

7.33b . . . installieren Sie die neue Welle samt Lagern . . .

7.33c . . . und treiben Sie sie vollständig ein.

7.36 Position der Wasserpumpen-Ablaufbohrung

7.39a Lösen Sie die Schrauben des Pumpendeckels . . .

Ersetzen der Lager

Anmerkung: *Die einmal ausgebaute Welle darf samt ihrer Lager nicht wiederverwendet und muss durch eine neue Baugruppe ersetzt werden.*

30 Demontieren Sie die Gleitringdichtung (Schritte 15 bis 22) – beachten Sie die Anmerkung vor Schritt 15.

31 Die Lager sitzen sehr fest im Deckel; erwärmen Sie den Lagersitz mit einem Heißluftgebläse, um den Ausbau zu erleichtern (Abbildung 7.33a). Treiben Sie die Welle samt ihrer Lager mit einem passenden Steckschlüssel von außen aus dem erwärmten Deckel – hierbei wird der Wellendichtring herausgedrückt (siehe Abbildungen).

32 Ziehen Sie mithilfe eines geeigneten Werkzeugs den Mitnehmer von der alten Welle und pressen Sie ihn auf die neue Welle (siehe Abbildungen).

33 Um den Einbau der neuen Welle samt Lagern in den Deckel zu erleichtern, sollten sie für einige Zeit in den Eisschrank gelegt und der Lagersitz mit einem Heißluftgebläse erwärmt werden (siehe Abbildung). Treiben Sie die Baugruppe dann von innen mit einem nur den Außenring des Lagers berührenden Steckschlüssel in den Deckel (siehe Abbildungen).

34 Nachdem der Lagersitz abgekühlt ist, muss ein neuer Wellendichtring installiert werden (Schritt 28).

35 Montieren Sie eine neue Gleitringdichtung (Schritte 23 bis 25).

GTS 125/150 ab 2016

Kontrolle

36 Die Wasserpumpe sitzt links am Zylinderkopf. Öffnen Sie die Sitzbank und entnehmen Sie das Staufach. Kontrollieren Sie – soweit möglich – den Bereich um die Pumpe auf Undichtigkeiten (siehe Abbildung). Vorn an der Pumpe befindet sich eine Ablaufbohrung, durch die beim Ausfall einer Dichtung Öl oder Kühlmittel austritt.

37 Falls eine Schelle des unten vom Kühler kommenden Zulaufschlauchs (unten an der Pumpe) oder des oben zum Kühler führenden Rücklaufschlauchs (angeschlossen an das Thermostatgehäuse rechts am Zylinderkopf korrodiert oder ein Schlauch spröde oder beschädigt ist, müssen die entsprechenden Teile ersetzt werden. Der obere Schlauch am Pumpengehäuse ist der Motorentlüftungsschlauch.

Ausbau

38 Trennen Sie die Karosserie vom Motor und heben Sie sie ab (siehe Kapitel 2D, Sektion 5).

39 Lösen Sie die Pumpendeckel-Schrauben – beachten Sie die Dichtscheibe an der als Außensechskant-Schraube ausgeführten Entlüftungsschraube (Abbildung 2.13) – und heben

7.39b ... und heben Sie diesen ab.

7.40a Lösen Sie die Mutter...

7.40b ... und entnehmen Sie das Pumpenrad.

7.40c Pumpengehäuse-Dichtring (A), Wasserpumpen-Ablaufbohrung (B)

7.41a Wasserpumpen-Befestigungsschrauben

7.41b Gehäuse-O-Ring und Kühlmittelkanal-O-Ringe

7.42 Spiel an der Pumpenwelle weist auf verschlissene Lager hin.

7.43 Falls Kühlmittel aus der Ablaufbohrung ausgetreten ist, muss der äußere Dichtring erneuert werden.

7.45 Richten Sie den Stift in der Pumpenwelle zur Nut im Dekompressionsmechanismus aus.

Sie den Deckel ab (siehe Abbildungen). Falls der Deckel klemmt, muss er rundherum mit einem weichen Hammer abgeklopft werden – versuchen Sie nicht, ihn abzuhebeln! Stellen Sie die Deckeldichtung sicher – beim Einbau wird eine neue benötigt.

40 Lösen Sie die Mutter des Pumpenrads und ziehen Sie dies von der Welle (siehe Abbildungen). Beachten Sie die Position des äußeren Pumpengehäuse-Dichtrings (siehe Abbildung).

41 Falls noch nicht erledigt, müssen die Schellen des Kühlerschlauchs und des Motorentlüftungsschlauchs und ziehen Sie diese von den Stutzen der Wasserpumpe. Lösen Sie die drei Befestigungsschrauben der Pumpe und entnehmen Sie sie – beachten Sie den Gehäuse-O-Ring und die zwei Kühlmittelkanal-O-Ringe (siehe Abbildungen) – alle O-Ringe müssen beim Einbau durch Neuteile ersetzt werden. Beachten Sie, wie der Mitnehmerstift in der Pumpenwelle in die Nut des Dekompressionsmechanismus an der Nockenwelle greift.

Kontrolle

42 Wackeln Sie am Pumpenrad (siehe Abbildung) Falls es sich stark in seitliche Richtung oder axial bewegen lässt, muss die als integrierte Komponente ausgeführte Welle samt Lager ausgetauscht werden.

43 Stützen Sie das Pumpengehäuse auf Hölzern ab, um nicht ihre Dichtfläche zu beschädigen, und treiben Sie die Welle samt Lager von außen heraus. Drücken Sie den inneren und äußeren Dichtring heraus – beachten Sie ihre Einbaupositionen; beim Einbau müssen neue Dichtungen installiert werden. Soweit das Wellenlager und der innere Dichtring in Ordnung sind, aber Kühlmittel aus der Ablaufbohrung ausgetreten ist, muss der äußere Dichtring herausgehebelt und ein neuer mithilfe eines nur auf dem Außenrand aufliegenden Steckschlüssels eingetrieben werden (siehe Abbildung). Schmieren Sie den Dichtring mit Wasserpumpenfett.

Einbau

44 Schmieren Sie die neuen Wasserpumpen-O-Ringe vor dem Einbau mit Vaseline.

45 Setzen Sie die Pumpe so an, dass der Stift in der Pumpenwelle zur Nut im Dekompressionsmechanismus ausgerichtet ist (siehe Abbildung), installieren Sie die Schrauben und ziehen Sie sie mit 11 bis 13 Nm an.

46 Setzen Sie das Pumpenrad an und ziehen Sie seine Mutter sorgfältig an.

47 Installieren Sie die neue Dichtung in die Nut des Deckels, setzen Sie diesen und sichern Sie ihn mit den sorgfältig angezogenen Schrauben – vergessen Sie nicht die Dichtscheibe unter der unter dem Entlüftungsschlauch-Stutzen sitzenden Entlüftungsschraube.

48 Stecken Sie die Kühlerschläuche und den Entlüftungsschlauch auf und sichern Sie sie mit den Schellen.
49 Füllen Sie das Kühlsystem auf (siehe Sektion 2).

8 Ausgleichsbehälter

Alle Modelle außer GTS 125 bis 2015

1 Entfernen Sie die innere Frontverkleidung (siehe Kapitel 9). Befreien Sie ggf. die Wegfahrsperren-Antenne vom Zündschloss – sie ist nur eingesteckt (siehe Abbildung).
2 Beschaffen Sie einen Behälter, der das Kühlmittel aufnehmen kann.
3 Lösen Sie die Schrauben des Ausgleichsbehälters, entfernen Sie dessen Deckel und gießen Sie das Kühlmittel in den Sammelbehälter (siehe Abbildung).
4 Lösen Sie die Schellen aller angeschlossenen Schläuche (Abbildungen 2.4d und e) – Einweg-Schellen sollten später durch Schraubschellen ersetzt werden (Abbildung 2.4h).
5 Der Einbau entspricht der umgekehrten Ausbaureihenfolge. Die Kühlerschläuche müssen in Ordnung und korrekt mit ihren Schellen gesichert sein – verwenden Sie dazu nötigenfalls Schraubschellen (Abbildung 2.4h) und ziehen Sie deren Schrauben an. Bei der Verwendung neuer originaler Schelle wird ein Spezialwerkzeug benötigt: Das offene Ende muss zunächst an den Laschen eingehängt werden (Abbildung 2.4e), dann wird die Zange an der erhabenen Sektion angesetzt und diese zusammengedrückt, um den Schlauch zu sichern (Abbildungen 2.12a und b). Das Kühlsystem muss aufgefüllt (siehe Sektion 2) und anschließend auf Undichtigkeiten überprüft werden.

GTS 125/150 ab 2016

6 Öffnen Sie die Sitzbank und entnehmen Sie das Staufach.
7 Der Ausgleichsbehälter sitzt rechts innerhalb der Karosserie (siehe Abbildung).
8 Demontieren Sie den Kühler (siehe Sektion 6).
9 Demontieren Sie den Kraftstofftank (siehe Kapitel 5, Sektion 12).
10 Entfernen Sie den Einfülldeckel des Behälters und lösen Sie seine Befestigungsschrauben. Heben Sie den Behälter unter Beachtung des Entlüftungsschlauchs und trennen Sie diesen von seinem Stutzen.
11 Der Einbau entspricht der umgekehrten Ausbaureihenfolge. Die Kühlerschläuche müssen in Ordnung und korrekt mit ihren Schellen gesichert sein – verwenden Sie dazu nötigenfalls Schraubschellen. Vergessen Sie nicht, den Entlüftungsschlauch anzuschließen. Das Kühlsystem muss aufgefüllt (siehe Sektion 2) und anschließend auf Undichtigkeiten überprüft werden.

8.1 Befreien Sie die Wegfahrsperren-Antenne.

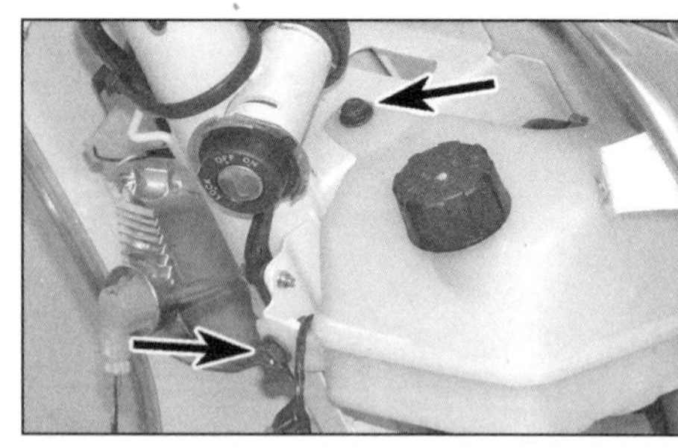

8.3 Ausgleichsbehälter-Schrauben

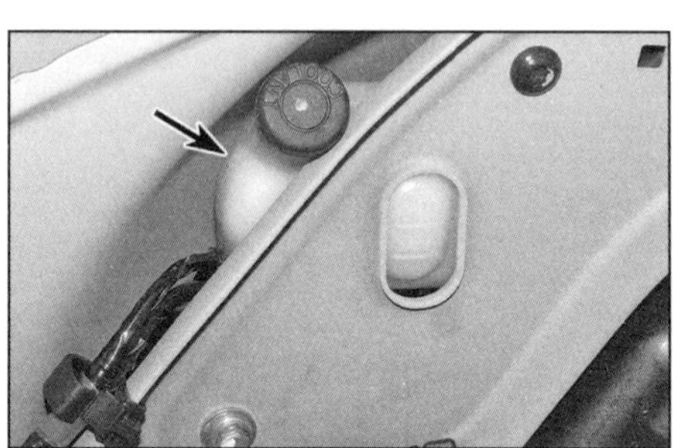

8.7 Position des Ausgleichsbehälters

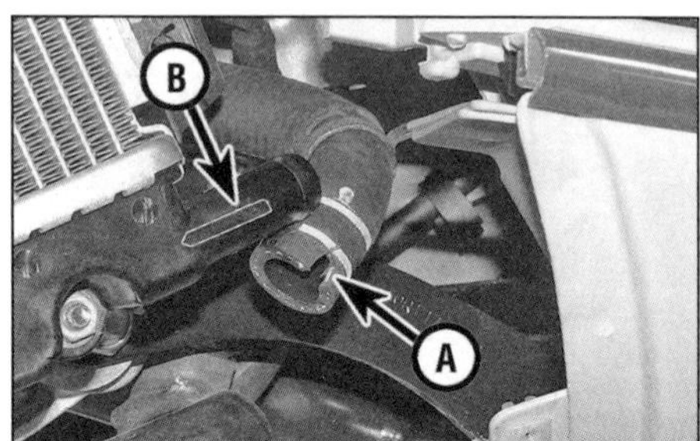

9.5 Die Nut im Schlauch (A) muss über den Anguss des Stutzens (B) ausgerichtet werden.

9 Kühlerschläuche

Ausbau

1 Entfernen Sie bei allen Modellen außer GTS 125/150 ab 2016 die innere Frontverkleidung, die Seitenverkleidungen, das Staufach und die Bodenverkleidung (siehe Kapitel 9)
2 Entfernen Sie beim GTS 125/150 ab 2016 das Staufach und die rechte Seitenverkleidungen (siehe Kapitel 9), entfernen Sie dann die Kühlerverkleidung (siehe Sektion 6).
3 Lassen Sie das Kühlmittel ab (siehe Sektion 2).
4 Lösen Sie die Schlauchschellen und ziehen Sie über den Schlauch zurück, um diesen von seinen Stutzen zu ziehen. Eine Feder-Schelle muss mit einer Wasserpumpenzange zusammengedrückt werden, bei anderen Schellen ist den Hinweisen in Sektion 2 zu folgen. Originale Schellen können oft nicht wiederverwendet werden, sodass sie durch Schraubschellen ersetzt werden sollten (Abbildung 2.4h).

Achtung: Die Kühlerstutzen sind empfindlich, sodass beim Abziehen der Schläuche aufgepasst werden muss, sie nicht abzubrechen. Extrem hartnäckige Schläuche sollten über dem Stutzen vorsichtig längs aufgeschnitten werden, um sie zu lösen. Besser einen neuen Schlauch als einen neuen Kühler kaufen!

Einbau

5 Schieben Sie die Schellen über den Schlauch und stecken Sie diesen ggf. bis zur Begrenzung auf den entsprechenden Anschluss-Stutzen – eine möglicherweise vorhandene Nut im Schlauch muss über den Anguss des Stutzens ausgerichtet werden (siehe Abbildung).

Wenn ein Schlauch schwer aufzuschieben ist, kann er zum Erweichen in heißes Wasser gehalten werden. Alternativ hilft die Verwendung von Seifenwasser als Schmiermittel.

6 Falls der Schlauch ein glattes Ende hat, muss er korrekt ausgerichtet werden, sodass er nicht verdreht ist. Schieben Sie die Schelle auf und sichern Sie ihn entweder mit den Federschellen oder als Ersatz für die Einweg-Schellen mit Schraubschellen (Abbildung 2.4h) und ziehen Sie deren Schrauben an. Bei der Verwendung neuer originaler Schelle wird ein Spezialwerkzeug benötigt: Das offene Ende muss zunächst an den Laschen eingehängt werden (Abbildung 2.4e), dann wird die Zange an der erhabenen Sektion angesetzt und diese zusammengedrückt, um den Schlauch zu sichern (Abbildungen 2.12a und b).
7 Füllen Sie das Kühlsystem auf (siehe Sektion 2).

Kapitel 5
Einspritzanlage und Auspuff

Inhalt (in alphabetischer Reihenfolge, die Zahlen geben die Nummerierung in den grauen Feldern wieder)

Schwierigkeitsgrade

Leicht. Für Anfänger mit wenig Erfahrung geeignet. 

Relativ leicht. Für Anfänger mit etwas Erfahrung geeignet. 

Relativ schwierig. Geeignet für geübte Selbstschrauber. 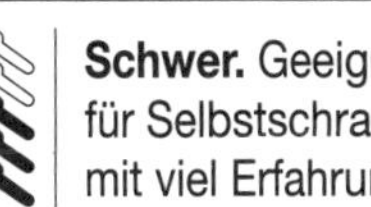

Schwer. Geeignet für Selbstschrauber mit viel Erfahrung. 

Sehr schwer. Geeignet für Experten und Profis.

Technische Daten

Kraftstoff

Typ	Bleifrei, mindestens 91 Oktan
Tankinhalt	siehe *technische Daten* in Kapitel 1

Einspritzanlage

Standgasdrehzahl	siehe *technische Daten* in Kapitel 1
Kraftstoffdruck bei Standgas	2,5 bar
Benzinpumpenwicklung – Widerstand	1,5 Ohm
Motortemperatursensor-Widerstand	
LX, LXV und S (bis 2011)	
Widerstand bei 0 °C	9,4 K-Ohm
Widerstand bei 10 °C	5,6 K-Ohm
Widerstand bei 20 °C	3,5 K-Ohm
Widerstand bei 30 °C	2,2 K-Ohm
Widerstand bei 80 °C	0,35 K-Ohm
GTS, GTV und GT	
Widerstand bei 0 °C	5,9 K-Ohm
Widerstand bei 10 °C	3,8 K-Ohm
Widerstand bei 20 °C	2,5 K-Ohm
Widerstand bei 30 °C	1,7 K-Ohm
Widerstand bei 80 °C	0,3 K-Ohm
Einspritzdüsen-Widerstand	13,7 bis 15,2 Ohm
Wegfahrsperrenantennen-Widerstand	7,58 bis 7,73 Ohm
Lambdasondenvorwärmungs-Widerstand	ca. 9 Ohm
Lastrelais-Widerstand	40 bis 80 Ohm

Anzugsdrehmomente

	Nm
Einlassstutzen-Schrauben	
GTS 125/150 ab 2016	5 bis 6
alle anderen Modelle	11 bis 13
Lambdasonde	40 bis 50
Krümmerflansch-Muttern	16 bis 18
Schalldämpfer-Schrauben	
LX, LXV und S-Modelle	24 bis 27
GTS, GTV und GT-Modelle	20 bis 25
Schalldämpferhalter-Schrauben (GTS 125/150 ab 2016)	40 bis 45

1 Allgemeine Informationen

1 Das Kraftstoffsystem besteht aus dem Tank mit der darin sitzenden Benzinpumpe (samt Filter und Druckregler), dem Kraftstoffschlauch, dem Drosselklappengehäuse, der Einspritzdüse und dem Gaszug bzw. den Gaszügen. Die Benzinpumpe wird zusammen mit der Zündung über ein Relais ein- und ausgeschaltet. Die Standgasdrehzahl wird samt Kaltstart-Erhöhung vom Motorsteuergerät (ECU) elektronisch überwacht und geregelt. Die Einspritzanlage versorgt den Motor über das Drosselklappengehäuse mit Luft und die Einspritzdüse gibt die vom Motorsteuergerät anhand der Informationen diverser Sensoren berechnete Menge Benzin hinzu. Bei vielen Modellen ist das Steuergerät in das Drosselklappengehäuse integriert; ab Mitte 2013 sind jedoch einige LX- sowie alle GTS-, Primavera- und Sprint-Modelle mit separaten Steuergeräten ausgerüstet. Beim integrierten System befinden auch der Ansauglufttemperatursensor, der Standgaseinsteller und der Drosselklappensensor in der Baugruppe. In Sektion 3 finden sich weitere Informationen über die Funktion der Einspritzanlage.

2 Alle Modelle sind mit einer Tankuhr im Cockpit ausgerüstet, die von einem Pegel-Sensor im Tank gesteuert wird.

3 Im Auspuff sorgt ein Katalysator dafür, dass die Abgase die vorgegebene Norm einhalten.

Anmerkung: *Elektronische Komponenten können kontrolliert, aber nicht repariert werden. Falls Probleme auftreten und die fehlerhafte Ursache isoliert werden kann, bleibt zumeist nur der Austausch der Komponente. Bedenken Sie, dass die meisten Elektronik-Bauteile nach dem Kauf nicht wieder umgetauscht werden können, sodass vor dem Kauf absolut sichergestellt sein muss, dass sie wirklich defekt ist.*

Vorsichtsmaßnahmen

Warnung: Benzin ist leicht entzündlich, vor allem in Form von Dampf. Daher müssen unten stehende Vorsichtsmaßnahmen getroffen werden. Beachten Sie, dass Benzindampf schwerer ist als Luft und sich daher in schlecht belüfteten Ecken sammeln kann. Vermeiden Sie Hautkontakt, und suchen Sie einen Arzt auf, wenn Benzin in die Augen gelangt ist oder verschluckt wurde. Tragen Sie immer eine Sicherheitsbrille, und haben Sie einen geeigneten Feuerlöscher zur Hand.

4 Nachdem der Motor abgeschaltet wurde, steht das Kraftstoffsystem noch unter einem gewissen Druck. Bevor die Kraftstoffleitung getrennt wird, muss die Zündung abgeschaltet werden. Halten Sie Lappen bereit, um austretendes Benzin aufzusaugen. Niemals dürfen Schmutz und andere Fremdkörper in geöffnete Teile des Kraftstoffsystems eindringen, da hierdurch die Einspritzdüse verstopft oder beschädigt werden kann. Die Zündung muss auch vor dem Trennen oder Verbinden von Kabelsteckern der Einspritzanlage ausgeschaltet werden, da andernfalls das Motorsteuergerät Schaden nehmen kann.

5 Führen Sie Arbeiten am Kraftstoffsystem nur in gut belüfteten Räumen durch.

6 Stellen Sie sicher, dass sich keine offenen Flammen oder Funken (z. B. Zündanlage) in der Nähe befinden, wenn Sie mit Benzin hantieren.

7 Beachten Sie absolutes Rauchverbot für jedermann bei Arbeiten am Kraftstoffsystem. Denken Sie an die Gefahr, die von brennenden Zigaretten ausgeht, und entfernen Sie sich zum Rauchen weit genug vom Arbeitsplatz.

8 Denken Sie daran, dass elektrische Geräte wie Schalter, Bohrmaschinen, Schleifböcke u. a. Funken produzieren. Vermeiden Sie daher den Betrieb solcher Geräte bei Arbeiten am Kraftstoffsystem, und lüften Sie den Raum gründlich aus, bevor Sie damit beginnen.

9 Wischen Sie grundsätzlich verschüttetes Benzin auf, und entsorgen Sie benzingetränkte Lappen und Tücher in einem feuersicheren Behälter (z. B. Stahlfass).

10 Benzin darf nur in dafür geprüften und luftdicht verschlossenen und beschrifteten Behältern gelagert werden. Die Menge der Vorratshaltung in Wohnhäusern ist gesetzlich begrenzt. Bewahren Sie auch demontierte Benzintanks mit geschlossenem Tankdeckel sicher auf.

11 Lesen Sie sorgfältig die »Sicherheit Zuerst!«-Sektion am Anfang dieses Buchs durch, bevor Sie mit der Arbeit beginnen.

2 Luftfiltergehäuse

1 Öffnen Sie die Sitzbank und entnehmen Sie das Staufach, entfernen Sie ggf. die linke Seitenverkleidung (siehe Kapitel 9).

2 Befreien Sie den Motorentlüftungsschlauch von seinem Stutzen (siehe Abbildung). Bei späteren Modellen ist der Schlauch mit Einweg-Quetschschellen gesichert, die mit einem kleinen Schraubendreher soweit aufgehebelt werden muss, dass sie vom Stutzen gezogen werden kann (siehe Abbildung) – beschaffen Sie für den Einbau eine geeignete Schraubschelle oder eine neue Einwegschelle samt Spezialzange.

3 Lockern Sie ggf. hinten am Gehäuse die Schelle des Standgassensor-Schlauchs und ziehen Sie diesen ab (siehe Abbildung). Lockern Sie hinten am Gehäuse die Schelle des Ansaug-

2.2a Trennen Sie den Motorentlüftungsschlauch vom Luftfiltergehäuse.

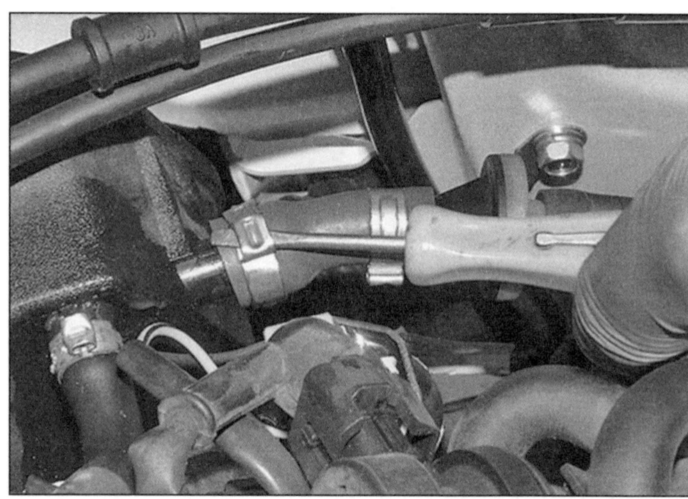

2.2b Hebeln Sie eine Einweg-Quetschschellen mit einem kleinen Schraubendreher auf.

2.3a Schelle des Standgassensor-Schlauchs

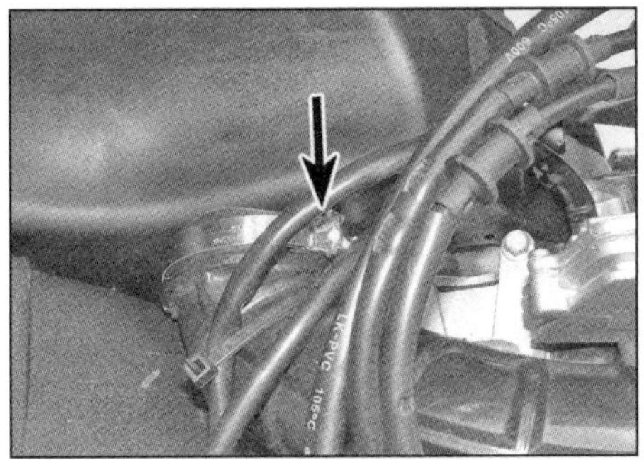
2.3b Lockern Sie die Schelle des Ansaugstutzens ...

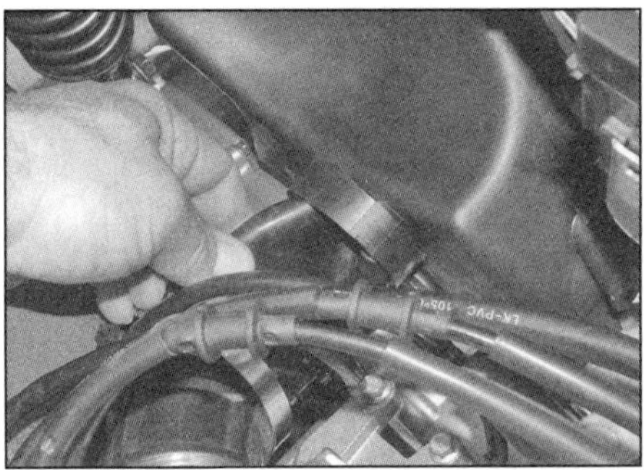
2.3c ... und ziehen Sie diesen unter Beachtung seiner Position aus dem Luftfiltergehäuse.

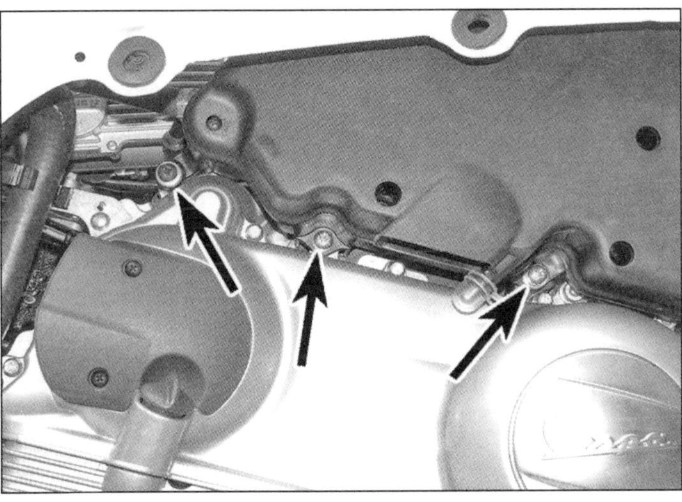
2.5a Lösen Sie die Schrauben ...

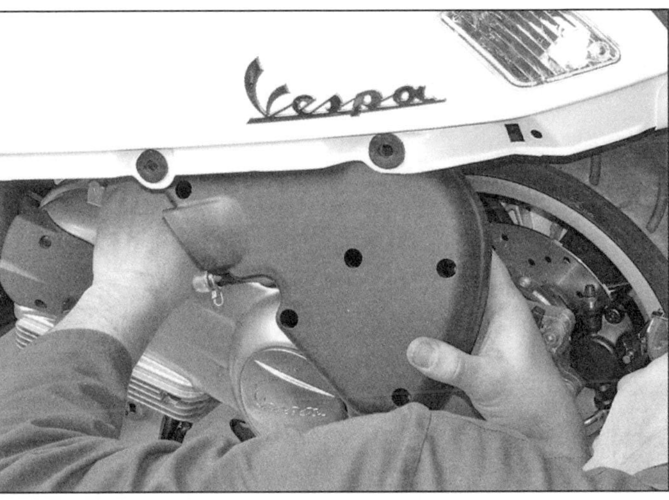

2.5b ... und manövrieren Sie das Luftfiltergehäuse heraus.

stutzens und ziehen Sie diesen unter Beachtung seiner Position heraus (siehe Abbildungen).

4 Bei einigen Modellen wie Primavera und Sprint ist die Demontage des Luftfiltergehäuses einfach, wenn zuvor sein Deckel entfernt wurde (siehe Kapitel 1, Sektion 1).

5 Lösen Sie die Schrauben, die das Luftfiltergehäuse am Antriebsgehäuse sichern, und manövrieren Sie es heraus (siehe Abbildungen) – beachten Sie alle vorhandenen Scheiben, Hülsen und Gummistopfen.

6 Der Einbau entspricht der umgekehrten Ausbaureihenfolge – kontrollieren Sie ggf. vorhandene Gummistopfen auf Alterungserscheinungen und ersetzen Sie sie nötigenfalls.

3 Einspritzanlage
Beschreibung

1 Alle Modelle sind mit einer Einspritzung ausgerüstet. Das Motorsteuergerät überwacht sowohl die Einspritzung als auch das Zündsystem – beachten Sie hierfür die Hinweise in Kapitel 6.

2 Das Motorsteuergerät (ECU) erhält Informationen von den folgenden Sensoren:

a) Drosselklappensensor (TP-Sensor) – informiert über die Stellung und Bewegungs-Geschwindigkeit (Öffnen oder Schließen) der Drosselklappe.

b) Motortemperatursensor (ET-Sensor) – informiert über die Motortemperatur und steuert die Temperaturanzeige oder Warnleuchte.

c) Ansauglufttemperatursensor (IAT-Sensor) – informiert über die Temperatur der angesaugten Luft.

d) Zündgeberspule – informiert über die Motordrehzahl und die Stellung der Kurbelwelle (siehe Kapitel 6).

e) Lambdasonde – informiert über den Sauerstoffgehalt im Abgas.

f) Luftdrucksensor (IAP-Sensor) – informiert über den absoluten Luftdruck (und damit über den Sauerstoffgehalt der Luft)

g) Neigungswinkelsensor (TO-Sensor) – schalten die Einspritzung und Zündung ab, falls das Fahrzeug umkippt (siehe Kapitel 10).

3 Die Informationen aller Sensoren werden im Motorsteuergerät analysiert, um den besten Zündzeitpunkt und die erforderliche Einspritzdauer zu berechnen. Die eingespritzte Kraftstoffmenge hängt davon ab, ob der Motor gestartet oder warm gefahren wird, im Standgas läuft, im Schiebebetrieb rollt oder unter Last arbeitet.

4 Das Motorsteuergerät überwacht und regelt die Kaltstart- und Warmlaufphasen-Drehzahl über einen Stellmotor am Bypass-Ventil der Drosselklappe.

5

4 Einspritzanlage
Fehlerdiagnose

1 Nach dem Einschalten der Zündung leuchtet im Cockpit für einige Sekunden die Motorsteuerungs-Warnleuchte (Motor-Symbol) auf und erlischt dann. Beim Starten des Motors führt die Einspritzanlage automatisch eine Selbstdiagnose durch – wenn alles in Ordnung ist, bleibt die Warnleuchte aus. Bei anormalen Sensor-Informationen schaltet das Steuergerät auf einen Notfall-Modus um; hier werden falsche Sensor-Informationen ignoriert und mit einprogrammierten Kennfeldern gearbeitet, damit der Motor – je nach defektem Sensor – entweder mit

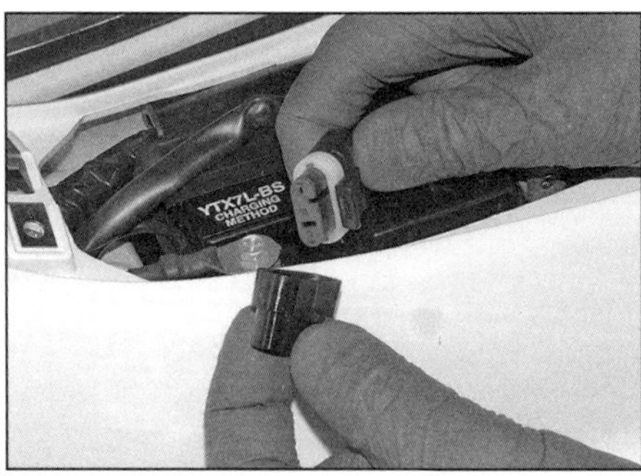

4.4 Der Datenstecker (hier beim Primavera-Modell) wird bei Nichtbenutzung von einer Kappe geschützt.

5.3a Trennen Sie den Stecker des Motortemperatursensors.

5.3b Motortemperatursensor-Stecker bei späteren Modellen

verminderter Leistung weiter am Laufen gehalten wird oder aber abgeschaltet wird (manchmal lässt er sich nach dem manuellen Abschalten auch nicht wieder starten. Auf jeden Fall wird im Steuergerät ein Fehlercode gespeichert.
2 Fehlercodes können mit dem in Werkstätten eingesetzten Piaggio-Diagnosegerät ausgelesen und nach dem Beheben des Problems gelöscht werden. Das Diagnosegerät wird über einen Datenstecker mit dem Steuergerät verbunden und ist auch nötig, um die Parameter der Standgasdrehzahl und der Drosselklappenstellung einzustellen.
3 Der Hobbyschrauber kann ohne diese Diagnoseausrüstung lediglich Kabel auf Durchgang prüfen, Relais testen und einzelne Komponenten kontrollieren – Details finden sich in Sektion 5. Beginnen Sie die Kontrolle mit der entsprechenden Sicherung (siehe Kapitel 10) und ermitteln Sie mithilfe der Schaltpläne am Ende von Kapitel 10, ob die Kabel des entsprechenden Stromkreises Durchgang haben.

Fehlercode	Fehlerhafte Komponente	Mögliche Ursache
P0031	Lambdasonde	Kabel defekt
P0032	Lambdasonden-Vorwärmung	Kabel defekt
P0115, P0117, P0118	Motortemperatursensor (ET-Sensor)	Kabel defekt
P0122, P0123	Drosselklappensensor (TP-Sensor)	Kabel defekt
P0130, P0131, P0132	Lambdasonde	Kabel defekt
P0170	Anlasser-Stromkreis	Kabel oder Anlasserrelais defekt (siehe Kapitel 10)
P0201	Einspritzdüse	Kabel defekt
P0230	Lastrelais	Kabel defekt
P0231, P0323	Benzinpumpe	Kabel defekt
P0261, P0262	Einspritzdüse	Kabel oder Einspritzdüse defekt
P0351	Zündspule	Kabel oder Zündspule defekt (siehe Kapitel 6)
P0480	Ventilator-Stromkreis	Kabel oder Relais defekt (siehe Kapitel 4)
P0508, P0509	Standgas-Regelventil	Kabel oder Ventil defekt
P0512	Anlasser-Stromkreis	Kabel oder Anlasserrelais defekt (siehe Kapitel 10)
P0513	Zündschlüssel-Transponder	Zündschlüssel wird nicht erkannt (siehe Kapitel 6)
P0514	Wegfahrsperren-Empfänger	Empfänger oder Zündschlüssel-Transponder defekt (siehe Kapitel 6)
P0562, P0563	Ladesystem	Batterie oder Ladesystem defekt (siehe Kapitel 10)
P1001, P1002	Scheinwerfer-Relais	Kabel oder Relais defekt (siehe Kapitel 10)
P1003	Drosselklappengehäuse	Verschmutzung
P1651	FI-Warnleuchte	Kabel defekt
P1652	FI-Warnleuchte	Kabel, Zündschloss oder Sicherungen defekt

4 Falls die Ursache des Problems mit Hausmitteln nicht gefunden wird, muss das Fahrzeug in einer mit einem Piaggio-Diagnosegerät ausgerüsteten Werkstatt überprüft werden. Die folgenden Codes lassen sich mit dem an den Datenstecker des Fahrzeugs angeschlossenen PADS (Piaggio Advanced Diagnostic System) auslesen (siehe Abbildung) – dieses Gerät wird nur an Piaggio-Werkstätten ausgeliefert.
5 Die folgende Tabelle führt die vom PADS aus dem Motorsteuergerät auslesbaren Fehlercodes auf. Mithilfe des Diagnosegeräts können die Codes gelöscht werden, sodass die Motorsteuerungs-Warnleuchte erlischt.

5 Einspritzanlage
Komponenten

Achtung: Bevor irgendwelche elektrischen Leitungen der Motorsteuerung getrennt oder verbunden werden, muss die Zündung abgeschaltet werden – andernfalls kann das Steuergerät beschädigt werden!

1 Falls bei irgendeiner Komponente ein Fehler attestiert wird, müssen zuerst die entsprechende(n) Sicherung(en) und alle Kabel und Stecker zwischen dem entsprechenden Bauteil und dem Motorsteuergerät überprüft werden – beachten Sie dazu die Hinweise in Sektion 2 von Kapitel 10 sowie die Schaltpläne an dessen Ende. Eine Durchgangsprüfung aller Kabel deckt in jedem Stromkreis eine Unterbrechung oder einen Kurzschluss auf. Begutachten Sie die Kontakte innerhalb jedes Steckers, um sicherzugehen, dass sie nicht locker oder korrodiert sind. Sprühen Sie die Stecker innen mit Kontaktspray ein, bevor Sie sie wieder verbinden.

Motortemperatursensor (ET-Sensor)

Kontrolle

2 Kontrollieren Sie alle relevanten Sicherungen sowie die Kabel und Stecker (siehe Schritt 1).

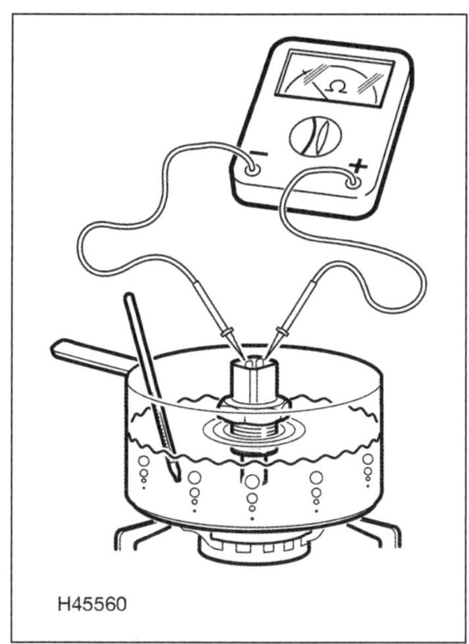

5.7 Aufbau zum Prüfen des Sensors

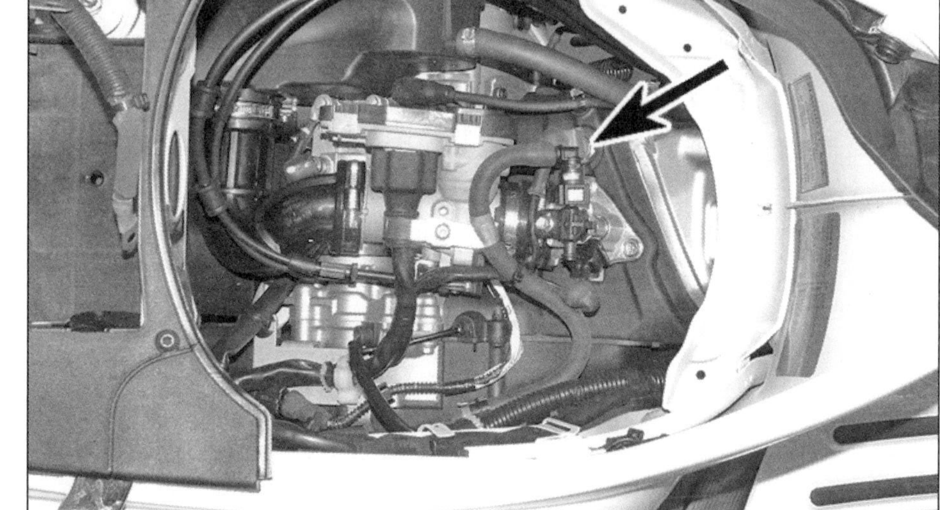

5.9 Position des Motortemperatursensors

3 Öffnen Sie die Sitzbank und entnehmen Sie das Staufach. Trennen Sie den Kabelstecker vom Sensor (siehe Abbildungen). Verbinden Sie bei kaltem Motor ein Ohmmeter mit den Sensor-Kontakten für das hellblau/grüne und das grün/graue (oder schwarz/grüne) Kabel und ermitteln Sie den Widerstand – falls das Ergebnis stark von den in den technischen Daten für entsprechende Temperaturen angegebenen Werten abweicht, ist der Sensor wahrscheinlich defekt.

4 Wenn der Sensor funktionsfähig zu sein scheint, muss seine Stromversorgung überprüft werden. Verbinden Sie die Plusklemme eines Voltmeters mit den Stecker-Kontakten des blau/grünen Kabels und die Minusklemme mit Masse und schalten Sie die Zündung ein – es muss eine Spannung von ca. 5 Volt festgestellt werden.

5 Wird keine Spannung ermittelt, wird das blau/grüne Kabel oder das Motorsteuergerät defekt sein. Wurde Spannung festgestellt, muss die Minusklemme des Messgeräts mit dem Steckerkontakt des grün/grauen (oder schwarz/grünen) Kabels verbunden werden – es muss die gleiche Spannung wie in Schritt 4 festgestellt werden. Wird jetzt keine Spannung ermittelt, ist das Kabel oder das Motorsteuergerät defekt; wird Spannung gemessen, kann das Steuergerät einen Defekt haben.

6 Wenn bis hierher alles in Ordnung ist, muss der Sensor für weitere Tests ausgebaut werden (siehe Schritte 9 und 10).

7 Stellen Sie einen kleinen mit Wasser gefüllten Topf auf den Herd. Verbinden Sie die Plus-Klemme eines auf den Ohm-Messbereich geschalteten Multimeters mit dem Sensor-Kontakt für das das hellblau/grüne Kabel und die Minus-Klemme mit dem Kontakt für das grün/graue (oder schwarz/grüne) Kabel. Umwickeln Sie den Sensor mit Draht oder geeigneten Bändern, sodass nur die Sensorspitze bis zum Gewinde ins Wasser gehalten werden kann und nicht den Topfboden berührt (siehe Abbildung). Halten Sie ein Thermometer mit dem Messbereich bis 100 °C in den Topf – auch dessen Spitze darf nicht den Boden berühren.

Warnung: Achten Sie bei diesem Test darauf, sich nicht zu verbrennen oder zu verbrühen!

8 Erhitzen Sie den Topf und rühren Sie das Wasser vorsichtig um. Der Widerstand muss entsprechend der gemessenen Temperatur sein und mit wärmer werdendem Wasser entsprechend absinken. Falls die Messergebnisse mehr als 10% von den Vorgaben abweichen, ist der Sensor defekt und muss ersetzt werden.

Ausbau und Einbau

9 Öffnen Sie die Sitzbank und entnehmen Sie das Staufach. Der Sensor sitzt am Zylinderkopf (siehe Abbildung). Entleeren Sie bei wassergekühlten Motoren das Kühlsystem (siehe Kapitel 4, Sektion 2). Trennen Sie nötigenfalls den Kraftstoffschlauch von der Einspritzdüse (Schritt 22).

10 Trennen Sie den Sensorstecker und schrauben Sie den Sensor heraus (siehe Abbildungen) – falls vorhanden, muss die Dichtscheibe beim Einbau durch ein Neuteil ersetzt werden.

11 Tragen Sie bei wassergekühlten Motoren etwas Dichtmasse auf das Sensorgewinde auf – sie darf nicht auf die Sensorspitze gelangen. Installieren Sie den ggf. mit einer neuen Dichtscheibe ausgerüsteten Sensor und ziehen Sie ihn sorgfältig an. Verbinden Sie den Sensorstecker und ggf. den Kraftstoffschlauch.

12 Installieren Sie das Staufach (siehe Kapitel 9). Füllen Sie bei wassergekühlten Motoren das Kühlsystem auf (siehe Kapitel 4, Sektion 2).

5.10a Trennen Sie den Sensorstecker...

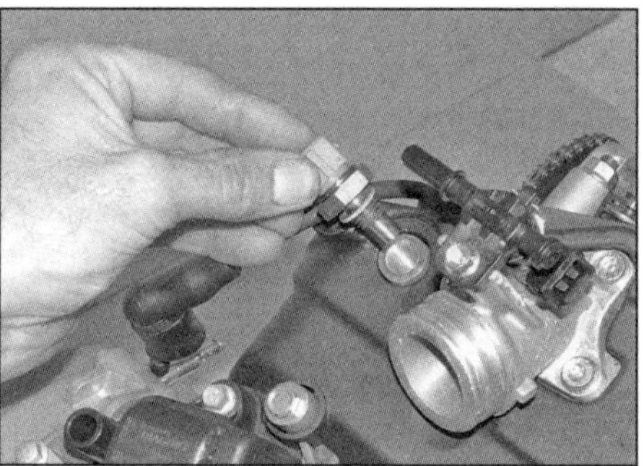

5.10b ... und schrauben Sie den Sensor heraus.

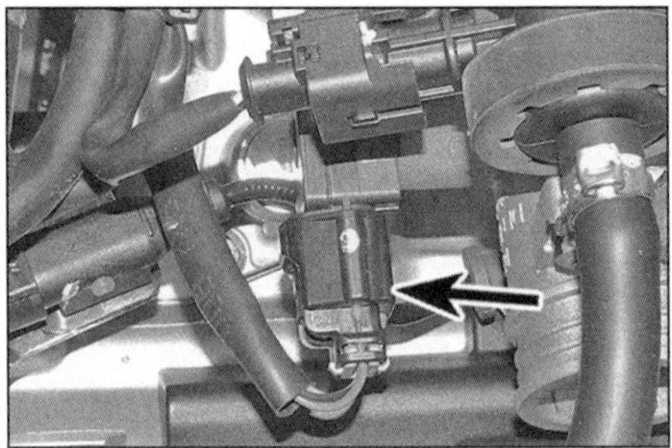

5.13 Stecker des Drosselklappensensors

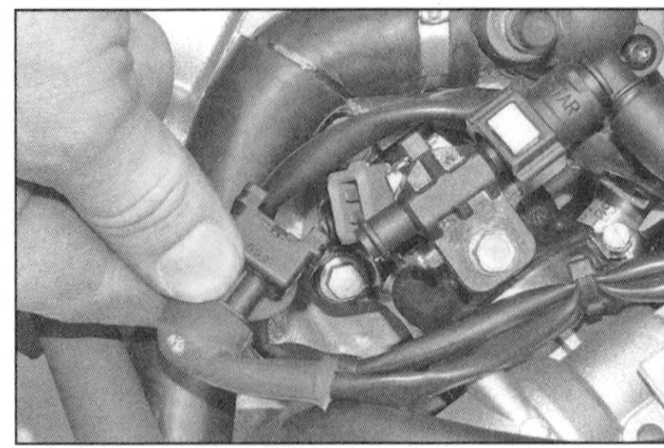

5.18a Trennen Sie den Kabelstecker von der Einspritzdüse.

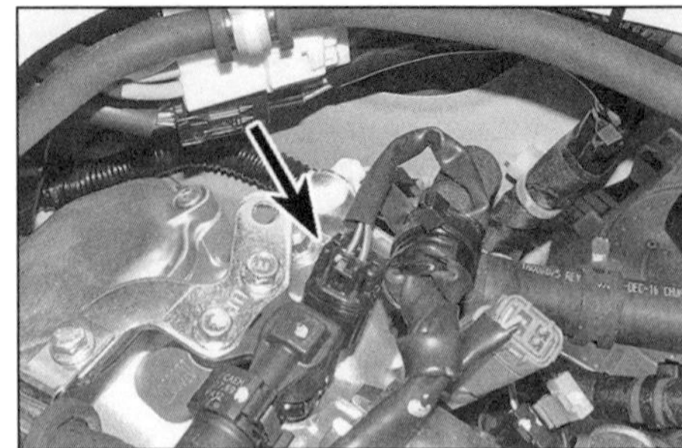

5.18b Einspritzdüsen-Stecker bei GTS 125/150-Modellen ab 2016

5.18c Einspritzdüsen-Stecker bei Primavera-Modellen

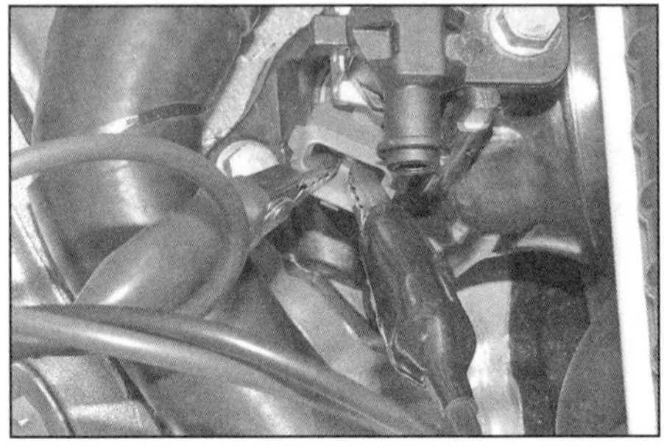

5.18d Prüfen Sie den Einspritzdüsen-Widerstand.

5.22 Schrauben Sie die Kraftstoffschlauch-Halterung ab.

5.23a Drücken Sie den Clip des Schnellverschlusses . . .

5.23b . . . und ziehen Sie diesen von der Einspritzdüse ab.

5.24 Lösen Sie die Schraube und ziehen Sie die Einspritzdüse aus dem Einlassstutzen.

Drosselklappensensor (TP-Sensor)

13 Bei vielen in diesen Buch behandelten Modellen bilden der Drosselklappensensor und das Motorsteuergerät eine gemeinsame Baugruppe. Ab Mitte 2013 wurden jedoch einige LX- sowie alle GTS-, Primavera- und Sprint-Modelle mit separaten Steuergeräten ausgerüstet, sodass der Sensor links am Drosselklappengehäuse zu finden ist (siehe Abbildung) – er kann nur mit einem Diagnosegerät getestet werden.

14 Der Drosselklappensensor ist bei keinem Modell separat erhältlich.

Ansaugluftdrucksensor (IAT-Sensor)

15 Der Ansaugluftdrucksensor ist Bestandteil der Drosselklappengehäuse/Steuergerät-Baugruppe und kann nur mit einem Diagnosegerät getestet werden.

16 Der Sensor ist nicht separat erhältlich – falls er defekt ist, muss eine neue Drosselklappengehäuse-Baugruppe installiert werden (siehe Sektion 7).

Einspritzdüse

Warnung: Beachten Sie vor Arbeitsbeginn die Warnhinweise in Sektion 1!

17 Kontrollieren Sie alle relevanten Sicherungen sowie die Kabel und Stecker (siehe Schritt 1).

18 Öffnen Sie die Sitzbank und entnehmen Sie das Staufach. Trennen Sie den Kabelstecker von der Einspritzdüse (siehe Abbildungen) Prüfen Sie mit einem Ohmmeter den Widerstand zwischen den Einspritzdüsen-Kontakten – falls das Ergebnis stark von 13,7 bis 15,2 Ohm abweicht, ist die Einspritzdüse defekt und muss ersetzt werden.

19 Prüfen Sie dann, ob am Stecker-Kontakt des schwarz/grünen (rot/grün bei GTS 125/150 ab 2016) Kabels Batteriespannung anliegt – dies muss ca. zwei Sekunden nach dem Einschalten der Zündung der Fall sein; überprüfen Sie andernfalls das Lastrelais (Schritte 39 bis 42) und die anderen Komponenten, Kabel und Stecker des Stromkreises – beachten Sie dazu die Schaltpläne am Ende von Kapitel 10.

Ausbau

Anmerkung: *Bei den meisten in diesem Buch behandelten Modellen sitzt die Einspritzdüse im Einlassstutzen, nur bei GTS 125/150 ab 2016 sitzt sie direkt im Zylinderkopf.*

5.25 Schrauben der Einspritzdüsen-Halterung (GTS 125/150 ab 2016)

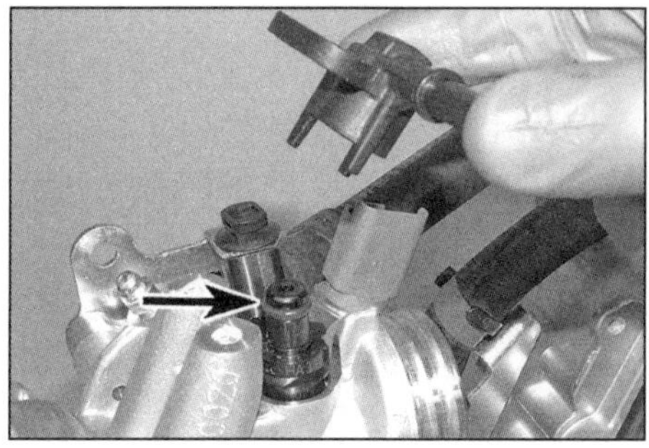

5.26a Entfernen Sie den Kraftstoff-Anschluss – beachten Sie den Dichtring (Pfeil).

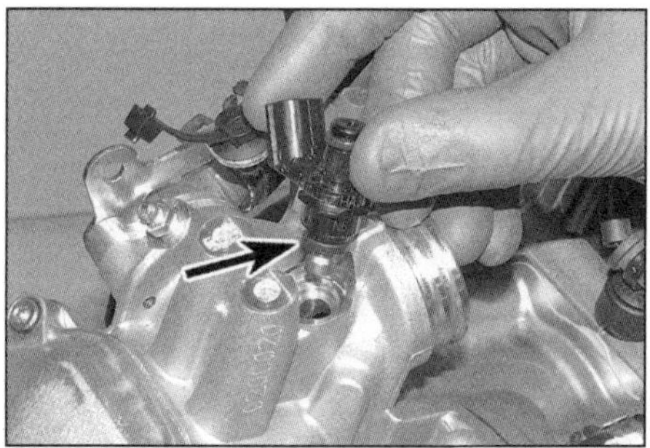

5.26b Ziehen Sie die Einspritzdüse aus dem Zylinderkopf – ihr Sitz (Pfeil) muss später erneuert werden.

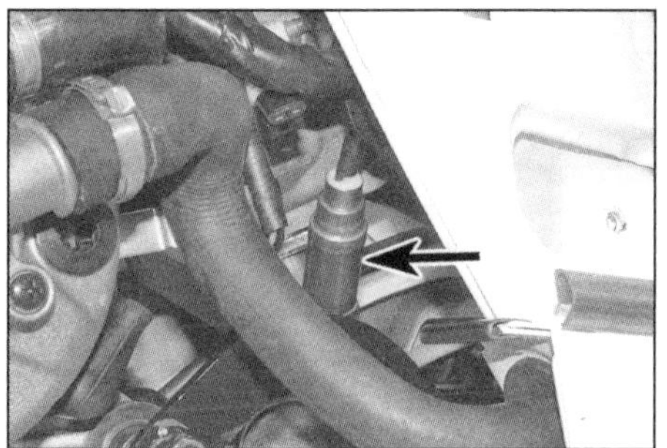

5.31 Lambdasonde

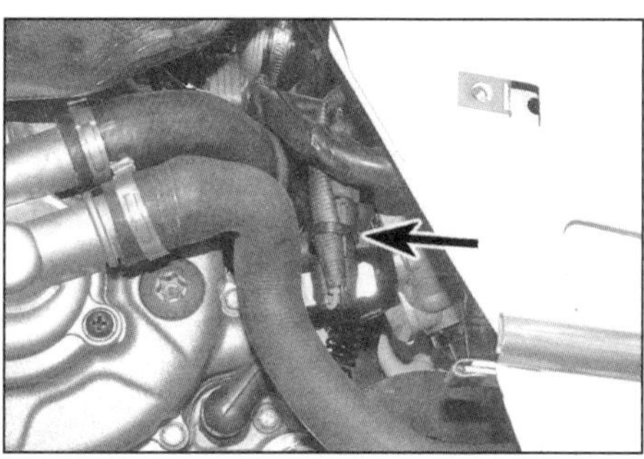

5.33a Öffnen Sie den Kabelbinder . . .

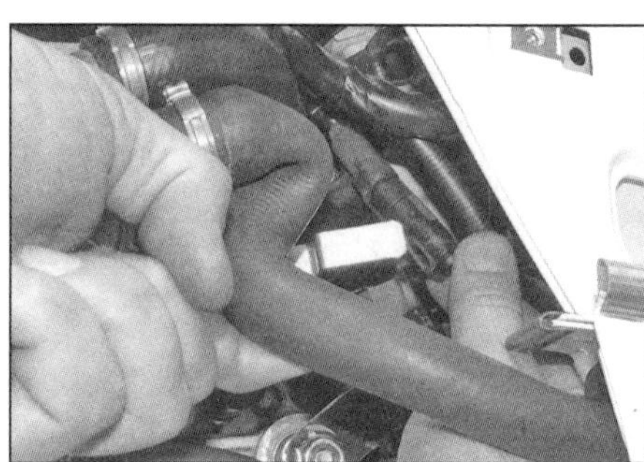

5.33b . . . und ziehen Sie den Stecker von seinem Clip ab, um ihn zu trennen.

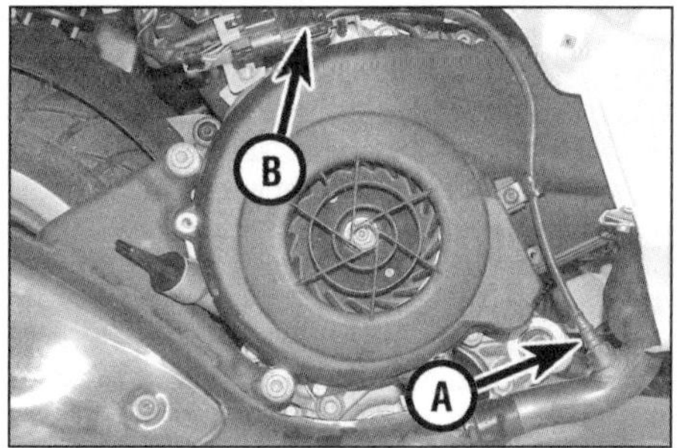

5.33c Die Lambdasonde (A) und ihr Stecker (B) – luftgekühlte Modelle

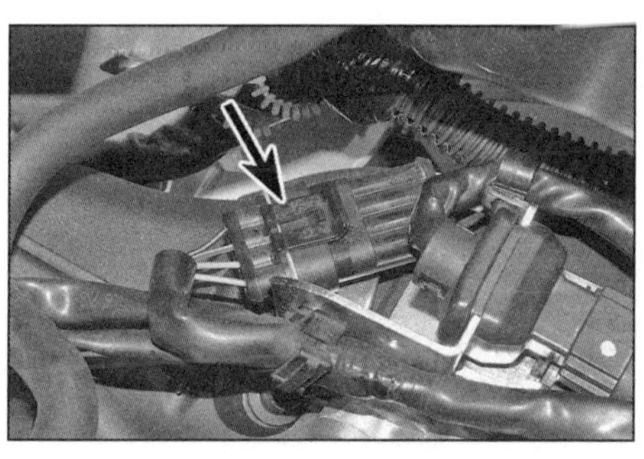

5.33d Lambdasonden-Stecker bei Primavera-Modellen

20 Öffnen Sie die Sitzbank und entnehmen Sie das Staufach. Trennen Sie den Masseanschluss (–) der Batterie (siehe Kapitel 10).
21 Trennen Sie den Kabelstecker von der Einspritzdüse (Abbildung 5.18a, b oder c)
22 Befreien Sie nötigenfalls den Kraftstoffschlauch aus seiner Halterung (siehe Abbildung).
23 Halten Sie Lappen bereit, um Kraftstoffreste aufzunehmen. Lösen Sie alle Schläuche von der Einspritzdüse – merken Sie sich bei Modellen mit Rücklaufschlauch, welcher Schlauch wo sitzt (siehe Abbildungen).
24 Lösen Sie bei allen Modelle außer GTS 125/150 ab 2016 die Einspritzdüsen-Schraube (siehe Abbildung) und ziehen Sie die Einspritzdüse heraus – ihre Dichtung ist nicht separat erhältlich, sodass besondere Vorsicht gelten muss, sie nicht zu beschädigen.
25 Lösen Sie bei GTS 125/150-Modellen ab 2016 die Schrauben der Einspritzdüsen-Halterung und entfernen Sie diese (siehe Abbildung) – merken Sie sich die Einbauposition.
26 Ziehen Sie den Kraftstoff-Anschluss von der Einspritzdüse – der Dichtring muss später erneuert werden (siehe Abbildung). Ziehen Sie die Einspritzdüse aus dem Zylinderkopf (siehe Abbildung) – ihr Sitz muss später erneuert werden.

Einbau

27 Fetten Sie ggf. den Dichtring der Einspritzdüse, setzen Sie diese ein und sichern Sie sie mit der Schraube (Abbildung 5.24). Rüsten Sie bei GTS 125/150-Modelle ab 2016 die Einspritzdüse mit einem neuen Sitz und einem neuen Dichtring für den Kraftstoff-Anschluss aus, installieren Sie die Düse in den Zylinderkopf, setzen Sie den Anschluss auf und sichern Sie alles mit der Halterung (Abbildung 5.26b und a sowie Abbildung 5.25).
28 Schließen Sie alle Kraftstoffschläuche an und lassen Sie ihre Schnellverschlüsse korrekt einrasten (Abbildung 5.23b). Ziehen Sie an den Schläuchen, um ihren korrekten Sitz zu prüfen.
29 Verbinden Sie den Kabelstecker (Abbildung 5.18a). Schließen Sie die Batterie wieder an.
30 Starten Sie den Motor und prüfen Sie die Einspritzdüse und ihre Kraftstoffanschlüsse auf Undichtigkeiten, bevor Sie mit dem Fahrzeug fahren

Lambdasonde

Kontrolle

5

31 Die Lambdasonde sitzt im Auspuffkrümmer (siehe Abbildung) – ihre Funktion kann nur mit einem Diagnosegerät getestet werden.
32 Kontrollieren Sie alle relevanten Sicherungen sowie die Kabel und Stecker (siehe Schritt 1).
33 Für die Kontrolle des Vorwärm-Widerstands muss der Motor abgekühlt sein – nur Modelle mit einem 4-Stift-Stecker haben ein Heizelement. Trennen Sie den Lambdasondenstecker (siehe Abbildungen). Beachten Sie den Schaltplan für Ihr Modell und verbinden Sie ein Ohmmeter mit dem beiden sensorseitigen Kontakten des Heizelements – wenn der gemessene Widerstand nicht bei ca. 9 Ohm liegt, ist das Heizelement defekt und die Lambdasonde muss ersetzt werden.

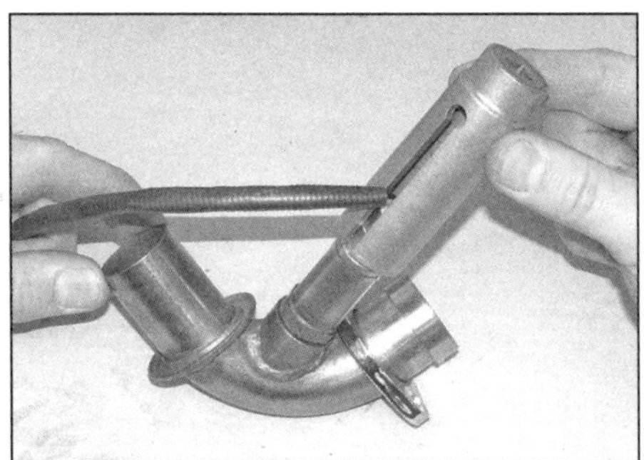

5.36 **Hier wird die Lambdasonde mit einem speziellen Steckschlüssel gelöst, der einen Schlitz für das Kabel aufweist.**

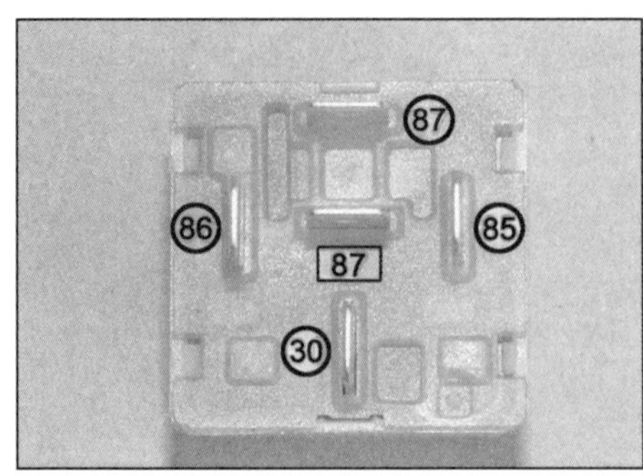

5.40 **Die Anschluss-Nummern finden sich an der Unterseite des Relais.**

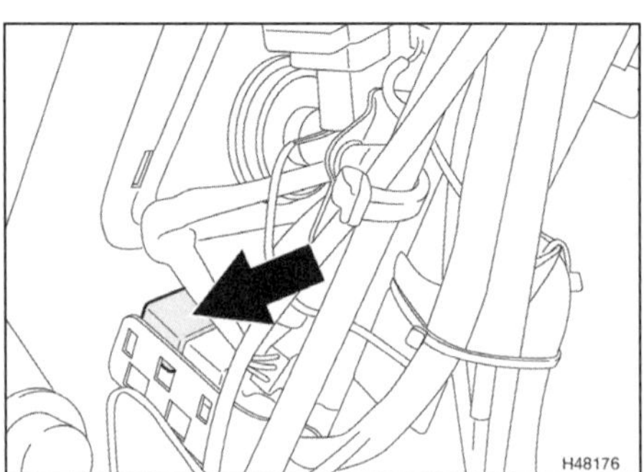

5.43a **Lastrelais bei LX- LXV- und S-Modellen bis 2011**

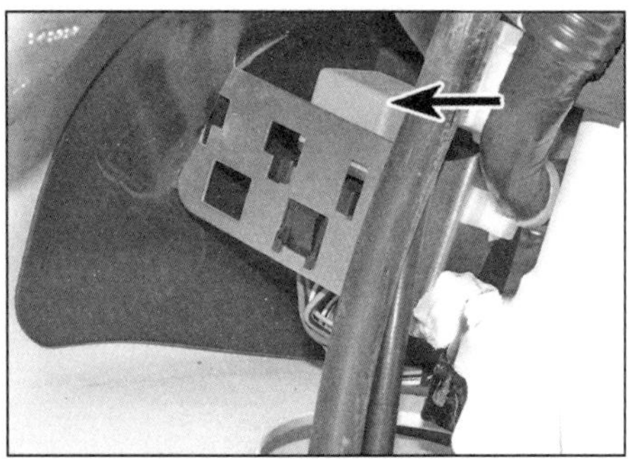

5.43b **Lastrelais bei LX- LXV- und S-Modellen ab 2012**

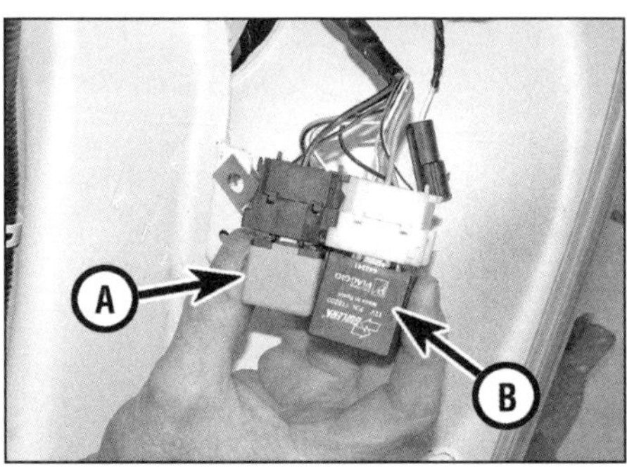

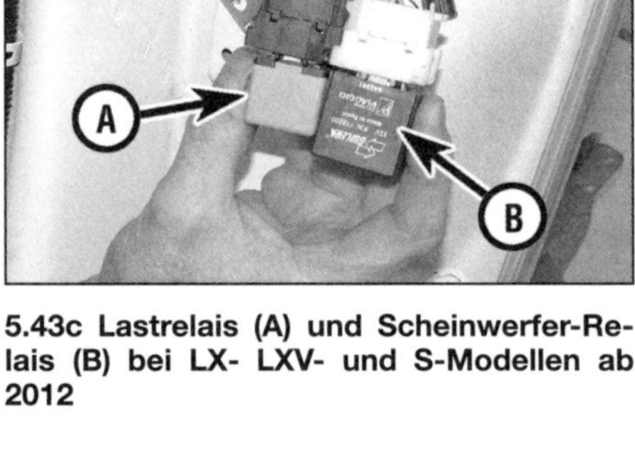

5.43c **Lastrelais (A) und Scheinwerfer-Relais (B) bei LX- LXV- und S-Modellen ab 2012**

5.43d **Lastrelais bei späteren GTS 300-Modellen**

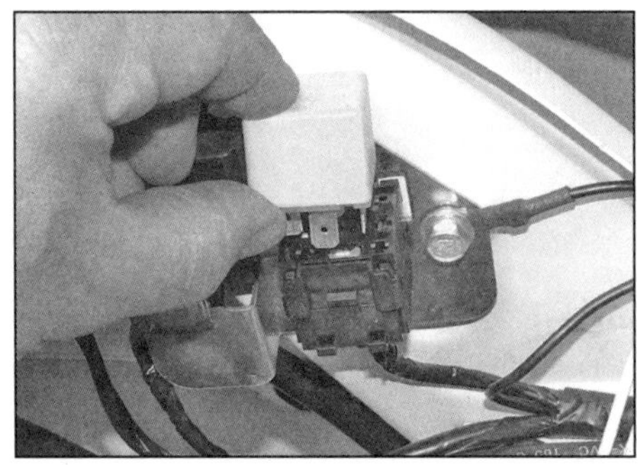

5.44 **Ausbau des Lastrelais - GTS-, GTV- und GT-Modelle bis 2013**

5.46 **Standgas-Regelventil - gezeigt am GT 125/150 ab 2016**

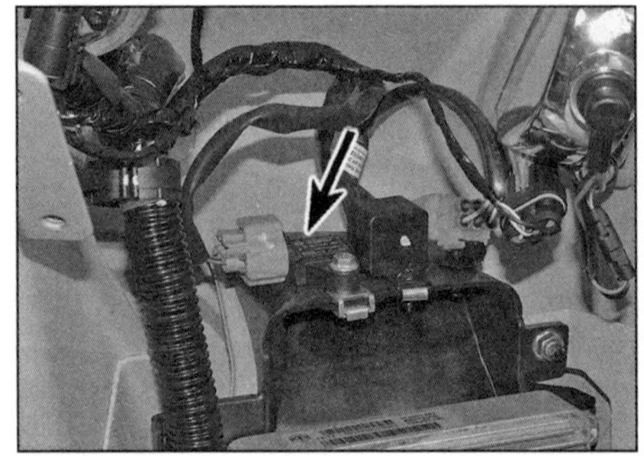

5.49 **Ansaugluftdrucksensor (GTS 125/150 ab 2016)**

34 Prüfen Sie dann, ob am Stecker-Kontakt des Pluskabels Batteriespannung anliegt – dies muss ca. zwei Sekunden nach dem Einschalten der Zündung der Fall sein; überprüfen Sie andernfalls das Lastrelais (Schritte 39 bis 42) und die anderen Komponenten, Kabel und Stecker des Stromkreises – beachten Sie dazu die Schaltpläne am Ende von Kapitel 10.

Ausbau und Einbau

Anmerkung: *Die Lambdasonde ist empfindlich und darf weder herunterfallen noch angeklopft oder mit Reinigungsmitteln behandelt werden. Warten Sie vor Arbeitsbeginn, bis der Auspuff vollständig abgekühlt ist.*

35 Demontieren Sie nötigenfalls dem Auspuff (siehe Sektion 13) oder entfernen Sie das rechte Verkleidungsteil, um den Zugang zur Lambdasonde zu verbessern (Abbildung 5.33c).
36 Schrauben Sie die Lambdasonde aus dem Auspuffkrümmer (siehe Abbildung).
37 Der Einbau entspricht der umgekehrten Ausbaureihenfolge – ziehen Sie möglichst mit dem in Abbildung 5.36 gezeigten Spezial-Steckschlüssel die Lambdasonde mit 40 bis 50 Nm an – solch ein Werkzeug sollte bei Werkstätten auszuleihen sein.

Lastrelais

Kontrolle

Anmerkung: *Das auch als Einspritzanlagen-Relais bekannte Lastrelais findet sich nicht an allen Modellen – beachten Sie den Schaltplan Ihres Modells am Ende von Kapitel 10.*

38 Kontrollieren Sie alle relevanten Sicherungen sowie die Kabel und Stecker (siehe Schritt 1).
39 Befreien Sie das Relais (siehe unten).
40 Schalten Sie ein Multimeter auf den Messbereich Ohm x 10 und klemmen Sie es an die Relais-Anschlüsse 86 und 85 (siehe Abbildung) – es müssen 40 bis 80 Ohm festgestellt werden, bei deutlich abweichenden Ergebnissen ist das Relais defekt und muss ersetzt werden.
41 Schalten Sie ein Multimeter auf den Messbereich Ohm x 1 und klemmen Sie es an die

Relais-Anschlüsse 87 und 30 – es darf kein Durchgang (»1« – unendlicher Widerstand) festgestellt werden. Verbinden Sie eine geladene Batterie mithilfe von Überbrückungskabeln mit den Relais-Anschlüssen 86 (+) und 85 (–). Jetzt muss aus dem Relais ein deutliches Klicken vernehmbar sein und der Widerstand auf 0 Ohm (voller Durchgang) fallen. In diesem Fall ist das Relais in Ordnung. Wurde am Relais ständig Durchgang festgestellt oder hat es auch bei angeschlossener Batterie den Durchgang nicht freigeschaltet, ist es defekt und muss ersetzt werden.

42 Ist das Relais in Ordnung, muss am Kontakt des rot/weißen Kabels im Relais-Sockel geprüft werden, ob für etwa zwei Sekunden nach dem Einschalten Batteriespannung anliegt. Prüfen Sie ebenfalls bei eingeschalteter Zündung, ob am Relaissockel-Kontakt des grau/schwarzen Kabels dauerhaft Batteriespannung anliegt Ist dies nicht der Fall, muss die Verkabelung zum Relais auf Durchgang geprüft werden – beachten Sie dazu die Schaltpläne am Ende von Kapitel 10.

Ausbau und Einbau

43 Entfernen Sie bei LX- LXV- und S-Modellen bis 2011 die Frontblende (siehe Kapitel 9) – das vordere der beiden unter der Hupe sitzenden Relais ist das Lastrelais (siehe Abbildung). Entfernen Sie bei LX- LXV- und S-Modellen ab 2012 die innere Frontverkleidung (siehe Abbildung) – das Relais sitzt an einem Halter hinter der Hupe (siehe Abbildung) – demontieren Sie den Halter, um Zugang zu erhalten (siehe Abbildung). Entfernen Sie bei GTS-, GTV- und GT-Modellen bis 2013 das Staufach (siehe Kapitel 9) – das Relais sitzt links in der Karosserie. Bei späteren GTS-Modellen sitzt das Relais hinter der Frontblende (siehe Kapitel 9).

44 Ziehen Sie das Relais aus seinem Sockel (siehe Abbildung).

Standgas-Regelventil

46 Bei den meisten in diesem Buch behandelten Modellen ist das Standgas-Regelventil in das Drosselklappengehäuse integriert. Ab Mitte 2013 wurden jedoch einige LX- sowie alle GTS-, Primavera- und Sprint-Modelle mit separaten Steuergeräten ausgerüstet, sodass das Regelventil an einem Halter oberhalb des Drosselklappengehäuses zu finden ist (siehe Abbildung) – es kann nur mit einem Diagnosegerät getestet werden.

47 Das Regelventil ist bei allen Modellen nicht separat erhältlich – falls es defekt ist, muss eine neue Drosselklappengehäuse-Baugruppe installiert werden (siehe Sektion 7).

Ansaugluftdrucksensor (AIP-Sensor)

48 Bei GTS 125/150-Modellen ab 2016 sorgt dieser Sensor zusammen mit dem Drosselklappensensor dafür, dass der Motor ein gleichmäßiges Standgas hat, gut beschleunigt und wenig Benzin verbraucht. Ein defekter Sensor kann schlechtes Startverhalten zur Folge haben.

49 Der Ansaugluftdrucksensor sitzt oberhalb des Steuergeräts (siehe Abbildung) – demontieren Sie für den Zugang die innere Frontverkleidung (siehe Kapitel 9).

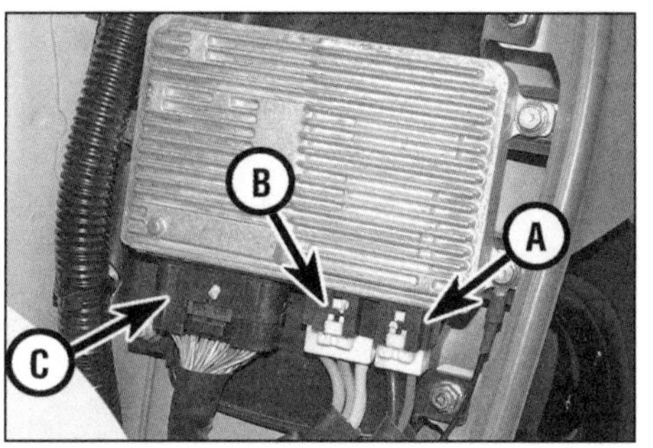

6.2 Steuergerät am GTS 125/150 ab 2016: RISS-Stecker (A und B), Motorsteuerungs-Stecker (C)

6.3a Lösen Sie die Schraube der Kraftstoffschlauch- und Kabel-Halterung, . . .

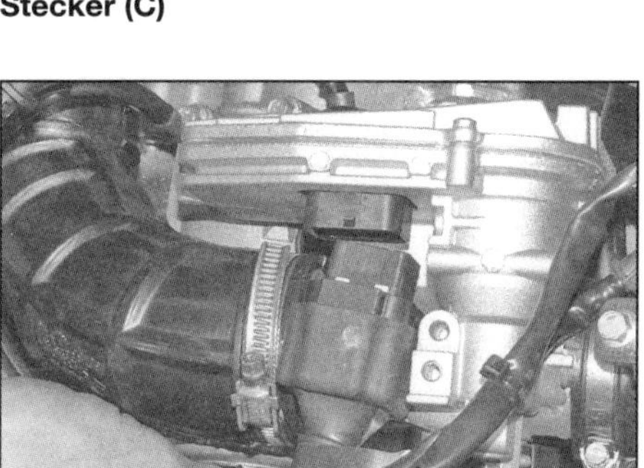

6.3b . . . trennen Sie dann den Steuergerät-Stecker – hier am in das Drosselklappengehäuse integriertem Steuergerät.

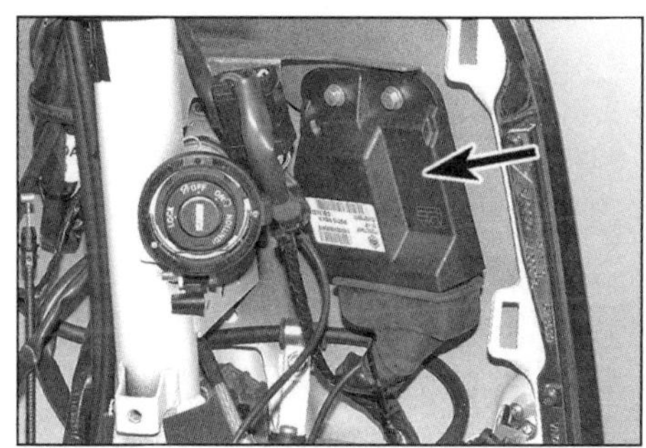

6.3c Position des Motorsteuergeräts beim Primavera-Modell

6 Motorsteuergerät

Kontrolle

1 Falls die Tests in den vorherigen oder folgenden Sektionen die Fehlerquelle nicht lokalisieren lässt, kann das Motorsteuergerät (Engine Control Unit – ECU) selbst defekt sein – Piaggio gibt hierfür keine Prüfdetails bekannt. Bei vielen Modellen ist das Steuergerät in das Drosselklappengehäuse integriert; ab Mitte 2013 sind jedoch einige LX- sowie alle GTS-, Primavera- und Sprint-Modelle mit separaten Steuergeräten ausgerüstet; diese finden sich an einem Halter rechts hinten in der Karosserie (LX) oder rechts hinter der vorderen Innenverkleidung (GTS, Primavera und Sprint). Demontieren Sie das Steuergerät oder die Drosselklappengehäuse-Baugruppe und bringen Sie die Komponente zu einer Piaggio-Werkstatt.

2 GTS 125/150-Modelle ab 2016 sind mit einer Start-Stopp-Automatik (RISS) ausgerüstet, deren Elektronik ins Motorsteuergerät integriert ist – die Kabelfarben und Anschluss-Nummerierungen unterscheiden sich deutlich von Modellen ohne dieses System. Das Motorsteuergerät und sein Stecker können einer Sichtprüfung unterzogen werden (siehe Abbildung), doch Stromkreis-Kontrollen sollten nur mit großer Vorsicht und nach genauem Studium der Schaltpläne durchgeführt werden.

3 Bevor das Steuergerät ausgetauscht wird, sollten das Staufach oder die vordere Innenverkleidung entfernt (siehe Kapitel 10), die Batterie getrennt (siehe Kapitel 10) und der Steuergerät-Stecker getrennt werden, um ihn auf korrodierte, verbogene oder lockere Kontakte und abgerissene Kabel zu überprüfen (siehe Abbildungen).

Ausbau und Einbau

4 Die Zündung muss abgeschaltet sein. Trennen Sie den Masseanschluss (–) der Batterie (siehe Kapitel 10).

5 Falls das Steuergerät in das Drosselklappengehäuse integriert ist, muss dies demontiert werden (siehe Sektion 7). Bei Modellen mit separaten Steuergeräten muss das Staufach (LX) oder die vordere Innenverkleidung (GTS, Primavera und Sprint) entfernt werden (siehe Kapitel 9). Trennen Sie den/die Steuergerät-Stecker, lösen Sie die Schrauben und heben Sie das Steuergerät ab.

6 Der Einbau entspricht der umgekehrten Ausbaureihenfolge – alle Stecker müssen sicher angeschlossen sein.

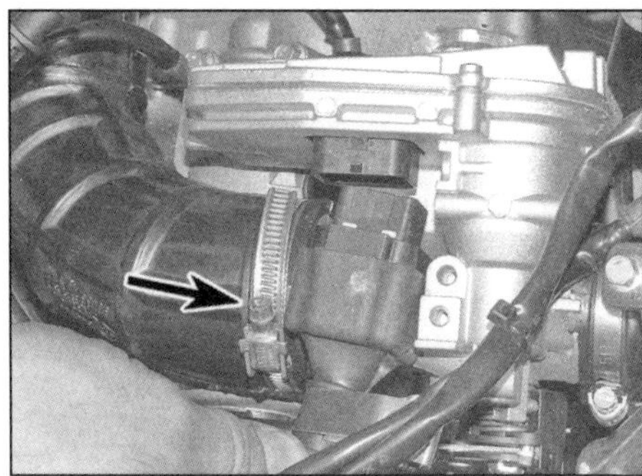

7.6 Lockern Sie die Ansaugstutzen-Schelle zum Drosselklappengehäuse.

7.7 Einlassstutzen-Schrauben

7.8a Lockern Sie die Klemmschrauben.

7.8b Ausrichtung des Einlassstutzens zum Drosselklappengehäuse . . .

7.8c . . . und seiner Nut zum Anguss am Zylinderkopf.

7.9a Lockern Sie die Gaszug-Muttern am Widerlager . . .

7.9b . . . und befreien Sie die Seilzugnippel aus der Betätigung – merken Sie sich ggf. ihre Positionen.

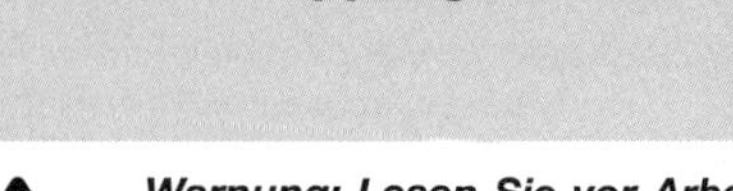

7 Drosselklappengehäuse

Warnung: Lesen Sie vor Arbeitsbeginn die Warnhinweise in Sektion 1.

Ausbau

1 Öffnen Sie die Sitzbank und entnehmen Sie das Staufach.

2 Trennen Sie den Masseanschluss (–) der Batterie (siehe Kapitel 10).

Anmerkung: *Bei vielen in diesen Buch behandelten Modellen bilden der Drosselklappensensor und das Motorsteuergerät eine gemeinsame Baugruppe. Ab Mitte 2013 wurden jedoch einige LX- sowie alle GTS-, Primavera- und Sprint-Modelle mit separaten Steuergeräten ausgerüstet – ignorieren Sie hier nicht zutreffende Schritte.*

3 Falls das Drosselklappengehäuse, das Steuergerät, die Einspritzdüse und der Einlassstutzen als Baugruppe demontiert werden sollen, muss die Schraube der Kraftstoffschlauch- und Kabel-Halterung gelöst werden (Abbildung 6.3a). Halten Sie Lappen bereit, um Benzinreste aufzunehmen und ziehen Sie an der Einspritzdüse alle Schläuche ab – merken Sie sich bei Modellen mit Rücklaufschlauch, welcher Schlauch wo sitzt (Abbildungen 5.23a und b). Trennen Sie den Einspritzdüsenstecker (Abbildung 5.18a).

4 Falls das Steuergerät in das Drosselklappengehäuse integriert ist, muss sein Stecker getrennt werden (Abbildung 6.3b).

5 Trennen Sie bei Modellen mit separatem Drosselklappengehäuse den Stecker des Standgas-Regelventils (siehe Sektion 4). Lockern Sie die Schelle, die den Schlauch des Standgas-Regelventils am Luftfiltergehäuse sichert, und ziehen Sie ihn ab. Trennen Sie den Stecker des Drosselklappensensors.

6 Lockern Sie die Schelle, die den Ansaugstutzen am Drosselklappengehäuse sichert (siehe Abbildung).

7 Bevor das Drosselklappengehäuse samt Steuergerät und Einlassstutzen entfernt wird, muss am Zylinderkopf der Bereich um dem Stutzen gereinigt werden. Lösen Sie die Schrauben des Stutzens (siehe Abbildung) und befreien Sie die Baugruppe vom Zylinderkopf und aus dem Ansaugstutzen.

Achtung: Stopfen Sie anschließend saubere Lappen in den Einlassbereich des Zylinderkopfs und den Ansaugstutzen, um keinen Schmutz eindringen zu lassen.

8 Um das Drosselklappengehäuse samt Standgas-Regelventil vom Einlassstutzen trennen zu können, müssen dessen Klemmschrauben gelockert werden. Beachten Sie beim Abziehen, wie der Einlassstutzen zum Gehäuse und zum Zylinderkopf ausgerichtet ist (siehe Abbildungen).

9 Bevor der Gaszug oder die Gaszüge von der Drosselklappenbetätigung getrennt werden, müssen die Einsteller am Gasgriff gelockert werden (siehe Sektion 8). Lösen Sie am Widerlager des Drosselklappengehäuses die Mutter(n) der Gaszughülle(n), drehen Sie sie vom Gaszug/ von den Gaszügen und befreien Sie diese(n) vom Halter und der Betätigung (siehe Abbildungen).

Achtung: Lassen Sie die geöffnete Drosselklappe bei getrenntem Gaszug nicht plötzlich zuschnappen – dies kann ihren Anschlag beschädigen und später zu Standgas-Probleme führen!

8.5a Mutter an der Öffnerzug-Rohrführung

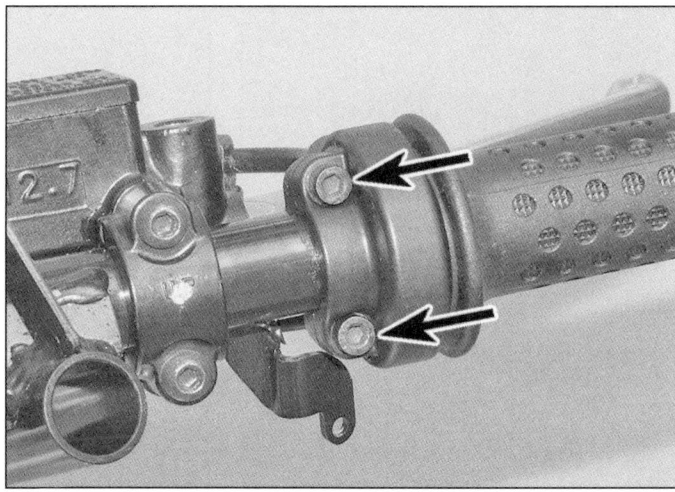

8.5b Schrauben des Gasgriffgehäuses

10 Lockern Sie nötigenfalls die Klemmschraube der Einlassstutzen-Hülse und befreien Sie den Stutzen vom Drosselklappengehäuse. Demontieren Sie ggf. die Einspritzdüse aus dem Stutzen (siehe Sektion 5).

11 Falls der Einlassstutzen Risse oder andere Schäden aufweist, muss er durch ein Neuteil ersetzt werden.

Achtung: Die Drosselklappengehäuse-Baugruppe bildet eine abgedichtete Einheit und darf keinesfalls zerlegt werden!

Einbau

12 Der Einbau entspricht der umgekehrten Ausbaureihenfolge – beachten Sie dabei folgende Punkte:

- *a) Beachten Sie für den Einbau der Einspritzdüse die Hinweise in Sektion 5.*
- *b) Das Drosselklappengehäuse muss vollständig in der Einlassstutzen-Hülse stecken und korrekt ausgerichtet sein, bevor die Klemme angezogen wird.*
- *c) Ziehen Sie die Einlassstutzen-Schrauben bei GTS 125/150-Modelle ab 2016 mit 5 bis 6 Nm und bei allen anderen Modellen mit 11 bis 13 Nm an.*
- *d) Der Ansaugstutzen muss korrekt um das Drosselklappengehäuse anliegen, bevor die Schelle angezogen wird.*
- *e) Alle Kabelstecker müssen korrekt verbunden sein.*
- *f) Schließen Sie alle Kraftstoffschläuche an und lassen Sie ihre Schnellverschlüsse korrekt einrasten (Abbildung 5.23b). Ziehen Sie an den Schläuchen, um ihren korrekten Sitz zu prüfen.*
- *g) Stellen Sie den Gaszug oder die Gaszüge ein (siehe Kapitel 1).*
- *h) Starten Sie den Motor und kontrollieren Sie alles auf Undichtigkeiten und ein korrekt funktionierendes Kraftstoffsystem, bevor Sie mit dem Fahrzeug fahren.*

8 Gaszug/Gaszüge

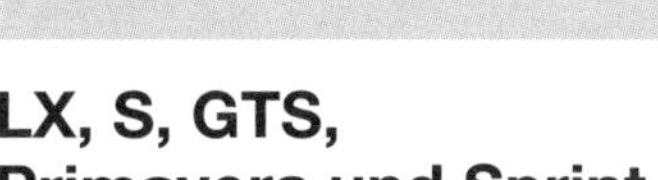

LX, S, GTS, Primavera und Sprint

Ausbau

1 Entfernen Sie die Lenkerverkleidungen, das Staufach, die innere Frontverkleidung und die Bodenverkleidung (siehe Kapitel 9), um den Gaszug oder die Gaszüge vom Lenker bis zum Drosselklappengehäuse freizulegen.

2 Lockern Sie die Einsteller am Gasgriff-Ende (siehe Kapitel 1, Sektion 19).

3 Markieren Sie bei Modellen mit zwei Gaszügen deren Positionen am Versteller des Drosselklappengehäuses (bei unserem Modell hatte der (untere) Öffnerzug verchromte Muttern, während der (obere) Schließerzug mit schwarzen Muttern ausgerüstet war. Lösen Sie am Widerlager des Drosselklappengehäuses die Mutter(n) der Gaszughülle(n), drehen Sie sie vom Gaszug/ von den Gaszügen und befreien Sie diese(n) vom Halter und der Betätigung (Abbildungen 7.9a und b).

4 Ziehen Sie den/die Gaszüge zum Lenker zurück – merken Sie sich seine/ihre Verlegung.

5 Lösen Sie die Mutter an der oberen Öffnerzug-Rohrführung des Gasgriffgehäuses, lösen Sie dann die Gehäuseschrauben und heben Sie die hintere Abdeckung ab (siehe Abbildungen). Befreien Sie das/die Gaszug-Ende(n) von der Gasgriffrolle und befreien Sie das Gasgriffgehäuse vom Lenker (siehe Abbildung). Verdrehen Sie bei Modellen mit Schließerzug dessen Führungsrohr um 90° und ziehen Sie es aus dem Gehäuse (siehe Abbildung). Drehen Sie das Gehäuse vom Öffnerzug-Führungsrohr (siehe Abbildung).

8.5c Befreien Sie das/die Gaszug-Ende(n) von der Gasgriffrolle und befreien Sie das Gasgriffgehäuse.

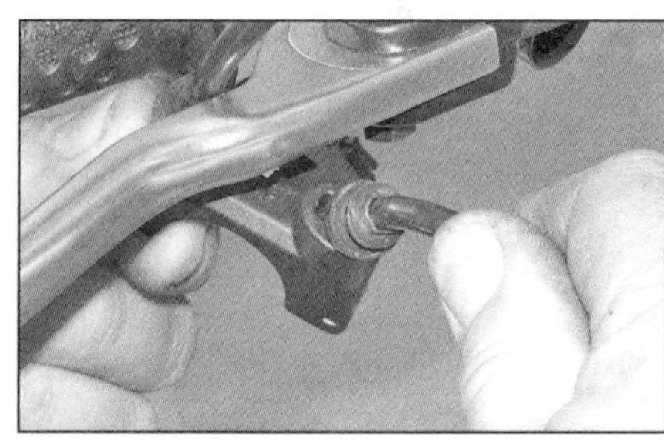

8.5d Verdrehen Sie ggf. das Schließerzug-Führungsrohr um 90°, um es zu befreien.

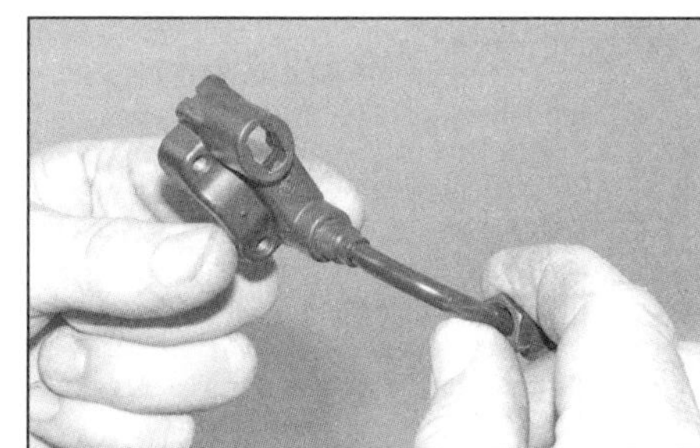

8.5e Drehen Sie das Gehäuse vom Öffnerzug-Führungsrohr.

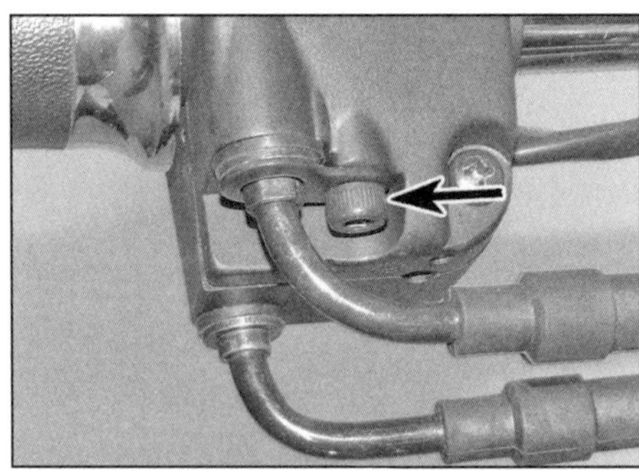

8.16a Sicherungsschraube des Öffnerzug-Führungsrohrs

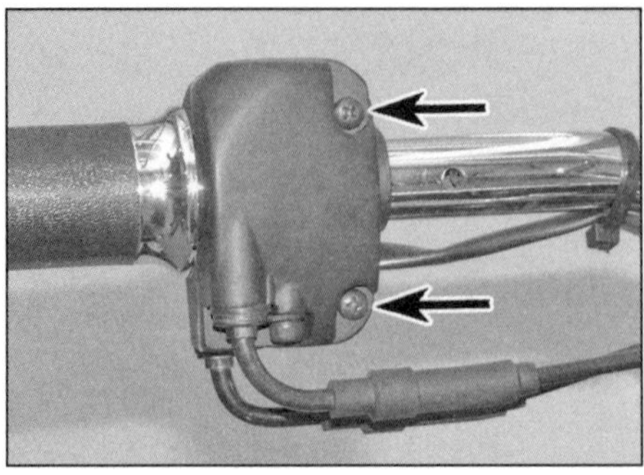

8.16b Schaltergehäuse-Schrauben

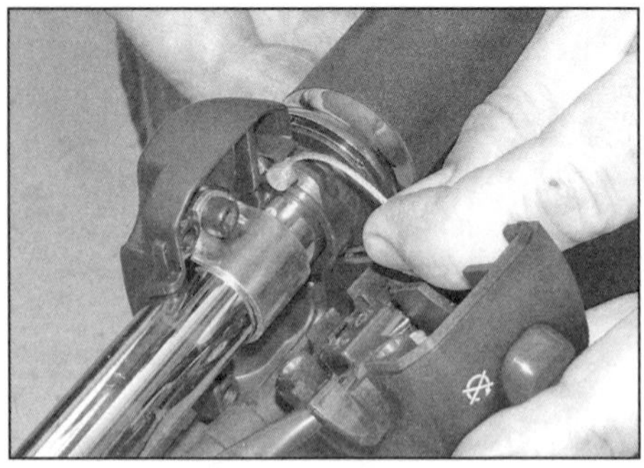

8.16c Trennen Sie die hintere Schalterhälfte und befreien Sie ggf. den Schließerzug.

8.16d Lösen Sie die Schellen-Schrauben, ...

8.16e ... befreien Sie die vordere Gehäusehälfte und hängen Sie den Öffnerzug aus.

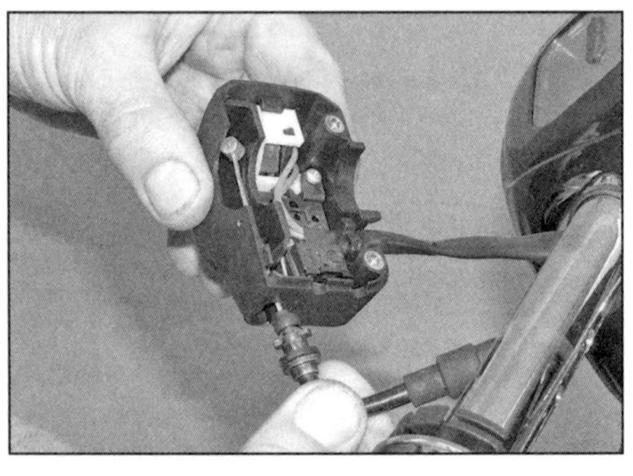

8.16f Verdrehen Sie das Führungsrohr um 90° und ziehen Sie es heraus.

8.17 Richten Sie den Stift des vorderen Schaltergehäuses zur Bohrung des Lenkers aus.

Einbau

6 Drehen Sie die mit dem Gewinde versehene obere Gehäusebohrung locker auf das obere Ende des Führungsrohrs – es muss sich später selbst ausrichten können (Abbildung 8.5e). Führen Sie ggf. das Schließerzug-Führungsrohr in das Gehäuse ein und verdrehen Sie es um 90° (Abbildung 8.5d), um es zu sichern. Setzen Sie das Gasgriffgehäuse so an den Lenker, dass der Öffnerzug über und der ggf. vorhandene Schließerzug unter dem Bremsgriff verläuft. Schmieren Sie das/die Gaszug-Ende(n) mit Mehrzweckfett und installieren Sie den/die Nippel in die Gasgriffrolle (Abbildung 8.5c). Setzen Sie die Abdeckung auf das Gehäuse, installieren Sie die Schrauben, richten Sie alles parallel zur Bremszylinder-Befestigung aus (Abbildung 8.5b) und ziehen Sie die Schrauben sorgfältig an.

7 Verlegen Sie den Gaszug/die Gaszüge korrekt zum Drosselklappengehäuse – kein Gaszug darf mit anderen Komponenten in Kontakt kommen oder geknickt werden. Drehen Sie jetzt die Öffnerzug-Mutter gegen das Gasgriffgehäuse (Abbildung 8.5a).

8 Schmieren Sie das/die untere(n) Gaszug-Ende(n) mit Mehrzweckfett und installieren Sie den/die Nippel in die Betätigung der Drosselklappe (Abbildung 7.9b) – bei Modellen mit einem Gaszug gehört dessen Hülle in das untere Widerlager und der Nippel von unten in die Betätigung; bei Modellen mit zwei Gaszügen kommt der Öffnerzug (Chrom-Muttern) in das untere Widerlager und dessen Nippel von unten in die Betätigung (Abbildung 7.9a). Richten Sie die Gaszug-Hülle(n) im Widerlager aus, drehen Sie die Betätigung dabei von Hand und stellen Sie die Muttern so ein, dass das korrekte Gaszugspiel erreicht wird (siehe Kapitel 1, Sektion 19).

9 Betätigen Sie den Gasgriff, um zu prüfen, ob sich die Drosselklappe sanft öffnen lässt und selbstständig wieder schließt.

10 Bewegen Sie den Lenker von Anschlag zu Anschlag, um zu prüfen, ob die Lenkung nicht durch den Gaszug/die Gaszüge behindert wird.

11 Montieren Sie alle entfernten Verkleidungsteile (siehe Kapitel 9).

12 Starten Sie den Motor und prüfen Sie, ob sich das Standgas beim Bewegen des Lenkers von Anschlag zu Anschlag nicht verändert – andernfalls ist ein/der Gaszug falsch verlegt. Korrigieren Sie das Problem, bevor Sie das Fahrzeug auf die Straße bringen.

LXV, GTV, GT

Ausbau

13 Entfernen Sie die Lenkerverkleidungen, das Instrumentengehäuse, das Staufach, die innere Frontverkleidung und die Bodenverkleidung (siehe Kapitel 9), um den Gaszug oder die Gaszüge vom Lenker bis zum Drosselklappengehäuse freizulegen. Befreien Sie den rechten Bremszylinder vom Lenker (siehe Kapitel 8).

14 Markieren Sie bei Modellen mit zwei Gaszügen deren Positionen am Versteller des Drosselklappengehäuses (bei unserem Modell hatte der (untere) Öffnerzug verchromte Muttern, während der (obere) Schließerzug mit schwarzen Muttern ausgerüstet war. Lösen Sie am Widerlager des Drosselklappengehäuses die Mutter(n) der Gaszughülle(n), drehen Sie sie vom Gaszug/ von den Gaszügen und befreien Sie diese(n) vom Halter und der Betätigung (Abbildungen 7.9a und b).

15 Ziehen Sie den/die Gaszüge zum Lenker zurück – merken Sie sich seine/ihre Verlegung.

16 Lösen Sie unten am Gasgriffgehäuse die Sicherungsschraube des Öffnerzug-Führungsrohrs (siehe Abbildung). Lösen Sie vorn am Schalter die zwei Gehäuseschrauben und trennen Sie die mit den Schaltern versehene hintere Hälfte. Befreien Sie ggf. den Schließerzug aus der Gasgriffrolle (siehe Abbildungen). Lösen Sie die Schrauben, mit denen die vordere Schalterhälfte an der Befestigungsschelle gesichert sind, und befreien Sie den Öffnerzug aus der Gasgriffrolle (siehe Abbildungen). Verdrehen Sie das Führungsrohr um 90° und ziehen Sie es aus dem Gehäuse (siehe Abbildung).

Einbau

17 Schmieren Sie das/die Gaszug-Ende(n) mit Mehrzweckfett und installieren Sie den/die Nippel in die Gasgriffrolle (Abbildung 8.16e). Setzen Sie die vordere Schalterhälfte an den Lenker – richten Sie dabei ihren Stift zu dessen Bohrung aus. Setzen Sie das Klemmstück an und ziehen Sie die Schrauben sorgfältig an (siehe Abbildung und Abbildung 8.16d). Führen Sie ggf. das Schließerzug-Führungsrohr in das Gehäuse ein und verdrehen Sie es um 90° (Abbildung 8.16f), um es zu sichern. Verbinden Sie den Schließerzug mit der Gasgriffrolle (Abbildung 8.16c). Setzen Sie die hintere Schalterhälfte an und sichern Sie sie mit den sorgfältig angezogenen Schrauben (Abbildung 8.16b).

18 Verlegen Sie den Gaszug/die Gaszüge korrekt zum Drosselklappengehäuse – kein Gaszug darf mit anderen Komponenten in Kontakt kommen oder geknickt werden. Installieren Sie jetzt die Öffnerzug-Mutter in das Gasgriffgehäuse (Abbildung 8.16a).

19 Schmieren Sie das/die untere(n) Gaszug-Ende(n) mit Mehrzweckfett und installieren Sie den/die Nippel in die Betätigung der Drosselklappe (Abbildung 7.9b) – bei Modellen mit einem Gaszug gehört dessen Hülle in das untere Widerlager und der Nippel von unten in die Betätigung; bei Modellen mit zwei Gaszügen kommt der Öffnerzug (Chrom-Muttern) in das untere Widerlager und dessen Nippel von unten in die Betätigung (Abbildung 7.9a). Richten Sie die Gaszug-Hülle(n) im Widerlager aus, drehen Sie die Betätigung dabei von Hand und stellen Sie die Muttern so ein, dass das korrekte Gaszugspiel erreicht wird (siehe Kapitel 1, Sektion 19).

20 Betätigen Sie den Gasgriff, um zu prüfen, ob sich die Drosselklappe sanft öffnen lässt und selbstständig wieder schließt.

21 Bewegen Sie den Lenker von Anschlag zu Anschlag, um zu prüfen, ob die Lenkung nicht durch den Gaszug/die Gaszüge behindert wird.

22 Montieren Sie alle entfernten Verkleidungsteile (siehe Kapitel 9).

23 Starten Sie den Motor und prüfen Sie, ob sich das Standgas beim Bewegen des Lenkers von Anschlag zu Anschlag nicht verändert – andernfalls ist ein/der Gaszug falsch verlegt. Korrigieren Sie das Problem, bevor Sie das Fahrzeug auf die Straße bringen.

9 Kraftstoffdruckprüfung

Warnung: Lesen Sie vor Arbeitsbeginn die Warnhinweise in Sektion 1.

Spezialwerkzeug: *Für diese Kontrolle wird ein Druckprüfer benötigt, der zwischen die Benzinpumpe und die Einspritzdüse eingesetzt werden kann – Piaggio bietet unter der Teilenummer 020480Y ein entsprechendes Teil an.*

1 Öffnen Sie die Sitzbank und entnehmen Sie das Staufach. Trennen Sie den Masseanschluss (–) der Batterie (siehe Kapitel 10).

2 Trennen Sie den Kraftstoffschlauch am Einspritzdüsen-Anschluss (Abbildungen 5.23a und b). Trennen Sie bei Modellen mit Rücklaufschlauch den rechten Schlauch. Verbinden Sie den Druckprüfer zwischen den Schlauch und die Einspritzdüse.

3 Schließen Sie die Batterie wieder an. Starten Sie den Motor und lassen Sie ihn im Standgas laufen. Ermitteln Sie den angezeigten Druck und schalten Sie den Motor wieder ab. Das Ergebnis muss bei 2,5 bar liegen.

4 Bei einem deutlich höheren Druck ist der Druckregler in der Pumpe defekt, sodass diese ersetzt werden muss – der Regler ist nicht separat erhältlich.

5 Ein deutlich zu niedriger Druck kann folgende Ursachen haben:

a) Undichter Kraftstoffschlauch – sollte leicht erkennbar sein

b) Verstopftes Ansaugsieb oder Benzinfilter

c) Defekte Benzinpumpe

6 Bauen Sie die Pumpe nötigenfalls aus (siehe Sektion 10), reinigen Sie das Ansaugsieb und ersetzen Sie den Filter. Falls das Ansaugsieb und der Filter sauber sind und keine Undichtigkeiten festgestellt werden, wird die Pumpe defekt sein und muss ersetzt werden.

7 Trennen Sie erneut den Masseanschluss (–) der Batterie (siehe Kapitel 10). Entfernen Sie den Druckprüfer – halten Sie Lappen bereit, um Benzinreste aufzunehmen. Verbinden Sie den Kraftstoffschlauch mit der Einspritzdüse – er muss hörbar einrasten (Abbildung 5.23b) – ziehen Sie am Schlauch, um zu prüfen, ob er korrekt sitzt.

8 Schließen Sie die Batterie wieder an. Starten Sie den Motor und prüfen Sie alles auf Undichtigkeiten. Montieren Sie das Staufach.

10 Benzinpumpe

Warnung: Lesen Sie vor Arbeitsbeginn die Warnhinweise in Sektion 1.

Kontrolle

Anmerkung: *Einige GTS 250- und 300-Modelle haben gelegentliche Probleme mit einer bei warmem Motor abschaltenden Benzinpumpe (als wäre der Tank leer gefahren); bei abgekühltem Motor arbeitet die Pumpe wieder. Holen Sie sich bei solchen Symptomen Rat beim Piaggio-Händler.*

1 Die Benzinpumpe sitzt innerhalb des Tanks. Nach dem Einschalten der Zündung muss die Pumpe einige Sekunden hörbar laufen, um Druck aufzubauen, dann geht sie bis zum Starten des Motors wieder aus. Ist die Pumpe nicht zu hören, müssen zunächst alle relevanten Sicherungen kontrolliert werden (siehe Kapitel 10). Sind diese in Ordnung, wird wie folgt fortgefahren:

2 Die Zündung muss abgeschaltet sein. Trennen Sie den Benzinpumpenstecker (siehe Abbildung) – der Zugang ist schwierig und manchmal erst nach dem Ausbau des Tanks möglich (siehe Sektion 12) (siehe Abbildung).

3 Prüfen Sie den Stecker auf korrodierte, verbogene oder lockere Kontakte sowie abgerissene Kabel. Verbinden Sie die Plusklemme eines Voltmeters mit dem kabelbaumseitigen Steckerkontakt für das schwarz/grüne Kabel (beim GTS 125/150 ab 2016: rot/grün) und die Minusklemme mit dem Kontakt des schwarzen (oder grünen) Kabels. Schalten Sie die Zündung ein und prüfen Sie, ob für einige Se-

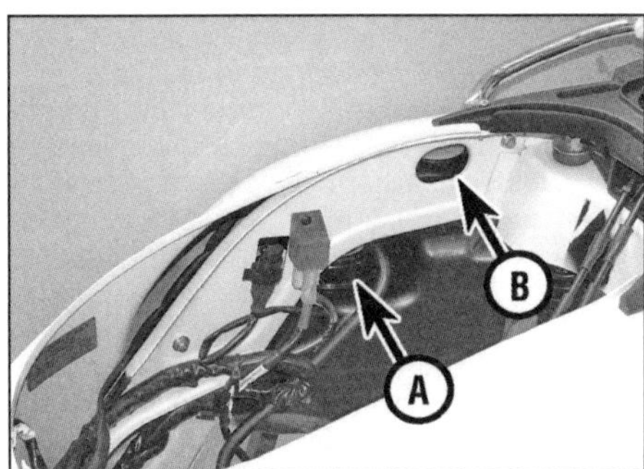

10.2a Der Zugang zu den Steckern der Benzinpumpen (A) und des Tankuhr-Gebers (B) kann begrenzt sein, . . .

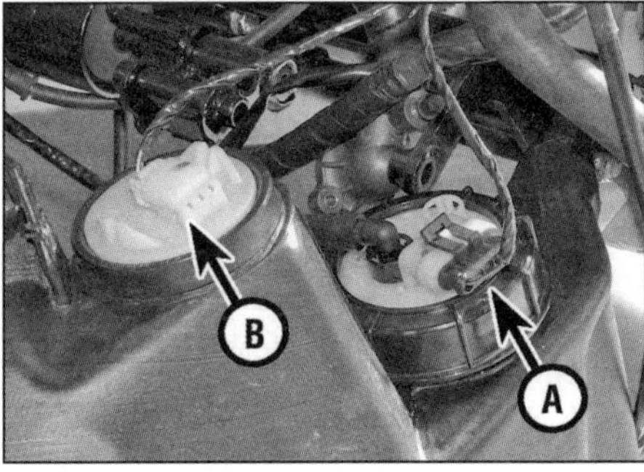

10.2b . . . sodass nötigenfalls der Tank demontiert werden muss.

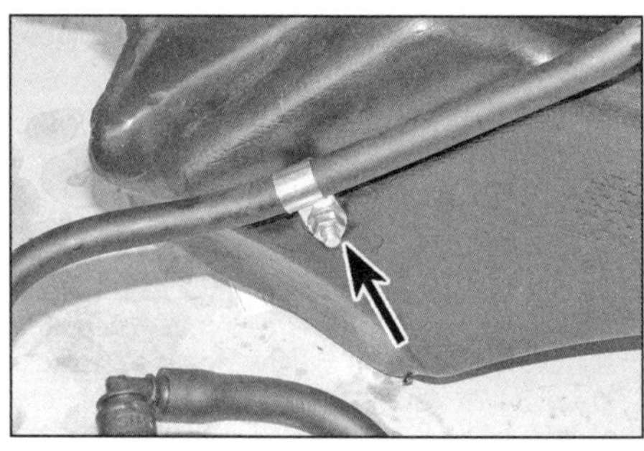

10.7 Lösen Sie die Mutter, um den Kraftstoffschlauch zu befreien.

10.8a Lösen des Benzinpumpen-Sicherungsrings mit dem Spezialwerkzeug

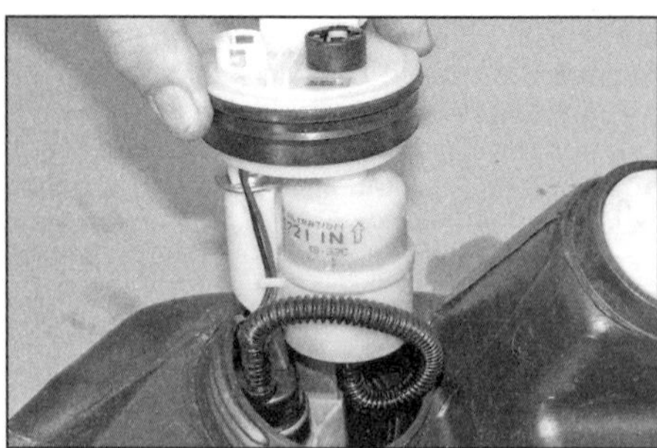

10.8b Heben Sie die Pumpe vorsichtig aus dem Tank . . .

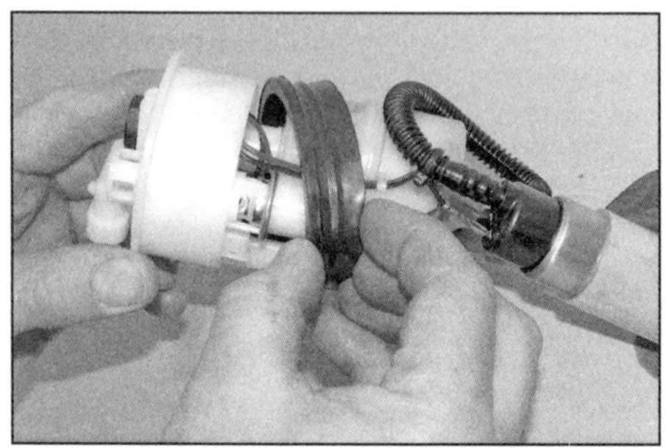

10.8c . . . und entfernen Sie die Gummidichtung.

10.11a Trennen Sie die Verkabelung, . . .

10.11b lösen Sie die Schrauben . . .

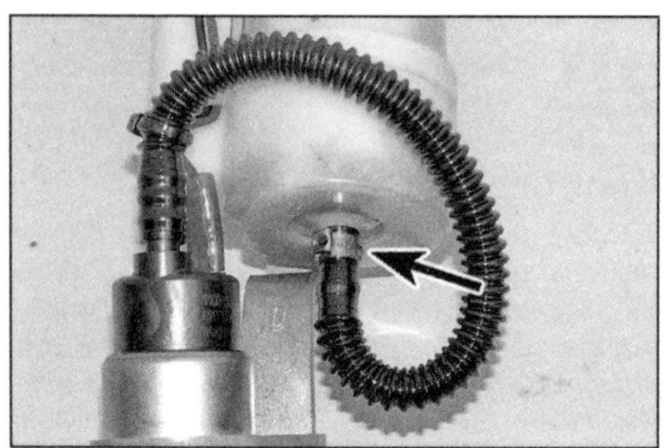

10.11c . . . und ziehen Sie den Schlauch ab.

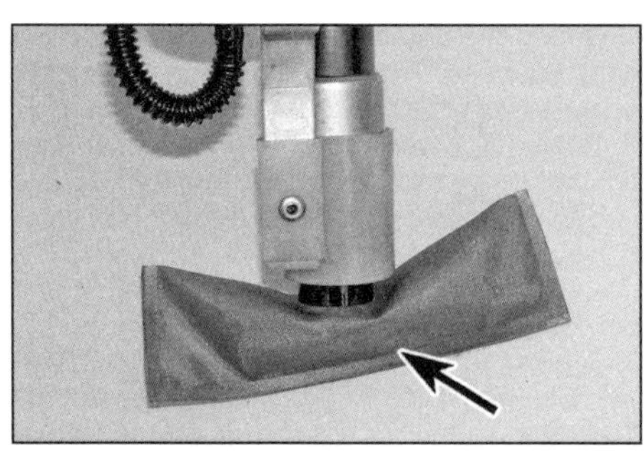

10.12 Reinigen und kontrollieren Sie das Ansaugsieb.

10.13a Richten Sie die Pumpe wie gezeigt in der korrekt sitzenden neuen Dichtung aus . . .

10.13b . . . und drehen Sie den Sicherungsring auf.

kunden Batteriespannung anliegt – in diesem Fall ist der Stromkreis in Ordnung und die Pumpe muss ersetzt werden.

4 Wird keine Spannung festgestellt, müssen das Lastrelais und ihr Stromkreis überprüft werden (siehe Sektion 5). Ist das Lastrelais in

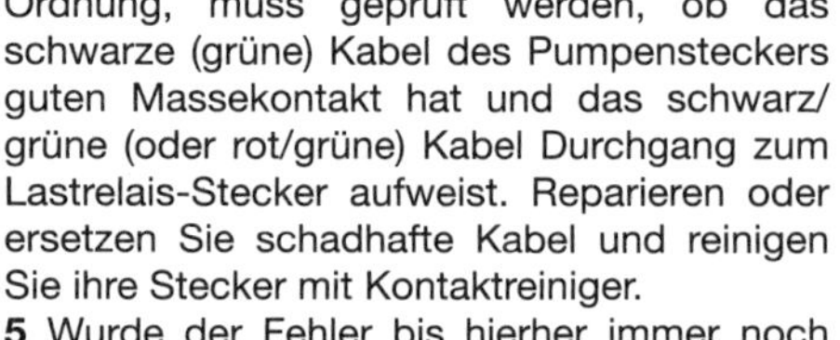

Ordnung, muss geprüft werden, ob das schwarze (grüne) Kabel des Pumpensteckers guten Massekontakt hat und das schwarz/grüne (oder rot/grüne) Kabel Durchgang zum Lastrelais-Stecker aufweist. Reparieren oder ersetzen Sie schadhafte Kabel und reinigen Sie ihre Stecker mit Kontaktreiniger.

5 Wurde der Fehler bis hierher immer noch nicht gefunden, kann das Motorsteuergerät defekt sein – lassen Sie das System von einer mit einem Diagnosegerät ausgerüsteten Piaggio-Werkstatt kontrollieren.

Ausbau

6 Bauen Sie den Tank aus (siehe Sektion 12).

7 Befreien Sie nötigenfalls die Kraftstoffleitung(en) vom Tank (siehe Abbildung).

8 Lösen Sie den Sicherungsring der Benzinpumpe – dies sollte von Hand einer mit einer vorsichtig eingesetzten großen Zange möglich sein, nötigenfalls muss ein Piaggio-Spezialwerkzeug verwendet werden (siehe Abbildung). Heben Sie die Pumpe vorsichtig heraus und entfernen Sie die Gummidichtung von der Pumpe oder aus dem Tank (siehe Abbildungen) – später muss eine neue Dichtung verwendet werden.

9 Beim GTS 125/150-Modell ab 2016 wird die Pumpe von einem mit vier Muttern gesicherten Flansch gehalten. Lösen Sie die Muttern, heben Sie den Flansch ab und ziehen Sie die Pumpe heraus – der O-Ring muss beim Einbau durch ein Neuteil ersetzt werden. Die Benzinpumpe dieser Modelle ist mit einem integrierten Filter ausgerüstet – falls er verstopft ist, muss eine neue Pumpe installiert werden.

11.4a Testen Sie den den Zylinder-Sensor auf dem Kopf stehend (Tank voll) . . .

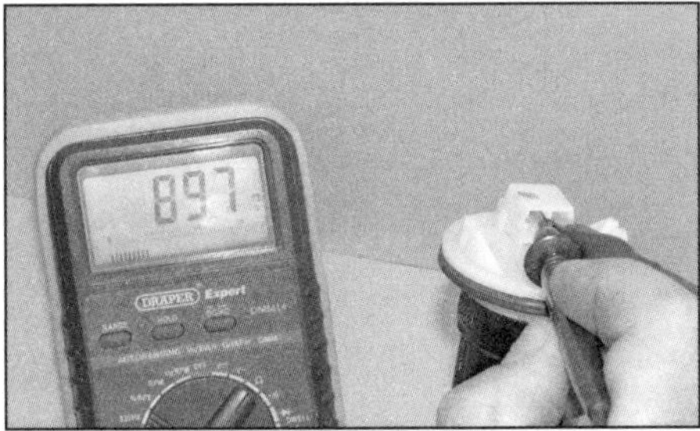

11.4b . . . und richtig herum stehend (Tank leer).

10 Die bei GTS 300-Modellen ab 2014 sowie Primavera- und Sprint-Modellen verwendete Pumpe ist mit einem integrierten Filter und einem externen Ansaugsieb ausgerüstet – die Pumpe ist nur als komplette Baugruppe erhältlich.
11 Um bei allen anderen Modellen den Filter entfernen zu können, muss die Verkabelung vom Pumpenmotor getrennt werden (siehe Abbildung). Lösen Sie dann die Schrauben des Filterhalters (siehe Abbildung). Lockern Sie die Schelle, die den Schlauch am Filter sichert (siehe Abbildung). Ziehen Sie die untere Hälfte der Filterhalterung ab und ziehen Sie den Filter aus der Pumpe. Installieren Sie einen neuen Filter in der umgekehrten Ausbaureihenfolge – sichern Sie den Schlauch nötigenfalls mit einer neuen Schelle.
12 Sorgen Sie dafür, dass das Ansaugsieb sauber ist (siehe Abbildung).

Einbau

13 Installieren Sie eine neue Gummidichtung in den Tank und senken Sie die Pumpe darin ab (Abbildung 10.8b) – sie muss korrekt ausgerichtet sein (siehe Abbildung). Drehen Sie den Sicherungsring soweit wie möglich von Hand auf (siehe Abbildung); nötigenfalls muss er mit einer großen Zange oder dem Spezialwerkzeug (Abbildung 10.8a) etwas fester gezogen werden. Installieren Sie beim GTS 125/150-Modell ab 2016 die Pumpe mit einem neuen O-Ring, setzen Sie den Flansch auf und ziehen Sie die vier Muttern schrittweise und über Kreuz sorgfältig an.
14 Bauen Sie den Tank ein (siehe Sektion 12).

11 Tankuhr, Warnleuchte und Pegelsensor

Kontrolle

Anmerkung: *Bei GTS 300-Modellen muss der Stecker des Pegelsensors mit drei Kabeln versehen sein, wogegen es bei GTS 250-Modellen nur zwei Kabel sein sollten. Während der Produktion wurden die Stecker manchmal verwechselt, was zu falschen Anzeigen führt. Sollte Ihr Modell hiervon betroffen sein, muss ein Piaggio-Händler konsultiert werden.*

1 Der Stromkreis beinhaltet den Pegelsensor im Tank sowie die Tankuhr und die Reserve-Warnleuchte im Cockpit. Prüfen Sie bei einer Fehlfunktion zuerst die Instrumenten-Sicherung (siehe Kapitel 10).
2 Falls die Tankuhr oder die Reserve-Warnleuchte gar nicht funktionieren, müssen je nach Modell das Staufach oder die Lenkerverkleidungen entfernt werden (siehe Kapitel 9), um bei abgeschalteter Zündung den/die Instrumenten-Stecker zu trennen (siehe Kapitel 10). Trennen Sie den Pegelsensor-Stecker – der Zugang ist schwierig und manchmal erst nach dem Ausbau des Tanks möglich (siehe Sektion 12) (Abbildung 10.2a und b).
3 Kontrollieren Sie die Verkabelung zwischen dem Sensorstecker und dem entsprechenden Stecker an der Rückseite der Instrumenten-Baugruppe auf Durchgang; prüfen Sie ebenfalls den Durchgang des schwarzen Kabels zu Masse (falls vorhanden) – beachten Sie die Hinweise in Kapitel 10, Sektion 2 und die Schaltpläne. Ist hier alles in Ordnung, muss geprüft werden, ob am weiß/grünen Kabel zur Tankuhr und ggf. am gelb/grünen Kabel Batteriespannung anliegt. Falls die Steckerkontakte nicht korrodiert oder verbogen und kein Kabel abgerissen ist, wird entweder der Sensor oder die Tankuhr defekt sein.
4 Zum Testen des Sensors muss sein Widerstand bei vollem und bei fast leerem Tank geprüft werden; alternativ kann der Sensor ausgebaut (siehe unten) und folgendermaßen getestet werden: Halten Sie den zylindrischen Sensor mit integriertem Schwimmer verkehrt herum (sodass der Schwimmer sich wie beim vollen Tank oben im Sensor befindet) und wieder richtig herum (Sensor unten – Tank leer). Der Sensor mit außenliegendem Schwimmer muss bei angehobenem Sensor (Tank voll) und abgesenktem Sensor (Tank leer) getestet werden. Verbinden Sie die Klemmen eines Ohmmeters mit den Sensorkontakten des weiß/grünen und je nach Modell des schwarzen oder grau/schwarzen Kabels – bei vollem Tank müssen ca. 7 Ohm gemessen werden und bei leerem Tank muss der Widerstand auf 90 bis 100 Ohm ansteigen (siehe Abbildungen); bei stark abweichenden Ergebnissen ist der Sensor defekt und muss ersetzt werden (Schritt 8).
5 Soweit die Verkabelung und der Sensor in Ordnung sind, muss ein Überbrückungskabel mit den entsprechenden Kontakten des Sensorsteckers (beachten Sie den Schaltplan für Ihr Modell und wählen Sie bei Steckern mit drei Kabeln den entsprechenden Kontakt für

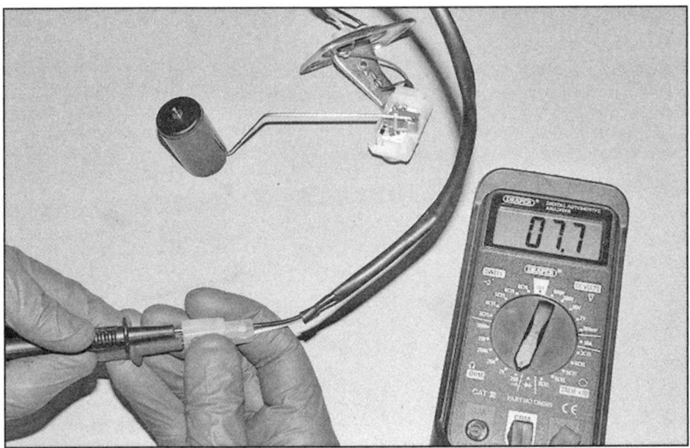

11.4c Testen Sie den Schwimmerhebel-Sensor mit angehobenem . . .

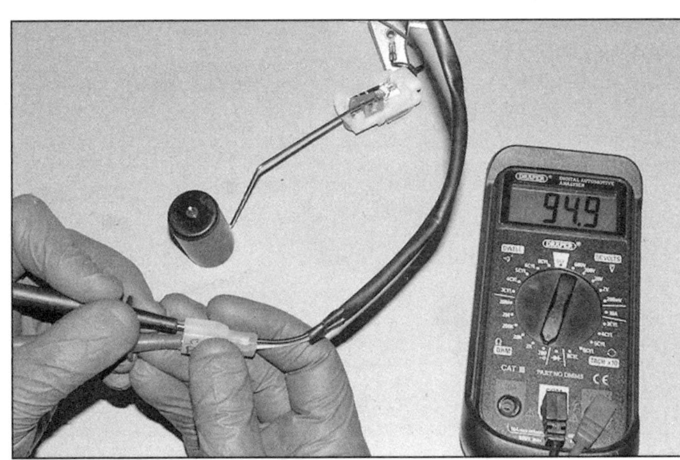

11.4d . . . und abgesenktem Schwimmer (Tank leer).

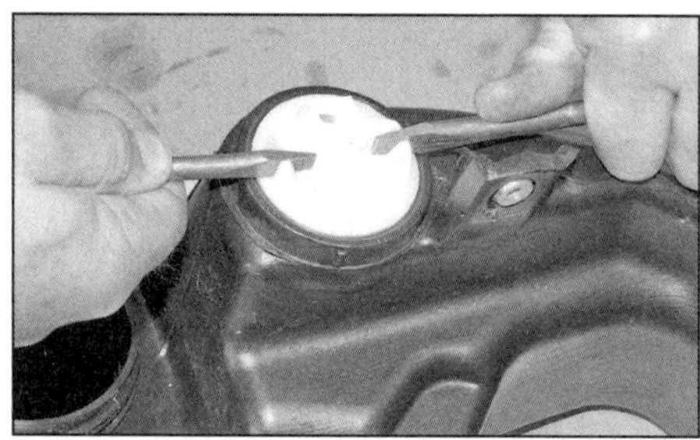
11.8a Drehen Sie den Sensor mithilfe von zwei Schraubendrehern...

11.8b ... und ziehen Sie ihn aus dem Tank.

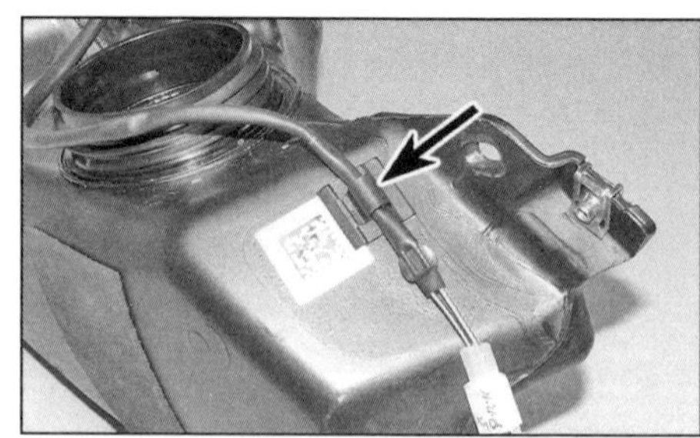
11.11 Sensorkabel-Führung

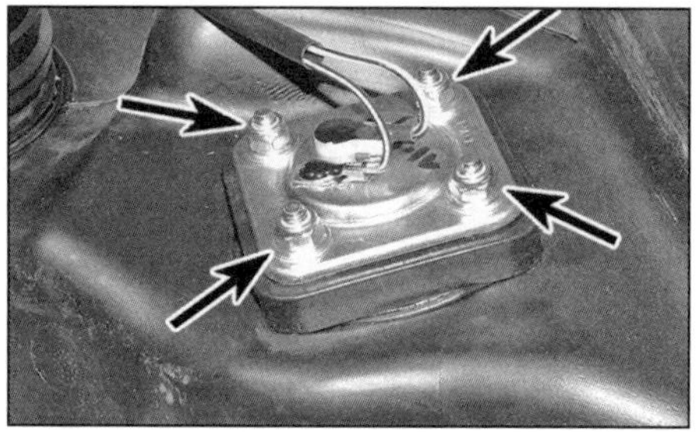
11.12a Sensorplatten-Muttern

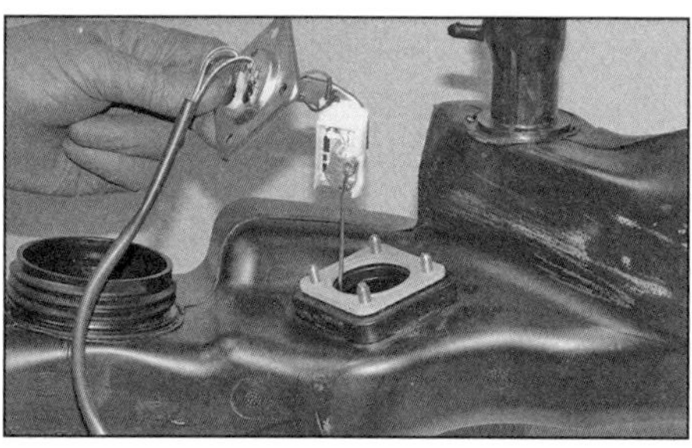
11.12b Heben Sie den Sensor samt Schwimmerhebel vorsichtig aus dem Tank.

11.13 Entfernen Sie die Pegelsensor-Dichtung.

die Tankuhr oder die Warnlampe aus) verbunden und die Zündung eingeschaltet werden – je nach Modell und durchgeführtem Test muss die Tankuhr-Nadel in die »Voll«-Position ausschlagen bzw. die Warnlampe erlöschen. Trennen Sie das Überbrückungskabel wieder.

Ausbau und Einbau

Warnung: Lesen Sie vor Arbeitsbeginn die Warnhinweise in Sektion 1.

6 Die Tankuhr und die Warnlampe sind Bestandteil der Instrumenten-Baugruppe – diese wird in Kapitel 10 behandelt.
7 Um den Pegelsensor zu demontieren, muss zunächst der Tank ausgebaut werden (siehe Sektion 12).

Zylindrischer Sensor

8 Drehen Sie den Sensor mithilfe von zwei an den Nuten angesetzten Schraubendrehern eine achtel Umdrehung (45°) nach links und ziehen Sie ihn aus dem Tank (siehe Abbildungen).
9 Setzen Sie den Sensor in den Tank und drehen Sie ihn eine achtel Umdrehung (45°) nach rechts (Abbildungen 11.8b und a).
10 Bauen Sie den Tank ein (siehe Sektion 12).

Schwimmerhebel-Sensor

11 Befreien Sie nötigenfalls das Sensorkabel aus der Führung außen am Tank (siehe Abbildung).
12 Lösen Sie die selbstsichernden Muttern der Sensorplatte – beachten Sie die Scheiben – und heben Sie den Sensor vorsichtig aus dem Tank, sodass der Hebel nicht verbiegt (siehe Abbildungen) – merken Sie sich die Einbaurichtung.
13 Befreien Sie die Dichtung von den Stehbolzen (siehe Abbildung) – sie muss beim Einbau erneuert werden.
14 Achten Sie beim Einbau darauf, dass die Sensorplatte korrekt über der neuen Dichtung liegt. Legen Sie die Scheiben auf und drehen Sie die Muttern auf – falls sie sich von Hand aufdrehen lassen, müssen sie durch Neuteile ersetzt werden – selbstsichernde Muttern müssen sich schwergängig aufdrehen lassen. Ziehen Sie die Muttern schrittweise und über Kreuz sorgfältig an.
15 Sichern Sie das Sensorkabel in der Führung und montieren Sie den Tank (siehe Sektion 12).

12 Tank

Warnung: Lesen Sie vor Arbeitsbeginn die Warnhinweise in Sektion 1.

Anmerkung: *Der Tank sollte ausgebaut werden, wenn er möglichst leer ist.*

12.3 Batteriefach-Schrauben

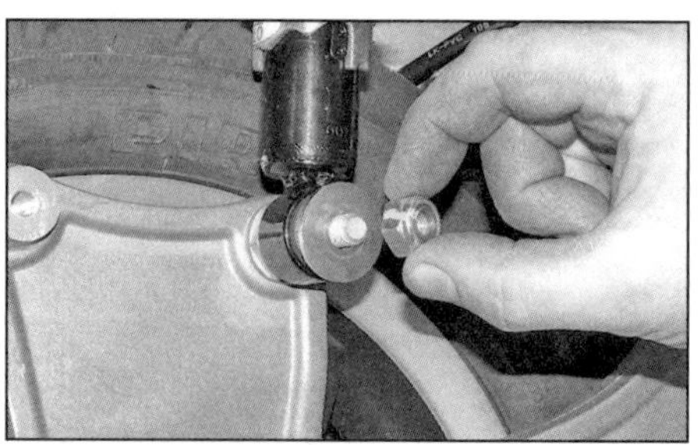
12.10a Lösen Sie die Mutter und entfernen Sie die Scheibe,...

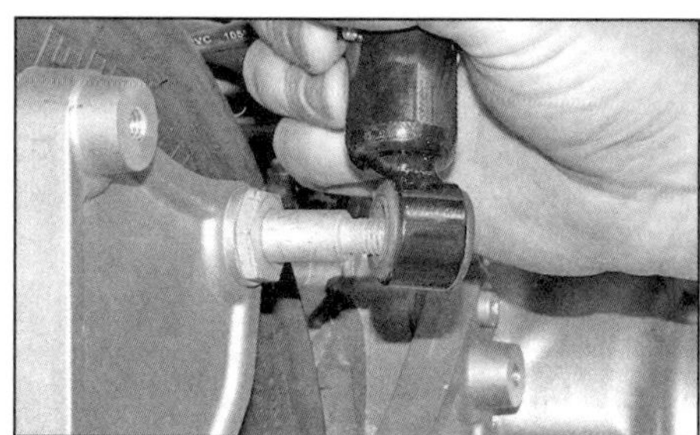
12.10b ... um den rechten Stoßdämpfer abziehen zu können.

12.10c Lösen Sie die Mutter und ziehen Sie den Bolzen heraus, . . .

12.10d . . . beachten Sie die Buchsen.

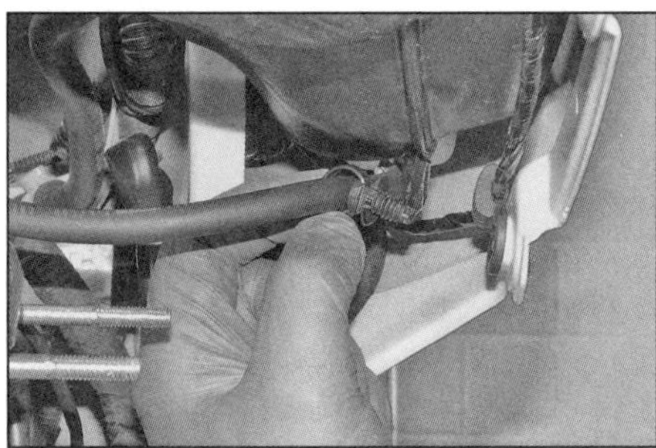
12.11 Der Ausgleichsbehälterschlauch ist unten am Tank gesichert.

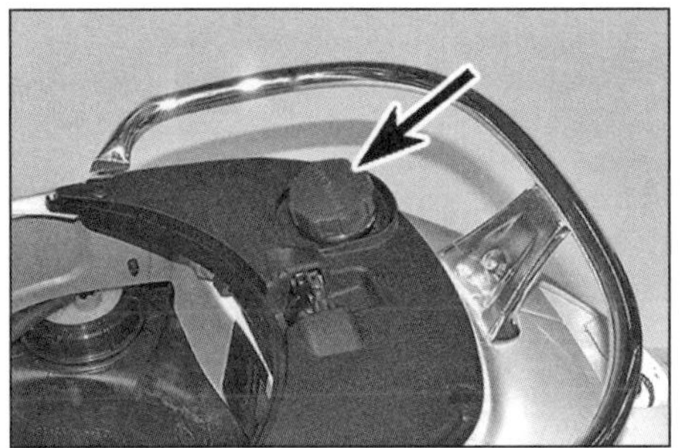
12.14a Entfernen Sie den Tankdeckel . . .

12.14b . . . und den um den Einfüllstutzen liegenden Dichtring.

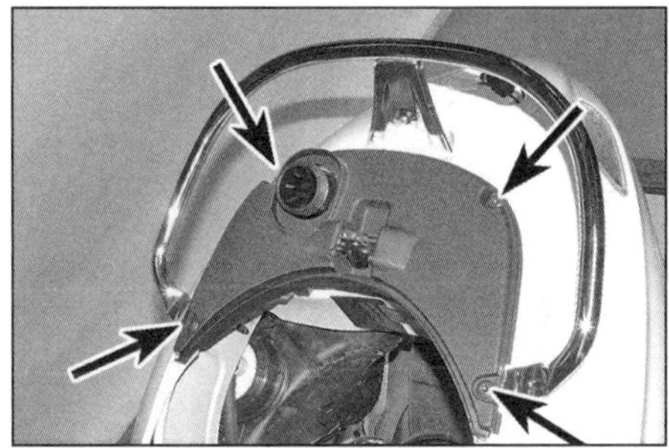
12.15 Schrauben der Tank-Blende

12.16a Lockern Sie die Schelle weit genug, . . .

12.16b . . . dass der Entlüftungsschlauch abgezogen werden kann.

12.16c Eine neue Einweg-Schelle muss mit einer Spezialzange gesichert werden.

Ausbau

LX, LXV und S

1 Öffnen Sie die Sitzbank und entnehmen Sie das Staufach. Demontieren Sie die Batterie (siehe Kapitel 10).

2 Entfernen Sie den Tankdeckel samt Dichtung und entleeren Sie ggf. den Tank.

3 Lösen Sie die Schrauben des Batteriefachs und heben Sie es an – beachten Sie, wie es an der Rückseite sitzt. Befreien Sie den Sicherungshalter und entfernen Sie das Batteriefach (siehe Abbildung). Installieren Sie übergangsweise den Tankdeckel.

4 Demontieren Sie den Auspuff (siehe Sektion 13).

5 Lösen Sie unten am Stoßdämpfer die Mutter und ziehen Sie den Bolzen heraus (Abbildung 12.10a).

GTS, GTV und GT

6 Trennen Sie den Masseanschluss (–) der Batterie (siehe Kapitel 10).

7 Öffnen Sie die Sitzbank und, entnehmen Sie das Staufach und demontieren Sie die Seitenverkleidungen (siehe Kapitel 9).

8 Demontieren Sie den Schalldämpfer (siehe Sektion 13). Entleeren Sie den Tank.

9 Demontieren Sie bei GTS 125/150 ab 2016 den Kühler (siehe Kapitel 4, Sektion 6).

10 Lösen Sie unten am rechten Stoßdämpfer die Mutter und entfernen Sie die Scheibe. Ziehen Sie dann den Stoßdämpfer vom Zapfen ab (siehe Abbildungen). Lösen Sie unten am linken Stoßdämpfer die Mutter und ziehen Sie den Bolzen heraus – beachten Sie die Buchsen (siehe Abbildungen).

11 Befreien Sie ggf. den Ausgleichsbehälterschlauch von der Unterseite des Tanks (siehe Abbildung).

Primavera und Sprint

12 Trennen Sie den Masseanschluss (–) der Batterie (siehe Kapitel 10). Öffnen Sie die Sitzbank und entnehmen Sie das Staufach.

13 Entfernen Sie den Luftfilterdeckel (siehe Kapitel 1, Sektion 1).

14 Entfernen Sie den Tankdeckel und den um den Einfüllstutzen liegenden Dichtring (siehe Abbildungen).

15 Lösen Sie die vier Schrauben der Tank-Blende und entfernen Sie sie (siehe Abbildung).

16 Lösen Sie den Entlüftungsschlauch vom Stutzen des Einfüllstutzens – dieser ist mit einer Einweg-Quetschschelle gesichert, die mit einem kleinen Schraubendreher soweit aufgehebelt werden muss, dass sie vom Stutzen gezogen werden kann (siehe Abbildungen) – beschaffen Sie für den Einbau eine geeignete Schraubschelle oder eine neue Einwegschelle samt Spezialzange (siehe Abbildung).

12.17 Schraube der Kabelbaum-Halterung

12.18 Heben Sie das Fahrzeug an und stützen Sie es wie beschrieben sicher ab.

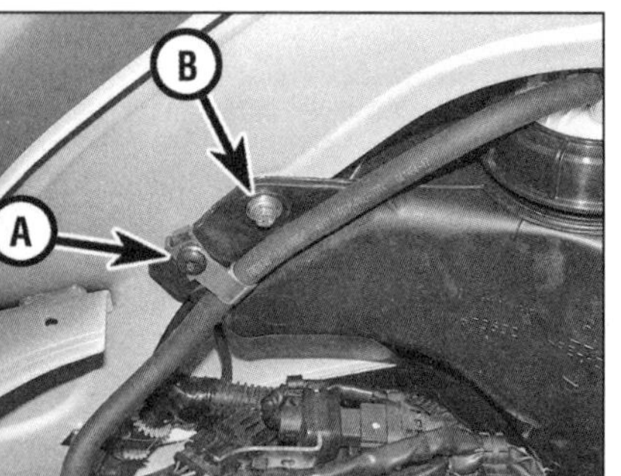

12.19 Schlauch-Klemme (A), Tank-Befestigungsschraube (B)

12.21 Entfernen Sie den Tankdeckel samt Dichtring.

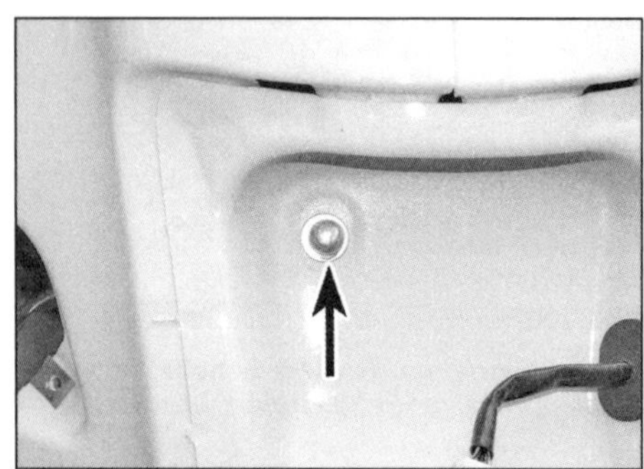

12.22a Hintere ...

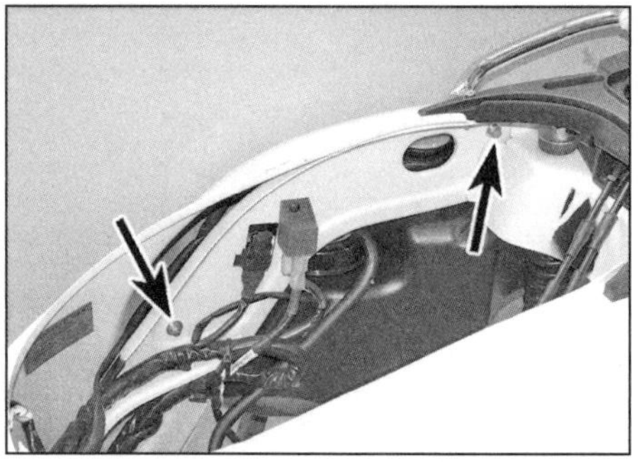

12.22b ... und seitliche Tank-Befestigungsschrauben - gezeigt bei GTS/GTV/GT-Modellen

12.22c Externe Tank-Befestigungsschrauben beim Primavera und Sprint

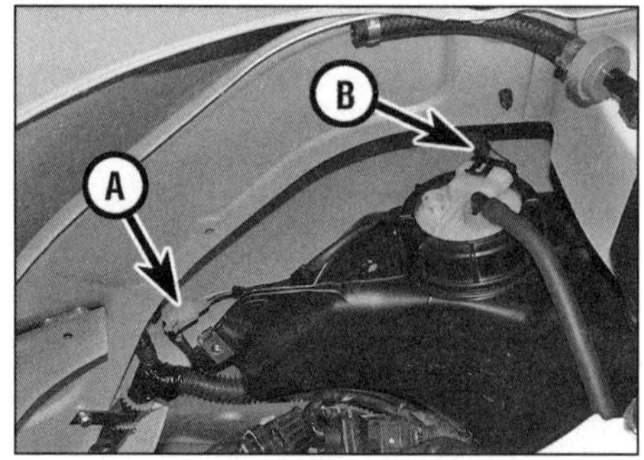

12.24 Stecker des Pegelsensors (A) und der Benzinpumpe (B)

17 Lösen Sie die Schraube, die den Halter für die Stecker der Lichtmaschinenkabel und der Lambdasonde sichert, und befreien Sie den Kabelbaum (siehe Abbildung).

18 Heben Sie das Fahrzeugheck mithilfe eines Assistenten an und stützen Sie die Karosserie etwa 30 cm hoch sicher ab. Positionieren Sie eine etwa 135 mm hohe Stütze unter den Hauptständer, lösen Sie den unteren Stoßdämpferbolzen und senken Sie die Antriebseinheit ab, bis der Hauptständer auf der Stütze steht (siehe Abbildung).

19 Trennen Sie den Kraftstoffschlauch von der Einspritzdüse und lösen Sie die Schlauch-Klemme innerhalb der Karosserie (siehe Abbildung) – der Schlauch wird zusammen mit dem Tank entfernt. Beachten Sie die Tank-Befestigungsschraube innerhalb der Karosserie.

Alle Modelle

20 Demontieren Sie das Rücklicht und die Blinker (siehe Kapitel 10). Beachten Sie die in der Rücklicht-Vertiefung sitzende Tank-Befestigungsschraube.

21 Falls noch nicht geschehen, muss der Tankdeckel samt Dichtring entfernt werden (siehe Abbildung).

22 Lösen Sie alle Tank-Befestigungsschrauben (siehe Abbildungen).

23 Falls noch nicht geschehen, muss mithilfe eines Assistenten die Karosserie von der Antriebseinheit gehoben und sicher abgestützt werden. Senken Sie dann den Tank innerhalb der Karosserie ab. Drehen Sie den Tankdeckel wieder auf.

24 Trennen Sie die Stecker der Benzinpumpe und des Pegelsensors (siehe Abbildung).

25 Halten Sie Lappen bereit, um Benzinreste aufzunehmen. Trennen Sie nötigenfalls den Kraftstoffschlauch von der Pumpe – falls auch ein Rücklaufschlauch vorhanden ist, müssen die Positionen der Schläuche notiert werden. Falls der Kraftstoffschlauch-Stecker ohne sichtbare Clips im Anschluss der Pumpe steckt, muss er senkrecht nach oben herausgezogen werden (siehe Abbildung); falls der Kraftstoffschlauch-Stecker mit zwei weißen Clips über dem Pumpen-Stutzen sitzt, müssen diese eingedrückt werden, um ihn zu trennen.

26 Manövrieren Sie den Tank aus der Karosserie heraus (siehe Abbildung).

Einbau

27 Der Einbau entspricht der umgekehrten Ausbaureihenfolge – drücken Sie alle Schläuche in oder auf ihre Sockel an der Benzinpumpe, bis sie ggf. einrasten (Abbildung 12.25) – ziehen Sie am Schlauch, um zu testen, ob sie korrekt sitzen. Die Stecker der Benzinpumpe und des Pegelsensors müssen korrekt verbunden sein (Abbildung 10.2b).

28 Bevor das Staufach montiert wird, muss der Motor gestartet und alles auf Undichtigkeiten überprüft werden. Prüfen Sie die Funktion der Benzinpumpe und der Tankanzeige. Kontrollieren Sie vor der ersten Fahrt auch die Funktion des Rücklichts, des Bremslichts und der Blinker.

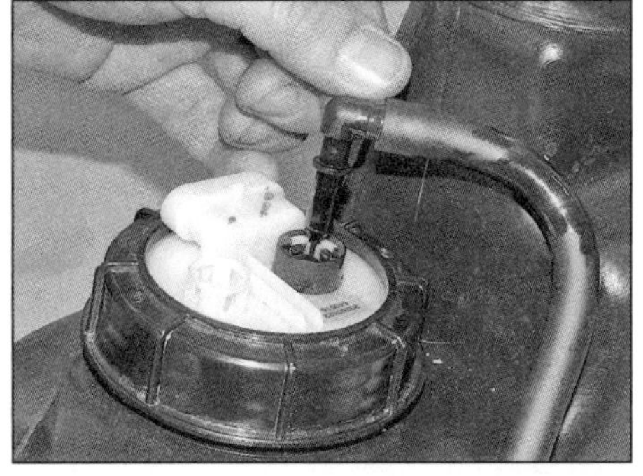

12.25 Dieser Kraftstoffschlauch-Stecker steckt ohne sichtbare Clips im Anschluss der Pumpe und muss senkrecht nach oben herausgezogen werden.

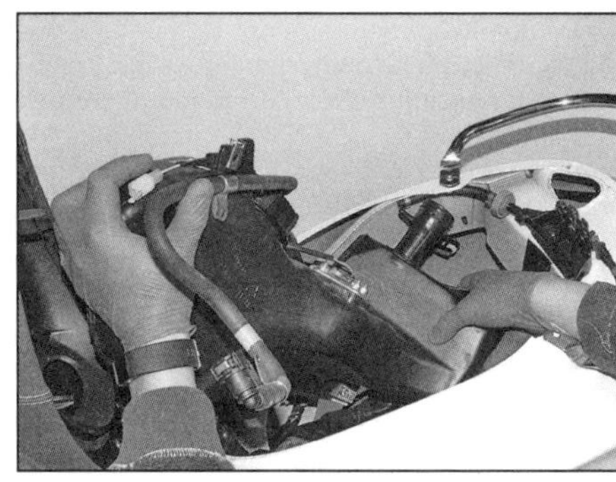

12.26 Manövrieren Sie den Tank aus der Karosserie heraus.

13 Auspuffanlage

Warnung: Wenn der Motor in Betrieb war, ist der Auspuff sehr heiß. Lassen Sie ihn einige Zeit abkühlen, bevor Sie mit der Arbeit beginnen.

Auspuffbefestigungen neigen zum Korrodieren, sodass ihre Schrauben oder Muttern fest gehen. Es ist ratsam, sie einige Stunden vor dem Lösen mit Kriechöl einzusprühen.

Ausbau

LX, LXV, S, Primavera und Sprint

1 Entfernen Sie rechts alle erforderlichen Verkleidungsteile und das Staufach (siehe Kapitel 9).

2 Befreien und trennen Sie den Lambdasondenstecker (Abbildungen 5.30a bis d). Befreien Sie die Verkabelung aus allen Befestigungen und führen Sie sie zur Lambdasonde zurück.

3 Lösen Sie am Zylinderkopf die Krümmerflanschmuttern, stützen Sie die Auspuffanlage und lösen Sie die Schalldämpfer-Schrauben, manövrieren Sie den Auspuff dann heraus (siehe Abbildungen) – beachten Sie die Position des Flanschs am Krümmer.

4 Hebeln Sie die Krümmerflanschdichtung aus dem Auslasskanal, beim Einbau muss ein Neuteil verwendet werden (Abbildung 13.10).

5 Demontieren Sie nötigenfalls die Lambdasonde (siehe Sektion 5).

GTS, GTV und GT

6 Entfernen Sie rechts alle erforderlichen Verkleidungsteile sowie die Bodenverkleidung (siehe Kapitel 9) – je nach Modell und Werkzeug kann es nötig sein, hierfür am Zylinderkopf die Krümmerflanschmuttern zu lösen.

7 Der Schalldämpfer kann nötigenfalls separat vom Krümmer demontiert werden – dies kann für manche Prozeduren (Ausbau des Motors oder Demontage des Lichtmaschinendeckels, des Hinterrades oder des Tanks) hilfreich sein, da der Zugang zu den Krümmerflanschmuttern begrenzt ist. Lockern Sie die Klemmschraube, die den Schalldämpfer am Krümmer sichert, lösen Sie seine Befestigungsschrauben und ziehen Sie den Schalldämpfer ab – beschädigen Sie dabei nicht den Dichtring (siehe Abbildungen).

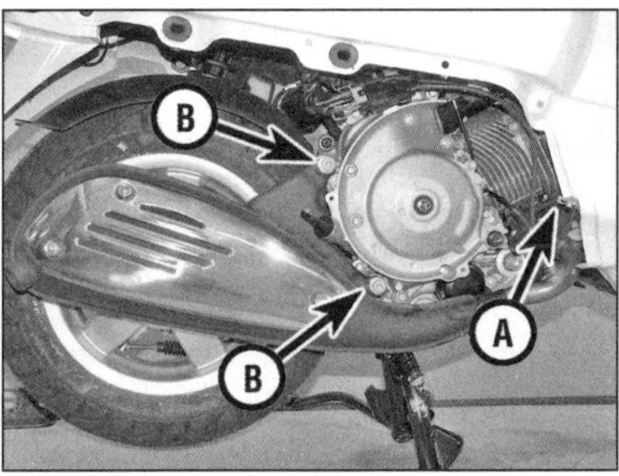

13.3a Krümmerflanschmuttern (A), Schalldämpfer-Schrauben (B)

13.3b Demontage eines einteiligen Auspuffs

13.7a Lockern Sie die Klemmschraube . . .

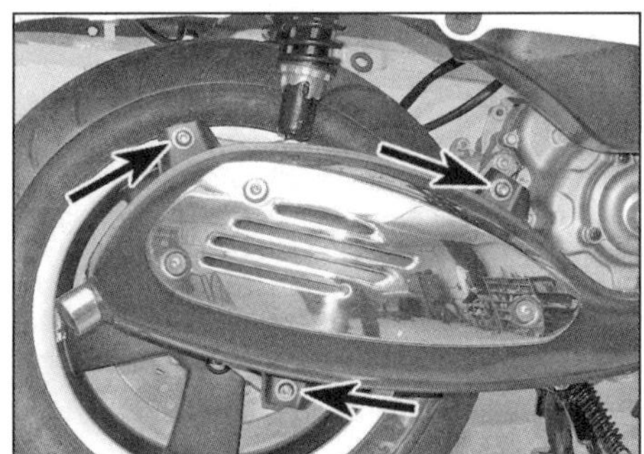

13.7b . . . und lösen Sie die Schrauben, . . .

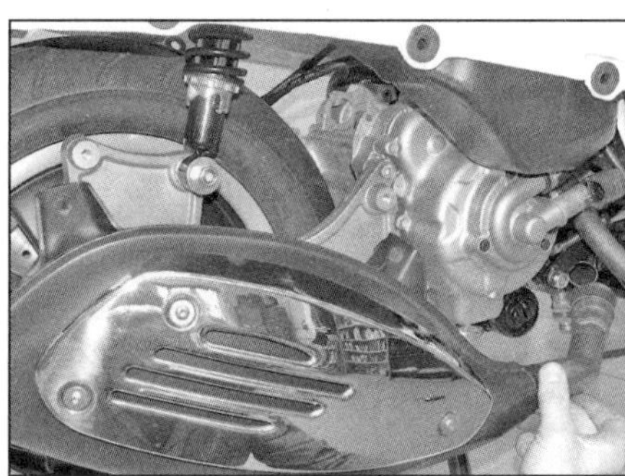

13.7c . . . ziehen Sie dann den Schalldämpfer ab.

5

8 Um den Krümmer nach der Demontage des Schalldämpfers zu entfernen, muss der Lambdasondenstecker befreit und getrennt werden (Abbildungen 5.28 und 5.30a bis c). Befreien Sie die Verkabelung aus allen Befestigungen und führen Sie sie zur Lambdasonde zurück. Lösen Sie am Zylinderkopf die Krümmerflanschmuttern und befreien Sie den Krümmer (siehe Abbildung).
9 Um den kompletten Auspuff zu entfernen, müssen die Schritte 7 und 8 durchgeführt werden, ohne die Schalldämpfer-Klemmschraube zu lockern.
10 Hebeln Sie nach dem Entfernen des Krümmers die Flanschdichtung aus dem Auslasskanal (siehe Abbildung) – beim Einbau muss ein Neuteil verwendet werden.
11 Demontieren Sie nötigenfalls die Lambdasonde (siehe Sektion 5).
12 Hebeln Sie nötigenfalls die alte Dichtung aus dem Schalldämpfer-Flansch und verwenden Sie beim Zusammenbau eine neue (siehe Abbildung).

Einbau

13 Der Einbau entspricht der umgekehrten Ausbaureihenfolge – beachten Sie dabei folgende Punkte:
- *a) Installieren Sie die Lambdasonde in den Krümmer (siehe Sektion 5), bevor Sie diesen montieren.*
- *b) Reinigen und entrosten Sie die Stehbolzen im Zylinderkopf sowie die Schalldämpferschrauben. Schmieren Sie alle Gewinde zum Schutz vor weiterer Korrosion mit Kupferpaste ein.*
- *c) Drücken Sie eine neue Krümmerflanschdichtung in den Auslasskanal,ihre kleinen Laschen müssen dabei in die Nut greifen (siehe Abbildung).*
- *d) Installieren Sie bei GTS-, GTV- und GT-Modellen ggf. eine neue Dichtung vorsichtig in den Schalldämpfer-Flansch (Abbildung 13.12) – sie kann dabei leicht beschädigt werden.*
- *e) Installieren Sie alle Muttern und Schrauben zunächst handfest und ziehen Sie dann zuerst die Krümmerflanschmuttern mit 16 bis 18 Nm an, ziehen Sie anschließend die Schalldämpferschrauben mit 24 bis 27 Nm (LX, LXV und S) bzw. 20 bis 25 Nm (GTS, GTV und GT) an; ziehen Sie anschließend ggf. die Klemmschraube sorgfältig an.*
- *f) Starten Sie den Motor und prüfen Sie die Auspuffanlage auf Undichtigkeit.*

13.8 Krümmerflanschmuttern

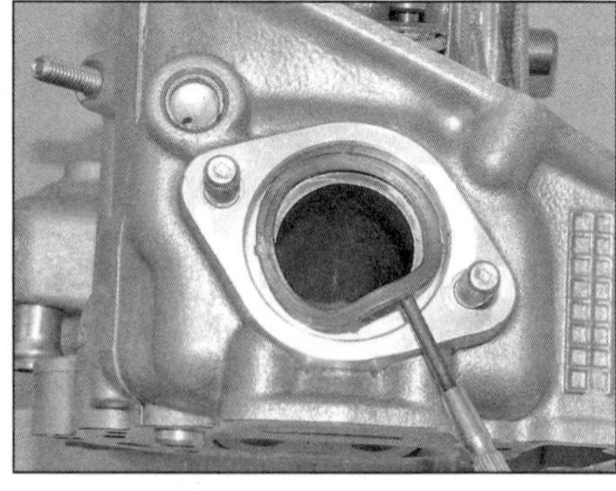

13.10 Hebeln Sie die alte Krümmerflanschdichtung heraus.

13.12 Kontrollieren Sie die Dichtung im Schalldämpfer-Flansch und ersetzen Sie sie nötigenfalls.

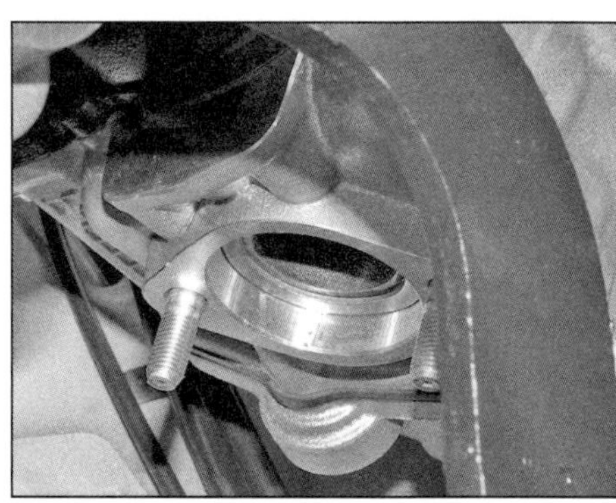

13.13 Nut, in der die Laschen der Krümmerflanschdichtung sitzen müssen

14 Katalysator

Allgemeine Informationen

1 In die Auspuffanlage ist ein Katalysator integriert, der die im Motor entstehenden giftigen Abgase in relativ harmlose Gase umwandeln soll, bevor sie aus dem Auspuff entlassen werden.
2 Durch eine auf feinen Gittermaschen angebrachte spezielle Metallbeschichtung wandelt der Katalysator Stickoxide in Stickstoff und Sauerstoff sowie unverbrannte Kohlenwasserstoffe und Kohlenmonoxide in Wasser und Kohlendioxide um. Die Wirksamkeit des Katalysators wird durch Ablagerungen von Ölkohle, Öl oder Blei beeinträchtigt.
3 Damit der Katalysator lange Zeit wirkungsvoll arbeiten kann, müssen die aus dem Motor kommenden Abgase eine bestimmte Zusammensetzung haben – diese wird stark vom darin enthaltenen Rest-Sauerstoff bestimmt. Die Lambdasonde misst den Gehalt des Sauerstoffs und gibt diese Informationen an das Motorsteuergerät weiter, das entsprechend das Einspritzgemisch und die Zündung reguliert.
4 Die Lambdasonde ist mit einem vom Motorsteuergerät überwachten Heizelement ausgerüstet, das bei kaltem Motor die Abgase vor dem Eintritt in den Katalysator erwärmt; so kommt er schneller auf Betriebstemperatur und kann früher mit der Reinigung beginnen. Sobald der Motor ausreichend erwärmt ist, wird das Heizelement abgeschaltet.
5 Wechseln Sie für den Aus- und Einbau der Auspuffanlage nach Sektion 13. Details zur Lambdasonde finden sich in Sektion 5.

Vorsichtsmaßnahmen

6 Der Katalysator arbeitet automatisch und erfordert praktisch keine Wartung. Trotzdem sollten folgende Hinweise beachtet werden:
- *a) Tanken Sie immer bleifreien Kraftstoff und verwenden Sie keine Blei-Zusätze – bereits kleine Mengen verbleiten Benzins zerstören den Katalysator.*
- *b) Halten Sie das Kraftstoff- und Zündsystem in einem guten Zustand. Wird ein unkorrektes Benzin/Luft-Gemisch vermutet, muss das System mithilfe eines Abgas-Analysegerätes untersucht werden.*
- *c) Falls der Motor Fehlzündungen produziert, muss dies unverzüglich behoben werden, da der Katalysator dadurch zerstört wird.*
- *d) Benutzen Sie keine Kraftstoff- oder Öl-Zusätze (Additive) – diese können Substanzen enthalten, die den Katalysator beschädigen.*
- *e) Falls der Motor Öl verbrennt und blaue Abgaswolken erzeugt, muss er unverzüglich repariert werden, da der Katalysator dadurch zerstört wird.*
- *f) Behandeln Sie die ausgebaute Auspuffanlage vorsichtig – der Katalysator und die Lambdasonde vertragen keine Schläge oder Stürze.*

Kapitel 6
Zündsystem

Inhalt (in alphabetischer Reihenfolge, die Zahlen geben die Nummerierung in den grauen Feldern wieder)

Schwierigkeitsgrade

Leicht. Für Anfänger mit wenig Erfahrung geeignet. 	**Relativ leicht.** Für Anfänger mit etwas Erfahrung geeignet. 	**Relativ schwierig.** Geeignet für geübte Selbstschrauber. 	**Schwer.** Geeignet für Selbstschrauber mit viel Erfahrung. 	**Sehr schwer.** Geeignet für Experten und Profis. 

Technische Daten

Zündkerze	siehe Kapitel 1
Zündgeberspulen-Widerstand	100 bis 150 Ohm
Zündspule	
Primärwicklungs-Widerstand	ca. 0,5 bis 1,0 Ohm
Sekundärwicklungs-Widerstand	ca. 3,1 K-Ohm
Kerzenstecker-Widerstand	ca. 5 K-Ohm
Wegfahrsperrenempfänger-Widerstand	ca. 7,66 Ohm

Anzugsdrehmoment

	Nm
Steuerzeiten-Inspektionsstopfen	6

1 Allgemeine Informationen und Warnhinweise

1 Die elektronische Transistorzündung ist mit der Einspritzanlage kombiniert und beide werden mit dem Steuergerät (ECU) geregelt. Aufgrund fehlender mechanischer Komponenten ist das System absolut wartungsfrei. Die Zündanlage besteht aus dem Zündauslöser, der Zündgeberspule, dem Steuergerät, der Zündspule und der Zündkerze.

2 Der/die am Lichtmaschinenrotor (rechts auf der Kurbelwelle) sitzende(n) Auslöser aktivieren bei sich drehendem Motor die Zündgeberspule, die ein Signal an das Steuergerät sendet, welches die Zündspule mit dem zur Bildung eines Zündfunken benötigten Stroms versorgt. Das Signal wird auch zur Ermittlung der Motordrehzahl genutzt.

3 Das Motorsteuergerät beinhaltet eine elektronische Frühverstellung, die von Signalen der Zündgeberspule gesteuert wird.

4 Bauartbedingt können die Teile der Motorsteuerung zwar kontrolliert, aber nicht repariert werden. Wenn im Einspritz- oder Zündsystem Probleme auftreten, kann die fehlerhafte Komponente isoliert und durch ein Austauschteil ersetzt werden. Elektronikteile können oftmals nach dem Kauf nicht umgetauscht werden. Um unnötige Kosten zu vermeiden, sollten Sie absolut sicher gehen, dass das fehlerhafte Teil richtig identifiziert worden ist, bevor Sie ein Neuteil kaufen.

5 Der Zündzeitpunkt ist nicht einstellbar.

6 Die meisten Modelle sind mit einer Wegfahrsperre ausgerüstet, die das Starten des Motors nur mit dem richtigen Schlüssel ermöglicht. Dieses System ist in Sektion 6 beschrieben.

2 Zündsystem Kontrolle

Warnung: Die Energie in elektronischen Zündsystemen kann sehr hoch sein. Daher darf niemals die Zündung angeschaltet werden, während Kerzenstecker oder Zündkerzen in der Hand gehalten werden. Hochspannungs-Stromschläge können sehr unangenehm sein.

Bei getrennten Zündspulen oder ausgebauten Zündkerzen darf der Motor niemals durchgedreht werden oder laufen, ohne dass ein guter Masseschluss sichergestellt ist (z. B. für einen Zündfunkentest). Zündsystem-Komponenten können ernsthafte Schäden erleiden, falls der Hochspannungs-Stromkreis isoliert wird!

1 Da das Zündsystem völlig wartungsfrei ist und nicht eingestellt werden kann, können Fehlfunktionen nur auf Defekte in den einzelnen Komponenten oder in der Verkabelung zurückgeführt werden. Wahrscheinlicher ist die zweite Ursache. Bei Fehlfunktionen müssen die Zündungsbauteile in systematischer Reihenfolge wie folgt überprüft werden – beachten Sie, dass einige Zündsystem-Ausfälle mithilfe der Einspritzanlagen-Fehlerdiagnose erkannt werden können (siehe Kapitel 5, Sektion 4).

2 Öffnen Sie die Sitzbank und entnehmen Sie das Staufach. Entfernen Sie bei den Modellen LX, LXV, S, Primavera und Sprint die Motorabdeckung (siehe Kapitel 9). Entfernen Sie bei den Modellen GTS, GTV und GT die Batterieabdeckung und befreien Sie das Zündkabel aus dem Clip (siehe Abbildungen).

3 Falls eine Kerzenstecker-Halterung montiert ist, muss der Stecker im Uhrzeigersinn verdreht werden, um ihn daraus zu befreien (siehe Abbildung). Ziehen Sie den Kerzenstecker von der Zündkerze (siehe Kapitel 1, Sektion 14). Befreien Sie bei LX-, LXV- und S-Modellen bis 2011 das Zündkabel aus seinem Clip und ziehen Sie den Zündkerzen-Zugangsdeckel aus der Motorabdeckung.

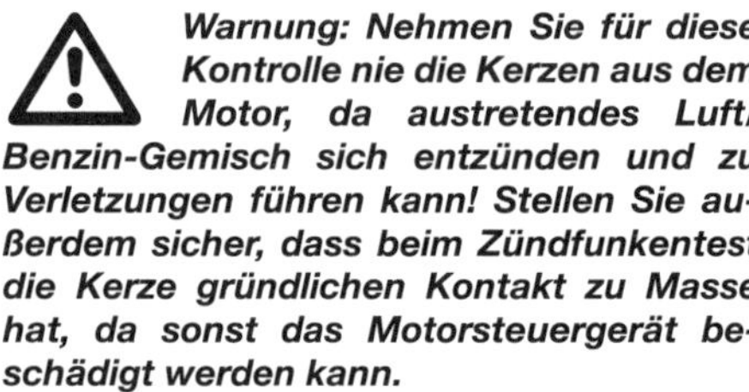

Warnung: Nehmen Sie für diese Kontrolle nie die Kerzen aus dem Motor, da austretendes Luft/Benzin-Gemisch sich entzünden und zu Verletzungen führen kann! Stellen Sie außerdem sicher, dass beim Zündfunkentest die Kerze gründlichen Kontakt zu Masse hat, da sonst das Motorsteuergerät beschädigt werden kann.

4 Schalten Sie die Zündung ein und drehen den Motor mit dem Anlasser durch. Ist die Zündung in Ordnung, werden an den Zündkerzen-Elektroden dicke blaue Funken überspringen. Ist der Funken schwach, geht ins Gelbe oder bleibt ganz aus, so muss die Ursache gefunden werden. Schalten Sie vor weiterer Arbeit die Zündung wieder aus.

5 Die Zündung muss einen Funken erzeugen, der in der Lage ist, eine gewisse Strecke zu überspringen. Piaggio macht zwar keine Vorgaben, doch sollte bei einer funktionsfähigen Zündung der Funke mindestens 6 mm überspringen können. Für eine solche Kontrolle sind im Fachhandel sogenannte Funkenstrecken-Tester erhältlich (siehe Abbildung) – folgen Sie der beigefügten Anleitung.

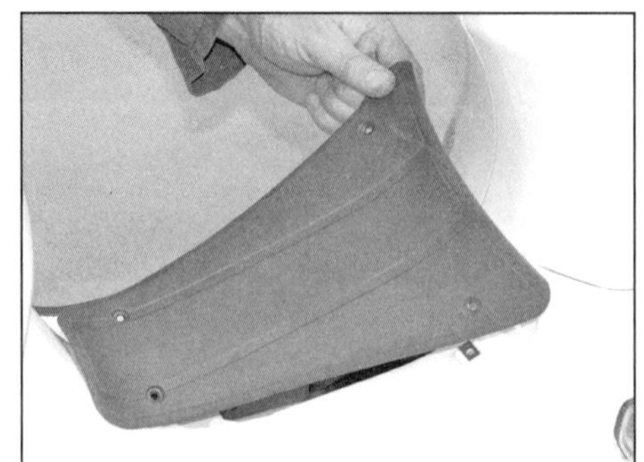

2.2a Entfernen Sie beim GTS, GTV und GT die Batterieabdeckung . . .

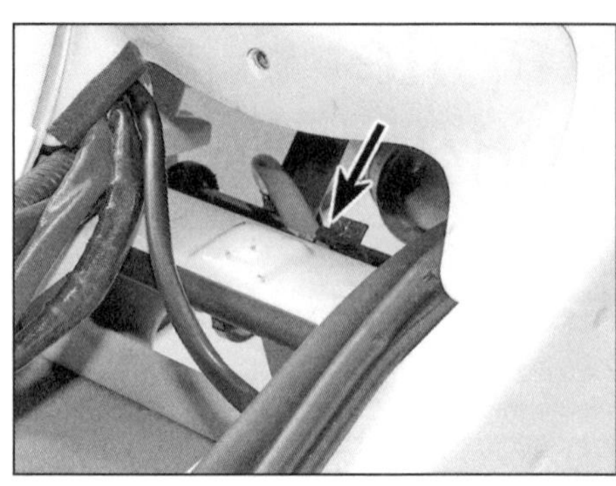

2.2b . . . und lösen Sie die Zündkabel-Befestigung.

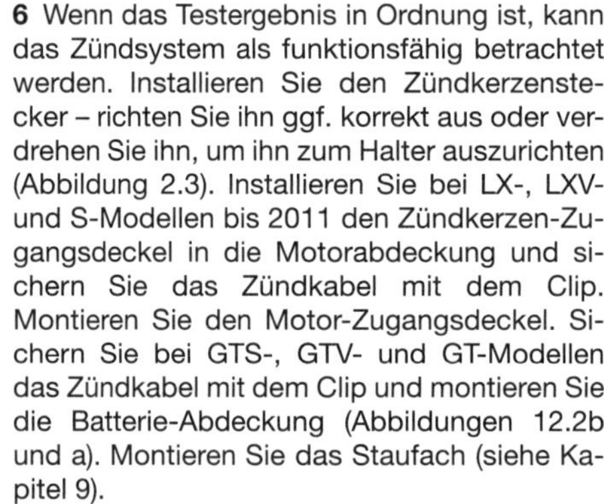

6 Wenn das Testergebnis in Ordnung ist, kann das Zündsystem als funktionsfähig betrachtet werden. Installieren Sie den Zündkerzenstecker – richten Sie ihn ggf. korrekt aus oder verdrehen Sie ihn, um ihn zum Halter auszurichten (Abbildung 2.3). Installieren Sie bei LX-, LXV- und S-Modellen bis 2011 den Zündkerzen-Zugangsdeckel in die Motorabdeckung und sichern Sie das Zündkabel mit dem Clip. Montieren Sie den Motor-Zugangsdeckel. Sichern Sie bei GTS-, GTV- und GT-Modellen das Zündkabel mit dem Clip und montieren Sie die Batterie-Abdeckung (Abbildungen 12.2b und a). Montieren Sie das Staufach (siehe Kapitel 9).

7 Fehlfunktionen der Zündanlage können in zwei Kategorien eingeteilt werden: ein vollständiger Ausfall oder gelegentliche Fehlfunktion. Die wahrscheinlichsten Ursachen sind unten aufgeführt, beginnend mit der häufigsten. Arbeiten Sie sich systematisch durch diese Liste, wobei in den jeweiligen Unterpunkten dieses Kapitels für Details nachgeschaut werden muss; beachten Sie außerdem die Hinweise zur Fehlersuche (siehe Kapitel 10) und die Schaltpläne.

Anmerkung: *Bevor Sie beginnen, muss sichergestellt sein, dass die Batterie vollständig geladen ist und alle Sicherungen in Ordnung sind.*

a) Lockere, korrodierte oder beschädigte elektrische Steckverbindungen, gebrochene Kabel im Zündsystem
b) Defekte am Zündkabel oder Kerzenstecker, verschmutzte, verschlissene oder korrodierte Zündkerzen-Elektroden oder falscher Elektrodenabstand
c) Defekte Zündgeberspule oder beschädigter Auslöser am Lichtmaschinenrotor
d) Defekte Zündspule
e) Defektes Zündschloss (siehe Kapitel 10)
f) Defektes Lastrelais (siehe Kapitel 5)
g) Defektes Motorsteuergerät (siehe Kapitel 5)

8 Wenn alle oben beschriebenen Möglichkeiten keinen Grund des Problems erkennen lassen, sollte sie Zündanlage von einer Piaggio-Werkstatt getestet werden – diese verfügt über ein Testgerät, das eine Diagnose der Zündanlage erstellen kann.

2.3 Drehen Sie den Kerzenstecker so, dass er aus der Halterung befreit ist.

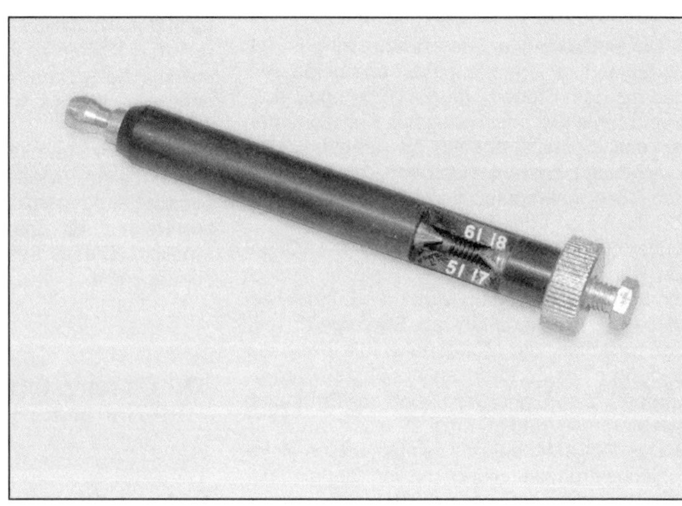

2.5 Ein typisches Zündfunken-Messgerät

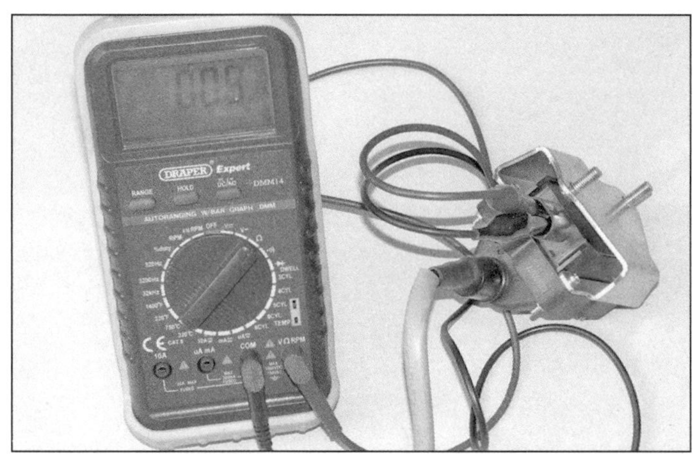

3.3 **Ermitteln Sie an den Steckerkontakten den Primärwicklungs-Widerstand der Zündspule.**

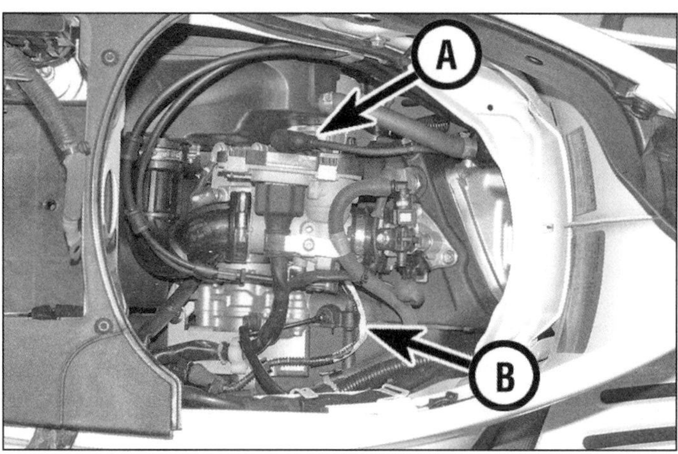

3.4a **Zündkabel (A) und Primärstromkabel (B) bei LX-, LXV- und S-Modellen ab 2012**

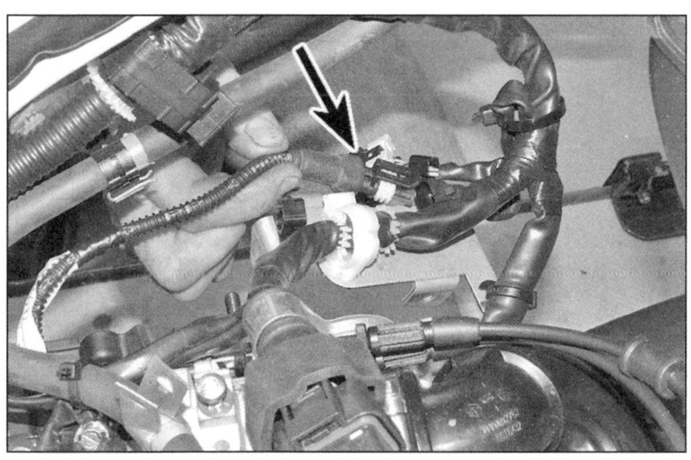

3.4b **Trennen Sie den Primärwicklungs-Stecker.**

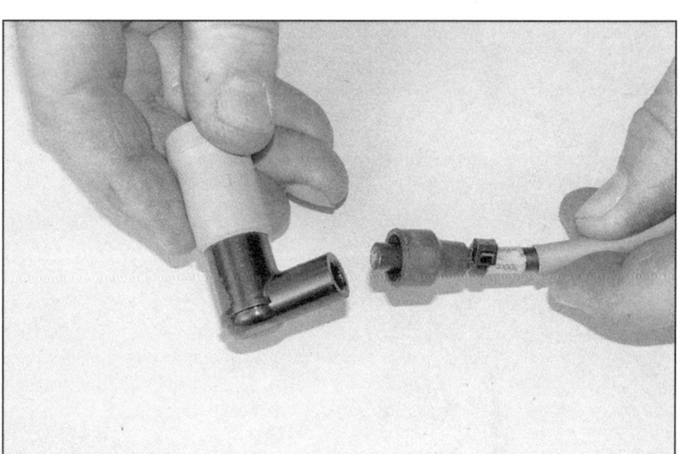

3.5a **Schrauben Sie den Kerzenstecker vom Zündkabel.**

3 Zündspule

Kontrolle

Anmerkung: *Einige Defekte im Zündsystem – vor allem an deren Verkabelung – können mithilfe der Einspritzanlagen-Fehlerdiagnose erkannt werden können (siehe Kapitel 5, Sektion 4).*

1 Die Zündung muss abgeschaltet sein. Demontieren Sie die Zündspule (siehe unten). Bei LX-, LXV- und S-Modellen ab 2012 ist der Zugang zur Zündspule sehr begrenzt, sodass die ersten Tests (außer der Sichtkontrolle) im eingebauten Zustand durchgeführt werden sollten.

2 Unterziehen Sie die Zündspule möglichst einer Sichtkontrolle auf lockere, beschädigte oder verschmutzte Anschlüsse, Risse und andere Beschädigungen.

3 Messen Sie zunächst mit einem auf den Ohm-Bereich geschalteten Messgerät an den Steckerkontakten der Spule den Primärwicklungs-Widerstand – es müssen zwischen 0,5 und 1,0 Ohm festgestellt werden (siehe Abbildung).

4 Bei LX-, LXV- und S-Modellen ab 2012 sitzt die Zündspule unterhalb der Drosselklappengehäuse-Baugruppe – das Zündkabel ist von links und der Primärwicklungs-Stecker von rechts zugänglich (siehe Abbildung). Verfolgen Sie das Primärstrom-Kabel zum Stecker rechts in der Karosserie und trennen Sie diesen (siehe Abbildung). Messen Sie am von der Zündspule kommenden Stecker den Widerstand zwischen den zwei Kontakten; ein unkorrektes Ergebnis kann auf ein defektes Kabel oder dessen schlechten Kontakt zur Zündspule zurückzuführen sein, sodass eine direkte Messung nötig wird.

5 Schalten Sie das Messgerät für die Kontrolle der Sekundärwicklung auf den Messbereich K-Ohm. Drehen Sie zunächst den Kerzenstecker vom Zündkabel (siehe Abbildung). Verbinden Sie eine Prüfklemme mit einem der Primärwicklungs-Kontakte an der Spule und die andere mit dem Ende des Zündkabels (siehe Abbildung) – es müssen ca. 3,1 K-Ohm festgestellt werden.

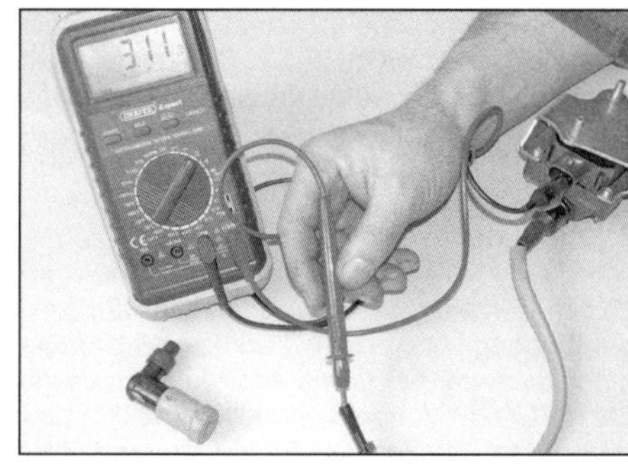

3.5b **Ermitteln Sie zwischen einem der Steckerkontakten und dem Zündkabel-Ende den Sekundärwicklungs-Widerstand der Zündspule.**

6

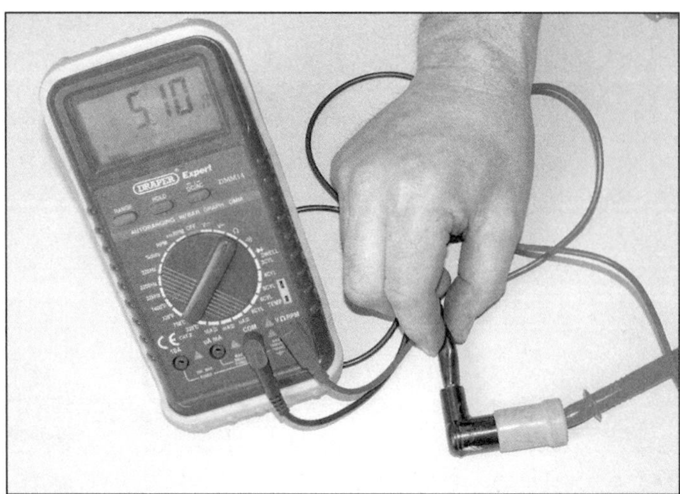

3.7 Ermitteln Sie den Widerstand des Zündkerzensteckers.

3.12 Zündspule – gezeigt beim Primavera

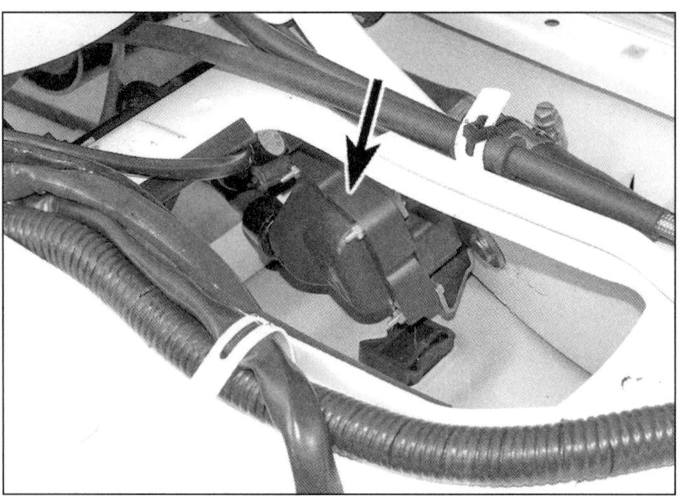

3.13 Zündspule (GTS, GTV, GT)

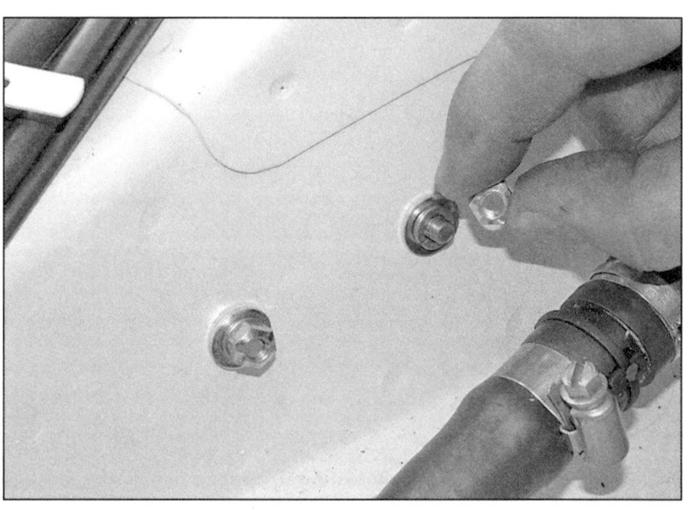

3.15a Lösen Sie die Muttern, entnehmen Sie die Scheiben...

6 Ziehen Sie bei LX-, LXV- und S-Modellen ab 2012 links das Zündkabel von der Zündspule ab (Abbildung 3.21). Verbinden Sie eine Prüfklemme mit einem der Primärstromstecker-Kontakte an der Spule und die andere direkt mit dem Zündkabel-Kontakts (siehe Abbildung) – es müssen ca. 3,1 K-Ohm festgestellt werden; ein unkorrektes Ergebnis kann auf ein defektes Kabel oder dessen schlechten Kontakt zur Zündspule zurückzuführen sein, sodass eine direkte Messung nötig wird.

7 Soweit der korrekte Sekundärspulen-Widerstand ermittelt wurde, muss jetzt das Messgerät am Kerzenstecker zwischen dem Zündkabel-Eingang und dem Zündkerzen-Kontakt gemessen werden (siehe Abbildung); messen Sie bei LX-, LXV- und S-Modellen ab 2012 zwischen dem Zündspulen-Stecker des abgezogenen Zündkabels und dem Zündkerzen-Kontakt. Falls nicht ca. 5 K-Ohm festgestellt wurden, ist der Kerzenstecker defekt und muss erneuert werden.

8 Kontrollieren Sie den zur Zündspule führenden Kabelstecker auf lockere oder gebrochene Kontakte und abgerissene Kabel. Verbinden Sie die Plusklemme eines Voltmeters mit dem kabelbaumseitigen Kontakt des schwarz/grünen Kabels und die Minusklemme mit dem Kontakt des pink/schwarzen Kabels. Schalten Sie die Zündung ein.

9 Wird Batteriespannung festgestellt, ist die Stromversorgung in Ordnung, sodass die Zündspule als defekt betrachtet werden kann und ausgetauscht werden muss (siehe unten).

10 Wird keine Batteriespannung festgestellt, muss das Lastrelais und sein Stromkreis kontrolliert werden (siehe Kapitel 5, Sektion 5). Ist hier alles in Ordnung, muss geprüft werden, ob das schwarze Kabel des Benzinpumpensteckers guten Massekontakt hat und das schwarz/grüne Kabel Durchgang zum Lastrelais-Stecker aufweist. Reparieren oder ersetzen Sie schadhafte Kabel und reinigen Sie ihre Stecker mit Kontaktreiniger. Wurde der Fehler bis hierher immer noch nicht gefunden, kann das Motorsteuergerät defekt sein – lassen Sie das System von einer mit einem Diagnosegerät ausgerüsteten Piaggio-Werkstatt kontrollieren.

Ausbau und Einbau

LX, LXV und S bis 2011, alle GTS, GTV, GT, Primavera und Sprint

11 Bei LX-, LXV- und S-Modelle sitzt die Zündspule rechts am Motor oberhalb des Lichtmaschinendeckels. Entfernen Sie für den Zugang das Staufach und den äußeren Zugangsdeckel (siehe Kapitel 9).

12 Bei Primavera- und Sprint-Modellen sitzt die Zündspule links am Motor neben dem Motorentlüftungs-Anschluss zum Luftfiltergehäuse (siehe Abbildung).

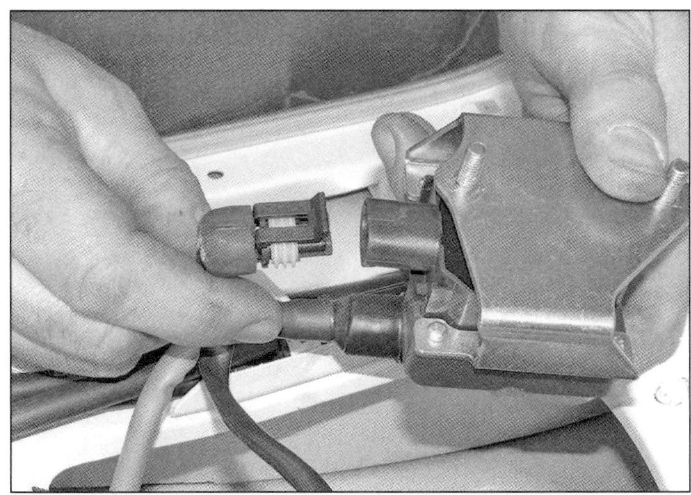

3.15b ... und befreien Sie die Zündspule, um den Primärstrom-Stecker abzuziehen.

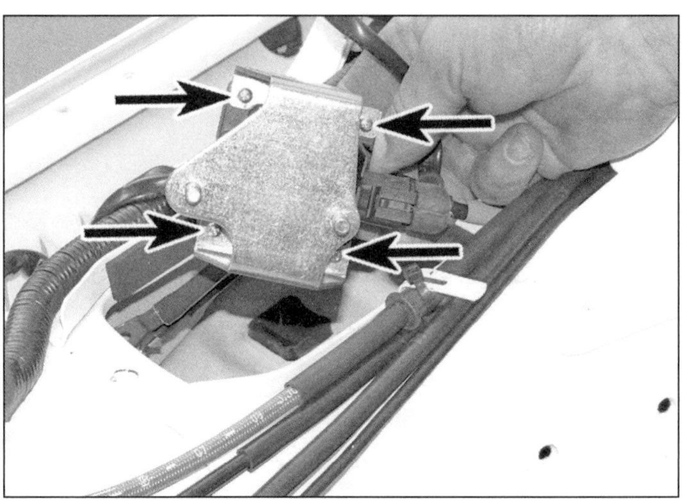

3.15c Schrauben der Zündspulenhalterung

3.16a Öffnen Sie die Kabel-Clips am Zündspulenhalter - GT 125/150 ab 2016.

3.16b Schrauben des Zündspulenhalters

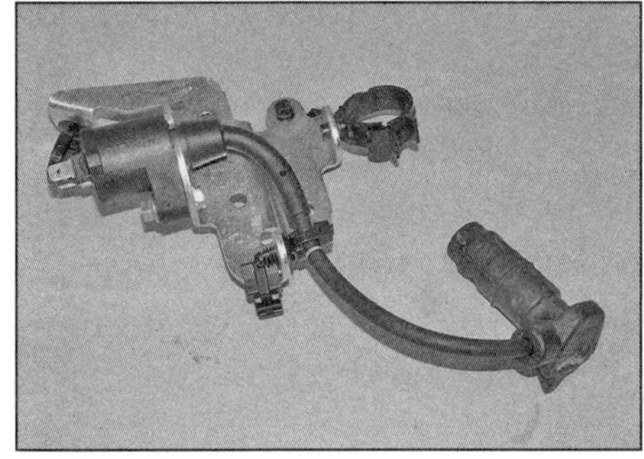

3.16c Trennen Sie die Zündspule vom Halter.

13 Bei GTS-, GTV- und GT-Modellen (außer GT 125/150 ab 2016) sitzt die Zündspule rechts unter der Bodenverkleidung (siehe Abbildung) – entfernen Sie diese und die Batterie, um Zugang zu erhalten (siehe Kapitel 9 und 10). Entfernen Sie auch das Staufach (siehe Kapitel 9) und befreien Sie das Zündkabel aus seinem Clip (Abbildung 2.2b).

14 Falls eine Kerzenstecker-Halterung montiert ist, muss der Stecker im Uhrzeigersinn verdreht werden, um ihn daraus zu befreien (Abbildung 2.3). Ziehen Sie den Kerzenstecker von der Zündkerze (siehe Kapitel 1, Sektion 14).

15 Lösen Sie die Muttern der Zündspule und entnehmen Sie die Scheiben (siehe Abbildung). Befreien Sie die Zündspule und ziehen Sie den Primärstrom-Stecker ab (siehe Abbildung). Trennen Sie die Zündspule nötigenfalls von ihrem Halter (siehe Abbildung).

16 Bei GT 125/150-Modellen ab 2016 sitzt die Zündspule an einem Halter rechts am Motor. Demontieren Sie den Kühler (siehe Kapitel 4, Sektion 6) und befreien Sie die Verkabelung aus den Clips am Zündspulenhalter (siehe Abbildung). Trennen Sie die Primärstrom-Stecker und ziehen Sie den Zündkerzenstecker ab (siehe Kapitel 1, Sektion 14). Lösen Sie die Schrauben, die den Zündspulenhalter am Motor sichern, und entnehmen Sie die Zündspule samt Halter, um sie anschließend nötigenfalls von ihm zu trennen (siehe Abbildungen).

17 Der Einbau entspricht der umgekehrten Ausbaureihenfolge

LX-, LXV- und S-Modelle ab 2012

18 Die Zündspule sitzt unterhalb der Drosselklappengehäuse-Baugruppe (Abbildung 3.4a). Entfernen Sie für den Zugang das Staufach (siehe Kapitel 9).

3.19a **Demontieren Sie das Drosselklappengehäuse, ...**

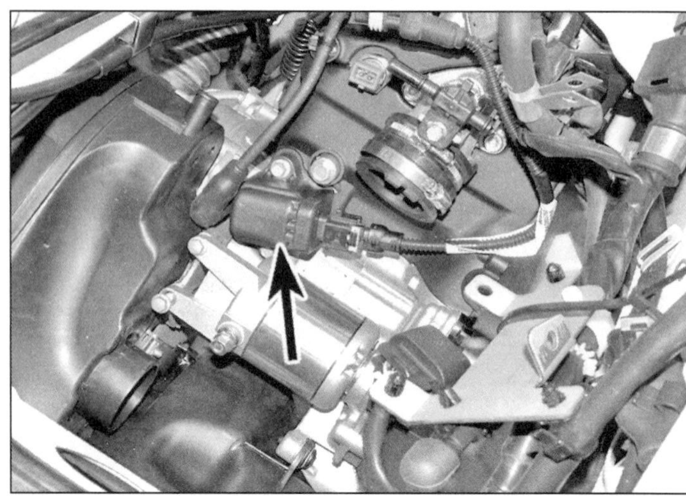

3.19b **... um Zugang zur Zündspule zu erhalten.**

19 Befreien Sie den Ansaugstutzen vom Drosselklappengehäuse und lösen Sie dies vom Einlassstutzen – dieser kann am Zylinderkopf verbleiben (siehe Abbildungen).
20 Demontieren Sie nötigenfalls den Anlasser (siehe Kapitel 10).
21 Ziehen Sie links an der Zündspule das Zündkabel ab (siehe Abbildung).
22 Verfolgen Sie das Primärstromkabel bis zum Stecker rechts in der Karosserie und trennen Sie ihn (Abbildung 3.4b).
23 Lösen Sie die Zündspulen-Schrauben und befreien Sie sie vom Motor (siehe Abbildung). Lösen Sie die Lasche des Primärstrom-Steckers und ziehen Sie diesen von der Spule ab (siehe Abbildung).
24 Das Zündkabel ist mit einem Kabelbinder links an der Motorverkleidung gesichert – schneiden Sie diesen auf und führen Sie das Kabel zur Vorderseite des Motors, um es zu entfernen.
25 Der Einbau entspricht der umgekehrten Ausbaureihenfolge

4 Zündgeberspule

Kontrolle

1 Entfernen Sie das rechte Verkleidungsteil und das Staufach (siehe Kapitel 9). Verfolgen Sie rechts am Motor das oben aus dem Lichtmaschinendeckel kommende Kabel und trennen Sie es am Stecker (siehe Abbildungen).
2 Lokalisieren Sie mithilfe des Schaltplans Ihres Modells die zwei Kabel der Zündgeberspule. Schalten Sie ein Multimeter auf den Messbereich Ohm x 10 und ermitteln Sie am spulenseitigen Stecker den Widerstand zwischen den beiden Kontakten – er muss zwischen 100 und 150 Ohm liegen. Weicht das Ergebnis stark von dieser Vorgabe ab oder wird gar voller Widerstand (»1«) oder voller Durchgang (0) festgestellt, kann die Zündgeberspule defekt sein.
3 Wenn zwischen 100 und 150 Ohm gemessen werden, kann das Kabel zum Motorsteuergerät beschädigt sein – ermitteln Sie seinen Durchgang (siehe Kapitel 10, Sektion 2 und die Schaltpläne am Ende von Kapitel 10); ist das Kabel in Ordnung, kann der Defekt im Motorsteuergerät liegen (siehe Kapitel 5, Sektion 6).

Ausbau und Einbau

4 Die Zündgeberspule und der Lichtmaschinenstator bilden eine gemeinsame Baugruppe – beachten Sie für den Austausch des Stators je nach Motortyp die Hinweise in Kapitel 2A, B, C oder D.

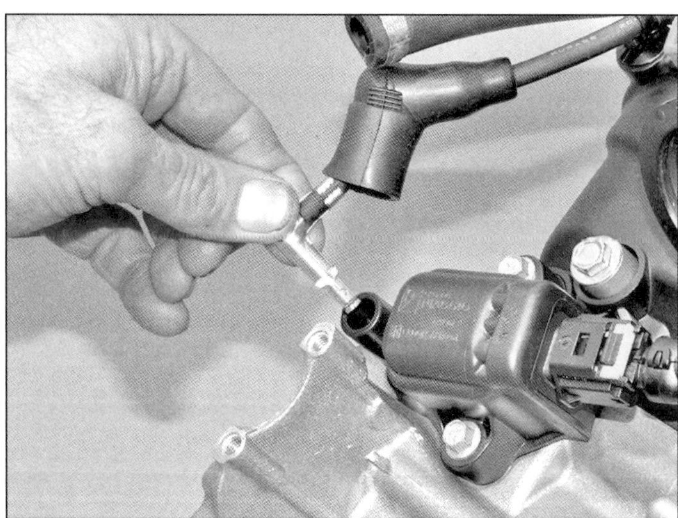

3.21 **Ziehen Sie das Zündkabel aus der Zündspule.**

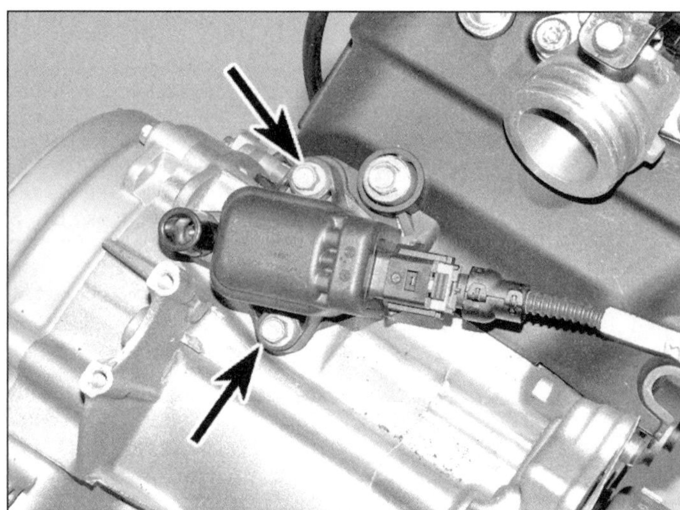

3.23a **Zündspulen-Befestigungsschrauben**

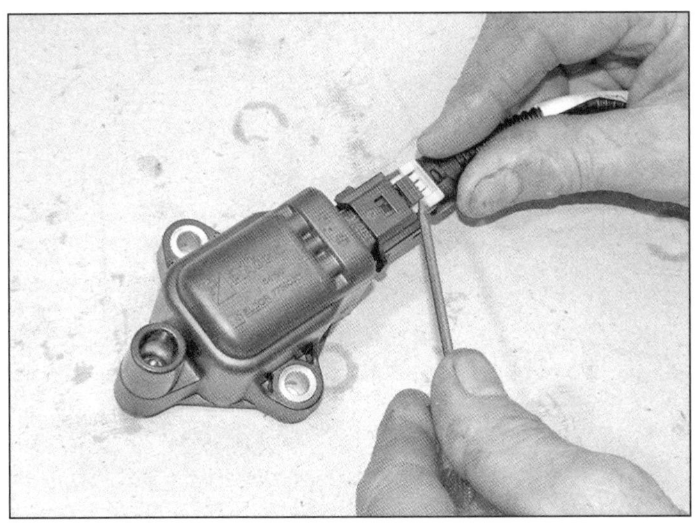

3.23b Lösen Sie die Lasche des Primärstrom-Steckers.

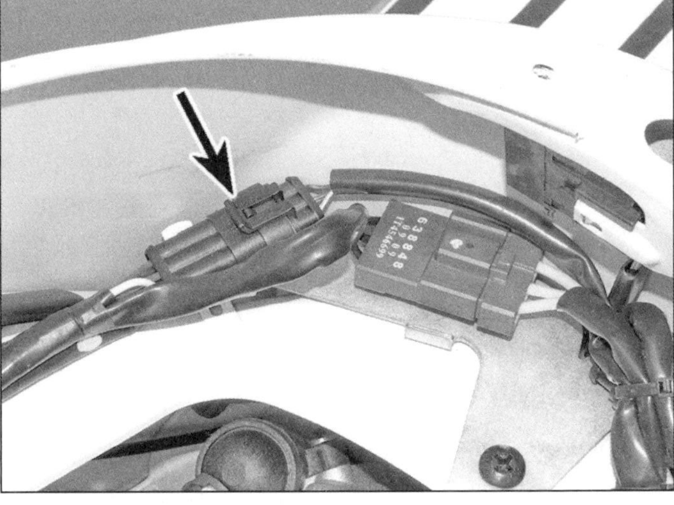

4.1a Zündgeberspulen-Stecker – GTS, GTV, GT

5 Zündzeitpunkt

1 Der Zündzeitpunkt ist nicht einstellbar. Weil im Zündsystem kein mechanischer Verschleiß entstehen kann, muss der Zündzeitpunkt auch nicht regelmäßig kontrolliert werden. Werden allerdings Leistungsverlust oder Fehlzündungen festgestellt, sollte geprüft werden, ob der Zündzeitpunkt korrekt ist.

2 Der Zündzeitpunkt wird dynamisch (bei laufendem Motor) mit einer Stroboskoplampe und dem Piaggio-Diagnosegerät kontrolliert – letzteres ist nötig, weil nirgends entsprechende Markierungen angebracht sind. Bringen Sie das Fahrzeug nötigenfalls zu einer Piaggio-Werkstatt.

6 Wegfahrsperre

Allgemeine Informationen

1 Die meisten Modelle sind mit einer Wegfahrsperre ausgerüstet. Diese besteht aus einem Transponder im Zündschlüssel, einem Empfänger am Zündschloss, dem Motorsteuergerät und einer LED im Cockpit. Das System erlaubt das Starten des Motors nur mit dem Master-Schlüssel oder einem korrekt registrierten Zündschlüssel. Wenn unter normalen Umständen die Zündung abgeschaltet oder der Killschalter auf OFF steht, blinkt die LED, um daran zu erinnern, dass das System aktiv ist. Nach 48 Stunden hört die LED mit dem Blinken auf, um die Batterie zu schonen – das System bleibt weiterhin aktiv. Falls die LED nicht richtig zu funktionieren scheint, muss die Instrumenten-Baugruppe kontrolliert werden (siehe Kapitel 10).

2 Sobald die Zündung mit einem normal registrierten Schlüssel eingeschaltet wird, führt das System eine Selbstdiagnose durch, während der die LED einmal für 0,7 Sekunden aufleuchtet; sobald das Steuergerät erkennt, dass der im Schlüssel gespeicherte Code zum gespeicherten Code passt, schaltet sich die LED ab.

3 Sobald die Zündung mit dem Master-Schlüssel eingeschaltet wird, leuchtet die LED für 0,7 Sekunden auf, während die Diagnose beginnt, dabei leuchtet sie einmal oder mehrmals für 0,46 Sekunden auf – die Anzahl weist auf die Menge der im System registrierten

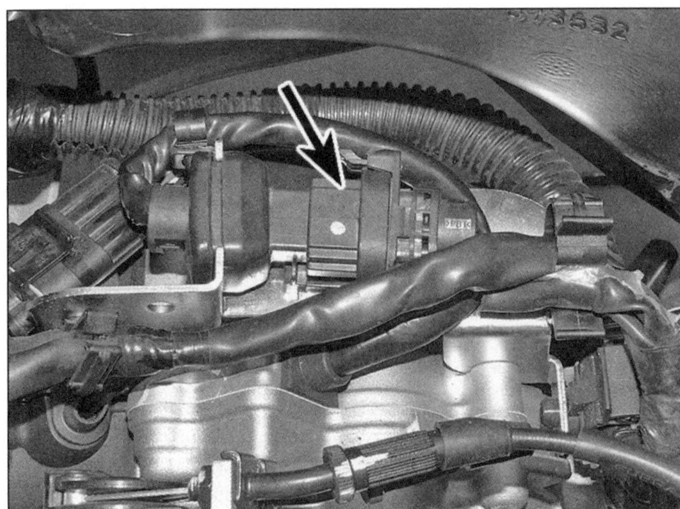

4.1b Lichtmaschinenstecker – Primavera

4.1c Lichtmaschinenstecker – GT 125/150 ab 2016

6

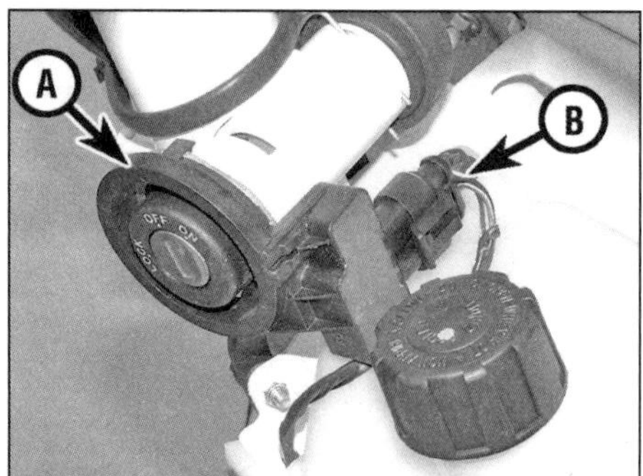

6.7a Stecker (A) des Wegfahrsperren-Empfängers (B)

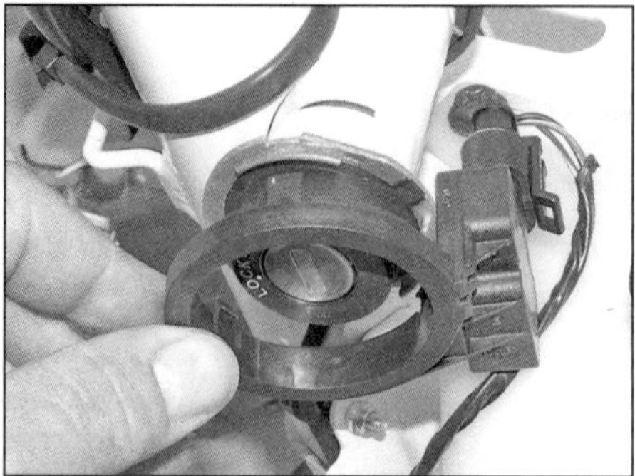

6.7b Der Empfänger ist um das Zündschloss herum lediglich eingeklickt.

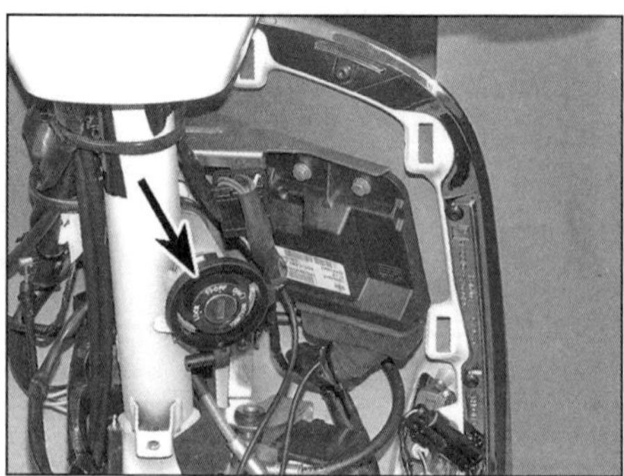

6.12 Position des Wegfahrsperren-Empfängers

Schlüssel hin (bis zu 7 Stück). Nach dieser Anzeige erlischt die LED.

4 Falls im System ein Fehler vorliegt, beginnt die LED zwei Sekunden nach dem ersten Aufleuchten für eine halbe Sekunde ein- bis dreimal aufzublinken (mit ebenfalls halbsekündigen Pausen dazwischen) und leuchtet zwei Sekunden danach dauerhaft. Die Anzahl der Blinkzeichen weist auf den Fehlercode hin (Schritte 7 bis 9).

5 Das Motorsteuergerät speichert die Codes für den registrierten Master-Schlüssel (mit rotem Kopf) und bis zu sieben (schwarzen) Standard-Zündschlüsseln. Der Master-Schlüssel sollte an einem sicheren Ort aufbewahrt und nicht zum Fahren verwendet werden – falls er verloren geht, kann kein neuer Schlüssel mehr registriert werden, sodass bei deren Verlust ein neues Motorsteuergerät installiert werden muss. Die Standardschlüssel sollten nicht an einem Schlüsselbund befestigt sein, da das Signal eines anderen als des im Zündschloss steckenden Schlüssels dazu führen kann, dass sich der Motor nicht starten lässt. Der in jeden Zündschlüssel integrierte Transponder kann beschädigt werden, falls der Schlüssel herunterfällt, zu heiß wird, lange Zeit untergetaucht wird oder in die Nähe einer schlecht geerdeten hohe Spannung (wie einem nicht richtig verbundenen Zündkabel) gerät. Halten Sie immer mindestens einen Ersatz-Schlüssel bereit. Sobald ein neuer Schlüssel beschafft wird, muss er im System registriert werden, bevor damit der Motor gestartet werden kann. Die Registrierung eines verloren gegangenen (oder gestohlenen) Schlüssels sollte im Steuergerät gelöscht werden.

6 Sobald ein neues Motorsteuergerät oder eine neue Drosselklappengehäuse-Baugruppe installiert wurde und das Steuergerät noch nicht mit einem Schlüsselsatz programmiert wurde, kann der Motor mit jedem Schlüssel gestartet werden, allerdings ist die Motordrehzahl auf 2000/min begrenzt. Ist dies der Fall, wird die LED nach dem Umdrehen des Zündschlüssel für zwei Sekunden aufleuchten und dann erlöschen – es wird keine Selbstdiagnose durchgeführt und die LED blinkt nicht auf.

Fehlercodes

Ein Blinkzeichen

7 Ein Blinkzeichen bedeutet, dass das Motorsteuergerät keine Verbindung zum Empfänger entdeckt hat. Demontieren Sie die innere Frontverkleidung und prüfen Sie, ob der Stecker am Wegfahrsperren-Empfänger fest verbunden und nicht beschädigt ist (siehe Abbildungen). Trennen Sie nötigenfalls die Batterie (siehe Kapitel 10), entnehmen Sie das Staufach und kontrollieren Sie das Kabel zwischen dem Wegfahrsperren-Empfänger und dem Steuergerät auf Durchgang (siehe Kapitel 10, Sektion 2 und die Schaltpläne am Ende von Kapitel 10).

Zwei Blinkzeichen

8 Zwei Blinkzeichen bedeuten, dass das Motorsteuergerät kein Signal vom Empfänger erhalten hat – entweder aufgrund eines defekten Zündschlüssel-Transponders oder eines defekten Empfängers. Probieren Sie einen anderen der schwarzen Zündschlüssel und nötigenfalls den Master-Schlüssel aus. Falls der Fehlercode nur bei einem Schlüssel erscheint, ist der Schlüssel defekt - versuchen Sie zunächst, alle Zündschlüssel neu zu registrieren (Schritt 10); funktioniert dies nicht, muss ggf. ein neuer Schlüssel beschafft und alle Schlüssel müssen neu registriert werden. Erscheint der Fehlercode bei allen Schlüsseln (einschließlich Master-Schlüssel), muss zunächst das Kabel zwischen dem Wegfahrsperren-Empfänger und dem Steuergerät auf Durchgang geprüft werden (Schritt 7). Sind die Verkabelung und alle Schlüssel in Ordnung, kann das Problem im Motorsteuergerät liegen – lassen Sie dies von einer Piaggio-Werkstatt kontrollieren.

Drei Blinkzeichen

9 Drei Blinkzeichen bedeuten, dass das Motorsteuergerät den verwendeten Schlüssel nicht erkennt. Probieren Sie einen anderen der schwarzen Zündschlüssel und nötigenfalls den Master-Schlüssel aus. Falls der Fehlercode nur bei einem Schlüssel erscheint, ist der Schlüssel defekt – versuchen Sie zunächst, alle Zündschlüssel neu zu registrieren (Schritt 10); funktioniert dies nicht, muss ggf. ein neuer Schlüssel beschafft und alle Schlüssel müssen neu registriert werden. Erscheint der Fehlercode bei allen Schlüsseln (einschließlich Master-Schlüssel), kann das Problem im Motorsteuergerät liegen – lassen Sie dies von einer Piaggio-Werkstatt kontrollieren.

Schlüssel-Registrierung

10 Stecken Sie den (roten) Master-Schlüssel ins Zündschloss und schalten Sie die Zündung für zwei Sekunden (präzise: für mindestens eine Sekunde und nicht mehr als drei Sekunden) ein und dann wieder ab, ziehen Sie den Schlüssel ab. Stecken Sie innerhalb von zehn Sekunden einen Standardschlüssel ins Zündschloss und schalten Sie die Zündung für zwei Sekunden ein und dann wieder ab, ziehen Sie den Schlüssel ab. Wiederholen Sie dies mit bis zu insgesamt sieben Standard-Schlüsseln – mit jeweils maximal zehn Sekunden Pause zwischen ihnen. Nachdem alle Schlüssel registriert sind, muss – wieder innerhalb von zehn Sekunden – erneut der rote Master-Schlüssel ins Zündschloss gesteckt und die Zündung für zwei Sekunden ein und dann wieder abgeschaltet werden, ziehen Sie den Schlüssel ab. Falls während dieser Prozedur ein Problem auftritt oder die 10-Sekunden-Pause überschritten wird, muss die Registrierung von vorn begonnen werden.

11 Falls ein weiterer Schlüssel zu einem späteren Zeitpunkt registriert werden soll, muss die gesamte Schlüssel-Registrierung wie in Schritt 10 beschrieben durchgeführt werden.

Kontrolle des Empfängers

12 Falls im Motorsteuergerät der Fehlercode P0514 ausgelesen wird (siehe Kapitel 5, Sektion 4), muss die innere Frontverkleidung demontiert werden, um Zugang zum Wegfahrsperren-Empfänger zu erhalten (siehe Abbildung).

13 Trennen Sie die Batterie (siehe Kapitel 10). Trennen Sie den Stecker des Wegfahrsperren-Empfängers und ermitteln Sie den Widerstand zwischen den Kontakten der Empfänger-Seite – es müssen ca. 7.66 Ohm ermittelt werden. Prüfen Sie nötigenfalls am kabelbaumseitigen Kontakt des schwarzen Kabels den Durchgang zur Masse.

Kapitel 7
Fahrwerk und Federung

Inhalt (in alphabetischer Reihenfolge, die Zahlen geben die Nummerierung in den grauen Feldern wieder)

Schwierigkeitsgrade

Leicht. Für Anfänger mit wenig Erfahrung geeignet. 

Relativ leicht. Für Anfänger mit etwas Erfahrung geeignet. 

Relativ schwierig. Geeignet für geübte Selbstschrauber. 

Schwer. Geeignet für Selbstschrauber mit viel Erfahrung. 

Sehr schwer. Geeignet für Experten und Profis. 

Technische Daten

Anzugsdrehmomente	**Nm**
Hinterradstoßdämpfer-Mutter oben	20 bis 25
Hinterradstoßdämpfer-Bolzen/Mutter unten	
LX, LXV und S bis 2011, GTS, GTV, GT bis 2013	33 bis 41
LX, LXV, S ab 2012, GTS ab 2014, Primavera, Sprint	40 bis 45
Hinterradstoßdämpfer – untere Halteplatten-Schrauben	20 bis 25
Lenker-Klemmschraube/Mutter	
GTS 125/150/300, Primavera, Sprint	50 bis 55
alle anderen Modelle	45 bis 50
Lenkkopflager-Einstellring	
LX, LXV und S	8 bis 10
GTS, GTV, GT, Primavera, Sprint	12 bis 14
Lenkkopflager-Konterring	35 bis 40
Schwingenbolzen	
LX, LXV und S bis 2011	
Vorderer Bolzen und Motorbolzen	33 bis 41
Lagerbolzen	44 bis 52
LX, LXV und S ab 2012	
Vorderer Bolzen und Motorbolzen	40 bis 45
Lagerbolzen	44 bis 52
GTS 125/150, GTS 300 ab 2016	
Schwinge an Rahmen und an Motor	40 bis 45
Silentblock-Schwingenbolzen	42 bis 52
Alle früheren GTS, GTV und GT	
Schwingensektion – mittlerer Gelenkbolzen	33 bis 41
Schwinge an Rahmen – Gelenkbolzen	76 bis 83
Schwinge an Motor – Gelenkbolzen	64 bis 72
Torsionsplatten-Schrauben	33 bis 41
Primavera und Sprint	
Schwinge an Rahmen	44 bis 52
Schwinge an Motor	40 bis 45
Silentblock-Schwingenbolzen	40 bis 45
Vorderradbremszylinder-Klemmschrauben	7 bis 10
Vorderradstoßdämpfer-Bolzen/Mutter oben	
GTS 125/150 ab 2016	19 bis 29
Primavera, Sprint	20 bis 25
alle anderen Modelle	20 bis 30
Vorderradstoßdämpfer-Bolzen/Mutter unten	
GTS 125/150 ab 2016	19 bis 29
alle anderen Modelle	20 bis 27

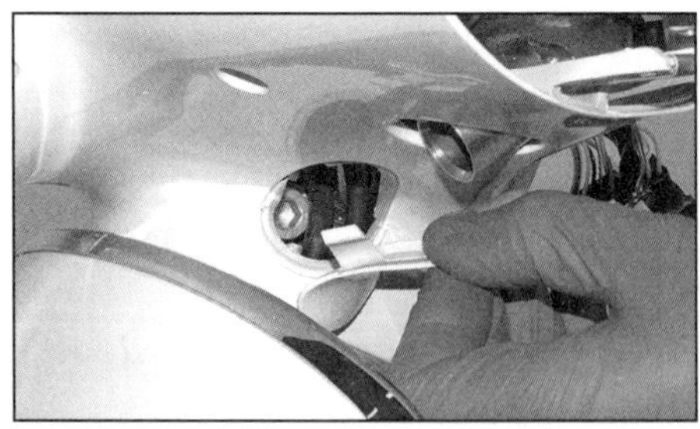

2.1 Hebeln Sie beim Primavera und Sprint die Kappe vor der Klemmschraube heraus.

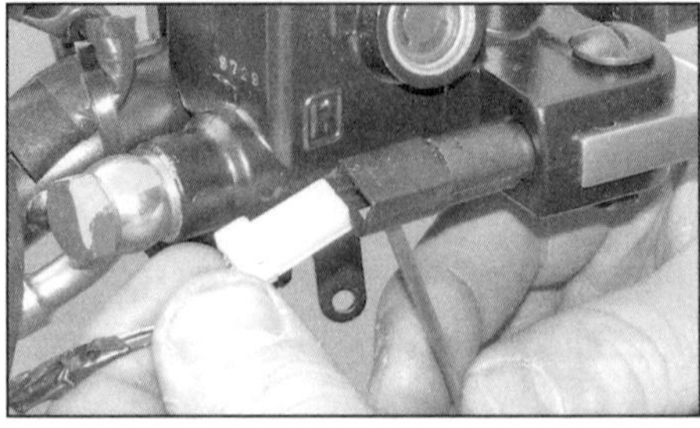

2.2a Lösen Sie entweder den Clip und ziehen Sie den Stecker heraus ...

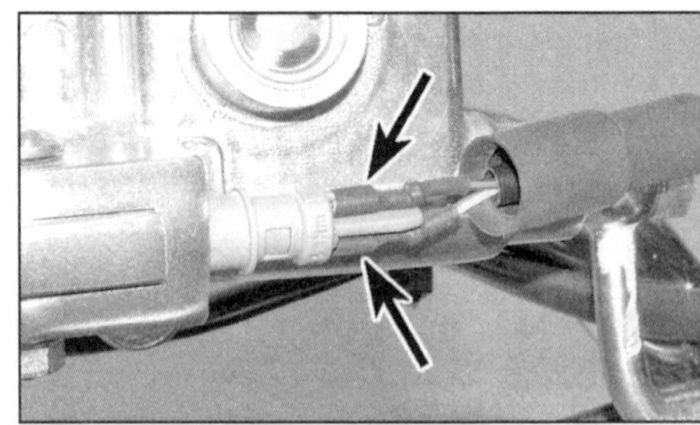

2.2b ... oder ziehen Sie die Kappe zurück und ziehen Sie die einzelnen Stecker ab.

1 Allgemeine Informationen

1 Das Vorderrad wird einseitig in einer gezogenen Schwinge geführt, die sich gegen einen Stoßdämpfer abstützt – dieser ist bei Modellen (GTS 125/150/300, Primavera und Sprint bis 2015 mit einer verbesserten unteren Aufhängung (ESS) versehen. Der Stoßdämpfer ist bei keinem Modell einstellbar.

2 Das Hinterrad wird mit einem oder zwei zwischen der Antriebseinheit und dem Rahmen sitzenden Stoßdämpfern geführt, der/die in der Federvorspannung einstellbar ist/sind.

2 Lenker und Hebel

Lenker

1 Entfernen Sie die Lenkerverkleidungen (siehe Kapitel 9). Entfernen Sie beim Primavera und Sprint nur die obere Verkleidung und he-

2.4 Befreien Sie den/die Bremszylinder vom Lenker.

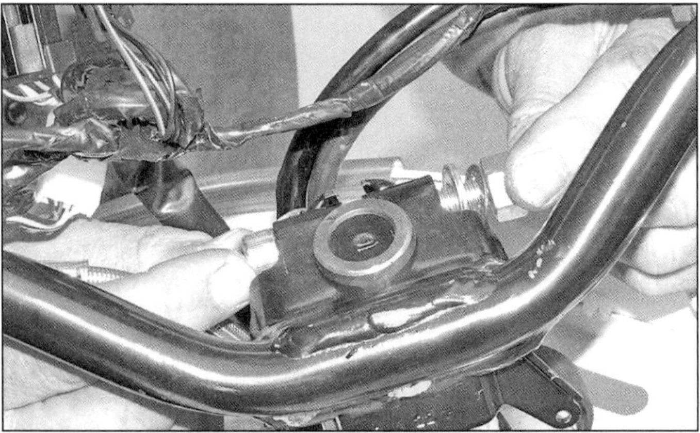

2.7a Lösen Sie die Mutter, ziehen Sie die Schraube heraus ...

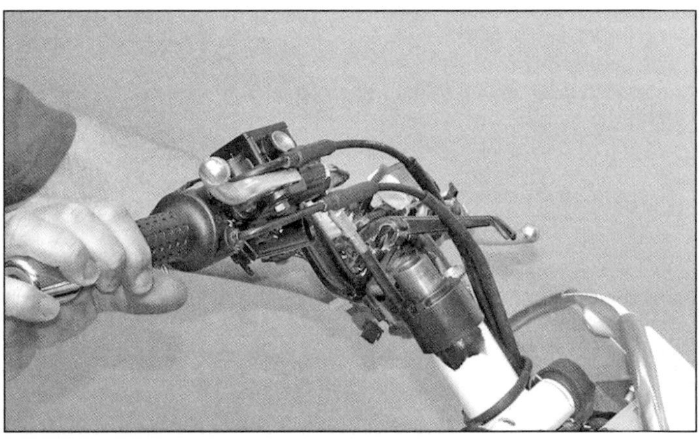

2.7b ... und heben Sie den Lenker ab.

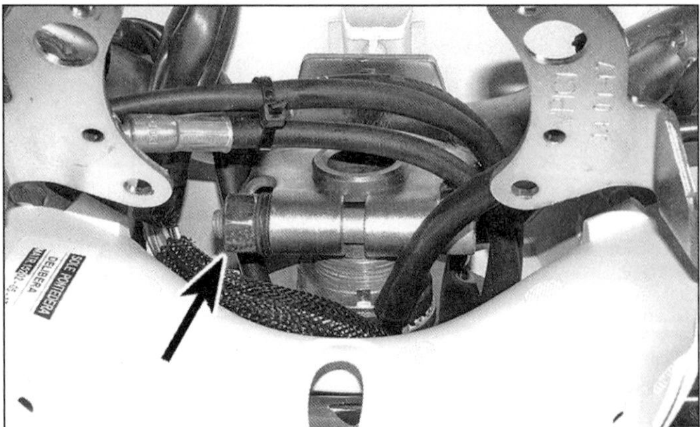

2.7c Lösen Sie beim Primavera und Sprint die Mutter ...

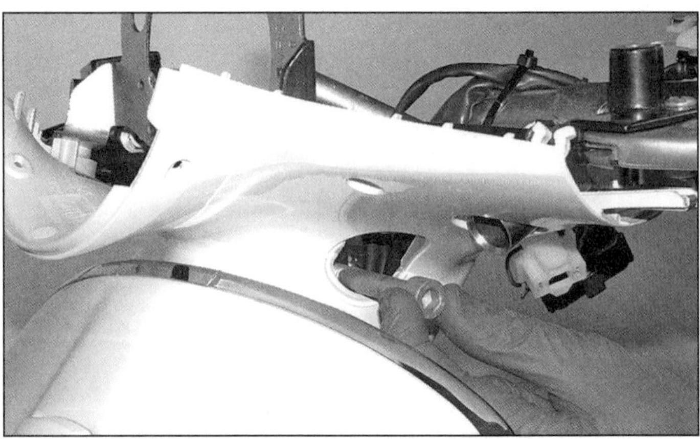

2.7d ... und ziehen Sie die Klemmschraube heraus, ...

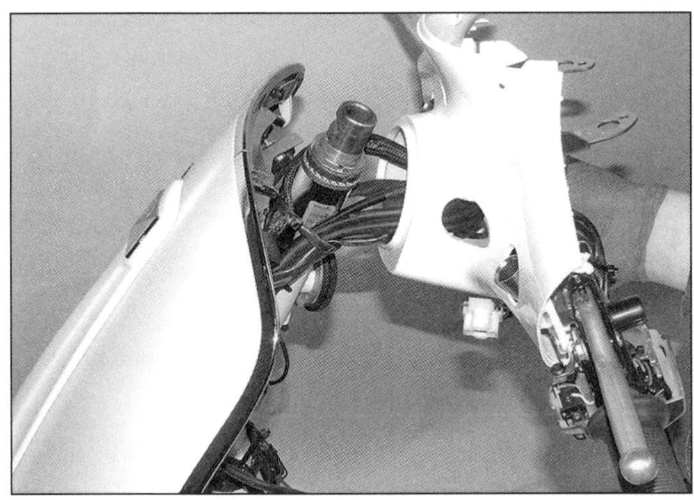

2.7e ... um den Lenker samt unterem Verkleidungsteil abzuheben.

2.8 Legen Sie den Lenker sicher ab – hier auf einer Holzlatte.

2.10a Lösen Sie die Kontermutter, ...

2.10b ... ziehen Sie den Gelenkbolzen heraus ...

2.10c ... und befreien Sie den Hebel, ...

beln Sie dann die Kappe vor der Klemmschraube heraus (siehe Abbildung). Der Lenker kann nötigenfalls (z. B. zum Einstellen der Lenkkopflager) vom Lenkschaft befreit werden, ohne dass Komponenten von ihm entfernt werden müssen – ignorieren Sie dann nicht zutreffende Schritte.

2 Trennen Sie den/die Bremslichtschalter-Stecker (siehe Abbildungen).

3 Befreien Sie den Gaszug/die Gaszüge vom Gasgriff und ziehen Sie diesen vom Lenker (siehe Kapitel 5).

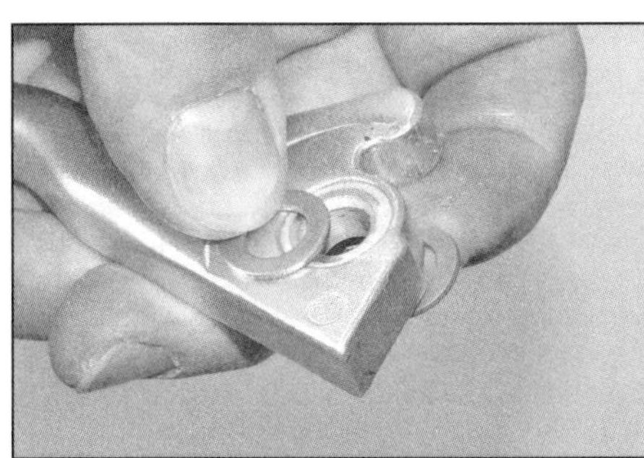

2.10d ... beachten Sie dabei ggf. die Scheiben.

4 Lösen Sie die Klemmschrauben des/der Bremszylinder und befreien Sie diese(n) vom Lenker (siehe Abbildung). Lagern Sie jeden Bremszylinder so, dass der Ausgleichsbehälter aufrecht steht und der Hydraulikschlauch nicht belastet wird.

5 Ziehen Sie bei Modellen mit Seilzug-Hinterradbremse den linken Lenkergriff ab (schneiden Sie ihn nötigenfalls auf). Befreien Sie dann den Bowdenzug vom Hebel (siehe Kapitel 8). Lösen Sie die Schraube des Hinterradbremshebel-Halters und ziehen Sie ihn vom Lenker ab.

6 Falls der Lenker komplett demontiert werden soll, muss notiert werden, wie die Kabel daran gesichert sind; befreien Sie sie dann.

7 Lösen Sie die Klemmschrauben-Mutter und ziehen Sie die Schraube heraus – beachten Sie die Scheiben. Heben Sie den Lenker vom Lenkschaft (siehe Abbildungen). Beim Primavera und Sprint ist die Mutter von oben zugänglich und die Schraube muss seitlich herausgezogen werden, dann wird der Lenker samt unterem Verkleidungsteil abgehoben (siehe Abbildungen).

8 Falls die Lenker-Komponenten am Lenker verblieben sind, muss er so abgelegt werden, dass keine Bowdenzüge, Schläuche und Kabel unter Last stehen; Ausgleichsbehälter müssen aufrecht stehen (siehe Abbildung).

9 Der Einbau entspricht der umgekehrten Ausbaureihenfolge – beachten Sie dabei folgende Punkte:

- *a) Ziehen Sie die Mutter der Lenker-Klemmschraube mit dem vorgeschriebenen Drehmoment an.*
- *b) Vergessen Sie nicht, die Bremslichtschalter-Stecker zu verbinden (Abbildungen 2.2a oder b).*
- *c) Das (ggf. neue) linke Griffgummi muss mit geeignetem Klebstoff am Lenker gesichert werden.*

Bremshebel

10 Lösen Sie unten am Gelenkbolzen die Kontermutter, ziehen Sie den Bolzen heraus und entnehmen Sie den Hebel (siehe Abbildungen) – befreien Sie bei Modellen mit Seilzug-Hinterradbremse dabei den Nippel aus dem Griff.

11 Der Einbau entspricht der umgekehrten Ausbaureihenfolge – schmieren Sie den Gelenkbolzen-Schaft und die Kontaktflächen des Hebels und des Halters sowie ggf. den Bowdenzugnippel mit etwas Fett.

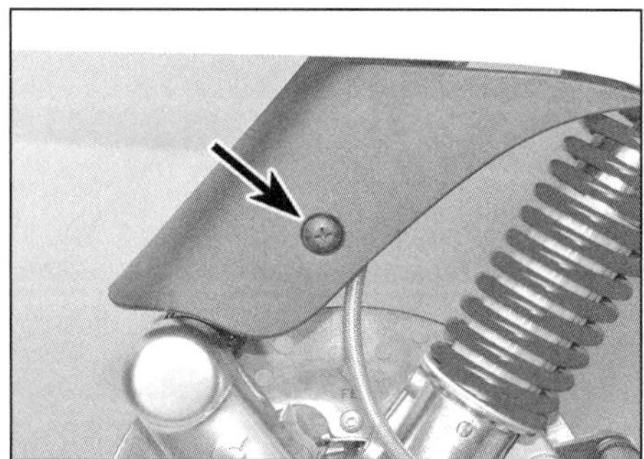

3.3a Lösen Sie die äußere . . .

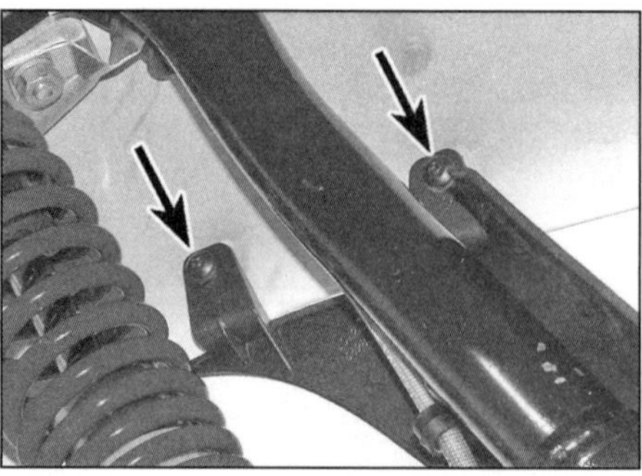

3.3b . . . und die inneren Schrauben der Stoßdämpferabdeckung . . .

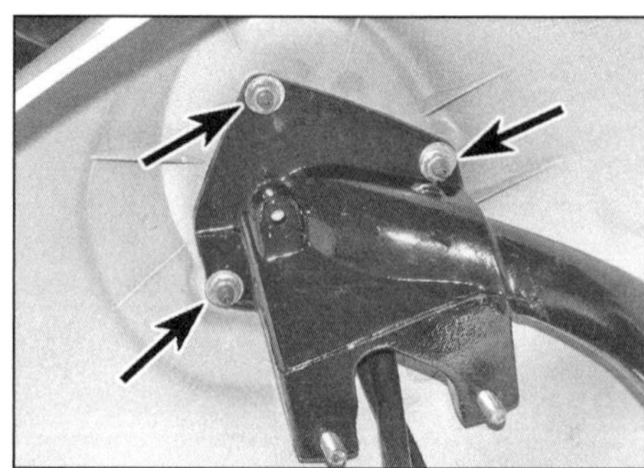

3.3c . . . sowie die Kotflügelmuttern.

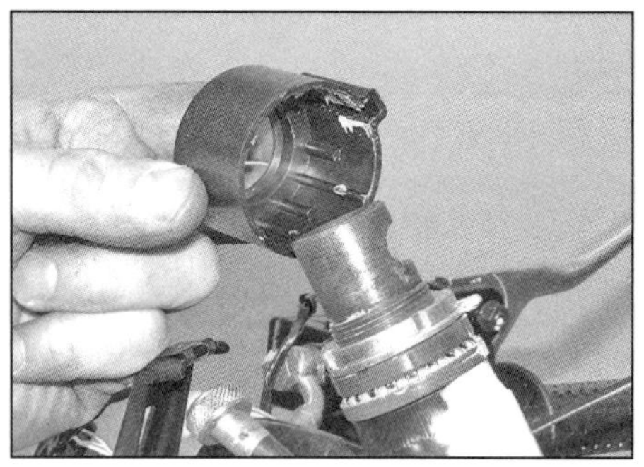

3.5 Entfernen Sie bei GTS-, GTV- und GT-Modellen die Lager-Abdeckung.

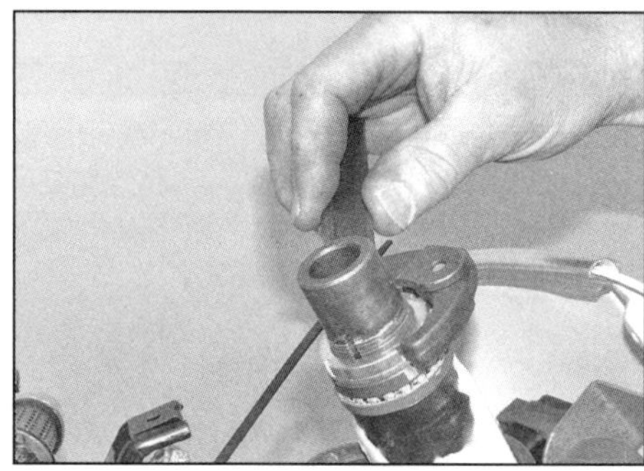

3.6a Lösen Sie den Konterring . . .

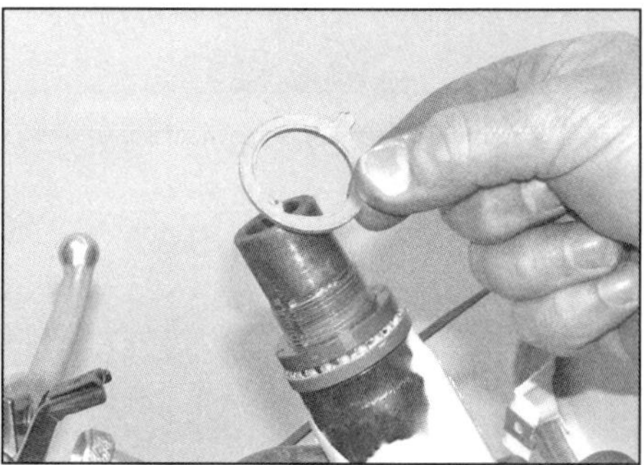

3.6b . . . und entfernen Sie die Scheibe.

3.6c Drehen Sie den Einstellring ab . . .

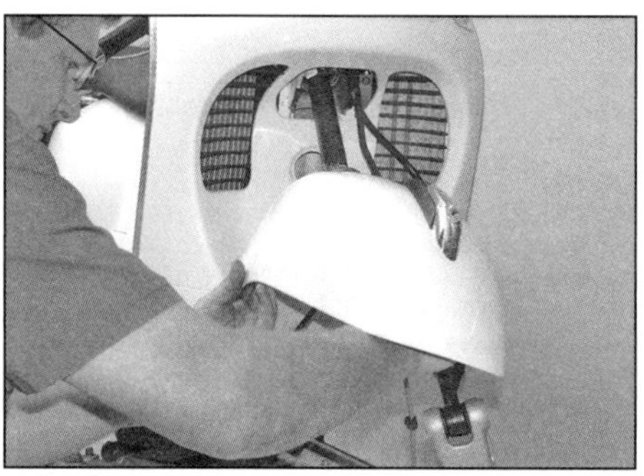

3.7 . . . und senken Sie vorsichtig den Lenkschaft ab.

3.8a Entfernen Sie das obere Lager aus dem Lenkkopf . . .

3 Lenkschaft

Spezialwerkzeug: *Um den Lenkkopflager-Einstellring und den Konterring mit den korrekten Drehmomenten anziehen zu können, wird entweder das Piaggio-Werkzeug 020055Y oder ein passendes Äquivalent benötigt.*

Ausbau

1 Demontieren Sie das Vorderrad (siehe Kapitel 8) und den Lenker (siehe Sektion 2). Demontieren Sie nötigenfalls den Stoßdämpfer (siehe Sektion 6) und die Radnabe sowie den Stoßdämpfer- und Bremssattelträger (siehe Kapitel 8).

2 Falls noch nicht erledigt, muss der Bremssattel demontiert und mit einem Kabelbinder so gesichert werden, dass der Hydraulikschlauch nicht unter Last steht (siehe Kapitel 8) – dieser muss nur getrennt werden, wenn der Kotflügel demontiert werden soll. Befreien Sie die Tachowelle (siehe Kapitel 10) oder den Radsensor (siehe Kapitel 8) von der Radnabe.

3 Demontieren Sie die Stoßdämpferabdeckung (siehe Abbildungen). Lösen Sie die Kotflügelmuttern (siehe Abbildung).

4 Befreien Sie die Tachowelle oder das Sensorkabel und die Bremsleitung aus allen Befestigungen.

5 Entfernen Sie bei GTS-, GTV- und GT-Modellen die Lager-Abdeckung (siehe Abbildung).

6 Lösen Sie den Lenkkopflager-Konterring – entweder mit einem Hakenschlüssel (siehe Abbildung), einem Zapfenschlüssel oder einem an den Nuten angesetzten Dorn samt Hammer. Entfernen Sie die Sicherungsscheibe (siehe Abbildung). Stützen Sie den Lenkschaft ab und drehen Sie mithilfe des beim Konterring verwendeten Werkzeugs den Lager-Einstellring ab (siehe Abbildung).

7 Senken Sie den Lenkschaft vorsichtig aus dem Lenkkopf und dem Kotflügel nach unten ab, stellen Sie dabei die Kotflügel-Schrauben sicher (siehe Abbildung). Falls die Bremsleitung vom Bremssattel getrennt

3.8b ... und das untere Lager vom Lenkschaft.

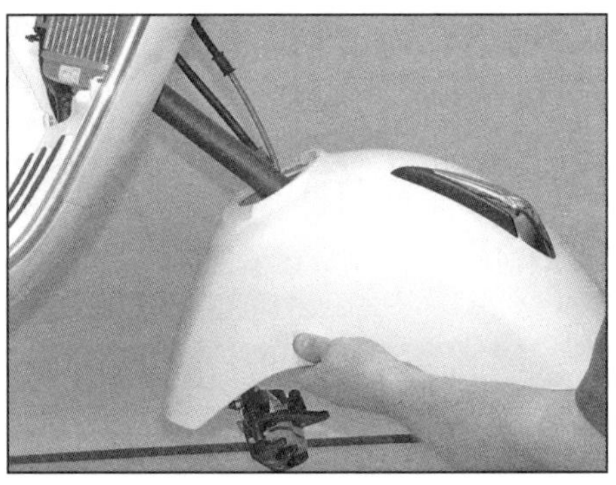

3.11 Führen Sie den Lenkschaft zunächst durch den Kotflügel und dann durch den Lenkkopf.

3.12a Drehen Sie den Einstellring auf ...

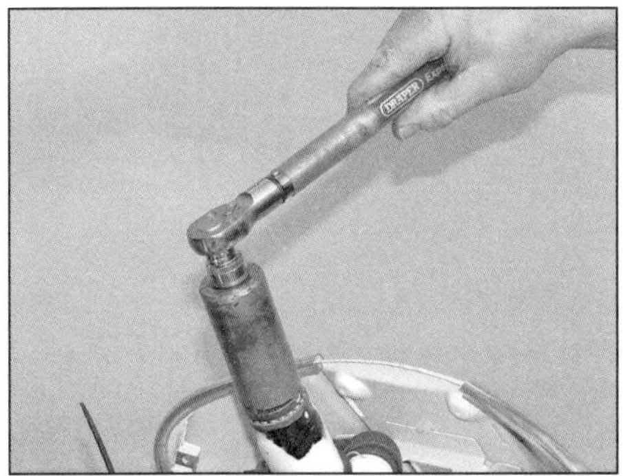

3.12b ... und ziehen Sie ihn mit dem Spezialwerkzeug ...

3.12c ... oder dem Hakenschlüssel wie beschrieben an.

3.13a Richten Sie die Lasche der Sicherungsscheibe zur Nut des Lenkschafts aus ...

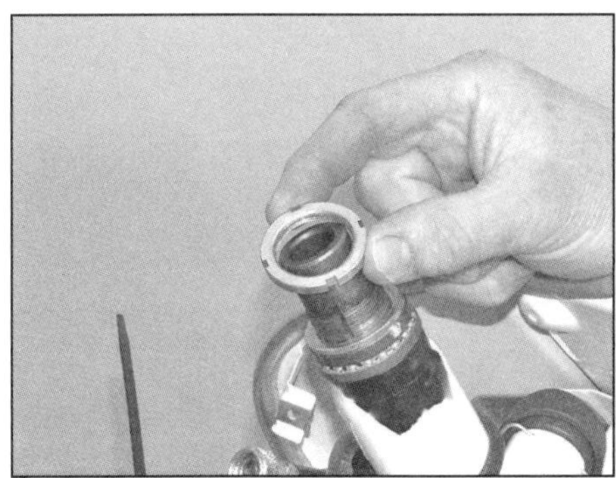

3.13b ... und drehen Sie den Konterring auf.

wurde, kann der Kotflügel jetzt entnommen werden.

8 Entfernen Sie das obere Lager aus dem Lenkkopf und das untere Lager vom Lenkschaft (siehe Abbildungen). Beseitigen Sie das alte Fett aus den Lagern und Ihrem Ringen und kontrollieren Sie alles auf Verschleiß und Beschädigungen (siehe Sektion 4).

Achtung: Die äußeren Lagerschalen im Lenkkopf und die untere innere Lagerschale auf dem Lenkschaft dürfen nur entfernt werden, wenn sie ersetzt werden sollen!

Einbau

9 Verteilen Sie eine ausreichende Menge Fett in den äußeren Lagerschalen des Lenkkopfs und arbeiten Sie es gut in die beiden Lagerkäfige ein. Installieren Sie dann die beiden Lager (Abbildungen 3.8a und b).

10 Falls der Kotflügel entfernt wurde, müssen die Bremsleitung und die Tachowelle oder das Sensorkabel durch ihn hindurch geführt werden.

11 Führen Sie den Lenkschaft vorsichtig durch den Kotflügel und sichern Sie ihn mit den handfest angezogenen Muttern (siehe Abbildung).

12 Führen Sie den Lenkschaft anschließend durch den Lenkkopf, drehen Sie oben den Einstellring auf (siehe Abbildung) und ziehen Sie ihn mit dem entsprechend des Modells vorgegebenen Drehmoment an – verwenden Sie dazu das Piaggio-Spezialwerkzeug 020055Y oder einen entsprechenden Zapfenschlüssel (siehe Abbildung). Prüfen Sie die Einstellung der Lenkkopflager (siehe Kapitel 1). Falls kein Drehmomentschlüssel eingesetzt werden kann, muss der Einstellring mit dem Hakenschlüssel so weit angezogen werden, dass der Lenkschaft soeben kein Spiel mehr hat, sich aber noch frei drehen lässt (siehe Abbildung); kontrollieren Sie anschließend nach der Montage der Radnabe, des Stoßdämpfers und des Vorderrads sowie bei LX-, LXV- und S-Modellen des Lenkers die Einstellung der Lenkkopflager (siehe Kapitel 1).

Achtung: Ziehen Sie den Einstellring nicht zu stark an – hierbei können die Lenkkopflager dauerhaft geschädigt werden!

13 Sobald die Lenkkopflager korrekt eingestellt sind, wird die Sicherungsscheibe aufgelegt, sodass ihre Lasche in die Nut des Lenkschafts greift (siehe Abbildung). Drehen Sie den Konterring auf und ziehen Sie ihn wie in Schritt 12 beschrieben ggf. mit 35 bis 40 Nm.

14 Installieren Sie alle entfernten Komponenten und kontrollieren Sie erneut die Einstellung der Lenkkopflager (siehe Kapitel 1).

7

4 Lenkkopflager

Kontrolle

1 Demontieren Sie den Lenkschaft (siehe Sektion 3).

2 Entfernen Sie alte Fettreste aus den Lagern und Schalen und kontrollieren Sie sie auf Verschleiß und Beschädigungen. Die müssen glatt und ohne Eindrücke sein – die äußeren Lagerschalen sitzen oben und unten im Lenkkopf, die obere innere Lagerschale ist die Unterseite des Einstellrings (Abbildung 3.12a) und die untere innere Lagerschale ist unten am Lenkschaft verpresst (siehe Abbildungen).
3 Inspizieren Sie die Kugeln auf Verschleiß, Schäden und Verfärbung, und überprüfen Sie ihren Käfig auf Brüche oder Risse (Abbildungen 3.8a und b). Wenn irgendwelche Anzeichen von Verschleiß an einem Teil festgestellt werden, müssen beide Lenkkopflager als Satz ausgewechselt werden. Entfernen Sie die äußeren Lagerschalen oben und unten im Lenkkopf sowie den auf den Lenkschaft gepressten unteren Innenring nur, wenn die Teile ersetzt werden sollen – einmal entfernt, müssen sie erneuert werden.

Ersetzen

4 Die äußeren Lagerschalen sind in den Lenkkopf eingepresst und können mit einem geeigneten Treibdorn herausgeschlagen werden (siehe Abbildungen). Klopfen Sie kräftig und kreisförmig die Lager heraus, ohne sie dabei zu verkanten – es kann vorteilhaft sein, das Ende des Dorns zu krümmen, um die Ringe besser ausschlagen zu können.
5 Alternativ können die Lagerschalen mit einem geeigneten Zughammer demontiert werden – die lässt sich ggf. bei einer Werkstatt ausleihen.
6 Die neuen äußeren Lagerschalen können mit einer Einziehvorrichtung in den Lenkkopf gepresst (siehe Abbildung) oder mit einem entsprechend großen Rohr oder Steckschlüssel eingetrieben werden. Achten Sie darauf, dass die Scheibe des Einziehers oder der Rand des Treibers nur den äußeren Rand des Lagers und niemals die Lagerlauffläche berührt.

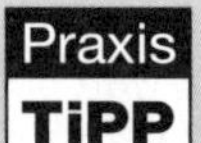

Der Einbau neuer Lagerschalen kann vereinfacht werden, wenn man sie über Nacht in die Kühltruhe legt. Sie schrumpfen dadurch und lassen sich leichter einbauen. Alternativ kann Kältespray verwendet werden.

7 Der untere Lagerinnenring darf nur demontiert werden, wenn er ausgetauscht werden soll. Eventuell kann er vorsichtig mit zwei gegenüberliegenden Schraubenziehern abgehebelt werden. Wenn der Ring fest sitzt, ist es nötig, einen Abzieher anzusetzen. Eine Piaggio-Werkstatt hat für diese Arbeit ein spezielles Abziehwerkzeug.
8 Installieren Sie einen neuen unteren Lager-Innenring über den Lenkschaft (Abbildung 4.2b). Klopfen Sie den Ring mit einem Rohr, das nicht die Lager-Gleitflächen berührt, in seine Position; durch Erhitzen des Rings und Abkühlen des Lenkschaftes wird die Arbeit erleichtert. Benützen Sie nötigenfalls eine hydraulische Presse.
9 Montieren Sie den Lenkschaft (siehe Sektion 3).

4.2a Kontrollieren Sie die Lagerschalen . . .

4.2b . . . auf Verschleiß und Beschädigungen.

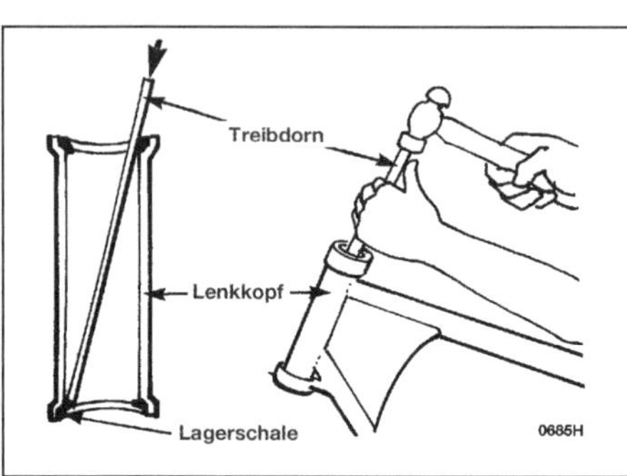

4.4a Treiben Sie die äußeren Lagerschalen von der Gegenseite mit einem Messingdorn aus, . . .

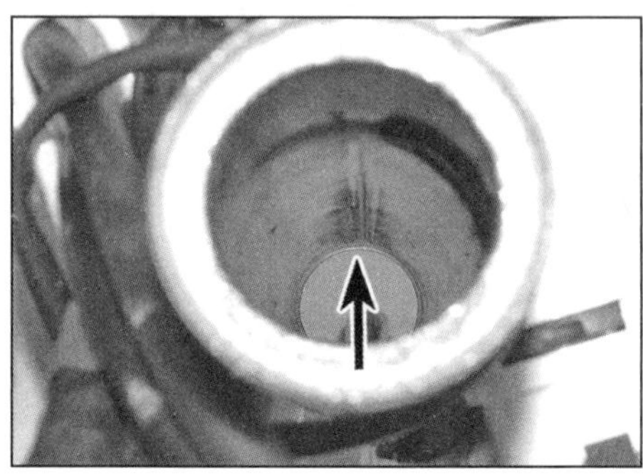

4.4b . . . der in den Ausschnitten angesetzt werden kann.

5 Vorderradfederung

Zerlegung

1 Demontieren Sie das Vorderrad und ggf. die Radnabe (siehe Kapitel 8) – diese muss nicht entfernt werden, wenn nur der Stoßdämpfer ausgebaut werden soll, wohl aber, wenn auch der Bremssattel/Stoßdämpfer-Halter und die Kurzschwinge entfernt werden soll.
2 Entfernen Sie die Stoßdämpferabdeckung (Abbildungen 3.3a und b) und die Kurzschwingen-Abdeckung (siehe Abbildung). Befreien Sie den Bremsschlauch und ggf. das Radsensor-Kabel vom Lenkschaft (siehe Abbildung).
3 Lockern Sie bei Modellen mit konventioneller unterer Stoßdämpfer-Aufnahme die zwei Schrauben, die den Stoßdämpfer unten am Halter sichern. Lösen Sie dann die zwei Muttern, die den Dämpfer oben Lenkschaft halten – beachten Sie, wie diese auch die Bremsschlauchführung sichern (siehe Abbildung). Senken Sie die Schwinge ab und ziehen Sie den Stoßdämpfer von seinen oberen Stehbolzen ab (siehe Abbildung). Lösen Sie die unten am Stoßdämpfer die zwei Schrauben, die ihn am Halter sichern (siehe Abbildung) – beachten Sie die Scheiben. Entnehmen Sie den Stoßdämpfer.
4 Entfernen Sie bei Modellen mit ESS-Stoßdämpfer-Aufnahme vorn am unteren Stoßdämpferbolzen den Seegerring und die Scheibe (siehe Abbildung). Kontern Sie die Hülsenmutter und lösen Sie den Bolzen und

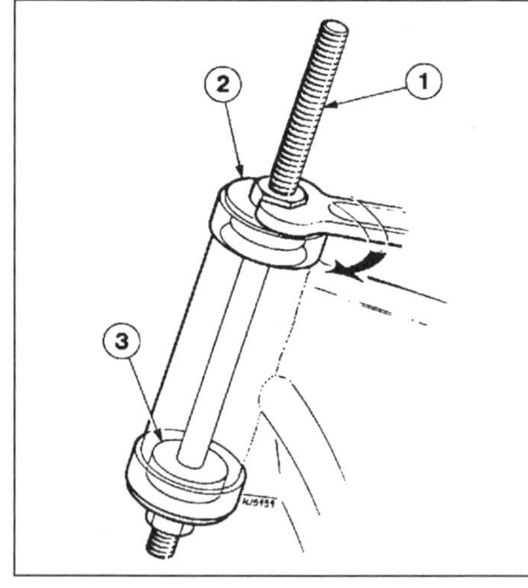

4.6 Lenkkopflager-Einziehvorrichtung
1 Lange Schraube oder Gewindestange
2 Dicke Scheibe
3 Führung für unteren Lagerring

stützen Sie die Halterung, während Sie den Bolzen herausziehen (siehe Abbildungen).
5 Entfernen Sie die Hülsenmutter – beachten Sie die O-Ringe an ihr und dem Bolzen sowie an beiden Seiten des unteren Stoßdämpferauges (siehe Abbildungen). Beschädigte O-Ringe müssen ersetzt werden, da hierdurch Schmutz und Feuchtigkeit in die Lager der Anlenkung eindringen kann.

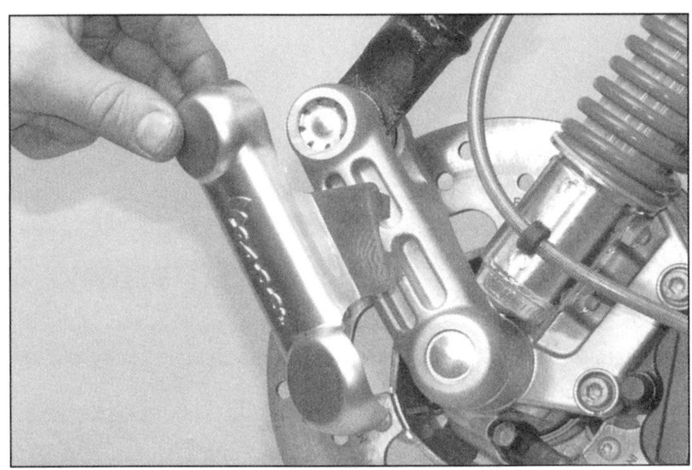

5.2a Entfernen Sie die Kurzschwingen-Abdeckung ...

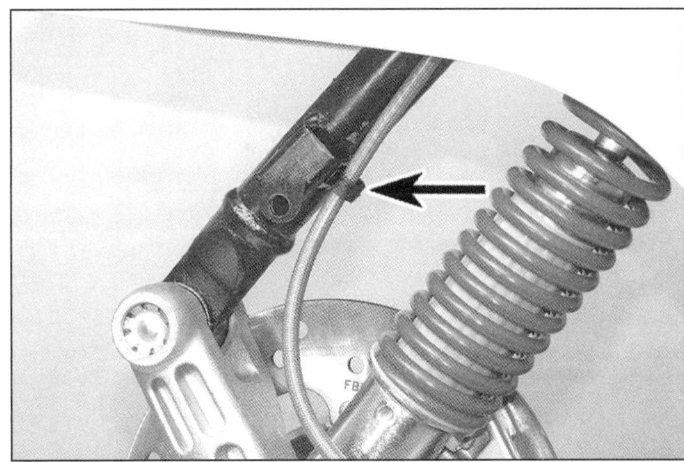

5.2b ... und befreien Sie die Bremsleitung aus der Führung.

5.3a Lösen Sie die oberen Stoßdämpfermuttern ...

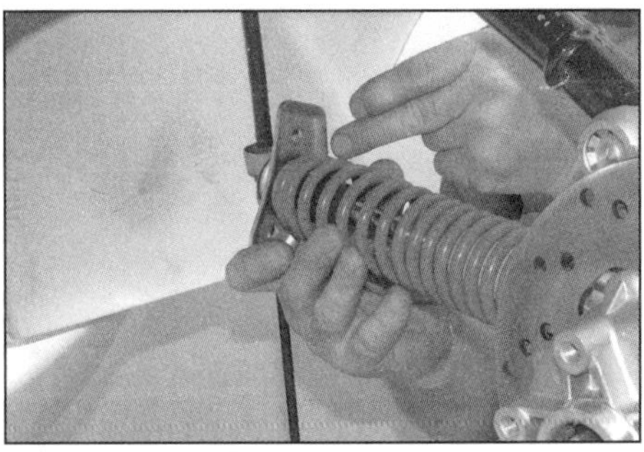

5.3b ... und ziehen Sie den Stoßdämpfer von den Stehbolzen.

5.3c Lösen Sie die unteren Stoßdämpferschrauben.

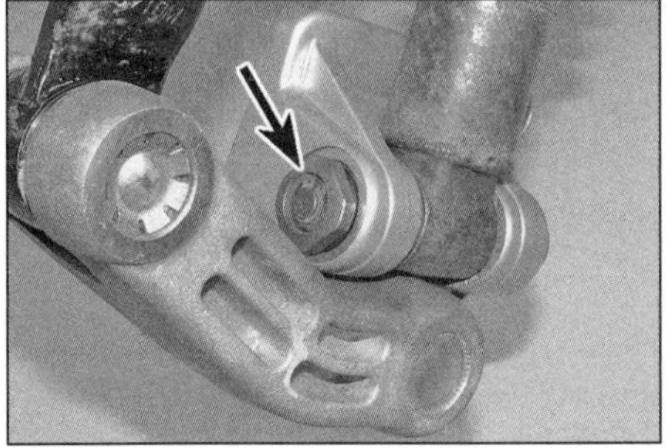

5.4a Entfernen Sie den Seegerring und die Scheibe.

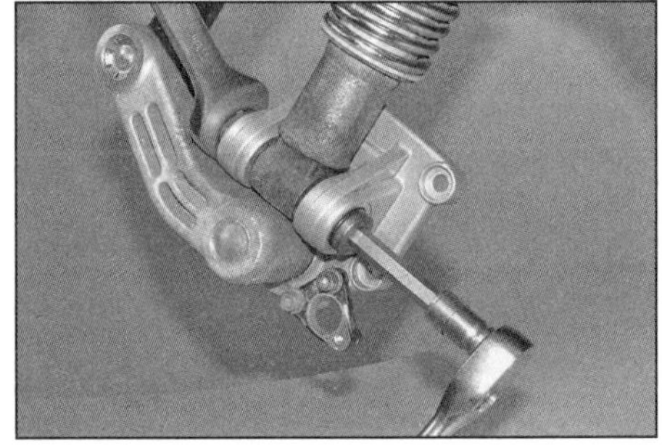

5.4b Lösen Sie den unteren Stoßdämpferbolzen, ...

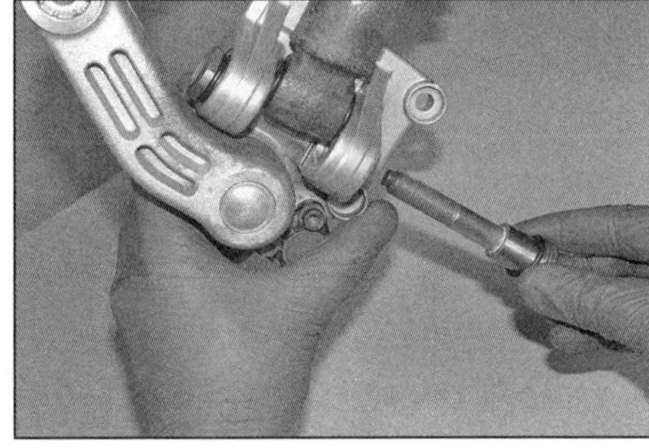

5.4c ... stützen Sie den Halter und ziehen Sie den Bolzen heraus.

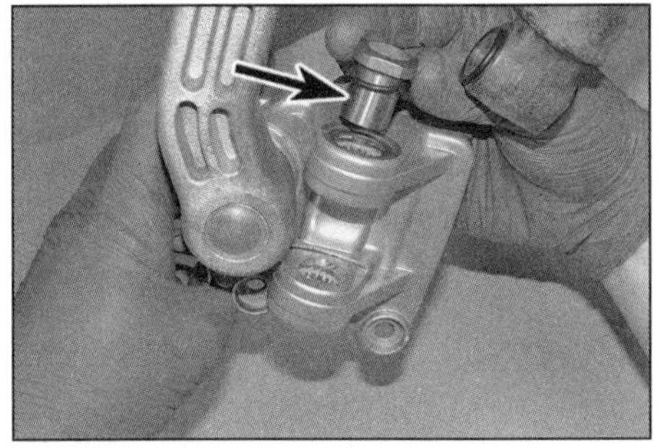

5.5a Entfernen Sie die Hülsenmutter.

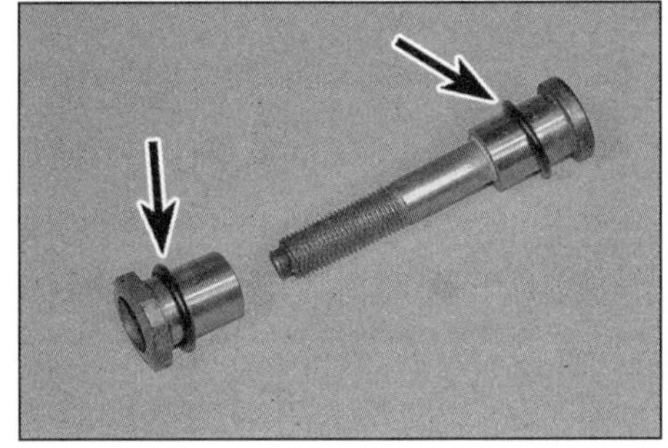

5.5b Beachten Sie die O-Ringe an der Hülsenmutter und am Stoßdämpferbolzen ...

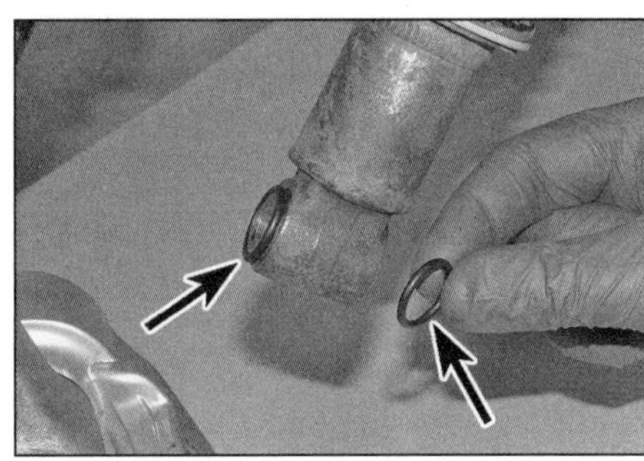

5.5c ... sowie am unteren Stoßdämpferauge.

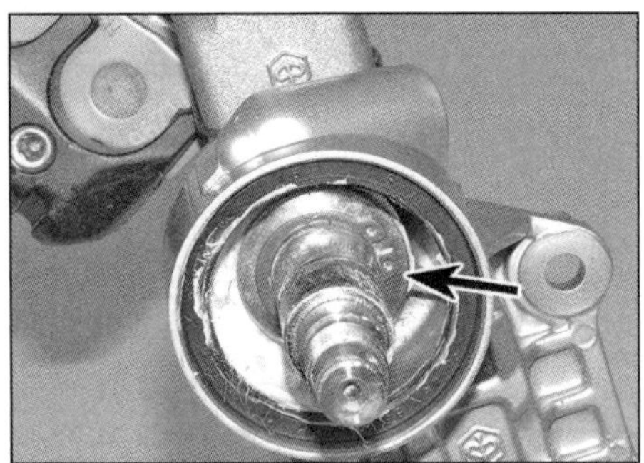

5.6a Lösen Sie den Seegerring und entfernen Sie die dahinterliegende Scheibe, . . .

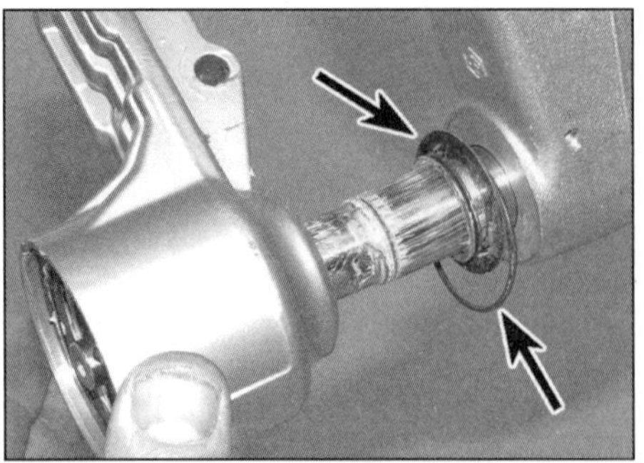

5.6b . . . ziehen Sie dann den Halter ab und entfernen Sie die äußere Scheibe und die O-Ringe.

5.8 Entfernen Sie an beiden Seiten die Fedesternscheibe.

5.12 Die Dämpferstange darf weder Ausbrüche zeigen noch verölt sein.

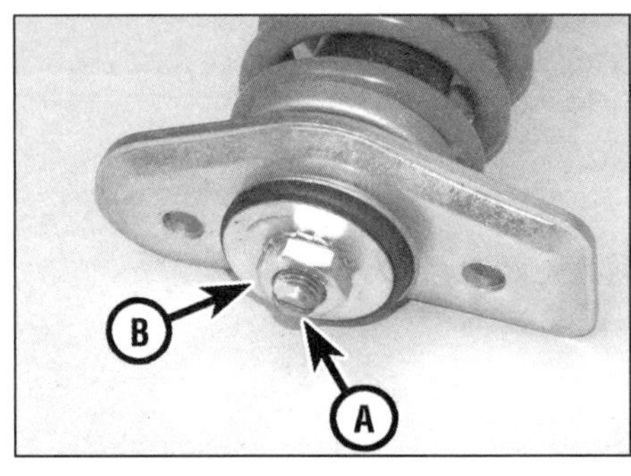

5.13 Halten Sie den Stehbolzen (A) und lösen Sei die Mutter (B).

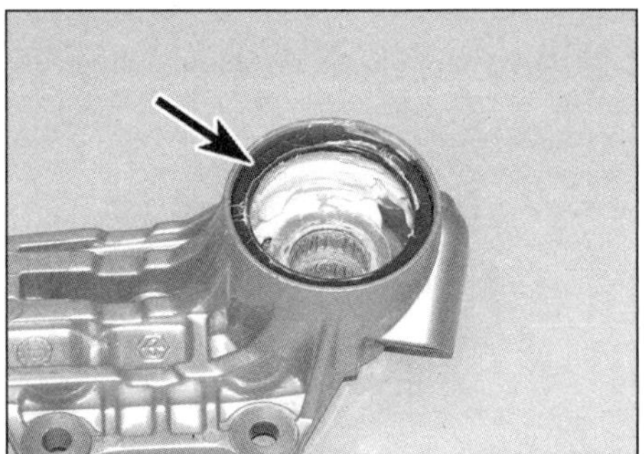

5.14a Kontrollieren Sie den großen Dichtring an der Innenseite, . . .

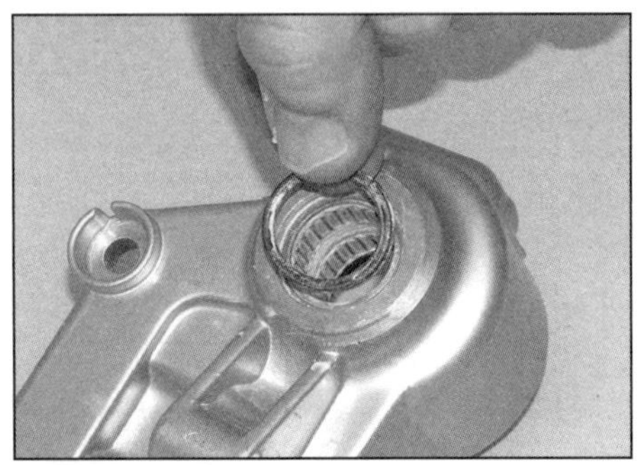

5.14b . . . den kleinen Dichtring . . .

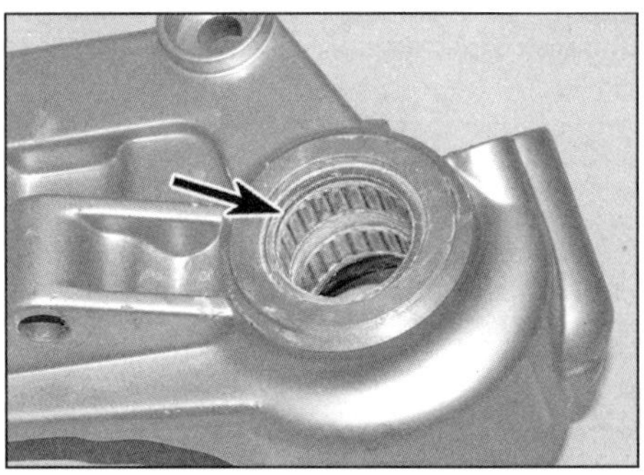

5.14c . . . und die Nadellager.

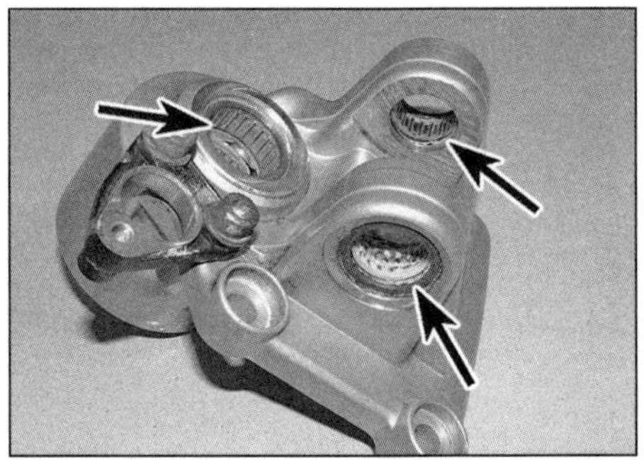

5.15 Nadellager in einer ESS-Stoßdämpfer-Aufnahme

6 Prüfen Sie, ob in den Lagern zwischen der Radachse und dem Bremssattel/Stoßdämpfer-Halter Spiel fühlbar ist. Entfernen Sie nötigenfalls den Seegerring und die innere Scheibe, um den Halter von der Achse zu ziehen (siehe Abbildungen). Entfernen Sie die äußere Scheibe und die O-Ringe.

7 Prüfen Sie, ob in den Lagern zwischen der Kurzschwinge und dem Lenkschaft Spiel fühlbar ist – falls dies der Fall ist oder die Schwinge sich nicht sanft und frei schwenken lässt, müssen die Lager und der Distanzstift erneuert werden. Soweit die Lager und der Stift in Ordnung sind, gibt es keinen Grund, die Schwinge vom Lenkschaft zu trennen, solange keine anderen Gründe vorliegen.

8 Um die Kurzschwinge demontieren zu können, müssen zuerst die Radnaben-Baugruppe (siehe Kapitel 3) und der Bremssattel/Stoßdämpfer-Halter (Schritt 3) entfernt werden. Zum Lösen der Schwinge vom Lenkschaft muss an beiden Seiten die Federsternscheibe entfernt werden (siehe Abbildung) – schlagen Sie sie entweder mittig mit einem geeigneten Dorn aus, der breit genug ist, den erhabenen inneren Teil abzudecken, oder hebeln Sie die äußeren Laschen mit einem kleinen Schraubendreher hoch. Beim Einbau werden auf jeden Fall neue Federsternscheiben benötigt.

9 Treiben oder pressen Sie den Lager-Distanzstift aus der Mitte der Schwinge heraus und trennen Sie sie vom Lenkschaft. Entfernen Sie alle O-Ringe und Staubdichtungen.

Kontrolle

10 Reinigen Sie alle Komponenten sorgfältig, beseitigen Sie Schmutz, Korrosion und altes Fett. Inspizieren Sie die Teile penibel auf Verschleiß oder Beschädigungen.

11 Begutachten Sie den Stoßdämpfer auf äußerliche Beschädigungen. Kontrollieren Sie seine Feder auf Brüche und Ermüdungserscheinungen.

12 Inspizieren Sie die Dämpferstange auf Verzug, Ausbrüche und Undichtigkeiten (siehe Abbildung).

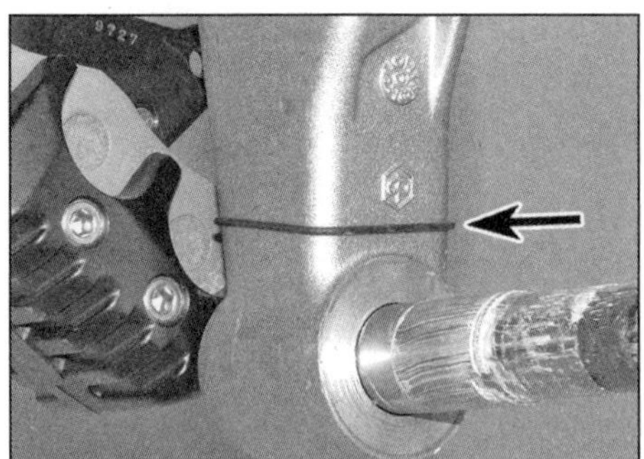

5.21a Positionieren Sie den neuen größeren O-Ring wie gezeigt.

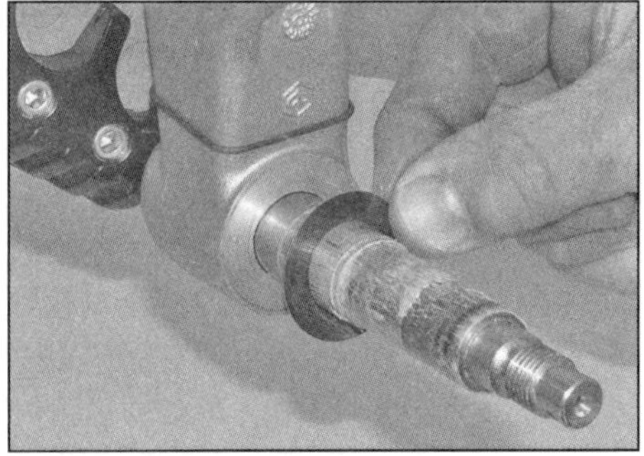

5.21b Schieben Sie die äußere Scheibe, ...

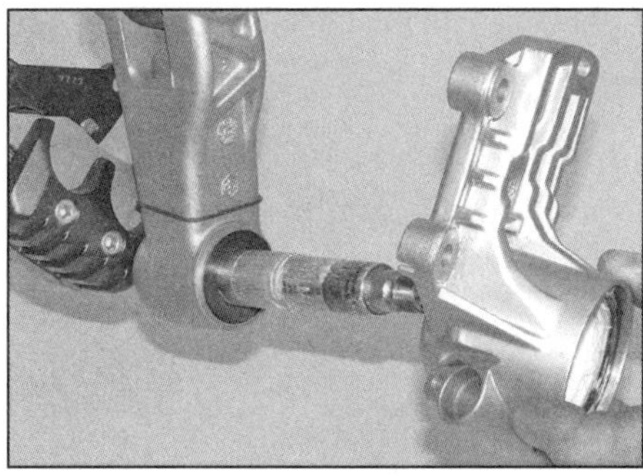

5.21c ... den Halter ...

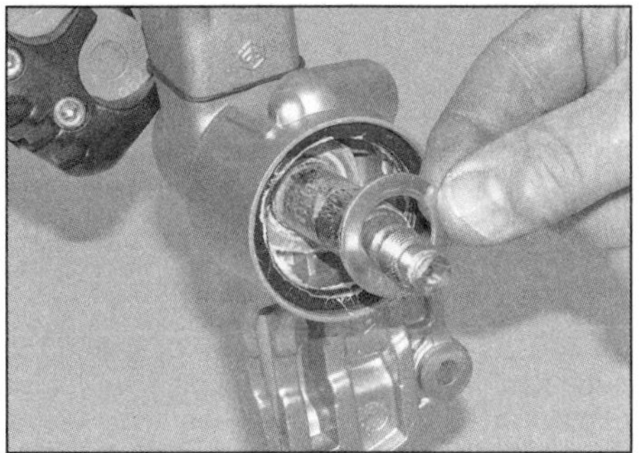

5.21d ... und die innere Scheibe auf ...

5.21e ... und sichern Sie alles mit dem Seegerring.

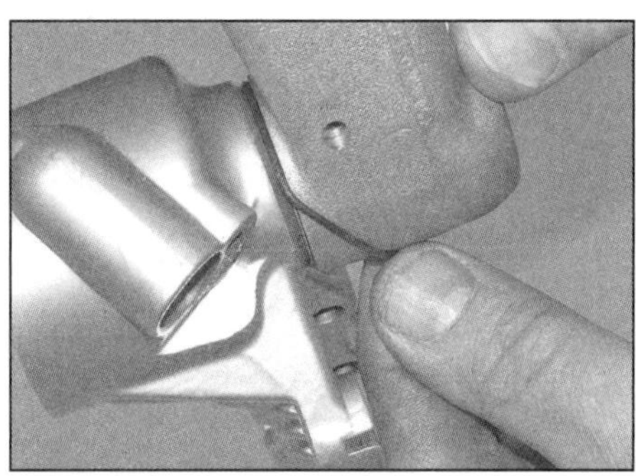

5.21f Führen Sie jetzt den O-Ring in den Spalt zwischen dem Halter und der Schwinge.

13 Kontrollieren Sie die obere und untere Stoßdämpferaufnahme auf Verschleiß und Beschädigungen. Die obere Aufnahme kann nötigenfalls zum Austausch der Gummibuchsen oder zum Umsetzen an einen neuen Stoßdämpfer zerlegt werden. Kontern Sie die Stehbolzen mit einem in der Nut angesetzten Schraubendreher, lösen Sie die Mutter und entfernen Sie die Scheiben, die Buchsen und die Halteplatte – merken Sie sich die Reihenfolge und Einbaulagen (siehe Abbildung).
14 Begutachten Sie die Dichtringe und Nadellager in der Kurzschwinge und dem Bremssattel/Stoßdämpfer-Halter (siehe Abbildungen).
15 Kontrollieren Sie bei Modellen mit ESS-Stoßdämpfer-Aufnahme die Nadellager im Bremssattel/Stoßdämpfer-Halter (siehe Abbildung).
16 Verschlissene Nadellager können aus ihren Bohrungen getrieben werden – hierbei werden sie jedoch zerstört und es müssen neue Lager beschafft werden. Markieren oder messen Sie vor dem Ausbau der Lager sorgfältig ihre Einbautiefe, damit die neuen Lager korrekt installiert werden können – diese müssen eingepresst oder eingezogen werden – beachten Sie zur Benutzung eines Einziehwerkzeugs die Hinweise in Sektion 5 der *Werkzeug- und Werkstatt-Tipps* im Anhang.
17 Schmieren Sie die Nadellager mit Molybdän-Fett.
18 Installieren Sie neue Dichtringe (Abbildungen 5.14a und b).

Zusammenbau

19 Schmieren Sie den zwischen den Nadellagern der Kurzschwinge sitzenden Distanzstift mit Molybdän-Fett. Richten Sie die Schwinge zum Lenkschaft aus und treiben oder pressen Sie den Stift ein.
20 Treiben Sie die neuen Federsternscheiben mit einem in der Vertiefung zwischen der erhabenen inneren Sektion und den angehobenen Laschen angesetzten Rohr in ihre Sitze (Abbildung 5.8).
21 Schmieren Sie die Achse und die Lager des Bremssattel/Stoßdämpfer-Halters mit Fett. Ziehen Sie einen neuen großen O-Ring über die Schwinge und positionieren Sie ihn wie gezeigt (siehe Abbildung). Legen Sie die äußere Scheibe auf (siehe Abbildung) und schieben Sie den Bremssattel/Stoßdämpfer-Halter auf die Achse. Installieren Sie dann die innere Scheibe und den Seegerring – dieser muss korrekt in seiner Nut sitzen (siehe Abbildungen). Führen Sie jetzt den O-Ring in den Spalt zwischen dem Halter und der Schwinge (siehe Abbildung).
22 Installieren Sie den Stoßdämpfer und ziehen Sie seine Bolzen und Muttern mit den in den technischen Daten angegebenen Drehmomenten an (Abbildungen 5.3c, b und a) – vergessen Sie nicht, mit einer der Muttern die Bremsschlauch-Führung zu sichern.
23 Sichern Sie die Bremsschlauchführung am Lenkschaft (Abbildung 5.2b). Montieren Sie die Radnaben-Baugruppe und das Vorderrad (siehe Kapitel 8). Montieren Sie alle Abdeckungen (Abbildungen 5.2a sowie 3.3a und b).

6 Hinterradstoßdämpfer

Ausbau

1 Stellen Sie das Fahrzeug auf den Hauptständer und stützen Sie das Hinterrad so ab, dass die Antriebseinheit nach dem Lösen des/der unteren Stoßdämpferbolzen(s) nicht herunterfällt. Das Heck muss vollständig entlastet sein, damit der/die Stoßdämpfer nicht komprimiert ist/sind. Achten Sie auf ein versetzt angebrachtes unteres Stoßdämpferauge, damit beim Einbau alles korrekt ausgerichtet wird.
2 Bauen Sie bei LX- LXV- und S-Modellen die Batterie aus (siehe Kapitel 10).
3 Demontieren Sie bei GTS-, GTV- und GT-Modellen den Beifahrergriff oder Gepäckträger und die seitlichen Verkleidungen (siehe Kapitel 9) sowie den Auspuff (siehe Kapitel 5). Um Zugang zum linken unteren Stoßdämpferbolzen zu erhalten, muss das Luftfiltergehäuse entfernt werden (siehe Kapitel 5, Sektion 2).
4 Entfernen Sie bei Primavera- und Sprint-Modellen die Blende unter der Sitzbank (siehe Kapitel 9).

6.5 Lösen Sie die Mutter und ziehen Sie den unteren Stoßdämpferbolzen heraus.

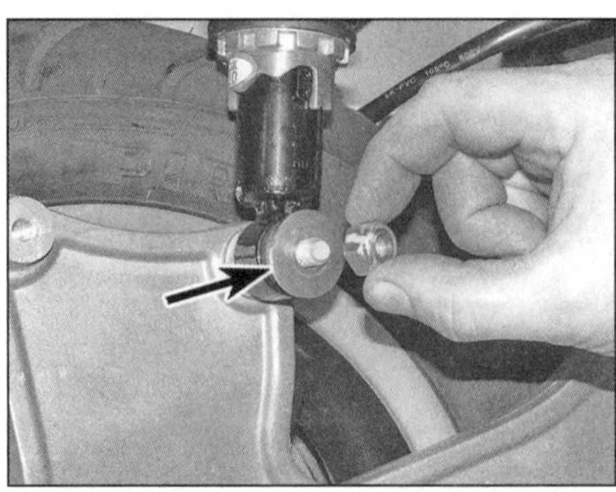

6.6a Lösen Sie die Mutter, entfernen Sie die Scheibe . . .

6.6b . . . und ziehen Sie den Stoßdämpfer vom Stutzen ab.

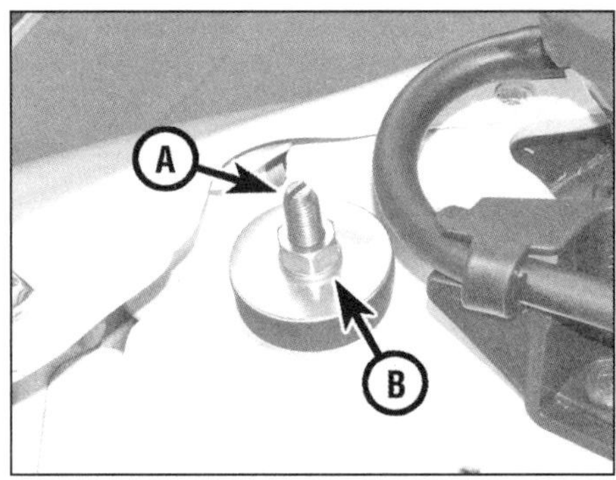

6.7 Halten Sie den Gewindestutzen des Stoßdämpfers (A) und lösen Sie die Mutter (B).

6.11 Bei GTS-, GTV- und GT-Modellen müssen die Hülsen im linken unteren Stoßdämpferauge stecken.

7.1 Einstellung der Federvorspannung mit einem Hakenschlüssel

5 Links sitzt das untere Stoßdämpferauge zwischen Halteplatten am Antriebsgehäuse. Lösen Sie die Mutter und ziehen Sie den Bolzen heraus, um es zu befreien (siehe Abbildung). Lockern Sie nötigenfalls die Halteplattenschrauben, um den Stoßdämpfer zu befreien.

6 Bei GTS-, GTV- und GT-Modellen ist der rechte Stoßdämpfer an einem Stutzen des Auspuffhalters gesichert. Lösen Sie die Mutter, entfernen Sie die Scheibe und ziehen Sie den Stoßdämpfer vom Stutzen ab (siehe Abbildungen).

7 Das obere Ende des Stoßdämpfers ist mit einer Mutter samt Scheibe in einer Gummibuchse gesichert. Positionieren Sie einen Ringschlüssel an der Mutter und halten Sie den Stoßdämpfer mit einem Schraubendreher, damit er nicht mitdreht; lösen Sie dann die Mutter und entnehmen Sie die Scheibe(n) sowie die Buchse. Entnehmen Sie den Stoßdämpfer – beachten Sie alle Scheiben zwischen ihm und der Unterseite der Karosserie (siehe Abbildung). Beachten Sie bei GTS-, GTV- und GT-Modellen die Hülsen im linken unteren Stoßdämpferauge (Abbildung 6.11).

Kontrolle

Anmerkung: *Falls das Fahrzeug mit zwei Stoßdämpfern ausgerüstet ist, müssen diese nötigenfalls paarweise ausgetauscht werden.*

8 Begutachten Sie den Stoßdämpfer auf äußerliche Beschädigungen. Kontrollieren Sie seine Feder auf Brüche und Ermüdungserscheinungen.

9 Inspizieren Sie die Dämpferstange auf Verzug, Ausbrüche und Undichtigkeiten (Abbildung 5.12).

10 Kontrollieren Sie die obere und untere Stoßdämpferaufnahme auf Verschleiß und Beschädigungen. Begutachten Sie die Gummibuchse auf Risse und Versprödung. Alle Befestigungs-Komponenten und die obere Gummibuchse sind separat erhältlich.

Einbau

11 Der Einbau entspricht der umgekehrten Ausbaureihenfolge – der Stoßdämpfer muss richtig herum angesetzt werden (siehe Schritt 1). Die Hülsen müssen bei GTS-, GTV- und GT-Modellen im linken unteren Stoßdämpferauge stecken (siehe Abbildung). Ziehen Sie die Stoßdämpfer-Befestigungen mit den in den technischen Daten angegebenen Drehmomenten an.

7 Hinterradstoßdämpfer
Einstellung

1 Die Federvorspannung kann mit dem im Bordwerkzeug enthaltenen Hakenschlüssel am Sitz unterhalb der Feder verstellt werden (siehe Abbildung) – dies muss bei unbelastetem Fahrzeug geschehen.

2 Zur Erhöhung der Vorspannung muss der Federsitz im Uhrzeigersinn gedreht werden, zur Verringerung gegen den Uhrzeigersinn. Achten Sie darauf, dass der Sitz korrekt auf dem Anguss des Dämpfergehäuses einrastet.

3 Bei Modellen mit zwei Stoßdämpfern müssen die Federsitze stets in die gleiche Position gebracht werden.

8 Schwinge

LX- LXV- und S-Modelle

Ausbau

1 Entfernen Sie den Motordeckel und die Bodenverkleidungen (siehe Kapitel 9). Entfernen Sie unten und an den Seiten die Gummikappen.

8.13a Längen Sie die Feder mit eingesteckten Scheiben.

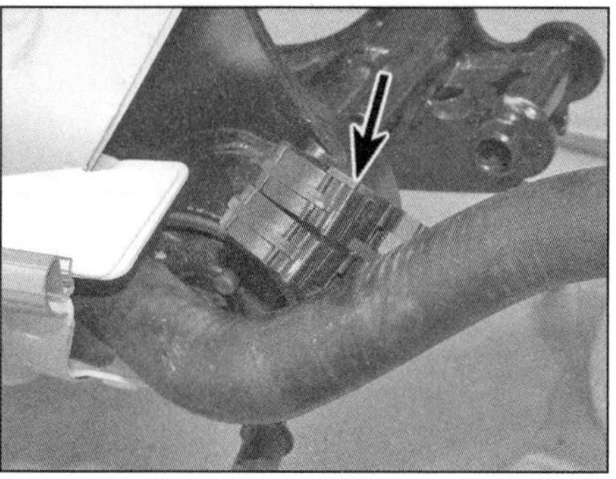

8.13b Befreien Sie den Kühlerschlauch aus den Clips.

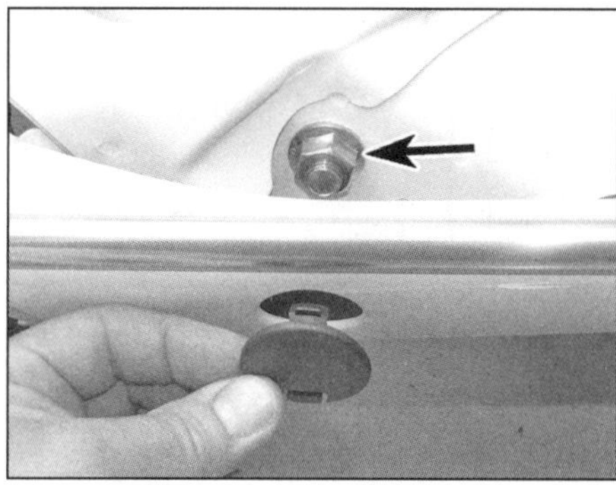

8.14a Entfernen Sie an beiden Seiten die Kappen und lösen Sie die Muttern.

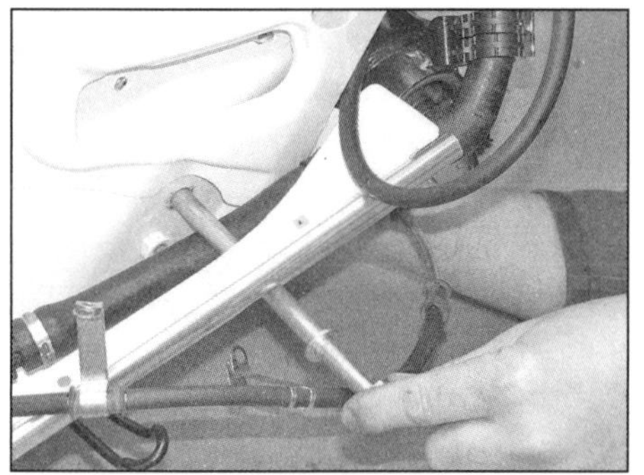

8.14b Ziehen Sie den Bolzen heraus.

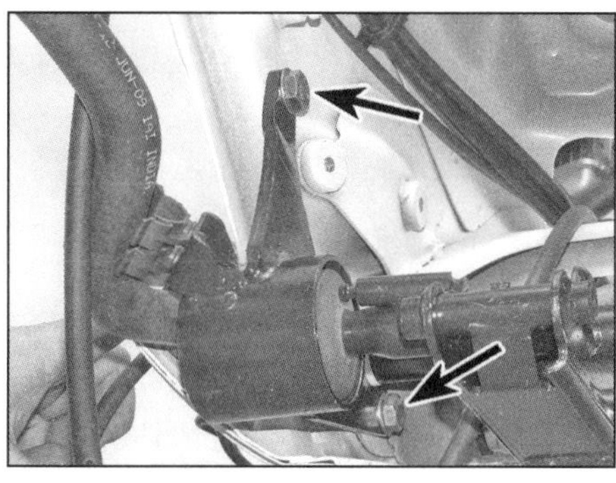

8.14c Lösen Sie die Schrauben der Torsionsplatte . . .

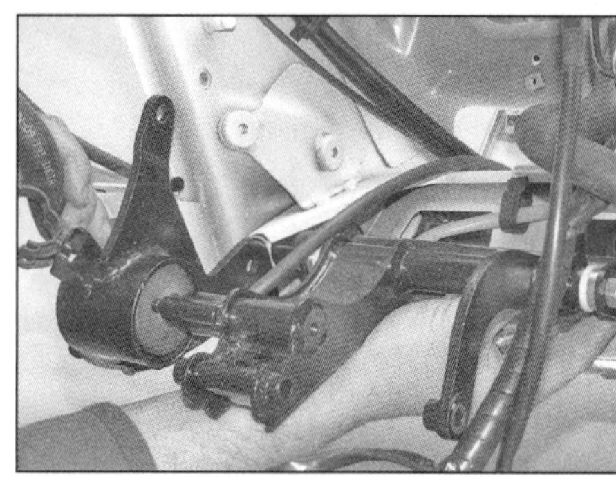

8.14d . . . und entnehmen Sie die Schwinge.

2 Lösen Sie die Mutter und ziehen Sie den vorderen Bolzen heraus – stellen Sie die Scheiben sicher.
3 Lösen Sie am Gelenkbolzen und am Motorbolzen die Muttern – beachten Sie die Scheibe am Gelenkbolzen. Stecken Sie wie gezeigt Scheiben zwischen die Wicklungen der Feder (Abbildung 8.13a) – so wird die Feder gelängt und lässt sich leichter aus- und einhängen. Hängen Sie die Feder vorsichtig aus.
4 Ziehen Sie die Bolzen heraus und entnehmen Sie die Schwinge – beachten Sie ihre Einbaulage.

Kontrolle

5 Reinigen Sie sorgfältig alle Komponenten und beseitigen Sie Schmutz, Korrosion und altes Fett.
6 Begutachten Sie alle Komponenten auf Verschleiß (wie tiefe Riefen), Risse oder Verzug (durch einen Unfall).
7 Kontrollieren Sie die Buchsen und Dämpfergummis auf Risse und Alterungserscheinungen. Überprüfen Sie die Feder auf Verzug und Ermüdung.
8 Rollen Sie den gereinigten Schwingen-Gelenkbolzen und den Motorbolzen auf einer ebenen Fläche, um sie auf Verzug zu prüfen.
9 Falls die Schwinge selbst oder die Buchsen Verschleiß oder Beschädigungen aufweisen, muss eine neue Schwinge beschafft werden. Ersetzen Sie auch alle anderen schadhaften Komponenten.

Einbau

10 Der Einbau entspricht der umgekehrten Ausbaureihenfolge – schmieren Sie die Gelenkbolzen-Schäfte mit Fett und ziehen Sie alle Bolzen mit den in den technischen Daten angegebenen Drehmomenten an.
11 Prüfen Sie vor der ersten Fahrt die Funktion der Hinterradfederung.

GTS, GTV, GT, Primavera, Sprint

12 Trennen Sie die Antriebseinheit von der Karosserie (siehe Kapitel 2B, 2C oder 2D).
13 Stecken Sie wie gezeigt Scheiben zwischen die Wicklungen der Feder (siehe Abbildung) – so wird die Feder gelängt und lässt sich leichter aus- und einhängen. Hängen Sie die Feder vorsichtig aus. Befreien Sie ggf. den Kühlerschlauch aus dem Clips links an der Schwinge (siehe Abbildung).
14 Entfernen Sie an beiden Seiten der Karosserie die Kappen (siehe Abbildung). Lösen Sie die Mutter des Schwingen-Befestigungsbolzens zur Karosserie und ziehen Sie diesen heraus (siehe Abbildung). Lösen Sie die Torsionsplatten-Schrauben und entnehmen Sie die Schwinge (siehe Abbildungen).

8.16 Ermitteln Sieden Abstand zwischen den zwei Schwingen-Sektionen.

15 Reinigen Sie sorgfältig alle Komponenten und beseitigen Sie Schmutz, Korrosion und altes Fett.
16 Ermitteln Sie mit einer Fühlerlehre den Abstand zwischen den zwei Schwingen-Sektionen – neu sollten 0,4 bis 0,6 mm festgestellt werden; die Verschleißgrenze liegt bei 1,5 mm (siehe Abbildung).
17 Begutachten Sie alle Komponenten auf Verschleiß (wie tiefe Riefen), Risse oder Verzug (durch einen Unfall). Prüfen Sie, ob sich die zwei Sektionen sanft und frei schwenken lassen.

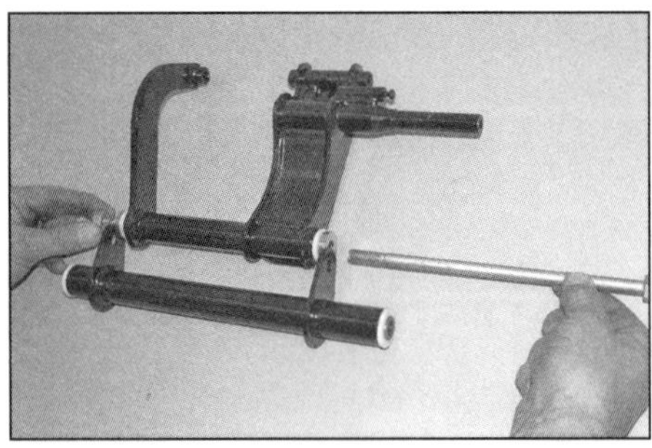

8.18a Lösen Sie die Mutter, ziehen Sie den Bolzen heraus und trennen Sie die Schwingen-Sektionen.

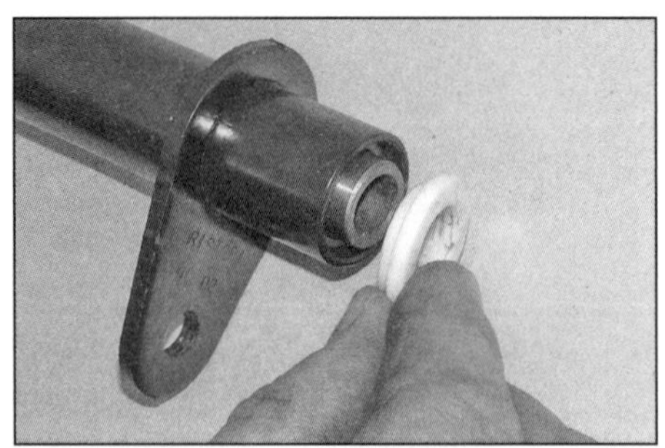

8.18b Entfernen Sie die Kappen ...

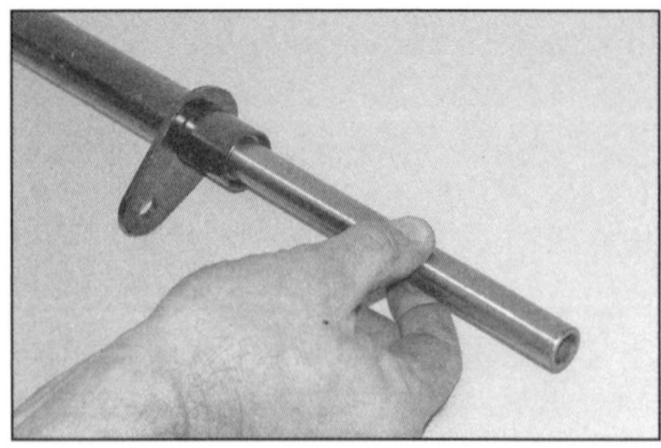

8.18c ... und ziehen Sie das Distanzrohr heraus.

8.19a Befreien Sie den Seegerring, ...

8.19b ... ziehen Sie die Torsionsplatte ab ...

8.19c ... und entnehmen Sie die Buchse.

8.20a Kontrollieren Sie die Lager ...

8.20b ... und die Buchsen.

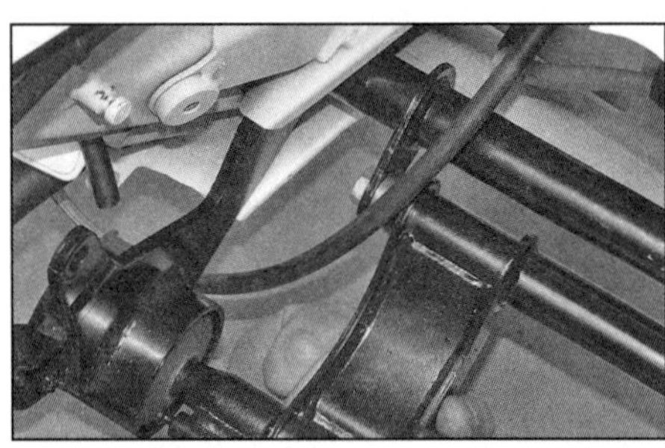

8.23a Der Bremsschlauch muss korrekt verlegt sein ...

8.23b ... und die Torsionsplatte sowie das vordere Gelenk korrekt ausgerichtet sein.

18 Lösen Sie nötigenfalls den zentralen Gelenkbolzen und ziehen Sie ihn heraus, um die Schwingen-Sektionen zu trennen (siehe Abbildung). Entfernen Sie die Gelenk-Kappen und ziehen Sie das Distanzrohr heraus (siehe Abbildungen).

19 Entfernen Sie nötigenfalls den Seegerring und ziehen Sie die Torsionsplatte vom Hauptschwingen-Zapfen (siehe Abbildungen). Entfernen Sie die Distanzbuchse (siehe Abbildung).

20 Kontrollieren Sie alle Buchsen, Lager und Dichtringe auf Verschleiß, Risse und Verzug (siehe Abbildungen). Die Silentblock-Buchse in der Torsionsplatte und alle anderen Buchsen, Lager und Distanzteile können durch Neuteile ersetzt werden – erkundigen Sie sich jedoch beim Piaggio-Händler, welche Teile separat erhältlich sind, und ob es nicht billiger ist, eine komplette Schwingen-Baugruppe zu beschaffen. Buchsen und Lager müssen ausgetrieben werden – danach müssen sie erneuert werden – die Neuteile müssen eingepresst oder eingezogen werden. Auch der Silentblock in der Torsionsplatte muss herausgezogen werden – beachten Sie zur Benutzung eines Einziehwerkzeugs die Hinweise in Sektion 5 der *Werkzeug- und Werkstatt-Tipps* im Anhang.

21 Rollen Sie den/die gereinigten Schwingen-Gelenkbolzen und den Motorbolzen auf einer ebenen Fläche, um sie auf Verzug zu prüfen.

22 Überprüfen Sie die Feder auf Verzug und Ermüdung.

Einbau

23 Der Einbau entspricht der umgekehrten Ausbaureihenfolge – schmieren Sie die Distanzstücke, Lager und Gelenkbolzen-Schäfte mit Fett und ziehen Sie alle Bolzen mit den in den technischen Daten angegebenen Drehmomenten an. Achten Sie bei der Montage der Schwinge auf die korrekte Verlegung der Bremsleitung (siehe Abbildung). Die Bohrungen der Torsionsplatte und der Schwinge für die Befestigungsschrauben zur Karosserie müssen korrekt ausgerichtet sein, bevor die Schrauben installiert werden können (siehe Abbildung).

24 Prüfen Sie vor der ersten Fahrt die Funktion der Hinterradfederung.

Kapitel 8
Bremsen, Räder und Reifen

Inhalt (in alphabetischer Reihenfolge, die Zahlen geben die Nummerierung in den grauen Feldern wieder)

Schwierigkeitsgrade

Leicht. Für Anfänger mit wenig Erfahrung geeignet.		**Relativ leicht.** Für Anfänger mit etwas Erfahrung geeignet.		**Relativ schwierig.** Geeignet für geübte Selbstschrauber.		**Schwer.** Geeignet für Selbstschrauber mit viel Erfahrung.		**Sehr schwer.** Geeignet für Experten und Profis.	

Technische Daten

Scheibenbremsen

Bremsflüssigkeit . . . . DOT 4
Bremsbelagstärke (min.) . . . . 1,5 mm
Bremsscheiben-Durchmesser
  LX, LXV, S, Primavera und Sprint . . . . 200 mm
  GTS, GTV und GT (vorn und hinten) . . . . 220 mm
Bremsscheibenstärke
  Standard . . . . 3,8 bis 4,2 mm
  Verschleißgrenze (min.) . . . . 3,5 mm
Bremsscheiben-Verzug (max.) . . . . 0,1 mm

Trommelbremsen

Bremsbackenstärke (min.) . . . . 1,5 mm
Trommel-Durchmesser (Standard)
  LX, LXV und S . . . . 110 mm
  Primavera und Sprint . . . . 140 mm

ABS

Sensor-Abstand zum Rotor . . . . 0,5 bis 1,5 mm
Radsensoren-Widerstand . . . . 100 bis 150 Ohm (bei 20 °C)

Räder

Seitenschlag (axial) (max.) . . . . 2,0 mm
Höhenschlag (radial) (max.) . . . . 2,0 mm
Achsen-Verzug (max.) . . . . 0,2 mm

Reifen

Luftdruck	siehe *Tägliche Kontrollen*
Reifengrößen*	
LX, LXV und S vorn	110/70-11 (45L) TL
LX, LXV und S hinten	120/70-10 (54L) TL
GTS, GTV und GT vorn	120/70-12 (51P) TL
GTS, GTV und GT hinten	130/70-12 (62P) TL
Primavera vorn	110/70-11 (45L) TL
Primavera hinten	120/70-11 (56L) TL
Sprint vorn	110/70-12 (47P) TL
Sprint hinten	120/70-12 (58P) TL

** Beachten Sie die Eintragungen in Ihren Fahrzeugpapieren und der Bedienungsanleitung, wenden Sie sich im Zweifel an einen Piaggio-Händler, einen Reifenhändler, den TÜV oder die DEKRA.*

Anzugsdrehmomente

	Nm
Ausgleichsbehälterdeckel-Schraube	15 bis 20
Auspuffhalter-Schrauben (GTS, GTV, GT)	20 bis 25
Bremsbelagstifte (Vorderrad GTS, GTV, GT)	20 bis 24
Bremssattel-Befestigungsschrauben	
Vorderrad LX, LXV, S, Primavera und Sprint	20 bis 25
Vorderrad GTS, GTV und GT	24 bis 27
Hinterrad GTS, GTV und GT	20 bis 25
Bremssattel-Entlüftungsventile	10 bis 12
Bremsscheiben-Schrauben	
Vorderrad	6
Hinterrad	12
Bremsschlauch-Anschlussschrauben	20 bis 25
Handbremszylinder-Klemmschrauben	7 bis 10
Hinterachsen-Mutter	104 bis 126
Hinterrad-Bolzen (GTS, GTV, GT)	20 bis 25
Stoßdämpferbolzen	siehe Kapitel 7
Vorderrad-Bolzen	20 bis 25
Vorderradnaben-Mutter	74 bis 88

1 Allgemeine Informationen

1 Alle in diesem Buch behandelten Modelle sind vorn mit einer hydraulischen Scheibenbremse ausgerüstet, dabei wirkt ein Gegenkolben-Festsattel (LX, LXV und S) bzw. ein Zweikolben-Schwimmsattel (GTS, GTV, GT, Primavera und Sprint) auf eine Bremsscheibe. Hinten werden die Modelle LX, LXV, S, Primavera und Sprint mit einer per Seilzug betätigten Trommelbremse verzögert, während beim GTS, GTV und GT ein Gegenkolben-Bremssattel eine Bremsscheibe umgreift. Der rechte Bremshebel bedient die Vorderradbremse, der linke die Hinterradbremse.

2 Bei den Modellen GTS 300 (ab 2014) und GTS 125/150 (ab 2016) werden beide Räder mit einem Antiblockiersystem (ABS) am Blockieren gehindert, beim Primavera und Sprint wirkt das ABS nur am Vorderrad. Eine ABS-Warnleuchte im Cockpit zeigt an, wenn beim ABS Probleme auftreten.

3 Eine beim GTS 300 ab 2016 vorhandene Antischlupfregelung schützt zusammen mit dem ABS vor einem auf rutschigem Untergrund durchdrehenden Hinterrad.

4 Alle Modelle sind mit Gussrädern ausgerüstet, die mit schlauchlosen Reifen bestückt werden müssen.

Achtung: Scheibenbremsen-Bauteile erzwingen selten eine Demontage. Zerlegen Sie keine Komponenten, wenn es nicht unbedingt nötig ist. Wenn die Wirkung einer Hydraulik-Bremsanlage schwach wird, muss das betreffende System demontiert, entleert, gereinigt und dann sorgfältig gefüllt und entlüftet werden. Innereien der Bremsen dürfen keinesfalls mit Lösungsmitteln gereinigt werden, da hierdurch die Dichtungen quellen und zerstört werden. Verwenden Sie zum Reinigen nur frische DOT-4-Bremsflüssigkeit. Passen Sie beim Arbeiten mit Bremsflüssigkeit besonders auf, sie nicht in die Augen zu bekommen. Auch Lack und Plastikteile sind gefährdet.

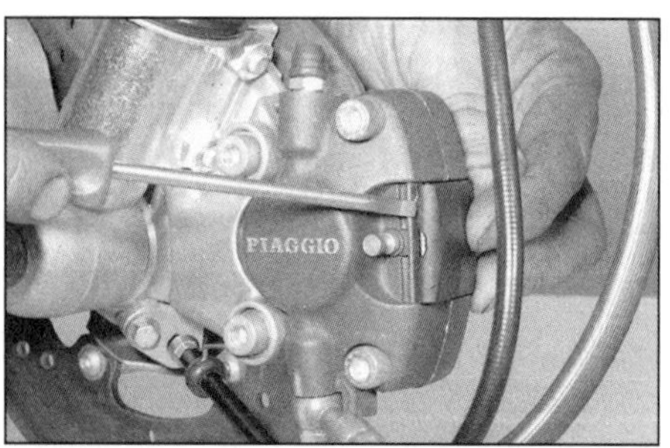

2.2 Hebeln Sie die Belagabdeckung ab.

2.7 Lockern Sie die Belagstifte.

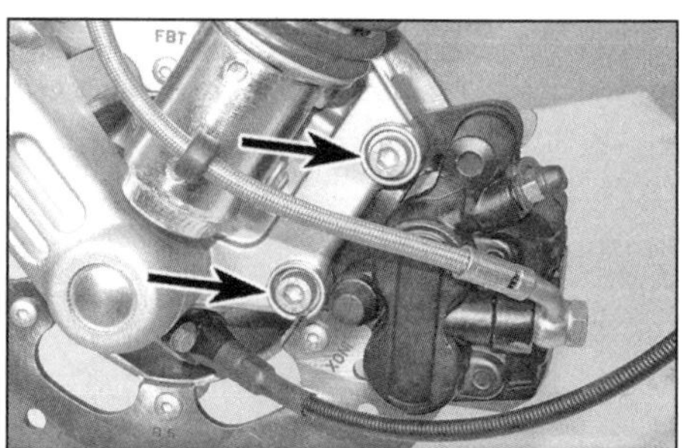

2.8 Bremssattel-Befestigungsschrauben

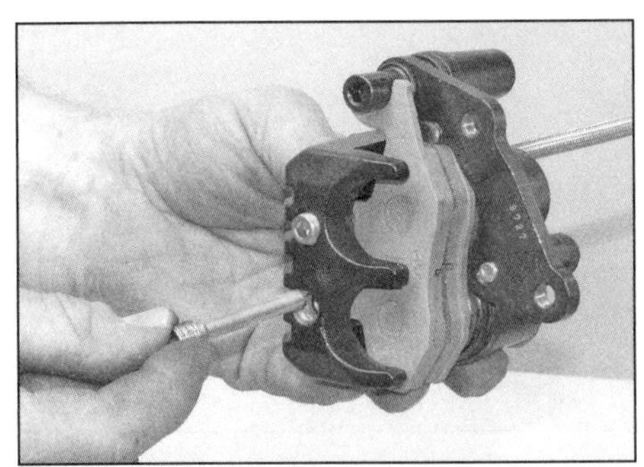

2.9 Entfernen Sie die Belagstifte und befreien Sie die Bremsbeläge.

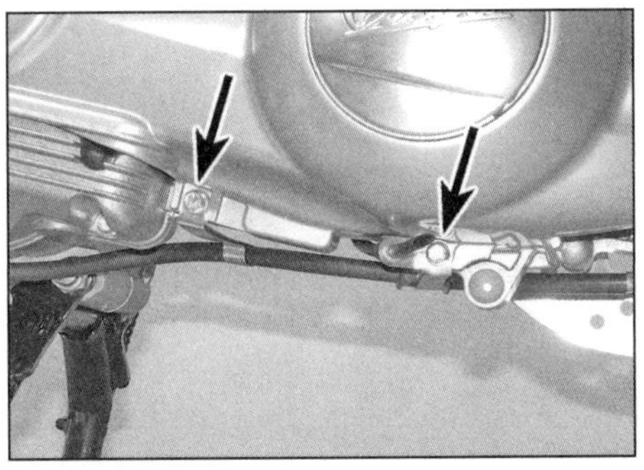

2.10 Lösen Sie die zwei Schrauben und befreien Sie die Bremsschlauch-Führungen.

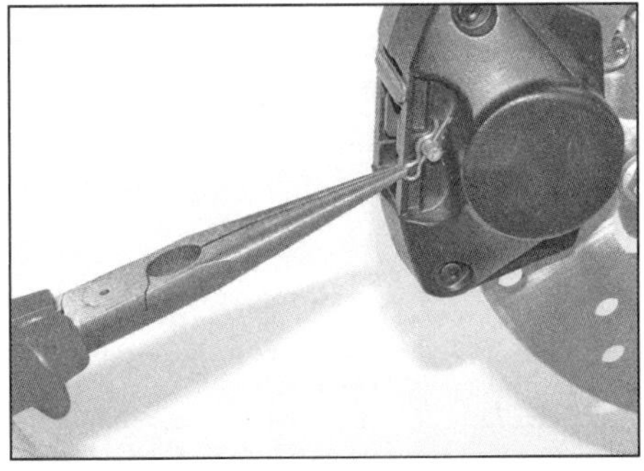

2.11 Ziehen Sie den Splint aus dem Belagstift.

2 Bremsbeläge

Warnung: Der in der Bremse erzeugte Staub kann gesundheitsschädlich sein. Blasen Sie ihn niemals mit Druckluft aus und atmen Sie ihn niemals ein. Tragen Sie bei Arbeiten an der Bremse eine Filtermaske.

Achtung: Betätigen Sie bei ausgebauten Bremsbelägen nicht den Bremshebel!

Ausbau

Vorderrad – LX, LXV und S

1 Demontieren Sie das Vorderrad (siehe Sektion 14).

2 Hebeln Sie ggf. die Belagabdeckung ab (siehe Abbildung). Ziehen Sie am Belagstift den Splint heraus (Abbildung 2.11).

3 Treiben Sie mit einem Dorn den Belagstift von innen teilweise heraus (Abbildung 2.12).

4 Lösen Sie die Bremssattel-Befestigungsschrauben und ziehen Sie den Sattel von der Bremsscheibe (Abbildung 2.13) – befreien Sie nötigenfalls die Bremsschlauch-Führung, um mehr Bewegungsfreiheit zu erhalten.

5 Ziehen Sie den Stift heraus und entfernen Sie die Belagfeder (Abbildung 2.14a). Heben Sie die Bremsbeläge aus dem Sattel (Abbildung 2.14b).

Vorderrad – GTS, GTV, GT, Primavera und Sprint

6 Demontieren Sie das Vorderrad (siehe Sektion 14).

7 Lockern Sie die Belagstifte (siehe Abbildung).

8 Lösen Sie die Bremssattel-Befestigungsschrauben und ziehen Sie den Sattel von der Bremsscheibe (siehe Abbildung) – befreien Sie nötigenfalls die Bremsschlauch-Führung, um mehr Bewegungsfreiheit zu erhalten.

9 Drehen Sie die Belagstifte vollständig heraus und entnehmen Sie die Bremsbeläge (siehe Abbildung) – merken Sie sich die Einbaulage.

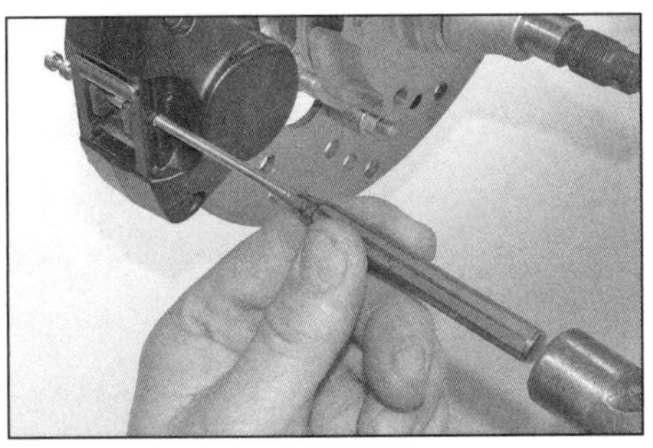

2.12 Treiben Sie mit einem Dorn den Belagstift heraus.

2.13 Bremssattel-Befestigungsschrauben

2.14a Ziehen Sie den Stift heraus und entfernen Sie die Belagfeder, . . .

2.14b . . . um die Bremsbeläge aus dem Sattel befreien zu können.

Hinterrad – GTS, GTV und GT

10 Demontieren Sie das Hinterrad (siehe Sektion 15). Befreien Sie die zwei Bremsschlauch-Führungen vom Antriebsriemendeckel (siehe Abbildung).

11 Hebeln Sie ggf. die Belagabdeckung ab (Abbildung 2.2). Ziehen Sie am Belagstift den Splint heraus (siehe Abbildung).

12 Treiben Sie mit einem Dorn den Belagstift von innen teilweise heraus (siehe Abbildung).

13 Lösen Sie die Bremssattel-Befestigungsschrauben und ziehen Sie den Sattel von der Bremsscheibe (siehe Abbildung).

14 Ziehen Sie den Stift heraus und entfernen Sie die Belagfeder (siehe Abbildung). Heben Sie die Bremsbeläge aus dem Sattel (siehe Abbildung).

Kontrolle

15 Kontrollieren Sie die Oberflächen der Beläge auf Verunreinigungen und prüfen Sie, ob das Belagmaterial noch nicht unter der Verschleißgrenze ist (siehe Kapitel 1, Sektion 14). Prüfen Sie bei Schwimmsattel-Bremsbelägen, ob sie nicht ungleichmäßig verschlissen sind – dies würde auf einen klemmenden Kolben hinweisen (siehe Schritte 20 und 21). Ersetzen Sie die Beläge immer paarweise, auch wenn nur einer nahe oder unterhalb der Verschleißgrenze liegt. Außerdem müssen die Bremsbeläge ersetzt werden, wenn sie mit Öl oder Fett verschmutzt, stark eingekerbt oder durch Schmutz oder Ablagerungen beschädigt wurden.

Achtung: Es ist kaum möglich, Bremsbeläge vollständig zu entfetten – wenn sie in ir-

2.19 Ziehen Sie den Bremssattel vom Halter.

2.20a Drücken Sie die Kolben von Hand, ...

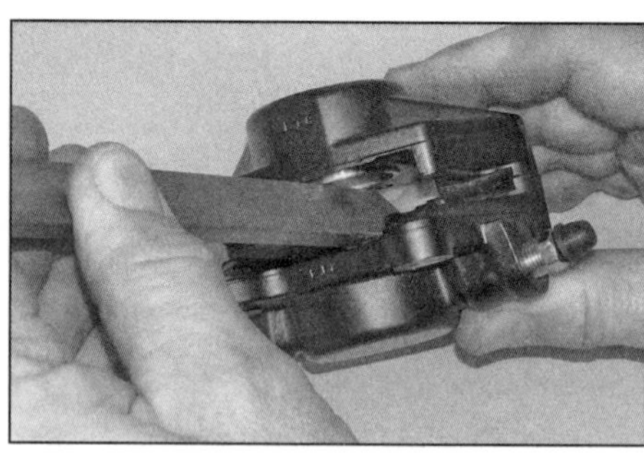

2.20b ... mit einem geeigneten Hebel ...

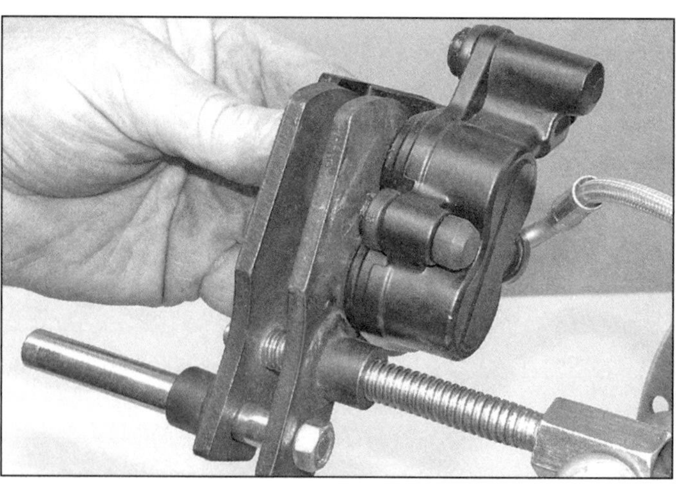

2.20c ... oder mit einem speziellen Werkzeug ein.

2.29 Die Belagfeder muss korrekt im Bremssattel sitzen.

gendeiner Weise verunreinigt sind, müssen sie ersetzt werden.

16 Wenn die Bremsbeläge in gutem Zustand sind, werden Sie mit einer vollkommen fett- und ölfreien feinen Drahtbürste sorgfältig gereinigt. Arbeiten Sie mit einem spitzen Werkzeug eingearbeitete Partikel aus dem Material und schleifen Sie verglaste Stellen mit Schmirgelleinen ab. Leichte Verunreinigungen können mit Bremsenreiniger-Spray behandelt werden.
17 Kontrollieren Sie den Zustand der Bremsscheibe (siehe Sektion 4).
18 Beseitigen Sie sämtliche Korrosion vom/von den Belagstift(en) und kontrollieren Sie ihn/sie auf Verschleiß und Beschädigungen. Kontrollieren Sie ggf. den Splint und ersetzen Sie ihn nötigenfalls.
19 Ziehen Sie beim GTS, GTV, GT, Primavera und Sprint den Vorderrad-Bremssattel vom Halter (siehe Abbildung) und beseitigen Sie Korrosion und Fettreste von den Gleitzapfen und aus den Manschetten. Die Gleitzapfen müssen fest am Halter sitzen. Versehen Sie die Gleitzapfen und Manschetten mit frischer Silikonpaste.
20 Reinigen Sie die sichtbaren Bereiche der Kolben und beseitigen Sie alle Ablagerungen, die die Dichtringe beschädigen können. Falls neue Bremsbeläge installiert werden sollen, müssen die Kolben vollständig in den Sattel gedrückt werden, um Platz zu schaffen. Falls die alten Beläge wiederverwendet werden können, müssen die Kolben nur ein kleines Stück eingedrückt werden. Verwenden Sie zum Eindrücken nötigenfalls ein Stück Holz oder installieren Sie die alten Belege, schützen Sie den Sattel mit einem dünnen Holz, einer Pappe und einem Lappen, um die Kolben mit einem zwischen die Beläge eingeführten Schraubendreher einzudrücken (siehe Abbildungen). Alternativ kann ein spezielles Bremskolben-Eindrückwerkzeug verwendet werden (siehe Abbildung). Kontrollieren Sie beim Eindrücken der Kolben den Bremsflüssigkeitspegel im Ausgleichsbehälter – nötigenfalls müssen der Deckel und die Manschette entfernt und etwas Flüssigkeit abgesaugt werden (siehe Kapitel 1, Sektion 4). Falls sich Kolben schwierig eindrücken lassen, muss die Kappe des Entlüftungsventils entfernt, ein passender Schlauch aufgesteckt und sein anderes Ende in einen geeigneten Behälter gehalten werden; öffnen Sie dann das Ventil und versuchen Sie es erneut (siehe Sektion 7) – ziehen Sie dabei keine Luft ins Bremssystem, da es dann entlüftet werden muss.
21 Falls ein Kolben zu klemmen scheint, muss zuerst der andere Kolben mit einem Holz blockiert oder mit einem Kabelbinder gehalten werden. Betätigen Sie dann die Bremse und prüfen Sie, ob der fest sitzende Kolben sich überhaupt bewegt. Falls er herauskommt, sich aber nicht eindrücken lässt, kann er durch versteckte Korrosion festsitzen; falls er sich überhaupt nicht bewegt, muss ein neuer Bremssattel beschafft werden.

Einbau

LX, LXV und S

22 Schmieren Sie die Rückseiten und Ränder der Bremsbelag-Platten mit Kupferpaste – hiervon darf nichts auf das Belagmaterial gelangen. Versehen Sie auch den Belagstift mit etwas Kupferpaste.
23 Installieren Sie die Bremsbeläge in den Bremssattel (Abbildung 2.14b). Richten Sie die Belagfeder über den Belägen aus und installieren Sie den Belagstift (Abbildung 2.14a). Drücken Sie den Stift über der Feder so weit wie möglich von Hand in den Sattel (Abbildung 2.38).
24 Schieben Sie den Bremssattel so über die Bremsscheibe, dass die Beläge an beiden Seiten anliegen (Abbildung 2.39). Installieren Sie die Bremssattelschrauben und ziehen Sie sie mit 20 bis 25 Nm an. Installieren Sie ggf. die Bremsschlauchführung.
25 Treiben Sie den Belagstift mit einem Dorn vollständig in den Sattel und sichern Sie ihn mit den (ggf. erneuerten) Splint (Abbildung 2.11).

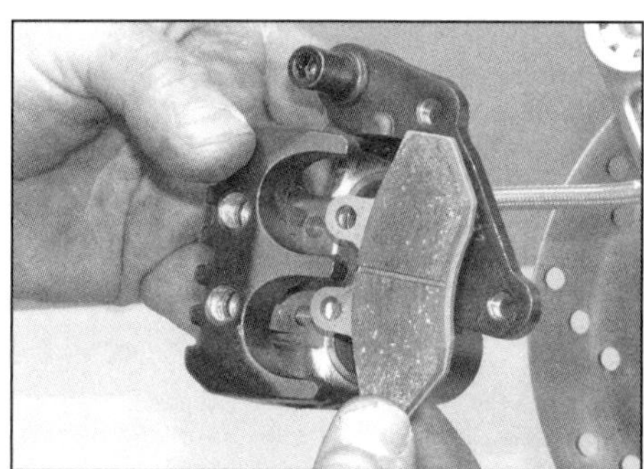

2.31a Installieren Sie den äußeren Bremsbelag . . .

2.31b . . . und den inneren mit dem Halbring gegen den Zapfen.

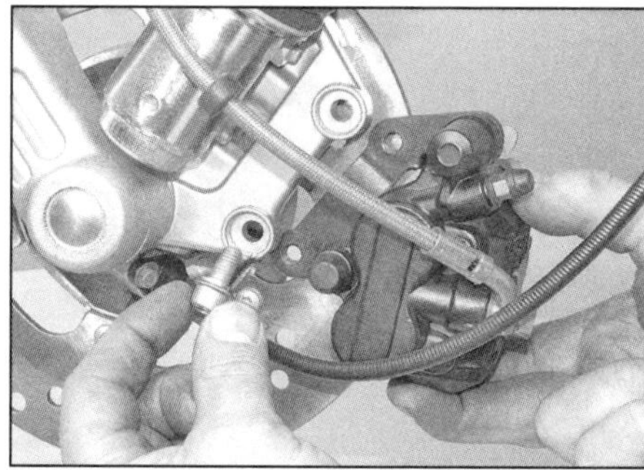

2.32 Schieben Sie den Bremssattel über die Bremsscheibe und installieren Sie die Schrauben.

26 Betätigen Sie die Bremse, bis die Beläge vollständig an der Bremsscheibe anliegen und ein Druckpunkt vorhanden ist. Füllen Sie nötigenfalls den Ausgleichsbehälter auf (siehe *Tägliche Kontrollen*).
27 Installieren Sie ggf. die Belag-Abdeckung (Abbildung 2.2). Montieren Sie das Vorderrad (siehe Sektion 14).
28 Prüfen Sie vor der ersten Fahrt die Funktion der Bremse.

Vorderrad – GTS, GTV, GT, Primavera und Sprint

29 Die Belagfeder muss korrekt im Bremssattel sitzen (siehe Abbildung). Schieben Sie den Bremssattel auf die Zapfen des Halters (Abbildung 2.19) – die Enden der Manschetten dürfen dabei nicht umklappen.
30 Schmieren Sie die Rückseiten und Ränder der Bremsbelag-Platten sowie den Halbkreis der äußeren Platte mit Kupferpaste – hiervon darf nichts auf das Belagmaterial gelangen.
31 Installieren Sie die Beläge korrekt ausgerichtet in den Sattel (siehe Abbildungen). Schmieren Sie die Schäfte der Belagstifte mit Kupferpaste und tragen Sie an ihren Gewinden einen Tropfen mittelfeste Sicherungspaste auf. Drücken Sie die Beläge gegen die Feder, um die Bohrungen auszurichten, installieren Sie die Stifte und drehen Sie sie handfest ein (Abbildung 2.9).
32 Schieben Sie den Bremssattel so über die Bremsscheibe, dass die Beläge an beiden Seiten anliegen (siehe Abbildung). Installieren Sie die Bremssattelschrauben und ziehen Sie sie mit 24 bis 27 Nm an. Installieren Sie ggf. die Bremsschlauchführung.
33 Ziehen Sie die Belagstifte mit 20 bis 24 Nm an (Abbildung 2.7).
34 Betätigen Sie die Bremse, bis die Beläge vollständig an der Bremsscheibe anliegen und ein Druckpunkt vorhanden ist. Füllen Sie nötigenfalls den Ausgleichsbehälter auf (siehe *Tägliche Kontrollen*).
35 Montieren Sie das Vorderrad (siehe Sektion 14).
36 Prüfen Sie vor der ersten Fahrt die Funktion der Bremse.

2.38 Drücken Sie den Stift über der Feder in den Sattel.

Hinterrad – GTS, GTV, GT

37 Schmieren Sie die Rückseiten und Ränder der Bremsbelag-Platten mit Kupferpaste – hiervon darf nichts auf das Belagmaterial gelangen. Versehen Sie auch den Belagstift mit etwas Kupferpaste.
38 Installieren Sie die Bremsbeläge in den Bremssattel (Abbildung 2.14b). Richten Sie die Belagfeder über den Belägen aus und installieren Sie den Belagstift (Abbildung 2.14a). Drücken Sie den Stift über der Feder so weit wie möglich von Hand in den Sattel (siehe Abbildung).
39 Schieben Sie den Bremssattel so über die Bremsscheibe, dass die Beläge an beiden Seiten anliegen (siehe Abbildung). Installieren Sie die Bremssattelschrauben und ziehen Sie sie mit 20 bis 25 Nm an. Installieren Sie ggf. die Bremsschlauchführung.
40 Treiben Sie den Belagstift mit einem Dorn vollständig in den Sattel und sichern Sie ihn mit den (ggf. erneuerten) Splint (Abbildung 2.11).
41 Betätigen Sie die Bremse, bis die Beläge vollständig an der Bremsscheibe anliegen und ein Druckpunkt vorhanden ist. Füllen Sie nötigenfalls den Ausgleichsbehälter auf (siehe *Tägliche Kontrollen*).
42 Montieren Sie das Hinterrad (siehe Sektion 15).
43 Prüfen Sie vor der ersten Fahrt die Funktion der Bremse.

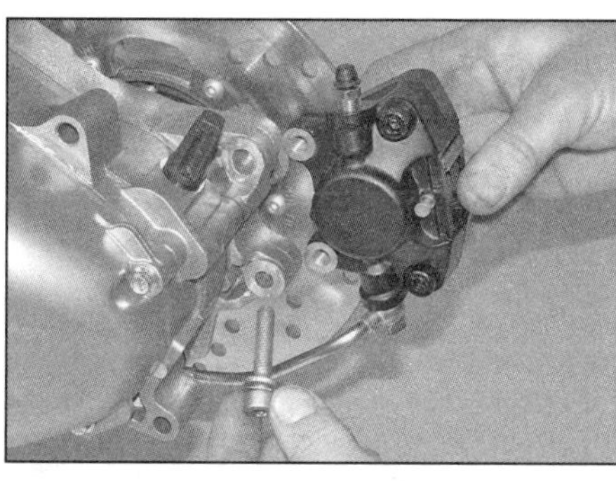

2.39 Schieben Sie den Bremssattel über die Bremsscheibe und installieren Sie die Schrauben.

3 Bremssattel

Warnung: Der in der Bremse erzeugte Staub kann gesundheitsschädlich sein. Blasen Sie ihn niemals mit Druckluft aus und atmen Sie ihn niemals ein. Tragen Sie bei Arbeiten an der Bremse eine Filtermaske.

Achtung: Decken Sie lackierte Flächen ab, um keine Schäden durch Bremsflüssigkeits-Spritzer zu verursachen. Halten Sie Lappen bereit, um beim Lösen der Bremsleitung austretende Flüssigkeit aufzunehmen.

Anmerkung: *Für keinen der Bremssättel sind Reparatursets erhältlich. Falls eine Kolbendichtung undicht ist oder der Kolben festgegangen ist, muss der Bremssattel durch ein Neuteil ersetzt werden. Versuchen Sie nicht, den Bremssattel zu zerlegen und mit den alten Dichtungen wieder zusammenzubauen.*

Ausbau

1 Demontieren Sie das entsprechende Rad (siehe Sektion 14 oder 15).

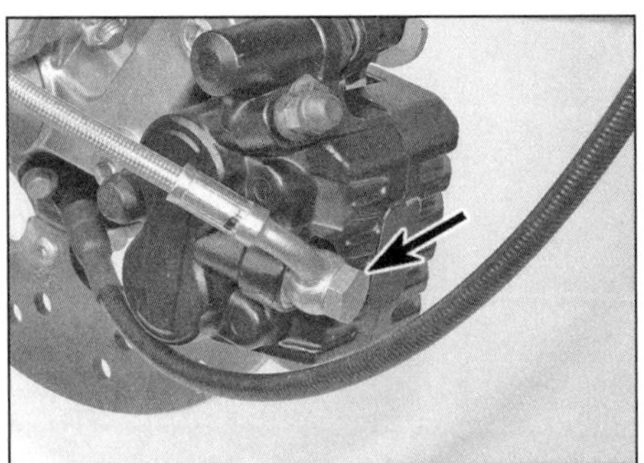

3.2a Bremsschlauch-Anschlussschraube – Vorderrad-Bremssattel am GTS, GTV und GT

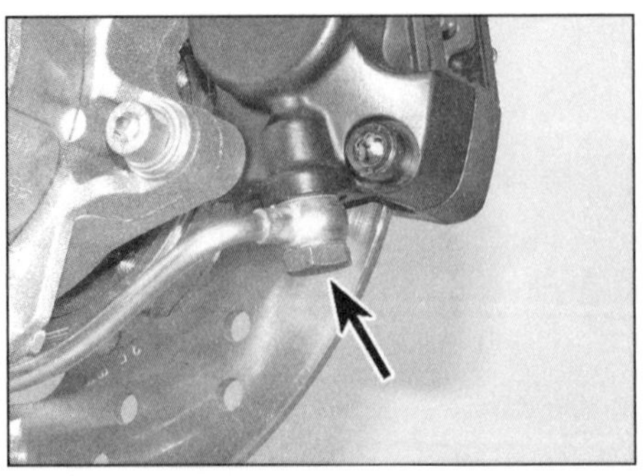

3.2b Bremsschlauch-Anschlussschraube – Hinterrad-Bremssattel am GTS, GTV und GT und Vorderrad-Bremssattel am LX, LXV und S

2 Falls der Bremssattel komplett demontiert werden soll, muss die Bremsleitungs-Anschlussschraube gelöst und die Leitung unter Beachtung ihrer Ausrichtung zum Sattel getrennt werden (siehe Abbildungen). Umwickeln Sie das Ende der Bremsleitung mit Frischhaltefolie und halten Sie sie aufrecht, um den Flüssigkeitsverlust zu minimieren. Die Dichtscheiben müssen beim Anschließen durch Neuteile ersetzt werden.

3 Falls die Bremsbeläge erneuert werden sollen, muss/müssen jetzt der/die Belagstift(e) gelockert werden (siehe Sektion 2).

4 Lösen Sie die Bremssattel-Befestigungsschrauben und ziehen Sie den Sattel von der Bremsscheibe (Abbildungen 2.8 oder 2.13). Falls die Bremsleitung angeschlossen bleiben soll (z. B. für die Demontage der Radnabe oder der Bremsscheibe), muss der Sattel mit Kabelbindern so am Fahrzeug gesichert werden, dass der Bremsschlauch nicht unter Last gesetzt wird.

4.5a Die Vorderrad-Bremsscheibe ist mit Schrauben gesichert.

Achtung: Betätigen Sie bei ausgebauten Bremsbelägen nicht den Bremshebel!

5 Entfernen Sie nötigenfalls die Bremsbeläge (siehe Sektion 2).

Einbau

6 Inspizieren und installieren Sie ggf. die Bremsbeläge (siehe Sektion 2).

7 Schieben Sie den Bremssattel so über die Bremsscheibe, dass die Beläge an beiden Seiten anliegen (Abbildungen 2.32 oder 2.39). Installieren Sie die Bremssattelschrauben und ziehen Sie sie mit 20 bis 25 Nm an.

8 Falls die Bremsbeläge entfernt waren, muss je nach Ausführung der Belagstift eingeschlagen und mit dem Splint gesichert werden oder die Belagstifte mit 20 bis 24 Nm angezogen werden.

9 Verbinden Sie ggf. die Bremsleitung mit dem Bremssattel – verwenden Sie an beiden Seiten neue Dichtscheiben (Abbildungen 3.2a oder b) und richten Sie die Leitung wie beim Trennen notiert aus. Ziehen Sie die Anschlussschraube mit 20 bis 25 Nm an.

10 Installieren Sie ggf. die Bremsschlauchführung.

11 Füllen Sie den Ausgleichsbehälter mit frischer Bremsflüssigkeit auf (siehe *Tägliche Kontrollen*) und entlüften Sie die Bremse (siehe Sektion 7). Kontrollieren Sie die Bremse auf Undichtigkeiten.

12 Montieren Sie das Hinterrad (siehe Sektion 15).

13 Prüfen Sie vor der ersten Fahrt die Funktion der Bremse.

4 Bremsscheibe

Kontrolle

1 Begutachten Sie den Zustand der Bremsscheiben-Oberfläche auf Kerben und andere Beschädigungen. Leichte Kratzer sind nach Gebrauch normal und behindern nicht die Funktion der Bremse, tiefe Kerben und starker Abrieb reduzieren jedoch die Bremswirkung und erhöhen den Belagverschleiß. Wenn eine Scheibe stark riefig ist, muss sie ersetzt werden.

2 Die Scheibe darf nicht dünner verschlissen sein, als in den technischen Daten und auf der Scheibe selbst als minimaler Toleranzwert angegeben ist. Die Stärke kann in der Mitte des Bremsbelag-Kontaktbereichs mit einer Bügelmessschraube gemessen werden – messen Sie nicht am Außenrand, wo kein Verschleiß stattfindet. Ersetzen Sie die Bremsscheibe nötigenfalls.

3 Um den Scheibenverzug zu kontrollieren, muss das Fahrzeug so abgestützt werden, dass das Rad nicht den Boden berührt. Lenken Sie das Vorderrad gegen einen der Anschläge. Befestigen Sie eine Messuhr so am Lenkschaft oder dem Antriebsgehäuse, dass der Messdorn die Scheibe etwa 10 mm unter ihrem Außenrand abtasten kann. Drehen Sie das Rad langsam und beobachten Sie die Messuhr-Nadel. Wenn der Schlag größer als 0,1 mm ist, müssen zunächst die Radlager auf erhöhtes Spiel kontrolliert werden (siehe Kapitel 1) – falls sie verschlissen sind, müssen sie ersetzt (siehe

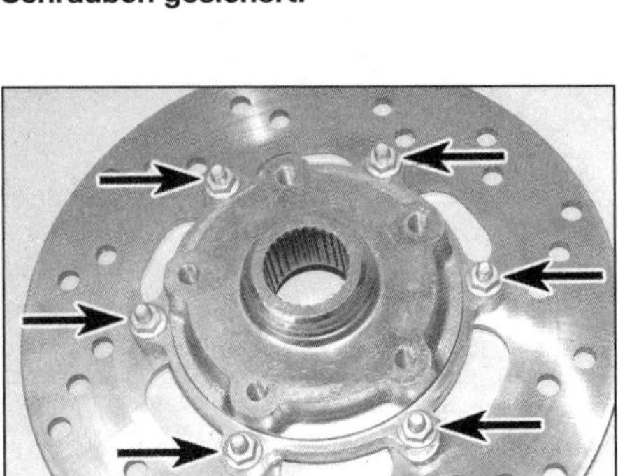

4.5b Die Schrauben der Hinterrad-Bremsscheibe sind an der Rückseite mit Muttern gesichert.

4.6 ABS-Sensorring beim GTS 300

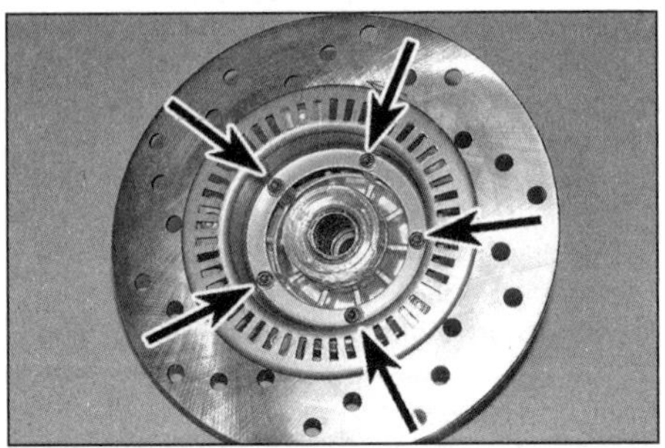

4.7 Sensorring-Schrauben an der Vorderrad-Bremsscheibe von Primavera- und Sprint-Modellen

Sektion 16) und diese Kontrolle wiederholt werden. Wenn immer noch starker Verzug vorliegt, muss die Bremsscheibe ersetzt werden – fragen Sie bei einem Fachbetrieb nach, ob es möglich ist, sie überarbeiten zu lassen.

Ausbau

4 Demontieren Sie das Rad und die Radnabe (siehe Sektion 14 oder 15).

5 Wenn die alte Scheibe wiederverwendet werden soll, muss ihre Position zur Radnabe markiert werden, sodass sie in der ursprünglichen Position und an der gleichen Seite wieder montiert werden kann. Lösen Sie die Bremsscheibenschrauben schrittweise über Kreuz, um ein Verziehen der Bremsscheibe zu vermeiden, und entnehmen Sie die Bremsscheibe (siehe Abbildungen).

6 Bei GTS-Modellen mit ABS ist der vordere Sensorring mit den Bremsscheiben-Schrauben gesichert (siehe Abbildung). Der Hinterrad-Rotor ist gegenüber der Bremsscheibe an die Radnabe geschraubt (siehe Sektion 15).

7 Bei Primavera- und Sprint-Modellen mit ABS ist der vordere Sensorring separat an die Radnabe geschraubt und muss für den Zugang zu den Bremsscheiben-Schrauben entfernt werden (siehe Abbildung).

Einbau

8 Stellen Sie vor der Montage der Bremsscheibe sicher, dass sich auf ihrem Sitz weder Korrosion noch Schmutz abgelagert haben, da hierdurch die Scheibe nicht flach aufliegt und beim Bremsen ein Rubbeln verursacht und/oder verzieht.

9 Bauen Sie die Scheibe so an, dass die eingeschlagenen Beschriftungen außen liegen und – falls Sie die originale Bremsscheibe installieren – die zuvor angebrachten Markierungen zur Radnabe ausgerichtet sind. Der eingeschlagene Pfeil muss in die normale Drehrichtung des Rades zeigen.

10 Reinigen Sie ggf. die Gewinde der alten Bremsscheiben-Schrauben und tragen Sie mittelfeste Sicherungspaste auf, bevor sie schrittweise und über Kreuz bis zum Drehmoment von 6 Nm (vorn) bzw. 12 Nm (hinten) angezogen werden. Reinigen Sie die Bremsscheiben mit Aceton oder Bremsenreiniger. Falls eine neue Bremsscheibe verwendet wird, muss deren Schutzüberzug entfernt werden – zudem sind neue Bremsbeläge zu montieren.

11 Montieren Sie beim Primavera und Sprint den ABS-Sensorring und ziehen Sie seine Schrauben sorgfältig an.

12 Montieren Sie die Radnabe und das Rad.

13 Betätigen Sie mehrmals den Bremshebel, um die Beläge an die Scheibe zu drücken. Kontrollieren Sie den Bremsflüssigkeitsstand und füllen Sie nötigenfalls auf (siehe *Tägliche Kontrollen*). Prüfen Sie vor der ersten Fahrt die Funktion der Bremse.

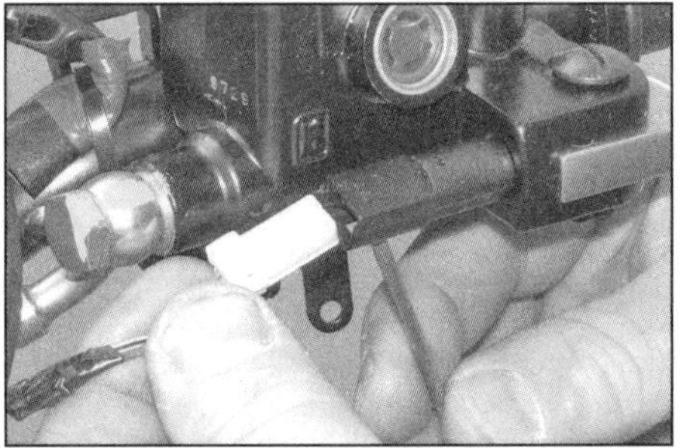

5.2a Lösen Sie entweder den Clip und ziehen Sie den Stecker heraus . . .

5.2b . . . oder ziehen Sie die Kappe zurück und ziehen Sie die einzelnen Stecker ab.

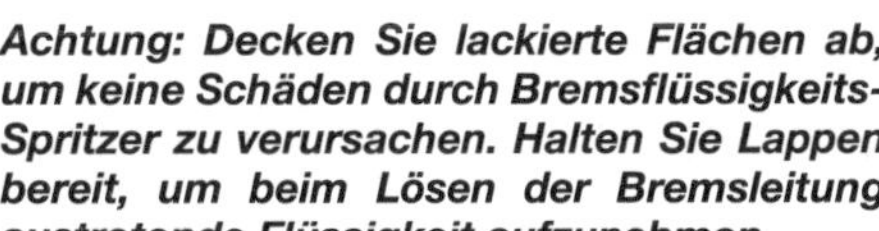

5 Handbremszylinder

Achtung: Decken Sie lackierte Flächen ab, um keine Schäden durch Bremsflüssigkeits-Spritzer zu verursachen. Halten Sie Lappen bereit, um beim Lösen der Bremsleitung austretende Flüssigkeit aufzunehmen.

Anmerkung: *Für keinen der Handbremszylinder sind Reparatursets erhältlich. Falls eine Kolbendichtung undicht ist oder der Kolben festgegangen ist, muss der Bremszylinder durch ein Neuteil ersetzt werden. Versuchen Sie nicht, den Bremszylinder zu zerlegen und mit den alten Dichtungen wieder zusammenzubauen.*

Ausbau

1 Entfernen Sie je nach Modell die Lenkerverkleidungen und den/die Rückspiegel (siehe Kapitel 9).

2 Trennen Sie den/die Bremslichtschalter-Stecker (siehe Abbildungen).

3 Falls der Handbremszylinder vollständig demontiert werden soll, muss die Bremsleitungs-Anschlussschraube gelöst und die Leitung unter Beachtung ihrer Ausrichtung zum Bremszylinder getrennt werden (siehe Abbildung). Umwickeln Sie das Ende der Bremsleitung mit Frischhaltefolie und halten Sie sie aufrecht, um den Flüssigkeitsverlust zu minimieren. Die Dichtscheiben müssen beim Anschließen durch Neuteile ersetzt werden.

4 Demontieren Sie nötigenfalls den Bremshebel (siehe Kapitel 7).

5 Schrauben Sie nötigenfalls den Bremslichtschalter heraus (siehe Abbildung).

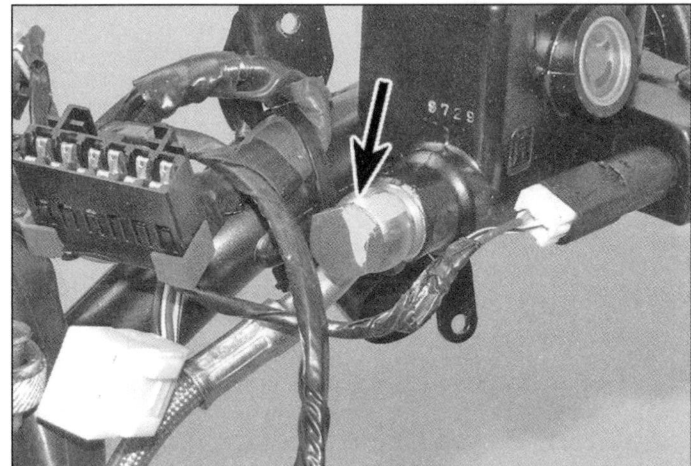

5.3 Beachten Sie die Ausrichtung des Bremsleitungs-Anschlusses.

5.5 Der Bremslichtschalter ist in den Handbremszylinder geschraubt.

6 Lösen Sie die Schrauben der Handbremszylinder-Klemmung, halten Sie den Bremszylinder und entnehmen Sie das Klemmstück (siehe Abbildungen). Halten Sie den Bremszylinder bei angeschlossener Bremsleitung so, dass diese nicht unter Last gesetzt ist; halten Sie ihn aufrecht, damit keine Luft ins Bremssystem gelangt.

7 Demontieren Sie nötigenfalls den Ausgleichsbehälterdeckel und die Manschette. Gießen Sie die Bremsflüssigkeit in einen geeigneten Sammelbehälter und wischen Sie Reste mit einem sauberen Lappen aus.

Einbau

8 Setzen Sie den Handbremszylinder so an den Lenker, dass der Stift in dessen Bohrung greift (siehe Abbildung). Setzen Sie das Klemmstück mit »UP« nach oben zeigend an (Abbildungen 5.6a oder b) und ziehen Sie zuerst die obere und dann die untere Schraube mit 7 bis 10 Nm an.

9 Drehen Sie ggf. den Bremslichtschalter in seine Bohrung (Abbildung 5.5).

10 Montieren Sie ggf. den Bremshebel (siehe Kapitel 7).

11 Verbinden Sie ggf. die Bremsleitung mit dem Bremszylinder – verwenden Sie an beiden Seiten neue Dichtscheiben (Abbildungen 5.3) und richten Sie die Leitung wie beim Trennen notiert aus. Ziehen Sie die Anschlussschraube mit 20 bis 25 Nm an.

12 Verbinden Sie den/die Bremslichtschalter-Kabel (Abbildungen 5.2a oder b).

13 Füllen Sie den Ausgleichsbehälter mit frischer Bremsflüssigkeit auf (siehe *Tägliche Kontrollen*) und entlüften Sie die Bremse (siehe Sektion 7). Kontrollieren Sie die Bremse auf Undichtigkeiten.

14 Montieren Sie den/die Rückspiegel und die Lenkerverkleidungen (siehe Kapitel 9).

5.6a Handbremszylinder-Klemmschrauben – Hinterradbremse bei LXV-, GTV- und GT-Modellen

15 Prüfen Sie vor der ersten Fahrt die Funktion der Bremse.

5.6b Handbremszylinder-Klemmschrauben – Vorderradbremse bei GTS-Modellen

5.6c Entfernen Sie das Klemmstück und nehmen Sie den Bremszylinder ab.

5.8 Richten Sie den Stift (A) des Bremszylinders zur Bohrung (B) im Lenker aus.

7.2 Aufbau zum Entlüften von Bremsen

7.4a Entlüftungsnippel am Vorderrad-Bremssattel von GTS-, GTV und GT-Modellen

7.4b Entlüftungsnippel am Hinterrad-Bremssattel

6 Bremsschläuche und Anschlüsse

Kontrolle

1 Beachten Sie hierzu die Hinweise in Kapitel 1, Sektion 4.

Ausbau und Einbau

2 Die Bremsschläuche haben alle an den Enden Ring-Anschlüsse, die mit Hohlschrauben gesichert sind. Bedecken Sie umliegende Flächen mit Lappen, um Bremsflüssigkeits-Spritzer aufzunehmen. Beachten Sie die Ausrichtung der Ringanschlüsse an Geberzylinder und Bremssattel (Abbildungen 3.2a oder b und 5.3). Befreien Sie die Leitung aus allen anderen Clips und Führungen – merken Sie sich ihre Verlegung. Lösen Sie die Anschlussschraube an jeder Seite des Schlauchs und entnehmen Sie die Leitung – die Dichtscheiben dürfen nicht wiederverwendet werden.

Achtung: Betätigen Sie bei ausgebauten Bremsbelägen nicht den Bremshebel!

3 Positionieren Sie die neue Bremsleitung so, dass sie korrekt ausgerichtet und nicht verdreht oder anderweitig unter Last gesetzt ist. Achten Sie auf eine korrekte Verlegung und sichern Sie sie mit allen Befestigungen und Führungen. Achten Sie darauf, dass die Leitungen keine beweglichen Teile berühren.
4 Wenn die Anschlüsse korrekt ausgerichtet sind, werden die neuen Dichtscheiben an beiden Seiten der Anschlussaugen angesetzt und die Anschlussschrauben installiert – ziehen Sie sie mit 20 bis 25 Nm an.
5 Spülen Sie die alte Bremsflüssigkeit aus dem Bremssystem, füllen Sie die Anlage mit frischer DOT-4-Bremsflüssigkeit auf (siehe *Tägliche Kontrollen*), und entlüften Sie sie (siehe Sektion 7).
6 Prüfen Sie vor der ersten Fahrt sorgfältig die Funktion der Bremse.

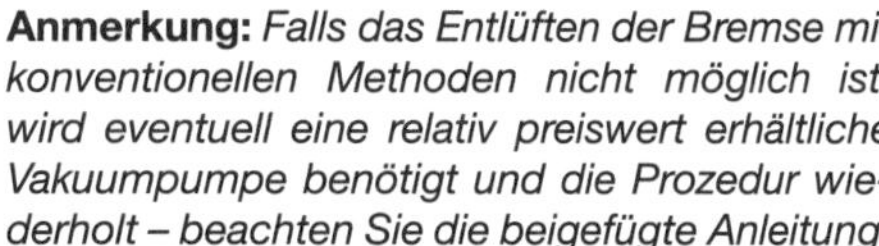

7 Bremsanlage
Entlüften und Bremsflüssigkeitswechsel

Anmerkung: *Falls das Entlüften der Bremse mit konventionellen Methoden nicht möglich ist, wird eventuell eine relativ preiswert erhältliche Vakuumpumpe benötigt und die Prozedur wiederholt – beachten Sie die beigefügte Anleitung.*

Entlüftung

1 Entlüften der Bremse besagt, dass alle Luftblasen aus dem Bremsflüssigkeitsbehälter, den Leitungen und den Bremssätteln entfernt werden. Entlüften ist immer notwendig, wenn eine Hydraulik-Verbindung gelöst wurde, wenn eine Komponente oder Leitung gewechselt wurde, oder wenn ein Geberzylinder oder Sattel überholt wurde. Sind ein schwammiges Gefühl in der Bremse oder mangelhafte Bremsleistung nicht auf mechanische Defekte (z. B. klemmender Kolben im Bremssattel oder durch Korrosion klemmende Bremsbeläge) zurückzuführen, weist dies ebenfalls auf notwendiges Entlüften hin. Lecks im System können ebenfalls das Eindringen von Luft ermöglichen, aber sie zeigen auch durch auslaufende Flüssigkeit das Problem an und weisen auf eine dringend notwendige Reparatur hin.
2 Zum Entlüften der Bremsen mit der konventionellen Methode werden neben einem Assistenten frische DOT-4-Bremsflüssigkeit, ein durchsichtiger Vinyl- oder Plastikschlauch und ein zum Teil mit sauberer Bremsflüssigkeit gefüllter Behälter benötigt (siehe Abbildung), dazu Lappen und ein Ringschlüssel für das Entlüftungsventil. Im Fachhandel sind relativ preiswerte Entlüftungskits erhältlich, die aus dem Schlauch und einem Einwegventil bestehen – und die Arbeit beträchtlich erleichtern.

Achtung: Bremsflüssigkeit greift Lack und Kunststoff an! Decken Sie gefährdete Bereiche mit Lappen ab und waschen Sie Spritzer mit reichlich Seifenwasser ab.

3 Drehen Sie den Lenker so, dass der Ausgleichsbehälter möglichst geradesteht. Entfernen Sie den Ausgleichsbehälterdecke und die Manschette (siehe *Tägliche Kontrollen*) und pumpen Sie langsam einige Male mit dem Hebel, bis keine aus der kleinen Bohrung am Boden des Behälters aufsteigenden Blasen mehr zu sehen sind – hiermit ist der Ausgleichsbehälter bereits entlüftet. Setzen Sie den Ausgleichsbehälterdeckel übergangsweise wieder auf.
4 Ziehen Sie am Bremssattel die Gummikappe vom Entlüftungsventil (siehe Abbildungen). Setzen Sie möglichst einen Ringschlüssel an, schieben Sie das eine Ende des durchsichtigen Schlauchs auf das Ventil und stecken Sie das andere Ende in die Bremsflüssigkeit des Sammelbehälters (Abbildung 7.2).

Praxis TiPP ***Um Schäden am Entlüftungsventil zu vermeiden, sollte es vor dem Anschließen des Schlauchs mit einem Ringschlüssel gelockert und später wieder angezogen werden. Während des Entlüftens kann entweder der weiterhin am Ventil sitzende Ringschlüssel oder ein Maulschlüssel verwendet werden.***

5 Kontrollieren Sie den Pegel im Ausgleichsbehälter und lassen Sie ihn während des Prozesses nicht unter die unteren Markierung sinken.
6 Pumpen Sie vorsichtig drei- oder viermal mit dem Hebel und halten Sie ihn gezogen, während das Bremssattelventil eine Viertelumdrehung geöffnet wird (siehe Abbildung) und (ggf. mit Luftblasen versetzte) Bremsflüssigkeit aus dem Sattel durch den Schlauch in den Behälter fließt – der Bremshebel kann jetzt bis zum Lenkergriff gezogen werden.
7 Ziehen Sie das Entlüftungsventil leicht an und lösen Sie langsam die Bremse. Wiederholen Sie diesen Prozess, bis in der ausfließenden Bremsflüssigkeit keine Blasen mehr zu sehen sind und am Hebel oder Pedal ein Druckpunkt zu spüren ist. Zum Schluss wird der Entlüftungsschlauch abgenommen, das Ventil mit 10 bis 12 Nm angezogen und die Staubkappe aufgesetzt.
8 Nötigenfalls kann der Handbremszylinder vom Lenker befreit und senkrecht (Bremshebel nach oben) gehalten und der Hebel betätigt werden, um im System gefangene Luftblasen aufsteigen zu lassen. Variieren Sie mehrmals die Position, um die Bremse erfolgreich zu entlüften.

Praxis TiPP ***Falls kein fester Druckpunkt erreicht wird, kann die Bremsflüssigkeit aufgeschäumt sein – lassen Sie sie ein paar Stunden in Ruhe und wiederholen Sie die Prozedur, nachdem kleine Blasen aufgestiegen sind.***

8.17a ABS-Modulator – GTS 300 ab 2014

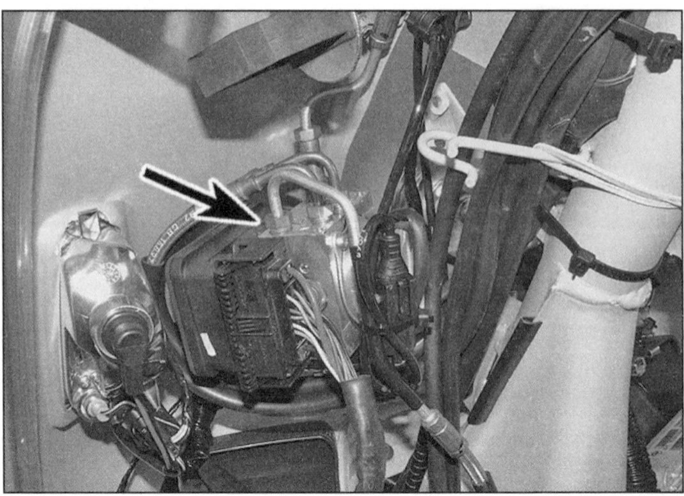

8.17b ABS-Modulator – GTS 125/150 ab 2016

9 Füllen Sie den Ausgleichsbehälter bis unter die obere Markierung mit frischer Bremsflüssigkeit auf und installieren Sie die Manschette und den Deckel. Kontrollieren Sie alles auf Spritzer und wischen Sie diese nötigenfalls ab.
10 Kontrollieren sie das ganze System auf Undichtigkeiten und prüfen Sie vor der ersten Fahrt die Funktion der Bremse.

Bremsflüssigkeitswechsel

11 Der Wechsel der Bremsflüssigkeit ist ein ähnlicher Prozess wie das Entlüften der Bremse und erfordert das gleiche Material, außerdem ggf. eine Pumpe (oder Einwegspritze) zum Entleeren der Ausgleichsbehälter. Stellen Sie sicher, dass der Sammelbehälter groß genug ist, die gesamte alte Bremsflüssigkeit aufnehmen zu können.
12 Decken Sie gefährdete Lackteile ab, die Bremsflüssigkeitsspritzer abbekommen könnten. Verbinden Sie die zur Entlüftung verwendete Ausrüstung mit dem entsprechenden Bremssattel. Entfernen Sie den Behälterdeckel und die Manschette (Schritt 3). Saugen Sie die Bremsflüssigkeit aus dem Behälter oder pumpen Sie solange, bis die alte Bremsflüssigkeit bis zum Behälterboden abgesunken ist. Dabei sollte keine Luft in das System gelangen, da es ansonsten entlüftet werden muss. Wischen Sie den Ausgleichsbehälter mit Haushaltstüchern sauber und füllen Sie frische Bremsflüssigkeit auf. Betätigen Sie die Bremse und öffnen Sie das Entlüftungsventil (Abbildungen 7.4a oder b) – Bremsflüssigkeit wird durch den Entlüftungsschlauch austreten und der Hebel wird sich bis zum Griffgummi bewegen lassen.
13 Ziehen Sie das Entlüftungsventil wieder leicht an und lösen Sie langsam wieder die Bremse. Halten Sie den Ausgleichsbehälter immer gut gefüllt, damit keine Luft eintritt und die Aufgabe deutlich in die Länge zieht. Wiederholen Sie die Prozedur, bis am Entlüftungsventil frische Bremsflüssigkeit austritt.

Praxis TiPP ***Alte Bremsflüssigkeit ist deutlich dunkler als frische, sodass leicht erkannt werden kann, wann die Bremse mit frischer Flüssigkeit gefüllt ist.***

14 Entfernen Sie zum Schluss die verwendete Ausrüstung vom Entlüftungsventil, ziehen Sie es mit 10 bis 12 Nm an, und stecken Sie die Gummikappe auf.
15 Füllen Sie den Ausgleichsbehälter auf und installieren Sie die Manschette und den Deckel. Wischen Sie verschüttete Bremsflüssigkeit unverzüglich mit einem nassen Lappen ab und kontrollieren sie das ganze System auf Undichtigkeiten.
16 Kontrollieren Sie die Bremse auf Undichtigkeiten und prüfen Sie vor der ersten Fahrt ihre Funktion.

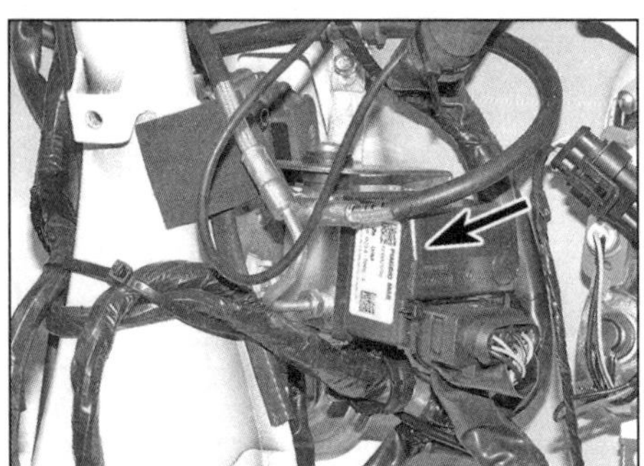

8.17c ABS-Modulator – Primavera und Sprint

Ablassen der Bremsflüssigkeit (für eine Überholung)

17 Das Ablassen der Bremsflüssigkeit ist ein ähnlicher Prozess wie das Entlüften der Bremse. Am schnellsten und einfachsten geht dies mit einer im Handel erhältlichen Vakuumpumpe – folgen Sie den beiliegenden Herstellerangaben. Ist keine solche Pumpe zugänglich, müssen Sie der oben gegebenen Prozedur für den Wechsel der Flüssigkeit folgen, dürfen dabei aber den Ausgleichsbehälter nicht auffüllen.

8 Antiblockiersystem (ABS)

Allgemeine Informationen

1 Das Antiblockiersystem (ABS) verhindert, dass ein Rad beim Bremsen blockieren, was beim Vorderrad meist unweigerlich zu einem Sturz führen würde. Ein am Rad sitzender Sensor erkennt, ob und wie schnell sich das Rad dreht.
2 Das System findet sich nur an hydraulisch betätigten Scheibenbremsen – daher haben die Modelle Primavera und Sprint nur am Vorderrad ein ABS.
3 Das ABS jeder Bremse besteht aus dem Handbremshebel samt Bremszylinder, dem auf der Bremsscheibe sitzenden Bremssattel, dem ABS-Modulator und dem Motorsteuergerät. Schläuche und Rohre verbinden die Hydraulikkomponenten. Der Radsensor sendet Informationen über deren Umdrehungsgeschwindigkeit an den ABS-Modulator.
4 Sobald unterschiedliche Rad-Drehzahlen erkannt werden, schließen Ventile im Modulator, um keinen weiteren Druck vom Bremshebel aufbauen zu lassen, gleichzeitig wird der überschüssige Druck im Bremssattel abgebaut. Sobald wieder normal gebremst werden kann, kehrt das ABS in den Standby-Modus zurück.
5 Nach dem Einschalten der Zündung führt das ABS eine Selbstkontrolle durch und die ABS-Warnleuchte blinkt, bis losgefahren wird. Falls im System ein Fehler vorliegt, blinkt die Warnleuchte weiter und es kann normal ge-

bremst werden – nur ohne ABS. Lassen Sie in diesem Fall das Fahrzeug von einer Piaggio-Werkstatt überprüfen.

6 Falls die ABS-Warnleuchte gar nicht aufleuchtet, muss mithilfe des Schaltplans am Ende von Kapitel 10 die Verkabelung zwischen dem ABS-Modulator und der Lampe im Cockpit identifiziert und auf Durchgang und sichere Verbindungen überprüft werden.

7 Soweit das Kabel in Ordnung ist, muss die Instrumenten-Baugruppe überprüft werden (siehe Kapitel 10, Sektion 6). Lassen Sie anschließend ggf. den ABS-Modulator von einer Piaggio-Werkstatt überprüfen.

Radsensoren und Rotoren

8 Die Kontrolle der Radsensoren und Rotoren ist Bestandteil der regelmäßigen Wartungsarbeiten (siehe Kapitel 1, Sektion 4). Das Einhalten des korrekten Abstands (0,5 bis 1,5 mm) zwischen der Sensorspitze und dem Rotor ist für eine Funktion des ABS unerlässlich.

9 Falls an einem Radsensor ein Defekt vermutet wird, muss der Sensorstecker getrennt und an den sensorseitigen Kontakten der Widerstand ermittelt werden (siehe Kapitel 10, Sektion 16) – bei normaler Umgebungstemperatur (20 °C) müssen ca. 100 bis 150 Ohm festgestellt werden.

10 Die ABS-Rotoren sitzen an den Bremsscheiben (siehe Sektion 4).

Modulator

Ausbau

Anmerkung: *Die folgende Prozedur zeigt, wie beim Einbau eines neuen Modulators das Eindringen von Luft ins Bremssystem verhindert werden kann. Piaggio schreibt hierzu vor, dies mit neuen oder neuwertigen Bremsbelägen zu erledigen, da sich hierdurch nur wenig Bremsflüssigkeit im Bremssattel befindet. Ignorieren Sie bei Primavera- und Sprint-Modellen nicht zutreffende Schritte.*

11 Stützen Sie das Fahrzeug so ab, dass das Vorderrad oder beide Räder demontiert werden können (siehe Sektion 14 und 15).

12 Entfernen Sie die Lenkerverkleidungen (beim Primavera und Sprint nur die obere), die Frontblende und die innere Frontverkleidung (siehe Kapitel 9).

13 Lösen Sie die Schrauben des Vorderrad-Bremssattels und ziehen Sie ihn von der Bremsscheibe (siehe Sektion 3). Soweit die Bremsbeläge neu oder neuwertig sind, kann mehrmals die Bremse gezogen werden, bis sie zusammendrücken. Stützen Sie den Bremssattel so ab, dass die Bremsleitung nicht unter Last steht.

14 Entfernen Sie den Ausgleichsbehälterdeckel und die Manschette der Vorderradbremse, füllen Sie den Ausgleichsbehälter bis unter die MAX-Markierung mit Bremsflüssigkeit auf und installieren Sie die Manschette und den Deckel wieder (siehe *Tägliche Kontrollen*). Ziehen Sie den Bremshebel, bis leichter Widerstand fühlbar ist, und sichern Sie ihn mit einem Kabelbinder in dieser Position.

15 Befreien Sie die Hinterrad-Bremsleitung aus allen Befestigungen unten am Antriebsgehäuse. Lösen Sie die Schrauben des Hinterrad-Bremssattels und ziehen Sie ihn von der Bremsscheibe (siehe Sektion 3). Soweit die Bremsbeläge neu oder neuwertig sind, kann mehrmals die Bremse gezogen werden, bis sie zusammendrücken. Stützen Sie den Bremssattel so ab, dass die Bremsleitung nicht unter Last steht.

16 Entfernen Sie den Ausgleichsbehälterdeckel und die Manschette der Hinterradbremse, füllen Sie den Ausgleichsbehälter bis unter die MAX-Markierung mit Bremsflüssigkeit auf und installieren Sie die Manschette und den Deckel wieder (siehe *Tägliche Kontrollen*). Ziehen Sie den Bremshebel, bis leichter Widerstand fühlbar ist, und sichern Sie ihn mit einem Kabelbinder in dieser Position.

17 Der ABS-Modulator sitzt hinter der Frontverkleidung (siehe Abbildungen).

18 Entfernen Sie bei GTS-Modellen zunächst das Blinkrelais und seinen Halter.

19 Verfolgen Sie das Kabel des Vorderradsensors und trennen Sie es am Stecker. Befreien Sie die Modulator-Verkabelung aus allen Befestigungen und trennen Sie den Mehrfachstecker vom Modulator.

20 Lösen Sie am Modulator die Bremsleitungs-Anschlussmuttern.

Achtung: Bremsflüssigkeit greift Lack und Kunststoff an! Decken Sie gefährdete Bereiche mit Lappen ab und waschen Sie Spritzer mit reichlich Seifenwasser ab.

21 Lösen Sie bei GTS-Modellen die Schraube, die den Modulator rechts an der Halterung sichert. Lösen Sie die Muttern, mit denen die untere Modulatorhalterung an der Karosserie gesichert ist, und heben Sie den Modulator samt Halter heraus.

Einbau

22 Montieren Sie ggf. den Modulator an die untere Halterung und ziehen Sie die Schrauben an. Positionieren Sie den Modulator samt Halter an der Karosserie und sichern Sie ihn mit den Muttern und der Schraube.

23 Lösen Sie den mit RW markierten Auslassstopfen am Modulator und schließen Sie die Hinterrad-Bremsleitung an; ziehen Sie die Anschlussmutter zunächst vollständig an und lockern Sie sie dann wieder um eine halbe Umdrehung. Drücken Sie die Beläge der Hinterradbremse langsam auseinander, bis am RW-Anschluss des Modulators Bremsflüssigkeit austritt; halten Sie diesen Druck aufrecht und ziehen Sie dabei die Anschlussmutter an – so kann keine Luft in den Modulator eindringen.

24 Lösen Sie den RC-Einlassstopfen am Modulator. Drücken Sie die Hinterrad-Bremsbeläge weiter auseinander, bis am RC-Einlass Bremsflüssigkeit auszutreten beginnt. Verbinden Sie die Hinterrad-Geberzylinderleitung mit dem Einlass, ziehen Sie die Anschlussmutter zunächst vollständig an und lockern Sie sie dann wieder um eine halbe Umdrehung.

25 Ziehen Sie die Hinterradbremse, bis am RC-Anschluss Bremsflüssigkeit und Luftblasen austreten. Halten Sie die Bremse gezogen und ziehen Sie die Anschlussmutter an. Schneiden Sie den Kabelbinder des Hinterrad-Bremshebels auf. Kontrollieren Sie den Pegel im Ausgleichsbehälter und füllen Sie nötigenfalls Bremsflüssigkeit nach; montieren Sie die Manschette und den Ausgleichsbehälterdeckel.

26 Installieren Sie den Hinterrad-Bremssattel und ziehen Sie seine Befestigungsschrauben mit 20 bis 25 Nm an. Sichern Sie die Hinterrad-Bremsleitung unten am Antriebsgehäuse. Prüfen Sie die Funktion der Bremse.

27 Lösen Sie den FW-Auslasstopfen am Modulator und schließen Sie die Vorderrad-Bremsleitung an; ziehen Sie die Anschlussmutter zunächst vollständig an und lockern Sie sie dann wieder um eine halbe Umdrehung. Drücken Sie die Beläge der Vorderradbremse langsam auseinander, bis am FW-Anschluss des Modulators Bremsflüssigkeit austritt; halten Sie diesen Druck aufrecht und ziehen Sie dabei die Anschlussmutter an – so kann keine Luft in den Modulator eindringen.

28 Lösen Sie den FC-Einlassstopfen am Modulator. Drücken Sie die Vorderrad-Bremsbeläge weiter auseinander, bis am FC-Einlass Bremsflüssigkeit auszutreten beginnt. Verbinden Sie die Vorderrad-Geberzylinderleitung mit dem Einlass, ziehen Sie die Anschlussmutter zunächst vollständig an und lockern Sie sie dann wieder um eine halbe Umdrehung.

29 Ziehen Sie die Vorderradbremse, bis am FC-Anschluss Bremsflüssigkeit und Luftblasen austreten. Halten Sie die Bremse gezogen und ziehen Sie die Anschlussmutter an. Schneiden Sie den Kabelbinder des Vorderrad-Bremshebels auf. Kontrollieren Sie den Pegel im Ausgleichsbehälter und füllen Sie nötigenfalls Bremsflüssigkeit nach; montieren Sie die Manschette und den Ausgleichsbehälterdeckel.

30 Installieren Sie den Vorderrad-Bremssattel und ziehen Sie seine Befestigungsschrauben mit 20 bis 25 Nm (Primavera und Sprint) bzw. 24 bis 27 Nm (GTS) an. Prüfen Sie die Funktion der Bremse.

31 Verbinden Sie den Mehrfachstecker mit dem Modulator und die Sensor-Verbindung. Sichern Sie die Kabel wie beim Trennen notiert.

32 Montieren Sie bei GTS-Modellen den Blinkrelais-Halter und das Relais.

33 Installieren Sie die verbliebenen Komponenten in der umgekehrten Ausbaureihenfolge.

9 Antischlupfregelung (ASR)

Allgemeine Informationen

1 Die beim GTS 300 ab 2016 eingebaute Antischlupfregelung schützt beim Beschleunigen vor einem wegrutschenden Hinterrad und verbessert die Traktion – dies ist sehr nützlich auf feuchtem oder lockeren Untergrund, Laub oder Eis auf der Fahrbahn. Sobald die Radsensoren ein schneller werdendes Hinterrad erkennen, verringert das Motorsteuergerät die Motorleistung, bis wieder ein Gleichgewicht hergestellt ist.

2 Die ASR wird beim Starten des Motors automatisch aktiviert. Sollte der Untergrund ein Anfahren ohne ASR nötig machen (Schlamm oder Schnee), muss der ASR-Knopf rechts am Lenker für eine Sekunde gedrückt werden – die ASR-Warnlampe im Cockpit wird aufleuchten und das ASR bleibt inaktiv, bis der ASR-Knopf erneut gedrückt oder die Zündung aus und wieder eingeschaltet wird.

3 Nach dem Einschalten der Zündung führt die ASR eine Selbstkontrolle durch und blinkt mit der gleichen Frequenz wie die ABS-Warnleuchte, bis losgefahren wird. Falls im System ein Fehler vorliegt, blinkt die Warnleuchte weiter – lassen Sie in diesem Fall das Fahrzeug von einer Piaggio-Werkstatt überprüfen.

4 Damit die ASR effektiv arbeiten kann, muss die Bord-Batterie in Ordnung sein (siehe Kapitel 10, Sektion 3).

5 Kontrollieren Sie den Zustand der Reifen und ihren Luftdruck (siehe *Tägliche Kontrollen*) – hierdurch können die Drehzahlen der Räder voneinander abweichen, sodass ASR regelmäßig eingreifen will.

6 Kontrollieren Sie wie beim ABS die Radsensoren und ihre Rotoren.

7 Falls das Fahrzeug mit laufendem Motor auf dem Hauptständer steht, sollte Gasgeben (und damit ein durchdrehendes Hinterrad) vermieden werden, damit die ASR nicht aktiviert wird.

ASR-Warnlampe

8 Nach Beendigung der anfänglichen Selbstkontrolle muss die ASR-Warnlampe beim Fahren erlöschen.

9 Falls die ASR-Warnlampe während der Fahrt zu blinken beginnt, zeigt dies an, dass das System aufgrund schlechter Traktion aktiviert wurde – fahren Sie etwas vorsichtiger weiter.

10 Falls die ASR-Warnlampe während der Fahrt dauerhaft aufleuchtet, wurde das System abgeschaltet – entweder mit dem ASR-Knopf oder durch einen Defekt.

ASR-Kalibrierung

11 Nachdem ein neuer Reifen montiert wurde, muss die ASR unbedingt neu kalibriert werden: Wählen Sie dazu ein gerades und ebenes Stück Straße aus, die Prozedur dauert etwa zwei Minuten.

12 Starten Sie den Motor und fahren Sie, bis die ABS- und ASR-Warnlampen erlöschen. Halten Sie an, aber lassen Sie den Motor noch mindestens 3 Sekunden laufen. Drücken Sie den ASR-Knopf – die Warnlampe muss aufleuchten. Ziehen Sie als Nächstes gleichzeitig die Vorderradbremse und drücken Sie sowohl den Anlasserknopf als auch den ASR-Knopf für mindestens 4 Sekunden. Drücken Sie jetzt den ASR-Knopf für weitere 3 Sekunden.

13 Die ASR-Warnlampe muss jetzt zu blinken beginnen. Beschleunigen Sie nun auf ein Tempo von 30 Sekunden und halten Sie dies für 10 Sekunden, nachdem die Warnlampe erloschen ist, um anzuzeigen, dass die Kalibrierung abgeschlossen ist. Halten Sie an und schalten Sie die Zündung aus. Warten Sie mindestens 30 Sekunden, bevor Sie die Zündung wieder einschalten.

14 Falls die ASR-Warnlampen nach der Neu-Kalibrierung weiter aufleuchtet, muss die Prozedur wiederholt werden

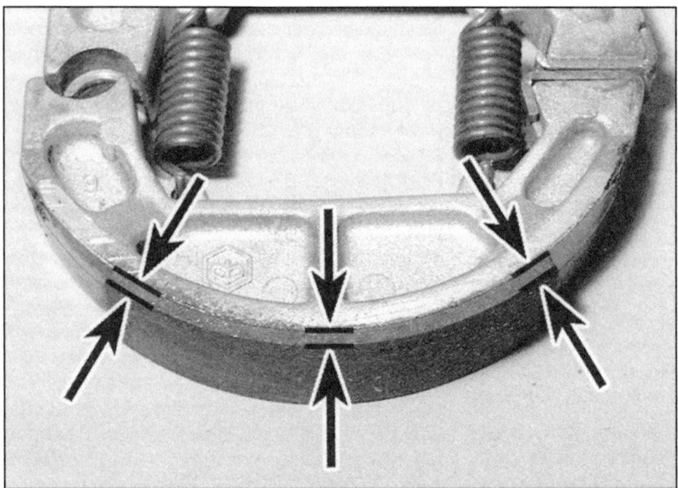

10.2 Kontrollieren Sie die Belagstärke beider Bremsbacken.

10.6 Kontrollieren Sie die Bremsfläche der Bremstrommel auf Riefen und starken Verschleiß.

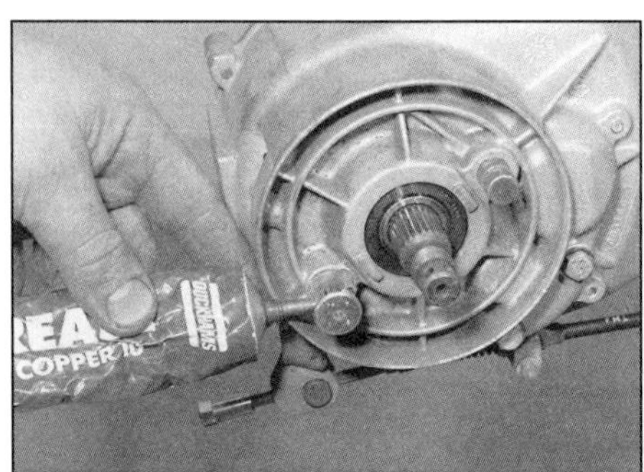

10.12a Schmieren Sie den Zapfen und den Bremsnocken mit etwas Kupferpaste.

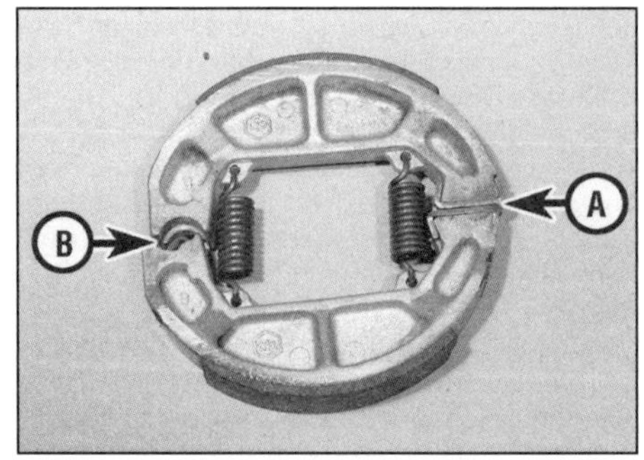

10.12b Setzen Sie das Zapfen-Ende (A) und das Nocken-Ende (B) der Beläge zusammen und hängen Sie die Federn ein.

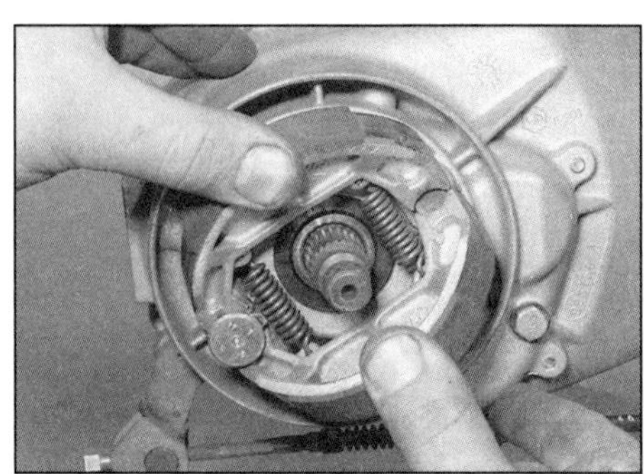

10.12c Setzen Sie die Bremsbacken korrekt an und falten Sie sie auseinander.

10 Trommelbremse

Warnung: ***Der in der Bremse erzeugte Staub kann gesundheitsschädlich sein. Blasen Sie ihn niemals mit Druckluft aus und atmen Sie ihn niemals ein. Tragen Sie bei Arbeiten an der Bremse eine Filtermaske.***

Kontrolle

1 Demontieren Sie das Hinterrad (siehe Sektion 15).

2 Kontrollieren Sie die Belagstärke der Bremsbacken (siehe Abbildung) – falls an der Bremsnocken-Seite weniger als 1,5 mm festgestellt werden, müssen die Bremsbacken durch Neuteile ersetzt werden.

3 Kontrollieren Sie die Oberflächen des Belagmaterials auf Verunreinigungen. Falls eine der Bremsbacken mit Öl oder Fett verschmutzt, stark eingekerbt oder durch Schmutz oder Ablagerungen beschädigt wurde, müssen beide Bremsbacken erneuert werden.

Achtung: Es ist kaum möglich, Bremsbacken vollständig zu entfetten – wenn sie in irgendeiner Weise verunreinigt sind, müssen sie ersetzt werden.

4 Wenn die Bremsbacken in gutem Zustand sind, werden Sie mit einer vollkommen fett- und ölfreien feinen Drahtbürste sorgfältig gereinigt. Arbeiten Sie mit einem spitzen Werkzeug eingearbeitete Partikel aus dem Material und schleifen Sie verglaste Stellen mit Schmirgelleinen ab. Leichte Verunreinigungen können mit Bremsenreiniger-Spray behandelt werden.

5 Kontrollieren Sie die Bremsbacken-Federn und ersetzen Sie sie, falls eine von ihnen ermüdet, verzogen oder anderweitig beschädigt ist.

6 Reinigen Sie die Bremstrommel innen mit Bremsenreiniger oder einem mit Lösungsmittel getränkten Lappen. Kontrollieren Sie die Bremsfläche auf Riefen und starken Verschleiß (siehe Abbildung) – leichte Kratzer sind normal, doch tiefe Riefen oder Risse beeinträchtigen die Sicherheit – weil die Bremstrommel ins Hinterrad integriert ist, bleibt nur dessen Austausch.

7 Prüfen Sie, ob der Bremsnocken mithilfe des Bremsenhebels sanft bis zum Anschlag gedreht werden kann. Beseitigen Sie altes und verhärtetes Fett vom Nocken und seinem Drehzapfen – bauen Sie den Nocken hierfür aus. Falls die Lagerflächen des Bremsnockens verschlissen oder beschädigt ist, muss er durch ein Neuteil ersetzt werden. Demontieren Sie den Bremsenhebel unter Beachtung seiner Ausrichtung vom Nocken und ziehen Sie diesen heraus – beachten Sie die Scheibe.

8 Kontrollieren Sie den Trommelbremsen-Bowdenzug (siehe Sektion 11).

Bremsbacken ersetzen

9 Demontieren Sie das Hinterrad (siehe Sektion 15).

10 Greifen Sie beide Bremsbacken außen und klappen Sie sie V-förmig hoch – sie stehen unter Federdruck. Beachten Sie, wie die Bremsbacken am Zapfen und Bremsnocken anliegen (Abbildung 10.12c). Hängen Sie die Federn aus.

11 Kontrollieren Sie die Bremsbacken und die Bremstrommel (siehe oben).

12 Schmieren Sie den Zapfen und den Bremsnocken mit etwas Kupferpaste (siehe Abbildung). Hängen Sie die Federn an beiden korrekt zueinander ausgerichteten Bremsbacken ein (siehe Abbildung). Positionieren Sie die V-förmig gehaltenen Bremsbacken so, dass ihre runden Enden um den Lagerzapfen liegen und ihre flachen Enden gegen den Bremsnocken drücken. Klappen Sie die Bremsbacken herunter, sodass sie korrekt am Zapfen und Nocken anliegen; die Federn müssen dabei eingehängt bleiben (siehe Abbildung). Betätigen Sie die Bremse, um sicherzugehen, dass der Nocken korrekt funktioniert.

13 Montieren Sie das Hinterrad und prüfen Sie vor der ersten Fahrt die Funktion der Bremse.

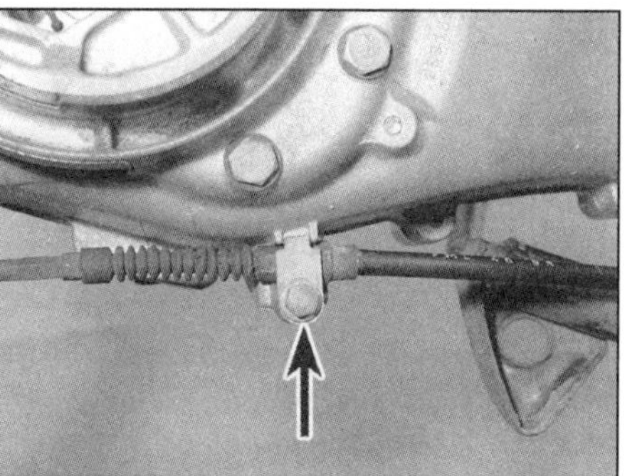

11.2 Schraube der Bowdenzug-Führung

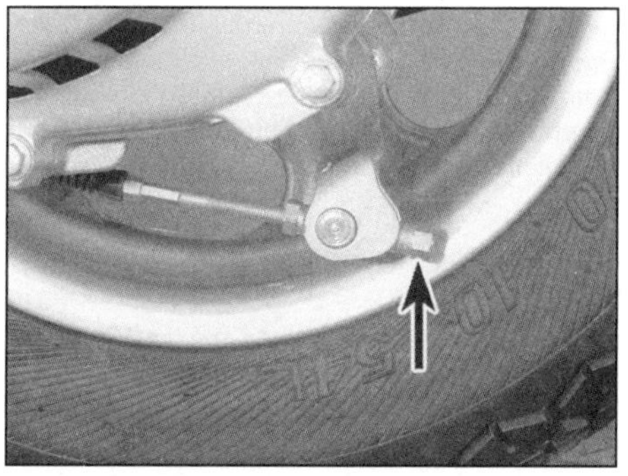

11.3 Bowdenzug-Einstellmutter

11.4a Ziehen Sie die Bowdenzughülle aus dem Bremshebelhalter . . .

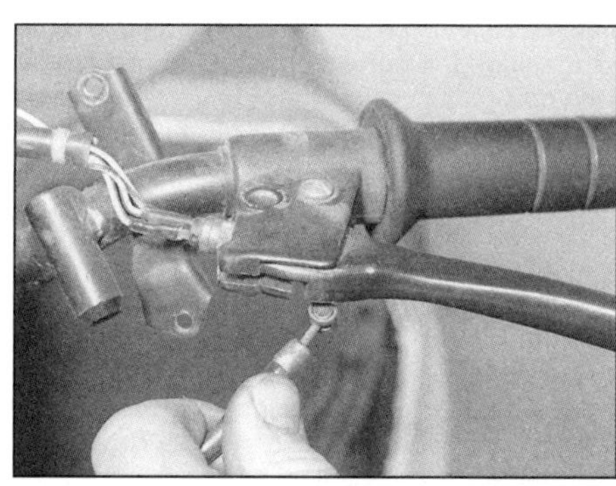

11.4b . . . und befreien Sie den Bowdenzugnippel unten aus dem Hebel.

11 Trommelbremsen-Bowdenzug

Anmerkung: *Die Einstellung und das Schmieren des Trommelbremsen-Bowdenzugs ist in Kapitel 1 beschrieben.*

1 Entfernen Sie je nach Modell die innere Frontverkleidung, die Bodenverkleidung und die Lenkerverkleidung(en), um Zugang zum Bowdenzug zu erhalten (siehe Kapitel 9).

2 Befreien Sie den Bowdenzug von der Unterseite des Antriebsriemendeckels (siehe Abbildung).

3 Lösen Sie am hinteren Ende des Bowdenzugs die Einstellmutter und ziehen Sie das Zugseil aus dem Bremsenhebel sowie dem Halter am Riemendeckel (siehe Abbildung). Befreien Sie die Buchse aus dem Bremsenhebel und die zwischen ihm und dem Widerlager sitzende Feder – merken Sie sich ihre Einbauposition.

4 Ziehen Sie am Lenker die Bowdenzughülle aus dem Bremshebelhalter und befreien Sie den Bowdenzugnippel unten aus dem Hebel (siehe Abbildungen).

5 Befreien Sie den Bowdenzug aus allen Befestigungen und ziehen Sie ihn vorsichtig heraus – merken Sie sich die Verlegung durch alle Führungen.

6 Der Einbau entspricht der umgekehrten Ausbaureihenfolge (siehe *Praxis-Tipp*). Schmieren Sie zuvor die Enden des Zugseils und den Bremshebelnippel.

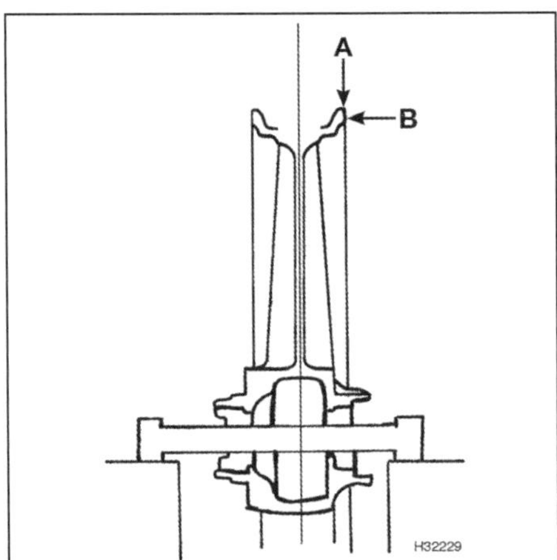

12.2 Kontrollieren Sie das Rad auf Höhenschlag (A) und Seitenschlag (B).

Um den neuen Bowdenzug korrekt durch die Karosserie zu führen, sollte er hinten mit dem alten Zug verbunden und mit diesem zusammen langsam nach vorn gezogen werden – so wird eine originale Einbaulage sichergestellt und vermieden, dass weitere Verkleidungsteile entfernt werden müssen.

7 Stellen Sie das Spiel des Bowdenzugs ein (siehe Kapitel 1). Prüfen Sie vor der ersten Fahrt die Funktion der Hinterradbremse.

12 Räder
Inspektion und Reparatur

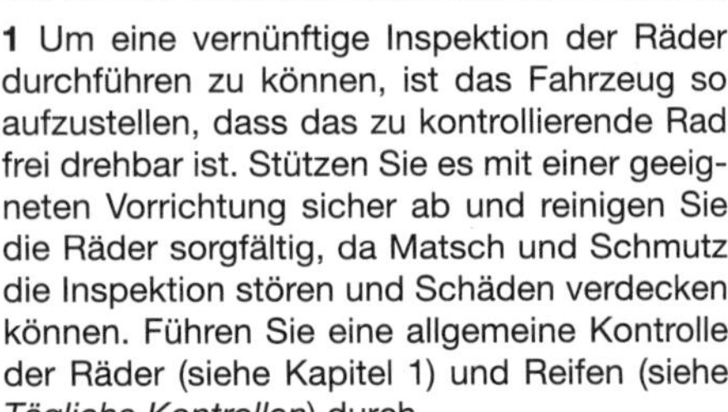

1 Um eine vernünftige Inspektion der Räder durchführen zu können, ist das Fahrzeug so aufzustellen, dass das zu kontrollierende Rad frei drehbar ist. Stützen Sie es mit einer geeigneten Vorrichtung sicher ab und reinigen Sie die Räder sorgfältig, da Matsch und Schmutz die Inspektion stören und Schäden verdecken können. Führen Sie eine allgemeine Kontrolle der Räder (siehe Kapitel 1) und Reifen (siehe *Tägliche Kontrollen*) durch.

2 Befestigen Sie eine Messuhr am Lenkschaft oder dem Antriebsgehäuse und richten Sie den Messdorn seitlich gegen die Felge. Drehen sie das Rad langsam und kontrollieren Sie das Axial- (Seiten-) Spiel (siehe Abbildung) – es dürfen nicht mehr als 2 mm Spiel mm festgestellt werden.

3 Um das Radial- (Höhen-) Spiel akkurat messen zu können, muss das Rad ausgebaut und der Reifen demontiert werden, bauen Sie die Felge dann wieder ein. Jetzt kann die Felge gedreht und mit einer Messuhr der Höhenschlag ermittelt werden (Abbildung 12.2).

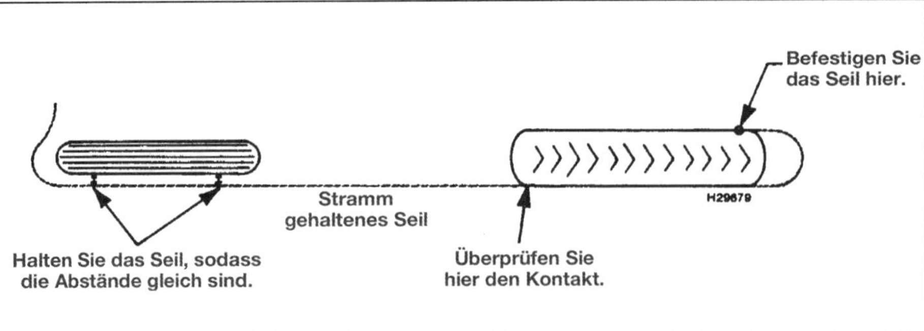

13.5 Spurkontrolle des Rades mithilfe eines Seils

4 Eine einfachere jedoch auch ungenauere Methode zum Ermitteln des Radialspiels ist durch das Befestigen eines festen Drahtes am Lenkschaft oder dem Antriebsgehäuse zu erreichen, dessen Ende nahe an den Außenrand der Felge, wo der Reifen aufliegt, gebogen wird. Wenn das Rad in Ordnung ist, wird sich der Abstand zum Draht beim Drehen des Rades nicht verändern.

Achtung: Bei übermäßigem Spiel muss vor dem Austausch der Felgen kontrolliert werden, ob die Ursache nicht in verschlissenen Radlagern zu suchen ist.

5 Begutachten Sie die Räder auf Risse, Ausbrüche an der Felge und andere Beschädigungen. Achten Sie besonders auf Beulen in dem Gebiet, wo die Reifenflanken an der Felge liegen, da hier Undichtigkeiten auftreten können. Bei irgendwelchen Schäden oder übermäßigem Schlag muss das Rad durch ein Neuteil ersetzt werden – Leichtmetall-Gussräder können nicht repariert werden.

13 Räder
Spurkontrolle

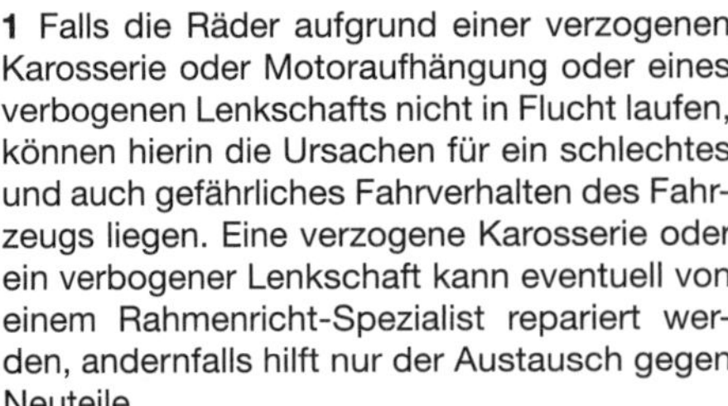

1 Falls die Räder aufgrund einer verzogenen Karosserie oder Motoraufhängung oder eines verbogenen Lenkschafts nicht in Flucht laufen, können hierin die Ursachen für ein schlechtes und auch gefährliches Fahrverhalten des Fahrzeugs liegen. Eine verzogene Karosserie oder ein verbogener Lenkschaft kann eventuell von einem Rahmenricht-Spezialist repariert werden, andernfalls hilft nur der Austausch gegen Neuteile.

2 Um die Spur kontrollieren zu können, wird neben einem Assistenten ein Seil oder eine absolut gerade Holzlatte und ein Lineal benötigt. Ebenfalls braucht man ein Lot.

3 Zur ordentlichen Kontrolle muss das Fahrzeug auf dem Hauptständer gerade ausgerichtet sein. Messen Sie zuerst die Breite beider Räder an der dicksten Stelle. Ziehen Sie den Wert des Vorderrades von dem des Hinterrads ab und teilen Sie den Wert durch zwei. Das Ergebnis ist der Wert, der bei den folgenden Messungen auf beiden Seiten der Räder herauskommen sollte.

4 Wenn ein Seil verwendet wird, muss der Assistent das eine Ende auf halber Höhe zwischen Boden und Hinterradachse halten, sodass es die hintere Seitenfläche des Reifens berührt.

5 Halten Sie das andere Ende des Seils am Vorderrad in die gleiche Höhe und bringen Sie

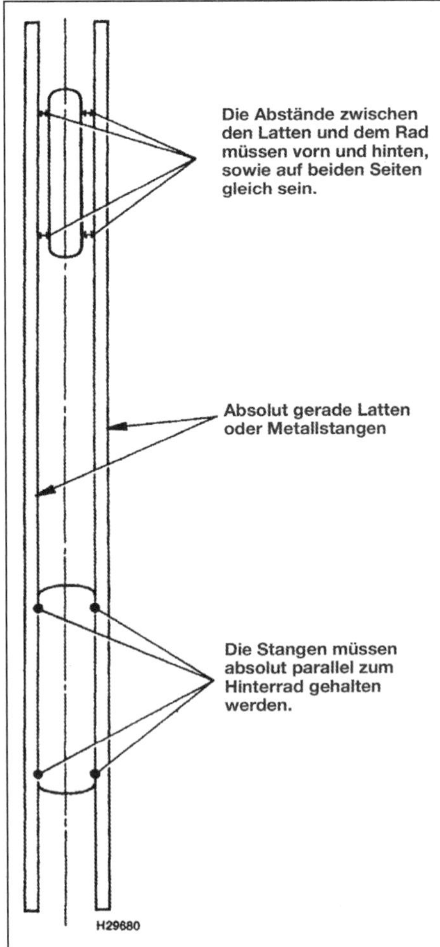

13.7 Spurkontrolle des Rades mithilfe von Holzlatten

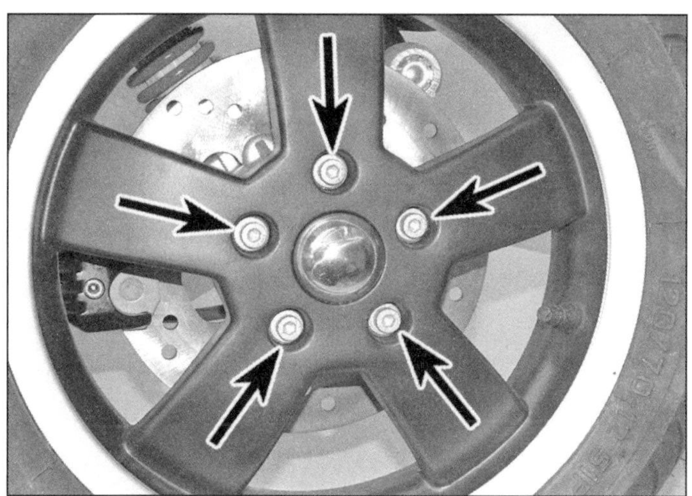

14.2a Lösen Sei die Radbolzen . . .

14.2b . . . und heben Sie die Felge ab, . . .

es stramm gespannt in Berührung mit der vorderen Seitenfläche des Hinterrads. Drehen Sie das Vorderrad, bis es parallel mit dem Seil steht. Messen Sie den Abstand der Reifenflanken zum Seil (siehe Abbildung).

6 Wiederholen Sie die Prozedur auf der anderen Seite des Fahrzeugs. Der Abstand zwischen Vorderrad und Seil muss auf beiden Seiten gleich sein.

7 Wie erwähnt, kann man die Messung auch mit einer absolut geraden Holzlatte durchführen (siehe Abbildung). Die Ausführung bleibt die gleiche.

8 Falls der Abstand zwischen Reifen und Seil auf beiden Seiten variiert oder das Hinterrad nicht fluchtet, muss eine Piaggio-Werkstatt oder ein Rahmen-Spezialist konsultiert werden.

9 Wenn die Spur stimmt, können die Räder immer noch vertikal nicht in Flucht stehen.

10 Mit einem Lot oder einem entsprechenden Gewicht und einer Schnur wird am Hinterrad gemessen, ob es senkrecht steht. Hierfür wird die Schnur an der oberen Seitenfläche des Reifens angelegt und das Lot herabgelassen. Wenn die Schnur beide Reifenflanken gleichzeitig berührt, steht das Rad gerade. Wenn nicht, muss der Ständer unterlegt werden, bis das Rad senkrecht steht.

11 Sobald das Hinterrad senkrecht steht, wird das Vorderrad in gleicher Weise kontrolliert. Wenn beide Räder nicht vertikal gleich stehen, ist die Karosserie und/oder ein wesentlicher Teil der Federelemente verzogen.

14.2c . . . beachten Sie die Positionen der Scheiben an den Radbolzen.

14.6a Biegen Sie die Enden des Splints gerade, ziehen Sie ihn heraus . . .

14.6b . . . und entnehmen Sie die Käfigmutter.

14.7 Lösen Sie die Radnabenmutter.

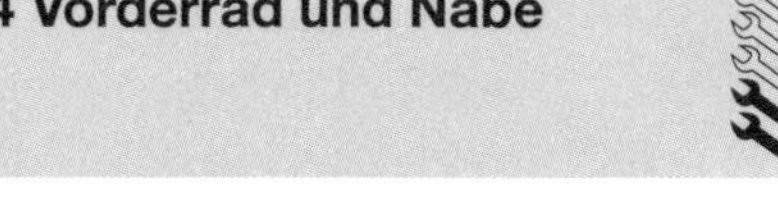

14 Vorderrad und Nabe

Vorderrad

1 Stützen Sie das Fahrzeug mithilfe einer geeigneten Stütze so ab, dass das Vorderrad nicht den Boden berührt. Achten Sie immer auf einen sicheren Stand.

2 Lösen Sie die fünf Radbolzen und ziehen Sie die Felge ab – beachten Sie die Scheiben an den Radbolzen (siehe Abbildungen).

3 Setzen Sie das Rad korrekt ausgerichtet an die Nabe, installieren Sie die korrekt mit Scheiben bestückten Radbolzen (Abbildung 14.2c) und ziehen Sie sie mit 20 bis 25 Nm an.

Achtung: Falls ein neuer Reifen montiert wurde, muss sichergestellt sein, dass der darauf angebrachte Pfeil in die normale Drehrichtung zeigt.

Radnabe

4 Demontieren Sie die Felge (Schritte 1 und 2). Befreien Sie ggf. die Tachowelle und ziehen Sie ihre Antriebsschnecke heraus (siehe Kapitel 10).

5 Demontieren Sie den Bremssattel (siehe Sektion 3).

6 Befreien Sie den vor der Käfigmutter sitzenden Splint und entnehmen Sie die Käfigmutter (siehe Abbildungen) – beim Einbau wird ein neuer Splint benötigt.

7 Lösen Sie die Radnabenmutter (siehe Abbildung).

14.8a Ziehen Sie die Radnabe von der Achse.

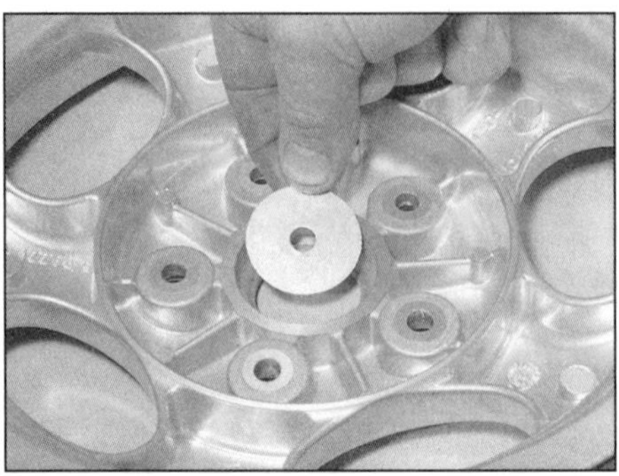

14.8b Legen Sie nötigenfalls eine oder mehrere Scheiben in die Felge, ...

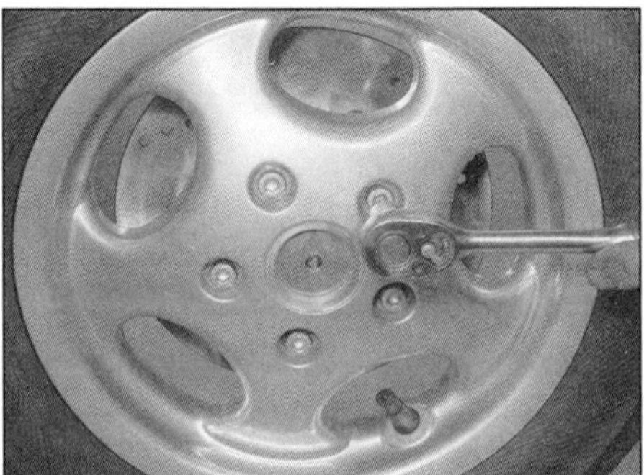

14.8c ... ziehen Sie die Radbolzen schrittweise und über Kreuz an, ...

14.8d ... um so die Radnabe abzuziehen.

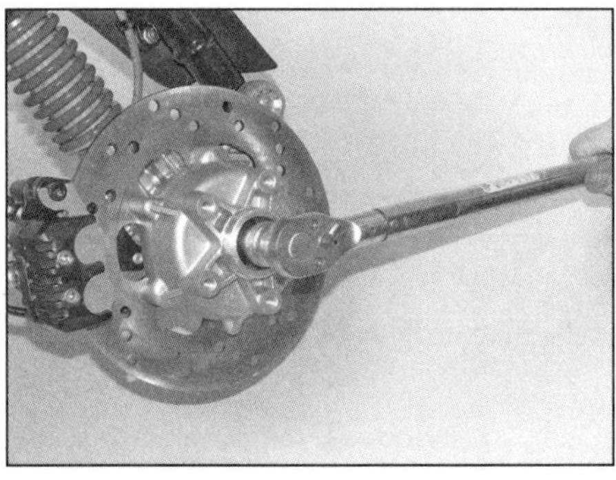

14.10a Ziehen Sie die Radnabenmutter mit 74 bis 88 Nm an.

14.10b Biegen Sie die Enden des Splints um die Achse.

8 Ziehen Sie die Radnabe von der Achse (siehe Abbildung) – falls sie fest sitzt, müssen stabile Scheiben, deren Außendurchmesser der Vertiefung in der Felge entspricht und deren Innendurchmesser geringer als der Durchmesser der Achse ist, in die Felge gelegt und diese mit den schrittweise und über Kreuz angezogenen Radbolzen gegen die Radnabe gezogen werden, um diese dabei abzuziehen (siehe Abbildungen).

9 Kontrollieren Sie die Lager und den Dichtring in der Radnabe (siehe Sektion 16) und am Stoßdämpfer/Bremssattel-Träger (siehe Kapitel 7, Sektion 8).

10 Der Einbau entspricht der umgekehrten Ausbaureihenfolge – beachten Sie dabei folgende Punkte:

a) Schmieren Sie die Achse und die Nadellager mit Fett.

b) Ziehen Sie die Radnabenmutter mit 74 bis 88 Nm an (siehe Abbildung).

c) Sichern Sie die über der Radnabenmutter aufgesetzten Käfigmutter mit einem neuen Splint und biegen Sie dessen Enden um (siehe Abbildung).

d) Fetten Sie ggf. die Tachowellen-Antriebsschnecke, installieren Sie sie und verbinden Sie die Welle (siehe Kapitel 10, Sektion 18).

15.3 Ziehen Sie ggf. die Anlaufscheibe von der Antriebswelle.

15.6 Radsensor und Kabelführungen

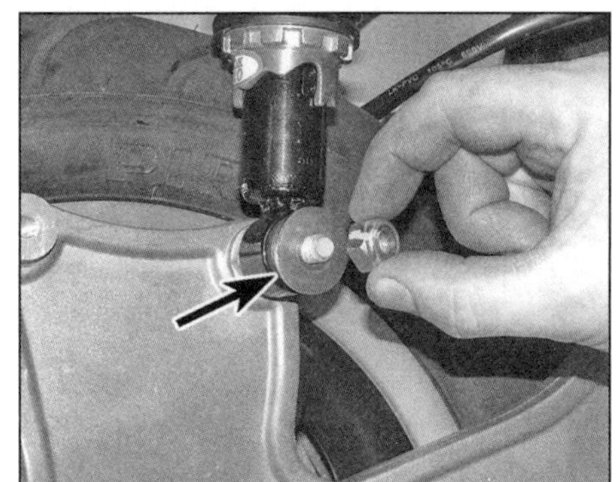
15.7a Entfernen Sie die Mutter und die Scheibe...

15.7b ...und ziehen Sie den Stoßdämpfer unten vom Zapfen des Auspuffhalters.

15.8a Biegen Sie die Enden des Splints gerade, ziehen Sie ihn heraus...

15.8b ...und entnehmen Sie die Käfigmutter.

15.8c Lösen Sie die Mutter und entnehmen Sie die äußere Distanzhülse.

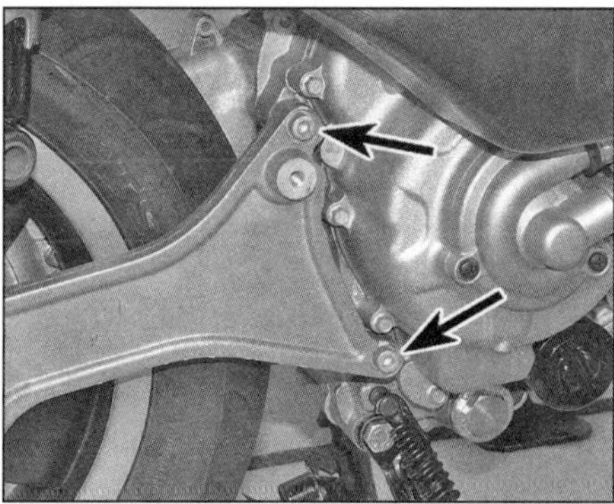
15.9a Lösen Sie die Schrauben der Auspuffhalterung...

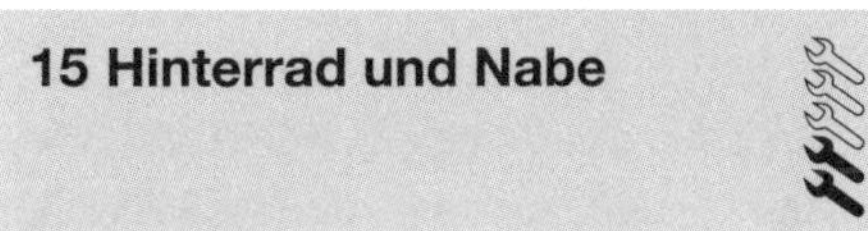
15 Hinterrad und Nabe

Hinterrad

Ausbau

LX, LXV, S, Primavera und Sprint

1 Stellen Sie das Fahrzeug auf den Hauptständer. Demontieren Sie den Schalldämpfer oder den Auspuff (siehe Kapitel 5).

2 Befreien Sie den vor der Käfigmutter sitzenden Splint und entnehmen Sie die Käfigmutter (Abbildungen 15.8a und b) – beim Einbau wird ein neuer Splint benötigt.

3 Lösen Sie die Achsmutter – blockieren Sie dabei das Rad mithilfe der Bremse. Entnehmen Sie die Scheibe und ziehen Sie das Rad von der Antriebswelle – beachten Sie bei Modellen ab 2012 die große Anlaufscheibe und stellen Sie sie nötigenfalls sicher (siehe Abbildung).

4 Inspizieren Sie die Verzahnungen auf der Antriebswelle und im Rad auf Verschleiß und Beschädigungen; ersetzen Sie nötigenfalls das Rad oder die Welle (siehe Kapitel 3).

15.9b ...und befreien Sie diese.

GTS, GTV und GT

5 Stellen Sie das Fahrzeug auf den Hauptständer. Demontieren Sie den Schalldämpfer oder den Auspuff (siehe Kapitel 5).

6 Lösen Sie ggf. die Schraube des Radsensors und befreien Sie dessen Kabel vom Auspuffhalter (siehe Abbildung).

7 Lösen Sie unten am rechten Stoßdämpfer die Mutter, entnehmen Sie die Scheibe und ziehen Sie den Dämpfer vom Zapfen (siehe Abbildungen).

8 Befreien Sie den vor der Käfigmutter sitzenden Splint und entnehmen Sie die Käfigmutter (siehe Abbildungen) – beim Einbau wird ein neuer Splint benötigt. Lösen Sie die Achsmutter – blockieren Sie dabei das Rad mithilfe der Bremse (siehe Abbildung). Entnehmen Sie die äußere Distanzhülse.

15.10 Sensorrotor – Modelle mit ABS

9 Lösen Sie die Schrauben der Auspuffhalterung und ziehen Sie diese von der Achse, um sie zu entfernen (siehe Abbildungen).

10 Beachten Sie bei Modellen mit Radsensor die Position des Rotors (siehe Abbildung), lösen Sie nötigenfalls dessen Schrauben und entfernen Sie ihn – beschädigen Sie ihn nicht und achten Sie vor der Montage darauf, dass sowohl seine Unterseite als auch die Kontaktfläche der Felge absolut sauber sind.

15.11a Lösen Sie die fünf Radbolzen . . .

15.11b . . . und ziehen Sie das Rad ab.

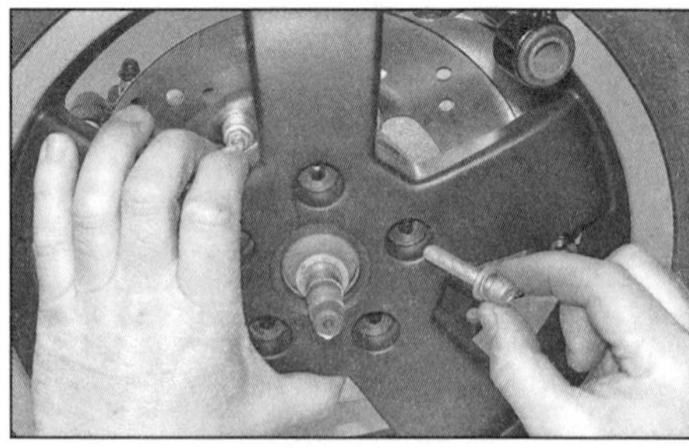

15.14a Installieren Sie die Radbolzen samt Scheiben.

15.14b Biegen Sie die Enden des Splints zum Sichern um.

15.17a Entfernen Sie die Distanzhülse . . .

15.17b . . . und ziehen Sie die Radnabe ab.

11 Lösen Sie die fünf Radbolzen, beachten Sie die Scheiben und ziehen Sie das Rad ab (siehe Abbildungen) – beachten Sie die Hülse auf der Antriebswelle.
12 Kontrollieren Sie das Lager im Auspuffhalter (siehe Sektion 16).

Einbau

Achtung: Falls ein neuer Reifen montiert wurde, muss sichergestellt sein, dass der darauf angebrachte Pfeil in die normale Drehrichtung zeigt.

LX, LXV, S, Primavera und Sprint

13 Der Einbau entspricht der umgekehrten Ausbaureihenfolge – beachten Sie dabei folgende Punkte:

a) Schmieren Sie die Achse mit Fett.
b) Vergessen Sie bei Modellen ab 2012 nicht, die große Anlaufscheibe aufzulegen (Abbildung 15.3).
c) Ziehen Sie die Achsmutter mit 104 bis 126 Nm an.
d) Sichern Sie die über der Achsmutter aufgesetzten Käfigmutter mit einem neuen Splint und biegen Sie dessen Enden um (Abbildung 15.14b).

GTS, GTV und GT

14 Der Einbau entspricht der umgekehrten Ausbaureihenfolge – beachten Sie dabei folgende Punkte:

a) Positionieren Sie die innere Distanzhülse auf der Achse (Abbildung 15.17a). Setzen Sie das Rad an und installieren Sie die Bolzen samt Scheiben (siehe Abbildung), ziehen Sie schrittweise und über Kreuz mit 20 bis 25 Nm an.
b) Schmieren Sie die Achse und das Lager im Auspuffhalter mit Fett.
c) Ziehen Sie die Auspuffhalter-Schrauben mit 20 bis 25 Nm an. Ziehen Sie die Achsmutter mit 104 bis 126 Nm an. Ziehen Sie die untere Stoßdämpfer-Mutter mit 33 bis 41 Nm (Modelle bis 2013) bzw. 40 bis 45 Nm (GTS ab 2014) an.
d) Sichern Sie die über der Achsmutter aufgesetzten Käfigmutter mit einem neuen Splint und biegen Sie dessen Enden um (Abbildung 15.14b).

15.18a Kontrollieren Sie die Verzahnungen in der Radnabe . . .

15.18b . . . und auf der Antriebswelle auf Verschleiß und Beschädigungen.

Radnabe (GTS, GTV und GT)

15 Demontieren Sie das Rad (Schritte 5 bis 9).
16 Demontieren Sie den Bremssattel (siehe Sektion 3).
17 Entfernen Sie die Distanzhülse unter Beachtung ihrer Einbaurichtung und ziehen Sie die Radnabe ab (siehe Abbildungen).
18 Der Einbau entspricht der umgekehrten Ausbaureihenfolge – inspizieren Sie die Verzahnungen in der Radnabe und auf der Antriebswelle auf Verschleiß und Beschädigungen (siehe Abbildungen); ersetzen Sie nötigenfalls die Nabe oder die Welle (siehe Kapitel 3).

16 Radlager

Anmerkung: *Ersetzen Sie Radlager immer als Set – niemals einzeln. Der Austausch von Lagern geht einfacher, wenn die Lagersitze mit einem Heißluftgebläse erwärmt und die neuen Lager vor dem Einbau im Eisfach gekühlt werden.*

Vorderradlager

1 Demontieren Sie das Rad und die Nabe (siehe Sektion 14). Demontieren Sie nötigenfalls die Bremsscheibe (siehe Sektion 4). Die Lager sitzen in der Radnabe – außen befindet sich ein abgedichtetes Kugellager und innen ein Nadellager.

2 Hebeln Sie an der Naben-Innenseite die Fettdichtung heraus (siehe Abbildung) – beim Einbau wird eine neue Dichtung benötigt. Reinigen Sie die Nabe und die Lager und beseitigen Sie sämtliches altes Fett.

3 Kontrollieren Sie die Lager – der Innenring des Kugellagers muss sich sanft und frei drehen lassen, während der Außenring fest in der Radnabe sitzt. Kontrollieren Sie die Nadellager-Rollen auf Korrosion und Verschmutzung und prüfen Sie, ob es sich frei drehen lässt.

Achtung: Die Lager dürfen nur ausgebaut werden, wenn sie auch ersetzt werden sollen. Einmal ausgebaute Lager dürfen nicht wieder installiert werden!

4 Falls die Lager verschlissen sind, muss der Seegerring vor dem Kugellager mit einer Innenseegerringzange entfernt werden (siehe Abbildung).

5 Stützen Sie die Radnabe auf Hölzern ab, um die Lager austreiben zu können – falls die Bremsscheiben nicht demontiert wurde, muss darauf geachtet werden, dass die Nabe nicht auf ihr aufliegt. Achten Sie ggf. auch darauf, nicht den ABS-Rotor zu beschädigen.

6 Führen Sie einen geeigneten Treibdorn durch das Nadellager in die Radnabe zum Außenring des Kugellagers und treiben Sie dies rundherum heraus (siehe Abbildung).

7 Stützen Sie die Radnabe auf der anderen Seite ab (achten Sie ggf. wieder auf die Bremsscheibe) und treiben Sie das Nadellager ebenfalls mit dem Treibdorn aus.

8 Reinigen Sie die Radnabe mit Lösungsmittel und begutachten Sie die Lagersitze auf Riefen und Verschleiß. Sind die Sitze beschädigt, muss die Radnabe erneuert werden.

9 Tragen Sie Fett auf der Außenseite des neuen Nadellagers auf und pressen oder ziehen Sie es in die Radnabe – beachten Sie hierzu die Hinweise in Sektion 5 der *Werkzeug- und Werkstatt-Tipps* im Anhang.

10 Installieren Sie das neue Kugellager mit der abgedichteten oder markierten Seite nach außen, verwenden Sie zum Eintreiben das alte Lager oder einen geeigneten Steckschlüssel, der nur den Außenring berührt, und treiben Sie es senkrecht bis zum Anschlag ein (siehe Abbildung), sodass der Seegerring in seine Nut installiert werden kann (Abbildung 16.4).

11 Installieren Sie eine neue Fettdichtung über das Nadellager (Abbildung 16.2).

12 Montieren Sie ggf. die Bremsscheibe (siehe Sektion 4). Bauen Sie die Radnabe und das Vorderrad an (siehe Sektion 14).

16.2 Hebeln Sie die Fettdichtung heraus.

16.4 Entfernen Sie den Seegerring vor dem Kugellager.

Hinterradlager

13 Das Hinterrad wird mit dem im Getriebe sitzenden Lager der Getriebe-Ausgangswelle (siehe Kapitel 3) und bei GTS-, GTV- und GT-Modellen zusätzlich mit dem Lager im Auspuffhalter geführt – beachten Sie die Hinweise in Sektion 15, Schritte 5 bis 9, um diesen zu demontieren.

14 Kontrollieren Sie das Lager – der Innenring muss sich sanft und frei drehen lassen, während der Außenring fest im Auspuffhalter sitzt. Beim GTS 125/150 ab 2016 ist das Lager beidseitig abgedichtet. Falls noch nicht geschehen, muss die äußere Distanzhülse aus dem äußeren Dichtring entnommen werden (siehe Abbildung). Hebeln Sie die Dichtringe nötigenfalls mit einem Schraubendreher heraus – beachten Sie ihre Einbaupositionen (siehe Abbildungen).

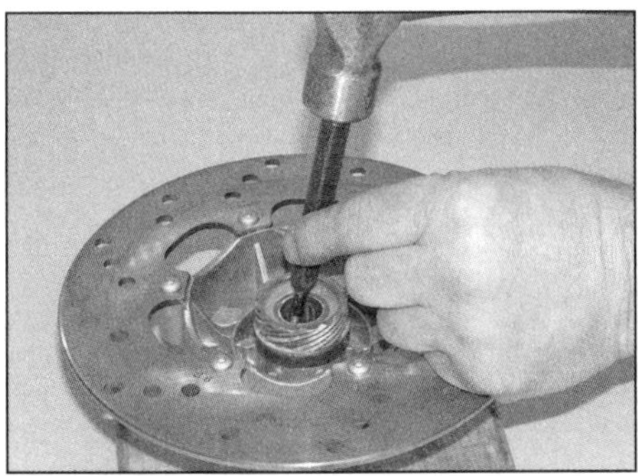

16.6 Treiben Sie zunächst das Kugellager mit einem Dorn aus.

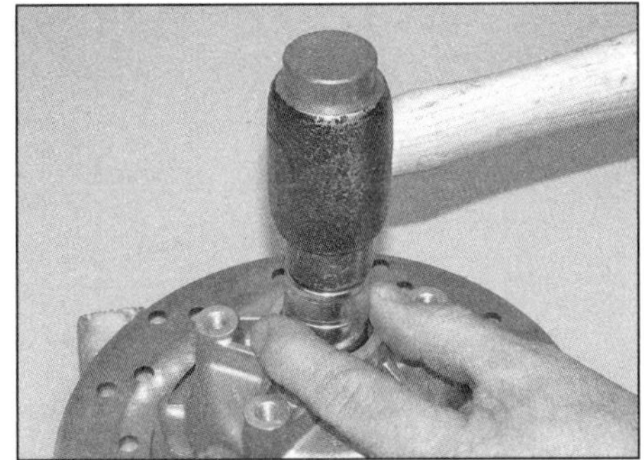

16.10 Treiben Sie das neue Kugellager z. B. mit einem geeigneten Steckschlüssel ein.

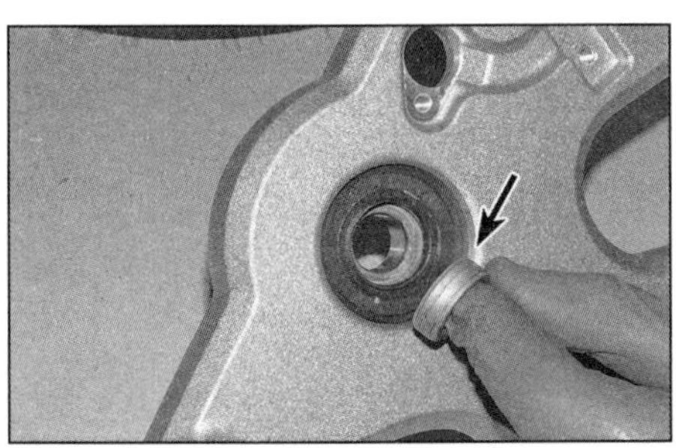

16.14a Entfernen Sie den Distanzhülse aus dem äußeren Dichtring des GTS 125/150 ab 2016.

16.14b Hebeln Sie den äußeren . . .

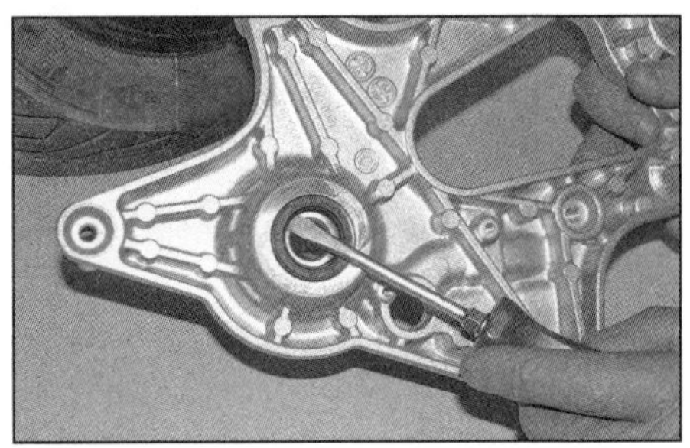

16.14c . . . und den inneren Dichtring heraus.

15 Falls das Kugellager verschlissen ist, muss es erneuert werden. Entfernen Sie beim GTS 125/150 ab 2016 zunächst den Seegerring. Legen Sie den Auspuffhalter auf Hölzern ab und treiben Sie das alte Lager mit einem am Innenring angesetzten von innen heraus.

16 Reinigen Sie den Lagersitz im Auspuffhalter und inspizieren Sie ihn auf Riefen und Verschleiß. Nötigenfalls muss der Auspuffhalter erneuert werden.

17 Setzen Sie das neue Lager mit der markierten oder abgedichteten Seite nach außen an, verwenden Sie zum Eintreiben das alte Lager oder einen geeigneten Steckschlüssel, der nur den Außenring berührt, und treiben Sie es senkrecht in seinen Sitz.

18 Sichern Sie beim GTS 125/150 ab 2016 das Lager mit einem neuen Seegerring und installieren Sie die zwei Dichtringe. Schmieren Sie die Dichtringe mit Fett und stecken Sie die Distanzhülse in den äußeren Ring.

19 Montieren Sie den Auspuffhalter (siehe Sektion 15).

17 Reifen

Allgemeine Informationen

1 Auf die an allen Modellen verwendeten Räder müssen schlauchlose Reifen gezogen werden. Die Reifengrößen finden sich in den technischen Daten dieses Kapitels sowie im Fahrerhandbuch und in den Fahrzeugpapieren.

2 Wechseln Sie zu den *Täglichen Kontrollen* am Anfang dieses Handbuches, um Räder und Reifen zu warten.

Montage neuer Reifen

3 Die Auswahl neuer Reifen wird von den Eintragungen in den Fahrzeugpapieren bestimmt. Achten Sie darauf, dass Vorder- und Hinterreifen zusammenpassen, die Größe und Geschwindigkeitsangabe stimmen. Lassen Sie sich von einem Piaggio- oder Reifenhändler beraten (siehe Abbildung).

4 Es empfiehlt sich, Reifen bei einem Spezialisten wechseln zu lassen. Der Heimwerker ist mit seinen Montiereisen oft überfordert und beschädigt eventuell die Dichtflächen an Reifen und Felgen. Eine Werkstatt ist zusätzlich in der Lage, neue Reifen auszuwuchten.

5 Beachten Sie, dass beschädigte Schlauchlos-Reifen in manchen Fällen repariert werden können. Von außen vorgenommene Reparaturen mit einem Pannenset sind nur eine Übergangslösung, um zum nächsten Reifenhändler zu kommen – das Fahren mit hohen Geschwindigkeiten und/oder hoher Beladung sollte unterbleiben. Von innen vorgenommene Reparaturen sollten nur von einem Fachbetrieb ausgeführt werden. Ein Rad mit einem reparierten Reifen muss vor dem Einbau ausgewuchtet werden. Berücksichtigen Sie bei reparierten Reifen Ratschläge zur Höchstgeschwindigkeit und zur Beladung.

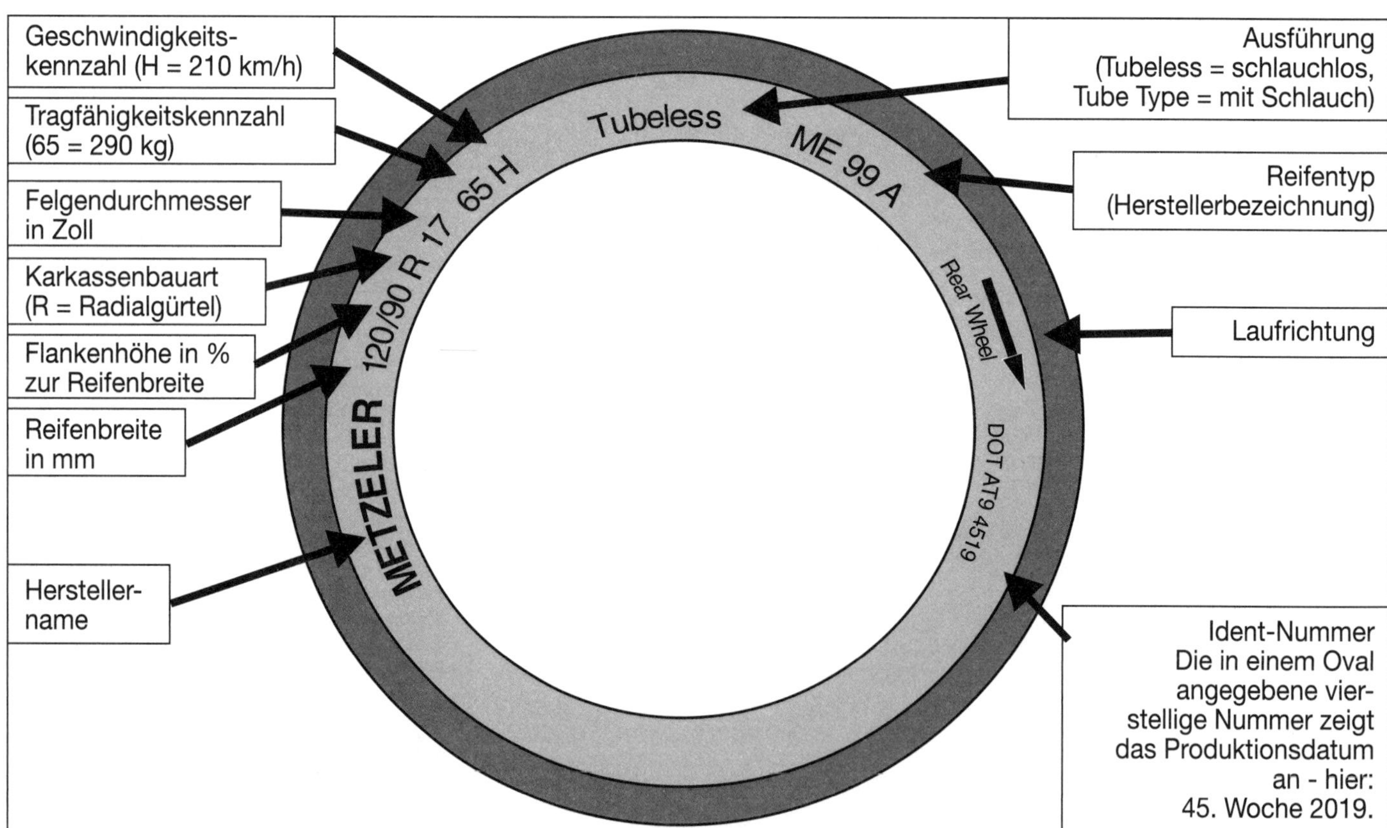

17.3 Übliche Reifen-Markierungen

Kapitel 9
Karosserie und Anbauteile

Inhalt (in alphabetischer Reihenfolge, die Zahlen geben die Nummerierung in den grauen Feldern wieder)

Schwierigkeitsgrade

Leicht. Für Anfänger mit wenig Erfahrung geeignet. 	**Relativ leicht.** Für Anfänger mit etwas Erfahrung geeignet. 	**Relativ schwierig.** Geeignet für geübte Selbstschrauber. 	**Schwer.** Geeignet für Selbstschrauber mit viel Erfahrung. 	**Sehr schwer.** Geeignet für Experten und Profis. 

Technische Daten

Anzugsdrehmomente	**Nm**
Hauptständerbolzen-Mutter	
LX, LXV und S bis 2011, alle GTS-Modelle	32 bis 40
LX, LXV und S ab 2012, Primavera und Sprint	40 bis 45
Seitenständer-Gelenkbolzen	35 bis 40

1 Allgemeine Informationen

1 Alle in diesem Buch behandelten Modelle sind mit einer selbststragenden Stahlblech-Karosserie ausgestattet.
2 Die als Bestandteil der Hinterradfederung geltende Antriebseinheit ist vorn über eine Schwinge mit der Karosserie verbunden und stützt sich hinten mit einem oder zwei Stoßdämpfern dagegen ab.
3 Alle Modelle verfügen über einen unten an der Antriebseinheit verschraubten Hauptständer. Manche Modelle sind zudem mit einem an der Karosserie montierten Seitenständer ausgerüstet.
4 Nahezu die gesamte Technik der Fahrzeuge befindet sich hinter Verkleidungsteilen, die für Wartungs- und Reparaturarbeiten entfernt werden müssen – beachten Sie zunächst die Hinweise in Sektion 4, bevor Anbauteile entfernt werden.

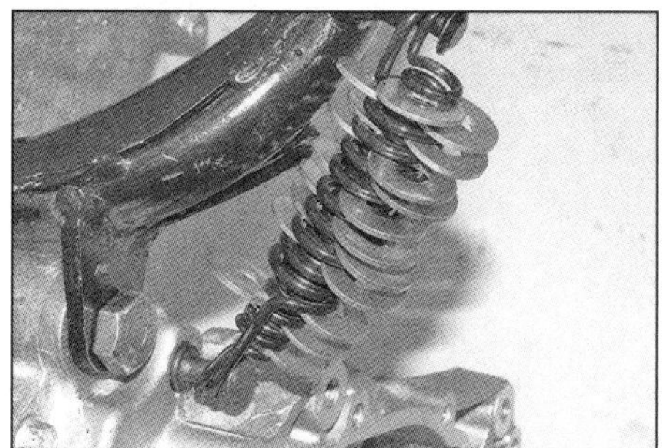

2.1 Eingeschobene Scheiben erleichtern das Aus- und Einhängen der Federn

2 Ständer

Hauptständer

1 Schieben Sie bei ausgeklapptem Ständer Unterlegscheiben zwischen die Federwicklungen (siehe Abbildung) – hierdurch lassen sich die Federn besser aus- und einhängen.
2 Klappen Sie den Hauptständer ein und stützen Sie das Fahrzeug mit dem Seitenständer oder einer anderen Vorrichtung ab (die nicht direkt unter Verkleidungsteilen stehen darf, da diese leicht brechen).
3 Hängen Sie die Federn vorsichtig aus (siehe Abbildungen). Kontrollieren Sie die Federn auf Ermüdung und ersetzen Sie sie nötigenfalls.

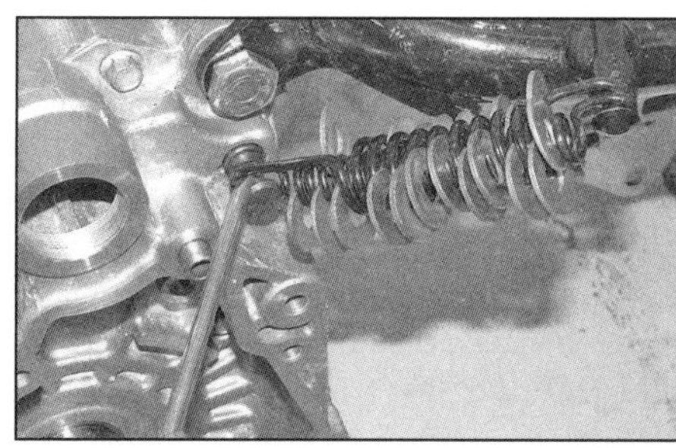

2.3a Mit Scheiben gestreckte Federn können vorsichtig mit einem Schraubendreher ausgehängt werden, . . .

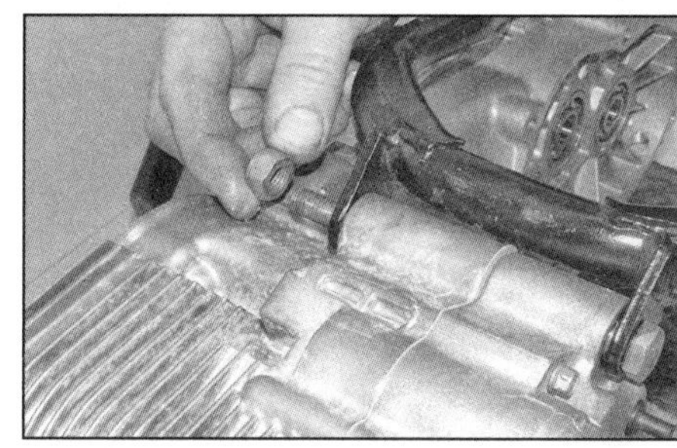

2.3b . . . wogegen bei Federn ohne Scheiben ein spezieller Federhaken zum Einsatz kommen sollte.

2.4a Lösen Sie die Mutter, . . .

2.4b . . . ziehen Sie den Bolzen heraus und entnehmen Sie den Hauptständer.

2.5a Entfernen Sie an beiden Seiten den O-Ring . . .

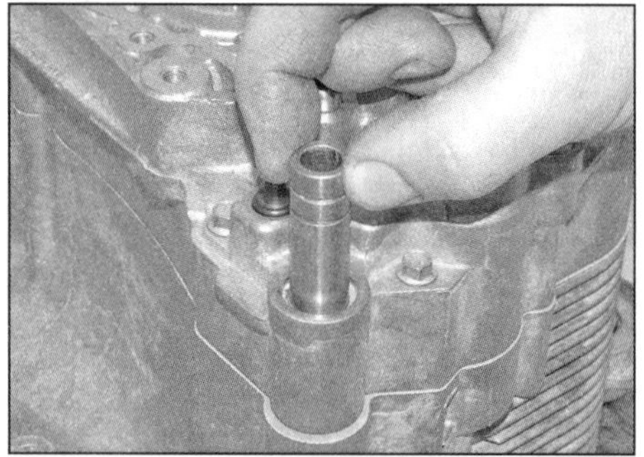

2.5b . . . und ziehen Sie die Distanzhülse heraus, um sie zu reinigen.

2.8 Kontakt des Seitenständerschalters (nur GTS ab 2016)

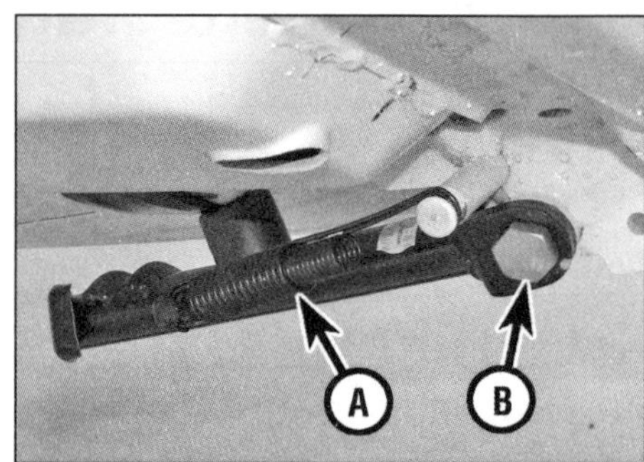

2.9 Seitenständer-Federn (A), Gelenkbolzen (B)

4 Lösen Sie die Mutter des Ständerbolzens, ziehen Sie diesen heraus – beachten Sie die O-Ringe – und entnehmen Sie den Ständer (siehe Abbildungen).

5 Reinigen Sie den Ständer und den Bolzen. Falls die O-Ringe beschädigt oder verhärtet sind, müssen sie ersetzt werden. Ziehen Sie die Distanzhülse heraus und reinigen Sie sie (siehe Abbildungen).

6 Schmieren Sie beim Einbau die Distanzhülse und die (ggf. erneuerten) O-Ringe mit Fett. Fetten Sie auch den Ständerbolzen, installieren Sie ihn und ziehen Sie die Mutter mit dem in den technischen Daten angegebenen Drehmoment an. Hängen Sie die Federn ein und prüfen Sie, ob sie den Ständer fest nach oben ziehen – ein während der Fahrt ausklappender Ständer stellt ein hohes Risiko dar, sodass die Federn im Zweifelsfall ersetzt werden müssen.

Seitenständer

7 Stellen Sie das Fahrzeug auf den Hauptständer.

8 Beachten Sie bei GTS-Modellen ab 2016 den Seitenständerschalter (siehe Abbildung) – dieser ist mit dem Motorsteuergerät verbunden und unterbricht bei ausgeklapptem Ständer die Zündung (siehe Kapitel 10). Prüfen Sie, ob der eingeklappte Ständer nicht gegen den Schalter-Kontakt stößt.

9 Schieben Sie bei ausgeklapptem Ständer Unterlegscheiben zwischen die Federwicklungen (Abbildung 2.1) – hierdurch lassen sich die Federn besser aus- und einhängen. Klappen Sie den Ständer aus und hängen Sie vorsichtig die Feder aus (siehe Abbildung).

10 Lösen Sie den Gelenkbolzen und entnehmen Sie den Seitenständer.

11 Entfernen Sie die ggf. vorhandenen O-Ringe und ersetzen Sie sie, falls sie beschädigt oder verhärtet sind. Reinigen Sie den Ständer und den Gelenkbolzen.

12 Schmieren Sie beim Einbau den Gelenkbolzen-Schaft und den O-Ring mit Fett.

13 Ziehen Sie den Gelenkbolzen mit 35 bis 40 Nm an. Hängen Sie die Federn ein und prüfen Sie, ob sie den Ständer fest nach oben ziehen – ein während der Fahrt ausklappender Ständer stellt ein hohes Risiko dar, sodass die Federn im Zweifelsfall ersetzt werden müssen.

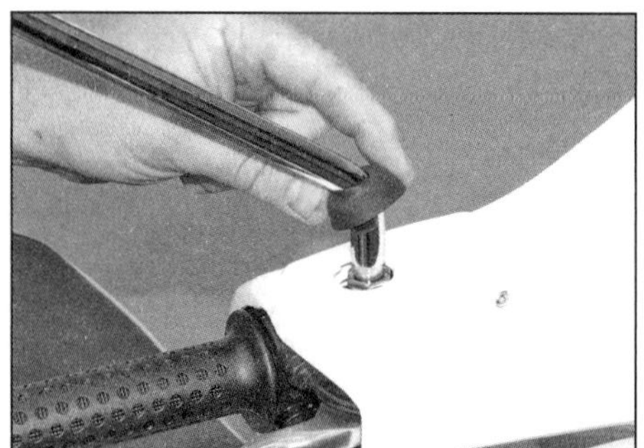

3.1a Befreien Sie den Gummistopfen.

3.1b . . . Lösen Sie die Schraube . . .

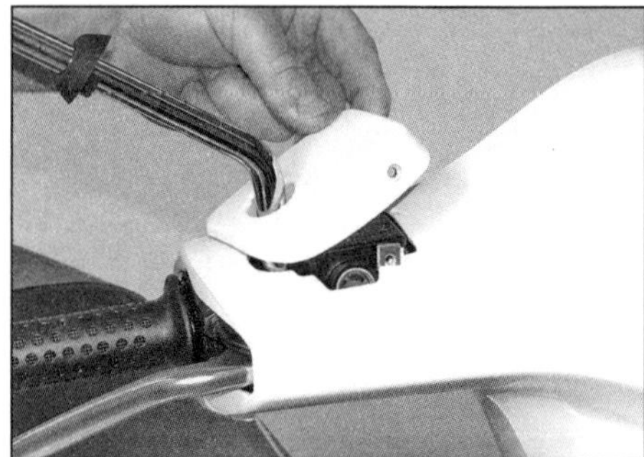

3.1c . . . und heben Sie die Abdeckung des Handbremsen-Ausgleichsbehälters ab.

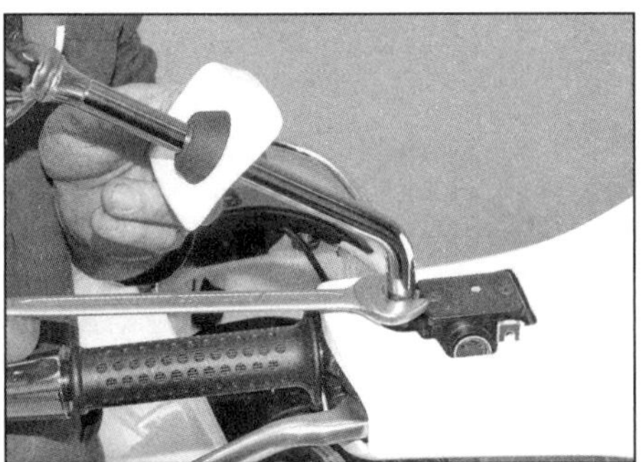

3.2a Lockern Sie die Kontermutter . . .

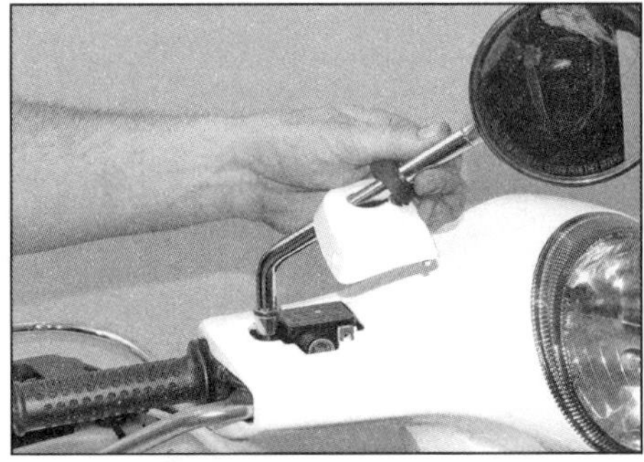

3.2b . . . und drehen Sie den Spiegel ab.

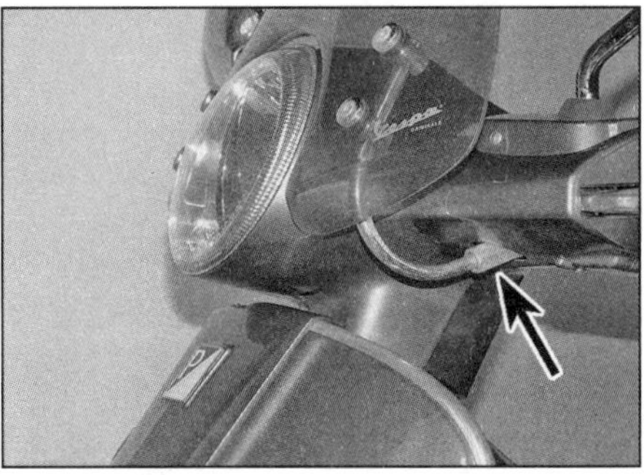

3.4a Lockern Sie an beiden Seiten die Langmuttern . . .

3 Rückspiegel und Windschutzscheibe

Rückspiegel

1 Ziehen Sie – falls vorhanden – den Gummistopfen am Spiegel-Schaft nach oben (siehe Abbildung). Lösen Sie bei GTS-Modellen die Schraube der Ausgleichsbehälter-Abdeckung und schieben Sie diese ebenfalls am Schaft nach oben (siehe Abbildung) – sichern Sie sie dort mit Klebeband oder dem Gummistopfen.
2 Lockern Sie die Kontermutter und drehen Sie den Spiegel ab (siehe Abbildungen).
3 Der Einbau entspricht der umgekehrten Ausbaureihenfolge – drehen Sie den Spiegel in die gewünschte Position und sichern Sie ihn mit der Kontermutter.

Windschutzscheibe

4 Die Windschutzscheiben-Halterungen sind an der Unterseite des Lenkers befestigt. Lösen Sie die Langmuttern, um die Gummihülse zu entspannen und herausziehen zu können (siehe Abbildungen).
5 Der Einbau entspricht der umgekehrten Ausbaureihenfolge.

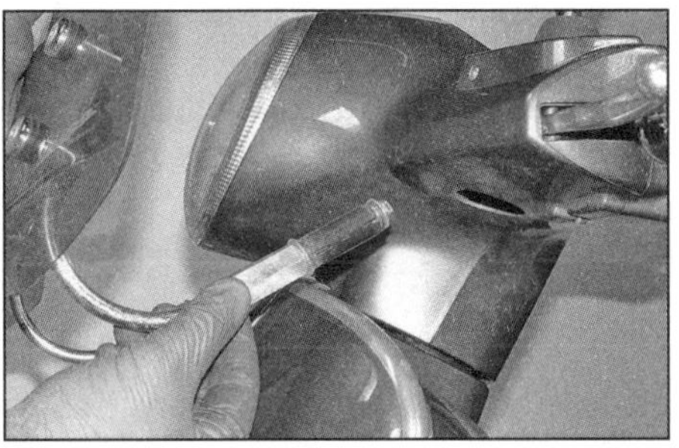

3.4b . . . und ziehen Sie die Windschutzscheibe samt Haltern aus der Lenker-Aufnahme.

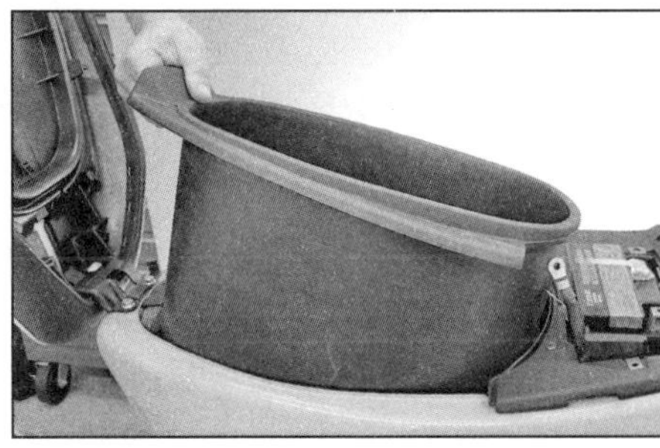

5.4 Das Staufach wird einfach herausgehoben.

4 Verkleidungsteile
Informationen zum Aus- und Einbau

1 Bevor Verkleidungsteile demontiert werden, muss genau studiert werden, wie sie befestigt sind – so lassen Sie sich ohne Beschädigung entfernen und wieder an ihre ursprüngliche Positionen installieren. Manchmal ist die Hilfe eines Assistenten nötig, damit beim Demontieren keine lackierten Oberflächen beschädigt werden. Nachdem alle sichtbaren Befestigungen entfernt worden sind, muss versucht werden, das Teil wie beschrieben abzuziehen – **aber nicht mit Gewalt**. Wenn es sich nicht entfernen lässt, muss vor einem erneuten Versuch überprüft werden, ob wirklich alle Befestigungen gelöst sind. Wo Verkleidungsteile mit Laschen ineinander gesteckt sind, muss aufgepasst werden, diese nicht abzubrechen und Lackteile nicht zu zerkratzen. Etwas längere genaue Beobachtung kann hier eine Menge Geld für Neuteile sparen!
2 Beim Anbau von Verkleidungsteilen muss zuvor genau studiert werden, ob alle Befestigungen und angeschlossenen Teile wieder an ihren korrekten Platz gelangen. Achten Sie darauf, dass alle Befestigungen, wie auch alle Klemmen, Gummistopfen und Blindsteckmuttern in gutem Zustand sind. Alle verschlissenen oder beschädigten Teile müssen ersetzt werden, bevor die Komponente installiert wird. Prüfen Sie auch, ob alle Halterungen gerade sind und reparieren oder ersetzen Sie, bevor versucht wird, das Anbauteil zu montieren. Wo beim Ausbau ein Assistent nötig war, sollte dieser auch beim Einbau helfen.
3 Ziehen Sie alle Befestigungen sorgfältig an, aber seien Sie vorsichtig, nichts zu überdrehen, da – nicht immer sofort – Belastungsbrüche oder Risse auftreten können.

Gummistopfen lassen sich mit einem Tropfen Flüssigseife deutlich einfacher installieren.

4 Im Falle einer Beschädigung der Teile ist es normalerweise üblich, diese Komponenten durch Neu- oder Gebrauchtteile zu ersetzen. Das Material, aus dem die Verkleidungsteile sind, lässt sich mit konventioneller Technik nicht reparieren. Es gibt jedoch einige Spezialisten, die Kunststoff wieder »schweißen« können. Es lohnt sich, hier Angebote einzuholen, bevor teure Neuteile verbaut werden.

5 LX- und LXV-Modelle bis 2011

Sitzbank

1 Öffnen Sie das Sitzbankschloss und klappen Sie den Sitz hoch. Heben Sie das Staufach heraus.
2 Lösen Sie die Schrauben des Sitzbank-Scharniers und entnehmen Sie die Sitzbank. Bei LXV-Modellen kann der Beifahrersitz nach dem Lösen der vier Muttern vom Sitzbank-Boden getrennt werden.
3 Der Einbau entspricht der umgekehrten Ausbaureihenfolge.

Staufach (Zugang zum Motor)

4 Öffnen Sie das Sitzbankschloss und klappen Sie den Sitz hoch. Heben Sie das Staufach heraus (siehe Abbildung).
5 Der Einbau entspricht der umgekehrten Ausbaureihenfolge.

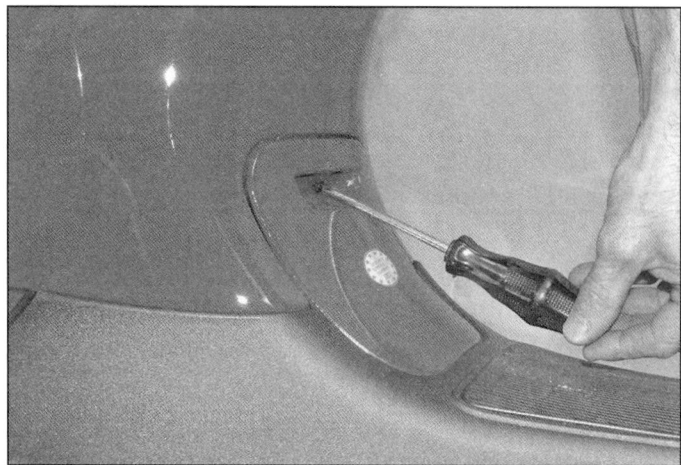

5.6a Lösen Sie die Schraube des Motor-Zugangsdeckels . . .

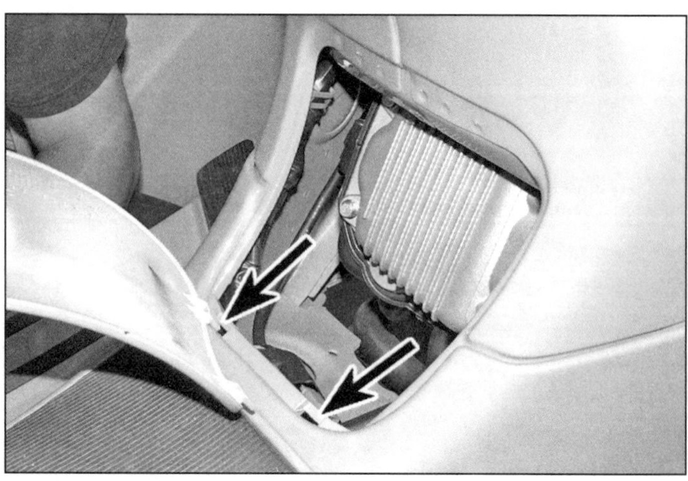

5.6b . . . und befreien Sie dessen untere Laschen, um ihn zu entnehmen.

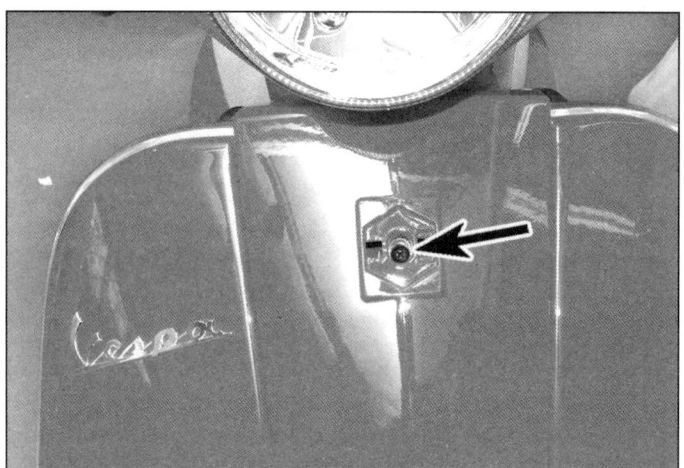

5.8a Frontblenden-Befestigungsschraube

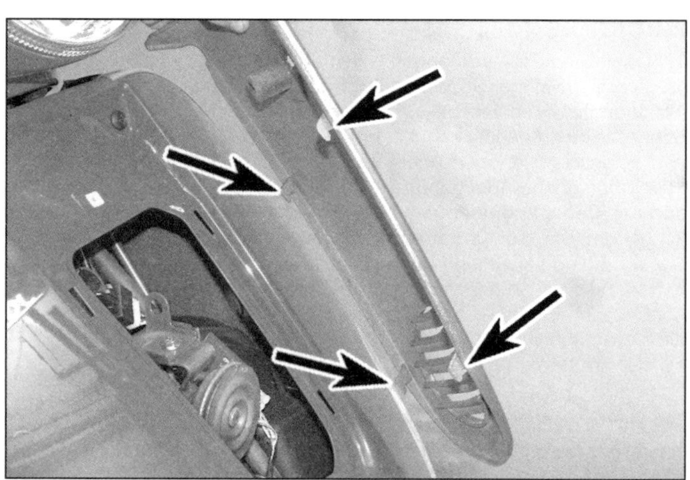

5.8b Haken der Frontblende

5.10 Lösen Sie die Seitenverkleidungs-Schrauben.

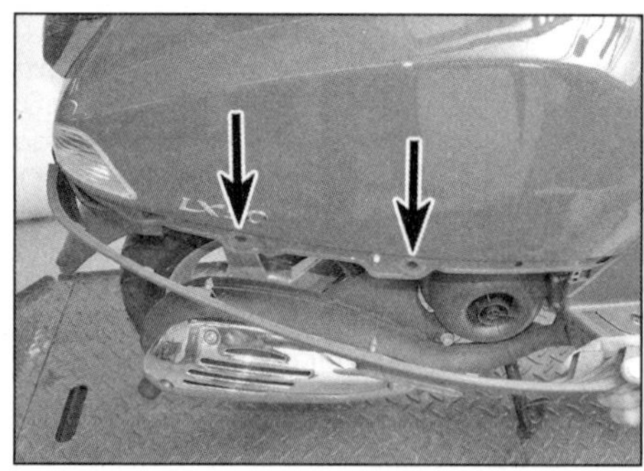

5.11a Ziehen Sie die Zapfen aus den Gummiösen . . .

Motor-Zugangsdeckel

6 Lösen Sie vorn unter dem Sitz die einzelne Schraube des Deckels und heben Sie diesen ab (siehe Abbildungen).

7 Der Einbau entspricht der umgekehrten Ausbaureihenfolge.

Frontblende

8 Hebeln Sie vorsichtig das Piaggio-Emblem aus der Blende (Abbildung 6.3a) und lösen Sie die darunter liegende Schraube (siehe Abbildung). Drehen Sie den Lenker zur Seite und drücken Sie die Blende hoch, um ihre Haken aus der Karosserie zu befreien, und ziehen Sie sie ab (siehe Abbildung).

9 Der Einbau entspricht der umgekehrten Ausbaureihenfolge.

Seitenverkleidungen

10 Lösen Sie die Schrauben, mit denen die Verkleidung an der Karosserie gesichert ist (siehe Abbildung).

11 Jedes Verkleidungsteil ist außerdem mit zwei Zapfen in Gummiösen und hinten mit einer Lasche gesichert. Ziehen Sie die Verkleidung vorsichtig ab, um die Zapfen zu befreien, und schwenken Sie sie anschließend nach hinten, um die Lasche zu lösen (siehe Abbildungen).

12 Der Einbau entspricht der umgekehrten Ausbaureihenfolge – die Lasche und die Zapfen müssen korrekt einrasten.

Vordere Innenverkleidung

13 Entfernen Sie die Frontblende. Lösen Sie die zwei dahinter liegenden Schrauben (Abbildung 7.13).

14 Drücken Sie das Zündschloss ein, um das Handschuhfach zu öffnen. Lösen Sie die drei im Handschuhfach zugänglichen Schrauben.

15 Drücken Sie die vordere Innenverkleidung hoch und ziehen Sie sie ab – beachten Sie, wie der Öffner des Handschuhfach-Deckels zum Mechanismus am Zündschloss ausgerichtet ist (siehe Abbildungen).

16 Der Einbau entspricht der umgekehrten Ausbaureihenfolge – prüfen Sie die Funktion des Handschuhfachdeckel-Öffners, bevor Sie die Schrauben installieren.

Bodenverkleidung

17 Entfernen Sie die vordere Innenverkleidung.

18 Entfernen Sie die Seitenverkleidungen.

19 Entfernen Sie den Motor-Zugangsdeckel.

20 Lösen Sie an beiden Seiten der Bodenverkleidung die zwei Befestigungsschrauben (siehe Abbildung).

21 Heben Sie die mittige Bodenmatte an und lösen Sie die darunter sitzende Schraube (siehe Abbildung).

22 Lösen Sie an beiden Seiten die Schraube der unteren Chromleisten-Befestigung (siehe Abbildung).

23 Ziehen Sie die Bodenverkleidung nach vorn, um sie zu befreien (siehe Abbildung).

24 Entfernen Sie nötigenfalls die mit den hinteren Bodenverkleidungs-Schrauben gesicherten seitlichen Blenden (siehe Abbildung).

25 Der Einbau entspricht der umgekehrten Ausbaureihenfolge.

Lenkerverkleidungen – LX-Modelle

26 Entfernen Sie die Rückspiegel (siehe Sektion 3). Demontieren Sie die Frontblende (siehe oben).

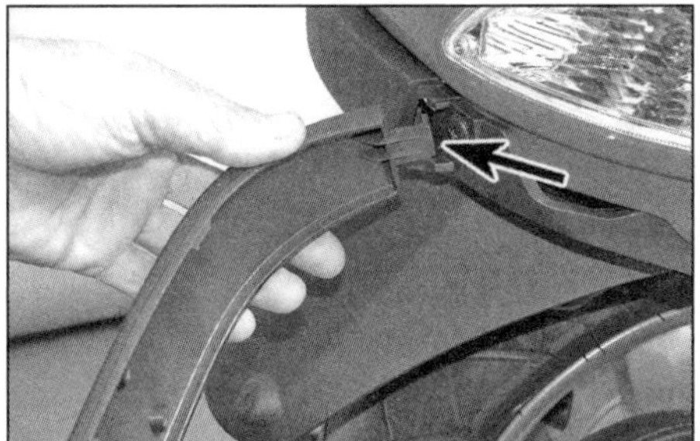

5.11b . . . und befreien Sie die hintere Lasche.

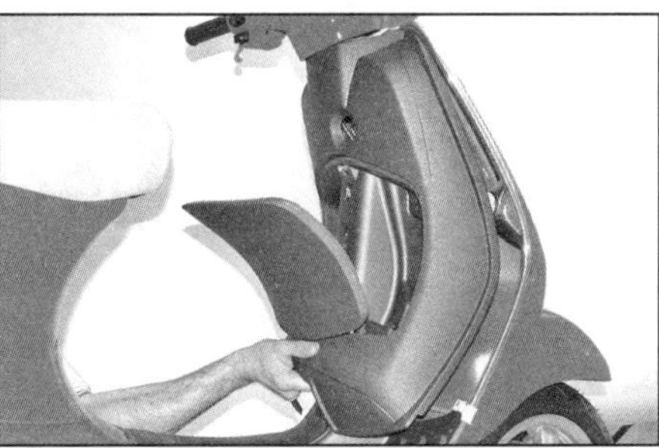

5.15a Drücken Sie die vordere Innenverkleidung hoch und ziehen Sie sie ab, . . .

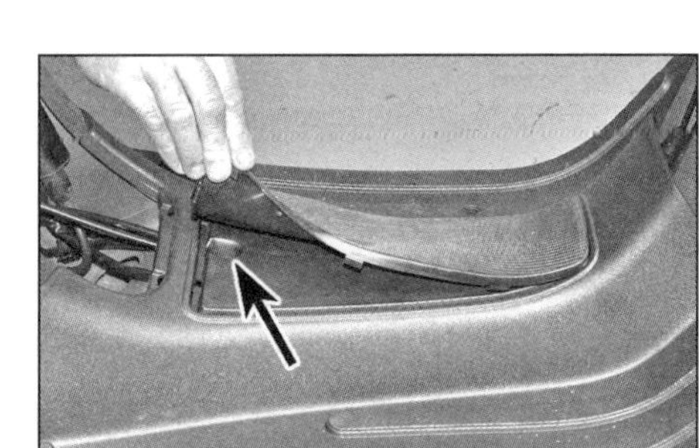

5.15b . . . beachten Sie die Ausrichtung des Handschuhfachdeckel-Öffners.

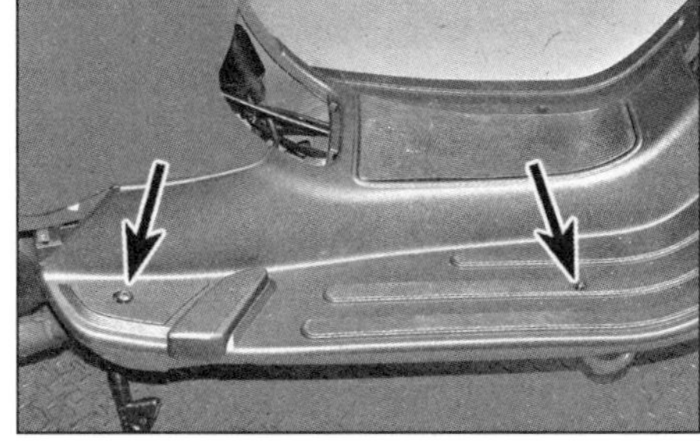

5.20 Lösen Sie an jeder Seite die zwei Schrauben . . .

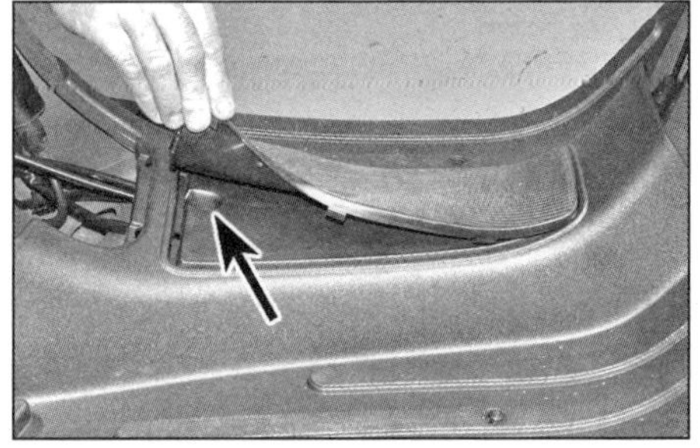

5.21 . . . und die Schraube unter der Bodenmatte.

5.22 Lösen Sie die Schrauben der Chromleisten-Befestigungen.

5.23 Ziehen Sie die Bodenverkleidung nach vorn ab.

5.24 Ziehen Sie die seitlichen Blenden ab.

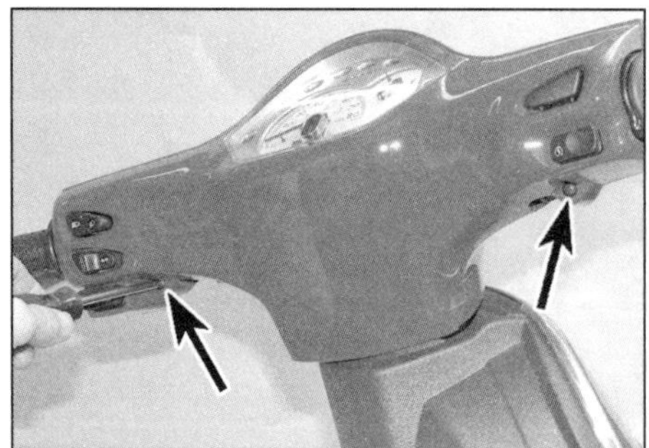

5.27a Lösen Sie die Schrauben des hinteren Lenkerverkleidungsteils . . .

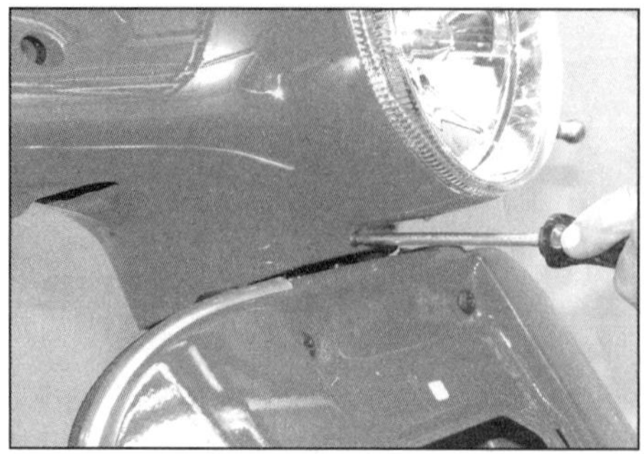

5.27b . . . und die Schraube unterhalb des Scheinwerfers.

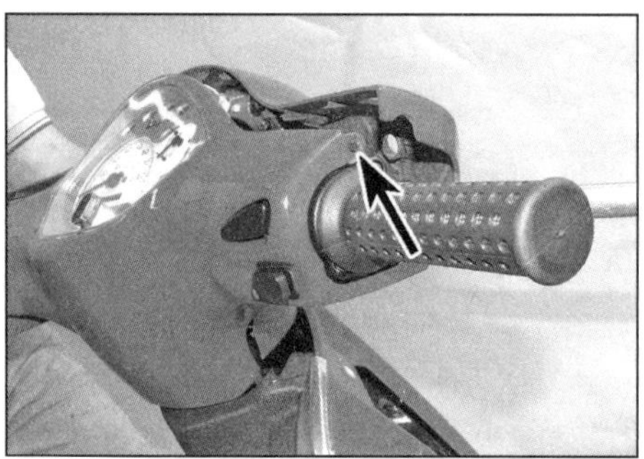

5.27c Zapfen greifen an beiden Seiten in die hintere Verkleidung . . .

5.27d . . . und der Haken mittig in die Lasche unter den Instrumenten.

27 Um das vordere Verkleidungsteil zu entfernen, müssen die Schrauben aus der hinteren Verkleidung und die Schraube unterhalb des Scheinwerfers gelöst werden (siehe Abbildungen) – legen Sie beim Lösen der vorderen Schraube einen Lappen unter dem Scheinwerfer, da sie leicht in die Frontverkleidung fallen kann. Ziehen Sie die Verkleidung ab – befreien Sie dabei den Haken am oberen Rand aus der Lasche vor den Instrumenten und die seitlichen Zapfen aus den Lösen der hinteren Verkleidung (siehe Abbildungen); diese Zapfen sitzen sehr fest und beim Abhebeln muss aufgepasst werden, sie nicht abzubrechen. Sobald die vordere Lenkerverkleidung befreit ist, müssen die Scheinwerfer-Stecker getrennt werden, um sie entnehmen zu können. Die Demontage des Scheinwerfers ist in Kapitel 10 beschrieben.

28 Um das hintere Verkleidungsteil zu entfernen, muss zunächst das vordere demontiert werden. Lösen Sie die Schrauben, mit denen das hintere Verkleidungsteil an den Aufnahmen des Lenkers befestigt ist (siehe Abbildung). Lösen Sie die Schraube, mit denen die Instrumenten-Baugruppe an ihrem Halter befestigt ist (siehe Abbildung). Falls die hintere Lenkerverkleidung vollständig entfernt (und nicht nur für den Zugang zu anderen Komponenten beiseite genommen) werden soll, müssen die Instrumenten- und Lenkerschalter-Stecker sowie die Tachowelle getrennt werden. Die Demontage der Instrumenten-Baugruppe ist in Kapitel 10 beschrieben.

29 Der Einbau entspricht der umgekehrten Ausbaureihenfolge – alle Kabelstecker müssen korrekt angeschlossen sein. Prüfen Sie die Funktion aller Schalter und der Instrumente. Hindern Sie die Schraube unterhalb des Scheinwerfers mit einem Lappen vor dem versehentlichen Verschwinden in der Frontverkleidung.

Lenkerverkleidungen – LXV-Modelle

30 Entfernen Sie die Windschutzscheibe, indem Sie Madenschrauben in ihren vier Befestigungen herausdrehen und die Haltegummis vom verchromten Träger ziehen.

31 Lösen Sie in der unteren Verkleidung die zwei Schrauben und drücken Sie den hinteren Rand der Verkleidung nach innen, um ihre Lasche aus der oberen Verkleidung zu befreien. Ziehen Sie die obere Abdeckung hoch, bis die Tachowelle getrennt werden kann – dies erfordert etwas Geschick. Trennen Sie den Instrumentenstecker und entnehmen Sie die obere Verkleidung samt Instrumenten-Baugruppe. Die Demontage der Instrumenten-Baugruppe ist in Kapitel 10 beschrieben.

32 Die untere Lenkerverkleidung kann erst nach der Demontage des Lenkers (siehe Kapitel 7) entfernt werden.

Batterieabdeckung und Beifahrergriff/Gepäckträger

33 Öffnen Sie die Sitzbank und entnehmen Sie das Staufach. Bauen Sie die Batterie aus (siehe Kapitel 10).

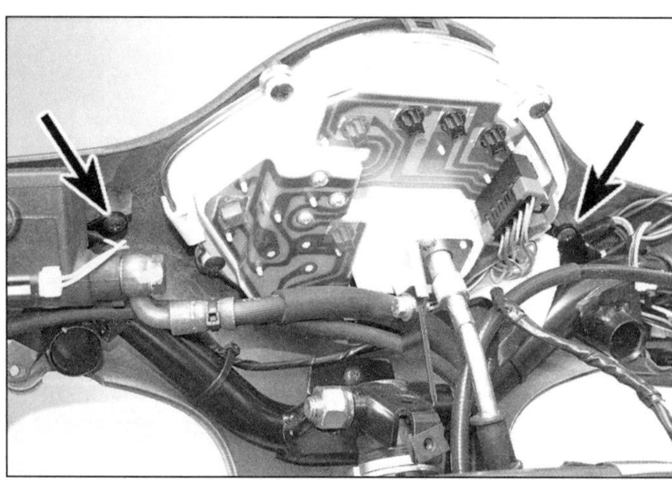

5.28a Befestigungsschrauben des hinteren Lenkerverkleidungsteils . . .

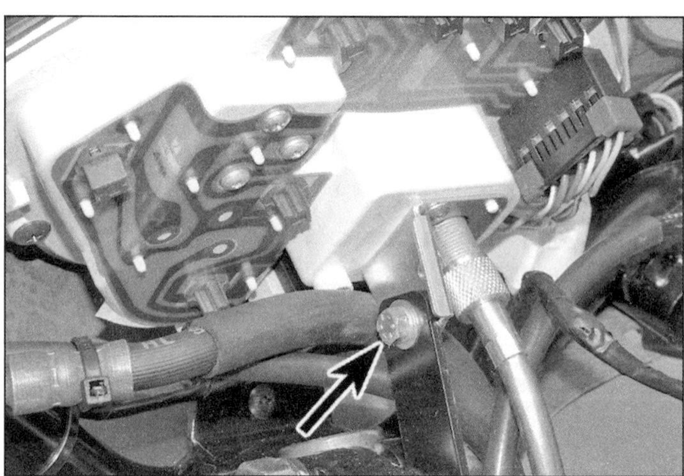

5.28b . . . und der Instrumenten-Baugruppe

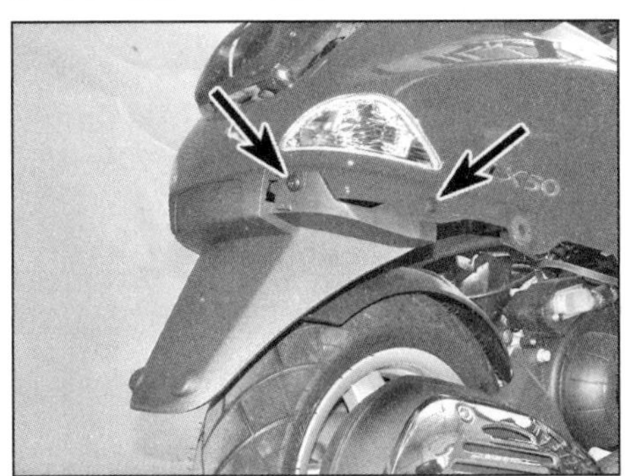

5.41 Der Kotflügel ist an jeder Seite mit zwei Schrauben gesichert.

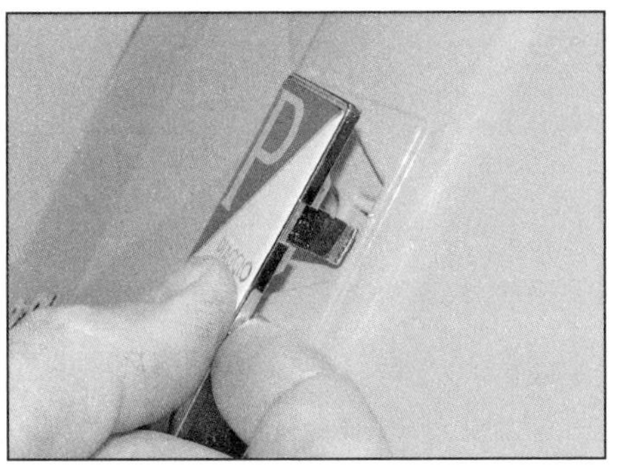

6.3a Hebeln Sie vorsichtig das Piaggio-Emblem ab, . . .

6.3b . . . um die obere Frontblenden-Befestigungsschraube zu lösen.

34 Entfernen Sie den Tankdeckel und seinen Dichtring.
35 Lösen Sie die Schrauben der Batterieabdeckung und heben Sie sie an – merken Sie sich ihre Einbauposition; befreien Sie den Sicherungshalter und entnehmen Sie die Abdeckung (Abbildung 6.18). Drehen Sie übergangsweise den Tankdeckel wieder auf.
36 Lösen Sie die Schraube des Heck-Emblems (Abbildung 7.37).
37 Lösen Sie die Schrauben des Beifahrergriffs oder Gepäckträgers und heben Sie diesen ab.
38 Der Einbau entspricht der umgekehrten Ausbaureihenfolge.

Vorderrad-Kotflügel

39 Der Kotflügel wird zusammen mit dem Lenkschaft demontiert – beachten Sie hierzu die Hinweise in Kapitel 7, Sektion 3.

Hinterrad-Kotflügel

40 Entfernen Sie beide Seitenverkleidungen.
41 Lösen Sie die Schrauben des Kotflügels, entnehmen Sie ihn und ziehen Sie den Kennzeichenbeleuchtungs-Lampenhalter heraus (siehe Abbildung).
42 Der Einbau entspricht der umgekehrten Ausbaureihenfolge.

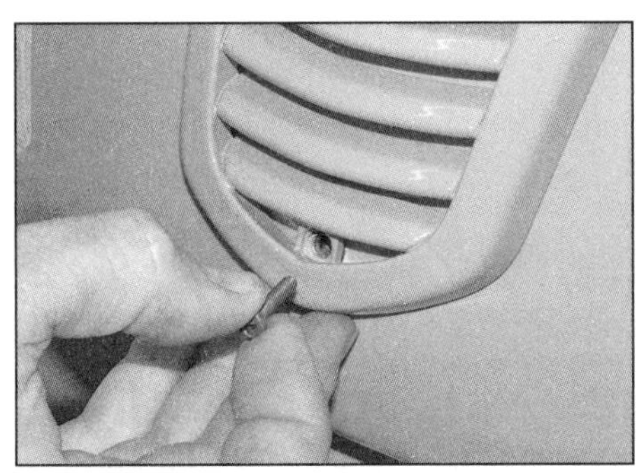

6.3c Lösen Sie die untere Schraube . . .

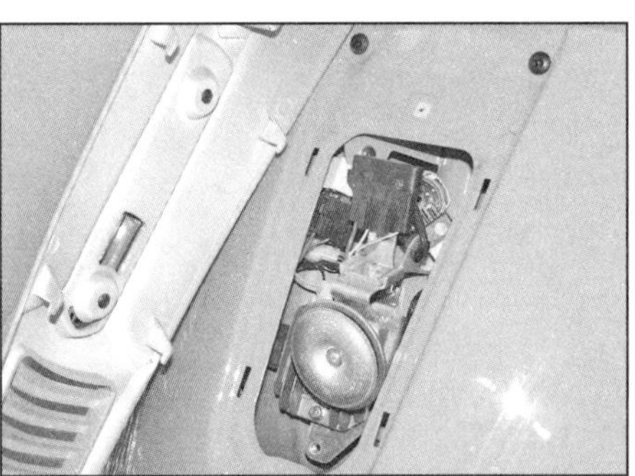

6.3d . . . und drücken Sie die Frontblende hoch, um sie zu befreien.

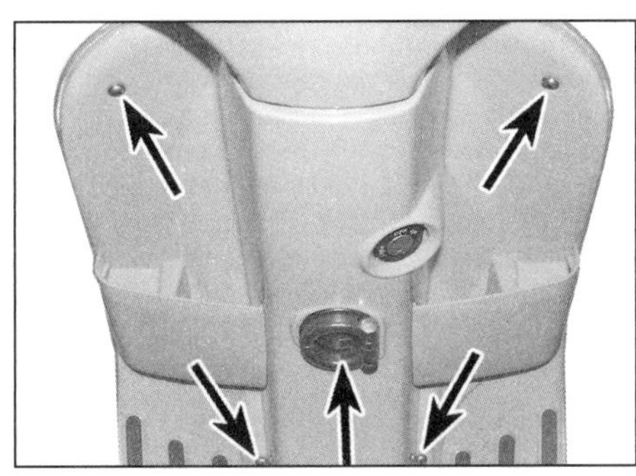

6.7a Lösen Sie diese fünf Schrauben . . .

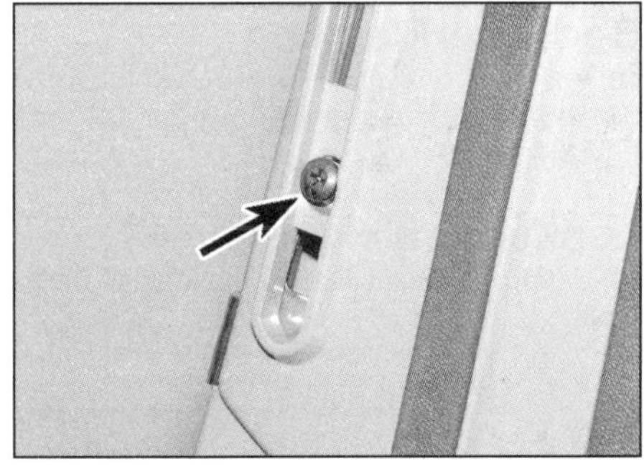

6.7b . . . sowie die Schrauben unter den äußeren Gummistreifen.

6 S-Modelle bis 2011

Sitzbank und Staufach (Zugang zum Motor)

1 Beachten Sie die Hinweise in Sektion 5 – die Prozedur ist die gleiche wie bei LX- und LXV-Modellen.

Motor-Zugangsdeckel

2 Beachten Sie die Hinweise in Sektion 5 – die Prozedur ist die gleiche wie bei LX- und LXV-Modellen.

Frontblende

3 Hebeln Sie vorsichtig das Piaggio-Emblem aus der Blende (siehe Abbildung) und lösen Sie die darunter liegende sowie die untere Schraube (siehe Abbildungen). Drücken Sie die Blende hoch, um ihre Haken aus der Karosserie zu befreien, und ziehen Sie sie ab (siehe Abbildung).
4 Der Einbau entspricht der umgekehrten Ausbaureihenfolge.

Seitenverkleidungen

5 Beachten Sie die Hinweise in Sektion 5 – die Prozedur ist die gleiche wie bei LX- und LXV-Modellen.

Vordere Innenverkleidung

6 Entfernen Sie die Frontblende. Lösen Sie die zwei dahinter liegenden Schrauben (Abbildung 7.13).
7 Lösen Sie die fünf Schrauben der Innenverkleidung (siehe Abbildung). Ziehen Sie an beiden Seiten die äußeren Gummistreifen zurück und lösen Sie die darunter sitzenden Schrauben (siehe Abbildung).
8 Ziehen Sie die Innenverkleidung nach hinten und entnehmen Sie sie – sie darf dabei nicht an den seitlichen Chromleisten hängenbleiben.
9 Der Einbau entspricht der umgekehrten Ausbaureihenfolge.

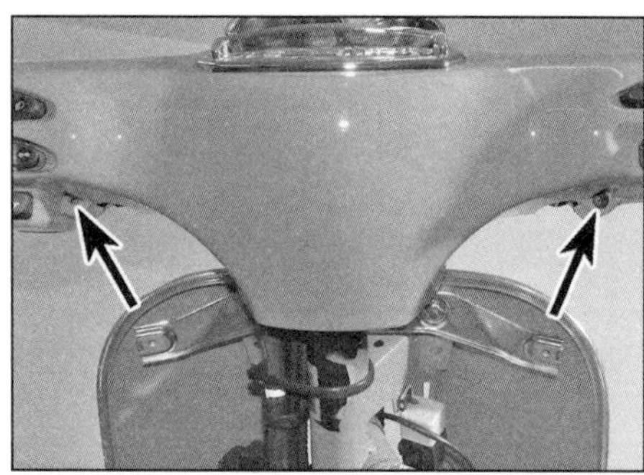

6.12a Lösen Sie die Schrauben des hinteren Lenkerverkleidungsteils . . .

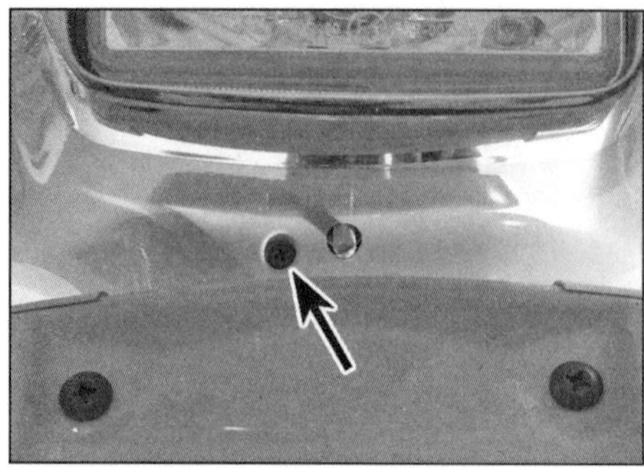

6.12b . . . und die Schraube unterhalb des Scheinwerfers.

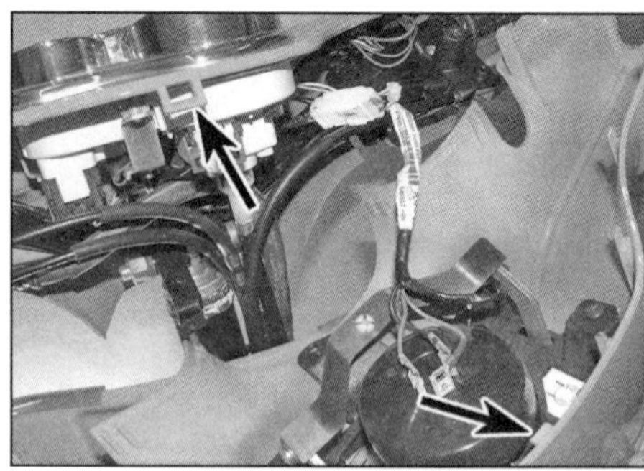

6.12c Oben ist die Verkleidung eingehakt, . . .

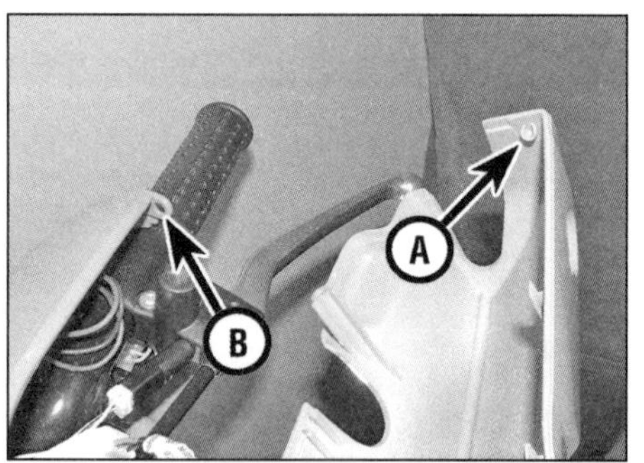

6.12d während an der Seite Zapfen (A) in Ösen (B) der hinteren Verkleidung greifen.

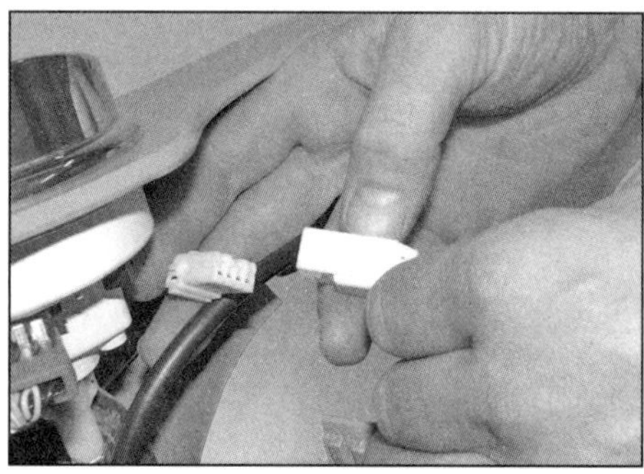

6.12e Trennen Sie den Scheinwerfer-Stecker.

Bodenverkleidung

10 Beachten Sie die Hinweise in Sektion 5 – die Prozedur ist die gleiche wie bei LX- und LXV-Modellen.

Lenkerverkleidungen

11 Entfernen Sie die Rückspiegel (siehe Sektion 3).

12 Um das vordere Verkleidungsteil (samt Scheinwerfer) zu entfernen, müssen die Schrauben aus der hinteren Verkleidung und die Schraube unterhalb des Scheinwerfers gelöst werden (siehe Abbildungen) – legen Sie beim Lösen der vorderen Schraube einen Lappen unter dem Scheinwerfer, da sie leicht in die Frontverkleidung fallen kann. Ziehen Sie die Verkleidung ab – befreien Sie dabei den Haken am oberen Rand aus der Lasche vor den Instrumenten und die seitlichen Zapfen aus den Lösen der hinteren Verkleidung (siehe Abbildungen). Sobald die vordere Lenkerverkleidung befreit ist, muss der Scheinwerfer-Stecker getrennt werden, um sie entnehmen zu können (siehe Abbildung).

13 Um das hintere Verkleidungsteil (samt Instrumente) zu entfernen, muss zunächst das vordere demontiert werden. Trennen Sie die Tachowelle und die Instrumenten- und Lenkerschalter-Stecker. Lösen Sie die drei Schrauben, um das hintere Verkleidungsteil samt Instrumente und Schalter zu entnehmen (siehe Abbildung).

14 Die Demontage des Scheinwerfers aus dem vorderen Verkleidungsteil und der Instrumente aus dem hinteren ist in Kapitel 10 beschrieben.

15 Der Einbau entspricht der umgekehrten Ausbaureihenfolge – alle Kabelstecker müssen korrekt angeschlossen sein. Prüfen Sie die Funktion aller Schalter und der Instrumente. Hindern Sie die Schraube unterhalb des Scheinwerfers mit einem Lappen vor dem versehentlichen Verschwinden in der Frontverkleidung.

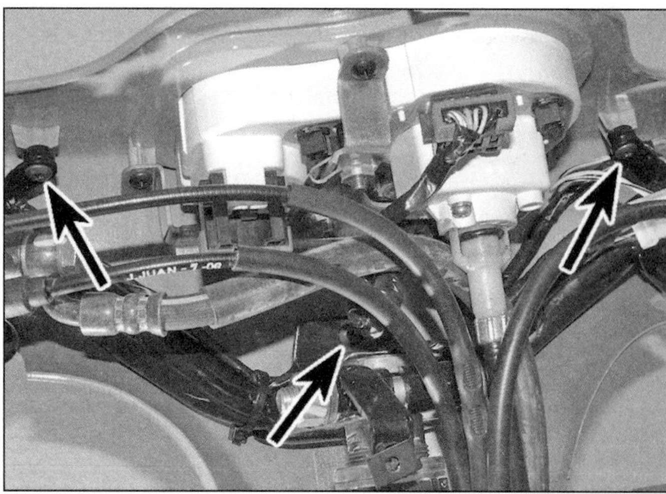

6.13 Trennen Sie die Tachowelle und alle Stecker und lösen Sie die Schrauben (Pfeile).

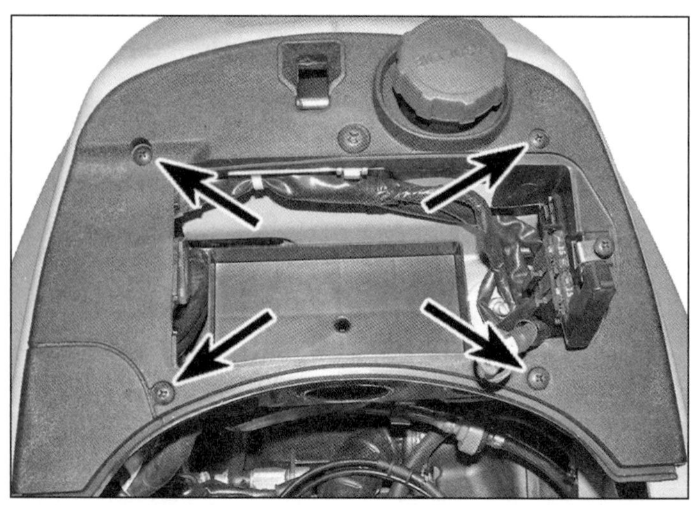

6.18 Schrauben der Batterieabdeckung

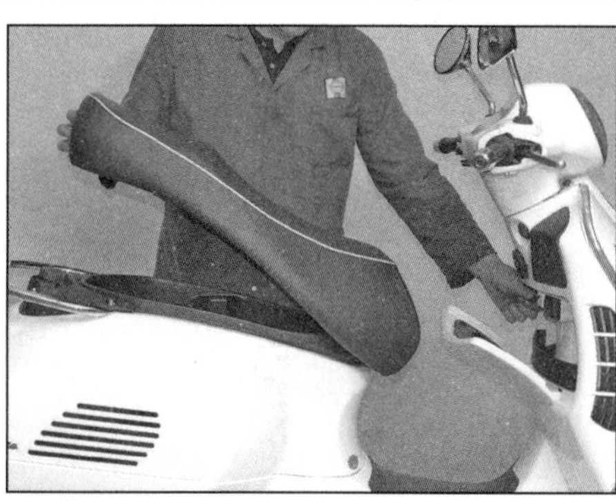

7.1 Entriegeln Sie die Sitzbank und klappen Sie sie hoch.

7.2 Schrauben des Sitzbank-Scharniers

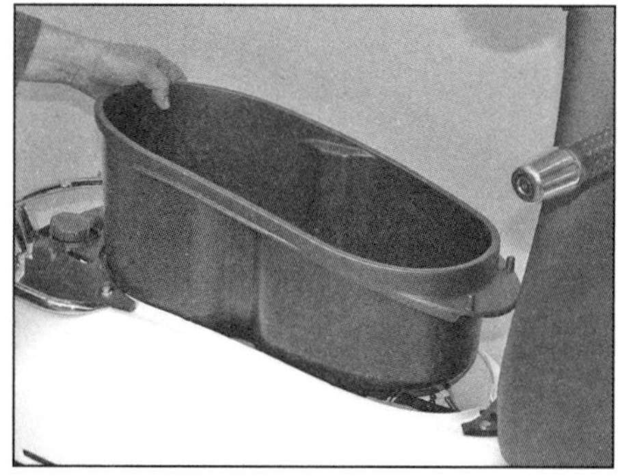

7.4 Das Staufach wird einfach herausgehoben.

Batterieabdeckung und Beifahrergriff/Gepäckträger

16 Öffnen Sie die Sitzbank und entnehmen Sie das Staufach. Bauen Sie die Batterie aus (siehe Kapitel 10).

17 Entfernen Sie den Tankdeckel und seinen Dichtring.

18 Lösen Sie die Schrauben der Batterieabdeckung und heben Sie sie an – merken Sie sich ihre Einbauposition; befreien Sie den Sicherungshalter und entnehmen Sie die Abdeckung (siehe Abbildung). Drehen Sie übergangsweise den Tankdeckel wieder auf.

19 Der Einbau entspricht der umgekehrten Ausbaureihenfolge.

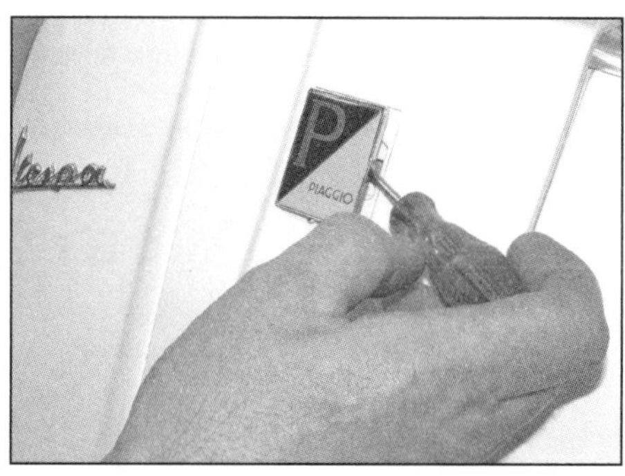

7.6a Hebeln Sie vorsichtig das Piaggio-Emblem ab, . . .

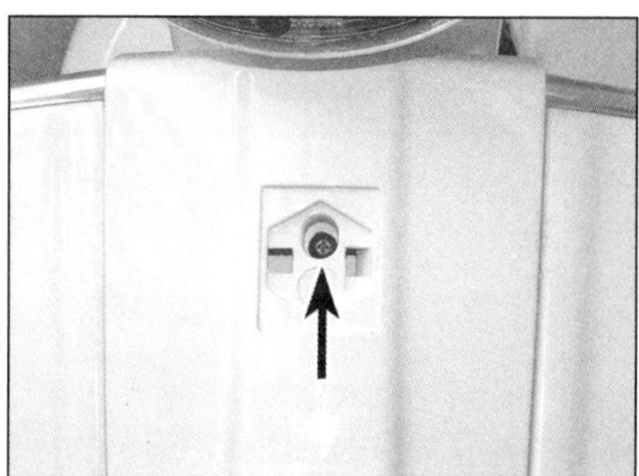

7.6b . . . um die obere Frontblenden-Befestigungsschraube zu lösen.

Vorderrad-Kotflügel

20 Der Kotflügel wird zusammen mit dem Lenkschaft demontiert – beachten Sie hierzu die Hinweise in Kapitel 7, Sektion 3.

Hinterrad-Kotflügel

21 Entfernen Sie beide Seitenverkleidungen. Demontieren Sie das Luftfiltergehäuse (siehe Kapitel 5).

22 Lösen Sie die Schrauben des Kotflügels und entnehmen Sie ihn.

23 Der Einbau entspricht der umgekehrten Ausbaureihenfolge.

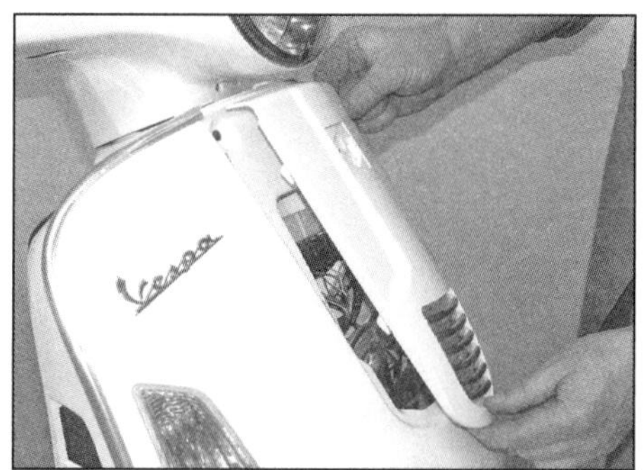

7.6c Befreien Sie die Frontblenden . . .

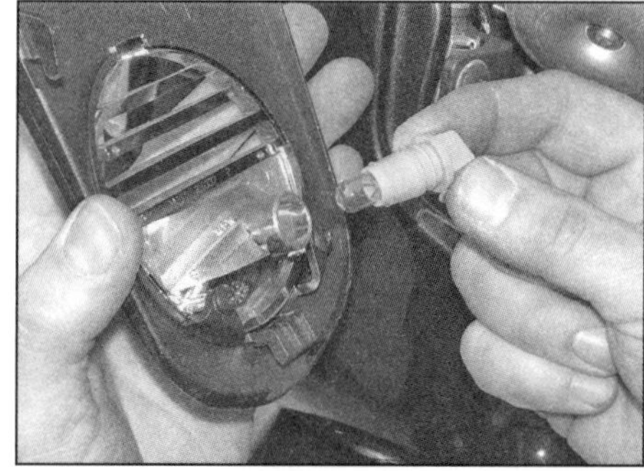

7.6d . . . und ziehen Sie den Standlichtlampenhalter heraus.

7 GTS-, GTV-, GT- und Sei Giorni 300-Modelle

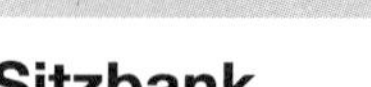

Sitzbank

1 Öffnen Sie mit dem Knopf in der vorderen Innenverkleidung, dem Fernbedienungs-Anhänger oder dem Hebel im Handschuhfach die elektronische Sitzbank-Verriegelung und klappen Sie den Sitz hoch (siehe Abbildung). Heben Sie das Staufach heraus (Abbildung 7.4).

2 Lösen Sie die Schrauben des Sitzbank-Scharniers und entnehmen Sie die Sitzbank (siehe Abbildung). Der Einbau entspricht der umgekehrten Ausbaureihenfolge.

3 Bei GTV-Modellen kann der Beifahrersitz nach dem Lösen der vier Schrauben vom Sitzbank-Boden getrennt werden – beachten Sie an der Unterseite des Sitzbankbodens das Fach für die Sitzbank-Abdeckung.

Staufach (Zugang zum Motor)

4 Entriegeln Sie die Sitzbank und klappen Sie sie hoch. Heben Sie das Staufach heraus (siehe Abbildung).

5 Der Einbau entspricht der umgekehrten Ausbaureihenfolge.

Frontblende

6 Hebeln Sie vorsichtig das Piaggio-Emblem aus der Blende (siehe Abbildung) und lösen Sie die darunter liegende Schraube (siehe Abbildung). Drücken Sie die Blende hoch, um ihre Haken aus der Karosserie zu befreien, ziehen Sie bei GTV- und GT-Modellen den Standlichtlampenhalter heraus, und entnehmen Sie die Blende (siehe Abbildungen).

7 Der Einbau entspricht der umgekehrten Ausbaureihenfolge.

7.8a Vorn ist jede Seitenverkleidung mit einer Schraube ...

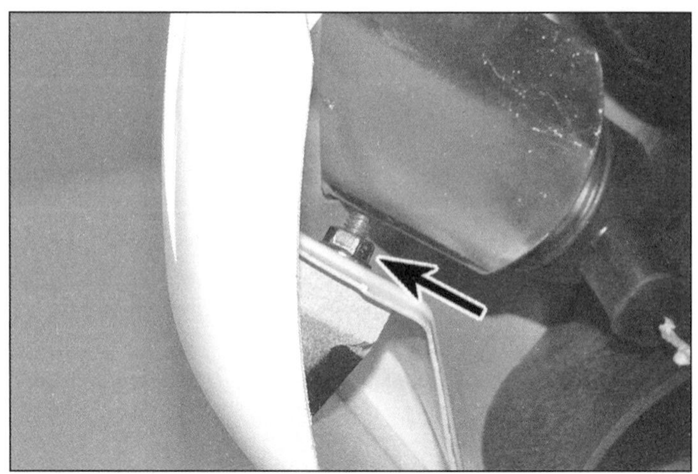

7.8b ... und hinten mit einer Mutter gesichert.

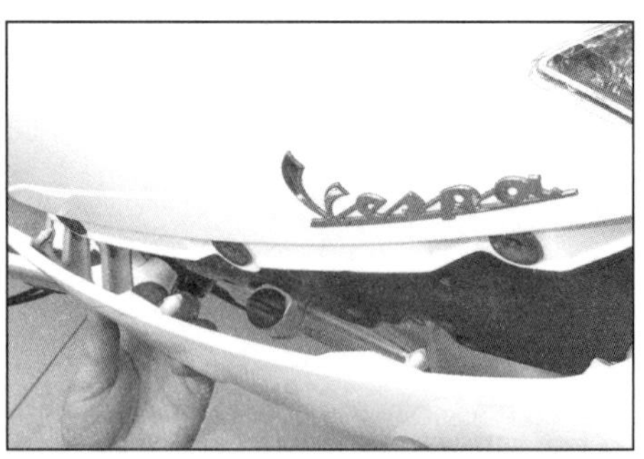

7.9a Ziehen Sie die Zapfen aus den Gummiösen ...

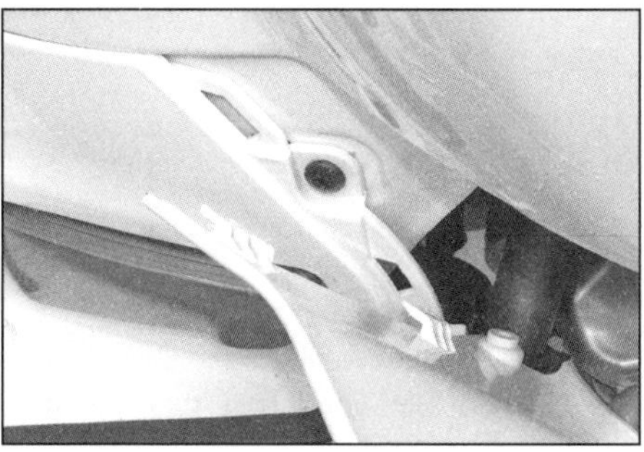

7.9b ... und befreien Sie die vorderen Laschen.

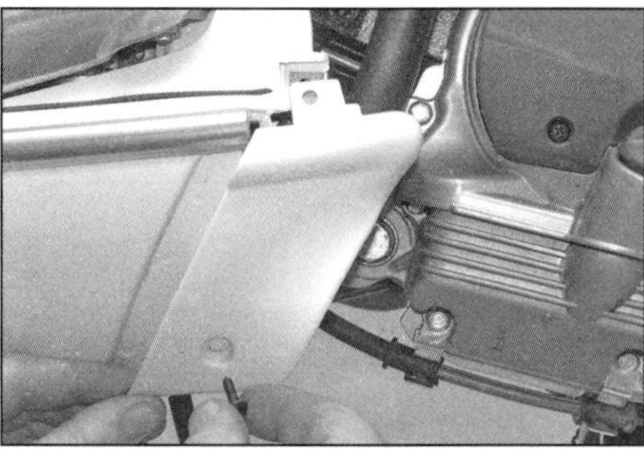

7.10 Lösen Sie die Schraube der Blende.

7.13 Vordere Schrauben der vorderen Innenverkleidung

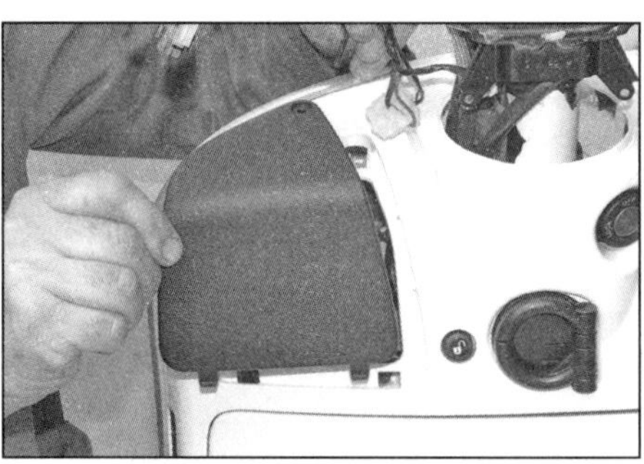

7.15a Entfernen Sie die Zugangsdeckel ...

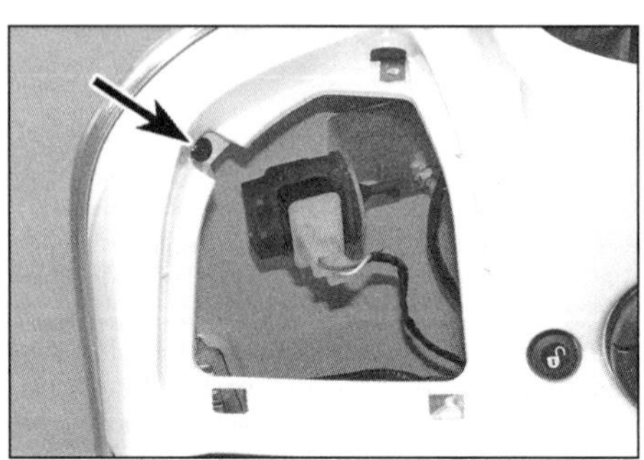

7.15b ... und lösen Sie an beiden Seiten die Schrauben.

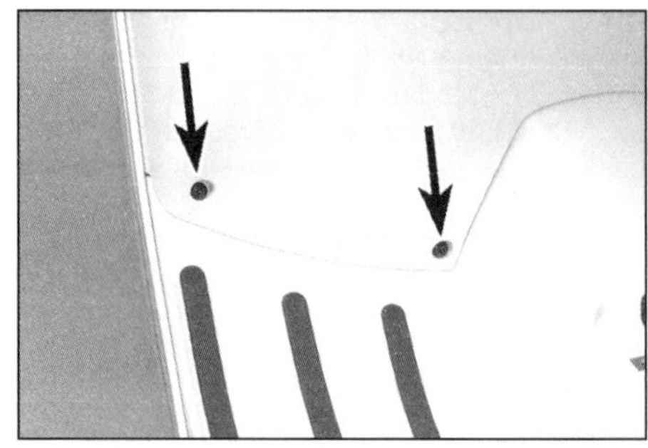

7.16 Lösen Sie an beiden Seiten die zwei Schrauben.

Seitenverkleidungen

8 Lösen Sie an jeder Seite vorn die Schraube und hinten die Mutter (siehe Abbildungen).

9 Jedes Verkleidungsteil ist außerdem mit zwei Zapfen in Gummiösen und vorn mit zwei in Nuten der Bodenverkleidung greifenden Laschen gesichert. Ziehen Sie die Verkleidung vorsichtig ab, um die Zapfen zu befreien, und schwenken Sie sie anschließend nach vorn, um die Laschen zu lösen (siehe Abbildungen).

10 Lösen Sie nötigenfalls die verbliebene Schraube, um die Blende zu entfernen (siehe Abbildung).

11 Der Einbau entspricht der umgekehrten Ausbaureihenfolge – die Lasche und die Zapfen müssen korrekt einrasten.

Vordere Innenverkleidung

12 Trennen Sie den Masseanschluss (–) der Batterie (siehe Kapitel 10).

13 Entfernen Sie die Frontblende. Lösen Sie die zwei dahinter liegenden Schrauben (siehe Abbildung).

14 Entfernen Sie die Lenkerverkleidungen (siehe unten).

15 Lösen Sie die Schrauben der linken und rechten Zugangsdeckel und entfernen Sie diese, um die dahinter sitzenden Schrauben zu lösen (siehe Abbildungen).

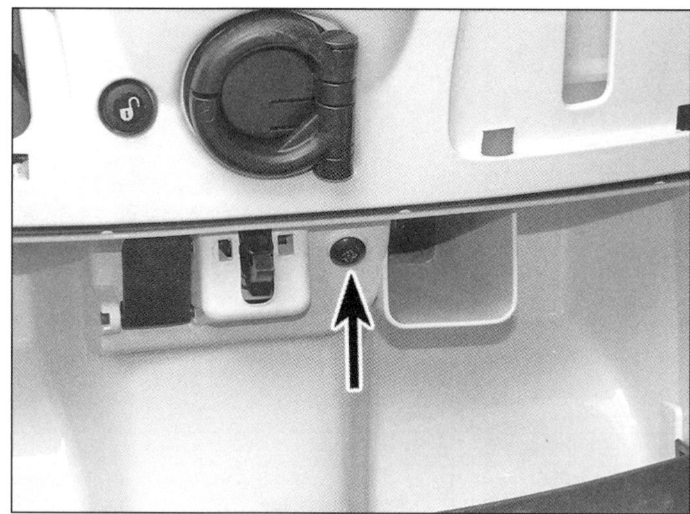

7.17 Schraube im Handschuhfach

7.18 Lösen Sie den Ausgleichsbehälterdeckel.

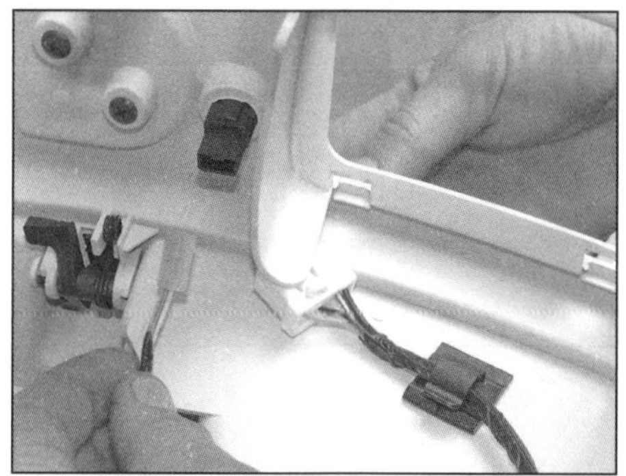

7.19a Trennen Sie den Stecker des Sitzbank-Entriegelungsknopfs ...

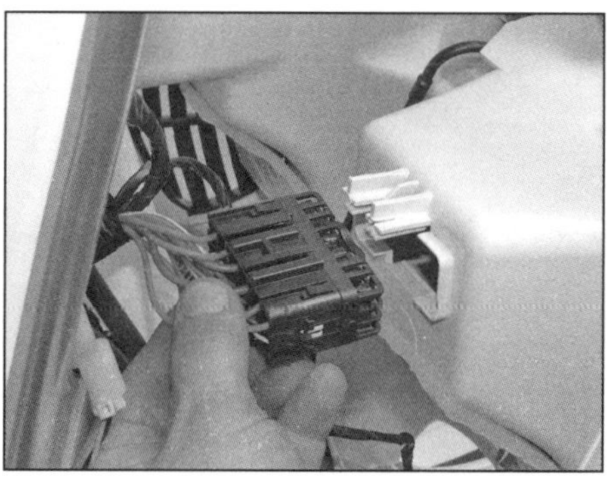

7.19b ... und befreien Sie den Sicherungshalter.

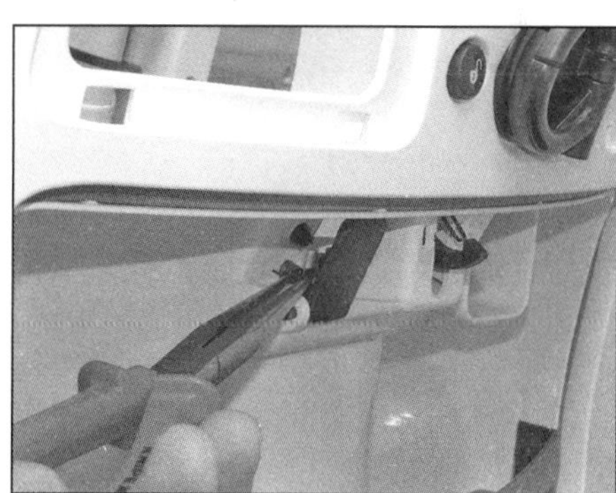

7.20a Befreien Sie das Ende des Sitzbank-Entriegelungsseils aus dem Hebel im Handschuhfach ...

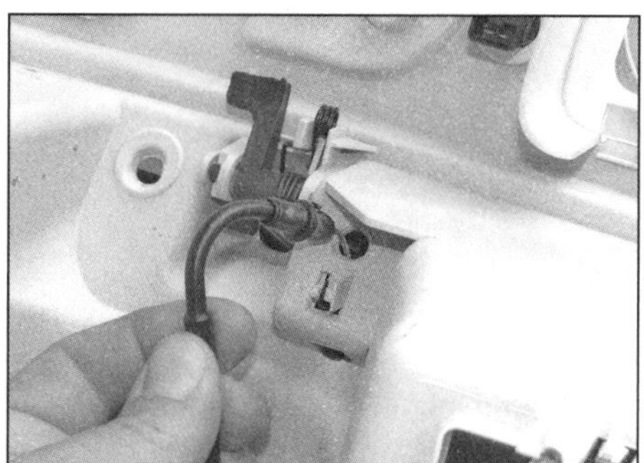

7.20b ... und ziehen Sie den sein Widerlager aus der Innenverkleidung.

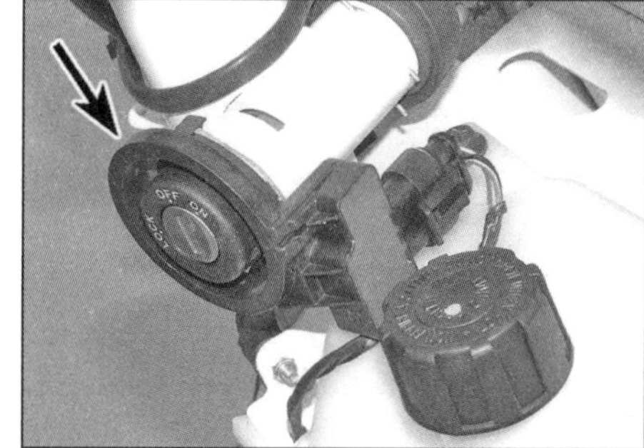

7.21 Einbaulage des Wegfahrsperren-Empfängers

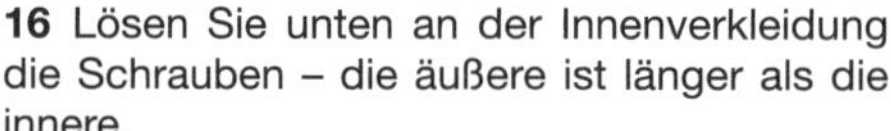

16 Lösen Sie unten an der Innenverkleidung die Schrauben – die äußere ist länger als die innere.

17 Drücken Sie das Zündschloss ein, um das Handschuhfach zu öffnen. Lösen Sie die im Handschuhfach zugängliche Schraube (siehe Abbildung).

18 Drehen Sie nötigenfalls den Deckel des Kühlmittel-Ausgleichsbehälters ab (siehe Abbildung).

19 Heben Sie die vordere Innenverkleidung an, um sie vorn aus der Bodenverkleidung zu befreien; ziehen Sie sie dann nach hinten und trennen Sie den Stecker des Sitzbank-Entriegelungsknopfs, sobald dieser zugänglich ist. Befreien Sie auch den Sicherungshalter aus der Innenverkleidung (siehe Abbildungen). Falls vorhanden, muss auch der Stecker der USB-Steckdose getrennt werden.

20 Befreien Sie das Ende des Sitzbank-Entriegelungsseils aus dem Hebel im Handschuhfach und ziehen Sie den sein Widerlager aus der Innenverkleidung (siehe Abbildungen). Beachten Sie, wie der Schließer des Handschuhfach-Deckels zum Entriegelungsmechanismus ausgerichtet ist, und heben Sie die vordere Innenverkleidung ab. Installieren Sie ggf. übergangsweise den Ausgleichsbehälterdeckel.

21 Der Einbau entspricht der umgekehrten Ausbaureihenfolge. Der Wegfahrsperren-Empfänger muss korrekt am Zündschloss positioniert sein (siehe Abbildung). Vergessen Sie nicht, den Sitzbank-Entriegelungszug und den Stecker anzuschließen und den Sicherungshalter aufzustecken. Prüfen Sie die Funktion der Sitzbank-Entriegelung und des Handschuhfachdeckel-Öffners, bevor Sie die Schrauben installieren.

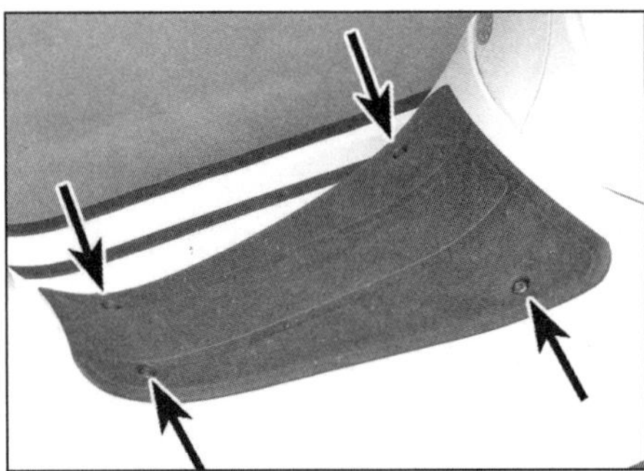

7.22 Schrauben der mittigen Bodenmatte

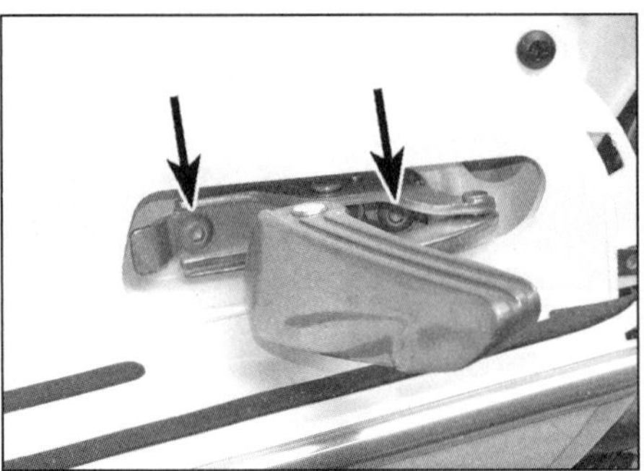

7.24 Schrauben der Beifahrerfußrasten-Baugruppe

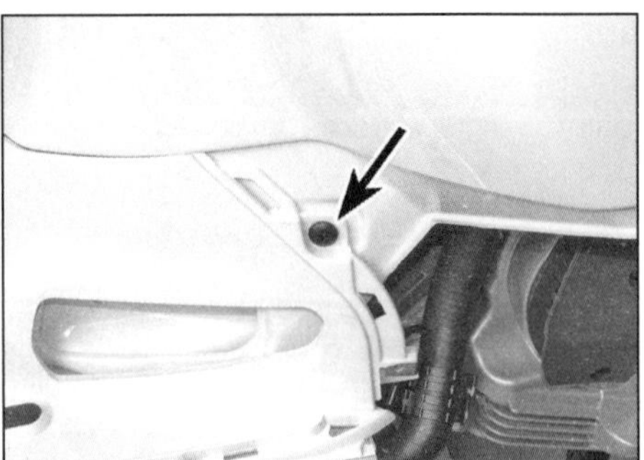

7.25a Lösen Sie die Schraube an jeder Seite . . .

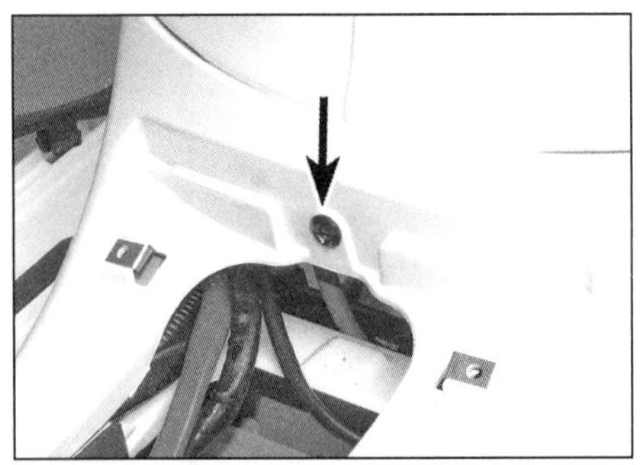

7.25b . . . und die mittlere Schraube der Bodenverkleidung.

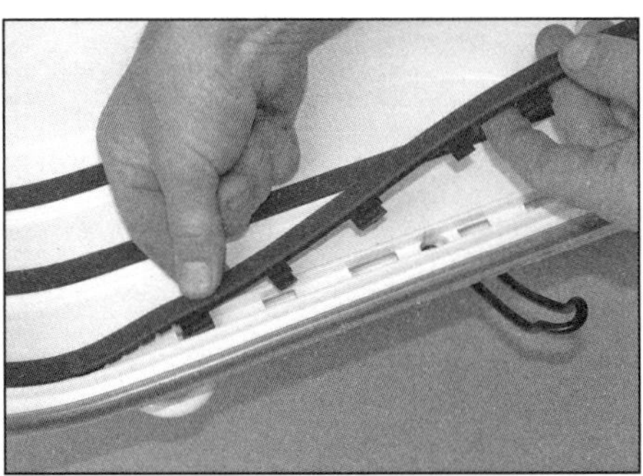

7.26a Ziehen Sie die Gummistreifen heraus . . .

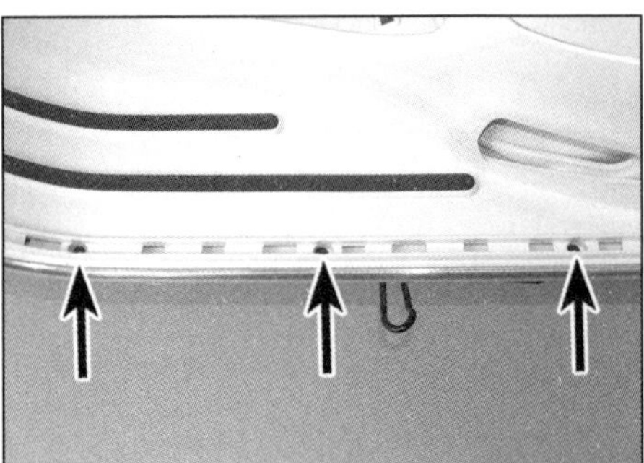

7.26b . . . und lösen Sie die Schrauben.

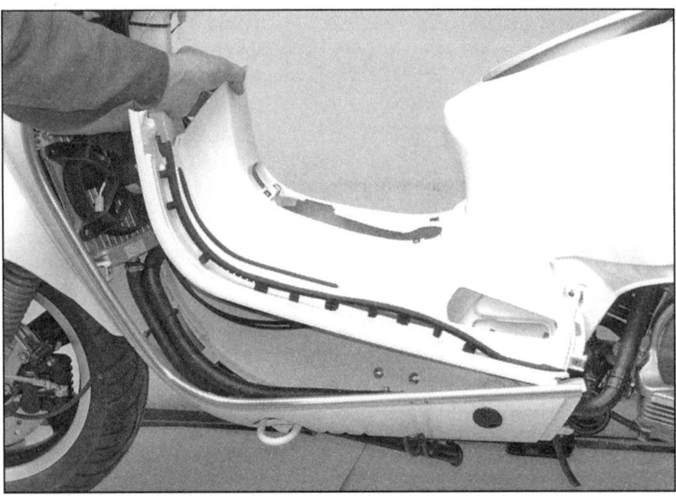

7.27 Heben Sie die Bodenverkleidung vorn an und entnehmen Sie sie.

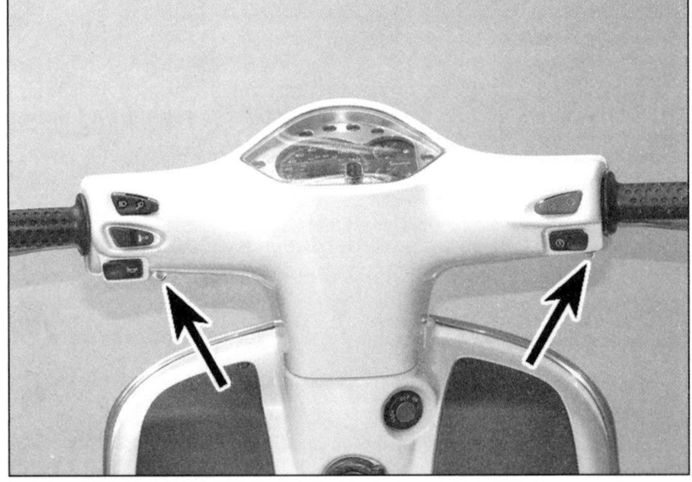

7.31a Lösen Sie die Schrauben des hinteren Lenkerverkleidungsteils . . .

Bodenverkleidung

22 Entfernen Sie die Seitenverkleidungen und die seitlichen Blenden. Lösen Sie die vier Schrauben und entfernen Sie die mittige Bodenmatte (siehe Abbildung).

23 Entfernen Sie die vordere Innenverkleidung.

24 Lösen Sie die Schrauben der beiden Beifahrerfußrasten-Baugruppen und entfernen Sie sie (siehe Abbildung).

25 Lösen Sie am hinteren Rand der Bodenverkleidung die drei Schrauben – die mittlere ist mit einem Bund ausgerüstet (siehe Abbildungen).

26 Ziehen Sie die äußeren Gummistreifen aus ihren Führungen in der Bodenverkleidung und lösen Sie die dahinter liegenden Schrauben (siehe Abbildungen).

27 Heben Sie die Bodenverkleidung vorn an und entnehmen Sie sie (siehe Abbildung).

28 Der Einbau entspricht der umgekehrten Ausbaureihenfolge.

Lenkerverkleidungen – GTS-Modelle

29 Entfernen Sie die Rückspiegel (siehe Sektion 3).

30 Demontieren Sie die Frontblende (siehe oben).

31 Um das vordere Verkleidungsteil zu entfernen, müssen die Schrauben aus der hinteren Verkleidung und die Schraube unterhalb des Scheinwerfers gelöst werden (siehe Abbildun-

7.31b ... und die Schraube unterhalb des Scheinwerfers.

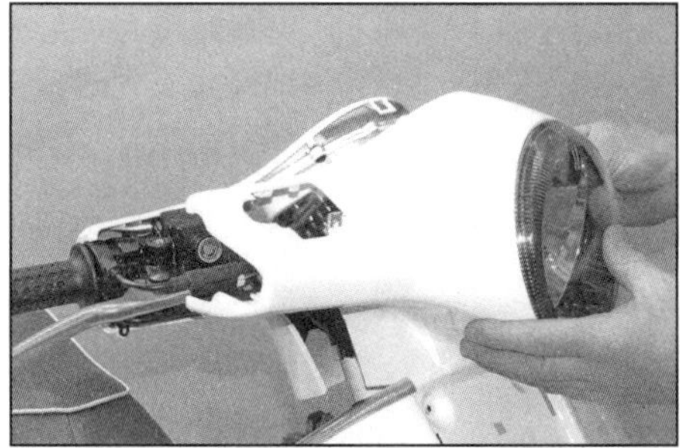

7.31c Befreien Sie das vordere Verkleidungsteil vorsichtig vom hinteren

7.31d ... und trennen Sie dabei die Lampenstecker.

gen) – legen Sie beim Lösen der vorderen Schraube einen Lappen unter dem Scheinwerfer, da sie leicht in die Frontverkleidung fallen kann. Ziehen Sie die Verkleidung ab – befreien Sie dabei den Haken am oberen Rand aus der Lasche vor den Instrumenten und die seitlichen Zapfen aus den Lösen der hinteren Verkleidung (siehe Abbildungen); diese Zapfen sitzen sehr fest und beim Abhebeln muss aufgepasst werden, sie nicht abzubrechen. Sobald die vordere Lenkerverkleidung befreit ist, müssen die Scheinwerfer-Stecker getrennt werden, um sie entnehmen zu können. Die Demontage des Scheinwerfers ist in Kapitel 10 beschrieben.

32 Um das hintere Verkleidungsteil zu entfernen, muss zunächst das vordere demontiert werden. Lösen Sie die Schrauben, mit denen das hintere Verkleidungsteil an den Aufnahmen des Lenkers befestigt ist (siehe Abbildungen). Lösen Sie ggf. die Schraube, mit denen die Instrumenten-Baugruppe an ihrem Halter befestigt ist (siehe Abbildung). Falls die hintere Lenkerverkleidung vollständig entfernt (und nicht nur für den Zugang zu anderen Komponenten beiseite genommen) werden soll, müssen die Instrumenten- und Lenkerschalter-Stecker sowie die Tachowelle getrennt werden. Die Demontage der Instrumenten-Baugruppe ist in Kapitel 10 beschrieben.

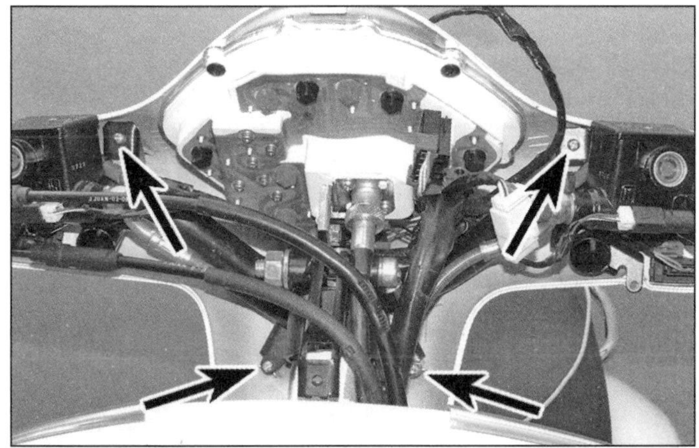

7.32a Befestigungsschrauben des hinteren Lenkerverkleidungsteils

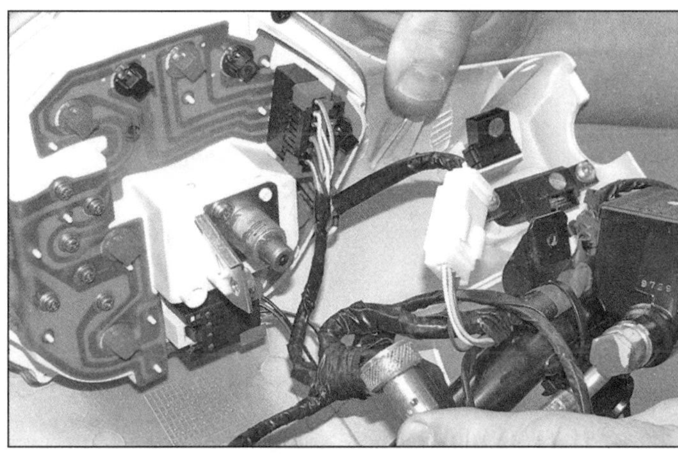

7.32b Trennen Sie die Tachowelle und alle Kabelstecker.

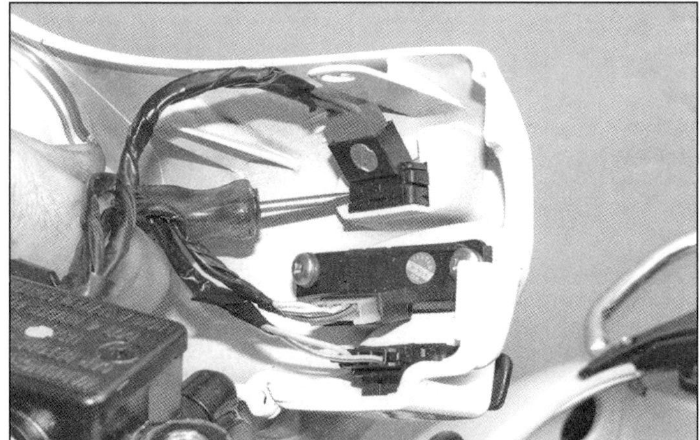

7.32c Der obere linke Schalter muss befreit werden, ...

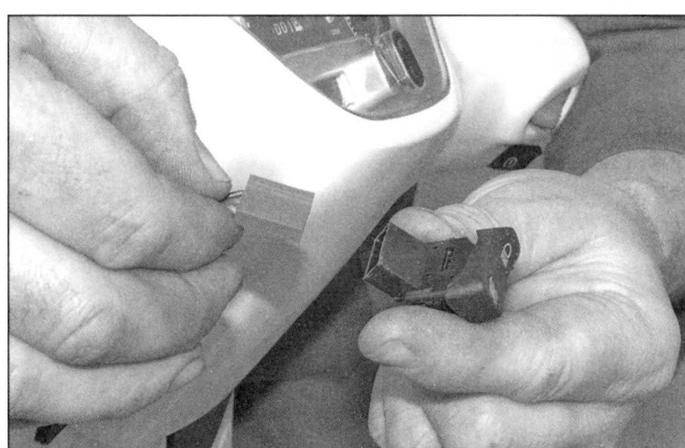

7.32d ... um seinen Stecker trennen zu können.

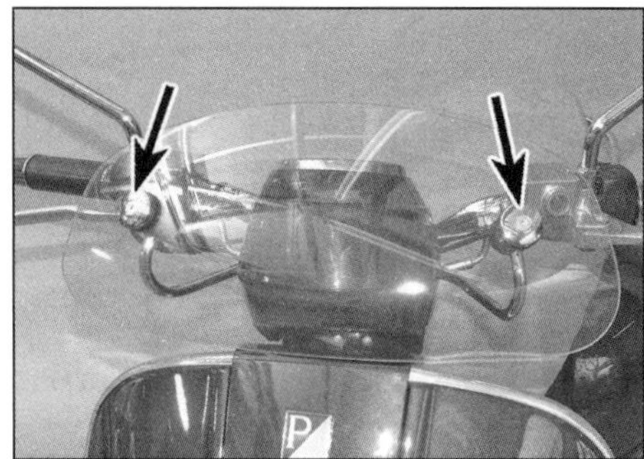

7.34a Lockern Sie die Madenschrauben...

7.34b ...und heben Sie die Windschutzscheibe ab.

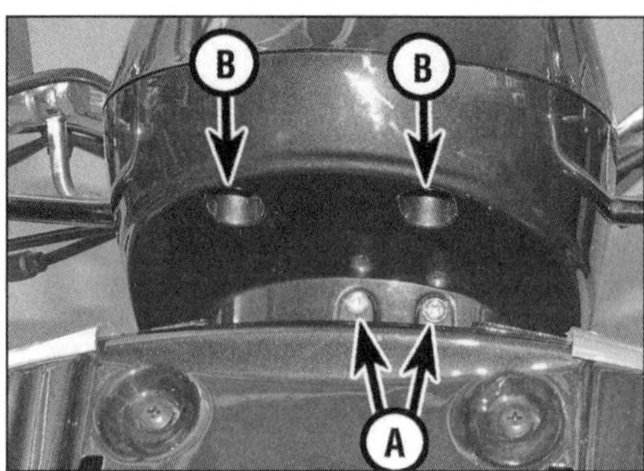

7.35a Lockern Sie die Tachowellen-Klemmschrauben (A) und lösen Sie die zwei Verkleidungs-Schrauben (B),...

7.35b ...drücken Sie dann den hinteren Rand der Verkleidung nach innen, um ihre Lasche aus der oberen Verkleidung zu befreien.

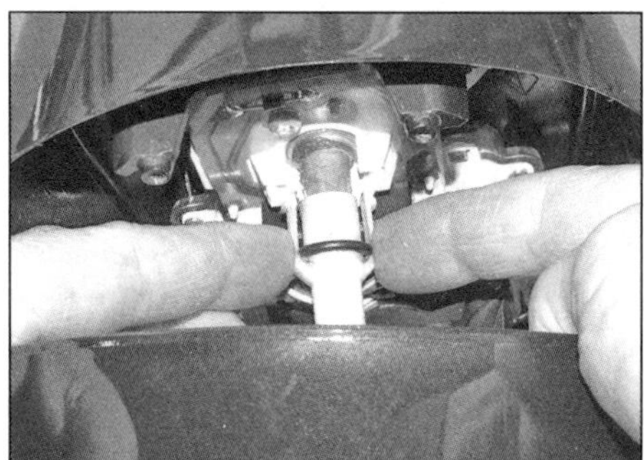

7.35c Ziehen Sie die obere Abdeckung hoch, bis die Tachowelle getrennt werden kann.

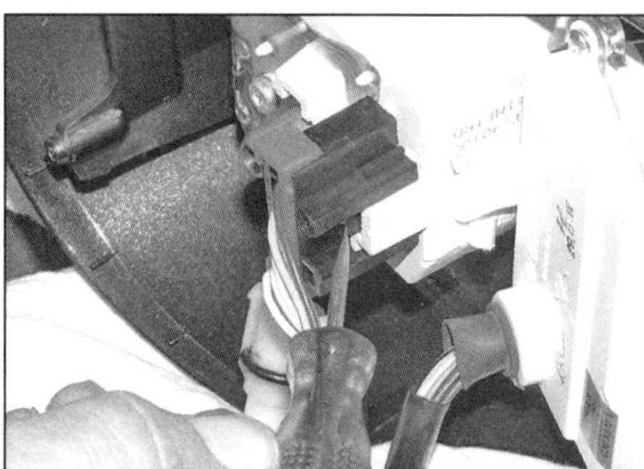

7.35d Drücken Sie die Lasche des Instrumentensteckers ein, um ihn zu trennen.

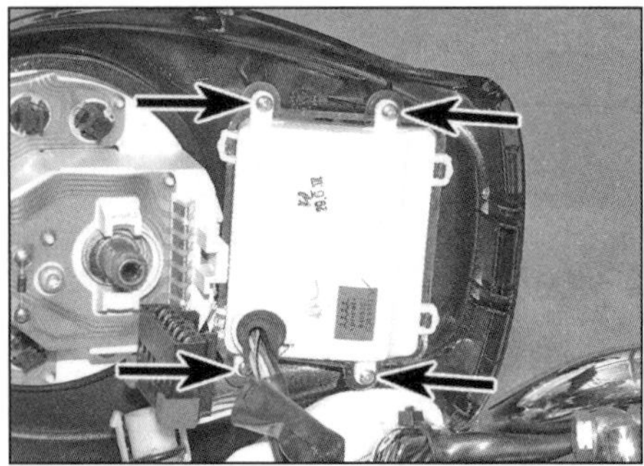

7.35e Schrauben der Warnleuchten-Konsole

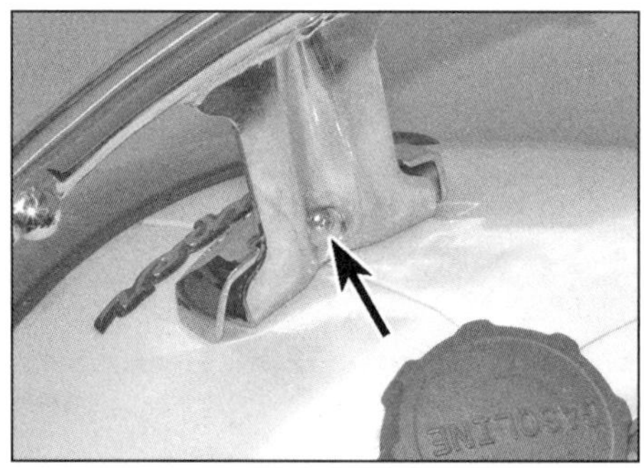

7.37 Lösen Sie die Schraube und entnehmen Sie das Heck-Emblem.

7.38 Ziehen Sie den Tankstutzen-Dichtring ab.

33 Der Einbau entspricht der umgekehrten Ausbaureihenfolge – alle Kabelstecker müssen korrekt angeschlossen sein. Prüfen Sie die Funktion aller Schalter und der Instrumente. Hindern Sie die Schraube unterhalb des Scheinwerfers mit einem Lappen vor dem versehentlichen Verschwinden in der Frontverkleidung.

Lenkerverkleidungen/ Instrumentengehäuse – GTV- und GT-Modelle

34 Entfernen Sie die Windschutzscheibe, indem Sie Madenschrauben in ihren vier Befestigungen herausdrehen und die Haltegummis vom verchromten Träger ziehen (siehe Abbildungen). Demontieren Sie die Frontblende (siehe oben).

35 Lockern Sie die Tachowellen-Klemmschrauben und lösen Sie die zwei Schrauben aus dem unteren Verkleidungsteil (siehe Abbildung), drücken Sie dann den hinteren Rand der Verkleidung nach innen, um ihre Lasche aus der oberen Verkleidung zu befreien (siehe Abbildung). Ziehen Sie die obere Abdeckung hoch, bis die Tachowelle getrennt werden kann (siehe Abbildung). Trennen Sie den Instrumentenstecker (siehe Abbildung). Lösen Sie die Schrauben der Warnleuchten-Konsole und entnehmen Sie die obere Verkleidung samt Instrumenten-Baugruppe (siehe Abbildung). Die Demontage der Instrumenten-Baugruppe ist in Kapitel 10 beschrieben.

36 Die untere Lenkerverkleidung kann erst nach der Demontage des Lenkers (siehe Kapitel 7) entfernt werden.

Beifahrergriff oder Gepäckträger

37 Öffnen Sie die Sitzbank und entnehmen Sie das Staufach. Lösen Sie die Schraube des Heck-Emblems (siehe Abbildung).

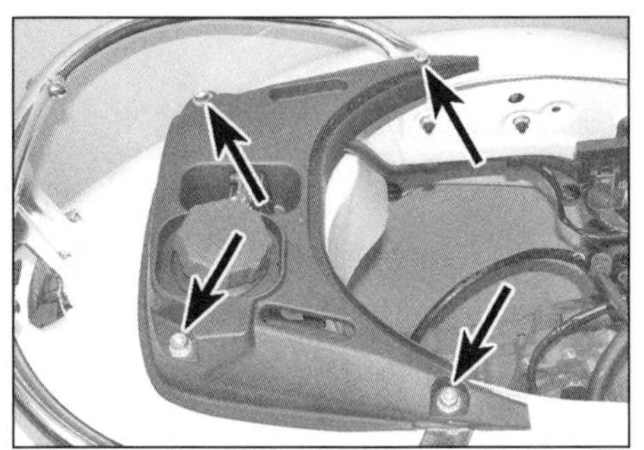
7.39 Schrauben der Tankdeckung

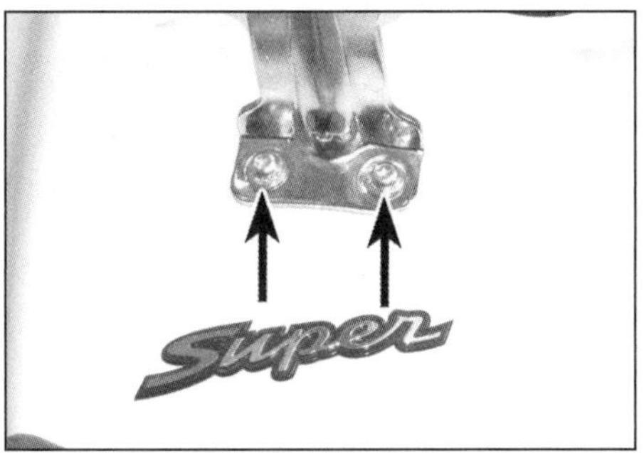

7.40 Hintere Beifahrergriff- oder Gepäckträger-Schrauben

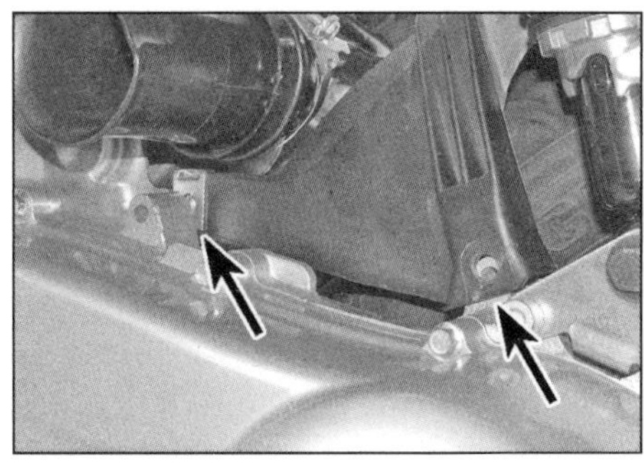
7.43 Einbauposition des Innenkotflügels

38 Entfernen Sie den Tankdeckel und seinen Dichtring (siehe Abbildung).
39 Lösen Sie die Schrauben der Tankdeckung und heben Sie sie ab – beachten Sie die Scheiben.
40 Lösen Sie die hinteren Schrauben des Beifahrergriffs oder Gepäckträgers und heben Sie diesen ab (siehe Abbildung).
41 Der Einbau entspricht der umgekehrten Ausbaureihenfolge.

Vorderrad-Kotflügel

42 Der Kotflügel wird zusammen mit dem Lenkschaft demontiert – beachten Sie hierzu die Hinweise in Kapitel 7, Sektion 3.

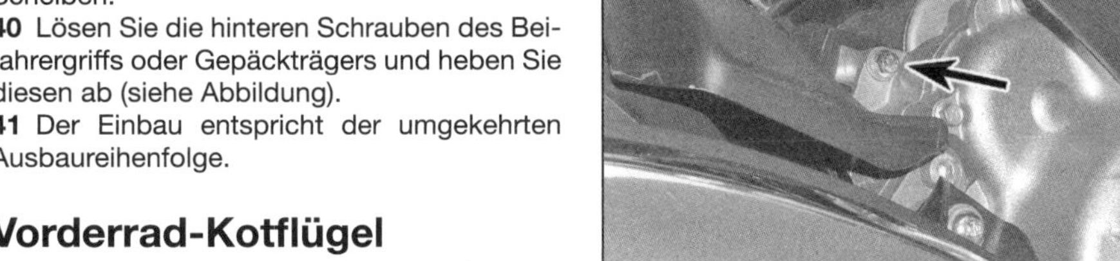
7.44 Rechte Innenkotflügel-Schraube

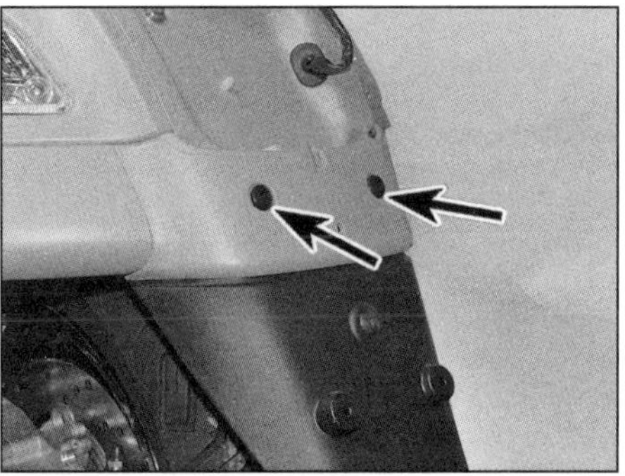
7.47a Lösen Sie die Schrauben der Heckblende . . .

Hinterrad-Kotflügel

43 Entfernen Sie beide Seitenverkleidungen (siehe oben) und das Luftfiltergehäuse (siehe Kapitel 5) – dessen zwei linke Schrauben sichern auch den Innenkotflügel (siehe Abbildung).
44 Lösen Sie die Schraube, die den Innenkotflügel rechts sichert, und entnehmen Sie ihn (siehe Abbildung).
45 Der Einbau entspricht der umgekehrten Ausbaureihenfolge.
46 Um den hinteren Kotflügel entfernen zu können, müssen zuerst die Rücklichteinheit und deren Rahmen entfernt werden (siehe Kapitel 10, Sektion 10).
47 Lösen Sie die Schrauben der Heckblende und entnehmen Sie diese (siehe Abbildungen).
48 Lösen Sie die Schrauben des Kotflügels und entnehmen Sie diesen (siehe Abbildung).
49 Der Einbau entspricht der umgekehrten Ausbaureihenfolge.

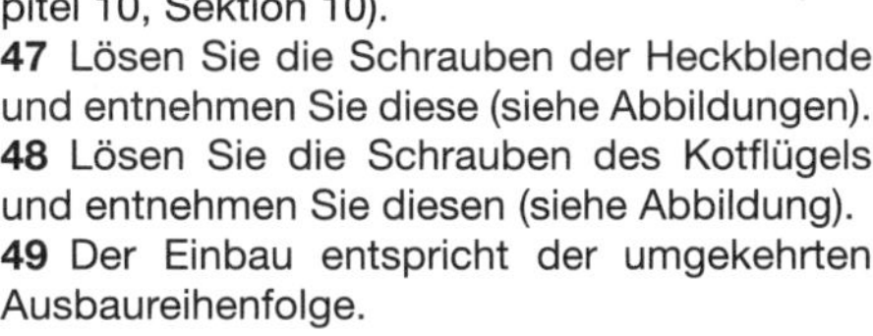

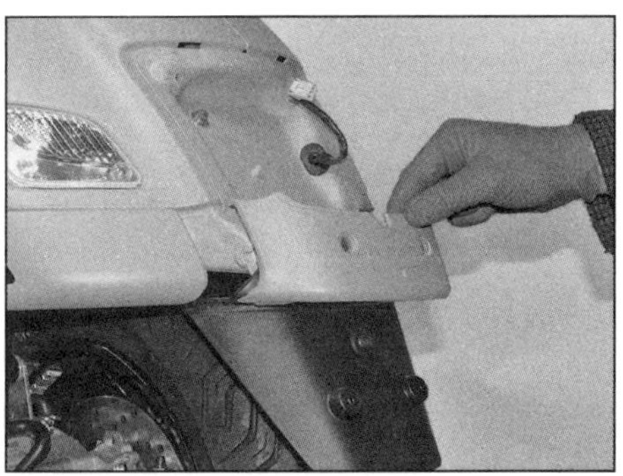
7.47b . . . und entnehmen Sie diese.

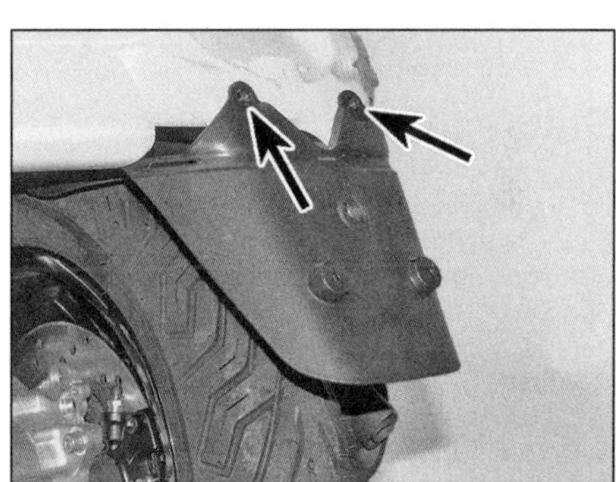
7.48 Der hintere Kotflügel ist mit zwei Schrauben gesichert.

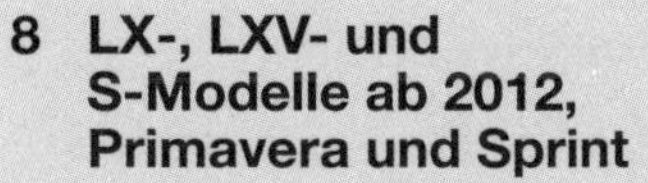

8 LX-, LXV- und S-Modelle ab 2012, Primavera und Sprint

Motor-Zugangsdeckel

1 Lösen Sie die einzelne Schraube des Deckels und entfernen Sie diesen (siehe Abbildungen).
2 Der Einbau entspricht der umgekehrten Ausbaureihenfolge.

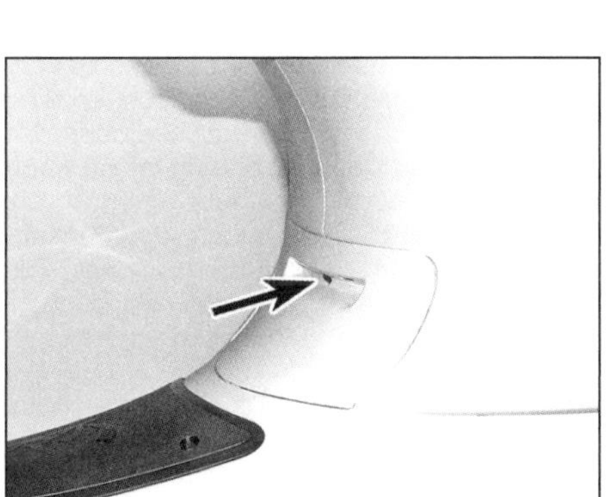
8.1a Lösen Sie die Deckel-Schraube . . .

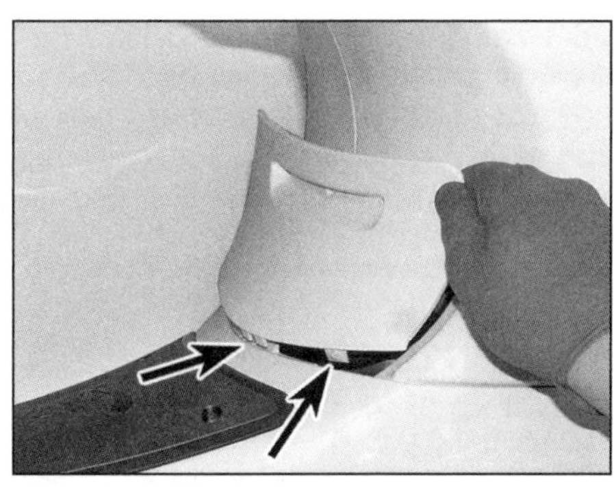
8.1b . . . und heben Sie den Deckel an, um seine Laschen (Pfeile) zu befreien.

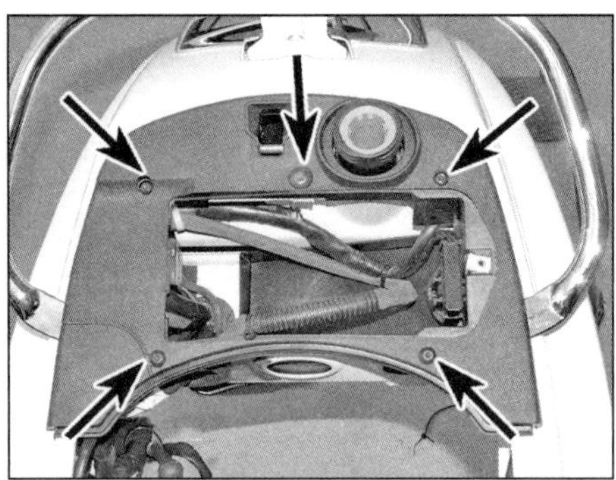

8.10a Lösen Sie die fünf Schrauben der Batterieabdeckung . . .

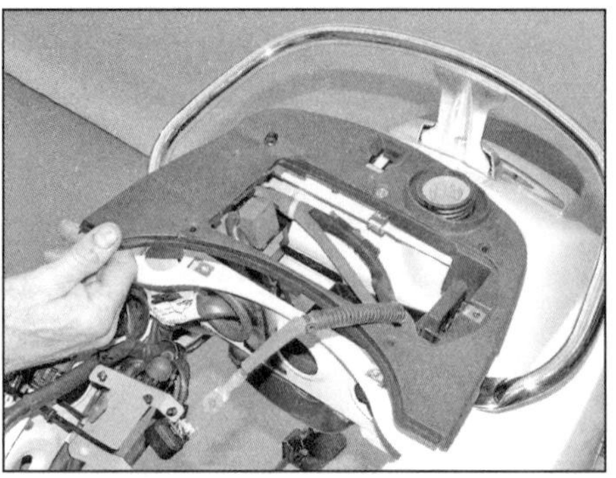

8.10b . . . und heben Sie sie ab.

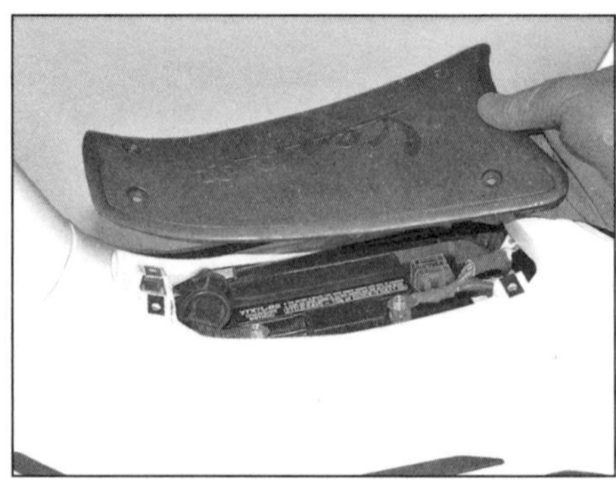

8.14 Entfernen Sie die Batterieabdeckung von der Bodenverkleidung.

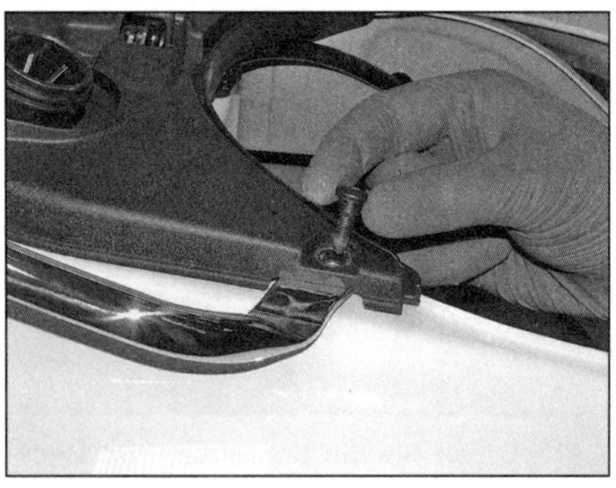

8.16a Die Bund-Schrauben sichern auch den Beifahrergriff.

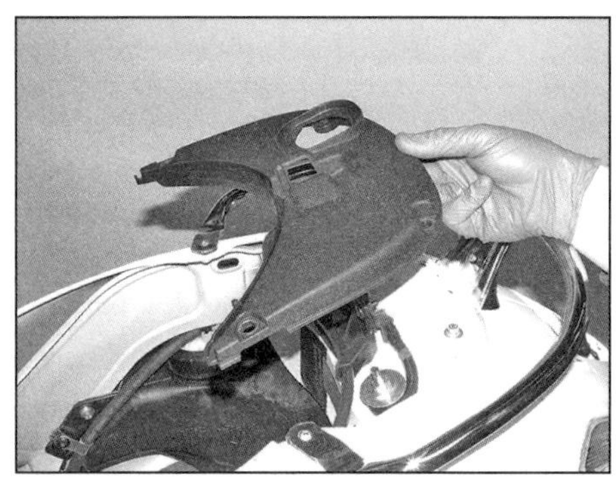

8.16b Entfernen Sie die Tankabdeckung.

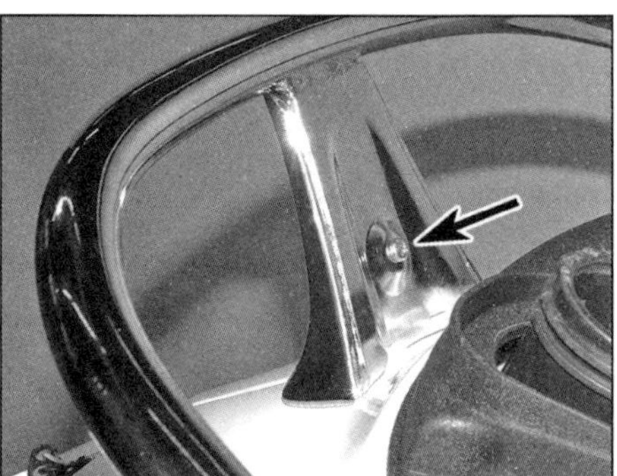

8.17 Schraube des Heck-Emblems

Staufach und Sitzbank

3 Öffnen Sie mit dem Knopf in der vorderen Innenverkleidung, dem Fernbedienungs-Anhänger oder dem Hebel im Handschuhfach die elektronische Sitzbank-Verriegelung und klappen Sie den Sitz hoch. Heben Sie das Staufach heraus.
4 Lösen Sie die Schrauben des Sitzbank-Scharniers und entnehmen Sie die Sitzbank.
5 Der Einbau entspricht der umgekehrten Ausbaureihenfolge.

Batterieabdeckung und Beifahrergriff

Anmerkung: *Bei manchem Modellen ist ein Gepäckträger am Beifahrergriff befestigt.*

LX, LXV und S

6 Öffnen Sie die Sitzbank und entnehmen Sie das Staufach (siehe oben).
7 Bauen Sie die Batterie aus (siehe Kapitel 10).
8 Lösen Sie den Clip der Sicherungshalter-Verkabelung und befreien Sie den Halter aus der Batterieabdeckung.
9 Entfernen Sie den Tankdeckel und seinen Dichtring.
10 Lösen Sie die Schrauben der Batterieabdeckung und heben Sie sie an – merken Sie sich ihre Einbauposition (siehe Abbildungen). Drehen Sie übergangsweise den Tankdeckel wieder auf.
11 Lösen Sie die Schraube, die das Heck-Emblem an der Beifahrergriff-Halterung sichert (Abbildung 7.37).
12 Lösen Sie die Schrauben des Beifahrergriffs und heben Sie ihn ab.
13 Der Einbau entspricht der umgekehrten Ausbaureihenfolge.

Primavera und Sprint

14 Die Batterieabdeckung sitzt zentral in der Bodenverkleidung. Lösen Sie die Schrauben und heben Sie die Abdeckung ab (siehe Abbildung).
15 Um den Beifahrergriff demontieren zu können, muss zunächst das Staufach entfernt werden (siehe oben). Entfernen Sie dann den Tankdeckel und seinen Dichtring (siehe Kapitel 5, Sektion 12).
16 Lösen Sie die Schrauben der Tankabdeckung (merken Sie sich ihre Positionen), heben Sie die Abdeckung ab (siehe Abbildungen) und drehen Sie den Tankdeckel übergangsweise wieder auf.
17 Lösen Sie die Schraube des in der Mitte der Beifahrergriff-Halterung angebrachten Heck-Emblems (siehe Abbildung).
18 Lösen Sie die hinteren Beifahrergriff-Schrauben und heben Sie den Griff ab (siehe Abbildung).

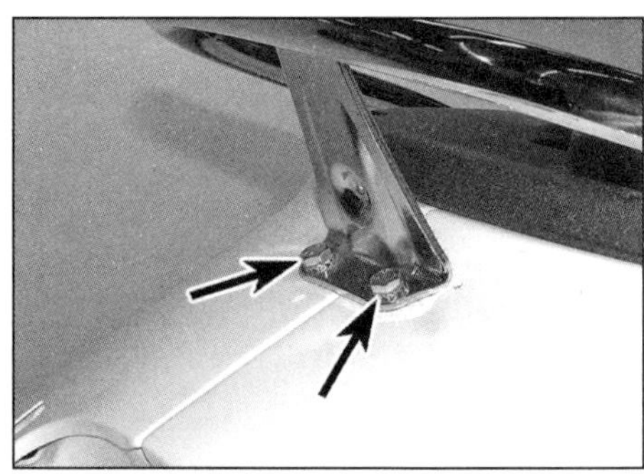

8.18 Hintere Beifahrergriff-Schrauben

19 Der Einbau entspricht der umgekehrten Ausbaureihenfolge.

Seitenverkleidungen

LX, LXV und S

20 Lösen Sie an jeder Seite vorn die Schrauben (siehe Abbildung).
21 Jedes Verkleidungsteil ist außerdem mit zwei Zapfen in Gummiösen und hinten mit einer Lasche gesichert. Ziehen Sie die Verkleidung vorsichtig ab, um die Zapfen zu befreien, und schwenken Sie sie anschließend nach

8.20 **Lösen Sie vorn die Schrauben...**

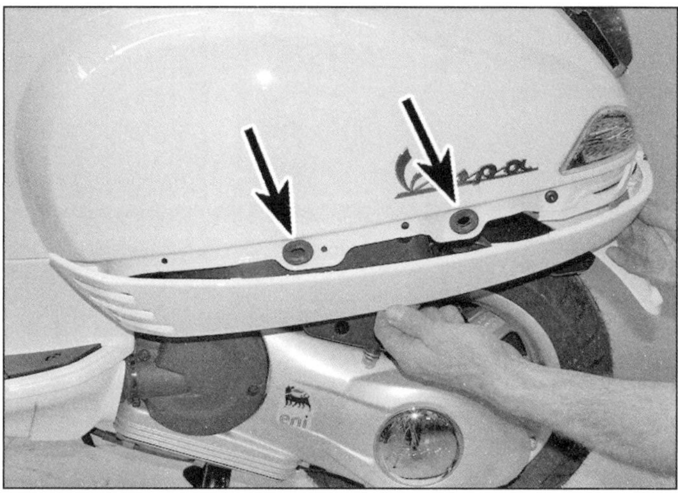

8.21 **... und ziehen Sie die Zapfen aus den Gummiösen.**

hinten, um die Lasche zu lösen (siehe Abbildung).

22 Der Einbau entspricht der umgekehrten Ausbaureihenfolge – die Lasche und die Zapfen müssen korrekt einrasten. Überdrehen Sie nicht die Schrauben!

Alle Modelle

23 Um die Blende entfernen zu können, muss zuerst die Schraube oben im Beifahrer-Fußrastengummi gelöst und das Gummi abgehoben werden – befreien Sie dazu seine vorderen Laschen aus der Bodenverkleidung (siehe Abbildungen). Ziehen Sie die Blende nach hinten – beachten Sie dabei, wie die obere Lasche in die Karosserie greift (siehe Abbildung). Der Einbau entspricht der umgekehrten Ausbaureihenfolge.

Frontblende

24 Hebeln Sie vorsichtig das Piaggio-Emblem aus der Blende und lösen Sie die darunter liegende Schraube (Abbildungen 6.3a und b). Lösen Sie beim S-Modell die untere Schraube der Blende (Abbildung 6.3c).

25 Drehen Sie bei LX-, LXV- und S-Modellen die Lenkung gegen einen Anschlag und drücken Sie die Blende hoch, um ihre Haken aus der Karosserie zu befreien (Abbildung 6.3d).

26 Drücken Sie bei Primavera- und Sprint-Modellen die Frontblende herunter, um ihre Laschen aus der Karosserie zu befreien (siehe Abbildung).

27 Der Einbau entspricht der umgekehrten Ausbaureihenfolge.

Vordere Innenverkleidung

28 Entfernen Sie bei LX- und LXV-Modellen die Frontblende (siehe oben). Lösen Sie die zwei dahinter liegenden Schrauben (siehe Abbildung). Öffnen Sie das Handschuhfach und lösen Sie die drei darin zugänglichen Schrauben (siehe Abbildung).

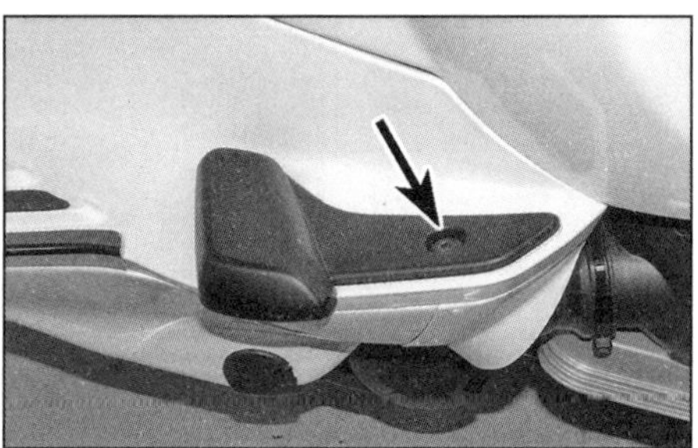

8.23a Lösen Sie die Schraube...

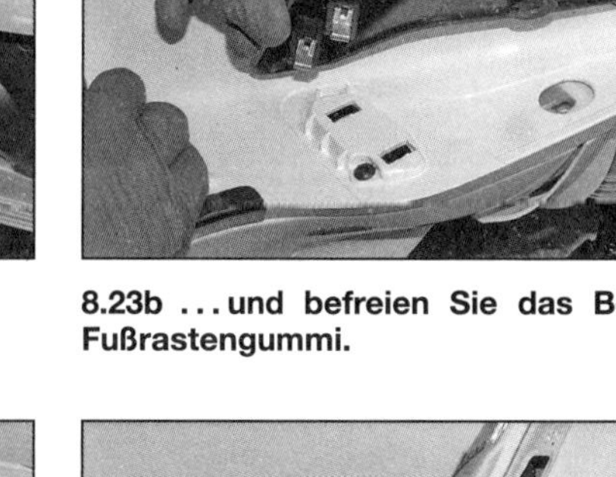

8.23b ... und befreien Sie das Beifahrer-Fußrastengummi.

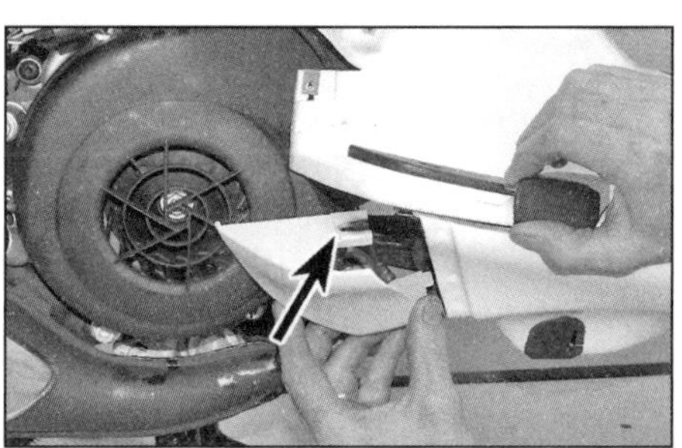

8.23c Beachten Sie, wie die obere Lasche der Blende in die Karosserie greift.

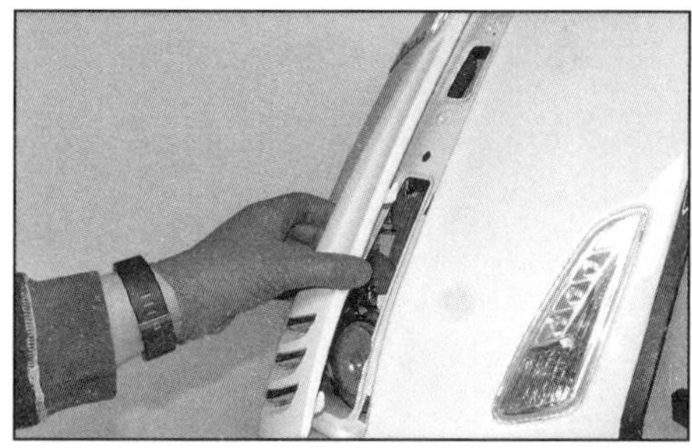

8.26 Drücken Sie bei Primavera- und Sprint-Modellen die Frontblende herunter, um ihre Laschen zu befreien.

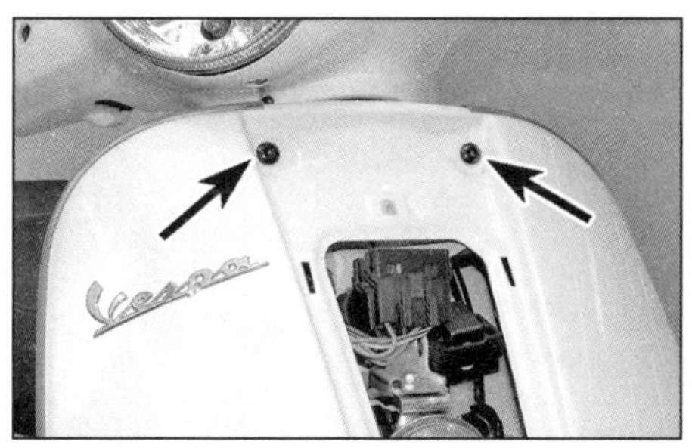

8.28a Vordere...

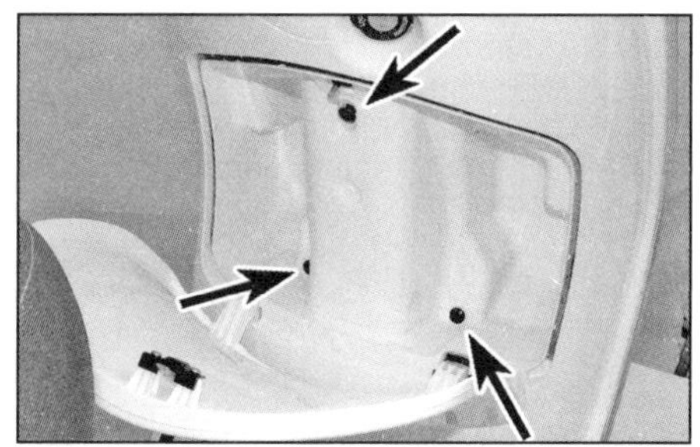

8.28b ... und hintere Schrauben der vorderen Innenverkleidung

9

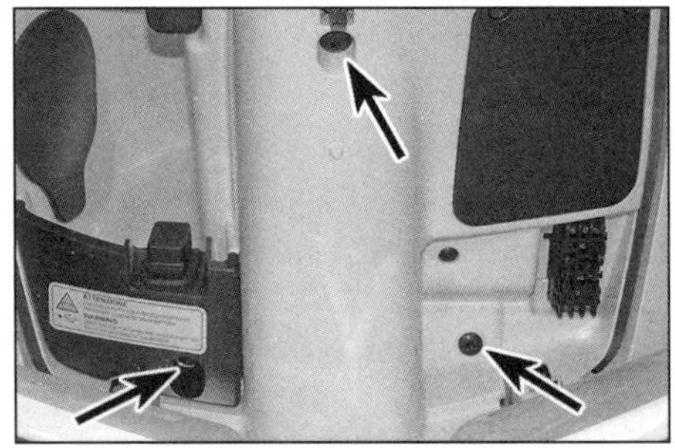

8.29a Schrauben innerhalb des Handschuhfachs – Primavera und Sprint

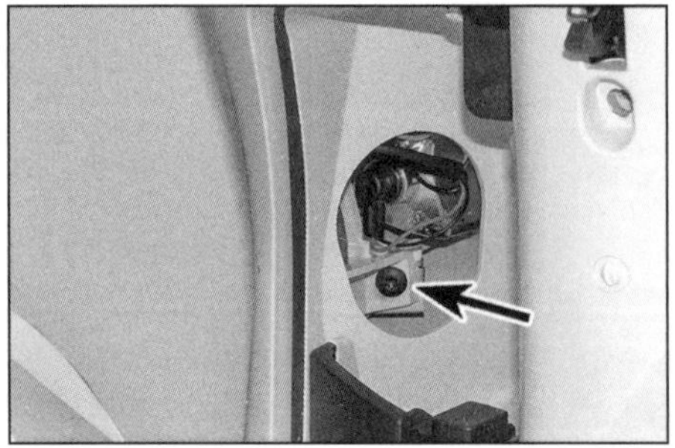

8.29b Lösen Sie die Schrauben hinter dem linken...

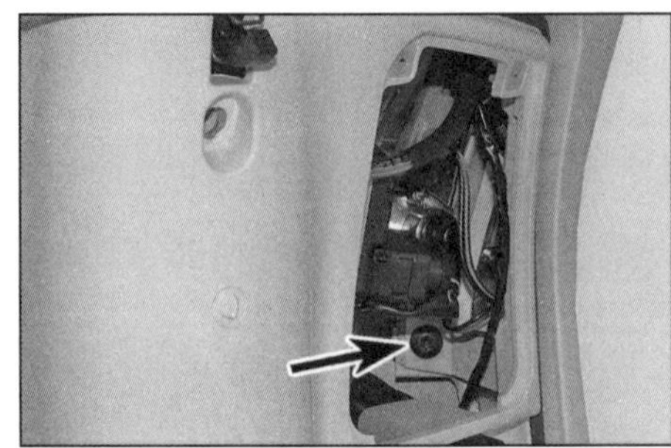

8.29c ...und dem rechten Blinker-Zugangsdeckel.

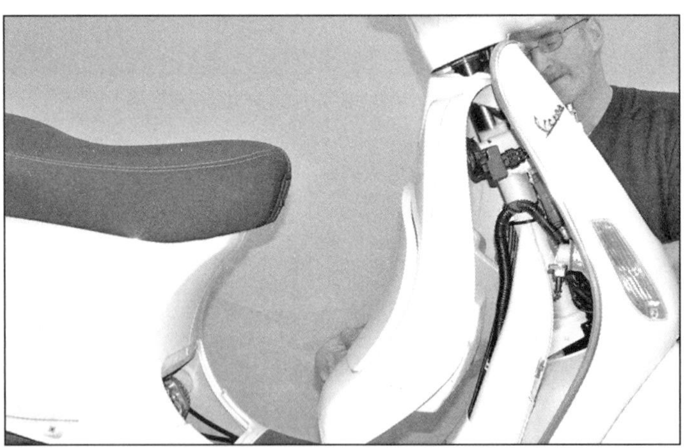

8.31 Heben Sie die vordere Innenverkleidung ab.

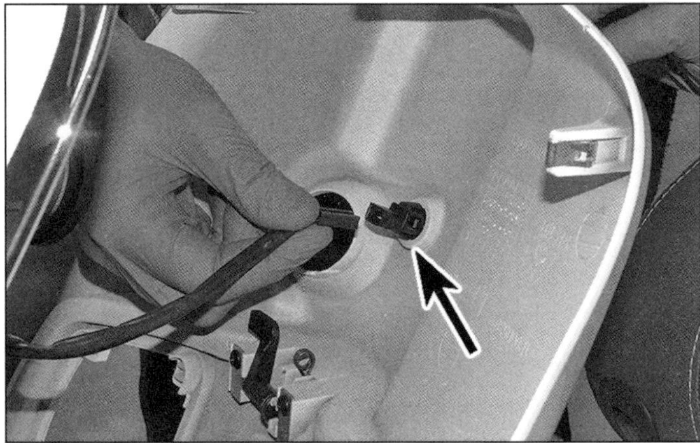

8.32a Trennen Sie den Stecker des Sitzbank-Entriegelungsknopfs.

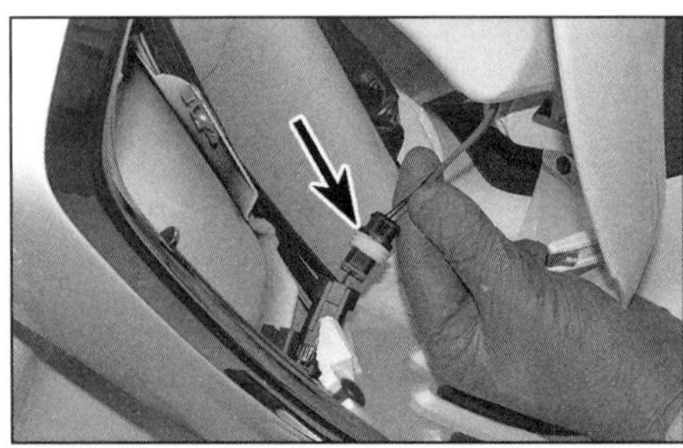

8.32b Trennen Sie den Stecker der USB-Steckdose.

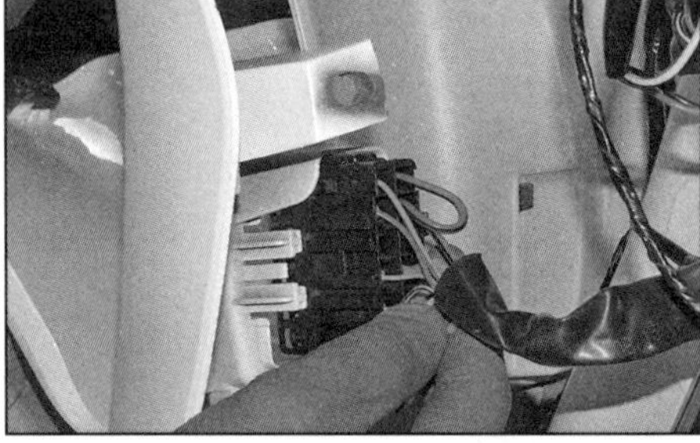

8.32c Befreien Sie den Sicherungshalter.

8.32d Lösen Sie den Nippel des Sitzbank-Entriegelungs-Seilzugs aus dem Hebel...

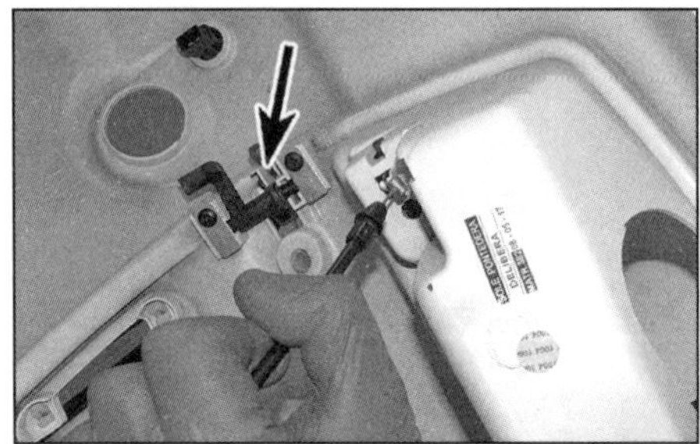

8.32e ...und ziehen Sie ihn durch die Verkleidung – beachten Sie den Entriegelungsmechanismus (Pfeil).

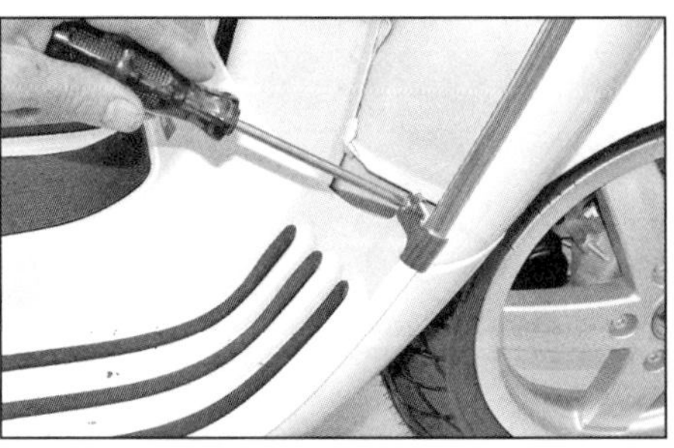

8.37a Lösen Sie die Schraube des Halters,...

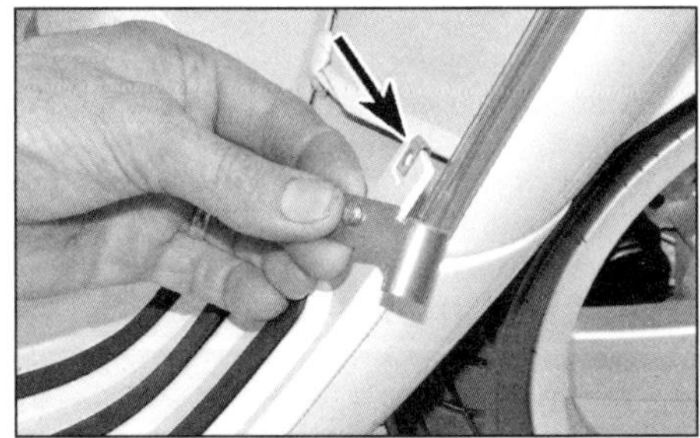

8.37b ...und entfernen Sie ihn – beachten Sie das Sicherungsblech (Pfeil).

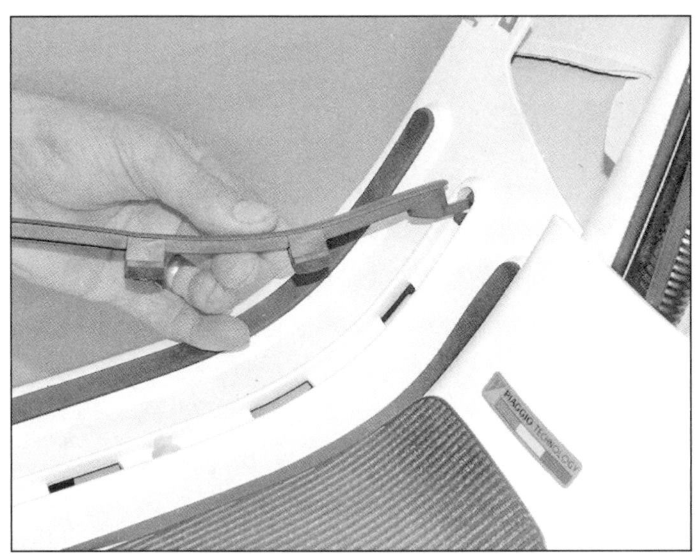

8.37c Entfernen Sie die mittleren Gummistreifen . . .

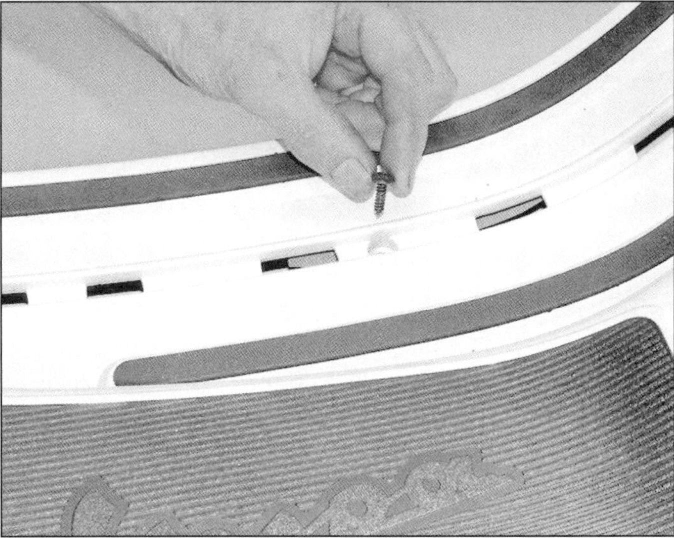

8.37d . . . und lösen Sie die darunter liegenden Schrauben.

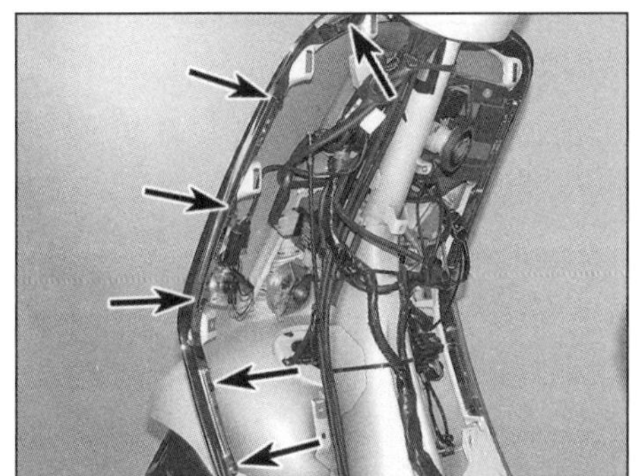

8.38a Lösen Sie an jeder Seite die sechs Schrauben . . .

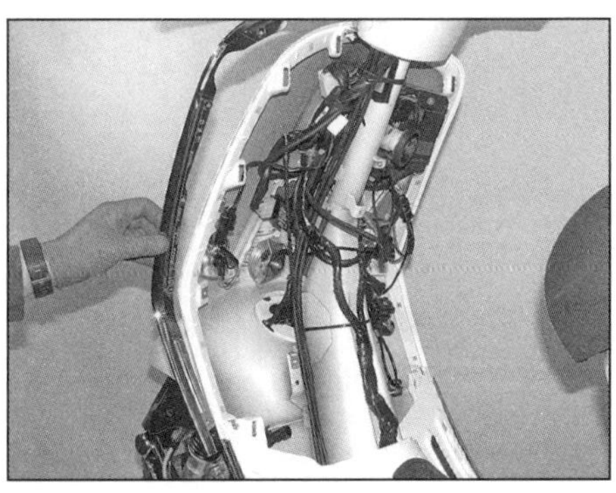

8.38b . . . und befreien Sie die Chromleiste.

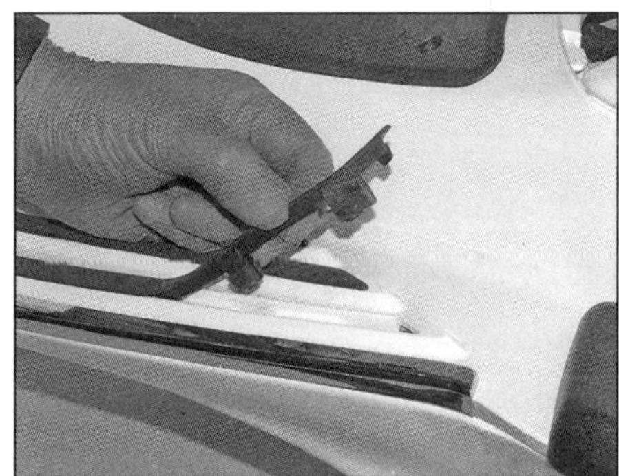

8.38c Ziehen Sie die äußere Gummileiste hinten heraus . . .

29 Öffnen Sie bei Primavera- und Sprint-Modellen das Handschuhfach und lösen Sie die drei darin zugänglichen Schrauben (siehe Abbildung). Entfernen Sie die Blinker-Zugangsdeckel und lösen Sie die dahinter liegenden Verkleidungsschrauben (siehe Abbildungen).
30 Lösen Sie bei S-Modellen die fünf Verkleidungsschrauben, ziehen Sie an beiden Seiten die Gummistreifen aus der Bodenverkleidung und lösen Sie die dahinter liegenden Schrauben.
31 Heben Sie die vordere Innenverkleidung an und ziehen Sie sie von der Karosserie ab (siehe Abbildung).
32 Trennen Sie bei Primavera- und Sprint-Modellen die Stecker des Sitzbank-Entriegelungsknopfs und der USB-Steckdose (siehe Abbildungen). Befreien Sie den Sicherungshalter aus der Innenverkleidung (siehe Abbildung). Lösen Sie den Nippel des Sitzbank-Entriegelungs-Seilzugs aus dem Hebel im Handschuhfach (siehe Abbildungen).
33 Der Einbau entspricht der umgekehrten Ausbaureihenfolge. Vergessen Sie nicht, den Sitzbank-Entriegelungszug und den Stecker anzuschließen und den Sicherungshalter aufzustecken. Prüfen Sie die Funktion der Sitzbank-Entriegelung und des Handschuhfachdeckel-Öffners, bevor Sie die Schrauben installieren.

Bodenverkleidung

34 Entfernen Sie den Motor-Zugangsdeckel (Schritt 1).
35 Entfernen Sie die Seitenverkleidungen und die seitlichen Blenden (Schritte 20 bis 23).
36 Entfernen Sie die innere Frontverkleidung (Schritte 28 bis 32).
37 Lösen Sie bei LX-, LXV- und S-Modellen an jeder Seite die zwei vorderen Schrauben (siehe Abbildung). Beachten Sie, wie die von den Schrauben gesicherten Halter auch die Chromblenden sichern, und die Klemmbleche (siehe Abbildung). Ziehen Sie links und rechts den jeweils mittigen Gummistreifen heraus, um die darunter liegenden Schrauben zu lösen (siehe Abbildungen).
38 Lösen Sie bei Primavera- und Sprint-Modellen an beiden Seiten die Schrauben der Chromleisten und ziehen Sie diese vorsichtig ab (siehe Abbildungen). Befreien an beiden Seiten die äußeren Gummileisten – beginnen Sie hinten und hängen Sie sie dann vorn aus (siehe Abbildungen). Lösen Sie die Bodenverkleidungs-Schrauben.

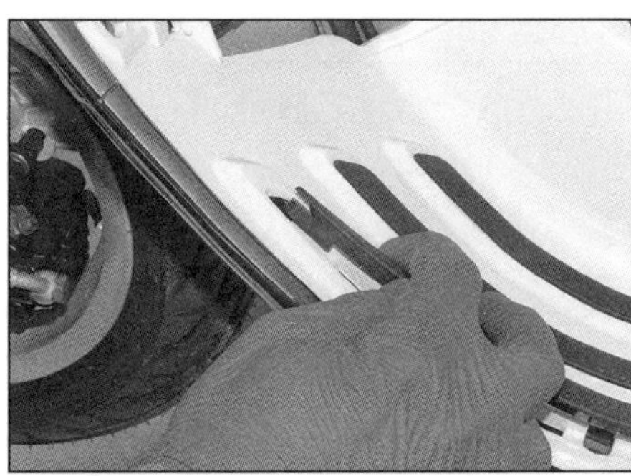

8.38d . . . und befreien Sie sie vorn aus der Bodenverkleidung.

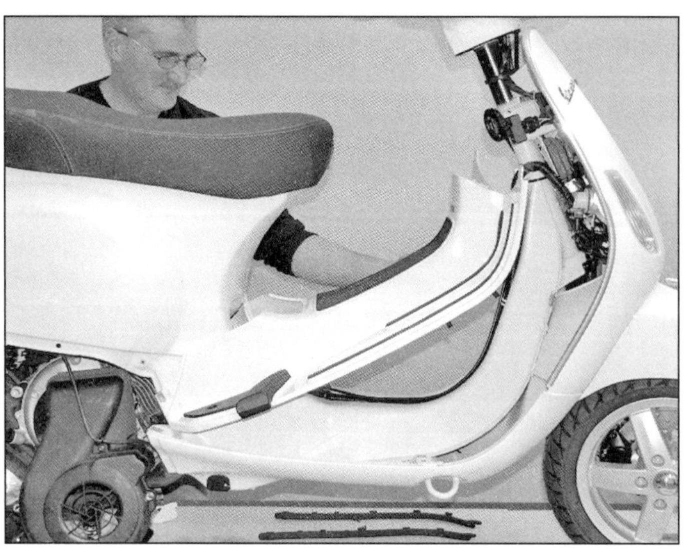

8.39 Heben Sie die Bodenverkleidung vorn an, um sie zu entfernen.

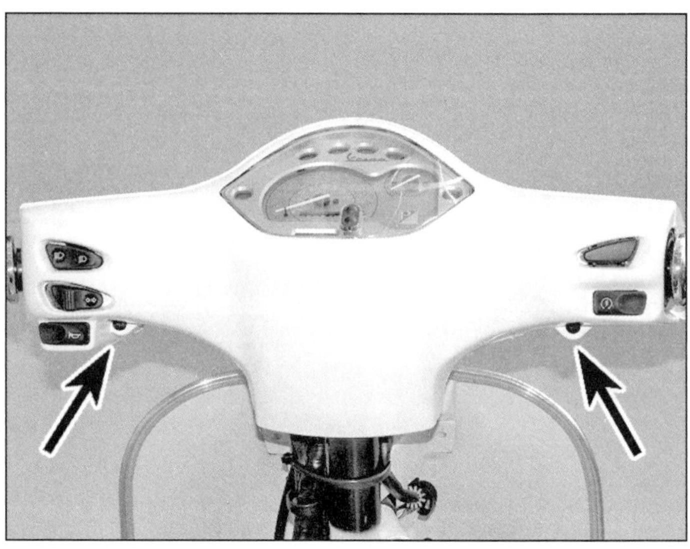

8.42a Lösen Sie die Schrauben des hinteren Lenkerverkleidungsteils ...

8.42b ... und die Schraube unterhalb des Scheinwerfers.

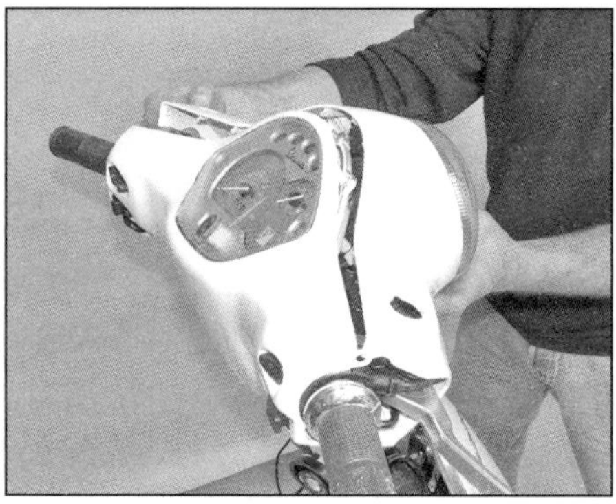

8.43a Ziehen Sie das vordere Verkleidungsteil vorsichtig ab ...

8.43b ... und trennen Sie die Scheinwerferstecker.

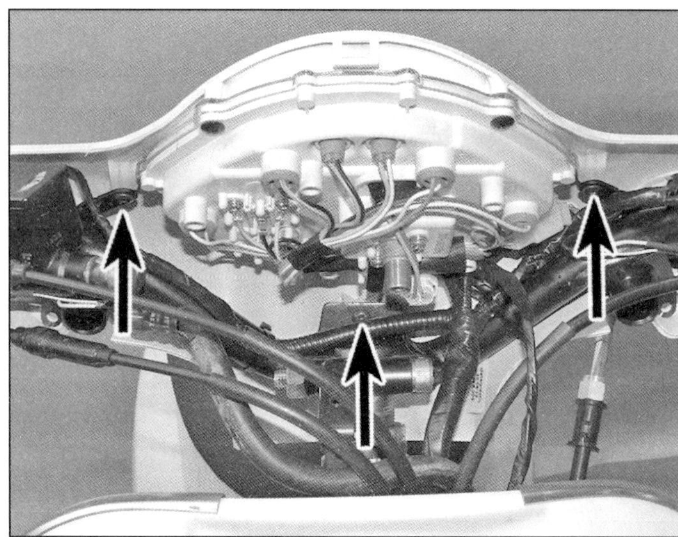

8.44a Befestigungsschrauben des hinteren Lenkerverkleidungsteils ...

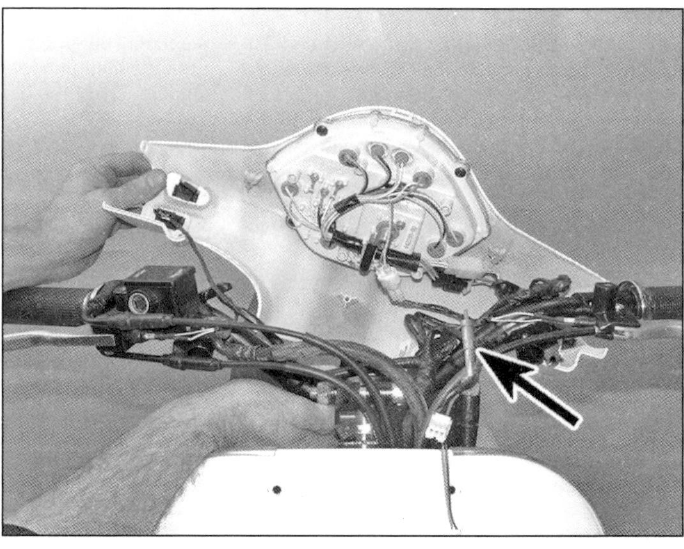

8.44b Heben Sie die Lenkerverkleidung ab – beachten Sie die Tachowelle.

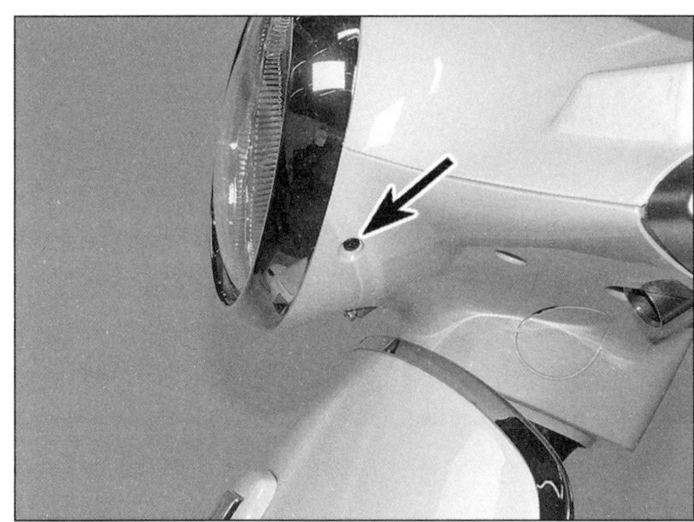

8.48a Lösen Sie an beiden Seiten die Schraube . . .

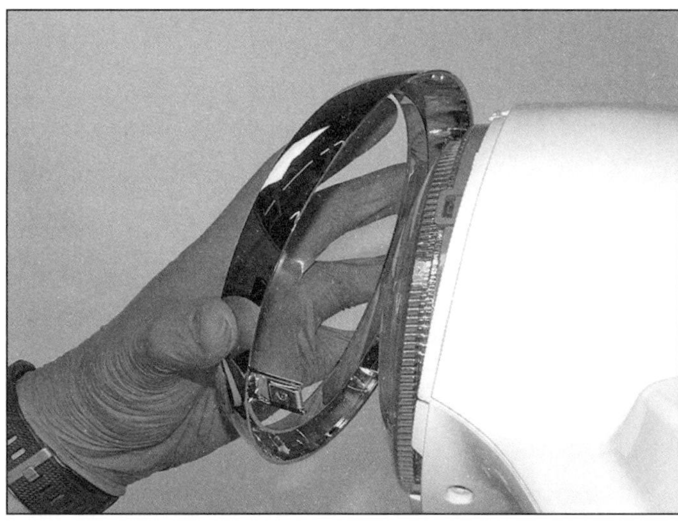

8.48b . . . und heben Sie den Scheinwerfer-Chromring ab.

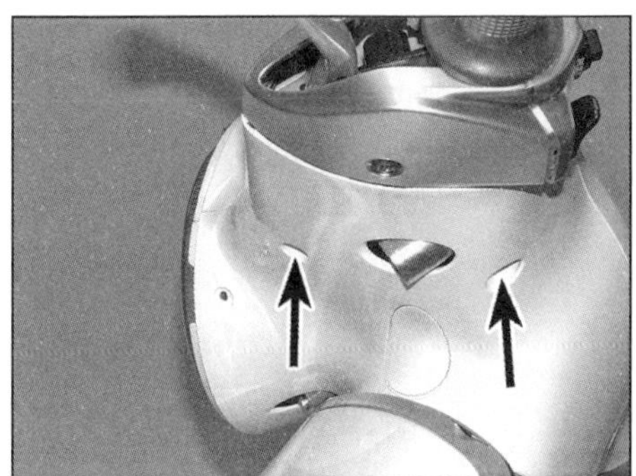

8.49 Lösen Sie an beiden Seiten die unteren Schrauben.

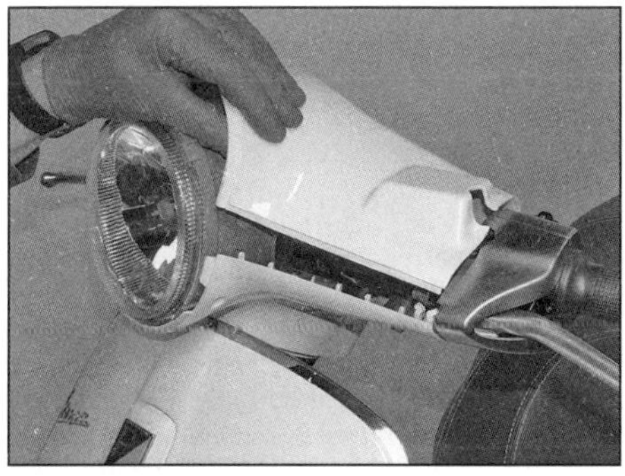

8.50a Befreien Sie vorsichtig die obere Lenkerverkleidung . . .

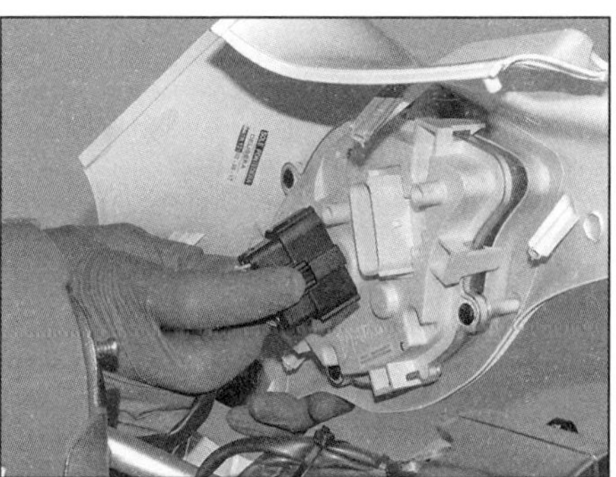

8.50b . . . und trennen Sie dabei den Instrumentenstecker.

39 Heben Sie die Bodenverkleidung vorn an und befreien Sie sie aus dem Fahrzeug (siehe Abbildung).
40 Der Einbau entspricht der umgekehrten Ausbaureihenfolge.

Lenkerverkleidungen

LX- und S-Modelle

41 Entfernen Sie die Rückspiegel (siehe Sektion 3). Demontieren Sie die Frontblende (Schritte 24 und 25).
42 Um das vordere Verkleidungsteil zu entfernen, müssen die Schrauben aus der hinteren Verkleidung und die Schraube unterhalb des Scheinwerfers gelöst werden (siehe Abbildungen) – legen Sie beim Lösen der vorderen Schraube einen Lappen unter dem Scheinwerfer, da sie leicht in die Frontverkleidung fallen kann.
43 Ziehen Sie die vordere Verkleidung ab – befreien Sie dabei den Haken am oberen Rand aus der Lasche vor den Instrumenten (siehe Abbildung); diese Zapfen sitzen sehr fest und beim Abhebeln muss aufgepasst werden, sie nicht abzubrechen. Sobald die vordere Lenkerverkleidung befreit ist, müssen die Scheinwerfer-Stecker getrennt werden (siehe Abbildung), um sie entnehmen zu können. Die Demontage des Scheinwerfers ist in Kapitel 10 beschrieben.
44 Um das hintere Verkleidungsteil zu entfernen, muss zunächst das vordere demontiert werden. Lösen Sie die Schrauben, mit denen das hintere Verkleidungsteil an den Aufnahmen des Lenkers befestigt ist (siehe Abbildung). Drehen Sie die Tachowelle ab und befreien Sie die Verkleidung vom Lenker (siehe Abbildung). Falls die hintere Lenkerverkleidung vollständig entfernt (und nicht nur für den Zugang zu anderen Komponenten beiseite genommen) werden soll, müssen die Instrumenten- und Lenkerschalter-Stecker getrennt werden. Die Demontage der Instrumenten-Baugruppe ist in Kapitel 10 beschrieben.
45 Der Einbau entspricht der umgekehrten Ausbaureihenfolge – alle Kabelstecker müssen korrekt angeschlossen sein. Prüfen Sie die Funktion aller Schalter und der Instrumente. Hindern Sie die Schraube unterhalb des Scheinwerfers mit einem Lappen vor dem versehentlichen Verschwinden in der Frontverkleidung.

LXV-Modelle

46 Beachten Sie die Hinweise in Sektion 5 – die Prozedur ist die gleiche wie bei älteren LXV-Modellen.

Primavera und Sprint

47 Entfernen Sie die Rückspiegel (siehe Sektion 3).
48 Lösen Sie die Schrauben des Scheinwerfer-Chromrings und heben Sie diesen ab (siehe Abbildungen).
49 Lösen Sie in der unteren Verkleidung die unteren Schrauben – die kürzeren sitzen vorn (siehe Abbildung).
50 Heben Sie die obere Verkleidung vorsichtig ab, indem Sie ihre Laschen aus der unteren Verkleidung befreien. Trennen Sie dabei den Instrumentenstecker (siehe Abbildungen). Die Demontage der Instrumenten-Baugruppe ist in Kapitel 10 beschrieben.
51 Demontieren Sie den Scheinwerfer (siehe Kapitel 10, Sektion 8).

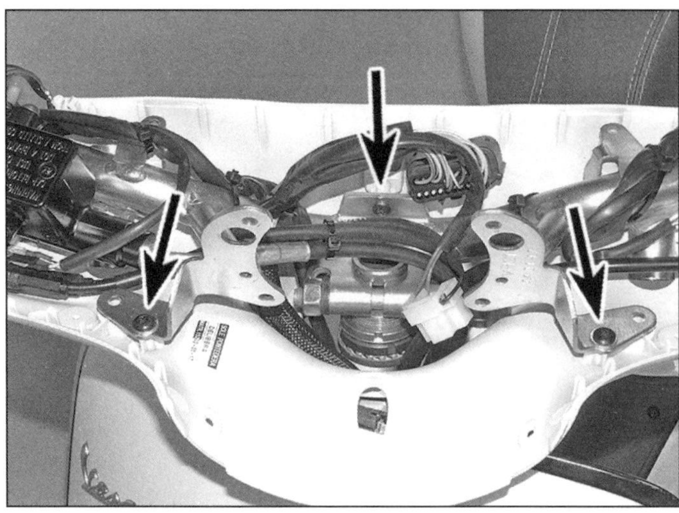

8.52 Schrauben der unteren Lenkerverkleidung

8.55 Ziehen Sie den Kennzeichenbeleuchtungs-Lampenhalter heraus.

52 Die untere Lenkerverkleidung ist mit drei Schrauben am Lenker befestigt (siehe Abbildung) – bevor sie entfernt werden kann, müssen jedoch alle Lenker-Komponenten (Schalter – siehe Kapitel 10, Sektion 21, Gasgriff – siehe Kapitel 5, Sektion 8, die Hebel und der Lenker selbst (siehe Kapitel 7, Sektion 2) entfernt werden.

Vorderrad-Kotflügel

53 Der Kotflügel wird zusammen mit dem Lenkschaft demontiert – beachten Sie hierzu die Hinweise in Kapitel 7, Sektion 3.

Hinterrad-Kotflügel

54 Entfernen Sie bei LX- LXV- und S-Modellen zunächst beide Seitenverkleidungen (Schritte 20 und 21).

55 Ziehen Sie den Kennzeichenbeleuchtungs-Lampenhalter hinten aus der Rücklichteinheit (siehe Abbildung).

56 Lösen Sie rechts und links die Kotflügel-Schrauben (Abbildung 5.41) und heben Sie den Kotflügel ab.

57 Der Einbau entspricht der umgekehrten Ausbaureihenfolge.

58 Um beim Primavera und Sprint den Kotflügel entfernen zu können, muss zuerst die Kennzeichenbeleuchtungs-Einheit demontiert werden (siehe Kapitel 10, Sektion 9).

59 Lösen Sie rechts und links sowie hinter dem Rücklicht die Schrauben und heben Sie den Kotflügel ab (siehe Abbildung).

60 Um den Innenkotflügel demontieren zu können, muss zunächst das Hinterrad entfernt werden (siehe Kapitel 8).

61 Lösen Sie links die Schrauben unten am Luftfiltergehäuse (siehe Abbildung).

62 Lösen Sie rechts die Schraube vorn am Innenkotflügel (siehe Abbildung) und entnehmen Sie ihn.

63 Der Einbau entspricht der umgekehrten Ausbaureihenfolge.

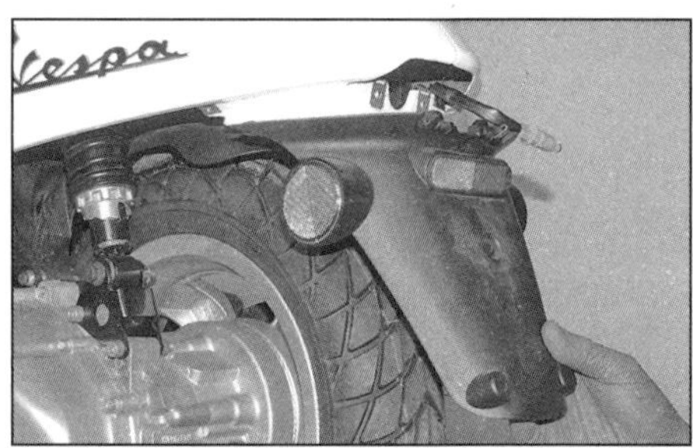

8.59 Der Kotflügel ist mit vier Schrauben gesichert.

8.61 Lösen Sie links die zwei Schrauben . . .

8.62 . . . und rechts die einzelne Schraube.

Kapitel 10
Elektrik

Inhalt (in alphabetischer Reihenfolge, die Zahlen geben die Nummerierung in den grauen Feldern wieder)

Schwierigkeitsgrade

Leicht. Für Anfänger mit wenig Erfahrung geeignet. 

Relativ leicht. Für Anfänger mit etwas Erfahrung geeignet. 

Relativ schwierig. Geeignet für geübte Selbstschrauber. 

Schwer. Geeignet für Selbstschrauber mit viel Erfahrung. 

Sehr schwer. Geeignet für Experten und Profis.

Technische Daten

Batterie

Kapazität	
LX, LXV ab Juni 2013	12 V, 6 Ah
alle anderen LX, LXV und S	12 V, 10 Ah
GTS 300 ab 2014	12 V, 10 Ah
alle anderen GTS, GTV und GT	12 V, 12 Ah
Primavera und Sprint	12 V, 6 Ah
Spannung	
vollständig geladen	13,0 bis 13,2 Volt
entladen	unter 12,3 Volt
Laderate	
normal	1,0 A für 5 Stunden
Schnellladung	3,0 A für 1 Stunde

Ladesystem

Kriechstrom	0,5 mA (max.)
Lichtmaschinenstatorspulen-Widerstand	0,2 bis 1,0 Ohm
Geregelte Ausgangsspannung	14 bis 15 Volt bei 5000/min

Radsensoren-Widerstand ... 100 bis 150 Ohm (bei 20 °C)

Lampen

Scheinwerfer	
Primavera und Sprint	35/35 W (HS1)
alle anderen Modelle	60/55 W (H4)
Standlicht	
GTS 300 ab 2014, GTS 125/150 ab 2016, Primavera und Sprint	LED
alle anderen Modelle	5 W
Bremslicht	
LX, LXV und S bis 2011, GTS, GTV und GT	16 W (S: 21 W)
Primavera und Sprint	LED
Rücklicht	
LX, LXV und S bis 2011, GTS, GTV und GT	5 W
Primavera und Sprint	10 W
Brems/Rücklicht (Zweifadenlampe)	
LX ab 2012	16/5 W
LXV ab 2012	18/5 W
S ab 2012	21/5 W
Kennzeichenbeleuchtungs-Lampe	5 W
Blinkerlampen (oranges Lampenglas)	
GTS 300 ab 2014, GTS 125/150 ab 2016	6 W
Primavera und Sprint	6 W (BAZ 9)
alle anderen Modelle	10 W
Insturmentenlampen	
LXV und S	
Warnlampen	2 W (LXV), 1,2 W (S)
Instrumentenbeleuchtung	1,2 W
alle anderen Modelle	LED

Sicherungen

Beachten Sie hierzu die Schaltpläne am Ende des Kapitels

Anzugsdrehmomente

	Nm
Anlasser-Befestigungsschrauben	12

1 Allgemeine Informationen

1 Alle Modelle sind mit einer 12-Volt-Elektrik ausgerüstet, die von einer Dreiphasen-Wechselstromlichtmaschine mit separater Regler/ Gleichrichter-Einheit versorgt wird.
2 Der Regler begrenzt den Ladestrom, um die Anlage nicht zu überlasten, der Gleichrichter wandelt den in der Lichtmaschine produzierten Wechselstrom (AC) in Gleichstrom (DC) um, den die Verbraucher und die Batterie benötigen. Die Lichtmaschine sitzt rechts auf der Kurbelwelle.
3 Der Anlasser sitzt oben auf dem Antriebsgehäuse. Das Startsystem besteht aus dem Anlasser, dem Relais und verschiedenen Kabeln und Schaltern.
4 Eine Sicherheitsschaltung verhindert das Starten des Motors, wenn nicht mindestens eine Bremse gezogen ist.
5 GTS 125/150-Modelle ab 2016 sind mit dem RISS-System – einer Stopp-Start-Automatik – ausgerüstet, bei dem die Lichtmaschine die Funktion des Anlassers übernimmt – Details finden sich in Sektion 27.

Anmerkung: *Beachten Sie, dass einmal gekaufte Elektrik-Bauteile normalerweise nicht mehr vom Händler umgetauscht werden. Um unnötige Kosten zu vermeiden, sollte ganz sicher gegangen werden, das fehlerhafte Teil genau identifiziert zu haben, bevor ein Ersatzteil gekauft wird.*

2 Elektrik
Fehlersuche

Warnung: Um das Risiko von Kurzschlüssen zu verhindern, muss die Zündung stets ausgeschaltet und das Massekabel (–) der Batterie getrennt sein, bevor an irgendwelchen elektrischen Komponenten gearbeitet wird. Vergessen Sie nicht nach der Beendigung der Arbeit oder der Durchführung des Tests, die Anschlüsse wieder anzuschließen.

1 Ein typischer Stromkreis besteht aus einem Verbraucher, entsprechenden Schaltern und Relais sowie Kabeln und Steckern, die das Bauteil mit der Batterie und dem Rahmen (Masse) verbinden. Zur Lokalisierung eines Problems und als Hilfe bei den Kabelfarben können die Schaltpläne am Ende des Kapitels beachtet werden.
2 Bevor Sie einen defekten Stromkreis untersuchen, müssen Sie den Schaltplan studieren, um ein vollständiges Bild über die Bestandteile des Stromkreises zu erhalten. Probleme können beispielsweise dadurch eingekreist werden, indem man andere zum Stromkreis gehörende Komponenten auf ihre Funktion überprüft. Wenn mehrere Komponenten eines Stromkreises gleichzeitig ausfallen, ist es sehr wahrscheinlich, dass der Fehler in der Sicherung oder einem defekten Masseanschluss liegt, da mehrere Stromkreise oftmals an derselben Sicherung oder Masse angeschlossen sind. Masseanschlüsse lassen sich daran erkennen, dass Kabel direkt an den Rahmen oder den Motor geschraubt oder dort mit anderen Befestigungsschrauben gesichert sind (siehe Abbildung).
3 Elektrikprobleme sind oftmals auf Kleinigkeiten wie lockere oder korrodierte Stecker oder eine durchgebrannte Sicherung zurückzuführen. Bevor Sie sich auf die Fehlersuche begeben, sollten Sie stets die Sicherungen, Kabel und Stecker des betroffenen Stromkreises einer Sichtkontrolle unterziehen. Wackelkontakte können besonders frustrierend sein, da der Defekt niemals auftritt, wenn man ihn untersuchen will. In solchen Situationen macht es sich gut, alle Verbindungen des betreffenden Stromkreises unabhängig ihres optischen Zustandes zu reinigen. Wackeln Sie an allen Verbindungen und Kabeln, um lockere Stellen zu finden, die Wackelkontakte hervorrufen können.
4 Für Kontrollen am elektrischen System empfiehlt sich ein Multimeter – ein Mehrfachmessgerät, mit dem sich Spannungs-, Stromstärken- und Widerstandsmessungen durchführen lassen (siehe Abbildung). Leicht ablesbare digitale Ausführungen sind nicht

teuer. Für einfache Prüfungen reicht auch ein Durchgangstester oder eine Prüflampe, doch können hiermit keine Messungen vorgenommen werden (siehe Abbildungen). Für manche Messungen werden zudem Überbrückungskabel benötigt, mit denen Verbraucher direkt an die Batterie geklemmt werden können.

Durchgangsprüfungen

5 Bei diesem Test wird ermittelt, ob der Strom durch einen Stromkreis fließen kann. Zum Testen eignen sich ein Durchgangsprüfer (der bei geschlossenem Stromkreis piept) oder das auf den Ohm-Messbereich geschaltete Multimeter. Beide Geräte arbeiten mit einer eigenen Stromversorgung, sodass die Zündung abgeschaltet sein muss. Zur Sicherheit sollte auch der Masseanschluss (–) der Batterie getrennt werden – ganz besonders, wenn das Zündsystem überprüft wird.

6 Schalten Sie das Multimeter auf die Durchgangs-Funktion (falls vorhanden) oder den Ohm-Messbereich. Halten Sie die beiden Spitzen der Prüfkabel zusammen – das Gerät sollte jetzt durch Piepen oder eine angezeigte Null Durchgang erkennen lassen. Schalten Sie nach dem Prüfen das Gerät aus, damit sich die Batterie nicht entlädt.

7 Ein Durchgangsprüfer kann auf die gleiche Weise benutzt werden – entweder piept er oder eine Lampe leuchtet auf, wenn Durchgang besteht.

8 Bei normalen Durchgangsprüfungen ist die Polarität des Messgerätes egal, allerdings muss beim Prüfen von Dioden oder Magnetschaltern darauf geachtet werden, den genauen Hinweisen über das Verbinden des Plus- und des Minus-Kabels zu folgen.

Durchgangsprüfung am Schalter

9 Scheint ein Schalter defekt zu sein, müssen seine Kabel bis zum Stecker verfolgt werden. Trennen Sie den Stecker und überprüfen Sie, ob seine Kontakte in Ordnung sind. Verschmutzte oder korrodierte Kontakte können Gründe für das Problem sein – reinigen Sie sie und versehen Sie sie mit etwas wasserverdrängendem Lösungsmittel wie WD40 oder Kontaktreiniger und geeignetem Schutzspray.

10 Wird ein Multimeter verwendet, muss es entweder auf die Durchgangs-Funktion (falls vorhanden) oder den Ohm-Messbereich geschaltet werden, dann werden die Prüfkabel-Spitzen mit den Stecker-Kontakten verbunden (siehe Abbildung). Einfache An/Aus-Schalter wie Bremslichtschalter haben nur zwei Kontakte, während kombinierte Schalter wie die Lenkerschalter über mehrere Kabelkontakte verfügen. Studieren Sie den entsprechenden Schaltplan (am Ende dieses Kapitels), um sicherzustellen, dass an den korrekten Kabelkontakten geprüft wird. Bei eingeschaltetem Schalter muss Durchgang bestehen, bei ausgeschaltetem Schalter darf kein Durchgang bestehen.

Durchgangsprüfung bei Kabeln

11 Viele elektrische Probleme sind auf beschädigte Kabel zurückzuführen, was oft an einer falschen Verlegung, Quetschung bei falscher Montage von Teilen sowie lockere oder korrodierte Stecker liegt.

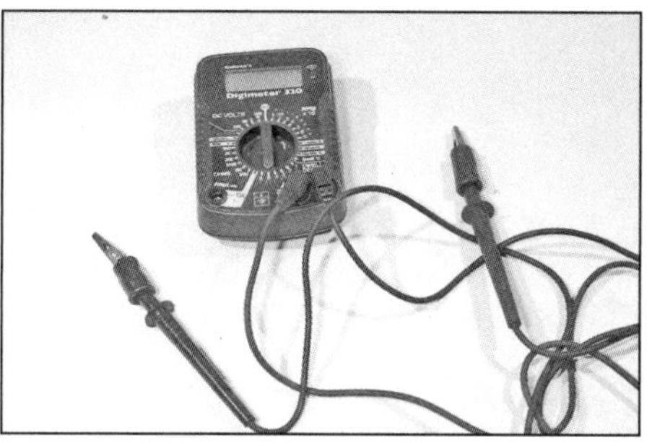

2.4a Ein digitales Multimeter eignet sich für alle elektrischen Prüfungen.

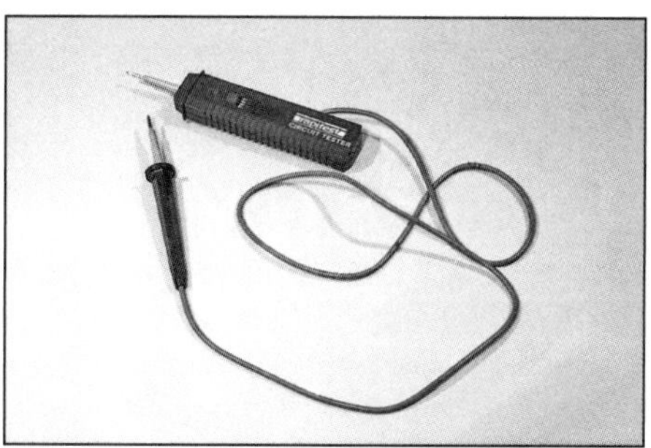

2.4b Ein batteriebetriebener Durchgangstester

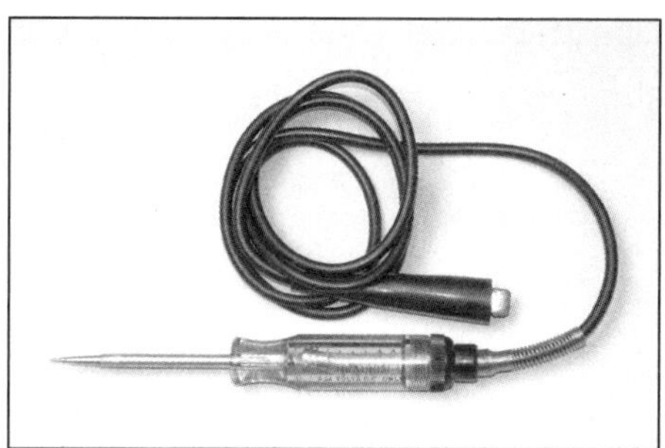

2.4c Eine einfache Prüflampe eignet sich für Spannungsprüfungen.

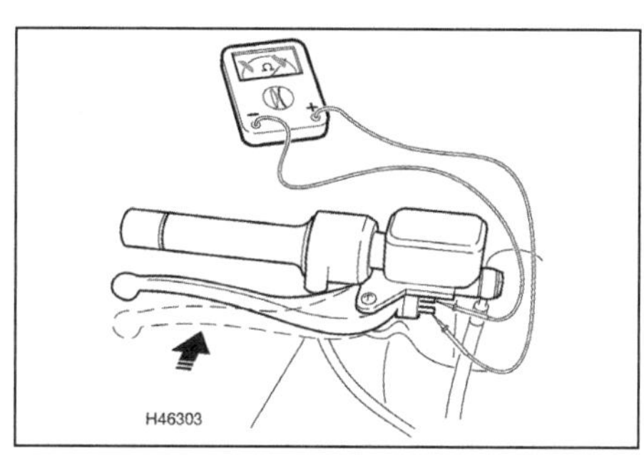

2.10 Prüfung eines Bremslichtschalters – bei betätigter Bremse muss Durchgang bestehen.

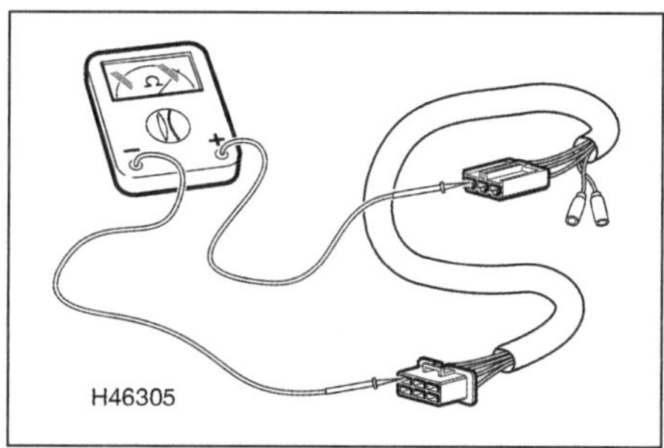

2.12 Prüfung eines Kabelbaums auf Durchgang

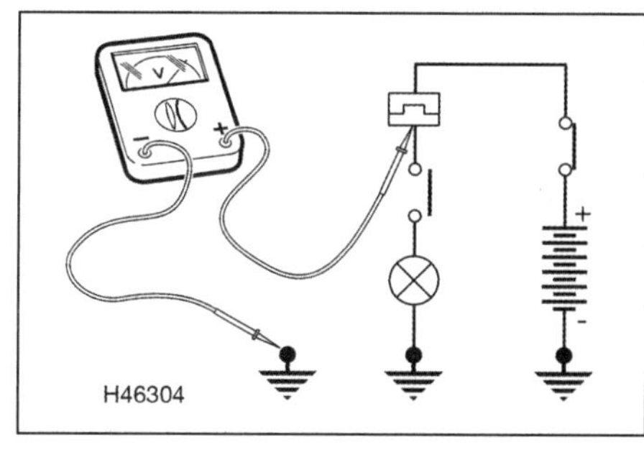

2.15 Schließen Sie bei der Spannungsprüfung das Messgerät parallel zum Stromfluss an.

12 Eine Durchgangsprüfung kann an einem einzelnen Kabel durchgeführt werden, nachdem man es an beiden Enden getrennt und hier die Prüfklemmen angeschlossen hat (siehe Abbildung). Ist ein Kabel in Ordnung, wird Durchgang angezeigt – besteht dieser nicht, wird das Kabel irgendwo gebrochen sein.

13 Um den Durchgang eines Massekabels zu Masse zu prüfen, wird eine Prüfklemme an den Massekontakt des Steckers und die andere an den Rahmen, den Motor oder (bei angeschlossenem Massekabel) an den Minuspol der Batterie gehalten. Ist das Kabel und sein Massekontakt in Ordnung, wird Durchgang angezeigt. Wird kein Durchgang festgestellt, wird ein Kabel gebrochen sein oder einen schlechten Massekontakt haben (siehe unten).

Spannungs-Prüfungen

14 Eine Spannungsprüfung kann belegen, ob der Strom einen Verbraucher erreicht. Schalten Sie das Multimeter auf den Volt-Messbereich für Gleichstrom (DC), um die Spannung hinter der Batterie oder des Gleichrichters zu prüfen, schalten sie es auf AC (Wechselstrom), um die Spannung der Lichtmaschine zu messen. Für den Gleichstrom-Bereich kann auch eine einfache Prüflampe verwendet werden, doch das Messgerät hat den Vorteil, den Wert der Spannung anzuzeigen.

15 Verbinden Sie die Prüfklemmen parallel zur vorhandenen Verkabelung (siehe Abbildung).

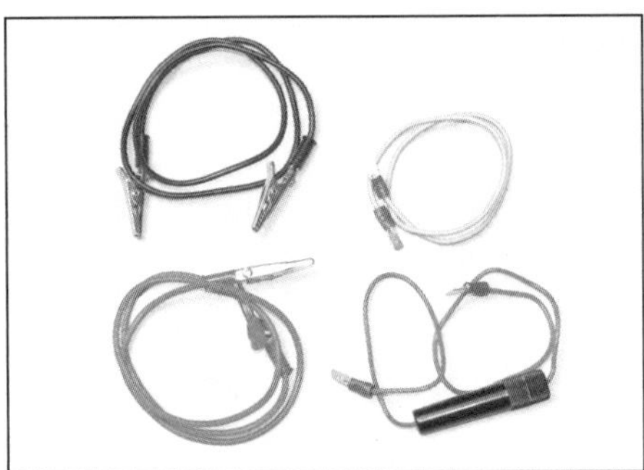

2.23 Verschiedene Überbrückungskabel (z. B. für Masse-Tests)

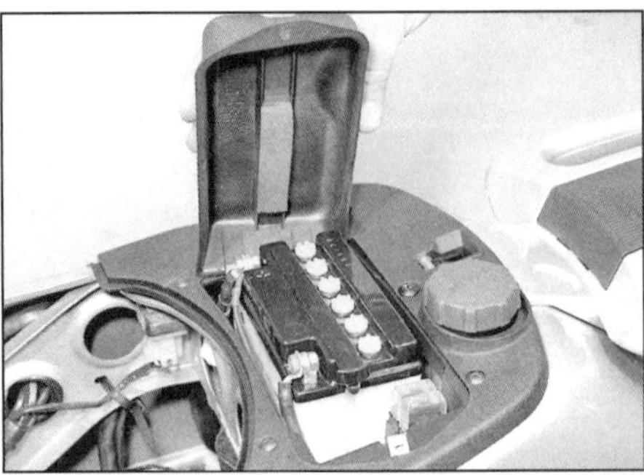

3.2a Entfernen Sie beim LX, LXV und S die Batterieabdeckung.

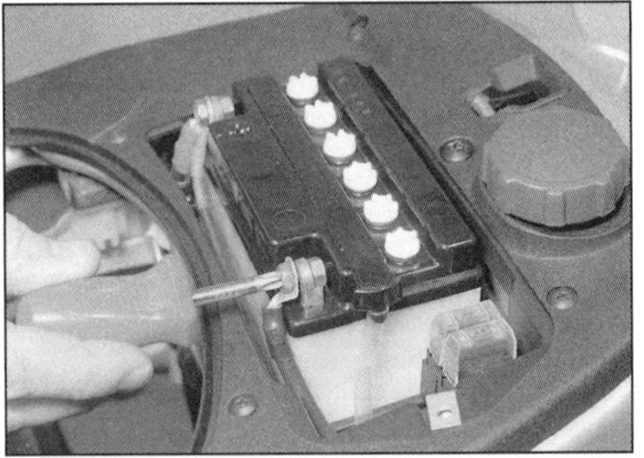

3.2b Lösen Sie stets zuerst den Masseanschluss (–) und dann den unter der roten Isolierung verborgenen Plus-Anschluss (+).

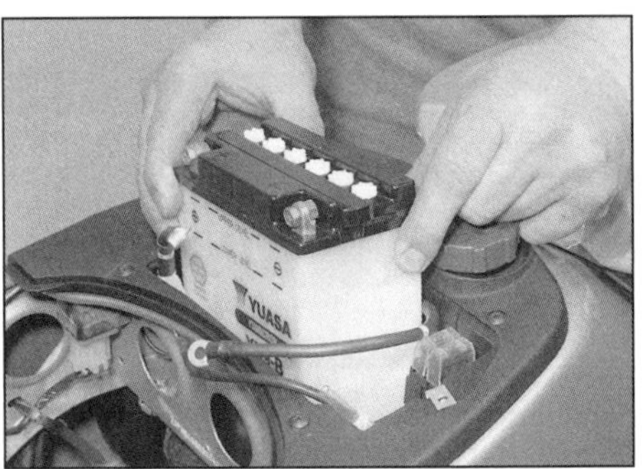

3.2c Heben Sie dann die Batterie heraus.

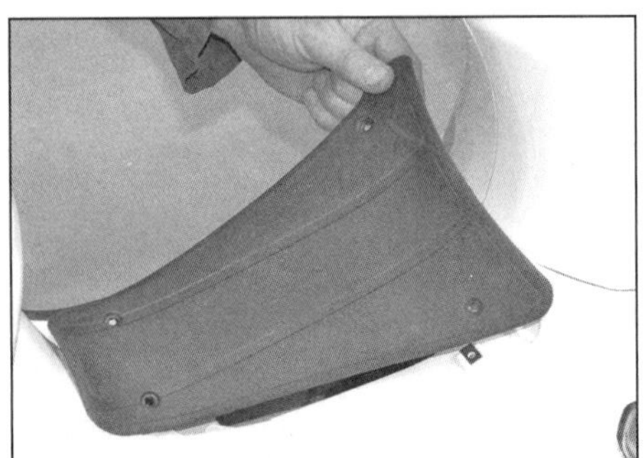

3.3a Lösen Sie die Schrauben der mittleren Abdeckung und entfernen Sie sie, . . .

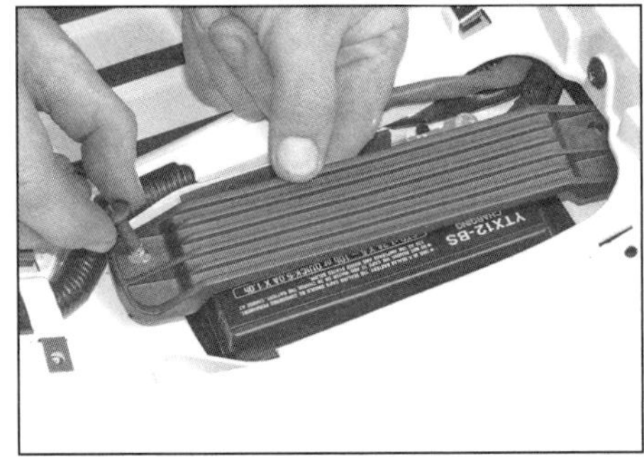

3.3b . . . entfernen Sie dann die Batterieabdeckung

16 Identifizieren Sie zuerst den entsprechenden Stromkreis mithilfe des Schaltplans am Ende dieses Kapitels.

17 Wird ein Messgerät eingesetzt, muss zunächst sichergestellt sein, dass die Prüfklemmen korrekt daran angeschlossen sind – rot an Plus (+), schwarz an Minus (–). Schalten Sie das Messgerät auf den gewünschten Bereich (z. B. 0 bis 20 Volt DC). Verbinden Sie die rote Plusklemme mit dem stromführenden Kabel und die schwarze Minusklemme mit Masse am Motor oder Rahmen oder dem Minuspol der Batterie. Bei eingeschalteten Schaltern muss beispielsweise Batteriespannung oder ein anderer in den technischen Daten angegebener Wert angezeigt werden.

18 Wird eine Prüflampe eingesetzt (Abbildung 2.4c), muss die Plusklemme mit dem stromführenden Kabel und die Minusklemme mit Masse am Motor oder Rahmen oder dem Minuspol der Batterie verbunden werden – bei eingeschaltetem Stromkreis muss die Lampe leuchten.

19 Liegt keine Spannung an, muss man sich zur Stromquelle (z. B. der Batterie) vorarbeiten, um herauszufinden, wo das Problem liegt.

Masse-Prüfung

20 Masseverbindungen gibt es entweder direkt zur Befestigung an der Karosserie oder Motor (wie z. B. den Anlasser oder Zündspulen, die nur einen Steckerkontakt für Plus haben) oder über Kabel zum Massekabel an der Batterie. Auch kann ein kurzes Kabel vom Verbraucher direkt zum Rahmen verlegt sein.

21 Korrosion ist genauso ein verbreiteter Grund für eine schlechte Masseverbindung, wie es lockere Anschlüsse sind.

22 Fallen alle oder mehrere Verbraucher gleichzeitig aus, muss die Festigkeit des Haupt-Massekabels (–) an der Batterie überprüft werden, außerdem sind das an den Motor geschraubte Massekabel sowie der/die Haupt-Massepunkt(e) an der Karosserie zu kontrollieren. Bei Korrosion muss der Anschluss freigelegt und gereinigt werden, bis wieder blankes Metall zum Vorschein kommt. Verbinden Sie den Anschluss und tragen Sie etwas Polfett auf, um weiterem Rost vorzubeugen.

23 Um einen Verbraucher auf guten Masseschluss zu prüfen, muss sein Massekontakt oder sein Gehäuse übergangsweise mithilfe eines Überbrückungskabels (siehe Abbildung) mit dem Rahmen verbunden werden – arbeitet der Verbraucher jetzt, ist sein Masseschluss defekt.

24 Prüfen Sie bei einem Massekabel zunächst seine Anschlüsse auf Korrosion und lockere Kontakte, kontrollieren Sie dann das Kabel auf Durchgang (siehe Schritt 13).

Bedenken Sie immer: Ein elektrischer Stromkreis soll Strom von der Quelle (der Batterie) durch Kabel, Schalter, Relais usw. zum Verbraucher (Lampe, Anlasser etc.) leiten, von dort aus geht es über die Masseverbindung zurück zur Batterie. Elektrische Probleme sind im Wesentlichen Unterbrechungen dieses Stromflusses.

3 Batterie
Ausbau, Einbau und Kontrolle

Achtung: Seien Sie extrem vorsichtig, wenn Sie an der Batterie arbeiten. Die Batteriesäure ist stark ätzend und bei der Ladung entstehen explosive Gase. Lösen Sie immer ZUERST die Schraube des Minus-Anschlusses (–) an der Batterie und schließen Sie diesen stets ZULETZT wieder an.

Ausbau und Einbau

1 Die Zündung muss ausgeschaltet sein.

2 Heben Sie beim LX, LXV und S die Sitzbank an und entfernen Sie die Batterieabdeckung (siehe Abbildung). Lösen Sie die Schraube des Masseanschlusses (–) und befreien Sie das Massekabel von der Batterie (siehe Abbildung). Befreien Sie die rote Isolierung vom Pluspol (+) der Batterie und lösen Sie hier die Schraube, um das Stromkabel zu befreien. Heben Sie dann die Batterie heraus (siehe Abbildung).

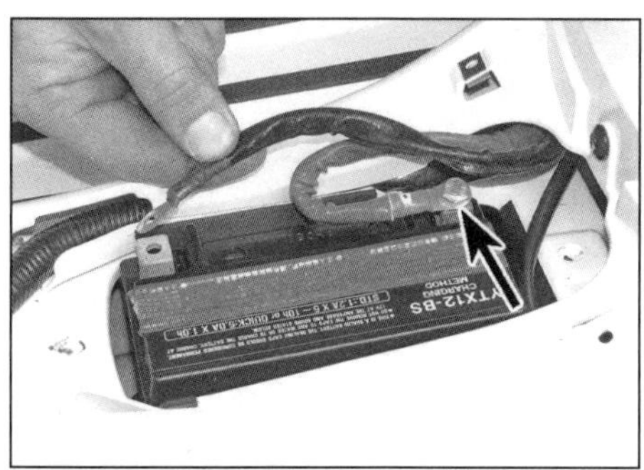

3.3c Lösen Sie stets zuerst den Masseanschluss (–) und dann den unter der roten Isolierung verborgenen Plus-Anschluss (+) (Pfeil).

3.3d Heben Sie dann die Batterie heraus.

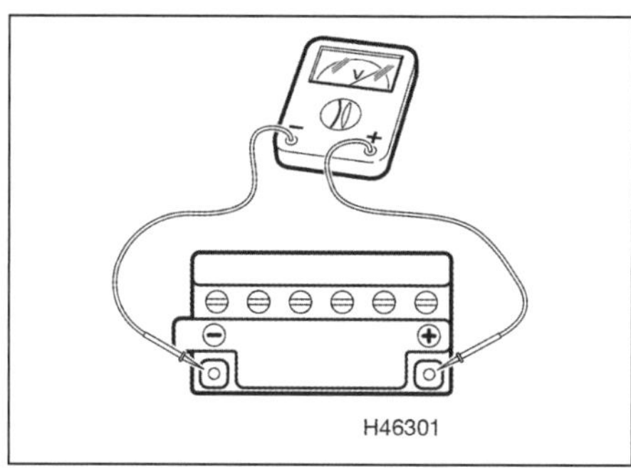

3.10 Prüfen Sie wie gezeigt die Batteriespannung.

3 Befreien Sie beim GTS, GTV, GT, Primavera und Sprint die mittlere Abdeckung aus der Bodenverkleidung (siehe Abbildung). Lösen Sie die Batterie-Befestigung (siehe Abbildung). Lösen Sie die Schraube des Masseanschlusses (–) und befreien Sie das Massekabel von der Batterie (siehe Abbildung). Befreien Sie die rote Isolierung vom Pluspol (+) der Batterie und lösen Sie hier die Schraube, um das Stromkabel zu befreien. Heben Sie dann die Batterie heraus (siehe Abbildung).

4 Der Einbau entspricht der umgekehrten Ausbaureihenfolge. Reinigen Sie die Batteriepole mit einer Drahtbürste, feinem Sandpapier oder Stahlwolle. Verbinden Sie zuerst das rote Stromkabel mit dem Pluspol (+) und dann das Massekabel mit dem Minuspol (–).

Kontrolle und Wartung

5 Die serienmäßig an diesen Modellen verwendeten Batterien sind sogenannte »wartungsfreie« (geschlossene) Ausführungen, die keinerlei Wartung erfordern. Allerdings können die folgenden Kontrollen durchgeführt werden.

Anmerkung: *Versuchen Sie nicht, die Batterie zu öffnen, um den Pegel oder die Dichte der Säure zu ermitteln – dies zerstört die Batterie!*

6 Kontrollieren Sie die Batteriepole und Anschlüsse auf Korrosion und Festigkeit. Ist Korrosion vorhanden, müssen die Batteriepole wie oben beschrieben gereinigt und dann vor weiterer Korrosion geschützt werden (siehe *Praxis-Tipp*).

Praxis TiPP ***Korrosion der Batteriepole kann auf ein Minimum reduziert werden, wenn man sie nach dem Anschließen der Kabel mit Polfett oder Vaseline versieht. Für diesen Zweck sind auch Sprays erhältlich. Verwenden Sie KEINESFALLS Fett auf Mineral-Basis.***

7 Das Batteriegehäuse muss sauber gehalten werden, damit keine Kriechströme durch den Schmutz fließen und den Akku über längere Zeit entladen. Waschen Sie die Außenseite des Gehäuses mit einer Lösung aus Wasser und Soda. Spülen Sie die Batterie ordentlich ab und trocknen Sie sie.

8 Achten Sie auf Risse im Gehäuse und wechseln Sie die Batterie sofort aus, wenn welche entdeckt werden. Wenn Säure auf den Rahmen oder den Batteriehalter gespritzt ist, muss sie sofort mit Sodalauge neutralisiert werden. Trocknen Sie alles ab und bessern Sie Lackschäden aus.

9 Falls das Fahrzeug für längere Zeit nicht benutzt wird, sollten die Batterieanschlüsse gelöst werden – Masse (–) zuerst. Wechseln Sie zu Sektion 4 und laden Sie die Batterie alle vier bis sechs Wochen nach.

10 Der Ladezustand der Batterie kann durch Messen der Spannung zwischen den Polen der Batterie ermittelt werden (siehe Abbildung). Schließen Sie die Plusklemme eines Voltmeters an den Pluspol des Akkus an, ebenso die Minusklemme an den Minuspol. Eine vollständig geladene Batterie sollte mindestens 13,0 Volt Spannung haben. Wenn die Voltzahl unter 12,3 Volt fällt, ist die Batterie entladen und muss wie in Sektion 4 beschrieben geladen werden.

4 Batterie Laden

Achtung: Seien Sie bei Arbeiten an der Batterie extrem vorsichtig! Die Batteriesäure ist stark ätzend und beim Aufladen entstehen explosive Gase. Batteriesäure ist extrem korrosiv und löst nach kürzester Zeit Lack und Metall an.

1 Bauen Sie die Batterie aus (siehe Sektion 3). Beschaffen Sie ein für 12-Volt-Motorradbatterien geeignetes Ladegerät. Verbinden Sie das Ladegerät mit der Batterie, BEVOR Sie es einschalten – gehen Sie dabei sicher, dass die Anschlüsse nicht verwechselt werden – die Plusklemme gehört an den Pluspol und die Minusklemme an den Minuspol (siehe Abbildung).

2 Piaggio empfiehlt, die Batterie mit 1,0 Ampere über bis zu fünf Stunden zu laden, falls sie vollständig entladen war – oder bis die Spannung 13,2 Volt erreicht, nachdem das Ladegerät entfernt und der Batterie eine halbe Stunde Pause gegönnt wurde. Die tatsächliche Ladezeit hängt von der noch vorhandenen Ladung der Batterie ab; ein Überschreiten dieser Vorgaben kann dazu führen, dass die Batterie überhitzt und sich ihre Platten verziehen, sodass sie durch Kurzschlüsse zerstört wird. Am besten eignet sich ein »intelligentes« Ladegerät, das die Ladung ständig überwacht und seine Leistung entsprechend anpasst. Normale einfache Ladegeräte sollten nach einem möglicherweise stärkeren Anfangsladestrom auf ein niedriges sicheres Level absinken. Stoppen Sie sofort die Ladung, wenn die Batterie warm wird – weiteres Laden wird zu Beschädigungen führen. Im gut sortierten Fachhandel gibt es spezielle Ladegeräte für Motorradbatterien, die sich oft besonders gut für stark entladene MF-Batterien eignen – besonders bei nur gelegentlich genutzten Fahrzeugen stellen diese gar nicht teuren Geräte eine wertvolle Investition dar. Folgen Sie zum Laden den Hinweisen des Ladegerät-Herstellers.

Anmerkung: *Im Notfall kann die Batterie per Schnellladung wiederbelebt werden – dies sollte nicht allzu oft geschehen, da die Batterie dabei stark erwärmt wird.*

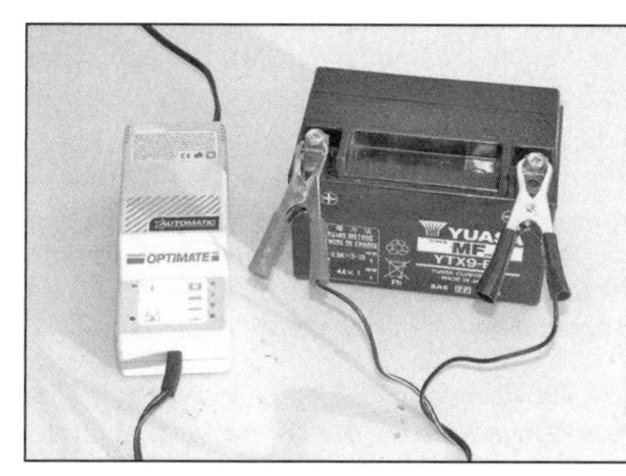

4.1 Batterie mit angeschlossenem Motorrad-Ladegerät

5.3a Hauptsicherung und die Einspritzanlagen-Sicherung – LX, LXV und S

5.3b Alle anderen Sicherungen – LX, LXV und S

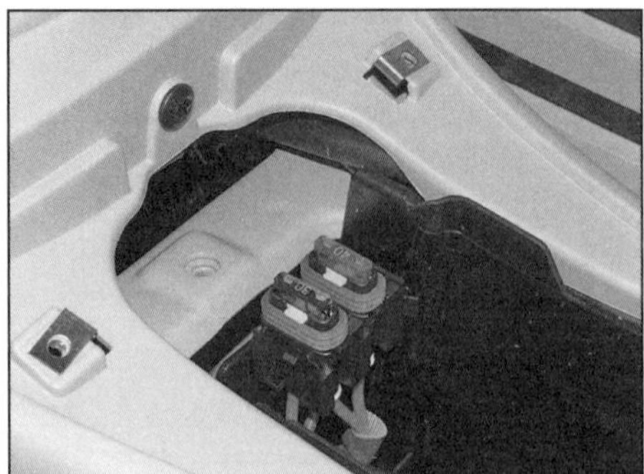

5.4a Position der Sicherungen F1 und F6 beim GTS 125/150 ab 2016

5.4b Position der Sicherungen F1 und F6 beim Primavera und Sprint

5.4c Position der Sekundärsicherungen beim GTS 125/150 ab 2016

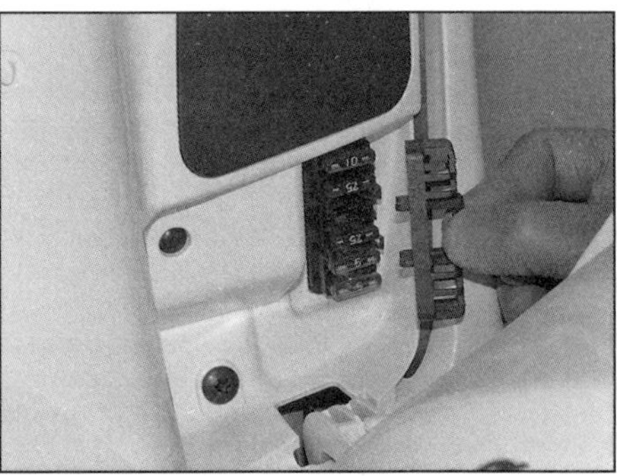

5.4d Position der Sekundärsicherungen beim Primavera und Sprint

3 Falls sich eine geladene Batterie über kurze Zeit wieder entlädt, wird ein innerer Kurzschluss durch physikalische Beschädigung oder starke Sulfatierung vorliegen und es muss eine neue Batterie beschafft werden. Eine gesunde Batterie verliert etwa 1% ihrer Ladung pro Tag.

4 Installieren Sie die Batterie (siehe Sektion 3).

Anmerkung: *Wenn das Fahrzeug für längere Zeit nicht benutzt wird, sollte die Batterie alle vier bis sechs Wochen geladen werden. Manche Ladegeräte können dauerhaft an der Batterie angeschlossen bleiben, um sie stets in einem optimalen Ladezustand zu halten.*

5 Sicherungen

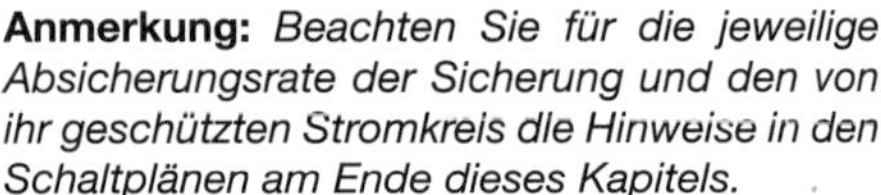

Anmerkung: *Beachten Sie für die jeweilige Absicherungsrate der Sicherung und den von ihr geschützten Stromkreis die Hinweise in den Schaltplänen am Ende dieses Kapitels.*

1 Falls ein spezieller Stromkreis oder eine Komponente (z. B. das Bremslicht oder die Hupe) ausfällt, muss die für diesen Stromkreis zuständige Sicherung kontrolliert werden. Falls die gesamte Elektrik ausgefallen ist, muss die Hauptsicherung überprüft werden. In der Bedienungsanleitung Ihres Fahrzeugs ist beschrieben, wo sich die jeweiligen Sicherungen befinden und welchen Stromkreis sie mit welcher Rate absichern.

2 Die Bord-Elektrik ist mit Sicherungen unterschiedlicher Ampere-Raten geschützt.

3 Bei LX-, LXV- und S-Modellen sitzen die Hauptsicherung und die Einspritzanlagen-Sicherung im Batteriefach – heben Sie die Sitzbank an und entnehmen Sie die Batterieabdeckung, um Zugang zu erhalten (siehe Abbildung). Alle anderen Sicherungen befinden sich hinter der Frontblende (siehe Abbildung) – deren Demontage ist in Kapitel 9 beschrieben.

4 Beim GTS 125/150 ab 2016 sowie allen Primavera- und Sprint-Modellen sitzen die Hauptsicherung (F1) und die Sekundär-Sicherung (F6) im Batteriefach (siehe Abbildungen) – demontieren Sie für den Zugang die mittlere Abdeckung aus der Bodenverkleidung. Alle anderen Sicherungen befinden sich im Handschuhfach (siehe Abbildung).

5 Beim GTS 250/300 bis 2013 sowie allen GTV- und GT-Modellen sitzen die Hauptsicherung und die Einspritzanlagen-Sicherungen im Motorraum (siehe Abbildungen) – heben Sie die Sitzbank an und entnehmen Sie das Staufach, um Zugang zu erhalten. Alle anderen Sicherungen befinden sich links im Handschuhfach (siehe Abbildung).

6 Beim GTS 300 ab 2014 sitzt die Hauptsicherung (F1) im Batteriefach (siehe Abbildung). Alle anderen Sicherungen befinden sich im Handschuhfach.

7 Öffnen Sie ggf. die Abdeckung der Sicherungsbox, um an die Sicherungen zu gelangen, sie auszubauen und einer Sichtkontrolle zu unterziehen. Ziehen Sie die Sicherung mit den Fingern oder der im Bordwerkzeug enthaltenen Zange heraus (siehe Abbildung). Eine durchgebrannte Sicherung ist leicht an der Unterbrechung in der Drahtverbindung zwischen den beiden Kontakten zu erkennen (siehe Abbildung) – im Zweifelsfall muss sie mit einem Durchgangsprüfer oder Ohmmeter geprüft werden (siehe Sektion 2). Jede Sicherung ist deutlich mit dem Wert der maximalen Stromstärke markiert und darf nur durch eine gleich starke ersetzt werden.

Warnung: Setzen Sie niemals eine stärkere Sicherung ein und überbrücken Sie die Anschlüsse niemals mit Draht oder Ähnlichem, für wie kurz auch immer. Die elektrische Anlage kann stark beschädigt werden oder in Brand geraten.

8 Falls eine neue Sicherung sofort wieder durchbrennt, muss der Kabelbaum sorgfältig auf den Grund des Kurzschlusses überprüft werden. Achten Sie auf blanke Leitungen und

5.5a Die Sicherungen sitzen seitlich im Motorraum . . .

5.5b . . . und neben dem Sitzbank-Scharnier.

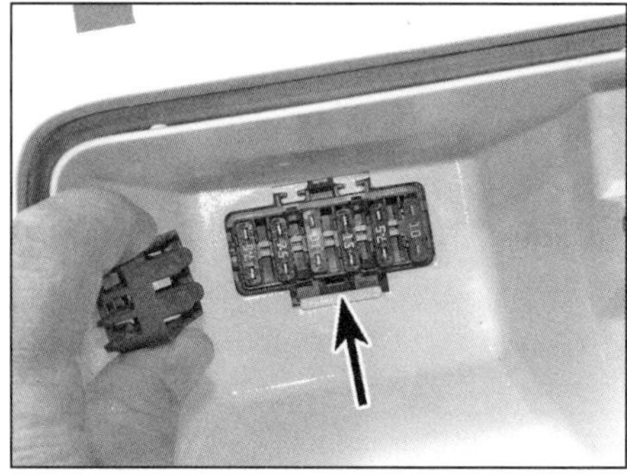

5.5c Sicherungsbox im Handschuhfach – GTS 250/300 bis 2013 sowie alle GTV- und GT

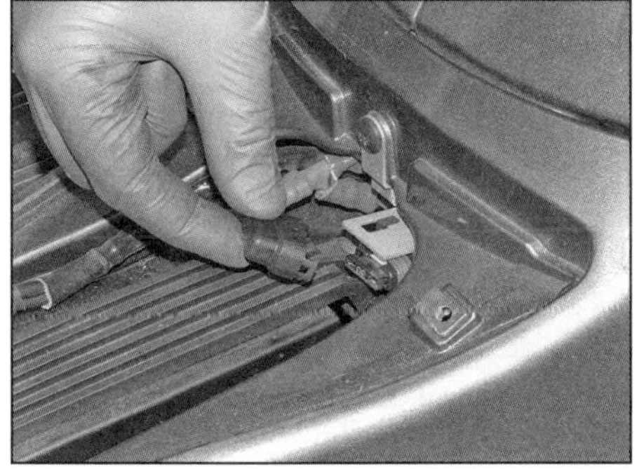

5.6 Position der Hauptsicherung – GTS 300 ab 2014

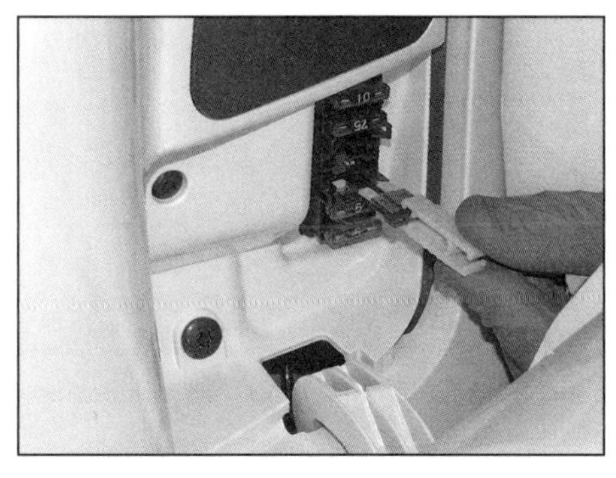

5.7a Ziehen Sie die Sicherung ggf. mit der Zange aus dem Bordwerkzeug heraus.

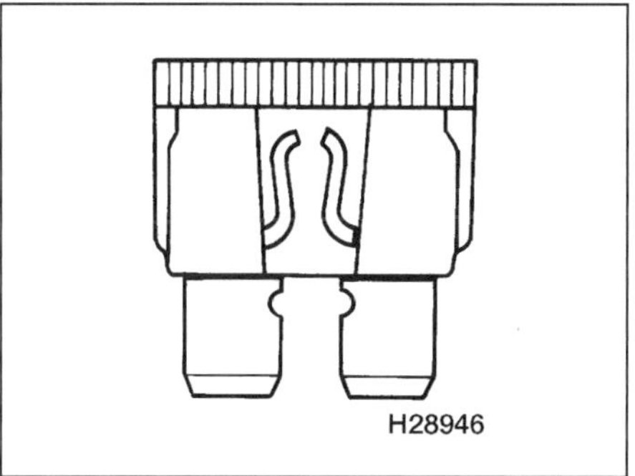

5.7b Eine durchgebrannte Sicherung kann am unterbrochenen Metallstreifen erkannt werden.

abgeriebene, geschmolzene oder verbrannte Isolationen.

9 Gelegentlich wird eine Sicherung ohne offensichtlichen Grund durchbrennen oder den Stromkreis unterbrechen. Der Grund hierfür liegt in korrodierten Kontakten der Sicherung oder ihrer Halterung. Entfernen Sie diese Kontaktschwächen mit einer Drahtbürste oder Schleifpapier und sprühen Sie die Anschlüsse mit Kontaktspray ein.

6 Beleuchtung Kontrolle

Anmerkung: *Wenn die Zündung für eine Kontrolle eingeschaltet werden muss, darf nicht vergessen werden, sie anschließend – und vor allem vor dem Ausbau irgendwelcher Komponenten – wieder auszuschalten.*

Anmerkung: *Beachten Sie die Hinweise zur Fehlersuche in Sektion 2 sowie die Schaltpläne am Ende des Kapitels.*

1 Wenn eine einzelne Lampe nicht mehr funktioniert, müssen zuerst die Lampe und ihre Anschlüsse überprüft werden – beachten Sie die entsprechende Sektion. Kontrollieren Sie auch die Sicherungen (siehe Sektion 5). Falls keine einzige Lampe leuchtet, muss zuerst die Batterie kontrolliert werden – eine schwache Batterie kann entweder einen eigenen Schaden oder einen Fehler im Ladesystem bedeuten – wechseln Sie für die Batteriekontrolle zu Sektion 3 und wegen eines Tests des Ladesystems zu Sektion 28. Falls gleichzeitig mehrere Probleme auftreten, wird der Defekt wahrscheinlich in einer Multifunktions-Komponente wie der für mehrere Stromkreise zuständigen Sicherung oder dem Zündschloss liegen. Bei der Kontrolle eines Lampen-Glühdrahtes sollte eine Sichtkontrolle von einem Durchgangstest bestätigt werden, da die Drahtwendel nicht immer erkennen lässt, dass die Lampe durchgebrannt ist (siehe Abbildung). Beachten Sie beim Durchgangstest einer Lampe mit einem Kontakt, dass der Metallsockel den Masseanschluss bildet.

Scheinwerfer

2 Alle Modelle sind mit Zweifaden-Lampen ausgerüstet. Falls nur das Abblendlicht oder das Fernlicht nicht funktioniert, muss zuerst die Lampe kontrolliert werden (siehe Sektion 7). Leuchtet die Lampe gar nicht, muss zunächst die Sicherung (siehe Sektion 5) und dann die Lampe kontrolliert werden. Der Fehler kann auch in den Kabelsteckern, dem Abblend-Schalter oder dem Scheinwerfer-Relais liegen – beachten Sie die Fehlersuche (siehe Sektion 2), die Schaltpläne und Schritt 3, um den Stromkreis zu überprüfen. Die Kontrolle des Relais ist in Schritt 4 beschrieben, die des Lichtschalters in Sektion 21.

3 Soweit die Lampe in Ordnung ist, muss bei eingeschalteter Zündung am braunen (Abblendlicht) oder violetten Kabel (Fernlicht) und entsprechend betätigtem Schalter geprüft werden, ob Batteriespannung anliegt; ist dies der Fall, muss das schwarze Kabel auf Durchgang zu Masse kontrolliert werden. Wird keine Spannung festgestellt, müssen die Kabel und Stecker des Stromkreises überprüft werden – beachten Sie die Fehlersuche (siehe Sektion 2) und die Schaltpläne am Ende des Kapitels.

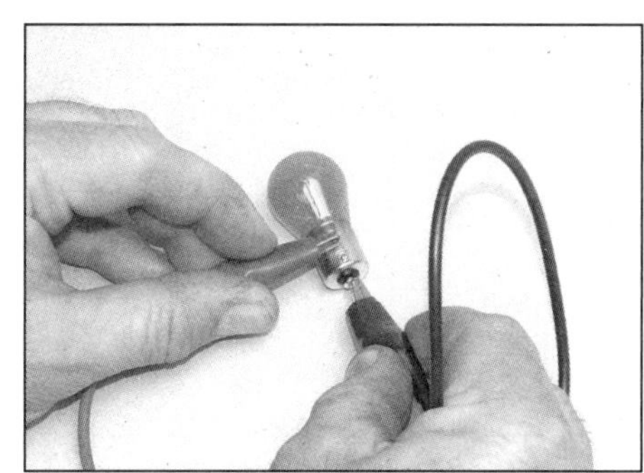

6.1 Durchgangsprüfung bei einer Lampe

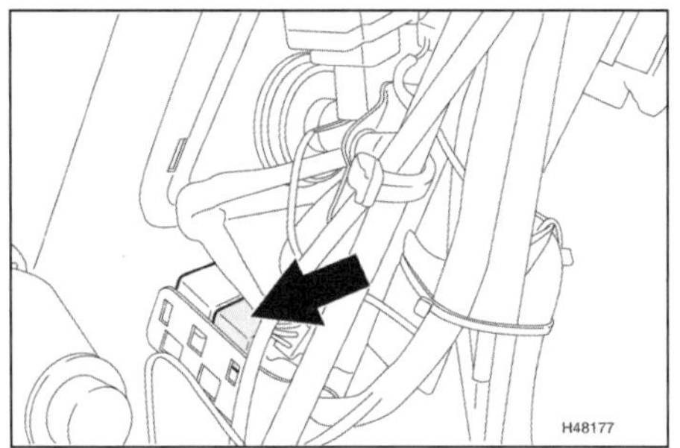

6.4a Scheinwerferrelais – LX und S bis 2011

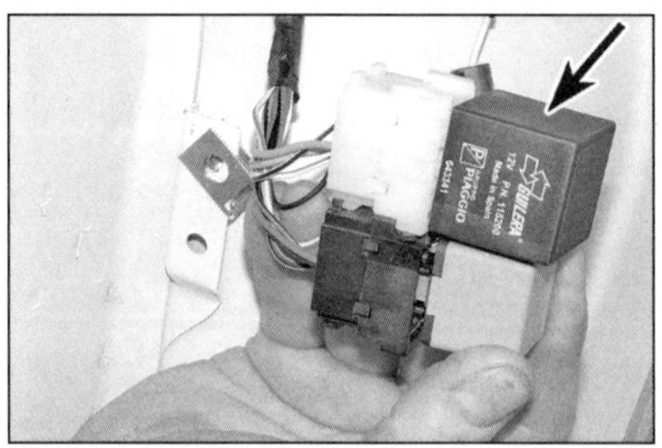
6.4b Scheinwerferrelais – LX und S ab 2012

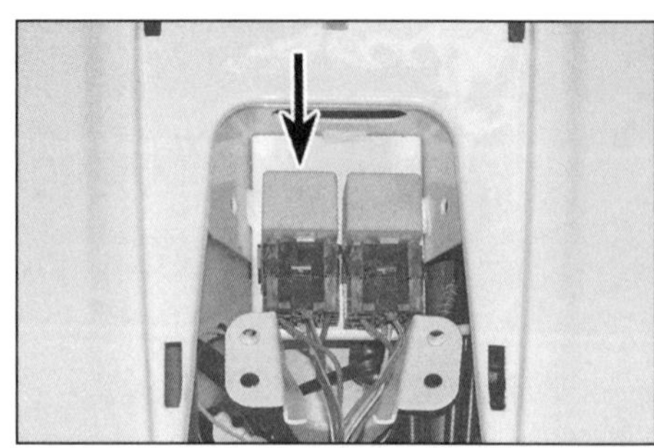
6.4c Scheinwerferrelais – GTS-Modelle

6.4d Abblendlicht-Relais (A) und Fernlichtrelais (B) – GTV und GT

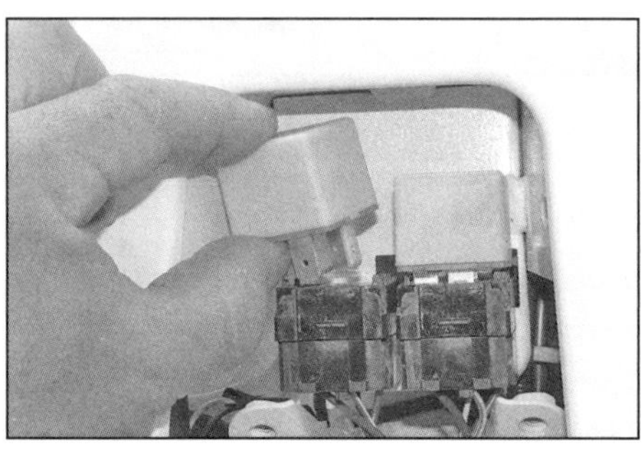
6.4e Ziehen Sie das Relais aus seinem Sockel.

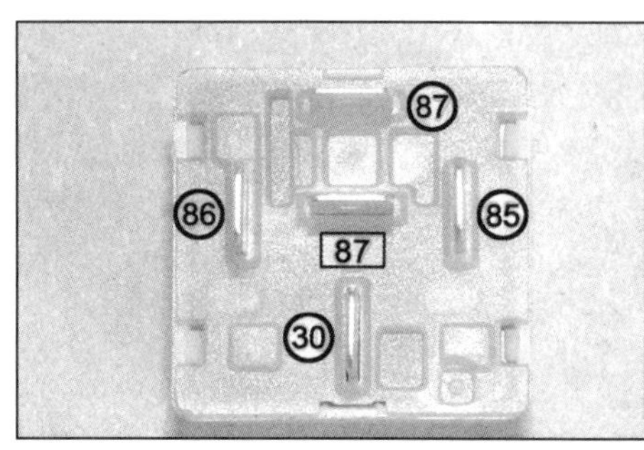

6.5 Die Anschluss-Bezeichnungen finden sich an der Rückseite des Relais.

4 Befreien Sie das/die Relais wie folgt: Entfernen Sie beim LX, LXV und S bis 2011 sowie allen GTS, GTV und GT die Frontblende (siehe Kapitel 9). Demontieren Sie beim LX, LXV und S ab 2012 sowie allen Primavera und Sprint die innere Frontverkleidung und befreien Sie den Halter der Scheinwerfer- und Einspritzanlagen-Relais. Ziehen Sie das Relais aus seinem Sockel (siehe Abbildungen) – LXV-, GTV- und GT-Modelle sind mit zwei Relais ausgerüstet, eins für Abblendlicht und eins für Fernlicht.

5 Testen Sie das Relais wie folgt: Ermitteln Sie mit einem auf den Ohm-Messbereich geschalteten Prüfgerät den Durchgang zwischen den Relaiskontakten 87 und 30 (siehe Abbildung) – es muss unendlicher Widerstand (»1«) festgestellt werden. Verbinden Sie nun eine geladene 12-Volt-Batterie mit den Relaiskontakten 85 (–) und 86 (+) – jetzt muss ein Klicken hörbar sein und Durchgang (0 Ohm) angezeigt werden. Falls das Relais nicht wie beschrieben arbeitet, muss es ersetzt werden. Ist das Relais in Ordnung, müssen die Kabel und Stecker des Stromkreises überprüft werden – beachten Sie die Fehlersuche (siehe Sektion 2) und die Schaltpläne am Ende des Kapitels.

Rücklicht, Standlicht, Kennzeichenbeleuchtung

6 Falls eines dieser Lichter ausfällt, muss zuerst die Lampe (siehe Sektion 7 oder 9) und dann die Sicherung (siehe Sektion 5) kontrolliert werden. Ist hier alles in Ordnung, muss der Rücklicht- oder Standlichtlampen-Stecker getrennt und bei eingeschalteter Zündung geprüft werden, ob am kabelbaumseitigen Kontakt des gelb/schwarzen Kabels Batteriespannung anliegt; ist dies der Fall, muss das schwarze Kabel des Steckers auf guten Massekontakt überprüft werden. Wurde keine Spannung festgestellt, müssen die Kabel und Stecker des Stromkreises überprüft werden – beachten Sie die Fehlersuche (siehe Sektion 2) und die Schaltpläne am Ende des Kapitels.

7 Die Modelle Primavera, Sprint, GTS 300 ab 2014 und GTS 125/150 ab 2016 sind mit LED-Standlichtern ausgerüstet. Falls eine der LEDs ausfällt, kann sie nicht ausgetauscht werden; falls mehrere LEDs ausfallen, muss die komplette Standlicht-Einheit ersetzt werden.

Bremslicht

8 Falls das Bremslicht ausfällt, muss zuerst die Lampe (siehe Sektion 9) und dann die Sicherung (siehe Sektion 5) kontrolliert werden. Ist hier alles in Ordnung, muss der Rücklichtlampen-Stecker getrennt und bei eingeschal-

7.1a Entfernen Sie die Staubkappe, . . .

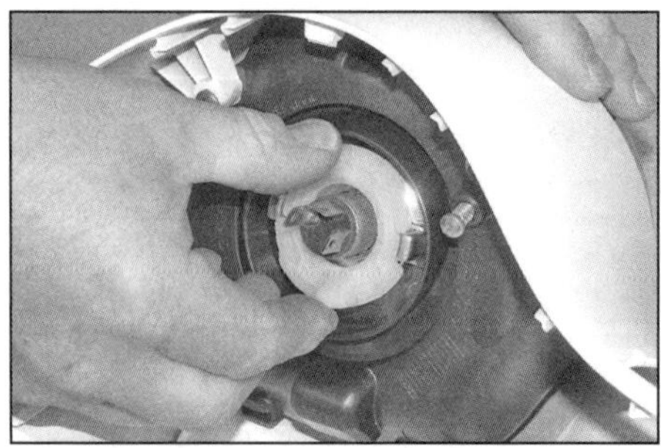
7.1b . . . lösen Sie den Drahtbügel oder den Lampenhalter . . .

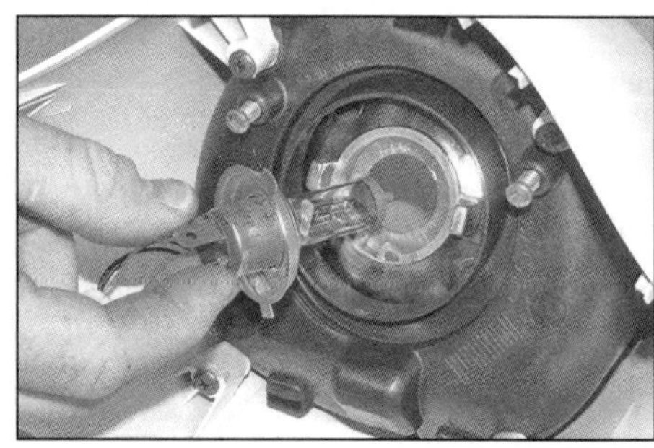
7.1c . . . und befreien Sie die Lampe aus dem Reflektor . . .

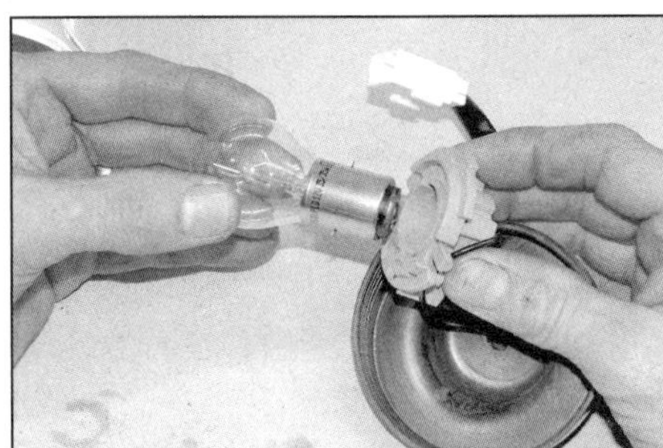

7.1d ... oder aus dem Lampenhalter.

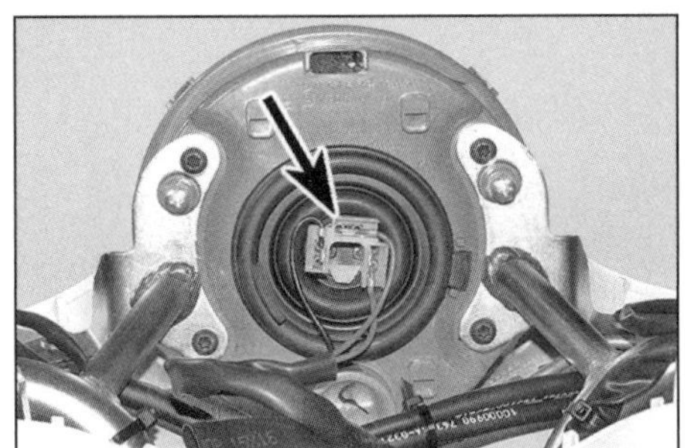

7.3a Der Lampenstecker...

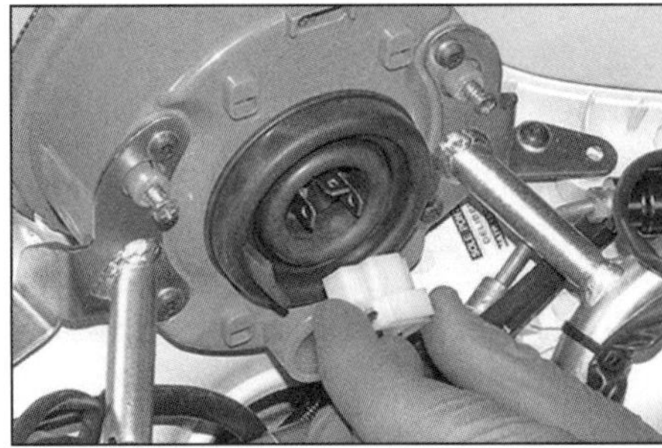

7.3b ... wird von der Scheinwerferlampe gezogen.

7.4a Befreien Sie den Lampenhalter...

7.4b ... und entnehmen Sie die Lampe.

teter Zündung und betätigter Bremse (erst die eine, dann die andere) geprüft werden, ob am kabelbaumseitigen Kontakt des weiß/schwarzen Kabels Batteriespannung anliegt. Wird nur bei einer aktivierten Bremse Spannung ermittelt, wird der andere Bremslichtschalter oder seine Verkabelung defekt sein. Wird bei beiden aktivierten Bremslichtschaltern Spannung festgestellt, muss das schwarze Kabel des Steckers auf guten Massekontakt überprüft werden. Wurde keine Spannung festgestellt, müssen die Kabel und Stecker zwischen dem Bremslicht, den Bremslichtschaltern, der Sicherung und dem Zündschloss überprüft werden – beachten Sie die Fehlersuche (siehe Sektion 2) und die Schaltpläne am Ende des Kapitels, die Kontrolle der Bremslichtschalter ist in Sektion 21 beschrieben.

9 Die Modelle Primavera und Sprint sind mit LED-Bremsleuchten ausgerüstet. Falls eine der LEDs ausfällt, kann sie nicht ausgetauscht werden; falls mehrere LEDs ausfallen, muss die komplette Bremslicht-Einheit ersetzt werden.

Blinker

10 Beachten Sie hierzu die Hinweise in Sektion 11.

7 Scheinwerfer- und Standlichtlampen

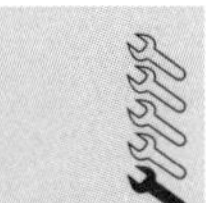

Anmerkung: *Die Halogenlampe des Scheinwerfers darf nicht am Glas angefasst werden, da Flecken das Leben der Lampe verkürzen. Wenn sie doch einmal berührt worden ist, muss sie (im kalten Zustand) sorgfältig mit einem in Spiritus getränkten Lappen abgewischt und vor dem Einbau getrocknet werden. Fassen Sie Lampen immer mit einem Taschentuch oder trockenem Lappen an, um ihre Lebensdauer zu verlängern.*

⚠ ***Warnung: Lassen Sie der Lampe vor dem Ausbau stets etwas Zeit zum Abkühlen – sie wird sehr heiß!***

Scheinwerferlampe

1 Demontieren Sie beim LX, S und GTS die vordere Lenkerverkleidung (siehe Kapitel 9). Befreien Sie die Lampe hinten aus dem Scheinwerfergehäuse (siehe Abbildungen) – beachten Sie bei einzelnen Kabelsteckern deren Positionen an den Lampen-Kontakten.

2 Demontieren Sie beim Primavera und Sprint den Chromring des Scheinwerfers und die obere Lenkerverkleidung (siehe Kapitel 9, Sektion 8).

3 Ziehen Sie den Lampenstecker von der Lampe, entfernen Sie dann die Staubkappe.

4 Befreien Sie den Lampenhalter und entnehmen Sie die Lampe (siehe Abbildungen) – beachten Sie deren Ausrichtung.

5 Befreien Sie beim LXV den Reflektor aus dem Lampengehäuse (siehe Abbildungen). Trennen Sie die Kabelstecker – beachten Sie ihre Positionen (siehe Abbildung). Drehen Sie den Lampenhalter gegen den Uhrzeigersinn und ziehen Sie die Lampe heraus – beachten Sie ihre Einbaurichtung.

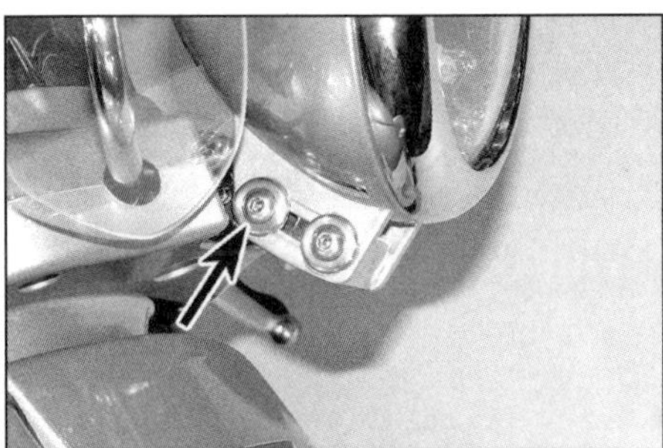

7.5a Lösen Sie die hintere untere Schraube, schwenken Sie den Scheinwerfer nach vorn,...

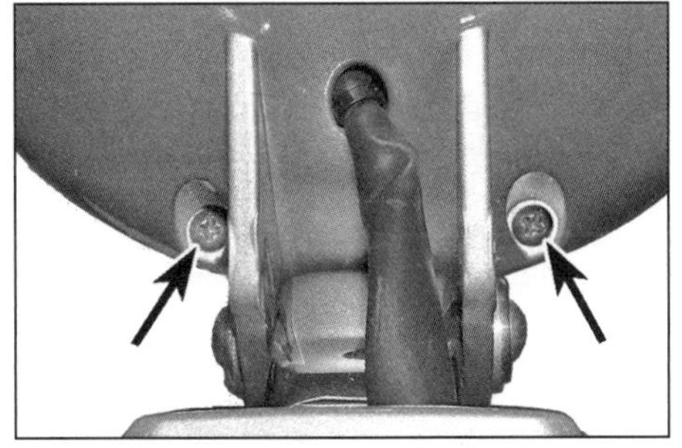

7.5b ... lösen Sie die zwei Schrauben, befreien Sie den Reflektor aus dem Lampengehäuse.

7.5c Trennen Sie die Lampenstecker unter Beachtung ihrer Positionen.

7.6a Lösen Sie die Hutmutter...

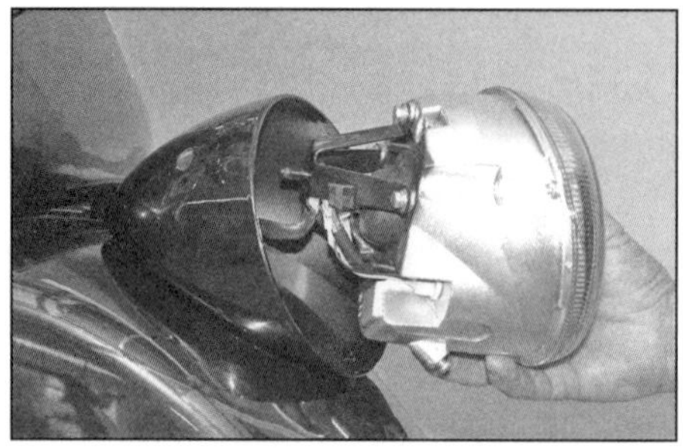

7.6b ...und ziehen Sie den Reflektor heraus.

7.6c Stellen Sie nötigenfalls die Stehbolzen-Hülse sicher.

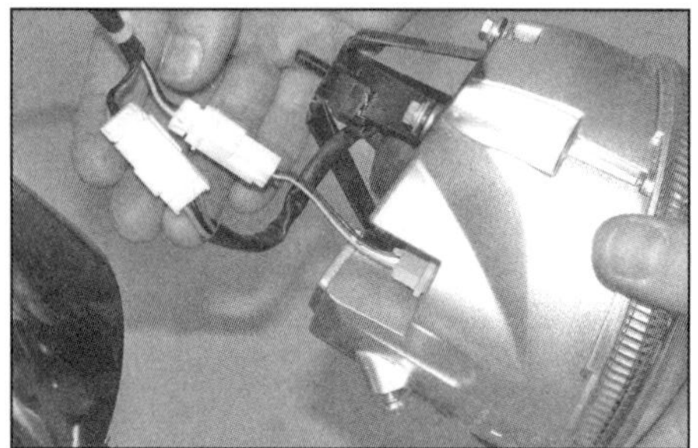

7.6d Trennen Sie die Lampenstecker.

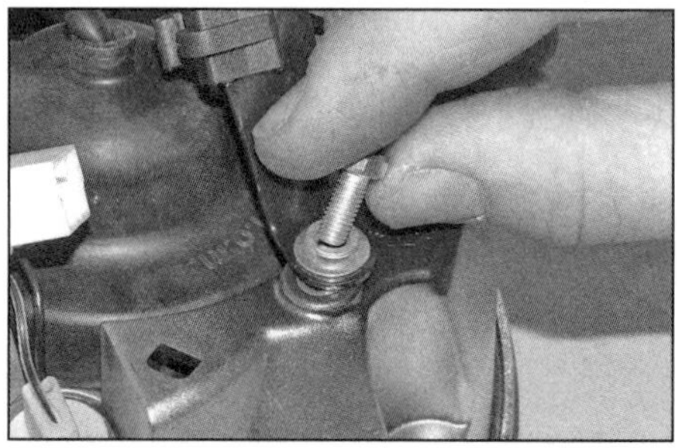

7.6e Lösen Sie die Schrauben und entfernen Sie den Haltebügel.

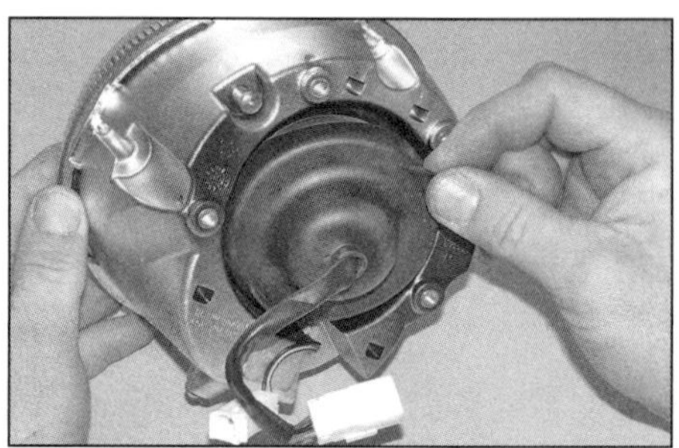

7.6f Ziehen Sie die Gummikappe ab.

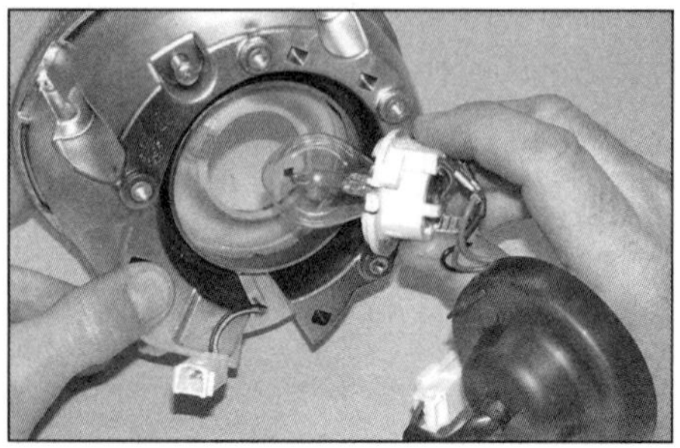

7.6g Befreien Sie den Lampenhalter...

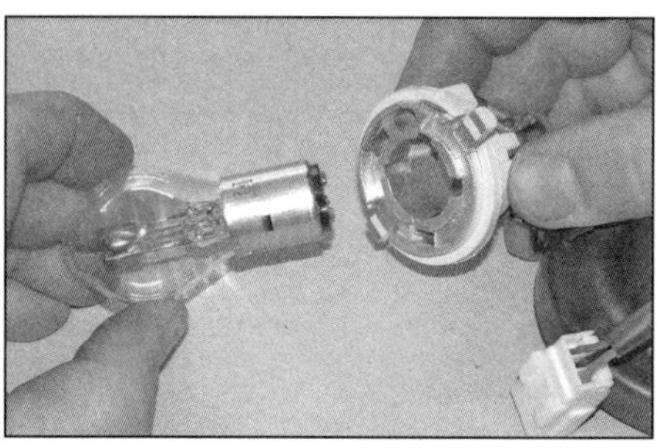

7.6h ...und entfernen Sie die Lampe.

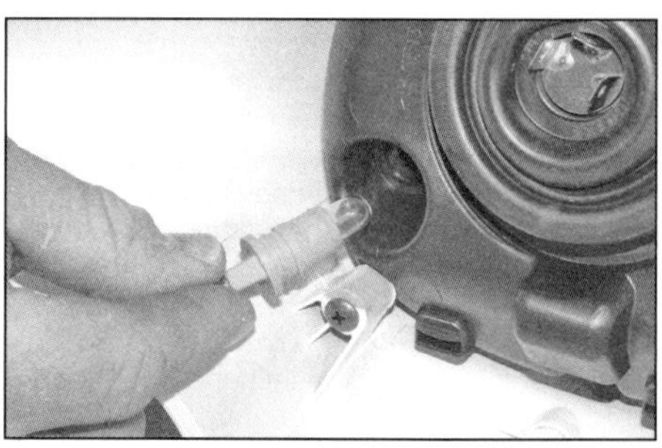

7.9a Ziehen Sie den Lampenhalter aus dem Scheinwerfer...

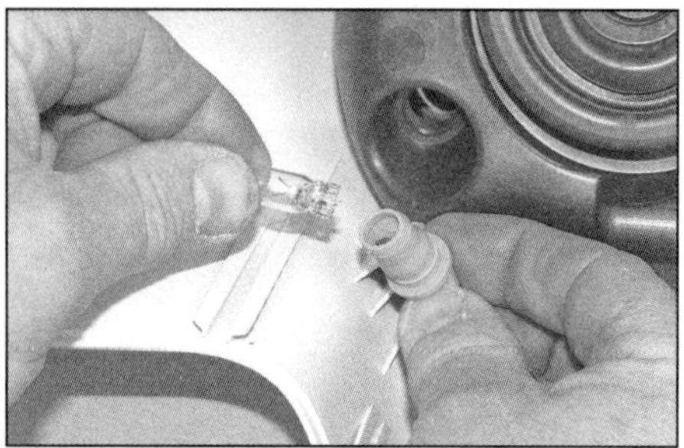

7.9b ...und befreien Sie die Lampe aus dem Halter.

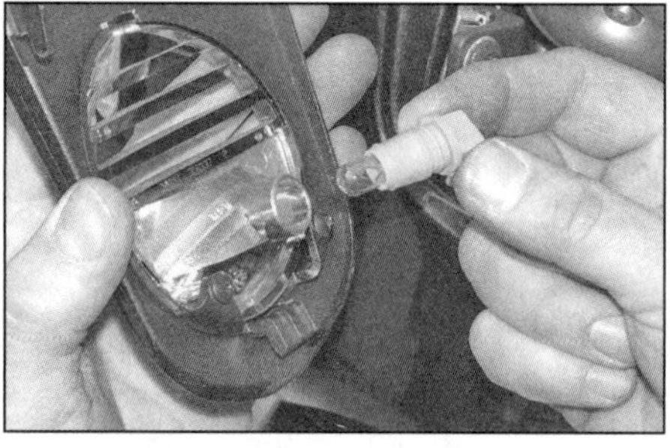

7.10a Ziehen Sie beim Ausbau der Frontblende den Lampenhalter heraus...

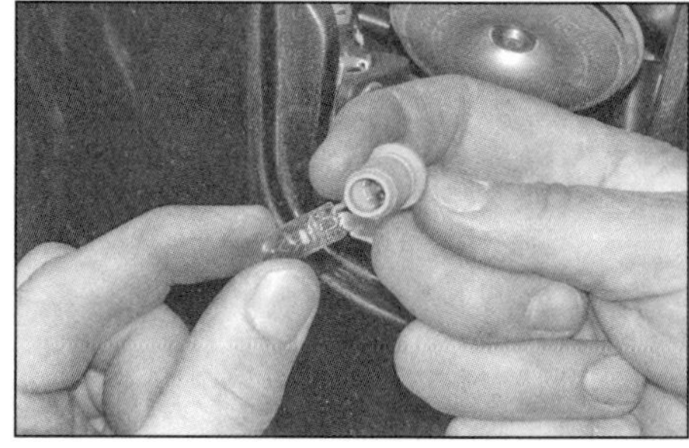

7.10b ...und befreien Sie die Lampe aus dem Halter.

6 Lösen Sie beim GTV, GT und Sei Giorni 300 die Hutmutter hinten am Lampengehäuse und ziehen Sie den Reflektor vorn heraus – stellen Sie nötigenfalls die Stehbolzen-Hülse sicher (siehe Abbildungen). Trennen Sie die Lampenstecker (siehe Abbildung). Demontieren Sie den Haltebügel – beachten Sie die Scheiben – und ziehen Sie die Gummikappe ab (siehe Abbildungen). Drehen Sie den Lampenhalter gegen den Uhrzeigersinn, um ihn zu befreien (siehe Abbildung). Drücken Sie die Lampe in den Halter und drehen Sie sie nach links, um sie zu befreien (siehe Abbildung).

7 Installieren Sie die korrekt ausgerichtete neue Lampe in der umgekehrten Ausbaurei-

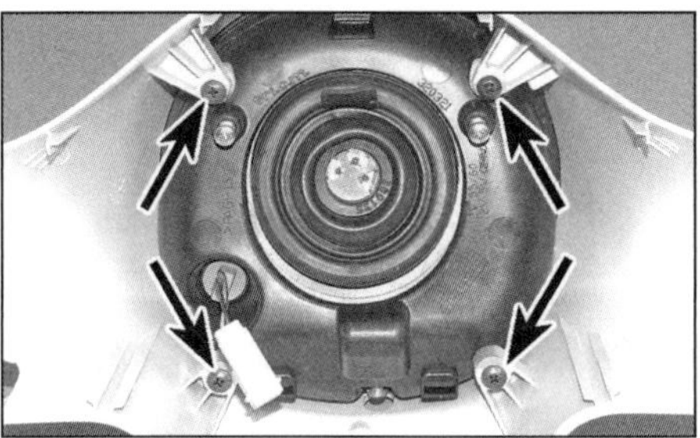

8.1 Scheinwerfer-Befestigungsschrauben – gezeigt am GTS

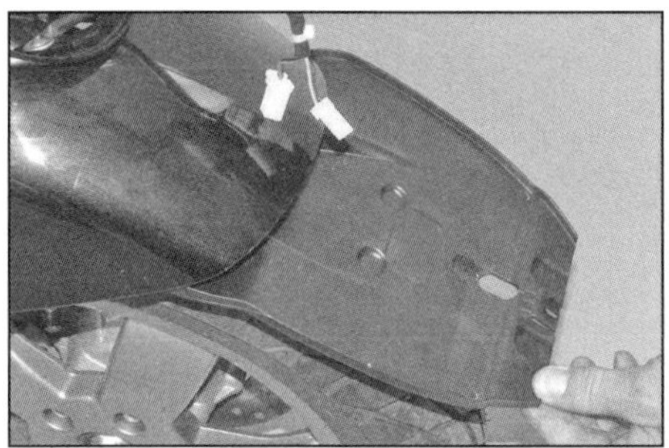

8.4b . . . und entnehmen Sie die Abdeckung.

henfolge – beachten Sie die Anmerkung oben.
8 Prüfen Sie die Funktion des Scheinwerfers.

Standlichtlampe

9 Wo das Standlicht in den Scheinwerfer integriert ist, muss je nach Modell entweder die vordere Lenkerverkleidung entfernt (siehe Kapitel 9) oder der Reflektor aus der Lampenschale befreit werden (Schritte 2 oder 3). Ziehen Sie den Standlichtlampenhalter vorsichtig aus dem Reflektor und ziehen Sie dann die Lampe aus dem Halter (siehe Abbildungen).
10 Wo das Standlicht in die Frontblende integriert ist, muss diese demontiert werden (siehe Kapitel 9) – ziehen Sie dabei den Lampenhalter heraus und ziehen Sie die Lampe aus dem Halter (siehe Abbildungen).

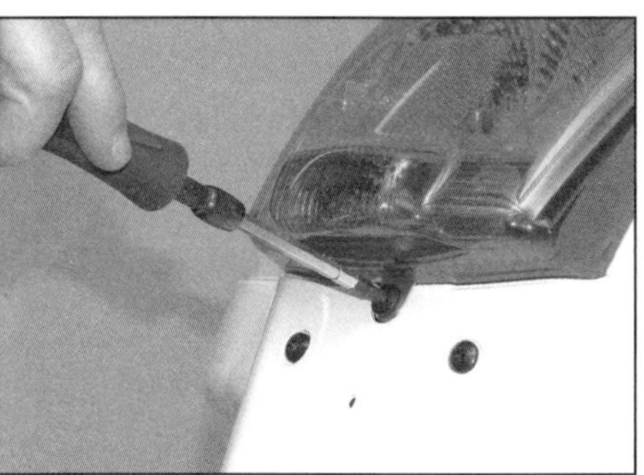

9.1a Lösen Sie die Schraube(n) . . .

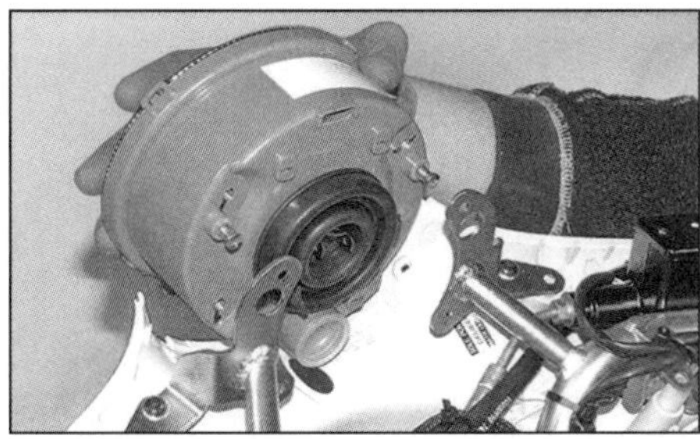

8.2 Befreien Sie beim Primavera und Sprint den Scheinwerfer vom Halter.

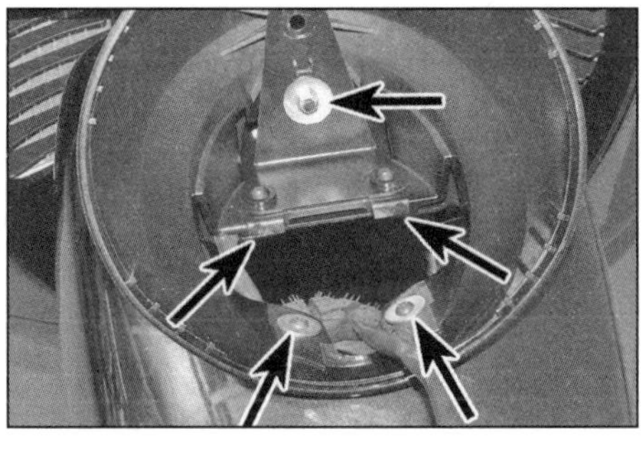

8.4c Lösen Sie die Mutter und die vier Schrauben, um das Lampengehäuse zu befreien.

11 Installieren Sie die neue Lampe in der umgekehrten Ausbaureihenfolge – beachten Sie die Anmerkung oben.
12 Die Modelle Primavera, Sprint, GTS 300 ab 2014 und GTS 125/150 ab 2016 sind mit LED-Standlichtern ausgerüstet. Falls eine der LEDs ausfällt, kann sie nicht ausgetauscht werden; falls mehrere LEDs ausfallen, muss die komplette Standlicht-Einheit ersetzt werden.
13 Prüfen Sie die Funktion des Standlichts.

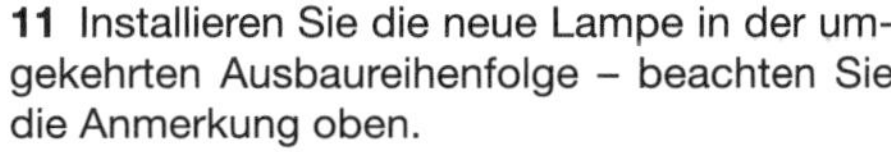

8 Scheinwerfer

1 Demontieren Sie beim LX, S und GTS die vordere Lenkerverkleidung (siehe Kapitel 9).

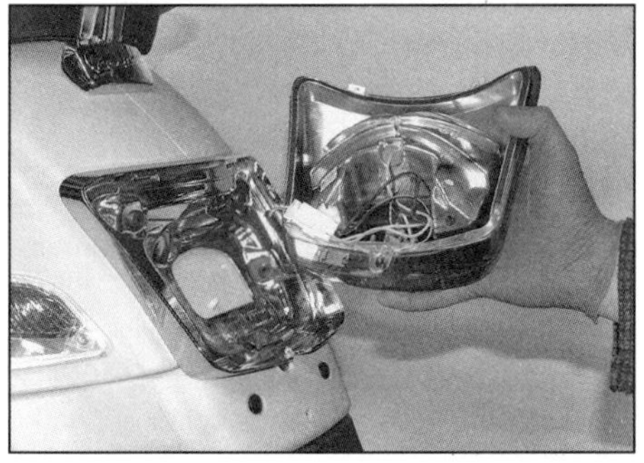

9.1b . . . und entnehmen Sie die Rücklichteinheit.

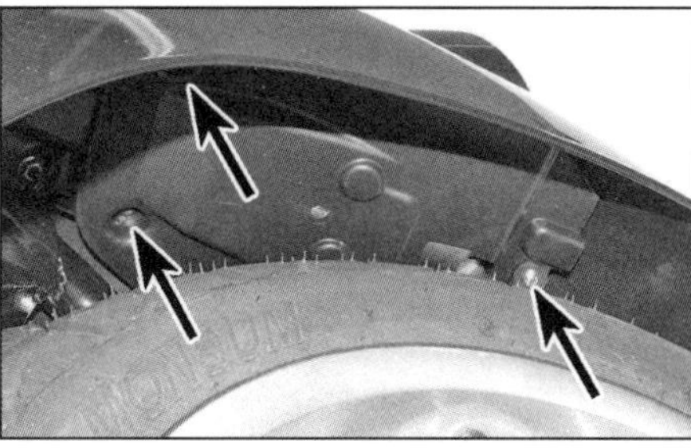

8.4a Lösen Sie die drei Schrauben . . .

Lösen Sie die vier Schrauben des Scheinwerfers und entnehmen Sie ihn (siehe Abbildung).
2 Demontieren Sie beim Primavera und Sprint den Chromring des Scheinwerfers und die obere Lenkerverkleidung (siehe Kapitel 9, Sektion 8). Trennen Sie den Scheinwerferstecker. Lösen Sie die Schrauben, die den Scheinwerfer am Halter sichern, und heben Sie ihn ab (siehe Abbildung).
3 Befreien Sie beim LXV den Reflektor aus dem Lampengehäuse und trennen Sie die Kabelstecker (Abbildungen 7.5a, b und c). Lösen Sie die Schrauben des Lampengehäuses und entfernen Sie es.
4 Lösen Sie beim GTV, GT und Sei Giorni 300 die Hutmutter hinten am Lampengehäuse und ziehen Sie den Reflektor vorn heraus – stellen Sie nötigenfalls die Stehbolzen-Hülse sicher; trennen Sie den Lampenstecker (Abbildungen 7.6a, b, c und d). Lösen Sie innerhalb des Kotflügels die drei Schrauben und entfernen Sie die Kunststoff-Abdeckung (siehe Abbildungen). Lösen Sie die insgesamt vier Schrauben und eine Mutter, um das Lampengehäuse zu befreien (siehe Abbildung).
5 Entfernen Sie nötigenfalls die Scheinwerferlampe und den Standlichtlampenhalter (siehe Sektion 7).
6 Der Einbau entspricht der umgekehrten Ausbaureihenfolge – alle Kabel müssen korrekt verlegt, angeschlossen und gesichert sein. Prüfen Sie die Funktion aller Lampen. Stellen Sie ggf. die Leuchtweite ein.

9 Bremslicht/Rücklicht/ Kennzeichenbeleuchtungs-Lampe

Anmerkung: *Generell sollten neue Lampen mit einem Papiertuch oder Lappen angefasst werden, um ihre Lebensdauer zu verlängern – und um sich selbst vor Verletzungen bei Glasbruch zu schützen.*

LX, LXV und S bis 2011, alle GTS, GTV und GT Brems/Rücklichtlampe

1 Lösen Sie die Schraube(n), mit der/denen die Rücklichteinheit gesichert ist, und heben Sie sie ab (siehe Abbildungen). Die Lampen sind von ihrer Rückseite her zugänglich.

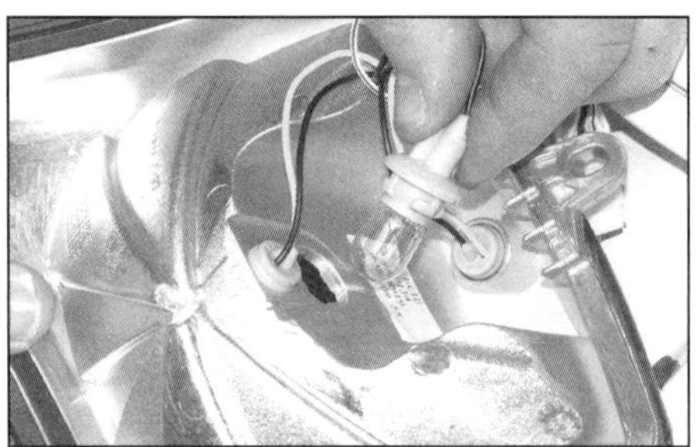

9.2a Hier wird der Bremslichtlampen-Halter gegen den Uhrzeigersinn gedreht, um befreit werden zu können, ...

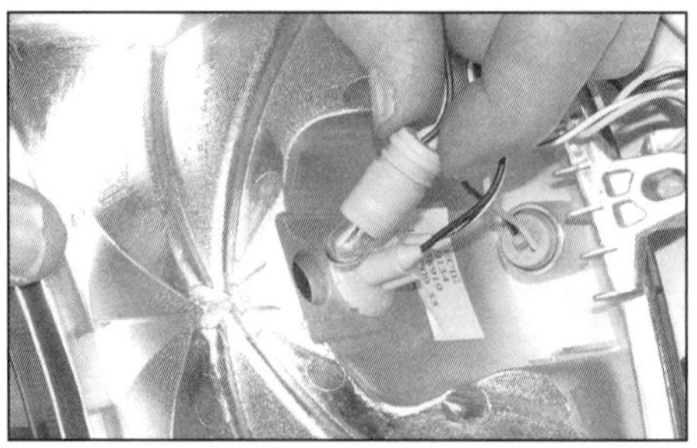

9.2b ... und der Rücklichtlampenhalter herausgezogen.

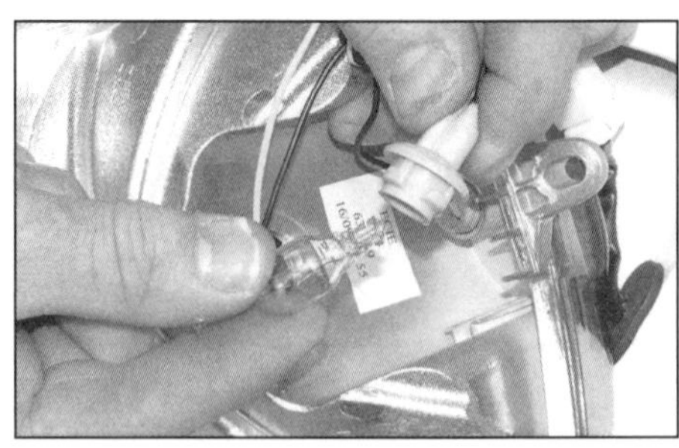

9.3 Befreien Sie die Lampe aus dem Halter.

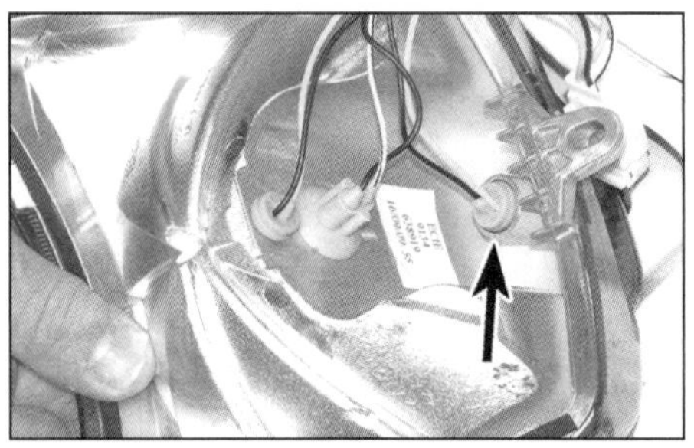

9.7 Kennzeichenbeleuchtungslampe bei GTS-, GTV- und GT-Modellen

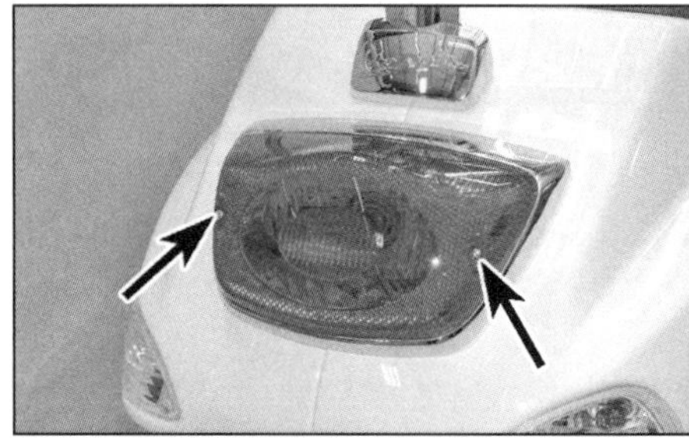

9.9a Lösen Sie die Schrauben ...

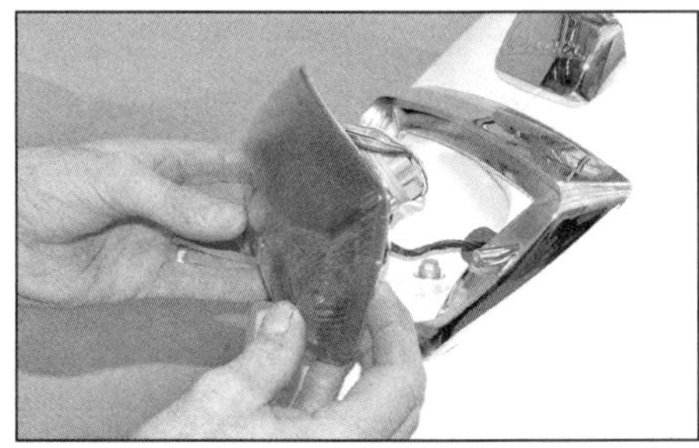

9.9b ... und entnehmen Sie die Rücklichteinheit.

9.10a Befreien Sie den Lampenhalter aus der Rücklichteinheit ...

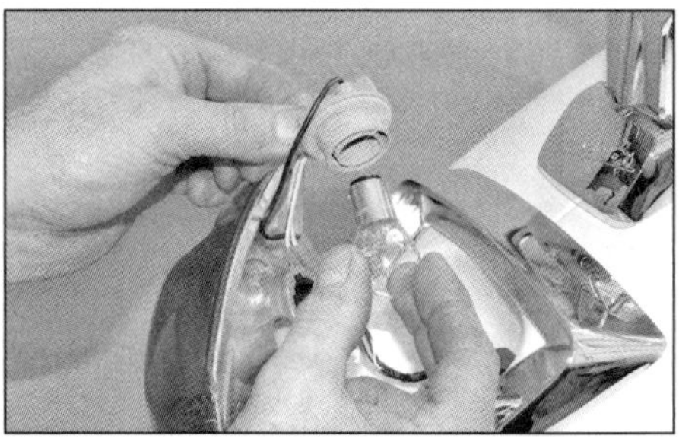

9.10b ... und die Lampe aus dem Halter.

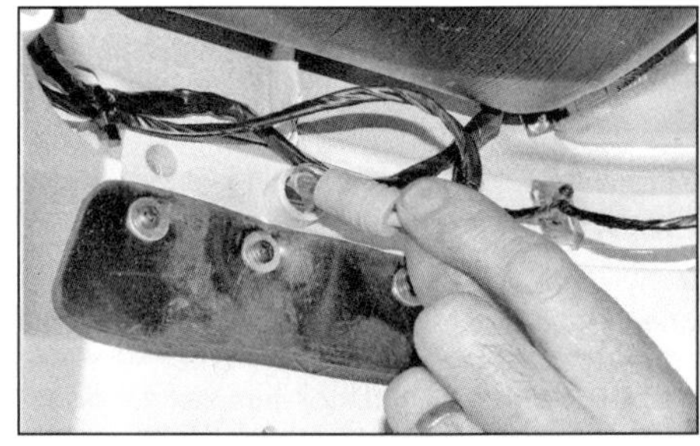

9.11 Die Kennzeichenbeleuchtungslampe ist samt Lampenhalter von hinten eingesteckt.

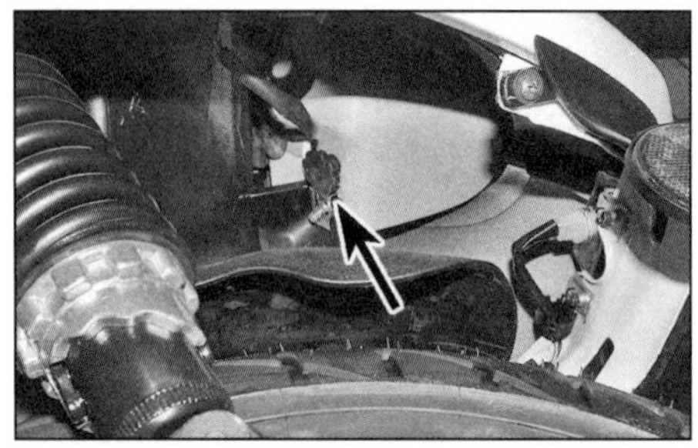

9.13a Lösen Sie die Rändelschraube ...

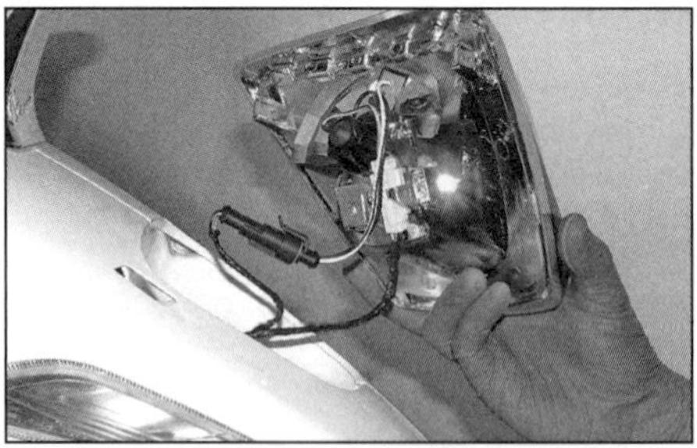

9.13b ... und heben Sie die Rücklichteinheit ab.

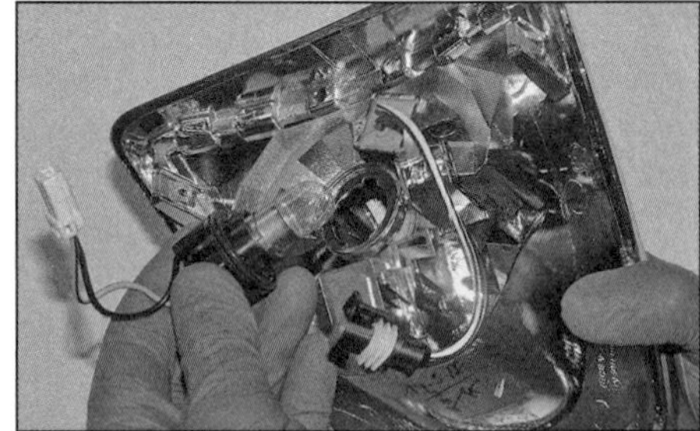

9.14 Befreien Sie den Lampenhalter aus der Rücklichteinheit und die Lampe aus dem Halter.

2 Je nach Modell und auszutauschender Lampe muss der Lampenhalter nach links gedreht und befreit oder herausgezogen werden (siehe Abbildungen).

3 Je nach Modell und auszutauschender Lampe muss die Lampenhalter nach links gedreht und befreit oder aus dem Halter herausgezogen werden (siehe Abbildung).

4 Installieren Sie die neue Lampe in der umgekehrten Ausbaureihenfolge. Ziehen Sie die Schraube(n) der Rücklichteinheit vorsichtig an, um nicht ihr Gewinde auszureißen oder das

Lampenglas zu beschädigen. Prüfen Sie die Funktion des Rücklichts und des Bremslichts.

Kennzeichenbeleuchtungs-lampe

5 Lösen Sie bei Modellen mit ins Rücklicht integrierter Kennzeichenbeleuchtung die Schraube(n), mit der/denen die Rücklichteinheit gesichert ist, und heben Sie sie ab (Abbildungen 9.1a und b).

6 Bei Modellen mit separater Kennzeichenbeleuchtung ist diese entweder mit einer der äußeren Rücklichtglas-Schrauben (Abbildungen 9.18a und b) befestigt oder die Lampe ist von der Innenseite der Karosserie zugänglich.

7 Ziehen Sie den Lampenhalter vorsichtig heraus und befreien Sie die Lampe aus dem Halter (siehe Abbildung). Installieren Sie die neue Lampe in der umgekehrten Ausbaureihenfolge. Prüfen Sie die Funktion aller Rücklicht-Lampen.

Primavera- und Sprint-Modelle

8 Lösen Sie den von der Unterseite des Kotflügels zugänglichen Knopf der Rücklichteinheit und heben Sie diese ab (Abbildungen 9.14a und b). Trennen Sie die Kabelstecker.

LX, LXV und S ab 2012 Brems/Rücklichtlampe

9 Lösen Sie die Schrauben, mit denen die Rücklichteinheit gesichert ist, und heben Sie sie ab (siehe Abbildungen).

10 Drehen Sie den Lampenhalter gegen den Uhrzeigersinn, um ihn zu befreien. Drücken Sie die Lampe in den Halter und drehen Sie sie nach links, um sie befreien zu können (siehe Abbildungen).

11 Installieren Sie die neue Lampe in der umgekehrten Ausbaureihenfolge. Ziehen Sie die Schraube(n) der Rücklichteinheit vorsichtig an, um nicht ihr Gewinde auszureißen oder das Lampenglas zu beschädigen. Prüfen Sie die Funktion des Rücklichts und des Bremslichts.

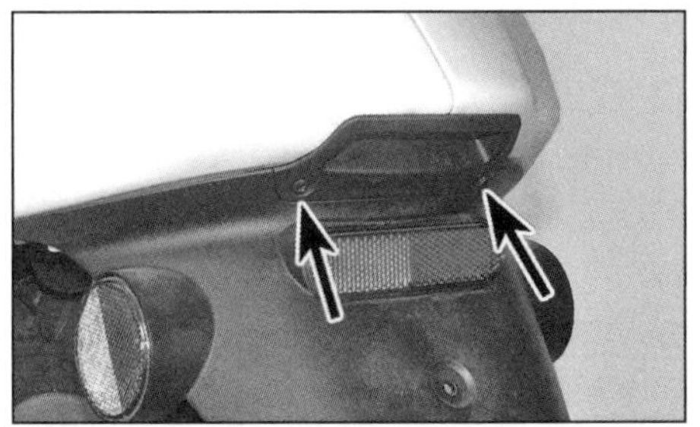

9.17a Lösen Sie die Schrauben der Kennzeichenbeleuchtungs-Baugruppe . . .

Kennzeichenbeleuchtungs-lampe

12 Die Kennzeichenbeleuchtungslampe ist samt Lampenhalter von der Rückseite in Kennzeichenbeleuchtung gesteckt. Reinigen Sie den Bereich um den Lampenhalter, damit kein Schmutz hineinfällt, und ziehen Sie zuerst den Lampenhalter heraus und dann die Lampe aus dem Halter (siehe Abbildung).

13 Installieren Sie die neue Lampe in der umgekehrten Ausbaureihenfolge. Prüfen Sie die Funktion der Lampe.

Primavera und Sprint Rücklichtlampe

14 Lösen Sie die von der Unterseite der Karosserie zugängliche Rändelschraube und heben Sie die Rücklichteinheit ab (siehe Abbildungen).

15 Drehen Sie den Lampenhalter gegen den Uhrzeigersinn, um ihn zu befreien. Drücken Sie die Lampe in den Halter und drehen Sie sie nach links, um sie befreien zu können (siehe Abbildung).

16 Installieren Sie die neue Lampe in der umgekehrten Ausbaureihenfolge. Prüfen Sie die Funktion des Rücklichts.

Bremslicht

17 Diese Modelle sind mit LED-Bremsleuchten ausgerüstet. Falls eine der LEDs ausfällt, kann sie nicht ausgetauscht werden; falls mehrere LEDs ausfallen, muss die komplette Bremslicht-Einheit ersetzt werden.

9.17b . . . und ziehen Sie sie heraus.

Kennzeichenbeleuchtungs-lampe

18 Lösen Sie oben am Kotflügel die Schrauben der Kennzeichenbeleuchtungs-Baugruppe und ziehen Sie sie heraus (siehe Abbildungen).

19 Ziehen Sie den Lampenhalter heraus und ziehen Sie dann die Lampe aus dem Halter (siehe Abbildung).

20 Installieren Sie die neue Lampe in der umgekehrten Ausbaureihenfolge. Prüfen Sie die Funktion der Lampe.

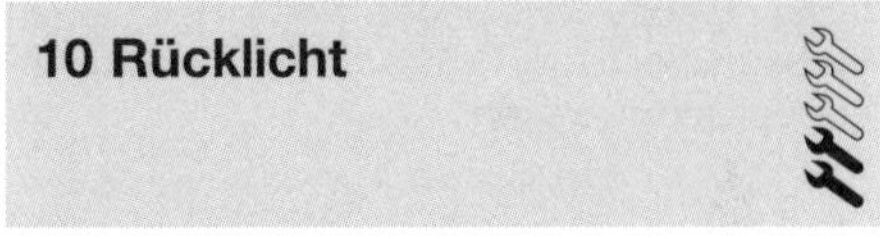

10 Rücklicht

LX, LXV und S bis 2011, alle GTS, GTV und GT

1 Lösen Sie die Schraube(n), mit der/denen die Rücklichteinheit gesichert ist, und heben Sie sie ab (Abbildungen 9.1a und b).

2 Trennen Sie alle Kabelstecker und befreien Sie die Lampenhalter (siehe Abbildung).

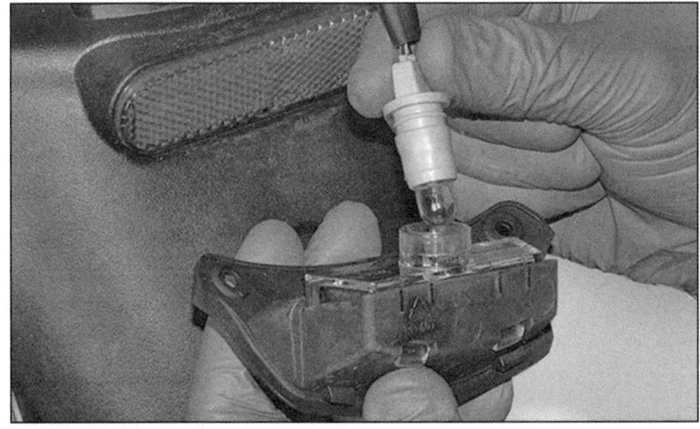

9.18 Der Lampenhalter ist in die Kennzeichenbeleuchtungs-Baugruppe gedrückt.

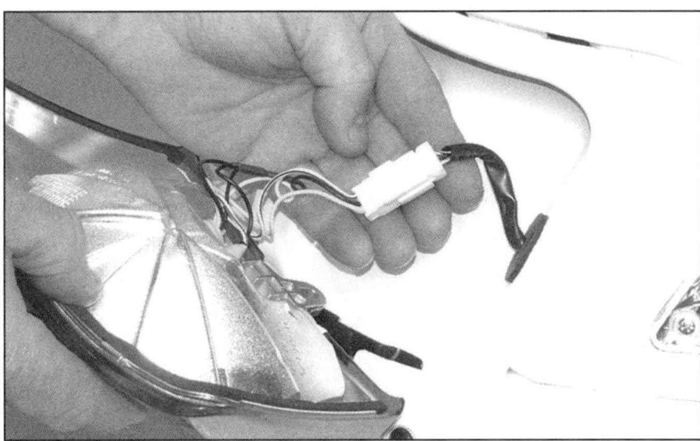

10.2 Trennen Sie den/die Rücklcihtstecker.

10.3a Lösen Sie die Schrauben des Rücklicht-Rahmens...

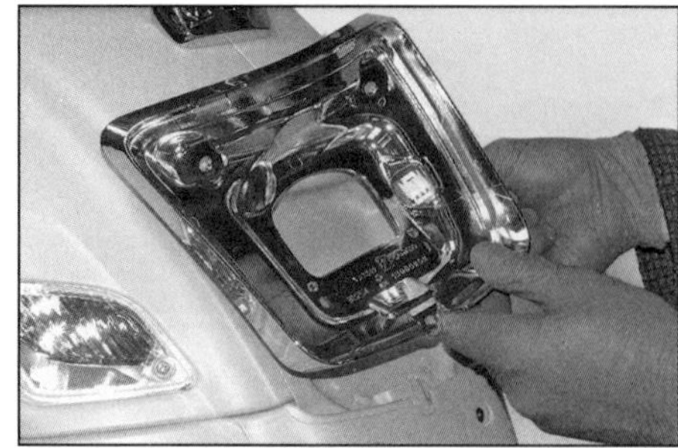

10.3b ... und heben Sie ihn ab.

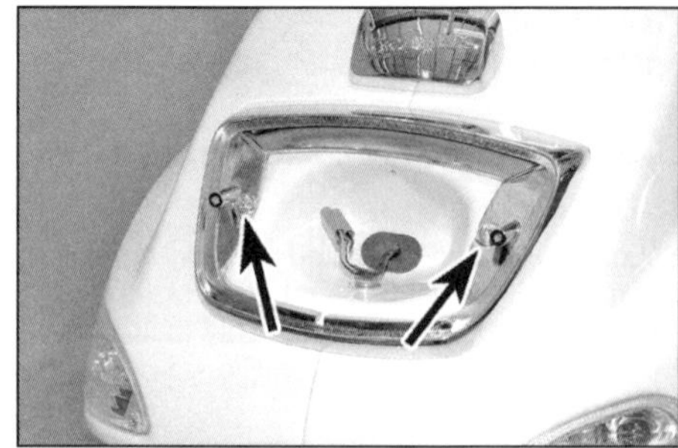

10.6 Der Rücklicht-Rahmen ist mit zwei Schrauben gesichert.

3 Bei manchen Modellen sitzt das Rücklicht auf einem verchromten Rahmen – lösen Sie nötigenfalls dessen Schrauben und entnehmen Sie ihn (siehe Abbildungen).
4 Der Einbau entspricht der umgekehrten Ausbaureihenfolge. Prüfen Sie die Funktion aller Rücklicht-Lampen.

LX, LXV und S ab 2012

5 Lösen Sie die Schrauben, mit denen die Rücklichteinheit gesichert ist, und heben Sie sie ab (Abbildungen 9.8a und b). Trennen Sie alle Kabelstecker und befreien Sie die Lampenhalter (Abbildung 10.2).
6 Lösen Sie nötigenfalls die Schrauben des verchromten Rücklicht-Rahmens und heben Sie diesen ab (siehe Abbildung).
7 Der Einbau entspricht der umgekehrten Ausbaureihenfolge. Prüfen Sie die Funktion aller Rücklicht-Lampen.

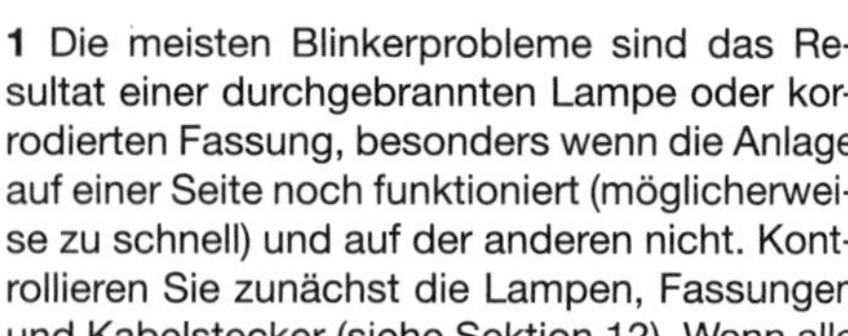

11 Blinkerstromkreis Kontrolle

1 Die meisten Blinkerprobleme sind das Resultat einer durchgebrannten Lampe oder korrodierten Fassung, besonders wenn die Anlage auf einer Seite noch funktioniert (möglicherweise zu schnell) und auf der anderen nicht. Kontrollieren Sie zunächst die Lampen, Fassungen und Kabelstecker (siehe Sektion 12). Wenn alle Blinker ausgefallen sind, müssen zunächst die Sicherung (siehe Sektion 5) und der Blinkerschalter kontrolliert werden (siehe Sektion 21); beachten Sie hierzu auch die Schaltpläne am Ende des Kapitels.
2 Wenn hier alles in Ordnung ist, muss die vordere Lenkerverkleidung entfernt (siehe Kapitel 9) und der Stecker des Blinkerschalters getrennt werden. Verbinden Sie die Plusklemme eines Voltmeters mit dem Steckerkontakt des blau/schwarzen Kabels und die Minusklemme mit Masse. Prüfen Sie bei eingeschalteter Zündung, ob eine pulsierende Batteriespannung angezeigt wird – in diesem Fall ist das Relais in Ordnung und der Defekt liegt im Schalter oder der Verkabelung zum Relais vor, fehlende Masse ist auch möglich. Wird keine pulsierende Spannung ermittelt, muss das Kabel zwischen dem Blinkerschalter-Stecker und dem Relais auf Durchgang geprüft werden.
3 Bei GTS- und GTV 250-Modellen ist das Blinkrelais in die Instrumenten-Baugruppe integriert. Beim LX, LXV und S bis 2011 muss das Staufach entfernt werden, um Zugang zu Blinkrelais zu erhalten. Beim LX, LXV und S ab 2012 sitzt das Blinkrelais links von der Sicherungsbox hinter der Frontblende (siehe Abbildung). Bei allen anderen Modellen muss für den Zugang der linke Blinker-Zugangsdeckel aus der inneren Frontverkleidung oder diese Verkleidung selbst demontiert werden (siehe Abbildungen).
4 Falls Durchgang angezeigt wird, muss beim GTS- und GTV 250 die Instrumenten-Baugruppe kontrolliert werden (siehe Sektion 16). Bei allen anderen Modellen muss bei eingeschalteter Zündung geprüft werden, ob am weißen Kabel zum Relais Spannung anliegt – in diesem Fall ist das Relais defekt und muss ersetzt werden; kontrollieren Sie andernfalls das weiße Kabel.
5 Ziehen Sie das Blinkrelais aus seinem Halter und trennen Sie den Kabelstecker (siehe Abbildungen), um es zu befreien.
6 Installieren Sie das neue Relais in der umgekehrten Ausbaureihenfolge.

12 Blinkerlampen

Anmerkung: *Generell sollten neue Lampen mit einem Papiertuch oder Lappen angefasst werden, um ihre Lebensdauer zu verlängern – und um sich selbst vor Verletzungen bei Glasbruch zu schützen.*

1 Bei den meisten in diesem Buch behandelten Modellen ist die Blinker-Baugruppe von außen mit einer Schraube gesichert – lösen Sie diese und befreien Sie den Blinker (siehe Abbildungen).
2 Ziehen Sie ggf. die Gummikappe ab (siehe Abbildung). Drehen Sie den Lampenhalter gegen den Uhrzeigersinn, um ihn zu befreien (siehe Abbildung).
3 Drücken Sie die Lampe in den Halter und drehen Sie sie nach links, um sie befreien zu können (siehe Abbildung).

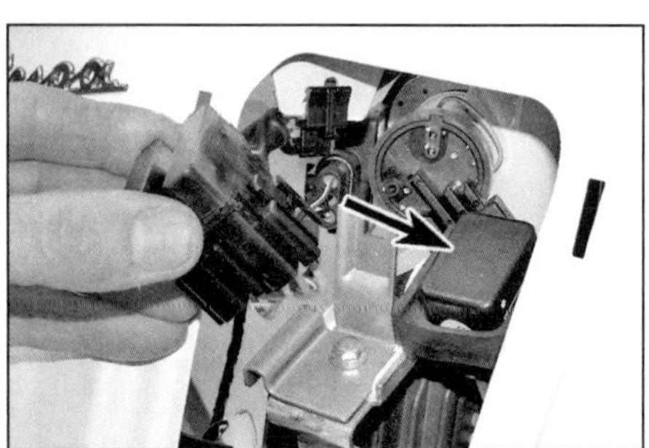

11.3a Befreien Sie beim LX, LXV und S ab 2012 die Sicherungsbox, um Zugang zum Blinkrelais zu erhalten.

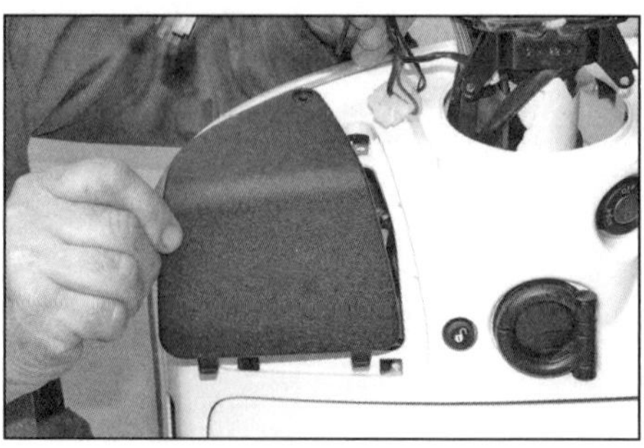

11.3b Entfernen Sie den linken Blinker-Zugangsdeckel,...

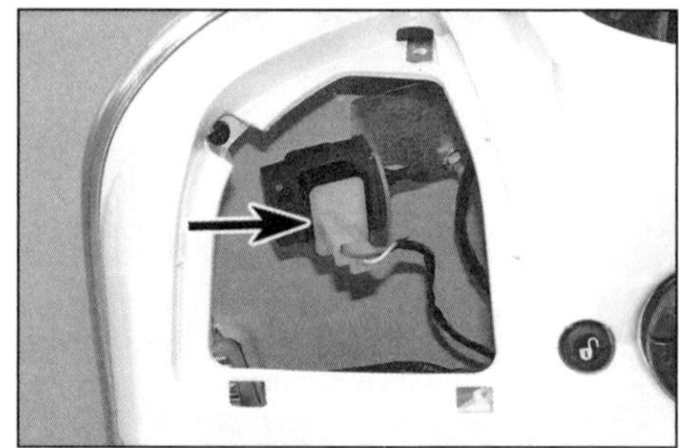

11.3c ... um Zugang zum Blinkrelais zu erhalten – GTS 125 bis 2015

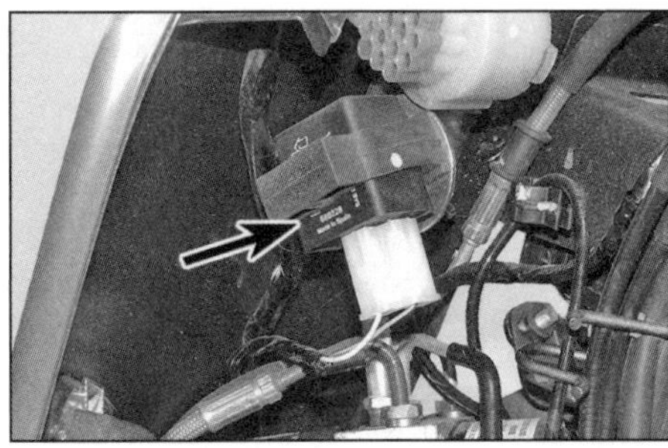

11.3d Position des Blinkrelais – gezeigt am GTS 300 von 2014

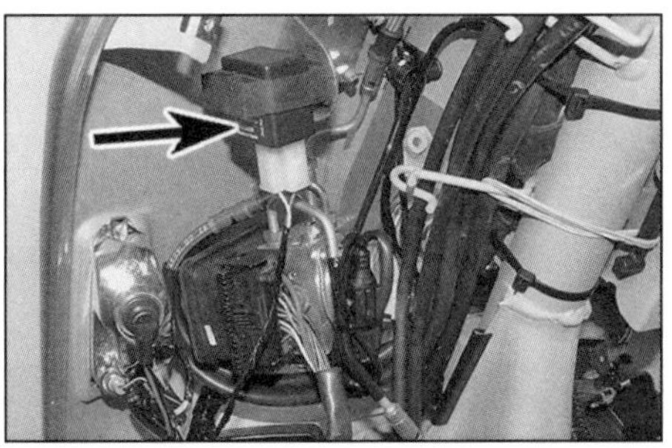

11.3e Position des Blinkrelais – gezeigt am GTS 125/150 ab 2016

4 Installieren Sie die neue Lampe in den Halter – achten Sie auf die versetzt angeordneten Stifte. Der Rest des Einbaus entspricht der umgekehrten Ausbaureihenfolge – ziehen Sie die Schraube nicht zu fest an, da leicht das Gewinde ausreißt oder das Lampenglas zerbricht. Prüfen Sie die Funktion des Blinkers.

5 Beim Primavera und Sprint sind die vorderen Blinkerlampen durch Öffnungen im Handschuhfach zugänglich (siehe Abbildung) – der linke Zugangsdeckel muss herausgezogen werden, wogegen der rechte mit zwei Schrauben gesichert ist.

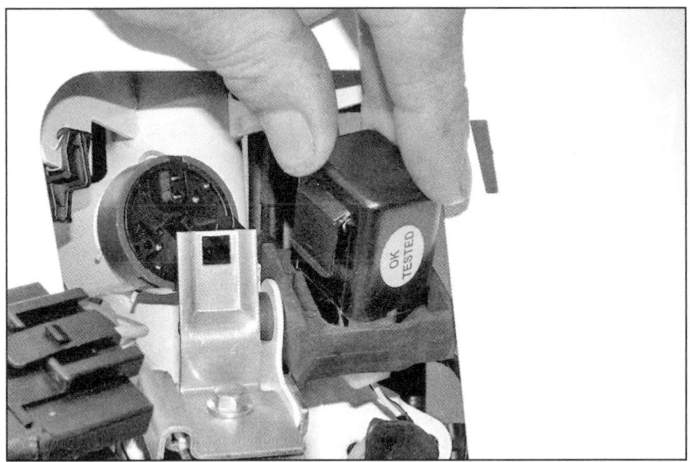

11.5a Heben Sie das Relais heraus ...

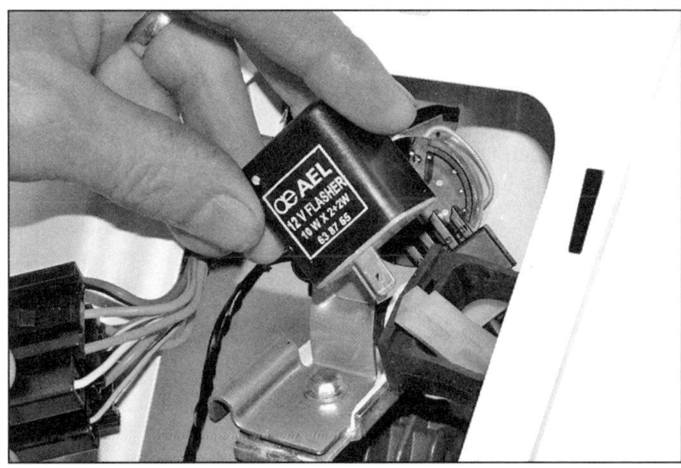

11.5b ... und trennen Sie seinen Stecker.

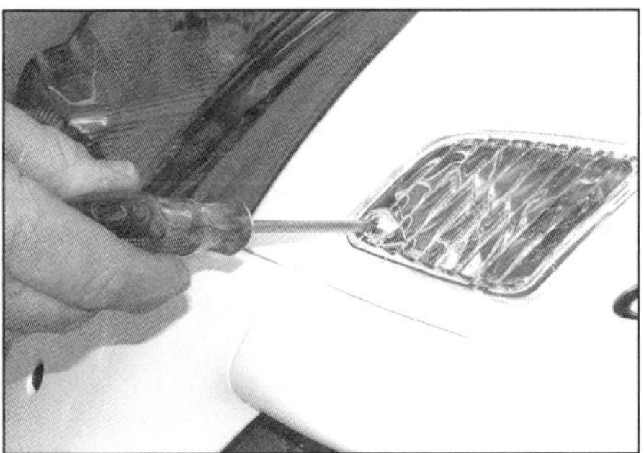

12.1a Lösen Sie die Schraube ...

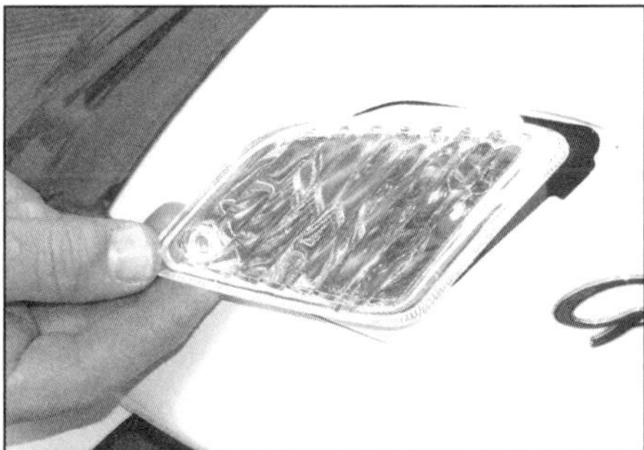

12.1b ... und befreien Sie die Blinker-Baugruppe.

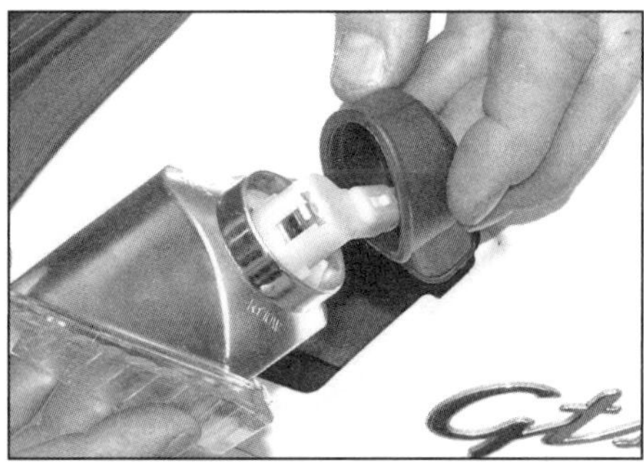

12.2a Ziehen Sie die Gummikappe ab, ...

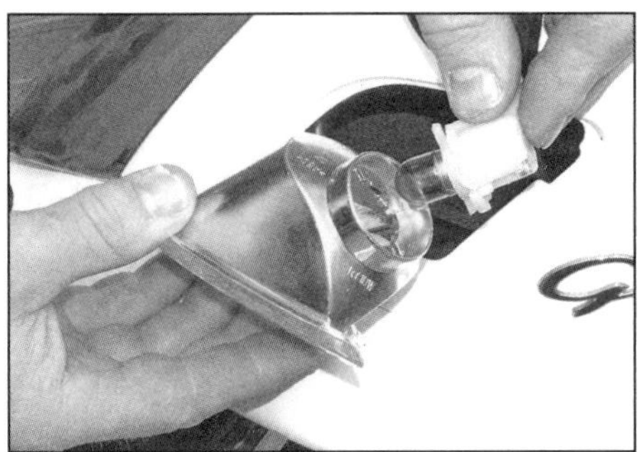

12.2b ... befreien Sie den Lampenhalter ...

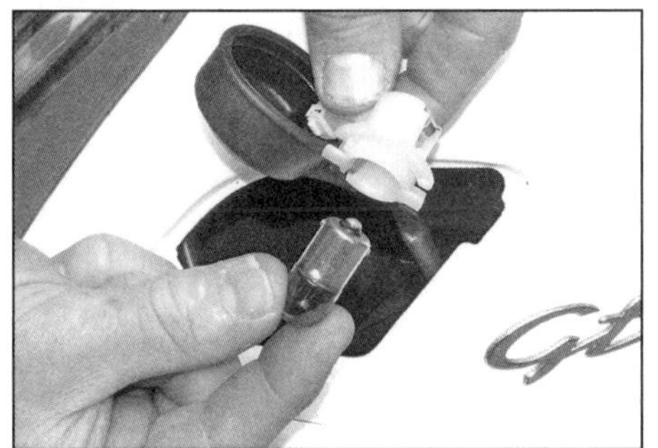

12.3 ... und entfernen Sie die Lampe.

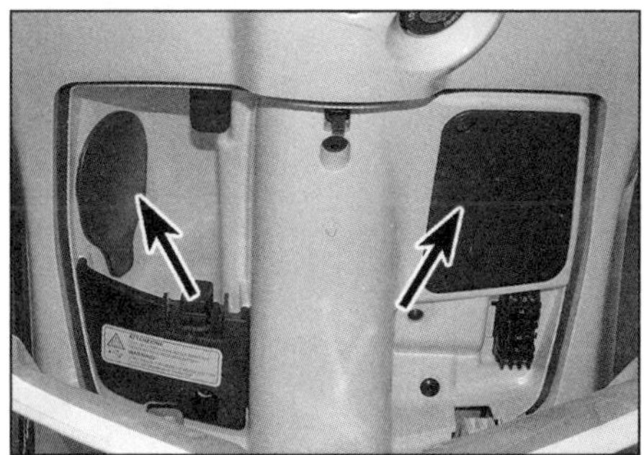

12.5 Blinkerlampen-Zugangsdeckel im Handschuhfach des Primavera und Sprint

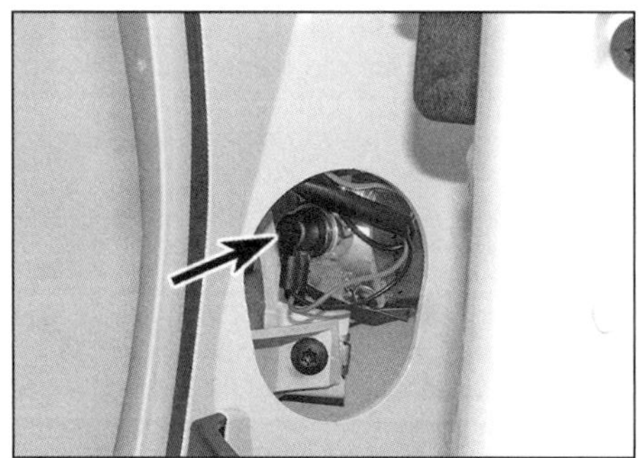

12.6a Drehen Sie den Lampenhalter gegen den Uhrzeigersinn, . . .

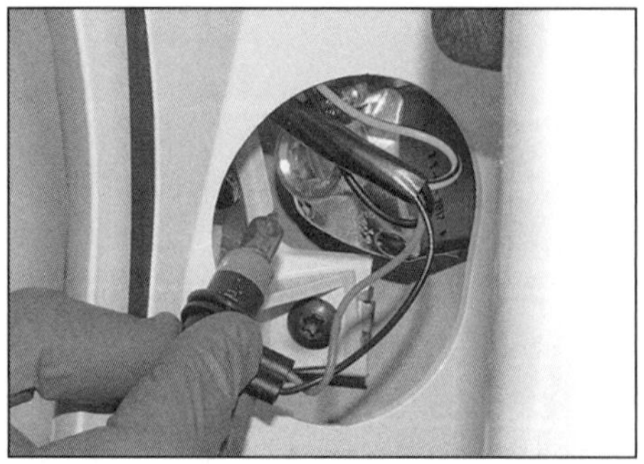

12.6b . . . um ihn zu befreien.

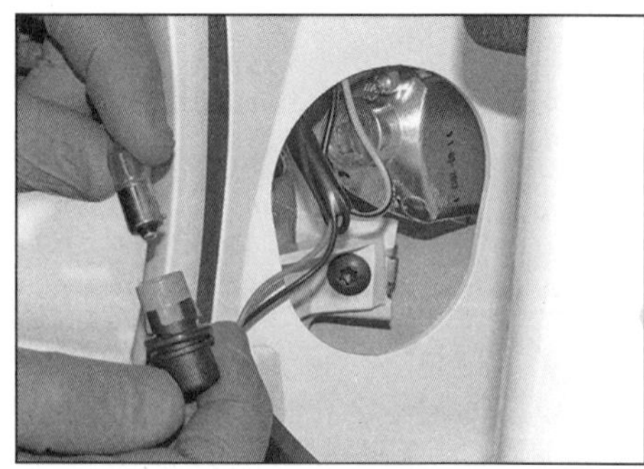

12.6c Drücken Sie die Lampe in den Halter und drehen Sie sie nach links, um sie zu befreien.

6 Drehen Sie den Lampenhalter gegen den Uhrzeigersinn, um ihn zu befreien. Drücken Sie die Lampe in den Halter und drehen Sie sie nach links, um sie befreien zu können (siehe Abbildungen).
7 Installieren Sie die neue Lampe in den Halter – achten Sie auf die versetzt angeordneten Stifte. Der Rest des Einbaus entspricht der umgekehrten Ausbaureihenfolge – ziehen Sie die Schraube nicht zu fest an, da leicht das Gewinde ausreißt oder das Lampenglas zerbricht. Prüfen Sie die Funktion des Blinkers.

13 Blinker-Baugruppen

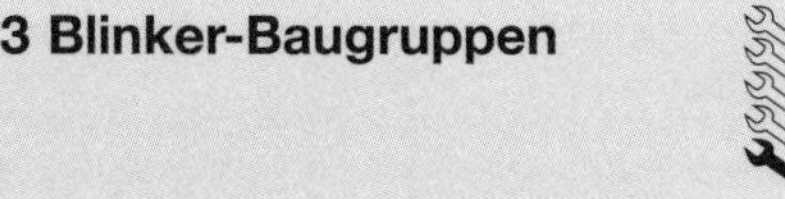

1 Bei den meisten in diesem Buch behandelten Modellen ist die Blinker-Baugruppe von außen mit einer Schraube gesichert – lösen Sie diese und befreien Sie den Blinker (Abbildungen 12.1a und b).
2 Heben Sie beim LX, LXV und S ab 2012 den Blinker heraus und trennen Sie den Stecker vom Lampenhalter (siehe Abbildungen).
3 Ziehen Sie bei allen anderen Modellen die ggf. vorhandene Gummikappe zurück (Abbildung 12.2a) und drehen Sie den Lampenhalter gegen den Uhrzeigersinn, um ihn zu befreien (Abbildung 12.2b).
4 Beim GTS 125/150 ab 2016 können die Blinker nach dem Trennen der Stecker befreit werden (siehe Abbildung).
5 Beim Primavera und Sprint sind die vorderen Blinker von innen mit Schrauben gesichert – entfernen Sie für den Zugang die innere Frontverkleidung (siehe Kapitel 9, Sektion 8).

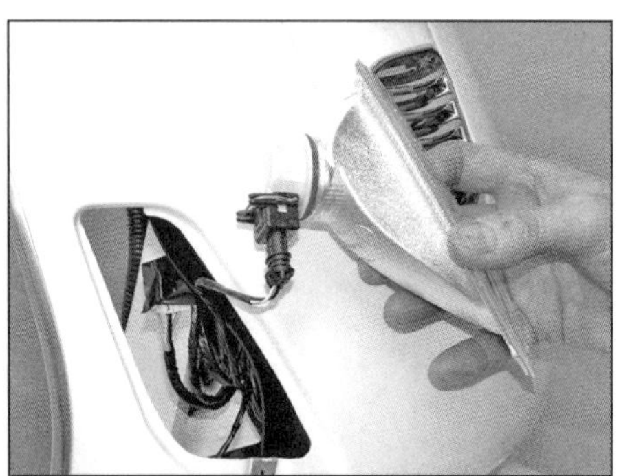

13.2a Heben Sie den Blinker heraus . . .

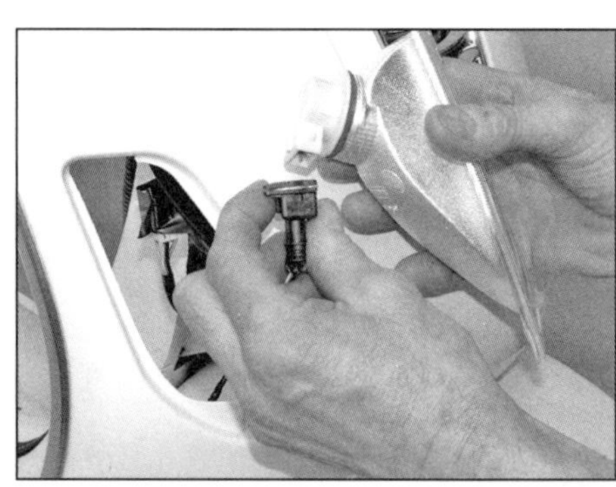

13.2b . . . und trennen Sie seinen Stecker.

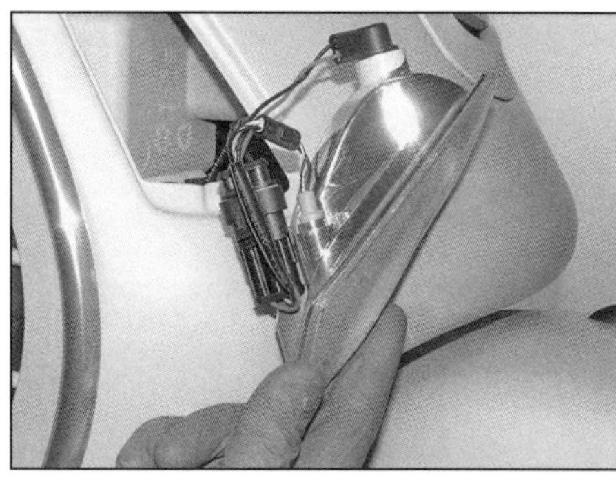

13.4 Trennen Sie die Stecker von der Blinker-Baugruppe – GTS 125/150 ab 2016.

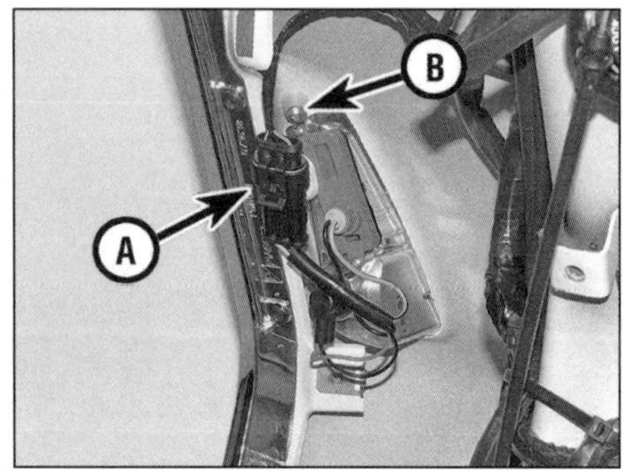

13.6 Blinker-Stecker (A), Befestigungsschraube (B) – Primavera und Sprint

13.7a Schraube des hinteren Blinkers – Primavera und Sprint

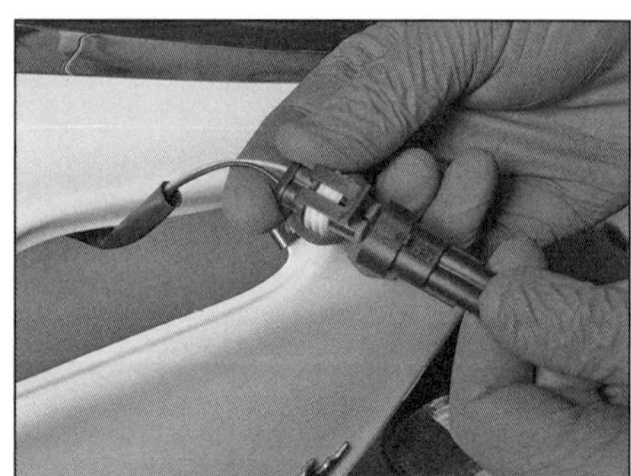

13.7b Trennen Sie den Blinkerstecker.

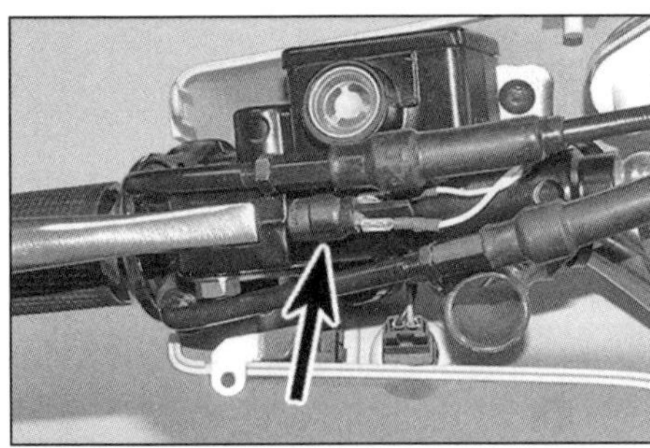

14.3a Position des Bremslichtschalters am Handbremszylinder

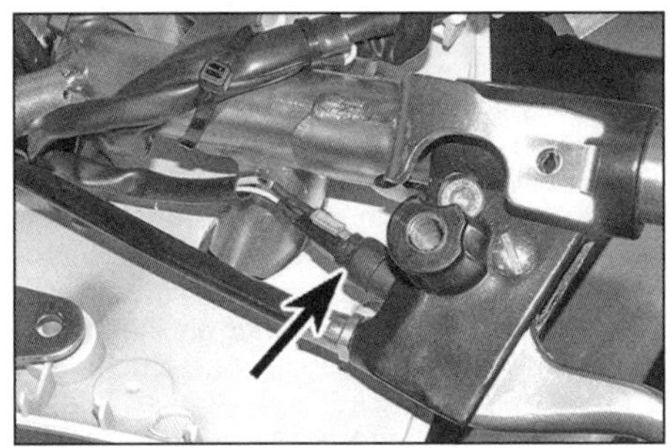

14.3b Position des Bremslichtschalters bei Modellen mit Seilzug-Hinterradbremse

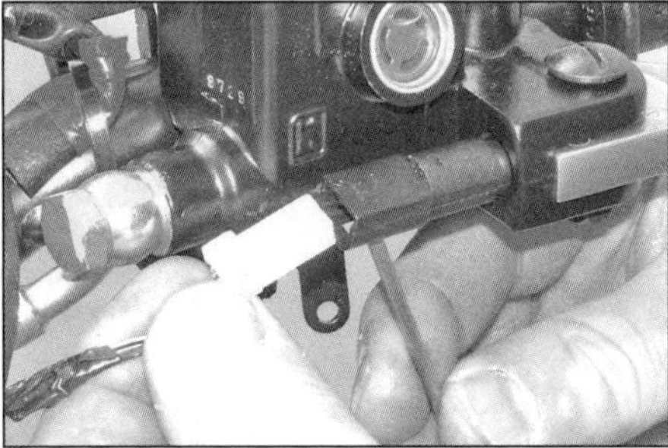

14.3c Drücken Sie die Lasche ein und ziehen Sie den Stecker ab.

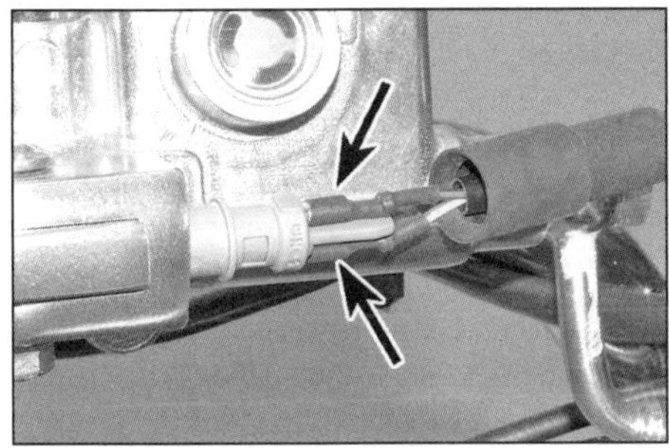

14.3d Ziehen Sie die Kappe zurück und trennen Sie die Kabelstecker.

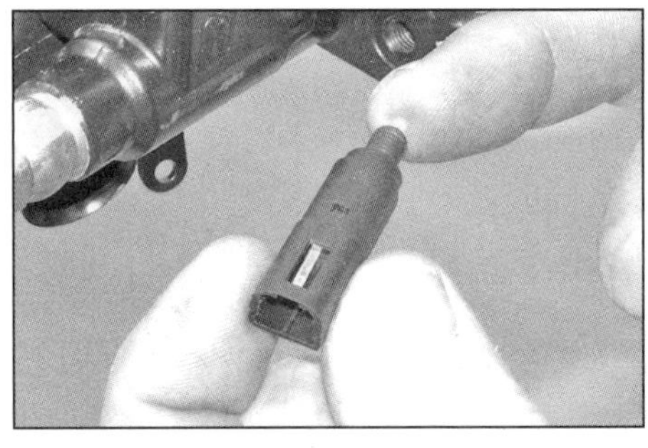

14.4 Prüfen Sie die Funktion des Bremslichtschalter-Kolbens.

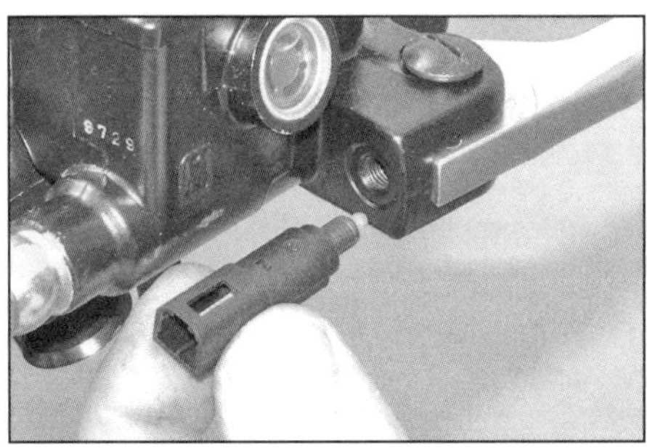

14.7 Drehen Sie den Schalter von Hand aus dem Bremszylinder.

6 Trennen Sie den Blinker/Standlicht-Stecker, lösen Sie die Schraube (siehe Abbildung) und befreien Sie den Blinker.
7 Die hinteren Blinker sind beim Primavera und Sprint von außen mit einer Schrauben gesichert – lösen Sie diese, befreien Sie den Blinker und trennen Sie den Stecker (siehe Abbildungen).
8 Der Einbau entspricht der umgekehrten Ausbaureihenfolge – prüfen Sie die Funktion des Blinkers.

14 Bremslichtschalter/ Anlasser-Unterbrechungsschalter

1 Die Schalter an beiden Bremsen haben zwei Funktionen: sie aktivieren das Bremslicht und sie verhindern das Starten des Motors, solange nicht eine der Bremsen betätigt ist.

Stromkreis-Kontrolle

2 Vor der Kontrolle der Schalter sollte – falls noch nicht geschehen – der Bremslicht-Stromkreis kontrolliert werden (siehe Sektion 6).
3 Die Bremslichtschalter sind in den Handbremszylinder geschraubt oder sitzen (bei Modellen mit Hinterrad-Trommelbremse) im Bremshebelhalter (siehe Abbildungen). Entfernen Sie für den Zugang zu den Schaltern die vordere oder obere Lenkerverkleidung (siehe Kapitel 9). Drücken Sie bei LX-, S- und GTS-Modellen mit einem kleinen Schraubendreher die Sicherungslasche ein, um den Stecker zu trennen (siehe Abbildung). Ziehen Sie beim LXV, GTV, GT, Primavera, Sprint und GTS 125/150 ab 2016 die Gummikappe vom Schalter und ziehen Sie die Kabel ab (siehe Abbildung).
4 Verbinden Sie die Klemmen eines Durchgangsprüfers mit den Kontakten des Bremslichtschalters. Bei nicht betätigter Bremse darf kein Durchgang bestehen; bei gezogenem Hebel muss Durchgang bestehen – bei anderen Ergebnissen muss der Schalter herausgeschraubt werden (Abbildung 14.7), um zu prüfen, ob sein Kolben nicht verschmutzt ist und sich frei hineindrücken lässt und durch die Feder wieder herausgedrückt wird (siehe Abbildung). Ersetzen Sie einen schadhaften Bremslichtschalter.
5 Wenn die Schalter in Ordnung sind, muss je nach Modell am kabelbaumseitigen Kontakt des weißen oder roten Kabel bei eingeschalteter Zündung geprüft werden, ob Batteriespannung anliegt. Falls nicht, muss die Verkabelung zwischen dem Stecker, der Sicherung und dem Zündschloss kontrolliert werden – beachten Sie die Schaltpläne am Ende des Kapitels. Liegt Spannung an, muss das weiß/schwarze Kabel auf Durchgang zum Bremslicht-Stecker überprüft werden – reparieren oder ersetzen Sie nötigenfalls schadhafte Kabel oder Stecker.

Schalter ersetzen

6 Beachten Sie die Hinweise in Schritt 3 und trennen Sie den/die Stecker (Abbildungen 14.3c und d).
7 Drehen Sie den Schalter von Hand aus dem Bremszylinder oder dem Bremsgriffhalter (siehe Abbildung).
8 Der Einbau entspricht der umgekehrten Ausbaureihenfolge

15 Seitenständerschalter

1 Der bei GTS-Modellen ab 2016 vorhandene Seitenständerschalter sitzt innen am Halter des Ständers (siehe Abbildung) und ist mit dem Motorsteuergerät verbunden. Er sorgt dafür, dass der Motor bei ausgeklapptem Seitenständer nicht gestartet werden kann und die Zündung unterbrochen wird, sobald der Ständer ausgeklappt wird. Prüfen Sie, ob der eingeklappte Ständer nicht den Kolben des Schalters berührt (Abbildung 15.2).

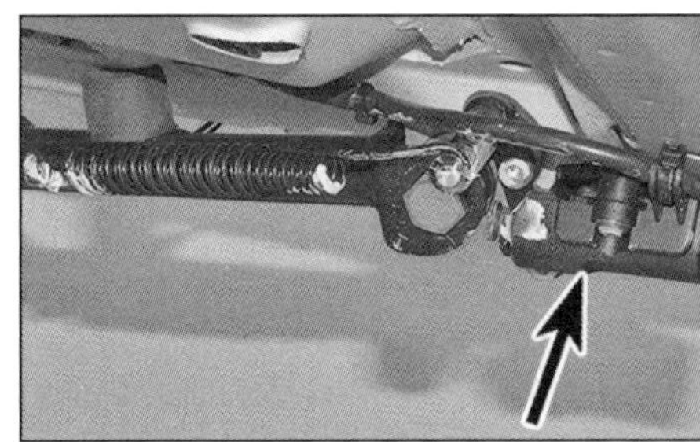

15.1 Position des Seitenständerschalters

15.2 Prüfen Sie die Funktion des Seitenständerschalter-Kolbens.

Kontrolle

2 Prüfen Sie, ob die Schrauben des Schalters fest angezogen sind. Der Kolben des Schalters muss sauber sein und darf nicht klemmen, sodass er sich vom ausklappenden Ständer frei eindrücken lässt (siehe Abbildung).

3 Demontieren Sie die Bodenverkleidung (siehe Kapitel 9).

4 Verfolgen Sie das vom Schalter kommende Kabel und trennen Sie seinen Stecker. Prüfen Sie mithilfe eines Ohmmeters oder Durchgangstesters die Funktion des Schalters. Verbinden Sie die Prüfgerät-Klemmen mit den Kontakten der Schalter-Seite. Bei eingeklapptem Ständer muss Durchgang (»0«) oder nur sehr geringer Widerstand bestehen, bei ausgeklapptem Ständer darf kein Durchgang bestehen (»1«).

5 Bei anderen Ergebnissen ist der Schalter defekt und muss ersetzt werden.

Ausbau und Einbau

6 Demontieren Sie die Bodenverkleidung (siehe Kapitel 9). Verfolgen Sie das vom Schalter kommende Kabel und trennen Sie seinen Stecker. Führen Sie das Kabel zum Schalter zurück, befreien Sie es dabei aus allen Befestigungen und merken Sie sich seine Verlegung.

7 Lösen Sie bei eingeklapptem Ständer die Schrauben, mit denen der Schalterdeckel und der Schalter gesichert ist.

8 Installieren Sie den neuen Schalter und sichern Sie ihn und den Deckel mit den Schrauben. Der Schalter-Kolben muss korrekt zum Ständer ausgerichtet sein, darf diesen im eingeklappten Zustand aber nicht berühren.

9 Führen Sie das Kabel zum Stecker und sichern Sie es dabei mit allen Befestigungen bzw. neuen Kabelbindern. Verbinden Sie den Stecker und prüfen Sie die Funktion des Schalters.

16 Instrumenten-Baugruppe und Tachometer

Kontrolle

1 Wenn keines der Instrumente oder Anzeigen funktioniert, müssen zunächst die entsprchende Sicherung und alle relevanten Kabel und Stecker kontrolliert werden (beachten Sie dazu die Hinweise in Sektion 2 und 5 sowie die Schaltpläne am Ende des Kapitels).

2 Demontieren Sie je nach Modell die Lenkerverkleidung(en) oder das Instrumentengehäuse (siehe Kapitel 9). Trennen Sie den/die Instrumentenstecker.

3 Identifizieren Sie mithilfe der Schaltpläne am Ende des Kapitels das Stromversorgungskabel für die Instrumente und prüfen Sie, ob am kabelbaumseitigen Kontakt Batteriespannung anliegt (ermitteln Sie mithilfe des Schaltplans, ob hierfür die Zündung eingeschaltet sein muss).

4 Liegt keine Spannung an, muss das Kabel zwischen dem Stecker und der relevanten Sicherung auf Schäden oder schadhafte Kontakte überprüft werden.

5 Kontrollieren Sie das schwarze Kabel jedes Steckers auf guten Masseschluss.

6 Die Temperaturanzeige und ihr Sensor werden in Kapitel 4 behandelt.

7 Die Tankanzeige samt Reserve-Warnleuchte und ihr Geber werden in Kapitel 5 behandelt.

8 Kontrollieren Sie mithilfe der Fehlersuche (siehe Sektion 2) und der Schaltpläne am Ende des Kapitels die Kabel und Stecker zwischen der jeweiligen Anzeige oder Warnleuchte und ihres Sensors oder Schalters auf Durchgang und sichere Verbindungen.

9 Falls ein mechanischer Tachometer nicht arbeitet, muss zunächst die Tachowelle und dann ihr Antrieb im Vorderrad kontrolliert werden (siehe Kapitel 8, Sektion 16). Prüfen Sie bei einem elektronischen Tachometer zuerst den Sensor und seinen Ring am Vorderrad (siehe Kapitel 1, Sektion 4).

10 Falls der Sensor defekt zu sein scheint, muss sein Stecker getrennt und an den sensorseitigen Kontakten der Widerstand gemessen werden – falls nicht zwischen 100 und 150 Ohm festgestellt werden, muss der Sensor erneuert werden.

11 Trennen Sie den Sensorstecker und den Stecker des ABS-Steuergeräts und prüfen Sie, ob das hellblaue Kabel Durchgang oder einen Kurzschluss zu Masse hat.

12 Falls am Tachometer ein Defekt vermutet wird, muss er von einer Piaggio-Werkstatt kontrolliert werden – er ist in die Instrumenten-Baugruppe integriert und nicht separat erhältlich.

Ausbau und Einbau

13 Demontieren Sie je nach Modell die Lenkerverkleidung(en) oder das Instrumentengehäuse (siehe Kapitel 9).

14 Lösen Sie die Instrumenten-Schrauben und befreien Sie es aus der Verkleidung oder dem Gehäuse (siehe Abbildung).

15 Bei einigen Modellen ist das Instrumentenglas separat erhältlich – lösen Sie seine

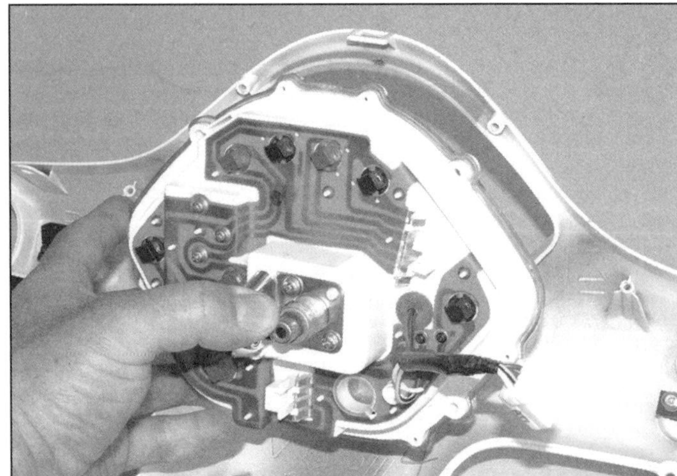

16.14 Lösen Sie die Schrauben und befreien Sie die Instrumenten-Baugruppe.

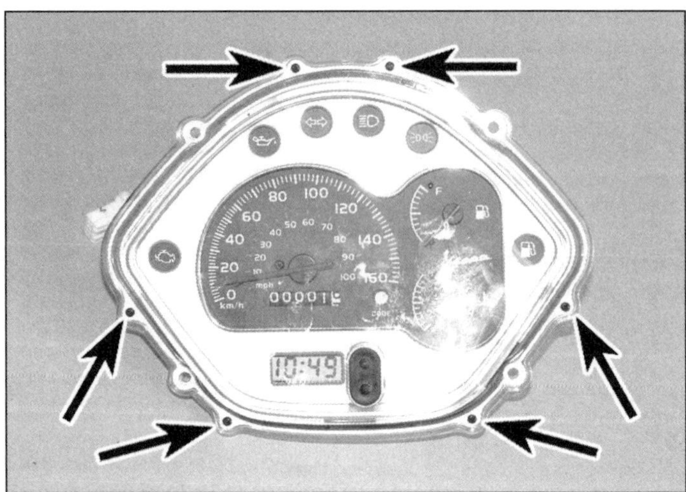

16.15 Das Instrumentenglas ist bei manchen Modellen mit Schrauben an der Instrumentengehäuse gesichert.

17.2a Befreien Sie den Lampenhalter . . .

17.2b . . . und ziehen Sie die Lampe heraus.

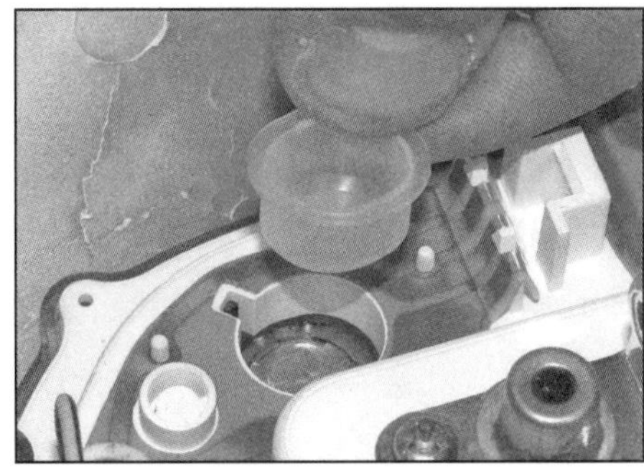

17.4a Entfernen Sie den Plastikstopfen, . . .

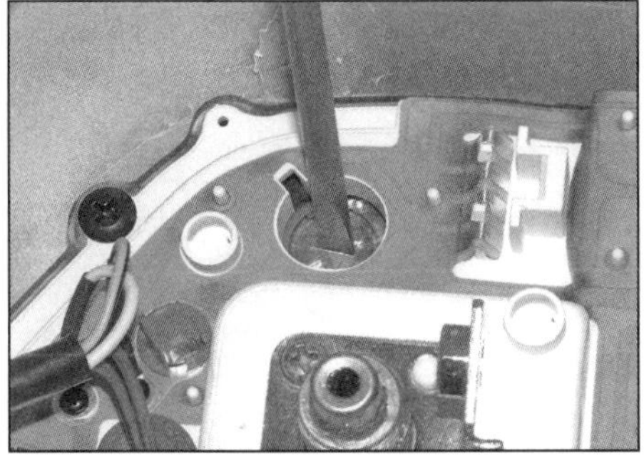

17.4b . . . schrauben Sie die Kappe heraus . . .

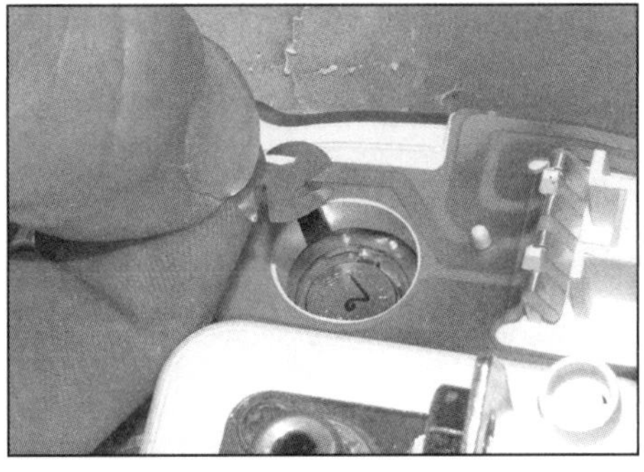

17.4c . . . und entfernen Sie die Kontaktplatte . . .

17.4d . . . sowie die darunter liegende Batterie.

Schrauben und entnehmen Sie es vom Instrumentengehäuse (siehe Abbildung).

16 Der Einbau entspricht der umgekehrten Ausbaureihenfolge. Der Instrumentenstecker muss korrekt verbunden sein. Prüfen Sie vor der ersten Fahrt die Funktionen des Instruments.

17 Instrumente und Kontrolllampen

1 Demontieren Sie die Instrumenten-Baugruppe (siehe Sektion 16).

2 Bei LXV- und S-Modellen sind die Instrumente mit konventionellen Lampen (sowohl für die Beleuchtung als auch als Warnleuchten) ausgerüstet. Drehen Sie den Lampenhalter gegen den Uhrzeigersinn, um ihn zu befreien, und ziehen Sie die Lampe aus dem Halter, um sie zu ersetzen (siehe Abbildungen).

3 Bei allen anderen Modellen sind die Instrumente hinsichtlich der Beleuchtung als auch der Warnlampen mit LEDs bestückt. Bevor eine defekte LED vermutet wird, muss geprüft werden, ob der Grund für deren Ausfall nicht ein schadhafter Sensor oder ein Defekt am Kabel oder Stecker ist. Soweit der Geber, das Kabel und die Stecker in Ordnung sind, muss die gesamte Instrumenten-Baugruppe erneuert werden – einzelne LEDs sind nicht erhältlich; erkundigen Sie sich jedoch angesichts des Preises zuvor in einem Fachbetrieb nach Reparaturmöglichkeiten.

4 Falls eine Uhr vorhanden ist, muss zum Auswechseln ihrer Batterie der Plastikstopfen entfernt und die dahinter liegende Kappe mit einem Schraubendreher entfernt werden. Entnehmen Sie die darunter liegende Kontaktplatte und die Batterie – merken Sie sich deren Einbaurichtung (siehe Abbildungen). Installieren Sie eine neue Batterie des gleichen Typs – beachten Sie ihre korrekte Polarität – und die Kontaktplatte, drehen Sie die Kappe auf und stecken Sie den Stopfen ein.

18.2a Lösen Sie die Schraube und befreien Sie die Tachowelle . . .

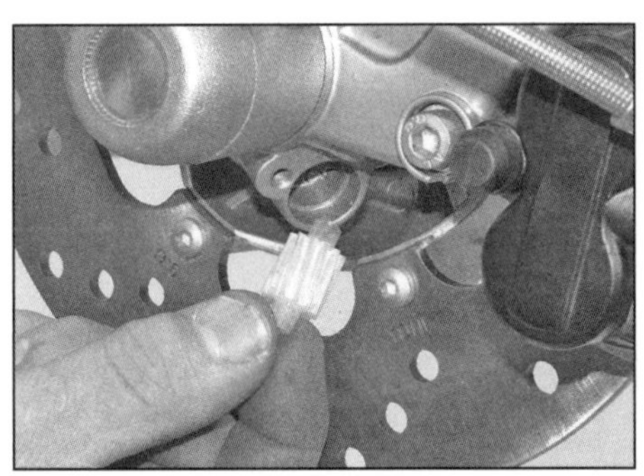

18.2b . . . sowie das Schneckenrad.

18 Tachowelle

Ausbau

1 Demontieren Sie je nach Modell die Lenkerverkleidung(en) oder das Instrumentengehäuse (siehe Kapitel 9). Entfernen Sie die innere Frontverkleidung (siehe Kapitel 9).

2 Lösen Sie am Bremssattel/Stoßdämpfer-Halter die Schraube der Tachowelle und ziehen Sie diese gefolgt vom Schneckenrad heraus, um dies zu schmieren (siehe Abbildungen).

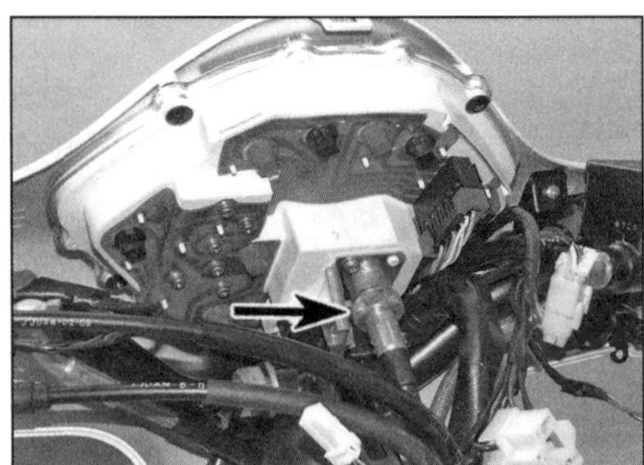

18.3a Die Tachowelle ist entweder mit einem Rändelring ...

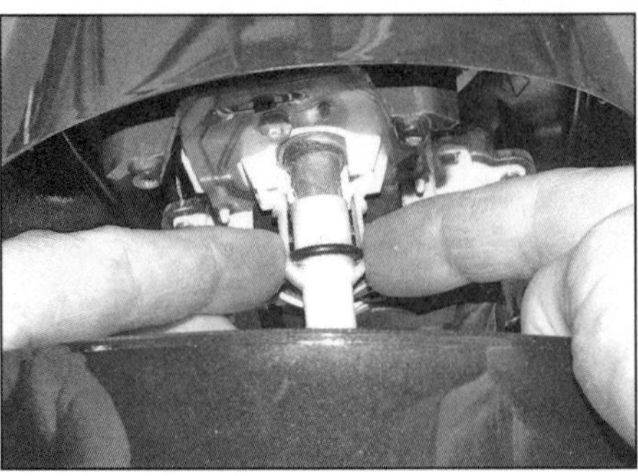

18.3b ... oder einem Clip, dessen Laschen eingedrückt werden müssen, am Tachometer gesichert.

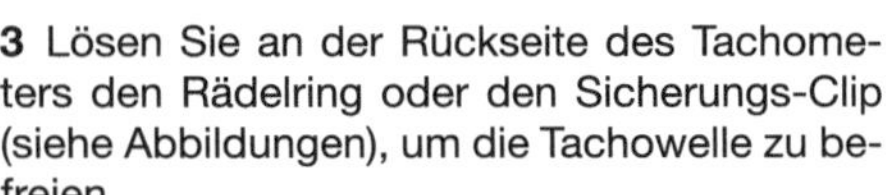

3 Lösen Sie an der Rückseite des Tachometers den Rädelring oder den Sicherungs-Clip (siehe Abbildungen), um die Tachowelle zu befreien.

4 Befreien Sie die Tachowelle aus allen Führungen und Befestigungen und ziehen Sie sie unter Beachtung ihrer Einbaulage heraus.

Einbau

5 Verlegen Sie die Tachowelle durch ihre Führungen.

6 Schließen Sie das obere Ende der Welle so an den Tachometer an, dass ihr Vierkant in den Mitnehmer greift, und sichern Sie es mit dem Rändelring oder dem eingerasteten Clip (Abbildungen 18.3a oder b).

7 Reingen Sie das Schneckenrad und schmieren Sie es mit frischem Fett, bevor Sie es in sein Gehäuse schieben (Abbildung 18.2b). Installieren Sie das untere Ende der Tachowelle so, dass ihr Vierkant ins Schneckenrad greift, und sichern Sie es mit der Schraube (Abbildung 18.2a).

8 Prüfen Sie, ob die Tachowelle nicht die Lenkung behindert und an anderen Komponenten scheuert.

9 Montieren Sie die innere Frontverkleidung und die Lenkerverkleidung(en) oder das Instrumentengehäuse (siehe Kapitel 9).

19.6 Befreien Sie den Wegfahrsperren-Empfänger vom Zündschloss.

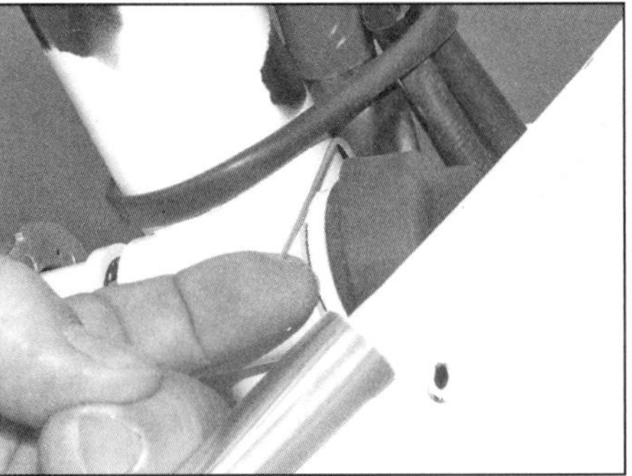

19.7a Heben Sie den Federclip an, ...

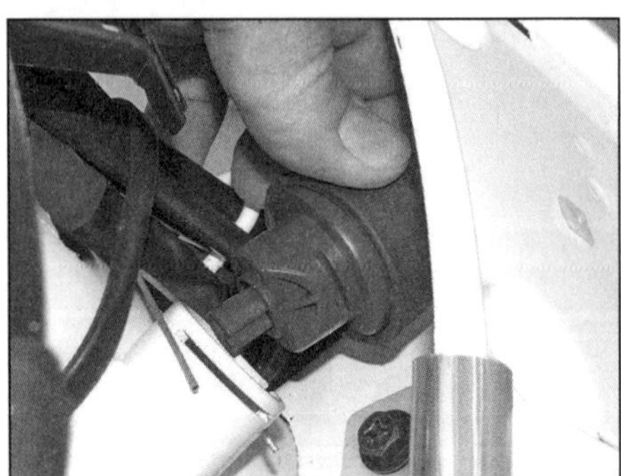

19.7b ... ziehen Sie die Platte heraus ...

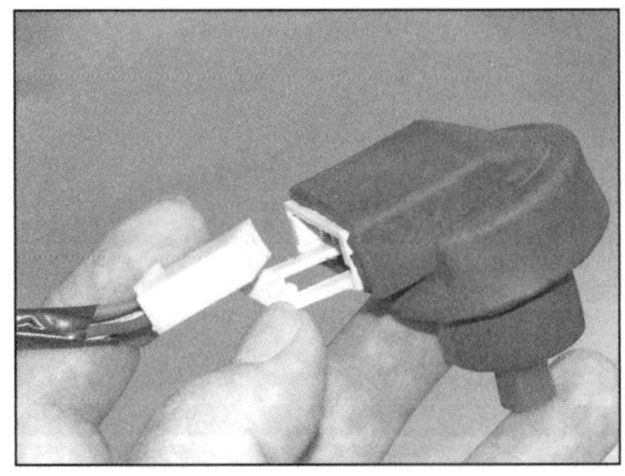

19.7c ... und trennen Sie den Stecker.

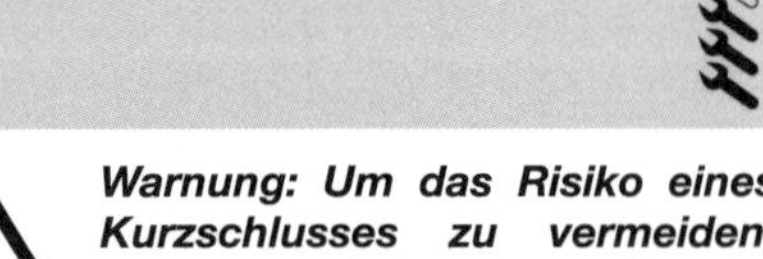

19 Zündschloss

Warnung: Um das Risiko eines Kurzschlusses zu vermeiden, muss vor jeder Kontrolle des Zündschlosses der Masseanschluss (–) von der Batterie getrennt werden.

Kontrolle

1 Falls am Zündschloss kein Strom ankommt, müssen zuerst die Batterie und die Hauptsicherung kontrolliert werden (siehe Sektionen 3 und 5).

2 Entfernen Sie die innere Frontverkleidung (siehe Kapitel 9). Trennen Sie den Zündschloss-Stecker (Schritt 7).

3 Kontrollieren Sie mithilfe eines Multimeters oder Durchgangsprüfers am Zündschloss den Durchgang zwischen den Kontaktpaaren – bei eingeschalteter Zündung (ON) muss dieser bestehen, bei abgeschalteter Zündung (OFF) darf kein Durchgang festgestellt werden. Bei anderen Ergebnissen ist das Zündschloss defekt und muss ersetzt werden.

4 Soweit das Zündschloss den Test bestanden hat, muss am kabelbaumseitigen Kontakt des rot/schwarzen Kabels (rot/grün beim GTS 125/150 ab 2016) geprüft werden, ob Batteriespannung anliegt; falls nicht, muss die Hauptsicherung und der Durchgang des rot/schwarzen (grün/schwarzen) Kabels zur Sicherung sowie deren Verbindung zur Batterie auf Durchgang überprüft werden. Soweit Spannung anliegt, müssen alle vom Zündschloss ausgehenden Kabel mithilfe der Schaltpläne auf Durchgang getestet werden.

Ausbau

5 Demontieren Sie die Frontblende und die innere Frontverkleidung (siehe Kapitel 9).

6 Befreien Sie ggf. den Wegfahrsperren-Empfänger vom Zündschloss – er ist lediglich eingeklickt (siehe Abbildung).

7 Um die Kontaktplatte von der Rückseite des Zündschlosses zu befreien, muss der Federclip angehoben und die Platte entfernt werden – beachten Sie ihre Einbaulage (siehe Abbildungen). Trennen Sie den Kabelstecker (siehe Abbildung).

8 Um den Schlosszylinder entfernen zu können, muss ein kleiner Schraubendreher in die Gehäusebohrung hinter der Frontseite des Zündschlosses gesteckt und die darin liegende Sicherungslasche gedrückt werden, um den Zylinder aus dem Gehäuse ziehen zu können.

Einbau

9 Stecken Sie den Zündschlüssel ein und drehen Sie ihn auf ON. Führen Sie den Schlosszylinder mit der Sicherungslasche nach unten zeigend etwa zur Hälfte in das Gehäuse ein, drehen Sie dann gleichzeitig den Schlüssel auf

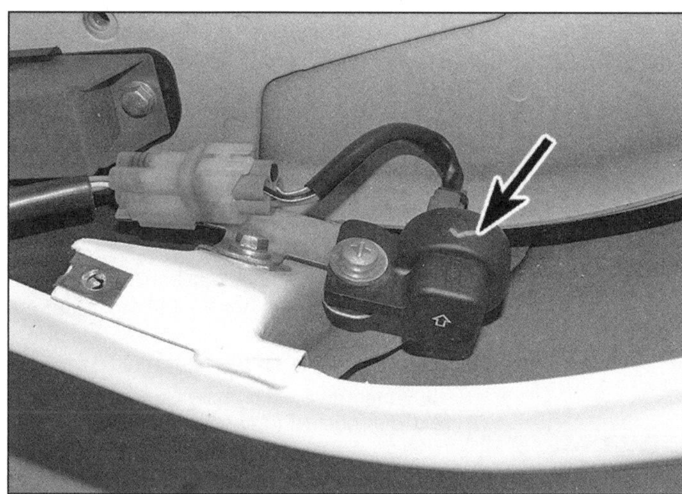

20.4 Position des Neigungswinkelsensors – gezeigt am Primavera

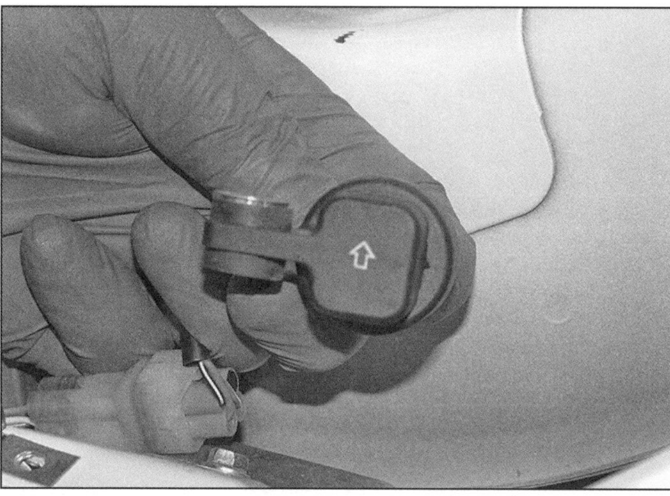

20.5 Solange der Pfeil am Sensorgehäuse nach oben zeigt und nicht mehr als 60° geneigt ist, muss Durchgang bestehen.

OFF und drücken Sie den Zylinder vollständig ein, bis die Lasche einrastet.

10 Installieren Sie die Kontaktplatte und ggf. den Wegfahrsperren-Empfänger in der umgekehrten Ausbaureihenfolge – die Platte muss korrekt sitzen und mit dem Federclip gesichert sein (Abbildungen 19.7c, b und a sowie Abbildung 19.6). Alle Stecker müssen korrekt verbunden sein.

20 Neigungswinkelsensor

1 Dieser mit dem Motorsteuergerät verbundene Sensor sorgt dafür, dass die Zündung und die Einspritzung unterbrochen werden, sobald das Fahrzeug auf der Seite liegt. Bevor der Motor wieder gestartet werden kann, muss das Fahrzeug aufrecht hingestellt und die Zündung auf OFF und wieder auf ON geschaltet werden, damit das Selbstdiagnoseprogramm durchgeführt werden kann.

Kontrolle

2 Kontrollieren Sie die für den Sensor zuständige Sicherung (siehe Sektion 5) – beachten Sie dazu die Schaltpläne.

3 Der Sensor sitzt unter der Bodenverkleidung, sodass diese für den Zugang entfernt werden muss (siehe Kapitel 9).

4 Trennen Sie den Sensorstecker (siehe Abbildung). Schalten Sie die Zündung ein und prüfen Sie am kabelbaumseitigen Kontakt des rot/weißen (oder weißen) Kabels, ob Batteriespannung anliegt. Schalten Sie die Zündung wieder aus.

5 Lösen Sie die Schraube des Sensors und entnehmen Sie ihn – der darauf angebrachte Pfeil muss nach oben zeigen. Prüfen Sie, ob zwischen dem sensorseitigen Steckerkontakt des Stromversorgungskabels und einem der anderen Kontakte Durchgang besteht; sobald dieser bei einem Kabelpaar festgestellt wird, muss der Sensor um mehr als 60° geneigt werden – bei einem funktionsfähigen Sensor muss der Durchgang jetzt unterbrochen werden; bei anderen Ergebnissen sollte der Sensor ersetzt oder von einer Fachwerkstatt überprüft werden.

6 Der Einbau entspricht der umgekehrten Ausbaureihenfolge.

21 Lenkerschalter

Kontrolle

1 Im Allgemeinen funktionieren die Schalter zuverlässig und problemlos. Wenn Probleme auftreten, liegt es oft an Schmutz und korrodierten Kontakten, aber auch Verschleiß und Brüche innerer Teile sind Möglichkeiten, die nicht übersehen werden dürfen. Wenn irgendeine Unterbrechung auftritt, muss der entsprechende Schalter samt angeschlossener Kabel ersetzt werden, da Einzelteile nicht erhältlich sind.

2 Die Schalter können mit einem Ohmmeter oder einer Prüflampe auf Durchgang kontrolliert werden. Trennen Sie zunächst stets das Massekabel (–) der Batterie, um keine Kurzschlüsse zu verursachen.

3 Entfernen Sie bei LX, S und GTS die vordere Lenkerverkleidung (siehe Kapitel 9) und trennen Sie die Verkabelung des zu testenden Schalters (siehe Abbildung) – zur Verbesserung des Zugangs kann die hintere Lenkerverkleidung entfernt werden.

4 Entfernen Sie beim LXV, GTV, GT und Sei Giorni 300 die innere Frontverkleidung (siehe Kapitel 9). Entfernen Sie beim Primavera und Sprint die obere Lenkerverkleidung und die innere Frontverkleidung (siehe Kapitel 9). Trennen Sie die Verkabelung des zu testenden Schalters (siehe Abbildung).

5 Kontrollieren Sie den Durchgang zwischen den Anschlüssen der Schalterseite bei entsprechender Schalterstellung (d. h. Schalter aus – kein Durchgang, Schalter an – Durchgang) – beachten Sie die Schaltpläne am Ende des Kapitels.

6 Wenn die Durchgangsprüfung ein Problem bestätigt, kann Korrosion die Ursache sein und seine Kontakte müssen mit Kontaktspray

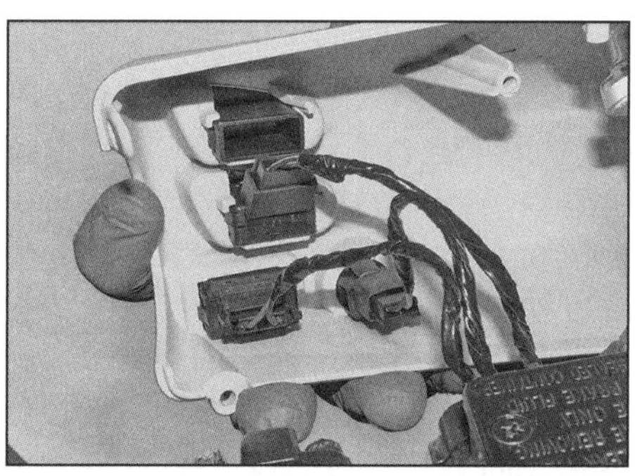

21.3 Lenkerschalter mit einzelnen Steckern – gezeigt am GTS 125/150 ab 2016

21.4 Lenkerschalter-Stecker – gezeigt am Primavera

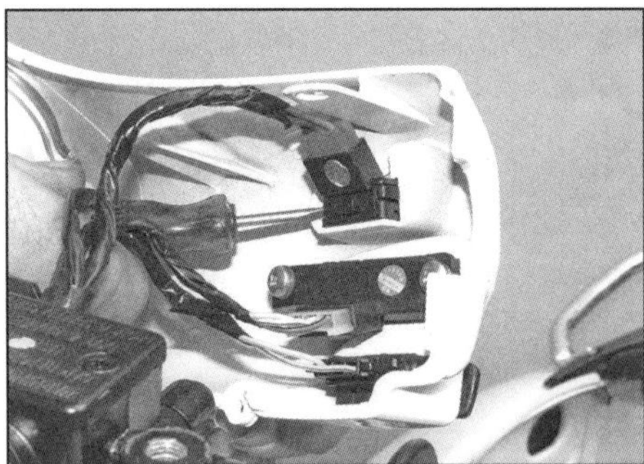

21.8 Die Lenkerschalter sind mit Laschen oder Schrauben gesichert.

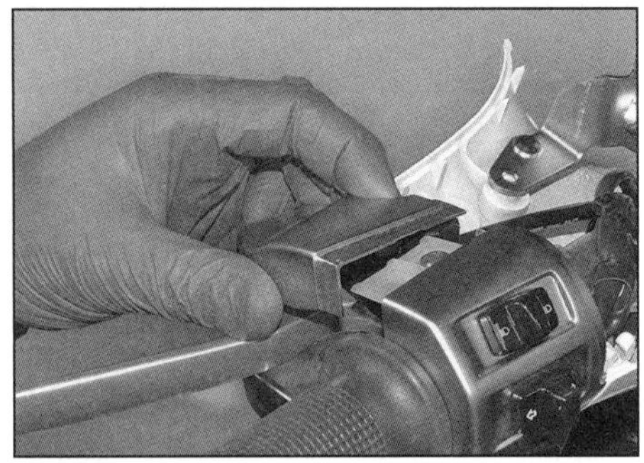

21.15b . . . und entfernen Sie den vorderen Schalter-Deckel.

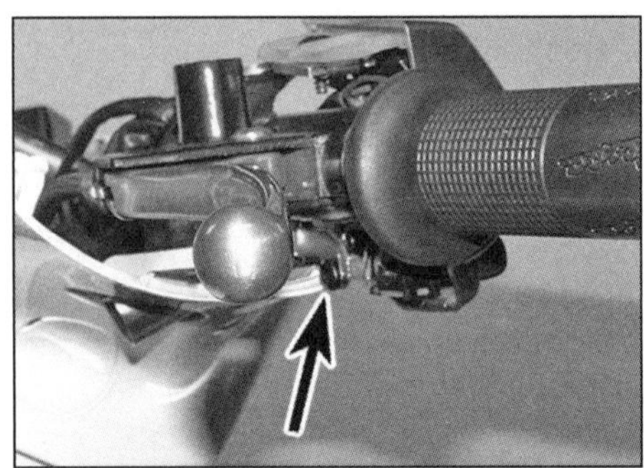

21.16b . . . und die untere Schaltergehäuse-schraube, . . .

eingesprüht werden (es ist nicht nötig, die Schalter dazu vollständig zu entfernen). Falls sie zugänglich sind, können die Kontakte mit einem Messer sauber gekratzt oder feinem Sandpapier aufpoliert werden. Wenn Schalterelemente beschädigt oder zerstört sind, wird dieses bei der Demontage offensichtlich. Lockere oder gelöste Kabel können möglicherweise wieder angelötet werden. Ersetzen Sie ggf. den Schalter oder das Schaltergehäuse durch ein Neuteil.

Ausbau

LX, S und GTS

7 Entfernen Sie die vordere Lenkerverkleidung (siehe Kapitel 9).

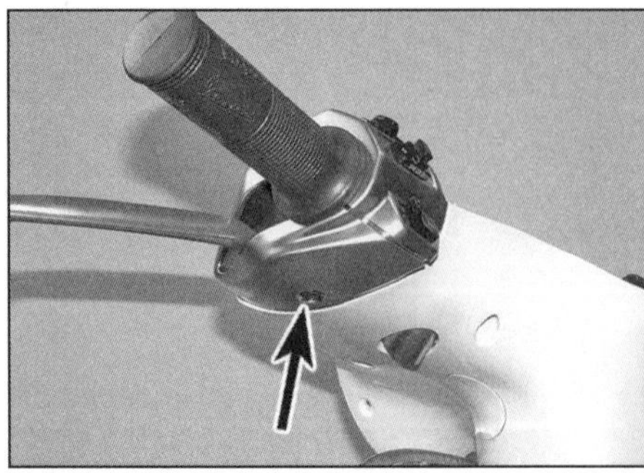

21.15a Lösen Sie die Schraube . . .

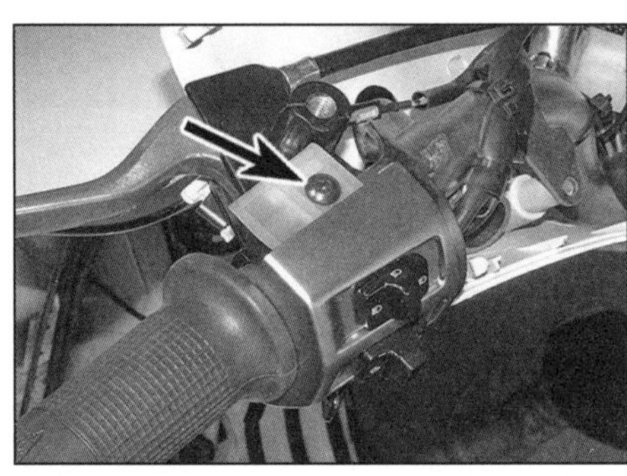

21.16a Lösen Sie die obere . . .

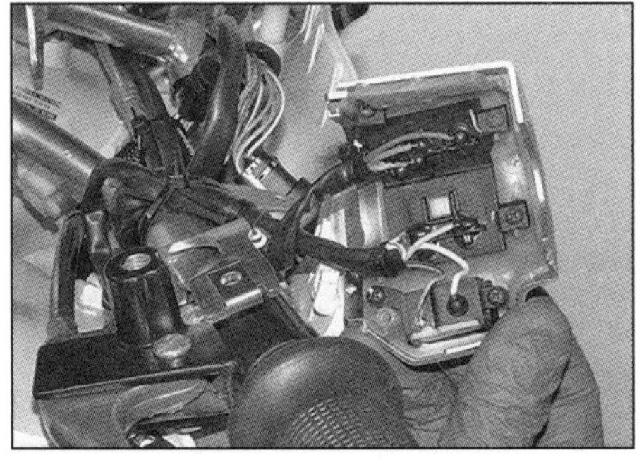

21.16c . . . um dies vom Lenker zu befreien.

8 Trennen Sie den entsprechenden Stecker und lösen Sie entweder die Laschen oder Schrauben des Schalters, um ihn aus der Verkleidung zu befreien (siehe Abbildung).

LXV, GTV, GT und Sei Giorni 300

9 Entfernen Sie die obere Lenkerverkleidung und die innere Frontverkleidung (siehe Kapitel 9). Trennen Sie die Bremslichtschalter-Stecker (Abbildung 14.3d). Verfolgen Sie die Verkabelung des zu testenden Schaltergehäuses und trennen Sie den Stecker. Führen Sie das Kabel zum Schalter zurück, befreien Sie es aus allen Befestigungen und Kabelbindern und merken Sie sich seine Verlegung.

10 Befreien Sie den Vorderrad-Bremszylinder vom Lenker (siehe Kapitel 8).

11 Zur Demontage des rechten Schaltergehäuses müssen die Gaszüge vom Gasgriff befreit werden (siehe Kapitel 5, Sektion 8) – an der Drosselklappenbetätigung können sie angeschlossen bleiben.

12 Zur Demontage des linken Schaltergehäuses müssen die Gehäuseschrauben gelöst und die Schalter-Baugruppe befreit werden. Lösen Sie die Klemmschrauben, um die Rückseite des Schalters zu entnehmen.

Primavera und Sprint

13 Entfernen Sie die obere Lenkerverkleidung und die innere Frontverkleidung (siehe Kapitel 9).

14 Verfolgen Sie die Verkabelung des zu testenden Schalters und trennen Sie den Stecker. Führen Sie das Kabel zum Schalter zurück, befreien Sie es aus allen Befestigungen und Kabelbindern und merken Sie sich seine Verlegung.

15 Lösen Sie die Schraube des vorderen Schalter-Deckels und ziehen Sie diesen ab (siehe Abbildungen).

16 Trennen Sie die Bremslichtschalter-Stecker (Abbildung 14.3d). Lösen Sie die obere und untere Schraube des Schaltergehäuses und befreien Sie dies vom Lenker (siehe Abbildungen).

Einbau

17 Der Einbau entspricht der umgekehrten Ausbaureihenfolge – beachten Sie dabei folgende Punkte:

- Beim LX, S und GTS müssen die Schalterlaschen korrekt in der Verkleidung einrasten (Abbildung 21.8).
- Beim LXV, GTV, GT und Sei Giorni 300 muss der Stift an der Rückseite des jeweiligen Schalters in die Bohrung des Lenkers geführt werden. Beachten Sie für die Montage des rechten Schalters die Hinweise in Kapitel 5, Sektion 8.
- Beim Primavera und Sprint dürfen die Schrauben, mit denen die Schaltergehäuse am Lenker gesichert sind, nicht zu fest angezogen werden.
- Prüfen Sie vor der ersten Fahrt die Funktion aller Schalter und ggf. des Gasgriffs.

22 Hupe

Kontrolle

1 Falls die Hupe nicht funktioniert, muss zuerst ihre Sicherung kontrolliert werden (siehe Sektion 5).

2 Wenn die Sicherung in Ordnung ist, muss für den Zugang zur Hupe die Frontblende oder die innere Frontverkleidung entfernt werden (siehe Kapitel 9) (siehe Abbildungen).

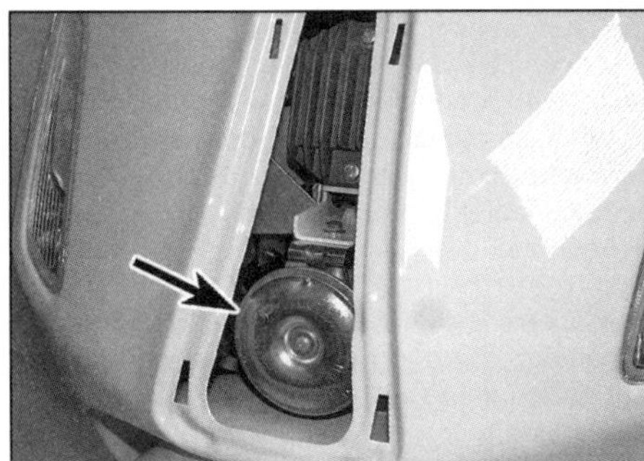

22.2a Position der Hupe hinter der Frontblende . . .

22.2b . . . oder hinter der inneren Frontverkleidung

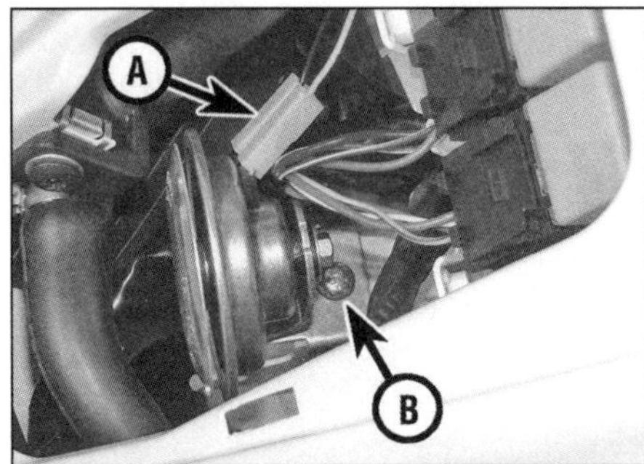

22.3 Hupenstecker (A) und Befestigungsschraube (B)

3 Trennen Sie den Hupenstecker und kontrollieren Sie ihn sowie die Hupe auf lockere Kontakte (siehe Abbildung).
4 Demontieren Sie die Hupe und verbinden Sie sie mithilfe zweier Überbrückungskabel direkt mit der Batterie – wenn sie jetzt keinen Ton abgibt, ist sie defekt und muss ersetzt werden.
5 Funktioniert die Hupe in Schritt 4, muss bei eingeschalteter Zündung und gedrücktem Hupenknopf geprüft werden, ob am Stromversorgungs-Kontakt Batteriespannung anliegt – beachten Sie hierzu die Schaltpläne am Ende dieses Kapitels. Wenn Spannung festgestellt wird, muss das schwarze Kabel auf guten Massekontakt überprüft werden.
6 Wurde keine Spannung festgestellt, müssen das grau/schwarze oder gelb/pinke Kabel zwischen der Hupe und dem Hupenknopf sowie dessen Verbindung zur Sicherung auf Durchgang getestet werden. Bei eingeschalteter Zündung muss zum Hupenknopf dauerhaft Spannung anliegen.
7 Soweit alle Kabel und Stecker in Ordnung sind, müssen die Kontakte des Hupenknopfs kontrolliert werden (siehe Sektion 21).

Ersetzen

8 Entfernen Sie die Frontblende oder die innere Frontverkleidung (siehe Kapitel 9).
9 Trennen Sie den Hupenstecker und lösen Sie die Befestigungsschraube der Hupe (Abbildung 22.3).
10 Montieren Sie die Hupe, verbinden Sie den Stecker und prüfen Sie ihre Funktion.

23 Sitzbankentriegelungs-Magnetschalter und »Fahrzeug-Finder«

1 Der entweder durch den Knopf links an der Fernbedienung oder den Öffner-Knopf in der inneren Frontverkleidung aktivierte Magnetschalter betätigt die Sitzbankentriegelung. Der Fernbedienungs-Knopf sitzt am Anhänger, der einen Transponder enthält, und dieser sendet ein Signal an den Empfänger des Fahrzeugs, der die Sitzbank entriegelt. Der rechte Knopf der Fernbedienung aktiviert die »Fahrzeug-Finder«-Funktion – beim Drücken werden alle vier Blinker des Rollers auf, um ihn auf einem belebten Parkplatz identifizieren zu können.
2 Die Funktion des Magnetschalters erfordert eine geladene Batterie. Um die Fernbedienung nutzen zu können, müssen die zwei darin sitzenden Batterien (CR 2016) ebenfalls in Ordnung sein.
3 Soweit der Fernbedienungs-Anhänger funktioniert, beginnen die Wegfahrsperren-LED im Cockpit und alle vier Blinker beim Drücken des linken Knopfs zu blinken. Zum Austausch der Batterien muss der Anhänger vorsichtig mit einer dünnen Klinge auseinander gehebelt werden – die Batterien müssen mit dem Pluspol (+) zu den Kontakten installiert werden.
4 Zum Entriegeln der Sitzbank und dem Erhalt der System-Programmierung sollte möglichst stets der Fernbedienungsanhänger verwendet werden. Um das System nach einem Ausfall wieder zu aktivieren, muss zuerst die Fahrzeug-Batterie getrennt und wieder angeschlossen werden, drücken Sie dann sofort gleichzeitig beide Knöpfe des Fernbedienungs-Anhängers – wenn alle vier Blinker zu blinken beginnen, war die Reaktivierung erfolgreich.
5 Alternativ kann die Sitzbank auch nach dem Einführen des Zündschlüssels ins Zündschloss durch Drücken des Entriegelungs-Knopfs in der Innenverkleidung geöffnet werden.
6 Falls die Fahrzeugbatterie ausgebaut oder ausgefallen ist, kann die Sitzbank auch mit dem Hebel im Handschuhfach entriegelt werden (siehe Abbildung).

Sitzbankentriegelungs-Magnetschalter

7 Falls sich die Sitzbank nicht elektrisch entriegeln lässt, muss die Sicherung kontrolliert werden – beachten Sie den entsprechenden Schaltplan.
8 Beim Primavera und Sprint befindet sich der Sitzbankentriegelungs-Magnetschalter unterhalb der Bodenverkleidung (siehe Abbildung) – entfernen Sie diese, um Zugang zu erhalten (siehe Kapitel 9).
9 Beim GTS 125/150 ab 2016 befindet sich der Sitzbankentriegelungs-Magnetschalter links hinten innerhalb der Karosserie – entfernen Sie das Staufach und die Tankabdeckung (siehe Kapitel 9), um Zugang zu erhalten. Befreien Sie den Sitzbank-Entriegelungsseilzug aus seinen Führungen und trennen Sie ihn vom Mechanismus. Lösen Sie die Muttern des Magnetschalter-Halters und senken Sie diesen aus der Karosserie ab.
10 Prüfen Sie die Funktion des Magnetschalters – der Kolben muss sich beim Drücken des Knopfs hinein und herausbewegen. Wenn der Magnetschalter in Ordnung ist, müssen der Seilzug und der Sitzbank-Mechanismus kontrolliert und nötigenfalls geschmiert werden –

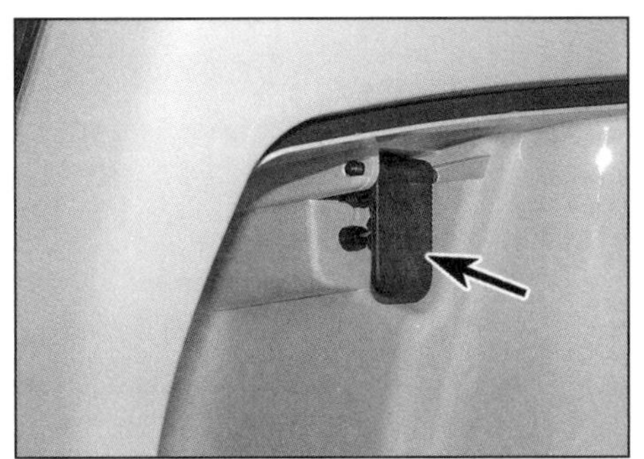

23.6 Sitzbank-Entriegelungshebel im Handschuhfach

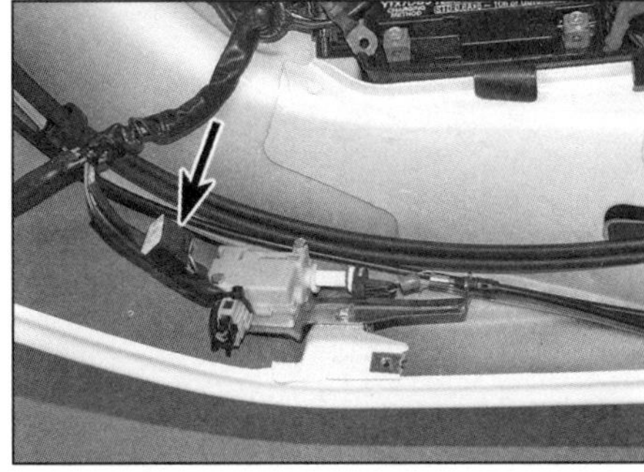

23.8 Position des Sitzbankentriegelungs-Magnetschalters und des Empfängers (Pfeil) – Primavera und Sprint

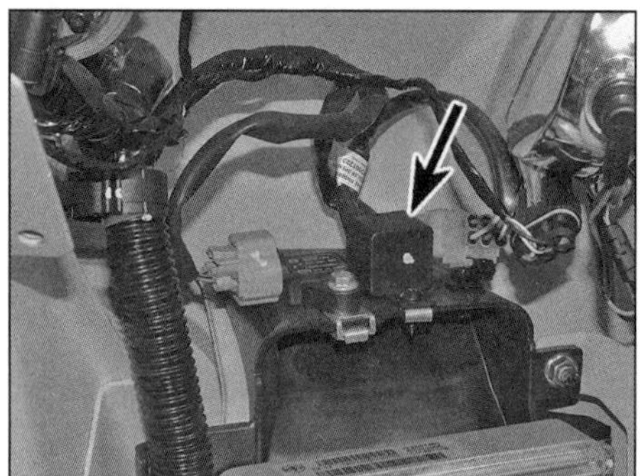

23.15 Position des »Fahrzeug-Finder«-Empfängers beim GTS 125/150 ab 2016

verwenden Sie für den Bowdenzug ein dafür vorgesehenes Spray.

11 Falls am Magnetschalter ein Defekt vermutet wird, muss der Stecker getrennt und am kabelbaumseitigen Kontakt des von der Sicherung kommenden Kabels geprüft werden, ob dauerhaft Batteriespannung anliegt. Überprüfen Sie genauso, ob am Empfänger-Stecker Spannung anliegt. Soweit die Sicherung und die Verkabelung in Ordnung sind, wird der Empfänger oder der Magnetschalter defekt sein – lassen Sie dies von einer Piaggio-Werkstatt überprüfen.

Ausbau und Einbau

12 Trennen Sie den Magnetschalter-Stecker. Lösen Sie die Schrauben, die den Magnetschalter an seinem Halter sichern, und hängen Sie die Feder an seinem Kolben aus.

13 Der Einbau entspricht der umgekehrten Ausbaureihenfolge – prüfen Sie vor der Montage der Bodenverkleidung oder der Tankabdeckung die Funktion des Magnetschalters.

Fahrzeug-Finder

14 Beim Primavera und Sprint befindet sich der Empfänger neben dem Sitzbankentriegelungs-Magnetschalter (Abbildung 23.8) Entfernen Sie für den Zugang die Bodenverkleidung (siehe Kapitel 9).

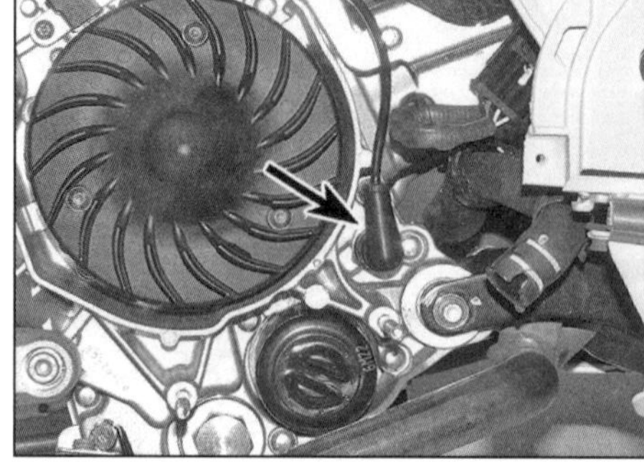

24.5 Position des Öldruckschalters – gezeigt beim GTS 125/150 ab 2016

15 Beim GTS 125/150 ab 2016 befindet sich der Fahrzeug-Finder oberhalb des Motorsteuergeräts (siehe Abbildung) – entfernen Sie die Bodenverkleidung, um Zugang zu erhalten (siehe Kapitel 9).

24 Öldruckschalter

Kontrolle

1 Die Öldruck-Warnleuchte muss nach dem Einschalten der Zündung aufleuchten und kurz nach dem Starten des Motors erlöschen. Falls die Lampe nach dem Einschalten der Zündung nicht leuchtet, muss bei LXV- und S-Modellen die Lampe kontrolliert werden (siehe Sektion 17), bei anderen Modellen leuchtet eine LED, die normalerweise nicht ausfällt. Falls die Lampe nach dem Starten des Motors nicht erlischt oder im laufenden Betrieb aufleuchtet, muss der Motor unverzüglich abgeschaltet und der Ölpegel kontrolliert werden (siehe *Tägliche Kontrollen*). Ist der Ölstand korrekt, muss eine Öldruckprüfung durchgeführt werden (siehe Kapitel 2A, 2B, 2C oder 2C, Sektion 3).

2 Falls die Warnlampe nach dem Einschalten der Zündung nicht aufleuchtet, aber alle anderen Instrumente funktionieren, muss am Öldruckschalter der Stecker getrennt (Schritte 5 und 7) und bei eingeschalteter Zündung am Motorgehäuse gegen Masse gehalten werden – wenn die Lampe jetzt leuchtet, ist der Öldruckschalter defekt und muss ersetzt werden.

3 Leuchtet die Warnlampe auch bei diesem Test nicht, muss die Sicherung kontrolliert werden (siehe Sektion 5), dann muss bei eingeschalteter Zündung geprüft werden, ob am Kabel Spannung anliegt – ist dies nicht der Fall, muss ermittelt werden, ob die Verkabelung zwischen dem Schalter, der Sicherung und dem Instrumentenstecker Durchgang hat – beachten Sie hierzu die Schaltpläne am Ende des Kapitels. Reparieren Sie das Kabel nötigenfalls. Wenn das Kabel und der Schalter in Ordnung sind, kann an der Instrumenten-Leiterplatte ein Defekt vorliegen.

4 Falls die Öldruck-Warnlampe nach dem Start des Motors nicht erlischt oder im Betrieb aufleuchtet, obwohl der Öldruck in Ordnung ist, muss das Kabel vom Öldruckschalter befreit werden (siehe oben) – bei eingeschalteter Zündung darf die Lampe nicht aufleuchten, andernfalls hat das Kabel irgendwo zwischen dem Schalter und dem Instrument einen Masseschluss. Wenn das Kabel in Ordnung ist, kann von einem Defekt am Öldruckschalter ausgegangen werden, sodass dieser ausgetauscht werden muss.

Ausbau

5 Der Öldruckschalter ist rechts ins Motorgehäuse geschraubt (siehe Abbildung). Entfernen Sie beim LX, LXV und S den Lichtmaschinendeckel (siehe Kapitel 2A oder 2B). Entfernen Sie beim GTS, GTV, GT und Sei Giorni 300 die rechte Seitenverkleidung (siehe Kapitel 9). Entfernen Sie beim GTS 125/150 ab 2016 den Wasserkühler (siehe Kapitel 4, Sektion 6).

6 Lassen Sie das Motoröl ab (siehe Kapitel 1).

7 Ziehen Sie am Öldruckschalter die Gummikappe ab und trennen Sie den Kabelstecker (siehe Abbildung). Schrauben Sie den Schalter aus dem Motor (siehe Abbildung) – die Dichtscheibe muss beim Einbau durch ein Neuteil ersetzt werden.

Einbau

8 Rüsten Sie den Öldruckschalter mit einer neuen Dichtscheibe aus und ziehen Sie ihn mit einem langen Steckschlüssel mit 12 bis 14 Nm an. Verbinden Sie den Stecker und drücken Sie die Gummikappe auf.

9 Füllen Sie Motoröl auf (siehe Kapitel 1 und *Tägliche Kontrollen*).

10 Montieren Sie beim LX, LXV und S den Lichtmaschinendeckel und beim GTS, GTV, GT und Sei Giorni 300 die rechte Seitenverkleidung.

11 Montieren Sie beim GTS 125/150 ab 2016 den Wasserkühler und füllen Sie das Kühlsystem auf (siehe Kapitel 4, Sektion 6 und 2).

12 Starten Sie den Motor und prüfen Sie die Funktion des Öldruckschalters. Kontrollieren

24.7a Ziehen Sie die Gummikappe ab und trennen Sie den Stecker vom Öldruckschalter.

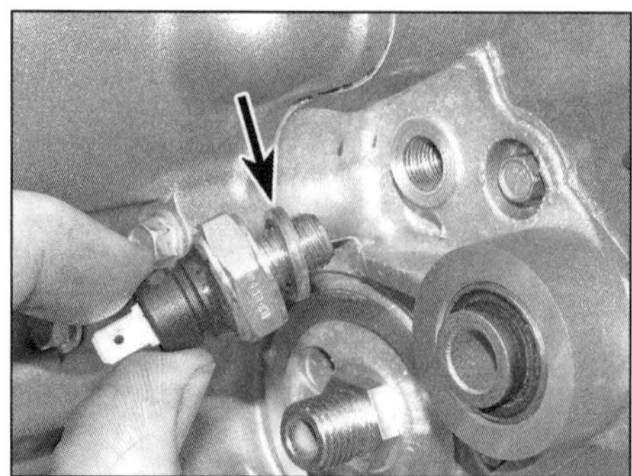

24.7b Schrauben Sie den Schalter aus dem Motor und entsorgen Sie die Dichtscheibe.

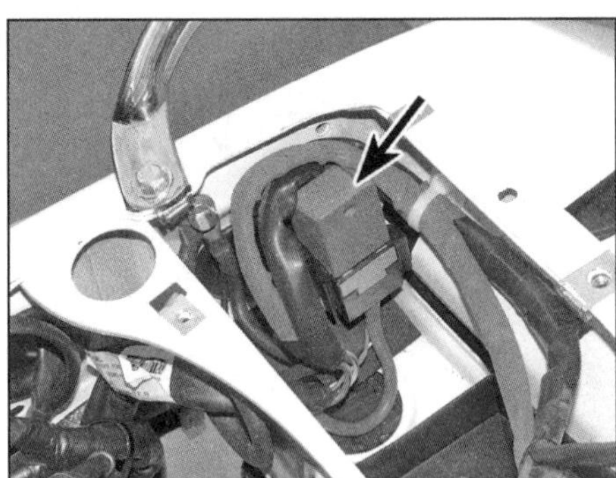

25.2a Anlasserrelais – gezeigt beim LX

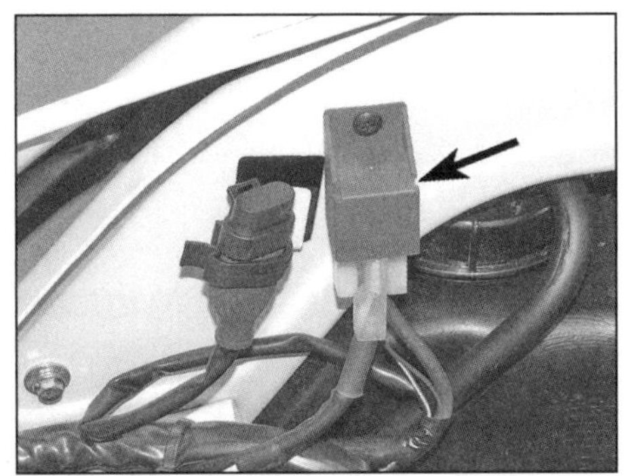

25.2b Anlasserrelais – gezeigt beim GTS

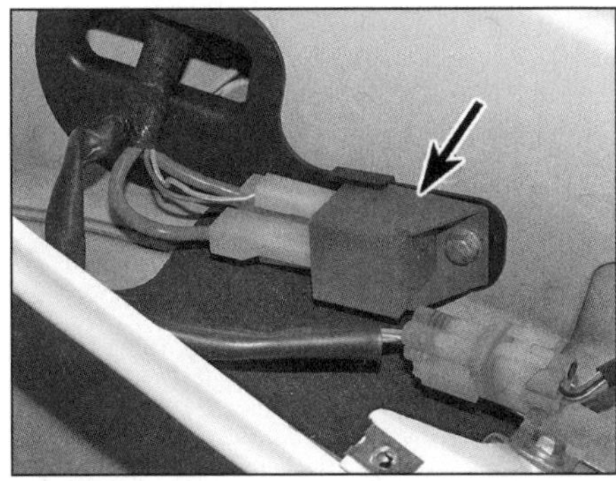

25.2c Anlasserrelais – gezeigt beim Primavera

Sie nach der ersten Fahrt den Bereich um den Schalter auf Dichtigkeit.

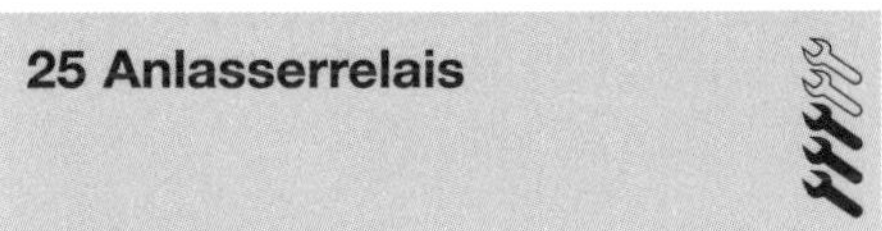

25 Anlasserrelais

Anmerkung: *Motoren mit Stopp-Start-Automatik (RISS) sind weder mit einem konventionellen Anlasser noch mit einem Anlasserrelais ausgerüstet.*

Kontrolle

1 Falls der Anlasser-Stromkreis fehlerhaft ist, müssen zuerst die entsprechenden Sicherungen kontrolliert werden (siehe Sektion 5).

2 Um Zugang zum Anlasserrelais zu erhalten, muss beim LX, LXV und S die Batterieabdeckung entfernt werden (siehe Sektion 3) – das Relais sitzt rechts von der Batterie (siehe Abbildung). Entnehmen Sie beim GTS, GTV und GT das Staufach (siehe Abbildung) und beim Primavera und Sprint die Bodenverkleidung (siehe Abbildung).

3 Schalten Sie die Zündung ein, ziehen Sie eine der Bremsen und drücken Sie den Startknopf – aus dem Relais muss ein Klicken zu hören sein.

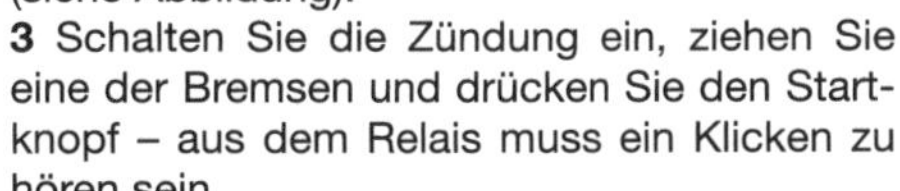

4 Falls das Relais nicht klickt (und folglich auch der Anlasser nicht arbeitet), muss die Zündung ausgeschaltet und das Relais demontiert werden (siehe unten), um es wie folgt zu testen:

5 Verbinden Sie ein auf den Messbereich Ohm x 1 geschaltetes Multimeter mit den Relais-Kontakten 87 und 30 (siehe Abbildung) – es muss unendlicher Widerstand (»1«) festgestellt werden. Verbinden Sie nun eine geladene 12-Volt-Batterie mit den Relaiskontakten 85 (–) und 86 (+) – jetzt muss ein Klicken hörbar sein und Durchgang (0 Ohm) angezeigt werden. Falls das Relais nicht wie beschrieben arbeitet, muss es ersetzt werden.

6 Ist das Relais in Ordnung, muss das Hauptkabel zwischen der Batterie und dem Relais auf Durchgang getestet werden. Prüfen Sie auch, ob die Anschlüsse an beiden Seiten des

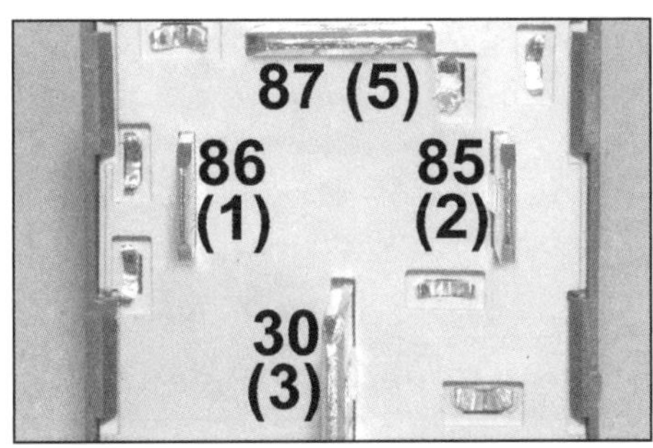

25.5 Die Anschluss-Bezeichnungen finden sich an der Rückseite des Relais.

25.11b Lösen Sie die Schraube, befreien Sie das Relais . . .

Kabels frei von Korrosion und fest angeschlossen sind.

7 Prüfen Sie anschließend bei eingeschalteter Zündung, gezogener Bremse und gedrücktem Startknopf, ob am Stecker-Kontakt des orange/weißen Kabels (beachten Sie die Schaltpläne, da die Farbe abweichen kann) Batteriespannung anliegt; ist dies nicht der Fall, müssen die Kabel und Stecker zwischen dem Relaisstecker und dem Startknopf sowie zwischen diesen, den Bremslichtschaltern und der Sicherung auf Durchgang überprüft werden. Kontrollieren Sie anschließend das Zündschloss, die Bremslichtschalter und den Startknopf selbst.

8 Falls Spannung festgestellt wurde, muss geprüft werden, ob das orange/blaue Kabel

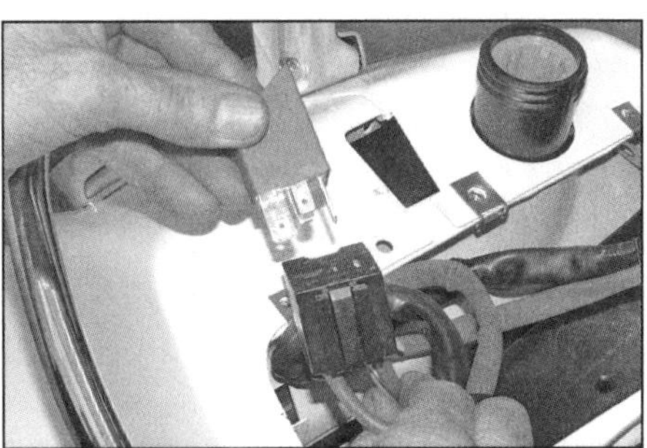

25.11a Ziehen Sie das Relais aus dem Stecker – gezeigt am LX.

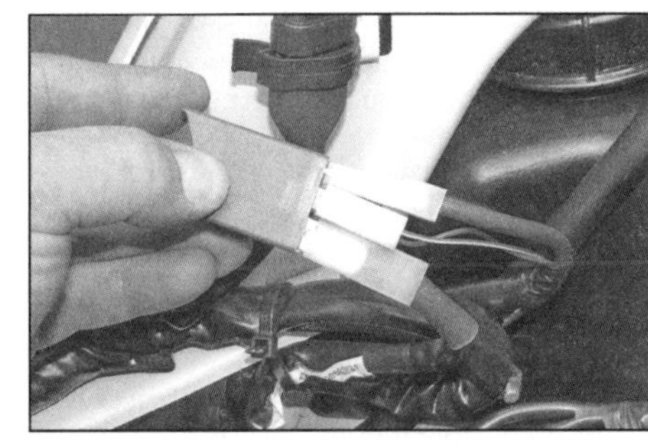

25.11c . . . und trennen Sie die Stecker.

Durchgang zum Motorsteuergerät hat (beachten Sie die Schaltpläne, da die Farbe abweichen kann).

Ausbau und Einbau

9 Trennen Sie den Masseanschluss (–) der Batterie (siehe Sektion 3).

10 Der Zugang zum Anlasserrelais ist in Schritt 2 beschrieben.

11 Lösen Sie beim LX, LXV und S den Relais-Stecker und ziehen Sie das Relais heraus (siehe Abbildung). Befreien Sie bei den anderen Modellen zuerst das Relais und trennen Sie dann die Stecker (siehe Abbildungen).

12 Der Einbau entspricht der umgekehrten Ausbaureihenfolge.

10

26.2 Testen Sie die Funktion des Anlassers mit einer direkt angeschlossenen Batterie.

26.5 Ziehen Sie die Gummikappe zurück und lösen Sie die Anschlussmutter.

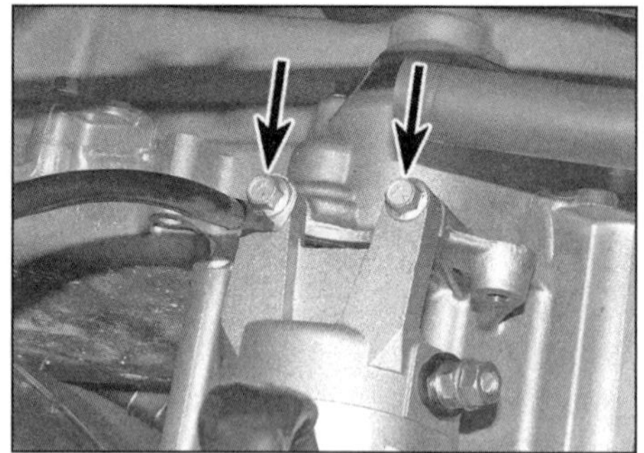

26.6a Anlasser-Befestigungsschrauben – links mit Massekabel

26.6b Ziehen Sie den Anlasser heraus.

26.7 Der O-Ring des Anlassers muss erneuert werden.

26 Anlasser

Anmerkung: *Motoren mit Stopp-Start-Automatik (RISS) sind weder mit einem konventionellen Anlasser noch mit einem Anlasserrelais ausgerüstet.*

Kontrolle

1 Bauen Sie den Anlasser aus (siehe unten), umwickeln Sie ihn mit Lappen und klemmen Sie ihn vorsichtig in einen Schraubstock – ziehen Sie diesen nicht zu fest.

2 Verbinden Sie den Pluspol einer geladene 12-Volt-Batterie mit dem Stromkabel-Anschluss und den Minuspol mit einer der Befestigungsösen des Anlassers (siehe Abbildung) – der Anlasser muss zu arbeiten beginnen. Dreht sich der Anlasser hierbei nicht, ist er defekt und muss ersetzt werden – Einzelteile sind nicht erhältlich.

Ausbau

3 Trennen Sie den Masseanschluss (–) der Batterie (siehe Sektion 3).

4 Der Anlasser sitzt oben am Antriebsgehäuse. Entfernen Sie für den Zugang das Drosselklappengehäuse (siehe Kapitel 5).

5 Ziehen Sie am Stromkabel die Gummikappe zurück und lösen Sie die Anschlussmutter (oder Schraube) (siehe Abbildung). Falls der Anschluss korrodiert ist, muss er zunächst mit Kriechöl eingesprüht und diesem etwas Zeit gegeben werden, bevor versucht wird, die Mutter oder Schraube zu lösen.

6 Lösen Sie die zwei Schrauben, mit denen der Anlasser am Antriebsgehäuse befestigt ist – beachten Sie das Massekabel (siehe Abbildung). Ziehen Sie jetzt den Anlasser aus der Gehäuseöffnung (siehe Abbildung).

7 Befreien Sie den O-Ring vom Anlasser (siehe Abbildung) – beim Einbau muss ein Neuteil verwendet werden.

Einbau

8 Rüsten Sie den Anlasser mit einem neuen O-Ring aus und schmieren Sie diesen mit etwas Motoröl.

9 Schieben Sie den Anlasser in die Antriebsgehäuseöffnung (Abbildung 26.6b). Installieren Sie die Befestigungsschrauben – vergessen Sie nicht das Massekabel (Abbildung 26.6a) – und ziehen Sie sie mit 12 Nm an.

10 Verbinden Sie das Stromkabel mit dem Anschluss und sichern Sie es mit der Mutter oder Schraube, schieben Sie dann die Gummikappe auf (Abbildung 26.5).

11 Montieren Sie das Drosselklappengehäuse (siehe Kapitel 5).

12 Schließen Sie die Batterie wieder an (siehe Sektion 3).

27 RISS-System (Stopp-Start-Automatik)

Allgemeine Informationen

1 Das beim GTS 125/150 ab 2016 eingesetzte RISS-System (Regulator Inverter Start and Stop) ersetzt einen konventionellen Anlasser, da hier der Lichtmaschinenstator vom Steuergerät mit Batteriestrom versorgt wird und dadurch den Rotor anregt, die Kurbelwelle in Drehung zu versetzen. Das RISS-System steuert außerdem die Lichtmaschinenleistung und die Stopp-Start-Automatik.

2 Die Stopp-Start-Automatik kann mit dem ON/OFF-Knopf rechts am Lenker aktiviert werden (siehe Abbildung) – dieser Knopf darf nicht mit dem bei anderen Fahrzeugen vorhandenen Killschalter verwechselt werden.

3 Wenn die Stopp-Start-Automatik aktiviert ist, leuchtet die »A«-Kontrolllampe im Cockpit.

4 Bei aktivierter Stopp-Start-Automatik schaltet sich der Motor ab, sobald das Fahrzeug steht und der Gasgriff in Ruhestellung steht; sobald am Gasgriff gedreht wird, startet der Motor wieder. Während das Fahrzeug so steht, blinkt die »A«-Kontrolllampe langsam.

5 Die Stopp-Start-Automatik arbeitet nicht, solange der Motor nicht auf Betriebstemperatur oder die Batterie nur schwach geladen ist – die »A«-Kontrolllampe blinkt bei ungenügend geladener Batterie schnell.

Kontrolle

6 Falls am RISS-System ein Defekt vermutet wird, müssen zuerst die Hauptsicherung und die Zündungs-Sicherung kontrolliert werden (siehe Sektion 5).

7 Demontieren Sie die innere Frontverkleidung und das Staufach (siehe Kapitel 9). Trennen Sie den Masseanschluss (–) der Batterie (siehe Sektion 3). Trennen Sie am Motorsteuergerät die RISS-Stecker A und B (siehe Abbildung). Prüfen Sie, ob das rote Kabel zwischen RISS-Stecker A und der Hauptsicherung Durchgang hat; das schwarze Kabel muss guten Kontakt zu Masse haben. Prüfen Sie, ob die blauen, grünen und gelben Kabel zwischen RISS-Stecker B und dem Stecker im Motorraum Durchgang haben (siehe Abbildung).

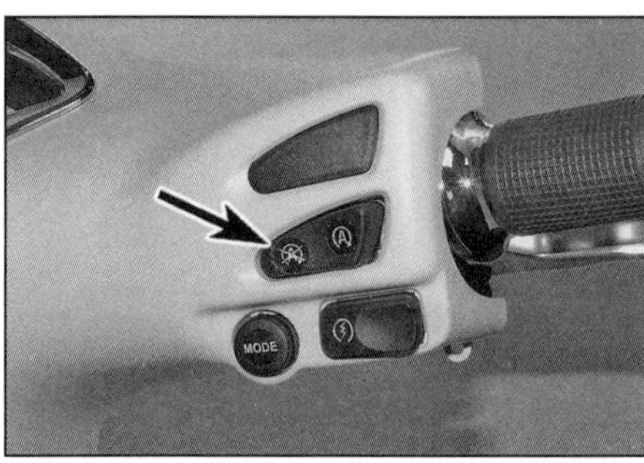

27.2 **Schalter für die Stopp-Start-Automatik**

27.7a **RISS-Stecker A und B am Motorsteuergerät**

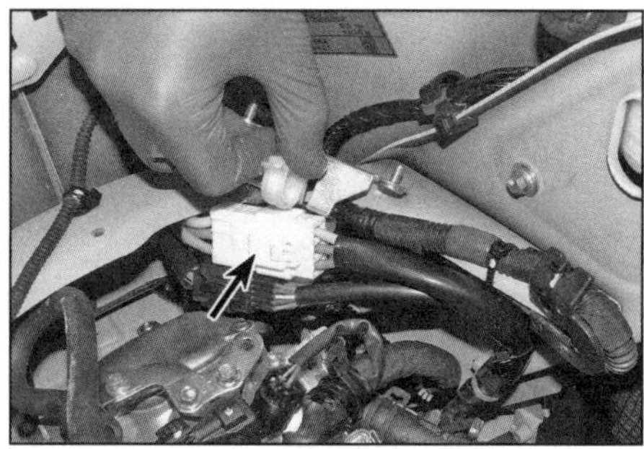

27.7b **RISS-Stecker im Motorraum**

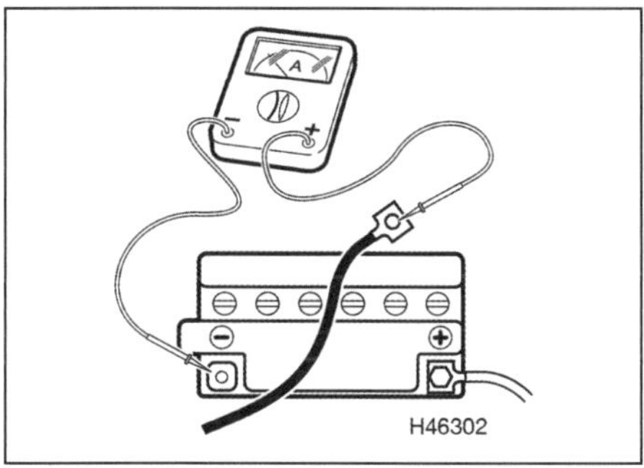

28.5 **Kriechstrom-Test – verbinden Sie das Amperemeter wie gezeigt.**

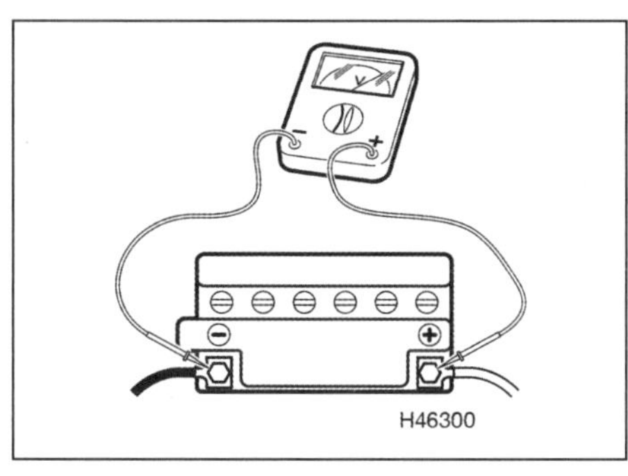

28.9 **Verbinden Sie das Messgerät für den Ausgangsspannungs-Test wie gezeigt.**

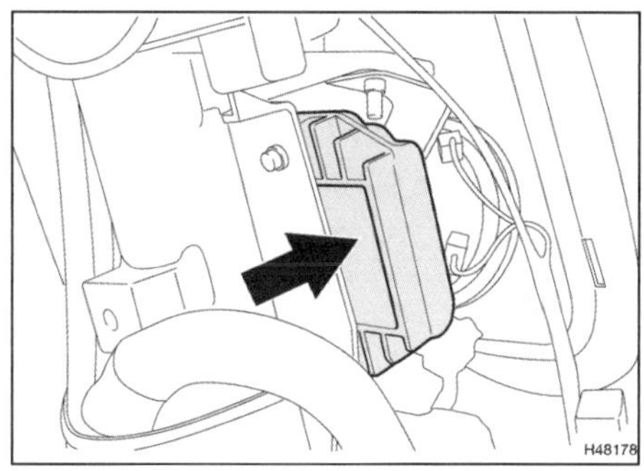

29.7 **Regler/Gleichrichter-Baugruppe – LX-, LXV- und S-Modelle**

8 Kontrollieren Sie nötigenfalls das Zündschloss und die Lenkerschalter auf korrekte Funktion (siehe Sektion 19 und 21).

9 Piaggio gibt für die Kontrolle der RISS-Einheit keine Vorgaben, sodass sie nötigenfalls von einer mit entsprechenden Diagnosegeräten ausgerüsteten Piaggio-Werkstatt überprüft werden muss.

10 Der Ausbau des Lichtmaschinenstators und anderer RISS-Komponenten ist in Kapitel 2D, Sektion 16 beschrieben.

28 Ladesystem
Test

1 Falls an der Funktion des Ladesystems Zweifel bestehen, sollte zunächst das System als Ganzes kontrolliert werden, danach die einzelnen Komponenten.

Anmerkung: *Vor dem Beginn der Kontrolle muss sichergestellt werden, dass die Batterie vollständig geladen ist und alle elektrischen Verbindungen sauber sind und fest sitzen.*

2 Zur Kontrolle der Ausgangsleistung des Ladesystems und der Funktion der Komponenten des Ladesystems wird ein Multimeter (mit Stromspannungs-, Stromstärken- und Widerstands-Messmöglichkeiten) benötigt. Ist ein solches Gerät nicht zur Hand, sollte die Kontrolle einer Fachwerkstatt überlassen werden.

3 Folgen Sie bei der Kontrolle sorgfältig den Hinweisen, um falsche Anschlüsse oder Kurzschlüsse zu vermeiden, die zu irreparablen Schäden an elektrischen Bauteilen führen können.

Kriechstrom-Test

Achtung: Schließen Sie das Amperemeter (Multimeter auf A-Messbereich) immer in Reihe, niemals parallel zur Batterie an, da es dabei beschädigt wird. Schalten Sie nicht die Zündung an und betätigen Sie niemals den Startknopf, wenn das Messgerät angeschlossen ist – der plötzliche fließende Strom würde das Gerät zerstören.

4 Schalten Sie die Zündung aus. Trennen Sie den Minus-Anschluss (–) von der Batterie (siehe Sektion 3).

5 Schalten Sie das Multimeter auf den Ampere-Messbereich und verbinden Sie die Minusklemme mit dem Minus-Pol (–) der Batterie sowie die Plusklemme (+) mit dem getrennten Masse-Anschlusskabel (siehe Abbildung). Schalten Sie das Messgerät immer zunächst auf den höchsten Messbereich und dann schrittweise herunter auf den Milliampere-Bereich (mA), um ein Durchbrennen der Geräte-Sicherung zu verhindern.

6 Bei dieser Messung sollte nicht mehr als 0,5 mA Stromstärke abzulesen sein. Wenn das Ergebnis höher (aber nicht auf Verbraucher wie eine Alarmanlage zurückzuführen) ist, liegt irgendwo im elektrischen System ein Kurzschluss vor. Trennen Sie das Messgerät und schließen Sie den Masseanschluss (–) der Batterie wieder an.

7 Wenn Kriechströme festgestellt werden, müssen unter Verwendung der Schaltpläne am Ende des Kapitels systematisch einzelne elektrische Bauteile getrennt und der Test wiederholt werden, bis die Kriechstromquelle identifiziert ist.

Ausgangsleistungs-Test

8 Starten Sie den Motor und bringen Sie ihn auf Betriebstemperatur. Entfernen Sie die Batterieabdeckung (siehe Kapitel 9), um Zugang zu den Batteriepolen zu erhalten. Stellen Sie das Fahrzeug so auf den Hauptständer, dass der Hinterrad nicht den Boden berührt.

9 Schließen Sie für eine Kontrolle der geregelten (Gleichstrom-) Ausgangsleistung bei im Standgas laufendem Motor und eingeschaltetem Fernlicht das Multimeter mit dem auf 0 - 20 Volt Gleichstrom (DC) eingestellten Messbereich an die beiden Pole der Batterie an – Plus an Plus, Minus an Minus (siehe Abbildung).

10 Erhöhen Sie langsam die Drehzahl des Motors auf 5000/min und beobachten Sie die Messgerät-Anzeige – es müssen 14 bis 15 Volt angezeigt werden. Liegt die geregelte Ausgangsspannung abseits dieser Vorgabe, muss die Regler/Gleichrichter-Einheit überprüft werden (siehe Sektion29).

11 Schalten Sie den Motor und die Zündung aus und entfernen Sie das Messgerät.

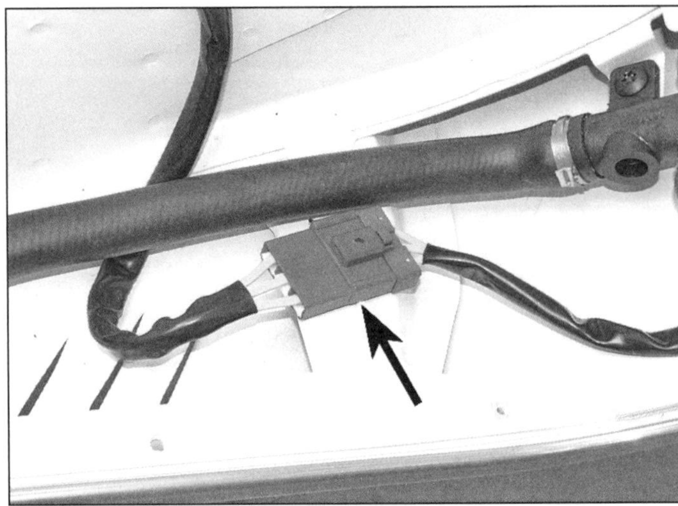

29.12a Trennen Sie den Kabelstecker am Karosserieboden...

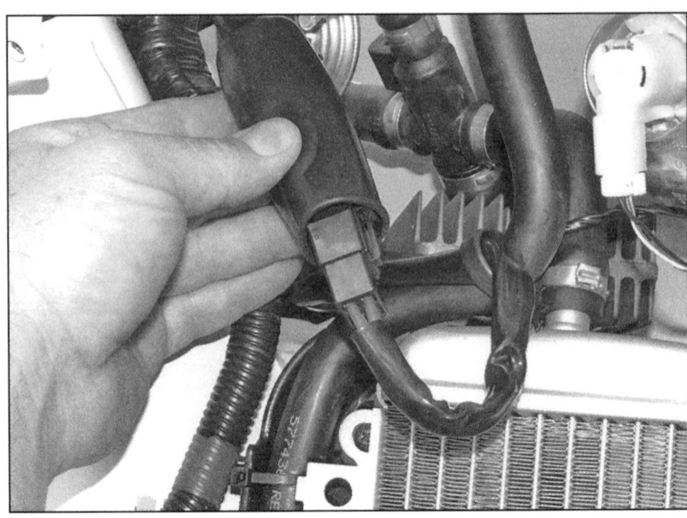

29.12b ... und den Stecker innerhalb der Gummikappe.

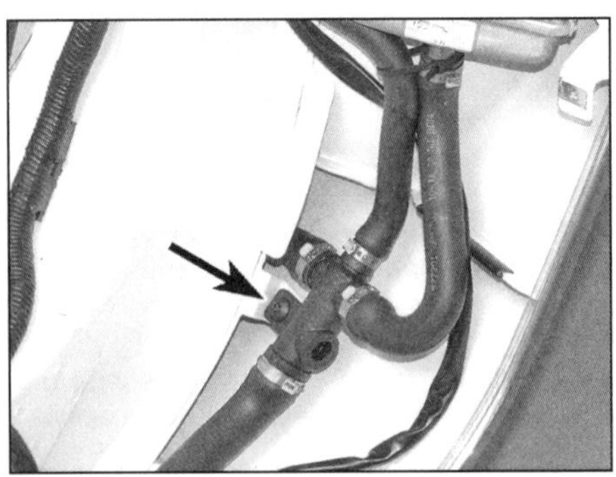

29.13a Schraube der Kühlerschlauch-Führung unter dem rechten Kühler...

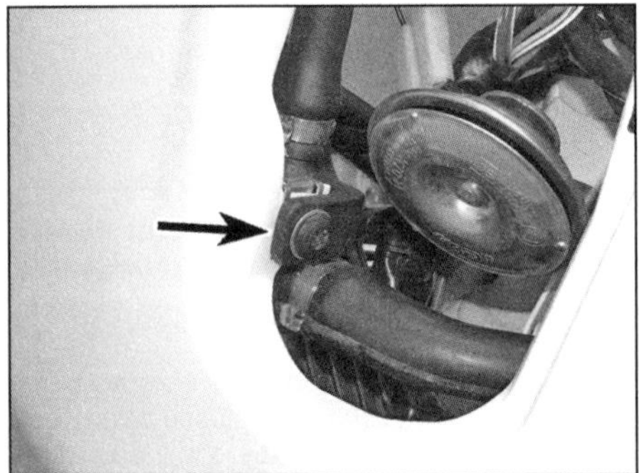

29.13b ... und neben der Hupe

29.13c Lösen Sie die Muttern und die Schraube des rechten Kühlers,...

Hinweise auf einen defekten Regler sind Lampen mit drehzahlabhängiger Leuchtstärke, die ständig durchbrennen und eine überhitzende Batterie.

29 Regler/Gleichrichter

Kontrolle

1 Verschaffen Sie sich Zugang zu den Kabelsteckern der Regler/Gleichrichter-Baugruppe und trennen Sie diese (siehe unten). Kontrollieren Sie alle Steckerkontakte auf Korrosion und lockere Anschlüsse.

2 Verbinden Sie die Plusklemme eines Multimeters (Messbereich: 0 - 20 Volt Gleichstrom (DC) mit dem kabelbaumseitigen Kontakt des rot/schwarzen Kabels und die Minusklemme mit Masse – es muss Batteriespannung festgestellt werden. Wiederholen Sie die Prüfung bei Modellen mit zwei rot/schwarzen Kabeln. Wird keine Spannung ermittelt, müssen die Hauptsicherung (siehe Sektion 5) und die Verkabelung zur Batterie überprüft werden.

3 Schalten Sie das Multimeter nun auf den Ohm-Messbereich und prüfen Sie, ob der/die kabelbaumseitige(n) Kontakt(e) des/der schwarzen Kabel(s) guten Durchgang zu Masse hat/haben.

4 Messen Sie jetzt den Widerstand zwischen den kabelbaumseitigen Kontakten der gelben Kabel, sodass insgesamt drei Ergebnisse vorliegen – alle müssen zwischen 0,2 und 1,0 Ohm liegen. Messen Sie nun den Widerstand zwischen den jeweiligen Kontakten der gelben Kabel und Masse – es darf kein Durchgang (voller Widerstand) festgestellt werden.

5 Bei anderen Ergebnissen müssen die Kabel und Stecker zwischen der Batterie, der Regler/Gleichrichter-Baugruppe und der Lichtmaschine auf Kurzschlüsse, Unterbrechungen und lockere oder korrodierte Kontakte überprüft werden.

6 Sind alle Kabel und Stecker in Ordnung, wird wahrscheinlich die Regler/Gleichrichter-Baugruppe defekt sein – lassen Sie sie von einer Piaggio-Werkstatt überprüfen, bevor Sie sie durch ein Neuteil ersetzen.

Hinweise auf einen defekten Regler sind Lampen mit drehzahlabhängiger Leuchtstärke, die ständig durchbrennen und eine überhitzende Batterie.

Ausbau und Einbau

LX, LXV und S-Modelle

7 Entfernen Sie die innere Frontverkleidung (siehe Kapitel 9). Demontieren Sie die Hupe (siehe Sektion 22) – die Regler/Gleichrichter-Baugruppe sitzt dahinter (siehe Abbildung).

8 Verfolgen Sie die Verkabelung der Regler/Gleichrichter-Baugruppe und trennen Sie ihre Stecker.

29.13d ... befreien Sie diesen und ziehen Sie die Hutze heraus, ...

29.13e ... bis die Schrauben der Regler/Gleichrichter-Baugruppe zugänglich sind.

9 Lösen Sie die zwei Schrauben und entfernen Sie die Regler/Gleichrichter-Baugruppe.

10 Der Einbau entspricht der umgekehrten Ausbaureihenfolge.

GTS-, GTV- und GT-Modelle

Anmerkung: *GTS 125/150 ab 2016 sind nicht mit einer separaten Regler/Gleichrichter Baugruppe ausgerüstet – die Funktion wird vom RISS-System im Motorsteuergerät übernommen.*

11 Entfernen Sie die innere Frontverkleidung und die Bodenverkleidung (siehe Kapitel 9).

12 Verfolgen Sie die Verkabelung der Regler/Gleichrichter-Baugruppe und trennen Sie ihre Stecker (siehe Abbildungen). Befreien Sie die Verkabelung aus allen Befestigungen.

13 Lösen Sie unterhalb des rechten Kühlers und neben der Hupe die Schrauben der Kühlerschlauch-Führungen (siehe Abbildungen). Befreien Sie den rechten Kühler und ziehen Sie die Hutze heraus, bis die Schrauben der Regler/Gleichrichter-Baugruppe zugänglich sind (siehe Abbildungen).

14 Lösen Sie die zwei Schrauben und entfernen Sie die Regler/Gleichrichter-Baugruppe (Abbildung 29.13e) – merken Sie sich die Verlegung der Verkabelung.

15 Der Einbau entspricht der umgekehrten Ausbaureihenfolge.

Primavera und Sprint

16 Entfernen Sie die Frontblende und die innere Frontverkleidung (siehe Kapitel 9).

17 Trennen Sie den Stecker der Regler/Gleichrichter-Baugruppe (siehe Abbildung).

18 Lösen Sie die Schrauben der Regler/Gleichrichter-Baugruppe und entfernen Sie diese (siehe Abbildung).

19 Der Einbau entspricht der umgekehrten Ausbaureihenfolge.

29.17 Stecker der Regler/Gleichrichter-Baugruppe – Primavera und Sprint

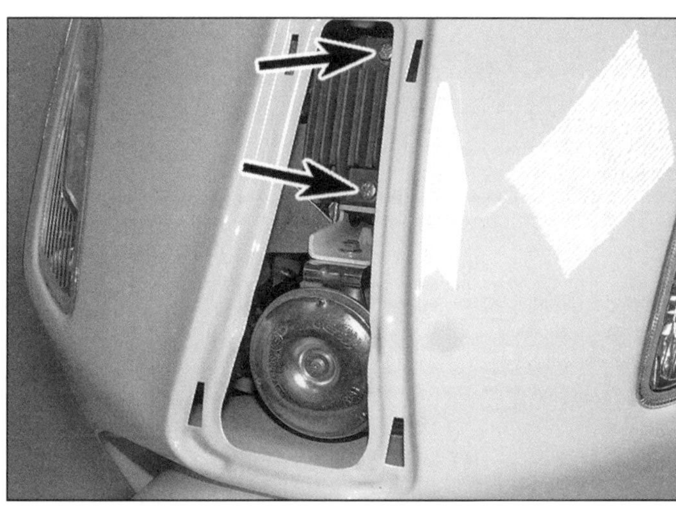

29.18 Schrauben der Regler/Gleichrichter-Baugruppe

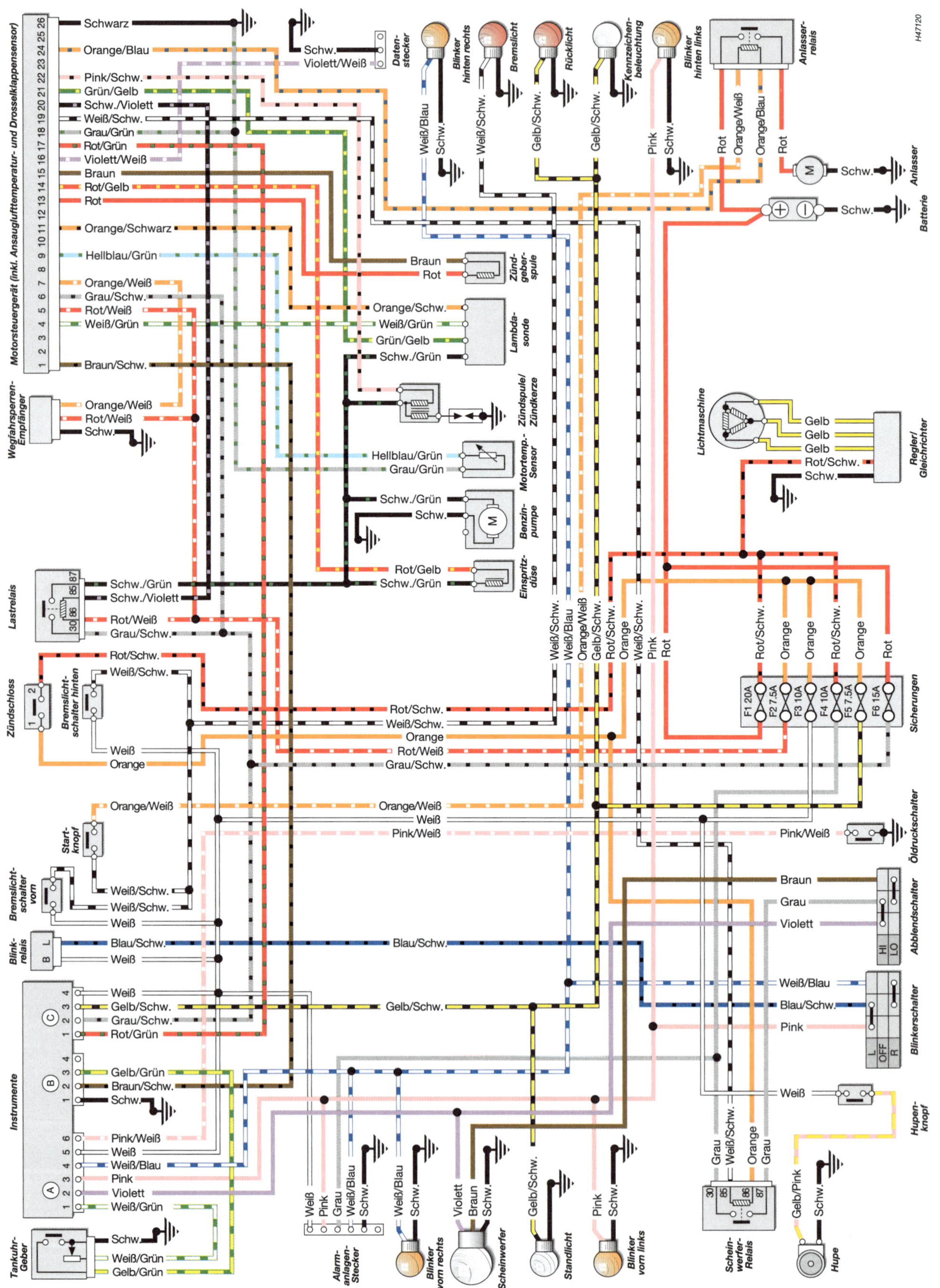
H47120
Vespa LX 125ie und LX 150ie (2009 bis 2012)
Motorsteuergerät (inkl. Ansauglufttemperatur- und Drosselklappensensor)
Schwarz
Orange/Blau
Pink/Schw.
Grün/Gelb
Schw./Violett
Weiß/Schw.
Grau/Grün
Rot/Grün
Violett/Weiß
Braun
Rot/Gelb
Rot
Orange/Schwarz
Hellblau/Grün
Orange/Weiß
Grau/Schw.
Rot/Weiß
Weiß/Grün
Braun/Schw.
Datenstecker
Blinker hinten rechts
Bremslicht
Rücklicht
Kennzeichenbeleuchtung
Blinker hinten links
Anlasserrelais
Anlasser
Batterie
Zündgeberspule
Lambdasonde
Zündspule/Zündkerze
Motortemp.-Sensor
Benzinpumpe
Einspritzdüse
Wegfahrsperren-Empfänger
Lastrelais
Zündschloss
Bremslichtschalter hinten
Startknopf
Bremslichtschalter vorn
Blinkrelais
Instrumente
Tankuhr-Geber
Lichtmaschine
Regler/Gleichrichter
Sicherungen
F1 20A
F2 7.5A
F3 10A
F4 10A
F5 7.5A
F6 15A
Öldruckschalter
Abblendschalter
Blinkerschalter
Hupenknopf
Hupe
Scheinwerfer-Relais
Blinker vorn links
Standlicht
Scheinwerfer
Blinker vorn rechts
Alarmanlagen-Stecker
Gelb
Rot/Schw.
Schw.
Orange
Pink/Weiß
Grau
Violett
Weiß/Blau
Blau/Schw.
Pink
Weiß
Gelb/Schw.
Gelb/Grün
Orange/Weiß
Gelb/Pink
HI
LO
L
OFF
R

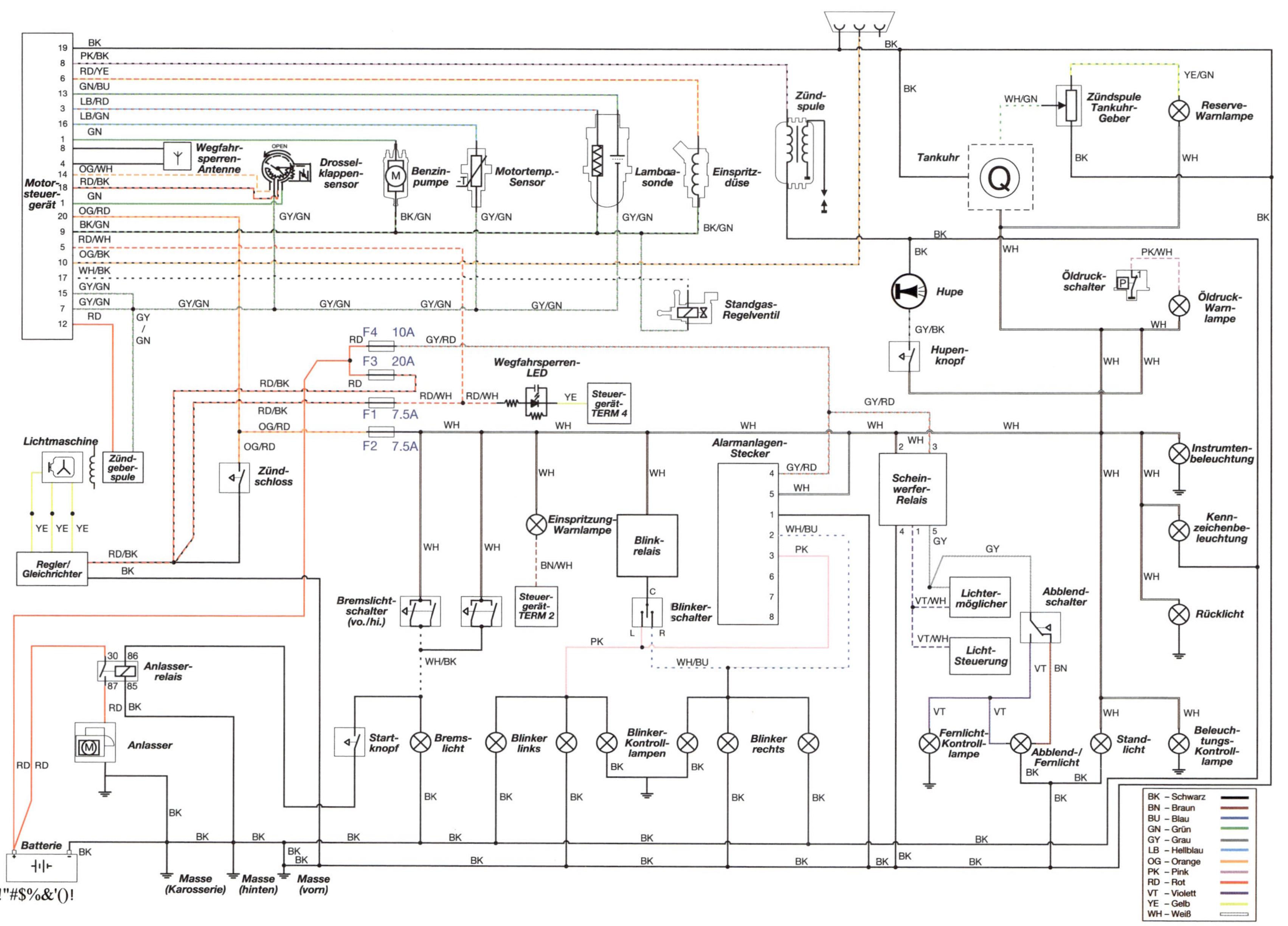

Vespa LX 125ie und LX 150ie (ab 2013)

10

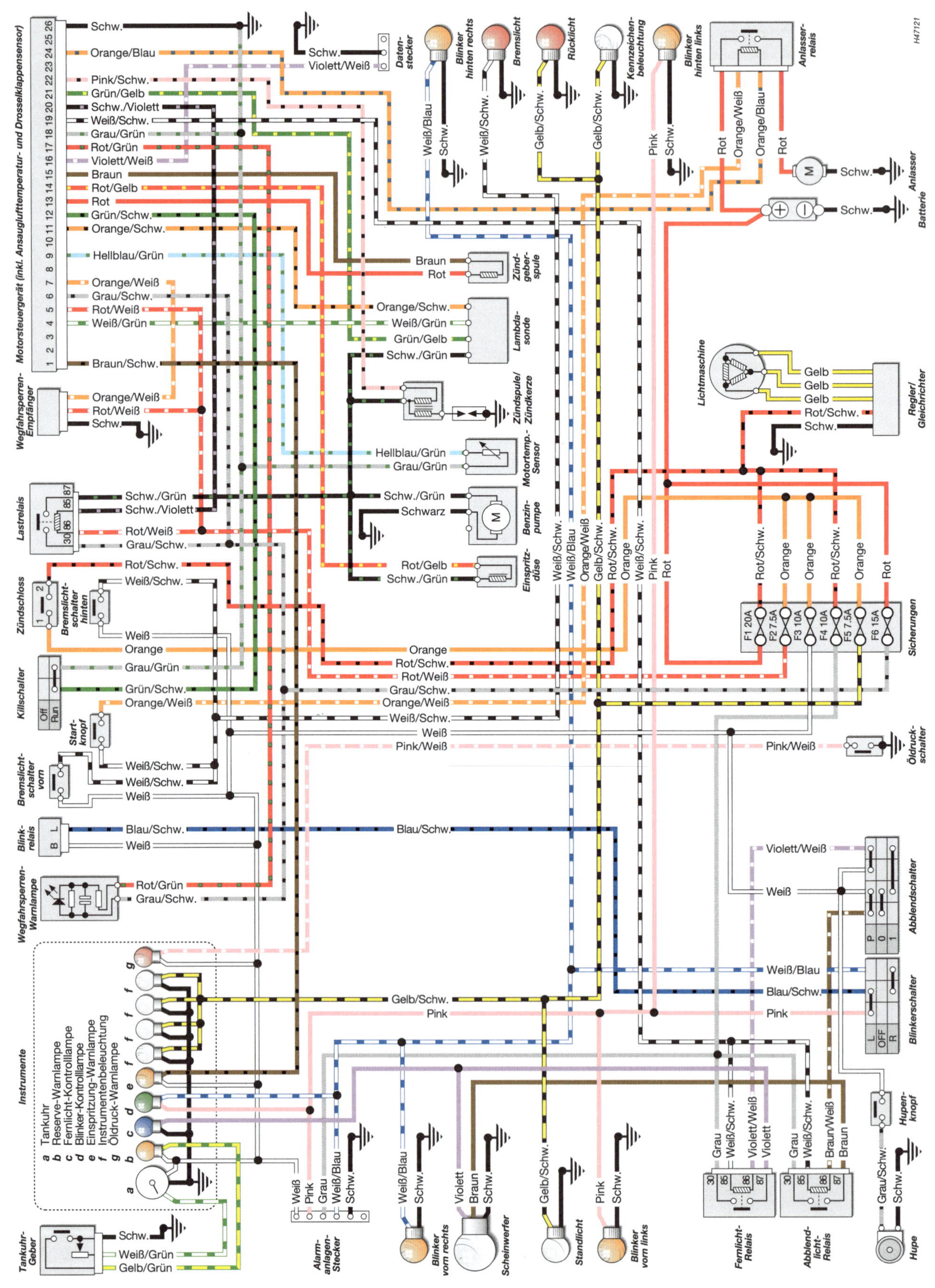

Vespa LXV 125ie und LXV 150ie (2009 bis 2012)

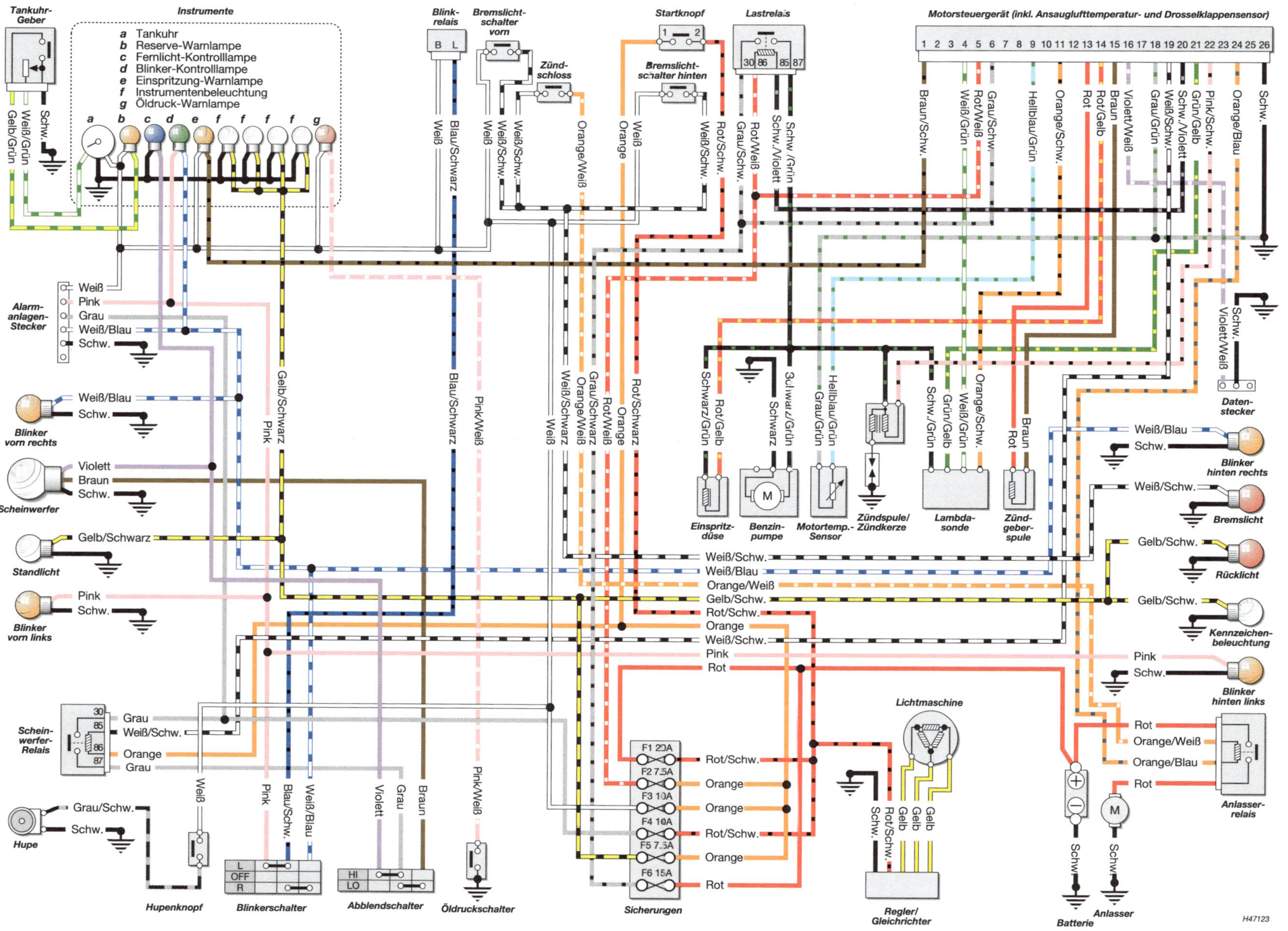
Tankuhr-Geber
Schw.
Weiß/Grün
Gelb/Grün
Instrumente
a Tankuhr
b Reserve-Warnlampe
c Fernlicht-Kontrolllampe
d Blinker-Kontrolllampe
e Einspritzung-Warnlampe
f Instrumentenbeleuchtung
g Öldruck-Warnlampe
Blinkrelais
B L
Weiß
Blau/Schwarz
Bremslichtschalter vorn
Weiß/Schw.
Zündschloss
Orange/Weiß
Startknopf
Orange
Rot/Schw.
Bremslichtschalter hinten
Weiß/Schw.
Lastrelais
30 86 85 87
Grau/Schw.
Rot/Weiß
Schw./Violett
Schw./Grün
Motorsteuergerät (inkl. Ansauglufttemperatur- und Drosselklappensensor)
1 2 3 4 5 6 7 8 9 10 11 12 13 14 15 16 17 18 19 20 21 22 23 24 25 26
Braun/Schw.
Weiß/Grün
Rot/Weiß
Grau/Schw.
Hellblau/Grün
Orange/Schw.
Rot
Rot/Gelb
Braun
Violett/Weiß
Grau/Grün
Weiß/Schw.
Schw./Violett
Grün/Gelb
Pink/Schw.
Orange/Blau
Schw.
Alarmanlagen-Stecker
Weiß
Pink
Grau
Weiß/Blau
Schw.
Blinker vorn rechts
Violett
Braun
Scheinwerfer
Gelb/Schwarz
Standlicht
Blinker vorn links
Pink/Weiß
Einspritzdüse
Schwarz/Grün
Rot/Gelb
Benzinpumpe
Schwarz
Motortemp.-Sensor
Grau/Grün
Hellblau/Grün
Zündspule/Zündkerze
Lambdasonde
Schw./Grün
Grün/Gelb
Weiß/Grün
Orange/Schw.
Zündgeberspule
Datenstecker
Violett/Weiß
Weiß/Blau
Blinker hinten rechts
Weiß/Schw.
Bremslicht
Gelb/Schw.
Rücklicht
Kennzeichenbeleuchtung
Pink
Blinker hinten links
Weiß/Schwarz
Orange/Weiß
Gelb/Schw.
Rot/Schw.
Orange
Rot
Scheinwerfer-Relais
Grau
Weiß/Schw.
Orange
Hupe
Grau/Schw.
Hupenknopf
Blinkerschalter
L OFF R
Blau/Schw.
Abblendschalter
HI LO
Öldruckschalter
Sicherungen
F1 20A F2 7.5A F3 10A F4 10A F5 7.5A F6 15A
Lichtmaschine
Gelb
Regler/Gleichrichter
Batterie
Anlasser
Anlasserrelais
Orange/Blau
H47123
Vespa S 125ie und S 150ie

10

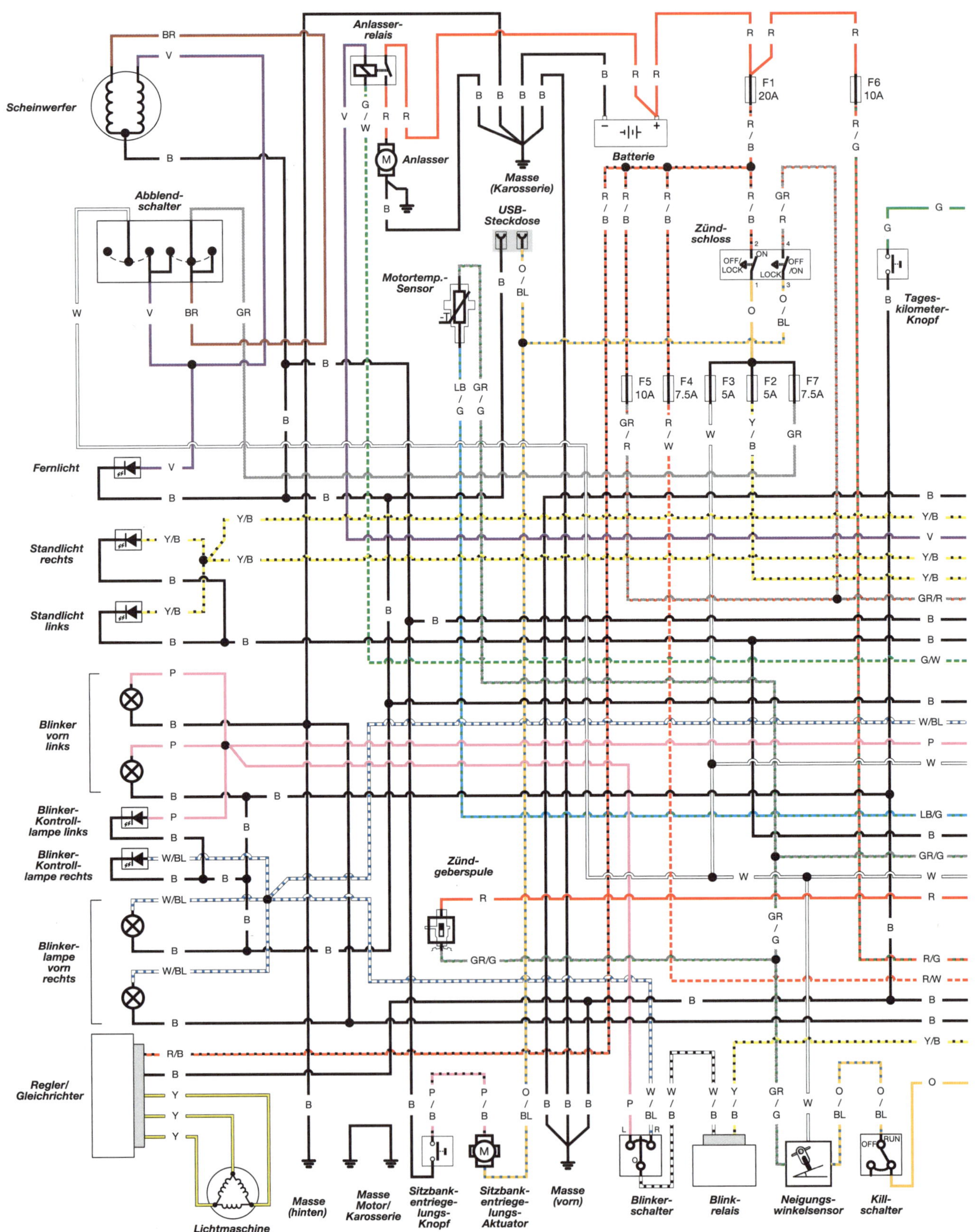

Vespa Primavera und Sprint

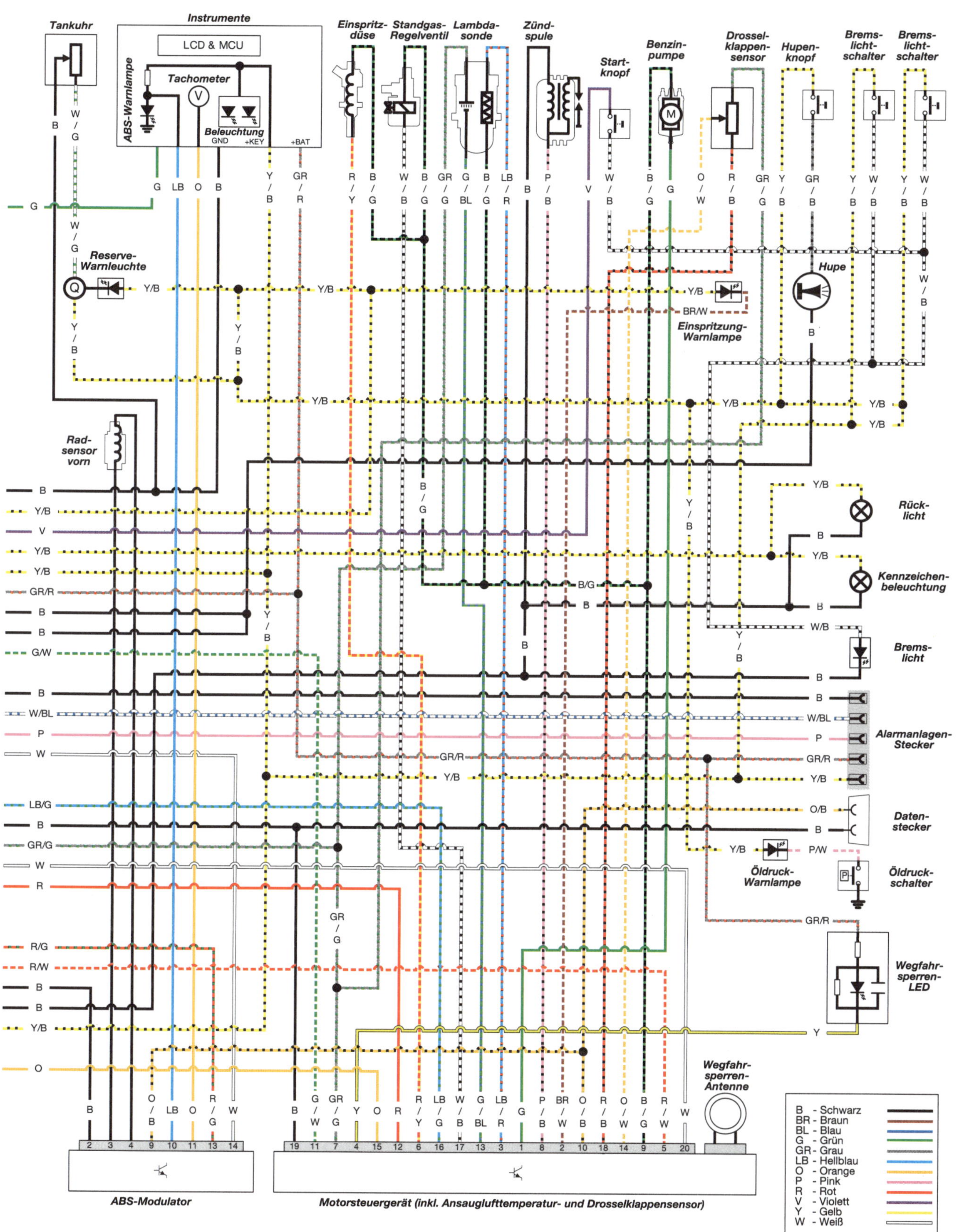

Vespa Primavera und Sprint

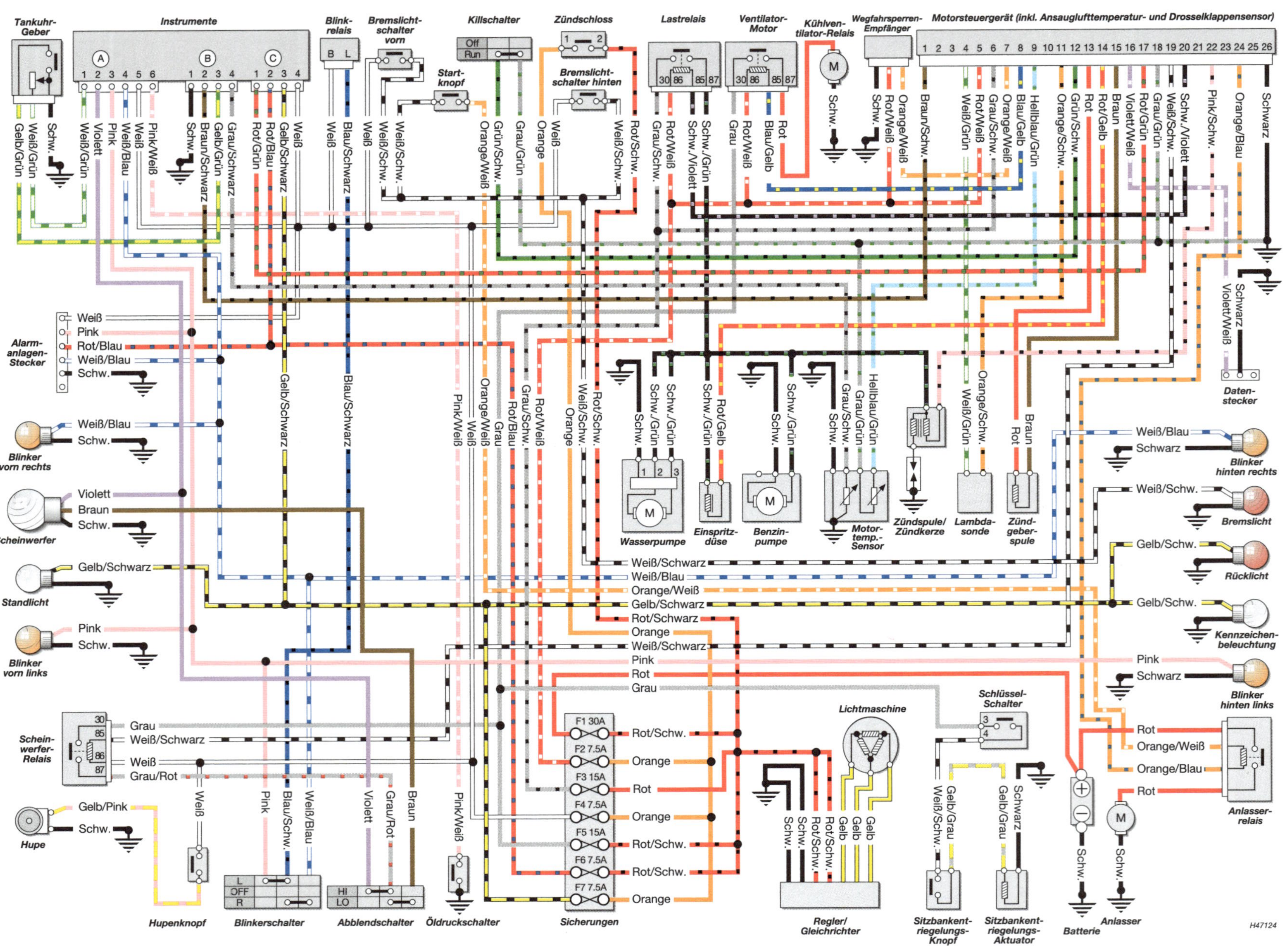
Tankuhr-Geber
Instrumente
Blinkrelais
Bremslichtschalter vorn
Killschalter
Off
Run
Startknopf
Zündschloss
Bremslichtschalter hinten
Lastrelais
Ventilator-Motor
Kühlventilator-Relais
Wegfahrsperren-Empfänger
Motorsteuergerät (inkl. Ansauglufttemperatur- und Drosselklappensensor)
Alarmanlagen-Stecker
Blinker vorn rechts
Scheinwerfer
Standlicht
Blinker vorn links
Scheinwerfer-Relais
Hupe
Hupenknopf
Blinkerschalter
Abblendschalter
Öldruckschalter
Sicherungen
F1 30A
F2 7.5A
F3 15A
F4 7.5A
F5 15A
F6 7.5A
F7 7.5A
Wasserpumpe
Einspritzdüse
Benzinpumpe
Motortemp.-Sensor
Zündspule/Zündkerze
Lambdasonde
Zündgeberspule
Datenstecker
Blinker hinten rechts
Bremslicht
Rücklicht
Kennzeichenbeleuchtung
Blinker hinten links
Anlasserrelais
Lichtmaschine
Schlüssel-Schalter
Regler/Gleichrichter
Sitzbankentriegelungs-Knopf
Sitzbankentriegelungs-Aktuator
Batterie
Anlasser
H47124
Vespa GTS 125ie Super

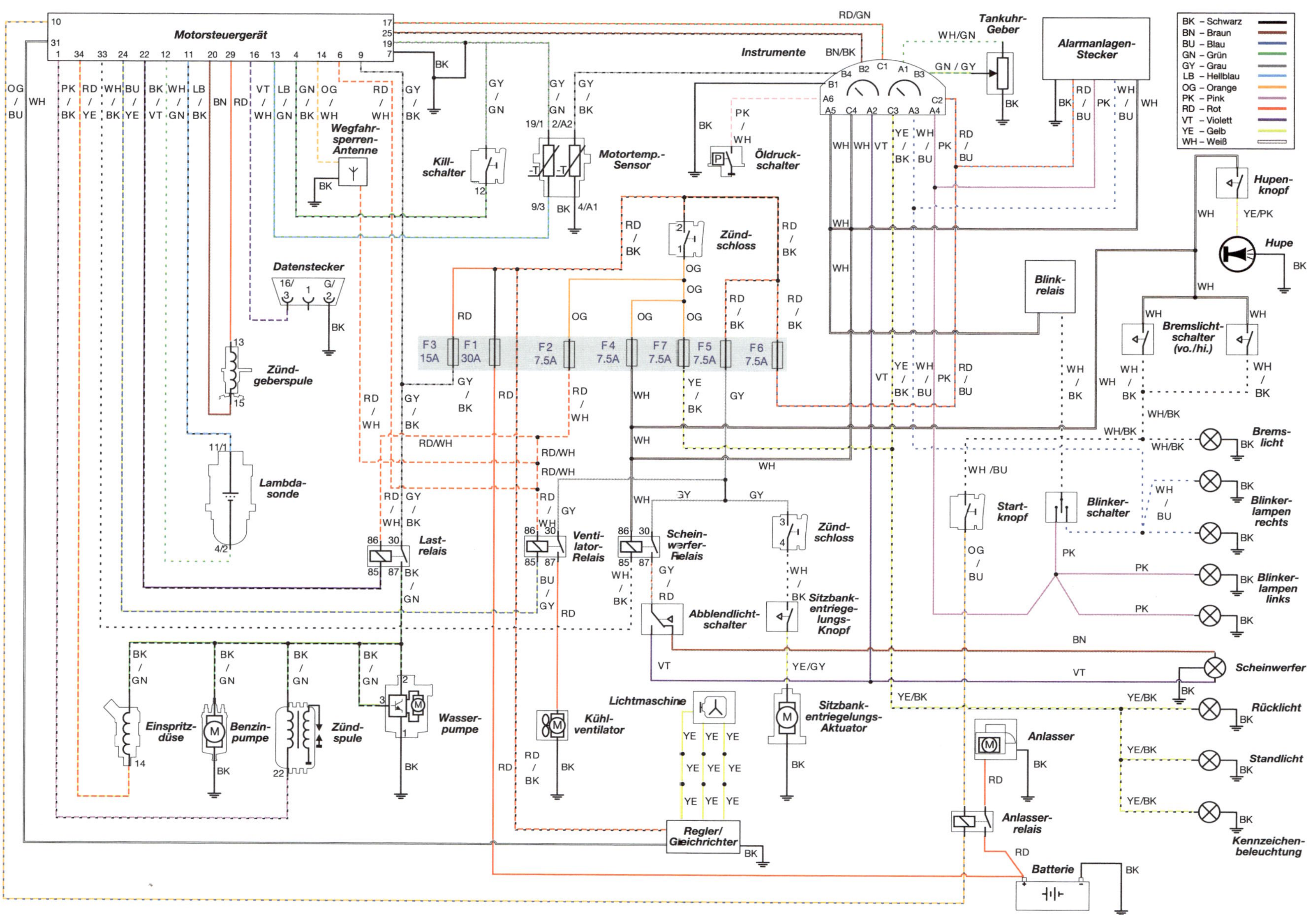

Vespa GTS 125ie mit MIU G3-Motorsteuergerät

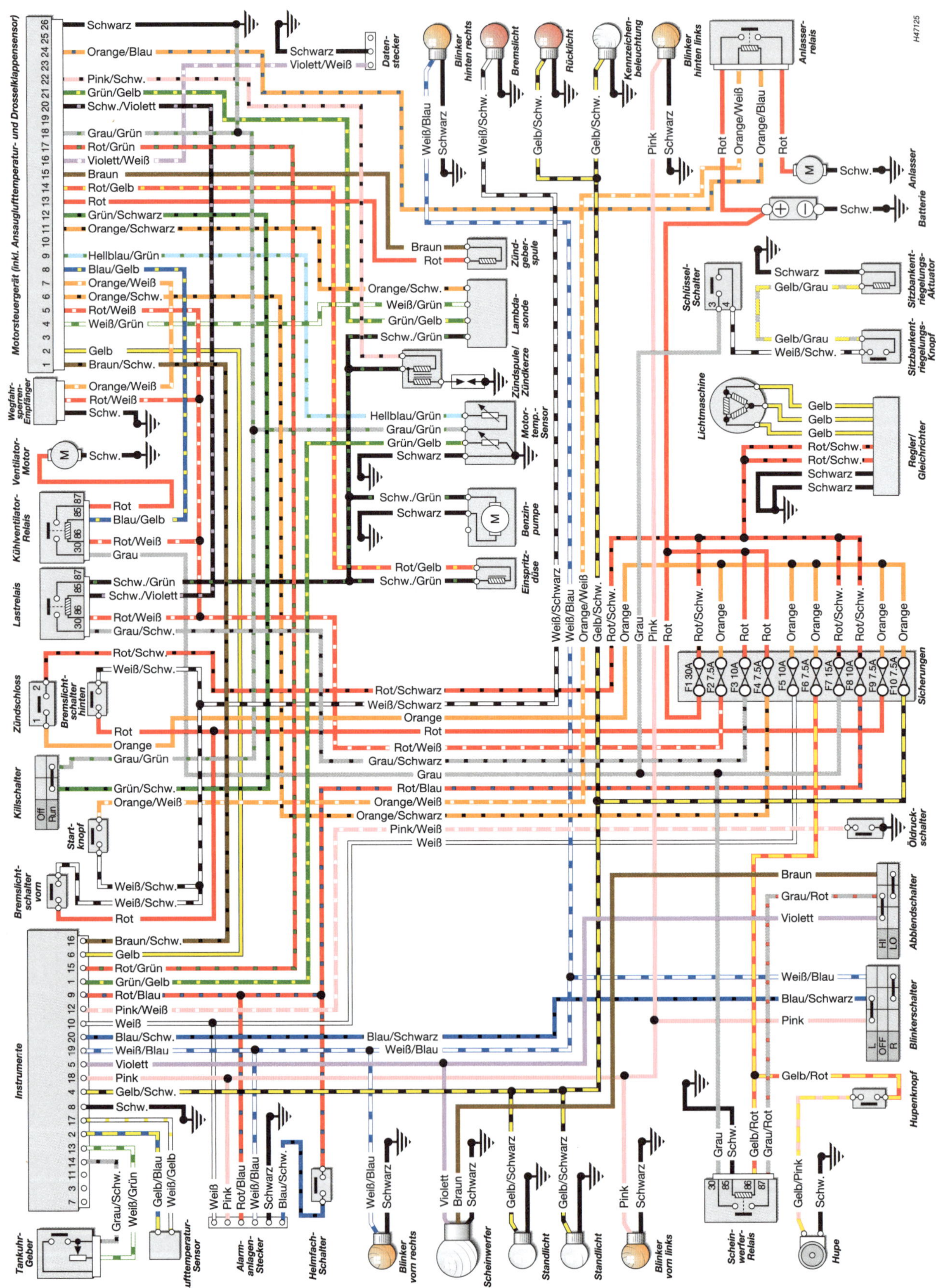
Vespa GTS 250ie
H47125
Motorsteuergerät (inkl. Ansauglufttemperatur- und Drosselklappensensor)
Daten-stecker
Blinker hinten rechts
Bremslicht
Rücklicht
Kennzeichen-beleuchtung
Blinker hinten links
Anlasser-relais
Anlasser
Batterie
Zünd-geber-spule
Lambda-sonde
Zündspule/Zündkerze
Motor-temp.-Sensor
Benzin-pumpe
Einspritz-düse
Schlüssel-Schalter
Sitzbankent-riegelungs-Aktuator
Sitzbankent-riegelungs-Knopf
Lichtmaschine
Regler/Gleichrichter
Wegfahr-sperren-Empfänger
Ventilator-Motor
Kühlventilator-Relais
Lastrelais
Zündschloss
Bremslicht-schalter hinten
Killschalter
Start-knopf
Bremslicht-schalter vorn
Sicherungen
F1 30A
F2 7.5A
F3 10A
F4 7.5A
F5 10A
F6 7.5A
F7 15A
F8 10A
F9 7.5A
F10 7.5A
Öldruck-schalter
Abblendschalter
Blinkerschalter
Hupenknopf
Instrumente
Tankuhr-Geber
Lufttemperatur-Sensor
Alarm-anlagen-Stecker
Helmfach-Schalter
Blinker vorn rechts
Scheinwerfer
Standlicht
Standlicht
Blinker vorn links
Schein-werfer-Relais
Hupe

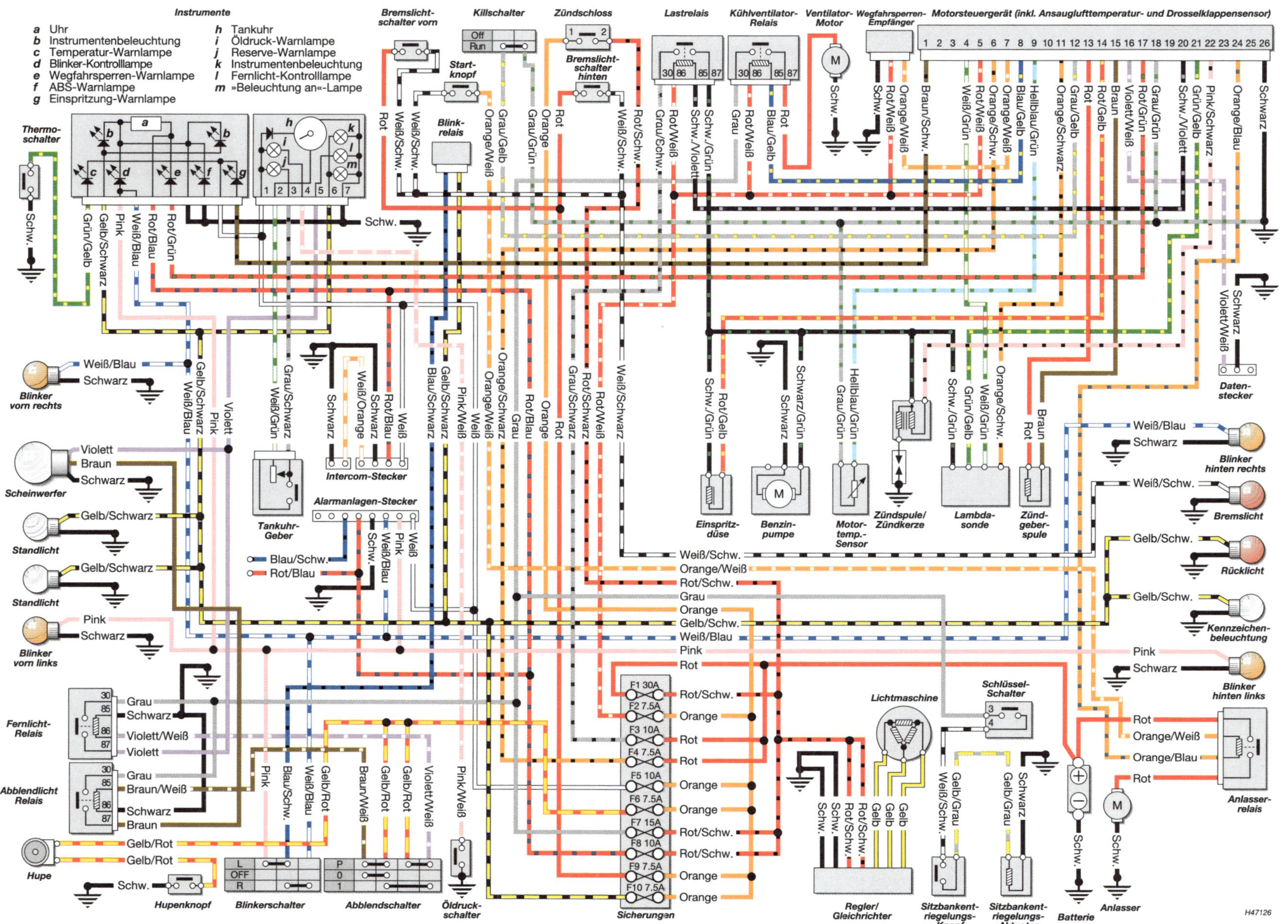
Instrumente
a Uhr
b Instrumentenbeleuchtung
c Temperatur-Warnlampe
d Blinker-Kontrolllampe
e Wegfahrsperren-Warnlampe
f ABS-Warnlampe
g Einspritzung-Warnlampe
h Tankuhr
i Öldruck-Warnlampe
j Reserve-Warnlampe
k Instrumentenbeleuchtung
l Fernlicht-Kontrolllampe
m »Beleuchtung an«-Lampe
Thermoschalter
Bremslichtschalter vorn
Killschalter
Startknopf
Blinkrelais
Zündschloss
Bremslichtschalter hinten
Lastrelais
Kühlventilator-Relais
Ventilator-Motor
Wegfahrsperren-Empfänger
Motorsteuergerät (inkl. Ansauglufttemperatur- und Drosselklappensensor)
Datenstecker
Blinker vorn rechts
Scheinwerfer
Standlicht
Standlicht
Blinker vorn links
Fernlicht-Relais
Abblendlicht Relais
Hupe
Hupenknopf
Blinkerschalter
Abblendschalter
Öldruckschalter
Sicherungen
F1 30A
F2 7.5A
F3 10A
F4 7.5A
F5 10A
F6 7.5A
F7 15A
F8 10A
F9 7.5A
F10 7.5A
Tankuhr-Geber
Intercom-Stecker
Alarmanlagen-Stecker
Einspritzdüse
Benzinpumpe
Motor-temp.-Sensor
Zündspule/Zündkerze
Lambdasonde
Zündgeberspule
Lichtmaschine
Schlüssel-Schalter
Regler/Gleichrichter
Sitzbankentriegelungs-Knopf
Sitzbankentriegelungs-Aktuator
Batterie
Anlasser
Anlasserrelais
Blinker hinten rechts
Bremslicht
Rücklicht
Kennzeichenbeleuchtung
Blinker hinten links
H47126
Vespa GTV 250ie

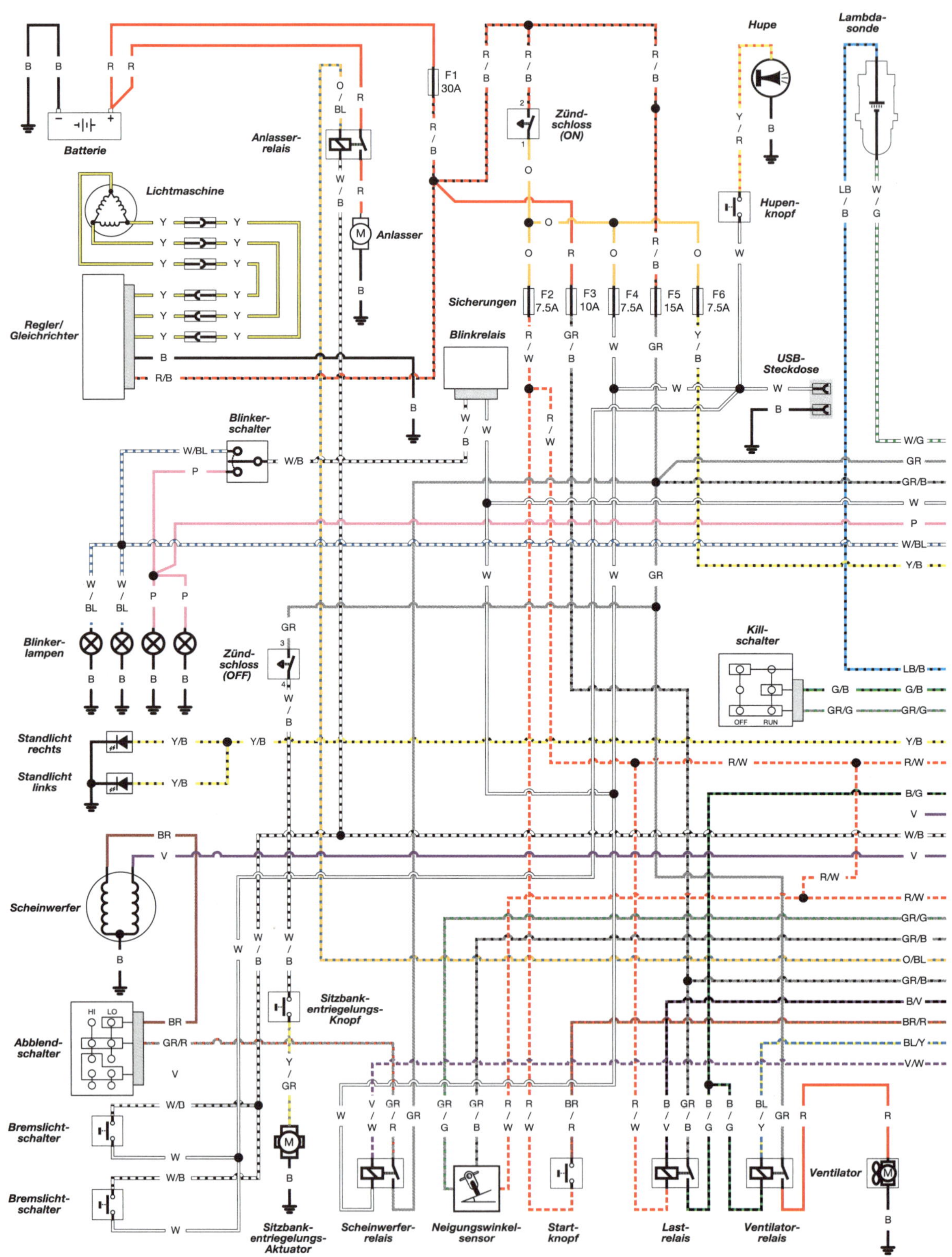

GTS 125/300 ohne ABS (2014 bis 2015)

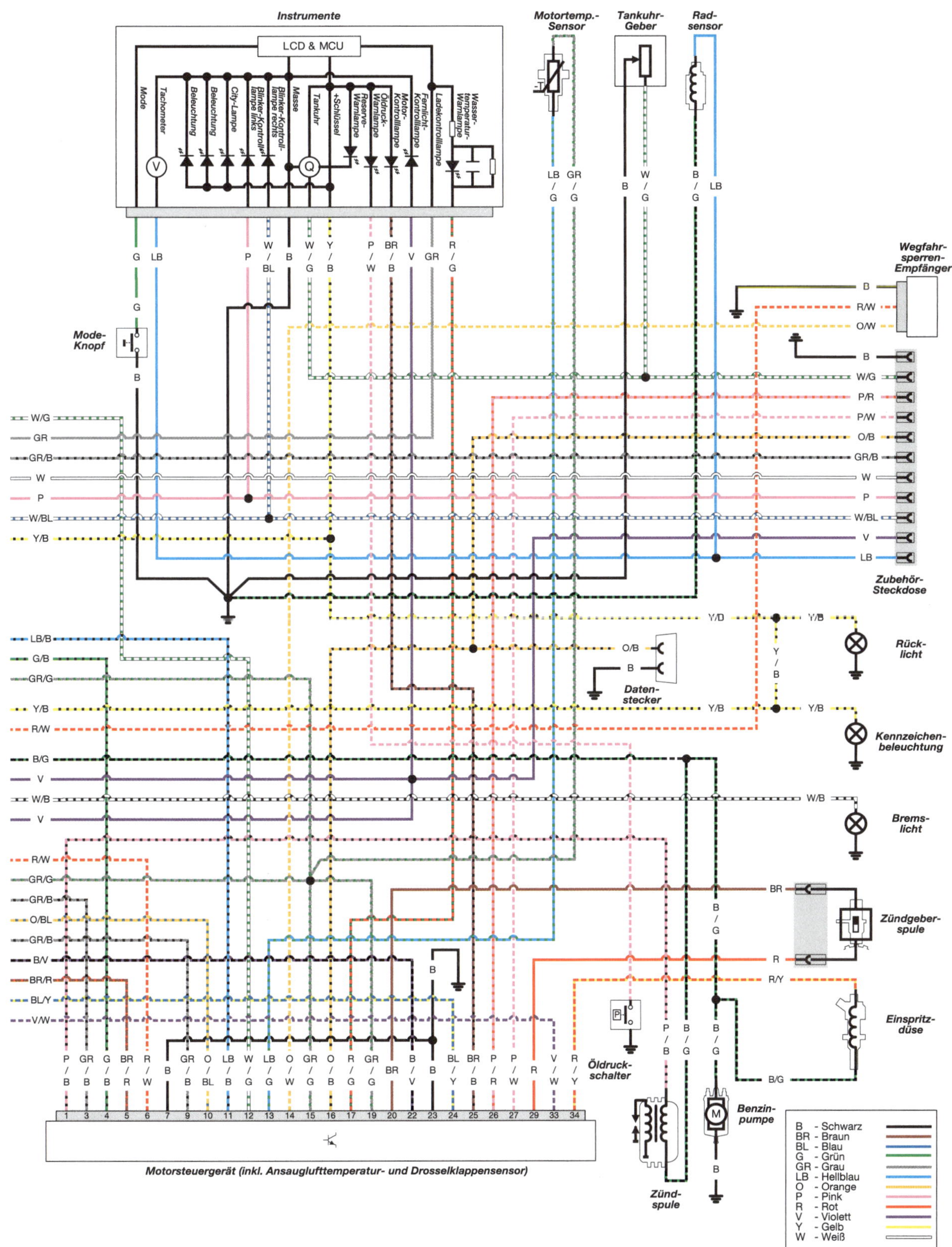

GTS 125/300 ohne ABS (2014 bis 2015)

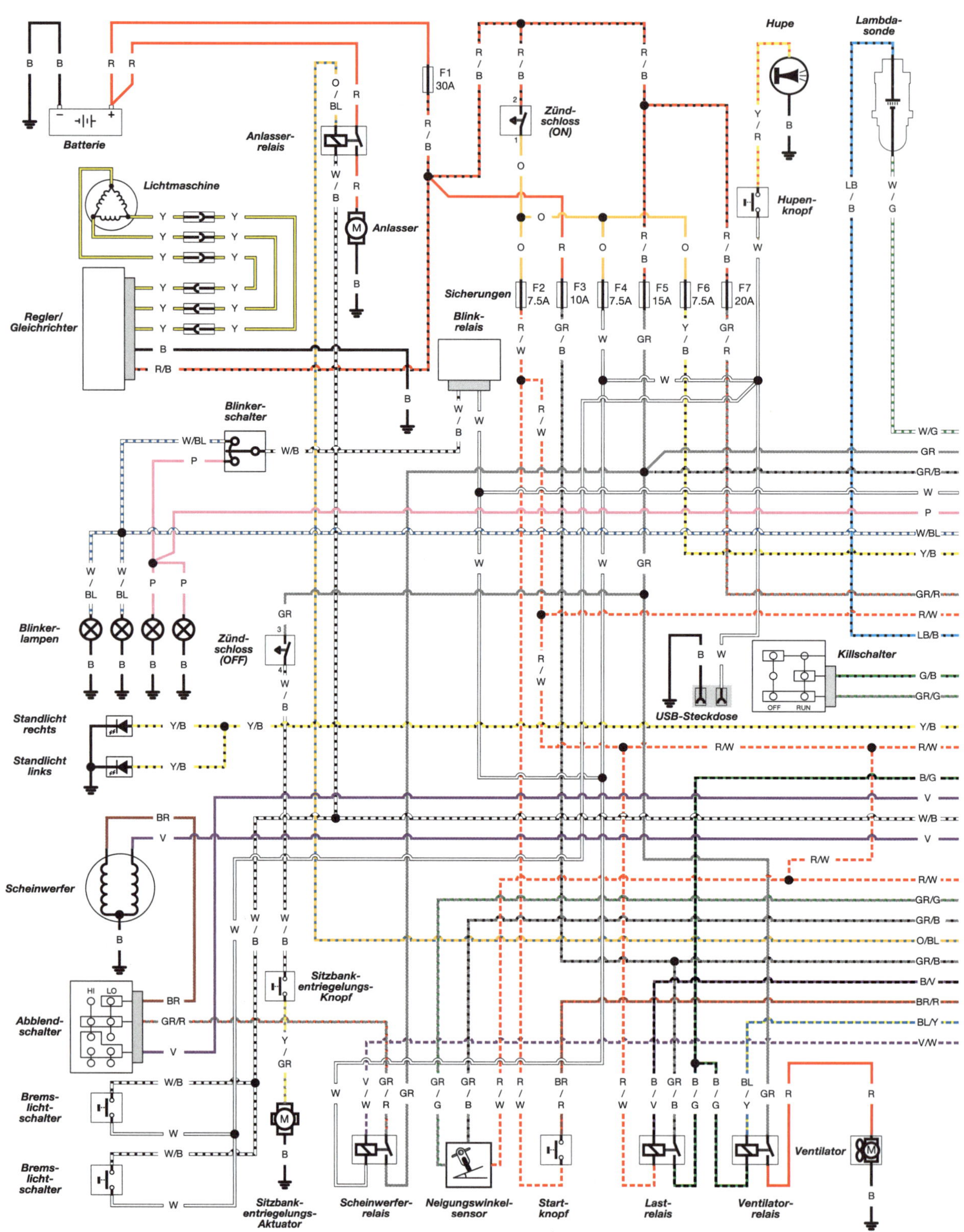

GTS 125/300 mit ABS (2014 bis 2015)

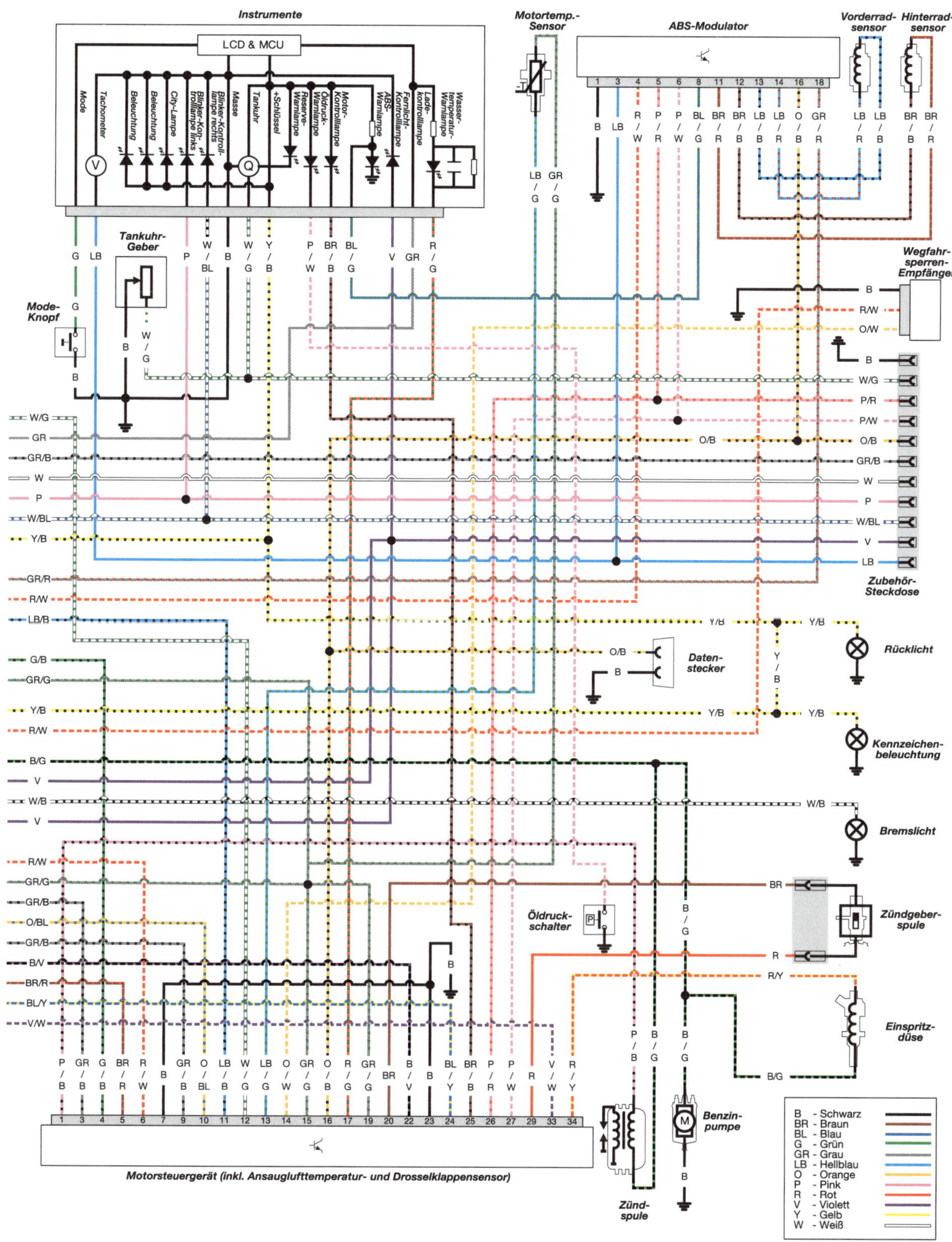

GTS 125/300 mit ABS (2014 bis 2015)

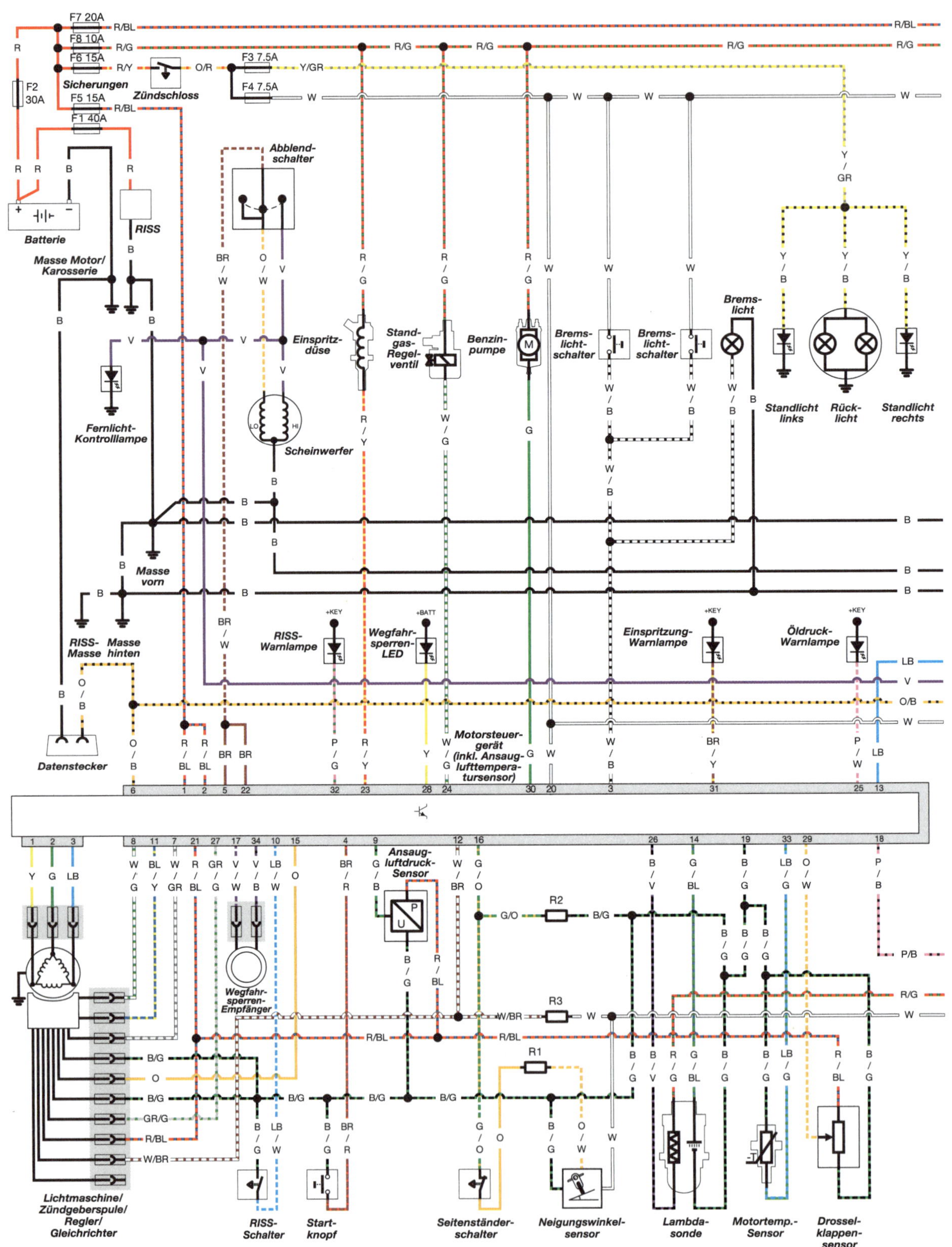

GTS 125/150 mit ABS und RISS (ab 2016)

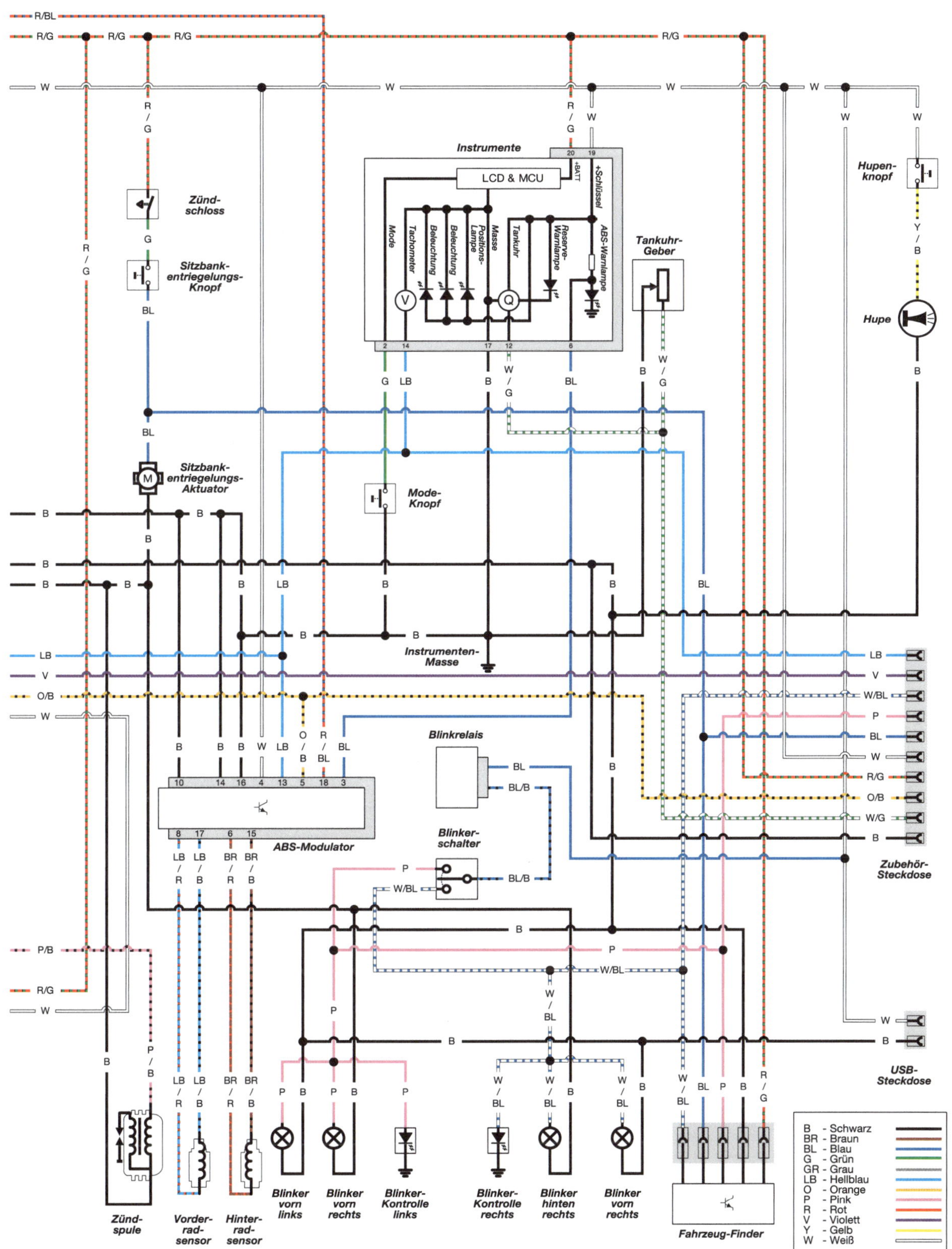

GTS 125/150 mit ABS und RISS (ab 2016)

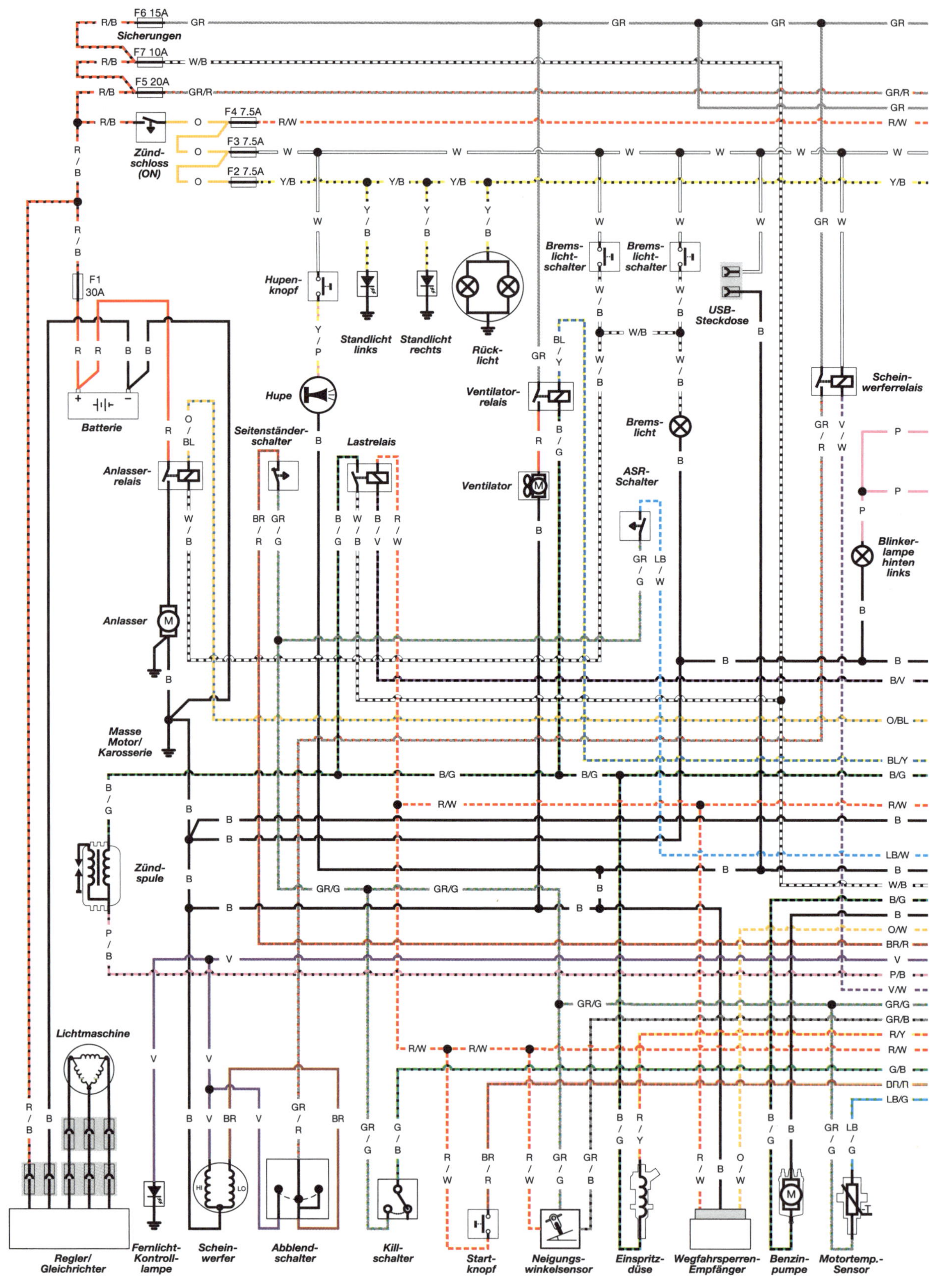

GTS 300 mit ABS und ASR (ab 2016)

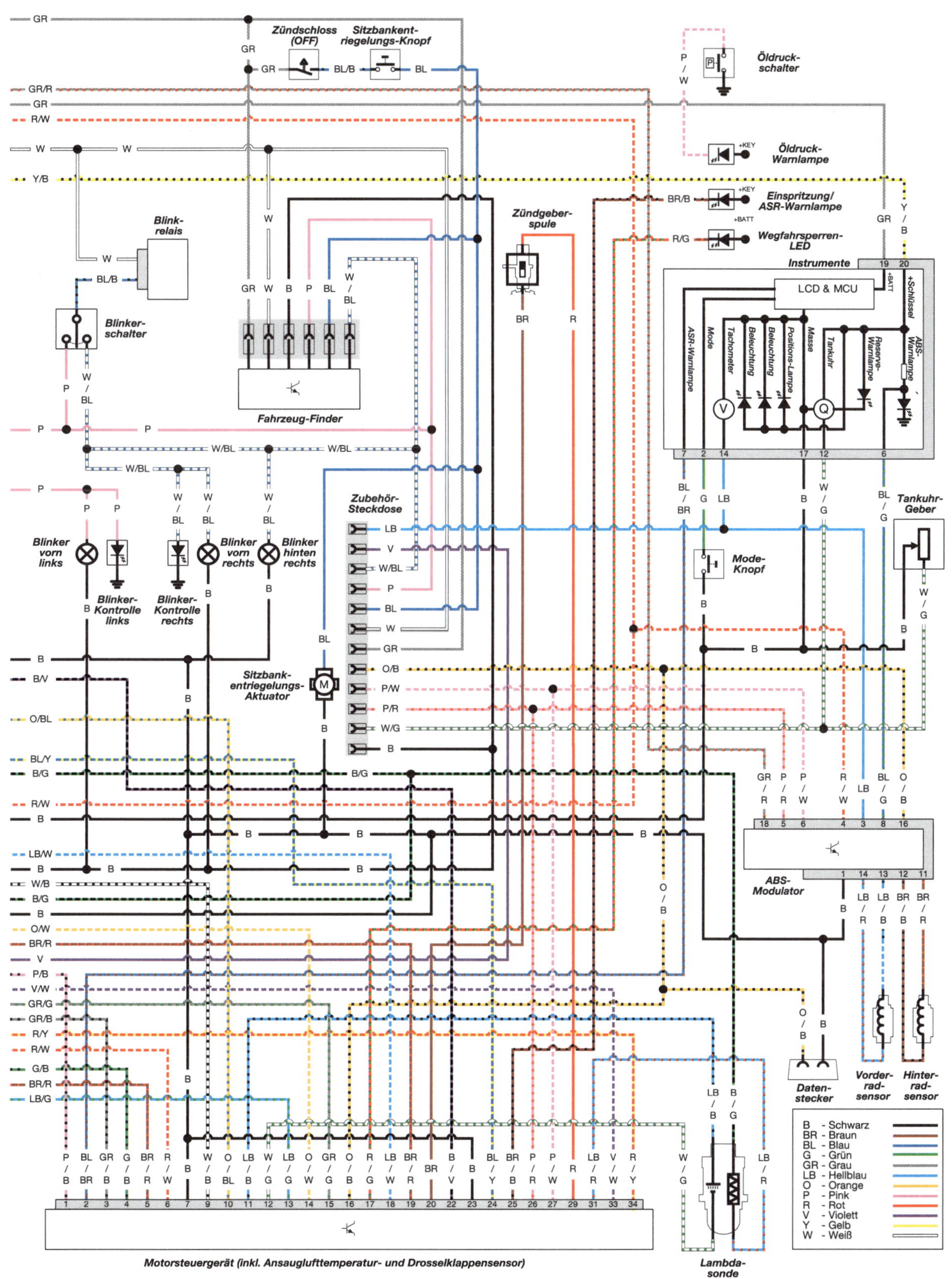

GTS 300 mit ABS und ASR (ab 2016)

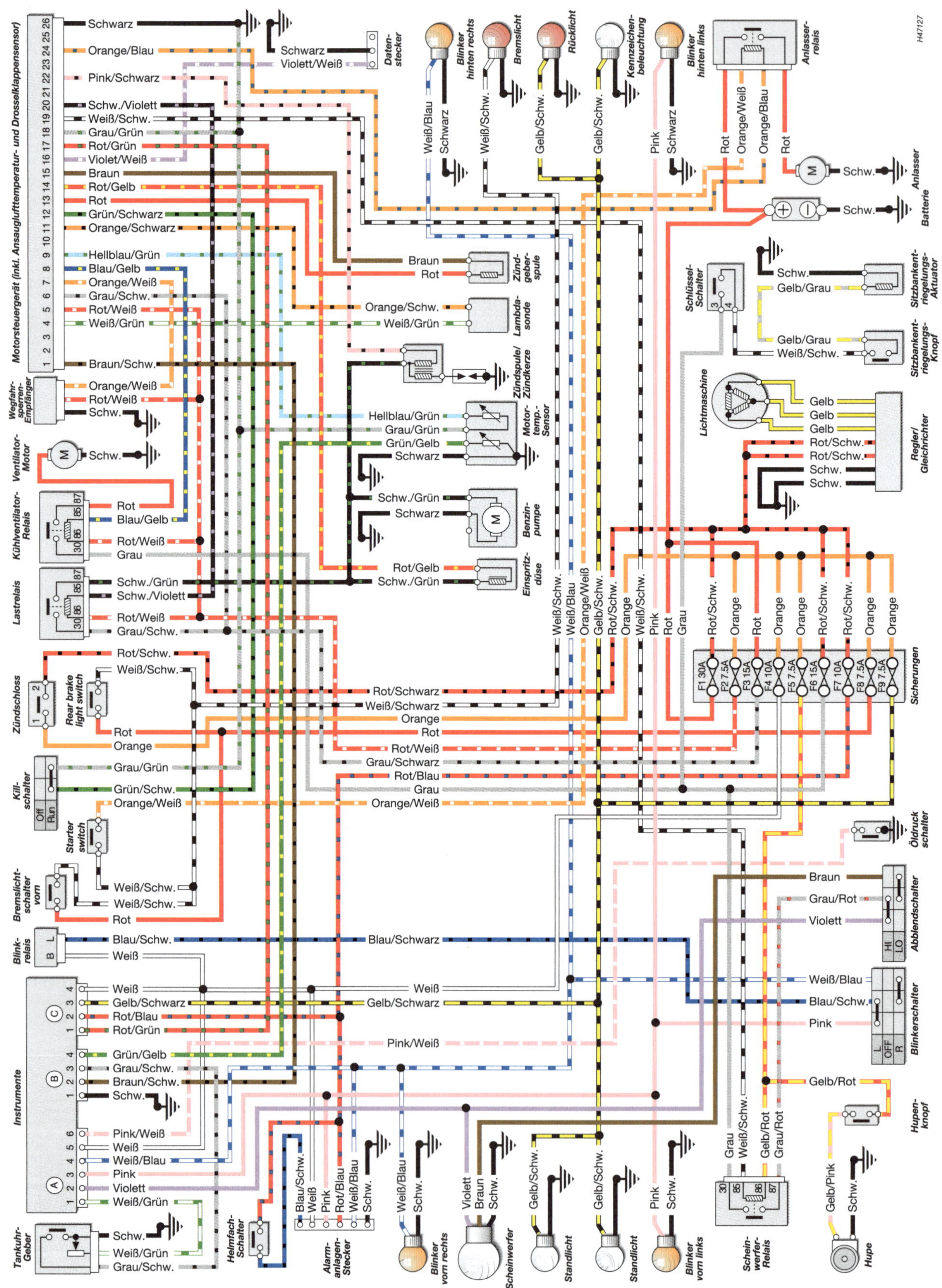
Vespa GTS 300ie (2008 bis 2013)
H47127
Motorsteuergerät (inkl. Ansauglufttemperatur- und Drosselklappensensor)
Wegfahrsperren-Empfänger
Ventilator-Motor
Kühlventilator-Relais
Lastrelais
Zündschloss
Rear brake light switch
Kill-schalter
Off
Run
Starter switch
Bremslichtschalter vorn
Blink-relais
Instrumente
Tankuhr-Geber
Helmfach-Schalter
Alarmanlagen-Stecker
Blinker vorn rechts
Scheinwerfer
Standlicht
Standlicht
Blinker vorn links
Scheinwerfer-Relais
Hupe
Hupenknopf
Blinkerschalter
Abblendschalter
Öldruckschalter
Sicherungen
F1 30A
F2 7.5A
F3 15A
F4 10A
F5 7.5A
F6 15A
F7 10A
F8 7.5A
F9 7.5A
Regler/Gleichrichter
Lichtmaschine
Schlüssel-Schalter
Sitzbankentriegelungs-Knopf
Sitzbankentriegelungs-Aktuator
Batterie
Anlasser
Anlasserrelais
Blinker hinten links
Kennzeichenbeleuchtung
Rücklicht
Bremslicht
Blinker hinten rechts
Datenstecker
Zündgeberspule
Lambdasonde
Zündspule/Zündkerze
Motortemp.-Sensor
Benzinpumpe
Einspritzdüse

Anhang

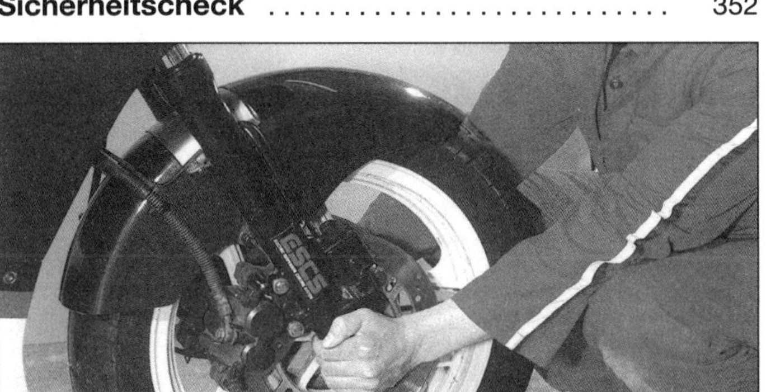

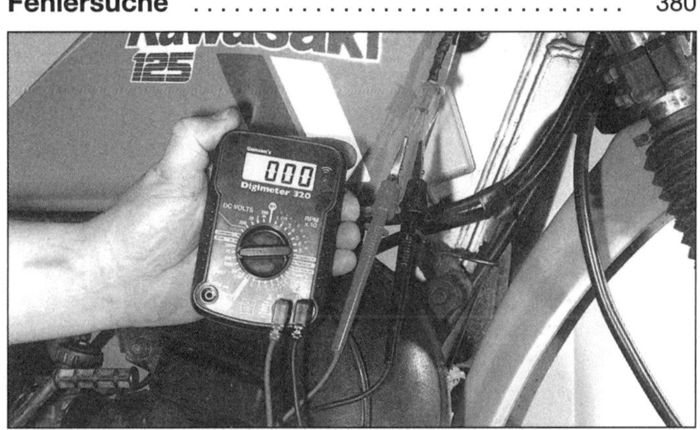

Sicherheitscheck

Hauptuntersuchung

In Deutschland müssen Motorroller alle zwei Jahre zur Hauptuntersuchung nach § 29 der Straßenverkehrszulassungsordnung (StVZO). Diese Untersuchung wird im Volksmund als »TÜV« bezeichnet; das stammt noch aus der Zeit, als der Technische Überwachungsverein (TÜV bzw. TÜH) das Monopol auf Hauptuntersuchungen besaß. Das ist seit einigen Jahren nicht mehr der Fall. DEKRA und auch freie Sachverständige, die einer anerkannten Überwachungsorganisation wie KÜS oder GTÜ angeschlossen sind, dürfen die Hauptuntersuchung durchführen.

Gerade bei freien Sachverständigen hat dies seine Vorteile für den Fahrzeugbesitzer. Eine familiäre Atmosphäre, sehr kurze Wartezeiten und hohe Kompetenz unterscheiden diese kleinen Prüfbüros von den häufig anonymen und bürokratischen Prüfstellen der eingesessenen Organisationen.

TÜV/TÜH (alte Bundesländer) und DEKRA (neue Bundesländer) besitzen allerdings nach wie vor das Monopol für die Begutachtung von Änderungen am Fahrzeug, für die keine Gutachten vorliegen – etwa selbstgebaute Auspuffanlagen, Umbauten zum Gespann o. Ä.

Bei der Hauptuntersuchung werden Betriebs- und Verkehrssicherheit des Motorrollers geprüft. Sachverstand des Prüfers vorausgesetzt – was leider nicht immer der Fall ist –, ist dies ein notwendiger Check im Interesse des Fahrzeugbesitzers. Doch unabhängig von dieser regelmäßigen Untersuchung sollte der Fahrer des Motorrollers wissen, wo die sicherheitsrelevanten Baugruppen sitzen und sie selber prüfen können.

Wenn Sie einen gebrauchten Motorroller kaufen möchten, so ist eine kürzlich durchgeführte Hauptuntersuchung (HU) keinesfalls eine Gewähr für den einwandfreien Zustand des Fahrzeugs. Motor, Getriebe und wesentliche Teile der Elektrik werden bei der HU nicht geprüft, und selbst wichtige Baugruppen wie Bremsen und Rahmen können von einem inkompetenten Prüfer falsch beurteilt worden sein.

Elektrik

Beleuchtung

Prüfen Sie die Funktion aller Leuchten am Motorroller: Stand-, Abblend-, Fern-, Rück- und Bremslicht, Letzteres bei Fuß- und Handbremse. Das Gleiche gilt für die Blinker und eventuelle Zusatzleuchten wie Breit- oder Zusatzscheinwerfer, Nebelschlussleuchte oder Warnblinker. Häufig wird die Instrumentenbeleuchtung nicht beachtet (übrigens auch nicht bei der HU), doch auch bei einer Nachtfahrt möchte man doch wissen, wie schnell man fährt.

Prüfen der Scheinwerfereinstellung mit einem PKW-Prüfgerät

Scheinwerfereinstellung

Im Gegensatz zu Autos wird bei der HU die Scheinwerfereinstellung bei Motorrollern nicht überprüft. Tun Sie das daher selbst im eigenenen Interesse; weder ist es angenehm, andere Verkehrsteilnehmer zu blenden, noch nachts lediglich das Vorderrad oder die Baumwipfel zu beleuchten.
Stellen Sie in einer Werkstatt, die ein Prüfgerät für PKW besitzt, den Scheinwerfer Ihres Motorrollers ein. Achten Sie dabei darauf, dass Sie den Motorroller mit dem üblichen Fahrgewicht belasten (1).

Batterie

Auch der Zustand von Batterie, Sicherungen, Regler und Lichtmaschine ist sicherheitsrelevant. Stellen Sie sich beispielsweise vor, auf der Überholspur der Autobahn geht schlagartig der Motor aus, weil es an Zündfunken fehlt, oder nachts in der gleichen Situation bleibt plötzlich das Licht weg.

Abgasanlage

Auspuff

• Alle Auspuff-Befestigungen müssen fest verbunden sein und die Auspuffanlage darf keine gefederten Teile des Fahrzeugs berühren.

• Starten Sie den Motor, geben Sie etwas Gas und prüfen Sie alle Anschlüsse auf Undichtigkeiten; achten Sie auch auf Durchrostungen.

• Die Auspuffanlage muss ein Prüfzeichen aufweisen; falls ein Nachrüst-Auspuff montiert ist, muss dieser über eine Betriebserlaubnis verfügen.

Lenkung und Federung

Lenkung

• Entlasten Sie das Vorderrad, sodass es nicht den Boden berührt, und schwenken Sie den Lenker von Anschlag zu Anschlag – weder die Griffe noch die Schalter dürfen irgendwo anschlagen. Beschädigte Anschläge am Lenkschaft, ein verbogener oder modifizierter Lenker und unkorrekt montierte Anbauteile können die Ursache sein.

• Beim Lenken dürfen keine Schwergängigkeit oder Einrastungen festgestellt werden. Prüfen Sie, ob alle Bowdenzüge, Hydraulikleitungen und Kabel korrekt verlegt sind und die Lenkkopflager weder verschlissen noch zu stramm eingestellt sind.

• Greifen Sie den Lenkschaft und das Vorderrad und versuchen Sie, beides vor und zurück zu bewegen – hierbei lässt sich Spiel in den Lenkkopflagern erkennen, das nötigenfalls durch korrekte Einstellung eliminiert werden muss (siehe Abbildung).

• Prüfen Sie, ob der Lenker fest und sicher montiert ist.

• Die Griffgummis müssen fest auf dem Lenker bzw. der Gasgriff-Rolle sitzen.

Vorderradfederung

• Stellen Sie das Fahrzeug auf den Hauptständer, ziehen Sie die Vorderradbremse und komprimieren Sie mehrmals die Federung (siehe Abbildung) – hierbei sollte sich sowohl Spiel im Lenkkopf als auch ein klemmender oder schlecht gedämpfter Stoßdämpfer erfühlen lassen.

• In der Radaufhängung darf kein seitliches Spiel festgestellt werden.

Prüfen Sie, ob die Lenkkopflager Spiel haben.

Prüfen Sie mit gezogener Vorderradbremse, ob Spiel und ein verschlissener Stoßdämpfer fühlbar ist.

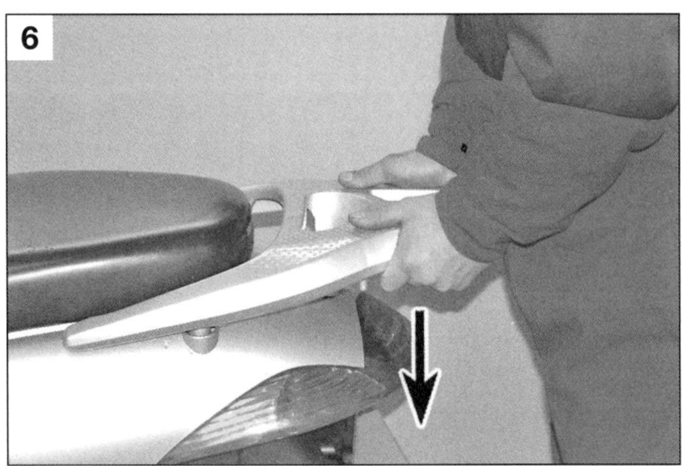

Drücken Sie das Heck mehrmals herunter, um die Hinterradfederung zu kontrollieren.

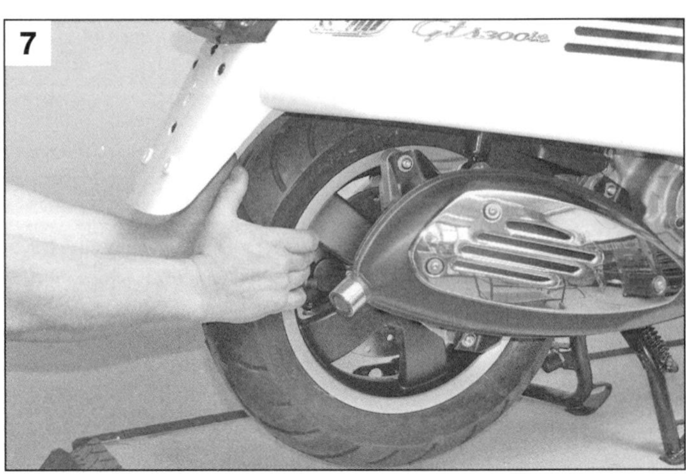

Prüfen Sie, ob das Hinterrad oder die Motoraufhängung Spiel aufweisen.

Hinterradfederung

• Lassen Sie einen Assistenten den frei stehenden Motorroller am Lenker halten und drücken Sie das Heck fest herunter (siehe Abbildung) – das Hinterrad und die Antriebseinheit müssen sich frei bewegen und im/in den Stoßdämpfer(n) muss eine ausreichende Dämpfung fühlbar sein.
• Am/an den Stoßdämpfer(n) darf kein Dämpferöl ausgetreten sein.
• Stellen Sie das Fahrzeug auf den Hauptständer, greifen Sie das Hinterrad und prüfen Sie, ob seitliches Spiel in der Radaufhängung (unwahrscheinlich) oder der Motoraufhängung (wahrscheinlicher) fühlbar ist (siehe Abbildung).

Bremsen, Räder und Reifen

Bremsen

• Entlasten Sie das Rad, sodass es nicht den Boden berührt. Lassen Sie einen Assistenten das Rad drehen und betätigen Sie die Bremse – das Rad muss unverzüglich blockieren. Lösen Sie die Bremse wieder – das Rad muss sich frei weiterdrehen lassen.
• Scheibenbremse: Prüfen Sie den festen Sitz der Bremsscheibe. Sie darf keine Risse oder tiefe Riefen aufweisen.
• Scheibenbremse: Kontrollieren Sie die Bremsbeläge – sie dürfen nicht unter 1,5 mm verschlissen sein und müssen fest im Bremssattel sitzen (siehe Abbildung).
• Trommelbremse: Bei gezogener Bremse darf die Verschleißanzeige nicht ihr Limit erreichen oder überschreiten (siehe Abbildung). Prüfen Sie die Freigängigkeit der Bremse.
• Scheibenbremse: Kontrollieren Sie die Bremsschläuche auf Beschädigungen oder Undichtigkeiten. Poröses Gummi oder stark korrodierte Leitungen und Anschlüsse erzwingen den sofortigen Austausch der Komponente.
• Scheibenbremse: Kontrollieren Sie den Bremsflüssigkeitspegel im Ausgleichsbehälter (siehe Abbildung) – dunkle Bremsflüssigkeit ist ein Hinweis auf Überalterung.
• Der Prüfer wird bei einer Probefahrt die Bremsleistung testen. Beide Bremsen müssen das jeweilige Rad zum Blockieren bringen (Vorsicht beim Vorderrad!). Bei Modellen mit ABS lässt sich dessen Einsetzen im Bremshebel erfühlen. Ein schwammiges Bremsgefühl bei Scheibenbremsen weist auf Luft im Hydrauliksystem hin, eine schwergängige Trommelbremse ist zumeist auf einen verschlissenen Bowdenzug zurückzuführen, schlechte Bremsleistung auch auf eine falsche Einstellung.

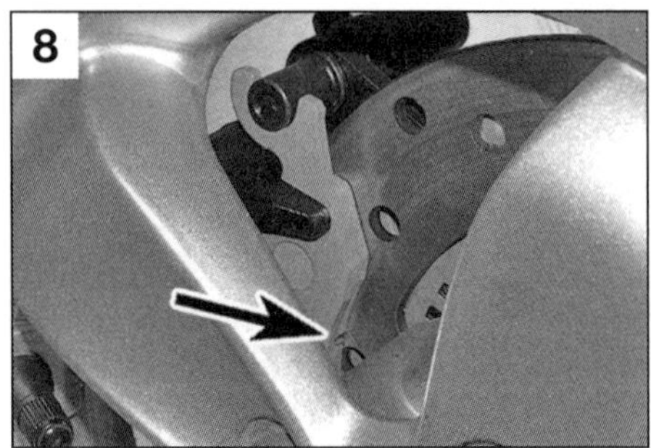

Der Bremsbelag-Verschleiß lässt sich normalerweise ohne den Ausbau der Beläge kontrollieren – hier anhand der Verschleißnut (Pfeil)

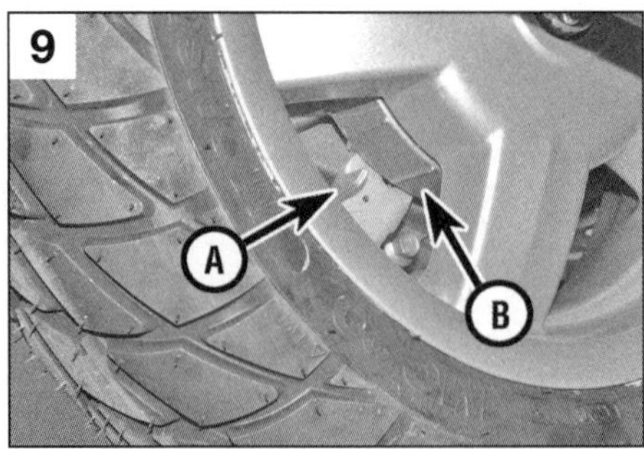

Bei gezogener Bremse darf die Verschleißanzeige (A) nicht ihre Limit-Linie (B) erreichen oder überschreiten.

Im Schauglas des Ausgleichsbehälters lässt sich sowohl der Pegel als auch der Zustand der Bremsflüssigkeit erkennen.

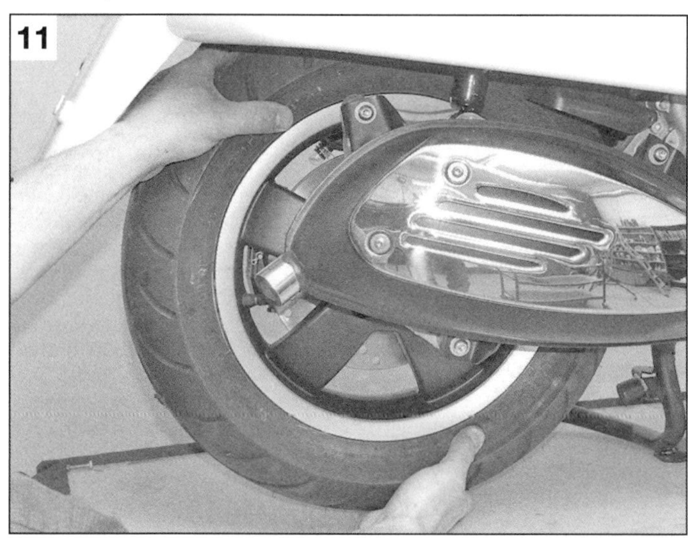
11
Versuchen Sie, am Rad zu wackeln – dies würde verschlissene Radlager anzeigen.

12
Die Profiltiefe beider Reifen darf an keiner Stelle weniger als 1,6 mm betragen.

Räder und Reifen

- An den Rädern dürfen keine Risse oder andere Beschädigungen feststellbar sein.
- Entlasten Sie das Rad, sodass es nicht den Boden berührt. Drehen Sie das Rad und prüfen Sie seine Freigängigkeit. Der Reifen darf keine Federelemente oder Kotflügel berühren
- Entlasten Sie das Rad, sodass es nicht den Boden berührt. Greifen Sie das Rad und versuchen Sie, daran zu wackeln (siehe Abbildung) – fühlbares Spiel weist auf verschlissene Radlager hin.
- Kontrollieren Sie den Reifen. Die Profiltiefe darf an keiner Stelle weniger als 1,6 mm betragen (siehe Abbildung), an den Flanken dürfen sich keine Risse zeigen und der Luftdruck muss den Vorgaben entsprechen.
- Die Reifengröße, die zulässige Höchstgeschwindigkeit und die Traglast müssen den Angaben in den Fahrzeugpapieren entsprechen. Auf dem Reifen darf nicht »NOT FOR ROAD USE« (nicht für den Betrieb auf öffentlichen Straßen), »COMPETITION USE ONLY« (Nur für Renn-Einsätze) oder Ähnliches zu lesen sein.
- Der Drehrichungs-Pfeil (»ROTATION« – manchmal für FRONT und REAR gesondert) muss in die normale Drehrichtung des Rades zeigen (siehe Abbildung).
- Alle Radbolzen oder die Achsmutter müssen fest angezogen sein und ggf. korrekt mit einem Splint gesichert sein.
- Ungewöhnliches Fahrverhalten kann auf einen Unfallschaden (verbogener Lenkschaft, verzogene Karosserie) hinweisen. Prüfen Sie nötigenfalls die korrekte Ausrichtung der Räder mit am Hinterrad angelegten Latten, ob diese am Vorderrad links und rechts den gleichen Abstand haben (siehe Abbildung).

13
Der Drehrichungs-Pfeil muss in die normale Laufrichtung des Rades zeigen.

14
Prüfen Sie nötigenfalls die korrekte Ausrichtung der Räder.

Schmiermittel und Flüssigkeiten

Speziell für den Einsatz an und in Motorrädern und Rollern ist ein weiter Bereich an Schmiermitteln, Flüssigkeiten und Reinigungsmitteln entwickelt worden. Hier soll gezeigt werden, was es gibt, wofür es eingesetzt wird, und welche Eigenschaften es hat.

Viertakt-Motoröl

- Motoröl ist zweifellos die wichtigste Komponente eines Viertaktmotors. Moderne Motorradmotoren stellen große Anforderungen an das Öl, weswegen dessen Auswahl sehr wichtig ist. Die Verwendung eines ungeeigneten Öls führt zu erhöhtem Motorverschleiß und kann mit einem ernsthaften Motorschaden enden. Bevor Sie Motoröl kaufen, müssen Sie beachten, welche Anforderungen der Motorradhersteller stellt. Hierbei wird sowohl eine Klassifikation als auch ein bestimmter Viskositätsbereich angegeben.
- Die Öl-Klassifikation wird durch die API-Rate (festgelegt durch das **A**merican **P**etroleum Institute) angegeben. Sie erscheint in Form von zwei Buchstaben, so z.B. als »SG«. Das S steht für »Spark«, d.h. fremdgezündete Motoren (die mit Benzin laufen). Der zweite Buchstabe liegt im Alphabet zwischen A und J und steht für die Leistungsfähigkeit des Öls. Je höher der Buchstabe, desto höher sind die Anforderungen an das Öl. Ein SG-Öl übersteigt also die Anforderungen eines SF-Öls.

Anmerkung: *Bei manchen Ölen ist eine zweite mit einem C beginnende Klassifikation angegeben, die für die Verwendung in Dieselmotoren (Compression Ignition = Selbstentzündung) steht, und daher für den Einsatz in Motorrädern irrelevant ist. Eine spezielle für Motorradmotoren ausgelegte Norm wurde von der Japanese Automotive Standards Organisation festgelegt – und heißt entsprechend JASO.*

- Die »Viskosität« des Öls wird durch die SAE-Rate identifiziert (festgelegt durch die Society of Automotive Engineers). Alle modernen Motoren erfordern Mehrbereichsöle und dort besteht die SAE-Rate aus zwei Nummern, hinter der ersten steht ein W, also z. B. 10W/40. Die erste Zahl steht für die Viskositätsrate des Öls bei niedrigen Temperaturen (W steht für Winter – getestet bei -20 °C), die zweite Zahl steht für die Viskositätsrate des Öls bei hohen Temperaturen (getestet bei 100 °C). Je niedriger die Zahl, desto dünner das Öl. So steht ein 10W/40-Öl für einen besseren Kaltlauf als ein 15W/50-Öl.
- Neben dem Typ und der Viskosität gibt es drei unterschiedliche chemische Aufbauten des Motoröls. Man kann Öl auf mineralischer Basis, synthetisches Öl und ein Gemisch aus beiden Sorten – teilsynthetisch genannt – kaufen. Obwohl alle Öle eine ähnliche Viskosität und Klassifizierung haben, sind die Preise sehr unterschiedlich. Mineralöle sind die billigsten und Synthetiköle die teuersten, teilsynthetische Öle liegen entsprechend dazwischen. Die Entscheidung liegt im Wesentlichen beim Besitzer, doch sollte bedacht werden, dass moderne Synthetiköle bessere Schmier- und Reinigungseigenschaften haben als traditionelle Mineralöle, und diese Eigenschaften auch länger behalten. Bedenken Sie, dass die Arbeitsumgebungen in einem modernen hochdrehenden Motorradmotor für ein Öl höchste Anforderungen bedeuten, und deswegen ein Synthetiköl empfehlenswert ist. Die Mehrkosten bei jedem Ölwechsel können langfristig viel Geld sparen, indem der Motorverschleiß verringert wird.
- Schließlich muss immer sichergestellt werden, dass das Öl für Motorradmotoren geeignet ist, da diese zumeist wesentliche höhere Literleistungen und damit auch Anforderungen an das Öl haben. Motoröle sind meistens für Autos entwickelt worden und kann deswegen Additive oder Schmierstoffe enthalten, die in einem Motorradmotor mit Nasskupplung Kupplungsrutschen verursachen können – ein Punkt, der bei Vespa-Motoren weniger relevant ist.

Getriebeöl

- Bei allen in diesem Buch behandelten Fahrzeugen werden das Getriebe und die Kupplung mit speziellem Öl geschmiert, welches entsprechend der Hersteller-Anweisung gewechselt werden muss.
- Obwohl bei den meisten Viertakt-Maschinen der Motor, die Kupplung und das Getriebe mit der gleichen Ölversorgung geschmiert werden, gibt es auch Motorräder mit getrennt geschmierten Bauteilen und ggf. einer Trockenkupplung.
- Motorradhersteller empfehlen entweder ein Einbereichs-Getriebeöl oder ein bestimmtes Motoröl, um das Getriebe zu schmieren.
- Getriebeöle sind speziell für ihren Einsatz zwischen Zahnflanken konzipiert. Die Viskosität dieser Öle ist durch eine SAE-Nummer angegeben, doch deren Messung unterscheidet sich von Motorölen. Als grober Hinweis gilt, dass ein SAE 90-Getriebeöl etwa die gleiche Viskosität wie ein SAE 50-Motoröl hat.

Brems- und Kupplungsflüssigkeit

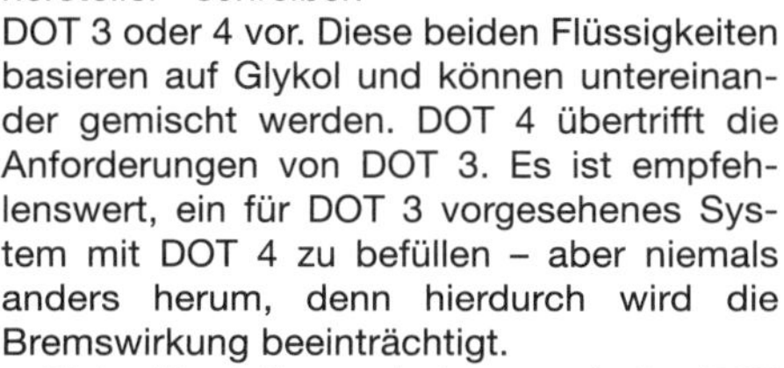

- Alle Scheibenbremsanlagen und einige Kupplungen werden hydraulisch betätigt. Um deren korrekte Funktion sicherzustellen, muss die Hydraulikflüssigkeit regelmäßig entsprechend der Herstelleranweisungen ausgetauscht werden.
- Brems- und Kupplungsflüssigkeit wird durch den DOT-Wert klassifiziert. Die meisten Motorradhersteller schreiben DOT 3 oder 4 vor. Diese beiden Flüssigkeiten basieren auf Glykol und können untereinander gemischt werden. DOT 4 übertrifft die Anforderungen von DOT 3. Es ist empfehlenswert, ein für DOT 3 vorgesehenes System mit DOT 4 zu befüllen – aber niemals anders herum, denn hierdurch wird die Bremswirkung beeinträchtigt.
- Einige Hersteller produzieren auch eine DOT 5-Hydraulikflüssigkeit auf Silikonbasis. Diese Bremsflüssigkeit darf nicht mit DOT 3 oder 4-Flüssigkeit vermischt werden, da hierdurch die Wirkung des Hydrauliksystems stark beeinträchtigt wird.

Kühlmittel/Frostschutz

- Bei der Beschaffung von Kühlmittel oder Frostschutz muss unbedingt sichergestellt werden, dass es für einen Aluminiummotor geeignet ist und Korrosionsschutzmittel enthält, um das Verstopfen von Kühlmittelkanälen zu verhindern. Als allgemeine Regel gilt, dass die meisten Kühlmittel pur eingesetzt werden müssen und nicht verdünnt werden dürfen, und Frostschutz mit destilliertem Wasser verdünnt werden muss, um eine Lösung der gewünschten Stärke zu erhalten. Beachten Sie die Herstellerangaben auf der Flasche.
- Stellen Sie sicher, dass das Kühlmittel regelmäßig entsprechend der Herstellerangaben gewechselt wird.

Entfetter und Reiniger

- Es gibt viele verschiedene Reiniger und Entfetter, um Schmutz und Fett zu entfernen, wie es sich im normalen Einsatz ansammelt. Entfetter sind Lösungsmittel, die normalerweise als Spray oder als Flüssigkeit für den Einsatz in Spritzpistolen geliefert werden. Folgen Sie immer sorgfältig den Herstelleranweisungen und tragen Sie eine Schutzbrille. Die meisten Lösungsmittel sind brennbar und dünsten giftige Gase aus - treffen Sie vor dem Einsatz entsprechende Vorkehrungen (siehe *Sicherheit geht vor!*).
- Für allgemeine Reinigungen können im Fachhandel erhältliche Reiniger und Entfetter benutzt werden. Diese Mittel müssen zumeist einige Zeit einwirken, bevor sie mit Wasser abgespült werden.

Bremsenreiniger ist ein Lösungsmittel, welches jegliche Öl-, Fett- und Schmutzreste aus Bremsenteilen entfernen kann. Es verdunstet schnell und bildet keine Rückstände.

Einspritzdüsenreiniger ist ein Additiv, das dem Kraftstoff zugegeben wird, um Ablagerungen aus Einspritzdüsen zu entfernen. Eine komplett verstopfte Einspritzdüse muss ausgebaut werden, um sie ggf. im Ultraschallbad reinigen zu können.

Kontaktspray ist zum reinigen elektrischer Kontakte konzipiert. Das Mittel entfernt alle Öl- und Schmutzreste von elektrischen Verbindungsstellen oder verschmutzten Zündkerzen, danach trocknet es rückstandsfrei.

Dichtungsentferner ist zumeist ein Spray, mit dem hartnäckige Dichtungsreste beseitigt werden können, ohne dass die Gefahr besteht, die Gehäusefläche zu zerkratzen, und damit die Dichtfläche zu beschädigen.

Sprühöl

- Sprühöle gibt es in verschiedenen Ausführungen und eignen sich zum Schmieren von Hebeln, Schaltern und freiliegenden Gelenken. Versuchen Sie ein Sprühmittel zu beschaffen, welches auf Trockenfilm basiert, da es eine trockene Oberfläche hinterlässt und nicht wie Öl Staub und Schmutz anzieht, wodurch die Verschleißrate wieder erhöht wird.
- Die meisten Sprühöle fungieren auch als Feuchtigkeitsverdränger und Schutzfilm in Schaltern und Kabelverbindungen oder als Rostlöser bei festen Schrauben.

Fette

- Fette werden zum Schmieren von Gelenken und Lagern eingesetzt. Ein gutes Mehrbereichsfett ist für die meisten Anwendungen ausreichend, doch manche Hersteller schreiben den Einsatz spezieller Fette an Bauteilen wie Schwingen- und Anlenkhebellagerungen vor. Diese Fette können im Zubehör-Fachhandel erworben werden; die üblichen Spezialfette sind Molybdänfett, Lithiumfett, Graphitfett, Silikonfett und temperaturbeständige Kupferpaste.

Dichtmasse

- Dichtmassen können zusammen mit Dichtungen verwendet werden, um ihre Dichtigkeit zu verbessern. Oder sie werden direkt zum Abdichten zweier Metallflächen verwendet. Abhängig vom Typ härten sie entweder aus oder bleiben dauerelastisch.
- Bei der Beschaffung von Dichtmasse muss sichergestellt sein, dass sie zur Verwendung an einem Verbrennungsmotor geeignet ist. Universal-Dichtstoffe aus dem Baumarkt können ähnlich aussehen, halten jedoch eventuell weder starke Hitze noch Kontakt mit Öl oder Kraftstoff aus (siehe *Werkzeug- und Werkstatt-Tipps* für weitere Informationen).

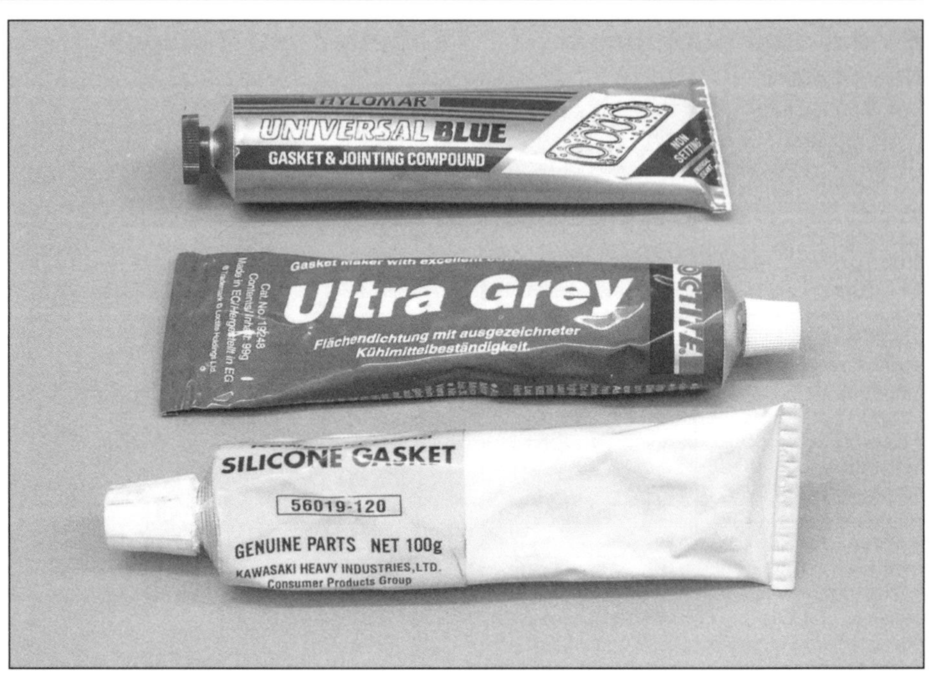

Schraubensicherung

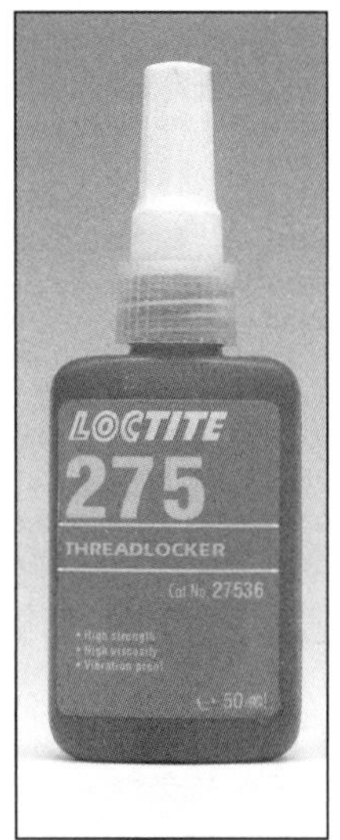

- Diese Mittel werden zum Sichern von Gewinden in Positionen eingesetzt, wo sich Schrauben durch Vibrationen lösen können. Schraubensicherungsmasse kann im Fachhandel beschafft werden. Stellen Sie sicher, dass die Gewindegänge beider Komponenten vollständig sauber und trocken sind, bevor Sie sparsam das Mittel auftragen (siehe *Werkzeug- und Werkstatt-Tipps* für weitere Informationen).

Kraftstoff-Additive

- Mittel zum Schutz und zur Reinigung des Kraftstoffsystems gibt es in vielfältiger Auswahl. Diese Additive sind konzipiert, alle Ablagerungen in Vergasern und Einspritzanlagen zu entfernen und vor Verschleiß zu schützen, um das Kraftstoffsystem wirkungsvoll funktionieren zu lassen. Wenn ein Kraftstoff-Additiv verwendet wird, muss zuvor sichergestellt sein, dass es in Ihrem Motorrad eingesetzt werden kann, besonders wenn es mit einem Katalysator ausgerüstet ist.
- Sogenannte Oktan-Booster erhöhen die Klopffestigkeit des Treibstoffs. Sie können die Leistungsfähigkeit stark getunter Motoren verbessern, wenn diese mit einfachem Benzin betrieben werden – in Serienmotoren bringen sie nichts.

Einleitung

Ihr Motorroller kann eher gestohlen sein, als Sie zum Lesen diese Einleitung benötigen. Und es gibt kaum ein schlimmeres Gefühl, als zu der Stelle zurückzukehren, wo einmal mein Motorroller stand. Selbst wenn Sie ihr Fahrzeug gegen Diebstahl versichert hatten, werden Sie nach dem ersten Schock noch die Unannehmlichkeiten bei der Polizei und der Versicherung zu spüren bekommen.

Fahrzeug-Diebe unterscheiden sich in zwei Kategorien: Professionelle Auftragsdiebe und Gelegenheitskriminelle. Profis sind auf bestimmte Marken und Modelle spezialisiert und suchen dann manchmal landesweit, um diesen Motorroller zu beschaffen. Gelegenheitsdiebe schauen dagegen nach leichten Zielen, die mit minimalem Aufwand und Risiko geknackt werden können.

Während es unmöglich ist, die Maschine hundertprozentig gegen Profis zu sichern, kann man gegen die Gelegenheitsdiebe, die etwa 50 Prozent aller Maschinen stehlen, einiges unternehmen. Denken Sie daran, dass diese immer nach Gelegenheiten schauen – wenn also zwei ähnliche Roller Seite an Seite parken, werden sie den Blick auf dasjenige Fahrzeug richten, welches am wenigsten gesichert ist. Mit etwas Vorsorge kann man hier schon das Risiko eines Diebstahls deutlich reduzieren.

Sicherheitsausrüstung

Es gibt für Motorräder (und Motorroller) reichlich spezielle Vorrichtungen zu kaufen und die folgenden Texte fassen ihre Anwendungen und Plus- sowie Minuspunkte zusammen.

Wenn Sie sich für den für Ihre Zwecke optimalen Typ eines Sicherheitssystems entschieden haben, empfehlen wir Ihnen, einen oder mehrere der regelmäßig in der Motorradpresse durchgeführten Vergleichstests dieser Teile durchzulesen. In diesen Tests werden aktuelle Modelle verschiedener Hersteller in ihrer Sicherheit, ihre Bedienbarkeit und auf ihr Preis/Leistungs-Verhältnis verglichen.

Keines dieser Sicherheitssysteme kann einen vollständigen Schutz gewährleisten. Es wird empfohlen, mit zwei oder mehr der unten beschriebenen Vorrichtungen die Sicherheit Ihrer Maschine zu erhöhen (ein Schloss, eine Kette und eine Alarmanlage ist nahezu ideal). Je mehr Sicherheitsmaßnahmen am Motorrad vorhanden sind, desto geringer ist die Wahrscheinlichkeit, dass es gestohlen wird.

1

Die Kette und das Schloss müssen von guter Qualität und ausreichender Länge sein, um Ihr Motorrad an einen stabilen Gegenstand anschließen zu können.

Schloss und Kette

Plus: *Sehr flexibel einzusetzen; das Motorrad kann an nahezu alle immobilen Objekte angeschlossen werden. Bei manchen Ausführungen kann das Schloss einzeln als Bremsscheibenschloss eingesetzt werden (siehe unten).*

Minus: *Kann sehr schwer und unhandlich auf dem Motorrad zu transportieren sein, doch werden einige Typen mit Transportbeuteln geliefert, den man auf dem Rücksitz festschnallen kann.*

- Schwere Ketten und Schlösser sind eine ideale Sicherheitsvorrichtung (siehe Abbildung 1). Wenn das Motorrad geparkt wird, schließt man es mit der Kette an eine stabile und nicht zu entfernende Vorrichtung wie einen Laternenpfahl oder ein Geländer an. Hierdurch lässt sich die Maschine weder wegfahren noch mit einem Lieferwagen abtransportieren.
- Achten Sie beim Anlegen der Kette darauf, dass sie um den Rahmen oder die Schwinge verläuft (siehe Abbildungen 2 und 3). Legen Sie die Kette niemals nur um ein Rad; ein Dieb kann das Rad lösen und den Rest der Maschine abtransportieren. Versuchen Sie die Kette so kurz wie möglich zu verlegen, um das Ansetzen von Werkzeugen zu erschweren, und halten Sie sie vom Boden fern, um das Auftrennen mit einem Meißel oder einem Beil zu verhindern. Positionieren Sie das Schloss so, dass der Schließzylinder nach unten zeigt, da es hierdurch für den Dieb schwierig wird, ihn zu erreichen.

2

Führen Sie die Kette durch den Rahmen und nicht nur durch ein Rad . . .

3

. . . und um einen stabilen Gegenstand.

Bügelschlösser

Plus: *Eine sehr effektive Abschreckung, mit der die Maschine an einem Masten oder Geländer gesichert werden kann. Die meisten Bügelschlösser werden mit einem Halter geliefert, der einen einfachen Transport ermöglicht.*

Minus: *Nicht so flexibel wie ein Kettenschloss.*

• Diese stabilen Schlösser werden ähnlich eingesetzt wie Kettenschlösser. Sie sind leichter als eine Kette samt Schloss, aber nicht so flexibel einzusetzen. Die Länge und die Form des Bügelschlosses beschränken das Einsatzgebiet (siehe Abbildung 4).

Wenn das Bügelschloss lang genug ist, kann die Maschine auch damit an einem festen Gegenstand gesichert werden.

Bremsscheibenschlösser

Plus: *Klein, leicht und sehr leicht zu transportieren. Die meisten Modelle sind im Werkzeugfach unterzubringen.*

Minus: *Schützt nicht vor dem Abtransport des Fahrzeugs mit einem Lieferwagen. Das Vergessen des Schlosses kann beim Losfahren sehr peinlich werden.*

• Diese Schlösser sind dazu konstruiert, in ein Loch in der Bremsscheibe gesteckt zu werden und das Rad beim Drehen zu blockieren (siehe Abbildung 5). Einige Ausführungen sind mit einer Alarmanlage ausgerüstet, die im abgeschlossenen Zustand durch Bewegung aktiviert wird. Diese wirkt nicht nur als Abschreckung gegen Diebe, sondern auch als Erinnerung an den Fahrer, das Schloss vor dem Losfahren herauszunehmen.
• Die Kombination aus einem Bremsscheibenschloss und einem Stück Drahtseil, der um einen Masten oder ein Geländer gelegt wird, bildet ein weiteres Sicherheitslevel (siehe Abbildung 6).

Ein typisches Bremsscheibenschloss wird durch eines der Löcher in der Scheibe gesteckt.

Alarmanlagen und Wegfahrsperren

Plus: *Einmal installiert ist sie absolut mühelos zu bedienen. Manche Versicherungen bieten bei bestimmten Anlagen (und Auflagen) Rabatte.*

Minus: *Kann teuer und schwierig zu installieren sein. Kein System hindert den Dieb daran, das Motorrad mit einem Lieferwagen abzutransportieren.*

• Elektronische Alarmanlagen und Wegfahrsperren gibt es in unterschiedlichen Preisklassen. Es sind drei unterschiedliche Systeme erhältlich: reine Alarmanlagen, reine Wegfahrsperren und etwas teurere kombinierte Geräte (siehe Abbildung 7).
• Eine Alarmanlage ist so konstruiert, dass sie ein Warngeräusch erzeugt, sobald am Motorrad herummanipuliert wird
• Eine Wegfahrsperre schützt davor, dass das Motorrad ohne Schlüssel und/oder Codierung gestartet werden kann, indem sie die elektrische Anlage blockiert.
• Haben Sie sich für eine Anlage entschieden, sollten Sie die Einbaukosten beachten, wenn Sie die Montage nicht selbst erledigen können. Wenn das Motorrad nicht regelmäßig eingesetzt wird, muss auch der Stromverbrauch berücksichtigt werden, der bei allen Systemen über die Bordbatterie erfolgt. Eine von einer viel Strom verbrauchenden Anlage leer gesogene Batterie sorgt sowohl dafür, dass das Motorrad nicht gestartet werden kann, als auch dafür, dass die Alarmanlage nach einer gewissen Zeit nicht mehr funktioniert.

Ein mit einem Drahtseil kombiniertes Bremsscheibenschloss bietet zusätzlichen Schutz.

Ein typisches Alarm/Wegfahrsperren-System

Nicht entfernbare Markierungen können an vielen Bereichen des Fahrzeugs angebracht werden – bringen Sie auch die mitgelieferten Warnhinweise an.

• Es gibt viele verschiedene Ausführungen an Sicherungsmarkierungen. Ideal ist es, so viele Teile am Motorrad wie möglich mit einer einzigen Nummer zu markieren (siehe Abbildungen 8, 9 und 10). Mit dem Satz wird ein Formular geliefert, auf dem ihre persönlichen Daten und die Details des Motorrades eingetragen und in einem Register gespeichert werden. Dieses Register ermöglicht der Polizei, jeden rechtmäßigen Besitzer eines Motorrades oder Bauteils zu identifizieren, auch wenn alle anderen Formen der Identifikation entfernt sind. Bringen Sie immer einen gut sichtbaren Warnaufkleber zur Abschreckung am Motorrad an.

Chemisch eingeätzte Nummern können an Karosserie- und Verkleidungsteilen angebracht werden, . . .

Sicherungsmarkierungen

Plus: *Sehr billige und effektive Abschreckung. Manche Versicherungen bieten bei Sicherungsmarkierungen Rabatte im Teilkaskobereich.*

Minus: *Schützt nicht vor Gelegenheitsdieben, die einen Ausflug machen wollen.*

Bodenverankerungen, Radklemmen und Sicherungspfosten

Plus: *Eine exzellente Form der Sicherheit, die auch die entschlossensten Diebe abschrecken wird.*

Minus: *Schwierig zu installieren und möglicherweise teuer.*

• Während das Motorrad sich zu Hause befindet, ist es eine gute Idee, es sicher am Boden oder an der Wand zu verankern, selbst wenn es in einer gut gesicherten Garage steht. Zu diesem Zwecke werden eine Reihe verschiedener Bodenverankerungen, Radklemmen und Sicherungspfosten angeboten (siehe Abbildung 11). Diese Vorrichtungen werden entweder im Beton oder Stein verankert oder erhalten ein eigenes Fundament.

. . . doch stets muss ein prominent angebrachter Aufkleber darauf hinweisen.

Dauerhafte Bodenverankerungen bieten zuhause ein hohes Sicherheitslevel.

A

Sicherheit zu Hause

Ein großer Anteil der Motorräder werden beim Besitzer zu Hause gestohlen. Einige Dinge sollten beachtet werden, wenn die Maschine an ihrem Heimatstandort steht:

- Wenn möglich, sollte das Motorrad immer in der sicheren Garage stehen. Vertrauen Sie niemals dem serienmäßigen Garagenschloss, da es zumeist schnellstens zu knacken ist. Bringen Sie am Tor einen zusätzlichen Schließmechanismus an und denken Sie über eine Alarmanlage nach. Ein von einem Bewegungsmelder aktivierter Scheinwerfer ist auch für den eigenen Nutzen eine gute Investition.
- Sichern Sie das Motorrad immer am Boden oder an der Wand, auch wenn es in einer gut gesicherten Garage steht.
- Lassen Sie Ihr Motorrad nicht regelmäßig an der Straße stehen, versuchen Sie, es möglichst außer Sichtweite der Straße zu parken, wenn Sie keine Garage besitzen. Decken Sie ein frei stehendes Motorrad mit einer Plane ab, um seine Identität nicht sofort preiszugeben.
- Es ist nicht ungewöhnlich, dass ein Dieb einem Motorradfahrer nach Hause folgt, um herauszufinden, wo die Maschine abgestellt wird. Er wird dann später zurückkehren. Wenn Sie vermuten, dass Ihnen jemand folgt, sollten Sie zunächst zu einer Tankstelle, Eisdiele oder sonstigem fahren.
- Wenn Sie ein Motorrad verkaufen wollen, sollten Sie in der Anzeige nicht Ihre Adresse oder den Standplatz der Maschine angeben. Vereinbaren Sie mit Interessenten ein Treffpunkt abseits Ihrer Wohnung. Es ist bekannt, dass Diebe als potentielle Käufer auftraten, um herauszufinden, wo die Maschine steht, und sie dann später »kostenlos« abholten.

Sicherheit unterwegs

- Genauso wichtig wie die Sicherheitsausrüstung an Ihrem Motorroller sind einige allgemeine Regeln, die beachtet werden sollten, wenn das Fahrzeug irgendwo geparkt werden soll
- Parken Sie an einem belebten Platz.
- Benutzen Sie einen bewachten Autoparkplatz.
- Parken Sie nachts in einem beleuchteten Bereich, vorzugsweise direkt unterhalb einer Straßenlaterne.
- Lassen Sie das Lenkschloss einrasten – es bewirkt zwar nicht viel, sorgt aber dafür, dass die Versicherung zahlt.
- Sichern Sie das Fahrzeug mit einem zusätzlichen Schloss an einem stabilen unbeweglichen Gegenstand wie einer Laterne oder einem Geländer. Wenn dieses nicht möglich ist, sollten mehrere Fahrzeuge zusammengebunden werden.
- Belassen Sie niemals Ihren Helm oder Gepäck auf dem Fahrzeug.

Werkzeug- und Werkstatt-Tipps

Werkzeug-Kauf

Zur Wartung und Reparatur ist unbedingt ein Werkzeugsatz nötig. Obwohl die Anschaffung einer geeigneten Grundausrüstung zunächst etwas Geld kostet, macht sie sich schnell bezahlt, da man durch Eigenleistung Werkstattkosten spart. Bei steigender Erfahrung und Zutrauen kann zusätzliches Werkzeug beschafft werden, um große Reparaturen und Motorüberholungen durchführen zu können. Viele Spezialwerkzeuge sind teuer und werden nur selten benutzt, hierbei kann sich das Mieten lohnen bzw. der gemeinsame Kauf mit Freunden oder einem Club.

Eine Regel ist, besser gutes teures Qualitätswerkzeug zu kaufen, als billiges, welches schnell verschleißt und öfter erneuert werden muss – und dadurch die anfänglichen Ersparnisse schnell aufhebt.

Warnung: Um das Risiko zu vermindern, durch das Brechen schlechten Werkzeugs verletzt zu werden oder Bauteile zu beschädigen, muss immer auf stabile Qualität und die Erfüllung von Sicherheitsnormen geachtet werden.

Die folgende Werkzeugliste entspricht nicht den Wartungs- und Reparaturwerkzeugen des Herstellers und der Werkstätten, sondern stellt eine Empfehlung dar, welche Werkzeuge für einfache Arbeiten benötigt werden. Zusätzlich werden solche Dinge wie eine elektrische Bohrmaschine, eine Eisensäge, Feilen, Hämmer, ein Lötkolben und eine mit einem Schraubstock ausgerüstete Werkbank empfohlen. Obwohl nicht als Werkzeug klassifiziert, ist eine Sammlung von Schrauben, Muttern, Scheiben und Rohrstücken immer sehr nützlich.

Werks-Spezialwerkzeug

In unvermeidlichen Fällen ist die Benutzung von Spezialwerkzeug empfohlen. Wenn die Möglichkeit einer alternativen Verwendung besteht, ist diese beschrieben. Jedoch ist manchmal das Risiko einer Verletzung oder Beschädigung zu groß, sodass ein Spezialwerkzeug des Herstellers benutzt werden muss. Spezialwerkzeug ist normalerweise nur über den Motorradhandel zu bekommen und mit einer Werksnummer versehen. Einige der oft benutzten Werkzeuge, wie z.B. Rotorabzieher sind auch über den Zubehörhandel erhältlich.

Grundausstattung Wartungs- und Reparatur-Werkzeug

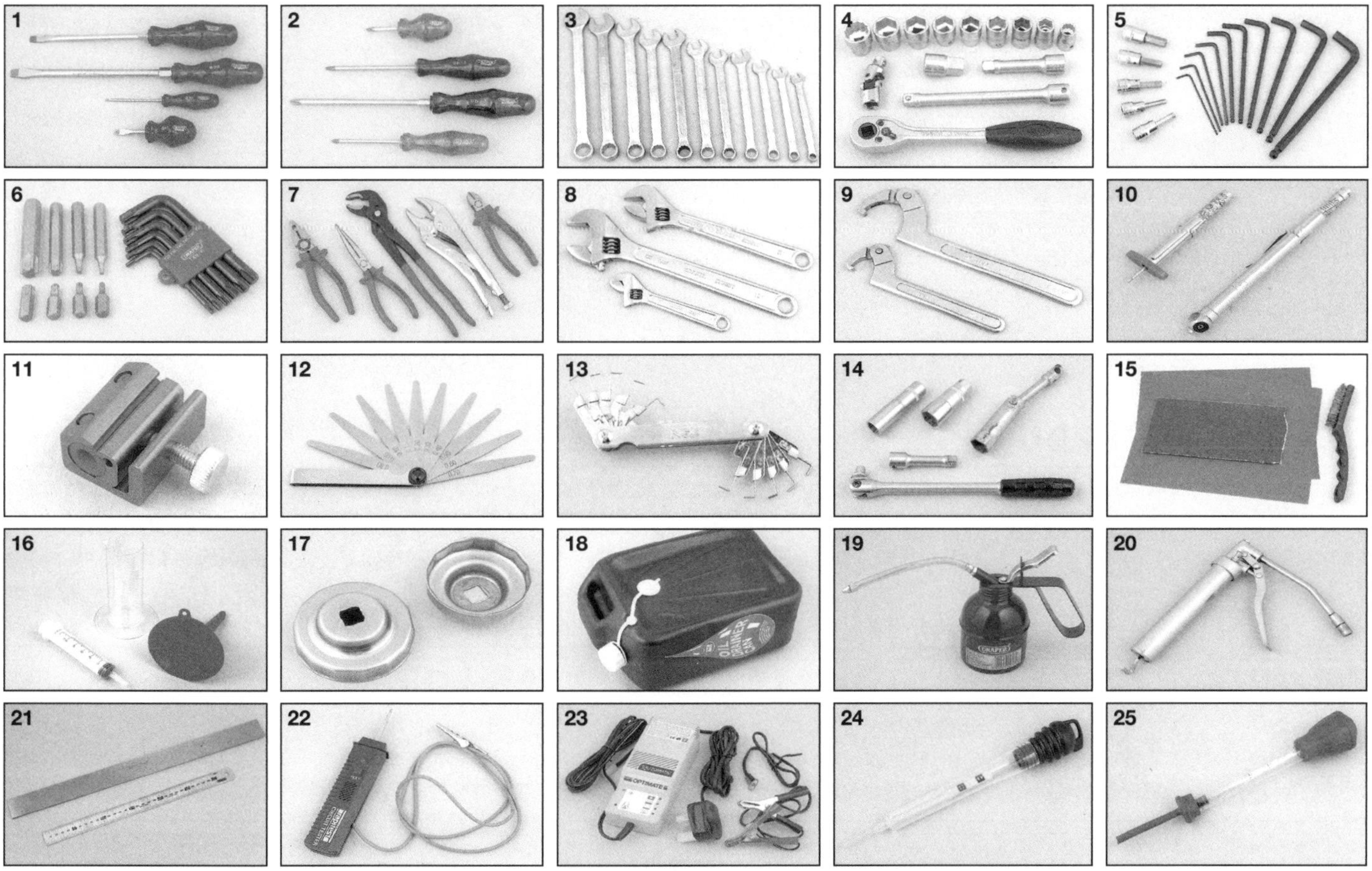

1 Schlitzschraubendrehersatz
6 Torxschlüsselsatz oder -bits
11 Bowdenzug-Öler
16 Trichter und Messbecher
21 Stahllineal und Winkel

2 Kreuzschraubendrehersatz
7 verschiedene Zangen, Gripzangen
12 Fühlerlehre
17 Bandschlüssel
22 Durchgangsprüfer

3 Gabel-/Ringschlüsselsatz
8 einstellbarer Rollgabelschlüssel
13 Mess- und Einstellgerät für Zündkerzenelektroden
18 Öl-Auffangbehälter
23 Batterieladegerät

4 Steckschlüsselsatz mit 3/8 oder ½ Zollantrieb (Knarrenkasten)
9 Hakenschlüssel (am besten einstellbar)
14 Zündkerzenschlüssel oder tiefer Knarreneinsatz
19 Ölkanne mit Pumpe
24 Hydrometer (zur Bestimmung der Batteriesäuredichte)

5 Inbus-Schlüsselsatz oder Steckeinsätze
10 Profiltiefenmesser, Luftdruckprüfgerät
15 Drahtbürste und Schleifpapier
20 Fettpresse
25 Frostschutztester (für wassergekühlte Motoren)

Werkzeug für Reparatur und Überholung

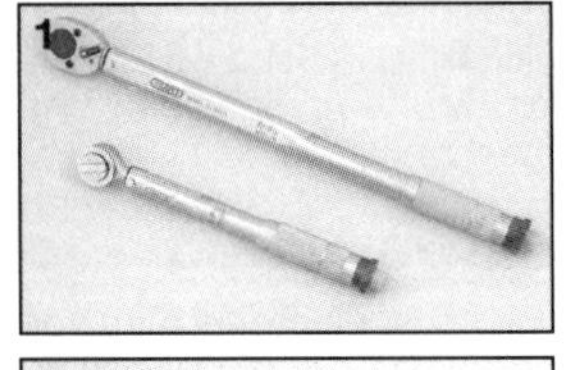
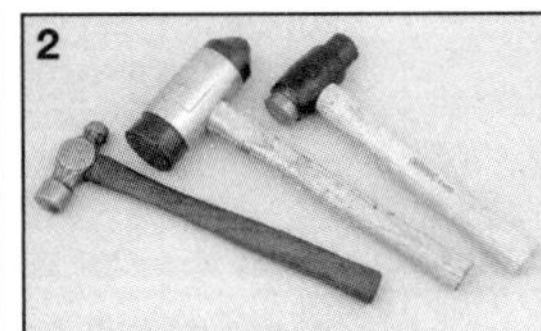
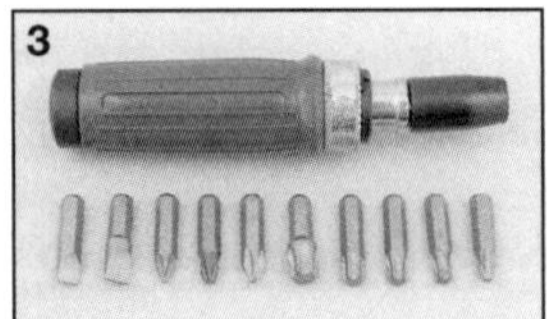
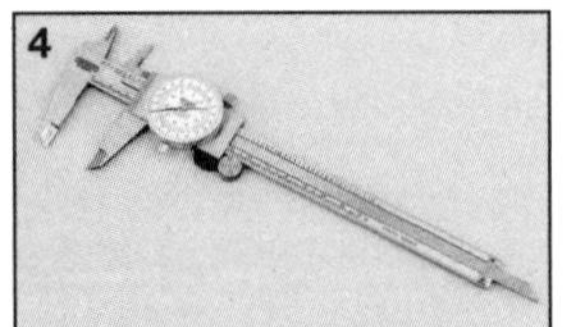
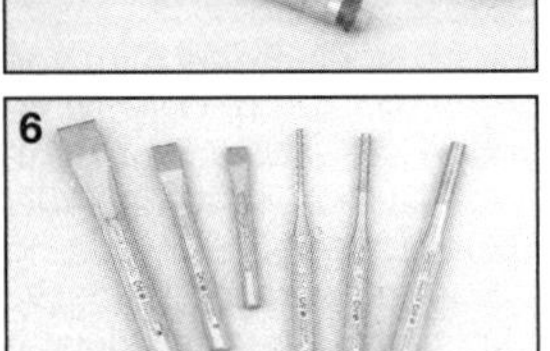
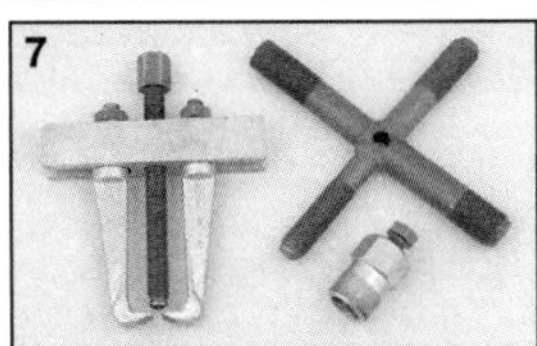
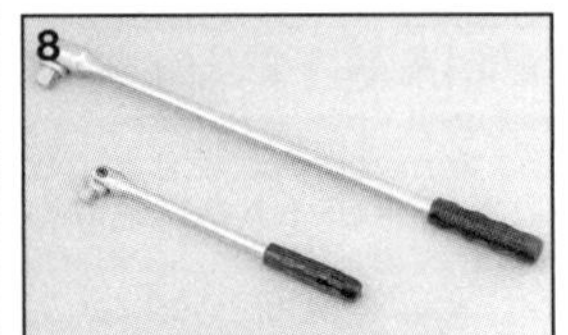
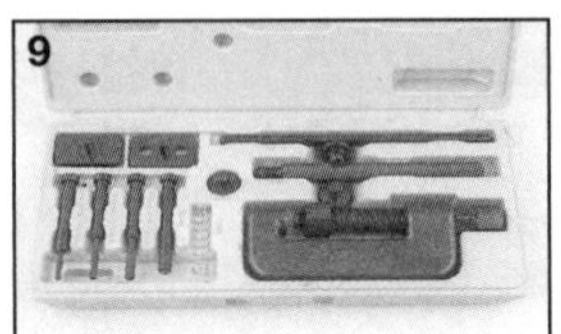
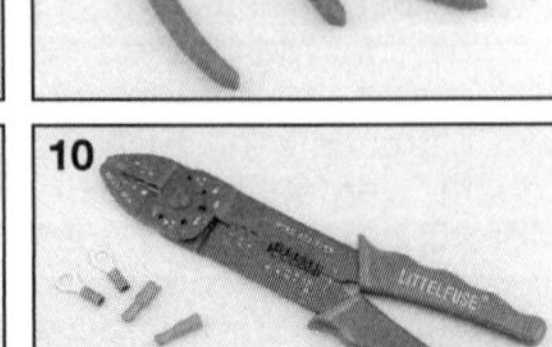
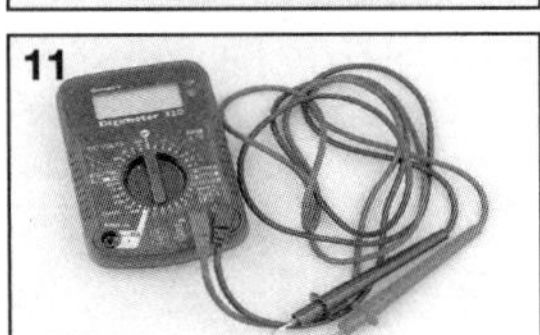

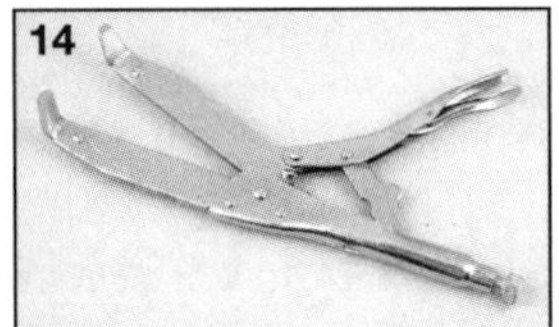

1 Drehmomentschlüssel (kleine und mittlere Ausführung)
6 Dorne und Meißel
11 Multimeter (für Volt, Ampere, Ohm)

2 Stahl-, Plastik- und Gummihammer
7 verschiedene Abzieher
12 Stroboskoplampe (für dynamische Zündungskontrolle)

3 Schlagschraubersatz
8 Gelenkgriff und Rohrverlängerung
13 Schlauchklemme

4 Schieblehre
9 Ketten-Trenn- und Montierwerkzeug
14 Kupplungs-haltewerkzeug

5 Seegerringzangen (für innen und außen)
10 Abisolierzange
15 Einpersonen-Bremsentlüftungssatz

Spezialwerkzeug

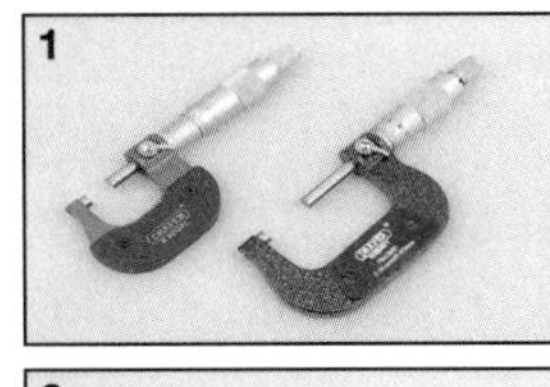
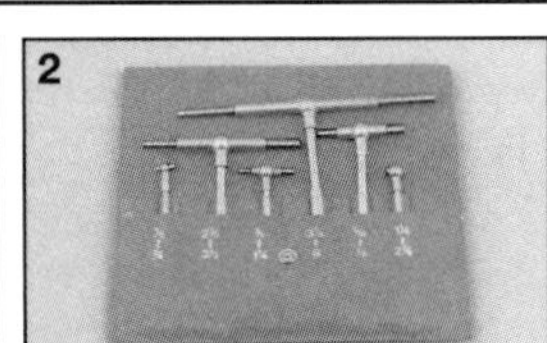

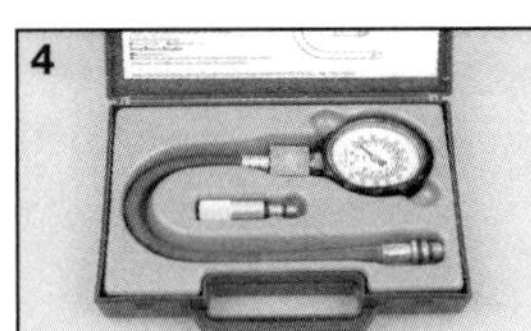
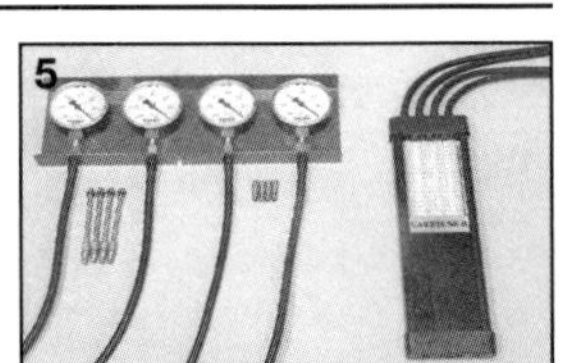
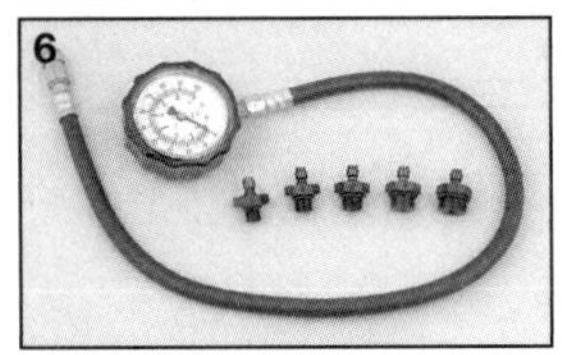
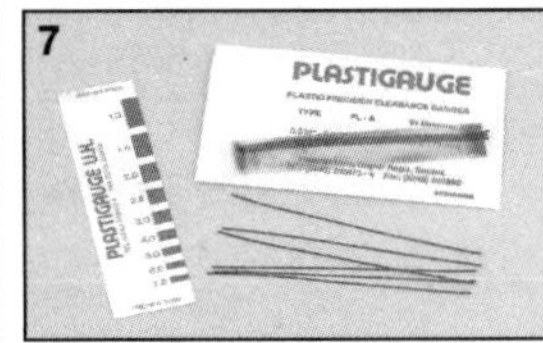

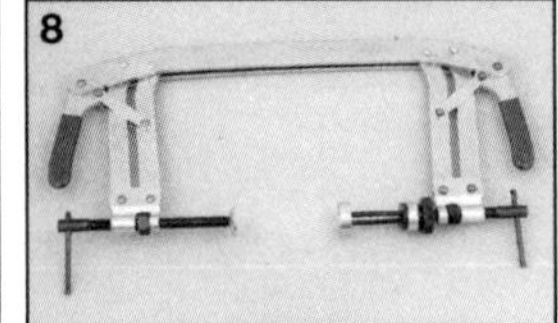
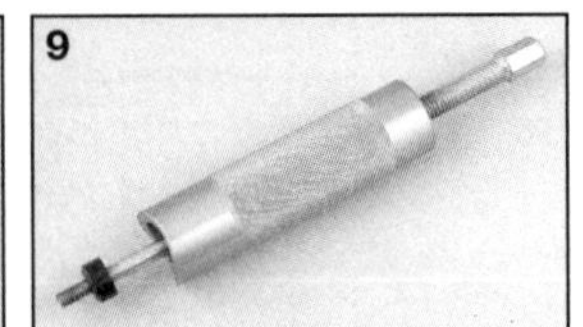

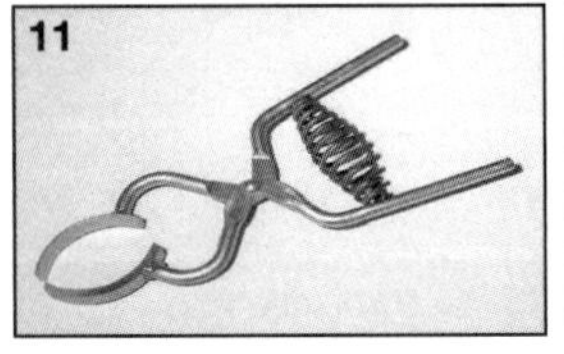
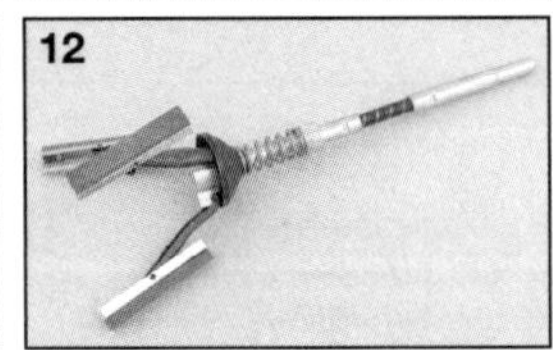

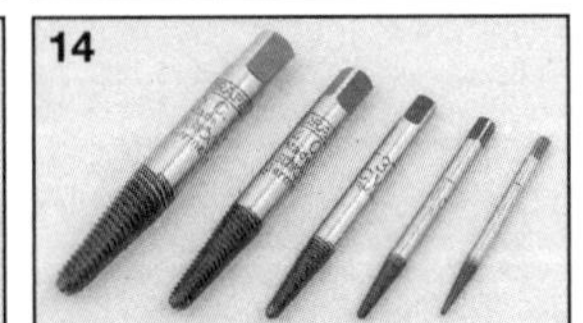
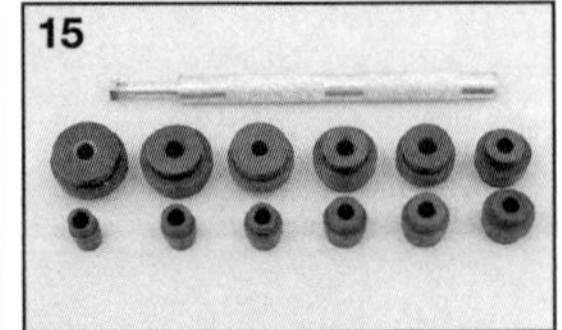

1 Mikrometerschrauben
6 Öldruck-Messgerät
11 Kolbenringklemme

2 Innenmessgeräte
7 Quetschmessstreifen für Lagerspielmessung
12 Zylinderhonsteine

3 Messuhr mit Halter
8 Ventilfederpresse
13 Bolzenausdreher

4 Zylinderkompressions-Messgerät
9 Kolbenbolzenauszieher
14 Linksausdrehersatz

5 Synchronisationsgerät
10 Kolbenringzange
15 Lagertreibersatz

1 Werkstatt
Ausrüstung und Einrichtung

Die Hebebühne

- Man kann sich die Arbeit an vielen Bauteilen des Motorrades erheblich erleichtern, wenn die Maschine mithilfe einer Hebebühne in eine günstige Arbeitshöhe gebracht wird. Die teuren hydraulischen oder pneumatischen Hebebühnen, wie man sie aus professionellen Werkstätten kennt, sind eine lohnenswerte Anschaffung, wenn man viele Reparaturen und Überholungen zu erledigen hat (siehe Abbildung 1.1).

1.1 Hydraulische Motorrad-Hebebühne

- Wenn das Motorrad angehoben wird, muss darauf geachtet werden, dass es gegen Herunterfallen gesichert wird. Die meisten Bühnen haben dazu eine einstellbare Vorderrad-Klemmung. Beim Einklemmen des Rades darf der Reifen oder die Felge nicht beschädigt werden, den besten Schutz bieten hier zwischengelegte Holzblöcke.
- Sichern Sie das Motorrad mit Spannriemen an der Bühne (siehe Abbildung 1.2). Wenn die Maschine nur einen Seitenständer besitzt und kippgefährdet ist, sollte sie auf einer passenden Stütze positioniert werden.

1.2 Mit z.B. an den Beifahrerfußrasten befestigten Spannriemen wird die Maschine vor dem Umfallen gesichert.

- Passende Stützen sind in unterschiedlichen Formen und Ausführungen im Fachhandel erhältlich. Zumeist wird die Maschine damit an der Hinterrad- oder Schwingenachse angeho-

1.3 Diese Stütze hebt das Motorrad an der Schwingenachse an.

1.4 Um Beschädigungen zu vermeiden, muss immer ein Stück Holz zwischen Wagenheber und Motor oder Rahmen liegen.

ben (siehe Abbildung 1.3). Um beide Räder zu entlasten, kann ein Wagenheber unter den Motor positioniert und das Vorderteil angehoben werden (siehe Abbildung 1.4).

Rauch und Feuer

- Beachten Sie genau das Kapitel »Sicherheit geht vor!« am Anfang des Buches. Gehen Sie sicher, dass ein Feuerlöscher zur Hand ist, der für brennbare Flüssigkeiten geeignet ist – versuchen Sie auf gar keinen Fall, brennendes Benzin oder Öl mit Wasser zu löschen!
- Sorgen Sie dafür, dass immer ausreichende Belüftung sichergestellt ist. Wenn keine Abgas-Absauganlage vorhanden ist, darf der Motor nur außerhalb der Werkstatt gestartet werden.
- Wenn Sie mit Kraftstoff hantieren, muss durch gutes Lüften dafür gesorgt werden, dass sich keine zündfähigen Gasgemische bilden können. Das Gleiche gilt beim Aufladen von Batterien. Rauchen Sie nicht, und verbieten Sie auch anderen Personen, in der Werkstatt zu rauchen.

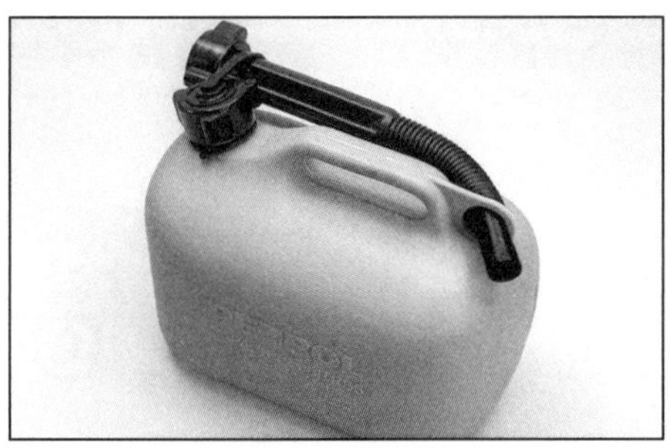

1.5 Benutzen Sie zum Lagern von Kraftstoff nur vorgeschriebene Kanister.

Flüssigkeiten

- Wenn Sie den Tank entleeren müssen, darf der Kraftstoff nur in geeigneten und verschließbaren Behältern und Kanistern gelagert werden (siehe Abbildung 1.5). Lagern Sie Benzin niemals in Gläsern oder Flaschen.
- Benutzen Sie entsprechende Motoren-Entfetter oder schwer entflammbare Lösungsmittel, wie z.B. Petroleum, um Öl, Fett und Schmutz zu entfernen – benutzen Sie niemals Benzin! Tragen Sie bei diesen Arbeiten Gummihandschuhe, und benutzen Sie diese Reinigungsmittel nur draußen oder in sehr gut belüfteten Räumen.

Staub-, Augen- und Handschutz

- Schützen Sie Atemwege und Lunge mit Staubmasken vor dem Eindringen von Staubpartikeln. Manche älteren Brems- oder Kupplungsbeläge enthalten Krebs erregendes Asbest

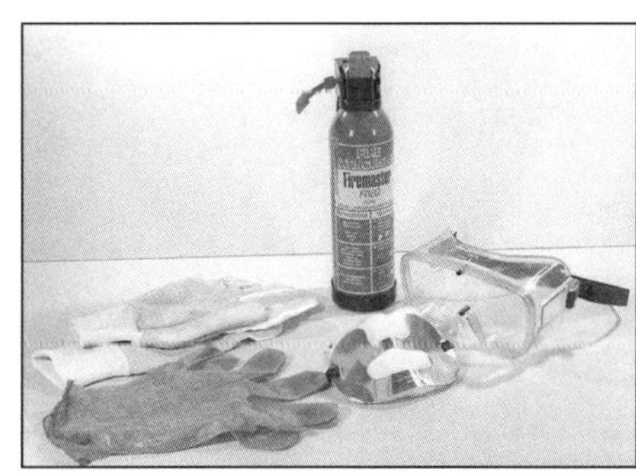

1.6 Ein Feuerlöscher, eine Schutzbrille, Staubmaske und Schutzhandschuhe sollten in der Werkstatt immer zur Hand sein.

– hantieren Sie auf jeden Fall sehr vorsichtig mit solchem Material. Schützen Sie Ihre Augen mit einer Schutzbrille vor Spritzern und Spänen (siehe Abbildung 1.6).
- Schützen Sie Ihre Hände mit Gummihandschuhen vor dem Kontakt mit Lösungsmitteln, Benzin und Öl. Alternativ kann vor Arbeitsbeginn eine spezielle Schutzcreme auf die Hände aufgetragen werden. Wenn Sie mit heißen Teilen oder Flüssigkeiten hantieren, müssen hierfür geeignete Handschuhe getragen werden.

Die Entsorgung alter Flüssigkeiten

- Alte Reinigungs- und Bremsflüssigkeit, Kraftstoff und Öl dürfen nicht ins Erdreich oder in Wasserabflüsse gelangen. Füllen Sie die entsprechenden Flüssigkeiten in geeignete Behälter, und bringen Sie sie zu dem Händler, von dem Sie sie erworben haben. Unter Vorlage einer Quittung sind Händler verpflichtet, altes Öl und Bremsflüssigkeit wieder zurückzunehmen. Schütten Sie unterschiedliche Flüssigkeiten nicht zusammen in einen Behälter, da sie nur getrennt wieder aufbereitet werden können. Öliger und fettiger Schmutz kann zusammen mit dem Altöl abgegeben werden, alte Ölfilter können ebenfalls beim Händler entsorgt werden.

2 Befestigungen
Schrauben und Muttern

Typen und Anwendungen

Schrauben

• Köpfe von Maschinenschrauben gibt es in den Ausführungen Sechskant, Torx und Vielzahn – alle in Innen- und Außenversionen (siehe Abbildungen 2.1 und 2.2). Vielzahn-Schrauben werden im Motorradbau sehr selten verwendet. Schlitz- und Kreuzschlitzköpfe werden nur bei kleinen Schrauben verwendet, die keiner großen Belastung ausgesetzt sind. Längenangaben bei Schrauben werden von unterhalb des Kopfes bis zum Ende gemessen (siehe Abbildung 2.11).

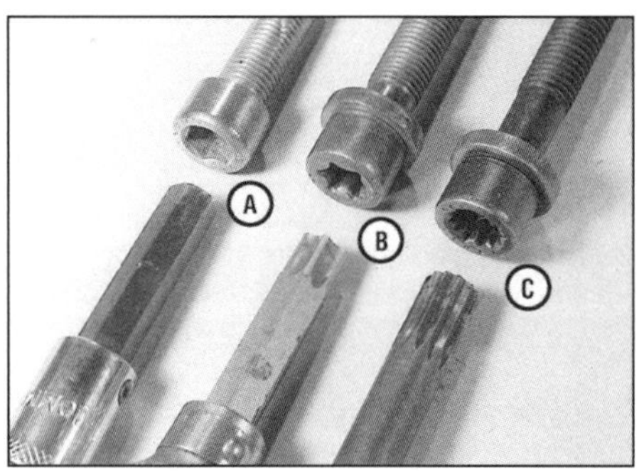

2.1 Innen-Sechskant (»Inbus«) (A), Torx (B) und Vielzahnschraubenköpfe (C) mit entsprechenden Werkzeugen

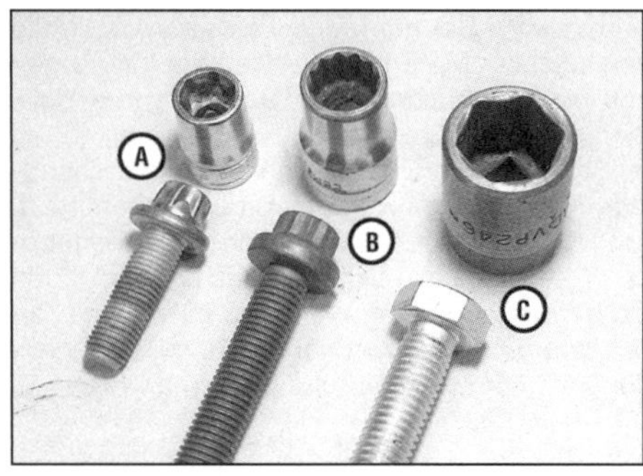

2.2 Außen-Torx (A), Zwölfkant- (B) und Sechskantschrauben (C) mit entsprechenden Steckschlüsseleinsätzen (»Nüssen«)

• Verschiedene Schrauben haben Zugfestigkeitsangaben auf ihren Köpfen. Je höher die Zahl, desto stabiler die Schraube. Hochfeste Schrauben tragen eine 10 oder höhere Zahl. Ersetzen Sie eine hochfeste Schraube niemals durch eine minderfeste.

Scheiben (siehe Abbildung 2.3)

• Unterlegscheiben werden zwischen Schraubenkopf und Bauteil gelegt, um Beschädigungen des Teils zu vermeiden und um die Last des Anzugsmoments zu verteilen. Spezielle Unterlegscheiben werden bei verschiedenen Gelegenheiten als Abstandhalter und Einstellscheibe eingesetzt. Kupfer- oder Aluminiumscheiben fungieren als Dichtungsringe, z.B. bei Ablassschrauben.

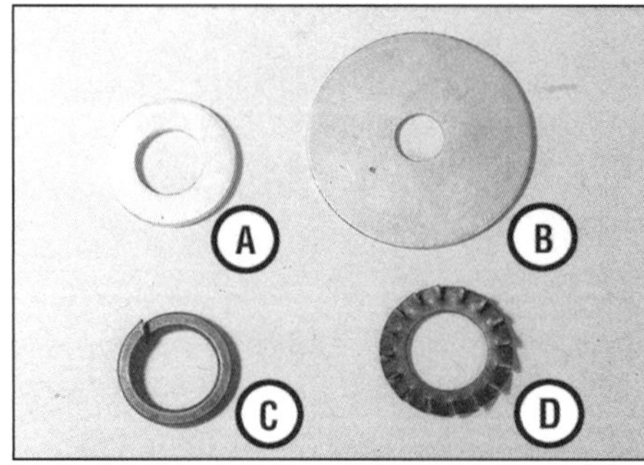

2.3 Unterlegscheibe (A), Kotflügelscheibe (B), Federring (C) und Sicherungsscheibe (D)

• Der offene Federring übt zwischen Schraube und Bauteil axialen Druck aus. Nach einmaligem Gebrauch muss er ersetzt werden. Wenn der Federring zusammen mit einer Unterlegscheibe verwendet wird, muss er zwischen diese und die Schraube gelegt werden.

• Sternförmige Sicherungsscheiben schneiden sich beim Linksherumdrehen in die Schraube und das Bauteil ein, um das Lösen der Schraube zu verhindern. Sie werden oft bei elektrischen Masseverbindungen am Rahmen verwendet.

• Konus- oder Fächerscheiben üben zwischen Schraube und Bauteil axialen Druck aus. Sie werden mit der flachen Seite auf das Bauteil gelegt, wenn sie abgeflacht sind, sind sie ermüdet und müssen ausgewechselt werden.

• Sicherungsbleche werden unter glatte Wellenmuttern gelegt, das Blech wird an einer oder mehreren Seiten der Mutter hochgebogen und gegen deren Sechskant gepresst, um ein Lösen zu verhindern. Ist das Blech nach mehrmaligem Gebrauch verschlissen, muss es ersetzt werden.

• Wellenscheiben werden eingesetzt, um Spiel auf Achsen aufzunehmen. Sie üben leichten Federdruck aus und verhindern das Hin- und Herschieben von Baugruppen, z.B. Kipphebeln auf ihren Wellen.

2.4 Sechskantmutter (A), Mutter mit Bund (B), selbstsichernde Mutter mit Nylon-Einsatz (C), Kronenmutter (D)

Muttern und Splinte

• Herkömmliche Muttern sind sechskantig (siehe Abbildung 2.4). Ihre Größenbezeichnungen richten sich nach dem Gewindedurchmesser und dessen Steigung. Hochfeste Muttern tragen auf einer Seite eine Zahl, die ihre Festigkeit angibt.

• Selbstsichernde Muttern haben entweder Nylon-Einsätze oder zwei Federstreifen, außerdem gibt es Muttern mit Bund, die sich mit einer Verzahnung sichern. Ihr aller Vorzug liegt darin, dass sie nicht durch Vibrationen zu lösen sind. Die Nylon- und Federausführungen können mehrmals universell eingesetzt werden und müssen erst ersetzt werden, wenn sie leichtgängig oder verschlissen sind. Die Bundausführungen müssen nach jedem Lösen ausgewechselt werden.

• Splinte werden zum Sichern von Kronenmuttern auf Achsen, aber auch gegen das Lösen normaler Sechskantmuttern eingesetzt, besonders an Radachsen und Bremsankern. Normale Splinte müssen wegen der Bruchgefahr nach jedem Gebrauch erneuert werden (siehe Abbildungen 2.5 und 2.6).

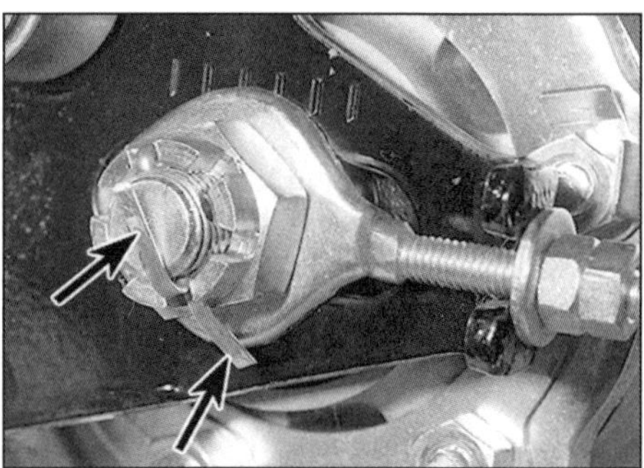

2.5 Biegen Sie Einwegsplinte bei Kronenmuttern wie gezeigt auseinander.

2.6 Biegen Sie Einwegsplinte bei normalen Muttern wie gezeigt auseinander.

Achtung: Wenn die Schlitze der Kronenmutter nach dem vorschriftsmäßigen Anziehen nicht mit der Splintbohrung in der Achse fluchten, muss sie so weit fester angezogen werden, bis der Splint durchgeführt werden kann – sie darf niemals gelockert werden.

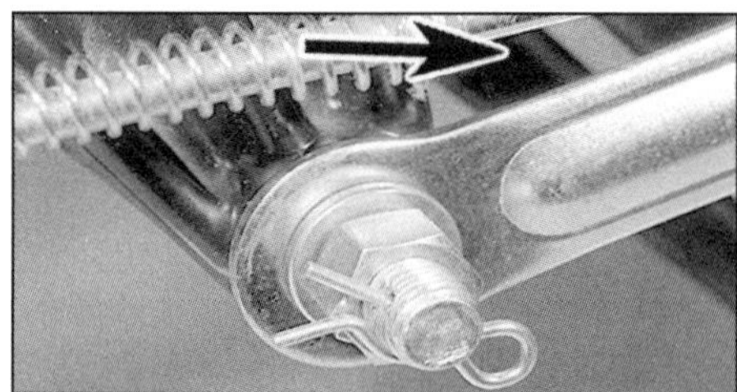

2.7 Federsplinte werden mit dem geschlossenen Ende in Fahrtrichtung (Pfeil) montiert.

- Federsplinte können öfter verwendet werden, solange sie nicht beschädigt sind. Installieren Sie Federsplinte immer mit dem geschlossenen Ende nach vorne (siehe Abbildung 2.7).

Sicherungsringe (siehe Abbildung 2.8)

- Sicherungsringe, die mit »Augen« zum besseren Aus- und Einbau versehen sind, werden auch Seegerringe genannt. Je nach Einsatzzweck auf Wellen oder in Bohrungen sitzen die Augen innen oder außen. Geschliffene Ringe können beidseitig verwendet werden, bei gestanzten Ringen (mit einer flachen und einer abgerundeten Seite) muss die flache Seite entstehenden Druck auf die Nut übertragen (siehe Abbildung 2.9).
- Benutzen Sie immer eine Seegerringzange zur Montage und Demontage, spannen Sie damit die Ringe nicht mehr als nötig. Drehen Sie die Ringe nach der Montage in ihrer Nut,

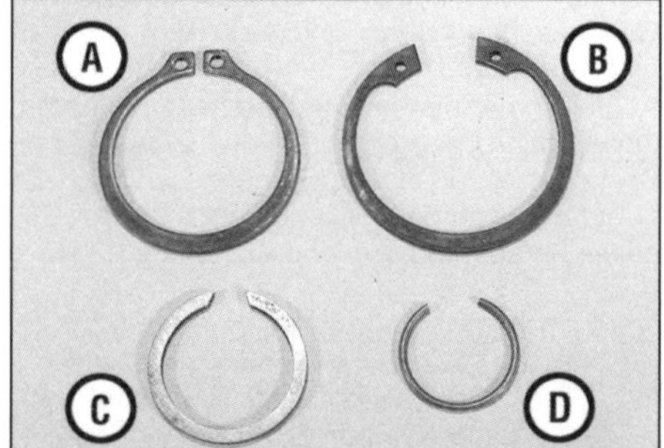

2.8 Wellen-Seegerring (A), Bohrungs-Seegerring (B), geschliffener Sicherungsring (C), Draht-Sicherungsring (D)

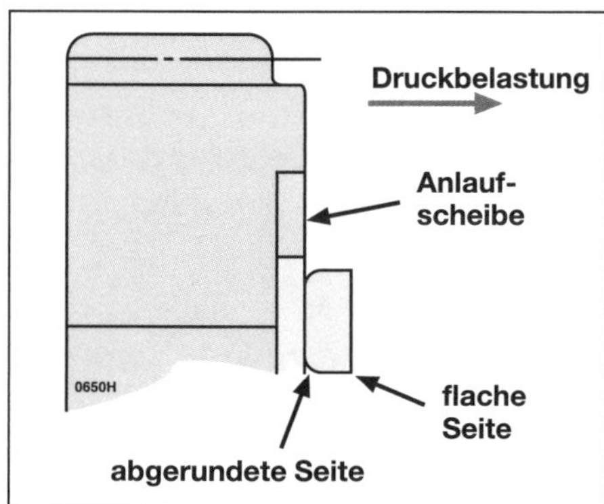

2.9 Korrekte Einbaulage eines gestanzten Sicherungsrings

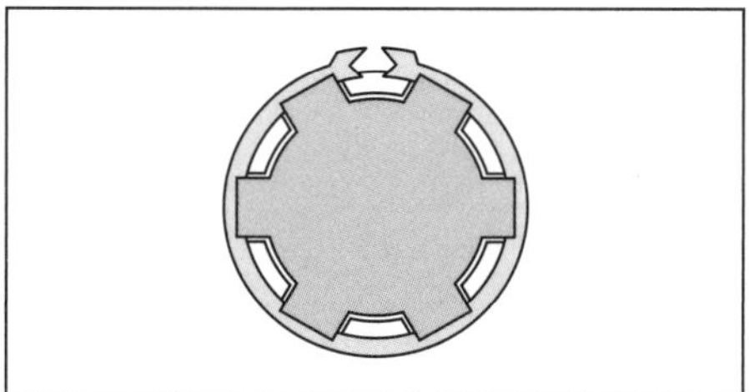

2.10 Die Öffnung des Sicherungsrings muss in einer Nut der Welle liegen.

um sicherzugehen, dass sie richtig sitzen. Wenn ein Sicherungsring auf eine Nutenwelle montiert wurde, muss die Öffnung mit einer Nut fluchten. So wird sichergestellt, dass die Enden gut gehalten werden (siehe Abbildung 2.10).

- Sicherungsringe können durch den Druck von Bauteilen verschleißen und dadurch locker in ihren Nuten sitzen. Da hierdurch die Gefahr des Herausspringens steigt, sollten Sie regelmäßig nach jedem Ausbau ersetzt werden.
- Drahtsicherungsringe werden normalerweise zur Sicherung des Kolbenbolzens in die Nuten des Kolbens gesetzt. Sie können mit einer Spitzzange oder einem kleinen Schraubendreher ausgebaut werden. Kolbenbolzen-Sicherungsringe dürfen auf keinen Fall mehrmals verwendet werden.

Gewindedurchmesser und Gewindesteigung

- Der Durchmesser eines Gewindes wird außen an der Schraube oder des Bolzens gemessen. Fast alle Fahrzeughersteller benutzen heute metrische Gewinde nach ISO-Norm, eine M-6-Schraube hat einen Gewindedurchmesser von 6 mm. Diese Bezeichnung gilt auch für die entsprechende Mutter, hier muss der Durchmesser in den »Tälern« des Gewindes gemessen werden.
- Die Gewindesteigung bezeichnet den Abstand zwischen zwei Gewindegängen (siehe Abbildung 2.11). Sie wird in Millimetern angegeben, jedoch nur extra erwähnt, wenn sie von der Norm abweicht, d.h. eine M8-Schraube nicht wie üblich eine Steigung von 1,25 mm, sondern z.B. ein Feingewinde mit 1,0 mm Steigung hat – sie heißt dann M8 x 1,0. Mit zunehmendem Gewindedurchmesser wird auch die Steigung größer.

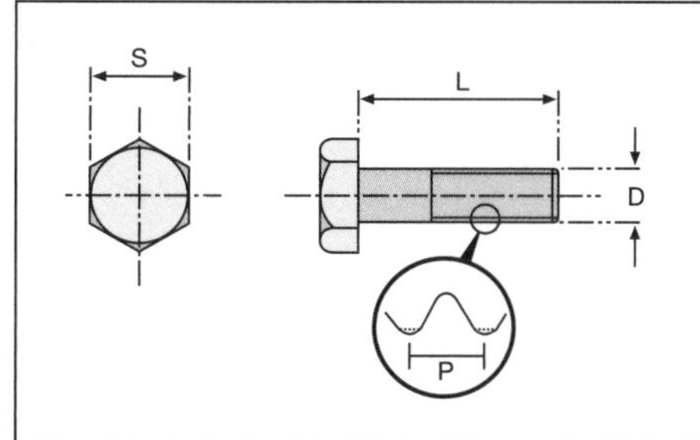

2.11 Schraubenlänge (L), Gewindedurchmesser (D), Gewindesteigung (P), Schlüsselweite (S)

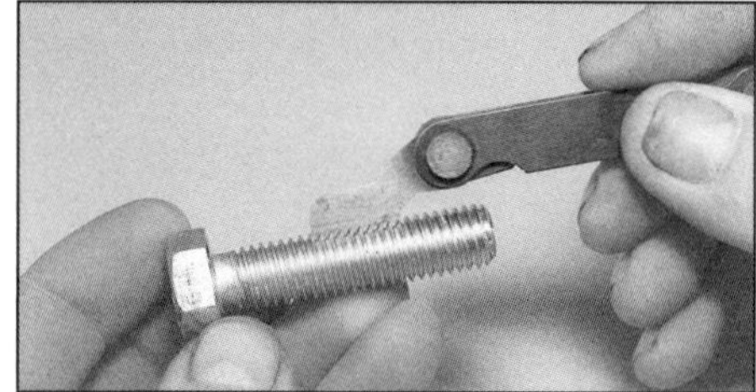

2.12 Mit einer Gewindelehre kann die Steigung bestimmt werden.

- Zu bestimmten Gewindedurchmessern, -steigungen und -festigkeiten gehören entsprechende Schraubenköpfe mit Schlüsselweiten in Millimetern (siehe Abbildung 2.11). Bei Unsicherheit können Gewindesteigungen mit Gewindelehren gemessen werden (siehe Abbildung 2.12).

Schlüsselweite	∅ Gewinde x Steigung
8 mm	M 5 x 0,8 mm
8 mm	M 6 x 1,0 mm
10 mm	M 6 x 1,0 mm
12 mm	M 8 x 1,25 mm
14 mm	M10 x 1,25 mm
17 mm	M12 x 1,25 mm

- Die meisten Schrauben und Bolzen haben Rechtsgewinde, d.h. die Schraube oder Mutter wird im Uhrzeigersinn festgezogen. Linksgewinde finden sich ganz selten an Stellen, wo die Drehrichtung des Bauteils die Verbindung lösen könnte, z.B. bei einigen Ritzelmuttern.

Standard-Anzugsdrehmomente

M5 (Schraube oder Mutter)	5 Nm
M6 (Schraube oder Mutter)	10 Nm
M8 (Schraube oder Mutter)	21 Nm
M10 (Schraube oder Mutter)	35 Nm
M12 (Schraube oder Mutter)	55 Nm
M6 (Schraube oder Mutter mit Bund)	12 Nm
M8 (Schraube oder Mutter mit Bund)	27 Nm
M10 (Schraube oder Mutter mit Bund)	40 Nm

Festsitzende Gewinde

- Durch Feuchtigkeit, Salz und elektro-chemische Korrosion zwischen unterschiedlichen Metallen können freiliegende Schrauben im Laufe

2.13 Bereits ein leichter Schlag auf den Schraubenkopf reicht oft aus, ein korrodiertes Gewinde zu lösen.

2.14 Ein Schlagschrauber setzt die Wucht des Hammers in eine Drehbewegung um.

der Zeit schwer zu lösen sein. Mit normalen Methoden wird man in diesen Fällen wahrscheinlich den Schraubenkopf zerstören. Wenn man merkt, dass sich eine Schraube oder Mutter nicht wie üblich durch ein Knacken löst und dann leicht ausbauen lässt, sollte die übliche Demontage sofort gestoppt werden, bevor etwas zerstört wird.

- Bereits ein leichter Schlag auf den Schraubenkopf kann Korrosion und Spannungen im Gewinde lösen (siehe Abbildung 2.13).
- Kriechöl (z.B. *Caramba* oder *WD40*) kann als Rostlöser an die Verbindung gesprüht werden und über Nacht einsickern. Formt man mit Plastilin eine »Wanne« um die Schraube oder Mutter, kann die Verbindung sogar geflutet werden.
- Aufgrund der öligen Umgebung haben innerhalb des Motorgehäuses befindliche Schraubverbindungen kaum Korrosionsprobleme. Doch kann auch hier ein Schlagschrauber die Arbeit erleichtern, wenn festsitzende Schrauben gelöst werden sollen (siehe Abbildung 2.14).
- Korrosion zwischen Metallen (z.B. Stahl und Aluminium) kann durch Erwärmung gelockert werden. Da sich Aluminium stärker ausdehnt als Stahl, reißt die Verbindung auf und die Bohrung (im Aluminium) erweitert sich. Hitzeempfindliche Teile wie Dichtringe und Gummistopfen müssen zunächst entfernt werden, dann kann man z.B. mit einem Heißluftgebläse den Bereich um die Schraube erwärmen (siehe Abbildung 2.15). Alternativ kann man das Bauteil auf einer elektrischen Herdplatte, in einem Backofen, in kochendem Wasser oder mit einem Bügeleisen erwärmen. Benutzen Sie keine offene Flamme! Tragen Sie Handschuhe, um Hautverbrennungen zu vermeiden.

2.15 Erwärmen Sie den Bereich um die Schraubverbindung gleichmäßig.

2.16 Mit einem am Rand angesetzten Meißel wird die Schraube oder Mutter gelockert.

Achtung: Beachten Sie immer, dass das Gehäuseteil, in dem die Schraube sitzt, viel empfindlicher und teurer ist als die Schraube selbst. Wenn die Schraube gelockert ist, sollte sie nicht mit Gewalt herausgedreht werden. Um das Gewinde zu schonen, muss die Schraube bei starkem Widerstand vorsichtig vor- und zurückgedreht werden, bis sie locker ist.

- Als nächste Möglichkeit kann man die Schraube mit Hammer und Meißel losklopfen (siehe Abbildung 2.16). Hierdurch wird die Schraube oder Mutter zerstört, doch wichtiger ist, dass man das Bauteil nicht beschädigt.

Abgebrochene Schrauben und Stehbolzen

- Wenn das Gewinde zugänglich ist, kann man versuchen, es mit einer selbstsichernden Gripzange zu drehen. Mit einem Stehbolzendreher, der normalerweise bei Zylinderstehbolzen verwendet wird, lassen sich meist bessere Ergebnisse erzielen (siehe Abbildung 2.17). Stehbolzen lassen sich auch mit zwei verkonterten Muttern lösen (siehe Abbildung 2.18).

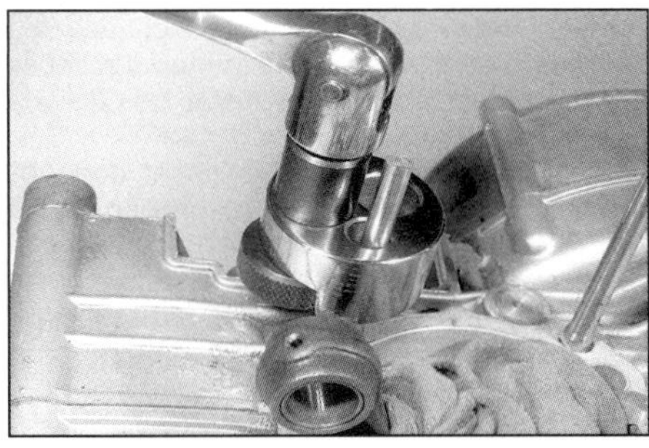

2.17 Mit einem Stehbolzendreher können auch festsitzende Schraubengewinde gelöst werden.

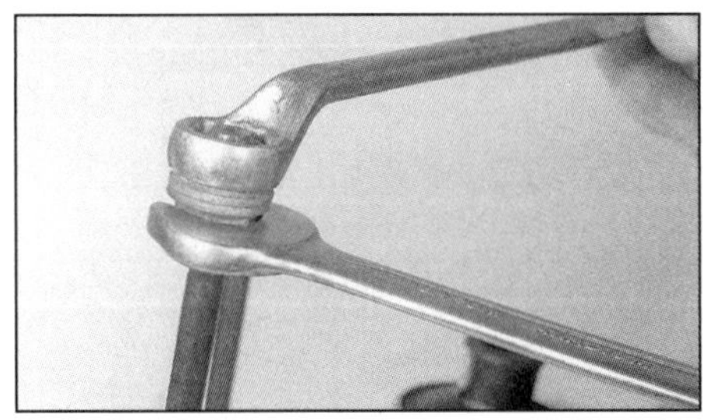

2.18 Nach dem Verdrehen zweier Muttern gegeneinander kann hiermit der Bolzen herausgeschraubt werden.

2.19 Achtung beim Vorbohren: nicht das weichere Gehäusematerial beschädigen.

- Eine bündig am Gehäuse abgerissene Schraube kann, wenn sie nicht allzu fest sitzt, nur mit einem Linksausdreher entfernt werden. Zunächst wird mit dem Körner in der Mitte des Gewindes eine Markierung geschlagen, aus der ein Bohrer nicht mehr abrutschen kann (siehe Abbildung 2.19). Wählen Sie den Bohrer etwa halb bis dreiviertel so groß wie der Innendurchmesser der Schraube, und bohren Sie ein dem Linksausdreher entsprechend tiefes Loch. Wählen Sie den größtmöglichen Linksausdreher, aber achten Sie darauf, die Wandung der Schraube oben nicht auseinanderzudrücken, da dadurch das Gewinde im Gehäuse beschädigt und das Herausdrehen erschwert wird.
- Drehen Sie den Linksausdreher links herum (gegen den Uhrzeigersinn) in die abgebrochene Schraube. Wenn er sich festgefressen hat, wird er automatisch den Gewinderest aus dem Gehäuse herausdrehen (siehe Abbildung 2.20).

Warnung: Linksausdreher sind sehr hart und können bei unvorsichtigem Umgang und in extrem festsitzenden Schraubenresten abbrechen. In diesem Fall sollte eine professionelle Werkstatt konsultiert werden.

2.20 Drehen Sie den Linksausdreher links herum in das Bohrloch, bis das Gewindestück herausgeschraubt ist.

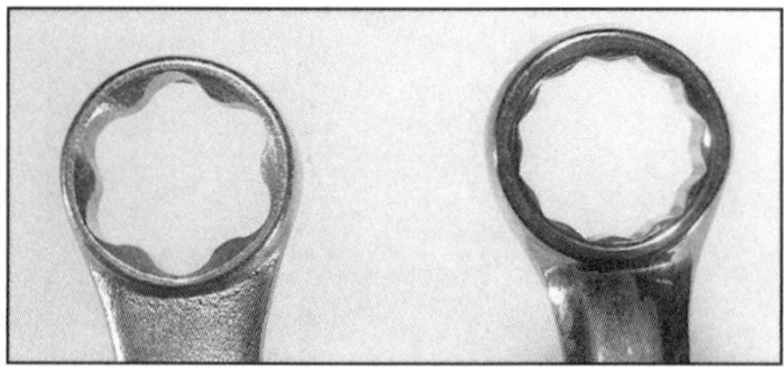

2.21 Besonders bei abgerundeten Köpfen sind Flächendruckschlüssel solchen mit Zwölfkant vorzuziehen.

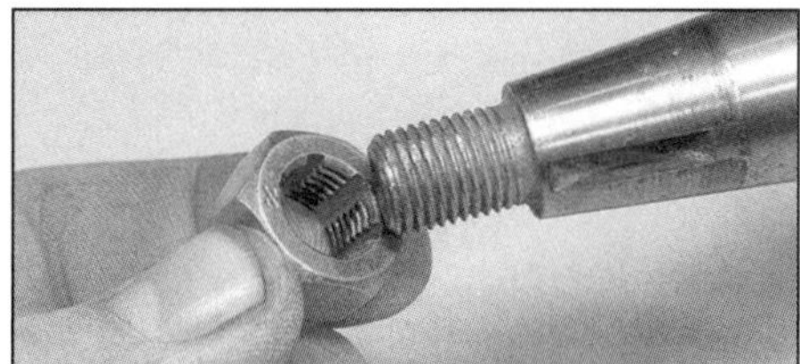

2.23 Zum Nacharbeiten von Außengewinden wird ein Schneideisen aufgedreht.

2.26 Bohren Sie zunächst das alte Gewinde auf (Lager und Dichtungen sollten besser abgedeckt sein).

• Alternativ, oder wenn das Gehäusegewinde zu stark beschädigt ist, kann die Schraube ganz herausgebohrt werden. Hierbei muss darauf geachtet werden, dass die Bohrung exakt zentriert und gerade sitzt und genau die vorgegebene Tiefe erreicht wird. Dann kann ein Übermaßgewinde eingebohrt oder ein Gewindeeinsatz (z.B. *Heli Coil*) hineingeschraubt werden. Bei Zweifel über die eigenen Fähigkeiten und in Anbetracht des Preises für ein neues Gehäuse sollte diese Arbeit gegebenenfalls einer Werkstatt überlassen werden.

• Schrauben und Muttern mit abgerundeten Sechskantköpfen sollten sehr vorsichtig mit exakten Ring- oder Steckschlüsseln gelöst werden. Diese sollten besser sechs als zwölf Kanten aufweisen. Als sehr gut haben sich auch Schlüssel erwiesen, die nicht die Kanten, sondern die Flächen der Köpfe belasten – sie werden u.a. unter dem Handelsnamen »Metrinch« vertrieben (siehe Abbildung 2.21)

• Schlitz- oder Kreuzschlitzschrauben werden häufig durch falsche Schraubendrehergrößen beschädigt, zudem können die Dreher auch verschlissen (abgerundet) sein. Inbus- und Torx-Schrauben sind dagegen kaum zu zerstören. Wenn die Schraube zugänglich ist, kann mann mit einer Eisensäge einen Schlitz in den Kopf sägen und sie mit einem passenden Schlitzschraubendreher lösen. Alternativ kann die Schraube mit Hammer und Meißel vorsichtig losgeklopft werden. Beschädigte Schrauben dürfen auf keinen Fall wieder eingesetzt und festgezogen werden.

Ein Klecks Ventileinschleifpaste auf der Schraube kann für den Schraubendreher das letzte Quäntchen Haftung bringen.

2.22 Zum Reinigen und Reparieren von Innengewinden muss ein passender (!) Gewindebohrer senkrecht (!) eingeschraubt werden.

Gewindereparatur

• Besonders in Aluminium kann ein Gewinde durch viel zu festes Anziehen, eingearbeiteten Schmutz oder auch Vibrationen lockerer Schrauben schnell zerstört werden. Das Gewinde kann komplett mit der Schraube herausfallen.

• Wenn ein Gewinde nur leicht beschädigt oder mit alter Schraubensicherungspaste verschmutz ist, kann es mit einem passenden Gewindebohrer repariert/gereinigt werden (siehe Abbildungen 2.22 und 2.23). Für Zündkerzengewinde gibt es spezielle Größen. Achten Sie darauf, dass der Bohrer den korrekten Durchmesser und die richtige Steigung hat, sonst wird das Gewinde zerstört. Das Gleiche gilt für Außengewinde. Hier kann mit einer passenden Gewindefeile oder einem Schneideisen nachgearbeitet werden (siehe Abbildung 2.24).

• Wenn um das beschädigte Innengewinde genügend Material vorhanden ist und eine größere Schraube eingesetzt werden kann, ist es möglich, das Loch passend zu vergrößern und ein größeres Gewinde einzuschneiden. Manchmal, z.B. bei Zündkerzen oder Ablassschrauben und bei wenig »Fleisch« um das Loch, ist dieser Schritt jedoch nicht möglich.

• Man muss dann auf Gewindeeinsätze zurückgreifen, die in das aufgebohrte defekte Gewinde eingesetzt werden und in die anschließend wieder Originalschrauben oder Zündkerzen einge-

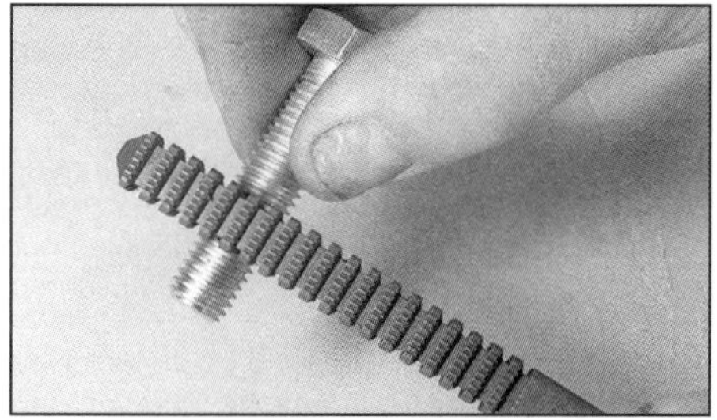

2.24 Mit einer Gewindefeile können Außengewinde nachgebessert werden.

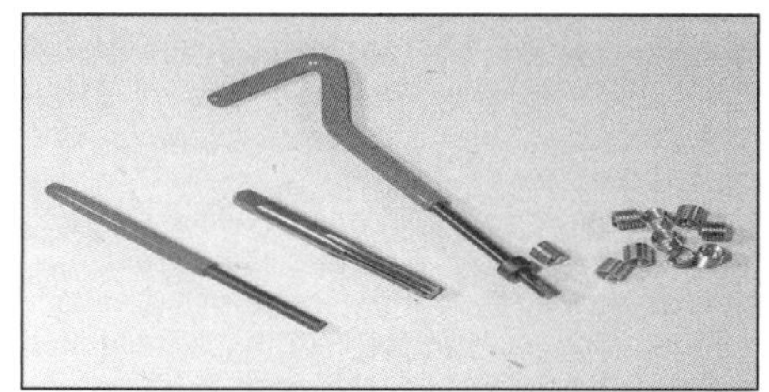

2.25 Dem Grund-Kit sind neben Gewindeeinsätzen auch die nötigen Spezialwerkzeuge beigefügt.

2.27 Drehen Sie sorgfältig den Gewindeschneider hinein, . . .

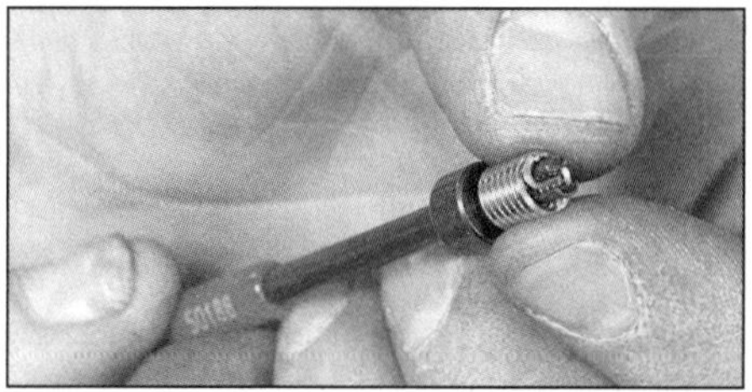

2.28 . . . setzen Sie den Einsatz in das Eindrehwerkzeug, . . .

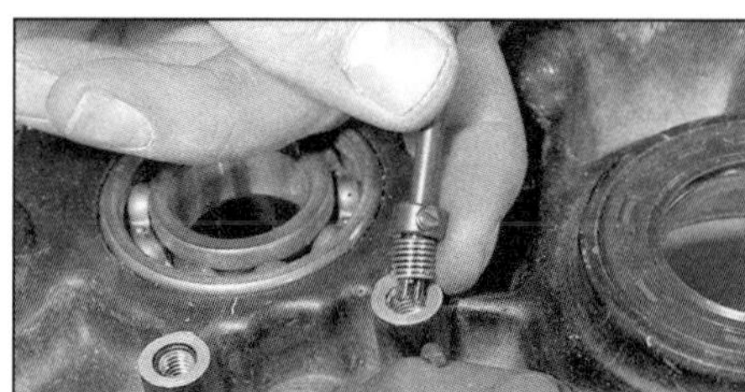

2.29 . . . und schrauben Sie ihn in die Bohrung.

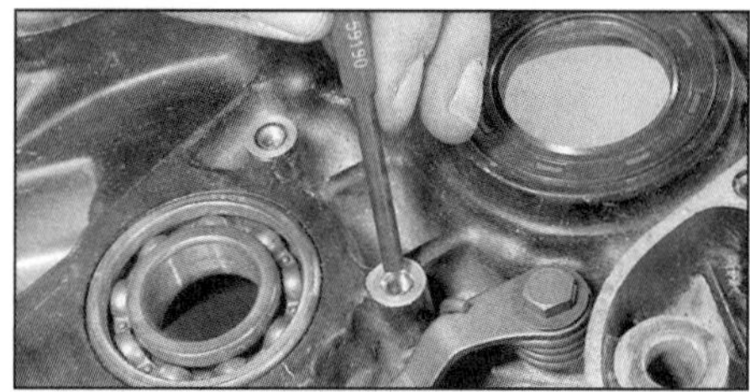

2.30 Brechen Sie zum Schluss die Lasche ab.

dreht werden können. Neben vielen anderen Einsätzen heißt das bekannteste Produkt »Heli Coil«. Eine Packung enthält einen Gewindebohrer, Einbauwerkzeuge und mehrere Einsätze (siehe Abbildung 2.25). Vergrößern Sie das Loch mit einem passenden Bohrer (siehe Abbildung 2.26), schneiden Sie vorsichtig das Gewinde ein (siehe Abbildung 2.27), und drehen Sie vorsichtig und mit leichtem Druck den Einsatz hinein (siehe Abbildungen 2.28 und 2.29). Wenn er viertel bis halbe Umdrehung vor dem Grund sitzt, wird das Werkzeug herausgezogen und mit der Stange die Eindrehlasche abgebrochen (siehe Abbildung 2.30).

- Es gibt Gewinde-Reparaturmittel auf Epoxidharzbasis. Sie sollten jedoch nur bei wenig belasteten Verbindungen eingesetzt werden.

Sicherungspaste und Dichtmasse

- Schraubensicherungspaste (bekannt unter dem Namen *Loctite*) wird an Verbindungen eingesetzt, wo durch Vibrationen Gefahr der Lockerung besteht, oder besonders sicherheitsrelevante Teile verloren gehen können. Außerdem wird sie verwendet, wo andere Schraubensicherungen, wie Bleche oder Splinte, nicht eingesetzt werden können.
- Vor dem Auftragen von Sicherungspaste müssen beide Gewinde sorgfältig von alten Resten gereinigt, entfettet und getrocknet werden. Es gibt zwei Arten von Schraubensicherungspasten: dauerfeste und lösbare (mittelfeste). Normalerweise wird mittelfeste Schraubensicherung verwendet, nur Zylinderstehbolzen werden oft mit dauerhafter Paste eingesetzt. Geben Sie einen oder zwei Tropfen auf die ersten Gewindegänge der einzusetzenden Schraube, setzen Sie sie ein, und ziehen Sie sie mit dem vorgeschriebenen Drehmoment fest. Geben Sie nicht zu viel Sicherungspaste auf das Gewinde, da sonst beim Ausbau ein Alugewinde mit herausgezogen werden kann.
- Es gibt Schrauben und Muttern, die mit einem trockenen Sicherungsmaterial überzogen sind. Diese Verbindungsteile müssen nach jeder Demontage ersetzt werden.
- Um Gewinde vor dem Korrodieren zu schützen, können sie mit Kupferpaste eingesetzt werden. Dieses empfiehlt sich besonders bei stark hitzebelasteten Teilen wie Zündkerzen, Krümmerflanschmuttern und Auspuffschrauben.

3.1 Fühlerlehren werden zum Ermitteln kleiner Spaltmaße benötigt. Ihr Maß ist auf einer Seite eingeätzt.

3 Messwerkzeuge und Messuhren

Fühlerlehren

- Fühlerlehren werden zum Ermitteln kleiner Spaltmaße und Spiele (z.B. Ventilspiel) benutzt (siehe Abbildung 3.1). Wo der Einsatz einer Messuhr unmöglich ist, kann man mit ihnen auch Seitenspiel von Wellen messen.
- Fühlerlehrensätze müssen vorsichtig behandelt und dürfen nicht verbogen oder beschädigt werden. In jedes Blatt ist auf einer Seite das entsprechende Maß eingeätzt. (Messen Sie das bei besonders billigen Fühlerlehren einmal nach!) Die Blätter sollten gegen Korrosion immer leicht eingeölt sein, damit sie nicht – im wahrsten Sinne – »aufblühen«.
- Wenn Sie irgendwo Spiel ermitteln wollen, gilt immer der Wert, bei dem das Blatt sich mit leichtem Druck durch die beiden Komponenten ziehen lässt. Es kann passieren, dass man manchmal zwei Fühlerlehren benötigt.

Bügelmessschrauben (Mikrometerschrauben)

- Mit einer Präzisionsmessschraube lassen sich Messgenauigkeiten von bis zu einem tausendstel Millimeter erzielen. Das empfindliche Gerät sollte immer in seinem Etui und nie lose im Werkzeugkasten aufbewahrt werden, da defekte Geräte falsche Messergebnisse zeigen, die eventuell teure Motorschäden nach sich ziehen können.
- Bügelmessschrauben werden zum Ermitteln von Außendurchmessern eingesetzt, es gibt sie in verschiedenen Messbereichen, normalerweise von 0 bis 25 mm, 25 bis 50 mm usw., immer in 25-mm-Schritten steigend. Zu großen Bügelmessschrauben gibt es austauschbare Zwischenstücke, um verschiedene Messungen durchführen zu können. Allgemein ist das größte benötigte Maß das des Kolbendurchmessers.
- Kleine Innendurchmesser können mit Innenmesslehren oder Dreipunkt-Innenmessschrauben ermittelt werden. Große Durchmesser, wie Zylinderbohrungen, lassen sich mit Messuhren oder Schnabelmessschrauben ermitteln. Alle diese Geräte sind sehr teuer, und es stellt sich die Frage, ob sich die Anschaffung für den Hobbyschrauber lohnt.

Bügelmessschrauben

Anmerkung: *Hier wird eine konventionelle mechanische Messschraube beschrieben. Einfacher abzulesen, aber auch erheblich teurer sind digitale Geräte.*

- Vor Beginn muss immer die Kalibrierung kontrolliert werden, d.h. das Gerät wird geschlossen (bei 0–25 mm) oder mit den entsprechenden (gereinigten!) Zwischenstücken versehen und auf Null-Maß gestellt (siehe Abbildung 3.2).

Beachten Sie hierzu die Bedienungsanleitung der Messschraube. Denken Sie immer daran,

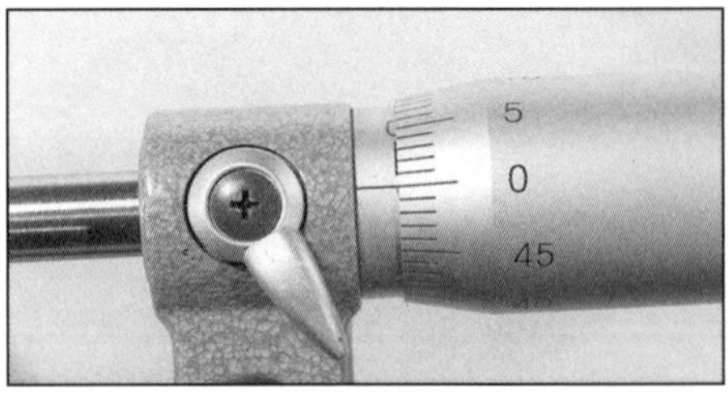

3.2 Kontrollieren Sie vor dem Gebrauch, ob die Messschraube auf Null kalibriert ist.

dass es sich hierbei um ein Präzisionsmessgerät handelt, das schonend behandelt werden muss.

- Achten Sie darauf, dass das zu messende Teil sauber ist. Drücken Sie den Amboss (1) gegen das Teil und drehen Sie die Trommel (2), bis die Spindel (3) das Teil an der gegenüberliegenden Seite leicht berührt (siehe Abbildung 3.3). Drehen Sie jetzt die Spindel mit der Ratsche (4) ein, bis sie überrutscht, schrauben Sie sie auf gar keinen Fall mit der Trommel fester – hierdurch kann das Instrument zerstört werden.
- Jetzt kann die Spindel mit dem Klemmhebel arretiert und die Bügelmessschraube vom zu messenden Teil genommen werden, dann wird das Ergebnis abgelesen. Zuerst wird die Grundmessung auf dem Schaft abgelesen, dann wird die Feinmessung auf der Trommel hinzugezählt. Anhand der Teilstriche auf dem Schaft werden in unserem Fall die ganzen und halben Millimeter abgelesen. Auf der Trommel sind die Hundertstelmillimeter-Markierungen zu sehen (je nach der Beschriftung auf dem Bügel und Genauigkeit der Messschraube können auch andere Werte abgelesen werden). Jede ganze Umdrehung bedeutet eine Veränderung um einen halben Millimeter. Der Teilstrich, der (direkt von oben betrachtet!) über der Linie liegt, zeigt einen Hundertstelmillimeter (0,01 mm) an. Zählen Sie das abgelesene Ergebnis zu der Schaftmessung hinzu.

In unserem Beispiel wird folgendes Messergebnis abgelesen (siehe Abbildung 3.4):

obere Schaft-Skala	2,00 mm
untere Schaft-Skala	0,50 mm
Trommel-Skala	0,45 mm
Messergebnis	**2,95 mm**

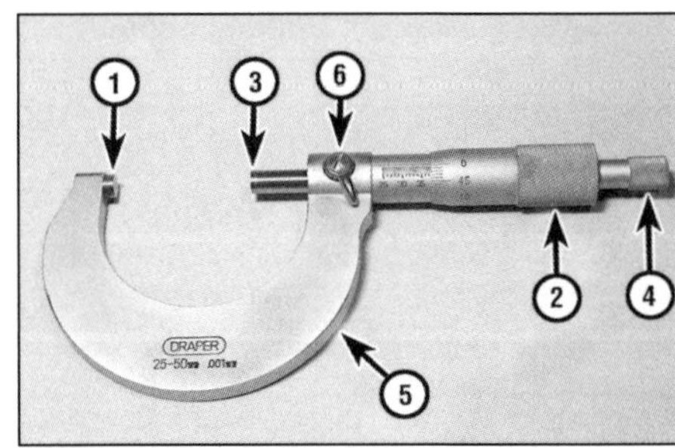

3.3 Bügelmessschrauben-Bauteile
1 Amboss, 2 Trommel, 3 Spindel, 4 Ratsche, 5 Bügel, 6 Feststellhebel

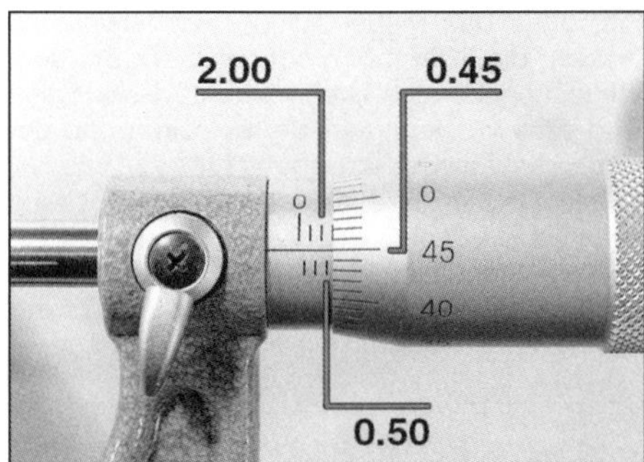

3.4 Das Messergebnis beträgt 2,95 mm.

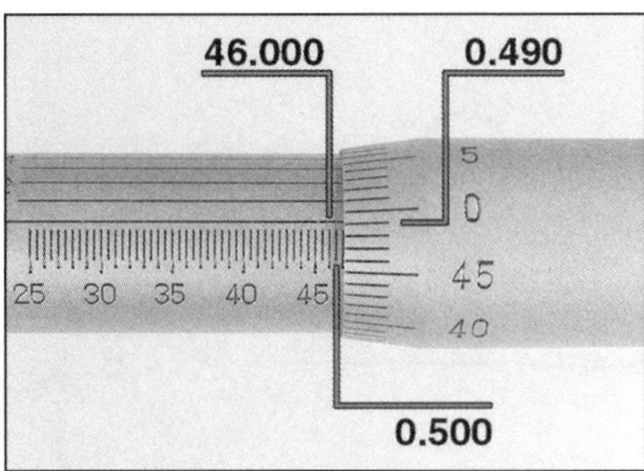

3.5 Auf dem Schaft und der Trommel werden 46,99 mm abgelesen, . . .

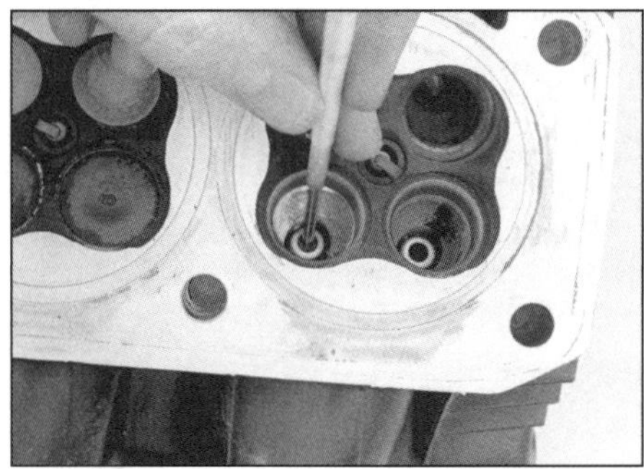

3.9 Spannen Sie den Bohrungsfühler in das Loch, und arretieren Sie ihn, . . .

- Einige Messgeräte haben eine Nonius-Skala auf ihrem Schaft, mit der es ermöglicht wird, auf tausendstel Millimeter genau zu messen. Zählen Sie zu dem oben abgelesenen Ergebnis den Wert hinzu, der mit einem Teilstrich auf der Trommel fluchtet. Anmerkung: Beim Ablesen des Nonius der 0,001-mm-Teilstriche muss genauestens von oben abgelesen werden. Drehen Sie die Messschraube gegebenenfalls zu sich hin. In unserem Beispiel wird folgendes Messergebnis abgelesen (siehe Abbildungen 3.5 und 3.6):

untere Schaft-Skala (große Striche)	46,000 mm
untere Schaft-Skala (kleine Striche)	0,500 mm
Trommel-Skala	0,490 mm
fluchtende Linie (Nonius)	0,004 mm
Messergebnis	**46,994 mm**

Innenmessgeräte

- Für das Ausmessen von Bohrungen benötigt man Innenmessgeräte. Da Messschrauben sehr teuer sind, kann man auf einen Satz verstellbarer Innenfühler zurückgreifen, die mit einer Bügelmessschraube vermessen werden.
- Mit Teleskop-Messlehren können z.B. Pleuelaugen und Kolbenbolzenbohrungen vermessen werden. Schieben Sie die saubere Lehre ein, spannen Sie sie auseinander, sichern Sie sie, und ziehen Sie sie aus der Bohrung (siehe Abbildung 3.7). Messen Sie das Ergebnis mit einer Bügelmessschraube (siehe Abbildung 3.8).
- Sehr kleine Bohrungen, wie Ventilführungen, können mit Bohrungsfühlern vermessen werden. Schieben Sie die saubere Lehre ein, spannen Sie sie so weit auseinander, bis sie leicht gleitet, sichern Sie sie, und ziehen Sie sie aus der Bohrung (siehe Abbildung 3.9). Messen Sie das Ergebnis mit einer Bügelmessschraube (siehe Abbildung 3.10).

Messschieber

Anmerkung: *Beschrieben werden hier konventionelle Nonius- und Uhren-Messschieber, Digital-Messschieber sind leichter abzulesen und kosten inzwischen nicht mehr viel.*

- Ein Messschieber arbeitet nicht so genau wie eine Bügelmessschraube, dafür ist er leichter zu bedienen und vielseitig für Außen-, Innen- und Tiefenmessungen einsetzbar. Für viele Messungen, wie z.B. Kupplungsbeläge oder Ventilfedern, reicht er völlig aus.
- Lösen Sie zunächst die Klemmschraube (1), und schieben Sie das Gerät soweit auseinander, dass die Schnäbel (2) über bzw. die Kreuzspitzen (3) in das zu messende Teil passen (siehe Abbildung 3.11). Schieben Sie das Gerät, eventuell mit der Feineinstellung (4), bis auf beiden Seiten leichter Kontakt entsteht, und ziehen Sie die Klemmschraube wieder an. Jetzt werden auf der festen Skala (6) als Grundmessung die ganzen Millimeter abgelesen, die links der Null auf der Schieberskala (5) liegen. Als Nächstes wird auf der Schieberskala der Strich identifiziert, der genau mit einem Strich auf der festen Skala fluchtet, jeder Strich steht normalerweise für 0,02 oder sogar 0,01 Millimeter. Addieren Sie den abgelesenen Wert zu der Grundmessung hinzu, und Sie haben das Messergebnis. In unserem Beispiel wird folgendes Messergebnis abgelesen (siehe Abbildung 3.12):

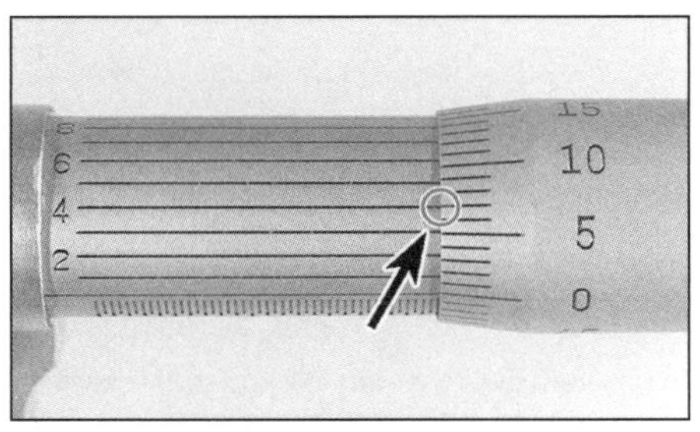

3.6 . . . dazu kommen 0,004 mm aufgrund der fluchtenden Linien.

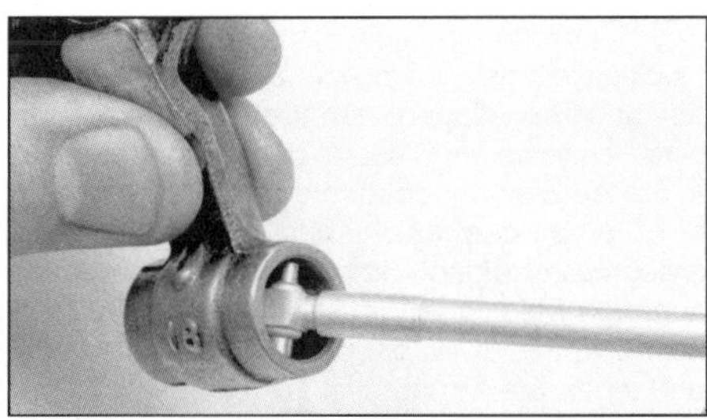

3.7 Spannen Sie die Teleskop-Messlehre in der Bohrung auseinander, arretieren Sie sie, . . .

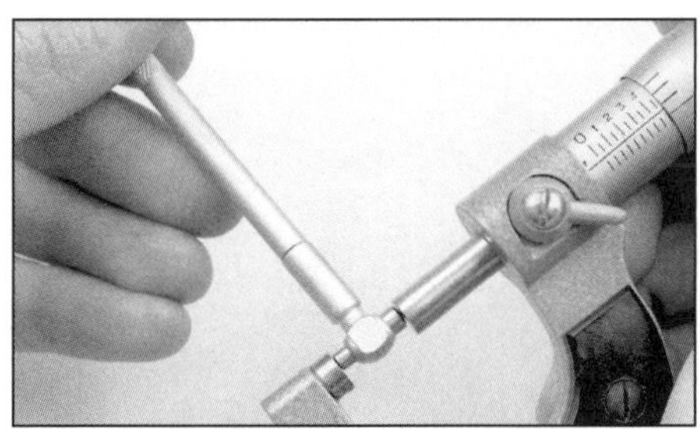

3.8 . . . und messen Sie das Ergebnis mit der Bügelmessschraube.

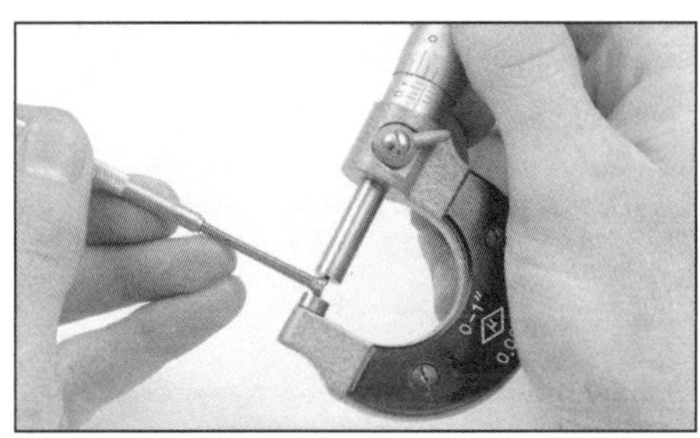

3.10 . . . messen Sie das Gerät dann mit einer Bügelmessschraube.

Grundmessung	55,00 mm
Feinmessung	0,92 mm
Messergebnis	**55,92 mm**

- Einige Messschieber sind zur Feinmessung mit einer Messuhr ausgerüstet. Achten Sie darauf, dass der Messschieber sauber sein muss. Schieben Sie ihn zuerst zusammen und kontrollieren Sie, ob die Messuhr auf Null steht, gegebenenfalls muss am Außenring nachgestellt werden. Lösen Sie zunächst die Klemmschraube (1), und schieben Sie das Gerät soweit auseinander, dass die Schnäbel (2) über bzw. die Kreuzspitzen (3) in das zu messende Teil passen (siehe Abbildung 3.13). Schieben Sie das Gerät, eventuell mit der Feineinstellung (4), bis auf beiden Seiten leichter Kontakt entsteht, und ziehen Sie die Klemmschraube wieder an. Jetzt werden auf der festen Skala (5) als Grundmessung die ganzen Millimeter abgelesen, die links der Schieberskala (6) erscheinen. Als Nächstes wird die Position der Nadel in der Uhr (7) ermittelt, jeder Teilstrich

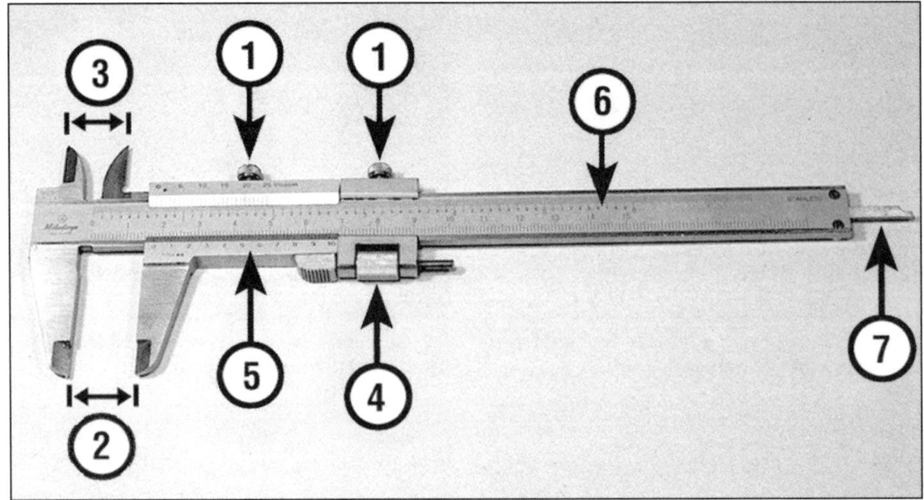

3.11 Bauteile eines Messschiebers (Nonius-Ablesung)

1 Klemmschraube
2 Außenmess-Schnäbel
3 Innenmess-Kreuzspitzen
4 Feineinstellung
5 Schieberskala
6 feste Skala
7 Tiefenmessdorn

entspricht hier 0,05 mm. Addieren Sie diesen Wert zu der Grundmessung, um das Messergebnis zu erhalten.

3.12 Das Messergebnis beträgt 55,92 mm.

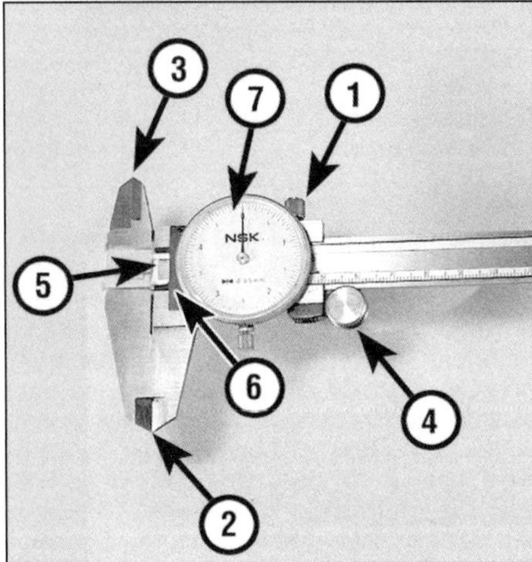

3.13 Bauteile eines Messschiebers (Uhr-Ablesung)

1 Klemmschraube
2 Außenmess-Schnäbel
3 Innenmess-Kreuzspitzen
4 Feineinstellung
5 feste Skala
6 Schieberskala
7 Messuhr

In unserem Beispiel wird folgendes Messergebnis abgelesen (siehe Abbildung 3.14):

Grundmessung	55,00 mm
Feinmessung	0,95 mm
Messergebnis	**55,95 mm**

Quetschmessstreifen

- Die unter dem Markennamen Plastigauge bekannten Kunststoffstreifen werden zwischen zwei Oberflächen gepresst. Anschließend wird anhand ihrer Quetschbreite mit einer Skala das Spiel zwischen den Oberflächen ermittelt.
- Üblicherweise wird mit Quetschmessstreifen das Radialspiel in Gleitlagern von Kurbel- und Nockenwellenlagern sowie zwischen Hubzapfen und Pleuellagern ermittelt. Im Folgenden wird Letzteres als Beispiel beschrieben.
- Gehen Sie vorsichtig mit den Quetschmessstreifen um, damit sich keine verzerrten Messergebnisse zeigen. Schneiden Sie mit einem scharfen Messer einen Streifen davon ab, der etwas kürzer ist als die Breite der Lagerschale, und legen Sie ihn parallel zur Welle in das Lager oder auf die Welle (siehe Abbildung 3.15). Montieren Sie vorsichtig beide Lagerschalen, und setzen Sie das Pleuel zusammen. Ziehen Sie, ohne das Pleuel auf der Kurbelwelle zu drehen, die Schrauben oder Muttern mit dem vorgeschriebenen Drehmoment fest. Dann wird alles vorsichtig wieder gelockert und der Quetschmessstreifen begutachtet.
- Der Streifen wird mit der an der Packung befindlichen Skala verglichen und das entsprechende Lagerspiel abgelesen (siehe Abbildung 3.16). Entfernen Sie anschließend alle Messstreifenreste mit dem Fingernagel.

3.14 Das Messergebnis beträgt 55,95 mm.

> ***Achtung: Um ein korrektes Messergebnis zu erhalten, müssen alle vom Motorradhersteller vorgeschriebenen Anzugs-Drehmomente und -Reihenfolgen genauestens eingehalten werden.***

Messuhren und Verzugsmessung

- Mithilfe einer Messuhr können kleinste Bewegungen ermittelt werden. Typische Einsatzzwecke sind Messungen von Unrundlauf, Seitenspiel oder Kolbenpositionen zur Zündeinstellung bei Zweitaktmotoren. Zu einem Messuhr-Set gehört eine Vielzahl von Tastern, Adaptern und Befestigungsmöglichkeiten.

3.15 Der Plastigauge-Streifen wird längs auf die Lageroberfläche gelegt.

- Im Ruhezustand der Uhr muss die Nadel auf Null stehen, gegebenenfalls muss am Ring nachjustiert werden.
- Prüfen Sie, ob der Messbereich der Uhr für die zu erwartende Bewegung ausreicht. Die meisten Uhren haben neben der großen Feinmessanzeige mit 0,01- oder 0,001-mm-Einteilung einen kleinen Zeiger, der ganze Millimeter misst. Zählen Sie zuerst die ganzen Millimeter und dann die Hundertstel oder Tausendstel dazu.

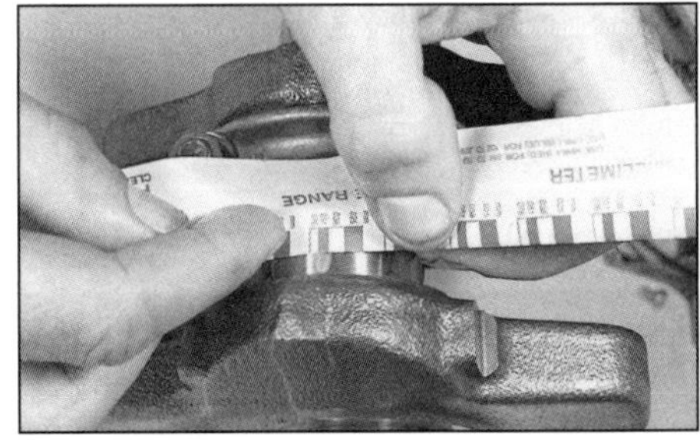

3.16 Messen Sie die Breite der gequetschten Messstreifen.

3.17 Das Messergebnis beträgt 1,48 mm.

In unserem Beispiel wird folgendes Messergebnis abgelesen (siehe Abbildung 3.17):

Grundmessung	1,00 mm
Feinmessung	0,48 mm
Messergebnis	**1,48 mm**

- Wenn der Unrundlauf von Wellen ermittelt werden soll, muss die Welle in den V-förmigen Ausschnitten von stabilen Prismenblöcken liegen und die Messuhr an einem Stativ rechtwinkelig zur Welle montiert werden. Lassen Sie den Taster in der Wellenmitte aufliegen, und drehen Sie langsam die Welle. Beobachten Sie dabei die Anzeige (siehe Abbildung 3.18). Führen Sie ggf. an verschiedenen Stellen der Welle Messungen durch, und merken Sie sich den maximalen Schlag.

Anmerkung: *Das abgelesene Ergebnis stellt den totalen Unrundlauf der Welle dar. Einige Hersteller geben in ihren* Technischen Daten *den maximalen Wert zu einer Seite an, sodass das Ergebnis halbiert werden muss.*

- Das Seitenspiel (Axialspiel) einer Welle kann nach dem sicheren Befestigen der Messuhr am Gehäuse gemessen werden, der Taster wird dabei auf das Wellenende gesetzt. Dann wird die Welle mit der Hand hin- und hergedrückt und anhand der Bewegung des Zeigers das Spiel abgelesen (siehe Abbildung 3.19).
- Zur exakten Zündzeitpunktbestimmung bei mehrzylindrigen Zweitakt-Motoren wird eine Messuhr so platziert, dass der Taster durch das Zündkerzengewinde auf den Kolben zum Liegen kommt. Justieren Sie die Uhr im oberen Totpunkt des Kolbens auf Null, und beachten Sie die Betriebsanleitung.

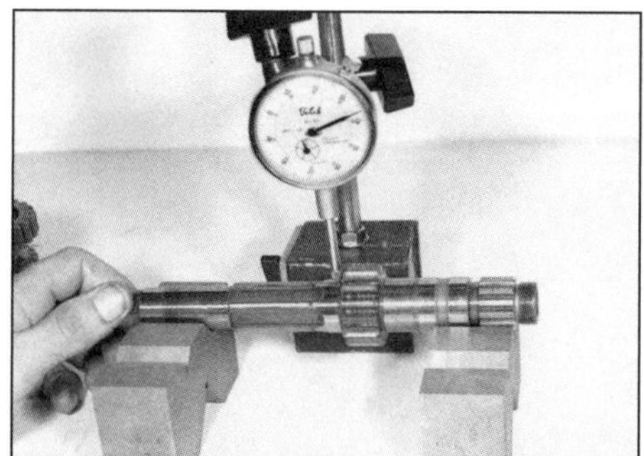

3.18 Messen Sie den Unrundlauf der Welle mit einer Messuhr.

3.19 Hier wird das Axialspiel einer Welle vermessen.

Zylinder-Kompressionsmessgerät

- Kompressionsuhren gibt es mit verschiedenen Anschlüssen: Entweder mit einem konusförmigen Gummi, das in die Kerzenbohrung gedrückt werden muss, oder mit passendem Gewinde zum Einschrauben – Letztere ist zu empfehlen. Der Messbereich der Uhr sollte bei Benzinmotoren bis 20 bar gehen.
- Nach dem Entfernen der Zündkerzen wird die Kompression bei drehendem, aber nicht laufendem Motor gemessen (siehe Abbildung 3.20). Führen Sie den Kompressionstest so durch, wie es in der Ausrüstung zur Fehlersuche beschrieben wird. Das Messgerät wird den Druck so lange halten, bis das Ventil per Hand geöffnet wird.

Öldruck-Messgerät

- Um den Öldruck des Motors zu ermitteln, wird ein Öldruck-Messgerät benötigt, die meisten von ihnen sind mit verschiedenen Adaptern ausgerüstet, sodass sie in alle Anschlussgewinde geschraubt werden können (siehe Abbildung 3.21). Wenn der vom Hersteller vorgesehene Anschluss an einer externen Öldruckleitung liegt, muss eine spezielle Ersatz-Ölleitung verwendet werden, um Ölmangel an verschiedenen Komponenten auszuschließen.

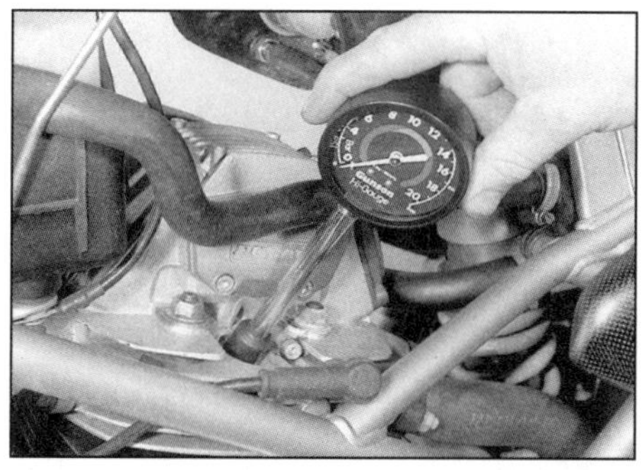

3.20 Ein Kompressionstester mit Gummi-Konus muss kräftig in die Bohrung gedrückt werden.

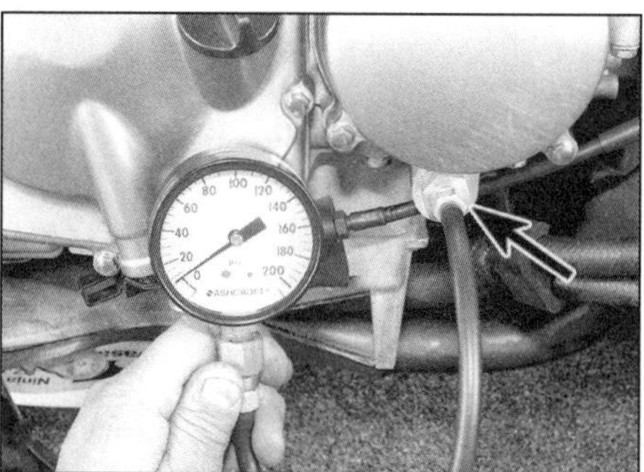

3.21 Öldruck-Messuhr und Anschluss-Adapter (Pfeil)

- Der Öldruck wird bei mit einer bestimmten Drehzahl laufendem Motor gemessen. Oftmals sind die vorgeschriebenen Werte sowohl bei kaltem als auch bei warmem Motor angegeben.

Haarlineale und Verzug

- Zur Kontrolle einer ebenen Dichtfläche auf Verzug muss ein Haarlineal oder ein Präzisions-Stahllineal über die Fläche gelegt und vorhandene Spalte mit einer Fühlerlehre vermessen werden (siehe Abbildung 3.22). Messen Sie diagonal zum Bauteil und zwischen Befestigungsbohrungen (siehe Abbildung 3.23).
- Kontrollieren Sie verschiedene Bauteile, wie Kupplungsreibscheiben auf einer ebenen Fläche (z.B. einem Spiegel), auf Verzug.

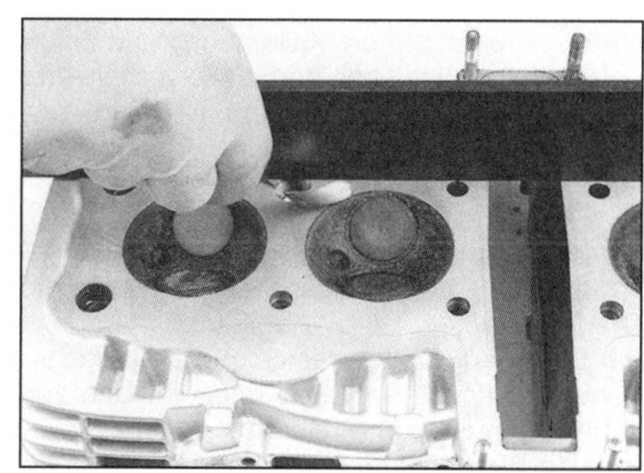

3.22 Messen Sie mit einem Präzisionslineal und einer Fühlerlehre den Verzug der Dichtfläche.

3.23 Kontrollieren Sie die Dichtflächen in diesen Richtungen auf Verzug.

4 Drehmoment und Hebel

Was ist das Drehmoment?

- Mit Drehmoment ist die Drehkraft gemeint, die auf eine Welle wirkt. Das Drehmoment wird bestimmt durch die Länge des Hebels und die auf dessen Ende wirkende Kraft. Die Maßeinheit 1 Nm (Newton pro Meter) bedeutet eine Kraft von einem Newton (ca. 100 g) auf einen ein Meter langen Hebel, ist der Hebel nur 10 cm lang, muss er schon mit 1000 g belastet werden.
- Die vom Hersteller angegebenen Drehmomente sollen sicherstellen, dass sich eine Verbindung weder lockert noch durch zu festes Anziehen Bauteile beschädigt werden. Sie beziehen sich auf die Belastung, die Zugfähigkeit und Größe des Gewindes und das Material, in dem es halten soll.
- Bei einem zu geringen Drehmoment besteht die Gefahr, dass die Verbindung sich im Betrieb löst, zu starkes Drehmoment kann die Verbindungsteile überlasten und beschädigen, sodass sie ab- oder ausreißen. Beachten Sie daher immer die Anzugsdrehmomente in den *Technischen Daten* des jeweiligen Kapitels oder die in diesen *Werkzeug- und Werkstatt-Tipps* angegebenen Standardanzugsdrehmomente.

Der automatische Drehmoment-Schlüssel

- Kontrollieren Sie die Kalibrierung und Funktionsfähigkeit des Drehmomentschlüssels (der für das verlangte Drehmoment ausgelegt sein muss). Oftmals sind auf dem Drehmomentschlüssel mehrere Maßeinheiten angegeben (Nm, kpm oder lbf/in und lbf/ft), verwechseln Sie die Maßeinheiten nicht!
- Stellen Sie den Schlüssel auf das verlangte Drehmoment ein (siehe Abbildung 4.1). Wenn Ihr Drehmomentschlüssel nicht die angegebene Maßeinheit aufweist, muss anhand von Tabellen umgerechnet werden. Wenn Hersteller eine Empfehlung aussprechen (8–10 Nm), sollte die Verbindung mit dem mittleren Wert angezogen werden. Genauso hätte man 9 Nm ± 1 Nm angeben können. Viele Drehmomentschlüssel können nach Einstellen des Wertes arretiert werden, sodass beim Anziehen der Wert nicht verändert werden kann.
- Setzen Sie die Schraube oder Mutter an, und ziehen Sie sie leicht fest. Das Gewinde muss sauber und frei von alten Sicherungskomponenten sein. Wenn nicht anders erwähnt, müssen die Gewinde trocken sein – unter bestimmten Umständen sind eingeölte oder mit Schraubensicherung versehene Gewinde nötig, dann sind entsprechende Drehmomente berücksichtigt.
- Ziehen Sie die Verbindung fest, bis der Drehmomentschlüssel mit einem Klicken automatisch auslöst und damit anzeigt, dass das gewünschte Drehmoment erreicht ist. Kontrollieren Sie ein zweites Mal die Festigkeit der Verbindung. Wird ein Bauteil mit unterschiedlichen Gewindedurchmessern befestigt, müssen immer zuerst die größeren Verbindungen mit den höheren Drehmomenten festgezogen werden.
- Nachdem die Arbeit mit dem Drehmomentschlüssel beendet ist, muss die vorhandene Arretierung gelöst und die Einstellung auf Null gestellt werden – legen Sie den Schlüssel nicht vorgespannt beiseite. Benutzen Sie keinen Drehmomentschlüssel zum Lösen von Verbindungen.

Anziehen mit Winkelmessscheibe

- Manche Hersteller schreiben vor, Schraubverbindungen nach dem Anziehen mit einem vorgegebenen Drehmoment noch um einen bestimmten Winkel nachzuziehen.

4.2 Die aufsetzbare Winkelscheibe wird auf Null arretiert, bevor die Verbindung entsprechend nachgezogen wird.

- Mit einer Winkelmessscheibe (siehe Abbildung 4.2) oder einem Winkelmesser kann der gewünschte Winkel bestimmt und entsprechend nachgezogen werden (siehe Abbildung 4.3).

Lockerungsreihenfolge

- Wenn mehrere Schrauben oder Muttern eine Komponente sichern, sollten sie alle gleichmäßig Schritt für Schritt gelöst werden, sodass nicht zum Schluss die gesamte Last auf einer Verbindung liegt und das Bauteil verbiegen oder verziehen kann.
- Wenn vom Hersteller eine Anzugsreihenfolge vorgegeben ist, müssen die Verbindungen entgegengesetzt gelöst werden. Ansonsten werden Verbindungen schrittweise von außen nach innen gelockert (siehe Abbildung 4.4).

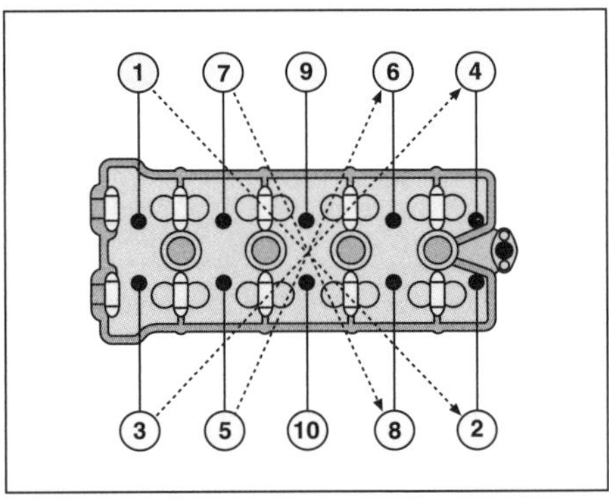

4.4 Beim Lösen von Schraubverbindungen muss Sie von außen nach innen arbeiten.

Anzugsreihenfolge

- Wenn mehrere Schrauben oder Muttern eine Komponente sichern, sollten alle gleichmäßig Schritt für Schritt angezogen werden, sodass nicht zu Anfang die gesamte Last auf einer Verbindung liegt und Dichtungen zerstört werden oder das Bauteil verbiegen oder verziehen kann. Besonders wichtig ist ein gleichmäßiges Anziehen bei großflächigen und festen Verbindungen wie Zylinderköpfen oder Motorgehäusen.
- Normalerweise wird vom Hersteller eine Anzugsreihenfolge entweder als Zeichnung oder auch direkt am Bauteil markiert, angegeben. Wenn nicht, wird in der Mitte begonnen und schritt- und kreuzweise nach außen gearbeitet

4.1 Stellen Sie den Drehmomentschlüssel auf das gewünschte Anzugsmoment ein, in diesem Fall auf 12 Nm.

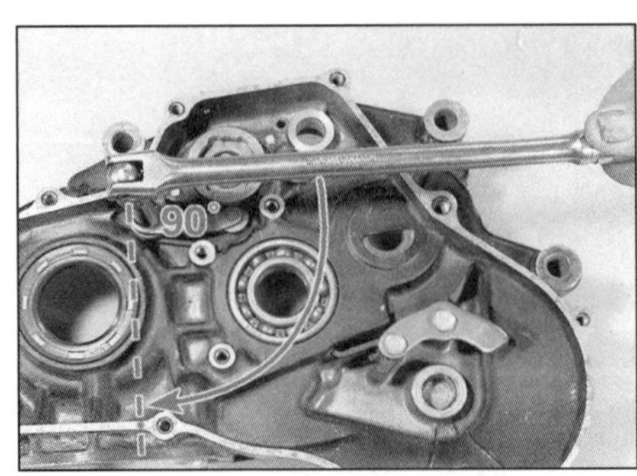

4.3 Man kann den Winkel auch per Auge oder Geodreieck bestimmen.

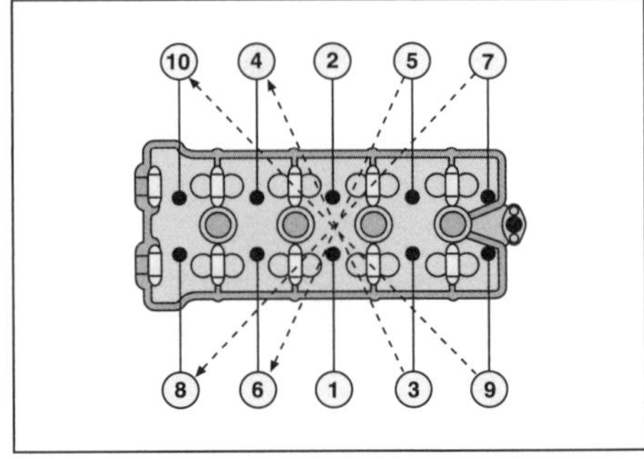

4.5 Typische Anzugsreihenfolge von Schrauben oder Muttern einer großflächigen Verbindung

(siehe Abbildung 4.5). Beginnen Sie mit handfestem Anziehen aller Verbindungen, setzen Sie dann den Drehmomentschlüssel an, und ziehen Sie alles schrittweise und über Kreuz fester, bis alle Anzugsdrehmomente stimmen. Nur so ist gewährleistet, dass die Verbindung hält und nichts beschädigt wird. Wichtige Verbindungen wie Zylinderköpfe haben oftmals zwei oder drei Anzugsschritte, bis alles endgültig festgezogen wird.

Der richtige Hebel

• Verwenden Sie Werkzeuge im richtigen Winkel. Ziehen Sie Schlüssel wenn möglich immer zu sich hin, wenn Verbindungen gelöst werden sollen. Wenn das nicht möglich ist, darf das Werkzeug nicht von der Hand umschlungen sein (siehe Abbildung 4.6) – der Schlüssel kann abrutschen oder die Verbindung sich plötzlich lösen, und Ihre Finger an scharfen Kanten gequetscht oder aufgerissen werden.

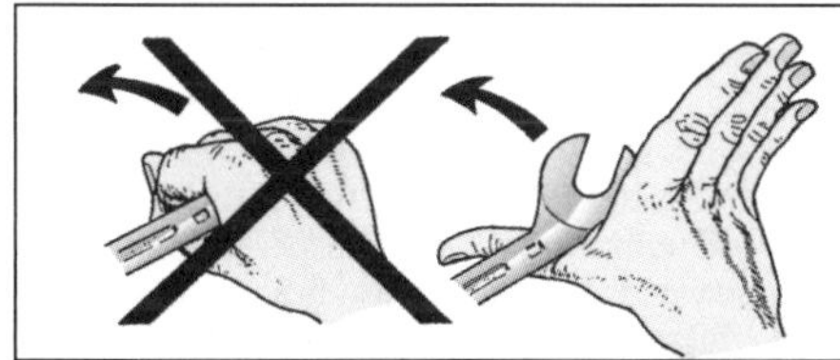

4.6 Wenn Sie den Schlüssel nicht zu sich ziehen können, drücken Sie ihn mit geöffneter Hand.

• Bei sehr festen Verbindungen kann eine Hebelverlängerung durch ein Rohr oder Stange helfen, sie zu lösen. Normalerweise sind Werkzeuge jedoch so ausgelegt, dass mit ihnen alle entsprechenden Verbindungen gelöst werden können. Wie Sie festgegangene Verbindungen lösen können, ist unter Punkt 2 beschrieben. Inbusschrauben und deren Gewinde können sehr leicht zerstört werden, wenn man einen Inbusschlüssel mit einem Rohr verlängert. Beim Anziehen sollten Verlängerungen generell nie benutzt werden, da man sich mit der eingesetzten Kraft leicht verschätzen kann.

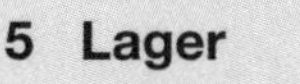

5 Lager

Wälzlager – Aus- und Einbau

Treiber und Steckschlüsselnüsse

• Bevor man mit dem Ausbau eines Lagers beginnt, muss man sich vergewissern, in welche Richtung es demontiert wird. Einige Gehäuse haben angegossene Nuten oder Halteplatten. Überprüfen Sie Identifikations-Markierungen an den Lagern, und messen Sie ggf. ihre Einbautiefe im Gehäuse. Merken Sie sich die Einbaurichtung, wenn das Lager auf einer Seite abgedichtet ist.

5.1 Mit einem Lagertreiber, der nur den äußeren Ring berührt, wird das Lager eingetrieben.

5.2 Auch eine passende Nuss kann hierfür verwendet werden. Verkanten Sie das Lager nicht!

• Wälzlager können mit einem passenden Austreib-Werkzeug oder einer Steckschlüsselnuss, deren Durchmesser etwas kleiner als der Außendurchmesser des Lagers ist, aus dem Gehäuse geschlagen werden. Stützen Sie das Gehäuse rund um das Lager mit Holzblöcken ab, um es vor Verzug zu schützen. Nach ein paar Schlägen mit einem schweren Hammer auf den Treiber sollte das Lager aus dem Gehäuse fallen. Wenn der Zugang, z.B. bei Radlagern, erschwert ist, muss das Lager mit einem Treibdorn im Kreis herum ausgeschlagen werden, damit es nicht im Sitz verkantet.

• Mit der gleichen Ausrüstung können auch neue Lager eingetrieben werden. Stützen Sie auch hier das Gehäuse mit Holzblöcken ab. Setzen Sie das Lager senkrecht – und bei einseitiger Abdichtung richtig herum, die Beschriftung zeigt normalerweise immer nach außen – in die Bohrung, und treiben Sie es ein. Wird hierbei der Käfig, Dichtring oder innerer Lagerring berührt, ist das Lager zerstört (siehe Abbildungen 5.1 und 5.2).

• Kontrollieren Sie, ob der Innenring sich nach der Montage frei drehen lässt.

5.3 Dieser Lagerabzieher ist mit einer Trennvorrichtung versehen, die unter das Lager geklemmt wird.

Abzieher und Zughammer

• Wenn ein Lager auf eine Welle gepresst ist, kann man es meist nur mit einem Abzieher wieder herunterbekommen (siehe Abbildung 5.3). Gehen Sie sicher, dass die Abzieher-Arme sicher hinter das Lager greifen und nicht abrutschen können. Wenn kein Platz zum Abziehen ist, kann es manchmal nötig sein, das dahinter liegende Zahnrad zusammen mit dem Lager abzuziehen (siehe Abbildung 5.4).

5.4 Wenn hinter dem Lager kein Platz für die Abzieherarme ist, kann z.B. das dahinter liegende Zahnrad mit abgezogen werden.

Achtung: Gehen Sie sicher, dass sich die Spindel des Abziehers immer in der Mitte der Welle befindet und beim Anziehen nicht abrutscht. Achten Sie darauf, dass die Welle nicht beschädigt wird.

• Setzen Sie den Abzieher so an, dass die Spindel sich in der Mitte der Welle abdrückt und nicht abrutscht, wenn das Lager abgezogen wird.

• Wenn das Lager auf die Welle getrieben wird, darf der äußere Ring und der Käfig oder Dichtring nicht berührt werden. Mithilfe eines Steck-

5.5 Benutzen Sie zum Auftreiben des Lagers ein Rohr, das etwas größer ist als die Welle und nur den inneren Lagerring berührt.

5.6 Nach dem Einführen wird der Auszieher aufgespreizt, sodass er hinter den Innenring greift.

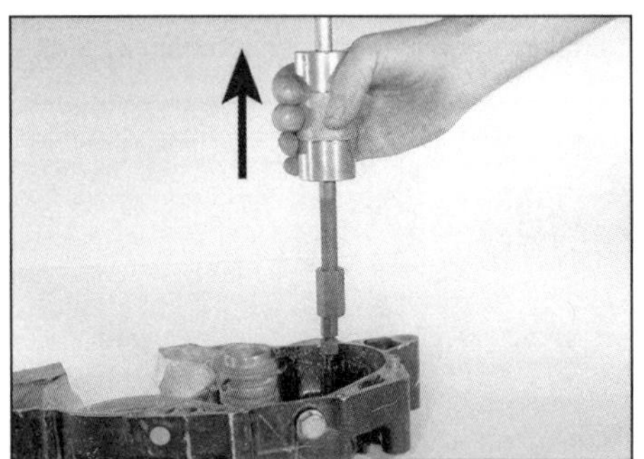

5.7 Dann kann ein Zughammer aufgeschraubt und durch dessen nach oben geschlagenes Gewicht das Lager ausgetrieben werden.

schlüssels oder passenden Rohrs, das nur den inneren Lagerring berührt, kann das Lager bis auf seinen Sitz geschlagen werden (siehe Abbildung 5.5).

- Lager, die in Sacklöchern stecken, können nicht ausgeschlagen werden. Hier wird ein Innenauszieher benötigt, der in das Lager gesteckt und dann aufgespreizt wird (siehe Abbildung 5.6). Dieser Auszieher wird zusammen mit dem Lager entweder mit einem Abzieher herausgezogen oder mit einem Zughammer herausgetrieben (siehe Abbildung 5.7).
- Es kann auch möglich sein, dass das Lager durch sein Eigengewicht aus dem Gehäuse fällt, nachdem dieses wie unten beschrieben erhitzt worden ist. Legen Sie das Gehäuse, um die Dichtfläche nicht zu beschädigen, so auf eine nicht zu harte Oberfläche, dass das Lager nach unten herausfallen kann. Tragen Sie beim Erwärmen Handschuhe, und klopfen Sie dabei das Gehäuse regelmäßig auf die Oberfläche, um das Lager leichter herausfallen zu lassen (siehe Abbildung 5.8).
- Lager können genauso in Sacklöcher montiert werden, wie es oben beschrieben ist.

5.8 Schlagen Sie das erwärmte Gehäuse mehrmals auf Holzblöcke, um das Lager herausfallen zu lassen.

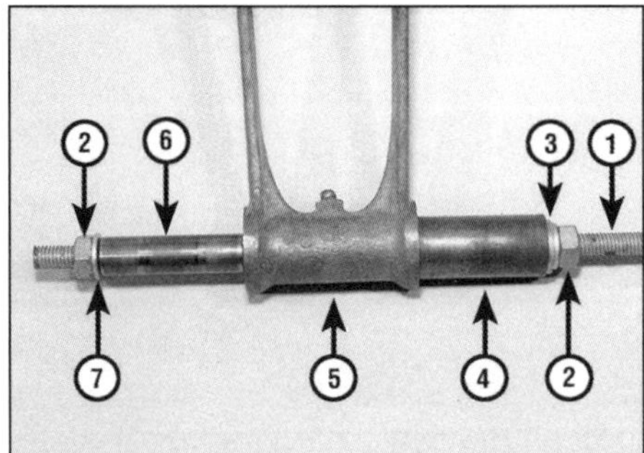

5.9 Hier soll eine Lagerbuchse gewechselt werden.

1 lange Schraube oder Gewindestange
2 Muttern
3 Scheiben mit größerem Außendurchmesser als Rohr-Innendurchmesser
4 Rohr mit zur Buchse passendem Durchmesser
5 Hebelarm mit Lagerbuchse
6 Rohr mit etwas kleinerem Durchmesser als Lagerbuchse
7 Scheibe mit etwas kleinerem Außendurchmesser als Lagerbuchse

Einziehvorrichtungen

- Lager oder Buchsen, die z.B. in obere Pleuelaugen oder andere Hebel eingepresst sind, können nicht ohne Beschädigung des Bauteils ausgeschlagen werden. Auch Gummibuchsen lassen sich schlecht durch Schläge aus- und eintreiben. Wenn man Zugang zu einer maschinellen Presse hat, kann man hiermit arbeiten, falls nicht, muss zum Aus- und Einziehen von Buchsen ein Werkzeug angefertigt werden.
- Man benötigt eine lange Schraube mit Mutter (oder eine Gewindestange mit zwei Muttern), ein Stück Rohr, das einen größeren Innendurchmesser als die Buchse hat, ein weiteres Stück Rohr mit einem kleineren Außendurchmesser als die Buchse und eine Reihe verschiedener Scheiben (siehe Abbildungen 5.9 und 5.10). Die Rohre müssen länger sein als die Buchse.
- Das gleiche Werkzeug, ohne Rohre, kann man zum Einziehen der Buchse benutzen (siehe Abbildung 5.11).

5.10 Hier wird die Lagerbuchse aus dem Hebel gezogen.

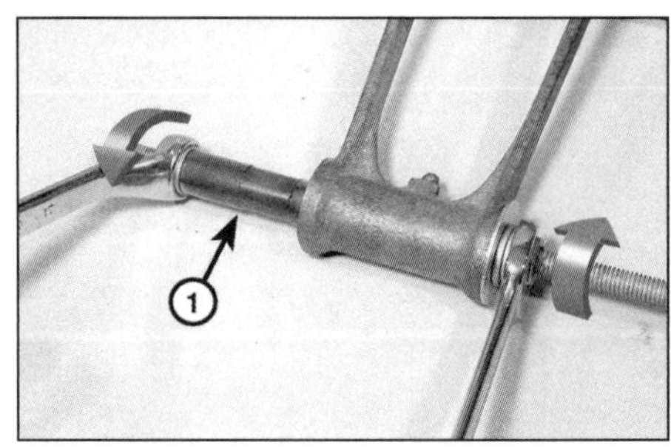

5.11 Die neue Lagerbuchse (1) wird in das Bauteil gezogen.

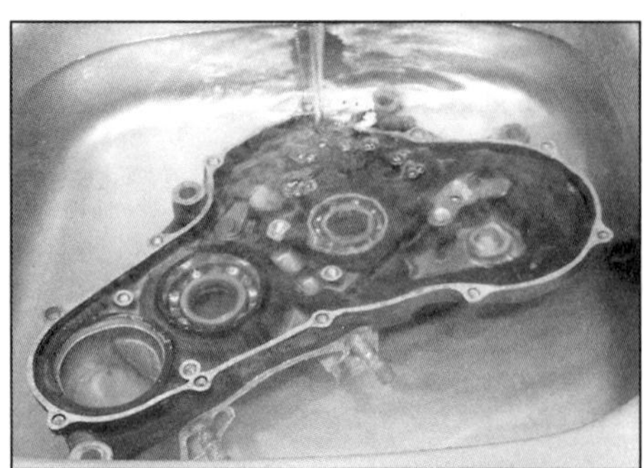

5.12 Passt das Teil in einen Topf, kann es in kochendem Wasser erwärmt werden. Schützen Sie danach die Stahlteile vor Rost!

Ausdehnung durch Erwärmung

- Wenn der Lageraußenring fest im Leichtmetallgehäuse steckt, kann dieses erwärmt werden, um das Lager zu lockern. Aluminium dehnt sich bei Erwärmung mehr aus als Stahl, also darf auch das Lager warm werden. Es gibt verschiedene Möglichkeiten der Erwärmung, doch sollte man auf offene Brennerflammen verzichten, da das Material sich verziehen oder sogar schmelzen kann.
- Man kann das Teil in einem auf nicht mehr als 100 °C erwärmten Backofen oder in kochendem Wasser erwärmen (siehe Abbildung 5.12). Eine gezielte Erhitzung ist mit einem Heißluftgebläse, wie es zum Abbeizen verwendet wird, oder einem Bügeleisen zu erreichen (siehe Abbildung 5.13).

5.13 Die Umgebung des Lagers kann mit einem Heißluftgebläse erwärmt werden. Schützen Sie Dichtungen vor direkter Hitze!

Warnung: Bei all diesen Methoden müssen zur Vermeidung von Verbrennungen Handschuhe getragen werden.

- Beim Erhitzen des ganzen Gehäuses muss darauf geachtet werden, dass Kunststoffteile, wie Leerlaufschalter, beschädigt werden könnten – bauen Sie sie vorher aus.
- Bauen Sie unverzüglich nach dem Erhitzen das Lager aus. Sie werden merken, dass es sehr leicht auszutreiben ist oder gar von allein herausfallen wird.
- Auch zur Erleichterung des Einbaus neuer Lager kann das Gehäuse erhitzt werden. Die Motorradhersteller haben oft die Gehäuse entsprechend konstruiert und benutzen diese Methode bei der Motormontage.
- Zur leichteren Montage kann man das Lager auch über Nacht in die Kühltruhe legen, damit sie sich zusammenziehen. Empfohlen wird diese Methode z.B. bei den Lagerschalen, die in den Lenkkopf getrieben werden.

Lagertypen und Markierungen

- An Motorrädern findet man Gleitlagerschalen und Wälzlager (Nadellager, Kegellager und Kugellager) in verschiedenen Größen (siehe Abbildungen 5.14 und 5.15). Die Rollen (Kugeln, Kegel oder Nadeln) der Wälzlager sitzen meistens in Käfigen, doch gibt es auch offene Lager.
- Gleitlager werden normalerweise bei Kurbelwellen und Pleuelfüßen verwendet, da sie hohe Druckbelastung aushalten, auch die Fertigung des Kurbeltriebs wird dadurch erheblich erleichtert. Sie benötigen konstanten Öldruck, da sie sonst schnell fressen. Sie sind zumeist aus gesinterter (selbstschmierender) Phosphor-Bronze, um beim Motorstart, wenn erst Öldruck aufgebaut wird, Notlaufeigenschaften zu besitzen.
- Wälzlager besitzen einen inneren und einen äußeren Ring, zwischen denen Rollen oder Kugeln laufen. Sie benötigen konstante Schmierung mit Öl oder Fett, aber keinen Öldruck, und halten axiale Belastungen aus. Kugellager sind nur komplett als Bauteil zu montieren, die meisten Nadellager und Kegellager bestehen aus getrennt zu montierenden Innen- und Außenringen. Letztere halten hohe axiale Belastungen aus und werden deshalb oft in Lenkköpfen eingesetzt.
- Wälzlager sind im Gegensatz zu Gleitlagern Normteile, die bei bekannter Markierung (anhand derer das Maß, die Belastbarkeit und der Typ bestimmt werden können) im Fachhandel besorgt werden können (siehe Abbildung 5.16).
- Metallbuchsen bestehen üblicherweise aus Phosphorbronze, in Stoßdämpferaugen werden Gummibuchsen verwendet, in billigen Schwingenlagerungen fristen Plastikbuchsen ein kurzes Dasein.

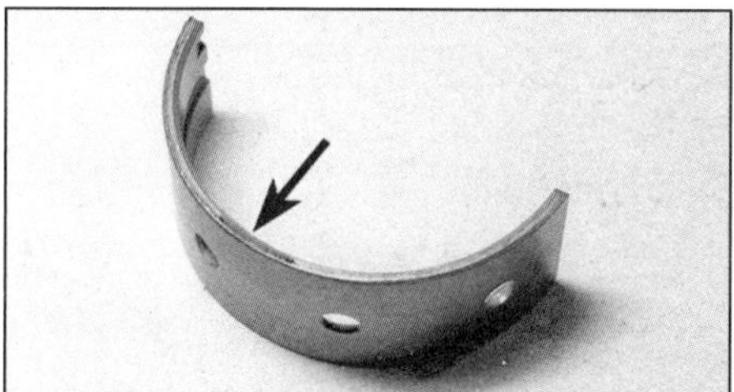

5.14 Gleitlager-Schalen gibt es glatt oder mit Nuten. Normalerweise sind sie mit Farb-Codes markiert.

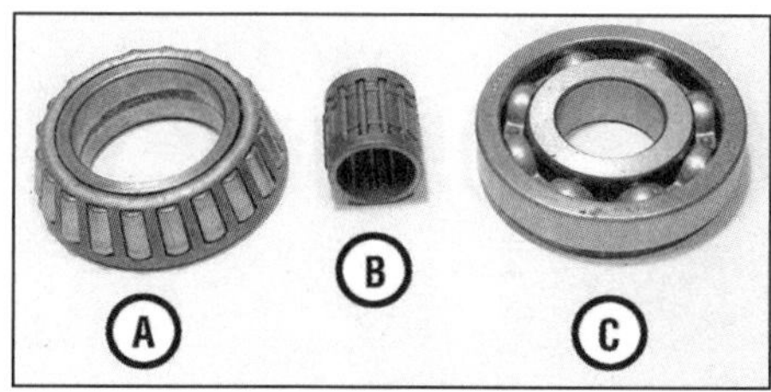

5.15 Kegelrollenlager (A), Nadellager (B) und Kugellager (C), alle mit Käfig

5.16 Typische Markierung eines Kugellagers

Fehlersuche bei Lagern

- Wenn sich ein Lageraußenring im Lagersitz gedreht hat, ist das Gehäuse beschädigt. Wenn noch nicht allzu viel Material abgetragen ist, kann man das Lager mit Spezialkleber einsetzen.

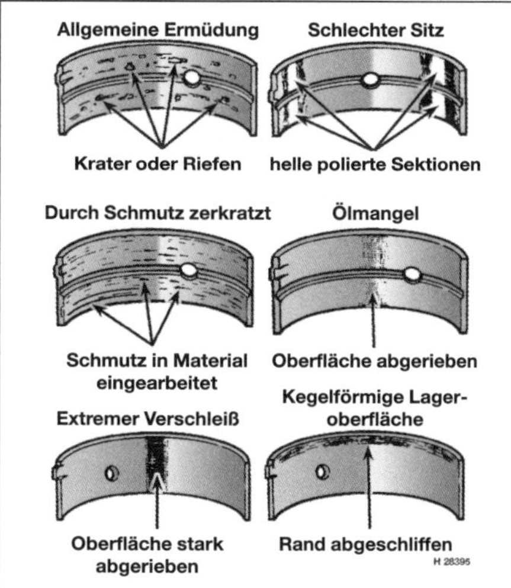

5.17 Typische Lager-Schäden

5.18 Diese Kugeln haben deutliche Abdrücke – das Lager ist defekt.

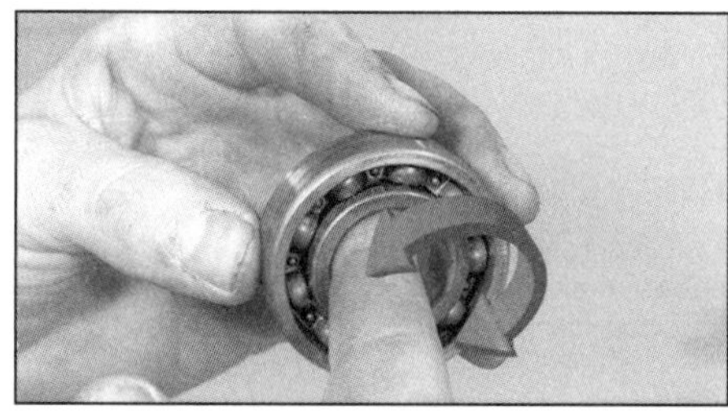

5.19 Halten Sie den äußeren Ring, und drehen Sie den inneren Ring dicht am Ohr.

- Gleitlagerschalen können durch Ölmangel, Korrosion oder Fremdteilchen im Öl beschädigt werden (siehe Abbildung 5.17). Kleine Teilchen werden in die Lageroberfläche eingearbeitet, während große Teile die Schale und die Welle zerkratzen. Wird das Motorrad viel auf Kurzstrecken eingesetzt, kann sich der Motor nur ungenügend erwärmen, und dadurch entstehendes Kondenswasser sorgt für mangelnde Schmierung und kann das Lager korrodieren lassen.
- Kugel- und Rollenlager können durch Überhitzung (bei Ölmangel) und eindringenden Schmutz zerstört werden, Kegelrollenlager drücken sich bei zu hoher Last ein. Wälzlager unterliegen auch bei vorschriftsmäßiger Benutzung einem gewissen Verschleiß. Wenn ein Wälzlager nicht auf beiden Seiten abgedichtet ist, kann es in Petroleum von alten Fettresten befreit und anschließend getrocknet werden, sodass bei einer Sichtinspektion schadhafte Kugeln, Käfige und Laufflächen entdeckt werden können (siehe Abbildung 5.18).
- Ein Kugellager kann auf Verschleiß kontrolliert werden, wenn man sich seinen Rundlauf genau anhört. Geben Sie dünnes Öl in das Lager, und drehen Sie den Innenring dicht am Ohr (siehe Abbildung 5.19). Es sollten keine Laufgeräusche festzustellen sein. Wenn es hakt oder rau läuft, ist es verschlissen.

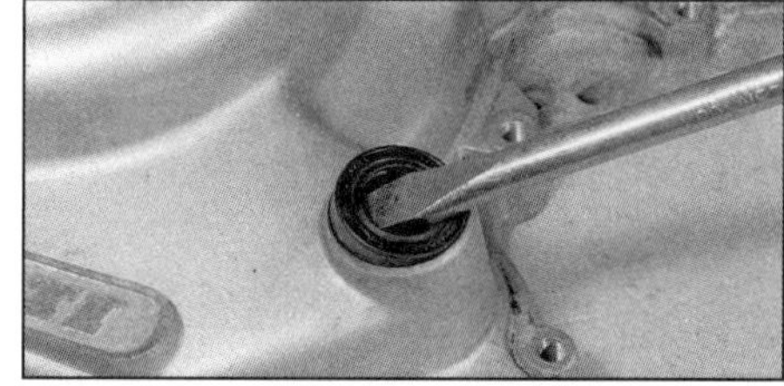

6.1 Dichtringe werden beim Aushebeln zerstört – verwenden Sie sie niemals wieder!

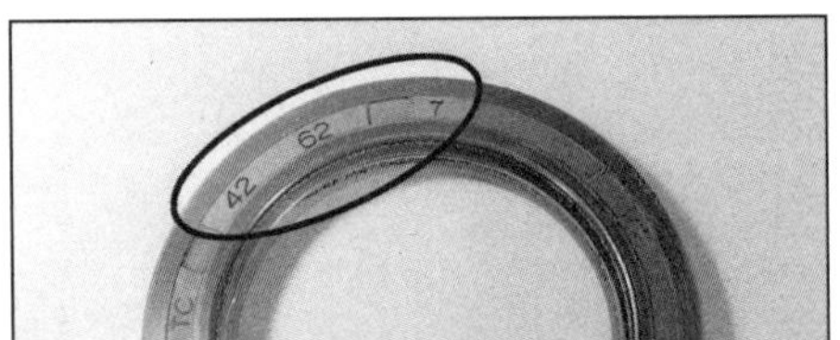

6.2 Diese Dichtring-Markierungen geben die Innengröße, die Außengröße und die Breite an.

6 Dichtringe

Aus- und Einbau

- Wellen-Dichtringe (auch »Simmerringe« genannt) sollten bei jeder Demontage der entsprechenden Baugruppe erneuert werden, da die Dichtlippen mit der Zeit verschleißen und das Material altert.
- Dichtringe können mit einem großen Schlitzschraubendreher aus ihrem Sitz gehebelt werden (siehe Abbildung 6.1). Achten Sie beim Ausbau darauf, dass der Dichtring nicht durch Seegerringe oder Draht gesichert ist.
- Neue Dichtringe werden normalerweise mit den markierten Seiten nach außen und der Federseite gegen die Flüssigkeit eingebaut. Sonderformen dichten z.B. Kurbelgehäuse von Zweitaktmotoren in beide Richtungen ab.
- Mit einem nur außen am Ring anliegenden Lagertreiber oder Steckschlüssel wird der neue Dichtring senkrecht an seinen Platz getrieben – Schläge auf die Dichtfläche zerstören den Ring.

Dichtringtypen und Markierungen

- Dichtringe sind normalerweise mit einfachen Dichtlippen ausgerüstet. Doppeldichtungen werden verwendet, wenn beidseitig Flüssigkeit oder Gas gegeneinander abgedichtet werden müssen.
- Dichtringe härten nach langer Zeit aus. Wenn das Motorrad lange gestanden hat, hilft nur ein Auswechseln aller Dichtringe.
- Dichtringe sind meistens Normteile. Doch außer den angegebenen Maßen (siehe Abbildung 6.2) sind sie aus für ihre Einsatzzwecke entsprechendem Material konstruiert.

7 Dichtungen und Dichtmasse

Dichtungs- und Dichtmassentypen

- Um das Austreten von Flüssigkeiten und Überdruck zu verhindern, werden Komponenten gegeneinander abgedichtet. Aluminium- oder Kupferdichtungen findet man häufig an Zylinderköpfen, die meisten Dichtungen sind aus Papier. Wenn die Dichtflächen der Gehäuse nicht beschädigt sind, können die Dichtungen trocken angesetzt werden, mit etwas Fett oder Dichtmasse können sie eventuell für die Montage in Position gehalten werden.
- Mit Silikondichtmasse können kleine Löcher oder Unregelmäßigkeiten ausgeglichen werden. Durch Zusammenziehen der Gehäuseteile wird Silikon zur Seite herausgepresst. Man kann zwar damit Papierdichtungen ersetzen, doch muss zuvor kontrolliert werden, ob die Dicke des Papiers nicht für bestimmte Bauteile wichtig ist. Silikon sollte nicht bei hohen Temperaturen oder Benzinberührung eingesetzt werden.
- Dauerelastische, anhärtende oder aushärtende Dichtmasse kann zusammen mit Dichtungen oder direkt zwischen Metall-Dichtflächen eingesetzt werden. Für bestimmte Zwecke werden bestimmte Dichtmassen benötigt: Dauerelastische Dichtmasse kann an fast allen Verbindungen eingesetzt werden, anhärtende Masse an rauen oder beschädigten Dichtungen, und aushärtende Dichtmasse wird an immer bestehenden Verbindungen oder bei hohen Temperaturen und hohem Druck verwendet.

Anmerkung: *Kontrollieren Sie zunächst, ob die verwendeten Papierdichtungen mit Dichtmasse imprägniert sind, bevor Sie zusätzliche Dichtmasse auftragen.*

- Überprüfen Sie, ob die ausgewählte Dichtmasse den Ansprüchen der Dichtung genügt, d.h. hohe Temperaturen oder Benzin aushalten. Einige Anbieter verkaufen Dichtmassen in verschiedenen Farben, sodass man für seinen Motor die unauffälligste aussuchen sollte.
- Geben Sie nicht zu viel Dichtmasse auf die Flächen, da sie sich nicht nur nach außen, wo sie abgewischt werden kann, sondern auch nach innen drücken kann, wo abgefallenes Material im Extremfall Ölkanäle verstopfen kann.

7.1 Wenn Hebellaschen vorhanden sind, kann hier vorsichtig mit einem Schraubendreher auseinander gehebelt werden.

7.2 Klopfen Sie mit einem weichen Hammer die Dichtungs-Umgebung ab – zerstören Sie keine Kühlrippen.

Viele Bauteile werden mit einer oder zwei Passhülsen zwischen den Dichtflächen zusammengefügt. Wenn eine Passhülse sich nicht entfernen lässt, darf sie nicht mit Zangen gegriffen werden, da sie dabei verbogen und zerstört wird. Legen Sie zur Stabilisierung eine eng sitzende Steckschlüsselnuss oder einen passenden Kreuzschlitzschraubendreher hinein, und greifen Sie die Hülse dann mit der Zange.

Öffnen einer Dichtverbindung

- Alter, Hitze, Druck und die Verwendung aushärtender Dichtmasse können dafür sorgen, dass zwei zusammenhängende Bauteile alleine mit Fingerkraft kaum wieder auseinander zu bekommen sind. Doch dürfen keine Hebel

7.3 Dichtungsreste können mit einem Dichtungsschaber, . . .

7.4 . . . einer Messerklinge . . .

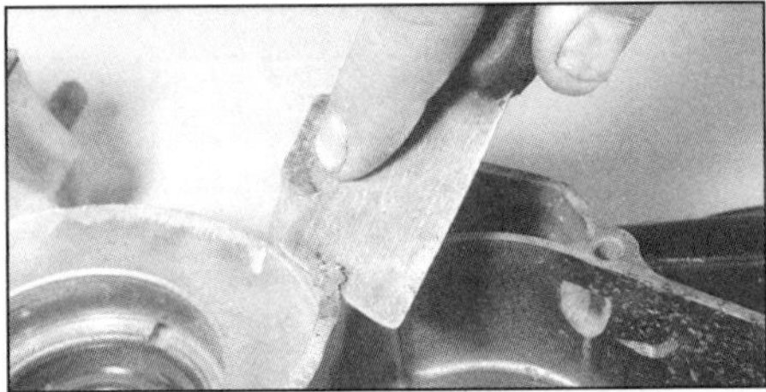

7.5 . . . oder einem Spachtel entfernt werden.

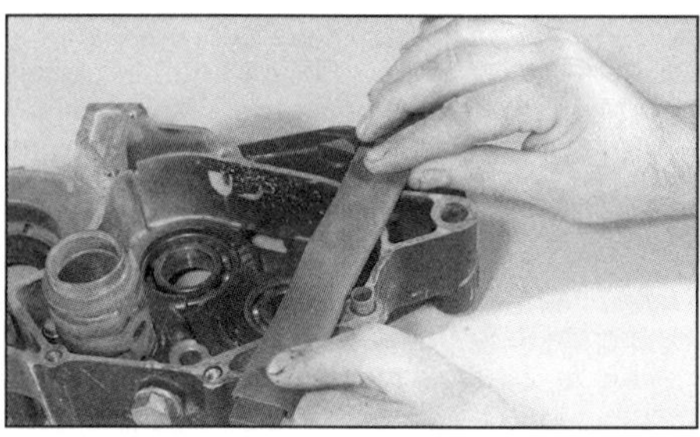

7.6 Mit um eine Flachfeile gewickeltem feinen Schleifpapier wird die Dichtfläche gereinigt.

benutzt werden, wenn hierfür keine Hebelstellen vorgesehen sind (siehe Abbildung 7.1), da sonst die Dichtflächen beschädigt werden.

- Mithilfe eines Gummi- oder Kunststoffhammers (siehe Abbildung 7.2) oder aber eines Stahlhammers mit Holzstück wird in der Nähe der Dichtflächen gegen die Bauteile geklopft. Schlagen Sie nicht gegen filigrane Gussteile wie Kühlrippen, da sie abbrechen können. Zeigt diese Methode Erfolg, können die Gehäusehälften mit einem dazwischen geschobenen Holzstück auseinandergedrückt werden.

Achtung: Wenn die Verbindung sich gar nicht lösen lässt, kontrollieren Sie, ob wirklich alle Schrauben gelöst sind.

Entfernen alter Dichtungen

- Papierdichtungen lassen sich zumeist relativ rückstandsfrei entfernen. Übrig gebliebene Reste müssen vor dem Auflegen einer neuen Dichtung gründlich entfernt werden.
- Kratzen Sie alle Dichtungsreste sorgfältig und vorsichtig ab, hobeln Sie dabei kein Aluminium ab, und kerben Sie es nicht ein (siehe Abbildungen 7.3, 7.4 und 7.5). Hartnäckige Rückstände können mit Dichtungsentferner aus der Sprühdose entfernt werden. Zum Schluss der Reinigung müssen die Dichtflächen mit sehr feinem Schleifpapier (siehe Abbildung 7.6) oder einem Topfschwamm gereinigt werden.
- Alte Dichtmasse kann je nach Typ abgekratzt oder abgepult werden. Beachten Sie, dass es chemische Dichtungsentferner gibt, die die Arbeit erleichtern, doch müssen sie für die vorhandene Dichtungsmasse ausgelegt sein.

8 Schläuche

Abklemmen zur Durchflussunterbrechung

- Dünne flexible Schläuche können abgeklemmt werden, damit man an bestimmten Bauteilen arbeiten kann. Welche Methode auch immer gewählt wird, das Schlauch-Material darf nicht dauerhaft verbogen oder durch die Klemme beschädigt werden.
  - *a) Im Autozubehör-Handel erhältliche Bremsleitungs-Klemmen (siehe Abbildung 8.1)*
  - *b) Eine Flügelmutter-Klemme (siehe Abbildung 8.2)*
  - *c) Eine mit Röhrchen oder Steckschlüssel-Nüssen bestückte Gripzange (siehe Abbildung 8.3)*
  - *d) Stabile Pappe wird zwischen die Backen einer Gripzange gelegt (siehe Abbildung 8.4)*

Lösen und Aufschieben von Schläuchen

- Gehen Sie sicher, dass alle Klemmen und Schellen entfernt sind. Greifen Sie den Schlauch und ziehen Sie ihn drehend vom Stutzen. Wenn der Schlauch im Laufe der Zeit ausgehärtet ist und sich nicht bewegt, schlitzen Sie ihn am Stutzen mit einem scharfen Messer längs auf und ziehen Sie ihn dann ab. (siehe Abbildung 8.5).
- Widerstehen Sie der Versuchung, zur Erleichterung der Schlauch-Montage die Anschlüsse mit Fett oder Seife einzuschmieren; es hilft zwar, doch kann dann am Stutzen auch Flüssigkeit leichter austreten. Es wird empfohlen, das Schlauchende ggf. in heißem Wasser oder anderen Flüssigkeiten zu erwärmen und damit geschmeidig zu machen.

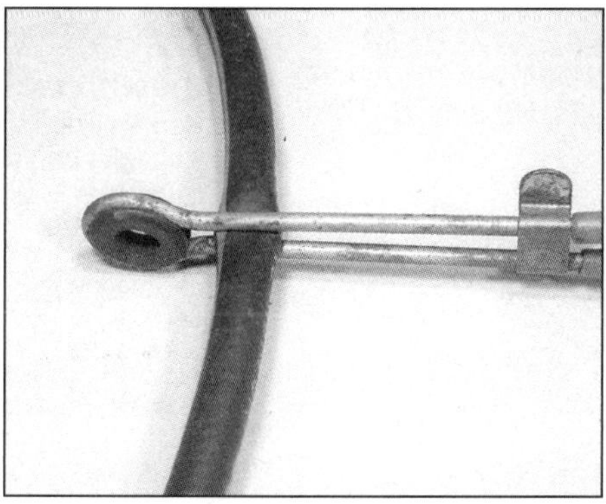

8.1 Schläuche können mit einer Bremsleitungs-Klemme, . . .

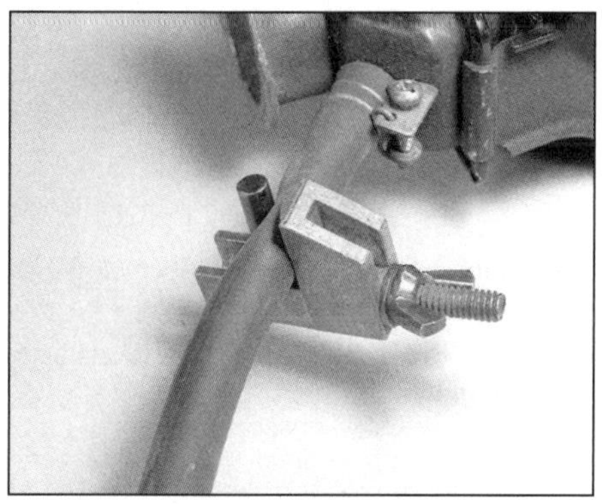

8.2 . . . einer Flügelmutter-Klemme, . . .

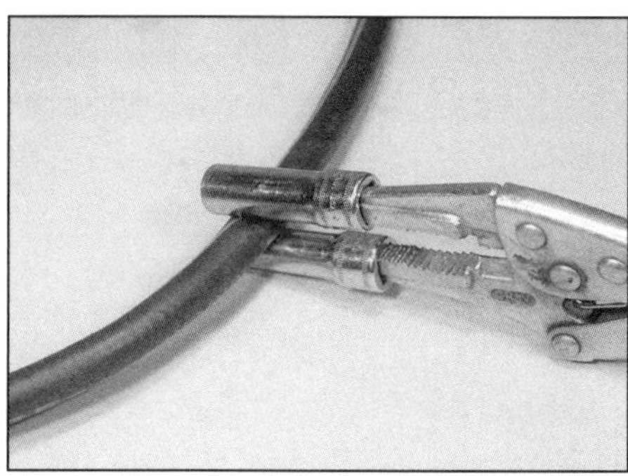

8.3 . . . auf einer Gripzange steckende Nüssen . . .

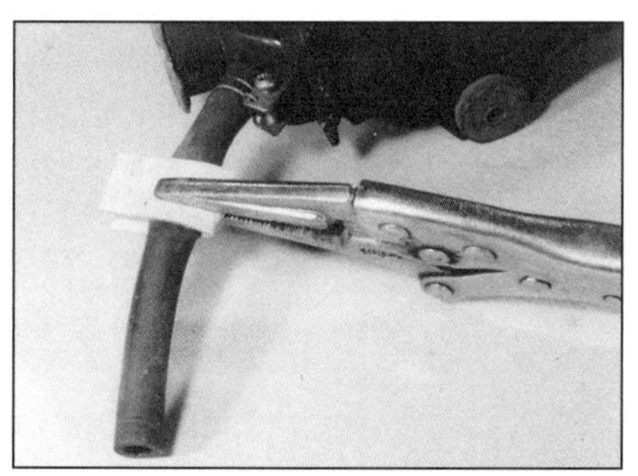

8.4 ...oder unterlegter Pappe abgeklemmt werden.

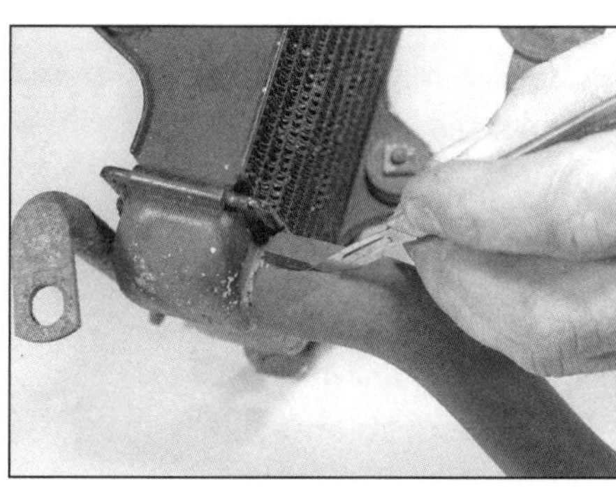

8.5 Schneiden Sie einen harten Schlauch mit dem Messer auf, um ihn abzuziehen.

Fehlersuche

Einleitung

Fahrzeugbesitzer, die alle Wartungsarbeiten entsprechend der Vorgaben erledigen, müssen in diese Sektion nicht allzu oft hineinschauen. Vorausgesetzt, dass Verschleiß und Alterung regelmäßig überprüft und entsprechende Teile erneuert werden, muss dank der Zuverlässigkeit moderner Komponenten heute kaum noch mit plötzlichen Ausfällen gerechnet werden; allerdings steigt die Wahrscheinlichkeit mit zunehmendem Alter und hoher Laufleistung immer mehr an. Störungen entstehen üblicherweise nicht als Ergebnis eines plötzlichen Ausfalls, sondern entwickeln sich mit der Zeit. Gerade größeren technischen Defekten gehen oft charakteristische Symptome über Hunderte oder gar Tausende von Kilometern voraus. Bauteile, die gelegentlich ohne Vorwarnung ausfallen, sind oft klein und können leicht repariert oder ausgetauscht werden.

Bei jeder Fehlersuche liegt der erste Schritt in der Entscheidung, wo mit der Untersuchung begonnen werden soll. Manchmal ist dies offensichtlich, doch hin und wieder ist auch etwas Detektivarbeit nötig. Besitzer, die ein halbes Dutzend planlose Einstellungen vornehmen oder willkürlich Teile tauschen, mögen beim Behandeln von Ausfällen (oder deren Symptomen) erfolgreich sein, sind aber nicht klüger, wenn der Defekt zurückkehrt; zudem haben sie am Ende mehr Geld und Zeit als nötig investiert. Eine ruhige und logische Herangehensweise ist langfristig gesehen deutlich zufriedenstellender. Stets müssen Warnsignale und Abnormalitäten aller Art berücksichtigt werden, die in der Zeit vor dem Ausfall bemerkt wurden: Leistungsmangel, hohe oder niedrige Anzeigewerte, ungewöhnliche Gerüche usw. Zudem muss bedacht werden, dass Ausfälle von Bauteilen wie Sicherungen oder Zündkerzen zumeist nur Hinweise auf tatsächliche Defekte sind.

Die folgenden Seiten stellen einen einfachen Leitfaden zu den üblichen Problemen dar, die im normalen Fahrbetrieb auftreten können. Diese Probleme und ihre möglichen Ursachen sind nach den verschiedenen Komponenten oder Systemen (Motor, Kühlung usw.) geordnet. Das Kapitel, in dem das Problem behandelt wird, ist in Klammern angegeben. Wo auch immer der Defekt liegt – es gelten stets gewisse Grundprinzipien:

Überprüfen Sie den Defekt. Hier geht es einfach darum, vor Arbeitsbeginn die Symptome mit Sicherheit zu erkennen. Dies ist besonders wichtig, falls man einen Fehler für jemand anderes finden muss, der das Problem vielleicht nicht exakt beschreiben konnte.

Übersehen Sie nicht das Wesentliche. Lässt sich das Fahrzeug beispielsweise nicht starten, sollte auch überprüft werden, ob Kraftstoff im Tank ist (Vertrauen Sie gerade hierbei nie den Worten anderer oder der Tankanzeige). Falls ein Elektrik-Ausfall festgestellt wird, muss zuerst auf getrennte Stecker oder lockere Kabel geachtet werden, bevor die Prüfausrüstung ausgepackt wird.

Heilen Sie das Leiden, nicht die Symptome. Eine entladene Batterie durch eine vollständig geladene zu ersetzen, kann einen zunächst einmal wieder nach Hause bringen, doch wenn die zugrunde liegende Ursache nicht behandelt wird, ist die neue Batterie auch bald wieder leer. Genauso macht der Austausch einer verölten Zündkerze durch ein Neuteil den Roller erst einmal wieder mobil, doch auch der Grund für diese Verschmutzung (solange es nicht ein falscher Wärmewert war) muss rasch gefunden und behoben werden.

Nehmen Sie nichts als gegeben hin. Vergessen Sie vor allem niemals, dass auch eine »neue« Komponente defekt sein kann (besonders, wenn sie schon monatelang im Staufach durchgeschüttelt wurde). Schließen Sie auch keine Komponenten bei der Fehlerdiagnose aus, nur weil sie neu sind oder erst kürzlich installiert wurden. Wenn schließlich ein schwieriger Defekt diagnostiziert wurde, wird man möglicherweise feststellen, dass alle Beweise von Anfang an darauf hingewiesen haben.

Motor lässt sich nur schwierig oder gar nicht starten

- ☐ Anlasser dreht nicht
- ☐ Anlasser dreht, aber Motor dreht nicht mit (nicht bei Modellen mit RISS)
- ☐ Anlasser will drehen, aber Motor blockiert (nicht bei Modellen mit RISS)
- ☐ Benzinzufuhr unterbrochen
- ☐ Motor »abgesoffen«
- ☐ Zündfunke schwach oder nicht vorhanden
- ☐ Kompression niedrig
- ☐ Motor springt kurz an und geht wieder aus
- ☐ Standgas ungleichmäßig

Motor läuft schlecht bei niedrigen Drehzahlen

- ☐ Zündfunke schwach
- ☐ Kraftstoff/Luft-Gemisch inkorrekt
- ☐ Kompression niedrig
- ☐ Beschleunigung schwach

Schlechter Motorlauf oder geringe Leistung bei hohen Drehzahlen

- ☐ Zündzeitpunkt falsch
- ☐ Kraftstoff/Luft-Gemisch inkorrekt
- ☐ Kompression niedrig
- ☐ Klopfen oder Klingeln
- ☐ Verschiedene Gründe

Überhitzung

- ☐ Luftgekühlte Motoren
- ☐ Wassergekühlte Motoren
- ☐ Zündzeitpunkt inkorrekt
- ☐ Kraftstoff/Luft-Gemisch inkorrekt
- ☐ Kompression zu hoch
- ☐ Motorlast zu hoch
- ☐ Motorschmierung unzureichend

Antriebsprobleme

- ☐ Keine Kraftübertragung zum Hinterrad
- ☐ Geräusche oder Vibrationen aus dem Antriebsstrang
- ☐ Mangelhafte Leistung
- ☐ Kupplung trennt nicht vollständig

Ungewöhnliche Motorgeräusche

- ☐ Klopfen oder Klingeln
- ☐ Kolbenkippen oder Klappern
- ☐ Andere Geräusche

Ungewöhnliche Fahrwerkgeräusche

- ☐ Geräusche von vorn
- ☐ Geräusche von hinten
- ☐ Geräusche beim Bremsen

Auspuff-Rauch

- ☐ Weißer oder hellblauer Rauch
- ☐ Schwarzer Rauch (fettes Gemisch)
- ☐ Brauner Rauch (mageres Gemisch)

Schlechtes Fahrverhalten, Instabilität

- ☐ Lenkung schwergängig
- ☐ Lenkerflattern oder starke Vibrationen
- ☐ Lenker zieht zu einer Seite
- ☐ Schlecht dämpfende Federelemente

Bremsenprobleme – Scheibenbremse

- ☐ Geringe Bremswirkung
- ☐ Pulsierender Bremshebel
- ☐ Bremse schleift

Bremsenprobleme – Trommelbremse

- ☐ Geringe Bremswirkung
- ☐ Pulsierender Bremshebel
- ☐ Bremse schleift

Elektrikprobleme

- ☐ Batterie tot oder schwach
- ☐ Batterie überladen (überhitzt)

Motor lässt sich nur schwierig oder gar nicht starten

Anlasser dreht nicht

☐ Sicherung durchgebrannt – Sicherung und Anlasser-Stromkreis kontrollieren (Kapitel 10)
☐ Batteriespannung niedrig – Batterie kontrollieren und laden (Kapitel 10)
☐ Anlasser defekt – Stromversorgung zum Anlasser prüfen; wenn beim Drücken des Startknopfs Klickgeräusch aus dem Anlasserrelais zu hören sind, liegt der Fehler im Anlasser oder seiner Stromversorgung (Kapitel 10).
☐ Anlasserrelais defekt – prüfen (Kapitel 10)
☐ RISS defekt (nur GTS 125/150 ab 2016) – prüfen (Kapitel 10)
☐ Startknopf defekt; Kontakte können feucht, korrodiert oder verschmutzt sein – zerlegen und reinigen (Kapitel 10)
☐ Stromkreis unterbrochen oder Kurzschluss – alle Anschlüsse und Kabel prüfen, um sicherzugehen, dass sie trocken, fest verbunden und nicht korrodiert sind; auch gebrochene oder abisolierte Kabel können Kurzschlüsse verursachen.
☐ Zündschloss defekt – kontrollieren und nötigenfalls austauschen (Kapitel 10)
☐ Sicherheits-Stromkreis defekt – Bremslichtschalter/Anlasser-Unterbrechungsschalter, Seitenständerschalter (falls vorhanden) und Verkabelung prüfen (Kapitel 10)

Anlasser dreht, aber Motor dreht nicht mit (nicht bei Modellen mit RISS)

☐ Anlasserfreilauf defekt – kontrollieren und reparieren oder Anlasser ersetzen (Kapitel 10)
☐ Anlasserverzahnung defekt – kontrollieren und schadhafte Teile ersetzen (Kapitel 10)

Anlasser will drehen, aber Motor blockiert (nicht bei Modellen mit RISS)

☐ Motor aufgrund von starkem Verschleiß, internen Schäden oder Schmierungsmangel festgegangen – Ursachen: Kolbenfresser, Lagerschaden, gerissene oder übergesprungene Steuerkette oder Ölpumpenkette usw.

Benzinzufuhr unterbrochen

☐ Tank leer
☐ Tankbelüftung im Deckel verstopft – reinigen und ausblasen oder ersetzen
☐ Benzinschlauch undicht – Zustand und Verlegung des Schlauchs kontrollieren und ggf. ersetzen (Kapitel 1)
☐ Benzinpumpen-Stromkreis unterbrochen – alle Komponenten des Stromkreises kontrollieren (Kapitel 5)
☐ Benzinpumpe ausgefallen – Probleme können sein: defekter Pumpenmotor oder Druckregler, Filter oder Ansaugsieb verstopft; in allen Fällen hilft nur der Austausch der Pumpe (Kapitel 5)
☐ Einspritzanlage defekt (Kapitel 5)

Motor »abgesoffen«

☐ Einspritzdüse kann offen klemmen, Systemdruck zu hoch – zuerst Einspritzdüse dann Kraftstoffdruck kontrollieren (Kapitel 5)
☐ Falsche Start-Technik – Motor sollte sich bei jeder Temperatur stets ohne Gasgeben starten lassen.

Zündfunke schwach oder nicht vorhanden

☐ Batteriespannung niedrig – kontrollieren und ggf. laden (Kapitel 10)
☐ Zündkerze verschmutzt, defekt oder verschlissen – reinigen oder ersetzen (Kapitel 1)
☐ Zündkerzenstecker oder Zündkabel defekt – kontrollieren (Kapitel 6)
☐ Zündkerzenstecker hat schlechten Kontakt – festen Sitz auf Zündkerze prüfen
☐ Motorsteuergerät defekt – kontrollieren lassen (Kapitel 5)
☐ Zündgeberspule defekt – kontrollieren (Kapitel 6)
☐ Zündspule defekt – kontrollieren (Kapitel 6)
☐ Zündungs-Stromkreis unterbrochen oder Kurzschluss – alle Anschlüsse und Kabel prüfen, um sicherzugehen, dass sie trocken, fest verbunden und nicht korrodiert sind; auch gebrochene oder abisolierte Kabel können Kurzschlüsse verursachen.

Kompression niedrig

Anmerkung: *Beachten Sie für Defekte am Motor das jeweilige Kapitel für Ihren Motor: Kapitel 2A für luftgekühlte 2V-Motoren; Kapitel 2B für luftgekühlte 3V-Motoren; Kapitel 2C für wassergekühlte 4V-Motoren; Kapitel 2D für wassergekühlte 4V-Motoren mit RISS.*

☐ Zündkerze locker (Kapitel 1)
☐ Zylinderkopf nicht fest genug angezogen. Hierbei wird auf Dauer die Zylinderkopfdichtung beschädigt – kontrollieren und ggf. ersetzen, Zylinderkopf-Muttern/Schrauben mit korrekten Drehmomenten anziehen
☐ Zylinder und/oder Kolben (einschließlich Kolbenringen) verschlissen. Hoher Verschleiß lässt Kompressionsdruck an den Kolbenringen vorbeiströmen – Zylinder aufbohren oder ersetzen, Kolben und Ringe ersetzen.
☐ Kolbenringe verschlissen, ermüdet, gebrochen oder verklemmt – gebrochene oder klemmende Ringe sind üblicherweise durch hohen Benzin- und Ölverbrauch sowie Ölkohleablagerungen im Brennraum und starke Rauchentwicklung erkennbar. Zylinder und Kolben samt Ringen kontrollieren.
☐ Kolbenringe haben zu viel Spiel in ihren Nuten – Kolben ausgeschlagen und muss ersetzt werden
☐ Zylinderkopfdichtung beschädigt – durch locker sitzendem Zylinderkopf oder starken Ölkohleablagerungen im Brennraum (höhere Verdichtung und Klopfen/Klingeln). Zylinderkopf-Muttern/Schrauben mit korrekten Drehmomenten anziehen kann helfen, ansonsten Dichtung ersetzen.
☐ Zylinderkopf durch Überhitzung oder falsch angezogene Zylinderkopf-Muttern/Schrauben verzogen – Dichtfläche planen lassen oder Zylinderkopf ersetzen.
☐ Ventilspiel inkorrekt (zu geringes Spiel kann das vollständige Schließen des Ventils verhindern) – Einstellen (Kapitel 1)
☐ Ventil sitzt nicht richtig. Ventil kann verbogen (Motor überdreht oder Ventilspiel falsch), verbrannt (schlechte Verbrennung) oder mit Ölkohleablagerungen versetzt sein (schlechte Verbrennung oder Ölverbrennung) – reinigen oder ersetzen und Ventilsitze läppen oder schleifen.
☐ Ventilfeder ermüdet oder gebrochen – ersetzen

Motor springt kurz an und geht wieder aus

☐ Zündungsprobleme (Kapitel 6)
☐ Einspritzanlage defekt (Kapitel 5)
☐ Benzin verunreinigt (Ablagerungen oder Wasser, chemische Veränderung durch langes Lagern im Tank) – Tank entleeren (Kapitel 5).
☐ Motor zieht Nebenluft – Kontrolle auf lockere Verbindungen im Einlasstrakt (Kapitel 5)

Standgas ungleichmäßig

☐ Zündungsprobleme (Kapitel 6)
☐ Standgasdrehzahl inkorrekt (Kapitel 1)
☐ Einspritzanlage defekt (Kapitel 5)
☐ Benzin verunreinigt (Ablagerungen oder Wasser, chemische Veränderung durch langes Lagern im Tank) – Tank entleeren (Kapitel 5).
☐ Motor zieht Nebenluft – Kontrolle auf lockere Verbindungen im Einlasstrakt (Kapitel 5)
☐ Luftfilter verstopft – reinigen oder erneuern (Kapitel 1)

Motor läuft schlecht bei niedrigen Drehzahlen

Zündfunke schwach

- ☐ Batteriespannung niedrig – kontrollieren und ggf. laden (Kapitel 10)
- ☐ Zündkerze verschmutzt, defekt oder verschlissen – reinigen oder ersetzen (Kapitel 1)
- ☐ Zündkerzenstecker oder Zündkabel defekt – kontrollieren (Kapitel 6)
- ☐ Zündkerzenstecker hat schlechten Kontakt – festen Sitz auf Zündkerze prüfen
- ☐ Motorsteuergerät defekt – kontrollieren lassen (Kapitel 5)
- ☐ Zündgeberspule defekt – kontrollieren (Kapitel 6)
- ☐ Zündspule defekt – kontrollieren (Kapitel 6)
- ☐ Zündkerze mit falschem Wärmewert – kontrollieren und ggf. ersetzen (Kapitel 1)

Kraftstoff/Luft-Gemisch inkorrekt

- ☐ Einspritzdüse verstopft oder Steuerung defekt (Kapitel 5)
- ☐ Luftfilterelement verstopft, schlecht abgedichtet oder nicht vorhanden (Kapitel 1)
- ☐ Luftfiltergehäuse schlecht abgedichtet – auf Risse, Löcher und lockere Schellen kontrollieren, reparieren oder ersetzen (Kapitel 5).
- ☐ Motor zieht Nebenluft – auf lockere Verbindungen zwischen Drosselklappengehäuse und Einlassstutzen oder beschädigte Dichtung kontrollieren (Kapitel 5).
- ☐ Tankbelüftung im Deckel verstopft – reinigen und ausblasen oder ersetzen

Kompression niedrig

Anmerkung: *Beachten Sie für Defekte am Motor das jeweilige Kapitel für Ihren Motor: Kapitel 2A für luftgekühlte 2V-Motoren; Kapitel 2B für luftgekühlte 3V-Motoren; Kapitel 2C für wassergekühlte 4V-Motoren; Kapitel 2D für wassergekühlte 4V-Motoren mit RISS.*

- ☐ Zündkerze locker (Kapitel 1)
- ☐ Zylinderkopf nicht fest genug angezogen. Hierbei wird auf Dauer die Zylinderkopfdichtung beschädigt – kontrollieren und ggf. ersetzen, Zylinderkopf-Muttern/Schrauben mit korrekten Drehmomenten anziehen
- ☐ Zylinder und/oder Kolben (einschließlich Kolbenringen) verschlissen. Hoher Verschleiß lässt Kompressionsdruck an den Kolbenringen vorbeiströmen – Zylinder aufbohren oder ersetzen, Kolben und Ringe ersetzen.
- ☐ Kolbenringe verschlissen, ermüdet, gebrochen oder verklemmt – gebrochene oder klemmende Ringe sind üblicherweise durch hohen Benzin- und Ölverbrauch sowie Ölkohleablagerungen im Brennraum und starke Rauchentwicklung erkennbar. Zylinder und Kolben samt Ringen kontrollieren.
- ☐ Kolbenringe haben zu viel Spiel in ihren Nuten – Kolben ausgeschlagen und muss ersetzt werden
- ☐ Zylinderkopfdichtung beschädigt – durch locker sitzendem Zylinderkopf oder starken Ölkohleablagerungen im Brennraum (höhere Verdichtung und Klopfen/Klingeln). Zylinderkopf-Muttern/Schrauben mit korrekten Drehmomenten anziehen kann helfen, ansonsten Dichtung ersetzen.
- ☐ Zylinderkopf durch Überhitzung oder falsch angezogene Zylinderkopf-Muttern/Schrauben verzogen – Dichtfläche planen lassen oder Zylinderkopf ersetzen.
- ☐ Ventilspiel inkorrekt (zu geringes Spiel kann das vollständige Schließen des Ventils verhindern) – Einstellen (Kapitel 1)
- ☐ Ventil sitzt nicht richtig. Ventil kann verbogen (Motor überdreht oder Ventilspiel falsch), verbrannt (schlechte Verbrennung) oder mit Ölkohleablagerungen versetzt sein (schlechte Verbrennung oder Ölverbrennung) – reinigen oder ersetzen und Ventilsitze läppen oder schleifen.
- ☐ Ventilfeder ermüdet oder gebrochen – ersetzen

Beschleunigung schwach

- ☐ Einspritzanlage defekt (Kapitel 5)
- ☐ Zündverstellung arbeitet nicht – Zündgeberspule oder Motorsteuergerät defekt (Kapitel 6)
- ☐ Bremse schleift – Scheibenbremse: klemmender Bremssattel-Kolben, verzogene Bremsscheibe, verbogene Radachse; Trommelbremse: Bowdenzug falsch eingestellt oder verklemmt, Bremsbacken-Feder ermüdet oder gebrochen (Kapitel 8).
- ☐ Kupplung schleift, Antriebsriemen verschlissen, Variator defekt (Kapitel 3)

Schlechter Motorlauf oder geringe Leistung bei hohen Drehzahlen

Zündzeitpunkt falsch

☐ Luftfilter verstopft – reinigen oder ersetzen (Kapitel 1)
☐ Zündkerze verschmutzt, defekt oder verschlissen – reinigen oder ersetzen (Kapitel 1)
☐ Zündkerzenstecker oder Zündkabel defekt – kontrollieren (Kapitel 6)
☐ Zündkerzenstecker hat schlechten Kontakt – festen Sitz auf Zündkerze prüfen
☐ Motorsteuergerät defekt – kontrollieren lassen (Kapitel 5)
☐ Zündgeberspule defekt – kontrollieren (Kapitel 6)
☐ Zündspule defekt – kontrollieren (Kapitel 6)
☐ Zündkerze mit falschem Wärmewert – kontrollieren und ggf. ersetzen (Kapitel 1)

Kraftstoff/Luft-Gemisch inkorrekt

☐ Einspritzdüse verstopft oder Steuerung defekt (Kapitel 5)
☐ Luftfilterelement verstopft, schlecht abgedichtet oder nicht vorhanden (Kapitel 1)
☐ Luftfiltergehäuse schlecht abgedichtet – auf Risse, Löcher und lockere Schellen kontrollieren, reparieren oder ersetzen (Kapitel 5).
☐ Motor zieht Nebenluft – auf lockere Verbindungen zwischen Drosselklappengehäuse und Einlassstutzen oder beschädigte Dichtung kontrollieren (Kapitel 5).
☐ Tankbelüftung im Deckel verstopft – reinigen und ausblasen oder ersetzen

Kompression niedrig

Anmerkung: *Beachten Sie für Defekte am Motor das jeweilige Kapitel für Ihren Motor: Kapitel 2A für luftgekühlte 2V-Motoren; Kapitel 2B für luftgekühlte 3V-Motoren; Kapitel 2C für wassergekühlte 4V-Motoren; Kapitel 2D für wassergekühlte 4V-Motoren mit RISS.*

☐ Zündkerze locker (Kapitel 1)
☐ Zylinderkopf nicht fest genug angezogen. Hierbei wird auf Dauer die Zylinderkopfdichtung beschädigt – kontrollieren und ggf. ersetzen, Zylinderkopf-Muttern/Schrauben mit korrekten Drehmomenten anziehen
☐ Zylinder und/oder Kolben (einschließlich Kolbenringen) verschlissen. Hoher Verschleiß lässt Kompressionsdruck an den Kolbenringen vorbeiströmen – Zylinder aufbohren oder ersetzen, Kolben und Ringe ersetzen.
☐ Kolbenringe verschlissen, ermüdet, gebrochen oder verklemmt – gebrochene oder klemmende Ringe sind üblicherweise durch hohen Benzin- und Ölverbrauch sowie Ölkohleablagerungen im Brennraum und starke Rauchentwicklung erkennbar. Zylinder und Kolben samt Ringen kontrollieren und schadhafte Teile ersetzen.
☐ Kolbenringe haben zu viel Spiel in ihren Nuten – Kolben ausgeschlagen und muss ersetzt werden
☐ Zylinderkopfdichtung beschädigt – durch locker sitzendem Zylinderkopf oder starken Ölkohleablagerungen im Brennraum (höhere Verdichtung und Klopfen/Klingeln). Zylinderkopf-Muttern/Schrauben mit korrekten Drehmomenten anziehen kann helfen, ansonsten Dichtung ersetzen.
☐ Zylinderkopf durch Überhitzung oder falsch angezogene Zylinderkopf-Muttern/Schrauben verzogen – Dichtfläche planen lassen oder Zylinderkopf ersetzen.
☐ Ventilspiel inkorrekt (zu geringes Spiel kann das vollständige Schließen des Ventils verhindern) – Einstellen (Kapitel 1)
☐ Ventil sitzt nicht richtig. Ventil kann verbogen (Motor überdreht oder Ventilspiel falsch), verbrannt (schlechte Verbrennung) oder mit Ölkohleablagerungen versetzt sein (schlechte Verbrennung oder Ölverbrennung) – reinigen oder ersetzen und Ventilsitze läppen oder schleifen.
☐ Ventilfeder ermüdet oder gebrochen – ersetzen

Klopfen oder Klingeln

☐ Ölkohleablagerungen im Brennraum – eventuell mit Kraftstoff-Additiv zu beseitigen, ansonsten Zylinderkopf für mechanische Reinigung demontieren.
☐ Kraftstoff von schlechter Qualität (Kapitel 1) oder überlagert – Tank entleeren.
☐ Zündkerze mit falschem Wärmewert (Zündkerze wird zu heiß und führt zu Frühzündungen) – kontrollieren und ggf. ersetzen (Kapitel 1)
☐ Kraftstoff/Luft-Gemisch falsch (Motor wird zu heiß) – Einspritzanlage kontrollieren lassen, Nebenluft-Quellen schließen (Kapitel 5).

Verschiedene Gründe

☐ Drosselklappe öffnet nicht vollständig – Funktion des Gasgriffs prüfen, Gaszug auf Knicke oder falsche Verlegung prüfen, Gaszug-Spiel prüfen und einstellen (Kapitel 1).
☐ Kupplung schleift, Antriebsriemen verschlissen, Variator defekt (Kapitel 3)
☐ Zündverstellung arbeitet nicht – Zündgeberspule oder Motorsteuergerät defekt (Kapitel 6)
☐ Bremse schleift – Scheibenbremse: klemmender Bremssattel-Kolben, verzogene Bremsscheibe, verbogene Radachse; Trommelbremse: Bowdenzug falsch eingestellt oder verklemmt, Bremsbacken-Feder ermüdet oder gebrochen (Kapitel 8).

Überhitzung

Luftgekühlte Motoren

☐ Luftleitbleche gebrochen, falsch montiert oder nicht vorhanden – kontrollieren und ggf. ersetzen (Kapitel 2A oder 2B).
☐ Gebläserad-Schaufel(n) gebrochen – Gebläserad ersetzen (Kapitel 2A oder 2B).
☐ Lufteinlass verstopft (Kapitel 1)

Wassergekühlte Motoren

☐ Kühlmittelpegel niedrig – kontrollieren und ggf. Kühlmittel auffüllen (Tägliche Kontrollen)
☐ Thermostat klemmt geschlossen (Kapitel 4)
☐ Kühlmittelkanäle verstopft – Kühlsystem entleeren, spülen und auffüllen (Kapitel 4)
☐ Luftblasen im Kühlsystem – üblicherweise nach dem Entleeren und Auffüllen. Entlüftungsventil öffnen. Falls weniger als die vorgegebene Kühlmittel-Menge aufgefüllt werden konnte: System entleeren und langsam neu auffüllen; Fahrzeug zu beiden Seiten kippen, um Luftblasen aufsteigen zu lassen (Kapitel 4).
☐ Wasserpumpe defekt – kontrollieren (Kapitel 4)
☐ Kühlerlamellen verstopft – von der Rückseite her vorsichtig mit Druckluft ausblasen.

Zündzeitpunkt inkorrekt

☐ Luftfilter verstopft – reinigen oder ersetzen (Kapitel 1)
☐ Zündkerze verschmutzt, defekt oder verschlissen – reinigen oder ersetzen (Kapitel 1)
☐ Zündkerzenstecker oder Zündkabel defekt – kontrollieren (Kapitel 6)
☐ Zündkerzenstecker hat schlechten Kontakt – festen Sitz auf Zündkerze prüfen
☐ Motorsteuergerät defekt – kontrollieren lassen (Kapitel 5)
☐ Zündgeberspule defekt – kontrollieren (Kapitel 6)
☐ Zündspule defekt – kontrollieren (Kapitel 6)
☐ Zündkerze mit falschem Wärmewert – kontrollieren und ggf. ersetzen (Kapitel 1)

Kraftstoff/Luft-Gemisch inkorrekt

☐ Einspritzdüse verstopft oder Steuerung defekt (Kapitel 5)
☐ Luftfilterelement verstopft, schlecht abgedichtet oder nicht vorhanden (Kapitel 1)
☐ Luftfiltergehäuse schlecht abgedichtet – auf Risse, Löcher und lockere Schellen kontrollieren, reparieren oder ersetzen (Kapitel 5).
☐ Motor zieht Nebenluft – auf lockere Verbindungen zwischen Drosselklappengehäuse und Einlassstutzen oder beschädigte Dichtung kontrollieren (Kapitel 5).
☐ Tankbelüftung im Deckel verstopft – reinigen und ausblasen oder ersetzen

Kompression zu hoch

☐ Ölkohleablagerungen im Brennraum – eventuell mit Kraftstoff-Additiv zu beseitigen, ansonsten Zylinderkopf für mechanische Reinigung demontieren.
☐ Zylinderkopf zu stark geplant (wegen Verzug) oder falsche Zylinderfußdichtung.

Motorlast zu hoch

☐ Kupplung schleift, Antriebsriemen verschlissen, Variator defekt (Kapitel 3)
☐ Reifendruck zu niedrig – kontrollieren (Tägliche Kontrollen)
☐ Bremse schleift – Scheibenbremse: klemmender Bremssattel-Kolben, verzogene Bremsscheibe, verbogene Radachse; Trommelbremse: Bowdenzug falsch eingestellt oder verklemmt, Bremsbacken-Feder ermüdet oder gebrochen (Kapitel 8).

Motorschmierung unzureichend

☐ Motoröl-Pegel zu niedrig (Ölpumpe zieht gelegentlich Luft) – kontrollieren und ggf. Motoröl nachfüllen (Tägliche Kontrollen).
☐ Motoröl zu alt – wechseln (Kapitel 1)
☐ Motoröl mit falscher Viskosität oder vom falschen Typ (Kapitel 1)

Antriebsprobleme

Keine Kraftübertragung zum Hinterrad

☐ Antriebsriemen gerissen oder rutscht (Kapitel 3)
☐ Kupplung greift nicht richtig (Kapitel 3)
☐ Kupplung oder Trommel stark verschlissen (Kapitel 3)

Geräusche oder Vibrationen aus dem Antriebsstrang

☐ Lager verschlissen; auch verschlissene Wellen sind möglich – Getriebe überholen (Kapitel 3)
☐ Zahnräder verschlissen oder Zähne gebrochen (Kapitel 3)
☐ Kupplung oder Trommel stark verschlissen (Kapitel 3)
☐ Lager verschlissen oder Wellen verbogen – Getriebe überholen (Kapitel 3)
☐ Kupplungs- oder Kupplungstrommel-Mutter locker (Kapitel 3)

Mangelhafte Leistung

☐ Variator verschlissen oder beschädigt (Kapitel 3)
☐ Kupplungsfeder verschlissen oder gebrochen (Kapitel 3)
☐ Kupplungsbacken oder Trommel stark verschlissen (Kapitel 3)
☐ Kupplungsbacken verölt (Kapitel 3)
☐ Antriebsriemen stark verschlissen (Kapitel 3)

Kupplung trennt nicht vollständig

☐ Kupplungsbacken-Federn ermüdet oder gebrochen (Kapitel 3)
☐ Standgasdrehzahl zu hoch (Kapitel 1)

Ungewöhnliche Motorgeräusche

Klopfen oder Klingeln

- ☐ Ölkohleablagerungen im Brennraum – eventuell mit Kraftstoff-Additiv zu beseitigen, ansonsten Zylinderkopf für mechanische Reinigung demontieren.
- ☐ Kraftstoff von schlechter Qualität (Kapitel 1) oder überlagert – Tank entleeren.
- ☐ Zündkerze mit falschem Wärmewert (Zündkerze wird zu heiß und führt zu Frühzündungen) – kontrollieren und ggf. ersetzen (Kapitel 1)
- ☐ Kraftstoff/Luft-Gemisch falsch (Motor wird zu heiß) – Einspritzanlage kontrollieren lassen, Nebenluft-Quellen schließen (Kapitel 5).

Kolbenkippen oder Klappern

Anmerkung: *Beachten Sie für Defekte am Motor das jeweilige Kapitel für Ihren Motor: Kapitel 2A für luftgekühlte 2V-Motoren; Kapitel 2B für luftgekühlte 3V-Motoren; Kapitel 2C für wassergekühlte 4V-Motoren; Kapitel 2D für wassergekühlte 4V-Motoren mit RISS.*

- ☐ Kolben-Spiel im Zylinder zu groß (durch falsche Paarung) – kontrollieren und überholen/ersetzen.
- ☐ Pleuel verbogen (durch Überdrehen des Motors, Startversuche bei extrem abgesoffenem Motor oder Motorschaden) – Motor überholen.
- ☐ Kolbenbolzen oder dessen Bohrung(en) verschlissen oder festgegangen (sehr hohe Laufleistung oder Schmiermangel) – beschädigte Teile ersetzen.
- ☐ Kolbenring(e) verschlissen, gebrochen oder verklemmt – beschädigte Teile ersetzen.
- ☐ Kolbenfresser (durch Überhitzung oder Schmiermangel) – Ursache herausfinden, dann Zylinder aufbohren oder ersetzen, Kolben und Ringe ersetzen.
- ☐ Pleuelfuß oder oberes Pleuelauge hat zu viel Spiel (sehr hohe Laufleistung oder Schmiermangel) – beschädigte Teile ersetzen.

Andere Geräusche

- ☐ Krümmerflansch am Zylinderkopf undicht (durch falsche Montage oder beschädigte Dichtung). Alle Auspuff-Befestigungen müssen gleichmäßig und korrekt angezogen werden (Kapitel 5).
- ☐ Kurbelwelle verbogen (Motor überdreht oder Motorschaden) – Motor überholen.
- ☐ Motorhalterung(en) locker – korrekt anziehen.
- ☐ Kurbelwellenlager verschlissen – Motor überholen.

Ungewöhnliche Fahrwerkgeräusche

Geräusche von vorn

- ☐ Lenkkopflager locker oder beschädigt (klackt beim Bremsen) – kontrollieren und einstellen oder erneuern (Kapitel 1 und 7).
- ☐ Befestigungen locker – Festigkeitsprüfung und ggf. Anzug mit dem korrekten Drehmoment (Kapitel 7).
- ☐ Vorderradaufhängung beschädigt (wahrscheinlich Unfallschaden) – kontrollieren und beschädigte Komponenten ersetzen (Kapitel 7).
- ☐ Stoßdämpfer beschädigt – ersetzen (Kapitel 7)
- ☐ Radnabenmutter oder Radbolzen locker – mit dem korrekten Drehmoment anziehen (Kapitel 8).
- ☐ Radlager locker oder beschädigt – kontrollieren und ggf. ersetzen (Kapitel 8)

Geräusche von hinten

- ☐ Stoßdämpfer beschädigt – ersetzen (Kapitel 7)
- ☐ Schwingen-Komponenten locker oder beschädigt – kontrollieren und beschädigte Komponenten ersetzen (Kapitel 7).

Geräusche beim Bremsen

- ☐ Quietschen durch Staub auf Bremsbelägen oder Bremsbacken (oft verbunden mit verglastem Belagmaterial) – reinigen oder ersetzen (Kapitel 8).
- ☐ Quietschen Rattern durch verölte oder mit Bremsflüssigkeit kontaminierte Bremsbeläge oder Bremsbacken – ersetzen (Kapitel 8).
- ☐ Verglastes Belagmaterial (durch lange Kontamination durch Öl oder Bremsflüssigkeit oder zu heiß gewordene Bremse) – vorsichtig mit einer feinen Feile entfernen (niemals mit Sandpapier o. ä., da der Abrieb die Bremsscheibe oder Trommel beschädigen kann) oder ersetzen (Kapitel 8).
- ☐ Bremsscheibe oder Bremstrommel verzogen (kann zu Rattern, Klicken oder drehzahlabhängigem Quietschen führen – fühlbar durch pulsierenden Bremshebel) – kontrollieren und ggf. ersetzen (Kapitel 8).
- ☐ Lockere Vorderrad- oder Getriebelager – kontrollieren und ggf. ersetzen (Kapitel 1, 3 und 8).

Auspuff-Rauch

Weißer oder hellblauer Rauch

Anmerkung: *Beachten Sie für Defekte am Motor das jeweilige Kapitel für Ihren Motor: Kapitel 2A für luftgekühlte 2V-Motoren; Kapitel 2B für luftgekühlte 3V-Motoren; Kapitel 2C für wassergekühlte 4V-Motoren; Kapitel 2D für wassergekühlte 4V-Motoren mit RISS.*

- ☐ Weißer Dampf bei kaltem Motor weist lediglich auf verdampfendes Kondenswasser hin – hört bei aufgewärmtem Motor auf.
- ☐ Hellblauer Rauch (verbranntes Motoröl) durch verschlissene Kolbenringe (sodass Öl in den Brennraum gelangt) – Kolbenringe ersetzen.
- ☐ Zylinder durch hohen Verschleiß oder Kolbenfresser (durch Überhitzung oder Schmiermangel) beschädigt – Ursache herausfinden, dann Zylinder aufbohren oder ersetzen, Kolben und Ringe ersetzen.
- ☐ Ventilschaftdichtung verschlissen – Ventile ausbauen und Dichtungen ersetzen
- ☐ Ventilführung verschlissen – Zylinderkopf überholen oder ersetzen.
- ☐ Motorölpegel zu hoch, sodass Öl durch die Motorentlüftung in den Ansaugtrakt oder an den Kolbenringen vorbei in den Brennraum gelangt (und der Verbrennung zugeführt wird) – Ölpegel korrigieren *(Tägliche Kontrollen)*
- ☐ Zylinderkopfdichtung zwischen Ölkanal und Zylinder gerissen, sodass Öl in den Brennraum gelangt – Dichtung erneuern und Zylinderkopf auf Verzug kontrollieren.
- ☐ Ungewöhnlich hoher Druck im Motor, sodass Öl an den Kolbenringen vorbei in den Brennraum gelangt – oft aufgrund eines verstopften Ölabscheiders (Kapitel 1).

Schwarzer Rauch (fettes Gemisch)

- ☐ Luftfilter verstopft – reinigen oder erneuern (Kapitel 1)
- ☐ Einspritzanlage defekt (Kapitel 5)
- ☐ Kraftstoffdruck zu hoch – kontrollieren (Kapitel 5)

Brauner Rauch (mageres Gemisch)

- ☐ Benzinpumpe defekt oder Druckregler klemmt offen (Kapitel 5)
- ☐ Schellen am Drosselklappengehäuse oder Einlassstutzen locker – anziehen (Kapitel 5)
- ☐ Einspritzanlage defekt (Kapitel 5)

Schlechtes Fahrverhalten, Instabilität

Lenkung schwergängig

- ☐ Lenkkopflager-Einstellring zu fest angezogen – einstellen (Kapitel 1)
- ☐ Lenkkopflager beschädigt (Lenkung bewegt sich rau) – Lager ersetzen (Kapitel 7)
- ☐ Lagerschalen verschlissen oder eingedrückt (Verschleiß oft nur in Geradeaus-Position – Lenkung rastet hier regelrecht ein) – Lager ersetzen (Kapitel 7)
- ☐ Lenkkopflager schlecht geschmiert (Fett härtet mit der Zeit aus oder wird durch Hochdruckreiniger ausgewaschen) – zerlegen, kontrollieren und neu schmieren oder ersetzen (Kapitel 7).
- ☐ Lenkschaft verbogen (Unfall, Bordsteinkante, tiefes Schlagloch) – schadhafte Teile ersetzen (Kapitel 7)
- ☐ Reifendruck vorn zu niedrig – kontrollieren (Tägliche Kontrollen)

Lenkerflattern oder starke Vibrationen

- ☐ Reifen verschlissen – kontrollieren (Tägliche Kontrollen)
- ☐ Radaufhängungen oder Federelemente verschlissen – kontrollieren und schadhafte Teile ersetzen (Kapitel 7).
- ☐ Felge(n) verzogen oder beschädigt – kontrollieren und ggf. ersetzen (Kapitel 8).
- ☐ Rad/Räder nicht oder schlecht gewuchtet – kontrollieren und vom Fachhändler wuchten lassen.
- ☐ Lockere Vorderrad- oder Getriebelager – kontrollieren und ggf. ersetzen (Kapitel 1, 3 und 8).
- ☐ Lenkerbefestigungen locker (Kapitel 7)
- ☐ Vorderradaufhängungs-Befestigungen locker – korrekt anziehen (Kapitel 7)
- ☐ Motorbolzen locker (zunehmende Vibrationen bei steigenden Drehzahlen) – korrekt anziehen (Kapitel 7)

Lenker zieht zu einer Seite

- ☐ Karosserie verzogen (durch Unfall) – Spurkontrolle durchführen (Kapitel 8) und Karosserie ggf. austauschen.
- ☐ Räder laufen nicht in Flucht (falsch positionierte Distanzhülsen oder verzogener Lenkschaft.
- ☐ Lenkschaft verbogen (durch Unfall) – ersetzen (Kapitel 7)

Schlecht dämpfende Federelemente

- ☐ Zu hart:
  Dämpferstange verbogen – Stoßdämpfer klemmt – ersetzen (Kapitel 7)
  Interner Stoßdämpfer-Schaden – ersetzen (Kapitel 7)
  Reifendruck zu hoch (Tägliche Kontrollen)
- ☐ Zu weich:
  Stoßdämpfer-Feder(n) ermüdet oder gebrochen
  Interner Stoßdämpfer-Schaden oder Ölaustritt – ersetzen (Kapitel 7)

Bremsenprobleme – Scheibenbremse

Geringe Bremswirkung

- ☐ Luft im Bremssystem (durch zu weit abgesunkenen Pegel im Ausgleichsbehälter (Tägliche Kontrollen) oder Undichtigkeiten – Problem beseitigen und Bremse entlüften (Kapitel 8)
- ☐ Bremsbeläge oder Bremsscheibe verschlissen – kontrollieren und ersetzen (Kapitel 1 und 8).
- ☐ Bremsbeläge verölte oder mit Bremsflüssigkeit kontaminiert – ersetzen und Bremsscheibe sorgfältig reinigen (Kapitel 8).
- ☐ Bremsflüssigkeit gealtert oder kontaminiert – Bremssystem entleeren, frisch auffüllen und entlüften (Kapitel 8).
- ☐ Handbremszylinder oder Bremssattel verschlissen oder beschädigt – kontrollieren und ersetzen (Kapitel 8).
- ☐ Handbremszylinder-Bohrung riefig oder Kolbenfeder gebrochen – Bremszylinder ersetzen (Kapitel 8).
- ☐ Bremsscheibe verzogen – ersetzen (Kapitel 8).

Pulsierender Bremshebel

- ☐ Bremsscheibe verzogen – ersetzen (Kapitel 8).
- ☐ Achse verbogen – ersetzen (Kapitel 8).
- ☐ Bremssattel locker – Schrauben anziehen (Kapitel 8).
- ☐ Felge verzogen oder beschädigt – kontrollieren und ggf. ersetzen (Kapitel 8).
- ☐ Radlager verschlissen oder beschädigt – ersetzen (Kapitel 8).

Bremse schleift

- ☐ Handbremszylinder-Kolben klemmt – Bremszylinder ersetzen (Kapitel 8).
- ☐ Bremshebel klemmt – Gelenk schmieren (Kapitel 7)
- ☐ Bremssattel-Kolben klemmt – reinigen oder ersetzen (Kapitel 8).
- ☐ Bremsbeläge beschädigt (Belagmaterial hat sich von Träger gelöst) – ersetzen (Kapitel 8).
- ☐ Bremssattel-Zapfen klemmen (Schwimmsattel) – reinigen und mit Silikonpaste schmieren (Kapitel 8).

Bremsenprobleme – Trommelbremse

Geringe Bremswirkung

- ☐ Bowdenzug falsch eingestellt oder schlecht geschmiert – kontrollieren (Kapitel 1)
- ☐ Bremsbacken oder Bremstrommel verschlissen (Kapitel 8).
- ☐ Bremsbacken verölt – ersetzen und Bremstrommel sorgfältig reinigen (Kapitel 8).
- ☐ Bremsenhebel falsch positioniert oder Bremsnocken stark verschlissen (Kapitel 8).

Pulsierender Bremshebel

- ☐ Bremstrommel verzogen – Rad ersetzen (Kapitel 8).
- ☐ Felge verzogen oder beschädigt – kontrollieren und ggf. ersetzen (Kapitel 8).
- ☐ Getriebeausgangswellenlager verschlissen oder beschädigt – ersetzen (Kapitel 3 und 8).

Bremse schleift

- ☐ Bowdenzug falsch eingestellt oder schlecht geschmiert – kontrollieren (Kapitel 1)
- ☐ Bremsbackenfedern ermüdet oder gebrochen (Kapitel 8).
- ☐ Bremshebel klemmt – Gelenk schmieren (Kapitel 7)
- ☐ Bremsenhebel oder Bremsnocken klemmt – Gelenk schmieren oder beschädigte Teile ersetzen (Kapitel 8)
- ☐ Bremsbacken beschädigt (Belagmaterial hat sich von Träger gelöst) – ersetzen (Kapitel 8).

Elektrikprobleme

Batterie tot oder schwach

- ☐ Batterie defekt (Platten sulfatiert, Kurzschlüsse durch Ablagerungen, Wackelkontakt durch gebrochene Batteriepole) – ersetzen (Kapitel 10)
- ☐ Batteriepole – schlechte Kontakte (Kapitel 10)
- ☐ Last zu hoch – durch zusätzliche Verbraucher.
- ☐ Zündschloss defekt (interner Kurzschluss oder keine Abschaltung) – erneuern (Kapitel 10)
- ☐ Regler/Gleichrichter defekt (Kapitel 10)
- ☐ Lichtmaschinen-Statorspule defekt (Kapitel 10)
- ☐ Kabelbaum defekt (Kurzschluss oder Unterbrechung am Zündschloss-, Ladesystem- oder Beleuchtungs-Stromkreis (Kapitel 10).

Batterie überladen (überhitzt)

- ☐ Regler/Gleichrichter defekt (Kapitel 10)
- ☐ Batterie defekt – ersetzen (Kapitel 10)

Erklärung technischer Begriffe

A

ABE Allgemeine Betriebserlaubnis eines Fahrzeugs.

Asbest Natürliches Mineral in Faserform mit hoher Hitzebeständigkeit. Früher in Bremsbelägen und Dichtungen verwendet, heute wegen Krebsgefahr durch andere Materialien ersetzt.

ABS Antiblockier-System. Elektronisches oder mechanisches System, das das Blockieren von Rädern beim Bremsen verhindern soll.

Abzieher Spezialwerkzeug, das Lager oder Zahnräder von Wellen oder aus Gehäusebohrungen zieht.

Akkumulator Chemischer Stromspeicher, landläufig *Batterie* genannt.

Ampere (sprich: Ampehr) Einheit für Stromstärke. Abkürzung: A.

Amperestunden (Ah) Kapazität eines Akkumulators (Batterie).

Anlaufscheibe Unterlegscheibe zwischen zwei sich gegeneinander bewegenden Teilen auf einer Welle.

Anti-Dive Wörtlich: »Eintauch-Verhinderer«. In die Vorderradbremse integriertes System, das das Eintauchen der Telegabel beim Bremsen verhindern soll.

API American Petroleum Institute. Ein Qualitätsmaß für Viertakt-Motorenöle.

ATF Automatic Transmission Fluid. Dünnflüssiges Öl für Automatik-Getriebe, wird oft auch als Dämpferöl in Telegabeln verwendet.

Aufbohren Größerdrehen einer Bohrung, z.B. des Zylinders. Erfordert Übermaßkolben.

axial In Längsrichtung einer Achse wirkend.

B

bar Einheit für Luftdruck. Faustregel für Motorradreifen: 2,5 bar.

Batteriesäure Schwefelsäure bestimmter Dichte und Reinheit.

Benzin-Luft-Gemisch Das Gemisch aus Benzinnebel und Luft, das Vergaser oder Einspritzanlage erzeugen, und dessen Volumenverhältnis erfahrungsgemäß bei 1 : 14,7 liegen sollte, um optimal verbrennen zu können.

Blinkrelais Schalter, der unter Spannung automatisch und regelmäßig an- und ausschaltet. Mechanische und elektronische Bauformen.

Bowdenzug (Sprich: Baudenzug.) Flexibler Seilzug zur mechanischen Fernbetätigung. Beispiel: Gaszug, Kupplungszug, Chokezug. Besteht aus Hülle und Seele.

Buchse An beiden Enden offene Hülse, die im Maschinenbau meist als Lager dient.

Büchse An nur einem Ende offene Hülse, die im Maschinenbau als Verstärkung von Sacklöchern oder als Lager dient.

D

Diagonalreifen Reifen, bei dem die Karkassenfäden schräg zur Laufrichtung liegen.

Dichtring Wellendichtring für rotierende (manchmal auch lineare, siehe Telegabel) Bewegung. Auch: Simmerring (geschützte Bezeichnung der Firma Freudenberg).

Dichtung Flächendichtung zwischen Gehäusehälften, Deckeln oder anderen Maschinenbauteilen. Kann aus unterschiedlichen Materialien bestehen, je nach Einsatzzweck.

Diode Elektronisches Ventil. Lässt Strom nur in einer Richtung passieren. Halbleiterbauteil.

dohc (double overhead camshaft). Doppelte obenliegende Nockenwelle. Bauform der Ventilsteuerung.

Drehmoment Maß für die Kraft, mit der etwas (Kurbelwelle, Schraube) gedreht wird. Einheit: Newtonmeter (Nm), Kraft mal Hebelarm.

E

E-Starter Elektrischer Starter, Anlasser.

Einbereichsöl Öl mit nur einer Viskosität, z.B. SAE 50W.

Einspritzsystem Im Gegensatz zum Vergaser, der das Benzin durch Luftströmung passiv vernebeln lässt, spritzt die Einspritzung den Kraftstoff in exakter Menge in den Ansaugstutzen oder direkt in den Brennraum ein. Sehr aufwändig und teuer, aber genau und kraftstoffsparend.

Elektrodenabstand Spalt zwischen den Zündkerzenelektroden, der ab und zu nachgestellt werden muss. Meist 0,6 bis 0,8 mm breit.

Endloskette Antriebskette, deren Enden nicht zerstörungsfrei getrennt werden können.

F

Federkeil (Auch: Scheibenfeder.) Halbmondförmiger Metallkeil, der, in die Nut einer Welle gelegt, das darüber geschobene Bauteil (Zahnrad, Lichtmaschine) formschlüssig mit der Welle verbindet.

Federscheibe Gewellte Unterlegscheibe aus Federstahl, die Mutter bzw. Schraube am Losdrehen hindern soll.

Flüssige Schraubensicherung Flüssigkeit, von der ein paar Tropfen auf ein Gewinde gegeben und dann die Mutter/Schraube eingedreht wird. Die Flüssigkeit erhärtet unter Luftabschluss und sichert damit die Mutter/Schraube. Verbindung ist mit Schraubenschlüssel wieder lösbar.

Frostschutz Zusatz zum Kühlwasser, der den Gefrierpunkt senkt. Auf Alkohol- oder Glykol-Basis.

Fühlerlehre Auch: Ventillehre. Satz mit verschieden dicken Metallplättchen, die zur Bestimmung von kleinen Innenmaßen dienen.

G

Gabelbrücken Dreieckige Metallklemmen ober- und unterhalb des Lenkkopfs zur Aufnahme der Standrohre.

Gleichrichter Elektronisches Halbleiterbauteil (»Diodenplatte«) zum Umformen der von der Lichtmaschine gelieferten Wechselspannung in Gleichspannung.

Gleichstrom Stromfluss ohne Änderung der Polarität.

Gleitlager Lagerschalen aus bronzebeschichtetem Kupfer oder aus Sintermaterial. Funktioniert nur mit Öldruck: Die Welle gleitet auf einem dünnen Ölfilm in der Lagerbohrung ohne Materialberührung. Verwendung als Kurbelwellen- und Nockenwellenlager. Billig, schnell austauschbar und leise, aber empfindlich und mit hohem Reibwiderstand.

H

Halogenlampe Scheinwerferbirne besonderer Bauform, die mit Halogengas gefüllt ist, um den Niederschlag von verdampfendem Metall der Glühwendel an der Glaswand zu verhindern. Bauformen als H1-, H3- und H4-Birnen.

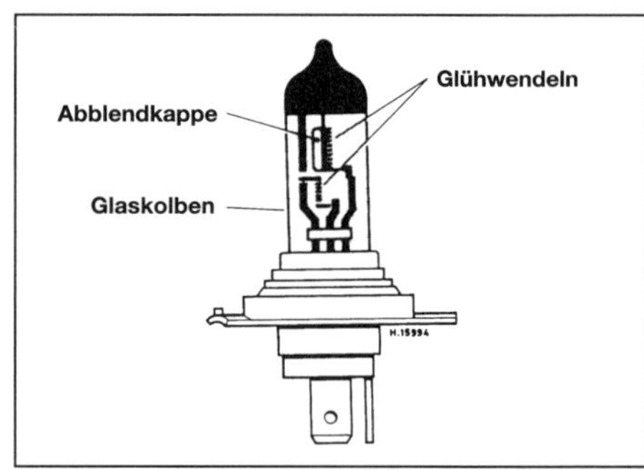

Halogen-Scheinwerferbirne

Hauptlager Lager der Kurbelwelle im Motorgehäuse.

Helicoil Spiralförmiger Gewindeeinsatz zur Reparatur ausgerissener Gewinde, wenn wenig Material vorhanden ist, sodass das Loch nur wenig ausgebohrt werden kann.

Einschrauben eines Helicoil-Gewindeeinsatzes in ein Zündkerzenloch

Hochspannung Spannung im Sekundärstromkreis des Zündsystems zur Produktion des Zündfunkens. Liegt zwischen 15.000 und 35.000 Volt bei sehr geringer Stromstärke. Unangenehm, aber nicht gefährlich.
Honen Überschleifen der Oberfläche eines Zylinders, wobei feine diagonale Riefen entstehen, in denen das Motoröl zur Kolbenschmierung haften kann.
Hydraulik Ein mit Flüssigkeit gefülltes System von Leitungen, um Druck zu übertragen. Üblich an (Scheiben-)Bremsen und manchen Kupplungen.
hygroskopisch Wasseranziehend. Trifft auf Bremsflüssigkeit zu.
Hypoidverzahnung Bauform eines Kegeltriebes (siehe Kegelrad), bei der Antriebs- und Abtriebsachse nicht in einer Ebene liegen, sodass die Zähne von Kegel- und Tellerrad in speziellen Kurven (Hypoidkurven) geschliffen werden müssen. Aufwendig und teuer, aber leise und belastbar. Benötigt spezielles Schmieröl (Hypoidöl).

I

IC Integratet circuit, integrierter Schaltkreis. Halbleiterbauteil.
Inbusschlüssel Schlüssel für Innensechskantschrauben.

K

Kabelbaum Durch Schutzschlauch zusammengefasste Kabel, die entlang einer Strecke im Motorrad verlegt sind, z.B. am Rahmen entlang.
Kardanwelle Welle, die mit einem Kreuz- oder Gleichlaufgelenk ihre Drehrichtung um einige Winkelgrade ändern kann. Wurde bei Motorrädern mit Wellenantrieb mit Einführung der Hinterradfederung nötig.
Katalysator Mit Edelmetall beschichtetes Bauteil im Auspuff, das auf chemisch-katalytischem Weg schädliche Abgasbestandteile (Stickoxide, Kohlenwasserstoffe u.a.) in unschädliche umwandeln soll. Wirkung und Nebenwirkungen sind umstritten.
Kegelrad Zusammen mit dem Tellerrad bildet es ein Getriebe, das Drehbewegungen um 90° umlenkt (siehe Abbildung).

Kegel- und Tellerrad zum Umlenken einer Drehbewegung um 90°

Kegelrollenlager Lager mit Innen- und Außenring, Kegelrollen als Wälzkörper. Hohe axiale und radiale Belastbarkeit. Verwendung als Lenkkopf-, Schwingen- und Radlager. Lagerspiel muss eingestellt werden.
Kickstarter Fußbetätigter Hebel zum Durchdrehen des Motors, um ihn zu starten.
Killschalter Not-Aus-Schalter, bei den meisten Motorrädern am rechten Lenkerende. Funktioniert als Kurzschluss- oder Zündunterbrechungs-Schalter. In Deutschland nicht vorgeschrieben.
km Abkürzung für Kilometer.
km/h Abkürzung für Kilometer pro Stunde. Geschwindigkeitseinheit.
Kolbenbolzen (Hohler) Bolzen als Verbindung zwischen Kolben und Pleuelauge. Darf weder im Pleuelauge noch im Kolben Klemmsitz haben. Oberfläche poliert und gehärtet.
Kompression Verringerung des Volumens und Erhöhung des Drucks im Brennraum durch den aufwärtsgehenden Kolben. Kompression wird als Verhältniszahl genannt, z.B. 1 : 10 = zehn Volumenteile Benzin-Luft-Gemisch werden auf ein Volumenteil zusammengepresst.
Kontermutter Mutter, die fest gegen eine andere geschraubt wird, um durch die dadurch hervorgerufene Spannung im Gewinde die zweite am Losdrehen zu hindern.
Kronenmutter Mutter mit zinnenartigen Zacken an einem Ende. Zusammen mit einem Querloch im zugehörigen Gewinde kann die Mutter mit einem Splint gegen Aufdrehen gesichert werden.
Kugellager Lager mit Innen- und Außenring, Kugeln als Wälzkörper. Häufigste Ausführung: Radialrillen-Kugellager. Kann fast nur radiale Kräfte aufnehmen.

L

Lager Mechanische Verbindung zwischen zwei sich gegeneinander bewegenden Maschinenteilen.
Läppen Materialabtrag mit äußerst feinem Schmirgelleinen (Läppleinen). Kurz vor dem Polieren.
LCD Liquid crystal display. Flüssigkristall-Anzeige. Bekannt von Armbanduhren, setzt sie sich langsam auch in Kraftfahrzeug-Instrumenten durch.
LED Light emitting diode. Leuchtdiode. Wird als verschleißfreier und stromsparender Ersatz für Kontrolllämpchen verwendet.
Lenkkopfwinkel, auch Steuerkopfwinkel, Winkel zwischen der gedachten Verlängerung des Lenkkopfs (nicht der Telegabel!) und der Horizontalen.
Lichtmaschine Stromgenerator im Kraftfahrzeug. Unterschiedliche Bauarten möglich.

M

Manschette Topfförmiger Gummiring, der in Bremszylindern für Dichtigkeit beim Betätigen sorgt.
Masse Bezeichnung des Minuspols am Kraftfahrzeug, der außer bei alten englischen Fahrzeugen am Rahmen (Masse) liegt.
Mehrbereichsöl Öle mit speziellen Legierungen, die die Schmierfähigkeit bei unterschiedlichen Temperaturen gewährleisten. Diese Eigenschaft wird in Viskositätsgrenzen ausgedrückt, z.B. SAE 20W50. D.h., dass das Öl bei niedrigen Temperaturen die Viskosität von 20, bei hohen von 50 besitzt.
Mikrometerschraube Messgerät für Längen, das durch feine Einteilung bis tausendstel Millimeter anzeigt. Verwendet zum Messen von Durchmessern, z.B. Kolben, Kolbenbolzen, Ventilschäften u.a.
Multimeter Elektrisches Messinstrument, das Spannung, Widerstand, oft auch Stromstärke und Kapazität messen kann.

N

Nachlauf Strecke vom Aufstandspunkt des Vorderrads zur Kreuzung der Verlängerung des Lenkkopfs mit dem Boden. Der Nachlauf bestimmt wesentlich die Handlichkeit (geringer N.) bzw. die Spurstabilität (großer N.).
Nadellager Lager mit nadelähnlichen Wälzkörpern. Kann hohe, aber nur radiale Kräfte aufnehmen. Verwendung als Pleuellager.
Nasse Zylinderlaufbuchsen Bauform eines wassergekühlten Motors, bei dem die Zylinderlaufbuchsen nicht in den Block eingeschrumpft sind, sondern direkt vom Kühlmittel umspült werden.
Nm Newtonmeter. Maßeinheit für Drehmoment (Kraft mal Weg).
Nylstop-Mutter Mutter mit einem Nylonring in einem Ende. Der Ring wird mit auf das Gewinde geschraubt und sichert die Mutter. Solche selbstsichernden Muttern sind höchstens zweimal zu verwenden.

O

O-Ring-Kette Antriebskette, bei der die Rollen gegen die Laschen mit O-Ringen (Gummi-Dichtringen) abgedichtet sind.
ohc (overhead camshaft). Obenliegende Nockenwelle. Bauform der Ventilsteuerung.
Ohm Einheit für elektrischen Widerstand.
Ohmmeter Widerstandsmessgerät.
ohv (overhead valve). Obenliegende Ventile. Bauform der Gassteuerung beim Viertaktmotor.
Oktanzahl Maß für den Widerstand eines Kraftstoffs gegen Selbstentzündung.
OT Oberer Totpunkt. Höchster Punkt der Kolbenbahn im Zylinder.

P

Pferdestärken (PS) Veraltete Einheit für Leistung. Heute ersetzt durch Watt (W). 1 PS = 0,36 kW.

Plastigauge Dünner Plastikstreifen zum Messen von Gleitlagerspiel.
Pleuel (auch: Pleuelstange) Verbindungsstange zwischen Kolben und Kurbelwelle.
Pleuelauge Obere Bohrung im Pleuel, in der der Kolbenbolzen sitzt.
Pleuelfuß Untere Bohrung im Pleuel, in der der Hubzapfen der Kurbelwelle sitzt.
Primärantrieb Antrieb der Kurbelwelle zum Getriebe.
Primärspannung Spannung im Primärstromkreis des Zündsystems. Bei Batteriezündungen 12 Volt, bei Hochspannungskondensatorzündungen (CDI) etwa 400 Volt bei relativ hoher Stromstärke. CDI-Primärspannung daher gefährlich.
PTFE Polytetrafluorethylen. Markenname: Teflon (Firma Dupont). Extrem gleitfähiger und reaktionsarmer Kunststoff. Kann nur in sehr aufwändigen Verfahren mit Metall verbunden werden.

R

radial Senkrecht zu einer Achse wirkend.
Radialreifen Reifen, bei dem die Karkassenfäden in Laufrichtung liegen.
Radstand Abstand zwischen den Senkrechten durch die Radachsen.
Regler Mechanisches oder elektronisches Bauteil im Kraftfahrzeug, das die von der Lichtmaschine gelieferte Spannung im Netz konstant hält, die Lichtmaschine vor Überlastung schützt und den Ladezustand der Batterie regelt.
Relais (Sprich: Relee.) Elektromagnetischer, fernsteuerbarer Schalter. Wird zur Schaltung von hohen Strömen eingesetzt.
Ruckdämpfer Gummiteile in der Hinterradnabe, die den Ruck plötzlicher Lastwechsel zwischen Kettenrad und Nabe dämpfen (siehe Abbildung). Manchmal werden auch rein metallische Ruckdämpfer konstruiert, z.B. in der Kupplung oder am Getriebeausgang (Knagge).

Gummi-Ruckdämpfer in der Hinterradnabe

S

SAE Society of Automotive Engineers. Standard für Flüssigkeits-Viskosität.
Schaltgabeln Gabelförmige Metallteile, die beim Schalten die Zahnräder auf den Getriebewellen hin und her schieben.
Schaltklauen Radiale Verbindungszapfen zwischen Getriebezahnrädern. Die Zapfenflanken sind schräg gefräst (hinterschnitten), damit sich der Eingriff unter Last nicht lösen kann.
Schieblehre Messgerät für Längen, das durch feine Einteilung bis hunderstel Millimeter anzeigt.
Schraubenfeder Spiralförmig gewickelte Feder in Zylinderform. Verwendung als Gabel- und Ventilfeder.
Seegerring Radial federnder Ring, der zur Sicherung eines Bauteils in eine Nut gesetzt wird.
Shim Stahlplättchen spezifischer Stärke, das bei direkt auf die Ventile wirkender Nockenwelle (oft bei dohc-Motoren) als Scheibe dazwischengelegt wird und das Ventilspiel bestimmt.
Sicherung Feiner Draht (Schmelzsicherung) oder Automat, der bei zu hohem Strom in einem Stromkreis (z.B. durch Kurzschluss) den Stromkreis unterbricht.
Simmerring Siehe Dichtring.
Spiel Strecke, mit der sich zwei Bauteile voneinander wegbewegen können, ohne auf Widerstand zu stoßen.
Standrohr Teil der Telegabel, der verchromt und poliert ist und in das Tauchrohr eintaucht.
Steuerkette Antriebsmöglichkeit der Nockenwelle. Billig, aber relativ verschleißanfällig.
Steuerkettenspanner Mechanische Spannvorrichtung, die die Längenausdehnung der Steuerkette ausgleicht.
Stirnräder Antriebsmöglichkeit der Nockenwelle: Zahnradkaskade zwischen Kurbel- und Nockenwelle. Teuer, aber genau und verschleißarm.
sv (side valve). Seitliche Ventile. Bauform der Gassteuerung beim Viertaktmotor (sehr alt).

T

Tauchrohr Teil der Telegabel, in den das Standrohr eintaucht.
Teflon Siehe PTFE.
Telegabel Häufigste Bauart der Vorderradführung und -federung, die aus Stand- und Tauchrohren besteht.
Tellerrad Siehe Kegelrad.
Thyristor Halbleiterbauteil mit hoher elektrischer Belastbarkeit. Verwendung als elektronischer, verschleißfreier Schalter.
Torx Speziell geformtes, sechskantiges Schraubenkopfprofil.
Transistor Halbleiterbauteil, in Zündboxen, Reglern und elektronischen Blinkrelais verbaut.
TWI Treadwear Indicator. Reifenverschleißmarke.

U

U/min. Alte Abkürzung für »Umdrehungen pro Minute«, Drehzahl. Heute: 1/min oder min^{-1}
Unterdruckuhren Messinstrumente, mit denen der Unterdruck in den Ansaugstutzen zwischen Vergaser und Zylinderkopf gemessen werden kann. Erforderlich zum Synchronisieren von Vergasern bei Mehrzylindermotoren.
Unwucht Unterschiedliche Masseverteilung auf dem Umfang eines rotierenden Teils (Rad, Kurbelwelle u.a.). Kann durch Gegengewichte ausgeglichen werden.
Upside-down-Gabel »Umgedrehte« Telegabel, bei der die Standrohre unten und die Tauchrohre oben sind.
UT Unterer Totpunkt. Unterster Punkt der Kolbenbahn im Zylinder.

V

Ventillehre Siehe auch: Fühlerlehre.
Viskosität Fließfähigkeit von Schmierstoffen. Die Viskosität von SAE 5 ist sehr hoch (dünnflüssiges Öl), SAE 90 ist sehr dickflüssig.
Volt Einheit für elektrische Spannung.

W

Watt Einheit für Leistung (W).
Wechselstrom Ständig und regelmäßig die Polung ändernder Stromfluss.
Welle Runder, sich drehender Stab im Maschinenbau.
Widerstand Elektrische Größe, gemessen in Ohm.
Winkel-Anzugsmoment Drehmoment, ausgedrückt in Winkelgraden.
Winkelgradscheibe Messscheibe mit einem Winkelkreis von 360°, mit der sich, auf ein Kurbelwellenende montiert, die Kolbenstellung in Winkelgraden der Kurbelwelle angeben lässt.

Z

Zahnriemen Flacher Antriebsriemen, dessen Innenseite gezahnt ist und damit in entsprechende Zahnräder eingreifen kann. Verwendung als Nockenwellenantrieb und (seltener) als Hinterradantrieb.
Zündreihenfolge Die Reihenfolge, in der Mehrzylindermotoren ihre einzelnen Zylinder zünden. Wird ab Zylinder Nummer eins gezählt.
Zündzeitpunkt Punkt in der Kolbenbahn kurz vor Ende des Verdichtungstakts, bei dem der Zündfunke das Gemisch entzündet. Wird in »Millimeter vor OT« oder in Winkelgraden der Kurbelwelle gemessen.

Phil Mather
KTM Sport-Enduros und Crossmaschinen

ISBN 978-3-7688-5276-0

Phil Mather
Motorroller aus China, Taiwan und Korea

ISBN 978-3-7688-5373-6

Matthew Coombs/Phil Mather
Piaggio / Vespa

ISBN 978-3-667-10839-5

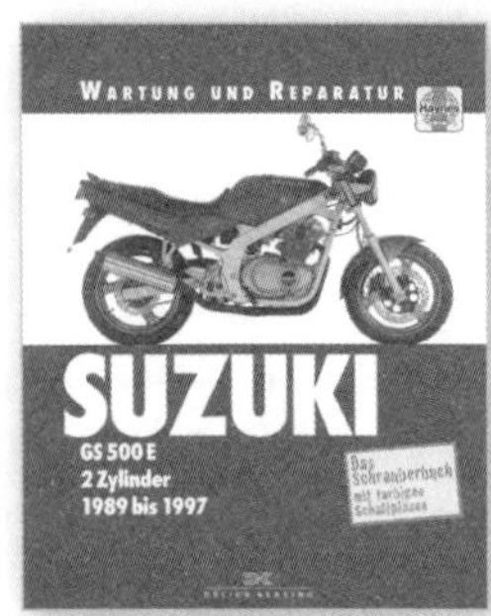

Matthew Coombs
Suzuki DL 650 V-Strom, SFV 650 Gladius

ISBN 978-3-667-10701-5

Matthew Coombs
Suzuki GS 500 E

ISBN 978-3-667-10988-0

Matthew Coombs/Phil Mather
Suzuki GSF 600, 650 & 1200 Bandit

ISBN 978-3-667-11020-6

Matthew Coombs / Penny Cox
Triumph 3- und 4-Zylinder

ISBN 978-3-667-10992-7

Matthew Coombs
Yamaha YZF-R 125

ISBN 978-3-7688-5360-6

Matthew Coombs
Yamaha FJR 1300

ISBN 978-3-667-10316-1

Matthew Coombs
Yamaha TDM 850/TRX 850

ISBN 978-3-667-10991-0

Matthew Coombs
Yamaha XJ 600S Diversion SECA II und XJ 600 N

ISBN 978-3-667-10993-4

Alan Ahlstrand / John Haynes
Yamaha XV Virago

ISBN 978-3-667-10987-3